AF643431

Nr. 44 1956
S. 11885–12164 31. Oktober

Chemisches Zentralblatt

Vollständiges Repertorium für alle Zweige der reinen und angewandten Chemie

1830 gegründet. 1897—1945 von der Deutschen Chemischen Gesellschaft fortgeführt.
Im Auftrage der Deutschen Akademie der Wissenschaften zu Berlin, der Chemischen Gesellschaft in der Deutschen Demokratischen Republik, der Akademie der Wissenschaften zu Göttingen und der Gesellschaft Deutscher Chemiker
herausgegeben von Prof. Dr. Maximilian Pflücke

127. Jahrgang

1956

Chefredakteure: Dr. Eugen Klever und Prof. Dr. Maximilian Pflücke

Akademie-Verlag GmbH., Berlin — Verlag Chemie, GmbH., Weinheim/Bergstr.

Inhalt

Ein vollständiger oder gekürzter Abdruck der Referate ist ohne Genehmigung der Redaktion und des Verlages verboten!

Namenregister

Chemisches Zentralblatt

1956 Nr. 44 31. Oktober

A. Allgemeine, physikalische und anorganische Chemie.

A_1. Kernphysik und Kernchemie.

H. T. Flint, *Grundlagen zu einer linearen Feldtheorie.* Die mathemat. Betrachtungen des Vf. zeigen die Verwandtschaft zwischen den Vorschlägen von SCHERRER (C. **1955.** 6441) u. denen anderer Autoren, bes. von EINSTEIN in seiner Theorie vom Fernparallelismus. (Z. Physik **142.** 401—05. 1955. London, Univ., Bedford Coll.)
GERHARD SCHMIDT. 80

R. Eisenschitz, *„Virialtheorem" für den Energiefluß.* Mit Hilfe eines verallgemeinerten Virialtheorems werden Energie- u. Impulsfluß in der Molekulartheorie irreversibler Prozesse klass. u. quantenmechan. berechnet. (Physic. Rev. [2] **99.** 1059—61. 15/8. 1955. London, Univ., Queen Mary Coll.) D. GEISSLER. 80

C. H. Skeen und **W. Z. Osborne,** *Ein seltsames Höhenstrahlereignis.* (Sitzungsbericht.) (Physic. Rev. [2] **100.** 1797. 15/12. 1955. Univ. of Oklahoma.)
GERHARD SCHMIDT. 85

A. W. Wolfendale, *Über die mögliche Existenz assoziierter knock-on-Elektronen.* Nebelkammeraufnahmen, unter der Erde bei 24 m Wasseräquivalent u. auf Seehöhe unter 1 m Pb durchgeführt, ergeben, daß bei μ-Mesoneneinfall das Verhältnis der beobachteten zur erwarteten Anzahl von 2 knock-on-Elektronen-Ereignissen 0,91 $\pm$ 0,14 beträgt. (Nuovo Cimento [9] **10.** 1493—94. 1/10. 1953. Manchester, Univ.)
GERHARD SCHMIDT. 85

C. A. Rouse, *Nebelkammerbeobachtungen von durch μ-Mesonen induzierten Elektronenschauern.* (Sitzungsbericht.) (Physic. Rev. [2] **100.** 1797. 15/12. 1955. California Inst. of Technol.) GERHARD SCHMIDT. 85

D. H. Holland, *Kinetische Energie in der Theorie des nichtlinearen Mesons.* Zur Berechnung der Energie eines nichtlinearen Mesons verwendet Vf. eine Alternativdefinition der Gradiententerme in der Meth. der Quantisierung des Gitterraumes. (Physic. Rev. [2] **101.** 451—52. 1/1. 1956. Berkeley, Calif., Univ. of California, Radiat. Labor., Dep. of Phys.) GERHARD SCHMIDT. 90

Bernard d'Espagnat und **Jacques Prentki,** *Mögliche mathematische Formulierung des Gell-Mann-Modells für neue Teilchen.* Das Schema von GELL-MANN u. PAIS zur Beschreibung von Hyperonen u. schweren Mesonen wird so modifiziert, daß keine Willkürlichkeiten in der Beziehung zwischen Ladung u. Isotopenspin der einzelnen Teilchen bleiben. (Physic. Rev. [2] **99.** 328—29. 1/7. 1955. Geneva, CERN.) D. GEISSLER. 90

W. W. Tschawtschanidse, *Über die Wechselwirkung von Boson-Fermion-Feldern.* (Vgl. C. **1956.** 5733.) Bei der Konstruktion eines Syst. von Gleichungen für die Wechselwrkg. von Feldern vom Boson-Fermion-Typ wird u. a. angenommen, daß 1. das Fermion Bosonen erzeugen kann, 2. die Wechselwrkg. der Fermionen untereinander auf dem Austausch von Bosonen beruht, u. daß 3. das Fermion eine spezif. Ladung trägt, die seine Bindung mit dem Bosonenfeld charakterisiert. Als Beispiel wird die Wechselwrkg. von Nucleonen mit Pionen behandelt u. dabei als Quelle des Mesonenfeldes ein schweres Fermion, ein Nucleoid, angesehen. (Доклады Академии Наук СССР [Ber. Akad. Wiss. UdSSR] **104.** 205—08. 11/9. 1955. Inst. für Phys. der Akad. der Wiss. der Grusin-SSR.) M. WIEDEMANN. 90

Wilhelm Macke, *Zur wellenmechanischen Behandlung von Vielkörperproblemen.* Vf. diskutiert ein Verf. zur quantenmechan. Behandlung vieler FERMI-Teilchen, dessen nullte Näherung die statist. Theorie u. ihre Verfeinerungen liefert. In höherer Näherung approximiert dieses Verf. die HARTREE-FOCKsche Meth. zur Berechnung solcher Vielkörperprobleme. (Ann. Physik [6] **17.** 1—9. 1955. Dresden, TH, Inst. für theoret. Phys.)
GERHARD SCHMIDT. 90

P. Bocchieri und **A. Loinger,** *Über die Beziehung der Theorie von Tomonaga-Schwinger zu der von Dirac-Fock-Podolsky.* Kovariante Verallgemeinerung einer von BECKER u. LEIBFRIED [1946] aufgestellten Meth., aus der sich die Äquivalenz der beiden angeführten Theorien für eine endliche Zahl von Teilchen ergibt. (Nuovo Cimento [10] **2.** 314—19. 1/8. 1955. Milano, Univ., Ist. di Sci. Fis., Ist. Naz. di Fis. Nucl.)
GERHARD SCHMIDT. 90

A. Kind, *Kernmechanik bei niedriger Energie und das Modell des unabhängigen Teilchens.* Direkte Ableitung des opt. Modells für Kern-Rkk. aus dem betrachteten Modell. (Nuovo Cimento [10] **2.** 443—49. 1/9. 1955. Padova, Univ., Ist. di Fis., Ist. Naz. di Fis. Nucl.) GERHARD SCHMIDT. 90

S. S. Schweber, *Über den Yang-Feldman-Formalismus.* Mathemat. Ableitungen des YANG-FELDMAN-Formalismus, der Kommutationsregeln u. der Streumatrixelemente. (Nuovo Cimento [10] **2.** 397—412. 1/9. 1955. Waltham, Mass., Brandeis Univ.) GERHARD SCHMIDT. 90

Richard Wilson, *Polarisation bei der Nucleonenstreuung bei verschiedenen Energien.* Die Polarisation von Nucleonen, die elast. an Kernen gestreut werden, wird mit dem opt. Modell berechnet, wobei der Kern als zylinderförmig u. ein Potential mit vorgegebenem Spin–Bahn-Anteil angenommen werden. (Philos. Mag. [7] **46.** 769—82. Juli 1955. Oxford, Clarendon Labor.) D. GEISSLER. 90

W. Wladimirski und **Ja. Smorodinski,** *Korrelation der Polarisation bei der Nucleonenstreuung.* Die Best. der Komponenten des Polarisationstensors durch Streuung von polarisierten Nucleonen an einem nichtpolarisierten H-Filter wird für nichtrelativist. Teilchen behandelt. Es werden 2 Polarisationsanalysatoren, z. B. aus C, benutzt, auf die die beiden Teilchen, die bei der Streuung im Filter beteiligt sind, fallen. Auf diese Weise wird gleichzeitig die Polarisation der beiden Teilchen erhalten. (Доклады Академии Наук СССР [Ber. Akad. Wiss. UdSSR] **104.** 713—16. 11/10. 1955.) M. WIEDEMANN. 90

Je. L. Feinberg, *Unelastische Beugungsprozesse bei hohen Energien.* Zusammenfassende Übersicht mit folgenden Abschnitten: 1. Allg. Grundlagen, 2. elektromagnet. Prozesse bei Kernstößen, 3. reine elektromagnet. Prozesse, 4. Kernprozesse. — 38 Literaturangaben. (Успехи Физических Наук [Fortschr. physik. Wiss.] **58.** 193—230. Febr. 1956.) E. KLEVER. 90

M. H. MacGregor, William P. Ball und **Rex Booth,** *Unelastische Wirkungsquerschnitte bei 14 MeV.* (Sitzungsbericht.) (Physic. Rev. [2] **100.** 1793. 15/12. 1955. Livermore, Calif., Univ. of California.) GERHARD SCHMIDT. 90

W. S. Blank, *Verhalten der Greenschen Funktion eines Elektrons bei kleinen Impulsen.* Das Verh. der GREENschen Funktion bei kleinen Impulsen wird untersucht. Es wird eine asymptot. Formel für die GREENsche Funktion des Elektrons bei $k^2 \approx m^2$ abgeleitet. (Доклады Академии Наук СССР [Ber. Akad. Wiss. UdSSR] **104.** 706—09. 11/10. 1955. Moskau, Lomonossow-Univ.) M. WIEDEMANN. 90

L. B. Okun, *Über die Polarisation von Elektronen beim Zerfall von polarisierten μ-Mesonen.* Die Polarisation der Elektronen beim Zerfall eines polarisierten μ-Mesons nach $\mu \rightarrow e + \nu_1 + \nu_2$ wird behandelt. Ihre Messung soll Aufschluß über die Konstanten g_i, welche die Wechselwrkg. bestimmen, geben, (Доклады Академии Наук СССР [Ber. Akad. Wiss. UdSSR] **104.** 840—42. 21/10. 1955.) M. WIEDEMANN. 90

J. D. Anderson, R. W. Kenney und **C. A. McDonald,** *Ausbeute von π^0-Photomesonen als eine Funktion der Kernladungszahl.* (Sitzungsbericht.) (Physic. Rev. [2] **100.** 1798—99. 15/12. 1955. Berkeley, Calif., Univ. of California.) GERHARD SCHMIDT. 90

William Imhof, V. Perez-Mendez und **H. Easterday,** *π^+-Photomesonenerzeugung aus verschiedenen Kernen bei 135°.* (Sitzungsbericht.) (Physic. Rev. [2] **100.** 1798. 15/12. 1955. Berkeley, Calif., Univ. of California and Livermore.) GERHARD SCHMIDT. 90

K. M. Crowe, R. M. Friedman und **D. C. Hagerman,** *π^+-Photoerzeugungsverhältnis von Deuterium zu Wasserstoff.* (Sitzungsbericht.) (Physic. Rev. [2] **100.** 1799. 15/12. 1955. Stanford Univ.) GERHARD SCHMIDT. 90

M. Abraham und **S. J. Goldsack,** *π-Mesonenerzeugung in Blei und Kohlenstoff.* (Sitzungsbericht.) (Physic. Rev. [2] **100.** 1799. 15/12. 1955. Berkeley, Calif., Univ. of California.) GERHARD SCHMIDT. 90

John Ise jr., Andre Lagarrigue und **Robert V. Pyle,** *Unelastische Querschnitte für ein 5 GeV-π^--Bevatronbündel in Blei und Aluminium.* (Sitzungsbericht.) (Physic. Rev. [2] **100.** 1799. 15/12. 1955. Paris, École Polytechn.; Berkeley, Calif., Univ. of California.) GERHARD SCHMIDT. 90

W. S. McDonald, Vincent Peterson und **Dale R. Corson,** *Photoerzeugung neutraler Pionen aus Protonen in Vorwärts-Pion-Winkeln.* (Sitzungsbericht.) (Physic. Rev. [2] **100.** 1799. 15/12. 1955. California Inst. of Technol.; Cornell Univ.) GERHARD SCHMIDT. 90

Baxter H. Armstrong, *Pion–Proton-Querschnitte bei hoher Energie.* (Sitzungsbericht.) (Physic. Rev. [2] **100.** 1798. 15/12. 1955. Berkeley, Calif., Univ. of California.) GERHARD SCHMIDT. 90

Yoshihiko Miyachi, *Über die Pion–Nucleon-Streuung.* Vf. berechnet nach einer nichtlokalen Feldtheorie differentielle u. totale Streuquerschnitte für $\pi^+ + p \rightarrow \pi^+ + p$, $\pi^- + p \rightarrow \pi^- + p$ u. $\pi^- + p \rightarrow \pi^0 + n$. (Progr. theoret. Physics [Kyoto] **9.** 469—70. April 1953. Hiroshima, Univ., Res. Inst. for Theoret. Phys. [Orig.: engl.]) D. GEISSLER. 90

L. D. Pusikow und **Ja. A. Smorodinski,** *Korrelation der Zerfallsebenen von V^0-Paaren und der Spin von ϑ^0-Mesonen.* Vff. behandeln den Zerfall des Λ^0 u. den des ϑ^0, weiterhin die Korrelation ihrer Zerfallsebenen. Nach den Berechnungen muß der Spin des Λ^0 größer als 7/2, der des ϑ^0 verschieden von Null u. bedeutend kleiner als der des Λ^0 sein. (Доклады Академии Наук СССР [Ber. Akad. Wiss. UdSSR] **104.** 843—45. 21/10. 1955.) M. WIEDEMANN. 90

H. C. Brinkman, *Erwiderung auf die Mitteilung von Tietz: Analytische Näherungslösung der Thomas-Fermi-Gleichung für Atome.* (Vgl. C. **1956.** 4903.) Vf. vergleicht die von ihm angegebene u. die von TIETZ (vgl. hierzu C. **1956.** 3749) vorgeschlagene Näherungslösung der THOMAS-FERMI-Gleichung für Atome mit der exakten Lösung. (J. chem Physics **23.** 1560. Aug. 1955. Delft, Central Labor. T. N. O.) H. NELKOWSKI. 95

T. Tietz, *Erwiderung auf Brinkmans vorstehende Mitteilung.* (Vgl. vorst. Ref.) Vf. begründet die von ihm gewählte Näherungslösung u. grenzt ihr Anwendungsgebiet von. dem der BRINKMANschen Näherungslösung ab. (J. chem. Physics **23.** 1560—61. Aug. 1955. Lodz, Univ., Dep. of Theoret. Phys.) H. NELKOWSKI. 95

R. Bouchez, J. Robert und **J. Tobailem,** *Wirkung der Kernstruktur auf die statistische Formel von Bethe-Weizsäcker.* (Vgl. C. **1955.** 7598.) Vff. zeigen, daß das statist. Gesetz der Bindungsenergie nicht mit Sicherheit die Bindungsenergie wiedergibt, aber als Analysenmeth. u. zur Klassifizierung der Kerne dienen kann. (J. Physique Radium **14.** 26S. Okt. 1953. Paris, Univ., Labor. Curie.) GERHARD SCHMIDT. 95

Roger Nataf, *Über die Rotations-Kollektivbewegungen der Kerne.* 1. Mitt. Mit Hilfe der von A. BOHR eingeführten Koordinatentransformation leitet Vf. den HAMILTON-Operator des hydrodynam. Modells aus demjenigen des Nucleonensyst. ab. (C. R. hebd. Séances Acad. Sci. **240.** 2510—12. 27/6. 1955.) GERHARD SCHMIDT. 95

Roger Nataf, *Über die Rotations-Kollektivbewegungen der Kerne.* 2. Mitt. (1. vgl. vorst. Ref.) Prüfung der Eigg. des erhaltenen HAMILTON-Operators (l. c.) u. der Anwendungsmöglichkeit der Methode. (C. R. hebd. Séances Acad. Sci. **241.** 31—33. 4/7. 1955.) GERHARD SCHMIDT. 95

Claude Marty, *Über eine neue Methode zur Erlangung der Kernrotationsniveaus.* 1. Mitt. Ausgehend vom einfachen Rumpfkernmodell werden die allg. Eigg. des entsprechenden HAMILTON-Operators untersucht. (C. R. hebd. Séances Acad. Sci. **241.** 855—57. 3/10. 1955.) GERHARD SCHMIDT. 95

Claude Marty, *Über eine neue Methode zur Erlangung der Kernrotationsniveaus.* 2. Mitt. (1. vgl. vorst. Ref.) Mit Hilfe einer neuen Quantenzahl $|K|$ lassen sich die Rotationsspektren für Rumpfkerne mit oder ohne Symmetrieachse berechnen. (C. R. hebd. Séances Acad. Sci. **241.** 928. 10/10. 1955.) GERHARD SCHMIDT. 95

Claude Marty, *Über eine neue Methode zur Erlangung der Kernrotationsniveaus.* 3. Mitt. (2. vgl. vorst. Ref.) Mathemat. Analyse zu l. c. (C. R. hebd. Séances Acad. Sci. **241.** 1112—13. 24/10. 1955.) GERHARD SCHMIDT. 95

G. Fischer, R. Beeler, C. Manus, G. Béné, P. Denis und **R. Extermann,** *Neue Meßanordnungen der Kernresonanz mit Frequenzmodulation.* Mit einer Anordnung, bei der die Resonanzstrahlen vorzugsweise durch Modulation der Anregungsfrequenz beobachtet werden, wird die magnet. Kernresonanz der Protonen bei 14,8 MHz mit einer Frequenzmodulation von 30 Hz ermittelt. (Arch. des Sci. **7.** 397—400. 1954. Genève, Inst. de Phys.) GERHARD SCHMIDT. 95

R. A. Ferrell und **W. M. Visscher,** *Kernkompressibilität und die 0^+-Zustände von Sauerstoff 16 und Kohlenstoff 12.* (Sitzungsbericht.) (Physic. Rev. [2] **100.** 1796. 15/12. 1955. Univ. of Maryland.) GERHARD SCHMIDT. 95

Bernard Jancovici, *Über die Dilatation der s-Schale von ^{16}O.* Durch Variationsrechnung wird die Deformation geschätzt, die in der s-Schale eines ^{16}O-Kerns durch die p-Nucleonen hervorgerufen wird. Die Strahlung der Schale liegt nur 5% über derjenigen des α-Teilchens. Sie ist absol. kleiner als in einem Modell mit parabol. Mulde. (C. R. hebd. Séances Acad. Sci. **240.** 1608—10. 13/4. 1955.) GERHARD SCHMIDT. 95

J. B. Marion und **R. A. Chapman,** *Tiefliegende Niveaustruktur des ^{65}Zn-Kerns.* (Sitzungsbericht.) (Physic. Rev. [2] **100.** 1795. 15/12. 1955. Rice Inst.) GERHARD SCHMIDT. 95

E. Brun, W. E. Meyerhof und **J. J. Kraushaar,** *Angeregte Zustände von* ^{72}Ge. (Sitzungsbericht.) (Physic. Rev. [2] **100.** 1795. 15/12. 1955. Stanford Univ.) GERHARD SCHMIDT. 95

L. S. Goodman und **S. Wexler,** *Kernspin und magnetisches Moment des 54 Minuten-* ^{116m}In. (Sitzungsbericht.) (Physic. Rev. [2] **100.** 1796. 15/12. 1955. Argonne Nat. Labor.) GERHARD SCHMIDT. 95

H. A. Tolhoek und **J. A. M. Cox,** *Winkelverteilung und Polarisation der von ausgerichteten Kernen emittierten γ-Strahlung.* (Vgl. C. **1955.** 10187.) Ausführliche Darst. der C. **1956.** 3750 u. 3751 referierten Arbeiten. (Physica **19.** 101—19. Jan./Febr. 1953. Utrecht, Univ., Inst. voor theoret. Natuurk.) G. KIRSCHSTEIN. 103

R. E. Behrends, R. J. Finkelstein und **A. Sirlin,** *Strahlungskorrekturen an Zerfallsprozessen.* (Sitzungsbericht.) (Physic. Rev. [2] **100.** 1809. 15/12. 1955. Los Angeles, Calif., Univ. of California.) GERHARD SCHMIDT. 103

E. Odeblad, B. Holma und **E. Gustavsson,** *Kernphotoreaktion zum Nachweis von Deuterium.* Vff. beschreiben das Verf. für die photonucleare Rk. auf D, wobei ^{24}Na (100 mC) als γ-Quelle benutzt wird. Die Neutronen werden in Paraffin thermalisiert u. in Ag eingefangen. Die Ag-Aktivität wird mit GEIGER-MÜLLER- u. Scintillationszählern registriert. Auf diese Weise lassen sich 100 mg D analysieren. Verbesserung der Anordnung (bis zu 3 mg D) wird angestrebt. (Nordisk Med. **52.** 1735—36. 9/12. 1954. Stockholm, Sabbatsbergs sjukhus.) GERHARD SCHMIDT. 103

W. P. Dshelepow, W. I. Mosskalew und **Ss. W. Medwed,** *Totaler (p,p)-Wirkungsquerschnitt im Energieintervall 410—660 MeV.* 660 MeV-Protonen des Synchrocyclotrons fielen nach Bündelung durch einen Magneten u. einen Kollimator auf eine Schicht aus fl. H_2. Als Detektor diente ein Flüssigkeitsscintillator aus Terphenyl in Toluol. Zur Herabsetzung von E_p diente ein Polyäthylenfilter, zur Messung die Best. der Ionisationsreichweite in Cu. Der Gesamtwirkungsquerschnitt (in 10^{-27} cm²) stieg von 26,9 bei 410 MeV auf 41,4 bei 660 MeV. Der Querschnitt für die elast. Streuung wird zu 23 konstant angenommen, der für die unelast. (Mesonenbldg.) steigt dann von 10—15% auf 40—45% an. Der Anteil der Rk. $p + p \rightarrow \pi^+ + p + n$ ist angegeben. Bei 660 MeV hat das Proton bereits eine niedrige Durchlässigkeit für Nucleonenwellen. (Доклады Академии Наук СССР [Ber. Akad. Wiss. UdSSR] **104.** 380—83. 21/9. 1955. Inst. für Kernprobleme der Akad. der Wiss. der UdSSR.) M. WIEDEMANN. 103

W. Czyż, *Eine einfache Theorie der Reaktion* $^{7}Li(\gamma, {}^{3}H)^{4}He$. Zur Erklärung des Mechanismus der angeführten Rk. wird ein Zweikörpermodell des ^{7}Li-Kerns, der wahrscheinlich aus einem Triton u. einem α-Teilchen zusammengesetzt ist, angenommen. Die Wechselwrkg. zwischen den beiden Teilchen wird als ein quadrat. Muldenpotential vom Radius r_0 u. der Tiefe V betrachtet. V ist eine Funktion des Bahndrehimpulses des t-α-Systems. Es werden Einzelheiten des Verlaufs der Querschnittskurve in den Energiebereichen 4 MeV $\lesssim \hbar\omega \lesssim$ 10 MeV u. $\hbar\omega \lesssim$ 4 MeV wiedergegeben. Die Messungen der Winkelverteilung der Tritonen für die Energie 14 MeV $\lesssim \hbar\omega \lesssim$ 18 MeV können außerdem wichtige Informationen über den Mechanismus der Rk. ^{7}Li(ν, t)α liefern. (Nuovo Cimento [10] **2.** 320—22. 1/8. 1955. Krakau, Jagiellonian Univ., Physic. Inst.) GERHARD SCHMIDT. 103

Fedor Boreli und **Branislav Lalovic,** *Beim Beschuß von Beryllium mit Deuteronen erzeugte Neutronen.* Die Neutronenausbeute an dünnen Be-Targets beim Beschuß mit Deuteronen wird nach der Scintillationsmeth. gemessen, die Anregungsfunktion im Bereich 700 keV $< E_d <$ 1500 keV ist angegeben. (Nature [London] **176.** 1021. 26/11. 1955. Belgrad, Inst. Boris Kidrič.) F. WEIGEL. 103

C. A. Barnes und **R. W. Kavanagh,** *15 MeV-γ-Strahlung aus* $^{11}B + d$. (Sitzungsbericht.) (Physic. Rev. [2] **100.** 1796. 15/12. 1955. California Inst. of Technol.) GERHARD SCHMIDT. 103

W. R. Mills jr., H. H. Hilton III und **C. A. Barnes,** *Innere Konversionskoeffizienten niedrig angeregter Zustände von* ^{19}F. (Sitzungsbericht.) (Physic. Rev. [2] **100.** 1794. 15/12. 1955. California Inst. of Technol.) GERHARD SCHMIDT. 103

Th. Stribel, *Neuvermessung des mit dem β-Zerfall des* ^{37}S *verbundenen γ-Überganges.* 30 g CCl_4 wurden 10 Min. mit schnellen Li(d,n)-Neutronen bestrahlt (Bldg. von ^{37}S durch (n,p)-Rk.) u. anschließend ohne Trennung sofort auf den NaJ-Kristall des Spektrographen gebracht. Das Spektr. wird mit einem Textronix 513-B-Oscilloskop photograph. aufgenommen. Die Energie der γ-Linie wird zu 3,09 ± 0,03 MeV bestimmt. Zur Energieeichung werden die Paarbildungslinien u. das ^{24}Na-Spektr. benutzt. (Z. Naturforsch. **11 a.** 254. März 1956. Hechingen, MPI für Phys. der Stratosphäre, Hochspannungslabor.) H. NELKOWSKI. 103

R. Bouchez, P. Hubert, N. Perrin und **M. Sakaï**, *Der Zerfall von ^{65}Zn und die verbotenen Übergänge der Ordnung $\Delta L = 2$.* Mit einem β-Magnetlinsenspektrometer u. einem γ-Scintillationsspektrometer wird unter der Annahme, daß der Anteil der Übergänge, die zum Grundzustand führen, 55% ist, geschlossen, daß das Verhältnis K-Einfang/β^+ = 34 + 7 ist, wenn die Theorie den Wert 18 für $\Delta L = 2$ u. 31 für $\Delta L = 0$ vorsieht. (J. Physique Radium **14.** 29S–30S. Okt. 1953. Paris, Univ., Inst. du Radium, Labor. de Synth. atom. der C. N. R. S.) GERHARD SCHMIDT. 103

P. Radvanyi, *Untersuchung des L-Einfangs in Krypton 79.* (Vgl. C. **1953.** 8773 u. **1955.** 11328.) Diskussion der Diskrepanz zwischen den beobachteten (l. c.) u. theoret. Werten für das Verhältnis von L-Einfang/K-Einfang. (J. Physique Radium **14.** 25S–26S. Okt. 1953. Paris, Coll. de France, Labor. de Chim.) GERHARD SCHMIDT. 103

S. W. Mead, M. D. Petroff und **W. O. Doggett**, *Halbwertszeit von ^{110}Sn.* (Sitzungsbericht.) (Physic. Rev. [2] **100.** 1794. 15/12. 1955. Berkeley, Calif., Univ. of California.) GERHARD SCHMIDT. 103

Julien Verhaeghe und **Jean Demuynck**, *Über die Konversionsspektren der Isotope ^{137}Ba und ^{134}Ba.* Messung der Intensitätsverhältnisse der Konversionselektronen mit einem doppelfokussierenden β-Spektrometer mit der Auflösung 500. Gefunden werden für ^{137}Ba K/L = 5,2 ± 0,2, K/(L + M) = 4,1 ± 0,2, L/(M + N) = 3,6 ± 0,2. Die γ-Strahlung von ^{137}Ba ist wahrscheinlich ein gemischter E 5–M 4-Übergang. In ^{134}Cs–^{134}Ba werden 12 K- u. 2 L-Konversionslinien gefunden. Sie entsprechen γ-Strahlen von (Intensität der Linien in Klammern) 200,4 (0,04), 208,3 (0,04), 475,3 (0,04), 563,9 (0,15), 570,4 (0,2), 605,5 (1, K/L 6,3 ± 0,6), 661,8 (0,02), 796,6 (1, K/L 8,0 ± 0,8), 801,9 (0,15), 1034,5 (0,04), 1168 (0,04) u. 1370 keV (0,04). (C. R. hebd. Séances Acad. Sci. **239.** 1374–76. 22/11. 1954.) G. HERRMANN. 103

R. R. Smith und **S. D. Reeder**, *Aktivierungsquerschnitte von ^{90}Y und ^{142}Pr.* Vff. bestrahlen spektrograph. reines Y_2O_3 u. Pr_6O_{11} mit einem integralen Neutronenfluß von $3{,}2 \cdot 10^{20}$ Neutronen/cm², reinigen die bestrahlten Proben durch Ionenaustausch an Dowex 50 (Eluant: 0,24 mol Citronensäure, $\Theta = 87^0$) von etwaigen Fremderden u. messen die Abfallskurven der reinen Y- bzw. Pr-Fraktion. Nach dem Abklingen der durch (n, γ)-Prozeß in 1. Ordnung entstandenen Aktivitäten ^{90}Y (61 Std.) u. ^{142}Pr (19,2 Std.) fallen die Restaktivitäten mit $T_{1/2}$ = 61 Tagen (^{91}Y) bzw. $T_{1/2}$ = 13,7 Tagen (^{143}Pr) ab. Die Nuclide ^{91}Y u. ^{143}Pr entstehen in einem (n, γ)-Prozeß 2. Ordnung aus ^{90}Y u. ^{142}Pr; aus ihrer Ausbeute läßt sich σ(n, γ) für diesen Prozeß bestimmen; gefunden wird σ(n, γ) < 6,5 barn (^{90}Y) u. σ = 18 ± 3 barn (^{142}Pr). (J. chem. Physics **23.** 2108–10. Nov. 1955. Idaho Falls, Idaho, Atomic Energy Div., Phillips Petroleum Comp.) F. WEIGEL. 103

J. G. Carver und **T. F. Godlove**, *Einfangresonanzen in Te, W und In für langsame Neutronen.* (Sitzungsbericht.) (Physic. Rev. [2] **99.** 1634. 1/9. 1955. Yale Univ.) GERHARD SCHMIDT. 103

Lennart Simons, *Innere Konversion des 0,411 MeV-γ-Strahls von ^{198}Hg.* Die Konversionskoeffizienten wurden unter Annahme direkter Zuordnung eines 0,965 MeV-Elektrons u. des 0,411 MeV-γ-Strahls zu $\alpha_K = 0{,}0318$, $\alpha_L = 0{,}0103$ u. $\alpha_M = 0{,}0031$ bestimmt. Berücksichtigung der Abzweigung des 0,29 MeV-β-Strahls (1,76%) ergibt $\alpha_K = 0{,}0307$. Aus der Übereinstimmung mit theoret. Werten für Quadrupolstrahlung wird geschlossen, daß der 0,411 MeV-γ-Strahl als reine Quadrupolstrahlung anzusehen ist. (Physic. Rev. [2] **86.** 570. 15/5. 1952. Helsinki, Univ., Inst. of Phys.) W. GANS. 103

M. A. S. Ross, A. J. Cochran, J. Hughes und **N. Feather**, *Die Fluorescenzausbeuten der L-Niveaus von Wismut.* Unter Verwendung des experimentellen Materials über relative Intensitäten der Bi-L-Linien, die durch innere Konversion beim Zerfall von RaD entstehen, sowie des Verhältnisses F/R beim RaD-Zerfall (F = Gesamtzahl der L-Fluorescenzquanten, R = Gesamtzahl der γ-Quanten pro Zerfall), werden die Fluorescenz-, AUGER- u. COSTER-KRONIG-Ausbeuten für die L-Niveaus von Bi neu berechnet. Einige aus den Ergebnissen zu ziehende Folgerungen für den radioakt. Zerfall von RaD werden diskutiert. (Proc. physic. Soc., Sect. A **68.** 612–24. 1/7. 1955. Edinburgh, Univ., Dep. of Natural Philos.) A. FAESSLER. 103

W. M. Strutinski, *Über Korrelationserscheinungen beim α-Zerfall.* Vf. behandelt die Winkelverteilung der α-Teilchen sowie die Winkelkorrelation zwischen α-Teilchen u. γ-Strahlung in Abhängigkeit vom Vorzeichen der Deformation der Kerne. Ein Vgl. mit den Ergebnissen an ^{241}Am mit E_α = 5,48 MeV u. E_γ = 60 keV ergab bei einer Asymmetrie P (π/2)/P(π) = 1,27 ein positives Quadrupolmoment des Kerns ^{237}Np im Spinzustand 5/2 (60 keV) u. auch 7/2, ferner des Kerns ^{241}Am im Grundzustand. (Доклады Академии Наук СССР [Ber. Akad. Wiss. UdSSR] **104.** 524–26. 1/10. 1955.) M. WIEDEMANN. 103

R. E. Vollrath und **J. A. R. Samson,** *Erreichbarkeit hoher Temperaturen für Kernfusion.* (Sitzungsbericht.) (Physic. Rev. [2] **100.** 1793. 15/12. 1955. Univ. of Southern California.) Gerhard Schmidt. 103

G. Valladas und **L. Cohen,** *Die α-Spektrometrie mit der Stoßionisationskammer.* Mit der von Vff. entwickelten Verstärkeranordnung gelingt es, die Standardabweichung auf 10 keV herabzusetzen. Dieses Ergebnis wird mit einer Ionisationskammer erhalten, die mit Ionensammlung u. einer klass. elektron. Anordnung arbeitet. Für *Io* wird die Intensität des α_1 der Feinstruktur zu $(24{,}5 \pm 2)\%$ $(75{,}5\%$ für $\alpha_0)$ u. die Energiedifferenz zu α_0 zu 67 ± 3 keV gefunden. (J. Physique Radium **14.** 26 S—27 S. Okt. 1953. Saclay, CEN, Serv. des Construct. électriques et de Phys. nucl.) Gerhard Schmidt. 112

J. B. Bellicard und **A. Moussa,** *Aberrationen und Trennvermögen der Magnetspektrographen für β-Strahlen mit doppelter Fokussierung.* Zum systemat. Vgl. der experimentellen u. theoret. Ergebnisse werden die Strahlenformen in den Spektrographen mit doppelter Fokussierung theoret. untersucht. (J. Physique Radium **15.** 79 S. Dez. 1954.) Gerhard Schmidt. 112

P. H. Fowler und **D. H. Perkins,** *Messung der Ionisation in Kernemulsionen.* Die Verteilung der Länge der Lücken in Bahnenspuren ionisierender Teilchen in Kernemulsionen verläuft exponentiell für alle Werte der spezif. Ionisation. Der Exponentialkoeff. g wird als das geeignete Maß für die Ionisation angesehen, u. es werden visuelle Methoden zu seiner Messung diskutiert, welche bei geringerem Zeitbedarf ebenso zuverlässige Werte liefern wie eine Photometrierung der Bahnspuren. Das Verhältnis von g, einer bestimmten Bahnspur, zu g_0, der Bahnspur eines relativist. Elektrons, ist prakt. unabhängig von dem Grad der Entw. der Emulsion. (Philos. Mag. [7] **46.** 587—610. Juni 1955. Bristol, Univ., H. H. Wills Physic. Labor.) H.-J. Eichhoff. 112

M. Wielowiejska, *Über die Anwendung der Kernemulsionsmethode auf die Bestimmung der Absorptionskoeffizienten für langsame Neutronen.* Mit 100 μ dicken, Li-beladenen Ilford C 2-Platten wird unter Verwendung einer Ra-Be-Quelle der Absorptionskoeff. μ u. der Absorptionsquerschnitt σ für *Al* u. *Pb* zu $\mu_{Al} = (0{,}09851 \pm 4\%)\text{cm}^{-1}$, $\mu_{Pb} = (0{,}2847 \pm 4\%)\text{cm}^{-1}$, $\sigma_{Al} = (1{,}64 \pm 4\%)$barn u. $\sigma_{Pb} = (8{,}63 \pm 4\%)$barn bestimmt. Zur Auswertung wird eine statist. Meth. benutzt, die auf der Zählung aller Bahnspuren von ^{3}H u. ^{4}He beruht, bei denen die Längenkomponente parallel zur Gesichtsfeldebene des Mikroskops zwischen 12 u. 42 μ liegt. (Bull. Acad. polon. Sci., Cl. III. **1.** 60—62. 1953. Krakau, Jagiellonian Univ., Inst. of Exper. Phys.) H.-J. Eichhoff. 112

C. Dahanayake, *Eine Methode zum Abstreifen von Kernemulsionen von ihrer Glasunterlage und für ihre Wiederbefestigung.* Angabe von zwei Methoden zum Abstreifen fertig verarbeiteter Kernemulsionen von ihrer Glasunterlage, wenn letztere z. B. gebrochen ist oder die Unterseite der Emulsion von einem Ag-Schleier gereinigt werden soll, u. ihrer Wiederbefestigung auf neuen Glasplatten ohne Beeinträchtigung der Auswertung. Bei der ersten Meth. erfolgt die Ablösung durch ~6std. Verweilen bei 35° in einer mit Wasserdampf gesätt. Atmosphäre. Bei der zweiten Meth. wird eine 0,2%ig. HF-Lsg. in einem Na-Acetatpuffer bei 12° verwendet. Die Wiederbefestigung auf neuen Glasplatten erfolgt in der üblichen Weise mit anschließendem 24std. Waschen in der Pufferlsg. u. W. sowie nachfolgendem Einlegen in eine 4%ig. Glycerinlsg. für 6 Stunden. (Nuovo Cimento [10] **1.** 1251—54. April 1955. Bristol, Univ., H. H. Wills Physic. Labor.) H.-J. Eichhoff. 112

C. W. Miller und **G. Saxon,** *Wirkung anomaler Schwächung in einem Linearbeschleuniger.* (Vgl. C. **1953.** 8169.) Weiterführung der Berechnungen über die erwartete Energie aus dem Beschleuniger für verschied. Aufladungsbedingungen u. Vgl. mit den gemessenen Werten bei einem mittleren Strom von 100 Impulsen/Sek. (μA.). (Nature [London] **172.** 463. 5/9. 1953. Manchester, Metropolitan-Vickers Electric. Ltd., Res. Dep.) Gerhard Schmidt. 112

David L. Judd, *Theoretische Untersuchung von Cyclotrons relativistisch konstanter Frequenz.* (Sitzungsbericht.) (Physic. Rev. [2] **100.** 1804. 15/12. 1955. Berkeley, Calif., Univ. of California.) Gerhard Schmidt. 112

Robert V. Pyle, Elmer L. Kelly, J. Reginald Richardson und **Robert L. Thornton,** *Elektronenmodelle von Cyclotrons relativistisch konstanter Frequenz.* (Vgl. vorst. Ref.) (Sitzungsbericht.) (Physic. Rev. [2] **100.** 1804. 15/12. 1955. Berkeley, Calif., Univ. of California.) Gerhard Schmidt. 112

Myron Heusinkveld, Mark Jakobson, Lawrence Ruby, Bob H. Smith und **Byron T. Wright,** *Untersuchungen mit einem Drei-Dees-Dreiphasen-Protonencyclotron.* (Sitzungsbericht.) (Physic. Rev. [2] **100.** 1804. 15/12. 1955. Berkeley, Calif., Univ. of California.) Gerhard Schmidt. 112

Bartolomeo Bellion und **Carlo Tribuno,** *Das in der industriellen Radiographie benutzte Betatron.* Vff. diskutieren die wichtigsten techn. Angaben über die Betatronradiographie u. die Vorteile, die diese neue Meth. radiograph. gegenüber den in der Industrie bisher gebräuchlichen, nichtzerstörenden radiolog. Materialprüfungen aufweist. Anwendungsbeispiele mit einem 31 MeV-Betatron. (Ricerca sci. **25.** 1400—14. Juni 1955. Torino, Centro di Studi Fis.-Biol., Labor. del Betatron.) C. GOTTFRIED. 112

M. C. Walters und **R. Thaine,** *Kohlenstoff 14-β-Autoradiographie hoher Auflösung.* Vff. beschreiben eine autoradiograph. Meth. für ^{14}C mit ILFORD G 5-Kernemulsion, die die Genauigkeit u. Reichweite der Lichtmikroskopie erreicht. $5 \cdot 10^{-10}$ g ^{14}C/g Gewebe sind noch nachweisbar. Durch Vgl. mit einem Polymethacrylat-^{14}C-Standard sind halbquantitative Bestimmungen möglich. Auch wasserlösl. Verbb. können untersucht werden, wenn die Fixierung durch Gefriertrocknung durchgeführt wird u. die Paraffinschnitte auf wasserfreiem Glycerin ausgebreitet werden. Die Schnitte werden auf die Kernspurplatten aufgelegt u. bleiben während der Entw. weitgehend unverändert, so daß die Autoradiographie wie das histolog. Bild gleichzeitig betrachtet werden können. (Nature [London] **173.** 1146—47. 12/6. 1954. Melbourne, Univ., School of Phys. and School of Botany.) G. HERRMANN. 112

Ray C. Chandler und **Wesley E. Shelberg,** *Die Rolle kolloidaler Elektrolyte bei Entseuchungsuntersuchungen.* Die Beziehung der physikal. Eigg. von Seifenlsgg. (die *K*-Salze der *Laurin-* u. *Palmitinsäure*) zu ihren Entgiftungskapazitäten radioakt. verseuchter Oberflächen wurden in einem weiten Bereich der Oberflächenspannung bis zur krit. Micellkonz. untersucht. Die krit. Micellkonzz. waren bei den beiden Salzen um den Faktor 10 unterschiedlich. Die zu untersuchenden Proben waren mit grauer Farbe gestrichene Al-Bleche, die mit ^{91}Y verseucht waren. Die Entseuchung ist unabhängig von der Oberflächenspannung, beginnt etwa bei der krit. Micellkonz. u. steigert sich dann schnell mit wachsender Micellkonzentration. (J. Colloid Sci. **10.** 393—402. Aug. 1955. San Francisco, Calif., U. S. Naval Radiol. Def. Labor.) P. WOLF. 112

William L. R. Rice, *Verwendung von Tonmassen zur Beseitigung radioaktiver Abfälle.* (Sitzungsbericht.) (Physic. Rev. [2] **99.** 340. 1/7. 1955. U. S. Air Force Inst. of Technol.) GERHARD SCHMIDT. 112

Werner Heisenberg, La fisica dei nuclei atomici. Firenze: G. C. Sansoni. 1955. (215 S. m. Abb. u. 3 Taf.) 16°. L. 900,—.

Wolfgang Wild, Tröpfchenmodell des Atomkerns und Zweikörperkräfte. München: Verl. d. Bayer. Akad. d. Wiss.; Beck in Komm. 1956. (371—452 S.) 8° = Bayer. Akad. d. Wiss. Sonderdruck aus d. Sitzungsberichten. 1955. Math.-Naturwiss. Klasse. 18. DM 8,—.

—, Proceedings of the International Conference on the Peaceful Uses of Atomic Energy held in Geneva 8. August—20. August 1955; v. 12, Radioactive isotopes and ionizing radiations in agriculture, physiology, and biochemistry. New York: Columbia Univ. Press. 1956. (562 S. m. Abb. u. Diagr.) Q. $ 9,—.

—, Proceedings of the International Conference on the Peaceful Uses of Atomic Energy held in Geneva 8. August—20. August 1955; v. 1, The world's requirements for energy: the role of nuclear energy. New York: Columbia Univ. Press. 1956. (490 S. m. Mapp. u. Diagr.) Q. $ 8,—.

A₂. Optisches Verhalten der Materie.

Armin J. Deutsch, *Alpha Equulei: Eine zweite Capella.* Spektrogramme des Vf. zeigen, daß α Equuleï viele spektroskop. Eigentümlichkeiten mit Capella gemeinsam hat. Genau wie bei diesem tritt eine starke Unterdrückung der G-Linien auf, vor allem bei *FeI* 4046, *SrII* 4215 u. *CaI* 4227. Aus den Spektren kann geschlossen werden, daß der A-Stern heißer ist als der G-Stern. Die Unters. von sieben weiteren zusammengesetzten Spektren zeigt keinen der auffallenden Unterdrückungseffekte wie bei α Equuleï u. Capella. (Publ. astronom. Soc. Pacific **66.** 58—64. April 1954. Carnegie Inst. of Washington, California Inst. of Technol., Mount Wilson and Palomar Observat.) H. PREUSS. 113

Helen M. Pillans, *Interstellare Linien von CH^+ im Spektrum von Epsilon Aurigae.* Es konnten zwei der drei scharfen interstellaren Linien von CH^+, $\lambda = 4232{,}54$ u. 3957,70, bei ε Aurigae festgestellt werden. Die dritte Linie $\lambda = 3745{,}31$ fällt dicht mit einer FeI-Linie zusammen u. kann daher nicht beobachtet werden. Aus sechs Aufnahmen konnten die Radialgeschwindigkeiten gemessen werden. Die Hauptfrage, ob diese Linien wirklich interstellar oder aber circumstellar sind, kann wahrscheinlich noch nicht beantwortet werden. (Publ. astronom. Soc. Pacific **66.** 327—29. Dez. 1954. Berkeley, Calif., Univ. of California, Berkeley Astronom. Dep.) H. PREUSS. 113

Winfried Petri, *Unterschiedliches Verhalten der Fe X- und Fe XIV-Emission in der Minimumcorona.* Vf. berichtet über Unterss. an den monochromat. Emissionslinien $\lambda = 6374$ Å (Fe X; „rote" Linie) u. $\lambda = 5303$ Å (Fe XIV; „grüne" Linie) an Einzelflecken

u. in fleckenfreien Gebieten der Sonnenoberfläche. Er findet, daß die oft ausgesprochene statist. Korrelation zwischen „roten" u. „grünen" Coronagebieten sich im wesentlichen auf die Verhältnisse über Fleckengebiete stützt u. daß bei den fleckenfreien Fe XIV-Emissionsgebieten hauptsächlich die Temp. eine Rolle spielt. (Naturwissenschaften **42.** 119. 1. März-H. 1955. München, Univ., Sternwarte.) E. Hahn. 113

Ss. K. Wssechswjatski, *Fragen des Ursprungs der Kometen und Meteoren und Probleme des Sonnensystems.* Auf der Grundlage der Eruptionstheorie werden die Eigg. von Kometen u. anderen kleinen Körpern im Sonnensyst. besprochen. Dabei wird auf ihr geringes Alter, die Fehler der Einfangtheorie von Laplace u. die chem. Eigg. u. Zuss. eingegangen. (Астрономический Журнал [Astronom. J.] **32.** 432—38. Sept./Okt. 1955. Kiew, Univ., Lehrstuhl für Astronom.) M. Wiedemann. 113

Ja. I. Chanin und **O. I. Judin,** *Zur Frage der Radiostrahlung von Kometen.* Vff. berechnen zunächst, daß für cm-Wellen die therm. Emission eines Kometenkopfes stärker ist als die der Galaxis. Die Emission des Kometenschwanzes liegt unterhalb der Nachweisgrenze. Die monochromat. Strahlung von 18,3 cm, herrührend von *OH*-Radikalen, u. von 9,45 cm, herrührend von *CH*-Radikalen, ist bei einer Konz. im Kometenkopf von 10^3 cm^{-3} zu schwach für einen Nachweis. (Астрономический Журнал [Astronom. J.] **32.** 439—44. Sept./Okt. 1955. Gorki, Univ., Physikal.-techn. Inst.) M. Wiedemann. 113

William C. White und **Richard N. Thomas,** *Ein qualitativer Vergleich zwischen den Spektren von Meteoren und Teilchen.* (Sitzungsbericht.) Meteore haben kinet. Energien von 3—530 eV/Atom u. ein metall. Linienspektr., entsprechend angeregten Niveaus bis zu 9 eV. Schnelle Teilchen (5—6 km/Sek.) haben kinet. Energien von 0,66—2,6 eV u. ein metall. Spektr. bis zu 5,9 eV. Die schnellen Teilchen ergeben ein Gebiet hoher kinet. Temp., während man das von der Mehrzahl der Meteore nicht annimmt. (Physic. Rev. [2] **87.** 912. 1/9. 1952. Utah, Univ.; Naval Ordn. Test Stat.) J. Kleffner. 113

J. Dufay, *Neue Fortschritte in der Untersuchung des Nachthimmelslichtes.* Fortschrittsbericht. (J. Physique Radium **11.** 45 S—46 S. Juni 1950. Lyon, Observat.) C. Gottfried. 113

V. C. A. Ferraro, *Die Nordlichter.* Zusammenfassender Überblick über die verschied. Nordlichttheorien. (Advances in Physics **2.** 265—320. Juli 1953. London, Univ., Queen Mary Coll.) C. Gottfried. 113

Mansel Davies und **W. J. Orville Thomas,** *Molekülspektren und Molekularstruktur.* Überblick über die 1954 erschienenen Arbeiten auf den folgenden Gebieten: Mikrowellenspektren von Gasen (Molekülparameter), Mikrowellenspektroskopie, paramagnet. Resonanz, Infrarotspektren, Raman-Spektren, Elektronenstreuung, kernmagnet. Resonanz; Kernquadrupolresonanz; Quadrupolkopplung u. Bindungscharakter; Bindungseigg.; Assoziation u. elektr. Polarisation. — 411 Literaturzitate. (Annu. Rep. Progr. Chem. **51.** 7—33. 1954, ausg. 1955.) M.-L. Klaar. 114

Herbert B. Rosenstock, *Über die optischen Eigenschaften von festen Körpern.* Es wird gezeigt, daß die gewöhnliche lineare (1. Ordnung) Theorie der Gitterschwingungen in Ionenkristallen ohne Benutzung der cycl. Grenzbedingungen zu einem elektr. Moment führt, das mit jeder n. Frequenz verbunden ist u. das, wie die Frequenz selbst, eine quasikontinuierliche Funktion des Ausbreitungsvektors ist. Aus den Berechnungen folgten eine Verbreiterung des Linienspektr. nullter Ordnung u. einige neue Absorptionskonstanten. Berechnungen für das eindimensionale Gitter u. eine Übertragung auf dreidimensionale Kristalle werden angegeben. (J. chem. Physics **23.** 2415—21. Dez. 1955. Washington, D. C., U. S. Naval Res. Labor.) E. Hahn. 114

Ta-You Wu, *Über die Kopplung zwischen Elektronen- und Kernbewegung und die Van der Waalssche Wechselwirkung zwischen Heliumatomen.* (Vgl. C. **1956.** 8531.) Es werden die l. c. für H_2^+ u. H_2 vorgenommenen Berechnungen für das Potential der Kopplung zwischen Elektronen- u. Kernbewegung für zwei He-Atome durchgeführt u. eine Wellenfunktion gefunden, die der von Rosen ähnelt. Diese Kopplungswechselwrkg., die umgekehrt proportional der red. M. der zwei Atome ist, bewirkt eine schwächere Bindung zwischen 2 ^{3}He-Atomen als zwischen 2 ^{4}He-Atomen. (J. chem. Physics **24.** 444—46. Febr. 1956. Ottawa, Can., Nat. Res. Council, Div. of Phys.) E. Hahn. 114

A. P. Stone, *Isotopieverschiebungen im Spektrum von Helium.* Die spezif. Verschiebungen der 2 ^{1}S- u. 2 ^{3}S-Terme von He wurden mit Hilfe der Wellenfunktionen von Hylleraas u. Undheim (Z. Physik **65.** [1930.] 759) sowie Huang (Astrophysic. J. **108.** [1948.] 354) nach der Störungsmeth. 1. Ordnung berechnet u. mit den experimentellen u. anderen theoret. Werten verglichen. Es wird geschlossen, daß die Kernbewegung den größten Beitrag zur Isotopieverschiebung des He liefert. (Nature [London] **176.** 130. 16/7. 1955. Oxford, Clarendon Labor.) G. Heinsohn. 118

H. Schüler und **A. Michel,** *Über ein neues Bandensystem des OH-Radikals oder -Ions.* Vff. beobachten im Bereich von $\lambda = 2545$ Å bis $\lambda = 2249$ Å in der Glimmentladung durch strömenden H_2O-Dampf neben dem bekannten OH-Spektr. noch ein neues Bandensyst., welches mit dem Bandensyst. im Sichtbaren den gleichen Endzustand besitzt. Das neue Bandensyst. wird gedeutet u. diskutiert. (Z. Naturforsch. **11 a.** 403—06. Mai 1956. Hechingen, Forschungsstelle für Spektroskop. der Max-Planck-Gesellschaft.) D. HAHN. 118

H. Schüler, A. Michel und **A. E. Grün,** *Über neue Emissionsbanden bei elektrischer Anregung des Ammoniaks.* In einer Hochfrequenzanregung mit Außenelektroden wurden in strömendem NH_3 bei Drucken bis 1 at im Gebiet 5200—8500 Å zwei neue Bandensysteme (C- u. D-Spektr.) beobachtet. Die entsprechenden, jedoch intensiveren Spektren von ND_3 zeigen eine auffallend große Isotopieverschiebung (bis $\sim$416 cm^{-1}). Als Träger für das C-Spektr. kommt auf Grund der Schwingungsstruktur ein aus einem oder mehreren H-Atomen u. mindestens 2 N-Atomen bestehendes Mol. in Frage. (Z. Naturforsch. **10 a.** 1—2. Jan. 1955. Hechingen, Max-Planck-Ges., Forschungsstelle für Spektr.; MPI für Phys. der Stratosph., Hochspannungslabor.) J. RUDOLPH. 118

Je. A. Werny, A. N. Saidel und **K. G. Schwebelblit,** *Spektrum und Energieniveau des Poloniumatoms.* Über 100 Linien werden im Po-Spektr. zwischen 2050 u. 8700 Å registriert (Genauigkeit 0,01 Å). Als Lichtquelle dient eine mit Po-Gas gefüllte Entladungsröhre. Im UV u. sichtbaren Bereich wird ein 2-Meter-Spektrograph mit Beugungsgitter (Dispersion 3,4 Å/mm), im nahen Infrarot ein 3-Prismen-Glasspektrograph mit Kamera (F = 270 mm) verwendet. 29 starke Linien werden als Übergänge zwischen 12 höheren u. 4 niederen Niveaus interpretiert. (Доклады Академии Наук СССР [Ber. Akad. Wiss. UdSSR] **104.** 710—12. 11/10. 1955.) K.-E. SEYB. 118

N. I. Kalitejewski und **M. P. Tschaika,** *Untersuchung der Hyperfeinstruktur der Spektren von Plutonium und Uranisotopen.* Ausführliche Darst. der C. **1956.** 7438 referierten Arbeit. (Вестник Ленинградского Университета, Серия Математики, Физики и Химии [Nachr. Leningrader Univ.] **10.** Nr. 11. [Ser. Math., Physik. Chem.] Nr. 4. 121—37. Nov. 1955.) M. WIEDEMANN. 118

H. Sun und **G. L. Weissler,** *Absorptionskoeffizienten von Stickoxyd im Vakuumultraviolett.* Mit Hilfe eines Vakuumgitterspektrographen wurden die Absorptionskoeffizienten von NO zwischen 374 u. 1300 Å gemessen. Es ergaben sich für diesen zwei Banden mit Maxima bei 620 u. 920 Å, von denen die erste wahrscheinlich dem Prozeß $NO \rightarrow N + O^{-*}$ in Übereinstimmung mit Messungen von HAGSTRUM, die zweite der Dissoziation von NO, ausgehend von den Übergängen vom Grund- zum oberen $^2\Pi$-Zustand, zugeordnet werden kann. (J. chem. Physics **23.** 1372—73. Juli 1955. Los Angeles, Calif., Univ. of South. California, Dep. of Phys.) G. HEINSOHN. 118

Dennis F. Evans, *Absorptionsspektren von Jod und Brom in der Gasphase und „inerten" Lösungsmitteln.* 1. Mitt. *Jod.* Bei gasförmigem J_2 u. bei Jod, welches in *Perfluoroheptan* (PFH) oder *Diperfluorohexyläther* aufgelöst ist, zeigt sich zwischen 2200 Å u. 2600 Å nicht die starke Absorption von Jod, welches in Paraffin-KW-stoffen aufgelöst ist. Auch für in *Chlf.* aufgelöstes Jod zeigt sich diese nur wenig. Es wird die Wechselwrkg. von n-Heptan mit Jod in PFH-Lsg. quantitativ untersucht. Vf. folgert, daß diese Absorption ein Ladungsübertragungs-Übergang ist u. keine Lösungsmittelverschiebung vom N-V-Übergang des Jodmoleküls. (J. chem. Physics **23.** 1424—26. Aug. 1955. Chicago, Ill., Univ., Dep. of Phys., Labor. of Mol. Struct. and Spectra.) D. HAHN. 118

Dennis F. Evans, *Absorptionsspektren von Jod und Brom in der Gasphase und „inerten" Lösungsmitteln.* 2. Mitt. *Brom.* (1. vgl. vorst. Ref.) Es wird die Absorption von Br_2, welches in verschied. „inerten" Lsgg. [$2 \cdot 10^{-3}$M in *Perfluoroheptan* (PFH), $9{,}8 \cdot 10^{-3}$M in PFH, $7{,}9 \cdot 10^{-3}$M Gas, $3{,}0 \cdot 10^{-3}$M Gas, sowie Br_2 in *Cyclohexan, Heptan* u. $CHCl_3$] aufgelöst ist, im Gebiet zwischen 2200 u. 5100 Å untersucht. Ähnliche Ergebnisse wie bei J_2 werden erhalten u. ebenso diskutiert. Bei Br_2, das in $CHCl_3$ aufgelöst ist, werden bei 2725 Å u. 2500 Å keine Maxima beobachtet. (J. chem. Physics **23.** 1426—28. Aug. 1955.) D. HAHN. 118

P. Pringsheim, *Absorptionsspektrum von ionisierter Strahlung ausgesetztem $NaNO_3$.* $NaNO_3$-Kristalle wurden mit Neutronen, γ-Strahlung oder Röntgenstrahlung bestrahlt u. die Veränderung des Absorptionsspektr. im UV gemessen. Es ergab sich eine Spitze bei 345 mμ, die bei tiefer Temp. eine charakterist. Struktur besitzt u. deren Ursache die Bldg. von NO_2^--Ionen ist, u. eine bei 335 mμ (Farbzentren), die keine Struktur zeigt u. sogar bei tiefer Temp. durch UV-Einstrahlung ausgebleicht werden kann. Die Farbzentren werden im Gegensatz zu den NO_2^--Ionen durch die ionisierende Strahlung teilweise zerstört. Daher ist die NO_2^--Bande in Kristallen, die bei höherer Temp. (z. B. im Reaktor) bestrahlt wurden, stärker als in röntgenbestrahlten Kristallen, bei denen die

Farbzentren überwiegen. (J. chem. Physics **23.** 369—75. Febr. 1955. Lemont, Ill., Argonne Nat. Labor., Chem. Div.) G. HEINSOHN. 118

D. Cozzi und **S. Vivarelli,** *Spektrochemische Studien über die niedrigeren Wertigkeiten des Niobs.* (Vgl. C. **1956.** 2376.) Vff. berichten über spektrophotometr. Unterss. bei der Red. von salzsauren Nb-Lsgg. an einer Hg-Kathode. Die Lsgg. von Nb(IV), die sich zuerst bilden, zeigen bei 478 mμ mit Maximalabsorption eine rotorange Färbung bei 13nHCl-Lsgg. u. eine blaue Färbung mit Absorptionsmaximum nahe bei 700 mμ bei 8—9nHCl-Lösungen. Eine Deutung der Farberscheinungen wird mit Hilfe vergleichender Betrachtungen an V(IV)-Verbb. durchgeführt. Das Nb(III) zeigt in 8—13nHCl-Lsg. negative Ladung u. besitzt ein Absorptionsspektr. mit drei Maxima, eine ziemlich ausgeprägte Bande bei 445 mμ u. zwei Banden bei 530 u. 650 mμ. Nur in 10—12nHCl-Lsgg. mit 20% Äthylglykol, das Nb(IV) komplex bindet u. eine Disproportionierung verhindert, ist eine Red. bis zur zweiwertigen Stufe möglich. Die Lsgg. sind intensiv gelb gefärbt u. besitzen ein Absorptionsspektr. mit einem Maximum bei 443 mμ. Bei 440 mμ verschwindet das Spektr., u. es tritt das Spektr. von Nb(III) auf, wobei die Färbung verschwindet. (Z. anorg. allg. Chem. **279.** 165—72. Juni 1955. Florenz, Univ., Inst. für Analyt. Chem.) D. HAHN. 118

G. L. Weissler und **L. Z. Maudlin,** *Absorption der Vakuumultraviolettstrahlung durch dünne Filme aus plastischen Massen.* (Sitzungsbericht.) (Physic. Rev. [2] **100.** 1800. 15/12. 1955. Univ. of Southern California.) E. KLEVER. 119

Hans Joachim Hofmann und **Karl Andress,** *Ramanspektroskopische Untersuchungen an Schwefel–Stickstoff–Sauerstoff-Verbindungen.* Vff. teilen die RAMAN-Spektren einiger Verbb. mit der N—S—O-Gruppierung mit u. geben eine Zuordnung der Frequenzen an. Die untersuchten Verbb. *K-Nitrilosulfonat,* $N(SO_3K)_2$ (**I**), *K-Imidodisulfonat,* $NH(SO_3K)_2$ (**II**); *Amidosulfonsäure,* NH_2SO_3H (**III**); *K-Amidosulfonat,* NH_2SO_3K (**IV**); *Sulfamid,* $(NH_2)_2SO_2$ (**V**) u. NH_4*-Trisulfimid,* $(NH_4)_3(NSO_2)_3$ (**VI**) besitzen als Grundkörper alle das Anion der Amidosulfonsäure. Die Spektren der Verbb. **I—V** zeigen eine starke, verbreiterte Linie bei 500—550 cm^{-1}, die der S—N-Valenzschwingung zugeordnet wird. Auf Grund einer Modellrechnung für **III** wird die Federkraft der S—N-Bindung mit $3{,}7 \cdot 10^5$ Dyn/cm angenommen. Zur Deutung des Spektr. des ringförmig gebauten Körpers **VI** wird das Spektr. der analogen u. isosteren Verb. *Trimetaphosphat* herangezogen. Die häufig beobachtete schlechte Lagekonstanz der S—O-Valenzfrequenzen wird diskutiert. An Hand der untersuchten Verbb. wird eine Abhängigkeit dieser Frequenzen von der Elektronegativität der Liganden um S u. damit von dessen Ladungszustand festgestellt. (Z. anorg. allg. Chem. **284.** 234—46. April 1956. Erlangen, Univ., Inst. für Anorg. Chem.) W. KRÖNERT. 120

H. Scholze und **A. Dietzel,** *Infrarotuntersuchungen an wasserhaltigen Silicaten.* Vff. benutzen zu Unterss. der Infrarotabsorption Gläser aus 74 Gew.-% SiO_2, 10% CaO, 16% Na_2O u. finden, daß die Infrarotabsorption sehr empfindlich auf den H_2O-Dampf der Ofenatmosphäre anspricht. Außerdem überlagert sich der H_2O-Geh. der Schmelze. Wird ein linearer Zusammenhang zwischen der Konz. an H_2O im Glas u. der Extinktion angenommen, so würden bei 10 bzw. 20% Feuchtigkeit in der Atmosphäre u. trockenem Gemenge ca. 0,04 bzw. 0,08% H_2O im Glas enthalten sein, bei H_2O-haltigem Gemenge u. trockener Atmosphäre bereits 0,14% u. in reiner H_2O-Dampfatmosphäre sogar 0,48%. Ferner untersuchen Vff. noch die OH-Absorption in Tonmineralien. (Naturwissenschaften **42.** 342—43. Juni 1955. Würzburg, MPI für Silikatforsch.) E. HAHN. 120

R. Keßler, *Ultrarotes Phosphorescenzlicht aus Germanium bei tiefen Temperaturen.* Während der Abkühlung auf —183° wird ein Ge-Einkristall im Vakuum mit Licht zwischen 1,9 u. 28 μ durchstrahlt. Bei Wiedererwärmung auf Raumtemp. wird die — an sich geringe — temperaturabhängige Absorptionsänderung bei der Abkühlung nicht in gleicher Weise rückwärts durchlaufen. Vielmehr tritt bei allen Proben (n- u. p-Typ) im Gebiet —150 bis —70° eine starke Erhöhung der als durchgelassen gemessenen Intensität auf. Diese erhöhte „Durchlässigkeit" wird durch eine opt. erregte ultrarote Phosphorescenz bei tiefen Tempp. erklärt. Das Spektr. der emittierten Strahlung ist unbekannt. (Z. Naturforsch. **10a.** 87—88. Jan. 1955. Köln, Univ., II. Phys. Inst.) J. RUDOLPH. 120

Fred L. Keller und **Alvin H. Nielsen,** *Messungen mit hoher Dispersion an ν_2 von NO_2 bei 200°.* (Sitzungsbericht.) (Physic. Rev. [2] **99.** 1624. 1/9. 1955. Univ. of Tennessee.) R. LEVI. 120

N. J. Hawkins, H. C. Mattraw, W. W. Sabol und **D. R. Carpenter,** *Spektroskopie von gasförmigen Carbonylen.* 1. Mitt. *Infrarotspektren und thermodynamische Eigenschaften von Chrom- und Molybdän-Hexacarbonylen.* Vff. untersuchen die infraroten Spektren von $Cr(CO)_6$, $Mo(CO)_6$ u. $W(CO)_6$ u. versuchen, ihre Spektren als Ergebnis eines $X(YZ)_6$-

Typ-Mol. von O_h-Symmetrie zu deuten. Von den 13 möglichen Grundschwingungsfrequenzen lassen sich 10 gut begründen. Zwei deutliche Typen von Fundamentalen lassen sich erkennen. Für verschied. Tempp. bis 600° K werden die thermodynam. Eigg. für die idealen Gase berechnet. (J. chem. Physics **23.** 2422–27. Dez. 1955. Schenectady, N. Y., Knolls Atomic Power Labor.) E. HAHN. 120

Th. Pobeguin, *Untersuchung einiger durch Lebewesen gebildeten Kalke mit Hilfe von Röntgenstrahlen und infraroten Strahlen.* Vf. bespricht speziell die Identifizierung von Calciumcarbonaten biol. Ursprungs mit Hilfe der Infrarotabsorptionsanalyse. Zu diesem Zweck wurden die Spektren von *Hexahydrat, Aragonit,* amorphem $CaCO_3$, *Calcit* u. *Vaterit* untersucht. Im Verlauf der Unterss. wurde festgestellt, daß man mit Hilfe dieser Spektren leicht geringe Mengen Calcit in Aragonit u. Vaterit nachweisen kann. Die Empfindlichkeit ist sehr viel größer für Spuren von Calcit in Aragonit als für Spuren von Aragonit in Calcit. Außerdem wurden Spektren hergestellt von Calcit + 5% α-$Ca_3(PO_4)_2$, α-$Ca_3 \cdot (PO_4)_2$ u. von α-$Ca_3(PO_4)_2$ + 5% Calcit. Hierbei wurde gefunden, daß es leicht ist, sowohl Spuren von Kalk in dem Phosphat als auch einen Zusatz von 5% α-$Ca_3(PO_4)_2$ zu Calcit auf diese Weise nachzuweisen. Mit Hilfe der Meth. wurde u. a. festgestellt, daß die Kruste der Crustaceen ca. 5–10% Phosphat, 10–15% Calcit u. 70–80% amorphes $CaCO_3$ enthält. Weiter wird mitgeteilt, daß auf den Röntgendiagrammen von frischem Knochenpulver nur die Interferenzen des α-$Ca_3(PO_4)_2$ auftreten. Das Infrarotspektr. enthält neben den Banden der Phosphate die Banden von Carbonaten, nicht jedoch die des Calcits. Dies ist eine Bestätigung der Annahme, daß das $CaCO_3$ im Knochen zum größten Teil in koll. Form vorliegt. Während weiter die Kalkkonkretionen gewisser Urticaceen u. Moraceen kein Röntgendiagramm liefern, treten auf den Infrarotspektren die breite Bande der Carbonate u. des amorphen $CaCO_3$ auf, spektrograph. konnte keine Spur P, dagegen 5–10% Kieselsäure nachgewiesen werden. Diese Kieselsäure stabilisiert den Kalk in seiner koll. Form in der lebenden Zelle. Die mkr. Unters. großer Kalkkonkretionen in dem Holz gewisser Moraceen ergab die Abwesenheit von amorpher Materie; röntgenograph. konnte vollkommen krist. Calcit nachgewiesen werden. Spektrograph. wurde das Fehlen von P, Spuren von SiO_2 sowie von Mg u. Spuren von Ba festgestellt. (J. Physique Radium **15.** 410–12. Mai 1954. Paris, Sorbonne, Labor. de Botan.) C. GOTTFRIED. 120

Séan P. McGlynn und **Michael Kasha,** *Deutung elektronischer Absorptionsbanden niedrigster Frequenz in anorganischen Molekülen des Typus* $XO_y^{z(-)}$ *als* $n \rightarrow \pi^*$*-Übergänge.* Es werden die niedrigsten Elektronenübergänge der einfachen Moll. des Typus $XO_y^{z(-)}$ theoret. untersucht (O bedeutet Sauerstoff, X ein Nichtmetall oder ein Übergangsmetallatom u. y = 1, 2, 3, 4, z = 0, 1, 2, 3). Untersucht werden $As_2O_4^{3-}$, CrO_4^-, MnO_4^-, MoO_4^-, OsO_4, ReO_4^-, RuO_4, UO_4^{2-}, VO_4^{3-}, $(WO_4)^{2-})$, (SeO_4^{2-}), CS_4^-, NO_3^-, (CO_3^{2-}), CS_3^{2-}, (SiO_3^{2-}), SO_3, NO_3, BrO_3^-, JO_3^-, (SeO_3^{2-}), SO_3^{2-}, NO_2^-, ClO_2 u. ClO_2^-. Die vorhergesagten Auswahlregeln u. die beobachteten Intensitäten stimmen überein. Die meisten Übergänge sind vom Typ $n \rightarrow \pi^*$. (J. chem. Physics **24.** 481–82. Febr. 1956. Tallahassee, Fla., Florida State Univ., Dep. of Chem.) E. HAHN. 121

Alan W. Smith, *Die Wirkung von Neutronenbeschuß auf einen Zinksulfidphosphor.* Vf. wendet auf die von SMITH u. TURKEVICH (C. **1955.** 5959) beschriebene Wrkg. eines Neutronenbeschusses auf ZnS-Phosphore das Modell von LAMBE u. KLICK an (vgl. C. **1956.** 7710). Im Gegensatz zu einem älteren Modell werden in diesem durch den Neutronenbeschuß keine Elektronenfallen, sondern Löcherfallen erzeugt. Diese Auffassung läßt eine bessere Deutung der durch die Bestrahlung verursachten Änderung der dielektr. Konstanten zu. (Physic. Rev. [2] **101.** 1263. 15/2. 1956. Cleveland, O., Nat. Carbon Res. Labors.) H. W. LEVI. 125

A₃. Elektrizität. Magnetismus. Elektrochemie.

Melvin A. Harrison, *Der erste Ionisationskoeffizient von Townsend in Stickstoff.* (Sitzungsbericht.) (Physic. Rev. [2] **100.** 1800. 15/12. 1955. Seattle Pacific Coll.) E. KLEVER. 131

G. N. Alexandrow, *Berechnung der Kennzahlen der Wechselstromcorona.* Für die Berechnung der Kennzahlen der Wechselstromcorona werden Gleichungen abgeleitet, die bei beliebigen Formen der Spannungskurve gelten u. für verschied. Coronasysteme anwendbar sind, auch im Dreiphasensystem. Die Berechnungsergebnisse werden mit Versuchsdaten verglichen. (Журнал Технической Физики [J. techn. Physik] **25.** 1804–16. Okt. 1955.) R. K. MÜLLER. 131

Harry S. Robertson, *Periodische Erscheinungen in Gleichstromglimmentladungen.* (Sitzungsbericht.) (Physic. Rev. [2] **99.** 1662. 1/9. 1955. Univ. of Miami.) H. LIEPACK. 131

H. J. Oskam, *Zündung der Hochfrequenzgasentladung in Neon–Argon-Mischungen.* (Sitzungsbericht.) (Physic. Rev. [2] **100.** 1228. 15/11. 1955. Eindhoven, Philips' Res. Labors.) H. LIEPACK. 131

John J. Draney jr. und **Michael Cefola,** *Dipolmomente einiger Ni(II)-Mercaptoesterchelate.* Es wird die Herst. von Bis-äthylthioglykol-Ni, Bis-hexadiäthylthioglykol-Ni, Bis-äthylthioacetoaceton-Ni u. von Bis-äthylthioacetoacetondipyridin-Ni beschrieben. Die Dipolmomente werden in benzol. Lsg. bei 25° zu 2,63 (2,53); 2,38 u. 4,54 D für die drei erstgenannten Stoffe bestimmt. Sie sind diamagnetisch. Die viertgenannte Substanz ist paramagnet. (Grammsusceptibilität $4{,}14 \cdot 10^{-6}$, effektives Moment 2,4 BOHRsche Magnetonen). Von den anderen Stoffen gelang es nicht, die Pyridinverbb. herzustellen. Aus diesen Befunden wird abgeleitet, daß die Moll. ebene Verteilung um das zentrale Ni-Atom besitzen. Übergang in tetraedr. Form in Lsgg. wird durch den Nachw., daß auch dort Diamagnetismus, besteht, ausgeschlossen. (J. Amer. chem. Soc. **76.** 1975—77. 5/4. 1954. New York, N. Y., Fordham Univ., Dep. of Chem.) K. L. WOLF. 132

H. E. Taylor, *Das dielektrische Relaxationsspektrum von Glas.* Die dielektr. Eigg. u. die Gleichstromleitfähigkeit von 5 Glassorten hat Vf. als Funktion der Frequenz (100—16000 Hz) u. der Temp. (bis 450°) bestimmt, um die Frage nach einem Relaxationsmechanismus in verschied. Gläsern zu klären. Aus der Gleichheit der Aktivierungsenergien für den Relaxations- u. den Leitfähigkeitsprozeß kann auf einen gleichen Mechanismus, die Bewegung von Alkaliionen durch das Glas, geschlossen werden. Dabei ist die Energiebarriere, die die Ionen bei ihrer Wanderung zu überwinden haben, maßgebend für die Höhe der elektr. Leitfähigkeit. Vf. nimmt jedoch an, daß die einzelnen Energiebarrieren nicht gleich sind, sondern verschied. Höhe besitzen. Die Relaxationszeiten werden ebenfalls durch die Höhe dieser Barrieren bestimmt u. sind damit Funktionen der Entropie u. Aktivierungsenergie. Während letztere konstant bleiben kann, zeigt die Entropie Schwankungen, die eine entsprechende Verteilung der Relaxationszeiten bewirken. Die Diskussion der für die verschied. Glassorten erhaltenen Meßergebnisse unter diesen Gesichtspunkten führt Vf. zu dem Schluß, daß die Art dieser Verteilung der Relaxationszeiten in allen Gläsern gleich u. keine charakterist. Eig. eines Glases ist. Die Breite des Relaxationsspektr. ist nahezu unabhängig von der Temperatur. (Trans. Faraday Soc. **52.** 873—81. Juni 1956. Sheffield, Univ., Dep. of Glass Technol.) H. U. WOELK. 132

G. Ecker, *Einfluß der Elektronenemission auf die Kathodenprozesse des Bogens.* (Sitzungsbericht.) (Physic. Rev. [2] **100.** 1232—33. 15/11. 1955. Bonn, Univ.) H. LIEPACK. 134

I. M. Bronstein und **T. A. Smorodina,** *Sekundäre Elektronenemission dünner Berylliumschichten.* 2. Mitt. (1. vgl. C. **1956.** 4627.) Um den Einfl. der Unterlage zu prüfen, wurden dünne Schichten aus Be mit Bedeckungsgraden Θ von 0,9 bis ca. 130, auch auf Ag aufgebracht u. der Koeff. der Sekundärelektronenemission σ u. die Energieverteilung dieser Sekundärelektronen in Abhängigkeit von der Energie der Primärelektronen bestimmt. Wie bei Be-Schichten auf Ni verringert sich für alle E_p σ mit steigendem Θ u. geht von $\sigma_{Ag\,max} = 1{,}56$ bei $E_p = 800$ eV auf $\sigma_{Be} = 0{,}6$ bei $E_p = 200$ eV über. Die Tiefe d, aus der Sekundärelektronen emittiert werden, steigt bis $E_p = 600$ eV an u. erreicht dann 23 mμ. Das Maximum der Verteilung der Sekundärelektronen d σ/d E_s verschiebt sich bei dünnen Be-Schichten auf Ag wie auf Ni ($\Theta \sim 1$) zu niedrigeren Werten von E_s, ca. 1—2 eV, bei dickeren Schichten wieder zu höheren E_s. (Журнал Экспериментальной и Теоретической Физики [J. exp. theoret. Physik] **29.** 495—500. Okt. 1955. Leningrad, Pädagog. Inst.) M. WIEDEMANN. 134

I. M. Bronstein und **T. A. Smorodina,** *Sekundäre Elektronenemission dünner Silberschichten.* 3. Mitt. (2. vgl. vorst. Ref.) Für dünne Ag-Schichten auf Ni, auf Be u. auf einer Be-Schicht von 26 Atomlagen, die ihrerseits auf Ni aufgebracht war, wurde der Koeff. der Sekundärelektronenemission δ in Abhängigkeit von E_p u. von Θ, der Dicke der Ag-Schicht, sowie die Energieverteilung der Sekundärelektronen d σ/d E_s bestimmt. Hieraus wurde die Austrittstiefe der Sekundärelektronen u. der Einfl. der Unterlage hierauf ermittelt. d steigt im Bereich von $E_p = 100—600$ eV linear an u. erreicht dann einen konstanten Wert von 100 Atomschichten. Bei $\Theta \sim 1$ wird die Kurve dσ/d E_s für Ag auf Ni nach links (zu niedrigeren E_s) u. für Ag auf Be nach rechts verschoben. Die Ergebnisse können auf Grund der Austrittsarbeiten von Ag (4,4 eV), Ni (5,0 eV) u. Be (3,9 eV) gedeutet werden. (Журнал Экспериментальной и Теоретической Физики [J. exp. theoret. Physik] **29.** 500—06. Okt. 1955.) M. WIEDEMANN. 134

J. Lepper, *Der Zusammenhang von Elektronenemission und Lumineszenzerscheinungen angeregter Kristalle.* An den luminescierenden Systemen $CaSO_4 \cdot Mn$ u. $NaCl \cdot Ag$ werden nach Erregung durch Röntgenstrahlen gleichzeitig der zeitliche Verlauf der abklingenden KRAMERschen Elektronenemission u. der Phosphorescenz sowie Glowkurven für beide Effekte gemessen. Der hyperbol. Abklingverlauf sowie die Lage der Glowmaxima stimmen für die Elektronenemission u. für die Phosphorescenz sehr gut überein. Mn-freies $CaSO_4$ hat die gleichen Charakteristiken bzgl. der Elektronenemission wie das Mn-haltige. Es wird ein Modell vorgeschlagen, nach dem die Elektronen des angeregten Kristalls in Haftstellen eingefangen sind, aus denen sie therm. z. T. unter Luminescenz oder strahlungslos in den Grundzustand übergehen, zu einem geringeren Teil aus der Kristalloberfläche austreten. Dabei spielt offenbar die häufig geringe Austrittsarbeit (NaCl 0,53 eV) u. möglicherweise eine weitere Herabsetzung durch Gitterstörungen oder Gasbeladung eine Rolle. (Z. Naturforsch. **10a.** 47—52. Jan. 1955. Gießen, Justus-Liebig-Hochschule, Phys. Inst.) J. RUDOLPH. 134

J. J. Lander, *Auger-Maxima im Energiespektrum von Sekundärelektronen verschiedener Materialien.* Mit einer ausführlich beschriebenen App. wurde das Energiespektr. der Sekundärelektronen von *C, Be, Al, Ni, Cu, Ba, Pt, BeO,* Al_2O_3, *NiO, CuO* u. *BaO* mit großer Genauigkeit gemessen. Für alle diese Materialien werden charakterist. Maxima beobachtet, die auf AUGER-Elektronen zurückzuführen sind. Die Erregung von AUGER-Maxima durch einen langsamen Elektronenstrahl gibt eine Möglichkeit zur Oberflächenanalyse. (Physic. Rev. [2] **91.** 1382—87. 15/9. 1953. Murray Hill, N. J., Bell Telephone Labors.) ROLAND HÜTTENRAUCH. 134

K. S. Krishnan und **S. C. Jain,** *Thermionische Konstanten von Halbleitern.* Vff. heben die Vorteile der Effusionsmeth. gegenüber der Emissionsmeth. zur Best. der thermion. Konstanten von Metallen hervor. Mit ihr kann nicht nur die Austrittsarbeit genau, sondern auch ihr Temperaturkoeff. bestimmt werden. Außerdem ist es möglich, mit dieser Meth. die thermion. Konstanten von Halbleitern zu bestimmen. Über Ergebnisse an Ni-Streifen, die mit dreifachen Carbonaten von Ba, Sr u. Ca in mol. % von 47,5, 46,0 u, 6,5 überzogen waren, wird berichtet. (Nature [London] **177.** 285. 11/2. 1956. New Delhi, Nat. Phys. Labor. of India.) D. HAHN. 134

Olivier Garreta, *Die Änderung der Durchschlagsspannung eines Transistors mit der Temperatur.* Ausgehend von der Potentialverteilung in einem pnp-Transistor wird die Abhängigkeit der Durchschlagsspannung von der Temp. theoret. abgeleitet. Hierbei ergibt sich eine Abnahme mit der Quadratwurzel aus der Temp., wesentliche Faktoren sind die Trägerkonz. in der Basisschicht u. ihre Dicke. Experimentelle Unterss. zwischen 14 u. 300° K bestätigen die theoret. Erwartungen u. geben durch Extrapolation auf die Temp. 0 eine Möglichkeit, die Basisdicke zu bestimmen. (C. R. hebd. Séances Acad. Sci. **241.** 857—59. 3/10. 1955.) C. REUBER. 135

U. F. Gianola, *Rauschcharakteristik von lichtelektrischen Siliciumübergängen.* (Sitzungsbericht.) (Physic. Rev [2] **99.** 1656. 1/9. 1955. Bell Telephone Labors.) R. LEVI. 135

John B. Sampson, H. Hurwitz jr. und **E. F. Clancy,** *Einfluß von Strahlungsschäden auf die Verschiebungswahrscheinlichkeit.* (Sitzungsbericht.) (Physic. Rev. [2] **99.** 1657. 1/9. 1955. Knolls Atomic Power Labor.) R. LEVI. 135

G. L. Montet, A. F. Kurs und **G. R. Hennig,** *Traceruntersuchungen an strahlungsgeschädigtem Graphit.* (Sitzungsbericht.) (Physic. Rev. [2] **100.** 1261. 15/11. 1955. Argonne Nat. Labor.) R. STEIN. 135

S. B. Austerman, *Freigabe gespeicherter Energie in bei niederen Temperaturen bestrahltem Graphit.* (Sitzungsbericht.) (Physic. Rev. [2] **100.** 1807. 15/12. 1955. North Amer. Aviation, Inc.) R. STEIN. 135

J. D. McClelland, *Feldabhängigkeit des Hall-Potentials und des Widerstandes im Magnetfeld von bestrahltem Graphit.* (Sitzungsbericht.) (Physic. Rev. [2] **100.** 1807—08. 15/12. 1955. North Amer. Aviation, Inc.) R. STEIN. 135

K. M. Van Vliet, C. J. Van Leeuwen, J. Blok und **C. Ris,** *Messungen über das Stromrauschen in Kohleresistoren und in Thermistoren.* Es wird über Rauschmessungen an Kohleresistoren u. Thermistoren im Frequenzbereich von 2 Hz bis 1,2 MHz berichtet, bei denen die Spektralabhängigkeit des Rauschens untersucht wurde. Nach ausführlicher Beschreibung der Meßanordnung (die in einer Form für 2 Hz bis 10 kHz in einer anderen für 10 kHz bis 1,2 MHz diente) u. nach Schilderung der Meßmeth. werden Versuchsergebnisse wiedergegeben. An verschied. Kohleresistoren wird im gemessenen Bereich zwischen 10 u. 1000 kHz Linearität zwischen Stromintensität u. reziproker Frequenz gefunden. Die Ergebnisse sind nicht vereinbar mit ähnlichen Unterss. von CAMPBELL u. CHIPMAN (Proc. Inst. Radio Engr. **37.** [1949.] 938). An Thermistoren mit negativem Temperaturkoeff. des Widerstandes wird die Frequenz- u. die Temperaturabhänggigkeit des Rauschens untersucht. Der Rauscheffekt ist hier um den Faktor 1000 geringer als bei Kohle; die Linearität der Stromintensität zur reziproken Frequenz ist nur bereichsweise erfüllt. Die Ergebnisse werden unter dem Gesichtswinkel des Diffusionsmechanismus, der Temperaturschwankungen u. des Haftstellenmechanismus besprochen. (Physica **20.** 481—96. Aug. 1954. Amsterdam, Univ., Natuurk. Labor.) J. BLOCK. 135

K. G. McKay und **A. G. Chynoweth,** *Optische Untersuchungen des Lawinendurchschlags in Silicium.* (Vgl. C. **1955.** 11160.) (Sitzungsbericht.) (Physic. Rev. [2] **99.** 1648. 1/9. 1955. Bell Telephone Labors.) H. LIEPACK. 135

Howard Reiss, *Ionisierung von Wasserstoff in Germanium und Silicium.* (Sitzungsbericht.) (Physic. Rev. [2] **100.** 1806. 15/12. 1955. Bell Telephone Labors.) R. STEIN. 135

F. J. Morin, Howard Reiss und **C. S. Fuller,** *Ionenpaarbildung unter Beteiligung von Lithium in Germanium und Silicium.* (Sitzungsbericht.) (Physic. Rev. [2] **100.** 1807. 15/12. 1955. Bell Telephone Labors.) R. STEIN. 135

J. Lagrenaudie, *Eigenschaften des einkristallinen Zinkphosphids P_2Zn_3.* Leitfähigkeitsmessungen an P_2Zn_3-Kristallen, die der Thermokraft nach p-Leiter waren u. die durch Vakuumsublimation von n-leitendem Material hergestellt wurden, ergeben Aktivierungsenergien von 1,15 eV für die Eigenleitung u. 0,3 bzw. 0,6 eV für Störleitungen. Die Löcherbeweglichkeit wird zu 10 cm^2/Vs bei Raumtemp. abgeschätzt. Die opt. Absorptionskante liegt bei 1,1 μ, eine schwache Bande bei 1,9 μ (0,65 eV) in Übereinstimmung mit den therm. bestimmten Werten. Photoeffekt u. Photoleitfähigkeit haben ein Maximum bei 0,8 μ u. eine Grenze bei 1,1 μ. Die Strom–Spannungs-Charakteristik für Dunkelstrom u. bei intensiver Belichtung ist linear bis 500 V/cm. Der Photostrom klingt exponentiell mit der Zeitkonstante von $\sim$50 μs ab. Photomagnet. Effekte nach KIKOÏN-NOSKOV werden beobachtet. (J. Physique Radium **16.** 234—35. März 1955. E. N. S. Labor. de Phys.) J. RUDOLPH. 135

Pierre Aigrain und **Jacques des Cloizeaux,** *Optische Absorptionskante und effektive Elektronenmasse in Indium–Antimonid (InSb).* Eigenleitendes InSb hat eine Absorptionskante bei 7,2 μ, die sich mit steigender Verunreinigung bis 2,2 μ bei 10^{19} Fremdatomen cm^{-3} verschiebt. Die Deutung dieses Effektes von BURSTEIN hat zu einer Diskrepanz zwischen für sie nötigen effektiven Elektronenmassen u. den mittels Cyclotronresonanz gemessenen ergeben. Da das Zusatzpotential durch die Störatome wenig lokalisiert erscheint, wurde die Modifikation des Leitfähigkeitsbandes durch das Störpotential bestimmt. Die hier durchgeführte Berechnung ergibt für die Lage der FERMI-Kante bei verschied. Konzz. der Verunreinigung Werte, die mit Experimenten gut übereinstimmen; geringe Abweichungen können durch die verschied. Tempp. bei opt. Absorptionsmessungen u. Cyclotronresonanzunterss., letztere gehen in die Theorie ein, entstanden sein. Die von BURSTEIN eingeführte „opt. M." ergibt sich als das dreifache der n. Elektronenmasse, u. die effektive M. der Löcher erweist sich als weitgehend von Verunreinigungen unabhängig. (C. R. hebd. Séances Acad. Sci. **241.** 859—62. 3/10. 1955.) C. REUBER. 135

Robert Herman, M. C. Wallis und **R. F. Wallis,** *Frequenzen und relative Intensitäten der R_1- und R_2-Banden in KCl.* (Sitzungsbericht.) (Physic. Rev. [2] **100.** 1267—68. 15/11. 1955. Univ. of Maryland u. Johns Hopkins Univ., Appl. Phys. Labor.) R. STEIN. 135

E. E. Kohnke und **A. W. Ewald,** *Hall-Effekt in Fäden von grauem Zinn.* (Sitzungsbericht.) (Physic. Rev. [2] **100.** 1251—52. 15/11. 1955. Northwestern Univ.) R. STEIN. 136

Werner Jellinghaus und **Miguel Pedro de Andrés,** *Der Hall-Effekt an reinem Eisen und an Stahl mit 1,2% C.* Die HALL-Spannung wurde an reinem Fe, einer Fe–Si-Legierung mit 4% Si u. einem Stahl mit 1,2% C nach verschied. Wärmebehandlungen bis zu Induktionen von nahezu 30000 G gemessen. Sie zeigt in allen Fällen den für ferromagnet. Stoffe bezeichnenden Verlauf. Sie ist bei kleinen Induktionen der Induktion verhältnisgleich. In der Nähe der Sättigung wird der Anstieg flacher. Bei noch höheren Induktionen erfolgt der weitere Anstieg der HALL-Spannung wieder geradlinig; das Steigungsmaß (I) ist jedoch kleiner als im Anfangsteil. Die Messungen an Reinsteisen schließen sich den Messungen von PUGH u. Mitarbeitern gut an. Das **I** für den ersteren durch die Induktion bestimmten geradlinigen Teil der HALL-Spannungskurve ist etwa dem Quadrat des spezif. Widerstandes verhältnisgleich. In mehrphasigen Legierungen erscheint das Übergangsgebiet zwischen den beiden geradlinigen Anteilen der Spannungskurve verbreitert. Diese Erscheinung wird durch Überlagerung der den einzelnen Phasen zukommenden HALL-Spannungskurven gedeutet. Beim Anlassen des gehärteten Stahles sinkt die HALL-Konstante. Die angenäherte Verhältnisgleichheit der HALL-Konstante zum Quadrat des Widerstandes bleibt in den verschied. Anlaßzuständen erhalten. (Arch. Eisenhüttenwes. **27.** 187—92. März 1956. Düsseldorf, MPI für Eisenforsch.) H. HOCHSTEIN. 136

Emerson M. Pugh und **F. E. Allison,** *Korrekturen des Hall-Potentials in ferromagnetischen Materialien.* (Sitzungsbericht.) (Physic. Rev. [2] **99.** 1642. 1/9. **1955.** Carnegie Inst. of Technol.) R. LEVI. 137

R. Parker, *Die Natur der Isolierschichten in ferromagnetischen Halbleitern.* Zur Erklärung der Dispersion des Wechselstromwiderstandes u. der dielektr. Eigg. im Audiofrequenzgebiet bei einigen ferromagnet. Halbleitern ist die Existenz dünner Schichten mit größerem elektr. Widerstand mit Erfolg herangezogen worden. Bei der Diskussion von Meßergebnissen aus Manganiten der Zusammenstellung $La_{(1-\delta)}Me_{\delta}MnO_3$ (Me = zweiwertiges Metall, $0 < \delta < 1$) werden einige weitere physikal. Aussagen über die Isolierschichten gewonnen. Ihr spezif. Widerstand wird zu $7 \cdot 10^7$ Ω cm abgeschätzt. Die Schichten sollen nicht ferromagnet. sein u. bevorzugt an den Oberflächen der Kristallkörner auftreten. (Physica **20.** 1314—15. Dez. 1954. Bangor, North Wales, Univ. Coll.) H. FAHLENBRACH. 137

N. N. Scholz und **K. A. Pisskarew,** *Vergleichende elektromagnetische Charakteristik von oxydischen Ferromagnetika und einiger typischer magnetischer Substanzen.* Behandelt werden hochkoerzitive Magnetmaterialien (C-armer *Stahl,* Ni-arme u. Ni-reiche *Permalloy*-Sorten, *Fe–Si–Al-Legierung*), die NiO–ZnO–Fe_2O_3, MnO–ZnO–Fe_2O_3- u. MgO–ZnO–Fe_2O_3-Ferromagnetika verschied. Zus. (bes. *Oxyfer 200, 400, 1000* u. *2000*), verschied. *Alsifer*-Marken u. *Carbonyleisen.* (Известия Академии Наук СССР, Серия Физическая [Nachr. Akad. Wiss. UdSSR, physik. Ser.] **16.** 739—47. Nov./Dez. 1952.) O. LEBTAG. 137

Joseph Callaway, *Elektronenenergiebanden im Eisen.* Theoret. Arbeit, in der in Fortführung früherer Berechnungen (HERMAN, CALLAWAY u. ACTON, C. **1955.** 8308) die Struktur der Energiebänder der Valenzelektronen von Fe berechnet wird. Die Ergebnisse werden sodann zur Berechnung ferromagnet. Erscheinungen (Energiebänder u. deren Austauschaufspaltung, Ferromagnetismus bei 0° K) verwendet. (Physic. Rev. [2] **99.** 500—09. 15/7. 1955. Coral Gables, Fla., Univ. of Miami, Dep. of Phys.) O. FUCHS. 137

H. Fahlenbrach, *Beiträge zur Grundlagenforschung der Dauermagnete.* Die heutigen handelsüblichen Dauermagnete sind nach den Erkenntnissen der Grundlagenforschung aus kleinen Elementarbereichen ohne BLOCH-Wände aufgebaut, so daß nur Drehprozesse bei der Magnetisierung u. bei der Entmagnetisierung auftreten können. Elektronenmkr. Gefügeaufnahmen von Oxydabdrücken von *Alni 120* (26% Ni, 13% Al, Rest Fe) im optimalen Dauermagnetzustand stimmen damit überein, indem sie eine feine Zweiphasenstruktur mit Abmessungen der Gefügebestandteile von ca. 10^{-2} μ, also unterhalb des Existenzbereiches der BLOCH-Wanddicke, ergaben. Die an verschied. Stellen erhaltenen verschied. Feinstgefügeaufnahmen von *Alnico 400* [24(%) Co, 14 Ni, 8,5 AC, 3,5 Cu, Rest Fe] werden durch neue Versuchsergebnisse erklärt. Verss. an Oxydmagneten ergaben bei Bariumoxydmagneten wegen der überwiegenden Kristallanisotropie nur eine Orientierungsverbesserung durch Magnetfeldpressen u. nicht durch Magnetfeldabkühlung. Bei Kobaltoxydmagneten führt andererseits nur die Magnetfeldabkühlung u. nicht das Magnetfeldpressen zur Richtungsverbesserung. (Techn. Mitt. Krupp **14.** 12—15. April 1956. Essen, Fried. Krupp, Widia-Fabrik.) H. FAHLENBRACH. 137

Fr.-W. Ackermann und **K.-J. Theile,** *Der Einfluß einer inneren Vormagnetisierung auf die Wechselstrommagnetisierungsschleife von Texturwerkstoffen.* An aus Band gewickelten ringförmigen Proben einer 50%ig. Fe–Ni- u. einer 50%ig. Fe–Co-Legierung mit Würfeltextur u. demzufolge mit rechteckiger Magnetisierungskurve werden die Hystereseschleifen bei Wechselfeldmagnetisierung (50 Hz) unter verschied. Magnetisierungsbedingungen bestimmt. Dabei werden dann unsymm. Hystereseschleifen, wie man sie normalerweise bei Gleichstromvormagnetisierung erhält, gemessen, wenn man den Magnetisierungswechselstrom von der Sättigungsfeldstärke aus erniedrigt. Die Unsymmetrie der Hystereseschleife tritt dabei erst einige Zeit nach der Feldstärkeerniedrigung auf u. ist nicht zu beobachten, wenn nach Glühung oberhalb des CURIE-Punktes die gleiche Feldstärke von Wert 0 aus eingestellt wird. (Techn. Mitt. Krupp **14.** 24—28. April 1956. Essen, Fried. Krupp, Widia-Fabrik.) H. FAHLENBRACH. 137

Ja. Ss. Schur und **W. R. Abels,** *Untersuchung der magnetischen Struktur von Ferro-Silicium-Kristallen mit der Pulverfigurenmethode.* Die Analyse der magnet. Strukturen auf den Oberflächen von FeSi-Kristallen mit verschied. kristallograph. Orientierung ergibt eine bestimmte Abhängigkeit von dieser. Neben den Grundgebieten bestehen stets schließende Gebiete, die zu einer Verminderung der aus der Ggw. von magnet. Ladungen auf der Oberfläche entstehenden magnetostat. Energie führen. Wenn die Oberfläche mit der Fläche (100) oder (110) zusammenfällt, entstehen die schließenden Gebiete nur an den Enden der Grundgebiete. Ist dies nicht streng der Fall, dann treten magnet. Ladungen auf der ganzen Oberfläche auf u. die Form der schließenden Gebiete wird durch die kristallograph. Orientierung bestimmt: Der Vektor der Magnetisierbarkeit in den schließenden Gebieten ist entlang der Richtung leichter Magnetisierung orientiert, vorzugsweise derjenigen, die mit der Oberfläche minimale Winkel bilden. (Доклады Академии Наук СССР [Ber. Akad. Wiss. UdSSR] **104.** 209—10. 1. Tafel. 11/9. 1955. Inst. für Metallphys. der Ural-Zweigstelle der Akad. der Wiss. der UdSSR u. Gorki-Univ. des Urals.) R. K. MÜLLER. 137

Warren E. Henry, *Ferrimagnetische Wechselwirkung und Remanenz in Kobaltcarbonat.* (Sitzungsbericht.) (Physic. Rev. [2] **100.** 1791. 15/12. 1955. U. S. Naval Res. Labor.) R. STEIN. 137

M. A. Grabowski, G. N. Petrowa und **L. I. Issakowa,** *Über die Entstehung einer thermoremanenten Magnetisierung von Gesteinen.* Die Unterss. über die Thermomagnetisierung in ferromagnet. Gesteinen zeigen, daß die Thermomagnetisierung im wesentlichen in einem Temperaturintervall erfolgt, die ca. $^1/_{10}$ des Intervalls zwischen CURIE-Punkt u. Zimmertemp. beträgt. Für die *Magnetite* liegt dieser Bereich bei 520—570°. Unterhalb dieser Temp. ist der Anstieg der Thermomagnetisierung relativ gering. Die Thermomagnetisierung ist nur oberhalb 500° von stärkeren umkehrbaren Prozessen begleitet. Für Stoffe mit gleicher Koerzitivkraft (der Größenordnung nach) ist der relative Anstieg der Thermomagnetisierung unabhängig von der CURIE-Temp., von der Thermoremanenz u. in weiten Grenzen auch von der Stärke des orientierenden magnet. Feldes. Die thermoremanente Magnetisierung ist in magnet. Hinsicht stabil. Sie besitzt eine relativ hohe Koerzitivkraft. (Известия Академии Наук СССР, Серия Геофизическая [Nachr. Akad. Wiss. UdSSR, geophysik. Ser.] **1956.** Nr. 1. 56—66. Jan. Geophysik. Inst. der Akad. der Wiss. der UdSSR.) O. LEBTAG. 137

H. Suhl, L. G. Van Uitert und **J. L. Davis,** *Ferromagnetische Resonanz von Magnesium–Mangan–Aluminium–Ferrit zwischen 160 und 1900 Megahertz.* Mikrowellenferrite müssen die Eig. haben, bei relativ niedrigen Frequenzen eine Resonanz zu besitzen. An diese Ferrite werden die Anforderungen nach niedriger Sättigungsmagnetisierung, nach möglichst kleiner Koerzitivkraft u. nach hoher D. gestellt. Mikrowellenferrite sind in der Gruppe der Mg–Mn–Al-Ferrite zu finden. Untersucht wird ein Ferrit des Atomverhältnisses: Mg:Mn:Al:Fe = 1,00:0,11:0,65:1,27, an dem gemessen wurde: $(B-H)_\infty$ = 300 Gauß, H_c = 0,002 Oe, d = 4,14 g/cm³ u. Θ = 30°. Die Resonanzfrequenz steigt linear mit der Gleichstromfeldstärke an. Allerdings beträgt das für die Frequenz Θ extrapolierte Magnetfeld statt 300 Oe nach der Theorie nur 70 Oe, was durch eine unvollständige magnet. Sättigung der einzelnen Kristallkörner zu erklären versucht wird. Außerdem werden für zwei Frequenzen Resonanzkurven angegeben. (J. appl. Physics **26.** 1180—82. Sept. 1955. Murray Hill, N. J., Bell Telephone Labors.) H. FAHLENBRACH. 137

W. S. Ament und **G. T. Rado,** *Elektromagnetische Effekte der Spinwellenresonanz in ferromagnetischen Metallen.* Vff. versuchen, eine elektromagnet. Theorie der Spinwellenresonanz aufzustellen, die in der Lage ist, die Abhängigkeit von der Austauschwechselwrkg. zu erklären u. die Breite u. Form der Absorptionslinie anzugeben. Das Endergebnis ist ein Ausdruck für die meßbare Oberflächenimpedanz u. die daraus hergeleitete äquivalente isotrope Permeabilität. (Physic. Rev. [2] **97.** 1558—66. 15/3. 1955. Washington, D. C., Naval Res. Labor.) H. FAHLENBRACH. 137

G. A. Smolenski, *Nichtmetallische Ferromagnetika-Ferrite.* Zusammenfassende Übersicht. — 16 Literaturangaben. (Известия Академии Наук СССР, Серия Физическая [Nachr. Akad. Wiss. UdSSR, physik. Ser.] **16.** 728—38. Nov./Dez. 1952. Inst. für Silicatchem. der Akad. der Wiss. der UdSSR.) O. LEBTAG. 137

John E. Wertz, Juana L. Vivo und **Boris Musulin,** *Elektronenspinresonanz der Verunreinigungen in Magnesiumoxyd.* (Sitzungsbericht.) (Physic. Rev. [2] **100.** 1810. 15/12. 1955.) E. KLEVER. 137

John E. Wertz und **Juana L. Vivo,** *Elektronenspinresonanz von Störzentren in Magnesiumoxyd.* (Sitzungsbericht.) (Physic. Rev. [2] **100.** 1792. 15/12. 1955. Univ. of Minnesota.) R. STEIN. 137

M. Tinkham, *Demonstration des Ladungsaustausches in Fluoriden der Eisengruppe mit Hilfe der magnetischen Resonanz.* (Sitzungsbericht.) (Physic. Rev. [2] **100.** 1792. 15/12. 1955. Oxford, Clarendon Labor.) R. STEIN. 137

C. Zener und **R. R. Heikes,** *Austauschwechselwirkungen.* Zusammenfassende Arbeit an Hand der vorliegenden Literatur, in der 6 Typen von Austauschwechselwirkungen beschrieben werden, wobei das von ZENER angenommene Modell lokalisierter d-Elektronen u. Gitterwellenfunktionen für die äußeren s-Elektronen zugrunde gelegt ist. Mit Hilfe der verschied. Typen ist es möglich, die Hauptmerkmale der magnet. Kupplung zu deuten. (Rev. mod. Physics **25.** 191—98. Jan. 1953. East Pittsburgh, Pa., Westinghouse Res. Labor.) C. GOTTFRIED. 137

K. W. H. Stevens, *Eine Bemerkung über Austauschwechselwirkungen.* Unter Bezug auf Resonanzerscheinungen in *Kupferacetat* berichtet Vf. kurz über theoret. Unterss. über die Austauschwechselwirkungen zwischen 2 paramagnet. Ionen in einem Kristall unter Berücksichtigung der Spin–Bahn-Kopplung. (Rev. mod. Physics **25.** 166. Jan. 1953. Oxford, Clarendon Labor.) C. GOTTFRIED. 137

C. W. Davies und **B. D. R. Owen,** *Die Leitfähigkeit einiger Salze des Tris-[triäthylentetramin]-nickelions.* Vff. bestimmten die elektrolyt. Leitfähigkeiten von *Tris-[triäthylentetramin]-nickelchlorid* (**I**), *-sulfat* (**II**) u. *-tetrametaphosphat* (**III**) in W. bei 25°. Die Messungen wurden so durchgeführt, daß zum Leitfähigkeitswasser zunächst bekannte Mengen von Triäthylentetramin gegeben wurden. Die dabei gemessenenen Leitfähigkeiten dienten zur Korrektur der Meßwerte, die nach Zugabe des jeweiligen Salzes erhalten wurden. Lsgg. von **I** zeigen, bes. bei niedrigen Konzz., Abweichungen von der Grenzgleichung von ONSAGER. Für die Äquivalentleitfähigkeit dieses Salzes gilt die Beziehung $\Lambda = 128,8 - 225,9\sqrt{I}\,(1 + 5,7\sqrt{I})$, wenn I die Ionenstärke ist. Für die Beweglichkeit ergibt sich der Wert 52,5. Auch die Lsgg. von **II** gehorchen nicht der Gleichung von ONSAGER, Vff. vermuten die Bldg. von Ionenpaaren. **III** ist ein schwacher Elektrolyt, die Dissoziationskonstante wird zu $4,3\cdot10^{-5}$ berechnet. (Trans. Faraday Soc. **52.** 998—1003. Juli 1956. Aberystwyth, Edward Davies Chem. Labor.) H. U. WOELK. 138

James Fogo, Sidney W. Benson und **Charles S. Copeland,** *Über die koexistenten Phasen im System NaCl–H_2O oberhalb 374°.* Erwiderung auf einen Einwand von CORWIN u. OWEN (C. **1955.** 9964), die die Ergebnisse der Vff. (C. **1955.** 6920) als Beweis für ein 2-Phasensyst. deuten. (J. chem. Physics **22.** 1942—43. Nov. 1954. Los Angeles, Calif., Univ. of Southern California, Chem. Dep.) M. SCHENK. 138

O. Ja. Ssamoilow, *Über die Hydratation der Ionen von Elektrolyten in wässerigen Lösungen.* Der Verzicht auf die Vorstellung über die permanente Hydratation in Lsgg. widerspricht nicht den Ergebnissen der Verss. über die Übertragung des W. durch Ionen bei der Elektrolyse. Tatsächlich ändert sich in der Umgebung der Ionen die mittlere Lage des Wassermol. u. die akt. Energie ihrer Gitterbindung. (Доклады Академии Наук СССР [Ber. Akad. Wiss. UdSSR] [N. S.] **77.** 633—36. 1/4. 1951. Kurnakow-Inst. für allg. u. anorgan. Chem. der Akad. der Wiss. der UdSSR.) A. KUNZE. 139

O. Ja. Ssamoilow, *Über die Ionenhydratation in wässerigen Lösungen.* Die Ionen wirken verschieden auf die Viscosität des Wassers. Kleine ein- u. mehrwertige Ionen steigern sie, große einwertige Ionen vermindern sie. Die hydratisierenden Ionen, wie Na^+, Li^+, Ca^{2+}, Mg^{2+}, schwächen die Translationsbewegung der benachbarten Wassermoll. ab; es ist $\tau_i > \tau$ (mittlere Zeitdauer des Gleichgewichts der Wassermoll. in der Koordinationsschicht des Ions bzw. in reinem W.). K^+, Cs^+, Cl^- u. andere Ionen mit negativer Hydratation verstärken die Translationsbewegung der Wassermoleküle. Es ist hier $\tau_i < \tau$. Es ist τ_i/τ gleich 3,0 für Li^+, 1,8 für Na^+, 0,9 für K^+, 0,6 für Cl^- (in 10^{-6} sec). Durch den kristallchem. Radius r = 1,1 Å werden die einwertigen Ionen in hydratisierende u. nichthydratisierende getrennt. (Известия Академии Наук СССР, Отделение Химических Наук [Nachr. Akad. Wiss. UdSSR, Abt. chem. Wiss.] **1953.** 242—49. März/April. Kurnakow-Inst. für allg. u. anorgan. Chem. der Akad. der Wiss. der UdSSR.) O. LEBTAG. 139

Leo Cavallaro und **Antonio Indelli,** *Kryoskopische Messungen an wässerigen Lösungen einiger Derivate der Kohlensäure.* (Vgl. C. **1954.** 8633.) Als in geringer Menge zugesetzter Indicator bei der photoelektr. colorimetr. Best. der Konz. schwacher Elektrolyte eignet sich *Bromkresolpurpur* (**I**). Die Konz. läßt sich auf Grund des BEER-LAMBERTschen Gesetzes interpolieren nach $\ln C_1 = \ln C_2 + (2,731/I_0)\,(I_2 - I)$ (I = Farbintensität). Aus dem Galvanometerausschlag A beim Ersatz des undurchsichtigsten Filters durch die Probelsg. wird nach log C = Konstante + 0,001495 A die **I**-Konz. bestimmt u. daraus die mol. Konz. der Lsg. berechnet, die bei der kryoskop. Best. des Mol.-Gew. zugrunde gelegt wird. Kryoskop. Messungen an *Harnstoff* (**II**), *Thioharnstoff* (**III**) u. *Dicyandiamid* (**IV**) ergeben fast lineare Beziehung zwischen Mol.-Gew. M u. Gefrierpunktserniedrigung $\Delta T/M$ mit Fehlern von maximal ±0,3%. Die Abweichungen vom Idealverh. nehmen in der Reihenfolge **II** → **III** → **IV** zu u. sind der Konz. nahezu proportional. Der lineare Kurvenverlauf wird damit erklärt, daß die Anziehung der Dipole sich mit dem Abstand viel rascher ändert als die der Ionen. (Gazz. chim. ital. **85.** 993 bis 1006. Aug. 1955. Ferrara, Univ., Ist. di Chim.) R. K. MÜLLER. 139

Je. A. Ukscha und **A. I. Lewin,** *Über die Nulladungspotentiale von Kupfer und Chrom.* (Vgl. C. **1956.** 4632.) Aus den Randwinkeln der an der Elektrode abgeschiedenen H_2-Bläschen in Abhängigkeit vom Potential wird das Nulladungspotential (NP) an Cu (in einer Schicht von einigen μ Dicke auf Messing aufgebracht u. elektrolyt. poliert) u. Cr (mechan. poliert) bei 20° gegen gesätt. Hg_2Cl_2-Elektrode ermittelt. Es beträgt bei Cu in 0,1mol. NaOH ~ +0,05, in 0,05mol. $Na_4P_2O_7$-Lsg. ~ +0,15 V, bei Cr in 0,1mol. NaOH −0,45 u. in 0,05mol. H_2SO_4 ~ −0,45 V. Aus den verschied. Werten der Literatur für die Elektronenaustrittsarbeit (EA), deren Differenz für 2 verschied. Metalle annähernd gleich der Differenz ihrer NP ist, ergeben sich für Cu die Werte +0,80, −0,50 u. +0,05, für Cr −0,24, −0,47 u. −1,14; umgekehrt ergibt sich aus den hier erhaltenen NP für die EA bei Cu 4,89, bei Cr 4,37 eV. (Доклады Академии Наук СССР [Ber. Akad. Wiss. UdSSR] **105.** 119—22. 1/11. 1955. Polytechn. Kirow-Inst. des Urals.) R. K. MÜLLER. 140

E. Lee Purlee und **Ernest Grunwald,** *Eine reversible Silber–Silberchlorid-Elektrode für 95 Volumenprozent Methanol–Wasser-Lösungen.* Vff. geben einen Vgl. der Gleichgewichtseinstellungszeiten zwischen der therm. Elektrolyt-Ag–AgCl-Elektrode u. einer Spiegel-Ag–AgCl-Elektrode für HCl u. HCl–KCl-Mischungen in 95 Vol.-% Methanol bei 25°. Die Einstellzeiten hängen in 1. Linie von der Porosität der Elektroden u. der Dicke des AgCl-Mantels um die Elektrode ab. Diese Faktoren liegen bei der Spiegel-AgCl-Elektrode sehr günstig, so daß sich in 10—15 Min. das Gleichgewicht eingestellt hat. Beschreibung der experimentellen Anordnung u. der Herst. der Ag-Spiegelelektrode. (J. physic. Chem. **59.** 1112—13. Okt. 1955. Tallahassee, Fla., Florida State Univ., Dep. of Chem.) V. BURBACH. 140

A. A. Koloti, *Verhalten der Zinn–Natrium-Glaselektrode in verschiedenen geschmolzenen Salzen.* Um zu klären, in welchem Konzentrationsbereich der Na-Ionen die Sn–Na-Glaselektrode zweckmäßig anzuwenden ist, wurde deren Verh. durch Messung der EMK. verschied. galvan. Elemente nach der Kompensationsmeth. untersucht. Die Elektrode war gegen geringe Konzz. der Na-Ionen sehr empfindlich. Das Potential blieb bei 35 u. mehr Mol-% NaCl u. bei 60 Mol-% NaBr u. mehr fast konstant. Es wird daher empfohlen, als Vergleichselektrode eine Sn–Na-Glaselektrode als Halbelement zu benutzen, dessen Schmelze mindestens 50—60 Mol-% Na-Halogenid enthält. (Украинский Химический Журнал [Ukrain. chem. J.] **20.** 502—07. 1954. Inst. für allg. u. anorgan. Chem. der Akad. der Wiss. der UkrSSR.) O. LEBTAG. 140

O. A. Jessin und **B. M. Lepinskich,** *Untersuchung der Eigenschaften der Komponenten geschmolzener Schlacken nach der Methode der elektromotorischen Kräfte.* (Vgl. C. **1955.** 23.) Bei 1470° wurde die EMK. von Konzentrationsketten aus den Schlacken CaO–MgO–Al_2O_3–SiO_2 verschied. Zus. bestimmt, wobei 2 chem. Ketten mit gleicher Elektrodenzus., jedoch verschied. Schlacke zu einer Kette geschaltet wurden. Auf Grund der Versuchswerte wurden die Aktivitäten von Al_2O_3, SiO_2 u. CaO + MgO u. die Änderungen des isobar. Potentials der Komponente bei der Verdünnung ermittelt. Die Verss. bestätigten das Vorliegen der Anionen von Ca_2SiO_4, $CaSiO_3$, $Ca_5Al_6O_{14}$ u. $Ca_2Al_2SiO_7$ in der Schlacke. Die durch Best. der EMK. ermittelten Werte für den SiO_2-Geh. der fl. Hochofenschlacke weichen zwar etwas von den Werten der chem. Analyse ab, zeigen jedoch die Brauchbarkeit dieses Verf. zur Best. von SiO_2, Al_2O_3 u. anderen Oxyden der Schlacke. (Известия Академии Наук СССР, Отделение Технических Наук [Nachr. Akad. Wiss. UdSSR, Abt. techn. Wiss.] **1954.** Nr. 2. 60—66. Febr.) O. LEBTAG. 140

Cecil V. King und **Eric Rau,** *Verzögerung der Eisenauflösung in Säurelösungen.* Durch Best. der Gewichtsverluste, Potentialmessungen u. mkr. Beobachtungen untersuchten Vff. die Auflsg. von Fe (in Form rotierender Zylinder) in HCl- oder $HClO_4$-Lösungen. Alle Lsgg. enthielten KNO_3 als Depolarisator, die Meßtempp. lagen zwischen 20 u. 30°. Als Inhibitoren dienten *$K_2Cr_2O_7$, $KClO_3$, NH_4VO_3, $KMnO_4$, Na_3AsO_4* u. *$NaAsO_2$* als Oxydationsmittel u. *Glycerin, Nitrilotriessigsäure, 1.10-o-Phenantrolin, α.α'-Dipyridyl* u. verschied. Komplexone als Komplex- oder Chelatbildner. Die Wrkg. von $K_2Cr_2O_7$ überragt die aller untersuchten Verbb.; sie ist stets mit der Bldg. eines relativ dicken Oxydfilmes verbunden. Durch Verbb., die mit Fe Chelate bilden können wird das Fe-Potential in HCl edler, in $HClO_4$ unedler. In den reinen Säuren wird das Potential negativer, bis ein Film aus einer Fe^{2+}–Fe^{3+}-Verb. aufgebaut ist. Dies erfolgt bei p_H-Werten zwischen 4,0 u. 4,5. Mit Neocupferron bildet sich ein Film, der aus 2 verschied. Schichten besteht, seine Schutzwrkg. nimmt nach einigen Std. rasch ab. Ergänzend haben Vff. noch die Wrkg. von CO als reinen Adsorptionsinhibitor untersucht. (J. electrochem. Soc. **103.** 331—37. Juni 1956. New York, N. Y., Univ., Dep. of Chem.) H.-U. WOELK. 140

O. A. Jessin und **L. K. Gawrilow,** *Experimentelle Nachprüfung der elektrochemischen Theorie in bezug auf das System flüssiger Eisenlegierungen mit Kohlenstoff und Silicium.* Vff. führten Messungen der EMK. im Syst. 2 Fe-Schmelzen mit C u. Si verschied. Zus. — CaO, MgO u. SiO_2-haltige Schlacke — bei 1470—1480° durch. Der Si-Geh. der Schmelze variierte zwischen 0,65 u. 43,0%, die C-Konz. entsprach dem jeweiligen Sättigungsgrad. Die die Abhängigkeit der EMK. vom Si-Geh. wiedergebende Kurve besteht aus 2 sanft abfallenden Ästen, die durch einen scharfen Knick bei 32,5% Si (ca. 48 At.-%) gegeneinander abgegrenzt sind; dies deutet auf das Vorhandensein einer genügend stabilen FeSi-Verb. in der Schmelze hin. Auf Grund des gemessenen EMK.-Wertes wird die Änderung der freien Energie beim Übergang eines Grammatoms Si aus 43% ig. FeSi in eine Schmelze gegebener Zus. errechnet, desgleichen die Aktivitäten des Si in derartigen Schmelzen. Es wird das Vorhandensein einer beträchtlichen Konzentrationspolarisation nachgewiesen, die mit der vermutlich langsamen Diffusion von Ionen in der Schlacke in Zusammenhang zu bringen ist. Es wird festgestellt, daß, wie bereits früher für das Syst. Fe–C nachgewiesen, die elektrochem. Theorie über das Zusammenwirken von Metall u. Schlacke auch für das Syst. Fe–C–Si gültig ist. (Известия Академии Наук СССР, Отделение Технических Наук [Nachr. Akad. Wiss. UdSSR, Abt. techn. Wiss.] **1951.** 1234–42. Aug.) V. EHMCKE. 140

Michał Śmiałowski und **Zuzanna Szklarska-Śmiałowska,** *Untersuchung des Eindringens von kathodischem Wasserstoff in Eisen.* Vff. geben einen Überblick über die Vorgänge bei der kathod. Abscheidung von H_2 u. eine Kritik der Untersuchungsmethoden. In eigenen Verss. wird die Diffusion des H in Fe verfolgt durch Messung der Längenänderung eines dünnen Fe-Drahtes, der als Kathode bei der Elektrolyse saurer oder alkal. Lsgg. dient in Abhängigkeit von der Stromdichte, der Anwesenheit von Stoffen, die die Rekombination hindern (As, S) u. die die Oberflächenenergie zwischen Gas, Elektrolyt u. Metall erniedrigen. Vff. äußern die Ansicht, daß das Eindringen der H-Atome in das Metall durch den hohen Druck der nachdrängenden H-Atome an der Oberfläche erfolgt. Die Rekombination u. damit Vergrößerung der Teilchen in den Gitterlücken des Metalls verursacht die Deformation. Aus der Längenänderung läßt sich der Gasdruck an der Oberfläche zu 10^{+3} at abschätzen. (Roczniki Chem. [Ann. Soc. chim. Polonorum] **27.** 505–21. 1953. Warszawa, Polsk. Akad. Nauk, Zakł. Chem. Fiz.) F. URBAN. 141

Friedrich Erdmann-Jesnitzer und **Wolfgang Gunkel,** *Diffusion von Kohlenstoff in Eisen durch elektrolytisch erzeugte Wanderung bei Anwesenheit von Phosphor.* Es wird bewiesen, daß die Beeinflussung der Wanderung von C in Eisen durch Fremdelemente über den Vorgang der elektrolyt. Wanderung im festen Zustand meßtechn. verfolgt werden kann. Für die Wechselwrkg. zwischen C u. P in Eisen wurde ein entsprechendes Versuchsverf. entwickelt u., ohne zunächst quantitative Konzentrationsbestimmungen durchzuführen, gezeigt, daß die C-Wanderung in Eisen durch P stark gehemmt werden kann. (Arch. Eisenhüttenwes. **27.** 41–43. Jan. 1956. Freiberg/Sa., Bergakad.) H. HOCHSTEIN. 141

Hellmuth Fischer, *Elektrokristallisation von Metallen.* Nach einer Einführung in die Phänomenologie der Elektrokristallisation wird die Theorie der Metallabscheidung diskutiert. Die Theorie von LE BLANC u. KOHLSCHÜTTER wird von der Kristallwachstumstheorie KOSSELs u. STRANSKIs gestützt, d. h. die kathod. Kristallisation muß sich unbeeinflußt von feldabhängigen Vorgängen vollziehen, also über vorher gebildete ad-Atome verlaufen. Größe, Habitus u. Orientierung der wachsenden Metallkristalle werden von den akt. Wachstumsschichten mit den noch nicht kristallinen ad-Atomschichten bestimmt. An den akt. Wachstumsschichten scheidet sich infolge der hohen Atomdichte das Metall rasch ab, jedoch bauen sich die so entstehenden ad-Atome um Größenordnungen langsamer in das Metallgitter ein, so daß die Wachstumsschicht viele Atomlagen tief amorph sein dürfte. Die ad-Atome schwingen alsdann unbeeinflußt vom Elektrodenprozeß in ihre Gitterplätze ein. Die Abscheidung von Legierungen, unter Umständen als intermetall. Phasen, die erst bei höheren Tempp. auftreten dürfte, zeigt, daß sich die abgeschiedenen ad-Atome zuerst in einem „quasifl." Zustand befinden. Dies steht im Einklang mit der bei niedrigschm. Metallen beobachteten außerordentlich niedrigen Überspannung bei der Abscheidung u. der geringen Inhibitorempfindlichkeit. (Z. Elektrochem., Ber. Bunsenges. physik. Chem. **59.** 612–22. 1955. Karlsruhe, TH, Inst. für physik. Chem. u. Elektrochem.) H. NÖTH. 141

Bogdan Baranowski und **Jadwiga Demichowicz,** *Die Elektrothermodiffusion in wässerigen Elektrolytlösungen.* (Vgl. C. **1956.** 8274.) In Anlehnung an die Thermodiffusionsmeth. bei Gasen wird eine App. zur Trennung von Lösungsbestandteilen beschrieben, bei der der Thermodiffusionseffekt durch die Wrkg. des starken elektr. Feldes (1–4 kV, 50 Hz) noch erhöht wird. Die App. besteht aus einer senkrecht stehenden, dünnwandigen Glascapillare K (10 cm Länge, 1 mm Durchmesser), an deren Enden Behälter mit 1 ml Inhalt die Elektroden enthalten. K wird durch einen Wassermantel gekühlt. Die Erwärmung der Lsg. erfolgt durch den Strom, u. zwar am stärksten in der Achse der Capillare. Es wurden damit das 2-Phasensyst. *W.–CuSO₄* sowie die 3-Phasensysteme W.–*A.*–$CuSO_4$ u. W.–$CuSO_4$–*Saccharose* untersucht, u. zwar die Abhängigkeit der Anreicherung von der Zeit, der Stromstärke, den Ausgangskonzz. u. der Neigung der K zur Horizontalen. (Roczniki Chim. [Ann. Soc. chim. Polonorum] **27.** 494–504. 1953. Wrocław [Breslau], Politechn., Kat. Chem. Fiz.) F. URBAN. 141

Gerhard Schmid und **Heinz Spähn**, *Über das chemische Glänzen von Messing und Neusilber.* 4. Mitt. *Zur Elektrochemie des Glänzungsvorganges.* (3. vgl. C. **1956.** 7358.) Messingproben wurden im Glänzungsbad, bestehend aus HNO_3-haltigen H_3PO_4–W.-Mischungen, kathod. u. anod. polarisiert. Die kathod. u. anod. Teilstromdichte–Potential-Kurven wurden innerhalb u. außerhalb des Glanzgebietes aufgenommen. Die kathod. Teilstrom–Potential-Kurve zeigt eine Horizontalstelle, wo Metallglänzung auftritt. An den erhaltenen Kurven wird dargelegt, daß die Acceptortheorie von EDWARDS (C. **1955.** 6124), die zur Erklärung des elektr. Polierens dient, auch auf den chem. Glänzungsvorgang anwendbar ist. Als Acceptor kommt in 1. Linie HNO_2 in Frage, die sich aus dem beim Lösungsvorgang entstehenden NO u. HNO_3 bildet. Sie entsteht nach dem ABELschen Mechanismus autokatalytisch. (Z. Elektrochem., Ber. Bunsenges. physik. Chem. **60.** 365–71. 1956. Köln, Univ., Inst. für phys. Chem.; Stuttgart, TH, Labor. für Phys. Chem. u. Elektrochem.) F. VIER. 142

G. A. Jemeljanenko, *Über die Natur der Polarisation und die Ursachen der Entstehung von pulverförmigen Ablagerungen des Kupfers bei hohen Stromdichten.* GORBATSCHEW u. ISMAILOW (vgl. C. **1952.** 7293) hatten gezeigt, daß die Polarisation bei der Cu-Fällung aus H_2SO_4 **(I)**, $NH_4OH + Na_2SO_4$ **(II)** u. $Na_4P_2O_7 + Na_2SO_4$ **(III)**-Lsgg. von $CuSO_4$ vorwiegend Konzentrationscharakter aufweist. Durch Aufnahme der Kurven Stromdichte i–Kathodenpotential ε (bei 18–22°) u. der Kurven i–t unter Anwendung der Lsgg. von **I, II** u. **III** wird der vorwiegende Konzentrationscharakter der Polarisation bestätigt. Die Potentialunterschiede bei der H-Abscheidung aus **I** bzw. **II** oder **III** an der Cu-Elektrode erklären sich daraus, daß in saurer Lsg. eine Entladung von H_3O^+-Ionen stattfindet, in alkal. Lsg. eine direkte Red. der Dipole des H_2O. Aus den „zweiten" Potentialen folgt, daß die in der Literatur aufgestellte Hypothese als nicht erwiesen gelten kann, wonach als Ursache der Bldg. von pulverförmigen Cu-Ndd. bei hohen Stromdichten eine Entladung der komplexen Cu-Ionen vom Typ M_nA_m (M = Metall, A = komplexbildendes Anion) anzusehen sei. (Украинский Химический Журнал [Ukrain. chem. J.] **20.** 508–12. 1954. Dnepropetrowsk, Univ.) O. LEBTAG. 142

Je. M. Skobetz, *Anwendung von festen rotierenden Elektroden zur Erhaltung von differentiellen polarographischen Kurven.* Aus den gewöhnlichen u. differentiellen polarograph. Kurven für $CdSO_4$-Lsgg., aufgenommen an rotierenden amalgamierten Ag-Elektroden, geht hervor, daß die Polarogramme Wendepunkte aufweisen u. mit Hilfe eines elektrolyt. Kondensators leicht differenziert werden. Bei sonst gleichen Bedingungen besteht zwischen der Konz. der Stoffe u. der Höhe des Differentialmaximums eine direkte Beziehung. Die Differentialmaxima hängen von der Geschwindigkeit der Anlegung der EMK., der Kondensatorkapazität, der Galvanometerempfindlichkeit u. der Konz. ab. (Украинский Химический Журнал [Ukrain. chem. J.] **20.** 496–501. 1954. Kiew, Landwirtsch. Inst.) O. LEBTAG. 142

Karl-Heinz Henke und **Willi Hans**, *Zur Theorie der polarographischen Kurve.* 6. Mitt. *Reaktionskinetisch bedingte polarographische Stromstärke.* 3. Mitt. *Dem Elektrodenprozeß nachgelagerte chemische Reaktionen unter Rückbildung des Depolarisators.* (5. vgl. VON STACKELBERG, C. **1953.** 7030; 2. vgl. C. **1954.** 251.) Die Berechnung der durch eine nachgelagerte chem. Rk. bedingten Grenzstromstärke wird unter exakter Berücksichtigung von Diffusion, chem. Rk. u. durch das Wachsen des Hg-Tropfens bedingter Konvektion durchgeführt u. Übereinstimmung mit auf anderem Wege abgeleiteten Gleichungen erzielt. Experimentell wird die Red. von Fe^{3+}-Ionen in einer H_2O_2-haltigen Lsg. bei genügend positivem Potential (+0,2 V gegen gesätt. Kalomelelektrode), so daß weder O_2 noch H_2O_2 red. werden, durchgeführt. An den Elektrodenprozeß schließt sich die chem. Rk. $2\,Fe^{2+} + H_2O_2 + 2\,H^+ \rightarrow 2\,Fe^{3+} + 2\,H_2O$ an. Bei der Überprüfung der abgeleiteten Gleichungen durch Aufnahme der Strom–Zeit-Kurven eines Einzeltropfens wird befriedigende Übereinstimmung zwischen experimentellen u. berechneten Werten gefunden. (Z. Elektrochem., Ber. Bunsenges. physik. Chem. **59.** 676–80. 1955. Bonn, Univ., Inst. für physikal. Chem.) W. KRÖNERT. 142

Wolfgang Lorenz, *Über den Einfluß von Oberflächenrauhigkeit und potentialbestimmender Ionenadsorption an Elektroden auf das Anklingen der Diffusionspolarisation bei konstantem Strom.* Das zeitliche Anklingen der Konzentrationspolarisation läßt eine Unters. vor- oder nachgelagerter Ionen-Rkk. oder an festen Elektroden Aussagen über die Oberflächenrauhigkeit zu. Bei J_2–J^--Lsgg. zeigt sich an Pt-Elektroden noch ein weiterer Effekt, die potentialbestimmende Ionenadsorption. Bei reiner Diffusionspolarisation gilt: $j\sqrt{\tau} = t \cdot Fc_0\sqrt{\pi D}/2$ (j = Stromdichte, τ = Transitionszeit, D = Diffusionskoeff., c_0 = Anfangskonz. des beim Prozeß verbrauchten Stoffes). Bei gegebenem D u. c_0 wird $j\sqrt{\tau}$ = const, u. Abweichungen werden durch nachgelagerte

Reaktionshemmungen, Krümmungen der Elektroden, Oberflächenrauhigkeit, potentialbestimmende Ionenadsorption hervorgerufen, was sich allg. durch einen Faktor p definieren läßt: $j\sqrt{\tau} = z F c_0 \sqrt{\pi D} \cdot p/2 \equiv a \cdot p$. Bei vorgelagerter Reaktionshemmung ist $p \leq 1$, u. p nimmt mit zunehmendem j oder abnehmendem τ ab; bei nachgelagerter Rk. ($p \leq 1$) nimmt p mit abnehmendem j zu. Die Oberflächenrauhigkeit macht sich mit Rauhigkeiten über 10^{-4} cm im allg. nicht bemerkbar. In guter Näherung ist p nur von τ abhängig, da am Ende der Abscheidung der Diffusionshof die Dicke $\sqrt{D \cdot \tau}$ erreicht. Für den Fall der potentialbestimmenden Ionenadsorption ist $p \geq 1$, u. p nimmt mit zunehmendem j zu, wobei p von der adsorbierten Menge, der Adsorptionsisotherme u. der Adsorptionskinetik abhängt. Der Gesamtstrom setzt sich in diesem Fall nach $j = j_{Diff.} + j_{Ads.}$ mit $j_{Ads.} = - z F \cdot d A/d T$ zusammen. Die zeitliche Veränderung beider Anteile wird durch Randbedingungen festgelegt. Hierfür wurden drei Näherungsgleichungen abgeleitet. Es zeigt sich, daß der Faktor p um so größer wird, je größer die im Gleichgewicht adsorbierte Menge A_0, je kleiner die Elektrolytkonz. c_0 u. die Transitionszeit ist. Zur Auswertung trägt man p gegen $1/\sqrt{\tau}$ auf. Entsprechend den diskutierten 4 Fällen ergibt sich, daß die relativen Abweichungen der Kurven um so größer werden, je kleiner p ist. Bei der potentialbestimmenden Ionenadsorption wird $p = f(\tau)$, wenn $A_0 \sim c_0$ ist. Da A_0 schwächer als c_0 zunimmt, wird p bei konstanter τ um so kleiner, je größer c_0 ist. Somit läßt die c-Abhängigkeit von p zwischen Rauhigkeitseffekt u. Adsorptionseffekt unterscheiden. Rückschlüsse auf die Reaktionskinetik läßt der von der zeitlichen Stromverteilung abhängige Verlauf p gegen $1\sqrt{\tau}$ zu. Im Sättigungsgebiet der Adsorptionsisotherme u. bei genügend rascher Einstellung des Adsorptionsgleichgewichtes muß bei Beginn der Abscheidungsperiode der Hauptteil des Stromes von der Diffusion getragen werden, während die Entleerung der Adsorptionsschicht erst nach starker Abnahme von c ($x = 0$) eintritt (2. Näherungsformel). Dieser Fall wird beim Redoxpaar J_3^-/J^- an platiniertem Pt realisiert. Der Porenvolumeneffekt ist ebenso wie der Rauhigkeitseffekt c-unabhängig, so daß eine Unterscheidung durch Messung von τ allein nicht möglich ist. Durch die entwickelte Theorie ist eine quantitative Best. der Adsorption potentialbestimmender Ionen an Elektroden (obere Grenze) möglich. Es muß dazu $j\sqrt{\tau}$ u. $p = j\sqrt{\tau}/(j\sqrt{\tau})_{Diff.}$ in Abhängigkeit von $1\sqrt{\tau}$ bei verschied. c_0 gemessen werden. Durch Vgl. zwischen theoret. u. experimentellem Kurvenverlauf $(p - 1)$ gegen $1\sqrt{\tau}$ läßt sich die Kinetik des Überganges Diffusionsschicht → Adsorptionsschicht ermitteln. Um die Adsorption pro cm^2 wahre Oberfläche zu bestimmen, muß die Kapazität der Doppelschicht ermittelt werden. (Z. Elektrochem., Ber. Bunsenges. physik. Chem. **59.** 730—37. 1955. Leipzig, Univ., Physikal.-chem. Inst.) H. NÖTH. 142

Antonín A. Vlček, *Polarographische Halbstufenpotentiale*. 1. Mitt. *Meßmethode; Halbstufenpotentiale des Thalliums*. Mit Hilfe eines Dreielektrodensyst. wurden die Halbstufenpotentiale des Tl^+ auf ± 1 mV genau gemessen. Bei 25° wurden folgende Werte bestimmt: 0,1 mol. KCl $E_{1/2} = -0{,}494$ V, 0,1 mol. $NaNO_3$ $E_{1/2} = -0{,}493$ V; 0,1 mol. Na_2SO_4 $E_{1/2} = -0{,}503$ V u. 0,1 mol. NH_3, NH_4Cl $E_{1/2} = -0{,}501$ V (gegen die n. Kalomelelektrode). (Chem. Listy **48.** 189—93. Febr. [Orig.: tschech.]; Collect. czechoslov. chem. Commun. **19.** 862—67. Okt. 1954. [Orig.: deutsch]. Praha, Českoslov. Akad. věd, Polarograf. ústav.) P. ZUMAN/Prag. 142

Antonín A. Vlček, *Polarographische Halbstufenpotentiale*. 2. Mitt. *Einfluß des Grundelektrolyten, extrapoliertes Halbstufenpotential und normales Redoxpotential bei Stromdurchgang*. (1. vgl. vorst. Ref.) Die gemessenen Halbstufenpotentiale werden von der Zus. u. Konz. des Grundelektrolyten beeinflußt. Bei kleinen Konzz. des indifferenten Grundelektrolyten ist das Halbstufenpotential der Wurzel aus der Ionenstärke proportional. Bei den mobilen u. reversiblen Elektrodenprozessen stimmt der so gewonnene Wert $(E_{1/2})_{\mu=0}$ mit dem n. Redoxpotential bei Stromdurchgang $E_{0(i)}$ überein. Für Tl^+ $[(E_{1/2})_{\mu=0} = -0{,}483$ V (gegen n. Kalomelelektrode)] u. Pb^{2+} $[(E_{1/2})_{\mu=0} = -0{,}406$ V] wurden die Bedingungen der Mobilität u. Reversibilität eingehalten, u. das gefundene Halbstufenpotential steht mit dem berechneten Wert des n. Redoxpotentials $[E_{0(i)}]$ in gutem Einklang. $E_{0(i)}$ wurde durch die Gleichung $E_{0(i)} = E_0 - RT/nF \lg \sqrt{(D_0)_{Ox}/(D_0)_{Red}}$ definiert, wo D_0 dem Diffusionskoeff. bei unendlicher Verdünnung entspricht. Aus dem Wert des Halbstufenpotentials der $HPbO_2^-$-Ionen $[(E_{1/2})_{\mu=0} = -0{,}816$ V] wurde für den Dissoziationsexponenten der Komplexizitätskonstante ein Wert von $pK = 13{,}95 \pm 0{,}08$ gefunden. Die Zus. des Komplexes wurde aus der $E_{1/2}$ — log $[OH^-]$-Abhängigkeit bestimmt. Aus diesem Wert konnte das Normalpotential des Bleis in einer Hydroxydlsg. ($NEP_{HPbO_2^-} = -0{,}537$ V gegen Normalwasserstoffelektrode) berechnet werden. Es wurde auf die Unumgänglichkeit des Gebrauches der extrapolierten Werte der Halbstufenpotentiale bei den grundlegenden Messungen hingewiesen. (Chem. Listy **48.** 1474–84. Okt. 1954 [Orig.: tschech.]; Collect. czechoslov. chem. Commun. **20.** 400–12. April 1955. [Orig.: deutsch.]) P. ZUMAN/Prag. 142

Antonín A. Vlček, *Polarographische Halbstufenpotentiale.* 3. Mitt. *Alkalimetalle und ihre Amalgame.* (2. vgl. vorst. Ref.) Das Syst. Alkalimetall–Amalgame ist polarograph. ebenso wie oscillograph. reversibel. Oscillograph. wurde die Reversibilität auch beim Ammonium bewiesen. Die Höhe der Reduktionsstufen steigt in der Reihe: $Li^+ < Na^+ < K^+$, Rb^+, was durch Salvathüllen verursacht sein kann. Die gefundenen Werte der Halbstufenpotentiale $[(E_{1/2})_{\mu=0}]$ für die einzelnen Metalle sind: Li^+ –2,38 V; Na^+ –2,136 V; K^+ –2,16 V; Rb^+ –2,15 V u. Cs^+ –2,13 V. Diese Werte stimmen mit den berechneten Werten der Normalpotentiale bei Stromdurchgang $[E_{0(i)}]$ gut überein, was auch für die Reversibilität der Elektrodenvorgänge spricht. (Chem. Listy **48.** 1485–92. Okt. 1954. [Orig.: tschech.]; Collect. czechoslov. chem. Commun. **20.** 413–22. Febr. 1955. [Orig.: deutsch.]) P. ZUMAN/Prag. 142

Antonín A. Vlček, *Polarographische Halbstufenpotentiale.* 4. Mitt. *Die Vergleichsmethode der Halbstufenpotentialwerte in verschiedenen Lösungsmitteln.* (3. vgl. vorst. Ref.) In Analogie mit der Meth. des Normalelements nach PLESSKOW (C. **1947.** 1645) wurde das Halbstufenpotential von K^+ (1,048 V gegen das Normalpotential des Kaliums) als unabhängig von dem Lösungsm. betrachtet. Um das Halbstufenpotential eines Ions auf der Kaliumskala zu bestimmen, mißt man die Differenz der Halbstufenpotentiale des Ions u. des Kaliumions. (Chem. Listy **48.** 1863. Dez. 1954. [Orig.: tschech.]; Collect. czechoslov. chem. Commun. **20.** 988–89. Aug. 1955. [Orig.: deutsch.]) P. ZUMAN/Prag. 142

Karel Micka, *Polarographische Halbstufenpotentiale.* 5. Mitt. *Halbstufenpotentiale des Galliums.* (4. vgl. vorst. Ref.) Ältere Arbeiten über die Halbstufenpotentiale des Ga wurden kritisiert. Mit Hilfe eines Dreielektrodensyst. wurden folgende Werte der Halbstufenpotentiale des Ga (gegen gesätt. Kalomelelektrode) gefunden: 1 mol. NH_3, 1 mol. NH_4Cl $E_{1/2}$ = –1,58 V; 0,1 mol. KCl –1,10 V; 1 mol. KCl –1,23 V; 0,1 mol. NH_4F –1,38 V; 0,05 mol. Na_2SO_4 –1,21 V; 0,1 mol. KNO_3 –1,12 V. In alkal. Lsgg. gibt Ga keine Reduktionsstufe. Am besten ist die Stufe in ammoniakal. Lsg. gestaltet. In ungepufferten Lsgg. ist die Ga-Stufe von H-Abscheidung begleitet. (Chem. Listy **50.** 43–45. Jan. 1956 [Orig.: tschech.]; Collect. czechoslov. chem. Commun. **21.** 862–65. Aug. 1956. [Orig.: deutsch.]) P. ZUMAN/Prag. 142

I. I. Sabolotny, W. P. Kowtun und **B. M. Krimerman,** *Zur Frage der selektiven Korrosion von Zink.* An 1,8 mm starken Zinkblechplatten mit 0,9% Pb, 0,12% Cd u. 0,02% Fe wird die Korrosion durch HCl u. H_2SO_4 (nichtoxydative Medien) sowie durch HNO_3 u. HCl + HNO_3 (oxydative Medien) untersucht. Es wird festgestellt, daß bei der H-Depolarisation die H_2-Bläschen die Wrkg. der Mikrokathoden unterstützen. Bei der oxydativen Depolarisation schützen die gebildeten Bläschen die Zn-Oberfläche teilweise gegen die Korrosionszerstörung. Ein Einfl. der mol. Natur der nichtmetall. Stoffe, mit deren Hilfe säureisolierende Schichten geschaffen wurden, auf die selektive Zn-Korrosion konnte nicht nachgewiesen werden. (Журнал Прикладной Химии [J. angew. Chem.] **28.** 655–59. Juni 1955.) O. LEBTAG. 142

A. Ja. Schatalow, *Untersuchung der Korrosion von Cadmium und Zink nach einer polarographischen Methode.* (Vgl. C. **1956.** 2661.) Die Vorgänge bei der Korrosion von Cd u. Zn werden durch polarograph. Unters. der Lsgg. verfolgt, wobei sich Übereinstimmung der Ergebnisse mit direkten Gewichtsmessungen am Metall ergeben. In allen Fällen wird in sauren Lsgg. zu Beginn erhöhte Korrosion festgestellt, die auf die chem. Auflsg. der Oxydhaut zurückgeführt wird; ein genaues Bild gibt daher nur die Korrosion–Zeit-Kurve. Die Reinheit des Metalls ist von Einfl., chem. reines Cd u. Zn werden langsamer korrodiert als solches mit Beimengungen. In Chloridlsgg. zeigt sich ein plötzliches Umschlagen des Elektrodenpotentials nach der positiven Seite, wenn ein bestimmter p_H-Wert erreicht ist: bei 0,1 n Cl^--Konz. ist dieser für Cd 3,35, bei höherer Cl^--Konz. (bis 1 n) 5,5–5,8, bei Zn ~3,6. Dies wird mit der Bldg. einer Schutzhaut, wahrscheinlich von Oxychloriden, auf der Metalloberfläche erklärt. (Журнал Прикладной Химии [J. angew. Chem.] **28.** 944–49. Sept. 1955.) R. K. MÜLLER. 142

Karel Smrček und **Karel Bartoň,** *Über Korrosion.* 4. Mitt. *Elektrochemische und korrosionskinetische Studien des Zinks in Wassern.* (3. vgl. PRAŽÁK u. PRAŽÁK, C. **1956.** 5200.) Vff. studierten das elektrochem. u. korrosionskinet. Verh. des Zn in Nutz-, Speise-, künstlichen Meerwasser u. in dest. W. im Temperaturbereich von 20–95°. Die Erhöhung des Elektrodenpotentials, welche bei 80° in Nutz- u. Speisewasser, nicht aber in künstlichem Meerwasser beobachtet wurde, erklärten Vff. durch Änderung des Depolarisationsmechanismus. Maximale Korrosion wurde in Meerwasser bei 90°, in Speisewasser bei 60° u. in Nutzwasser bei 40° beobachtet. Verschied. Reaktionsmechanismen für die Korrosion des Zn wurden vorgeschlagen u. diskutiert. (Chem. Listy **49.** 1773–81. Dez. 1955 [Orig.:

tschech.]; Collect. czechoslov. chem. Commun. **21.** 339—48. April 1956 [Orig. deutsch]. Praha, Výzk. ústav ochrany materiálu.) V. KAČENA/Prag. 142

Milan Pražák und **Vilém Pražák,** *Über Korrosion. 5. Mitt. Mechanismus der Metallpassivierung und Korrosion.* (4. vgl. vorst. Ref.) Es wurde der Verlauf der chem. u. elektrochem. Passivierung des Eisens in HNO_3 von verschied. Konz. verglichen. Die Oxydations- u. Reduktionsvorgänge bei diesen Rkk. wurden durch die Partialströme ausgedrückt. Diese wurden in Abhängigkeit vom Potential festgestellt. Die erhaltenen Ergebnisse zeigen, daß zwischen den Mechanismen der chem. u. elektrochem. Korrosions-Rkk. kein grundsätzlicher Unterschied ist. Der Verlauf der chem. Korrosions-Rkk. kann durch die Partialströme quantitativ beschrieben werden. (Chem. Listy **50.** 23—28. Jan. [Orig.: tschech.]; Collect. czechoslov. chem. Commun. **21.** 564—70. Juni 1956. [Orig.: deutsch]. Praha, Výzk. ústav ochrany materiálu.) V. KAČENA/Prag. 143

R. Piontelli, G. Sternheim und **M. Francini,** *Überspannung und Passivität in geschmolzenen Elektrolyten.* Vff. berichten über Verss., bei denen die Überspannung von Metallelektroden in Chloridschmelzen unter Eliminierung der Konzentrationsüberspannung gemessen wird. Die ermittelten Überspannungen setzen sich aus einem Anteil des Elektrodenprozesses u. dem OHMschen Spannungsabfall zusammen. Unterss. der Systeme *Ni/NiCl* (10—20%) + KCl (90—80%) bei 740°; *Cu/CuCl* (10%) + KCl (90%) bei 740°; *Mg*/KCl + $MgCl_2$ bei 550° u. *Al*/$AlCl_3$ + NaCl bei 200° zeigen, daß die gemessenen scheinbaren Überspannungen rein OHMschen Charakter besitzen. Das Fehlen der „Austauschüberspannung" scheint eine allg. Eig. von Bädern mit geschmolzenen Chloriden zu sein, vorausgesetzt, daß die Temp. hoch genug ist. Aus den Experimenten folgt weiterhin, daß anod. Passivität in geschmolzenen Elektrolyten mit der Ggw. oder Bldg. von Deckschichten auf den Elektrodenoberflächen zusammenhängt. Diese Deckschichten bestehen entweder aus *Oxyden* oder *Oxychloriden,* die von Spuren W. im Bad oder Oxydhäuten auf den Elektroden herrühren oder aus *Chloriden* des Elektrodenmetalles bei Übersättigung in einem vielkomponentigen System. Die Passivität von Mg-Elektroden verschwindet beim Erhitzen auf den F. des Mg. (J. chem. Physics **24.** 1113—14. Mai 1956. Milan, Politecn., Labor. of Elektrochem. Chem. Phys. and Metall.) W. KRÖNERT. 143

P. Jones, H. R. Thirsk und **W. F. K. Wyne-Jones,** *Oxydbildung und Überspannung von Sauerstoff an Blei- und Silberanoden in alkalischer Lösung.* Vff. erweitern ihre Unterss. über das anod. Verh. der Metalle auf die Systeme Pb in KOH u. Ag in KOH. Hierzu wurde das Potential einer anod. polarisierten Elektrode in 1n KOH bei 25° als Funktion der Zeit ermittelt. Die Stromdichte blieb dabei konstant. Für die Pb-Anode zeigt diese Kurve 2 deutliche Maxima, die Vff. den Rkk. Pb → PbO u. PbO → PbO_2 zuschreiben. In einer 3. Stufe erfolgt die O_2-Entw. an der PbO_2-Oberfläche. Auch der Verlauf des Potentials von Ag-Anoden in Abhängigkeit von der Zeit (in 1n KOH) zeigt deutliche Stufen, die verschied. Rkk. an der Metalloberfläche zugeschrieben werden können, der Bldg. von Ag_2O u. Silbersuboxyd. Darüber hinaus vermuten Vff. auf Grund dieser Messungen die Existenz eines weiteren Oxyds. Diese Ergebnisse werden durch röntgenograph. Unterss. der auf der Ag-Anode gebildeten Oxydfilme gestützt. An derartig definierten Oberflächen haben Vff. die Überspannung η des Sauerstoffs als Funktion der Stromdichte ermittelt u. erörtern den Einfl. der verschied. Oberflächenbedeckungen auf die Größe von η u. ihre Stromdichteabhängigkeit in Verbindung mit früheren Meßergebnissen. (Trans. Faraday Soc. **52.** 1003—11. Juli 1956. Newcastle-upon-Tyne, Univ. of Durham, King's Coll., Phys. Chem. Labor.) H. U. WOELK. 143

A₄. Thermodynamik. Thermochemie.

Kiril Popow, *Mathematische Grundlagen der Theorie irreversibler thermodynamischer Prozesse.* Die von ONSAGER (C. **1932.** II. 3661) angegebenen Beziehungen $x_i = \sum_{k=1}^{n} L_{ik} X_k$ (i = 1, 2, . . . n) u. $L_{ik} = L_{ki}$ stellen, bei Beschränkung auf die Glieder 2. Grades bzgl. x, die ersten Integrale eines allgemeineren Syst. von Differentialgleichungen dar $d^2x_i/dt^2 = X_i$. Im allgemeinsten Falle wird bei Beibehaltung aller Glieder in der Zerlegung von ΔS die Beziehung $L_{ik} = L_{ki}$ mit Genauigkeit bis zu den Gliedern 2. Ordnung erhalten. Vf. wendet die allg. Theorie auf die konkreten Probleme der Wärmeübertragung von einem Syst. auf ein anderes, der Wärmefortpflanzung in einem uniformen Stab u. der Phasentheorie in adiabat. geschlossenen Systemen an. (Журнал Экспериментальной и Теоретической Физики [J. exp. theoret. Physik] **28.** 257—82. März 1955. Sofia, Bulgar. Akad. der Wiss.) R. K. MÜLLER. 146

Chrissto Karanikolow, *Über die phänomenologischen Beziehungen von Onsager.* (Vgl. POPOW, vorst. Ref.) In einer Behandlung der ONSAGERschen Beziehungen mit Hilfe von Determinanten wird gezeigt, daß sich auch auf diesem Wege die Gleichheit von L_{ik} u. L_{ki} beweisen läßt. (Журнал Экспериментальной и Теоретической Физики [J. exp. theoret. Physik] **28.** 283—86. März 1955. Sofia.) R. K. MÜLLER. 146

Lyman J. Briggs, *Maximale Überhitzung von Wasser als Maß des negativen Druckes.* In Anlehnung an frühere Verss. von KENDRICK, GILBERT u. WISNER (J. physic. Chem. **28.** [1924.] 1297) überhitzte Vf. in offenen Capillar-U-Röhren mit einer Zinnwand W. bis 264, 266 u. 267° für 5 Sek. u. länger, bevor eine Explosion eintrat. Somit reicht die Kohäsionskraft von W. aus, um einem inneren negativen Druck von 51 at bei 267° zu widerstehen. Bei dieser Temp. würde ein zusätzlicher negativer Druck, z. B. eine äußere angelegte Zentrifugalkraft die Wassersäule zerreißen. Der aus der VAN DER WAALSschen Gleichung berechnete negative Druck, der dem Syst. entgegenwirkt, stimmt mit dem Experiment gut überein. (J. appl. Physics **26.** 1001—03. Aug. 1955. Washington, D. C., Nat. Bur. of Stand.) V. BURBACH. 148

H. Tracy Hall, *Der Schmelzpunkt von Germanium als Funktion des Druckes bis 180000 Atmosphären.* Bei der Messung des F. von Ge als Funktion des Druckes stellte Vf. ein lineares Absinken des F. mit steigendem Druck von 936° bei 1 at bis 347 ± 18° bei 180 000 at fest. Die lineare Abhängigkeit zeigt, daß in dem untersuchten Bereich keine neuen festen Phasen gebildet werden. Widerstandsmessungen ergaben, daß das Ge im festen Zustand ein Halbleiter bleibt, dagegen im fl. Zustand über den gesamten Druckbereich nicht leitend ist. Eine Erweiterung der Meßtechnik der Meth. könnte vielleicht den Charakter der Schmelzkurve klären, wenn der Druck unbegrenzt ansteigt. (J. physic. Chem. **59.** 1144—46. Nov. 1955. Schenectady, N. Y., Gen. Electric Comp., Res. Labor.) V. BURBACH. 148

R. M. Treco, *Thermische Ausdehnungsdaten von Beryllium.* Der lineare Ausdehnungskoeff. von stranggepreßtem u. angelassenem, polykristallinem Be senkrecht u. parallel zur Achse wurde zu ca. 11,6 bzw. ca. $10{,}1 \cdot 10^{-6}$ cm/cm ermittelt. (J. Metals **188.** Trans. AIME 1274—76. Okt. 1950. Cambridge, Mass., MIT.) H. ECKHARD. 148

A. I. Awgusstinik und **Je. I. Wassiljew,** *Thermische Ausdehnung einiger Lithiumaluminiumsilicate.* Ein Li-Al-Silicat aus einer der Zus. von Orthoklas $Me_2O \cdot Al_2O_3 \cdot 6SiO_2$ entsprechenden Schmelze (1150°) besteht zu 90% aus Kristallen mit n = 1,521; es zeigt Kontraktion beim Erhitzen: α (therm. Ausdehnungskoeff.) = $-1{,}2 \cdot 10^{-6}$ bis 600°. Dieselbe Erscheinung wird auch bei anderen Zuss. beobachtet: $Li_2O \cdot Al_2O_3 \cdot 2\,SiO_2$ (I), $\alpha = -6{,}5 \cdot 10^{-6}$, $Li_2O \cdot Al_2O_3 \cdot 4\,SiO_2$ $-1{,}0 \cdot 10^{-6}$, $Li_2O \cdot Al_2O_3 \cdot 8\,SiO_2$ $-0{,}65 \cdot 10^{-6}$ (alle Werte zwischen 100 u. 600°). Bei I wird der negative α-Wert bei einer ½ Std. auf 1150° gehaltenen Probe erhalten; nach 4 Std. bei 1150° beträgt der krist. Anteil nur noch 60% u. α ist schwach positiv ($+0{,}45 \cdot 10^{-6}$). Das Auftreten negativer α-Werte hängt also offenbar mit dem krist. Anteil zusammen, jedoch nicht mit polymorphen Umwandlungen im Kristallgitter, da eine auf 600° geglühte Probe von Li-Orthoklas dasselbe Röntgenbild ergibt wie im nichtgeglühten Zustand. (Журнал Прикладной Химии [J. angew. Chem.] **28.** 939—43. Sept. 1955.) R. K. MÜLLER. 148

R. A. Tschenzow, *Die Eigenschaften des leichten Heliumisotops ^3He bei tiefen Temperaturen.* (Fortschr. Physik **3.** 218—69. 1955. — C. **1955.** 7620 u. 7850.) E. KLEVER. 149

J. M. Ziman, *Bose-Einstein-Kondensation in Heliumfilmen.* In einem idealen BOSE-EINSTEIN-Gas, das in eine Schicht von endlicher Dicke eingeschlossen ist, geht die Kondensationstemp. gegen 0, wenn die Fläche der Schicht immer größer wird. Soll der λ-Übergang in He II-Filmen mit dem Modell des BOSE-EINSTEIN-Gases in Einklang gebracht werden, so muß man annehmen, daß die Filme aus kleinen Bezirken bestehen, in denen keine Dimension größer als $7{,}4 \cdot 10^{-6}$ cm ist u. die bei der Kondensation unabhängig voneinander sind. Obwohl eine solche Länge auch in dem „cluster"-Modell von BREWER u. MENDELSSOHN (vgl. C. **1955.** 6923) auftritt, kann ihre Existenz im Rahmen der kinet. Theorie noch nicht begründet werden. (Philos. Mag. [7] **44.** 548—58. Mai 1953. Oxford, Clarendon Labor.) G. KIRSCHSTEIN. 149

D. F. Brewer und **K. Mendelssohn,** *Anomale Oberflächenspannung in Helium II.* (Vgl. vorst. Ref.) Die früher (vgl. C. **1955.** 6923) angenommene Unterteilung von fl. He II in „cluster" muß mit einer Anomalie der Oberflächenspannung verbunden sein, indem diese von der Tropfengröße abhängt, sobald man zu Lineardimensionen der Größenordnung 10^{-6} cm kommt. Diese Anomalie wurde jetzt qualitativ nachgewiesen. Sie könnte einige bisher unverständliche Beobachtungen erklären. (Philos. Mag. [7] **44.** 559—61. Mai 1953. Oxford, Clarendon Labor.) G. KIRSCHSTEIN. 149

C. E. Chase, *Ultraschallmessungen in flüssigem Helium.* (Vgl. C. **1956.** 8268.) Ausführliche Darst. der C. **1954.** 7595 referierten Arbeit; die Dämpfung, die am λ-Punkt ein steiles Maximum hat, ist bis ca. 1,2° K herab proportional dem Quadrat der Frequenz, während bei tieferen Tempp. — vermutlich wegen eines Relaxationseffektes — eine andere Frequenzabhängigkeit gilt. (Proc. Roy. Soc. [London], Ser. A **220.** 116—32. 22/10. 1953. Cambridge, Univ., Royal Soc. Mond Labor.) G. KIRSCHSTEIN. 149

C. E. Chase und **Melvin A. Herlin**, *Ultraschallmessungen in magnetisch gekühltem Helium.* (Vgl. vorst. Ref.) Zwischen 1,2 u. 0,1° K wurde die Absorption von Ultraschall (12,1 MHz) in He II gemessen. Die registrierte Kurve fällt nach 2 Maxima bei ca. 1,0 u. 0,9° K steil auf 0 bei 0,1° K ab; die Existenz zweier verschied. Relaxationszeiten ist damit nachgewiesen. (Physic. Rev. [2] **95.** 565—66. 15/7. 1954.) G. KIRSCHSTEIN. 149

C. E. Chase und **Melvin A. Herlin**, *Ultraschallausbreitung in magnetisch gekühltem Helium.* Ausführliche Darst. der vorst. referierten Arbeit. Die Ultraschallgeschwindigkeit ist zwischen 1 u. 0,1° K konstant 240 ± 5 m/sec. (Physic. Rev. [2] **97.** 1447—52. 15/3. 1955. Cambridge, Mass., MIT, Res. Labor. of Electronics.) G. KIRSCHSTEIN. 149

Werner Kuhn, *Das Multiplikationsprinzip für Trenn- und Konzentrierungsvorgänge.* (Vgl. C. **1954.** 1087 u. **1955.** 27.) Vf. behandelt grundsätzlich, vom „Trennfaktor" ausgehend, rechner. die Wrkg. des beim „Haarnadel-Gegenstromprinzip" auftretenden vervielfachenden Effektes (= „Multiplikationsprinzip") u. den Einfl. einer Entnahme von Substanz aus der Trennsäule. Die Beziehungen werden anschaulich durch Skizzen u. Diagramme dargestellt. Mit den gewonnenen Erkenntnissen war es möglich, die Isotopen ^{12}C u. ^{13}C in CCl_4 in einer nur 1 m langen Kolonne mit einer Verschiebung des ^{13}C-Geh. um 7% des ursprünglichen zu trennen, wobei auch eine — 3mal geringere — Trennung von ^{35}Cl u. ^{37}Cl eintrat. Es wird erwähnt, daß auch die Harnkonzentrierung in der Niere nach dem „Multiplikationsprinzip" erfolgt. (Dechema Monogr. **21.** 238 bis 255. 1952. Basel, Univ., Phys.-chem. Inst.) H. ECKHARD. 149

Alfred Schmidt, *Über das System Chlorwasserstoff/Wasser.* Vf. wendet eine von OTHMER (Ind. Engng. Chem. **34.** [1942.] 952) entwickelte graph. Darst. für bin. Systeme auf das Syst. HCl/H_2O an. Partial- u. Gesamtdrucke wss. Salzsäure werden gegen den Dampfdruck des W. als Vergleichsstoff doppelt logarithm. aufgetragen. Parameter ist die HCl-Konz. in der fl. Phase. Die sonst gekrümmten Dampfdruckkurven sind in dieser Art der Darst. Geraden, die sich leicht extrapolieren lassen. Aus den angegebenen Diagrammen lassen sich für die Praxis wichtige Daten, wie Löslichkeit, Kp. Taupunkt, direkt ablesen. Die techn. Probleme bei der isothermen u. bes. der adiabat. Absorption von HCl in W. werden diskutiert. Aus der thermodynam. Berechnung ergibt sich, wie auch durch Verss. bestätigt wurde, die Möglichkeit der adiabat. Absorption von HCl in W. im techn. Maßstab, wobei man im Gegenstromverf. wie bei den bisherigen isothermen Verff. zu hochkonz. Säure gelangen kann. (Chemie-Ing.-Techn. **25.** 455—66. Aug./Sept. 1953. Marl, Kr. Recklinghausen, Chem. Werke Hüls.) K. SCHILLER. 150

D. B. Broughton und **C. S. Brearley**, *Berichtigung von Dampf–Flüssigkeits-Gleichgewichtsdaten.* Vff. beschreiben einige Methoden zur Best. der thermodynam. Richtigkeit bin. u. tern. Dampf–Fl.-Gleichgewichtsdaten u. zeigen Wege zur Berichtigung unvollständiger oder widerspruchsvoller Daten auf. (Ind. Engng. Chem. **47.** 838—43. April 1955. Des Plaines, Ill., Univ., Oil Prod. Co.) W. NIEMITZ. 150

N. T. Gudzow, L. I. Iwanow und **M. P. Matwejewa**, *Radioaktive Methoden metallphysikalischer Untersuchungen.* Es werden mehrere Methoden u. Apparaturen zur Best. der Verdampfungsgeschwindigkeiten, der Dampfspannungen u. der Sublimationswärmen der Metalle im festen Zustand beschrieben. Zur Best. der Verdampfungsgeschwindigkeit u. der Diffusionskonstanten reiner Metalle u. ihrer Legierungen wird eine Meth. angewendet, die auf dem Isotopenaustausch zwischen der radioakt. u. der inakt. Probe eines Metalls beruht. Vff. untersuchten nach dieser Meth. die Dampfspannung von reinem Fe u. seiner Legierungen mit Cr sowie andere Legierungen. In allen Fällen wurde das Isotop ^{59}Fe angewendet. Es wurde nur die γ-Ausstrahlung gemessen. (Вестник Академии Наук СССР [Nachr. Akad. Wiss. UdSSR] **26.** Nr. 3. 79—83. März 1956.) E. STEINBERG. 150

H. M. Schadel jr., G. Derge und **C. E. Birchenall**, *Aktivität von Silber–Silicium-Legierungen.* Der Ag-Dampfdruck über Legierungen mit 3,9 u. 9,3 u. 15,4 At.-% Si wurde gemessen. Die Dampfdruckkurve des Eutektikums (15,4 At.-% Si) u. die Aktivitätskoeffizienten der Legierungen von 0—15,4 At.-% Si bei 950, 1000 u. 1050° — bezogen auf reines Ag — sind graph. wiedergegeben. (J. Metals **188.** Trans. AIME 1282—83. Okt. 1950. Pittsburgh, Pa., Carnegie Inst. of Technol.) H. ECKHARD. 150

H. J. Bernstein, *Die additive Natur der Molwärme von Gasen.* Wenn man die Nullpunktsenergie einer homologen Mol.-Reihe als additive Eig. auffaßt, kann die Summe der Grundschwingungsfrequenzen ($\Sigma\nu$) u. die Summe der Quadrate ($\Sigma\nu^2$) — letztere nach der Theorie der kleinen Schwingungen — ebenfalls als additive Eig. aufgefaßt werden. Der Schwingungsanteil der Molwärme ergibt sich zu $C_{vib} = A_0 + A_1 \sum\nu/T + A_2 \sum\nu^2/T^2$; die Molwärme bei konstantem Druck ist um 4R größer. Die Molwärme im idealen Gaszustand der Moll. einer homologen Reihe läßt sich bei konstanter Temp. daher in ein additives Schema einreihen; andererseits ist, entgegen den meisten Literaturangaben, die Temperaturabhängigkeit mehr quadrat. in 1/T als in T. Werte auf Grund der statist. Thermodynamik an *Chlormethanen* u. *-äthylenen* berechnet, die bis jetzt noch nicht spektroskop. untersucht sind, sowie solche nach einem „additiven Modell" berechneten sind zum Vgl. tabelliert; die Abweichungen sind unter $\pm 0{,}5\%$. (J. chem. Physics **24.** 911. April 1956. Ottawa, Can., Nat. Res. Council, Div. of Chem.) F. CRAMER. 151

H. J. Bernstein, *Potenzreihen für die Temperaturabhängigkeit der Molwärme von Gasen.* In der vorhergehenden Arbeit (vgl. vorst. Ref.) wurde gezeigt, daß die Temperaturabhängigkeit der Molwärme von Gasen von der Form $C_p^0 = B_0 + B_1/T + B_2/T^2$ (1) ist. Eine andere übliche Darst. erfolgt in der Form $C_p = A_0 + A_1T + A_2T^2$. Um festzustellen, mit welcher Form man den Verlauf von C_p am besten darstellen kann, wurden beide an CCl_4 im idealen Gaszustand im Bereich von 300—1000° K mit Hilfe der Rechenmeth. der kleinsten Fehlerquadrate überprüft. Dabei ergab sich ebenso wie bei der Anwendung auf andere Substanzen, daß sich die Form (1) besser als Extra- u. Interpolationsformel eignet. Die in den Feststellungen der vorhergehenden Abhandlung liegenden Begründungen werden erörtert. (J. chem. Physics **24.** 911—12. April 1956.) F. CRAMER. 151

J. R. Pattison, *Die Enthalpie und die spezifische Wärme von Eisen und Stahl. Ein kritischer Überblick der Bestimmungsverfahren.* Literaturzusammenstellungen der wahren spezif. Wärme von Reineisen bei Tempp. bis zu 1000° sowie der Wärmeinhalte bis zu 1400°. Angaben über die von verschied. Forschern ermittelten Werte der Enthalpie von Eisen zwischen den Umwandlungspunkten in cal/g. — 79 Schrifttumsangaben. (J. Iron Steel Inst. **180.** 359—68. Aug. 1955.) H. HOCHSTEIN. 151

A. F. Kapusstinski und **I. I. Lipilina,** *Die spezifische Wärme wässeriger Uranylchlorid- und -nitratlösungen und die scheinbare molare spezifische Wärme des Uranylions.* (Vgl. C. **1956.** 5202.) Die scheinbare mol. spezif. Wärme (φc_p cal/Grad·Mol) bei 25° wird bei wss. Lsgg. von UO_2Cl_2 (**I**) u. $UO_2(NO_3)_2$ (**II**) bei verschied. mol. Konzz. (m) bestimmt. Es ergibt sich für **I**-Lsg. $\varphi c_p = -55{,}80 + 53{,}01 \sqrt{m}$, für **II**-Lsg. $\varphi c_p = -30{,}94 + 55{,}01 \sqrt{m}$. Für NO_3^- wird aus der Additivität für unendlich verd. Lsg. $\varphi^0 c_p = -15{,}4$ bestimmt, für Cl^- $\varphi^0 c_p = -27{,}9$; die Differenz dieser Werte ist nicht wesentlich verschieden von der bei K-, Na- u. NH_4-Salzen bestimmten. Für UO_2^{2+} errechnet sich als Mittelwert aus der Best. an **I**- u. **II**-Lsgg. $\varphi^0 c_p = -26{,}2 \pm 2{,}0$. Die geringen Unterschiede der Werte für **I** u. **II** lassen darauf schließen, daß diese Salze vollständig in UO_2^{2+} u. NO_3^- bzw. Cl^- dissoziiert sind, also zu den vollständig dissoziierten 2-1-Elektrolyten gehören. (Доклады Академии Наук СССР [Ber. Akad. Wiss. UdSSR] **104.** 264—67. 11/9. 1955. Kurnakow-Inst. für allg. u. anorgan. Chem. der Akad. der Wiss. der UdSSR.) R. K. MÜLLER. 151

Harwood G. Kolsky und **Paul W. Gilles,** *Thermodynamische Eigenschaften von gasförmigem Zirkonium.* Nach den von GIAUQUE (J. Amer. chem. Soc. **52.** [1930.] 4808) beschriebenen Methoden wurden von gasförmigem Zr folgende thermodynam. Funktionen zwischen 10 u. 8000° K berechnet u. tabelliert: Freie Energiefunktion $-(F_T^0 - H_T^0)/T$, Wärmeinhalt $H_T^0 - H_0^0$, Entropie S_T^0 u. Molwärme C_p^0. Die Daten schließen translator. u. elektron. Beiträge mit ein, berücksichtigen jedoch wie üblich nicht den Kernspinanteil. Die Molwärme durchläuft ein Maximum bei ca. 435° K u. ein Minimum bei ca. 975° K. (J. chem. Physics **24.** 828—29. April 1956. Los Alamos, N. Mex., Univ. of California, Los Alamos Scient. Labor.; Lawrence, Kans., Univ. of Kansas, Dep. of Chem.) F. CRAMER. 154

A. A. Botschwar und **G. M. Kusnetzow,** *Über die Abhängigkeit des Verhältnisses der Schmelzwärme zur Schmelztemperatur von der Ordnungszahl des Elements.* Die Schmelzentropie ist eine period. Funktion in Abhängigkeit von der Ordnungszahl des Elements. In jeder Periode besitzen die Elemente der F-Untergruppe die größte Schmelzentropie. Die geringste Entropie besitzen die Alkali- u. Erdalkalimetalle. Das größte Verhältnis c_F(Schmelzwärme)/F beobachtet man in der Untergruppe der Alkalimetalle bei Li; bei den übrigen Elementen dieser Untergruppe ist es fast gleich 1,7—1,66. In der 2. Gruppe nimmt c_F/F von Be nach Ca zu, dann nach Ba ab. In der Al-Untergruppe liegt das Maximum bei Ga. In der C-Untergruppe nimmt die Entropie in der Reihe Si–Ge–Sn–Pb ab. In der F-Untergruppe nimmt sie mit zunehmender Ordnungszahl etwas zu. Bei den Elementen der Nullgruppe ist c_F/F für He, Ne, Kr u. Xe fast gleich. Rn u. Ar besitzen einen etwas höheren Wert. Ob auch die Entropie der Verdampfung eine period. Funk-

tion ist, ist noch nicht nachweisbar, jedoch sehr wahrscheinlich. (Доклады Академии Наук СССР [Ber. Akad. Wiss. UdSSR] [N. S.] **98.** 227–28. 11/9. 1954.)
O. LEBTAG. 155

W. Drost-Hansen und **H. W. Neill,** *Temperaturanomalien bei den Eigenschaften von flüssigem Wasser.* (Sitzungsbericht.) (Physic. Rev. [2] **100.** 1800. 15/12. 1955.)
E. KLEVER. 156

W. K. Ssementschenko, *Grundbegriffe und Ableitungen in der Thermodynamik der Lösungen.* Vf. behandelt den Aktivitätskoeff. von bin. Systemen, die Typen der Löslichkeit u. die thermodynam. Eigg. des Lösungsm. u. des gelösten Stoffes. Betrachtet werden folgende 4 Lösungstypen: 1. Die Löslichkeit der beiden Komponenten ist begrenzt; es ist ein thermodynam. Gleichgewicht des Gemisches mit den reinen Phasen möglich. 2. Die Löslichkeit der beiden Komponenten ist begrenzt; es ist jedoch kein Gleichgewicht mit den reinen Komponenten möglich. 3. Die Löslichkeit einer Komponente ist begrenzt, die der 2. Komponente unbegrenzt. 4. Die Löslichkeit der beiden Komponenten ist unbegrenzt; das Gemisch kann weder mit den reinen Komponenten noch mit ihrem Gemisch beliebiger Zus. im Gleichgewicht stehen. Jene Komponente, die bei der Ablesung eine individuelle Substanz ist, besitzt einen relativen Aktivitätskoeff. >1. Erfolgt die Ablesung an der unendlich oder endlich verd. Lsg., dann ist der Aktivitätskoeff. <1. Die gleiche Gesetzmäßigkeit gilt für den Fall der begrenzten Löslichkeit der beiden Komponenten. Hierbei ändern sich nur die Grenzwerte, die durch die Löslichkeit bestimmt werden. (Доклады Академии Наук СССР [Ber. Akad. Wiss. UdSSR] [N. S.] **77.** 839–41. 11/4. 1951.)
O. LEBTAG. 156

William L. Jolly, *Die thermodynamischen Eigenschaften von Chloramin, Dichloramin und Stickstofftrichlorid.* Aus Literaturdaten berechnet Vf. die freien Bildungsenergien für wss. NH_2Cl, $NHCl_2$ u. NCl_3 bei 25° zu 18,6, 48 u. 79 kcal/Mol. Die Gleichgewichtskonstante der Rk. $H^+ + 2\,NH_2Cl = NHCl_2 + NH_4^+$ wird zu $K = 10^6$ bestimmt u. die der Rk. $H^+ + 3\,NHCl_2 = 2\,NCl_3 + NH_4^+$ zu $K = 10^4$. Es wird ein Diagramm der Oxydationspotentiale für wss. Lsgg. u. für fl. Ammoniaklsgg. gegeben. (J. physic. Chem. **60.** 507–08. April 1956. Berkeley, Calif., Univ. of California, Dep. of Chem.)
V. BURBACH. 156

I. I. Tschernjajew, W. A. Palkin und **W. A. Ssokolow,** *Thermochemische Untersuchung der isomeren Platinverbindungen.* Vff. beschreiben ein Flüssigkeitscalorimeter mit konstantem Wärmeaustausch, mit dessen Hilfe die geringen Wärmen langsamer Prozesse von der Zimmertemp. bis 120° gemessen werden können. Für die Best. sind 0,1–0,3 g der Komplexverb. erforderlich. Das Calorimeterthermometer besitzt die Genauigkeit $5 \cdot 10^{-50}$ Grad; die Genauigkeit des Calorimeters beträgt $1{,}5 \cdot 10^{-2}$ cal. Es wurden die Wärmeeffekte bei der Rk. von *cis*-$[Pt(NH_3)_2Cl_2]$ (I), *trans*-I, $[Pt(NH_3)_3Cl] \cdot [PtNH_3Cl_3]$ (II), $[Pt(NH_3)_3Cl]_2[PtCl_4]$ (III) u. $[Pt(NH_3)_4][PtNH_3Cl_3]_2$ (IV) mit wss. 9,4%ig. Ammoniak bei 70° gemessen. Es zeigte sich, daß trans-I die geringste Reaktionswärme aufweist, daß alle übrigen Isomeren in trans-I bei positivem Wärmeeffekt übergehen. Die bei 170° durchgeführte Isomerisation von cis-I in trans-I ergibt einen Wärmeeffekt von $3{,}0 \pm 0{,}2$ kcal/Mol. Für die Isomerisationswärmen von II, III u. IV ergaben sich die Werte $5{,}8 \pm 0{,}3$; $2{,}5 \pm 0{,}3$; $6{,}6 \pm 1{,}2$ kcal. (Известия Академии Наук СССР, Отделение Химических Наук [Nachr. Akad. Wiss. UdSSR, Abt. chem. Wiss.] **1953.** 215–19. März/April. Kurnakow-Inst. für allg. u. anorgan. Chem. der Akad. der Wiss. der UdSSR.)
O. LEBTAG. 156

W. Noddack und **Ruth Jakobi,** *Thermische Untersuchungen an isotropisierten Mineralien.* Nach einer Zusammenstellung der bisher bekannten isotropisierten Mineralien beschreiben Vff. eigene Verss. über die Umwandlung vom amorphen in den krist. Zustand einer Reihe von Erdmineralien. Die Umwandlungswärmen werden zuerst nach der Anheizmeth. in der BERTHELOTschen Bombe gemessen. Bei diesem Vert. werden Grenzwerte der Umwandlungswärmen mit Hilfe der gleichzeitig auftretenden Dichteänderungen erhalten. Von den Mineralien *Gadolinit, Cerit, Samarskit, Fergusonit, Ampangabeit, Annerödit, Risörit, Hjelmit, Euxenit, Blomstandin, Betafit, Thorit, Malakon, Monazit, Hussakit, Bröggerit, Thorianit, Cleveit* u. *Uranocker* werden die Umwandlungswärmen sowie der Beginn der Umwandlung mit einer automat. arbeitenden thermoelektr. Differentialmeth. ermittelt. Die Umwandlungswärmen betragen zwischen 0 u. 135 cal/Grad u. die Umwandlung setzt zwischen 200 u. 620° ein. Zusätze von krist. Material wirken im Gegensatz zu Fremdstoffen katalyt. auf die Umwandlung u. setzen die Umwandlungstemp. herab. Durch Vorwärmung auf 50–60° wird der Wärmeeffekt erniedrigt. Ein Geh. von 0,1–1% amorpher Substanz im krist. Material kann noch mit der Differentialmeth. nachgewiesen werden. Verss., eine Rückumwandlung krist. → amorph (isotrop) durch therm. Behandlung zu bewerkstelligen, verlaufen erfolglos. Unter Zuhilfenahme der Werte: Mindest-Mol.-Gew., Bindungswärme (Base-Säure) u. Umwandlungswärme eines Gadolinits werden Schlüsse auf die Natur des isotropisierten Zustandes u. auf den Übergang amorph–krist. gezogen. Es wird versucht, einen Zusammenhang zwischen der chem. Zus. u. der Bereitschaft zur Isotropisierung zu finden. Die Th- u. U-reichsten Mineralien sind am wenigsten isotropisiert. Der Geh. an Yttererden ist dagegen in den meisten Fällen der Umwandlungswärme proportional. (Z. anorg. allg. Chem. **284**. 208–32. April 1956. Bamberg, Staatl. Forschungsinst. für Geochem.) W. KRÖNERT. 156

Robert M. Fristrom, *Untersuchungen über Flammenzonen. 2. Mitt. Anwendbarkeit des eindimensionalen Modells auf dreidimensionale laminare Bunsenflammenfronten.* (1. vgl. C. **1954**. 11128.) Zur Abgrenzung der Gültigkeit des eindimensionalen Modells für dreidimensionale laminare Flammen hat Vf. mit der früher beschriebenen Meth. (l. c.) die Struktur vorgemischter Propan–Luft-Flammen untersucht. Die Verbrennung erfolgt unter verschied. Strömungsbedingungen mit verschied. Flammenstrukturen. Ist sie eindimensional, wird eine Abhängigkeit des Reaktionsablaufs von den Strömungsbedingungen nicht ausgeschlossen. Vf. untersucht daher die Bedingungen, unter denen eindimensionale Flammen erhalten werden können, u. ermittelt die Dichte- u. Temperaturprofile. Die Verbrennungsgeschwindigkeit ergibt sich als der entscheidende Parameter für die Beschreibung von Flammen, die nur vom Ausgangszustand der Gase abhängig sind. Sie ist von der Gasgeschwindigkeit u. der Flammengeometrie unabhängig. Die erhaltenen Ergebnisse zeigen, daß gewöhnliche Bunsenflammen im Reaktionsraum durch ein eindimensionales Modell beschrieben werden können. Er besteht eine alleinige Abhängigkeit der Eigg. der Flammenfront von den Koordinaten senkrecht zu ihr. Die Theorie der eindimensionalen Flammen ist jedoch durch Berücksichtigung der Expansion während der Rk. zu erweitern. Nach Ansicht des Vf. bestehen die Flammen von KW-stoffen aus zwei Reaktionszonen. In der ersten erfolgt das Cracken u. die Oxydation des KW-stoffs zu CO u. H_2O. In der zweiten wird, mit geringerer Geschwindigkeit, das CO zu CO_2 oxydiert. Vf. erörtert abschließend die Fehler, die bei der Ermittlung von Verbrennungsgeschwindigkeiten aus Strömungsmessungen am Eingang eines Brenners verursacht werden können. (J. chem. Physics **24**. 888–94. April 1956. Silver Spring, Md., Johns Hopkins Univ., Appl. Phys. Labor.) H.-U. WOELK. 157

J. H. Burgoyne und **F. J. Weinberg**, *Die Hypothese des Energieüberschusses hinsichtlich des Verhaltens von Flammen. Diskussion der Grundvoraussetzungen.* Krit. Stellungnahme zu den Theorien verschied. Forscher über die Fortpflanzung von Flammen unter besonderer Berücksichtigung der Umstände, bei denen der Energieaustausch durch Diffusion vernachlässigt werden kann. (Fuel **34**. 351–55. Juli 1955. London, Imp. Coll. of Sci. and Technol., Dep. of Chem. Engng. and Appl. Chem.) E. ROEDER. 157

L. W. Karmilowa und **W. N. Kondratjew**, *Messung der Sauerstoffatomkonzentration in Flammen mit Hilfe von NO.* Das von GAYDON (Trans. Faraday Soc. **42**. [1946.] 292) vorgeschlagene Verf. der qualitativen Beobachtung der O-Konz. in der Verbrennungszone, die auf dem charakterist. gelbgrünen Leuchten in Ggw. von N-Oxyden u. atomarem O beruht, wird zu einem quantitativen Verf. ausgearbeitet. Die erhaltenen Werte für die O-Konz. in der heißen Flamme von CO sind oberhalb der Flammentemp. 2600° K von der gleichen Größenordnung wie die Gleichgewichtskonzentration. Als Nachteil des Verf. muß die Einführung von NO in die Flamme angesehen werden, wodurch die Temp. der Flamme gesenkt wird. Die nach diesem Verf. gewonnenen Werte für die Konz. der O-Atome beziehen sich auf die veränderte Flamme. (Журнал Физической Химии [J. physik. Chem.] **25**. 312–22. März 1951. Moskau, Inst. für physikal. Chem. der Akad. der Wiss. der UdSSR.) O. LEBTAG. 157

N. Ss. Akulow, *Zur Theorie der Explosionsprozesse.* Gegenüber den linearen Kettenprozessen mit exponentieller Zunahme der Geschwindigkeit ist für nichtlineare Prozesse charakterist. die Möglichkeit eines „Geschwindigkeitssprunges", d. h. eines Überganges von langsamer, kaum merklicher Rk. in außerordentlich kurzer Zeit zur Endgeschwindigkeit der Rk.; diese Erscheinung wird vom Vf. als „Autogenesis einer Explosion" bezeichnet. Vf. leitet die der Erscheinung zugrunde liegenden Gleichungen ab u. behandelt im einzelnen zwei prinzipiell verschied. Grenzfälle: Bei der Autokatalyse verläuft die Rk. schneller als bei linearen Prozessen, jedoch ohne Geschwindigkeitssprung, wie er bei der Autogenesis auftritt, jedoch nicht stattfinden kann, wenn keine initiierenden Stoffe zugegen sind. (Доклады Академии Наук СССР [Ber. Akad. Wiss. UdSSR] **104**. 376–79. 21/9. 1955.) R. K. MÜLLER. 157

Arthur L. Bennett und **Henry W. Wedaa**, *Leuchtende Zone bei der Detonation von äquimolaren Acetylen–Sauerstoff-Gemischen.* In einer Detonationsröhre wurden äquimol.

C_2H_2–O_2-Gemische bei Drucken zwischen 2 u. 50 Torr zur Detonation gebracht u. durch ein Fenster die Luminescenzintensität als Funktion der Zeit mit einem Sekundärelektronenvervielfacher in Verbindung mit einem Oscillographen aufgenommen. Detonationsgeschwindigkeit, Maximum, Mittelwert u. Dauer der Luminescenz wurden in Abhängigkeit vom Druck bestimmt u. die Ergebnisse diskutiert. (J. chem. Physics **23.** 1359—60. Juli 1955. China Lake, Calif., U. S. Naval Ordn. Test Stat.) G. HEINSOHN. 157

Ned S. Rasor und **John E. Hove,** *Wärmeleitfähigkeit von neutronengeschädigtem Graphit.* (Sitzungsbericht.) (Physic. Rev. [2] **100.** 1806. 15/12. 1955. North American Aviation, Inc.) R. STEIN. 158

L. Passell, B. R. Felix und **H. B. Silsbee,** *Wärmeleitfähigkeit von Aluminium bei tiefen Temperaturen.* (Sitzungsbericht.) (Physic. Rev. [2] **100.** 1808. 15/12. 1955. Berkeley, Calif., Univ. of California.) R. STEIN. 158

W. Nosdrew und **A. Ssultanow,** *Über die Feststellung und Untersuchung zweier Relaxationsgebiete, die beim Durchgang von Ultraschallwellen in Äthylacetat entstehen.* (Vgl. JAKOWLEW u. Mitarbeiter, C. **1955.** 3104.) Die Unters. des Absorptionskoeff. α der Ultraschallwellen in Essigsäureäthylester in Abhängigkeit von der Frequenz ν (3—30 MHz) zeigt, daß α/ν^2 zwischen —40 u. +40° ein Minimum u. ein Maximum durchläuft; beide verschieben sich mit steigendem ν nach höheren Tempp. u. werden flacher. Die Darst. von α/ν^2 in Abhängigkeit von ν läßt das Vorliegen von 2 Relaxationsgebieten bei 2—10 u. 15—30 MHz erkennen, wobei der Zwischenbereich mit steigender Temp. kleiner wird. Dies wird dadurch bestätigt, daß $\mu = \alpha\,\lambda$ (λ = Wellenlänge) mit steigendem ν 2 Maxima durchläuft, deren dem Relaxationszentrum entsprechende Frequenz ν_m mit steigender Temp. sich nach höheren ν verschiebt; die Temperaturabhängigkeit von ν_m ist annähernd linear. Beide Relaxationsgebiete beziehen sich auf Relaxation der Volumenviscosität, da der summar. Viscositätskoeff. $\eta + \eta'$ größer als der Koeff. der Schubviscosität η ist. (Доклады Академии Наук СССР [Ber. Akad. Wiss. UdSSR] **104.** 837—39. 21/10. 1955. Moskau, Pädagog. Gebietsinst.) R. K. MÜLLER. 159

A₅. Kolloidchemie. Grenzschichtforschung.

T. Fukushima, *Makrophysikalische Eigenschaften von Emulsionen.* Übersicht über Viscositäts-, dielektr. u. andere physikal. Eigg. von Emulsionen (physikal.-theoret.). — 40 Literaturangaben. (Waseda appl. chem. Soc. Bull. **21.** Nr. 1. 20—24. Okt. 1952. [Orig.: japan.]) L. SCHULER. 162

Eiji Suito und **Natsu Uyeda,** *Kristallstrukturanalyse der „Trigon"-Teilchen von kolloidalem Gold mit einem dreistufigen Elektronenmikroskop.* Die Unters. der sehr dünnen, aus einem einzigen Kristall bestehenden Au-Blättchen mit dreizähliger Hauptsymmetrieachse, welche durch Red. einer verd. sauren Au-Chloridlsg. mit Salicylsäure erhalten wurden, mit einem dreistufigen Elektronenmikroskop (JEM-4) ergab eine große Mannigfaltigkeit der Kristallformen. An einem konvex gekrümmten dreieckigen Kristallblättchen (Krümmungsradius 4,7—28 μ) konnte festgestellt werden, daß die drei Kristallachsen $[\bar{2}\,1\,1]$, $[1\,\bar{2}\,1]$ u. $[1\,1\,\bar{2}]$ durch die Kristalloberfläche parallel zur Richtung der drei Mittellote hindurchgehen. (Bull. Inst. chem. Res., Kyoto Univ. [Kagaku Kenkyusho Hokoku] **31.** 359—60. Sept. 1953. Kyoto, Univ., Suito Labor. [Orig.: engl.]) T. OPPERMANN. 162

Eiji Suito und **Natsu Uyeda,** *Bestimmung der Dicke der „Trigon"-Teilchen von Goldsol nach der Elektronenbeugungsmethode.* (Vgl. vorst. Ref.) Die Unters. der in einem sauren Au-Sol dispergierten Mikrokristalle („Trigon"-Teilchen) von metall. Au mit einem 3stufigen Elektronenmikroskop (JEM-4) ergab eine Kristalldicke von 30—120 Å, im Mittel von 80 Å oder 30 Elementarzellen. (Bull. Inst. chem. Res., Kyoto Univ. [Kagaku Kenkyusho Hokoku] **31.** 361—63. Sept. 1953. [Orig.: engl.]) T. OPPERMANN. 162

H. Tanaka und **R. Hotta,** *Untersuchungen über die Natur der kolloiden japanischen Erden und deren chemische Verwendbarkeit.* 2. Mitt. *Optische Eigenschaften.* 1. Teil. Durch den Brechungsindex, das Verh. bei Säure- u. Alkalibehandlung u. Röntgenanalyse erwies sich der koll. Hauptteil der untersuchten Erden vom mineralog. Gesichtspunkt aus als *Allophan.* Als krist. Anteile wurden Quarz, Plagioklas, Glimmer u. Magnetit erkannt. Ein Teil ähnelt vulkan. Aschen, ein anderer mehr Kieselgur von See- oder Flußsedimenten, auch zeolith. u. glasige Anteile sind vorhanden. (Waseda appl. chem. Soc. Bull. **21.** Nr. 1. 16—19. Okt. 1952. Waseda Univ. [Orig.: japan.]) L. SCHULER. 162

H. Tanaka und **R. Unno,** *Untersuchungen über die Natur der kolloiden japanischen Erden und deren chemischen Verwendbarkeit.* 3. Mitt. *Optische Eigenschaften der Erden.* 2. Teil. (2. bzw. 1. vgl. vorst. Ref.) In Ergänzung früherer mineralog.-mkr. Befunde zeigte die

RÖNTGEN-Analyse außer einer nicht krist. Grundmasse nur Diagramme von Verunreinigungen, wie Magnetit, Quarz, Plagioklas, Glimmer usw. Elektronenmkr. zeigen sich unregelmäßige vieleckig begrenzte poröse Teilchen. (Waseda appl. chem. Soc. Bull. **21.** Nr. 3. 1—2. März 1954. [Orig.: japan.]) L. SCHULER. 162

O. Ss. Bobkowa und **A. M. Ssamarin,** *Beziehung der Oberflächenspannung von Chromnickelschmelzen zu einigen Eigenschaften der Chromnickellegierungen.* Die Oberflächenspannung von Cr–Ni-Schmelzen bei 1540—1690° beträgt 1130—1450 Dyn/cm². Ein Zusatz von B erhöht die Oberflächenspannung der Schmelzen mit Ti-Geh. u. vermindert diese, wenn die Schmelze kein Ti enthält. Die Schlagfestigkeit der Legierungen ist abhängig von der Oberflächenspannung der Schmelzen: mit deren Abnahme nimmt die Schlagfestigkeit zu. Ein höherer Geh. an Nichtmetalleinschlüssen entspricht einer Erhöhung der Oberflächenspannung. Je höher die Oberflächenspannung der Schmelze, desto geringer ist ihre Fließbarkeit. (Известия Академии Наук СССР, Отделение Технических Наук [Nachr. Akad. Wiss. UdSSR, Abt. techn. Wiss.] **1954.** Nr. 2. 52 bis 59. Febr.) O. LEBTAG. 166

Hans Rohatschek, *Theorie der Photophorese. Ergebnisse und Probleme.* Photophoret. Erscheinungen an kleinen Teilchen von ca. 10^{-5} cm Größe, u. zwar die reine Photophorese (longitudinale Photophorese, allg. Fall u. Effekte im Hochvakuum), Magnetophotophorese, Elektrophotophorese, Gravitophotophorese u. einige andere Formen der Photophorese auch an größeren Teilchen werden z. T. auf Grund eigener Verss. des Vf. theoret. gedeutet. (Staub Heft **42.** 607—43. 15/12. 1955. Wien, Univ., 1. Phys. Inst.) H. EISENBARTH. 169

R. D. Miller, *Unbeachtete Effekte bei der Elektroosmose in porösen Körpern.* Beim Vorgang der Elektroosmose werden gewöhnlich folgende Effekte außer acht gelassen, die bei der Best. des ζ-Potentials nach den herkömmlichen Methoden aus Messungen der Elektroosmose nach Auffassung des Vf. zu Fehlern Anlaß geben können: Der Druck u. die Zus. (Konz.) des Elektrolyten in der Porenflüssigkeit. Die Hauptmenge der Ionen in der Poren-Fl. wandert beim Anlegen eines elektr. Feldes beiderseits des porösen Körpers nach der Elektrode, die die gleiche Ladung der im wesentlichen an der Wanderung unbeteiligten Porenoberflächenionen hat. Nur ein kleinerer Teil entgegengesetzt geladener Ionen wandert zur anderen Elektrode wegen des zu fordernden Gleichgewichtszustandes zwischen den Ionen der Poren-Fl., Porenoberfläche u. Außenflüssigkeit. Durch die Ungleichheit im Ionentransport innerhalb des porösen Körpers entsteht unmittelbar an der einen Seite des porösen Gutes eine Elektrolytkonzentrationserhöhung, auf der anderen Seite eine Konzentrationserniedrigung. Da der gesamte hydrodynam. Flüssigkeitstransport aber konstant sein muß, resultiert neben der Konzentrationsverschiebung, die einen Einfl. auf den Gradienten des elektr. Feldes ausübt, noch ein Druckgefälle, das durch Gleich- u. Gegenströmungen der hydrodynam. u. der elektroosmot. Flüssigkeitsbewegung hervorgerufen wird. (Science [Washington] **122.** 373—74. 26/8. 1955. Ithaka, N. Y., Cornell Univ., Dep. of Agronomy.) R. BRÜCKNER. 170

R. E. Nettleton, *Über die Anwendung der kinetischen Theorie der Flüssigkeiten von Born und Green auf das Problem der Berechnung der Volumenviscosität.* Aus einer Diskussion der BORN-GREEN-Theorie der Fll. ergibt sich die Möglichkeit, eine abschätzende Formel zur Berechnung der Hauptviscosität (η_0) von folgender Form abzuleiten: $\eta_0 = 2\lambda m/3 P\alpha_v k (3 P/T - P\alpha_v - 2 p k/m) + 5/3 \eta_c$, wobei λ die therm. Leitfähigkeit, P den Druck, k die BOLTZMANN-Konstante, $\alpha_v = 1/P(\delta P/\delta T)_v$, T die absol. Temp., m die Mol. Masse, p die Massendichte u. ηc den Anteil der Stoßübertragung an der Scherspannungsviscosität bedeuten. Nach dieser Formel ergeben sich für η_0 des *Ar* 4 Mikropoise u. des N_2 0 bei 0° u. 1 at. (J. chem. Physics **23.** 1560. Aug. 1955. Providence, R. I., Brown Univ., Dep. of Phys.) W. NIEMITZ. 172

I. A. Lesskowitsch, *Fließdruck, Kompressibilität und Spannungsrelaxation des Systems NH_4NO_3—$(NH_4)_2SO_4$.* (Vgl. C. **1954.** 3410.) Die Änderung der Plastizität von NH_4NO_3 (**I**) durch Zusätze von $(NH_4)_2SO_4$ (**II**) u. das Gleichgewichtssyst. der festen Phasen in Abhängigkeit von Zus., Temp. u. Druck werden untersucht. **I** ist nach dem Schmelzen u. Erstarren bei 20° in einem ungleichgewichtigen metastabilen Zustand. Die Fließdruckkurven des Syst. **I**—**II** zeigen, daß die Einstellung des Gleichgewichts zwischen den bestehenden polymorphen Phasen mit der Zeit verläuft u. durch vorausgehende Wärmebehandlung (5 Std. bei 50°) beschleunigt wird. Reproduzierbare Ergebnisse über die Strukturphasenumwandlungen werden nur bei strenger Einhaltung der Kühl- u. Heizbedingungen erhalten. Zusatz von **II** zu **I** erhöht den Fließdruck bzw. erniedrigt die Plastizität u. verschiebt die Phasenumwandlungen $\beta \rightleftharpoons \gamma$ nach dem Gebiet höherer Temperaturen. Die Unters. der Kompressibilität u. der Spannungsrelaxation bei 50° zeigt, daß Zusätze von 4 u. 8 Mol.-% **II** das Relaxationsmaximum erhöhen. Der Phasenübergang des I bei 50° erfolgt bei ~800, mit 4% II bei ~1100, mit 8% II bei ~1300 kg/cm². Es bilden sich also beim Zusammenschmelzen von I u. II stabile feste Lsgg., die unter Einw. von Temp. u. Druck nicht zerfallen. Der Übergang $\gamma \rightarrow \beta$ des I unter Druck wird durch II-Zusatz verlangsamt. (Доклады Академии Наук СССР [Ber. Akad. Wiss. UdSSR] **104.** 249—52. 11/9. 1955. Kurnakow-Inst. für allg. u. anorgan. Chem. der Akad. der Wiss. der UdSSR.) R. K. MÜLLER. 172

W. A. Olewski, *Geschwindigkeit des freien Falls von Teilchen in flüssigem Medium.* Für die Beziehung zwischen dem LJASCHTSCHENKO-Kriterium Li u. der REYNOLDS-Zahl Re wird folgende Näherungsformel vorgeschlagen: $Li = 3\pi Re + \sqrt{3} Re^{1,5} + Re^2/8$. Nach dieser Gleichung kann Li berechnet werden, wenn Re bekannt ist, jedoch nicht umgekehrt. Sie ermöglicht die genauere Best. des graph. Re-Wertes. Die Anwendung der Formel ist gegeben, wenn die Abweichungen der experimentellen u. berechneten Werte ± 3% nicht übersteigen sollen. Die abgeleiteten exponentiellen Gleichungen für Li u. Re zeigen eine gute Übereinstimmung mit dem Vers. u. ermöglichen die Berechnung der Geschwindigkeit des freien Falles von kugelförmigen Teilchen bei verschied. Arten der Bewegung. (Журнал Прикладной Химии [J. angew. Chem.] **28.** 849—56. Aug. 1955. Allunions Wiss. Forschungsinst. für mechan. Bearbeit. der Bodenschätze.) O. LEBTAG. 174

R. P. Eischens, *Isotopenaustauschgeschwindigkeiten als Kriterium der Oberflächenheterogenität.* Der Austausch zwischen gasförmigem CO u. an Eisen chemisorbiertem CO wird untersucht, indem radioakt. CO als chemisorbierte Phase verwendet u. die Geschwindigkeit seines Auftretens in der Gasphase verfolgt wird. Das am schwächsten gebundene CO wird am schnellsten ausgetauscht. Wie die Austauschwerte zeigen, ist das Eisen heterogen. Auf Grund der kinet. Auswertung der Versuchsergebnisse ist diese Heterogenität mehr auf Verschiedenheiten relativ weniger, in sich homogener Oberflächenbezirke, als auf eine spektrale Verteilung der Chemisorptionsbindungsstärken zurückzuführen. In einigen Fällen ist es jedoch nicht möglich, zwischen diesen zwei Typen von Heterogenität zu unterscheiden. (J. Amer. chem. Soc. **74.** 6167—71. 20/12. 1952. Beacon, N. Y., Texas Comp., Beacon Labor.) H. GEDSCHOLD. 176

B. I. Stepanow und **L. P. Kasatschenko,** *Die Konturen der Adsorptionsflächen komplizierter Moleküle.* In der vorliegenden, auf Unterss. von NEPORENT u. Mitarbeitern (C. **1955.** 774) fußenden Arbeit wird versucht, die Rollen der verschied. Faktoren bei der Bldg. der Adsorptionsflächen quantitativ zu erfassen. Die Feststellung, daß ein zusammengesetztes Syst., in dem eine starke Wechselwrkg. der einzelnen Freiheitsgrade herrscht, durch die einfache Verteilungsfunktion der Energieniveaus gekennzeichnet wird: $\varrho(E) = Ce^{-E/kT}$, wurde in vorliegender Arbeit den Berechnungen der Konturen der Adsorptionsfläche zugrunde gelegt. Der Vf. bringt 2 verschied. Varianten für die Berechnung. In der ersten wird angenommen, daß beim Elektronenschwingungsübergang die Koordinate des Oscillators u. dessen Impuls völlig erhalten bleiben. In der zweiten Variation wird vermutet, daß die Wahrscheinlichkeit für den Übergang nicht von den Werten der Koordinate der Kerne u. des Impulses abhängt. Dies ist gleichwertig mit der Voraussetzung, daß das Matrizenelement des Dipolmomentes nur von den Koordinaten der Elektronen u. nicht von dem Vorrat der Schwingungsenergie des Mol. abhängt. Bei der Berechnung der Konturen sind zwei Hauptfaktoren zu beachten: die Verteilung der Moll. im Phasenraum bzw. auf den Energieniveaus u. die Verteilung der Wahrscheinlichkeiten für eine Änderung der Koordinate beim Prozeß des Elektronenschwingungsüberganges. Falls nur einer dieser Faktoren allein berücksichtigt wird, erhält man falsche Resultate. Der für die analyt. Darst. der Konturen der Adsorptionsfläche komplizierter Moll. gefundene Ausdruck $\alpha(\nu)/\alpha_0 \ldots$ (Wahrscheinlichkeit für die Adsorption der Frequenz ν des Mol. im Intervall $d\nu$) stellt ein äußerst kompliziertes Integral dar u. kann im Zusammenhang mit der Darst. experimentell gefundener Kurven prakt. nicht verwendet werden. Vf. empfiehlt daher die Aufstellung eines halbempir. Ausdrucks, der geeignet ist für die Bearbeitung der experimentell erhaltenen Daten u. deren Benutzung zur Best. der wichtigsten spektroskop. Parameter des Moleküls. (Известия Академии Наук Белорусской ССР [Nachr. Akad. Wiss. BelorussSSR] **1955.** Nr. 3. 53—61. Mai/Juni.)
A. v. KOTZEBUE. 176

N. A. Ismailow, Ss. Ch. Muschinskaja und **A. W. Alapina,** *Über den Einfluß von Lösungsmitteln auf die Adsorption der gelösten Substanz.* Bei 24—25° wird der Einfl. des Lösungsm. auf die Adsorption des gelösten Stoffes durch *Aktivkohle* an Lsgg. von *Morphin* (I) in W., Methanol, A., Chlf. u. Aceton untersucht. Aus einem Vgl. der charakterist. Kurven der Lösungsmittel u. der Adsorptionsisothermen von I aus diesen Lösungsmitteln geht hervor, daß die Adsorption um so schlechter erfolgt (Adsorptionsisothermen weiter unten), je besser das Lösungsm. adsorbiert wird (Kurven liegen oben). Am geeignetsten für die Desorption ist jenes Lösungsm., dessen charakterist. Kurve am höchsten liegt. Die Adsorptionspotentiale von I in Lösungsmitteln gleicher Natur, wie Alkohole, sind einander sehr ähnlich, in Lösungsmitteln verschied. Natur, wie W. u. Aceton, sehr verschieden. Die Adsorptionsisotherme eines Stoffes aus einem Lösungsm. läßt sich aus der Adsorptionsisotherme für ein 2. Lösungsm. aus den Adsorptionspotentialen des gelösten Stoffes A_{x_1} u. A_{x_2} sowie der Lösungsmittel A_1'' u. A_2'' berechnen nach der Formel: $A_{x_1} = A_{x_2} + (A_2''-A_1'')$. Die Anwendbarkeit der Formel wird an I in A. u. Methanol gezeigt. (Украинский Химический Журнал [Ukrain. chem. J.] **20.** 478—86. 1954. Charkow, Wiss. Chem.-pharm. Forschungsinst. des Gesundheitsminist. der UdSSR.)

O. LEBTAG. 176

H. D. Segrove, *Adsorption von Kohlendioxyd bei —79° an silicatreichen Sanden.* Messungen der Adsorption von CO_2 an verschied. Sandsorten mit hohen Silicatgehh. bei —79° u. Atmosphärendruck ergeben S-förmige Isothermen. Die mit der B. E. T.-Meth. errechneten Werte für die den CO_2-Moll. zur Verfügung stehende Oberfläche werden mit den aus Messungen der Gaspermeabilität u. der Lichtextinktion erhaltenen verglichen. Ferner wurde der Einfl. einer Behandlung des Sandes mit Säure untersucht. In den Ergebnissen dieser Unterss. sieht Vf. eine Bestätigung der Annahme, daß die Sandoberfläche nicht glatt, sondern zerklüftet u. von Capillaren durchzogen ist. Eine Säurebehandlung führt zu einem Ausgleich in den Unregelmäßigkeiten der Oberfläche durch Auflösung bas. Verbindungen. (Nature [London] **177.** 987—88. 26/5. 1956. Redhill, Surrey, British Ind. Sand Ltd., Res. Labor.)

H. U. WOELK. 176

S. S. Wyssotzki und **I. Je. Neimark,** *Struktur und Sorptionseigenschaften von gemischten Sorbenten–Alumosilicagelen.* Durch Unterss. über den Einfl. der Herstellungsart auf die Struktur u. die Sorptionseigg. von *Alumosilicagelen* (I) wird festgestellt, daß die gemischten I-Sorbenten nach Struktur u. Sorptionseigg. sich von den Ausgangsstoffen (Alumogel u. Silicagel) u. auch von den unter der Annahme einer Additivität berechneten grobmechan. Gemischen ähnlicher Zus. unterscheiden. In alkal. Lsg. entstehen grobporige Gele, erklärbar aus der Änderung der Koordinationszahl von Al beim Übergang vom sauren zum alkal. Gebiet u. aus der starken Intensivierung des Kationenumsatzes im alkal. Medium. Vff. nehmen an, daß die Zunahme der spezif. Oberfläche der aus saurem Medium gefällten I dadurch verursacht wird, daß die Al-haltigen Komplexe auf der Oberfläche der SiO_2-Micellen liegen. Der Mechanismus der Bldg. der porigen Struktur bei den Silicagelen kann in seinen Grundzügen vermutlich auch auf die gemischten Sorbenten vom Typ der untersuchten I übertragen werden. (Украинский Химический Журнал [Ukrain. chem. J.] **20.** 513—22. 1954. Pissarshewski-Inst. für physik. Chem. der Akad. der Wiss. der UkrSSR.)

O. LEBTAG. 176

Joseph Maurer, *Einfluß der Gasadsorption auf das Phänomen der Adhäsion bei der Sinterung von Metallpulvern.* Es wird der Einfl. der Gase H_2, *He*, *Ne*, *Ar* u. N_2 auf die Adhäsionserscheinung bei beginnendem Sintern von *Kupfer*-Pulver im Temperaturbereich zwischen 200 u. 600° bei n. Druck untersucht, wobei der Adhäsionsgrad an Hand der Zunahme der Widerstandsfähigkeit des so behandelten Kupferpulvers gegen das Durchtreten von Gas gemessen wird. Mit steigendem Kp. der verwendeten Gase steigen die Widerstandswerte, wobei H_2 eine Ausnahme bildet. Vf. nimmt an, daß adsorbierte Gase durch Vermehrung der Beweglichkeit der Oberflächenatome im beginnenden Sinterstadium die Adhäsion der Pulverteilchen begünstigen. (C. R. hebd. Séances Acad. Sci. **238.** 86—89. 4/1. 1954.)

H. LAMP. 176

O. M. Mamontowa, *Über die Kinetik der Ionenaustauschsorption.* Nach einem eineingehend beschriebenen Desorptionsverf. wurde der Diffusionskoeff. von ^{24}Na u. dessen Selbstdiffusionskoeff. an verschied. Austauschharzen untersucht. Danach ist der Diffusionskoeff. in Kationiten relativ wenig abhängig von der Konzentration. Den maximalen Diffusionskoeff. beobachtet man beim Kationit „KU-2“, einen minimalen beim Kationit „SBSR“; „Espatit-1“ nimmt eine Zwischenstellung ein. Der Diffusionskoeff. ist in 0,5n Lsgg. maximal. Im Gebiet der geringen Konzz. ($^1/_8$ n u. $^1/_{16}$ n) ist die Kinetik des Austausches auch von der Diffusion in der Fl. abhängig. (Журнал Физической Химии [J. physik. Chem.] **29.** 476—79. März 1955. Moskau, Physik.-chem. Karpow-Inst.)

O. LEBTAG. 177

R. M. Diamond, *Faktoren, die das Ionenaustauschgleichgewicht in konzentrierten Lösungen beeinflussen: Verhalten der Erdalkali- und Alkaliionen.* Vf. untersuchte systemat. das Elutionsverh. der Tracerionen ^{7}*Be*, ^{45}*Ca*, ^{90}*Sr–Y*, ^{140}*Ba*, ^{22}*Na*, ^{226}*Ra*, ^{86}*Rb* u. ^{137}*Cs* von einem *Dowex-50*-Harz (vernetzt mit 10—12% Divinylbenzol) u. von ^{226}Ra, Sr–^{90}Y, ^{137}Cs u. ^{22}Na von Sulfonsäureharzen, die 2 u. 16% Divinylbenzol enthielten, mit 2,6, 5,5, 8,7 u. 12,2 mol. HCl-Lösungen. (Vgl. auch C. **1954.** 11131.) Die experimentellen Ergebnisse können nicht durch einfache Betrachtungen des Massenwirkungsgesetzes erklärt werden. Es gelingt jedoch dem Vf., durch Einbeziehung der Faktoren: Ionendehydratation, Harzschrumpfung u. Adsorptionseffekte der Elektrolyten, die nicht auf Austausch beruhen, eine Interpretation seiner experimentellen Befunde zu geben. (J. Amer. chem. Soc. **77.** 2978–83. 5/6. 1955. Cambridge, Mass., Harvard Univ., Dep. of Chem.) G. WILLE. 177

C. Y. Chen, *Filtration von Aerosolen durch Fasermaterial.* Überblick über die theoret. Grundlagen der Filtration von Aerosolen (Teilchengrößen $< 1\ \mu$) durch Filter aus Fasermaterialien. Nach einer Betrachtung der Vorgänge an einer Einzelfaser werden der Filtrationsmechanismus durch Filter aus Einzelfasern sowie die Theorien des dabei auftretenden Druckabfalls erörtert. — 38 Literaturangaben. (Chem. Reviews **55.** 595–623. Juni 1955. Urbana, Ill., Univ., Engng. Exp. Stat.) H. U. WOELK. 180

A₆. Strukturforschung.

K. C. A. Smith und **C. W. Oatley,** *Das Rasterelektronenmikroskop und seine Anwendungsgebiete.* Die Verwendung des Raster-Elektronenmikroskops ist dann zweckmäßig, wenn es sich um Objekte handelt, die einerseits für die Durchstrahlungsmikroskopie zu dick sind, andererseits aber wegen ihrer geringen mechan. Festigkeit oder ihrer stark zerklüfteten Oberfläche oder weil sie bei hohen Tempp. beobachtet werden sollen, für Abdruckverff. wenig geeignet sind. Im Raster-Elektronenmikroskop gewonnene Abbildungen solcher Objekte zeigen ein Auflösungsvermögen von ca. 20 nm. (Brit. J. appl. Physics **6.** 391–99. Nov. 1955. Cambridge, Univ., Engng. Labor.) F. LENZ. 181

Emile Durand, *Eine einfache Darstellung der allgemeinen Theorie der rotationssymmetrischen Systeme in der Elektronenoptik (Relativität und Aberrationen eingeschlossen).* Geschlossene Darst. der paraxialen geometr. Elektronenoptik u. der Bildfehler dritter Ordnung in rotationssymm. Elektronenlinsen nach der Bahnmeth. unter Verwendung komplexer Koordinaten. (Rev. Opt. théoret. instrument. **33.** 617–29. Dez. 1954. Toulouse, Fac. des Sci., Phys. théor.) F. LENZ. 181

Horst Ehlers, *Eine Elektroneninterferenzapparatur für Feinstrukturuntersuchungen.* Vf. beschreibt eine Elektroneninterferenzapp., bei der zur Erzielung hoher Auflsg. eine elektronenopt. Anordnung mit zwei magnet. Linsen verwendet wird, die eine starke Verkleinerung des Brennfleckbildes in der Beobachtungsebene ermöglicht. Theoret. Betrachtungen u. experimentelle Unterss. zeigen, daß die Größe des Durchmessers des vom Elektronenstrahl auf der Photoplatte ohne Objektdurchstrahlung aufgezeichneten Bildpunktes einen durch die Eigg. der photograph. Schicht (Empfindlichkeit, Gradation, Korngröße usw.) bestimmten Wert von einigen μ nicht unterschreitet. Mit Objekt ist im allg. bei der beschriebenen App. die Kristallitgröße für die Größe des Durchmessers der Interferenzpunkte maßgebend. Der bedeutendste Fehler, der das Beugungsbild bei genügend großen Kristalliten beeinflussen kann, ist, abgesehen von den Fehlern durch die Photoplatte, durch die chromat. Fehler der Interferenzen bedingt. (Z. Naturforsch. **11 a.** 359–67. Mai 1956. Hamburg, Univ., Inst. für Angew. Phys.) W. KRÖNERT. 181

Horst Ehlers, *Zur Feinstruktur von Elektroneninterferenzen.* (Vgl. vorst. Ref.) Mit der l.c. beschriebenen Elektroneninterferenzapp. hoher Auflösung werden Drehdiagramme von dünnen Glimmerplättchen hergestellt. Dabei treten neben den üblichen (hkl)-Reflexen weitere Interferenzpunkte auf, die als Nebenmaxima gedeutet werden. Mit Hilfe des reziproken Gitters wird eine Beziehung zwischen den Abständen der Nebenmaxima u. der Schichtdicke D gefunden. Die Auswertung einer Aufnahme ergibt $D \approx 180$ Å. Weiterhin werden Beobachtungen über die Lage, Größe u. Form von Elektroneninterferenzpunkten (LAUE- u. DEBYE-SCHERRER-Diagramme) von *Al, KCl, Ge, NaCl, Glimmer, Fe, Ni, Ag* u. einer *Al–Ag*-Legierung mitgeteilt. Die geringe Interferenzpunktgröße von Al-Schichten wird dazu benutzt, die Vergrößerung der Gitterkonstanten durch Erwärmung zu messen. Sie beträgt zwischen 100 u. 500° im Mittel $\Delta d/d = 27 \cdot 10^{-6}$ pro Grad, in Übereinstimmung mit dem linearen Ausdehnungskoeff. von Al. (Z. Naturforsch. **11 a.** 368–72. Mai 1956.) W. KRÖNERT. 181

N. I. Golowasstikow und **N. W. Below,** *Geometrische Interpretation der statistischen Gleichung von Zachariasen.* Die Gleichung von ZACHARIASEN (C. **1954.** 1422) wird in Parallelogrammen dargestellt, in denen die Strukturamplituden F_H, F_K u. F_{H+K} den Winkelbeziehungen $2 \cos 2\pi\alpha$, $2 \cos 2\pi\beta$ u. $2 \cos 2\pi(\alpha + \beta)$ entsprechen, wenn α u. β die Verhältnisse der Abstände des Atoms von den nächsten direkten Familien H u. K sind. Dann ist nach der Gleichung von ZACHARIASEN $S \cos 2\pi(\alpha + \beta) = S \cos 2\pi\alpha \cdot S \cos 2\pi\beta$. Für den Strukturfaktor ergibt sich $F_{hk} = 2[\cos 2\pi(hx + ky) + \cos 2\pi(kx + iy) + \cos 2\pi(ix + hy)]$. In einem Dreieckdiagramm lassen sich die Gebiete einzeichnen, in denen die Gleichung von ZACHARIASEN gilt. (Доклады Академии Наук СССР [Ber. Akad. Wiss. UdSSR] **104.** 540–42. 1/10. 1955.) R. K. MÜLLER. 181

Gilbert Barrère, *Beitrag zum Studium der Absorption der Röntgenstrahlen durch Quarzkristalle in der Nähe des Braggschen Winkels.* (Vgl. C. **1956.** 11130.) Es wird gezeigt, daß die experimentellen Ergebnisse bei der Unters. der Absorption der Röntgenstrahlen durch ebene Quarzplatten in der Nähe des BRAGGschen Winkels mit den entsprechenden Ergebnissen der dynam. Theorie der Röntgeninterferenzen im idealen Kristallgittter gut übereinstimmen. (C. R. hebd. Séances Acad. Sci. **240.** 1907–09. 9/5. 1955.)
A. FAESSLER. 181

I. Moyer Hunsberger, *Theoretische Chemie in Rußland.* Stellungnahme zu russ. Veröffentlichungen zwischen 1949 u. 1953 über die Beiträge von BUTLEROW zur organ. Strukturtheorie, die bisher zu wenig gewürdigt, jetzt aber in Rußland übertrieben werden, u. über die Resonanztheorie von PAULING (Grundzüge; russ. Kritik, ihre unterschiedliche Heftigkeit u. ihr Nachlassen). — Die „neue Strukturtheorie" von CHELINTSEW, der die Resonanz bes. scharf als unvereinbar mit dem dialekt. Materialismus ablehnt, sei wertlos u. auch von einigen russ. Forschern, bes. von NESMEYANOW, bekämpft worden. (J. chem. Educat. **31.** 504–14. Okt. 1954. Yellow Spring, O., Antioch. Coll.)
K. BLUMRICH. 182

F. J. Blatt, *Einfluß der Abschirmung auf die Diffusion gelöster Stoffe.* Vf. berechnete in Abhängigkeit von den Valenzunterschieden Z zwischen Gelöstem u. Lösendem die die FRIEDELsche Summenregel erfüllenden Abschirmradien r_s (Å) zu 0,73 (Z = −3), 0,7 (−2), 0,665 (−1), 0,5 (+1), 0,485 (+2), 0,473 (+3) u. 0,468 (+4). Die aus diesen Radien nach LAZARUS berechneten Aktivierungsenergien, die experimentell ermittelten u. die nach dem FERMI-THOMAS-Modell werden verglichen. Die auffallende Asymmetrie der Aktivierungsenergie um Z = 0 wird auf die Z-Abhängigkeit von r_s zurückgeführt. (Physic. Rev. [2] **99.** 600–01. 15/7. 1955. Urbana, Ill., Univ. of Illinois, Phys. Dep.)
H. LIEPACK. 182

W. Brügel, G. Daumiller und **O. Rommel,** *Zur Molekelform der Alkalicyanide.* Durch Erhitzen von aus W. krist. Salzen läßt sich eine neue Molekelform der Alkalicyanide gewinnen. Diese Form ist dadurch charakterisiert, daß in den Infrarotspektren die Valenzschwingungsbande der Cyangruppe bei 2100 cm^{-1} entsprechend der Höhe u. Einwirkungsdauer der Temp. mehr u. mehr zurücktritt u. statt dessen eine starke Bande bei ca. 2250 cm^{-1} auftritt. Unter passend gewählten Bedingungen werden Alkalicyanide erhalten, bei denen nur noch diese Absorptionsbande vorliegt. Diese Erscheinungen werden als Tautomerie, entsprechend der Nitril–Isonitril-Tautomerie bei organ. HCN-Derivv., gedeutet. Die neue Molekelform unterscheidet sich von der üblichen Isocyanidform in der Lösungswärme u. in einigen chem. Rkk., nicht aber röntgenographisch. Sie ist in Methylen- u. Äthylenglykol stabil. Aus W. wird dagegen stets die Isocyanidform erhalten. (Angew. Chem. **68.** 440. 7/7. 1956. Ludwigshafen/Rh., BASF, Hauptlabor.)
W. KRÖNERT. 182

Adolf G. Smekal, *Glaszustand und chemische Bindung, Baugesetze und Mannigfaltigkeit der amorphen Werkstoffe.* Der amorphe Zustand ist möglich bei so zahlreichen Substanzen der verschiedensten Art, wie Glas, Harzen, Lacken, plast. Körpern, organ. Gläsern, Metallen, daß Anlaß genommen wurde zu prüfen, ob jeder Stoff in amorphe Form gebracht werden kann, u. wie die Kennzeichnung des amorphen Zustandes gegenüber den gewöhnlichen Aggregatzuständen zu formulieren wäre. Isotropie u. Formbeständigkeit genügen hierzu nicht, vielmehr ist das Vorhandensein fixierter u. unregelmäßiger Molekularanordnungen wesentlich, wobei in unregelmäßigen Nahordnungen gemischte chem. Bindungen, in Fernordnungen Bindungszustände mit den Koordinationszahlen 2–4 die Stabilität sichern. Die ermittelten Baugesetze für amorphe Körper zeigen, daß nur eine beschränkte Stoffmannigfaltigkeit in amorpher Form existenzfähig ist. (Dechema Monogr. **21.** 431–48. 1952. Graz, Univ., Phys. Inst.)
H. ECKHARD. 186

Tsugihiko Sato und **Syû Ono,** *Eine Bemerkung zur Löchertheorie der Flüssigkeiten.* Vff. verwenden Hinweise von ROWLINSON (private Mitt.), um einige numer. Fehler in ihrer früheren Löchertheorie der Fll. (J. physic. Soc. Japan **4.** [1946.] 103) auszumerzen, woraus sich u. a. eine neue, mit den experimentellen Daten besser übereinstimmende Abhängigkeit der Konz. der Löcher in der fl. Phase von der Temp. ergibt. (J. physic. Soc. Japan **6.** 410–11. Sept./Okt. 1951. Fukuoka, Kyushu Univ., Fac. of Engng. [Orig.: engl.])
W. NIEMITZ. 186

Jean Petit und **Norman H. Nachtrieb,** *Selbstdiffusion in flüssigem Gallium.* Die Selbstdiffusion von fl. Ga wird bei Atmosphärendruck zwischen 30 u. 98° mit Hilfe des Radioisotops ^{72}Ga gemessen. Der Selbstdiffusionskoeff. beträgt $D = 1{,}07 \cdot 10^{-4} \cdot \exp[-1122/RT] cm^2 \cdot sec^{-1}$. Die Diffusionsgeschwindigkeit nimmt mit steigendem Druck ab. Bei 30° gilt folgende Gleichung: $\log D = -4{,}7793 - 9{,}529 \cdot 10^{-6}$ ($kg \cdot cm^{-2}$)

bzw. nach Einführung einer red. Temp.: log D = 1,332·(Tm/T) − 6,104. Aus der letzten Beziehung wird das Aktivierungsvol. $\Delta V_{act.}$ = 0,55 cm^3/gAtom bei 30° berechnet. Dieser Wert stimmt annähernd mit dem von *Hg* überein. Obgleich der STOKE-EINSTEINsche Radius gut mit dem Ionenradius von Ga^{3+} übereinstimmt, bestehen Abweichungen zwischen den Temperaturkoeffizienten der Viscosität u. der Diffusion. (J. chem. Physics **24.** 1027−28. Mai 1956. Chicago, Ill., Univ. of Chicago, Inst. for the Study of Metals.) W. KRÖNERT. 190

Russell K. Edwards und **James H. Downing,** *Mechanismus der Permeation von Silber-, Kupfer- und Quecksilbergasen durch feste Graphitwände.* Vff. untersuchten bei den in () genannten Tempp. die Durchlässigkeit von Graphitwänden (Schmelztiegel aus AGX-Graphit der UCCC) für Ag (1300−1500° K), Cu (1400−1600) u. Hg (295−363). Bei Ag u. Hg liegt ein capillares Fließen vor, bei Cu dagegen eine aktivierte Diffusion mit einer Aktivierungsenergie von 20,7 kcal. (J. physic. Chem. **59.** 1079−83. Okt. 1955. Chicago, Ill., Illinois Inst. of Technol., Dep. of Chem.) O. FUCHS. 190

A. W. Schubnikowa, *Kristalle in Wissenschaft und Technik.* Übersicht über die Probleme der Kristallographie u. die neuen Unterss. der Kristalle auf ihre Eigg., wie z. B. die Symmetrie derselben, die Gitterstruktur der Kristalle, die mit der Symmetrie eng verbunden ist, die Elektronographie, die röntgenograph. Analyse u. die Entstehung der Kristalle, bes. ihr Wachstum. Weiterhin wird das Problem der Piezo- u. Seignetteelektrizität behandelt. Es wird die künstliche Herst. der Quarz- u. Korundkristalle (synthet. Rubine) besprochen. (Вестник Академии Наук СССР [Nachr. Akad. Wiss. UdSSR] **26.** Nr. 3. 37−52. März 1956.) E. STEINBERG. 190

N. W. Below, *Über enantiomorphe Kriterien.* Es werden einige Kennzeichen beschrieben, nach denen über Enantiomorphie entschieden werden kann. (Доклады Академии Наук СССР [Ber. Akad. Wiss. UdSSR] [N. S.] **75.** 33−35. 1/11. 1950.) K. SCHUBERT. 190

S. Amelinckx, *Direkte Beobachtung von Polygonisierung in Steinsalz.* Polygonisierung an NaCl-Kristallen wird dadurch nachgewiesen, daß die Spaltflächen polygonal sind. NaCl-Kristalle wurden unter warmem Wasser gebogen, bei 600° 6 Std. lang getempert u. dann entlang der der Biegeachse parallelen Würfelfläche gespalten. Auf den versilberten Spaltflächen erkennt man mit einer geeigneten mkr. Beobachtungstechnik die Grenzen der Polygon-Domänen. Die Versetzungswände sind senkrecht zum Gleitvektor 1/2 [1 1 0]. (Nature [London] **173.** 993−94. 22/5. 1954. Ghent, Geolog. Inst., Labor. voor Kristalkunde.) H. C. WOLF. 190

Werner Kuhn, *Über die durch anomale Kristallgestalt sowie durch Limitierung der Kristallgröße bedingte Gefrierpunktserniedrigung.* Vf. zeigt durch thermodynam. Berechnungen, daß eine Gefrierpunktserniedrigung auftritt, wenn die Größe der sich aus einer Schmelze abscheidenden Kristalle begrenzt ist oder die Kristalle eine von der Gleichgewichtsform abweichende Gestalt anzunehmen gezwungen sind. Dies ergibt sich daraus, daß der Dampfdruck instabiler, kleiner oder vom n. Habitus abweichender Kristalle höher als der Gleichgewichtsdampfdruck makroskop. Kristalle bei der gleichen Temp. ist. Diese Dampfdruckerhöhung kann zu einer Gefrierpunktsdepression von mehreren Grad Anlaß geben. Die Gefrierpunktserniedrigungen werden für kleine Kristalle mit n. Habitus u. solche, die in einer sehr dünnen Flüssigkeitsschicht zur Ausscheidung gegelangen, angegeben. Kristalle, die teilweise aus der Fl. herausragen, weisen eine viel größere Gefrierpunktsdepression auf als Kristalle, die vollständig in die Fl. eintauchen. Daraus ergibt sich die Notwendigkeit, daß in einer dünnen Flüssigkeitsschicht wachsende Kristalle die Gestalt einer dünnen Platte annehmen. Die Dampfdruckerhöhung bzw. Gefrierpunktserniedrigung einer dünnen Platte der Dicke s ist etwa halb so groß wie die entsprechenden Änderungen von Kristallwürfeln der Kantenlänge s. An wss. Gelen, deren Gerüst durch eine in kleiner Menge (1%) vorhandene hochpolymere Substanz gebildet wird, tritt ebenfalls eine Gefrierpunktsdepression auf, die mit der Behinderung des ungestörten Wachstums der Kristalle durch das Netzwerk zusammenhängt. Die für das Weiterwachsen eines von einem einzelnen Molekelfaden umspannten Kristalles notwendige Gefrierpunktserniedrigung ist etwa doppelt so groß wie die Gefrierpunktsdepression eines gleich großen, freien Mikro-Eiskristalles. Die von einem umspannten Eiskristall auf den Faden ausgeübte Kraft wird berechnet. Sie reicht in vielen Fällen, bes. bei relativ großer Maschenweite, zum Zerreißen der Fäden aus. Derartige Gefrierschäden werden auch experimentell beobachtet. (Helv. chim. Acta **39.** 1071−86. 15/6. 1956. Basel, Univ., Physikal.-chem. Anst.) W. KRÖNERT. 190

C. S. Fuller und **H. Reiss,** *Verbindungsbildung zwischen Lithium und Bor, in Siliciumeinkristallen gelöst.* (Sitzungsbericht.) (Physic. Rev. [2] **100.** 1806. 15/12. 1955. Bell Telephone Labors.) R. STEIN. 190

A. I. Leonow, *Die Rolle der Dissoziationsaktivierung beim Sintern der Oxyde von Elementen mit veränderlicher Wertigkeit.* Am Beispiel der Oxyde von Metallen mit variabler Wertigkeit (*Cu, Fe, Mn, Cr*) wird gezeigt, daß der als Maß für das Sintern gewählte lineare Schwund (S) bei einem bestimmten O_2-Druck ein Maximum erreicht. Dieser Druck hängt von der Dissoziationsspannung des Oxyds ab. Vf. entwickelt den Begriff der „Dissoziationsaktivierung", einer Aktivierung der Sinterprozesse durch wiederholte Dissoziation u. Assoziation. Das Maximum von S wird bei *CuO* bei 800° unter einem O_2-Druck von ca. 1 mm Hg erreicht, bei Fe_2O_3 (1000°) ist S bei 760 mm O_2-Druck 20, bei 2 mm 24% (analog bei MnO 21,5 u. 24,8%). Auch bei Cr_2O_3 nimmt der Dissoziationsgrad mit abnehmendem O_2-Druck nach dem Massenwirkungsgesetz zu; Diffusion u. Sintern verlaufen dadurch in Vakuum oder N_2-Atmosphäre rascher als in oxydierendem Medium. Die Dissoziationsaktivierung hat Bedeutung für die Herst. von feuerfesten Materialien oder keram. Produkten. (Известия Академии Наук СССР, Отделение Химических Наук [Nachr. Akad. Wiss. UdSSR, Abt. chem. Wiss.] **1955.** 805—08. Sept./Okt. Inst. für Silicatchem. der Akad. der Wiss. der UdSSR.) R. K. MÜLLER. 190

Walter Kossel, *Zur Kinematik des plastischen Gleitens. Einige Modellbeobachtungen.* Vgll. des plast. Gleitens der kristallinen Formkörper mit dem Kristallwachstum ergeben eine enge Verwandtschaft. Die Umbldg. der äußeren Form eines Einkristalls während eines längeren Zugvers. wird verfolgt, u. die einzelnen z. T. nebeneinander verlaufenden Gleitvorgänge werden beschrieben. Große Gleitflächen an der freien Oberfläche können aus Einzelvorgängen hervorgehen, die aus verschied. Ursachen zu verschied. Zeiten verlaufen. (Z. Metallkunde **45.** 476—83. Aug. 1954. Tübingen.) F. VIER. 190

Sigmar German, *Die Morphologie des chemischen und physikalischen Abbaus von Zink- und Cadmiumeinkristallen.* Nach dem TAMMANN-BRIDGMAN-Verf. wurden Zn- u. Cd-Einkristallkugeln in Glasampullen gezüchtet. Es zeigte sich, daß nach diesem Verf. einwandfreie Kristalle wegen der unvermeidlichen Verbackung mit dem Glas nicht erhalten werden konnten. Der Abbau der Kristalle durch Ätzen u. durch Abdampfen wurde untersucht. Während durch das Ätzen sehr verschied. Ergebnisse erzielt wurden, treten beim Abdampfen im wesentlichen die Gleichgewichtsflächen auf. Dasselbe Ergebnis wurde beim Abdampfen von *Pb* erhalten. (Z. Metallkunde **45.** 484—89. Aug. 1954. Tübingen.) F. VIER. 190

W. R. Klokman, W. K. Sinowjewa und **I. A. Zewelewa,** *Bestimmung des Kristallisationskoeffizienten von ThB(Pb) bei seiner Verteilung zwischen der Schmelze und Kristallen isomorpher Salze.* (Vgl. CHLOPIN u. Mitarbeiter, C. **1954.** 5250 u. KLOKMANN u. Mitarbeiter, C. **1956.** 4930.) Der Kristallisationskoeff. D wird für die Verteilung von ThB (Konz. in der festen Phase = x) in der Schmelze von $BaCl_2$ (**I**) u. von $Ba(NO_3)_2$ (**II**) u. deren Kristallen (Konz. y) nach $D = x(100-y)/y(100-x)$ bestimmt. Bei **I** ergibt sich $D = 0{,}80 \pm 5\%$, bei **II** $D = 0{,}05 \pm 0{,}02$. Eine Anreicherung der festen Phase an der Mikrokomponente des Pb-Isotops tritt hier nicht ein. Der Gleichgewichtszustand für die Verteilung von ThB zwischen der Schmelze u. der isomorphen festen Phase stellt sich bei 500° in 1 Std. ein. (Известия Академии Наук СССР, Отделение Химических Наук [Nachr. Akad. Wiss. UdSSR, Abt. chem. Wiss.] **1955.** 800—04. Sept./Okt. Chlopin-Radiuminst. der Akad. der Wiss. der UdSSR.) R. K. MÜLLER. 190

Sol Zaromb und **Rudolf Brill,** *Feste Lösungen von Eis und NH_4F und ihre dielektrischen Eigenschaften.* Zur Klärung der Frage, inwieweit Mischkristalle Eis–NH_4F möglich sind, haben Vff. die Löslichkeit von NH_4F in Eis einerseits durch chem. Analyse (gemeinsame Kristallisation von NH_4F u. H_2O), andererseits mit Hilfe einer dilatometr. Meth. untersucht. Die erhaltenen Werte lassen sich gut durch die Gleichung $\ln N_L/N_S = H/R \cdot (1/T_0 - 1/T)$ wiedergeben, in der H die Schmelzwärme des Eises, T_0 sein F. u. T der F. der Mischkristalle ist. N_L u. N_S sind die Konzz. an H_2O in der fl. u. in der festen Phase. Als obere Löslichkeit ergibt sich ein Wert von 10%. Zur Ergänzung dieser Messungen wurden die dielektr. Relaxationszeiten τ von festen Lsgg. von NH_4F in Eis als Funktion von Temp. u. Konz. ermittelt. Dies erfolgte durch Messung der realen u. imaginären DK. im Frequenzbereich von 20—600 kHz. Mit zunehmender Konz. an NH_4F wird τ deutlich kleiner. Für die Abhängigkeit von der Temp. gilt die Beziehung $1/\tau = Ae^{-G/RT}$ (A = Frequenzfaktor, E = Aktivierungsenergie der Dipolrotation). E beträgt 4 kcal/Mol, unabhängig von der Konz. im Bereich von 0,002—0,5% NH_4F. In reinem Eis hat E dagegen den Wert 13 kcal/Mol. A dagegen nimmt zunächst mit der Konz. an NH_4F zu, oberhalb 0,4% erfolgt aber eine Abnahme. Vff. deuten diese Ergebnisse dadurch, daß durch den Einbau von NH_4F in das Eisgitter umfangreiche Störstellen entstehen, für die ein schemat. Bild entworfen wird. (J. chem. Physics **24.** 895—902. April 1956. Brooklyn, N. Y., Polytechn. Inst., Dep. of Phys.) H. U. WOELK. 190

Je. G. Fessenko und **A. G. Slabtschenko,** *Röntgenstrukturuntersuchung von festen Lösungen von (Ba, Pb)TiO_3.* An festen Lsgg. von $PbTiO_3$ (I) u. $BaTiO_3$ (II) vom 10 bis 90% I-Geh., die bei Tempp. nahe der Temp. der Bldg. der festen Lsgg. gesintert sind, werden die Änderungen der Gitterparameter a u. c bestimmt: c nimmt mit dem I-Geh. zu, a nimmt ab, c/a nimmt zu. Der Vgl. der Messungen an II u. II + 8% I bei 20—160° zeigt, daß der Zweig der Änderung von a für die feste Lsg. im gesamten Temperaturbereich unter dem Zweig von a bei II liegt, der Zweig der Änderung von c über dem für II. Die DK. ist für II 1200, für II + 8% I 600. Demnach ändern sich bei abnehmendem Vol. der Elementarzelle die Potentialschranken, die die verschied. Zustände des Ti-Ions im Oktaeder trennen, womit die Wahrscheinlichkeit der Übergänge zwischen diesen Zuständen abnimmt. (Журнал Технической Физики [J. techn. Physik] **24.** 1288—90. Juli 1954.) R. K. MÜLLER. 195

J. D. Dunitz, *Die Struktur des Dithionit.* Die Kristallstruktur des Dithionitanions wird durch röntgenograph. Unters. von $Na_2S_2O_4$ (I) bestimmt. I krist. monoklin in der Raumgruppe P 2/c mit a = 6,404 ± 0,0045; b = 6,559 ± 0,0028; c = 6,586 ± 0,0045 Å, $\beta = 119^0\ 31 \pm 2'$. Die Elementarzelle enthält vier Formeleinheiten $NaSO_2$. Einzelheiten der Struktur werden durch wiederholte $F_0 - F_c$-FOURIER-Projektionen ermittelt. Das $S_2O_4^{2-}$-Anion besitzt annähernd C_{2v}-Symmetrie. Es besteht aus zwei SO_2^--Einheiten, die durch eine schwache S–S-Bindung verknüpft sind (Abstände: S—O 1,496 u. 1,515; S—S 2,389 Å; ∢ O—S—S 98° 1′ u. 99° 23′). Der schnelle Austausch von ^{35}S zwischen Dithionit u. SO_2 weist auf die Existenz des freien Radikalanions SO_2^- hin. Diese Annahme wird auch dadurch gestützt, daß das isoelektron. ClO_2 nicht nennenswert dimerisiert. Das Reduktionsvermögen von Dithionit wird in einfacher Weise durch Abgabe eines Elektrons unter Bldg. von SO_2 erklärt. (J. Amer. chem. Soc. **78.** 878—79. 20/2. **1956.** Bethesda, Md., Nat. Inst. of Mental Health, Labor. of Neurochem.) W. KRÖNERT. 195

A. Maximow, *Über einige geometrische Charakteristiken von Atomgittern verschiedener Strukturtypen des kubischen Systems (Typen NaTl, NaCl, ZnS und andere).* Auf Grund von Röntgenunterss. werden Schemata der radialen Röntgenogramme (Debyegramme) der Verbb. *LiAl* u. *LiCd* mitgeteilt. Aus ihnen läßt sich die Regel der Konstanz der Sinusquadratsummen $\sin^2 \vartheta_i + \sin^2 \vartheta_{s-i}$ ableiten, die auf die Berechnung der Röntgenogramme der Verbb. des Typs NaTl u. zur Präzisierung der Berechnung bei Strukturen mit kantenzentriertem Gitter allg. angewandt wird. (Журнал Технической Физики [J. techn. Physik] **25.** 1735—40. Okt. 1955.) R. K. MÜLLER. 195

J. Friedel, *Abweichungen vom Vegardschen Gesetz.* Vf. führt aus, daß die beobachteten Abweichungen von dem VEGARDschen Gesetz zum größten Teil auf den Unterschied der Kompressibilitäten der beiden Komponenten zurückzuführen ist. Es wird eine Gleichung abgeleitet, mit der diese Abweichungen unter Berücksichtigung der Kompressibilitäten berechnet werden können. Für eine Reihe von Al-, Cu-, Ag- u. Au-reichen Legierungen wurden die Abweichungen berechnet u. mit den aus der Literatur bekannten verglichen. Die Gründe für die z. T. nicht gute Übereinstimmung werden diskutiert. (Philos. Mag. [7] **46.** 514—16. Mai 1955. Paris, École des Mines, Centre de Rech. Métallurg.) C. GOTTFRIED. 197

J. E. Burke, *Ursprung der Rekristallisationstexturen.* Überblick über verschied. Theorien. (J. Metals **4.** Trans. AIME 263—64. März 1952. Schenectady, N. Y., General Electric Co.) H. HOCHSTEIN. 197

W. Morris, W. A. Tiller, J. W. Rutter und **W. C. Winegard,** *Bedingungen für dendritisches Wachstum in Legierungen.* Der Beginn des dendrit. Wachsens in Legierungssystemen hängt nicht nur von der Konz. des gelösten Stoffes, sondern auch von der Erstarrungsgeschwindigkeit (R) u. dem Temperaturgefälle (G) ab, das in der Fl. vor der Solidus-Liquidus-Grenzschicht besteht. Es wird für eine bestimmte Zus. nachgewiesen, daß ein krit. R/G-Verhältnis besteht, welches überschritten werden muß, damit dendrit. Wachsen auftritt. (Trans. Amer. Soc. Metals **47.** 463—72. 1955.)
H. HOCHSTEIN. 197

N. A. Gorjunowa, *Über die $\beta \rightleftarrows \alpha$-Umwandlung des Zinns (Isomorphismus von grauem Zinn).* Proben aus spektralreinem Sn wurden mit 0,2 mm großen Kristallen des zu untersuchenden Stoffes durch Einreiben geimpft. Bei Kühlung auf —30° wandelten sich die mit ZnSb, CdTe, α-Sn(A 4) behandelten Proben bereits nach 2 Std. um, während die ungeimpften Proben viel längere u. tiefere Kältebehandlung aushielten, ohne sich umzuwandeln. Der Vers. wird vom Standpunkt der Theorie der festen Körper diskutiert. (Доклады Академии Наук СССР [Ber. Akad. Wiss. UdSSR] [N. S.] **75.** 51—54. 1/11. 1950. Leningrad, Physik.-techn. Inst. der Akad. der Wiss. der UdSSR.)
K. SCHUBERT. 197

Sigmar German, *Fehler des Kristallbaus bei Zink- und Cadmiumeinkristallen.* Es wurde beobachtet, daß die nach dem TAMMANN-BRIDGMAN-Verf. gezüchteten Einkristalle von Zn u. Cd nicht fehlerfrei sind. Die lichtmkr., röntgenograph. u. durch Beobachtungen der Gitterquellinterferenzen feststellbaren Fehler wurden zusammengestellt. Die Unters. der Zwillingsbldg. beim Zn längs (1 0 $\bar{1}$ 2) ergab, daß sich auch lichtopt. die Zwillinge an der Kugelform der Kristalle weitgehend untersuchen lassen. So lassen sich die Flächen an der Kugel, längs denen das Gitter anders orientiert ist, bestimmen. Auch ist der Nachw. des Zwillings mit der Lichtfigur möglich. (Z. Metallkunde **45.** 674—76. Dez. 1954. Tübingen.) F. VIER. 197

R. I. Jaffee, H. R. Ogden und **D. J. Maykuth,** *Legierungen von Titan mit Kohlenstoff, Sauerstoff und Stickstoff.* Die Löslichkeit von C in α-Ti ist, mit der Temp. steigend, auf maximal ca. 4,5% C begrenzt, oberhalb der peritekt. Temp. von 910° bildet sich TiC, die Löslichkeit von N in β-Ti ist erheblich geringer als die von O. An bin. Legierungen, Ti–C, Ti–O u. Ti–N, erweist sich die Verfestigung durch N am größten, durch C am geringsten. Die Härte tern. Legierungen scheint sich additiv aus den Härtungseffekten der entsprechenden bin. zusammenzusetzen. (J. Metals **188.** Trans. AIME 1261—66. Okt. 1950. Columbus, O., Battelle Mem. Inst.) H. ECKHARD. 197

W. P. Jeljutin, M. L. Bernstein und **Ju. A. Pawlow,** *Untersuchung der Struktur von Legierungen des Titans mit Niob und Kohlenstoff unter dem Ultraviolettmikroskop.* Ti–Nb-Legierungen werden im Vakuumofen im Graphittiegel erschmolzen. Ihr Nb-Geh. beträgt 1,5—88,4%, der C-Geh. 0,7—0,9%. Die Proben werden bei 1000° im Vakuum angelassen u. einer mkr. Unters. im sichtbaren Gebiet u. im UV unterworfen. Ergänzend wird eine Röntgenstrukturanalyse u. eine Best. der chem. Zus. vorgenommen. Das der β-Modifikation des Ti nahestehende Nb gibt mit Ti ein Zustandsdiagramm mit offenem β-Gebiet. Bei 32,3% Nb besteht die Legierung aus polyedr. Körnern einer festen Lsg. mit β-Ti, bei höherem Nb-Geh. tritt eine neue Phase (intermetall. Phase TiNb?) auf, z. B. als Hauptbestandteil bei 74,2% Nb neben fester γ-Lsg., die bei 88,4% Nb homogen mit Dendritstruktur vorliegt. Die 3 Phasen der festen β-Lsg. (dunkelrot), der festen γ-Lsg. (gelb) u. der intermetall. Verb. (grün) sind deutlich zu unterscheiden. (Доклады Академии Наук СССР [Ber. Akad. Wiss. UdSSR] **104.** 546—48. 1 Tafel. 1/10. 1955. Moskau, Stalin-Stahlinst.) R. K. MÜLLER. 197

E. T. Hayes, A. H. Roberson und **M. H. Davies,** *Zirkonium-Chrom-Phasendiagramm.* Eine Unters. des Gleichgewichtssyst. der bin. Zr–Cr-Legierungen mit 0—50% Cr wurde durchgeführt u. ferner bei 53% Cr die intermetall. Verb. $ZrCr_2$ festgestellt. Das aufgestellte Zustandsdiagramm zeigt, daß Cr im α-Zr nur eine geringfügige Löslichkeit besitzt. Die eutektoide Zers. von β-Zr findet bei 805° u. 1,8% Cr statt. Die größte Löslichkeit von Cr im β-Zr bestand bei der eutekt. Temp. u. ca. 6,2% Cr. Die eutekt. Rk. trat bei 1380° u. 18% Cr auf. Die intermetall. Verb. $ZrCr_2$ (53% Cr) schm. bei 1525°. Die Verb. hat ein flächenzentriertes kub. Cu_2Mg-Typ-Gefüge mit a = 7,21 Å. (J. Metals **4.** Trans. AIME 304—06. März. 1211—13. Nov. 1952. Albany, Ore., U. S. Bur. of Mines.) H. HOCHSTEIN. 197

Werner Köster und **Hans Rittner,** *Aufbau und Eigenschaften der Kobalt–Nickel–Mangan-Legierungen.* Das Syst. Co–Ni–Mn wurde durch Gefügeunterss. u. elast. Messungen untersucht. Nach der Erstarrung bestehen sämtliche Legierungen aus tern. γ-Mischkristallen mit Ausnahme eines äußerst kleines Bereichs von δ-Mn in der Mn-Ecke. Die Co-reichen Legierungen wandeln sich in hexagonale ε-Mischkristalle um, die Mn-reichen folgen der Umwandlung in α- u. β-Mn. Die Phase NiMn vermag nur 2—3% Co zu lösen. Die Zustandsräume werden gegeneinander abgegrenzt, u. die Fläche der CURIE-Tempp. wird durch magnet. Messungen festgelegt. Die zu dem um die Phase NiMn herum liegenden halbkreisförmigen Zweiphasenraum gehörenden Legierungen sind aushärtbar. Die γ-Mischkristalle sind paramagnet., ihre Temperatur- u. Konzentrationsabhängigkeit wird graph. dargestellt. (Z. Metallkunde **45.** 639—42. Nov. 1954. Stuttgart, MPI für Metallforsch.) F. VIER. 197

I. I. Kornilow und **A. Ja. Snetkow,** *Untersuchung begrenzter fester Lösungen des Nickels nach der Röntgenstrukturmethode.* In Auswertung der Schrifttumsangaben über die Veränderung des Gitterparameters von metall. festen Lsgg. verschied. Konz. untersuchten Vff. die sich hierbei für die bin. *Ni-Legierungen* mit *Cr, Al, Ti, W* ergebenden Beziehungen. Es wird eine stetige Parametervergrößerung der festen Ni-Lsg. mit zunehmender Konz. der zweiten Komponente, bis zum Höchstwert bei erreichter Sättigung, festgestellt; hiernach bleibt der Parameter konstant. Je größer die Differenz des Atomdurchmessers eines Elementes gegenüber dem des Ni, um so geringer seine Löslichkeit u. um so stärker die Gitteraufweitung der festen Lösung. Wie am Beispiel des etwas abweichenden Verh. des W gezeigt wird, ist auch die Stellung des Elementes im Period. Syst. von Bedeutung. Die gleichen Beziehungen ergeben sich bei Betrachtung der tern. Legierungssysteme NiCrAl, NiCrTi, NiCrW (Cr-Geh. 15 bzw. 20%), mit einer noch stärkeren (weil additiven) Beeinflussung der Parameterveränderung des Ni. (Известия Академии Наук СССР, Отделение Техничесних Наук [Nachr. Akad. Wiss. UdSSR, Abt. techn. Wiss.] **1955.** Nr. 7. 84—88. Juli.) V. EHMCKE. 197

E. Pelzel, *Die Löslichkeit von Kupfer, Nickel und Kobalt in flüssigem Blei.* Durch Schwereseigerung wurden übersätt. Pb–Cu-, Pb–Ni- u. Pb–Co-Legierungen bei verschied. Tempp. zum Gleichgewicht gebracht; die Sättigungskonz. in der abgeschreckten Legierung wurde analyt. ermittelt. Aus dem Verlauf der Löslichkeitskurven wurden Werte für die Schmelzentropie errechnet, die in ihrer Temperaturabhängigkeit eine einfache Gesetzmäßigkeit zeigen. Die Werte der Lösungsentropie sind bei Cu–Pb-Legierungen unabhängig von der Temp., sie fallen mit steigender Temp. bei Pb–Ni-Legierungen u. steigen bei Pb-Co-Legierungen stetig an. (Metall **9.** 692—94. Aug. 1955. Stolberg/Rhld.) F. VIER. 197

A. H. Geisler, J. H. Mallery und **F. E. Steigert,** *Über den Ausscheidungsvorgang in Cu–Be-Legierungen.* Drei verschied. Ausscheidungen, die mit wachsender Alterungszeit einer Cu-Legierung mit 1,7% Be bei 300° auftraten, wurden identifiziert. Die erste Ausscheidung, γ'', hat eine körperzentrierte monokline Elementarzelle mit a = b = 2,54 Å c = 3,24 Å u. β = 85° 25'. Die zweite Ausscheidung, γ', hat eine körperzentrierte tetragonale Elementarzelle mit a = b = 2,79 u. c = 2,54 Å. Die dritte Ausscheidung ist die Gleichgewichtsphase γ, welche die Orientierungsbeziehung (1 1 1)a // (1 1 0)γ u. [1 $\bar{1}$ 0]a // [0 0 1]γ besitzt. (J. Metals **4.** Trans. AIME 307—16. März. 1196. Nov. 1952. Bloomington, Ind., Univ. of Indiana.) H. HOCHSTEIN. 197

Ronald H. Fillnow und **David J. Mack,** *Die isotherme Umwandlung einer eutektischen Berylliumbronze.* Die eutekt. Temp. wurde zu 608° neu bestimmt. Feinerer u. gröberer Perlit werden bei isothermer Umwandlung je nach Temp. u. Zeit in verschied. Maße aus der β-Phase gebildet, die sich bei schneller Kühlung bis zur Raumtemp. halten läßt; sie unterliegt bei Tempp. unter 500° einer Reihe — nicht näher ermittelter — Umwandlungen bis zur Perlitbildung. (J. Metals **188.** Trans. AIME 1229—36. Okt. 1950. Pittsburgh, Pa., Westinghouse Electr. Corp.; Madison, Wis., Univ.) H. ECKHARD. 197

Włodzimierz Trzebiatowski, Jósef Berak und **Tadeusz Romotowski,** *Das System Kupfer–Titan.* (Vgl. C. **1956.** 4649.) Das Syst. Cu–Ti wurde im Bereich 0—75 At.-% Ti röntgenograph., therm. u. mkr. untersucht. Die Proben wurden im Vakuum (10^{-3} Torr) bzw. unter Argon (3% N_2) hergestellt. Ausgangsstoffe waren Ti-Schwamm (99,5% Ti) u. Elektrolyt-Cu (99,99% Cu). Im Phasendiagramm wurden 5 intermetall. Verbb. festgestellt: Cu_3Ti (**I**), CuTi (**II**), $CuTi_2$, die sich kongruent in fl. Phase bei 905, 982, 1014° bilden, Cu_2Ti (**III**) u. Cu_3Ti_2 (**IV**), die sich peritekt. bei 892 bzw. 935° bilden. **III** zerfällt bei 872° in **I** u. **II**, **IV** zerfällt bei 885° in **II** u. **III**. Die Phasen haben nur enge Existenzbereiche. Die Löslichkeit von Ti in Cu wurde bestimmt. Es existieren 4 Eutektika. (Roczniki Chem. [Ann. Soc. chim. Polonorum] **27.** 426—37. 1953. Wrocław [Breslau], Politechn., Zakł. Chem. Nieorgan. I.) F. URBAN. 197

A. G. Tweet, *Ausscheidung von Cu in plastisch verformtem Germanium.* (Sitzungsbericht.) (Physic. Rev. [2] **100.** 1260. 15/11. 1955. Gen. Electric Res. Labor.) R. STEIN. 197

T. N. Snatokowa und **W. I. Lichtman,** *Gesetzmäßigkeiten der Phasenumwandlungen beim Sintern metallkeramischer Kombinationen Kupfer–Zinn.* (Vgl. C. **1955.** 6838.) Wurden sorgfältig gereinigte Cu-Platten elektrolyt. mit 1 mm starker Sn-Schicht bedeckt u. anschließend bis zu 24 Std. bei 200—235° geglüht, so wurde keine wesentliche Diffusion von Sn in Cu festgestellt, jedoch eine Diffusion von Cu in Sn. Dabei beobachtete man an der Grenze Cu–Sn an der Cu-Seite eine graue Phase (ε-Phase von Cu_3Sn), an der Sn-Seite eine weiße η-Phase von Cu_6Sn_5 (I). Bei 232° (F. von Sn) traten daneben weiße Nadeln von **I** auf, die weit in das Sn eindrangen. Zu ähnlichen Phasenbildungen kam es beim Glühen von Cu–Sn-Preßlingen bei 200—235°. Die Mikrohärte der weißen Phase betrug 460—610 (kg/mm²), die der grauen Phase 179—285, die von Cu 80—110, die von Sn 16—25. Bei höherer Temp. nahm das Vol. der ε-Phase zu, das der η-Phase ab. Bei 400° verschwand die η-Phase, so daß nur die ε-Phase vorlag. Bei 420° trat an der Peripherie der ε-Phase als sehr dünne Schicht die noch Cu-reichere δ-Phase auf. Bei ca. 500° war der völlige Übergang der ε-Phase in die δ-Phase beendet. In diesem Temperaturbereich begann die Bldg. der festen Lsg. von Cu u. Sn, die gegen 600° fast beendet war. Die Ergebnisse der Verss. beweisen nach Ansicht der Vff., daß die Sinterung von Cu–Sn-Pulvern, entgegen der herrschenden Ansicht, nicht als Sinterung in Ggw. einer fl. Phase anzusehen ist. Die Bldg. einer fl. Phase ist nur oberhalb 700° möglich, wenn die feste Lsg. noch nicht homogen ist. Für die 10%ig. feste α-Lsg. ist die Bldg. der fl. Phase erst nach Erreichung der Solidusline bei 840° möglich. (Доклады Академии Наук СССР [Ber. Akad. Wiss. UdSSR] **103.** 445—47. 21/7. 1955.) O. LEBTAG. 197

Riccardo Ferro, *Untersuchungen über Legierungen der Edelmetalle mit mehr elektropositiven Elementen.* 1. Mitt. *Legierungen des Neodyms und Urans mit Silber.* Die Systeme Nd–Ag u. U–Ag wurden analyt., röntgenograph. u. metallograph. untersucht. Das Syst. Nd–Ag ähnelt den bin. Systemen des Ag mit Ce, Pr oder La; es treten also die Verbb. NdAg, F. 935°, a = 3,70 kX, d = 7,99, CsCl-Typ u. $NdAg_2$, das inkongruent bei 878° schm., sowie $NdAg_3$ (I), F. 940°, auf. I bildet mit Ag ein bei 800° schm. Eutektikum. — Im Syst. U–Ag existiert ein Eutektikum mit ca. 0,5% U, F. 945°. Bei 1150° sind U u. Ag nicht mischbar. Bei 1500° lösen sich im Ag ca. 2% U u. im U 0,7% Ag. Somit schließt sich das U in seinem Verh. gegen Ag nicht den Lanthaniden, sondern dem Cr u. W an. (Gazz. chim. ital. **85.** 888—91. Aug. 1955. Genova, Univ., Ist. di Chim. gen.) H. NÖTH. 197

W. I. Archarow und **I. P. Polikarpowa,** *Über den Einfluß von Eisenbeimengungen auf den Zerfall übersättigter fester Lösungen von Silber in Kupfer.* Bei 400—500° wirken geringe Mengen Fe (0,02—0,08%) auf den Zerfall der festen Lsgg. von Ag (6%) in Cu in einigen Min. deutlich beschleunigend. Bei längerer Verweilzeit (40—60 Min.) oder höheren Tempp. (600—700°) sind die Zerfallsgeschwindigkeiten mit u. ohne Fe wenig verschieden. Als Ursache der beschleunigenden Wrkg. des Fe wird, da die Löslichkeit des Ag in Cu durch Fe prakt. nicht verändert wird (vgl. nachst. Ref.), innere Adsorption angenommen. (Журнал Технической Физики [J. techn. Physik] **24.** 1244—46. Juli 1954.) R. K. MÜLLER. 197

W. I. Archarow, Ss. D. Wangengeim, L. M. Magat und **I. P. Polikarpowa,** *Über die Löslichkeit von Silber in Kupfer in Gegenwart geringer Beimengungen von Beryllium oder Eisen.* (Vgl. vorst. Ref.) Die Löslichkeit von Ag in Cu beträgt bei 500° $1,4_5$ (%), bei 600° $2,3_0$, bei 700° $4,6_5$. Kleine Zusätze von Fe (0,008 u. 0,03%) oder von Be (0,16 u. 0,64%) beeinflussen diese Werte prakt. nicht; nur eine geringfügige Erhöhung der Löslichkeit durch 0,16% Be im Temperaturgebiet 700—600° (ca. 0,05%) wird festgestellt, die einer Verminderung der Unterkühlung beim Altern um nur 2° entsprechen würde, also innerhalb der Fehlergrenzen der Temperaturmessung. Die Gitterparameter der festen Lsgg. verschied. Zus. werden graph. dargestellt; der Sättigungsparameter beträgt in allen Fällen 3612,6—3612,7 Å, nur bei 0,64% Be-Zusatz 3605,2 Å. (Журнал Технической Физики [J. techn. Physik] **24.** 1247—53. Juli 1954.) R. K. MÜLLER. 197

J. B. Newkirk, A. H. Geisler, D. L. Martin und **R. Smoluchowski,** *Der Ordnungsvorgang in Kobalt–Platin-Legierungen.* (Vgl. C. **1950.** II. 1215.) Die Einfll. des Ordnungsvorganges in Co–Pt-Legierungen mit 42—54 At.-% Co auf Härte u. Koerzitivkraft, elektr. Widerstand, Röntgenstrahlbeugung u. Mikrostruktur zeigten sich denen bei bekannten heterogenen Ausscheidungsvorgängen ähnlich u. werden auf besondere mikrostrukturelle Vorgänge zurückgeführt. — Schliffbilder u. Diagramme belegen die Deutung. (J. Metals **188.** Trans. AIME 1249—60. Okt. 1950. Pittsburgh, Pa., Carnegie Inst. of Techn.; Schenectady, N. Y., Gen. Electric Co.) H. ECKHARD. 197

W. Ss. Iwanowa und **I. A. Oding,** *Kriechen von Gußeisen mit globularem Graphit.* Die Unters. wurde an einem bei 950° geglühten Gußeisen mit globularem Graphit der Zus.: 3,3% C (gesamt); 0,19% C (gebunden); 2,5% Si; 0,67% Mn; 0,21% P; 0,021% C u. mit den Festigkeitseigg. bei 20°: Zerreißfestigkeit 46,0 kg/mm²; 3,1% Dehnung, durchgeführt. Bestimmungen der Kriechgrenze (100000 Std., 1% Verformung) u. der Zeitfestigkeit (100000 Std.) bei 450° ergaben für die erstere 12 kg/mm², für die letztere 18 kg/mm². Hinsichtlich seiner Warmfestigkeitseigg. erweist sich somit ein solches Gußeisen einem C-Stahl mit den entsprechenden Werten von 5 u. 13 kg/mm² überlegen u. wird einem Cr–Mo-Stahl mit 15 kg/mm² Kriechgrenze bei 480° vergleichbar. Für ein weiteres Kriterium, die „Plastizitätsreserve" $E_r = V_p t_g$ (V_p = Kriechgeschwindigkeit nach Einstellen des gleichmäßigen Kriechstadiums, t_g = Gebrauchszeit), werden die Werte 4 u. 15% bei 10000 bzw. 100000 Std. Gebrauchszeit ermittelt. In einem besonderen Vers. wird die Volumenbeständigkeit des untersuchten Gußeisens nach einer Haltezeit von 700 Std. bei 500 nachgewiesen. (Известия Академии Наук СССР, Отделение Технических Наук [Nachr. Akad. Wiss. UdSSR, Abt. techn. Wiss.] **1955.** Nr. 7. 89—92. Juli.) V. EHMCKE. 197

C. G. Dunn, F. W. Daniels und **M. J. Bolton,** *Relative Korngrenzenenergien in Siliciumeisen.* Vff. bestimmten an Proben mit einer (1 1 0)-Fläche u. einer (1 0 0)-Fläche an der Oberfläche die Abhängigkeit der Korngrenzenenergie vom Orientierungsunterschied mittels einer besonderen Kornwachstumstechnik. Es zeigt sich ein starker Energieanstieg mit Zunahme des Winkelunterschieds bis ca. 30°. (J. Metals **188.** Trans. AIME 1245—48. Okt. 1950. Pittsfield, Mass., Gen. Electr. Co.) H. ECKHARD. 197

Charles A. Wert, *Feste Löslichkeit von Zementit in α-Eisen.* Auf Grund der inneren Reibung von C in α-Fe wurde die Löslichkeit des Zementits in α-Fe bei 700—150° bestimmt, ebenso die Fließgrenze als Funktion der C-Konz.; mit sinkender Temp. nimmt die Löslichkeit bis zu viel niedrigeren Werten ab als bisher angenommen; bereits C-Gehh. von 0,0001 Gew.-% beeinflussen die Fließgrenze. (J. Metals **188.** Trans. AIME 1242. Okt. 1950. Chicago, Ill., Univ., Inst. of Metals.) H. ECKHARD. 197

E. S. Machlin, *Zusammenhang zwischen dem Martensitvolumen und der Zahl von Martensitplättchen je Volumeneinheit.* Bei den Unterss. wird Einklang der Feststellungen mit der Annahme einer gleichbleibenden Dicke der Martensitplättchen gefunden. (J. Metals **4.** Trans. AIME 277—78. März 1952. New York, N. Y., Columbia Univ.) H. HOCHSTEIN. 197

Karl Bungardt, Karl Kind und **Willy Oelsen,** *Die Löslichkeit des Vanadincarbids im Austenit.* An abgeschreckten Fe–V–C-Legierungen wurden mit verschied. Verff. die Löslichkeitstempp. von V-Carbid ermittelt u. hieraus folgende Gleichung des Löslichkeitsprod. in Abhängigkeit von der Temp. abgeleitet: $\ln K = +50{,}7 - 140600/RT$. Unter Verwendung dieser Gleichung u. anderer bereits bekannter Beziehungen wurden die Löslichkeitsfläche des V-Carbids im Austenit u. deren Abgrenzung gegen das heterogene α–γ-Gebiet ermittelt. Die gefundenen Lösungstempp. genügen der durch das Löslichkeitsprod. in Abhängigkeit von der Temp. gegebenen Gleichung einer Geraden u. stimmen gut mit der rechner. ermittelten Löslichkeitsfläche des V-Carbids im γ-Mischkristall des Eisens überein. (Arch. Eisenhüttenwes. **27. 61**—66. Jan. 1956. Krefeld, Deutsche Edelstahlwerke AG.) H. HOCHSTEIN. 197

Paul Pietrokowsky und **Pol Duwez,** *Kristallographie der σ-Phase.* Nachdem die Annahme tetragonaler Symmetrie für die σ-Phase nur zu mäßiger Übereinstimmung mit den Ergebnissen der Röntgenspektroskopie geführt hatte, diskutieren Vff. ein rhomb. Modell für je 3 V- u. Cr-Legierungen, wobei sich noch nicht geklärte Abweichungen zwischen den V- u. den Cr-Legierungen zeigten. Für 50 : 50-FeCr ergab sich die Atomzahl je Einheitszelle zu 23,82. (J. Metals **188.** Trans. AIME 1283—84. Okt. 1950. Pasadena, Calif., California Inst. of Technol.) H. ECKHARD. 197

B. M. Rowinski, *Über den Mechanismus der Spannungsrelaxation in Metallen.* (Vgl. C. **1956.** 6043.) Bei Zimmertemp. wurde der Mechanismus der Spannungsrelaxationen in reinen, bei 300 u. 400° geglühten *Cu-* (99,92%) u. *Al*-Proben (99,99%) untersucht. Es besteht die Beziehung: $\sigma = \sigma_0 \exp[-k_1{}^p t^p]$. Es bedeuten: p = Elastizitätszahl, k_1 = relative Geschwindigkeit der Spannungsrelaxation. Für die Relaxation durch die Translationsakte im krist. Körper gilt die Gleichung: $\sigma = \sigma_0 \exp[-\lambda_{gr} t]$; λ ist ein vom Konzentrationsgefälle bestimmter Parameter. Im krist. Körper ist der Mechanismus der Spannungsrelaxation kein rein elast.-plastischer. Mit steigender Temp. wird die Relaxation in Metallen immer elast.-viscoser. Der elast.-viscose Prozeß erfolgt durch Selbstdiffusion u. durch viscoses Fließen der Elemente der Kristallstruktur (Kristallite, Fragmente u. Blöcke). (Известия Академии Наук СССР, Отделение Технических Наук [Nachr. Akad. Wiss. UdSSR, Abt. techn. Wiss.] **1954.** Nr. 2. 67—74. Febr.) O. LEBTAG. 197

J. S. Koehler, *Die Natur der Kalthärtung.* Die im Elektronenmikroskop beobachtete Lamellenstruktur kann auf die mechan. Eigg. der Einzelkristalle des untersuchten Metalles bezogen werden. (Physic. Rev. [2] **86.** 52—59. 1/4. 1952. Urbana, Ill., Univ., Dep. of Phys.) M. BLUTH. 200

J. A. Manintveld, *Erholung der Widerstandsfähigkeit von Metallen nach Kaltbearbeitung.* Die Aktivierungsenergien von den Metallen *Au*, *Ag* u. *Cu*, die bei der Temp. der fl. Luft verformt wurden u. durch Temperaturerhöhung ihre Widerstandsfähigkeit zurückgewannen, wurden bestimmt. Deutung der Ergebnisse mit Hilfe des atomaren Mechanismus der Diffusion. Bei der in 2 Etappen verlaufenden Erholung des Widerstandes betrugen die Aktivierungsenergien Q_1 u. Q_2, gemessen in eV, für Au 0,29 bzw. 0,69, für Ag 0,18 bzw. 0,65, für Cu 0,20 bzw. 0,88. (Nature [London] **169.** 623. 12/4. 1952. Delft, Labor. voor Techn. Phys.) M. BLUTH. 200

H. Dieckamp, *Einfluß von Gitterstörungen auf den Youngschen Modul von Kupfer.* (Sitzungsbericht.) (Physic. Rev. [2] **100.** 1807. 15/12. 1955. North Amer. Aviation, Inc.) R. STEIN. 200

Louis Gold, *Sammlung von Daten für die Geschwindigkeit elastischer Wellen in kubischen und hexagonalen Metallen.* Die Richtungsabhängigkeit der Geschwindigkeit elast. Wellen im Metallgitter wird durch die elast. Koeffizienten ausgedrückt. Die Rechnung ist für die kub. Metalle *Al, Cu, Au, α-Fe, Pb* u. *Ag* ausgeführt, die Ergebnisse sind tabelliert u. graph. dargestellt. Für hexagonale Metallgitter wird die Rechnung einfacher, hier lassen sich die Geschwindigkeiten von Druck- u. Scherwellen als Funktion des Winkels zwischen hexagonaler Achse u. Fortpflanzungsrichtung ausdrücken. Für *Cd, Mg* u. *Zn* sind die theoret. ermittelten Geschwindigkeiten mit an polykristallinen Proben gemessenen Werten verglichen. (J. appl. Physics **21.** 541—46. Juni 1950. Providence, R. I., Brown Univ.) O. KRISEMENT. 200

A_7. Gleichgewichte. Kinetik.

R. C. Vickery, *Elutionsreihen beim Ionenaustausch.* Vf. versucht einen Zusammenhang zwischen der Wirksamkeit verschied. Auswaschmittel [*Äthylendiamintetraessigsäure* (I) u. *Nitrilotriessigsäure* (II)] u. den Stabilitätskonstanten ihrer Komplexe mit 2- u. 3-wertigen Metallionen aufzufinden. Reihenfolge der Elemente nach abnehmenden Stabilitätskonstanten für I: Yb^{3+}, Ni^{2+}, Cu^{2+}, Pb^{2+}, Er^{3+}, Y^{3+}, Sm^{3+}, Nd^{3+}, Pr^{3+}, Cd^{2+}, Zn^{2+}, Co^{2+}, Ce^{3+}, La^{3+}, Fe^{2+}, Mn^{2+}; mit II: Sm, Pr, La, Cd. Abnehmende Wirksamkeit des Auswaschens für I: Ni, Cu, Yb, Y, Dy, Cd, Eu, Zn, Sm, Co, Fe, Nd, Mn, Pr, La. Die Reihenfolge variiert je nachdem, welche Elemente in überwiegender Menge vorliegen. Überwiegend 2wertige Ionen: Yb, Er, Ni, Cu, Sm, Nd, Pr, Ce, La, Cd, Co, Fe, Mn. Überwiegend 3wertige Ionen: Ni, Yb, Y, Cd, Eu, Zn, Sm, Fe, Nd, Mn, Pr, La. Mit gleichwertigen Mengen 2- u. 3wertiger Ionen: Yb, Ni, Pb, Er, Sm, Nd, Pr, Cd, Co, La, Fe, Mn. (Nature [London] **170.** 665—66. 18/10. 1952. Melbourne, Commonwealth Sci. and Ind. Res. Organizat., Div. of Ind. Chem.)
H. GEDSCHOLD. 221

O. Ss. Fedorowa, *Bestimmung der Zusammensetzung und der Instabilitätskonstante von Komplexverbindungen von Metallen mit Thioharnstoff nach der polarographischen Methode.* 2. Mitt. (1. vgl. C. **1955.** 8570.) Die Stabilität der Komplexverbb. des Thioharnstoffs mit 2wertigen Metallen nimmt ab in der Reihenfolge *Hg* → *Cd* → *Pb* → *Cu* → *Zn* → *Ni*. Die Verbb. mit Zn u. Ni sind prakt. nicht mehr existenzfähig. Mit Bi entsteht ein komplexes Kation $[Bi(CSN_2H_4)_6]^{3+}$, also mit Koordinationszahl 6; seine Instabilitätskonstante ist $K = 1{,}2 \cdot 10^{-12}$. (Журнал Общей Химии [J. allg. Chem.] **24** (**86**). 62—64. Jan. 1954. Iwanowo, Chem.-technol. Inst.) R. K. MÜLLER. 223

K. B. Jatzimirski, *Berechnung der Instabilitätskonstanten bei stufenweiser Komplexbildung nach polarographischen Daten.* Bei der Bldg. eines Komplexes aus einem Metall M u. einem Anion X kann außer der direkten Rk. $M^{n+} + pX^{b-} \rightarrow MX_p^{n-bp}$ (Gleichgewichtskonstante K_{p+1}) auch eine Zwischenstufe vorliegen, z. B. $MX_p^{n-bp} + X^{b-} \rightarrow MX_{(p+1)}^{n-b(p+1)}$ mit der Gleichgewichtskonstanten $\varkappa = C_{MX_p} \cdot C_X / C_{XM_{p+1}}$ (C = Konzz.). Die Differenz der Halbwellen $E_{1/2}$ für den Komplex u. (mit Index $_0$) für das Ausgangssalz ist dann $(E_{1/2})_{Kompl.} - (E_{1/2})_0 = (0{,}059/n) \log K_{p+1} - (0{,}059/n) \log C_X{}^p f_X{}^p (C_X f_X + \varkappa)$ oder bei gleicher Konz. beider Formen der Komplexionen $\Delta E_{1/2} = (0{,}059/n) \log C_X{}^{p+1} - (0{,}059/n) \log K_{p+1} + (0{,}059/n) \log 2$. Auf Grund dieser Beziehungen kann man aus den Diagrammen $\Delta E_{1/2} - \log C$ unter Berücksichtigung der Koordinationszahlen u. der Gleichgewichtskonstanten der Zwischen-Rkk. die summar. Instabilitätskonstanten für die verschied. Formen berechnen. Diese Berechnung wird nach Literaturdaten für CdJ_n^{2-n}, $Cd(NH_3)_n^{2+}$, $Pb(CHCOO)_n^{2-n}$ u. $Cu(NH_2CH_2COO)_3^-$ durchgeführt. (Сборник Статей по Общей Химии [Samml. Aufsätze allg. Chem.] **1.** 193—99. **1953.** Iwanowo, Chem.-technol. Inst.)
R. K. MÜLLER. 223

W. I. Baptismanski, *Über die Löslichkeit von Elektrolyten.* Vf. analysiert die thermodynam. Vorgänge bei der Auflösung von Elektrolyten u. schlägt ein Näherungsverf. für die Berechnung ihrer Löslichkeit nach den thermodynam. Daten vor, das dann angewandt werden kann, wenn Angaben über die Aktivitätskoeffizienten der gelösten Stoffe ganz oder teilweise fehlen. Die Anwendbarkeit der abgeleiteten Näherungsgleichungen für die Berechnung der Löslichkeit von Elektrolyten mit analoger Struktur im gleichen Lösungsm. u. bei gleicher Temp. (Auflsg. eines festen bzw. fl. Elektrolyten in der Fl.) wird an $NaCl$-$NaClO_3$ (an 2. Stelle steht das Salz, nach welchem die Löslichkeit berechnet wurde, in der Klammer der Fehler in %) (34), KCl-KBr (4,0), $NaNO_3$-$NaClO_3$ (10,4), KBr-KCl (1,1), $NaClO_3$-$NaNO_3$ (1,3), KNO_3-KCl (24,5) gezeigt. Die volle Mischungsentropie der Elektrolytlsgg. in Nichtelektrolyten kann als Summe dargestellt werden, deren erster Summand durch die „Umstellungsentropie„ gek. ist; der 2. Summand ist bestimmt durch die Differenz der Energiezustände der gelösten Teilchen u. dem Energiezustand im reinen Elektrolyten. (Украинский Химический Журнал [Ukrain. chem. J.] **20.** 487—95. 1954. Dnepropetrowsk, Metallurg. Inst.) O. LEBTAG. 224

E. Hecker, *Auswahl von Lösungsmittelsystemen zur multiplikativen Verteilung.* Vf. diskutiert die Auswahl geeigneter Lösungsmittelsysteme für Trennungen nach dem Verf. der multiplikativen Verteilung. Die Unters. der mol. Vorgänge bei der Verteilung führt Vf. zur Einteilung der gebräuchlichen Lösungsmittel in fünf Klassen, die sich durch die Zahl u. die Stärke der H-Brückenbindungen, die zwischen den Moll. wirksam sind, unterscheiden, u. zur Aufstellung einer „mixotropen Reihe“, in der 2 Lösungsmittel um so weiter voneinander entfernt stehen, je weniger sie miteinander mischbar sind. Ordnet man auch die zu verteilende Substanz in diese Reihe ein, so erhält man Anhaltspunkte

über diejenigen Lösungsmittel, die sich zur Verteilung eignen. Meist wird man nicht mit Zweikomponentensystemen auskommen, sondern zur Erreichung annehmbarer Trennfaktoren auf Mehrkomponentensysteme zurückgreifen müssen. Die prakt. Anwendung der mixotropen Reihe u. die Zusammenstellung derartiger Systeme werden an Beispielen erläutert. (Chimia [Zürich] **8.** 229—36. 15/10. 1954. Tübingen, MPI für Biochem.)
K. FRENKLER. 224

Gerhard Hohlstein und **Ulrich Wannagat**, *Notiz über die blauen Lösungen von Natrium in Methylamin.* Hochgereinigtes, prakt. H_2O-(< 0,05%) u. NH_3-freies (< 0,1%) Methylamin löst Na bei Tempp. unterhalb 0° erst im Laufe mehrerer Std. zu niedrig konz., blauen Lsgg. des Metalls (< 0,03%) auf. Spektralphotometr. Messungen bei Raumtemp. in Ampullen an diesen Lsgg. (Absorptionsmaximum 700 mμ) wie an den Lsgg. von Na in fl. NH_3 (Maximum 1250 mμ) u. an den mit CH_3NH_2 stark verd. Lsgg. des Na in fl. NH_3 (Maximum 700 mμ) machen wahrscheinlich, daß die beobachtete geringe Löslichkeit des Na in CH_3NH_2 auf Verunreinigungen mit NH_3 zurückzuführen ist. (Z. anorg. allg. Chem. **284.** 191—96. April 1956. Aachen, TH, Inst. für Anorgan. Chem. u. Elektrochem.)
U. WANNAGAT. 224

M. W. Towbin und **A. D. Konenko**, *Stabilität von übersättigten Lösungen im System $CaCO_3$–H_2O–CO_2.* Aus den ermittelten Werten für die Konstante K_g des Carbonatgleichgewichtes geht hervor, daß die meisten kleinen Flüsse u. Teiche der Ukraine in den Sommermonaten (sehr geringer CO_2-Geh. der Wässer) hinsichtlich *$Ca(HCO_3)_2$* (I) stark übersätt. sind. In einigen Fällen sind die errechneten K_g-Werte 5—6mal größer als die thermodynam. Konstanten. Bei 25° erhält man für **I** $\varrho = 2,4$, wenn $\varrho = (c - c_0)/c_0$ die Stabilität der gesätt. Lsg. bedeutet (c = maximale Konz. der metastabilen Lsg.; c_0 = Löslichkeit der Substanz). Im Syst. $CaCO_3$–H_2O–CO_2 erfolgt demnach die spontane Kristallisation aus der gesätt. **I**-Lsg. erst dann, wenn die Konz. ca. 3,5mal größer ist als die Löslichkeit. Die große Stabilität der **I**-Lsgg. erklärt sich daraus, daß bei der Kristallisation statt **I** als feste Phase $CaCO_3$ ausfällt. Die Möglichkeit einer langen Übersättigung der natürlichen Wässer mit **I** ist bei der Best. der Mineralisation der Hydrocarbonatwässer u. der Bedingungen der Sedimentbldg. in Rechnung zu stellen. (Украинский Химический Журнал [Ukrain. chem. J.] **20.** 578—82. 1954. Hydrobiol. Inst. der Akad. der Wiss. der UkrSSR.)
O. LEBTAG. 224

I. M. Korenman, *Löslichkeitsprodukt der Oxalate einiger Seltener Erden sowie Instabilitätskonstanten ihrer komplexen Sulfate.* Die Best. des Löslichkeitsprod. erfolgte nach SHAROWSKI (1951, für Phosphate), u. zwar durch Titration von Lsgg. der Oxalate Seltener Erden (S.E.) in HCl verschied. Konzz. (0,02—0,10n) mit $KMnO_4$ (in Ggw. von $MnSO_4$) sowie auch durch Eindampfen dieser Lsgg. (p_H 0—5,0), Verglühen u. Wägen des Oxyds. Erhaltene Löslichkeitsprodd. der Oxalate: La $1,07 \cdot 10^{-28}$, Ce $1,10 \cdot 10^{-28}$, Pr $1,3 \cdot 10^{-28}$ (Kontrollbest. Ca: 1,8—3,5, im Mittel $2,5 \cdot 10^{-9}$). Die Werte stimmen mit den Literaturangaben überein. Die Sättigung war nach 3std. Schütteln erreicht. — Zur Best. der Instabilitätskonstanten wurden gesätt. Oxalatlsgg. in H_2SO_4 hergestellt. Dann wurde p_H u. die allg. Oxalatkonz. ($KMnO_4$) oder die Konz. der S.E. (gewichtsanalyt.) bestimmt. Aus den Analysendaten wurde die Konz. der undissoziierten Oxalsäuremoll. u. endlich die Konz. der komplexen Sulfate berechnet. Es wurden folgende Werte für die Instabilitätskonstanten gefunden: *$LaSO_4$*. $3,8 \cdot 10^{-4}$; *$CeSO_4$*. $1,2 \cdot 10^{-3}$; *$PrSO_4$*. $4,0 \cdot 10^{-3}$; *$NdSO_4$*. $1,2 \cdot 10^{-3}$. (Журнал Общей Химии [J. allg. Chem.] **24** (**86**). 1910—16. Nov. 1954. Gorki, Univ.)
A. v. WILPERT. 224

P. N. Kowalenko, *p_H des Beginns der Fällung von Blei-, Nickel- und Kobaltoxydhydraten und Bestimmung ihrer Löslichkeitsprodukte.* Durch polarograph. Unterss. wird festgestellt, daß das p_H der beginnenden Fällung von *$Pb(OH)_2$* (**I**), *$Ni(OH)_2$* (**II**) u. *$Co(OH)_2$* (**III**) aus Lsgg. von $Pb(NO_3)_2$, $NiSO_4$ u. $CoSO_4$ in der Weise von der Anfangskonz. des Salzes abhängt, daß mit abnehmender Konz. das p_H zunimmt. Unabhängig von der Ausgangskonz. der Salze ist die Fällung von **I** immer bei p_H 7,5—7,8 beendet, die von **II** u. **III** beim p_H 9,5. Für die bei 22° bestimmten Löslichkeitsprodd. werden folgende Werte erhalten: $1,26 \cdot 10^{-16}$ für **I**, $1,6 \cdot 10^{-12}$ für **II**, $2,5 \cdot 10^{-12}$ für **III**. Eine Erhöhung der Temp. verursacht bei gleichem p_H der Lsgg. eine Abnahme der Konz. der Metallionen u. damit eine Zunahme des Löslichkeitsprod. von **I**, **II** u. **III** als Folge der zunehmenden Konz. der OH-Ionen. (Украинский Химический Журнал [Ukrain. chem. J.] **20.** 549—54. 1954. Rostow/Don, Molotow-Univ.)
O. LEBTAG. 224

P. L. Walker jr. und **Emile Raats**, *Änderungen der physikalischen Eigenschaften graphitisierter Kohlestäbchen durch Vergasung mit Kohlendioxyd.* (Vgl. C. **1955.** 10210.) Vff. bestimmten die Änderungen einiger physikal. Eigg. von graphitisierten Kohlestäbchen als Funktion des Abbrandes bei 1000° u. als Funktion der Temp. des Vergasens zwischen 970 u. 1372° bei konstantem Abbrand. Es werden die Oberflächen, das Porenvol., die Oberfläche der Makroporen u. die spezif. Reaktionsgeschwindigkeit ermittelt. Bis zu einem Abbrand von 11,5% bei 1000° nimmt die spezif. Oberfläche rasch zu. Weitere Gewichtsverluste bewirken dagegen nur noch geringe Änderungen der Oberfläche. Parallel mit dieser Änderung erfolgt eine Zunahme des Porenvol., diese ist aber für Poren mit verschied. Radien verschieden. Als Funktion der Vergasungstemp. bei konstantem Abbrand nimmt die Oberfläche zuerst, bis 1240°, rasch, bei höheren Tempp. langsamer zu, um schließlich sogar abzunehmen. Vff. deuten diese Ergebnisse durch die Annahme, daß die untersuchte Kohle aus relativ homogenen, nichtporigen Teilchen besteht, die durch Kohle mit blasenartiger Struktur zusammengehalten werden. (J. physic. Chem. **60.** 364–69. März 1956. State College, Pa., Pennsylvania State Univ., Dep. of Fuel Technol.) H. U. WOELK. 225

P. L. Walker jr. und **Emile Raats,** *Einfluß der Gasdiffusion in graphitisierten Kohlestäbchen auf ihre Vergasungsgeschwindigkeit mit Kohlendioxyd.* (Vgl. vorst. Ref.) Bei konstantem Abbrand (11%) haben Vff. die Reaktionsgeschwindigkeit der Vergasung graphitisierter Kohlestäbchen mit CO_2 in Abhängigkeit von der Temp. (970–1392°) ermittelt. Bis zur Reaktionstemp. von 1130° beträgt die Aktivierungsenergie 66 kcal/Mol. Oberhalb dieser Temp. erfolgt ein kontinuierlicher Abfall bis auf 44 kcal/Mol. Dieser Befund entspricht den Änderungen der spezif. Oberfläche mit der Vergasungstemperatur. Vff. vermuten daher, daß der Transport der CO_2-Moll. durch die Poren der für den Ablauf der Vergasungs-Rk. bestimmende Schritt ist. Die experimentell erhaltenen Reaktionsgeschwindigkeiten werden daher durch einen Diffusionsfaktor η korrigiert. Für die Ermittlung von η aus experimentell zugänglichen Daten wird eine Gleichung angegeben u. die Grenzbedingungen diskutiert. Die so korr. Werte folgen streng der Gleichung von ARRHENIUS u. ergeben für die Aktivierungsenergie den Wert 66 kcal/Mol im gesamten untersuchten Temperaturbereich. (J. physic. Chem. **60.** 370–72. März 1956.) H. U. WOELK. 225

Ja. M. Warschawski und **Ss. E. Waissberg,** *Über die Verteilung von Deuterium beim Isotopenaustausch des Wasserstoffs.* (Vgl. C. **1955.** 4561; **1956.** 43.) Es wird gezeigt, daß der Verteilungskoeff. α des Deuteriums zwischen 2 Komponenten als Verhältnis der β-Faktoren ausgedrückt werden kann. β wird nach einer Formel aus den Angaben über die Schwingungsgrundfrequenzen berechnet. Für 20, 50 u. 75° werden die β-Werte (Kennzahl für den Ungleichwertigkeitsgrad der H-Isotope) für H_2, CH_4, C_2H_6, C_2H_4, C_6H_6, NH_3, H_2O, HF, PH_3, H_2S, HCl, AsH_3, H_2Se, HBr u. HJ berechnet u. für die möglichen Kombinationen dieser Stoffe die α-Werte bei 20° ermittelt. Bei den Hydriden der Nichtmetalle der gleichen Periode beobachtet man eine fast gleichmäßige D-Verteilung ($\alpha \approx 1$), während bei den Hydriden der Nichtmetalle verschied. Perioden die Verteilung ungleichmäßig ist ($\alpha = 1$). Im Unterschied zu den polyvalenten Hydriden zeigen die monovalenten Hydride innerhalb jeder Periode ein starkes Ansteigen der α-Werte. Dies erklärt sich aus der α-Abhängigkeit von der Elektronenzahl in der äußeren Schale des mit H verbundenen Atoms. Die α-Änderung beim Übergang zu einer anderen Periode ist durch die Massenänderung des mit H verbundenen Atoms verbunden. Der maximale α-Wert (8,0–8,5) tritt beim Isotopenaustausch zwischen dem Hydrid des schwersten Alkalimetalls u. einer Nichtmetallverb. der 1-Periode auf. (Журнал Физической Химии [J. physik. Chem.] **29.** 523–32. März 1955. Moskau, Physikal.-chem. Karpow-Inst.) O. LEBTAG. 225

J. Lewis und **D. B. Sowerby,** *Die Chemie von Nitrosylkomplexen.* 2. Mitt. *Der Austausch von ³⁶Cl zwischen Nitrosylchlorid und einigen unlöslichen Metallchloriden.* (1. vgl. C. **1956.** 3792.) Der Austausch von radioakt. ^{36}Cl zwischen $ZnCl_2$, $HgCl_2$ u. $CdCl_2$ einerseits u. fl. *Nitrosylchlorid* (**I**) andererseits wird untersucht. Verss. über den Austausch von Chlorid im entsprechenden Kupferkomplex werden nicht ausgeführt, da sich die Verb. selbst in Abwesenheit von Licht sehr schnell zu einer Mischung von CuCl u. $CuCl_2$ zersetzt. Bei den untersuchten Verbb. wird schneller Austausch zwischen dem gebundenen **I** u. dem Metallchlorid beobachtet, auf den langsamer heterogener Austausch mit dem Überschuß des Lösungsm. folgt. Die Ergebnisse sprechen für die Bldg. instabiler Nitrosoniumchlorokomplexe der nebenst. wahrscheinlichen Struktur.

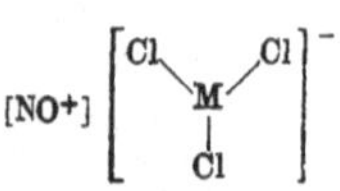

Die Rk. für den heterogenen Austausch führt über die Zers. der Nitrosoniumsalze. In Übereinstimmung damit wird kein Austausch festgestellt, wenn ein stabiles Nitrosoniumsalz, wie *Nitrosoniumchlorostannat,* $(NO)_2SnCl_6$, oder Chloride, die mit **I** keine Komplexe bilden (NaCl oder KCl), verwendet werden. Silberchlorid bildet mit **I** keinen Komplex; im Dunkeln wird kein, im Licht langsamer heterogener Austausch beobachtet. Die photochem. Zers. von AgCl u. **I** ist der wahrscheinliche Weg der Austauschreaktion. (J. chem. Soc. [London] **1956.** 150–53. Jan. Sheffield, Univ.) H. GEDSCHOLD. 225

Henry Eyring und **F. Wm. Cagle jr.,** *Die Kennzeichnung von Isotopenreaktionen durch die Geschwindigkeitstheorie.* Die absol. Geschwindigkeitstheorie wird zur Ableitung einer allg. Theorie des Isotopeneinfl. auf die Reaktionsgeschwindigkeiten verwendet. Die obere Temperaturgrenze des Trennfaktors α ($\sqrt{m_{schwer}/m_{leicht}}$; beide m beziehen sich auf red. Massen) wird erhalten u. ihre Bedeutung u. Anwendung diskutiert. Es wird untersucht, unter welchen Bedingungen $\alpha < 1$ sein kann u. festgestellt, daß die dafür notwendigen physikal. Bedingungen ziemlich unwahrscheinlich wären. Als Beispiel wird die elektrolyt. Anreicherung von schwerem W. genommen, da sie eine Rk. mit mindestens 2 Mechanismen erwarten läßt. Ein Näherungswert für den Trennfaktor des einen Mechanismus u. sein ungewöhnlicher Anstieg mit der Temp. über ein begrenztes Temperaturintervall wird diskutiert. Der ungewöhnlich hohe Trennfaktor (ca. 20) für H_2O/D_2O bei der Hydrolyse von Al_4C_3 mit H_2O–D_2O-Gemischen erfordert die Annahme eines noch sehr unsicheren aktivierten Komplexes. Der von früheren Unterss. her bekannte Trennfaktor einiger organ. Isotopen-Rkk. (Dehydrierung von ^{14}C u. ^{12}C enthaltendem HCOOH mit H_2SO_4, Oxydation von in der Carboxylgruppe ^{14}C enthaltendem CH_3COOH, Dissoziation von $CHCl_3$ u. $CDCl_3$) wird mit Hilfe eines vereinfachten Modells berechnet; die Übereinstimmung zwischen den berechneten u. beobachteten Werten ist sehr gut. (J. physic. Chem. **56**. 889—92. Okt. 1952. Salt Lake City, Ut., Univ. of Utah, Dep. of Chem.) H. GEDSCHOLD. 225

Warren G. Henderson jr. und **Richard B. Bernstein,** *Der Isotopeneffekt des Deuteriums bei der Reaktion von Wasserdampf mit Zink.* Der Isotopeneffekt von D bei der Rk. von Wasserdampf mit Zink wird im Temperaturbereich 295—415° gemessen. Für die Verss. wird W. mit einem D/H-Verhältnis von 0,01060 u. 0,00872 verwendet. Bei 400° wird ein Fraktionierungsfaktor (definiert als das Verhältnis der spezif. Reaktionsgeschwindigkeiten von HOH u. HOD mit Zink) von $\alpha = 1{,}6 \pm 0{,}1$ gefunden. Die Temperaturabhängigkeit des Fraktionierungsfaktors beträgt über den untersuchten Temperaturbereich $-0{,}0011$ pro Grad C. Die Größe des beobachteten Isotopeneffektes ist etwas geringer als die von EYRING u. CAGLE (vgl. vorst. Ref.) theoret. berechnete obere Grenze für den Bruch einer isolierten O—H-Bindung. Auf Grund der erhaltenen Resultate ist es möglich, die bei der üblichen analyt. D-Best. für unvollständige Umwandlung des W. in Wasserstoff notwendige Korrektur zu ermitteln. (J. Amer. chem. Soc. **76**. 5344—46. 5/11. 1954. Chicago, Ill., Illinois Inst. of Technol., Dep. of Chem.) H. GEDSCHOLD. 225

William H. Hamill und **Jay A. Young,** *Die chemische Kinetik des aus isomerer Kernumwandlung stammenden atomaren Broms.* Chem. Anzeichen sprechen dafür, daß die isomere Kernumwandlung des $^{80*}Br$ vollständig verläuft. Während jedoch die isomere Kernumwandlung stets zu einem Bruch der C—Br-Bindung in gasförmigem CH_3Br führt, ist bei gasförmigem HBr häufig kein Bruch festzustellen. Andere Ergebnisse stimmen mit der Auslegung überein, daß die nach dem Bindungsbruch auftretenden ^{80}Br-Tochterteilchen für gewöhnlich als freie therm. Atome vorliegen. Ihr kinet. Verh. gegenüber C_2H_4–HBr-Mischungen entspricht der analogen Kinetik von $^{79}Br(n,\gamma)^{80}Br$ (vgl. WILLIAMS u. HAMILL, C. **1951**. I. 834). Unter Verwendung der ^{80}Br-Tochtersubstanz wird gezeigt, daß bei der Addition von Br an C=C-Doppelbindungen kein Br_3-Komplex auftritt. Der Austausch zwischen $H^{82}Br$ u. Br_2 verläuft innerhalb 2 Min. vollständig. (J. chem. Physics **20**. 888—94. Mai 1952. Notre Dame, Ind., Univ. of Notre Dame.) H. GEDSCHOLD. 225

John L. Magee und **E. F. Gurnee,** *Zum Mechanismus des Bruchs der $H^{80}Br$-Bindung als Folge isomerer Umwandlung.* (Vgl. vorst. Ref.) Die isomere Umwandlung von $^{80*}Br$ ist nur z. T. mit einer Aufspaltung der Bindungen in gasförmigem $H^{80}Br$ bzw. $D^{80}Br$ verbunden. Nach der Theorie von COOPER (Physic. Rev. [2] **61**. [1942.] 1) ist zu erwarten, daß sämtliche ^{80}Br-Atome aus der chem. Bindung gelöst werden. Die vorliegende theoret. Arbeit behandelt den Mechanismus der Bindungsaufspaltung u. versucht eine Erklärung dafür zu geben, warum diese Aufspaltung nicht immer eintritt. Es werden Kurven für die ungefähre potentielle Energie von einigen der verschied. HBr^{z+}-Molekelionen gegeben, die sich während des auf die Konversion folgenden AUGER-Schauers bilden. Es ergibt sich mit hoher Wahrscheinlichkeit, daß all diese Ionen den niedrigsten Elektronenzustand besetzen, der noch in bezug auf den Dissoziationsprozeß $HBr^{z+} \rightarrow H^+ + Br^{(z-1)+}$ stabil ist, u. daß das Nichtaufbrechen der Bindung während des Ladungsprozesses qualitativ durch die Kürze der Gesamtladungszeit im Vgl. zur Zeit der Molekelkollision in der Gasphase erklärt werden kann. Eine weitere notwendige Voraussetzung für das Nichtaufspalten der HBr-Bindung besteht darin, daß die Ionen bei Zusammenstößen ohne Bruch entladen werden können. Die vollständige Aufspaltung der C—^{80}Br-Bindung in gasförmigem $CH_3{}^{80}Br$ wird qualitativ erklärt u. gefunden, daß kein stabiler mol. Zustand für die Ionen besteht u. der Bruch während des Ladungsprozesses erfolgt. (J. chem. Physics **20**. 894—98. Mai 1952. Notre Dame, Ind., Univ. of Notre Dame, Dep. of Chem.) H. GEDSCHOLD. 225

N. K. Wosskressenskaja, *Über die Richtung exothermer Austauschreaktionen vom Typus $2\,AX + BY_2 = 2\,AY + BX_2$.* (Vgl. C. **1952.** 5210.) Die Wärmetönung der Rkk. $2\,AX + BY_2 = 2\,AY + BX_2$ errechnet sich aus den Radien a, x, b, y der entsprechenden Ionen nach der Gleichung $-\Delta H = 512 \cdot (y - x)[x\,y + (3\,a^2 - 2\,b^2) + (3\,a - 2\,b) \cdot (y + x)]/(a + x)(a + y)(b + x)(b + y)$. Vf. untersucht die Bedingungen für exotherme Rk. ($-\Delta H > 0$) bzw. positives Vorzeichen des in eckiger Klammer stehenden Ausdrucks (zusammengefaßt als „D"). Diese liegen vor bei $a > b$ (Alkalimetalle u. Mg, Ca, Sr, Ba), bei $3\,a > 2\,b$ (Na–Ca, K–Ba, Li–Ca, Na–Sr, Na–Ba), in besonderen Fällen des Verhältnisses x/y auch bei $3\,a < 2\,b$ (Li–Sr–F–Cl, Li–Ba–J–JO_4). Die Regel der „verallgemeinerten Momente" (μ) gestattet ein sichereres Urteil über die Richtung der Austausch-Rkk. als die der Ionenradien. So ist $y > x$, also $\mu_x > \mu_y$, wenn $3\,a < 2\,b$ u. $\mu_B < 1{,}33\,\mu_A$. Nur bei 6 von 85 untersuchten Rkk. zwischen Alkali- u. Erdalkalihalogeniden sind die berechneten Wärmetönungen von anderem Vorzeichen als nach obiger Gleichung. (Доклады Академии Наук СССР [Ber. Akad. Wiss. UdSSR] **101.** 89–91. 1/3. 1955. Kurnakow-Inst. für allg. u. anorgan. Chem. der Akad. der Wiss. der UdSSR.) R. K. MÜLLER. 225

Dale J. Meier und **Clifford S. Garner,** *Die Kinetik der Austauschreaktion zwischen Europium(II) und Europium(III).* (Vgl. C. **1952.** 2140.) Die kinet. Unters. der Austausch-Rk. zwischen Eu^{2+} u. Eu^{3+} in wss. HCl-Lsgg. führt bei 32–50° im Konzentrationsbereich 0,026–0,068f $EuCl_2$, 0,035–0,12f $EuCl_3$, 0,098–1,9f Gesamt-Cl^-, 1,0f H^+ u. $\mu = 2{,}0$, eingestellt mit $NaClO_4$, zu dem Geschwindigkeitsgesetz $R = 6{,}5 \cdot 10^{11} \cdot \exp(-20800/R\,T) \cdot [Eu(II)][Eu(III)][Cl^-]$ Mol·Liter^{-1}·sec^{-1}. Durch eine Änderung der H^+-Konz. von 0,1f auf 1,6f bei einer konstanten Ionenstärke von 2,0 wird die Austauschgeschwindigkeit nur um ca. 13% erhöht, woraus geschlossen wird, daß die hydrolysierte Ionenart für die geschwindigkeitsbestimmende Stufe, als welche der Austausch zwischen hydratisiertem Eu^{2+} u. hydratisiertem $EuCl^{2+}$ angenommen wird, nur von geringer Bedeutung ist. Die Trennung der beiden Eu-Ionenarten erfolgt durch Fällung von Eu(III)-Hydroxyd unter Verwendung von verd. NH_4OH. In chloridfreien perchlorsauren Lsgg. konnte die Austauschgeschwindigkeit nicht bestimmt werden, da die Oxydation des Eu^{2+} durch die ClO_4^--Ionen viel zu rasch erfolgte. Aus dem Umstand, daß die Extrapolation der Austauschgeschwindigkeit in Cl^--freien Lsgg. zu 0 führt, wird geschlossen, daß der Elektronenübergang zwischen den nichtkomplexen Eu-Ionen eine sehr langsame Rk. ist. (J. physic. Chem. **56.** 853–57. Okt. 1952. Los Angeles, Calif., Univ. of California, Dep. of Chem.) H. GEDSCHOLD. 225

Joseph Silverman und **R. W. Dodson,** *Die Austauschreaktion zwischen den zwei Oxydationsstufen des Eisens in saurer Lösung.* Vff. messen unter Verwendung von ^{55}Fe als Indicator die Austauschgeschwindigkeit zwischen Fe^{2+} u. Fe^{3+} in perchlor- u. chlorwasserstoffsauren Lsgg. im Temperaturbereich von 0–21,6° bei einer Ionenstärke von 0,55f. Die Rk. ist bzgl. der Gesamtkonz. jeder Oxydationsstufe 1. Ordnung. Die Austauschgeschwindigkeit steigt mit abnehmender Säurekonz. u. mit zunehmender Chloridkonz. sowie mit der Ionenstärke an. Auf Grund der Versuchsergebnisse werden für das Fe^{2+}-Ion 4 Reaktionswege angenommen, nämlich mit 1. nichthydrolysiertem Eisen(III)-Ion, Fe^{3+}, 2. $FeOH^{2+}$, 3. $FeCl^{2+}$ u. 4. $FeCl_2^+$. Die spezif. Geschwindigkeitskonstanten für diese Rkk. bei 0° sind 0,87, $1{,}0 \cdot 10^3$, 9,7 bzw. ca. 15f^{-1}sec^{-1}. Die entsprechenden experimentellen Aktivierungsenergien betragen 9,9, 7,4, 8,8 bzw. ca. 10 kcal/Mol. Für einen spezif. Einfl. des Perchlorations wurde kein Beweis gefunden. (J. physic. Chem. **56.** 846–52. Okt. 1952. New York, N. Y., Columbia Univ., Chem. Dep.; Upton, N. Y., Brookhaven Nat. Labor.) H. GEDSCHOLD. 225

Hakon Nord, *Kinetik der Autoxydation von Kupfer(I)-chlorid in salzsaurer Lösung.* Es wird gezeigt, daß die Autoxydationsgeschwindigkeit des Cu(I)-Ions in salzsaurer Lsg. proportional dem Sauerstoffdruck u. der Konz. der Cu(II)-Ionen ist. Die Geschwindigkeit fällt mit sinkender H^+-Ionenkonz., die reziproke Geschwindigkeit ist eine lineare Funktion der reziproken H^+-Ionenkonz., vorausgesetzt $C_{H^+} \geqq 0{,}1$. Da die Reaktionsgeschwindigkeit hoch war, erwies es sich als unmöglich, die Reaktionslsg. mit O_2 zu sättigen. Die O_2-Konz. wurde unter Annahme eines „steady state" berechnet. Folgender Mechanismus wurde gefunden: $(O_2)_{Gas} \rightleftharpoons (O_2)_{gelöst}$; $O_2 + Cu^+ \rightleftharpoons CuO_2^+$; $CuO_2^+ + H^+ \rightarrow Cu^{2+} + HO_2$. Anschließend erfolgen weitere schnelle Schritte, bei denen drei weitere Cu^+-Ionen durch O_2-Moll. oxydiert werden. Die Werte der Geschwindigkeitskonstanten für die einzelnen Stufen werden diskutiert. (Acta chem. scand. **9.** 430–37. 1955. Copenhagen, Techn. Univ., Chem. Dep. A.) H.-J. HEINRICH. 225

Hakon Nord, *Die Anwendbarkeit des „Steady State"-Prinzips auf die Autoxydation von Kupfer(I)-chlorid.* (Vgl. vorst. Ref.) Die „steady state"-Gleichung zur Best. von O_2 in einer Lsg., durch welche ein gasförmiger O_2-Strom geblasen wird, u. in welcher O_2 durch eine chem. Rk. verbraucht wird, wird mit der Differentialgleichung für die O_2-

Konz. verglichen. Der Fehler, der durch Verwendung der einfacheren Gleichung bei der O_2-Best. entsteht, kann vernachlässigt werden. (Acta chem. scand. **9.** 438—40. 1955.) H.-J. HEINRICH. 225

G. A. Bogdanow, *Zur Theorie der gemeinsamen Wirkung von Katalysatoren in Lösungen.* 1. Mitt. Gasometr. wurde die Kinetik des Zerfalls von H_2O_2 (I) bei gleichzeitiger Ggw. der Katalysatoren $K_2Cr_2O_7$ (II) + Na_2WO_4 (III) u. II + Na_2MoO_4 (IV) im homogenen Medium untersucht. Während die Katalysatoren unter gewissen Bedingungen jeder für sich ohne Wrkg. waren, zeigten sie bei gleichzeitiger Ggw. eine starke Wirkung. Die Abhängigkeit der Reaktionsgeschwindigkeit von der Anfangskonz. von I im Gebiet der geringen Konzz. erklärt sich aus einer teilweisen Red. von II, wodurch dessen katalyt. Aktivität aufgehoben wird. Die Katalyse von I unter der Wrkg. von II + IV verläuft in Übereinstimmung mit der Vorstellung, wonach momentan u. umkehrbar ein gemeinsames Peroxydzwischenprod. entsteht, das aus 2 Katalysatoren besteht. Der katalyt. Zerfall von I in Ggw. von II + III verläuft über ein Maximum. Die Zunahme der Reaktionsgeschwindigkeit zu Beginn der Rk. beruht auf der Bldg. eines Zwischenproduktes. Sowohl für die Ggw. von II + III wie für II + IV werden die kinet. Gleichungen des I-Zerfalls abgeleitet. Die Bldg. gemeinsamer Zwischenprodd. wird kryoskop. bestätigt. (Журнал Физической Химии [J. physik. Chem.] **25.** 323—31. März 1951.) O. LEBTAG. 227

G. A. Bogdanow, *Zur Theorie der gemeinsamen Wirkung von Katalysatoren in Lösungen.* 2. Mitt. *Rolle von Zwischenprodukten am Beispiel der H_2O_2-Katalyse durch Kupfer- und Molybdänsalze.* (1. vgl. vorst. Ref.); vgl. C. **1955.** 10459.) Aus Unterss. über den katalyt. Zerfall von H_2O_2 (I) in Ggw. von Na_2WO_4 (II) + $CuSO_4$ (III) oder Na_2MoO_4 (IV) + III, die einzeln in saurer Lsg. nur eine geringe Wrkg. zeigen, ist zu schließen, daß hierbei akt. u. wenig akt. Zwischenprodd. entstehen. In Ggw. von II + III entsteht die akt. Verb. $CuWO_4$ u. die schwach akt. $CuWO_5$, in Ggw. von III + IV die sehr labilen $4\ CuO_2 \cdot 3\ MoO_{10}$ u. $CuMoO_{12}$ sowie die stabilen Verbb. $4\ CuO_2 \cdot 3\ MoO_3$ u. $CuMoO_5$. Aus den kinet. Daten geht hervor, daß die Zerfallskonstanten der aus Cu u. Mo bestehenden Zwischenprodd. größer sind als die der Zwischenprodd. von Cu u. W. Die Zwischenprodd. entstehen nicht momentan. Sie erleiden in der Lsg. irreversible Umwandlungen, wobei das wenig akt. CuO_2 u. die entsprechenden Säuren oder Übersäuren entstehen. (Журнал Физической Химии [J. physik. Chem.] **25.** 332—40. März 1951.) O. LEBTAG. 227

D. W. Ssokolski und **K. I. Stender,** *Über die Rolle des Trägers bei der heterogenen Katalyse.* Zwecks Präzisierung der Abhängigkeit der Aktivität eines Katalysators vom Grad der Besetzung der Oberfläche durch die akt. Phase bei der Hydrierung der Doppel- oder Dreifachbindung wurde die Hydrierung von *Dimethylacetylenylcarbinol* (I) an auf akt. Kohle aufgetragenem Pd bei 20—22° untersucht. Bei Anwendung eines 3 Monate alten Katalysators nahm die Hydriergeschwindigkeit mit steigender Konz. der akt. Phase ständig zu. Mit frischem Katalysator beobachtete man ein Maximum im Gebiet der geringen Besetzung der Oberfläche durch Pd. Bei wiederholter Hydrierung war das Maximum stark abgeflacht. Die aus der maximalen Hydriergeschwindigkeit der Doppelbindung u. aus der mittleren Hydriergeschwindigkeit der Dreifachbindung erhaltenen Kurven spezif. Aktivität–Besetzungsgrad der Oberfläche durch Pd zeigten bei jenen Oberflächenkonzz. des Katalysators stark ausgeprägte Maxima, bei denen die Kurven der Hydriergeschwindigkeit Maxima aufwiesen. Dies beweist, daß sowohl die spezif. Aktivität als auch die absol. Hydriergeschwindigkeit bei dieser Konz. deshalb ansteigen, weil dieser Konz. die günstigste Verteilung der akt. Phase entspricht. Während bei dem frischen Katalysator die spezif. Aktivität nach dem Maximum ständig abnimmt, tritt bei der Hydrierung von I am 3 Monate alten Katalysator nach dem Maximum ein Minimum auf. Aus den Ergebnissen wird geschlossen, daß die akt. Phase in den meisten Fällen in das Kristallgitter des Trägers eintritt u. einen neuen Katalysator bildet. Dies gilt für die geringen Besetzungsgrade. (Журнал Физической Химии [J. physik. Chem.] **25.** 369—74. März 1951. Alma-Ata, Kasachische Univ.) O. LEBTAG. 227

N. I. Kobosew, *Einige Bemerkungen zur Arbeit von D. W. Ssokolski und K. I. Stender „Über die Rolle des Trägers bei der heterogenen Katalyse.“* Vf. kritisiert die theoret. Deutung der von SSOKOLSKI u. STENDER (vgl. vorst. Ref.) erhaltenen experimentellen Ergebnisse. (Журнал Физической Химии [J. physik. Chem.] **25.** 375—79. März 1951. Moskau, Lomonossow-Univ., Labor. für Katalyse u. Elektrochem. der Gase.) O. LEBTAG. 227

A_8. Präparative anorganische Chemie. Komplexchemie. Metallorganische Verbindungen.

B. Maliňák, *Oxydation von Selendioxyd und metallischem Selen durch Wasserstoffperoxyd.* Die Oxydation von SeO_2 durch H_2O_2 (I) liefert in hohen Ausbeuten H_2SeO_4 (II) bei Gebrauch von 7—8 Äquivalenten von 40%ig. I. Auf diese Weise entstehen 95,2 bis

95,5% **II**. Auch metall. Se konnte durch 7—9 Äquivalente von 30—40%ig. **I** mit 92,3- bzw. 94,4%ig. Ausbeute an **II** oxydiert werden. (Chem. Listy **50**. 160—61. Jan. 1956. Brno, Přírodovědecká fak. Masaryk. univ., Katedra anorg. chem. [Orig.: tschech.])
V. RŮŽIČKA/Prag. 254

G. W. Ssamssonow und **L. Ja. Markowski**, *Chemie der Boride*. Zusammenfassende Übersicht über die Darst. u. Eigg. der Boride. — 233 Literaturangaben. (Успехи Химии [Fortschr. Chem.] **25**. 190—241. Febr. 1956. Moskau u. Leningrad.) E. KLEVER. 258

André Boullé und **Marcelle Dupont**, *Über die Dehydratisierung des sauren Calciumphosphatdihydrats*. Vff. untersuchen thermogravimetr. u. röntgenspektroskop. die Dehydratisierung mehrerer nach verschied. Methoden hergestellter $CaHPO_4 \cdot 2\,H_2O$-Präparate. Die etwas unterschiedlich ausfallenden Dehydratisierungskurven u. Pulverdiagramme werden auf morpholog. Unterschiede der einzelnen Kristallpräpp. zurückgeführt. (C. R. hebd. Séances Acad. Sci. **240**. 860—62. 21/2. 1955.) J. ROESMER. 283

R. Weber, *Über das Entwässerungsprodukt $Hg_2NOH \cdot H_2O$ der Millonschen Base*. (Vgl. C. **1956**. 954.) Das $Hg_2NOH \cdot H_2O$ (**I**) wurde aus MILLONscher Base ($Hg_2NOH \cdot 2\,H_2O$) durch monatelanges Aufbewahren im Dunkeln bei Raumtemp. über NaOH in einer NH_3-Atmosphäre erhalten; sein Röntgendiagramm ließ sich hexagonal indizieren, Gitterkonstanten: a' = $11{,}18_9$ (gegenüber der früheren Annahme a = 6,46, die 2 Reflexe nicht erfaßte) u. c = 10,70 Å. Es werden eine frühere kub. Indizierung mit 9,33 Å (Nachprüfung: $9{,}27_6$) diskutiert, die Parallelen zum pseudohexagonalen α-Tridymit (SiO_2) aufgezeigt u. für **I** ein Schichtgitter als sicher angenommen. Ein Vgl. mit den Verbb. Hg_2NNO_3 u. $Hg_2NNO_3 \cdot H_2O$ führt auf strukturelle Zusammenhänge mit α- bzw. β-Cristobalit. Vf. folgert, daß die Wassermoll. in den besprochenen Hg–N-Verbb. gitterförmig angeordnet sind u. die Struktur mitbestimmen, weist auf die analoge Rolle des W. in den verschied. SiO_2-Strukturen hin, erklärt die Reproduzierbarkeit dieser Strukturen unter gewissen Voraussetzungen (Temp., Druck, Mineralisator) durch ein dem SiO_2 eigenes „Erinnerungsvermögen" u. diskutiert schließlich den erdgeschichtlichen Ablauf einer Entwässerungs-Rk. (in der Reihenfolge vom Cristobalit über den Tridymit zum Quarz), die bis jetzt Jahrmillionen gedauert hat. (Naturwissenschaften **43**. 107—08. 1. März-H. 1956. Wiesbaden-Dotzheim, Versuchsstand der Ges. für Lindes Eismaschinen AG.) G. RUBAN. 290

Y. Otsubo und **C. Kato**, *Dehydratationstemperatur für Strukturwasser bei Tonen der Montmorillonit–Beidellit-Reihe*. 47 Proben von *Montmorillonit* (**I**) u. *Beidellit* (**II**) (15 aus Japan, 32 aus Amerika), durch ein 100-Maschensieb passiert u. 1 Woche über 50%ig. H_2SO_4 gehalten, wurden mit der Differentialthermowaage untersucht (Erhitzung von je 5°/6 Min.) u. die Ergebnisse in Kurven dargestellt. In 3 Temperaturgebieten tritt Wärmeabsorption auf (mit Kurvenspitzen): 160—230°, 650—710° u. 850—900°, Wärmeabgabe bei ca. 800—1010°. Der Zusammenhang des Kurvenbildes mit den Typen **I** (einschließlich Fe-**I**, mit hohem Mg-Geh.) u. **II** (einschließlich *Nontronit*, mit hohem Al-Geh.) wird erörtert. (Waseda appl. chem. Soc. Bull. **21**. Nr. 1. 11—15. Okt. 1952. Waseda Univ. [Orig.: japan.]) L. SCHULER. 294

G. L. Swerew, *Über das ternäre System Cer–Calcium–Chlor*. Vf. konstruierte ein angenähertes Schmelzdiagramm des Syst. Ce–Ca–Cl durch Präzisierung der allg. Daten; u. a. wurden die der Literatur entnommenen Diagramme der Systeme Ce–$CeCl_3$, $CeCl_3$–$CaCl_2$ u. Ca–$CaCl_2$ nach den vom Vf. ermittelten Schmelztempp. korrigiert. Bei einem polytherm. Schnitt $CeCl_3$–Ca, der für die Klärung des Reaktionsmechanismus bei der Red. von $CeCl_3$ wesentlich ist, erscheint die bedeutende Löslichkeit von Ce u. Ca in ihren Chloriden u. die sichtliche Löslichkeit der Chloride in Ce u. Ca bemerkenswert. Das angenäherte Schmelzdiagramm des genannten Syst. vermittelt wichtige Hinweise über Zuss., Schmelztempp. u. die Kristallisationsprozesse der Prodd. bei der therm. Red. des $CeCl_3$ mit Ca. (Доклады Академии Наук СССР [Ber. Akad. Wiss. UdSSR] **104**. 242—45. 11/9. 1955.) W. OESTREICH. 304

Aldo Iandelli, *Über die Monochalkogenide des Lanthans, Cers, Praseodyms und Neodyms*. Die Monosulfide, -selenide u. -telluride der Zus. MeX von La, Ce, Pr u. Nd wurden aus den Elementen hergestellt. Hierzu wurde das Metallpulver u. das Chalkogen in je einen Schenkel eines L-förmigen Reaktionsrohres im Mol-Verhältnis 1 : 1 eingefüllt u. im Vakuum während 2—3 Tagen auf 400—450° erhitzt. Die so anfallenden dunkelbraunen Pulver entzünden sich gegebenenfalls an Luft. Sie werden unter CO_2 mit 10 t/cm² Druck zu zylindr. Pastillen gepreßt u. im Vakuum auf 1000°, die Telluride auf 1100° erhitzt. Die röntgenograph. Verfolgung der Rk. zeigte, daß zuerst Me_2X_3 gebildet wird, das bei erhöhter Temp. über Me_3X_4 schließlich in die MeX-Phase übergeht. Die spröden Verbb. zeigen metall. Bruch. Die Sulfide sind gelb, ähneln dem Pyrit, jedoch zeigen sie grünliche Reflexe. Die Selenide besitzen die Farbe Cu-reicher Cu/Al-Legierungen. Die Telluride geben violette Reflexionen. Alle Verbb. sind an Luft nicht stabil. Die Sulfide zers. sich mit W., während die Selenide u. Telluride relativ wenig angegriffen werden. Mit konz. HCl geben die Telluride violette Lsgg., die wahrscheinlich koll. Te enthalten. Verd. HCl greift alle Verbb. unter H_2X-Bldg. an. HNO_3 setzt die Metalloide in Freiheit. Kalte H_2SO_4 greift nicht an, $KMnO_4$-Lsg. wird jedoch entfärbt. Die Monoxyde MeO ließen sich bei 1000—1700° aus Ce + CeO_2 oder Pr_2O_3 + Pr nicht darstellen. Die geringe Verunreinigung der Präpp. durch Si (Maximum 0,8%) blieb im Röntgendiagramm unsichtbar. Alle Verbb. krist. im NaCl-Typ. Die Gitterkonstanten [in kX] sind für *LaS* 5,842; *CeS* 5,765; *PrS* 5,727; *NdS* 5,681; *LaSe* 6,051; *CeSe* 5,980; *PrSe* 5,935; *NdSe* 5,897; *LaTe* 6,409; *CeTe* 6,346; *PrTe* 6,309; *NdTe* 6,249. Der Gang in den Gitterdimensionen ist dem der analogen Phosphide, Arsenide u. Antimonide ähnlich. Die Gitterkonstante läßt sich additiv aus den Ionenradien berechnen (Abweichung 0,05 kX), so daß die Verbb. MeX sich aus dreiwertigen Kationen u. zweiwertigen Anionen aufbauen. Die Verbb. enthalten also einen metall. Bindungsanteil von 1 Elektron/Kation im Gegensatz zu den Monochalkogeniden des Eu, die Eu^{2+} enthalten u. sich auch durch ihre physikal. Eigg. von den hier beschriebenen Verbb. unterscheiden. (Gazz. chim. ital. **85.** 881—87. Aug. 1955. Genova, Univ., Ist. di Chim. fis.) H. NÖTH. 306

N. P. Bogoroditzki, I. Je. Selenkowa, W. G. Prochwatilow und **I. D. Fridberg,** *Zum Problem der Sauerstoffverbindungen des Titans.* Aus techn. reinen Ausgangsstoffen (TiO_2, Quarzsand, Al_2O_3, $BaCO_3$, Marmor) werden durch Mahlen im Achatmörser u. Sintern bei 1200—1450° folgende Verbb. dargestellt: $CaO \cdot Al_2O_3 \cdot 2\,TiO_2$ (D. 4,06, Sintertemp. ~1400°), $BaO \cdot Al_2O_3 \cdot 2\,TiO_2$ (4,85, ~1450°), $BaO \cdot SiO_2 \cdot TiO_2$ (4,25, ~1200°) zum Vgl. wird *Sphen,* $CaO \cdot SiO_2 \cdot TiO_2$ (3,50, ~1250°) herangezogen. Für diese Verbb. wird die dielektr. Durchschlagsfestigkeit bei Radiofrequenzen (in gleicher Reihenfolge: 28; 24; 18; 36), die Tangente des dielektr. Verlustwinkels ($<$0,0006; —; ~0,0006; ~0,0006), der Temperaturkoeff. der dielektr. Durchschlagsfestigkeit bei Radiofrequenzen (20—80°) ($-420 \cdot 10^{-6}$?; —; $+80 \cdot 10^{-6}$; $+300 \cdot 10^{-6}$) angegeben u. in einer Tabelle eine Klassifizierung der O-Verbb. des Ti mitgeteilt. (Доклады Академии Наук СССР [Ber. Akad. Wiss. UdSSR] **104.** 543—45. 1/10. 1955.) R. K. MÜLLER. 321

Włodzimierz Trzebiatowski, Mirosława Dryś und **Władysław Baran,** *Das System Berylliumoxyd–Titandioxyd.* Die therm., mkr. u. röntgenograph. Analyse des Syst. BeO–TiO_2 konnte im Bereich 0—80 Mol-% BeO Verbindungsbldg. nicht bestätigen. Bei 70 Mol-% TiO_2 existiert ein Eutektikum (1675°) mit prakt. reinen Komponenten. (Roczniki Chem. [Ann. Soc. chim. Polonorum] **27.** 438—42. 1953. Wrocław [Breslau], Politechn., Zakł. Chem. Nieorgan.) F. URBAN. 321

G. W. Ssamssonow, *Über den Verlauf der Reduktionsreaktion von Titandioxyd durch Kohlenstoff über die Stadien niederer Oxyde.* Die tensimetr. Kurve der TiO_2-Red. durch C weist 3 Maxima auf, die den Übergängen $TiO_2 \rightarrow Ti_2O_3 \rightarrow TiO \rightarrow TiC$ entsprechen. Auch bei der vakuumtherm. Herst. von TiB_2 nach der Gleichung $2\,TiO_2 + B_4C + 3\,C = 2\,TiB_2 + 4\,CO$ beobachtet man 3 sprunghafte Druckänderungen, entsprechend den Übergängen $TiO_2 \rightarrow Ti_2O_3 \rightarrow TiO \rightarrow TiB_2$. Weder C noch B von B_4C ist an der Red. von TiO_2 zu Ti_2O_3 u. weiter zu TiO beteiligt, sondern nur an der Red. von TiO zu TiB_2. Die Red. durch B_4C beginnt erst, wenn der Ruß der Charge völlig verbraucht ist. Die Ergebnisse werden durch die Wärmeinhaltswerte bestätigt. (Журнал Прикладной Химии [J. angew. Chem.] **28.** 1018—21. Sept. 1955. Moskau, Kalinin-Inst. für Buntmetalle u. Gold.) O. LEBTAG. 321

Theodore Gela, *Chemische Reaktionen mit weißem und grauem Zinn.* Die beiden polymorphen Sn-Modifikationen reagieren mit konz. *HCl* (37%ig) bei —17° unter Bldg. verschied. Reaktionsprodukte. Röntgenaufnahmen der aufgelösten u. krist. Proben zeigen, daß aus dem tetragonalen β-Sn $SnCl_2 \cdot 2\,H_2O$ u. aus dem kub. α-Sn $SnCl_4 \cdot 5\,H_2O$ entsteht. Dieses Ergebnis wird auch durch chem. Analysen bestätigt. Metall. Sn geht demnach als Sn^{2+} u. die halbleitende Form des grauen Sn als Sn^{4+} in Lsg., vorausgesetzt, daß die Rk. unterhalb von 13,2° (Umwandlungstemp.) stattfindet. Die Valenzelektronenkonfigurationen der beiden Modifikationen werden zur Erklärung des unterschiedlichen chem. Verh. herangezogen. (J. chem. Physics **24.** 1009—11. Mai 1956. Hoboken, N. J., Stevens Inst. of Technol.) W. KRÖNERT. 327

Frederic Holtzberg, Arnold Reisman, Margaret Berry und **Melvin Berkenblit,** *Reaktionen der Pentoxyde der Vb-Gruppe mit Alkalioxyden und -carbonaten.* 2. Mitt. *Phasendiagramm des Systems* K_2CO_3–V_2O_5. (1. vgl. REISMAN u. HOLZBERG, C. **1956.** 1243.) Es werden Unterss. über das Hochtemperaturgleichgewicht zwischen V_2O_5 u. K_2O bzw. K_2CO_3 mittels der therm. u. Röntgenanalyse beschrieben. Dabei konnten folgende 5 Verbb. nachgewiesen werden: $K_2O \cdot 4\,V_2O_5$ **(I)**, $K_2O \cdot V_2O_5$ **(II)**, $16\,K_2O \cdot 9\,V_2O_5$ **(III)**, $2\,K_2O \cdot V_2O_5$ **(IV)** u. $3\,K_2O \cdot V_2O_5$ **(V)**. **II** u. **IV** schm. kongruent bei 520 bzw. 910°. **IV** unterliegt bei 740° einer α →β-

Umlagerung. **I** u. **III** schm. inkongruent bei 520 bzw. 696°. **I** scheint nur an einem singulären Punkt zwischen dem kongruenten u. inkongruenten Schmelzgebiet zu existieren. **V** schm. bei ca. 1300°. Die Röntgenpulverdiagramme sämtlicher wasserfreien Verbb. dieses Syst. wurden aufgenommen. Die Existenz von allotropen V_2O_5-Modifikationen, über die DITTE (C. R. hebd. Séances Acad. Sci. **101.** [1885.] 498) berichtet hat, konnte nicht bestätigt werden. Die Ergebnisse werden mit denen von CANNERI (Gazz. chim. ital. **58.** [1928.] 6) verglichen u. diskutiert. Das Phasendiagramm der Systeme K_2O–V_2O_5 u. K_2CO_3–V_2O_5 ist wiedergegeben. (J. Amer. chem. Soc. **78.** 1536—40. 20/4. 1956. New York, N. Y., Internat. Business Mach., Watson Labor.) H. HOFMANN. 330

A. K. Babko und **A. I. Wolkowa,** *Untersuchung der gefärbten Komplexe des Vanadiums mit Wasserstoffperoxyd.* Die Unters. der gefärbten Komplexe des V mit H_2O_2 mit einem PULFRICH-Photometer u. Lichtfiltern zeigte, daß im alkal. Medium (p_H 7 u. mehr) eine schwach gefärbte Verb., V : H_2O_2 = 1 : 2, entsteht, in stark saurer Lsg. ([H^+] 0,6—6n) bildet sich die säurestabile Verb. V : H_2O_2 = 1 : 1, u. zwar gliedert sich H_2O_2 direkt an V an, da keine Ladungsänderung auftritt. Die Verb. enthält keine Bindung vom Typ Me$\langle{}^{O}_{O}$, sie dissoziiert etwas (bei Verdünnen wird das BEERsche Gesetz nicht befolgt), Dissoziationskonstante $K = 3\cdot10^{-5}$, sie ist daher 3mal stabiler als die gleichgebaute Ti–H_2O_2-Verb. ($K = 9\cdot10^{-5}$). Bei gleichzeitiger Ggw. beider Peroxyde kann deren Summe aus der Absorption bei 465—466 mμ bestimmt werden, der Geh. an V–H_2O_2 bei 619 mμ, bei welcher Wellenlänge die Ti-Verb. prakt. nicht absorbiert, während die V-Verb. maximal bei 466 mμ u. meßbar bei 619 mμ absorbiert. Gleichgewichtskonstante der V-Verb. K = 0,2—0,3. (Журнал Общей Химии [J. allg. Chem.] **22** (**84**). 1108—16. Juli 1952. Inst. für allg. u. anorgan. Chem. der Akad. der Wiss. der UkrSSR.) A. v. WILPERT. 330

Je. I. Krylow, *Über die Analoga der Wolframbronzen.* Nb steht im period. Syst. der Elemente W am nächsten. Vf. stellte die *Niobbronzen* von *Li, Na, K, Ca, Sr* u. *Ba* synthet. her u. untersuchte ihre Eigenschaften. Die Niobbronzen der Erdalkalimetalle wurden durch Rk. von NbO_2 mit deren Oxyden, die der Alkalimetalle durch Rk. von NbO_2 mit deren Carbonaten hergestellt. Die chem. Analysen dieser Verbb. führen zu dem Schluß, daß in den Bronzen auch Nb^{5+} vorhanden ist. Genaue chem. Formeln können nicht angegeben werden (es sind feste Phasen mit variabler Zahl der Atome in der Elementarzelle). Die röntgenograph. Unters. zeigte, daß die Niobbronzen von Ca u. Sr das Gitter von Perowskit ($CaTiO_3$) aufweisen. Die röntgenograph. ermittelte D. stimmt mit der pyknometr. bestimmten gut überein. Die Niobbronzen sind schwach paramagnet., während die Wolframbronzen diamagnet. sind. In ihrem Verh. gegen Säuren u. Basen erinnern die Niobbronzen, wie nicht anders zu erwarten, an die Wolframbronzen. (Доклады Академии Наук СССР [Ber. Akad. Wiss. UdSSR] **104.** 246—48. 11/9. 1955. Polytechn. Kirow-Inst. des Ural.) W. OESTREICH. 331

J. Ibarz Aznárez und **J. B. Vericad Raga,** *Untersuchung der Reduktion der Lösungen von CrO_3 durch Oxalsäure.* 2. Mitt. *Analytische Zusammensetzung der Lösungen.* (1. vgl. C. **1956.** 9540.) Die analyt. Unters. einer Reihe von CrO_3–$H_2C_2O_4$-Lsgg. ergab: Bei Lsgg. von 0,294 (Grammäquivalent pro Liter) CrO_3, die gleichzeitig 0,0074—0,31375 mol. $H_2C_2O_4$ enthalten, wirken selbst beim Kochen nur ca. 50% der vorhandenen Oxalsäure reduzierend. Es bleibt in allen Fällen eine gewisse Menge CrO_3 zurück, ohne zu reagieren. Für die quantitative Red. von CrO_3 in Ggw. von H_2SO_4 ist die doppelte stöchiometr. Menge $H_2C_2O_4$ nötig. Es wird das Bestehen einer komplexen, typ. kation. Verb. angenommen, die die Stabilität der Lsgg. verbessert, indem sie die Acidität herabsetzt. (An. Real Soc. españ. Física Quím., Ser. B **50.** 656—60. Juli/Aug. 1954. Barcelona, Univ., Inst. de „A. de G. Rocasolano", Secc. Electroquím.) F. GROH. 335

J. Ibarz Aznárez und **J. B. Vericad Raga,** *Untersuchung der Reduktion der Lösungen von CrO_3 durch Oxalsäure.* 3. Mitt. *Quantitative Oxydation der Oxalsäure durch Chromsäure.* (2. vgl. vorst. Ref.) Die Bedingungen für die quantitative Oxydation der Oxalsäure in CrO_3-Lsgg. wurden untersucht. Die Oxydation ist quantitativ, wenn die Rk. bei Siedetemp. in einem sehr stark schwefelsauren Medium ausgeführt wird (644 g H_2SO_4 pro Liter). (An. Real Soc. españ. Física Quím., Ser. B **50.** 661—62. Juli/Aug. 1954.) F. GROH. 335

L. M. Wolstein und **G. G. Motjagina,** *Komplexverbindungen des Chroms mit β-Aminopropionsäure.* TSCHUGAJEW u. SSERBIN hatten 1910 durch Einw. von α-Aminosäuren auf $CrCl_3$ (in Ggw. von NH_4OH) sehr stabile innere Komplexverbb. erhalten; gleichzeitig konstatierten sie die Unmöglichkeit, derartige Verbb. u. a. mit β-Alanin herzustellen. Vff. gelangten durch einen neuen Weg — über ursprünglich nichtcycl. Verbb. —

trotzdem zu einer inneren Komplexverb. von Cr mit β-Alanin. Durch Erhitzen von $CrCl_3$-Lsgg. mit β-Alanin im Überschuß wurde Cr komplex gebunden; gewählt wurde ein Verhältnis von 3 Mol β-Alanin auf 1 g-Atom Cr. Die erhaltene Verb., *Trichloro-tri-β-alaninchrom*, besitzt die charakterist. Eigg. der analogen Verbb. mit α-Alanin. Durch Einw. von KOH erhielt man dann den inneren Komplex $[Cr_2\beta_4(OH)_2]$ (β = β-Alanin), dessen Eigg. beschrieben werden. (Доклады Академии Наук СССР [Ber. Akad. Wiss. UdSSR] [N. S.] **99.** 399—402. 21/11. 1954. Dnjepropetrowsk, Dsershinski-Inst. für chem. Technol.) W. OESTREICH. 335

A. Küntzel, H. Erdmann, H. Spahrkäs und **O. Mischitz,** *Untersuchungen über die Entstehung einfacher, maskierter Chromkomplexe.* 7. Mitt. *Die Konstitution von Chromkomplexen mit Dicarbonsäureresten.* (6. vgl. C. **1956.** 8293.) Bei der konduktometr. Titration auftretende Farbänderungen u. Fällungen, bei Beobachtungen über die Lösungsstabilität u. bei Analysen der auftretenden Fällungen konnten Erkenntnisse über die Struktur der Chromkomplexe mit Oxal-, Malon-, Bernstein-, Malein-, Fumar-, Adipin-, Phthal- u. Sulfophthalsäure gewonnen werden. So wurde beobachtet, daß bei allen Komplexen (außer Sulfophthalsäure) bes. im Bereich von 3—5 Säureäquivalenten/Cr-Atom Trübungen bzw. Fällungen auftreten, die auf eine kettenartige Vernetzung zwischen den Dicarbonsäureestern u. dem Cr zurückzuführen sind. Durch Zugabe überschüssiger Säure (Maskierungsmittel) lösen sich diese Trübungen bzw. Fällungen unter Bldg. von Chelatkomplexen mit 5,- 6- oder gar 7-gliedrigen Ringen wieder auf. Dies geschieht nicht bei Adipin- u. Fumarsäure, da diese Säuren aus ster. Gründen zur Ringbldg. nicht geeignet sind. Weiterhin wurde gefunden, daß auch solche Fällungen unauflösbar sind, die in anfänglich klaren Acidochromkomplexsalzlsgg. nach sehr langer Alterung auftreten, z. B. Oxal- u. Maleinsäure. Diese Ausfällungen werden auf die Bldg. von höhermol., zusätzlich OH-Gruppen enthaltenden Aggregaten zurückgeführt. Die Stabilität der gebildeten Acidochromkomplexe steigt mit der Gliederzahl. So ist die Stabilität der 6-gliedrigen Ringe der Trimalonatochromkomplexe derart groß, daß ein Übergang in die Acidohydrochromkomplexe selbst nach jahrelanger Alterung ausbleibt. (Leder **5.** 73—82. April 1954. Darmstadt, TH, Inst. für Gerbereichem.)
H.-G. FRÖHLICH. 335

Lars Kihlborg und **Arne Magnéli,** *Zur thermischen Zersetzung von Molybdäntrioxyd im Vakuum.* MoO_3 erfährt beim Erhitzen in evakuierten, abgeschmolzenen Quarzgefäßen auf 550 bzw. 800° eine teilweise Zers., wobei niedere Molybdänoxyde gebildet werden. Unter diesen befinden sich zwei bis jetzt unbekannte Verbb., ζ- u. η-Molybdänoxyd. Sie werden durch Röntgenpulveraufnahmen charakterisiert. (Acta chem. scand. **9.** 471—74. 1955. Uppsala, Univ., Inst. of Chem.) H.-J. HEINRICH. 336

Kundan Lal und **Gurdev Singh,** *Die Einwirkung von Schwefeldioxydwasser auf Calciumpermanganat.* (Vgl. C. **1956.** 10414.) Es werden Unterss. über den Verlauf der Rkk. zwischen H_2SO_3 u. $Ca(MnO_4)_2$-Lsg. u. die bei Einw. steigender Mengen H_2SO_3 (10—32,1 cm³ u. SO_2-Gas) auf 100 cm³ 1%ig. wss. $Ca(MnO_4)_2$-Lsg. entstehenden Reaktionsprodd. kurz beschrieben u. diskutiert. Es bilden sich je nach den Bedingungen variierende Mengen $CaSO_4$, CaS_2O_6, $MnSO_4$, H_2SO_4, CaO, MnO, u. MnO_2. Bei Zugabe von H_2SO_3 im Überschuß werden die während der Rk. gebildeten Ndd. gelöst, so daß folgende Bruttoumsatzgleichung gilt: $5\,Ca(MnO_4)_2 + 26\,H_2SO_3 = 4\,CaSO_4 + 10\,MnSO_4 + CaS_2O_6 + 10\,H_2SO_4 + 16\,H_2O$. (J. Indian chem. Soc. **32.** 547—50. Aug. 1955. Hoshiarpur, Punjab Univ., Chem. Dep.) H. HOFMANN. 350

A. Prince, *Reaktionsfähigkeit von frisch gebildeten Stahloberflächen.* Vf. beobachtete, daß beim Brechen von weichem Stahl durch Schlag bei Tempp. unter Null die Bruchoberfläche sehr viel schneller korrodierte, als man u. in der Laboratmosphäre erwarten sollte. Zehn Min. nach dem Bruch konnten Korrosionsfilme beobachtet werden, während kurz danach ein rostfarbener Nd. erschien. Unter Bezugnahme auf die Beobachtungen von GRUNBERG (vgl. C. **1954.** 1903) über die Bldg. von H_2O_2 auf frisch gebildeten Metalloberflächen nimmt Vf. an, daß auch in diesem Fall der Oxydationsmechanismus mit der Bldg. von H_2O_2 in Zusammenhang steht. (Nature [London] **176.** 223. 30/7. 1955. Southampton, Univ., Engng. Labor.) C. GOTTFRIED. 354

G. B. Boki und **E. A. Gilinskaja,** *Über die Struktur des komplexen Ions $[Co(NO_2)_4\cdot(NH_3)_2]^-$.* (Vgl. C. **1954.** 3410.) Durch Unters. der Röntgenstruktur von $Ag[Co(NO_2)_4\cdot(NH_3)_2]$ u. $K[Co(NO_2)_4(NH_3)_2]$ wird im Gegensatz zu den chem. Methoden festgestellt, daß das Komplexion $[Co(NO_2)_4(NH_3)_2]^-$ eine trans-Konfiguration aufweist. Hierin sehen Vff. einen Beweis dafür, daß in allen Fällen, wo die Wahrscheinlichkeit von innersphär. Umgruppierungen groß ist (schlechtere Komplexbildner als Pt), bei der Strukturbest. auch die physikal. Methoden, speziell die Röntgenstrukturanalyse, heranzuziehen sind. (Известия Академии Наук СССР, Отделение Химических Наук [Nachr. Akad. Wiss.

UdSSR, Abt. chem. Wiss.] **1953.** 238—41. März/April. Kurnakow-Inst. für allg. u. anorgan. Chem. der Akad. der Wiss. der UdSSR.) O. Lebtag. 355

Ss. A. Sehtschukarew, T. A. Tolmatschewa und **M. A. Oranskaja,** *Über die thermische Beständigkeit von Kobalt- und Nickelhalogeniden.* Nach der Umlaufmeth. wurde das Gleichgewicht der Red. von $NiCl_2$ (im Temperaturbereich 300—550°), $NiBr_2$ (350 bis 655°), $CoCl_2$ (300—650°) u. $CoBr_2$ (300—600°) durch H_2 untersucht. Aus den erhaltenen Werten der Gleichgewichtskonstanten folgt, daß die Co- u. Ni-Chloride ungeachtet ihrer größeren therm. Widerstandsfähigkeit durch H_2 leichter red. werden als die Bromide. Ein Vgl. einander entsprechender Halogenverbb. von Co u. Ni ergab, daß die Co-Halogenide durch H_2 schwerer red. werden als die Ni-Halogenide. Da die therm. Widerstandsfähigkeit dieser Verbb. fast gleich groß ist, spielt hier der Entropiefaktor die entscheidende Rolle. Mittels der Gleichgewichtskonstanten der genannten 4 Redd. mit H_2 wurden festgestellt: die Änderungen der freien Energie dieser Rkk., die Mittelwerte der Enthalpie u. Entropie für letztere, die Werte für die therm. Dissoziationsspannung der 4 Verbb., die Änderungen der freien Energie bei der Bldg. der zu untersuchenden Halogenide aus „einfachen Körpern" sowie die Mittelwerte für die Enthalpie u. Entropie der Bldg. dieser Verbindungen. Durch Vgl. der Änderungen der freien Energie für die Bldg. der Chloride des 2- u. 3-wertigen Fe, Co u. Ni wurde die Abnahme der Widerstandsfähigkeit der 3wertigen Halogenide vom Fe zum Ni gezeigt. Trotz der Verschiedenheit der Ionisationspotentiale von Fe, Co u. Ni u. der Gitterenergien der Verbb. dieser Elemente sind die Beträge für die Bildungsenthalpie der Co- u. Ni-Verbb. nahezu gleich groß; sie unterscheiden sich jedoch von den Bildungsenthalpien der Fe-Verbindungen. Dies bewirkt offenbar die Ungleichmäßigkeit, mit der sich die Gitterenergien beim Übergang Fe → Co → Ni ändern. (Журнал Общей Химии [J. allg. Chem.] **24** (**86**). 2093—2109. Dez. 1954. Leningrad, Univ.) A. v. Kotzebue. 356

M. A. Ssokolowa, *Untersuchung des Systems Ni–S mit 30,0—50,0 Atom-% S.* Die Unters. des Syst. Ni–S auf Grund des Zustandsdiagramms erfolgt nach den Kurven des Ausflußdruckes bei 620 u. 550° u. der elektr. Leitfähigkeit der gegossenen Legierungen. Die Hochtemp.-β-Phase (Homogenitätsgebiet 36,20—43,60 At.-% S bei 635°) entsteht durch peritekt. Rk. NiS + Schmelze ⇌ β-Phase bei 805°; sie stellt eine feste Lsg. (mit Ni_4S_3) dar, die beim Härten nicht erhalten bleibt. Die Phase Ni_3S_2 bildet sich bei 550° durch Zerfall der festen β-Lösung. Die Phase Ni_6S_5, die in festem Zustand bei 575° nach der Rk. β-Phase + NiS ⇌ Ni_6S_5 entsteht, bleibt beim Härten bestehen u. zerfällt bei 400° sehr langsam unter Bldg. von Ni_9S_8, das in bei 380 u. 200° angelassenen Proben röntgenograph. nachgewiesen wird. Die Existenz von NiS in 2 Modifikationen ($\alpha < 350°$, $\beta > 350°$) wird bestätigt. (Доклады Академии Наук СССР [Ber. Akad. Wiss. UdSSR] **106.** 286—89. 11/1. 1956. Kurnakow-Inst. für allg. u. anorgan. Chem. der Akad. der Wiss. der UdSSR.) R. K. Müller. 356

Muvaffak Seyhan, *Über koordinativ ungesättigte Nickelkomplexe der Formazylreihe.* Kurze Mitt. Am C heterocycl. substituierte *N-Phenyl-N'-[2-carboxyphenyl]-formazane* bilden mit $NiSO_4$ in alkoh. Lsg. tieffarbige Komplexe, in denen das Ni die Koordinationszahl 3 besitzt.

Versuche: *N-Phenyl-N'-[2-carboxyphenyl]-C-[pyridyl-(2)]-formazan,* F. 202° (Zers.), dunkelrote Kristalle, aus Pyridinaldehyd-(2)-phenylhydrazon u. diazotierter Anthranilsäure. *Ni-Komplex,* $C_{19}H_{13}O_2N_5Ni$, schm. nicht bis 350°, schwarzgrüne Kristalle, aus der alkoh. Lsg. von 70 mg Formazan mit den konz. wss. Lsgg. von je 70 mg $NiSO_4$ u. Na-Acetat durch Kochen auf dem Wasserbad. — *N-Phenyl-N'-[2-carboxyphenyl]-C-[chinolyl-(2)]-formazan,* F. 214° (Zers.), dunkelrote Kristalle. *Ni-Komplex,* $C_{23}H_{15}O_2 \cdot N_5Ni$, schm. nicht bis 350°, schwarzgrüne Kristalle, analog vorst. Verbindung. — *N-Phenyl-N'-[2-carboxyphenyl]-C-[chinolyl-(4)]-formazan,* $C_{23}H_{17}O_2N_5$, F. 240—241° (Zers.), dunkelrote Kristalle aus A., aus 280 mg diazotierter Anthranilsäure mit 390 mg Chinolinaldehyd-(4)-phenylhydrazon u. NaOH in Methanol; 350 mg (Ausbeute). *Ni-Komplex,* $C_{23}H_{15}O_2N_5Ni$, schm. nicht bis 350°, dunkelgrüne Mikrokristalle. — *N-Phenyl-N'-[2-carboxyphenyl]-C-[5.6-benzochinolyl-(2)]-formazan,* F. 204—205° (Zers.), dunkelrote Kristalle. *Ni-Komplex,* $C_{27}H_{17}O_2N_5Ni$, F. 218—219° (Zers.), schwarzgrüne Kristalle. (Mh. Chem. **86.** 545—48. 1955. Istanbul, Univ., Chem. Inst.) W. Ruske. 356

O. Je. Swjaginzew und **Je. F. Karandaschewa,** *Über die Transaktivität einiger Substituenten der inneren Sphäre in Komplexverbindungen des zweiwertigen Platins.* (Vgl. C. **1954.** 1904.) Bei der Umsetzung von verschied. Triacidomonoamminoplatoaten des K mit *Pyridin* (I) ergeben sich zwischen 20 u. 35° bei 0,03 (0,06) mol. Konz. folgende Aktivierungsenergien (cal/Mol): $K[PtNH_3Cl_3]$ 21 020 (22 250), $K[PtNH_3Cl_2Br]$ 18 400 (19 600), $K[PtNH_3ClBr_2]$ 16 560 (—), $K[PtNH_3Cl(NO_2)_2]$ 12 880 (17 550). Ersatz von Cl durch Br erhöht die Reaktionsfähigkeit. Noch größer als die Transaktivität von Cl u. Br ist die der NO_2-Gruppe. Die Zunahme der Geschwindigkeitskonstanten mit der Verdünnung entspricht dem bimol. Charakter dieser Reaktionen. Bei der Rk. von $K[PtC_2H_4Cl_3]$ mit I wird das in trans-Stellung zu C_2H_4 stehende Cl so rasch durch I ersetzt, daß die Konzentrationsänderungen nicht meßbar sind. Vff. schließen aus ihren Ergebnissen, daß die Unters. der Reaktionskinetik einen quantitativen Vgl. der Transaktivität der verschied. Substituenten der inneren Sphäre ermöglicht. (Доклады Академии Наук СССР [Ber. Akad. Wiss. UdSSR] **101.** 93–95. 1/3. 1955. Kurnakow-Inst. für allg. u. anorgan. Chem. der Akad. der Wiss. der UdSSR.) R. K. MÜLLER. 368

I. I. Tschernjajew und **L. A. Nasarowa,** *Komplexverbindungen des Platins mit Acetamid.* Es wird gezeigt, daß bei der Einw. von Äthylendiamin (En) oder NH_3 auf die Acetamidverbb. des Pt vom Nichtelektrolyttyp die Äthylendiaminacetamid- u. Amminacetamidverbb. der Formel $[PtNH_2COCH_3 \cdot NHCOCH_3 \cdot A]X$ entstehen, wo A = En oder NH_3, X = NO_3, Cl, Br, J, CNS oder NO_2. Die Äthylendiaminacetamidverbb. liefern mit K_2PtCl_4 in allen Fällen die gleiche Verb. $[PtNH_2COCH_3 \cdot NHCOCH_3En]_2[PtCl_4]$. Mit Na-Pikrat bilden alle Amminacetamidverbb. die gleiche Verb. $[PtNH_2COCH_3 \cdot NHCOCH_3 \cdot NH_3] \cdot [C_6H_2(NO_2)_3O]$. Auf Grund der Analyse der erhaltenen Verbb. ist anzunehmen, daß bei der Rk. zwischen den Acetamid- verbb. des Pt u. En bzw. NH_3 die Säureaddenden aus der inneren Sphäre in die äußere verdrängt werden u. in die innere Sphäre En bzw. NH_3 eintritt, wobei Elektrolytkomplexe entstehen. Obwohl En eine Koordinationsstelle einnimmt, sind die Äthylendiaminacetverbb. des Pt beständiger als die Amminacetamidverbindungen. Zur Erklärung der Versuchsergebnisse nehmen Vff. an, daß zwischen dem N der freien Amidgruppe u. dem O des benachbarten Acetamides nach obenst. Formel **A** eine H-Bindung besteht. (Известия Академии Наук СССР, Отделение Химических Наук [Nachr. Akad. Wiss. UdSSR, Abt. chem. Wiss.] **1953.** 220–26. März/April. Kurnakow-Inst. für allg. anorgan. Chem. der Akad. der Wiss. der UdSSR.) O. LEBTAG. 368

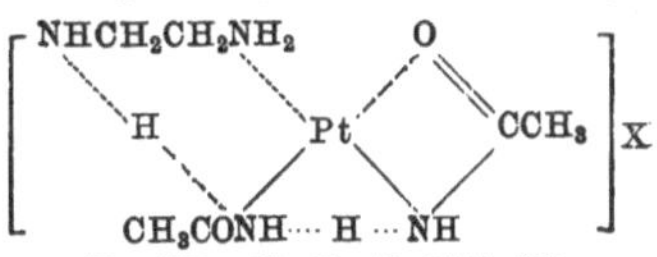

X = NO_3, Cl, Br, J, CNS, NO_2

A

I. I. Tschernjajew, *Geometrische Isomerie und die Eigenschaften von Komplexverbindungen.* An *Butan* u. *Isobutan,* $[(NH_3)_3ClPt][PtNH_3Cl_3]$ u. $[Pt(NH_3)_4][PtCl_4]$ werden theoret. Betrachtungen über die geometr. Isomerie u. die Eigg. der Komplexverbb. angestellt. Ausführlich behandelt wird die Rk. zwischen *Thioharnstoff* (I) u. cis-Dichloramminen des Pt unter Bldg. von *Tetrathioharnstoffderivv.* u. die Rk. zwischen I u. trans-Dichloramminen unter Bldg. von gemischten trans-Derivv., ferner die Rk. zwischen HCl u. isomeren Tetramminen. Es wird hieraus geschlossen, daß ein direkter Einfl. der Substituenten der äußeren Sphäre aufeinander ausgeschlossen ist, da dieser sich im Vorhandensein einer Valenzbindung äußern müßte. (Известия Академии Наук СССР, Отделение Химических Наук [Nachr. Akad. Wiss. UdSSR, Abt. chem. Wiss.] **1953.** 197–203. März/April. Kurnakow-Inst. für allg. u. anorgan. Chem. der Akad. der Wiss. der UdSSR.) O. LEBTAG. 368

Mayce Cannon Sneed and **Robert Crocker Brasted,** eds., Comprehensive inorganic chemistry, v. 5, Nitrogen phosphorus, arsenic, antimony, and bismuth by **Harry H. Sisler,** Nonaqueous chemistry by **Alfred R. Pary.** New York: Van Nostrand. 1956. (224 S. m. Abb. u. Diagr.) 8°. $ 5,—.

A₉. Mineralogische und geologische Chemie.

Lothar v. Erichsen, *Über die Heliumabgabe von Monazit in Abhängigkeit von Gasphase, Druck und Temperatur.* Vf. untersucht die He-Abgabe von Monazit in Abhängigkeit von Druck, Temp. u. Gasphase u. liefert eine kurze Beschreibung der Bestimmungsmeth. des aus dem Gestein entweichenden He. Es zeigt sich, daß die He-Abgabe selbst innerhalb eines 6tägigen Zeitraumes kaum mehr als die Hälfte des Gesamt-He beträgt. Sie geht außerdem nicht gleichmäßig vonstatten, zwischen 10 u. 20 Std. ist eine deutliche Verzögerung zu bemerken. Vf. nimmt an, daß dieser Effekt mit einer Strukturumwandlung des Minerals zusammenhängt. Über die Form, in der das He innerhalb des Monazits vorliegt, kann auf Grund der Unterss. nichts ausgesagt werden. Der Einfl. von H_2, Luft u. N_2 auf die therm. He-Abgabe wird bei 400 u. 600° untersucht u. dabei festgestellt, daß die Ggw. von H_2 keine wesentliche Beschleunigung der He-Abgabe bewirkt, wie das von anderen Mineralien bekannt ist. Vf. folgert aus Vergleichsverss. mit Asbest, daß für die He-Abgabe des Gesteins die Oberfläche eine wesentliche Rolle spielt. (Neues Jb. Mineralog., Mh. **1951.** 25–33. Bonn.) E. SCHIEBOLD. 378

W. O. Kalinenko, *Die geochemische Tätigkeit von Bakterienkolonien.* In Verss. mit Reinkulturen von Bacterium präcipitatum Kalin. (B. p.) u. Leptothrix ochracea (L. o.), die in Lsgg. von fast natürlicher Zus. ausgesät wurden, zeigte B. p. eine *Calcit* (I)-

Ausscheidung, L. o. eine solche von *Ferrit* (**II**). Sie schufen lokale Herde, an welchen die Ausscheidung von **I** u. **II** erfolgte. An diesen Stellen waren die physikal.-chem. Bedingungen u. die chem. Zus. der Lsg. verschieden von denen in der Gesamtlösung. Das Fehlen von spezialisierten Kalkbakterien wird nicht als ausreichender Beweis gegen die bakteriogene Ausscheidung von **I** in der Natur angesehen. Die Verneinung der Rolle der Bakterien bei der Sedimentierung beruht darauf, daß die geochem. Tätigkeit nicht in den einzelnen Mikrozonen im Bereich der Mikrobenkolonien untersucht wurde, die sich von den Gesamtbodenablagerungen unterscheiden. (Известия Академии Наук СССР, Серия Геологическая [Nachr. Akad. Wiss. UdSSR, geol. Ser.] **1952.** 145—50. Jan./Febr.) O. Lebtag. 378

W. W. Ljachowitsch, *Über einen Fall von Assimilation der Bruchstücke durch granitisches Magma.* Bei der Unters. des jungen Granitmassives am Mittellauf des Flusses Baksan (Kabardinien) wurde eine Veränderung des *Granitmagmas* (**I**) unter dem Einfl. der eingeschlossenen Bruchstücke von *Biotit* (**II**)*–Hornfels* (**III**) beobachtet. Aus der Zus. der *Xenolithe* (**IV**) an den Kontaktstellen mit **I** u. des an **II** angereicherten Granites folgert Vf., daß die Assimilation von **II–III** durch **I** stattgefunden hat u. daß die **IV** durch **I** stark veränderte Sandschiefergesteine darstellen. Ein Schmelzen von **IV** hat nicht stattgefunden. Dies wird dadurch bewiesen, daß Reaktionsränder von **IV** u. Granit beobachtet werden, Spuren der Austausch-Rk. zwischen **IV** u. **I.** Im Kontakt mit **III** wurde der Granit an **II** angereichert (30% gegen 7,8%), an Plagioklas verarmt (9% gegen 31%). **IV** wurde dagegen an Plagioklas angereichert (47% gegen 2%), der **II**-Geh. nahm ab (17% bzw. 30%). (Известия Академии Наук СССР, Серия Геологическая [Nachr. Akad. Wiss. UdSSR, geol. Ser.] **1952.** 132—44. Jan./Febr.) O. Lebtag. 378

A. P. Winogradow, A. B. Ronow und **W. M. Ratynski,** *Veränderungen der chemischen Zusammensetzung der Carbonatgesteine des russischen Plateaus.* Unterss. über die zeitlichen Veränderungen ergaben, daß der Geh. der *Carbonatgesteine* (**I**) an *Mg, Sr, Ba, Th, Ca* u. anderen Elementen period. Änderungen unterliegt. Die beobachteten Veränderungen sind keine einfachen Wiederholungen. So nimmt der Mg-Geh. vom Proterozoikum an in **I** mit der Zeit ab. Die tert. **I** enthalten 15mal weniger Mg als die des Präkambriums. Der Geh. an Sr dagegen nimmt vom Proterozoikum nach dem Tertiär zu. Der Geh. an $CaSO_4$ nimmt vom Präkambrium bis zum Paläozoikum zu, zu Beginn des Mesozoikums ab, so daß im Jura, in der Kreide u. im Tertiär **I** fast kein $CaSO_4$ mehr enthält. (Известия Академии Наук СССР, Серия Геологическая [Nachr. Akad. Wiss. UdSSR, geol. Ser.] **1952.** 33—50. Jan./Febr.) O. Lebtag. 378

V. Charrin, *Cölestin in Frankreich. Die Lagerstätte von Condorcet.* Die im Departement Drôme in Mergel eingebettete u. mit ZnS durchsetzte, 5 m mächtige Lagerstätte weist durchschnittlich nur einen Geh. von 75—85% $SrSO_4$ auf. Zur Trennung der beiden, ähnliche D. aufweisenden Minerale empfiehlt Vf. die Flotation. (Peintures, Pigments, Vernis **29.** 650—51. Aug. 1953.) K. Steiner. 380

J. Kourimský und **M. Králík,** *Der Emplektit aus Slvakov (Austerlitz).* Das bei Austerlitz in Gemeinschaft mit Apatit, Fluorit, Chalkopyrit u. seltener mit Galenit, Pyrit u. Sphalerit in kleinen Drusenhohlräumen angetroffene Mineral wurde einwandfrei als Emplektit $Cu_2S \cdot Bi_2S_3$ durch Vgl. der nach der Debye-Scherrer-Meth. erhaltenen Werte mit denen für Emplektit in den Tabellen von Harcourt nachgewiesen. Bei dieser Meth. diente als Vergleichsmaterial Al. Capillaren konnten wegen der geringen Menge (4 mg) nicht verwendet werden. Zur Kontrolle wurde mit dem Photo eines Emplektits aus Schwarzenberg verglichen. Der Habitus der Kristalle wurde mit der Lupe (100fach) festgestellt. Es handelt sich um lange Nadeln mit ausgeprägten Längsfurchen. Dominierend sind glänzende ebene Flächen. (Věstník ústředního Ústavu geologického **27.** 68—71. 1952.) O. Pollak v. Emhofen. 380

Herbert Hagn, *Granat als Bestandteil von Sandschalergehäusen (Foraminiferen).* Vf. fand bei der Bearbeitung eines Schlämmrückstandes eocäner Stockletten der helvet. Kreide Sandschalergehäuse von tiefroter Färbung, die sich durch opt., physikal. u. chem. Analyse mit einiger Sicherheit als Granate, wahrscheinlich *Almandin, Pyrop* oder gegebenenfalls *Hessonit* erwiesen, die die Sandschaler an Stelle von Quarz agglutinierten. Das Gestein der näheren Umgebung sowie die mkr. Unters. u. die Theorien der Granatbldg. u. -einschließung werden kurz beschrieben. (Neues Jb. Geol. Paläontol., Mh. **1950.** 305—07. München.) E. Schiebold. 380

George Switzer, *Paradamit, ein neues Zinkarsenat aus Mexiko.* Ein neues Mineral der chem. Zus. $Zn_2(AsO_4)(OH)$, Paradamit (**I**), wird in der Ojuelamine, Mapimi, Mexiko, gefunden. Die chem. Analyse ergibt 56,22% ZnO; 0,45% FeO; 0,12% Fe_2O_3; 40,17% As_2O_5; 3,44% $H_2O(+)$ u. 0% $H_2O(-)$. **I** ist dimorph mit Adamin u. stellt das As-Analoge von Tarbuttit dar. Die bis zu 5 mm großen, hellgelben, durchscheinenden Kristalle trikliner Symmetrie treten in bündelartigen Aggregaten auf. Es liegt vollkommene Spaltbarkeit nach {0 1 0} vor. I ist opt. zweiachsig (—) mit 2 V = 50^0, $\alpha = 1{,}726$, $\beta = 1{,}771$ u. $\gamma = 1{,}780$ (+0,002). Das spezif. Gewicht beträgt 4,55 ± 0,02. Die einer Pulveraufnahme entnommenen Netzebenenabstände u. relativen Intensitäten werden angegeben. (Science [Washington] **123.** 1039. 8/6. 1956. Washington, D. C., Smithsonian Inst., Div. of Mineral. and Petrol.) W. KRÖNERT. 380

Hans Werner, *Zusammensetzung, Verwitterung und chemische Präparation von Sandsteinen mit carbonatischem Bindemittel.* Vf. untersucht vorwiegend untermiocäne Geschiebesandsteine aus Schlewig-Holstein, die alle dem Sicker- u. Grundwasser ausgesetzt waren, schildert die Untersuchungsergebnisse, die Verwitterungsvorgänge bei carbonat. Sandsteinen, geht auf die Zus. der Bindemittel ein u. stellt fest, daß sie hauptsächlich aus Kalk- u. Eisenspat bestehen, während Mn- u. Mg-Verbb. sowie organ. Substanzen zurücktreten. Die Verwitterung von Sideritsandsteinen führt zu kalkfreiem Eisenhydroxydsandstein, während der Kalkstein zerfällt. Es gelingt Vf., den Verwitterungsablauf am Limonitsandstein des Morsumkliffs auf Sylt zu klären u. eine genet. Deutung des heutigen Profils zu geben. Verss. zur Durchführung einer künstlichen Verwitterung zeigten, daß CO_2, H_2O u. O_2 die Hauptfaktoren der chem. Verwitterung darstellen. (Neues Jb. Mineralog., Mh. **1951.** 34—48. Kiel.) E. SCHIEBOLD. 380

J. Mabile, *Uran in Frankreich und in der Welt.* Vf. berichtet. über die systemat. Schürfung auf U u. *Th* in der französ. Union: Methoden (Aktivitätszählung, Grabung, Bohrung, Teufung u. Aktivitätsmessung von Flugzeugen aus); Hilfsmittel (Gammaphon, Gammameter, Scintillometer); Ergebnisse (5 gut erforschte u. einige andere bedeutende Vorkk. in Frankreich [U-haltige Adern in hercyn. Graniten], Madagaskar [Pyroxenit, Thorianit] u. Marokko [U-haltige Phosphate]). (Annales Mines **144.** 17—29. Nov. 1955.) K. BLUMRICH. 380

Franc R. Joubin, *Uranlagerstätten des Algoma Distrikts, Ontario.* Die Uranlagerstätten werden in huron. Sedimenten, in welche bas. Intrusivgesteine eingedrungen sind, gefunden. Neben Co–Ni-Arseniden, Ag-, Pb–Zn-Erzen u. Ni–Cu-Sulfiden kommt das U in Form von *Pechblende* z. T. in Konglomeraten u. vor allem als *Braunerit* (U-Titanat) vor. Eine untergeordnete Rolle spielt *Thucholit.* (Canad. Mining metallurg. Bull. **47.** 673—79. Okt. 1954.) F. ENSSLIN. 380

Je. S. Burjanowa, *Analcimsedimentgesteine aus Tuwa.* Im unteren Carbon von Tuwa wurden in den phosphat. Aleurolithen u. Sandsteinen 5—6 cm mächtige *Analcim* (I) Schichten vorgefunden. Die halbquantitative Spektralanalyse von I ergab in %: 1—10 Si, 1—10 Al, 0,01—0,1 Mg, 0,1—1 Ca, 0,1—1 Fe, 0,1 Mn, 0,001—0,01 Ga, ~0,01 Ba, > 10 Na. In der zementierenden M. konnte mit Sicherheit nur *Laumontit* festgestellt werden, der in geringeren Mengen als ein anderes, opt. dem *Epidesmin* nahestehendes Mineral auftrat. Für das letztgenannte Mineral wurde gefunden: $cN_g = 9^0$; $N_g = 1{,}517$; $N_p = 1{,}506 \pm 0{,}002$; zweiachsig, positiv. Spektralanalyt. ergab sich für die zementierende M. in %: 1—10 Si, 1—10 Al, ~0,003 Mg, 0,01—0,1 Ca, ~0,03 Fe, 0,001—0,01 Mn, 0,01—0,1 Zr, 0,03—0,1 Ba, 1—10 Na; K (ohne Wertangabe). Aus der chem. Analyse des I-Gesteins ergab sich folgende Mineralzus. in %: 34,34 **I,** 1,64 *Fluorit,* 0,70 *Magnetit,* 0,15 *Ilmenit,* 0,48 *Hämatit,* 62,69 zementierende kryptokrist. Masse. Die *Zeolithe* der Zementmasse sind im wesentlichen K-haltig. Das untersuchte Zeolithgestein ist wahrscheinlich aus alkalireichem Alumosilicatkolloid entstanden. (Доклады Академии Наук СССР [Ber. Akad. Wiss. UdSSR] [N. S.] **98.** 261—64. 11/9. 1954. Allunions Wiss. Geol. Forschungsinst.) O. LEBTAG. 385

W. W. Tscherdynzew und **K. K. Abdulgafarow,** *Der Gehalt an Helium in einigen Steinmeteoriten.* In 3 Meteoriten vom *Chondrit*-Typ wurde ein He-Geh. < $5 \cdot 10^{-6}$ cm^3/g gefunden, so daß das hieraus u. aus der Aktivität berechnete Alter unterhalb 40 Millionen Jahren liegt. Wegen der He-Verluste ist dieses Alter einige hundertmal zu gering. Im *Achondrit*-Meteorit von Starojo Possjanojo wurden $3{,}6 \cdot 10^{-3}$ u. $4{,}2 \cdot 10^{-3}$ cm^3/g He gefunden. Hieraus u. aus dem Geh. an Radioelementen ($1 \cdot 10^{-4}$%) errechnet sich ein Alter von mindestens $6 \cdot 10^9$ Jahren. Dieses Alter ist wesentlich höher als das Alter aus der Isotopenzus. von Pb aus *Troilit* ($4{,}2 \cdot 10^9$), aus der Änderung der Zus. von Pb-Erzen ($4{,}6 \cdot 10^9$) u. aus der Ar-Meth. ($4 \cdot 10^9$). Der zu hohe Alterswert des untersuchten Meteoriten erklärt sich daraus, daß hier viel „Überschuß-He" nichtradioakt. Ursprunges vorliegt. Vff. halten es für möglich, daß der hohe He-Geh. durch einige für diesen Silcatkörper spezif. Kern-Rkk. bedingt ist. (Доклады Академии Наук СССР [Ber. Akad. Wiss. UdSSR] **106.** 311—12. 11/1. 1956. Kasach. Kirow-Univ.) O. LEBTAG. 388

W. W. Lawrow, *Zur Herkunft des Tschelkar-Kaustobiolithes.* Der südlich der Bahnstation Tschelkar (Aralgebiet) an die Oberfläche austretende fl. Kaustobiolith hängt genet. mit den in geringer Tiefe vorkommenden oligozänen Braunkohlen zusammen, aus welchen die alkal. Wässer die Humussäuren an die Oberfläche spülen. Als beständige Na- u. Ca-Humate bilden sie den beschriebenen Kaustobiolith. Die frühere Annahme, daß er mit KW-stoffen der Naphthenreihe zusammenhängen soll, ist unbegründet. (Доклады Академии Наук СССР [Ber. Akad. Wiss. UdSSR] **104.** 128—29. 1/9. 1955. Inst. für geol. Wiss. der Akad. der Wiss. der KasachSSR.) O. LEBTAG. 390

M. A. Dobrshanskaja, *Über Nitrate im Schwarzen Meer.* Aus den Zahlenangaben über den Nitratgeh. des W. des Schwarzen Meeres, gegliedert nach Meerestiefe, Jahren, Monaten u. Tageszeiten, geht hervor, daß im offenen Meer der Nitratgeh. wesentlich geringer ist als in den Meeresbuchten. Die Oberflächenschichten zeigen eine Nitratanreicherung, bedingt durch die Lebenstätigkeit u. den Zerfall der Organismen. Das Verhältnis N/P ist für das Schwarze Meer mit 4—5 geringer als für die Ozeane (4—16). (Доклады Академии Наук СССР [Ber. Akad. Wiss. UdSSR] [N. S.] **99.** 61—64. 1/11. 1954. Sewastopol, Biol. Stat. der Akad. der Wiss. der UdSSR.) O. LEBTAG. 393

Z. G. Breido, *Adsorption von Ionen durch Wassertropfen im Luftstrom.* Vf. schlägt vor, in die Gleichungen zu Beschreibung des Diffusionsmechanismus der Tropfenaufladung einen Windfaktor aufzunehmen, wodurch die wichtigsten Gesetzmäßigkeiten der Tropfenaufladung im schwachen elektr. Feld festgestellt werden können. Die Einführung dieses Faktors ist nach Ansicht des Vf. von großer Bedeutung für die Berechnung der Tropfenladung von Regen. Für 6 verschied. Stärken des Regens werden mittlerer Tropfendurchmesser, maximale Tropfengeschwindigkeit, REYNOLDS-Zahl u. Windfaktor angegeben. (Известия Академии Наук СССР, Серия Геофизическая) [Nachr. Akad. Wiss. UdSSR, geophysik. Ser.] **1956.** Nr. 1. 87—91. Jan.) O. LEBTAG. 396

Friedrich Leutwein und **Hans Jürgen Rösler**, Geochemische Untersuchungen an paläozoischen und mesozoischen Kohlen Mittel- und Ostdeutschlands. Berlin: Akademie-Verl. 1956. (196 S. m. 67 Abb. u 95 Tab.) 8° = Freiberger Forschungshefte. C 19. DM 15,—.

B. Allgemeine und theoretische organische Chemie.

G. R. Baldock, *Angeregte Elektronenniveaus in konjugierten Molekülen.* 5. Mitt. *Eine Valenzbindungsbestimmung von Energieniveaus in aromatischen Kohlenwasserstoffen.* (4. vgl. MOFFITT, C. **1952.** 1298.) Unter Zugrundelegung nur der KÉKULÉ-Formeln berechnet Vf. für eine Reihe von KW-stoffen mit kondensierten Ringsystemen die Energie des Grundzustandes u. die des niedrigsten angeregten Elektronenzustandes. Die Differenz der beiden berechneten Energiewerte, $(E_1-E_2)/\alpha$, die Energie des ersten Elektronenübergangs, zeigt lineare Beziehung zu den experimentellen Werten für die Absorption trotz der rohen Näherung. Der Wert für das Austauschintegral α liegt bei —1,8 bis —2 eV. (Proc. physic. Soc., Sect. A **63.** 585—91. 1/6. 1950. London, King's Coll.) H. GOLD. B 10

L. E. Orgel, *Ionisationspotentiale und Charge-Transfer-Spektren von substituierten Benzolen.* Theoret. Betrachtungen. (J. chem. Physics **23.** 1352—53. Juli 1955. Chicago, Univ., Dep. of Phys., Labor. of Mol. Structure and Spectra.) G. HEINSOHN. B 114

R. Thomassin, *Struktur und spektroskopische Eigenschaften einiger intermolekularer Bindungen mit der Carbonylgruppe.* Aldehyde u. Ketone können infolge der stark polaren C=O-Gruppe homo- u. heteromol. Assoziationsverbb. bilden, welche durch DEBYE-SCHERRER-Diagramme u. therm. Analyse bestätigt wurden. Die Komplexe Aldehyd–Phenol, Keton–sek. Amin, u. Keton–tert. Amin bilden sich im stöchiometr. Verhältnis 1 : 1 mit einer Bildungsenergie, welche sich für den Komplex *Benzophenon–Diphenylamin* thermochem. zu 1,1 kcal/Mol, aus der Verschiebung der Absorptionskurven im UV zu 3,74 kcal/Mol ergibt. Aus den Absorptionsspektren ergibt sich auch die Möglichkeit zu der doppelten Umsetzung Benzophenon–Diphenylamin + A → Benzophenon–A + Diphenylamin. (J. Physique Radium **11.** 66 S—68 S. Aug./Sept. 1950. Poitiers, Fac. des Sci.) H.-J. EICHHOFF. B 118

Jerome W. Sidman, *Das Ultraviolettabsorptionsspektrum von gasförmigem Oxalylchlorid; spektraler Beweis für Rotationsisomerie.* Es wird das UV-Spektr. von gasförmigem Oxalylchlorid (I) zwischen 25 u. 275° aufgenommen. Die wichtigsten charakterist. Banden werden als Hauptprogression von 1420—1460 cm^{-1} mit den Differenzfrequenzen ca. —501, —85, +77 u. +397 cm^{-1} der Linie bei 27189 cm^{-1} gedeutet. Die Feinstruktur des Spektr. ist von einem Kontinuum überlagert, dessen Intensität mit steigender (fallender) Temp. reversibel zu-(ab-)nimmt. In Analogie zum Glyoxal (vgl. BRAND, Trans. Faraday Soc. **50.** [1954.] 431) u. Diacetyl (vgl. SIDMAN u. MCCLURE, C. **1956.** 6620) wird die scharfe Bande bei 27189 cm^{-1} der 0—0-Bande des $^1A_g \rightarrow I^1A_u$-Elektronenübergangs des *trans*-I (C_{2h}-Form) u. das Kontinuum dem $^1A_1-{}^1B_1$-Übergang des *cis*-I (C_{2v}-Form) vom $n \rightarrow \pi^*$-Typ zugeschrieben. Von den Schwingungsfrequenzen werden die Hauptprogression von 1420—1460 cm^{-1} der C=O-Valenzschwingung im angeregten Zustand, die Frequenzen 397 bzw. ca. —501 cm^{-1} in Übereinstimmung mit RAMAN-Daten (vgl. SAKSENA u. KARAGISE, C. **1952.** 3625) der COCl-Deformationsschwingung (A_g) im angeregten bzw. Grundzustand zugeordnet, während die Frequenzen 77 bzw. —85 cm^{-1} als A_u-Torsions- bzw. A_g-COCl-Pendelschwingungen im 1—1-Übergang angesprochen werden. (J. Amer. chem. Soc. **78.** 1527—31. 20/4. 1956. Rochester, N. Y., Univ., Dep. of Chem.) G. PÖTZSCHER. B 118

A. I. Kiss und **B. R. Muth,** *Spektroskopische Untersuchungen aromatischer Sulfide und Selenide.* Vorl. Mitt. über die Spektren von o.o'-Dicarbonsäurederivv. obenst. Verbb., bei denen die Charakteristika des Dicarbonsäuretyps überwiegen. Vff. ordnen die 276 mμ-Bande des *Diphenylsulfids* (**I**) dem Benzolkern, beeinflußt durch die Elektronenpaare des S, zu, die 250 mμ-Bande einer gleichzeitigen Anregung von Benzolelektronen u. freien Elektronen des S-Atoms. Beim Übergang zur *Diphenylsulfid-o.o'-dicarbonsäure* (F. 229—230°; [λ_{max}] 316, [log ε] 3,566; 252, 3,871; 219, 4,223) wird die Coplanarität des **I**-Mol. aufgehoben, die Änderung der Spektren ist groß. Analog unterscheidet sich auch *Diphenylselenid-o.o'-dicarbonsäure* (F. 228—229°; 331, 3,654; 262, 3,777; 227, 4,230) von der Stammsubstanz. Ersatz von S durch Se bewirkt Bathochromie. Bei *Diphenyldisulfid-o.o'-dicarbonsäure* (F. 288—290°; 310, 3,842; 253, 4,164; 222, 4,495) u. *Diphenyldiselenid-o.o'-dicarbonsäure* (F. 296°; 318, 3,980; 257, 4,232; 228, 4,527) sind die Änderungen gegenüber den Stammsubstanzen nicht sehr groß, da diese hier selbst nicht eben sind. Induktive u. mesomere Effekte der COOH-Gruppen bestimmen auch hier das Spektrum. — Vergrößerung der Zahl der Heteroatome in den Dicarbonsäuren scheint mit einem Anstieg der Extinktion verknüpft zu sein. (J. chem. Physics **23.** 2189. Nov. 1955. Budapest, Central Res. Inst. for Phys.) G. KRESZE. B 118

G. Milazzo und **E. Miescher,** *Die Absorptionsspektren von Selenophen und n-Methylpyrrol im Schumann-Gebiet.* Zusammenfassende Darst. der Gazz. chim. ital. **83.** [1953.] 782 u. 787 referierten Arbeiten. (J. Physique Radium **15.** 401—02. Mai 1954. Roma, Ist. Sanità, u. Basel, Univ., Phys. Anstalt.) J. GOUBEAU. B 118

Panos Grammaticakis, *Beitrag zur Kenntnis der Absorption von Pyridinderivaten im mittleren UV und im Sichtbaren.* 2. Mitt. *α-, β-, γ-Pyridinaldehyde und ihre funktionellen Stickstoffderivate.* (1. vgl. C. **1956.** 11373.) Die Spektren im mittleren UV u. im Sichtbaren des α- (**I**), β- (**II**) u. *γ-Pyridinaldehydes* (**III**) sowie einiger entsprechender Derivv. (Oxime, Hydrazone) werden mitgeteilt u. mit denen analoger Benzolderivv. verglichen. Die Formylierung des Pyridins bedingt eine bathochrome Verschiebung der längstwelligen Hauptbande (**A**), wirkt sich im übrigen aber wesentlich weniger aus als beim Benzol. Beim Ersatz der COOH-Gruppe der α-Pyridincarbonsäure durch die CHO-Gruppe wird **A** geschwächt u. die Bande **B** balthochrom verschoben. Außerdem tritt bei längeren Wellen eine neue Bande auf („Aldehydbande"). Das Spektr. des **I**-Oxims unterscheidet sich nicht nur stark von dem von **I**, sondern auch von dem des Benzaldoxims, während sich die Spektren der entsprechenden Hydrazone sehr ähnlich sind. **I** u. **II** haben verwandte Spektren, allerdings fehlt bei **II** die Feinstruktur der Bande **B**. Auch die Spektren des **I**- u. **II**-Oxims sind ähnlich, nur ist in letzteren **B** wesentlich intensiver als **A**. Die Spektren der Hydrazone von **I** u. **II** sowie des Benzaldehyds zeigen keine großen Unterschiede. Im Gegensatz zu **I** u. **II** ist das Spektr. von **III** sehr vom Lösungsm. abhängig: das Spektr. in Cyclohexan ist im Vgl. zu dem in A. stark bathochrom verschoben. Beim Übergang vom **II**- zum **III**-Oxim fließen die Banden **A** u. **B** zu einer einzigen zusammen, die näher beim Sichtbaren liegt als die **B**-Bande des **III** u. des **II**-Oxims. Die spektralen Beziehungen zwischen den Pyridinaldoximen entsprechen denen, die man bei disubstituierten Benzolderivv. häufig beobachtet. Die Spektren der **III**-Hydrazone stimmen mit denen der **I**- u. **II**-Hydrazone im wesentlichen überein. — Im einzelnen wurden untersucht (im folgenden bedeutet F_s. = F. bei schnellem, F_l. = F. bei langsamem Erhitzen): *α-Pyridinaldehyd* (**I**), C_6H_5ON, $Kp._{14}$ 64—65°; *Polymeres* (?), F. 158°. — *β-Pyridinaldehyd* (**II**), $Kp._{12}$ 84°. — *γ-Pyridinaldehyd* (**III**), $Kp._{14}$ 81°. — *Oxim* von: **I**, F. 114° (Ae. + PAe.). — **II**, $C_6H_6ON_2$, F_l. ~146°; F_s. ~149° (Essigester). — **III**, $C_6H_6ON_2$, F. 132° (W.). — *Semicarbazon* von: **I**, $C_7H_8ON_4 \cdot {}^1/_2\,H_2O$; F_l. ~206°; F_s. ~214° (A. + Essigester). — **II**, $C_7H_8ON_4$, F_l. ~223°; F_s. ~232° (wss. Methanol). — *Thiosemicarbazon* von: **I**, $C_7H_8N_4S$, F_l. ~210°; F_s. ~218° (A.). — **II**, $C_7H_8N_4S$, F_l. ~224°; F_s. ~237° (A.). — **III**, $C_7H_8N_4S$, F_l. ~238°; F_s. ~258°; wird wieder fest u. schm. dann bei ~270° (gelbe Prismen aus A.). **II**-*Guanylhydrazonnitrat*, $C_7H_9N_5 \cdot HNO_3$, F_l. ~240°; F_s. ~248° (A.). — *Benzoylhydrazon* von: **I**, $C_{13}H_{11}ON_3 \cdot {}^1/_2\,H_2O$; F_l. ~144°; F_s. ~1470° (Essigester). — **II**, $C_{13}H_{11}ON_3$, F. 186° M ethanol + Essigester). — **III**, $C_{13}H_{11}ON_3$, F. 206° (wss. A.). — *Phenylsemicarbazon* von: **I**(, $C_{13}H_{12}ON_4$, F. 196° (Essigester). — **II**, $C_{13}H_{12}ON_4$, F. 182° (A.). — **III**, $C_{13}H_{12}ON_4$ F_l. ~207°; F_s. ~216° (A.). — *Phenylthiosemicarbazon* von: **I**, $C_{13}H_{12}N_4S$, F_l. ~201°,

F_s. ~206° (A.). — **II**, $C_{13}H_{12}N_4S$, F_l. ~225°; F_s. ~254° (A.). — **III**, $C_{13}H_{12}N_4S$, F_l. ~200°; F_s. ~210°; wird wieder fest u. schm. dann >280° (gelbe Prismen aus A.). — *Phenylhydrazon* von: **I**, F_l. ~182°; F_s. ~185° (wss. A.). — **II**, F. 159° (gelbliche Prismen aus A.). — **III**, $C_{12}H_{11}N_3$, F. 179° (gelbe Nadeln aus wss. A.). — *N-Acetylphenylhydrazon*, von **I**: $C_{14}H_{13}ON_3$, F. 178° (A.). — **III**, $C_{14}H_{13}ON_3$, F. 161° (Essigester). — *o-Nitrobenzoylhydrazon* von: **II**, $C_{13}H_{10}O_3N_4$, F_l. ~177°; F_s. ~183° (gelbe Nadeln aus wss. A.). — **III**, $C_{13}H_{10}O_3N_4$, F. 202° (wss. A.). — *m-Nitrobenzoylhydrazon* von: **I**, $C_{13}H_{10}O_3N_4$, F_l. ~192°; F_s. ~201° (Methanol + Essigester). — **II**, $C_{13}H_{10}O_3N_4$, F. 194—195° (Methanol + Essigester). — **III**, $C_{13}H_{10}O_3N_4$, F_l. ~284°; F_s. ~289° (A.). — *p-Nitrobenzoylhydrazon* von: **I**, $C_{13}H_{10}O_3N_4$, F_l. ~223°; F_s. ~233° (A.). — **II**, $C_{13}H_{10}O_3N_4$, F. ~268° (gelbliche Blättchen aus A.). — **III**, $C_{13}H_{10}O_3N_4$, F_l. ~309; F_s. ~318° (A.). — *o-Methylaminobenzoylhydrazon* von: **II**, $C_{14}H_{14}ON_4 \cdot H_2O$, F. 175—176° (gelbliche Nadeln aus Essigester). — **III**, $C_{14}H_{14}ON_4$, F. 220—221° (grünlichgelbe Nadeln aus wss. A.). — *p-Methylaminobenzoylhydrazon* von: **I**, $C_{14}H_{14}ON_4$, F_l. ~208°; F_s. ~218° (wss. A.). — **II**, $C_{14}H_{14}ON_4$, F. 188—189° (Methanol + Essigester). — **III**, $C_{14}H_{14}ON_4$, F. 230° (A.). — *α-Pyridoylhydrazon* von: **I**, $C_{12}H_{10}ON_4$, F_l. ~163°; F_s. ~167° (Essigester). — **II**, $C_{12}H_{10}ON_4$, F_l. 167°; F_s. ~171° (Methanol + Essigester). — **III**, $C_{12}H_{10}ON_4$, F. ~194—195° (gelbliche Prismen aus Essigester). — *β-Pyridoylhydrazon* von: **I**, $C_{12}H_{10}ON_4$, F. 164° (Essigester). — **II**, $C_{12}H_{10}ON_4$, F. 212° (Essigester). — **III**, $C_{12}H_{10}ON_4$, F. ~200° (Essigester). — *γ-Pyridoylhydrazon* von: **I**, $C_{12}H_{10}ON_4$, F_l. ~178°; F_s. ~183° (Essigester). — **II**, $C_{12}H_{10}ON_4$, F. 239° (Methanol + Essigester). — **III**, $C_{12}H_{10}ON_4$, F. 232° (Essigester). — *o-Nitrophenylhydrazon* von: **I**, *Hydrochlorid*, $C_{12}H_{10}O_2N_4 \cdot HCl$, F_l. ~170°; F_s. ~230° (orangegelbe Nadeln aus Methanol + Eisessig). — **II**, $C_{12}H_{10}O_2N_4$, F. 222° (rote Nadeln aus A.). — *m-Nitrophenylhydrazon* von: **I**, $C_{12}H_{10}O_2N_4$, F_l. ~213°; F_s. ~225° (gelbe Nadeln aus Methanol + Chlf.); *Hydrochlorid*, $C_{12}H_{10}O_2N_4 \cdot HCl$, F_l. ~210°; F_s. ~245° (gelbe Nadeln aus A.). — **II**, $C_{12}H_{10}O_2N_4$, F_l. ~227°; F_s. ~232° (orangerote Nadeln aus A.). — **III**, $C_{12}H_{10}O_2N_4$, F_l. ~240°; F_s. ~245° (orangegelbe Nadeln aus A.). — *p-Nitrophenylhydrazon* von: **I**, $C_{12}H_{10}O_2N_4$, F_l. ~258°; F_s. ~280° (gelbe Nadeln aus A.). — **II**, $C_{12}H_{10}O_2N_4$, F. 252° (gelbe Prismen aus A.). — **III**, $C_{12}H_{10}O_2N_4$, F_l. ~269°; F_s. ~281° (orangegelbe Prismen aus A.). — *2.4-Dinitrophenylhydrazon* von: **I**, $C_{12}H_9O_4N_5$, F_l. ~229°; F_s. ~252° (gelbe Nadeln aus A.); *Hydrochlorid*, F_l. ~200°; F_s. ~248° (gelbe Nadeln aus A.). — **II**, $C_{12}H_9O_4N_5$, F. 260° (orangegelbe Nadeln aus A.). — **III**, $C_{12}H_9O_4N_5$, F_l. ~283°; F_s. ~287° (orangegelbe Nadeln aus A.). — *o-Carboxyphenylhydrazon* von: **I**, $C_{13}H_{11}O_2N_3$, F_l. ~242°; F_s. 256°) (gelbe Nadeln aus A.). — **II**, $C_{13}H_{11}O_2N_3$, F_l. 270°; F_s. ~292° (gelbe Prismen aus A.). — **III**, $C_{13}H_{11}O_2N_3$, F_l. ~284°; F_s. ~322° (orangegelbe Nadeln aus A.). — *m-Carboxyphenylhydrazon* von: **I**, $C_{13}H_{11}O_2N_3$, F_l. ~241°; F_s. ~248° (gelbe Prismen aus wss. A.); *Hydrochlorid*, $C_{13}H_{11}O_2N_3 \cdot HCl$, F_l. ~235°; F_s. ~245° (orangegelbe Nadeln aus Methanol). — **II**, $C_{13}H_{11}O_2N_3$, F_l. ~273°; F_s. ~291° (gelbe Nadeln aus A.). **III**, $C_{13}H_{11}O_2N_3$, F_l. ~304°; F_s. ~320° (orangegelbe Nadeln aus A.). — *p-Carboxyphenylhydrazon* von: **I**, *Hydrat*, $C_{13}H_{11}O_2N_3 \cdot {}^1/_2\,H_2O$, F_l. ~248°; F_s. ~256° (gelbe Prismen aus wss. A.); *Hydrochlorid*, $C_{13}H_{11}O_2N_3 \cdot HCl \cdot H_2O$, F_l. ~230°; F_s. ~245° (orangegelbe Nadeln aus A.). — **II**, $C_{13}H_{11}O_2N_3$, F_l. ~310°; F_s. ~333°. — **III**, $C_{13}H_{11}O_2N_3$, F_l. ~312°; F_s. ~348° (gelbe Nadeln aus A.). (Bull. Soc. chim. France [5] **1956**. 109—19. Jan. Paris, Fac. de Sci., Labor. de Chim. Organ. I.) N. ULLMANN. B 118

A. Scharmann, *Messung von Fluorescenzabklingzeiten mit einem Fluorometer mit variablem Lichtweg.* Mit Hilfe eines Fluorometers mit Ultraschallmodulation des anregenden Lichtes u. mit variablem Lichtweg wird die Abklingzeit τ u. der Polarisationsgrad von *Trypaflavin* (**I**) allein u. im Gemisch mit *Rhodamin B* (**II**) in Polyvinylalkoholfolien bei verschied. Konzz. gemessen; τ ist ähnlich wie für die Methanollsgg. in der Größenordnung $5 \cdot 10^{-9}$ Sekunden. Zwischen **I** u. **II** erfolgt Energieübertragung über größere Abstände. An einigen *Isocyanin*-Präpp. wird als obere Grenze ein $\tau < 1{,}5 \cdot 10^{-10}$ Sek. bestimmt. Für *Anthracen* in dünnen Polystyrolpräpp. ergibt sich bei Einlagerung vor der Polymerisation τ zu ca. $8 \cdot 10^{-9}$ Sek., nach der Polymerisation zu $6 \cdot 10^{-8}$ Sekunden. Mit zunehmender Dicke der Proben wächst auch τ. Das Verh. ist ähnlich dem der Anthracenkristalle. Durch Elektronenbeschuß werden die Abklingzeiten der Polystyrolproben verändert. (Z. Naturforsch. **11a**. 398—402. Mai 1956. Gießen, Justus-Liebig-Hochsch., Phys. Inst.) J. RUDOLPH. B 118

M. Mangenot, *Dispersion der Refraktion von Benzol und einigen Benzolabkömmlingen bei verschiedenen Temperaturen.* Für *Bzl.*, *Toluol*, *Nitrobenzol* u. *Anilin* ergeben Messungen der Refraktion R bei Tempp. zwischen ca. 20 u. 80° entsprechend der Beziehung $R = A_0 \lambda^2 (\lambda^2 - \lambda_0^2)$ einen linearen Verlauf von λ^2/R mit λ^2, wobei mit wachsender Temp. bei gleichem λ_0-Wert die Neigung der Geraden wächst. Dieses Verh. steht im Zusammenhang mit der temperaturabhängigen Dichteänderung der Flüssigkeiten.

Es ergibt sich für zwei verschied. Tempp. T_1 u. T_2 ein Zusammenhang zwischen den Neigungen der Geraden p_1 u. p_2 mit den Dichten d_1 u. d_2 entsprechend $d_2/d_1 = p_1/p_2$. Mit Hilfe der gewählten graph. Darst. der Refraktion ergibt sich somit eine bequeme opt. Meth. zur Best. der Dichteänderung einer Fl. mit der Temperatur. (J. Physique Radium **16.** 60 S—63 S. Juli 1955.) J. RUDOLPH. B 119

Renaud Rinaldi, *Experimentelle Bestimmung der Reflexions-, Transmissions- und Absorptionskonstanten dünner Häminschichten.* An Häminfilmen, die in einer Dicke von 1—12 Molekülschichten auf einer Wasseroberfläche gebildet u. auf eine Glasplatte abgeschieden wurden, werden im Gebiet 3500—6000 Å der Reflexionsfaktor an der Grenze der Schicht mit Luft R u. mit Glas R′, der Transmissionsfaktor T u. die Absorptionskonstanten A = 1—R—T u. A′ = 1—R′—T bestimmt. Die Schichten besitzen ein Absorptionsmaximum, das sich mit wachsender Schichtdicke von 3800 nach 4000 Å verschiebt. (C. R. hebd. Séances Acad. Sci. **240.** 61—64. 3/1. 1955.) J. RUDOLPH. B 119

D. R. J. Boyd und **H. W. Thompson,** *Die Rotationskonstanten von Monodeuteromethan.* Vff. nehmen Bezug auf eine frühere Arbeit (vgl. Proc. Roy. Soc. [London], Ser. A **216.** [1953.] 143), in der über Messungen an einer Rotationsschwingungsbande vom Paralleltyp des CH_3D u. deren teilweise Analyse berichtet worden war. Bei einer erneuten Unters. nach einer Meth., die der von BOVEY (C. **1956.** 11617) bei CHD_3 angewandten ähnlich war, konnte eine früher festgestellte scheinbare Anomalie erklärt werden, u. zwar durch Berücksichtigung weiterer Zentrifugaldehnungsterme in der Rotationsenergiefunktion. Für den Abstand C—H wurde der Wert 1,0935₀ Å gefunden, für die Rotationskonstanten B_0 3,88, D_I' 5·10⁻⁵ u. D_{IK}' 8,5·10⁻⁵. (Trans. Faraday Soc. **49.** 1281—84. Nov. 1953. Oxford, Univ., Phys. Chem. Labor.)
C. GOTTFRIED. B 120

James P. Zietlow, Forrest F. Cleveland und **Arnold G. Meister,** *Substituierte Äthane.* 4. Mitt. *Die Rotationsisomeren von 1.1.2.2-Tetrachloräthan: Zuordnung zu den Normalschwingungen.* (3. vgl. ZAKI EL-SABBAN, MEISTER u. CLEVELAND, C. **1952.** 2811.) Die mit einem PERKIN-ELMER-Gerät Modell 21 (NaCl) im Bereich 530—4000 cm^{-1} gemessenen Infrarotabsorptionsspektren von *1.1.2.2-Tetrachloräthan* werden angegeben u. mit den durch die WILSONsche FG Matrix-Meth. berechneten Wellenzahlen der Normalschwingungen der trans-Form dieses Mol. u. einiger Fundamentalen der deuterierten Form verglichen. Alle beobachteten RAMAN- u. Infrarotlinien lassen sich theoret. Werten zuordnen. Die größten Abweichungen finden sich bei 224 cm^{-1} (a_g). Für einige Grundschwingungen konnten keine Linien beobachtet werden. Die Zu- bzw. Abnahme der Intensität der RAMAN-Linien mit sinkender Temp. wird angegeben. (J. chem. Physics **24.** 142—46. Jan. 1956. Chicago, Ill., Illinois Inst. of Technol., Dep. of Phys., Spectroscopy Labor.) ROLAND HÜTTENRAUCH. B 120

Robert E. Kitson, *Die Beziehungen zwischen den Infrarotbanden einiger substituierter Olefine.* Das Infrarotspektr. von substituierten Olefinen, vor allem Halogen- u. Cyanolefinen, wurde mit einem PERKIN-ELMER-Spektrographen Modell 12 bzw. 21 im Bereich 8—15 μ gemessen. Die Absorptionsbanden auf Grund der nicht ebenen CH-Deformationsschwingungen der Äthylgruppe wurden untersucht u. ihre Lage mit der der unsubstituierten Olefine verglichen. Die Substitution in Vinyl- u. Vinylidengruppen bringt nur geringe Verschiebung der Bande im Vgl. zu den KW-stoffen, ausgenommen solche Fälle, bei denen der Substituent mit der Doppelbindung konjugiert ist. In Moll. des Typs trans-RCH=CHX wurde die Bande von 10,36 nach 10,74 verschoben, wenn X Cl oder Br war. Eine Substitution in den Alkylgruppen der Struktur cis-RCH=CHR′ verschob die Bande gegenüber der Lage in KW-stoffen (14,0—14,7 μ) zu einem Wert ca. 13,3 μ. Bei Moll. mit der Gruppe $RR'C=CHCH_2Cl$ wurde eine scharfe Bande bei 13,3 μ gefunden. Die entsprechenden Br- u. J-Moll. haben Banden bei 8,3 u. 8,7 μ. (Analytic. Chem. **25.** 1470—72. Okt. 1953. Wilmington, Del., E. I. du Pont de Nemours & Co., Inc., Res. Div., Polychem. Dep.) ROLAND HÜTTENRAUCH. B 120

M. W. Wolkenstein und **Ss. M. Jasykowa,** *Intensitäten in den Schwingungsspektren und ein „Metallmodell" für Moleküle.* Aus dem Verh. der π-Elektronen im Potentialtrog mit unendlichen Wänden auf Grund des „Metallmodells" für Moleküle berechnen Vff. die relativen Intensitäten der Schwingungsspektren von *Äthylen, Butadien, Hexatrien* u. C_2H_3Cl, C_2H_3Br u. C_2H_3J in guter Annäherung an experimentelle Ergebnisse. (Доклады Академии Наук СССР [Ber. Akad. Wiss. UdSSR] **104.** 834—36. 21/10. 1955. Inst. für hochmolekulare Verbb. u. physikal. Lebedew-Inst. der Akad. der Wiss. der UdSSR.)
K.-E. SEYB. B 120

Madeleine Corval und **Jean Lecomte,** *Das Infrarotabsorptionsspektrum des perdeuterierten Methylacetates.* Die Infrarotabsorptionsspektren des n. u. des perdeuterierten

Methylacetates im Bereich 300—4000 cm^{-1} werden mitgeteilt. Vgl. der Spektren gestattet eine sichere Zuordnung der Banden, bes. der bei 1245 cm^{-1} gelegenen C—O-Bande des n. Methylacetates. (Mikrochim. Acta [Wien] **1955.** 25—28.) N. ULLMANN. B 120

R. G. Breene jr., *Die Normalkoordinaten des N-Dimethylaminodiborans.* Vf. leitet nach einer von DEED entwickelten neuen Meth. (multiple origin method) die Ausgangskoordinaten zur Beschreibung der Normalschwingungen des *N-Dimethylaminodiborans* (**I**) ab. Diese werden dann in Symmetriekoordinaten umgeformt u. unter Benutzung einer diagonalen Potentialfunktion auf die Grundschwingungen von **I** angewandt. Durch Aufspaltung der Matrix werden Valenzkraftkonstanten der $-N(CH_3)_2$-Gerüstschwingungen berechnet u. mit den an *Dimethylamin* erhaltenen analogen Konstanten verglichen. (J. chem. Physics **23.** 97—102. Jan. 1955. Cambridge, Air Force Res. Center, Geophys. Res. Directorate.) H. J. BECHER. B 120

Ja. Ss. Bobowitsch und **D. K. Archipenko,** *Über die Temperaturabhängigkeit der Raman-Linien.* (Vgl. C. **1955.** 10192.) Die Intensität der 3 RAMAN-Linien von CCl_4 (217, 313, 459 cm^{-1}) nimmt mit steigender Temp. (27—50°) ab, jedoch in verschied. Maße. Den gleichen Verlauf zeigt die Linie 667 cm^{-1} des *Chlf.*, dagegen erfahren die Linien 366 u. 1215 cm^{-1} keine Intensitätsänderung. Die Intensitätswerte der RAMAN-Linien von *Nitrobenzol, p-* u. *m-Nitrotoluol* sind wegen der Temperaturabhängigkeit der Absorption wenig zuverlässig, eine Intensitätsabnahme mit steigender Temp. herrscht vor. Keine Abweichung von der Theorie, d. h. größere Intensität mit steigender Temp., findet sich bei *p-Nitrotoluol* u. *Naphthalin* in festem Zustand. (Доклады Академии Наук СССР [Ber. Akad. Wiss. UdSSR] [N. S.] **86.** 247—50. 11/9. 1952.)
J. GEIGER. B 120

W. M. Sesjulinski, *Untersuchung der Wasserstoffbindung des Phenols mit einigen organischen Verbindungen aus den Absorptionsspektren ihrer Lösungen im nahen Infrarot.* Untersucht wurden die bin. Systeme von *Phenol* (**I**) mit *Aceton* (**II**), *Acetylaceton* (**III**), *Acetessigester* (**IV**) u. *Pyridin* (**V**), ferner *Brenztraubensäure* (**VI**)–**V** u. das tern. Syst. **I–V–VI**; (Methodik vgl. C. **1954.** 7148). Es ergab sich, daß H-Bindungen entstehen, augenscheinlich OH···O—C, wenn **I** mit **III** u. **IV** zur Rk. gebracht wird, wobei der Enolgeh. von **III** u. **IV** in Form assoziierter Moll. ansteigt. Bei Zusatz von CCl_4 (**VII**) zum Syst. **I-IV** bleibt die Lage des Maximums der verschobenen OH-Bande unverändert. Bei stufenweisem Zusatz von **III** zur Lsg. von **I** in **VII** wird eine Abschwächung der Intensität der Absorptionsbande der Atomgruppe des Donors erneut beobachtet. Im tern. Syst. **I–V–VI** wurde die Bldg. einer H-Bindung zwischen **I** u. **V** beobachtet, wodurch die Anwendbarkeit der Unters. im Infrarot solcher komplizierter Systeme nachgewiesen ist. H-Bindungen geben auch **V** u. **VI**. Der Verschiebungswert für das Maximum der OH-Bande einzelner **I**-Moll. sinkt von **II** über **III** zu **IV** (700 → 670 → 378 cm^{-1}). (Журнал Физической Химии [J. physik. Chem.] **25.** 702—09. Juni 1951. Bach-Inst. für Biochem. der Akad. der Wiss. der UdSSR.) A. v. WILPERT. B 120

Jerome W. Sidman und **Donald S. McClure,** *Elektronen- und Schwingungszustände von Azulen.* Vff. bestimmten die Absorptions- u. Emissionsspektren von *Azulen* (**I**) in fester Lsg. von Naphthalin bei 20° K. Die Spektren sind scharf u. polarisiert. Aus den Polarisationseigg. der Absorptionsübergänge wurde ermittelt, daß der erste Anregungszustand bei 14652 cm^{-1} L_b, $^1B_1$ ist (der Übergang vom Grundzustand ist transversal polarisiert) u. daß der zweite Anregungszustand bei 28050 cm^{-1} L_a, $^1A_1$ ist (der Übergang vom Grundzustand langachsig polarisiert). Die Ergebnisse stimmen mit den Voraussagen von MANN, PLATT u. KLEVENS (C. **1950.** I. 1961) u. PLATT (C. **1950.** I. 1961) überein. Die Schwingungsanalysen der beiden Absorptionsübergänge zeigen, daß der zweite Übergang durch Wechselwrkg. zwischen Schwingung u. Elektronenanregung gestört zu sein scheint. Im Emissionsspektr. wird durch Anregung des Naphthalins eine sensibilisierte Emission des **I**, Übergang vom zweiten Anregungszustand zum Grundzustand hervorgerufen. Die Schwingungsanalyse des Emissionsüberganges führt zu der Schwingungsfrequenz des Grundzustands, die sehr gut mit der aus dem Infrarotspektr. bestimmten übereinstimmt. (J. chem. Physics **24.** 757—63. April 1956. Berkeley, Calif., Univ., Dep. of Chem. and Chem. Engng.) M.-L. KLAAR. B 120

R. C. Lord und **B. Nolin,** *Schwingungsspektren von Äthylenoxyd und Äthylenoxyd-d_4.* Vff. bestimmten die Infrarotspektren von gasförmigem *Äthylenoxyd* u. *Äthylenoxyd-d_4* im Bereich von 375—3800 cm^{-1} sowie die RAMAN-Spektren der Flüssigkeiten. Mit Hilfe der Infrarotbandenformen u. der Produktregel wurde eine vollständige Zuordnung der Schwingungen für beide Moll. durchgeführt. Es zeigt sich eine Übereinstimmung mit den Ergebnissen bei Cyclopropan u. Cyclopropan-d_6. (J. chem. Physics **24.** 656—58. April 1956. Cambridge, Mass., Inst. of Technol., Spectroscopy Labors.) M.-L. KLAAR. B 120

Gabriel Herrmann, *Die Diskrepanz bei den Rotationskonstanten von Bromoform.* Die Diskrepanzen in der Best. der Rotationskonstanten von $CHBr_3$ zwischen den Arbeiten von WILLIAMS, COX u. GORDY (C. **1953.** 7759) u. KOJIMA u. Mitarbeitern (C. **1953.** 1938) werden diskutiert. Zur Klärung werden Messungen mit einem STARK-Modulationsspektrographen bei weitaus größerer Empfindlichkeit unternommen u. gefunden, daß keine Linien in dem erwarteten Bereich auftreten. Die Messungen von WILLIAMS u. GORDY werden daher bestätigt. (J. chem. Physics **22.** 2093. Dez. 1954. New York, N. Y., Univ., Coll. of Engng., Dep. of Phys.) G. HEINSOHN. B 121

Shoji Kojima und **Kineo Tsukada,** *Über die Deutung des Spektrums von Bromoform.* Vff. diskutiert die Diskrepanzen zwischen ihren Messungen der Rotationsspektren von *$CHBr_3$* im Frequenzbereich 2430—2650 MHz u. den von HERRMANN (vgl. vorst. Ref.) mit einem STARK-Modulationsspektrographen ausgeführten. Es ergibt sich, daß die beobachteten Linien nicht zu Übergängen von J = 0 → 1 gehören. Aus Messungen an $SPCl_3$ von TSUKADA wird auf asymm. Rotationslinien beim $CH^{79}Br_2{}^{81}Br$ u. $CH^{79}Br^{81}Br_2$ geschlossen. (J. chem. Physics **22.** 2093—94. Dez. 1954. Tokyo, Otsuka, Tokyo Univ. of Educat., Dep. of Phys.) G. HEINSOHN. B 121

Robert C. Miller und **Charles P. Smyth,** *Mikrowellenabsorption und Molekularstruktur in Flüssigkeiten.* 12. Mitt. *Kritische Wellenlängen und zwischenmolekulare Kräfte in Tetrahalogenmethanen.* (11. vgl. HOLLAND u. Mitarbeiter, J. Amer. chem. Soc. **78.** [1956.] 20.) In gleicher Weise wie früher (l. c.) wurden Messungen der DK. u. der dielektr. Verluste folgender Verbb.: *$CBrCl_3$, CBr_2Cl_2, CBr_3Cl, CBr_2F_2, CBr_3F, CCl_3F* sowie zweier Lsgg. von CCl_3F in CCl_4 bei den Wellenlängen 1,24, 3,22 u. 10,0 cm u. den Tempp. 0—60° durchgeführt u. ausgewertet. Mit Hilfe der ONSAGER-Gleichung werden die opt. u. stat. DK. zur Berechnung der sehr kleinen mol. Dipolmomente benutzt, die in ausgezeichneter Übereinstimmung mit kürzlich aus Dampfdruckmessungen ermittelten stehen. Mit Ausnahme des CBr_3F stimmen die den mol. Relaxationszeiten wegen der kleinen DK. proportionalen krit. Wellenlängen in grober Annäherung mit den zwischenmol., sich aus den Kpp., den Polarisierbarkeiten u. den Viscositäten ergebenden Anziehungskräften überein. Die Abweichungen des $CFBr_3$-Mol. von der Kugelform sind groß genug, die größere krit. Wellenlänge dieser Verb. zu erklären. Die die innere oder mkr. Viscosität hindernde mol. Rotation in den Fll. ist wesentlich kleiner als die gemessenen makroskop. Viscositäten. (J. chem. Physics **24.** 814—17. April 1956. Princeton, N. J., Univ., Frick Chem. Labor.) W. NIEMITZ. B 121

J. H. Pannell und **B. Manning,** *Erzeugung einer Blauverfärbung bestrahlter plastischer Scintillatoren.* Durch β- oder γ-Strahleneinw. im Dunkeln werden in *Polystyrol-* u. *Polyvinyltoluol-*Scintillatoren mit den Fluorescenzstoffen *Terphenyl* (**I**), *Tetraphenylbutadien* (**II**), *Diphenylstilben, Diphenylbutadien* u. *Tetraphenyläthylen* Blauverfärbungen hervorgerufen, die bes. bei Lichteinw. wieder zurückgehen. Bei einem Scintillator mit **I** + **II** besteht die Verfärbung aus einer Absorptionsbande bei 580 mμ u. bei langen Verfärbungszeiten zusätzlich aus einer stabileren Bande bei 410 mμ. Bei — 70° wird die Bldg. der Verfärbung beschleunigt; bei Erwärmung des Scintillators auf Raumtemp. tritt unter Abbau der Farbbande eine sichtbare Phosphorescenz (Maximum um 450 mμ) auf. Dieses Verh. deutet darauf hin, daß auch für im wesentlichen amorphe Stoffe ein Mechanismus mit Elektroneneinfang an Haftstellen möglich sein kann. Dielektrizitätsmessungen ergaben bei Einw. der ionisierenden Strahlung eine DK.-Erhöhung, die ähnlich wie die Verfärbung abklingt. (J. chem. Physics **23.** 1368—69. Juli 1955. Arlington, Mass., Technic. Operations Inc.) J. RUDOLPH. B 125

André Bernanose und **Gérard Marquet,** *Elektrolumineszenz von Carbazol durch elektrische Wechselfelder; Charakterisierung der organischen Elektrophotolumineszenz.* In Fortsetzung früherer Arbeiten (vgl.C .**1953.** 6844) über die Elektrolumineszenz von Gonacrin u. Acridinorange berichten Vff. über gleichlaufende Verss. mit *Carbazol* (**I**). Das mit der alkoh. Lsg. von **I** getränkte Papier wurde nach Trocknen in Ggw. von Paraffin nach der früher beschriebenen Technik zwischen eine Al-Platte u. ein Glimmerblättchen gebracht. Die Zellen wurden nach 1—2tägigem Belichten unter Spannung gesetzt. Das beobachtete Leuchten ist anfänglich bei den angewandten Spannungen sehr stark, nimmt jedoch nach einigen Min. ab u. wird nach ca. ½ Std. konstant. Die spektrale Verteilung der Energie ist unabhängig von der angelegten Spannung. Zum Vgl. wurde das Fluorescenzspektr. des festen **I** untersucht. Die beiden Spektren sind sehr ähnlich, nur im roten Teil ist das Elektrolumineszenzspektr. intensiver. Das beobachtete anfängliche Nachlassen des Leuchtens läßt sich durch die Überlagerung zweier Erscheinungen erklären, der Elektrolumineszenz u. der Elektrophotolumineszenz. Während die Elektrophotolumineszenz eine exponentiell abnehmende Funktion der Zeit ist, bleibt die Elektrolumineszenz konstant. Die Elektrophotolumineszenz ist in den ersten Sek. des Auftretens eine sehr viel intensivere Erscheinung als die Elektrolumineszenz; sie scheint jedoch auch sehr von der Natur der verwendeten Substanz abhängig zu sein. (J. Chim. physique Physico-Chim. biol. **51.** 255—59. Mai 1954. Nancy, Fac. de Pharm.) C. GOTTFRIED. B 125

O. Osberghaus und **R. Taubert**, *Massenspektrometrische Untersuchungen von Wandreaktionen organischer Moleküle bei hohen Temperaturen.* Mit einem 60^0-Massenspektrometer nach NIER, das mit einer bis 1200^0 aufheizbaren Ionenquelle ausgerüstet war, wurde die Temperaturabhängigkeit der Massenspektren von CH_4, C_2H_6, C_3H_8, *iso-* (**I**) u. *n-*C_4H_{10} (**II**), *Tetramethylmethan* (**III**), CH_3Cl (**IV**) u. $Pb(CH_3)_4$ (**V**) im Temperaturbereich zwischen 200 u. 1200^0 untersucht (Ergebnisse graph.) u. jeweils das Appearancepotential des Methylions gemessen (Tabelle). Freie Methylradikale (**VI**) treten bei **I, II, III** u. **V** auf. Die Ionisationsenergie von **VI** wurde zu $9{,}8 \pm 0{,}05$ eV bestimmt. Bei **IV** tritt oberhalb 600^0 eine Wand-Rk. mit einer „Aktivierungsenergie" von 26 kcal/Mol auf. (Z. physik. Chem., Frankf. Ausg. [N. F.] **4.** 264—85. Juli 1955. Bonn, Univ., Physikal. Inst.)
R. CONRAD. B 131

Jacques Collin, *Bemerkungen über die Dissoziation stickstoffhaltiger Moleküle durch Elektronenstoß.* Vf. wertet die Ergebnisse einer umfangreichen Reihe von Elektronenstoßmessungen an N-haltigen organ. Verbb. u. an zum Vgl. herangezogenen Alkoholen u. KW-stoffen zur Prüfung der Frage der Brauchbarkeit verschied. Näherungsberechnungen der Bindungsbruchstellen unter dem Einfl. von Elektronenstößen aus u. zeigt, daß die Anwendung der von PAHL (C. **1955.** 5748) u. MAGAT u. VIALLARD (C. **1952.** 5063) vorgeschlagenen Meth. der „mittleren Bruchstückindices" in einer besonderen Weise erfolgbringend erscheint, indem sie ein für Amine u. KW-stoffe völlig unterschiedliches „Indexspektr." liefert. Bei den Aminen tritt der Bindungsbruch am leichtesten zwischen der dem N-Atom benachbarten $C_{(1)}$—$C_{(2)}$-Bindung ein — eine Tatsache, die möglicherweise dadurch erklärt werden kann, daß am N-Atom Ionisation erfolgt. Der Einfl. der Veränderung der Energie der Stoßelektronen auf die Stabilität u. die Gesamtionisationswirksamkeit wird bes. an *n-Propyl-* u. *Isopropylamin*, an beiden *Butanen* u. an *Buten-(1)* sowie *Butadien-(1.3)* untersucht. Es scheint so, als ob ungesätt. Verbb. empfindlicher auf Energieänderungen der Stoßelektronen reagieren u. andererseits ihre Stabilität viel größer als bei gesätt. Verbb. ist, was durch die Delokalisation der π-Elektronen erklärt wird. Schließlich wird gezeigt, daß die spezif. Gesamtionisation der genannten Verbb. ziemlich gleich ist u. im allg. von der Elektronenenergie in gleicher Weise abhängig ist, unabhängig von der Molekularstruktur. Untersucht wurden: Amine: *Methyl-, Äthyl-, n-Propyl-, n-Butyl-, n-Pentyl-, n-Hexyl-, n-Heptyl-, n-Octyl-, Isopropyl-, sek.-Butyl-, tert.-Butyl-, Isobutyl-, Isopentyl-, Dimethyl-, Diäthyl-, Di-n-propyl-, Diisopropyl-, Di-n-butyl-, Diisobutyl-, Di-sek.-butyl-, Trimethyl-, Triäthyl-* u. *Allylamin.* — Nitrite: *Methyl-, Äthyl-, n-Propyl-, Isopropyl-* u. *Monodeuteromethylnitrit.* — *Nitromethan, Nitroäthan, 1-Nitropropan, 2-Nitropropan.* — Nitrosamine: *Dimethyl-, Diäthyl-, Di-n-propyl-, Diisopropyl-* u. *Di-n-butylnitrosamin.* — *Nitrosomethan* u. *Nitrosobenzol.* (Bull. Soc. chim. belges **63.** 500—24. 31/12. 1954. Univ. de Liège, Centre de Spectrométrie de Masse.)
W. NIEMITZ. B 131

H. Schüler, *Über die Energieübergänge in organischen Substanzen, die der leuchtenden Entladung zuzuschreiben sind.* Mit einer neu konstruierten Entladungsröhre, mit der es möglich ist, die Luminescenz von organ. Substanzen in der positiven Säule zu erhalten, ohne daß die Moll. in die kathod. Zersetzungszone eindringen können, wurde eine Reihe neuer Spektren beobachtet. Bei den beobachteten Spektren — Trägergas war He — handelt es sich nicht um die charakterist. Spektren der eingeführten Moll., sondern um angeregte oder nichtangeregte Spektren von Fragmenten oder Radikalen der eingeführten Moll. infolge Elektronenstoß. Bei der Entladung in NH_3 bildet sich N_2H_4, was auf die Bldg. von NH_2-Radikalen hinweist. Bei der Entladung in *Toluol* konnte die Bldg. von *Dibenzyl* nachgewiesen werden. (J. Physique Radium **15.** 524—25. Juni 1954. Hechingen, Max Planck Ges., Forschungsanst. für Spektroskopie.) C. GOTTFRIED. B131

D. V. G. L. Narasimha Rao, *Berechnung der Dipolmomente trisubstituierter Benzole.* Auszug aus C. **1956.** 8578. (Current Sci. **23.** 324. Okt. 1954. Waltair, Andhara Univ., Phys. Dep.)
E. MOISAR. B 132

Toshio Fujita und **Masayuki Hamada**, *Über die Dipolmomente der mit DDT verwandten Verbindungen.* 2. Mitt. (1. vgl. Botyu-Kagaku [Sci. Insect Control] **16.** [1951.] 220.) Die Dipolmomente μ von *1.1-Bis-[p-chlorphenyl]-* (**I**, F. 104—104,5°; $\mu = 2{,}09$ D), *1.1-Diphenyl-* (**II**, Kp.$_5$ 122—123°, $\mu = 0{,}54$ D), *1.2-Bis-[p-chlorphenyl]-* (**III**, F. 83—83,5°, $\mu = 1{,}46$ D) u. *1.2-Diphenylcyclopropan* (**IV**, Kp.$_{13}$ 160—162°, $\mu = 0{,}52$ D) wurden in Benzollsg. gemessen. Bei **I** u. **II** ist der Winkel zwischen der Achse von Phenylgruppe u. dem Cyclopropanring ca. 60°. **III** u. **IV** (Synth. vgl. HAMADA u. SUZUKI, Botyu-Kagaku [Sci. Insect Control] **19.** [1954.] 76) haben trans-Konfiguration, der entsprechende Winkel ist kleiner (ca. 46°). (Botyu-Kagaku [Sci. Insect Control] **19.** 80—83. Mai 1954. Kyôto, Univ., Landwirtsch. Fak. [Orig.: japan., Auszug: engl.]) E. MAEKAWA. B 132

N. W. Riehl, *Elektrische Leitfähigkeit von Kristallen polycyclischer Verbindungen und anderer organischer Isolatoren.* 1. Mitt. Die elektr. Leitfähigkeit von *Naphthalin* (**I**,

Stücke aus Einkristallen) nimmt mit steigender Temp. nach einem Exponentialgesetz, proportional $e^{-B/kT}$, zu, wobei die für die therm. Ionisation erforderliche Aktivierungsenergie B = 0,7 (eV) ist, unabhängig von der Spannung (4000 u. 400000 V/cm). Der begrenzende Faktor der Dunkelleitfähigkeit des **I** scheint die sehr große Wahrscheinlichkeit der Rekombination eines therm. entstandenen Ions mit „seinem paarigen" entgegengesetzt geladenen Ion zu sein; die Rekombination erfolgt hier in monomol. Rk., nicht in bimol. wie bei Halbleitern. Der physikal. Sinn von $e^{-B/kT}$ u. von B wird näher erläutert. B ist bei Isolatoren um eine Größenordnung kleiner als die Ionisationsenergie der Moll. in freiem, gasförmigem Zustand. Analoge Verss. an *Anthracen* (**II**) bei 20—60° ergeben B = 0,75 eV u. bei 20° eine Leitfähigkeit $1{,}3 \cdot 10^{-14}$ bei 130000, $4 \cdot 10^{-13}$ bei 220000 u. $5 \cdot 10^{-12}$ bei 400000 V/cm. Bei *Polystyrol* (8000 u. 400000 V/cm) ist B = 0,4, bei einem Paraffin vom F. 51—52° (12000 u. 200000 V/cm) 0,55. Bei Bestrahlung mit Hg-Lampe sind die im UV entstehenden Ionen offenbar zur „Wanderung" in den unbelichteten Teil befähigt. Alle bei **I** beobachteten Photoeffekte sind absol. sehr klein. Bei hoher Feldspannung (60000 V/cm) wird mit Bestrahlung bei 366 mμ u. mit vollem Hg-Licht kein Photostrom festgestellt u. es findet keine Wanderung von Photoionen statt, ebenso bei **II** mit Feldspannungen bis zu 800000 V/cm; bei **II** erfolgt keine Stoßionisation. (Журнал Физической Химии [J. physik. Chem.] **29**. 959—74. Juni 1955.)
R. K. MÜLLER. B 135

N. W. Riehl, *Elektrische Leitfähigkeit von Kristallen polycyclischer Verbindungen und anderer organischer Isolatoren.* 2. Mitt. (1. vgl. vorst. Ref.) In der für die Abhängigkeit der elektr. Leitfähigkeit (k) von der Temp. (T) bei *Naphthalin* (**I**), *Anthracen, Polystyrol, Paraffin* u. anderen organ. Isolatoren geltenden Beziehung $k = k_0 \cdot e^{-B/kT}$ ist B nicht Aktivierungs-, sondern Ionisationsenergie u. hat einen sehr kleinen Wert (einige Zehntel eV), ca. $^1/_{10}$ der Ionisationsenergie der Moll. in freiem, gasförmigem Zustand, nämlich die zur Übertragung einer Elementarladung (Elektron oder Proton) von einem Mol. auf ein benachbartes Mol. aufzuwendende Energie (Entstehung eines „kurzlebigen Ionenpaars"). Um aus einem Ionenpaar 2 „freie" Ionen zu bilden, ist eine erhebliche zusätzliche Energie B'' aufzuwenden, die sich aus vielen kleinen Beträgen zusammensetzt. Ein äußeres Feld vermindert nicht B (bei **I** bis 400000 V/cm von der Feldspannung unabhängig), sondern B''. Beim Schmelzen ändert sich die zur Bldg. eines Ionenpaars erforderliche Energie wenig, aber die Wahrscheinlichkeit des Zerfalls eines Ionenpaars in „freie" Ionen nimmt zu u. damit die Leitfähigkeit (bei **I** auf das 10^4fache). Auch der „reversible Durchschlag" wird auf Grund dieser Vorstellungen erklärt. (Журнал Физической Химии [J. physik. Chem.] **29**. 1152—61. Juli 1955.) R. K. MÜLLER. B 135

William Weltner jr., *Magnetisches Rotationsmoment und diamagnetische Susceptibilität von Methan.* Der Beitrag des „Hochfrequenz"-Gliedes zur diamagnet. Susceptibilität des CH_4 läßt sich aus dem magnet. Rotationsmoment ableiten, das durch Molekularstrahlverss. oder (weniger genau) durch den ZEEMAN-Effekt im Mikrowellengebiet bestimmt werden könnte. Vf. findet nach einer Diskussion früherer theoret. u. experimenteller Beiträge, daß das Hochfrequenzglied ca. 40% des diamagnet. Anteiles beträgt. (J. chem. Physics **24**. 918. April 1956. Cambridge, Mass., Harvard Univ., Dep. of Chem.)
K. REICHEL. B 137

Ralph Livingston und **Henry Zeldes,** *Paramagnetische Resonanzabsorption in Diphenylpikrylhydrazyl.* Die paramagnet. Resonanzabsorption von *Diphenylpikrylhydrazyl*-Einkristallen wird bei Zimmertemp. u. 9000 MHz gemessen. Man erhält eine deutliche Anisotropie für die Breite der Hydrazyllinie sowie für den g-Faktor. Diesen Effekt zeigen alle Kristalle mehr oder weniger ausgeprägt, je nach ihrer zufälligen Orientierung. (J. chem. Physics **24**. 170—71. Jan. 1956. Oak Ridge, Tenn., Oak Ridge Nat. Labor., Chem. Div.) ROLAND HÜTTENRAUCH. B 137

J. E. Bennett und **D. J. E. Ingram,** *Paramagnetische Resonanz in Kupferphthalocyanin.* In Fortführung früherer Unterss. von INGRAM u. BENNETT (vgl. C. **1955**. 6941) über die paramagnet. Resonanz an konz. Kristallen von *Cu-Phthalocyanin* berichten die Vff. über gleichlaufende Unterss. an verd. Kristallen bei den Wellenlängen 1,25 cm oder 8 mm u. Tempp. von 20—290° K. Das magnet. Feld wurde um den Kristall in den a b-, b c- u. c a-Ebenen u. in der Ebene u. senkrecht zu der Ebene der Moll. gedreht. Es wurden 4 Hyperfeinkomponenten von I = 3/2 von ^{63}Cu u. ^{65}Cu beobachtet. Die maximale Aufspaltung zwischen den aufeinanderfolgenden Hyperfeinkomponenten ist 210 ± 10 Gauß, der maximale g-Wert 2,165 ± 0,004, beide entlang der Achse durch das Cu-Atom, senkrecht zu der Ebene der 4 N-Atome. In der Ebene senkrecht zu dieser Achse, d. h. in der Ebene des Mol., bleibt der g-Wert isotrop bei 2,045 ± 0,003. Die Hyperfeinaufspaltung in dieser Ebene bildet ein schlecht aufgelöstes Diagramm mit einem angenäherten Wert von B = 30 ± 10 Gauß. Es scheint jedoch eine 180°-Änderung dieser Aufspaltung bei der Rotation in der Mol.-Ebene aufzutreten. (Nature [London] **175.** 130—31. 15/1. 1955. Southampton, Univ.) C. Gottfried. B 137

R. Guizonnier und **P. Mourcin,** *Untersuchung der Leitfähigkeit des Tetrachlorkohlenstoffs (Felder unter 1500 V/cm).* Unterss. der Leitfähigkeit von CCl_4 (gemessen zwischen koaxialen Ni-Zylindern) zeigen eine zeitliche hyperbol. Abnahme des Leitungsstromes i auf einen Endwert i_F entsprechend der Beziehung $i - i_F = k/(t + a)$, wobei i_F von der anliegenden Spannung V nach $V/i_F = a + bV$ abhängt. Die Leitfähigkeit ist um so geringer, je kleiner der Geh. an Feuchtigkeit ist. Das beobachtete Verh. wird damit erklärt, daß langsame geladene Wasserteilchen sich in der Nähe der einen oder anderen Elektrode nach Maßgabe des Stromes anhäufen u. entladen (vgl. nachst. Ref.). (J. Physique Radium **16.** 56 S—58 S. Juli 1955.) J. Rudolph. B 138

R. Guizonnier, *Potentialverteilung im Tetrachlorkohlenstoff bei konstanter Potentialdifferenz (Felder unter 1500 V/cm).* (Vgl. vorst. Ref.) Der Potentialverlauf in CCl_4 zwischen einer auf dem Potential V befindlichen Elektrode (A) u. einer geerdeten Elektrode (B) ist in der Nähe von A nach Erreichen eines stationären Wertes (mehrere Std.) linear entsprechend dem Ohmschen Gesetz, jedoch mehr oder weniger konkav zur Elektrode B hin infolge einer Ladungsanhäufung entgegengesetzten Vorzeichens. Aus der Beobachtung, daß der Potentialverlauf über den ganzen Elektrodenabstand linear ist, wenn Elektrode A durch Lackschicht isoliert ist, nicht aber, wenn B lackiert ist, wird gefolgert, daß die Bldg. der sich an B anhäufenden Ladungen auf eine direkte Wechselwrkg. an der metall. Elektrode A zurückzuführen ist. (J. Physique Radium **16.** 58 S—60 S. Juli 1955.) J. Rudolph. B 138

V. K. Venkatesan und **C. V. Suryanarayana,** *Leitfähigkeit und andere physikalische Eigenschaften von Harnstofflösungen.* Im Konzentrationsbereich von 0,001—20 mol. haben Vff. die elektr. Leitfähigkeiten von wss. Harnstofflsgg. bei $35 \pm 0,05^0$ bestimmt. Bei allen Konzz. verhält sich demnach Harnstoff wie ein schwacher Elektrolyt. Viscositätsmessungen wurden zwischen 0,1 u. 20 mol. durchgeführt. Die Meßwerte folgen der Gleichung $\eta/\eta_0 = Ac^2 + B$, wenn c die Konz. u. A u. B Konstanten mit den Werten 0,009971 u. 1,02860 sind. Mit steigender Viscosität fällt die elektr. Leitfähigkeit stark ab. Dies kann auf eine Dipol–Dipol-Wechselwrkg. zurückgeführt werden. Die Meßergebnisse der Vff. lassen sich durch eine Zwitterionenstruktur für das Harnstoffmol. deuten. Oberhalb einer Konz. von 1,833 mol. scheint aber eine innermol. Umlagerung zu erfolgen. (J. physic. Chem. **60.** 775—76. Juni 1956. South India, Annamalai Univ., Physico-Chem. Labor.) H.-U. Woelk. B 138

Keith S. McCallum und **William D. Emmons,** *Die Dissoziationskonstanten und Infrarotspektren einiger Nitratosäuren.* Vff. berichten über die Ergebnisse von Bestimmungen der pK-Werte u. der Infrarotspektren folgender Nitratocarbonsäuren: *Nitratoessigsäure* (2,26), *α-Nitratopropionsäure* (2,39), *β-Nitratopropionsäure* (3,97) u. *α-Nitratobuttersäure.* Die Ergebnisse werden diskutiert u. mit den an den n. Säuren u. den bromierten Säuren erhaltenen verglichen. Die im Vgl. zu den letzteren stärkere Acidität der Nitratosäuren ist vermutlich eher auf den Unterschied in der freien Energie der undissoziierten Säuren als der Carboxylatanionen zurückzuführen. (J. org. Chemistry **21.** 367—68. März 1956. Huntsville, Ala., Rohm & Haas Comp., Redstone Arsenal Res. Div.) W. Niemitz. B 139

A. V. Willi und **J. F. Stocker,** *Der Einfluß der $—COO^-$-Gruppe auf die Acidität aromatischer Säuren.* Für die Hammettsche σ-Konstante der COO^--Gruppe zeigen die Literaturwerte einen großen Schwankungsbereich. Vff. bestimmten daher die pK-Werte (20^0, $\mu = 0,1$, KCl) verschied. m- oder p-COOH-substituierter aromat. Verbb. u. berechnen daraus σ-Werte für COO^-. Bei den Benzoesäuren (*Benzoesäure,* pK 3,99; *Terephthalsäure,* pK_2 4,34) ergibt sich σ —0,05, die Carboxylatgruppe wirkt also basifizierend wie bei den Anionen aliphat. Carbonsäuren. Dagegen wirkt bei Phenolen (*Phenol,* pK 9,80; *o-*, pK_1 2,69, pK_2 >12,3; *m-*, 3,96, 9,61; *p-Oxybenzoesäure,* 4,36, 8,965; *p-Nitrophenol,* 6,98) u. Benzolsulfonaniliden (*Benzolsulfonanilid,* pK 8,31; *p-Benzolsulfonamidobenzoesäure,* pK_2 7,75; $\varrho = 1,67$) die COO^--Gruppe aciditätserhöhend, $\sigma(m\text{-}COO^-)$ bei den Phenolen ist $+0,086$, $\sigma(p\text{-}COO^-)$ $+0,367$ bzw. $+0,335$. Vff. deuten diese Erscheinung durch die Annahme, daß in den einzelnen Stoffklassen die basifizierende induktive Wrkg. u. der acidifizierende mesomere Effekt verschieden stark einander entgegenwirken. Für die Phenole u. Sulfonanilide ist dann wegen des überwiegenden Einfl. des +E-Effektes der vom n. σ-Wert verschied. σ^*-Wert (Mittel $+0,351 \pm 0,016$) einzusetzen. (Helv. chim. Acta **38.** 1279—83. 1/8. 1955. Schaffhausen, Cilag AG., Wiss. Abt.) G. Kresze. B 139

Eugene Sawicki und **Dolores Gerber,** *Die physikalischen Eigenschaften von Aminoazobenzolfarbstoffen.* 2. Mitt. *Weitere Untersuchungen über die Basizität.* (1. vgl. C. **1955.**

6245.) Vff. bestimmten die Basizität von 36 Aminoazobenzolfarbstoffen spektrophotometr. in 50% A. u. stellten nach üblichen Methoden 19 neue Aminoazobenzolfarbstoffe dar. In der Reihe 2-, 3-, 4-Nitroaminoazobenzole liegen die pK_α-Werte bei 1,8, 3,0 u. 2,28; die o-Derivv. besitzen die niedrigste, die m-Derivv. die höchste Basizität. Die geringe Basizität der o-Derivv. wird auf den starken induktiven u. Resonanzeffekt sowie auf eine innermol. H-Bindung zurückgeführt. 4'-Isopropyl-, 3'-Acetylamino- u. 4'-Acetylaminogruppen haben geringen Einfl. auf die Basizität des Dimethylaminoazobenzols, während eine 2'-Methoxygruppe diese wenig verringert, eine 4'-Methoxygruppe wenig erhöht. Vergleiche der Dialkylaminoazobenzole sowie ihrer 2'-, 3-Nitro- u. 3'-, 4'-Acetylderivv. zeigen, daß bei Ersatz einer CH_3-Gruppe durch C_2H_5 in dem Dialkylaminorest der pK_α-Wert um 0,3 steigt, Ersatz der zweiten CH_3-Gruppe oder auch Einführung einer 2-Methylgruppe führt zum Zuwachs von 0,7, Einführung einer 3-Methylgruppe vergrößert um 1,2 Einheiten. Von sieben Aminoazobenzolen wurden außerdem die Infrarotspektren im Bereich von 3 μ bestimmt; 2-Aminoazobenzol u. 4'.5-Dimethyl-2-aminoazobenzol besitzen in diesem Bereich drei definierte Banden mit relativen Intensitäten, die für die Farbstoffe charakterist. sind. Folgende Verbb. wurden untersucht: *2-Amino-*, F. 59–60°; [pK_α] 1,8; [λ] 2,89 [μ], 2,96, 3,05. — *3-Amino-*, F. 64–65°; 3,0; 2,89, 2,95, 3,15. — *4-Amino-*, F. 124–125°; 2,28. — *4'.5-Dimethyl-2-amino-*, F. 118–119°; 2,5; 2,85, 2,94, 3,02. — *3.4'-Dimethyl-4-amino-*, *2'.3-Dimethyl-4-amino-*, *2.4'-Dimethyl-4-amino-* u. *2.3'-Dimethyl-4-aminoazobenzol*, alle λ 2,86 u. 2,93. — *4'-Isopropyl-*, F. 105 bis 106°; [pK_α] 2,31. — *2'-Methoxy-*, F. 91–92°; 2,20. — *4'-Methoxy-*, F. 160–161°; 2,40. — *3'-Acetylamino-*, F. 184–185°; 2,27. — *4'-Acetylamino-*, F. 227–228°; 2,25. — *2'-Chlor-*, F. 108–109°; 1,74. — *3'-Chlor-*, F. 103–104°; 2,01. — *3'-Chlor-2-methyl-*, F. 89–90,5°; 2,67. — *4'-Chlor-*, F. 158–159°; 2,00. — *4'-Fluor-*, F. 152–153°; 2,00. — *3'-Trifluormethyl-*, F. 81–82,5°; 1,84. — *3'-Acetyl-*, F. 111–112°; 2,03. — *3'-Acetyl-2-methyl-*, F. 115–116,5°; 2,73. — *4'-Acetyl-*, F. 204–206°; 2,16. — *4'-Acetyl-2-methyl-*, F. 153–154°; 2,88. — *4'-Acetyl-3-methyl-*, F. 127,5–128°; 3,27. — *2'-Nitro-*, F. 127 bis 128°; 1,5. — *2'-Nitro-2-methyl-*, F. 125–126°; 2,12. — *3'-Nitro-*, F. 160–161°; 1,67. — *3'-Nitro-2-methyl-*, F. 112–113°; 2,32. — *3'-Nitro-3-methyl-*, F. 72–73°; 3,18. — *4'-Nitro-*, F. 231–232,5°; 1,81. — *2'.4'.6'-Tribrom-4-dimethylaminoazobenzol*, F. 162 bis 163°; 1,0. — *3'-Acetylamino-*, F. 157–159°; 2,47. — *2'-Chlor-*, F. 57–58°; 2,14. — *4'-Fluor-*, F. 117–118°; 2,40. — *3'-Trifluormethyl-*, F. 68,5–69°; 2,15. — *3'-Acetyl-*, F. 79–80°; 2,28. — *4'-Acetyl-*, F. 150–150,5°; 2,35. — *2'-Nitro-*, F. 95–97°; 1,75. — *3'-Nitro-4-methyläthylaminoazobenzol*, F. 122–123°; 2,00. — *3'-Nitro-4-diäthylaminoazobenzol*, F. 113–113,5°; 2,39. (J. org. Chemistry **21**. 410–12. 30/4. 1956. Gainesville, Fla., Univ., Cancer Res. Labor.) M.-L. KLAAR. B 139

Christopher L. Wilson und **Handady V. Udupa**, *Elektrolytische Reduktion organischer Verbindungen.* 6. Mitt. *Aminophenole aus Nitroverbindungen.* (5. vgl. DINEEN u. Mitarbeiter, J. electrochem. Soc. **96**. [1949.] 226.) Es wurde der Einfl. verschied. Faktoren auf die Ausbeute an Aminophenolen aus Nitroverbb. untersucht. Durch hohe Rotationsgeschwindigkeit einer Kathodenscheibe konnte eine starke Erhöhung der Ausbeute bis zu 100% erreicht werden. Dies zeigt, daß der langsamste Schritt in dem Prozeß diffusionsbestimmt ist. Es wurden Kathoden aus Monelmetall u. Cu verwendet. Amalgamierung der Elektrodenoberfläche erhöht die Ausbeute an Aminophenol von 21 auf 51% bei stehender Elektrode u. von 37 auf 71% bei einer rotierenden Cu-Kathode. Ein Anwachsen der Temp. u. der Säurestärke erhöht ebenfalls die Ausbeute, dies wird mit der Geschwindigkeit der Umlagerung des intermediären Hydroxylamins in Zusammenhang gebracht. Ein Anstieg im Verhältnis Nitroverb. zu saurem Elektrolyt verringerte die Ausbeute an Aminophenol; die Aminausbeuten blieben dabei konstant, was zeigt, daß die teerförmigen Prodd. aus der Rk. des intermediären Hydroxylamins mit der Nitroverb. stammen. Die Stromdichte wurde zwischen 0,4 u. 4 A/dm² bei Verwendung einer rotierenden Kathode variiert. Wenn man 20%ig. Säure, eine rotierende amalgamierte Monelkathode, 90°, 2,7 A/dm² als Versuchsbedingungen anwendet, ergeben sich bei der Red. die folgenden Ausbeuten an Aminophenolen: aus 4-Chlor-2-nitrotoluol 82%, o-Nitrotoluol 74%, o-Chlornitrobenzol 76%, 2.5-Dichlornitrobenzol 72% u. Nitrobenzol 72%. — *2-Methyl-3-chlorphenylhydroxylamin* (**I**), C_7H_8ONCl, F. 63° (PAe., Kp. 30–60°), aus 2-Chlor-6-nitrotoluol in wss. A. mit $CaCl_2$ u. Zn-Staub, 15 Min. am Rückfluß; *Kondensationsprod. mit Benzaldehyd*, $C_{14}H_{12}ONCl$, F. 123–124° (A.). — *2-Chlor-3-methyl-4-aminophenol*, C_7H_8ONCl, F. 163–164°, aus **I** in 10%ig. kalter H_2SO_4 unter N_2; *Schiffsche Base mit Benzaldehyd*, $C_{14}H_{12}ONCl$, F. 95–96° (A.). (J. electrochem. Soc. **99**. 289–94. Juli 1952. Columbus, O., Ohio State Univ.)
A.-F. BOGENSCHÜTZ. B 141

A. I. Schatenstein und **Ja. M. Warschawski**, *Physikalisch-chemische Konstanten von 1-Fluor-2-chloräthan. 1-Fluor-2-chloräthan* (**I**), C_2H_4FCl, wurde durch fraktionierte

Dest. in einer 90 cm langen Kolonne gereinigt u. die Fraktion mit dem $Kp._{732}$ 51,8° verwendet. Gemessen wurde im Bereich 10—30° pyknometr. die D., die Viscosität von 15—30°, die Oberflächenspannung von 15—30° nach der Steighöhenmeth. u. der Tropfendampfspannung, ferner der Dampfdruck zwischen 15—54°. Vff. erhielten folgende Werte: $D._4^t = 1{,}208_7 - 0{,}00162\,t$; Viscosität $0{,}65_5$ bei 15°, abfallend auf $0{,}56_1$ bei 30° in Zentipoise; Oberflächenspannung $\sigma^t = 31{,}28 - 0{,}138\,t$ in dyn/cm; Parachor 162,5; Dampfdruck $\lg p = 1{,}0481 \lg p_{Hexan} + 0{,}11914$; $Kp._{760}$ 52,8 ± 0,1°; Verdampfungswärme (berechnet) 6,8 kcal/Mol; krit. Vol. 206—209 cm^3; krit. Druck 53 at; krit. Temp. 237 bis 257° (berechnet); Atomvol. des F (berechnet) $V_F = 9{,}9$. Ferner sind angegeben: Spezif. Vol. von I, Ausdehnungskoeff., Capillarkonstante, mol. Oberflächenenergie. I gehört zu den nichtassoziierten Flüssigkeiten. Die Fehlergrenzen sind angeführt, als Eichsubstanz diente meist Benzol. (Журнал Общей Химии [J. allg. Chem.] **22** (**84**). 1116—21. Juli 1952.) M. WIEDEMANN. B 146

P. G. Masslow, *Zur Thermodynamik individueller Kohlenwasserstoffe. 6. Mitt. Allgemeine Formel zur Bestimmung der Wärmekapazität C_p^0 der Dämpfe von n-Alkylbenzolen.* (5. vgl. C. **1956.** 6341.) Darst. einer allg. Formel für die Best. der Wärmekapazität C_p^0 der Dämpfe von n-Alkylbenzolen unter den gleichen Bedingungen für Temp., Druck u. Zustandsgleichung wie l. c. Sehr gute Übereinstimmung zwischen den experimentell ermittelten Daten zahlreicher Beispiele u. der Formel. (Журнал Физической Химии [J. physik. Chem.] **27.** 509—11. April 1953.) A. v. KOTZEBUE. B 151

W. V. Bhagwat und **R. P. Shukla,** *Eine Bemerkung über Parachor und Resonanz.* (Vgl. C. **1952.** 7139.) Resonanz zwischen 2 Strukturen ist nach Ansicht der Vff. möglich, wenn die Übergänge zwischen den Grenzformen erfolgen können, ohne daß eine wesentliche Änderung des Parachors auftritt. Hierfür gibt es 3 Möglichkeiten: Wechselwirkungen zwischen einer Einzel- u. einer Doppelbindung, Wechselwrkg. zwischen 2 Doppelbindungen u. einer Einzel- u. einer Dreifachbindung u. schließlich der Übergang eines Benzolringes über eine kanon. Struktur in 2 Vierringe (DEWAR-Struktur) unter Aufhebung einer Doppelbindung. Diese Auffassung der Vff. vermag Anomalien, wie die Bldg. von $CH_2Br{-}CHBr{-}CH{=}CH_2$, zu deuten u. schließt Resonanzen in der Isocyangruppe u. im CO-Mol. aus. (J. Indian chem. Soc. **28.** 106. Febr. 1951. Indore, Holkar Coll.) H.-U. WOELK. B 182

K. Gallagher, A. R. Ubbelohde und **Ida Woodward,** *Temperatureinflüsse auf einige Wasserstoffbindungsnetzwerke in Kristallen.* Vff. nehmen Bezug auf eigene frühere Arbeiten (vgl. C. **1955.** 6248) über den Einfl. einer Isotopensubstitution in *Acetylendicarbonsäuredihydrat* (**I**) auf die Bindungslänge u. die Bindungsstärke der kürzeren O···HO-Bindungen u. berichten über Messungen der Wärmeausdehnungen, um die Größen u. Richtungen der Hauptachsen des Ellipsoids der Wärmeausdehnung mit den entsprechenden Werten des Isotopeneffektes vergleichen zu können. Da *Oxalsäuredihydrat* (**II**) ein ähnliches Netzwerk von H-Bindungen wie **I** enthält, wurden entsprechende Messungen der Wärmeausdehnungen auch an **II** durchgeführt. An **I** wurde zunächst beobachtet, daß die gewöhnlich erhaltene Kristallform α vom F. bei ca. 40° bis zu ca. 3° stabil ist. Unterhalb dieses Temperaturbereiches ist aus den Röntgeninterferenzen eine kontinuierliche Umwandlung in eine neue polymorphe Form β zu erkennen. Intensitätsmessungen zeigen eine ausgesprochene Hysterese während dieser Umwandlung. Bei ca. —40° wurde eine weitere diskontinuierliche Umwandlung in eine dritte polymorphe Form γ beobachtet. Um zu prüfen, ob eine der Umwandlungen $\alpha \rightarrow \beta$ oder $\beta \rightarrow \gamma$ zu Ferroelektrizität führt, wurden die Änderungen der DK. von gepulvertem **I** zwischen — 60 u. + 40° untersucht. Die Verss. hatten ein negatives Ergebnis. Bei **I** u. bei **II** wurde übereinstimmend festgestellt, daß die kurzen H-Bindungen gegenüber der Schwingungsenergie sehr empfindlich sind. In beiden Kristallen liegen die maximalen Wärmeausdehnungen in Schnitten des Ausdehnungsellipsoids durch die (0 1 0)-Ebene u. die Richtungen der maximalen Isotopeneffekte in dieser Ebene nahe den Richtungen der kurzen H-Bindungen. In rechten Winkeln zu diesen maximalen Ausdehnungen in der (0 1 0)-Ebene sind die Ausdehnungen sehr viel geringer. In beiden Kristallen wurde ferner eine ausgesprochene Wärmeausdehnung entlang der Symmetrieachse, in diesem Fall der b-Achse, gemessen. Dies scheint eine Eig. der Schrauben der H-Bindungen zu sein, die die Moll. in den Kristallen verbinden. In der gleichen Richtung wurde für **I** ein deutlicher Isotopeneffekt beobachtet. (Acta crystallogr. [Copenhagen] **8.** 561—66. 10/9. 1955. London, Imperial Coll. of Sci. and Technol., Dep. of Chem. Engng. and Appl. Chem.; Belfast, Queen's Univ.) C. GOTTFRIED. B 182

George C. Pimentel und **Charles H. Sederholm,** *Zusammenhang von Infrarotvalenzschwingungsfrequenzen und Wasserstoffbindungsabständen in Kristallen.* Es werden empir. Beziehungen zwischen den X—H···Y-Abständen R in Kristallen u. der Frequenzverschiebung $\Delta\nu = \nu_0 - \nu_H$ der X—H-Valenzschwingungen für die Wasserstoffbindungen

O—H···O, N—H···O u. N—H···H angegeben. ν_0 bedeutet die Frequenz der Valenzschwingung des Monomeren in der Gasphase, in verd. CCl_4- oder $CHCl_3$-Lsgg. u. ν_H die entsprechende Frequenz im Infrarotspektr. des festen Stoffes. Unter der Annahme, daß eine lineare Beziehung zwischen $\Delta\nu$ u. R vorliegt, werden die besten Geraden für die drei Wasserstoffbindungstypen berechnet: O—H ··· O $\Delta\nu = 4{,}43 \cdot 10^3$ (2,84–R); N—H ··· O $\Delta\nu = 0{,}548 \cdot 10^3$ (3,21–R); N—H ··· N $\Delta\nu = 1{,}05 \cdot 10^3$ (3,38–R). (J. chem. Physics **24.** 639—41. April 1956. Berkeley, Calif., Univ. of California, Dep. of Chem. and Chem. Engng.) W. KRÖNERT. B 182

J. A. Prins und **W. Prins**, *Polymorphie von Alkylsulfatseifen.* Vff. untersuchen röntgenograph. (Kupfer-Kα) die Schichtlinienreflexe von krist. *Na-Alkylsulfatseifen* (I) der allg. Zus. $C_nH_{2n+1}SO_4Na$ u. finden die gleichen verschied. Modifikationen wie RAWLINGS u. LINGAFELTER (C. **1955.** 7175), deren beständigste die α-Form mit geringstem Wassergeh. ist. Darüber hinaus finden Vff. weitere verhältnismäßig beständige krist. Modifikationen von **I**, die durch Auskristallisieren aus verschied. Lösungsmitteln bei Raumtemp. u. Tempern bei 60—80° erhalten wurden. Die Längenabstände für 12 solche zusätzlichen Formen von **I** für C_{10}-, C_{14}- u. C_{16}-Verbb. werden angegeben. Bei C_8- u. C_9-Seifen wurde nur die α-Modifikation erhalten (d = 28,5 u. 31,0 Å), während von C_{12}-Seifen neben der α-Form (d = 38,5 Å) noch eine weitere gefunden wurde. (Nature [London] **177.** 535—36. 17/3. 1956. Delft, TU, Techn. Physics Labor.) R. LAFFERENZ. B 190

M. Brandstätter und **A. Martinek**, *Zur orientierten Abscheidung organischer Stoffe auf organischen Trägerkristallen.* Um ein größeres Material zur Beurteilung der Beziehung der orientierten Abscheidungen organ. Stoffe zur Chemie der Molekülverbb. zu erhalten, wurden an den folgenden Stoffen Aufwachsungsverss. angestellt: *Acenaphthen*; *Acetanilid*; *Acet-p-toluidid*; *Acridin*; *Adipinsäure*; *p-Äthoxyphenylharnstoff*; *p-Aminoazobenzol*; *o-Aminobenzoesäure**; *o-Aminophenol*; *Anissäure*; *Benzamid*; *Benzanilid*; *Benzanthron*; *Benzoesäure*; *2.3-Benzofluoren* (**I**); *Bernsteinsäure*; *p-Bromacetanilid*; *dl-Brombernsteinsäure*; *m-Brombenzoesäure*; *3-Brom-d-campher*; *α-Bromisovalerylharnstoff*; *p-Bromjodbenzol*; *p-Bromnitrobenzol*; *d-Camphersäure*; *Carbanilid*; *Carbazol*; *Chloranil*; *Coffein*; *Dicyandiamid**; *p-Dijodbenzol*; *2.6-Dimethylpyron**; *p-Dinitrobenzol* (**II**); *N.N-Dimethyloxamid*; *1.8-Dinitronaphthalin*; *2.4-Dinitrophenol*; *1.8-Dioxyanthrachinon*; *Formaldomedon*; *Harnstoff**; *Hexaäthylbenzol*; *Hexachlorbenzol*; *Hexachlorinden-(1)-on-(3)*; *Hydrochinon* (**III**); *Korksäure*; *Luminal**; *Methylharnstoff*; *Nicotinsäureamid*; *p-Nitroanilin*; *p-Nitrobenzoesäure*; *4-Nitrostilben*; *Oxalsäure*; *8-Oxychinolin*; *Pervitin** (**IV**); *Phenacetin*; *Phenazon*; *Phenazon-N-oxyd*; *9-Phenylacridin*; *o-Phenylendiamin*; *Phenylharnstoff*; *Phthalanil*; *Pikrinsäure**; *Pyren*; *Salicylamid*; *Salicylsäure*; *Stilben*; *Sulfoharnstoff*; *Sulfonal**, *Trichloracetamid*; *1.3.5-Trinitrotrimethylentriamin* (*Hexogen*); *Veronal*; *trans-Zimtsäure.* Auf allen diesen Verbb. schied sich *Bromural* als gemeinsamer Gast orientiert ab. Auf **I**, **II** u. **III** als Träger schieden sich 61 Stoffe orientiert ab, während die übrigen 8 Stoffe gegen einen oder 2 Träger ohne Orientierung blieben. Bei diesen Fällen konnte mit einer Ausnahme orientierte Abscheidung erreicht werden, wenn Gastkristall u. Trägerkristall vertauscht wurden. Nur **III** u. **IV** ließen sich nicht orientiert aufeinander abscheiden. Die Verbb., bei denen Träger u. Gast vertauscht wurden, sind mit einem * bezeichnet. Bei der thermoanalyt. Prüfung der zweiten Versuchsreihe ergab sich, daß nur in 13,7% der Fälle Molekülverbb. gebildet werden. Bei den übrigen Stoffpaaren liegen Eutektika vor. (Naturwissenschaften **42.** 369—70. Juni 1955. Innsbruck, Univ., Pharmakognost. Inst.) C. GOTTFRIED. B 190

Erik von Sydow, *Über die Struktur der Kristallform B der Stearinsäure.* Die Form B der Stearinsäure krist. bevorzugt aus PAe. (Kp. 40—60°) in Form rhombenförmiger Platten mit einem spitzen Winkel von 74° aus. Zwillingsbldg. konnte im Polarisationsmikroskop häufig beobachtet werden. Dreh- u. WEISSENBERG-Aufnahmen um die a- u. b-Achsen ergaben eine monokline Zelle mit den Dimensionen a = 5,591 ± 0,011 Å; b = 7,404 ± 0,008 Å; c = 49,38 ± 0,10 Å, β = 117° 22′ ± 7′. Raumgruppe ist C_{2h}^5 — $P2_1/a$; Z = 4. Legt man eine Ebene senkrecht zu der c-Achse, dann hat der Querschnitt die Dimensionen a_0 = 4,96 Å; b_0 = b = 7,40 Å; $\gamma_0 = \gamma$ = 90°. Diese Dimensionen sind ähnlich denen, wie sie WAINSTEIN u. PINSKER (vgl. C. **1951.** II. 1412) für eine rhomb. Packung von KW-stoffketten gefunden hatten. In dieser Packung ist die Ebene jeder zweiten KW-stoffkette nahezu senkrecht zu der Ebene der anderen Ketten. Aus diesen Daten kann mit Sicherheit entnommen werden, daß die Form B diese rhomb. Packung der KW-stoffketten besitzt, was durch die Strukturunters. bestätigt wurde. Aus einer Elektronendichteprojektion entlang der a-Achse ergeben sich die folgenden y- u. z-Parameter: O_1H_1 (y =) 0,113; (z =) 0,0087; O_2 0,898; 0,0379; C_1 0,020; 0,0320; C_2 0,040; 0,0507; C_3 0,960; 0,0866; C_4 0,040; 0,1026; C_5 0,960; 0,1385; C_6 0,040; 0,1545; C_7 0,960; 0,1904; C_8 0,040; 0,2064; C_9 0,960; 0,2423; C_{10} 0,040; 0,2583; C_{11} 0,960; 0,2942; C_{12} 0,040;

0,3102; C_{13} 0,960; 0,3461; C_{14} 0,040; 0,3621; C_{15} 0,960; 0,3980; C_{16} 0,040; 0,4140; C_{17} 0,960; 0,4499; C_{18} 0,040; 0,4659; H_{36} 0,979; 0,493; H_2 0,040; 0,039; H_4 0,960; 0,099; H_6 0,040; 0,091; H_8 0,960; 0,151; H_{10} 0,040; 0,143; H_{12} 0,960; 0,202; H_{14} 0,040; 0,194; H_{16} 0,960; 0,254; H_{18} 0,040; 0,246; H_{20} 0,960; 0,306; H_{22} 0,040; 0,298; H_{24} 0,960; 0,358; H_{26} 0,040; 0,350; H_{28} 0,960; 0,410; H_{30} 0,040; 0,402; H_{32} 0,960; 0,462; H_{34} 0,040; 0,454; H_3 0,197; 0,051; H_5 0,803; 0,087; H_7 0,197; 0,103; H_9 0,803; 0,139; H_{11} 0,197; 0,155; H_{13} 0,803; 0,190; H_{15} 0,197; 0,206; H_{17} 0,803; 0,242; H_{19} 0,197; 0,258; H_{21} 0,803; 0,294; H_{23} 0,197; 0,310; H_{25} 0,803; 0,346; H_{27} 0,197; 0,362; H_{29} 0,803; 0,398; H_{31} 0,197; 0,414; H_{33} 0,803; 0,450; H_{35} 0,197; 0,466. In dem Gitter liegt die Hälfte der Ketten mit ihren Ebenen fast in (1 1 0), die andere Hälfte mit ihren Ebenen fast in ($1\bar{1}0$). Nahe den Carboxylgruppen sind die KW-stoffketten deformiert. Die COOH-Gruppen sind aus den Kettenebenen um die Bindung zwischen dem zweiten u. dritten C-Atom herausgedreht u. ermöglichen so eine H-Bindung zwischen 2 COOH-Gruppen. Die Kettenebenen zweier gekuppelter Moll. liegen nahezu senkrecht zueinander. (Acta crystallogr. [Copenhagen] **8.** 557—60. 10/9. 1955. Uppsala, Univ., Inst. of Chem.)
C. GOTTFRIED. B 195

J. D. Turner und **E. C. Lingafelter,** *Die Kristallstruktur von Tetradecanamid. Tetradecanamid,* $NH_2 \cdot CO(CH_2)_{12}CH_3$, wurde aus wss. Lsg. in dünnen, nach der b-Achse gestreckten Täfelchen erhalten. Dreh- u. WEISSENBERG-Aufnahmen ergaben für die monokline Zelle die Dimensionen a = 9,83 ± 0,03 Å; b = 5,61 ± 0,03 Å; c = 27,98 ± 0,03 Å; β = 95,1 ± 0,5°. Raumgruppe ist C_{2h}^5 — $P2_1/a$; Z = 4. Die Struktur wurde mit Hilfe von zweidimensionaler Elektronendichteprojektion aufgeklärt. Es ergaben sich die folgenden Parameter: N (x =) 0,161; (y =) 0,165; (z =) 0,029; O —0,048; 0,212; 0,039; C_1 0,069; 0,286; 0,047; C_2 0,128; 0,466; 0,082; C_3 0,027; 0,596: 0,103; C_4 0,086; 0,764; 0,143; C_5 —0,014; 0,916; 0,163; C_6 0,043; 1,085; 0,205; C_7 —0,058; 1,233; 0,227; C_8 0,004; 1,404; 0,269; C_9 —0,100; 1,557; 0,291; C_{10} —0,035; 1,724; 0,333; C_{11} —0,139; 1,877; 0,356; C_{12} —0,083; 2,012; 0,396; C_{13} —0,178; 2,156; 0,421; C_{14} —0,112; 2,318; 0,462. Die interatomaren Abstände u. Valenzwinkel sind tabellar. zusammengestellt. Die Amidgruppen von 2 Mol sind durch 2 N—H···O-Bindungen mit einer Länge von 2,99 Å unter Bldg. eines Dimeren gekuppelt. Die N-, O-, C_1- u. C_2-Atome der 2 ein Dimeres bildenden Moll. sind innerhalb ± 0,035 Å koplanar. Diese polaren Gruppen sind aus den Ebenen ihrer Paraffinketten derart herausgedreht, daß, obwohl die Achsen u. Ebenen der Paraffinketten parallel sind, sie weder kolinear noch koplanar sind. Jedes Mol. eines Dimeren ist in Richtung der a-Achse durch N—H···O-Bindungen an seinen nächsten Nachbarn gebunden. Die Ebene der C-Atome C_2—C_{14} ist innerhalb der Meßgenauigkeit planar. Die Dimeren sind parallel zueinander in Reihen angeordnet, die sich in der Richtung der b-Achsen erstrecken. Die Achsen der Paraffinketten sind gegen die b-Achse unter einem Winkel von 46° 40′ geneigt. Definiert man eine Reihenebene als eine Ebene, die durch die b-Achse geht u. parallel den Achsen der Paraffinketten verläuft, dann beträgt der Winkel zwischen der Reihenebene u. den Kettenebenen 87° 30′. Die Paraffinketten benachbarter Reihen sind entgegengesetzt geneigt, so daß eine gekreuzte Kettenstruktur entsteht. (Acta crystallogr. [Copenhagen] **8.** 551—57. 10/9. 1955. Washington, D. C., Univ., Dep. of Chem.) C. GOTTFRIED. B 195

J. D. Turner und **E. C. Lingafelter,** *Die Röntgenkristallographie von n-aliphatischen Amiden.* Röntgenograph. untersucht wurden die folgenden Säureamide: *Propan-* (**I**), *Butan-* (**II**), *Pentan-* (**III**), *Hexan-* (**IV**), *Heptan-* (**V**), *Octan-* (**VI**), *Nonan-* (**VII**), *Decan-* (**VIII**), *Hendecan-* (**IX**), *Dodecan-* (**X**), *Tridecan-* (**XI**), *Tetradecan-* (**XII**) u. *Hexadecanamid* (**XIII**). **I** wurde aus der Schmelze in langen tafelförmigen Kristallen, **II** aus Bzl. in Nadeln, **III** in Nadeln aus n-Hexan u. in langen Tafeln aus Nitroäthan, **IV** aus 50%ig. wss. A. in Form federartiger Flocken, **V** aus W. in dünnen Nadeln, **VI, VII, VIII** u. **X** aus W. in dünnen Täfelchen, **XII** aus W. in Tafeln, **XIII** aus A. in feinen Nadeln, die übrigen Verbb. aus verschied. Lösungsmitteln in Leistenform gewonnen. Für alle Verbb., mit Ausnahme von **VII** ist Raumgruppe C_{2h}^5 — $P2_1/a$, für **VII**, das eine doppelt so große c-Kantenlänge hat wie die übrigen Amide, ist Raumgruppe Cs^4 — A a oder C_{2h}^6 — A2/a. Z für alle Moll. 4, für **VII** 8. Folgende physikal. Konstanten wurden bestimmt: **I** (F.) 78°; (a =) 9,76 Å; (b =) 5,78 Å; (c =) 8,97 Å; (β =) 113,5°; (D.) 1,046; **II** 113—113,5°; 9,94 Å; 5,79 Å; 10,02 Å; 100,9°; 1,027; **III** 105°; 9,84 Å; 6,13 Å; 11,08 Å; 100,7°; 1,032; **IV** 99,4—99,6°; 9,78 Å; 5,65 Å; 14,11 Å; 101,6°; 0,990; **V** 95°; 9,90 Å; 5,65 Å; 15,29 Å; 105,0°; 1,028; **VI** 104,9—105,3°; 9,78 Å; 5,69 Å; 17,39 Å; 91,9°; 0,972; **VII** 98,5—99,0°; 9,86 Å; 5,59 Å; 39,15 Å; 103,8°; 0,993; **VIII** 98,0—98,5°; 9,83 Å; 5,56 Å; 21,23 Å; 103,8°; 1,006; **IX**: 98,0—98,7°; 9,85 Å; 5,59 Å; 21,96 Å; 92,8°; 1,012; **X** 101,7—102,0°; 9,83 Å; 5,57 Å; 25,10 Å; 103,4°; 0,996; **XI** 99,2—100,4°; 9,79 Å; 5,59 Å; 25,90 Å; 93,8°; 0,998; **XII** 103,5—104,5°; 9,83 Å; 5,61 Å; 27,98 Å; 95,1°; 0,984; **XIII** 104°; 9,84 Å; 5,54 Å; 31,44 Å; 93,4°; 1,000. Aus den Zelldimensionen ist ersichtlich, daß a für alle Verbb.

angenähert 9,8 Å, b mit Ausnahme von **III** ca. 5,6 Å beträgt. Setzt man statt c bei **VII** ½c an, dann ändert sich die Länge von c kontinuierlich mit der Kettenlänge. In der Intensitätsverteilung sind alle Diagramme der Amide sehr ähnlich. Aus der Änderung von d_{001} mit der Kettenlänge u. unter der Annahme eines Abstandes von 2,54 Å zwischen den β-ständigen C-Atomen in der Kettenrichtung ergibt sich für die ungeraden Glieder der Reihe eine mittlere Neigung der Kette gegen die c*-Richtung von 43,8° u. für die geraden Glieder von 46,20°. (Acta crystallogr. [Copenhagen] **8.** 549—50. 10/9. 1955. Washington, D. C., Univ., Dep. of Chem.) C. GOTTFRIED. B 195

T. C. Tranter, *Kristallstruktur von Glycyl-L-alaninhydrobromid.* (Vgl. C. **1956.** 1843 u. 9678.) Das mit 2 Mol H_2O kristallisierende *Glycyl-L-alaninhydrobromid* ist monoklin u. hat die Elementarzelle a = 10,69 Å; b = 6,13 Å; c = 7,63 Å; β = 108° 34′. Raumgruppe ist $P2_1$; Z = 2. Auf Grund von PATTERSON- u. FOURIER-Projektionen ergab sich unter der Annahme geeigneter Bindungslängen für das Glycyl-L-alaninmol., daß die Glycyl-L-alanin- u. Wassermoll. Spiralen bilden, die seitlich durch N—H-Bindungen zusammengehalten werden. Parameter werden nicht angegeben. (Nature [London] **173.** 221—22. 30/1. 1954. Leeds, Wool Industries Res. Association.) C. GOTTFRIED. B 195

G. von Eller, *Das harmonische Photosummiergerät und seine Möglichkeiten.* 2. Mitt. *Struktur des p-Toluidinhydrochlorids.* (1. vgl. C. **1956.** 11352.) Mit Hilfe des l. c. beschriebenen Gerätes legte Vf. die Struktur des *p-Toluidinhydrochlorids* (**I**) fest, u. zwar trat das Gerät erst in Tätigkeit, nachdem die Vorzeichen der Strukturfaktoren F_{h_0l}, F_{hk_0} u. $F_{_0kl}$ mit Hilfe der bekannten Meth. bestimmt worden waren. **I** hat eine monokline Zelle mit den Dimensionen a = 9,07 Å; b = 9,33 Å; c = 9,86 Å (alle ± 0,4%); β = 108,7°. Raumgruppe ist $C_{2h}^5 - P2_1/c$; Z = 4. Die festgelegten Parameter sind (wegen der Bezifferung vgl. nebenst. Figur): C_0 (x =) 0,658; (y =) 0,460; (z =) 0,222; C_1 $0{,}216_4$; 0,260; $0{,}003_4$; C_2 0,348; 0,202; 0,987; C_3 $0{,}493_6$; 0,268; 0,057; C_4 0,503; 0,389; $0{,}143_6$; C_5 0,367; 0,448; 0,155; C_6 $0{,}222_5$; 0,384; $0{,}084_2$; N 0,065; 0,198; $0{,}928_4$; Cl 0,907; 0,124; 0,156. In dem Gitter liegt jedes N-Atom im Mittelpunkt eines Tetraeders, dessen Ecken durch 3-Cl-Atome u. ein C_1-Atom besetzt sind. Die Abstände Cl—Cl betragen 3,62 Å, entsprechen damit der Summe der VAN DER WAALSschen Radien. Dagegen ist die Entfernung der Cl-Ionen von dem NH_3^+ mit 3,09—3,15 kleiner als die Summe ihrer Ionenradien, aber größer als die Summe der Kovalenzradien. Es bestehen demnach H-Bindungen, u. zwar verbinden die 3 H-Atome der Gruppe NH_3^+ ein Cl mit dem zentralen N-Ion. Jedes Cl-Ion ist seinerseits von 3 N-Ionen umgeben. Das Mol. selbst ist innerhalb der Fehlergrenzen als planar anzusehen. Die C—C-Abstände innerhalb des Ringes liegen zwischen 1,38 u. 1,413 Å; der Abstand $C_4—CH_3$ beträgt 1,49 Å u. der Abstand $C_1—N$ 1,45 Å. (Bull. Soc. franç. Minéralog. Cristallogr. **78.** 275—300. April/Juni 1955. Paris, Sorbonne, Labor. de Chim. C, Serv. de radiocristallogr.) C. GOTTFRIED. B 195

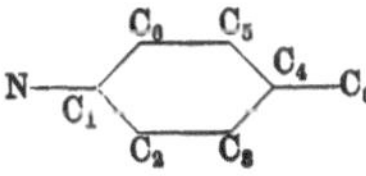

F. Bertinotti, G. Giacomello und **A. M. Liquori,** *Röntgenographische Untersuchung von symm.-Tetrazin.* Präzessions- u. WEISSENBERG-Aufnahmen an *symm.-Tetrazin* bei —20° ergaben eine monokline Zelle mit den Dimensionen a = 5,23 ± 0,01 Å; b = 5,79 ± 0,01 Å; c = 6,63 ± 0,01 Å; β = 115° 30′ ± 15′. Raumgruppe ist $C_{2h}^5 - P2_1/c$; Z = 2. Da die Raumgruppe vier allg. Lagen verlangt, muß das einzelne Mol., in Übereinstimmung mit seiner chem. Formel, ein Symmetriezentrum besitzen. Vorläufige FOURIER-Transformationsmethoden unter Zugrundelegung der Ähnlichkeit zwischen dem Benzol- u. dem Tetrazinmol. lieferten eine angenäherte Orientierung des Mol. in der Elementarzelle. Danach bildet die mol. y-Achse mit der (0 1 0)-Ebene einen Winkel von ca. 53°, während die x-Achse angenähert parallel zu dieser Ebene verläuft. Der Winkel zwischen der x-Achse u. der kristallograph. c-Achse beträgt 73°. Das Mol. selbst ist im Gitter eben. (Acta crystallogr. [Copenhagen] **8.** 513—14. 10/8. 1955. Roma, Univ.)
C. GOTTFRIED. B 195

J. D. Cox und **E. F. G. Herington,** *Die Gleichgewichtskurve in binären Systemen flüssig–flüssig.* Es wird die Form der Temp.–Zus.-Gleichgewichtskurven für bin. fl. Systeme mit einer oberen, einer unteren oder einer oberen u. unteren krit. Lösungstemp. diskutiert. Folgende Systeme werden betrachtet: *Anilin–Cyclohexan* (**I**), **I**-*Methanol, Methylcyclopentan–Furfurol, Tetrachlorkohlenstoff–Perfluormethylcyclohexan* (**II**), *Bzl.*-**II**, *n-Perfluorbutan–n-Butan, β.β′-Dichlordiäthyläther–Isooctan, n-Butanol–W., Phenol–W., Methyldiäthylamin–W., Äthylenglykolmonoisobutyläther–W., 2.6-Dimethylpyridin–W., 3-Methylpyridin–D_2O.* Aus der thermodynam. Beziehung $x_1 x_2 [d \ln (\gamma_1/\gamma_2)/ d x_1]_T = -1$, anwendbar auf bin. Systeme mit Mischungslücke, folgt, daß beim Auftragen der Gleichgewichtskurven über log (x_1/x_2) die Kurven eine höhersymm. Gestalt annehmen (x_1 u. x_2 = Molenbrüche der Verbb. 1 u. 2, γ_1 u. γ_2 = die entsprechenden Aktivitätskoeffizienten bei konstanter Temp.). Eine ausführliche Unters. der Daten der angegebenen Systeme zeigt, daß darüber hinaus beim Auftragen von $(T - T_c)^{1/3}$ gegen $\log (x_1'/x_2')$ bzw. gegen $\log (x_1''/x_2'')$ zumindest innerhalb der Grenzen $|T - T_c| = 1^0$ bzw. $\approx 30^0$ Geraden erhalten werden (T_c = krit. Lösungstemp., die Indices ′ bzw. ″ beziehen sich auf die beiden fl. Phasen, wobei $x_1' \leq x_1''$). — Neue experimentelle Daten werden für die untere krit. Lösungstemp. des Syst. 2.6-Dimethylpyridin–W. angegeben. (Trans. Faraday Soc. **52.** 926—30. Juli 1956. Teddington, Middlesex, D. S. I. R., Chem. Res. Labor.) W. KRÖNERT. B 221

John E. Leffler, *Entropiebedingungen der Hammett-Beziehung.* Die HAMMETTsche Gleichung kann als freie Energiebeziehung in der Form $\Delta\Delta F^{\neq} = \varrho \Delta\Delta F_s$ geschrieben werden, wobei $\Delta\Delta F^{\neq}$ der Effekt eines bestimmten Substituenten auf die freie Aktivierungsenergie bei einer Rk. mit der Reaktionskonstante ϱ, $\Delta\Delta F_s$ der analoge Effekt bei einer Standard-Rk. ist. Für den Entropieeffekt ergibt sich dann $\Delta\Delta S^{\neq} = (\varrho_1 - \varrho_2) \cdot \Delta\Delta F_s/(T_2 - T_1) = \lambda \Delta\Delta F_s$, wenn ϱ-Werte für die Tempp. T_1 u. T_2 vorliegen. Als Entropiebedingungen für die Gültigkeit der HAMMETT-Gleichung lassen sich dann ableiten a) $\lambda = 0$, $\Delta S^{\neq}$ = Constans, ϱ hat in diesem Fall bei allen Tempp. denselben Wert, u. b) $\lambda \neq 0$, $\Delta\Delta H^{\neq} = \Delta\Delta S^{\neq} (\varrho_1 + \lambda T_1)/\lambda$. (J. chem. Physics **23.** 2199—2200. Nov. 1955. Tallahassee, Fla., Florida State Univ., Dep. of Chem.) G. KRESZE. B 225

Arthur Simon, Roland Paetzold und **Heinrich Kriegsmann,** *Über die Methylierung des Sulfitions und über die Umlagerungsmechanismen der Schwefligsäure- in Sulfonsäureabkömmlinge. Na-Methansulfonat* (**I**) u. *Methansulfonsäuremethylester* (**II**) sind stabiler als *Na-Methylsulfit* (**III**) u. *Dimethylsulfit* (**IV**). Daher gelingen die Umlagerungen von **III** in **I** u. von **IV** in **II** leicht durch CH_3J (**V**) u. die Überführung von **IV** in **I** durch Alkalijodid. **III** reagierte nicht mit Alkalijodid (vgl. dagegen ROSENHEIM u. SAROW [1905]). Durch Erhitzen läßt sich **IV** nicht isomerisieren, sondern ab ca. 165° tritt Zers. in SO_2 u. Dimethyläther ein. Bei der Isomerisierung von **IV** in Ggw. von **V** findet wahrscheinlich keine direkte Umlagerung statt, sondern Methylierung durch **V** am S, die zur Dissoziation einer CH_3O-Bindung führt. Ferner wurde festgestellt, daß J^--Ionen durch **II** methyliert werden, daß Methylsulfitionen durch **V** am S methyliert werden (Ag-Methylsulfit liefert mit **V** in heftiger Rk. **II**, Na-Phenylsulfit liefert mit **V** Methansulfonsäurephenylester) u. daß bei der Rk. zwischen Methylat- oder Phenolationen u. **IV** Methylsulfitonen (neben Dimethyläther u. Anisol) entstehen. Hierdurch ist erwiesen, daß die Umsetzung von **IV** mit NaJ über **III** führt, u. daß dieses mit dem entstandenen **V** **II** liefert, der schließlich in **I** übergeht. Die Rk. zwischen Na_2SO_3 u. **V**, bei der **I** entsteht, führt nicht über Methylsulfitionen, denn diese werden in Ggw. von W. sofort hydrolysiert, u. ihre Überführung in **I** geht erst bei 120° vor sich. Damit ist auch erwiesen, daß das SO_3^{2-} von **V** sofort am S methyliert wird, daß also die Sulfonatbldg. nicht über Zwischenprodd. verläuft. Diese Tatsache wird an Hand der Bindungen u. der Mesomerie am SO_3^{2-}, wobei ein Elektronendecett am S vorausgesetzt wird, erklärt. Die Bastardisierung zu $[s^1p^3]$-Zwitterbahnen im Sulfonation u. die höhere Resonanzenergie der Sulfonate erklären deren größere Stabilität u. die Nichtumkehrbarkeit der Umlagerungen (Chem. Ber. **89.** 883—94. 3/4. 1956. Dresden, TH, Inst. für anorgan. u. anorgan.-techn. Chem.) G. CLEVE. B 225

Alda Stuparich und **Antonio Foffani,** *Ultraviolettabsorptionsspektren, Gleichgewichte und Umwandlungskinetik der „gelben" und „roten" Form einiger Formazane.* 2. Mitt. *C-Äthyl-N.N'-diphenylformazan in Äthylalkohol–Benzol-Gemischen, Kinetik der thermischen Isomerisierungsreaktion gelb ⇌ rot.* (1. vgl. FOFFANI u. Mitarbeiter, C. **1954.** 7380.) Die Isomeriebeziehungen von *C-Äthyl-N.N'-diphenylformazan* (**I**) werden in Zusammenhang mit den von KUHN u. WEITZ (C. **1954.** 8320) bei Triphenylformazan (**II**) beobachteten spektrophotometr. untersucht. Die durch Verdünnen der alkoh. **I**-Lsg. mit Bzl. erhaltenen Lsgg. werden mit 3000 Å bis 1 μ umfassendem Licht bestrahlt. In Vorverss. (im Vgl. mit **II**) ergibt sich als zweckmäßiges Lösungsm. für die kinet. Messungen A.–Bzl. mit Molenbruch des Bzl. $N_B > 0{,}75$. Damit läßt sich vollständige Umwandlung der roten Form von **I** in die gelbe ($I_r \rightarrow I_g$) erzielen. Das UV-Spektr. von **I** ist unabhängig von N_B u. stimmt mit dem in rein-alkoh. Lsg. überein. Für die Geschwindigkeitskonstante ($k \cdot 10^3$ sec^{-1}) der Isomerisierung $I_g \rightarrow I_r$ ergibt sich bei $N_B = 0{,}699$: 25°, 0,48, 35° 0,98, 45° 2,09; bei $N_B = 0{,}840$: 11° 0,32, 25° 1,04, 35° 1,96; bei $N_B = 1{,}000$: 35° 0,44. Die Aktivierungsenergie ΔH u. der Frequenzfaktor A sind bei $N_B = 0{,}699$ (0,840): ΔH = 13,8 (13,1) kcal/Mol, log A = 6,8 (6,5). Obwohl ohne Zusatz von Katalysatoren gearbeitet wurde, sind katalyt. Einfll. nicht ausgeschlossen; die in reinem Bzl. bei 35° durchgeführten Unterss. führen zu einem k-Wert, der niedriger ist als der nach dem Gang von k in Abhängigkeit von N_B zu erwartende, was wahrscheinlich durch die Ggw. merklicher Mengen von Katalysatoren im verwendeten A. zu erklären ist. (Gazz. chim. ital. **85.** 175—82. Jan./Febr. 1955. Padova, Univ., Ist. di Chim. fis.) R. K. MÜLLER. B 225

Ss. Ss. Poljak und **W. Ja. Stern,** *Mechanismus der Kohlenwasserstoffoxydation in der Gasphase.* 2. Mitt. „*Entartet-verzweigter*" *Charakter der Propylenoxydation.* (1. vgl. C. **1956.** 10680.) Zur Begründung der Annahme, daß der Kaltflammenoxydation des *Propylens* (**I**) ebenso wie der Hochtemperaturoxydation ein Vorgang zugrunde liegt, der sich als Reaktionskette mit entarteten Verzweigungen abspielt, u. zum Nachw. der Bldg. einer Zwischensubstanz, die diese bewirkt, werden Verss. nach einer kinet. Meth. durchgeführt, wobei ein äquimol. Gemisch von **I** u. O_2 bis zu 65 Std. auf T = 300° (280 mm Hg) bzw. 370° (220 mm) gehalten wird. Als akt. Zentrum erweist sich dabei ein freies Radikal mit verhältnismäßig hoher Lebensdauer. Durch diese Verss. u. solche mit Zusätzen von Acetaldehyd (**II**) u. Formaldehyd wird gezeigt, daß die stabile akt. Substanz, die die entartete Verzweigung bewirkt, **II** ist. Die am Ende der Induktionsperiode vorhandene absol. Menge an **II** ist unabhängig davon, ob **II** im Ausgangsgemisch zugegen ist. Peroxyde treten erst auf, wenn die Oxydation des **I** beginnt, u. nur in Form von H_2O_2 u. Alkylperoxyden. (Журнал Физической Химии [J. physik. Chem.] **27.** 631–39. Mai 1953. Inst. für chem. Physik der Akad. der Wiss. der UdSSR.) R. K. Müller. B 225

D. N. Kurssanow und **W. W. Wojewodski,** *Einige neue Daten über Wasserstoffaustauschreaktionen von freien organischen Radikalen und Ionen.* Zusammenfassender Überblick. — 38 Literaturangaben. (Успехи Химии [Fortschr. Chem.] **23.** 641–53. 1954. Moskau.) E. Klever. B 225

P. H. Hermans, *Intramolekulare Wasserstoffbindungen in gewissen cyclischen Polyamiden.* Die cycl. *Oligomeren* des *ε-Caprolactams* (**I**) besitzen folgende Hydrolysengeschwindigkeitskonstanten (bei Behandlung mit 25%ig. HCl bei 110°) u. Löslichkeiten in W. bei Zimmertemp. (in Klammern angegeben): *Dimeres* 0,025 (0,1%), *Trimeres* 0,21 (0,93%), *Tetrameres* 0,15 (0,04%), ferner das cycl. *Nylon 66-Monomere* (**II**) 0,34 (2,35%) u. das **I** > 2 (320%). Die niedrige Reaktivität des Dimeren wird dadurch erklärt, daß in ihm die beiden —CONH-Gruppen einander so gegenüber liegen, daß sich sehr leicht zwei intramol. Wasserstoffbindungen ausbilden können, während dies im **II** nicht möglich ist. Beim Trimeren ist nur eine solche Bindung denkbar, daher ist die Hydrolysierbarkeit u. Löslichkeit groß. Dagegen ist im Tetrameren die paarweise Ausbldg. von —CONH-Bindungen geometr. wieder möglich. Wenn trotzdem die Hydrolysierbarkeit größer als die des Dimeren, so ist dies auf die wesentlich größere Beweglichkeit dieses 28 Glieder enthaltenden Ringsyst. zurückzuführen. (Nature [London] **177.** 127–28. 21/1. 1956. Utrecht, AKU, Cellulose-Forschungsinst.) S. Neue. B 225

P. B. D. de la Mare und **J. T. Harvey,** *Die Kinetik und der Mechanismus der aromatischen Halogensubstitution.* 2. Mitt. *Partielle Geschwindigkeitsfaktoren für die säurekatalysierte Bromierung von Toluol durch unterbromige Säure.* (1. vgl. C. **1955.** 3109.) Das Verhältnis der Isomeren, die bei der säurekatalysierten ($HClO_4$) Bromierung von Toluol durch HOBr in wss. Dioxan als Lösungsm. gebildet werden, wird durch die Isotopenverdünnungsmeth. (^{82}Br) bestimmt. Es werden 70,3% der o-, 2,3% der m- u. 27,4% der p-Verb. gebildet. Bromierung in der Seitenkette trat nicht ein. Unter den gleichen Bedingungen ist die kinet. Form sowohl für die Bromierung von Toluol als auch von Bzl. $-d[HOBr]/dt = K\cdot[Aryl\ H][HOBr]\cdot[H^+]$. Toluol reagiert dabei 36,2 mal so schnell wie Bzl., es wird bei dieser Rk. durch positives Brom in ähnlicher Weise bromiert, wie bei der Nitrierung durch das Nitroniumion substituiert (vgl. Cohn, Hughes, Jones u. Peeling, C. **1953.** 196). Die Ergebnisse werden bes. bzgl. des Reaktionsmechanismus diskutiert. — *o-Bromtoluol*, F. —25,8°. — *p-Bromtoluol*, F. 26,8°. — *Radioakt. p-Bromtoluol*, F. 26,8°, aus p-Toluidin nach Sandmeyer in Ggw. von radioakt. NH_4Br. (J. chem. Soc. [London] **1956.** 36–40. Jan. London, Univ. Coll., William Ramsay and Ralph Forster Labors.) J. Mattner. B 225

H. Burton und **P. F. G. Praill,** *Durch starke Säuren katalysierte Acylierungsreaktionen.* 3. Mitt. *Das Acetyliumion als Debenzylierungsagens.* (2. vgl. C. **1955.** 3345; vgl. auch C. **1954.** 10447.) Nach Einw. von Acetylchlorid u. $AgClO_4$ auf Benzylphenyläther (**I**) in Nitromethan (**IV**; 30 Min. bei 0—15°) konnten *Phenylacetat* (**III**), *p-Oxyacetophenon* [*2.4-Dinitrophenylhydrazon*, $C_{14}H_{12}O_5N_4$, dunkelrote Nadeln, F. 255° (Zers., Äthylacetat)] sowie — neben einem nicht weiter untersuchten gelben Öl — „*Benzylphenylacetat*" (**II**; Konst. nicht näher untersucht) isoliert werden. Vff. schließen auf folgenden Reaktionsablauf: **I** + $CH_3CO^+ \rightleftharpoons C_6H_5CH_2O^+(C_6H_5)COCH_3 \rightarrow$ **III** + $^+CH_2C_6H_5$; **III** + $^+CH_2C_6H_5 \rightarrow C_6H_5CH_2C_6H_4O\cdot COCH_3$ (**II**) + H^+; **III** + $CH_3CO^+ \rightarrow CH_3COC_6H_4OCOCH_3$ + H^+. Außerdem kann eine Rk. zwischen **II** u. $C_6H_5CH_2^+$ sowie vielleicht die schon von Monacelli u. Hennion (C. **1942.** I. 36) vermutete „Polymerisation" von $C_6H_5CH_2^+$ zu $(CHC_6H_5)_n + nH^+$ erfolgen. Die Bldg. von **II** durch die Umlagerungs-Rk. $C_6H_5CH_2O^+\cdot(C_6H_5)COCH_3 \rightarrow$ **II** + H^+ konnte ausgeschlossen werden. Bei obiger Umsetzung von **I** in Bzl. an Stelle von **IV** (bei 5°) wurde neben **III** auch *Diphenylmethan* erhalten, offenbar durch die Rk.: $C_6H_5CH_2^+ + C_6H_6 \rightarrow$ **III** + H^+. Bei Durchführung der Rk. von **I** mit einem Überschuß an Acetanhydrid (**VII**) in **IV** (45 Min. bei 0—5°) wurden isoliert: **II**, **III**, *Benzylacetat* (**V**) u. *p-Benzyloxyacetophenon* (**VI**, F. 86—87°) neben anderen nicht weiter untersuchten Prodd.; außer obigen Rkk. traten bei Ggw. von **VII** demnach auch auf: $C_6H_5CH_2O^+(C_6H_5)COCH_3$ + **VII** → **V** + **III** + CH_3CO^+ (bzw. $^+CH_2C_6H_5$ + **VII** → **V** + CH_3CO^+); **I** + CH_3CO^+ → **VI** + H^+. Die letztgenannte Rk. von **I** läuft anscheinend viel langsamer als die obengenannte u. deren Folge-Rkk. ab. Aus den Ergebnissen geht hervor, daß $C_6H_5CH_2^+$ weit reaktiver ist als CH_3CO^+. Bei den Rkk. trat zu Beginn eine gelbe Färbung auf, sie könnte nach ROBERTS u. HAMMETT (J. Amer. chem. Soc. **59**. [1937.] 1063) dem Ion $C_6H_5CH_2^+$ zugeschrieben werden, doch war die Farberscheinung vom Medium u. von der Art der Prodd. abhängig. Da nach obiger Rk. offenbar auch $HClO_4$ + überschüssiges **VII** geeignete Benzyläther debenzylieren (wobei $HClO_4$ katalyt. wirksam ist), wurde die Rk. (Einw. geringer Mengen von 72%ig. $HClO_4$ in **VII**, 30 Min. unter 27°) mit **I** (→ **II**, **V** u. **VI**), ferner mit 3.4-Dibenzyloxybenzaldehyd [**XII**; → *3.4-Diacetoxybenzylidendiacetat*, $C_{15}H_{16}O_8$, F. 131° (A.)], 3.4-Dibenzyloxynitrobenzol [**IX**, ergab a) mit wenig $HClO_4$ nach 30 Min. vor allem *4-Nitrobrenzcatechinbenzylätheracetat* (**X**), $C_{15}H_{13}O_5N$, F. 105—106° (PAe.–Bzl.); b) mit mehr $HClO_4$ nach 17—18 Std. bei n. Temp. *4-Nitrobrenzcatechindiacetat* (**XI**), F. 85° (Bzl.–PAe.), sowie **X**] u. 4.5-Dibenzyloxy-2-nitrotoluol (**XIII** → *4(5)-Acetoxy-5(4)-benzyloxy-2-nitrotoluol* (**XIV**), $C_{16}H_{15}O_5N$, F. 133° (A.)] durchgeführt. Untersucht wurde schließlich die Wrkg. von H_2SO_4–**VII**-Mischungen im Vgl. zu $HClO_4$–**VII**. **IX** ergab dabei **X** aber kein **XI**, **XII** lieferte *3(4)-Acetoxy-4(3)-benzyloxybenzylidendiacetat* [$C_{20}H_{20}O_7$, F. 157 bis 159° (Bzl.–PAe.)] u. **XIII** führte wieder zu **XIV**. Debenzylierung tritt also auch bei Anwendung von H_2SO_4–**VII** auf, doch werden in diesem Medium anscheinend weniger CH_3CO^+-Ionen freigesetzt. Bei der Nitrierung von o-Dibenzyloxybenzol trat — ebenso wie bei der gleichen Rk. mit Veratrol — nur Substitution in 4-Stellung ein. Die Konst. des erhaltenen **IX** wurde durch Debenzylierung mit 50%ig. HBr (6—7 Std. in Essigsäure kochen) zu *4-Nitrobrenzcatechin* [lange gelbe Nadeln, F. 174—175° (Zers., W.)] erhärtet. Vff. bevorzugen Dioxan als Lösungsm. zur Darst. von Arylbenzyläthern trotz langsamerer Rk. gegenüber A., da in diesem Lösungsm. auch Benzyläthyläther entsteht.

Versuche: *Benzylphenyläther* (**I**), F. 38—39° (A.), durch Zugabe von wss. KOH zu Phenol in Dioxan u. Kochen unter Zugabe von Benzylchlorid (**XV**), 36 Std.; ca. 50% (Ausbeute). — *p-Benzyloxyacetophenon* (**VI**), $C_{15}H_{14}O_2$, F. 91—92° (Bzl.), wss. KOH zu p-Oxyacetophenon geben u. unter Kochen **XV** zugeben; 15—16 Std.; *2.4-Dinitrophenylhydrazon*, $C_{21}H_{18}O_5N_4$, tiefkarmesinrote Flocken, F. 188—190° (Äthylacetat). — *3.4-Dibenzyloxybenzaldehyd* (**XII**), $C_{21}H_{18}O_3$, F. 91° (A.), durch Zugabe von wss. KOH zu Protocatechualdehyd u. **XV** in A., bis zur neutralen Rk. kochen. — *o-Dibenzyloxybenzol*, F. 61,5° (PAe.), durch Zugabe von wss. NaOH zu einer sd. alkoh. Lsg. von Brenzcatechin u. **XV**, 8 Std. kochen. — *3.4-Dibenzyloxynitrobenzol* (**IX**), $C_{20}H_{17}O_4N$, gelbe Nadeln, F. 97,5° (A.), durch Zugabe von HNO_3 (D. 1,4) zu vorst. Verb. in Eisessig unter 25°; 96—100%. — *4-Nitrobrenzcatechindiacetat* (**XI**), $C_{10}H_9O_6N$, F. 84° (A.), durch Einw. von 72%ig. $HClO_4$ auf 4-Nitrobrenzcatechin (**VIII**) in Acetanhydrid. — *4-Nitroveratrol*, F. 96°, aus **VIII** u. Dimethylsulfat–wss. NaOH. (J. chem. Soc. [London] **1951**. 522—29. Febr. London, Univ., King's Coll. of Household and Social Sci.) B. GNAUCK. B 225

H. Burton und **P. F. G. Praill**, *Durch starke Säuren katalysierte Acylierungsreaktionen.* 4. Mitt. *„Benzoyl"- und „substituierte Benzoylperchlorate" als C-Aroylierungsagentien.* (3. vgl. vorst. Ref.) Vff. untersuchten die Einw. von 1 Mol Benzoylperchlorat (**I**), das im Reaktionsgemisch aus $AgClO_4$ u. Benzoylchlorid gebildet wurde, auf 4 Mol Anisol (**II**) mit u. ohne Ggw. von Nitromethan (**IX**; 45 Min. bei 0—5°). Hierbei entstanden 84 bzw. 68% *p-Methoxybenzophenon* (**III**), woraus auf den Reaktionsablauf: **II** + $C_6H_5CO^+$ → **III** + H^+ geschlossen wird. Bei Ggw. von 3 Mol Benzoesäureanhydrid (**IV**) wurden 1,32 Mol **III** erhalten, was mit der Rk. H^+ + **IV** ⇌ $(C_6H_5CO)_2OH^+$ ⇌ $C_6H_5 \cdot CO^+$ + C_6H_5COOH erklärt wird. **III** konnte ferner aus **IV** u. **II** in **IX** durch Einw. von 72%ig. $HClO_4$ erhalten werden. Die gegenüber den früheren analogen Verss. mit Acetylperchlorat + Acetanhydrid (**V**; vgl. C. **1955**. 3345) gefundenen niedrigeren Ausbeuten werden mit einer geringeren Reaktionsfreudigkeit des **IV** gegenüber H^+ erklärt, welche auch für geringere Hydrolysengeschwindigkeit des **IV** gegenüber **V** verantwortlich ist. Vff. betonen aber, daß die Aroylkationen ihrer Meinung nach in wss. Medien nicht als selbständige Partikel auftreten, u. formulieren die Hydrolyse von Anhydriden: $(RCO)_2O$ + H_3O^+ ⇌ $(RCO)_2OH^+$ + H_2O → 2 RCOOH + H^+. Untersucht wurden ferner die Rkk. zwischen 2.4.6-Trimethylbenzoylperchlorat (**VI**), p-Anisoylperchlorat (**VII**) bzw. p-Nitrobenzoylperchlorat (**VIII**) u. **II** bei Ggw. von **IX**, wobei analog 92% *4-Methoxy-2'.4'.6'-trimethylbenzophenon* (45 Min. bei 0—5°), 92% *4.4'-Dimethoxybenzophenon*, aber nur 70% *4-Methoxy-4'-nitrobenzophenon* (45 Min. bis 2 Std. bei 0—5°) erhalten wurden. Vff. entnehmen diesen Ergebnissen, daß 1. **VI** reaktiver als **I** ist (oder auch das Gleichgewicht $C_6H_5COCl + AgClO_4 \rightleftharpoons C_6H_5CO^+ClO_4^- + AgCl$ bei **VI** mehr auf der rechten Seite liegt), 2. ster. Effekte keine Wrkg. haben (gleiche Ausbeuten bei **VI** u. **VII**) u. 3. offenbar bei der Rk. mit **VIII** eine Adsorption von unverändertem p-Nitrobenzoylchlorid oder dem p-$NO_2 \cdot C_6H_4CO^+$-Ion an AgCl stattfindet, da gravimetr. mehr als die theoret. Menge AgCl gefunden wurde, aus dem nach Waschen mit W. durch Extraktion mit sd. A. p-Nitrobenzoesäure entfernt werden konnte. Vff. vermuten, daß sich nebenst. Komplex bildet, der in analoger Form vielleicht auch bei der Rk. mit **I** auftritt, dort aber wegen des Fehlens der NO_2-Gruppe viel weniger stabil ist.

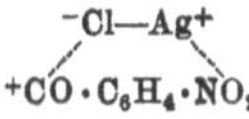

Verss. mit 3.5-Dinitrobenzoylchlorid (45 Min. bei 0—5°) bei obigen Bedingungen ergaben kein Keton, nach 2 Std. stieg die Temp. plötzlich auf 75°. Vff. deuten das durch Annahme einer Adsorption des 3.5-Dinitrobenzoyliumkations an AgCl u. Eintreten einer extrem schnellen Rk. an der Oberfläche des AgCl nach Ablauf einer Induktionsperiode. Die Bldg. von p-Nitrobenzoesäurephenylester bei der Rk. von **II** u. **VIII** konnte nicht nachgewiesen werden, jedoch wurde eine kleine Menge eines anderen Ketons, vermutlich *2-Methoxy-4'-nitrobenzophenon*, isoliert.

V e r s u c h e: *p-Methoxybenzophenon* (**III**), $C_{14}H_{12}O_2$, F. 61—62° (PAe.); *2.4-Dinitrophenylhydrazon*, $C_{20}H_{16}O_5N_4$, rote Nadeln, F. 221—222° (Äthylacetat). — *4-Methoxy-2'.4'.6'-trimethylbenzophenon*, $C_{17}H_{18}O_2$, F. 76—77° (A.), durch Zugabe von Mesitoylchlorid in **IX** zu $AgClO_4$ in **II** bei 0—5° (45 Min. Stehen) oder aus p-Anisoylchlorid, Mesitylen u. $ZnCl_2$ in **IX** (ca. 3½ Std. am Rückfluß); ergab kein 2.4-Dinitrophenylhydrazon. — *4.4'-Dimethoxybenzophenon*, $C_{15}H_{14}O_3$, F. 143° (A.), analog Vorst. aus **II**; *2.4-Dinitrophenylhydrazon*, $C_{21}H_{18}O_6N_4$, hellrote Nadeln, F. 198° (Chlf.-A.). — *4-Methoxy-4'-nitrobenzophenon*, $C_{14}H_{11}O_4N$, F. 121° (A.), analog Vorst. aus **II** u. **VIII**. *2.4-Dinitrophenylhydrazon*, $C_{20}H_{15}O_7N_5$, scharlachrote Platten aus Chlf., F. 265° (Zers.); aus den Mutterlaugen des Ketons: Verb. $C_{14}H_{11}O_4N$ (*2-Methoxy-4'-nitrobenzophenon ?*), dicke Prismen, F. 117° (Methanol); *2.4-Dinitrophenylhydrazon*, hellgelbe Prismen vom F. 210° (Zers., unrein?). (J. chem. Soc. [London] **1951**. 529—34. Febr.)

B. GNAUCK. B 225

H. Burton und **P. F. G. Praill**, *Durch starke Säuren katalysierte Acylierungsreaktionen.* 5. Mitt. *Mischungen von Zinkchlorid und Acetylchlorid oder Acetanhydrid als Bildner von Acetyliumionen.* (4. vgl. vorst. Ref.) Bei Einw. von $ZnCl_2$ u. Acetanhydrid (**II**) auf Anisol (**I**) beim Mol-Verhältnis V = 1:4:2 entstanden in sehr schneller Rk. 1,2 Mol *p-Methoxyacetophenon* (**III**), bei Ggw. von Nitromethan u. V = 1:4:3 entstanden ebenso schnell 1,4 Mol **III**; HCl wurde in keinem Falle entwickelt. Vff. nehmen folgenden Reaktionsablauf an: $ZnCl_2 + 2\,(RCO)_2O \rightarrow (RCO)_2^{2+}\,[ZnCl_2(OCOR)_2]^{2-}$ (**A**) + **I** → 2 **III** + $H_2^{2+}\,[ZnCl_2(COOR)_2]^{2-}$ ($\rightarrow$ 2 RCOOH + $ZnCl_2$). Einw. von $ZnCl_2$ + Essigsäure bzw. von **II** allein auf **I** (mehrere Std. kochen) ergaben kein **III**. Vff. zeigen, daß die Wrkg. von $ZnCl_2$ eine rein katalyt. ist. **III** ergibt mit **II** u. $ZnCl_2$ eine gelbe, krist., Zn-haltige Verb., die in alkoh. Lsg. stark fluoresciert u. sicher einem Pyryliumsalz entspricht. Ihre Bldg. verläuft langsamer als die Acetylierung von **I**, eine ähnliche Verb. konnte auch aus **III**, Acetylchlorid (**IV**) u. $ZnCl_2$ erhalten werden. Beim Erwärmen färbten sich solche Mischungen blau. Der Befund von DERMER u. Mitarbeitern (C. **1942**. I. 2515), daß ohne Ggw. eines Katalysators aus **I** u. **IV** **III** entsteht, wird widerlegt. Vff. nehmen an, daß das von diesen Autoren verwendete **IV** Metallchloride enthielt, u. erhielten entsprechend bei Zugabe sehr kleiner Mengen von $AlCl_3$, $FeCl_3$ bzw. $ZnCl_2$ nach 4 Std. 2,2 bzw. 7,2% **III**. Bei längerer Reaktionszeit ergab das anscheinend langsamer als die anderen Metallchloride in einen inakt. Zustand übergehende $ZnCl_2$ ebenso wie bei höheren $ZnCl_2$-Konzz. mehr **III** (8,4 bzw. 11,7%). Die Desaktivierung des $ZnCl_2$ wird mit Farbänderungen der Reaktionslsgg. (purpurbraun) u. dem Auftreten eines orangefarbenen Nd. in Zusammenhang gebracht. $CdCl_2$ u. $CaCl_2$ erwiesen sich als Katalysatoren unwirksam infolge ihrer Unlöslichkeit; $HgCl_2$ löst sich jedoch in sd. **I** + **II** u. ergab nennenswerte Mengen an **III** sowie eine (nichtidentifizierte) mercurierte Verbindung. Vff. bemerken, daß für den Fall der C-Acetylierung von **I** $ZnCl_2$ wirksamer als $AlCl_3$ ist, hingegen ergibt bei der gleichen Rk. mit Bzl. $ZnCl_2$ nur wenig Acetophenon. Da weder HCl noch **IV** bei den Rkk. mit **II** auftraten, führt die Zers. des Komplexsalzes **A** sicher nicht zu $RCOCl + RCO^+\,[ZnCl(OCOCH_3)_2]^-$ bzw. $2\,RCOCl + Zn(OCOCH_3)_2$ (R = H oder CH_3). Der analoge Al-Komplex $H^+\,[AlCl_3OCOCH_3]^-$ zerfällt dagegen zu HCl u. *Acetoxyaluminiumchlorid*, $AlCl_2OCOCH_3$, das, wie Vff. zeigen konnten, die Rk. zwischen **I** u. **II** kaum katalysiert. — *p-Methoxyacetophenon* (**III**), fahlgelbe Kristalle, F. 34—37°, $Kp._{3,8-4}$ 110—115°; *2.4-Dinitrophenylhydrazon*, F. 223°. (J. chem. Soc. [London] **1951**. 726—30. März.)

B. GNAUCK. B 225

H. Burton und **P. F. G. Praill**, *Durch starke Säuren katalysierte Acylierungsreaktionen.* 6. Mitt. *Ein Vergleich von Zinkchlorid und Perchlorsäure als Katalysatoren für die*

Thiele-Acetylierung von Chinonen. (5. vgl. vorst. Ref.; 7. vgl. C. **1956.** 5794.) Vff. untersuchten die zuerst von THIELE u. WINTER [1900] beschriebene Rk. zwischen Benzochinon (I) u. Acetanhydrid(II)–$ZnCl_2$. Bei Ggw. von mehr als 2 Mol **II** trat beim Erhitzen eine exotherme Rk. ein, Zn-Acetat (**III**) kristallisierte aus, u. es konnte neben *Chlorhydrochinondiacetat* etwas *1.2.4-Triacetoxybenzol* isoliert werden, HCl-Entw. trat jedoch nicht auf. Aus Toluchinon-(2.5) (**IV**) entstand mit **II** + $ZnCl_2$ wenig *2.4.5-Triacetoxytoluol,* aber ziemlich viel *3-Chlortoluhydrochinon-(2.5)-diacetat* (**V**), wobei wiederum **III** sich abschied u. HCl nicht auftrat. Für die abnorme Rk. **IV** → **V** (Cl sollte in 4-Stellung dirigiert werden!) wird Addition eines Acetyliumions unter Bldg. nachst. intermediären Komplexes **A** angenommen, der dann zu **III** u. einer weiteren Chloracetoxyzwischenstufe zerfällt. Vff. meinen, daß bei Rkk. mit FRIEDEL-CRAFTS-Katalysatoren dem Komplex **A** eine größere Bedeutung zukommt. Aus Naphthochinon-(1.4) (**VII**) entstanden mit **II**–$ZnCl_2$ viel *1.2.4-Triacetoxynaphthalin* u. eine kleine Menge einer Cl-haltigen Verb., vermutlich *1.4-Diacetoxy-2-chlornaphthalin.* 2-Methylnaphthochinon-(1.4) (**VI**) erwies sich als resistent gegen **II** + $ZnCl_2$, falls nicht unter Zersetzungsbedingungen gearbeitet wurde; bei Ggw. von Nitromethan konnte sehr wenig Cl-haltige Substanz isoliert werden, vermutlich *1.4-Diacetoxy-3-chlor-2-methylnaphthalin,* mit viel $HClO_4$ konnte dagegen aus **VI** u. **II**–$ZnCl_2$ *1.3.4-Triacetoxy-2-methylnaphthalin* (**VIII**; vgl. C. **1950.** II. 2904) erhalten werden. **I, IV** u. **VII** ergaben jedoch schon mit wenig 72%ig. $HClO_4$ die entsprechenden Triacetoxyverbindungen. Offensichtlich ist $HClO_4$ (neben BF_3) der wirksamste Katalysator für die THIELE-Acetylierung. **VIII** ergab bei der alkal. Hydrolyse an der Luft in hoher Ausbeute *3-Oxy-2-methylnaphthochinon-(1.4)* (*Phthiocol*).

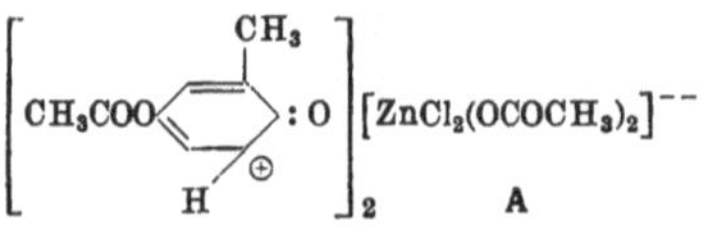

A

V e r s u c h e: *Chlorhydrochinondiacetat,* fahlorangefarbene, rhomb. Prismen, F. 72° (PAe.–Bzl.), durch Zugabe von $ZnCl_2$ zu **I** in **II**, 1 Std. bei 100°, daneben: *1.2.4-Triacetoxybenzol,* F. 96—97° (A.) bzw. F. 97,5° (Methanol), auch bei Zugabe von wenig 72%ig. $HClO_4$ zu **I** in **II** (30 Min. bei n. Temp.). — *2.5-Diacetoxy-3-chlortoluol* (**V**), $C_{11}H_{11}O_4Cl$, F. 65° (Bzl.), aus **IV** in **II**–$ZnCl_2$ (10—15 Min. Schütteln, Temp. dabei von ca. 120 auf 95° bringen), 30 Min. bei 90—95°; daneben wenig: *2.5-Diacetoxy-4-chlortoluol* sowie aus den Mutterlaugen *2.4.5-Triacetoxytoluol,* F. 111° (Bzl.–PAe.). — *1.2.4-Triacetoxynaphthalin,* F. 133—134°, hellbraune Nadeln aus A., a) aus **VII** u. $ZnCl_2$ in **II**, 4 Std. bei 90°; daneben *1.4-Diacetoxy-2-chlornaphthalin* (?), $C_{14}H_{11}O_4Cl$, F. 134—135° (PAe.–Bzl.); b) durch Zugabe von 72%ig. $HClO_4$ zu **VII** in **II**, 30 Min. bei n. Temp.; 95% (Ausbeute). — *1.4-Diacetoxy-3-chlor-2-methylnaphthalin,* $C_{15}H_{13}O_4Cl$, F. 196—197° (A.), aus **VI**, $ZnCl_2$ u. **II** in Nitromethan, 8 Std. bei 100°. — *1.3.4-Triacetoxy-2-methylnaphthalin* (**VIII**), $C_{17}H_{16}O_6$, F. 158—159° (Bzl.–PAe.), durch Zutropfen von 72%ig. $HClO_4$ zu **VI** in **II**, 20 Std. bei n. Temp., ca. 54%. — *3-Oxy-2-methylnaphthochinon-(1.4)* (*Phthiocol*), $C_{11}H_8O_3$, hellgelbe Nadeln, F. 173° (Methanol), durch Hydrolyse von **VIII** mit 2nNaOH bei Luftzutritt; 80% (Rohausbeute). — *3-Chlortoluhydrochinon-(2.5),* $C_7H_7O_2Cl$, F. 112°, durch 9—10std. Kochen von **V** in n-H_2SO_4 u. A.; ergab durch Chromsäureoxydation *3-Chlortoluchinon-(2.5),* hellgelbe Nadeln, F. 90° (A.). — *4-Chlortoluhydrochinon-(2.5)* (**IX**), $C_7H_7O_2Cl$, F. 175° (Chlf.–Äthylacetat), durch Einleiten von trockenem HCl-Gas in die Chloroformlsg. von **IV** bei n. Temp. (1 Std.); ergab bei Einw. von 72%ig. $HClO_4$ in **II** + Essigsäure u. Zugabe von Eis nach 1 Min.: *2.5-Diacetoxy-4-chlortoluol,* $C_{11}H_{11}O_4Cl$, F. 112—113° (Bzl.–PAe.). — *2.5-Diacetoxy-3.4-dichlortoluol* (?), $C_{11}H_{10}O_4Cl_2$, F. 124° (Methanol), aus der Reaktions-Fl. der Darst. von **IX**, Einw. von **II**-Essigsäure (1:1) u. wenig 72%ig. $HClO_4$ auf das Rohprodukt. (J. chem. Soc. [London] **1952.** 755—59. März.) B. GNAUCK. B 225

T. A. Faworskaja und **N. P. Ryshowa,** *Über den Mechanismus der Dehydratisierung von γ-Glykolen.* 2. Mitt. *Untersuchung der Dehydratisierung von 2.5-Dimethylhexandiol-(2.5), 4-Methylhexandiol-(1.4) und 4-Methyloctandiol-(1.4).* (1. vgl. C. **1956.** 6635.) 4-Methylhexandiol-(1.4) (**I**), 4-Methyloctandiol-(1.4) (**II**) u. 2.5-Dimethylhexandiol-(2.5) (**III**) geben beim Erhitzen mit verd. H_2SO_4 *4-Methylhexen-(3)-ol-(1)* (**IV**) bzw. *4-Methylocten-(3)-ol-(1)* (**V**) u. *2.5-Dimethylhexen-(4)-ol-(2)* (**VI**). **IV**—**VI** werden in Ggw. von sehr wenig konz. H_2SO_4 dest.; hierbei erfolgt Isomerisation zu Tetrahydrofuranderivv.; **IV** liefert *2-Methyl-2-äthyltetrahydrofuran* (**VII**), **V** → *2-Methyl-2-butyltetrahydrofuran* (**VIII**) u. **VI** → *2.2.5.5-Tetramethyltetrahydrofuran* (**IX**). **V** u. **VIII** sind in der Literatur noch nicht beschrieben.

V e r s u c h e: *2.5-Dimethylhexandiol-(2.5)* (**III**), F. 87—88°; aus Bernsteinsäurediäthylester u. CH_3MgBr-Lsg.; 34,5% (Ausbeute). — *2.5-Dimethylhexen-(4)-ol-(2)* (**VI**), $C_8H_{16}O$, $Kp._{15}$ 63,5—64°; 6,6 g **III** werden mit verd. H_2SO_4 (p_H 1,6) dest.; $D.^{20}_4$ 0,8489; n_D^{20} 1,4438; 2,4 g. — *2.2.5.5-Tetramethyltetrahydrofuran* (**IX**), $C_8H_{16}O$, Kp. 115,5—116,5°; durch Dest. von **VI** mit einem Tropfen konz. H_2SO_4; $D.^{20}_4$ 0,8089; n_D^{20} 1,4014; 44%. —

4-Methylhexandiol-(1.4) (I), Kp.$_8$ 118—119°; aus Acetopropylalkohol (X) u. C_2H_5MgBr-Lsg.; n_D^{20} 1,4571; 33%. — *4-Methylhexen-(3)-ol-(1)* (IV), $C_7H_{14}O$, Kp.$_{12}$ 75,5—76°; das aus I beim Destillieren mit verd. H_2SO_4 erhaltene Reaktionsprod. wird im Vakuum fraktioniert; D.$^{20}_4$ 0,8617; n_D^{20} 1,4495; 15% neben 17% VII. — *2-Methyl-2-äthyltetrahydrofuran* (VII), $C_7H_{14}O$, Kp.$_{14}$ 27—28°; Kp. 121—122°; durch Dest. von IV mit einem Tropfen konz. H_2SO_4; D.$^{20}_4$ 0,8553; n_D^{20} 1,4196; 65%. — *4-Methyloctandiol-(1.4)* (II), $C_9H_{20}O_2$, Kp.$_{15}$ 144—145°; aus X u. n-C_4H_9MgBr-Lsg.; D.$^{20}_4$ 0,9158; n_D^{20} 1,4573; 30% (auf umgesetztes X bezogen). — *4-Methylocten-(3)-ol-(1)* (V), $C_9H_{18}O$, Kp.$_{17}$ 99,5—100°; D.$^{20}_4$ 0,8524; n_D^{20} 1,4524; 24,6% neben 32,5% VIII. Durch Oxydation mit $KMnO_4$ liefert V *Methylbutylketon* (*2.4-Dinitrophenylhydrazon*, $C_{12}H_{16}O_4N_4$, F. 103—104°) u. *Acrylsäure*, $C_3H_4O_2$ (*Silbersalz*, $C_3H_3O_2Ag$). — *2-Methyl-2-butyltetrahydrofuran* (VIII), $C_9H_{18}O$, Kp.$_{10}$ 55—56°; Kp. 164,5—165,5°; aus V u. konz. H_2SO_4; D.$^{20}_4$ 0,8507; n_D^{20} 1,4300. Bei der Oxydation mit $KMnO_4$ entsteht das *Lacton* der *γ-Oxy-γ-methylcaprylsäure*, $C_9H_{16}O_2$, Kp.$_{14}$ 113—114°; hieraus durch Verseifen mit NH_3 u. Fällen mit $AgNO_3$ das *Silbersalz* der freien Säure, $C_9H_{17}O_3Ag$. (Журнал Общей Химии [J. allg. Chem.] **26** (**88**). 423—26. Febr. 1956. Leningrad, Univ.) R. KNOBLOCH. B 225

G. B. Ssergejew, *Kinetik des thermischen Zerfalls von Butylbromiden.* (Vgl. SSEMENOW u. Mitarbeiter, C. **1956.** 11385.) Die Druckabhängigkeit der Zerfallsgeschwindigkeit von *sek.*- (II) u. *tert.-Butylbromid* (III) zeigt, daß der Zerfall eine Rk. 1. Ordnung ist, bei *n*- (I) u. *Isobutylbromid* (IV) von 1,5^{ter} Ordnung. Zur Best. der Aktivierungsenergie (E) wird die Abhängigkeit der Anfangszerfallsgeschwindigkeit von der Temp. untersucht, es ergibt sich: **I** E = 48, **II** 45,6, **III** 41, **IV** 30 kcal/Mol. Bzgl. des Mechanismus wird angenommen, daß bei **I** ein abgespaltenes Br-Atom mit **I** reagiert nach Br + **I** → HBr + $CH_2CH_2C^{\bullet}HCH_2Br$ → $CH_3CH_2CH{=}CH_2$ + Br, daneben aber auch an der endständigen CH_2Br-Gruppe zu $CH_3CH_2CH_2C^{\bullet}HBr$, einem weniger akt. Radikal, das bei höherer Temp. mit **I** in Isomerisierungs-Rk. treten u. sich in ein weniger zur Olefinbldg. befähigtes Radikal umwandeln kann. Bei **IV** muß die Abspaltung eines H-Atoms am leichtesten aus der CH-Gruppe erfolgen, wobei ein Radikal $(CH_3)_2{}^{\bullet}CCH_2Br$ entsteht, die Kette verlängert u. E um 5 kcal herabgesetzt wird (weitere Verminderung durch Rkk. an der Wand). Bei **II** ist als Haupt-Rk. die Abspaltung von H aus der CHBr-Gruppe unter Bldg. von $CH_3CH_2C^{\bullet}BrCH_3$ anzunehmen, weiter ähnlich wie bei **IV**, bei höheren Tempp. entsteht wahrscheinlich auch $CH_3C^{\bullet}HCHBrCH_3$. Bei **III** fehlen CH_2Br- u. CHBr-Gruppen, der Kettenabbruch muß nach Br + $(CH_3)_2CBr{-}C^{\bullet}H_2$ → Reaktionsprodd. erfolgen, mit der Ketten-Rk. konkurriert der direkte Zerfall. (Доклады Академии Наук СССР [Ber. Akad. Wiss. UdSSR] **106.** 299—302. 11/1. 1956. Moskau, Lomonossow- Univ.) R. K. MÜLLER. B 225

D. A. Barr, W. C. Francis und **R. N. Haszeldine,** *Perfluoralkoxyradikale.* Mit Hilfe von Kettenmechanismen über Perfluoralkoxyradikale gemäß $R{-}CF_2{-}CF_2{-}O\cdot \rightarrow R{-}CF_2\cdot + COF_2$ erklären Vff. den im Gegensatz zu der bekannten Stabilität der Perfluoralkylgruppe außerordentlich leicht verlaufenden Kettenabbau bei der photochem. Oxydation von C_3F_7J zu COF_2, die Bldg. von Nitro- u. Nitrosoderivv. kürzerer Perfluoralkylradikale bei der Photolyse von C_3F_7J in Ggw. von NO oder NO_2 u. die Pyrolyse von Perfluor-[2-methyl-1.2-oxazetidin] zu Perfluor-[methylenmethylamin] u. COF_2. Wenn das dem O-Atom benachbarte C-Atom neben F auch Cl- oder Br-Atome trägt, finder Abspaltung dieser Halogenatome u. keine Kettenspaltung statt. Ausführliche Beschreibung der angeführten Rkk. vgl. FRANCIS u. HASZELDINE, C. **1956.** 4106; HASZELDINE, C. **1953.** 8326; JANDER u. HASZELDINE, C. **1954.** 4825, 9974, 9980; BARR u. HASZELDINE, C. **1956.** 4112. (Nature [London] **177.** 785—86. 28/4. 1956. Cambridge, Univ., Chem. Labor.) E. FORCHE. B 226

Ch. M. Minatschew und **N. I. Schuikin,** *Metalle der achten Gruppe als Katalysatoren bei Kohlenwasserstoffumwandlungen.* Zusammenfassende Übersicht. — 196 Literaturangaben. (Успехи Химии [Fortschr. Chem.] **23.** 737—65. 1954. Moskau.)
E. KLEVER. B 227

A. L. Markman und **A. Ss. Gorochowskaja,** *Polarographische Untersuchungen des Hydrierungsprozesses.* 4. Mitt. *Hydrierung von Gemischen aus Allylacetat mit di- und trisubstituierten Äthylenen.* (3. vgl. Журнал Общей Химии [J. allg. Chem.] **24** (**86**). [1954.] 65; 2. vgl. C. **1955.** 2632.) Die von LEBEDEW [1927] angegebene Regel der bevorzugten Absättigung des monosubstituierten Äthylens kann nach den Unterss. über die Hydrierung von Essigsäureallylester im Gemisch mit *Malein*-, *Fumar*-, *Zimt*- u. *Itaconsäure* u. *Mesityloxyd* nur als Verallgemeinerung mit erster Annäherung gelten. Je nach der Natur der 2. Komponente u. dem Katalysator (Pt, Pd) schwankt der Selektivitätsgrad der Sättigung des monosubstituierten Äthylens zwischen 0,512 u. 1,00. (Журнал Общей Химии [J. allg. Chem.] **24** (**86**). 1332—42. Aug. 1954. Zentralasiat. Polytechn. Inst.) R. K. MÜLLER. B 227

A. L. Markman, *Polarographische Untersuchungen des Hydrierungsprozesses. 5. Mitt. Hydrierung von Gemischen disubstituierter Äthylenderivate.* (4. vgl. vorst. Ref.) Auf Grund der Untersuchungsergebnisse werden durch Hydrierung der Gemische *Zimt-* (I)-*Ölsäure* (II) u. *Fumar-* (III)-*Itaconsäure* an Pd als Katalysator sowie der Gemische III–*Maleinsäure* (IV), I–III u. I–II an Pt als Katalysator die erstgenannten Säuren der Säurepaare selektivhydriert. In den Gemischen I–IV u. II–III erfolgt dagegen keine bevorzugte Hydrierung an Pd. (Общей Химии [J. allg. Chem.] **24** (86). 1343–55. Aug. 1954.) R. K. MÜLLER. B 227

G. P. Korneitschuk, Ja. W. Shigailo, W. A. Roiter und **I. P. Garkawenko,** *Die Rolle der makrokinetischen Faktoren im Prozeß der katalytischen Oxydation von Naphthalin an geschmolzenem Vanadiumpentoxyd.* Bei der Oxydation von *Naphthalin* (I) zu Phthalsäureanhydrid an geschm. V_2O_5 (II) treten erhebliche Mengen an Nebenprodd. (Napthochinon, Maleinsäureanhydrid, Phthal- u. Benzoesäure) u. als Prodd. weitgehender Oxydation CO_2 u. H_2O auf. Es zeigt sich, daß diese ungenügende Selektivität des II darauf beruht, daß II ein poröser Körper mit ziemlich engen Poren (10^{-4}—10^{-5} cm) ist, deren Oberfläche um 2 Zehnerpotenzen größer ist als die äußere Oberfläche der Katalysatorstücke. Bis 400° verläuft die I-Oxydation im wesentlichen im Gebiet innerer Diffusion, der Übergang in das Gebiet äußerer Diffusion erfolgt unter starker Erwärmung des Katalysators. Dabei nimmt die Selektivität des II mit steigender Temp. bis zum Erreichen des Gebiets äußerer Diffusion zu, die Erwärmung des II wirkt jedoch selektivitätsvermindernd. Daraus ergibt sich ein Optimum der Selektivität, das in vorliegenden Verss. bei 420° liegt. (Журнал Физической Химии [J. physik. Chem.] **29.** 1073–79. Juni 1955. Pissarshewski-Inst. für physik. Chem. der Akad. der Wiss. der UkrSSR; Rubesh, Chem. Kombinat des Minist. für chem. Ind. der UdSSR.) R. K. MÜLLER. B 227

C. Präparative organische Chemie. Naturstoffe.

A. M. Woolman, *Das Präfix „Nor" in der chemischen Nomenklatur.* Bemerkungen über Herkunft u. Bedeutung des Präfixes „Nor". (Nature [London] **177.** 1046. 2/4. 1956. Arlesheim.) W. SCHICKE. 450

J. H. Gaddum, *Das Präfix „Nor" in der chemischen Nomenklatur.* (Vgl. vorst. Ref.) Hinweis auf die erste Anwendung des Präfixes „Nor" durch MATTHIESSEN u. FOSTER (1868). (Nature [London] **177.** 1046. 2/6. 1956. Edinburgh.) W. SCHICKE. 450

Veijo Mattinen, *Über die Ozonisierung.* Beim Einleiten von O_3 in Lsgg. ungesätt. Verbb. lassen sich durch Rühren mit einem Vibromischer O_3-Verluste vermindern. Beim Ozonisieren von semicycl. ungesätt. KW-stoffen wird dadurch eine etwas bessere Ausbeute an Ketonen u. ein höherer Reinheitsgrad erzielt. Auch gelingt so eine Ozonisierung von Verbb., die in dem gewählten Lösungsm. nur wenig lösl. sind. (Suomen Kemistilehti **28.** Nr. 5/6. A 167–68. 1955.) S. BECKMANN. 460

A. D. Petrow, *Synthese von verzweigten aliphatischen Kohlenwasserstoffen über β-Alkenylhalogenide.* (Vgl. C. **1956.** 8049.) Durch Rk. von β-Alkenylhalogeniden mit β-ungesätt. Ketonen, Ketonen mit tert. C-Atom in α-Stellung zur Carbonylgruppe u. tert. Halogeniden oder von tert. Halogeniden mit tert. Halogeniden werden über GRIGNARD-Verbb. hochverzweigte Paraffine, wie *2.3.4.5.6-Pentamethylheptan, 4.5-Dimethyl-4.5-diäthyloctan, 2.4.6-Trimethyl-4-tert.-butylheptan, 2.2.3-Trimethyl-3-äthylhexan* u. *2.4.4.5.5.7-Hexamethyloctan* erhalten, die als Modellsubstanzen für Brennstoffe u. Öle von Interesse sind. Die Ausbeuten bei Verwendung von Halogeniden u. Ketonen mit einer Doppelbindung in β-Stellung zur funktionellen Gruppe sind größer als bei Anwendung von gesätt. Verbindungen. Die Allylumlagerung von β-Alkenylhalogeniden wird durch Kondensation mit β-ungesätt. Ketonen unterdrückt.

V e r s u c h e : *2.3.4.5.6-Pentamethylheptadien-(1.5)-ol-(4)* (I), $Kp._7$ 76–77°, man fügt zu 50 g Mg in 300 ml Ae. ein Gemisch aus 94 g 3-Chlor-2-methylbuten-(1) u. 72 g 2.3-Dimethylpenten-(2)-on-(4), rührt 70 Std. bei Zimmertemp. u. gibt in Eis–NH_4Cl-Mischung; $D.^{20}_4$ 0,8833; n_D^{20} 1,4710; 48% (Ausbeute). Gibt bei der Oxydation mit 2%ig. $KMnO_4$-Lsg. *Aceton, Diacetyl* u. *Ameisensäure.* — *2.3.4.5.6-Pentamethylheptatrien-(1.3.5)*, $Kp._7$ 55 bis 56°, man kocht 40 g I 30 Std. mit 69 g Essigsäureanhydrid u. 27 g Na-Acetat; $D.^{20}_4$ 0,8118; n_D^{20} 1,4650; 15,3 g. — *2.3.4.5.6-Pentamethylhepten-(3)*, $C_{12}H_{24}$, $Kp._{10}$ 60–68°, man hydriert 15 g I in CH_3OH bei 129° u. 120 at in Ggw. von RANEY-Ni; $D.^{20}_4$ 0,7862; n_D^{20} 1,4418. Gibt bei der Oxydation mit 6%ig. $KMnO_4$-Lsg. bei 100° in 10 Tagen *Methylisopropylketon* u. *2.3-Dimethylpentanon-(4).* — *2.3.4.5.6-Pentamethylheptan,* $Kp._{11}$ 64 bis 66°, man hydriert I bei 163° u. 124 at in Ggw. von Pd/Silicagel; $D.^{20}_4$ 0,7838; n_D^{20} 1,4392; erstarrt unter −80° zu einer glasigen Masse. — *4.5-Dimethyl-4.5-diäthyloctadien-(1.7)* (II), $Kp._{760}$ 210–215°, man läßt einen Teil einer Lsg. von 100 g 3.4-Dimethyl-3.4-dichlorhexan u. 152 g Allylchlorid in Ae. zu 48 g Mg tropfen, erwärmt kurz, bis die Rk. beginnt, kühlt auf -20^0 ab u. gibt den Hauptteil der Lsg. zu; $D.^{20}_4$ 0,818; n_D^{20} 1,4620; 10%. Gibt bei der Oxydation mit 1%ig. $KMnO_4$-Lsg. *Ameisensäure* u. eine *Säure, Ag-Salz*, $C_{13}H_{23}O_3Ag$ (wahrscheinlich *5.6-Epoxy-2.3-dimethyl-2.3-diäthylhexancarbonsäure*). — *4.5-Dimethyl-4.5-diäthyloctan*, Kp. 216—218°, E. $<-80^0$, man hydriert **II** bei 190° u. 200 at an Raney-Ni; $D.^{20}_4$ 0,798; n_D^{20} 1,4440. — *2.2.3.5-Tetramethylhexen-(4)-ol-(3)*, $Kp._4$ 46°, analog **I** aus 100,3 g Pinakolin u. 135 g Isobutenylchlorid [3-Chlor-2-methylpropen-(1)] in Ggw. von 73 g Mg; $D.^{20}_4$ 0,8514; n_D^{20} 1,4502; 142 g. Gibt bei der Oxydation *Aceton* u. *2.2.3-Dimethyl-3-oxybuttersäure*, F. 141°, u. bei der Hydrierung *2.2.3.5-Tetramethylhexanol-(3)* (**III**), $Kp._{25}$ 84,6—84,8°; $D.^{20}_4$ 0,8393; n_D^{20} 1,4368. — *2.2.3.5-Tetramethyl-3-chlorhexan*, $Kp._{28}$ 72,6—73,5°, man leitet HCl bei 0° in **III** ein; $D.^{20}_4$ 1,8778; n_D^{20} 1,4455. — *2.4.6-Trimethyl-4-tert.-butylheptan*, E. —86°, analog **I** aus vorst. Verb. u. Isobutenylchlorid. Die dabei entstandene Substanz ($Kp._{12}$ 92,5°; $D.^{20}_4$ 0,8163; n_D^{20} 1,4584) wird hydriert; $D.^{20}_4$ 0,7995. — *4.5.5-Trimethyl-4-äthylhexen-(1)*, $Kp._{12}$ 59°, man gibt zu 28 g Mg in 500 ml Ae. in 6 Std. 76,9 g Allylchlorid u. 124,2 g 3-Chlor-3.4.4-trimethylpentan, kocht 36 Std. u. zers. mit 5%ig. HCl; $D.^{20}_4$ 0,7834; n_D^{20} 1,4403; 9%. — *2.2.3-Trimethyl-3-äthylhexan*, $Kp._{739}$ 176,5°, E. —110°, man hydriert vorst. Verb. bei 140° u. 130 at in Ggw. von Raney-Ni; $D.^{20}_4$ 0,7783; n_D^{20} 1,4386. — *2-Chlor-2.4-dimethylpentan*, $Kp._{46}$ 52°, man leitet HCl bei 0° in 2.4-Dimethylpentanol-(2) ein; $D.^{20}_4$ 0,8601; n_D^{20} 1,4180; 70%. — *2.4.4.5.5.7-Hexamethyloctan*, $Kp._{743}$ 216°, E. +2°, man läßt in 6 Std. eine Lsg. von 125,9 g vorst. Verb. in Ae. zu 11 g Mg in 500 ml Ae. (aktiviert durch 2 ml C_2H_5Br) tropfen u. kocht 32 Std.; $D.^{20}_4$ 0,7902; n_D^{20} 1,4408; λ_{max} 823, 960, 1173 cm^{-1}; 6%. (Известия Академии Наук СССР, Отделение Химических Наук [Nachr. Akad. Wiss. UdSSR, Abt. chem. Wiss.] **1955**. 639—47. Juli/Aug. Zelinsky-Inst. für organ. Chem. der Akad. der Wiss. der UdSSR.) Ch. Weiske. 510

B. A. Kasanski, I. W. Gosstunskaja und **A. M. Granat**, *Katalytische Hydrierung zweifach ungesättigter Verbindungen mit Systemen konjugierter Doppelbindungen*. 2. Mitt. *Hydrierung von Isopren in Gegenwart von Platin, Palladium und Nickel*. (1. vgl. C. **1953**. 4670.) Die Hydrierung von Isopren wird in Ggw. von Pt, Ni oder Pd bis zur Aufnahme von nur 1 Mol H_2 durchgeführt. Die Versuchsbedingungen sind Zimmertemp. u. A. als Lösungsmittel. In Ggw. von Pt-Schwarz entstehen hauptsächlich *α-Methyl-α-äthyläthylen* (**I**), weniger *Trimethyläthylen* (**II**), wenig *Isopropyläthylen* (**III**), gleichzeitig aber auch viel *Isopentan* (**IV**). Die Hydrierung an Pd-Schwarz liefert viel **II**, weniger **I** u. **III** u. sehr wenig **IV**. In Ggw. von Skelett-Ni werden viel **I** u. **II**, weniger **III** u. sehr wenig **IV** erhalten. Die Hydrierungen verlaufen demnach nicht selektiv. An den Geschwindigkeitskurven ist der Ablauf der einzelnen Rkk.nicht zu erkennen. (Известия Академии Наук СССР, Отделение Химических Наук [Nachr. Akad. Wiss. UdSSR, Abt. chem. Wiss.] **1953**. 670—77. Juli/Aug. Moskau, Lomonossow-Univ.) R. Richter. 520

I. W. Gosstunskaja, G. W. Losa und **B. A. Kasanski**, *Katalytische Hydrierung zweifach ungesättigter Verbindungen mit Systemen konjugierter Doppelbindungen*. 3. Mitt. *Hydrierung von 2.3-Dimethylbutadien-(1.3) in Gegenwart von Platin, Nickel und Palladium*. (2. vgl. vorst. Ref.) 2.3-Dimethylbutadien-(1.3) lagert H_2 in 1.2- u. 1.4-Stellung an. *2.3-Dimethylbuten-(2)* ist im Hydrierungsprod. mit Pt zu 13 Mol-%, mit Ni zu 25% vorhanden. Pd wirkt ähnlich wie Ni. (Известия Академии Наук СССР, Отделение Химических Наук [Nachr. Akad. Wiss. UdSSR, Abt. chem. Wiss.] **1955**. 863—68. Sept./Okt. Moskau, Lomonossow-Univ.) R. K. Müller. 520

John E. Leffler und **Aksel A. Bothner-By**, *Reaktion von salpetriger Säure mit O-Alkylhydroxylaminen*. Vff. untersuchen die Einw. von salpetriger Säure (**I**) auf O-Alkylhydroxylamine; sie führt im allg. zu dem entsprechenden *Alkohol* u. *NO*. O-Benzylhydroxylamin reagiert mit **I** auch unter Bldg. von *Benzaldehyd*, während O-Anthranoylhydroxylamin (**II**) mit **I** nur das *Diazoniumsalz der Anthranilsäure* liefert. Da O-Isobutylhydroxylamin mit **I** ohne Umlagerung *Isobutylalkohol* liefert, wird angenommen, daß die Rk. nicht über ein Carboniumion führt. Zur weiteren Klärung des Reaktionsmechanismus wurde O-n-Butylhydroxylamin mit an ^{15}N angereicherter **I** umgesetzt u. das entstandene NO massenspektrometr. untersucht. Hierdurch ist folgender Reaktionsmechanismus gesichert: $RO{-}^{14}NH_2 + HO^{15}NO \rightarrow R{-}\underset{H^+}{O}{-}^{14}N = {}^{15}N{-}OH \rightarrow R{-}OH + {}^{14}N \rightleftharpoons {}^{15}N = O$. — Verss. zur Darst. von *O-Tritylhydroxylamin* schlugen fehl.

Versuche: *O-Anthranoylhydroxylamin* (**II**), F. 75—77°, Platten, aus Isatosäureanhydrid u. Hydroxylaminhydrochlorid in Sodalsg.; mit Aceton entsteht die *Acetonverb.*, $C_{10}H_{12}O_2N_2$, F. 108,5—109,5°. Beim Behandelm von **II** mit **I** ($NaNO_2$ + HCl) u. anschließendem Kuppeln mit Phenol erhält man in quantitativer Ausbeute *4-Oxyazobenzol-2'-carbonsäure*, F. 200—205°. — O-n-Butylhydroxylaminhydrochlorid (**III**) gibt mit **I** *n-Butylalkohol*; *3.5-Dinitrobenzoat*, F. 61—63°. — *O-Benzylhydroxylaminhydrochlorid* gibt mit I 12% *Benzaldehyd* (*2.4-Dinitrophenylhydrazon*, F. 239—249°) u. 70% *Benzylalkohol* (*3.5-Dinitrobenzoat*, F. 112°) neben N_2 u. NO. — *O-Isobutylhydroxylaminhydrochlorid* (**IV**), $C_4H_{12}ONCl$, F. 127—128° (Essigester), aus Oxyurethan u. Isobutyljodid in Ggw. von 85%ig. alkoh. KOH; in einem Fall wurde eine Verb. mit F. 178—179,5° erhalten, vielleicht das Salz aus 2 Mol O-Isobutylhydroxylamin u. 1 Mol HCl; **IV** gibt mit **I** *Isobutylalkohol* (*3.5-Dinitrobenzoat*, F. 84—85°). — *O-sek.-Butylhydroxylaminhydrochlorid*, analog vorst. Verb. aus sek.-Butyljodid gewonnen, krist. schwer, sehr hygroskop., wss. Lsg. reagiert stark sauer; mit I entsteht *sek.-Butylalkohol* (*3.5-Dinitrobenzoat*, F. 73—75°). — *O-Tritylbenzhydroxamsäure*, $C_{26}H_{21}O_2N$, F. 150—152° (A. oder Bzl.-PAe.), aus Tritylchlorid u. dem K-Salz der Benzhydroxamsäure in absol. Pyridin durch 1 std. Kochen; ließ sich nicht verseifen; beim Kochen mit alkoh. KOH entsteht *p-Tritylphenyldiphenylmethan*, F. 230—232° (*Bromderiv.*, F. 238—241°). — *Na-^{15}N-Nitrit*, aus $Na^{15}NO_3$ durch Red. mit metall. Blei. — *^{15}NO*, aus **III** u. vorst. Verb. in wss. Lsg.; eine massenspektroskop. Unters. der NO-Probe ergab eine Ionenintensität von 133,5 bei M/e 45, von 273,3 bei M/e 44, von 21,9 bei M/e 21,9, von 51,1 bei M/e 30. (J. Amer. chem. Soc. **73.** 5473—75. Nov. 1951. Tallahassee, Fla., State Univ., Dep. of Chem.; Upton, Long Island, N. Y., Brookhaven Nat. Labor., Dep. of Chem.) H. TIMMLER. 560

A. I. Nogaideli, K. Ja. Dsagnidse und **N. Uridija,** *Synthese und Hydrierung von 6-Methylhepten-(1)-in-(4)-diol-(3.6)*. Das durch Rk. von Dimethyläthinylcarbinol (I) mit Acrolein, in Ggw. von C_2H_5MgBr erhaltene *6-Methylhepten-(1)-in-(4)-diol-(3.6)* wird in Ggw. von Pt oder Pd zu *2-Methylheptandiol-(2.5)* hydriert. Während mit Pt die Hydriergeschwindigkeit kontinuierlich abnimmt, verläuft mit Pd die Anlagerung der ersten 4 H-Atome wesentlich schneller als die der letzten beiden.

V e r s u c h e : *6-Methylhepten-(1)-in-(4)-diol-(3.6)*, $C_8H_{12}O_2$, Kp.$_{3-4}$ 106—107°, zu C_2H_5·MgBr (24,2 g Mg, 93 g C_2H_5Br) läßt man 33 g I in 33 ml Ae. u. dann bei —7 bis —8° 40 g Acrolein in 40 ml Ae. zutropfen u. zerlegt den Komplex mit 15%ig. $(NH_4)_2SO_4$ u. 10%ig. H_2SO_4; D.$^{15}_{15}$ 0,9988; n_D^{15} 1,4772; 18 g (Ausbeute). Gibt bei der katalyt. Hydrierung an Pt-Mohr bei 18° oder an Pd bei 24° *2-Methylheptandiol-(2.5)*, Kp.$_{3-4}$ 63—67°; D.$^{20}_{20}$ 0,8395; n_D^{20} 1,4285. (Журнал Общей Химии [J. allg. Chem.] **25** (**87**). 2225—26. Nov. 1955. Tiflis, Univ.) H.-E. MESSERKNECHT. 570

W. F. Barthel, B. H. Alexander, P. A. Giang und **S. A. Hall,** *Die Darstellung insekticider Phosphate durch eine neue Umlagerungsreaktion.* 2.2.2-Trichlor-1-oxyäthylphosphonsäuredialkylester (vgl. J. Amer. chem. Soc. **76.** [1954.] 4186) erleiden in alkal. Medium unter HCl-Abspaltung eine Umlagerung zu *Dialkyl-2.2-dichlorvinylphosphaten*, die auch nach PERKOW (C. **1955.** 5760) aus Chloral u. Trialkylphosphiten unter Abspaltung von Alkylchlorid erhalten werden. Sie sind nicht ident. mit den zum Vgl. dargestellten isomeren *2.2-Dichlor-1-oxoäthylphosphonsäuredialkylestern*. Die neuen Verbb. sind starke Insekticide.

V e r s u c h e : D i a l k y l - 2.2 - d i c h l o r v i n y l p h o s p h a t e , nach Meth. **A** durch Zutropfen von wss. NaOH zu 2.2.2-Trichlor-1-oxyäthylphosphonsäuredialkylestern in wss. oder alkoh. Lsg.; nach Meth. **B** (vgl. PERKOW, l. c.) durch Zufügen von Chloral in Ae. zum entsprechenden Trialkylphosphit bei —5 bis 0°: *Dimethyl-* (**I**), C_4H_7·O_4Cl_2P, Kp.$_{14}$ 120°, n_D^{25} 1,4524, D.$^{25}_4$ 1,413; nach **A** 57%, nach **B** 86% (Ausbeute). — *Diäthyl-* (**II**), $C_6H_{11}O_4Cl_2P$, Kp.$_{14}$ 132—133°, n_D^{25} 1,4475, D.$^{25}_4$ 1,295; nach **A** 51%, nach **B** 97%. — *Di-n-propyl-*, $C_8H_{15}O_4Cl_2P$, Kp.$_{0,3}$ 107°, Kp.$_{1,1}$ 114°, n_D^{25} 1,4440, D.$^{25}_4$ 1,215; nach **A** 36%, nach **B** 70%. — *Diisopropyl-*, $C_8H_{15}O_4Cl_2P$, Kp.$_{0,9}$ 108—111°, n_D^{25} 1,4422, D.$^{25}_4$ 1,201; nach **A** 26%, nach **B** 75%. — *Di-n-butyl-*, $C_{10}H_{19}O_4Cl_2P$, Kp.$_{0,35}$ 125—128°, n_D^{25} 1,4487, D.$^{25}_4$ 1,166; nach **A** 53%, nach **B** 79%. — *Glyoxal-p-nitrophenylosazon*, $C_{14}H_{12}O_4N_6$, F. 310° (Zers.), durch Einw. von p-Nitrophenylhydrazin auf **I**; aus A. rote Kristalle. — *Dimethyl-1.2.2.2-tetrachloräthylphosphat*, $C_4H_7O_4Cl_4P$, F. 42—43°, Kp.$_{0,2}$ 99 bis 102°, n_D^{25} 1,4701, D.$^{25}_4$ 1,562, aus **I** mit Cl_2; aus Skellysolve A Blättchen; 76%. — *Diäthyl-1.2.2.2-tetrachloräthylphosphat*, $C_6H_{11}O_4Cl_4P$, Kp.$_{0,4}$ 116—119°, n_D^{25} 1,4620, D.$^{25}_4$ 1,431, aus **II** analog vorst. Verb.; 42%. — *2.2-Dichlor-1-oxyäthylphosphonsäurediäthylester*, $C_6H_{13}O_4Cl_2P$, Kp.$_{0,1}$ 142—144°, n_D^{25} 1,4678, aus Dichloracetaldehyd u. Diäthylphosphit (15 Std. bei 40—50°); viscose Fl.; 100%. — *Diäthyl-2-chlorvinylphosphat*, $C_6H_{12}O_4ClP$, Kp.$_{11-13}$ 121—122°, n_D^{25} 1,4348, D.$^{25}_4$ 1,204, a) aus vorst. Verb. mit methanol. NaOH; 13%; b) aus Dichloracetaldehyd u. Triäthylphosphit (**III**); 53%. — *Diäthyl-1.2.2-trichloräthylphosphat*, $C_6H_{12}O_4Cl_3P$, Kp.$_{0,05}$ 113—114°, n_D^{25} 1,4523, aus vorst. Verb. mit Cl_2. — *2.2-Dichlor-1-oxoäthylphosphonsäure, Dimethylester*, $C_4H_7O_4Cl_2P$, Kp.$_{0,3}$ 101°, n_D^{25} 1,4790, aus Trimethylphosphit u. Dichloracetylchlorid (**IV**) in Skellysolve A bei —50° (2 Std.); hygroskop. Öl; 3% [*p-Nitrophenylosazon*, $C_{16}H_{17}O_7N_6P$, F. 328° (Zers.), aus A. gelbe Kristalle]. *Diäthylester*, $C_6H_{11}O_4Cl_2P$, Kp.$_{0,8}$ 148—152°, n_D^{25} 1,4699, aus **III** u. sd. **IV**; hygroskop. Öl; 50% [*p-Nitrophenylosazon*, $C_{18}H_{21}O_7N_6P$, F. 255° (Zers.), aus A.

rote Kristalle]. — *2.2.2-Trichlor-1-acetoxyäthylphosphonsäurediäthylester*, $C_8H_{14}O_5Cl_3P$, Kp.$_{0,05}$ 116—117°, n_D^{25} 1,4653, aus der 1-Oxyverb. mit Acetanhydrid u. Na-Acetat; 48%. (J. Amer. chem. Soc. **77.** 2424—27. 5/5. 1955. Beltsville, Md., Agricult. Res. Serv.)
F. J. MEYER. 590

A. Sykes, J. C. Tatlow und **C. R. Thomas**, *Eine neue Synthese von Fluorketonen.* (Vgl. C. **1956.** 7201.) Wasserfreie Trifluoressigsäure (**I**) setzt sich mit GRIGNARD-Verbb. zu den entsprechenden Ketonen CF_3-CO-R in 40—60%ig. Ausbeuten um, die sich durch Gaschromatographie rein gewinnen lassen. Aus Heptafluorbuttersäure u. Methyl-MgJ erhält man *Heptafluorpropylmethylketon.* Diese Ketone geben mit wss. Alkali die übliche Haloformspaltung zu Carbonsäuren u. vermutlich CHF_3 bzw. C_3HF_7.

Versuche: *1.1.1-Trifluoraceton*, Kp. 21,5—22,5°; durch Zutropfen von 11,4 g **I** in 25 cm³ Di-n-butyläther zu Methyl-MgJ (aus 7,2 g Mg u. 42,6 g CH_3J in 75 cm³ Di-n-butyläther) bei ca. 10°, 1½std. Nachrühren bei 10—15°, Abkühlen auf 0° u. Zugabe von 25 cm³ W. u. 75 cm³ 7nHCl; 56% (Ausbeute). *Semicarbazon*, $C_4H_6ON_3F_3$, F. 127 bis 128°. *2.4-Dinitrophenylhydrazon*, $C_9H_7O_4N_4F_3$, F. 137,5—138,5°. — *Äthyltrifluormethylketon*, $C_4H_5OF_3$, Kp.$_{741}$ 45—45,5°, n^{16} 1,3069; ebenso aus **I** u. Äthyl-MgJ; 52%. *Semicarbazon*, $C_5H_8ON_3F_3$, F. 128—129°. *2.4-Dinitrophenylhydrazon*, $C_{10}H_9O_4N_4F_3$, F. 89,5 bis 91°. — *S-Benzylthiuroniumpropionat*, $C_{11}H_{16}O_2N_2S$, F. 153—154°, durch 1std. Erhitzen des vorst. Ketons mit 2n NaOH auf 50—60°, Ansäuern mit HCl auf p_H 4 u. Zugabe von wss. S-Benzylthiuroniumhydrochlorid; 53%. — *Isopropyltrifluormethylketon*, C_5H_7·OF_3, Kp. 58°, aus **I** u. Isopropyl-MgBr; 51%. *2.4-Dinitrophenylhydrazon*, $C_{11}H_{11}O_4N_4F_3$, F. 80,5—81,5°; 66%. Die Hydrolyse liefert *Isobuttersäure*, identifiziert als *p-Bromphenacylester*, F. 75,5°, u. als *S-Benzylthiuroniumsalz*, $C_{12}H_{18}O_2N_2S$, F. 145—146°; 33%. — *n-Butyltrifluormethylketon*, $C_6H_9OF_3$, Kp. 89,5—90,5°, n^{19} 1,3485, aus **I** u. n-Butyl-MgBr; 63%. *2.4-Dinitrophenylhydrazon*, $C_{12}H_{13}O_4N_4F_3$, F. 48,5—49°; 76%. Die Hydrolyse dieses Ketons liefert *n-Valeriansäure*; *S-Benzylthiuroniumsalz*, $C_{13}H_{20}O_2N_2S$, F. 150 bis 150,5°; 52%. — *tert.-Butyltrifluormethylketon*, $C_6H_9OF_3$, Kp. 69—70°, n^{20} 1,3515, aus **I** u. tert.-Butyl-MgBr; 28%. *2.4-Dinitrophenylhydrazon*, F. 121—122°. Die Hydrolyse dieses Ketons führt zu *Pivalinsäure*; *S-Benzylthiuroniumsalz*, F. 146,5—147°. — *Phenyltrifluormethylketon* (*Trifluoracetophenon*), Kp.$_{759}$ 152—153°, n^{20} 1,4597, aus **I** u. Phenyl-MgBr in Ae.; 62%. *2.4-Dinitrophenylhydrazon*, $C_{14}H_9O_4N_4F_3$, F. 106—107,5°; 75%. — *Heptafluorpropylmethylketon*, $C_5H_3OF_7$, Kp. 63—64°, aus Heptafluorbuttersäure u. Methyl-MgJ; 41%. *2.4-Dinitrophenylhydrazon*, $C_{11}H_7O_4N_4F_7$, F. 75,5°; 82%. — *S-Benzylthiuroniumacetat*, $C_{10}H_{14}O_2N_2S$, F. 134—135°. (J. chem. Soc. [London] **1956.** 835—39. April. Birmingham, Univ., Chem. Dep.)
E. FORCHE. 710

L. Crombie, S. H. Harper, F. C. Newman und **D. Thompson** (unter Mitarbeit von **R. J. D. Smith**), *Versuche über die Synthese von Pyrethrinen.* 10. Mitt. *Zwischenprodukte für die Synthese von cis-Pyrethrolon.* (9. vgl. HARPER u. REED, C. **1955.** 9322.) Im Verlauf der Bemühungen um die Synth. von (±)-cis-Pyrethrolon werden einige Zwischenprodd., bes. *Penten-(4)-in-(2)-ol-(1)* (**VII**) u. *Octen-(7)-in-(5)-on-(2)* (**IX**) dargestellt. **VII** entsteht nach EGLINGTON u. WHITING (C. **1951.** II. 810) aus dem Di-p-toluolsulfonylderiv. (**III**) von *Pentin-(2)-diol-(1.5)* (**II**) mit Alkali, während **IX** bei der Umsetzung mit Na-Acetessigester gebildet wird. In besserer Ausbeute entsteht dagegen **VII** bei der Umsetzung der GRIGNARD-Verb. von Vinylacetylen mit Formaldehyd, **IX** in guter Ausbeute aus dem Chlorid (**VIII**) von **VII** mit Na-Acetessigester. In der Ausweitung der Rk. von EGLINGTON u. WHITING (l. c.) wird auch das Di-p-toluolsulfonylderiv. (**XII**) von *cis-Penten-(2)-diol-(1.5)* (**XI**) mit Na-Acetessigester umgesetzt. Dabei entstand statt des erwarteten cis-Octadien-(5.7)-on-(2) *4-Acetylcyclohexen* (**XIII**) als Hauptreaktionsprod., während *cis-8-Oxyocten-(5)-on-(2)* (**XIV**) als Nebenprod. u. aus dem Mono-p-toluolsulfonat von **XI** unter den gleichen Bedingungen nur in geringer Menge gebildet wurde. Durch Oxymethylierung von *Pentin-(4)-ol* (**XV**) u. *Hexin-(5)-ol* (**XVI**) mit Formaldehyd nach HEUBERGER u. OWEN (C. **1953.** 372) konnten *Hexin-(2)-diol-(1.6)* u. *Heptin-(2)-diol-(1.7)* dargestellt werden, die durch Semihydrierung der Acetylenbindung in *Hexen-(2)-diol-(1.6)* u. *Hepten-(2)-diol-(1.7)* übergeführt werden konnten.

Versuche (FF. korr.): *Butin-(3)-ol-(1)* (**I**), Kp. 125—130°, n_D^{20} 1,438—1,441, aus Na-Acetylid (Inorg. Syntheses **2.** [1946.] 70. 128) u. Äthylenoxyd in fl. NH_3; 12% (Ausbeute). — *Pentin-(2)-diol-(1.5)* (**II**), Kp.$_{0,25}$ 107°, n_D^{20} 1,488—1,489, aus **I** u. Formaldehyd nach HEUBERGER u. OWEN (C. **1953.** 372); 12%. *Di-p-toluolsulfonylderiv.* (**III**), $C_{19}H_{20}O_6S_2$, F. 58° (Methanol), mit 2 Mol p-Toluolsulfochlorid in Aceton bei 10°, Zutropfen von wss. KOH (1 Std.) u. 16std. Rühren bei Zimmertemp.; 73%. *Mono-p-toluolsulfonylderiv.* (**IV**), mit 1 Mol p-Toluolsulfochlorid u. wss. KOH in Aceton; gelbes Öl. — *1-Äthoxypenten-(4)-in-(2)* (**V**), $C_7H_{10}O$, Kp.$_{100}$ 83—85°, n_D^{20} 1,458, a) aus **III** u. Na-Äthylat in sd. A.; 20%; λ_{max} 229 mμ ($\varepsilon = 9000$); polymerisiert leicht. Daneben eine

Fraktion vom $Kp._{15}$ 115–118°, n_D^{20} 1,463 [*1.5-Diäthoxypentin-(2)* (?), $C_9H_{16}O_2$]. — *Dipenten-(4)-in-(2)-yläther* (**VI**), $C_{10}H_{10}O$, $Kp._{12}$ 166°, n_D^{20} 1,5200–1,5215, aus **III** in sd. wss. oder wss.-alkoh. KOH in Ggw. von „Teepol" (Emulgator) neben **V**; 17 bzw. 13%. — *Penten-(4)-in-(2)-ol-(1)* (**VII**), C_5H_6O, $Kp._{15}$ 72°, n_D 1,4930, a) aus **III** u. wss. KOH neben **VI**; 5%; b) aus Vinylacetylen [erhalten in 75–80%ig. Ausbeute nach EGLINGTON u. WHITING (C. **1951**. II. 810) u. aus dem p-Toluolsulfonat von **I**] u. Äthyl-MgBr in sd. Ae. u. Einsublimieren von CH_2O im N_2-Strom; 50%; λ_{max} 227 mμ (ε = 12000). *Phenylurethan*, F. 80,5–81,5° (Bzn.), Nadeln. — *Penten-(4)-in-(2)-ylchlorid* (**VIII**), C_5H_5Cl, $Kp._{65}$ 60°, n_D^{20} 1,5505, aus **V** u. PCl_3 in Pyridin bei −10° (vgl. 7. Mitt.; C. **1953**. 5845); 55 bis 60%. — *Octen-(7)-in-(5)-on-(2)* (**IX**), $C_8H_{10}O$, $Kp._{15}$ 84–89°, n_D^{20} 1,475–1,478, aus **III** u. Na-Acetessigester in sd. A., Verseifen des Verdampfungsrückstandes mit 5% ig. NaOH bei Zimmertemp. u. Decarboxylieren nach dem Ansäuern bei 50°; 7%; oder aus **VIII** (vgl. 7. Mitt., l. c.); 29–31%; λ_{max} 222 u. 232 mμ (ε = 12200 u. 11000) *Semicarbazon*, $C_9H_{13}ON_3$, F. 141,5° (A.), Tafeln. *2.4-Dinitrophenylhydrazon*, $C_{14}H_{14}O_4N_4$, F. 67,5° (A.), rote Tafeln, u. F. 81°, orangefarbene Nadeln; Misch-F. 76–77,5°. — *5-Äthoxypentin-(3)-ol-(1)*, $C_7H_{12}O_2$, $Kp._9$ 107–113°, n_D^{20} 1,4630–1,4605, aus **IV** wie **V** aus **III**, neben wenig **V**; 24%. — *8-Oxyoctin-(5)-on-(2)* (**X**), $C_8H_{12}O_2$, $Kp._{0,2}$ 104–110°, n_D^{20} 1,479–1,481, aus **IV**, wie **IX** aus **III**, neben 5,5% **VIII**; 10%. *Semicarbazon*, $C_9H_{15}O_2N_3$, F. 141,5–142,5° (W.), Tafeln. *2.4-Dinitrophenylhydrazon*, $C_{14}H_{16}O_5N_4$, F. 111–112° (A.), gelbe Nadeln. Das p-Toluolsulfonat von **X** liefert mit Na-Äthylat in A. oder mit KOH in sd. 50%ig. A. 38% bzw. 27% **IX**. — *Hepten-(6)-in-(4)-säure*, $C_7H_8O_2$, F. 57,5° (PAe.), a) neben **IX** aus **VIII** als in Alkali lösl. Anteil; 20%; b) aus **VIII** u. Na-Malonester in A., anschließende Hydrolyse u. Erwärmen der entstandenen Säure (sintert bei 140°) auf 140–150° (2½ Std.); λ_{max} 224 u. 233 mμ (ε = 11300 u. 10400). *p-Bromphenacylester*, $C_{15}H_{13}O_3Br$, F. 99,5 bis 100,5° (wss. A.), Tafeln. — *Heptansäure*, $Kp._{20}$ 121–123°, n_D^{20} 1,4245. *p-Bromphenacylester*, F. 70,2–71,2°. — *Hexen-(5)-in-(3)-ol-(1)*, C_6H_8O, $Kp._{12}$ 73–81°, n_D^{20} 1,4975 bis 1,4980, aus Vinylacetylen-Na (mit $NaNH_2$) in fl. NH_3 u. Äthylenoxyd (84 Std.); λ_{max} 226 mμ (ε = 11700). — *cis-Penten-(2)-diol-(1.5)* (**XI**), $Kp._{0,1}$ 84°, $Kp._{0,4}$ 91–92°, n_D^{20} 1,4763–1,4769, durch partielle Hydrierung von **II** in Essigester bei Zimmertemp. in Ggw. von 5%ig. Pd–$BaSO_4$ oder Pd–$CaCO_3$; 80–85%. *Di-p-toluolsulfonylderiv.* (**XII**), $C_{19}H_{22}O_6S_2$, Öl. — *4-Acetylcyclohexen* (**XIII**), $C_8H_{12}O$, $Kp._{17}$ 69–74°, n_D^{20} 1,4697, aus **XII** u. Na-Acetessigester bei 50–55° u. Reinigen über das Semicarbazon; 18%. *Semicarbazon*, $C_9H_{15}ON_3$, F. 168,5–169° (A.). *p-Nitrophenylhydrazon*, $C_{14}H_{17}O_2N_3$, F. 141 bis 143° (A.), gelbe Nadeln. *2.4-Dinitrophenylhydrazon*, $C_{14}H_{16}O_4N_4$, F. 148,5–149°, orangerote Stäbchen. — *cis-8-Oxyocten-(5)-on-(2)* (**XIV**), $Kp._{0,08}$ 93–96°, n_D^{20} 1,465–1,469, a) als Nebenprod. von **XIII**; 7,5%; b) aus dem Mono-p-toluolsulfonat von **XI** mit Na-Acetessigester; 6%, neben 7% **XIII**, c) durch partielle Hydrierung von **X** in Essigester in Ggw. von Pd-$BaSO_4$ mit 1 Mol H_2; 78%. *2.4-Dinitrophenylhydrazon*, $C_{14}H_{18}O_5N_4$, F. 203 bis 204,5° (Essigester). — *cis-Octadien-(5.7)-on-(2)*, $C_8H_{12}O$, $Kp._6$ 70–72°, n_D^{20} 1,473, aus dem p-Toluolsulfonat von **XIV** mit Na-Äthylat wie **IX**; 16%. *Semicarbazon*, F. 115 bis 115,5° (wss. A.), Tafeln. *2.4-Dinitrophenylhydrazon*, F. 52,5–53,5° (A.). — *cis-8-Äthoxyocten-(5)-on-(2)*, $C_{10}H_{18}O_2$, $Kp._7$ 106–107°, n_D^{20} 1,446, als Nebenprod.; 21%. *Semicarbazon*, $C_{11}H_{21}O_2N_3$, F. 98° (wss. A.), Tafeln. — *Pentin-(4)-ol* (**XV**), $Kp._{11}$ 47–50°, n_D^{20} 1,4322, aus Tetrahydrofurfurylalkohol über das Chlorid (vgl. Org. Syntheses **25**. [1945.] 84); 58–78%, nach EGLINGTON u. Mitarbeitern (C. **1953**. 6656) 75%. — *Hexin-(2)-diol-(1.6)*, $C_6H_{10}O_2$, $Kp._{0,1}$ 115°, n_D^{20} 1,487, aus **XV** wie **II** aus **I**; 41%. — *cis-Hexen-(2)-diol-(1.6)*, $C_6H_{12}O_2$, $Kp._{0,06}$ 89°, n_D^{20} 1,473–1,476, aus vorst. Diol wie **XIV** aus **X**; 85%. — *cis-1.6-Dibromhexen-(2)*, $C_6H_{10}Br_2$, n_D^{20} 1,527, aus vorst. Verb., a) mit 48%ig. HBr in H_2SO_4 oder p-Toluolsulfonsäure; 12%; b) in Bzl. durch Zugabe von PBr_3 bei Zimmertemp.; 65%. Zers. beim Vers. der Destillation. — *Tetrahydropyranyl-(2)-methylchlorid*, $C_6H_{11}OCl$, $Kp._{15}$ 56–57°, n_D^{20} 1,4617, aus Tetrahydropyranyl-(2)-methanol u. $SOCl_2$ in Pyridin bei 135° (2 Std.); 68%. — *Hexin-(5)-ol-(1)* (**XVI**), $Kp._{15}$ 73–75°, n_D^{20} 1,4502, aus vorst. Chlorid wie **XV**; 88%. — *Heptin-(2)-diol-(1.7)*, $C_7H_{12}O_2$, $Kp._{0,05}$ 105°, n_D^{20} 1,4827, aus **XVI** wie **II** aus **I**; 38%. — *cis-Hepten-(2)-diol-(1.7)*, $C_7H_{14}O_2$, $Kp._{0,25}$ 105–106°, n_D^{20} 1,4708 durch Hydrieren vorst. Verb. mit 0,98 Mol H_2 in Ggw. von 5%ig. Pd-$BaSO_4$; 81%. (J. chem. Soc. [London] **1956**. 126–35. Jan. South Kensington, Imp. Coll. of Sci. and Technol.; Strand, Univ. of London, King's Coll.) H. GOLD. 710

Howard L. White, *Einige neue Glycerinderivate*. Als Modellverss. für eine Synth. der Streptose wurde die Oxydation von 1.3-Dibenzoylglycerin (**I**) zum *Dibenzoyldioxyaceton* (**II**) untersucht. **I** wurde aus 2-Acetyl-1.3-benzylidenglycerin durch Benzylieren, Abspalten der Benzylidengruppe, Benzoylieren zum *2-Benzyl-1.3-dibenzoylglycerin* u. Entfernung der Benzylgruppe durch Pd/H_2 erhalten. Die Oxydation von **I** zu **II** gelang durch CrO_3 in Eisessig, nicht jedoch durch das OPPENAUER-Verf. mit Cyclohexanon in sd. Toluol als H-Acceptor.

Versuche: *1.3-Benzylidenglycerin*, F. 82–83° (Ae.), nach Bergmann u. Carter (Hoppe-Seyler's Z. physiol. Chem. **191.** [1930.] 211); 15% (Ausbeute). — *2-Acetyl-1.3-benzylidenglycerin*, F. 100–102° (Ae.), aus 2,5 g vorst. Verb., Acetanhydrid u. Pyridin bei Zimmertemp.; 2,5 g. — *2-Benzyl-1.3-benzylidenglycerin*, $C_{17}H_{18}O_3$, F. 77–78° (Ae.), aus 1,1 g vorst. Verb. u. 2,8 g Benzylchlorid in Xylol durch 4std. Erhitzen mit KOH; 900 mg. — *2-Benzyl-1.3-dibenzoylglycerin*, $C_{24}H_{22}O_5$, F. 71,5–72,5° (Ae.), aus 9 g vorst. Verb. durch 2std. Kochen mit 50%ig. Essigsäure u. anschließende Benzoylierung in Pyridin; 3,3 g. — *1.3-Dibenzoylglycerin* (**I**), $C_{17}H_{16}O_5$, F, 51,5–54° (Ae./Hexan), aus 3 g vorst. Verb. durch Hydrierung mit Pd-Schwarz in Eisessig; 2,5 g. — *Dibenzoyldioxyaceton* (**II**), $C_{17}H_{14}O_5$, F. 118–119°, Nadeln aus Ae., aus 300 mg **I** u. CrO_3 in Eisessig; 96 mg. (J. Amer. chem. Soc. **74.** 3451–52. 5/7. 1952. New Brunswick, N. J., Squibb Inst. for Med. Res.) H. Timmler. 740

A. J. Speziale und **P. C. Hamm**, *Darstellung einiger neuer 2-Chloracetamide. 2-Chloracetamide* wurden aus Aminen bzw. deren Hydrochloriden u. Chloracetylchlorid (**I**) dargestellt. *2-Chloracetanilide* mit negativen Gruppen erhielt man nach der Meth. von Jacobs u. Heidelberger [1917] oder durch Kochen äquimol. Mengen des Anilinderiv. mit **I** in trockenem Benzol. *2-Chlor-N-[2.3-dichlorpropyl]-acetamid* u. *N.N-Bis-[2.3-dichlorpropyl]-2-chloracetamid* bildeten sich durch Chlorierung der entsprechenden Allyl-2-chloracetamide. Die *Chlorpropylaminhydrochloride* wurden aus den entsprechenden Alkanolaminen durch Umsetzung zu den Hydrochloriden u. Rk. mit $SOCl_2$ in trockenem 1.2-Dichloräthan hergestellt. Zur Darst. von *Chlorallyl-* u. *Benzylaminen* ist die Phthalimidmeth. geeignet. Durch Umsetzung der N-substituierten Phthalimide mit wss. Hydrazinhydrat entstehen die freien *Amine*. Diese Meth. lieferte höhere Ausbeuten als das Verf. mit Hexamethylentetramin.

Versuche: 2-Chloracetamide: *N-n-Butyl-*, $C_6H_{12}ONCl$, Kp.$_{7,0}$ 110°, durch Zugabe von **I** zu Butylamin, 20% ig. NaOH u. 1.2-Dichloräthan bei –10 bis –15° innerhalb von 45 Min.; n_D^{25} 1,4665; 93% (Ausbeute). — *N-[2.3-Dichlorpropyl]-*, $C_5H_8ONCl_3$, F. 65–66° (wss. A.), durch Zugabe von N-Allyl-2-chloracetamid in CCl_4 zu mit Cl_2 gesätt. CCl_4 bei 0–5° innerhalb von 2½ Std.; n_D^{25} 1,5165; 87%. — *N.N-Bis-[2.3-dichlorpropyl]-*, $C_8H_{12}ONCl_5$, Öl, Zers. bei Dest. bei 2 mm; 96% (roh). — *N.N-Di-n-propyl-*, $C_8H_{16}ONCl$, Kp.$_{8,0}$ 120°, n_D^{25} 1,4670; 88%. — *N-Isopropyl-*, $C_5H_{10}ONCl$, F. 62 bis 62,5°; 88%. — *N.N-Diisopropyl-*, $C_8H_{16}ONCl$, F. 48,5–49,5°, Kp.$_{2,7}$ 86°, n_D^{25} 1,4619; 52%. — *N-Äthyl-N-n-butyl-*, $C_8H_{16}ONCl$, Kp.$_{1,5}$ 90°, n_D^{25} 1,4665; 93%. — *N-Isopropyl-N-n-butyl-*, $C_9H_{18}ONCl$, Kp.$_{0,5}$ 82°, n_D^{25} 1,4665; 73%. — *N.N-Di-n-butyl-*, $C_{10}H_{20}ONCl$, Kp.$_{0,2}$ 92°, n_D^{25} 1,4661; 94%. — *N.N-Diisobutyl-*, Kp.$_{2,0}$ 99°, n_D^{25} 1,4642; 92%. — *N-sek.-Butyl-*, $C_6H_{12}ONCl$, F. 45–45,5°, Kp.$_{0,7}$ 68°; 88%. — *N.N-Di-sek.-butyl-*, $C_{10}H_{20}ONCl$, Kp.$_{0,7}$ 92°, n_D^{25} 1,4681; 80%. — *N-tert.-Butyl-*, $C_6H_{12}ONCl$, F. 82–83°; 75%. — *N-n-Amyl-*, $C_7H_{14}ONCl$, Kp.$_{0,5}$ 82°, n_D^{25} 1,4665; 89%. — *N.N-Di-n-amyl-*, $C_{12}H_{24}ONCl$, Kp.$_{1,0}$ 126°, n_D^{25} 1,4651; 82%. — *N.N-Diisoamyl-*, Kp.$_{0,6}$ 109°, n_D^{25} 1,4625; 89%. — *N.N-Bis-[2-äthylhexyl]-*, $C_{18}H_{36}ONCl$, Kp.$_{0,8}$ 154°, n_D^{25} 1,4622; 63%. — *N-n-Tetradecyl-*, $C_{16}H_{32}ONCl$, F. 64–65°; 77%. — *N-[2-Chlorpropyl]-*, $C_5H_9ONCl_2$, Kp.$_{1,5}$ 88°, n_D^{25} 1,4942; 85%. — *N-[3-Chlorpropyl]-*, F. 36–37°; 86%. — *N.N-Bis-[2-chlorpropyl]-*, $C_8H_{14}ONCl_3$, Kp.$_{0,7}$ 134°, n_D^{25} 1,5018; 91%. — *N-[3-Methoxypropyl]-*, $C_6H_{12}O_2NCl$, F. 30°, Kp.$_{0,5}$ 88°, n_D^{25} 1,4712; 71%. — *N-[3-Isopropoxypropyl]-*, $C_8H_{16}O_2NCl$, Kp.$_{0,5}$ 92°, n_D^{25} 1,4625; 87%. — *N.N-Diallyl-*, $C_8H_{12}ONCl$, Kp.$_{2,0}$ 92°, n_D^{25} 1,4932; 91%. — *N-Methallyl-*, $C_6H_{10}ONCl$, Kp.$_{1,0}$ 96°, n_D^{25} 1,4860; 84%. — *N.N-Dimethallyl-*, $C_{10}H_{16}ONCl$, Kp.$_{22}$ 110°, n_D^{25} 1,4882; 70%. — *N-[2-Chlorallyl]-*, $C_5H_7ONCl_2$, Kp.$_{1,4}$ 101°, n_D^{25} 1,5078; 83%. — *N-[3-Chlorallyl]-*, $C_5H_7ONCl_2$, F. 52–53,5°, Kp.$_{0,5}$ 112°, aus trans-3-Chlorallylaminhydrochlorid (trans-**III**); 69%. — *N-[2.3-Dichlorallyl]-*, $C_5H_6ONCl_3$, Kp.$_{1,8}$ 126–131°, n_D^{25} 1,5311; 85%. — *N.N-Bis-[2-chlorallyl]-*, $C_8H_{10}ONCl_3$, Kp.$_{2,1}$ 130°, n_D^{25} 1,5220; 86%. *N.N-Bis-[3-chlorallyl]-* (Gemisch der cis–trans Isomeren), Kp.$_{1,0}$ 140–145°, n_D^{25} 1,5220; 80%. — *N.N-Di-[propargyl]-*, C_8H_8ONCl, Kp.$_{0,5}$ 93°, n_D^{25} 1,5120; 67%. — *N-Cyclohexyl-*, $C_8H_{14}ONCl$, F. 108–109,5°; 94%. — *N-Methyl-N-cyclohexyl-*, $C_9H_{16}ONCl$, Kp.$_{3,8}$ 134°, n_D^{25} 1,5005; 84%. — *N-Äthyl-N-cyclohexyl-*, $C_{10}H_{18}ONCl$, Kp.$_{1,1}$ 120°, n_D^{25} 1,4978; 99%. — *N-Allyl-N-cyclohexyl-*, $C_{11}H_{18}ONCl$, Kp.$_{0,5}$ 119°, n_D^{25} 1,5079; 81%. — *N.N-Dicyclohexyl-*, $C_{14}H_{24}ONCl$, F. 114,5–115,5°; 80%. — *N-[Furfuryl-(2)]-*, $C_7H_8O_2NCl$, F. 58 bis 58,5°; 77%. — *N-[Tetrahydrofurfuryl-(2)]-*, $C_7H_{12}O_2NCl$, F. 62,5–63,5°; 84%. *N-[Thenyl-(2)]-*, C_7H_8ONClS, F. 71,6–72,6°; 69%. — *N-Chloracetylpyrrolidin*, $C_6H_{10}ONCl$, F. 44–46°, Kp.$_{0,5}$ 112°; 51%. — *N-Chloracetyl-α-pipecolin*, $C_8H_{14}ONCl$, Kp.$_{1,1}$ 103°, n_D^{25} 1,5012; 88%. — *N-Chloracetyl-β-pipecolin*, Kp.$_{1,8}$ 107°, n_D^{25} 1,4976; 82%. — *N-Chloracetyl-γ-pipecolin*, Kp.$_{0,8}$ 114°, n_D^{25} 1,4966; 76%. — *N-Chloracetyl-α.γ-dimethylpiperidin*, $C_9H_{16}ONCl$, Kp.$_{1,0}$ 118°, n_D^{25} 1,4945; 90%. — *N-Chloracetyl-α.α'-dimethylpiperidin*, F. 80 bis 81,5°; 90%. — *N-Chloracetyl-2.4.6-trimethylpiperidin*, $C_{10}H_{18}ONCl$, Kp.$_{2,0}$ 123°, n_D^{25} 1,4930; 87%. — *N-Chloracetyl-2-methyl-5-äthylpiperidin*, $C_{10}H_{18}ONCl$, Kp.$_{0,7}$ 124°,

n_D^{25} 1,4951; 90%. — *2.2'-Dichlor-4-nitroacetanilid*, $C_8H_6O_3N_2Cl_2$, F. 118—119° (Bzl.), durch Zugabe von I zu 2-Chlor-4-nitroanilin in trockenem Bzl. innerhalb von 15—30 Min. u. 4—8std. Kochen; 91%. — *2-Chlor-N-[2-chlorallyl]-acetanilid*, $C_{11}H_{11}ONCl_2$, Kp.$_{0,7}$ 138°, n_D^{25} 1,5602; 74%. — *N-Äthyl-2'.4-dichloracetanilid*, $C_{10}H_{11}ONCl_2$, F. 70—71°; 66%. — *2.2'.4-Trichloracetanilid*, $C_8H_6ONCl_3$, F. 101—102°; 84%. — *2.2'.5-Trichloracetanilid*, F. 116—117°; 85%. — *2.4-Dinitro-2'-chloracetanilid*, $C_8H_6O_5N_3Cl$, F. 114—115,5°; 96%. — *N.N-Dibenzyl-2-chloracetamid*, $C_{16}H_{16}ONCl$, Kp.$_{1,8}$ 190°, n_D^{25} 1,5837; 74%. — *N-[2.4-Dichlorbenzyl]-2-chloracetamid*, $C_9H_8ONCl_3$, F. 96,5—97,5°; 82%. — *N-[3.4-Dichlorbenzyl]-2-chloracetamid*, F. 105—106°; 72%. — *Bis-[2-chlorpropyl]-aminhydrochlorid*, $C_6H_{13}NCl_2 \cdot HCl$, F. 196—199° (Ae.-A.), durch Umsetzung von Diisopropanolamin bei 40—50° zum *Hydrochlorid*, Aufschlämmen in 1.2-Dichloräthan, Zugabe von $SOCl_2$ bei 55—60° innerhalb von 4 Std. u. 2std. Erwärmen auf 60—65°; 78%. — *3-Chlorpropylaminhydrochlorid*, $C_3H_8NCl \cdot HCl$, F. 142,8—144,6° (Ae.-A.), analog vorst. Verb. aus 3-Aminopropanol; 91% (roh). — *2-Chlorallylaminhydrochlorid*, $C_3H_6NCl \cdot HCl$, F. 212—213° (A.-Ae.), durch 16std. Kochen von Hexamethylentetramin u. 2.3-Dichlorpropen in Chlf. unter Bldg. des *Hexaminsalzes* ($C_9H_{16}N_4Cl_2$, F. 176—178°; 50%), das in A. mit konz. HCl bei Zimmertemp. 12 Std. gerührt wird; 59%. — *N-[3-Chlorallyl]-phthalimid* (**II**), $C_{11}H_8O_2NCl$, F. 89 bis 93° (roh, Gemisch der cis-trans-Isomeren), durch 4std. Rühren von Phthalimidkalium u. 1.3-Dichlorpropen in Dimethylformamid bei 60—95°; 95% (roh); Trennung der Isomeren durch Kristallisation aus A. + W.; *trans*-**II**, F. 112—113° (A.); *cis*-**II**, F. 55,5 bis 57° (50%ig. A.). — *N-[2.3-Dichlorallyl]-phthalimid*, $C_{11}H_7O_2NCl_2$, F. 102—109° (verd. A., Gemisch der cis-trans-Isomeren), analog **II** aus cis-trans-1.2.3-Trichlorpropen; 96%. — *N-[2.4-Dichlorbenzyl]-phthalimid*, $C_{15}H_9O_2NCl_2$, F. 182—183° (A.); 100%. — *N-[3.4-Dichlorbenzyl]-phthalimid*, F. 155—156° (A.); 100%. — *α-3-Chlorallylaminhydrochlorid* (*α*-**III**), $C_3H_6NCl \cdot HCl$, F. 209—210° (A.), durch 2¹/₂std. Erhitzen von **II** (cis-trans-Rohprod.) in Methanol u. 85%ig. Hydrazinhydratlsg., Abkühlen auf Zimmertemp., Zusatz von W. u. konz. HCl, 2std. Kochen, Abtrennung des *Phthalylhydrazids* (94%) u. Fällung aus dem Filtrat mit Aceton; 52%. — *β*-**III**, F. 198—202° (absol. A.), aus der Acetonmutterlauge von *α*-**III** durch Einengen u. Entfernung von W. durch Dest. mit Bzl., Trennung von *Hydrazinhydrochlorid* mit absol. A. u. Fällung daraus mit Ae.; 47,5%. — *2.3-Dichlorallylamin* (**IV**), analog **III** u. Extraktion mit Ae.; n_D^{25} 1,4956; 86% (roh); *Hydrochlorid*, $C_3H_5NCl_2 \cdot HCl$, F. 153—168° (Ae.-A.). Die Isomeren wurden nicht getrennt. — *2.4-Dichlorbenzylamin*, analog **IV**; n_D^{25} 1,5760; 73% (roh); *Hydrochlorid*, $C_7H_7NCl_2 \cdot HCl$, F. 270—272°. — *3.4-Dichlorbenzylamin*, n_D^{25} 1,5658; 91% (roh); *Hydrochlorid*, F. 237—239° (A.). — *Bis-[3-chlorallyl]-amin*, Kp.$_{15-18}$ 100—106°, über *Bis-[3-chlorallyl]-cyanamid* [$C_7H_8N_2Cl_2$, Kp. 129—162°, n_D^{25} 1,5142; 43,5% (Gemisch der cis-trans-Isomeren)]; 75%. — *Bis-[2-chlorallyl]-amin*, Kp.$_9$ 69°, analog vorst. Verbindung. (J. Amer. chem. Soc. **78.** 2556—59. 5/6. 1956. St. Louis, Mo., Monsanto Chem. Co., Res. Dep., Organ. Chem. Div.) G. OFFER. 810

A. W. Kirssanow und **Je. A. Abrashanowa**, *Gewinnung der Nitrile zweibasischer Carbonsäuren aus den Säurechloriden.* In Fortsetzung der C. **1952.** 5561 referierten Arbeit wird die Meth. zur Darst. von *Nitrilen* durch Rk. der entsprechenden Säurechloride mit Trichlorphosphazosulfonylphenyl (**I**; $C_6H_5SO_2N{=}PCl_3 + ROCl \rightarrow RCN + POCl_3 + C_6H_5SO_2Cl$) auf 2bas. Carbonsäuren angewandt. Es werden so *Phthal-*, *Isophthal-*, *Malon-*, *Bernstein-*, *Glutar-* u. *Adipinsäuredinitril* sowie *Trimesinsäuretrinitril* dargestellt. Zur Darst. von Trimesinsäuretrichlorid wurde die Säure mit PCl_5 chloriert. Mit $SOCl_2$ trat keine Rk. ein.

Versuche: *Phthalsäuredinitril*, F. 137,5—139° (W.), man erhitzt ein Gemisch von 0,05 Mol Phthalylchlorid u. 0,1 Mol **I** in 50—60 Min. auf 220—230° unter Abdest. von $POCl_3$, verreibt das Reaktionsprod. unter Kühlung mit 50 ml 20%ig. NH_4OH u. wäscht mit wss. KOH aus; 81,2% (Ausbeute). Beim Ansäuern des alkal. Filtrats *Benzolsulfamid*. — *Isophthalsäuredinitril*, F. 159—161° (W.), analog Vorst. aus Isophthalylchlorid u. **I** bei 190—200°; 89%. — *Trimesinsäure, Trichlorid*, $C_9H_3O_3Cl_3$, Kp.$_{15}$ 175 bis 176°, F. 37—39°, durch 3std. Erhitzen von Trimesinsäure mit PCl_5 auf 120—130°; 87,9%. *Triamid*, $C_9H_9O_3N_3$, F. 380—385° (viel W.), a) aus dem Trichlorid mit NH_3 (Stehen über Nacht); 68%; b) aus 0,005 Mol Trimesinsäure u. 0,025 Mol Sulfamid in 10 ml Pyridin durch 3std. Erhitzen auf dem Wasserbad; 77,7%. *Trinitril*, $C_9H_3N_3$, F. 210—212° (W.), aus vorst. Trichlorid u. **I** bei 210—220°; Nadeln; 38,4%. — *Adipinsäuredinitril*, Kp.$_{11}$ 180—185°, F. —1 bis +1°, aus Adipinsäuredichlorid u. **I** bei 120 bis 130°; 50,9%. — *Glutarsäuredinitril*, Kp.$_{13}$ 144°, man erhitzt Glutarsäuredichlorid mit **I** unter Abdest. von $POCl_3$ 40 Min. auf 130—140°, dest. dann ein Gemisch von Nitril + Benzolsulfochlorid ab (bis Kp.$_{12}$ 147°), behandelt das Destillat mit NH_4OH, filtriert *Benzolsulfamid* ab u. extrahiert das Filtrat mit Chlf.; 49,6%. — Analog Vorst.

Bernsteinsäure- u. *Malonsäuredinitril*; 45 bzw. 20,2%. (Сборник Статей по Общей Химии [Samml. Aufsätze allg. Chem.] **2.** 865—68. 1953. Dnepropetrowsk, Metallurg. Stalin-Inst., Lehrstuhl für organ. Chem.) G. FROELICH. 820

Frank P. Avonda, Jay A. Gervasi und Lucius A. Bigelow, *Die Einwirkung von elementarem Fluor auf organische Verbindungen. 21. Mitt. Die Fluorierung von Malonsäuredinitril und Dimethylformamid.* (20. vgl. GERVASI, BROWN u. BIGELOW, C. **1956.** 9146.) Bei der Fluorierung von Malonsäuredinitril mit elementarem F_2 (mit N_2 verd.) an einem Kupferkontakt bei 250° bilden sich CF_4, C_3F_8, *Perfluoräthylamin* ($CF_3-CF_2-NF_2$), *Perfluor-n-propylamin* ($CF_3-CF_2-CF_2-NF_2$, Kp.$_{203}$ —30,5 bis —30°, Kp.$_{760}$ —1 bis 0°), *Perfluor-1.3-diaminopropan* ($NF_2-CF_2-CF_2-CF_2-NF_2$, Kp.$_{203}$ —7 bis +4°) u. vermutlich $NF-CF_2-CF_2-CF_2-NF$ (Ring), Kp.$_{203}$ —35,5°, F. —124°. Die drei letzten Substanzen sind wahrscheinlich Isomerengemische. — Die Fluorierung von Dimethylformamid bei 115° liefert CF_4, COF_2, *Perfluordimethylamin* $(CF_3)_2NF$ u. vermutlich $CHF_2-NF-NF-CF_3$, Kp. —15°, F. —123° (J. Amer. chem. Soc. **78.** 2798—2800. 20/6. 1956. Durham, N. C., Duke Univ., Dep. of Chem.) E. FORCHE. 910

Courtland L. Agre, Gustav Dinga und Ronald Pflaum, *Reaktionen von Säuren mit Diaminen.* Vff. untersuchten die Rk. von Hexamethylendiamin (I) u. Äthylendiamin (II) mit Carbonsäuren im Hinblick auf die Abhängigkeit der entstehenden Prodd. von der Carbonsäuremenge. **I** reagiert unter den angewandten Bedingungen mit 0,75—1,5 Mol Laurinsäure (**III**) bzw. 1 Mol Stearin- (**IV**) oder Önanthsäure (**V**) unter Bldg. von *N.N'-Diacylhexamethylendiamin* u. *N-Acylamin.* Daneben wurde unverändertes **I** bestimmt. Die für die Rk. einer bifunktionellen Verb. mit einer monofunktionellen berechnete wahrscheinliche Verteilung der Reaktionsprodd. steht mit der experimentell gefundenen in gutem Einklang. Langes Erhitzen des Reaktionsgemisches nach beendeter Rk. zeigte keinen Einfl. auf die Verteilung der Reaktionsprodukte. Weiter wurde die Verteilung der Reaktionsprodd. bei der Kondensation von **II** mit **III**, Capryl- (**VI**), Diphenylessig- (**VII**) u. Diäthylessigsäure (**VIII**) untersucht. Unter den angewandten Bedingungen trat keine Bldg. von Imidazolinen ein. Es wurde stets mehr unverändertes **II** zurückgewonnen als nach der Wahrscheinlichkeitsrechnung zu erwarten; bei der Rk. von **II** mit **III** bzw. **VI** wurde mehr N.N'-Diacylamin als berechnet gebildet. In den übrigen Fällen ergab die Best. des Kondensationsprod. weniger als berechnet.

V e r s u c h e: *N.N'-Dibenzolsulfonylhexamethylendiamin,* F. 157—158° (n-Butanol), aus **I** u. Benzolsulfonylchlorid. — *N.N'-Dibenzoylhexamethylendiamin,* F. 162 bis 163° (n-Butanol), aus **I** u. Benzoylchlorid. — *N.N'-Distearoylhexamethylendiamin,* $C_{42}H_{84}O_2N_2$, F. 145—147° (A.–Butanol), aus 1 Mol **I** u. 0,94 Mol **IV** durch 2std. Erhitzen auf 190°; 23% (Ausbeute). — *N-Stearoylhexamethylendiamin,* $C_{24}H_{50}ON_2$, F. 73—85°, neben vorst. Verb.; 48%. Daneben 29% zurückgewonnenes **I**. *N'-Acetylderiv.*, $C_{26}H_{52}O_2N_2$, F. 135—136° (A.), mit Essigsäure–Acetanhydrid. *N'-Phenylcarbamylderiv.*, $C_{31}H_{55}O_2N_3$, F. 145—146° (Butanol), durch Rk. mit Phenylisocyanat in Benzol. — *N.N'-Dilauroylhexamethylendiamin,* $C_{30}H_{60}O_2N_2$, F. 146—147° (A.), a) durch 6std. Erhitzen von 1 (Mol) **I** u. 0,75 **III** auf 175°; 15%; b) durch 2std. Erhitzen von **I** mit 1 **III** auf 175°; 25%; c) durch 21std. Erhitzen analog b) auf 180°; 25%; d) durch 44std. Erhitzen auf 180°; 24%; e) durch 5std. Erhitzen von **I** mit 1,5 Mol **III** auf 175°; 51%. — *N-Lauroylhexamethylendiamin,* $C_{18}H_{38}ON_2$, F. 68—75° (PAe.), neben vorst. Verb. nach a) 44% (daneben 35% rückgewonnenes **I**); nach b) 48% (24%); nach c) 50% (22%); nach d) 51% (20%); nach e) 40% (4%). *N'-Acetylderiv.*, $C_{20}H_{40}O_2N_2$, F. 130—131° (A.). *N'-Phenylcarbamylderiv.*, $C_{25}H_{43}O_2N_3$, F. 143—144° (A.). — *N.N'-Diönanthoylhexamethylendiamin,* $C_{20}H_{40}O_2N_2$, F. 141—143° (A.), durch 1std. Erhitzen von **I** u. 0,99 Mol **V** auf 175°; 24%. — *N-Önanthoylhexamethylendiamin,* $C_{10}H_{28}ON_2$, neben vorst. Verb.; 48%; daneben 24% zurückgewonnenes **I**. *N'-Benzoylderiv.*, $C_{20}H_{32}O_2N_2$, F. 121—122°. *N'-Phenylcarbamylderiv.*, $C_{20}H_{33}O_2N_3$, F. 139—141°. *N'-Acetylderiv.*, $C_{15}H_{30}O_2N_2$, F. 120—121°. — *N.N'-Dibenzoyläthylendiamin,* F. 247—248°. — *N.N'-Bis-[diäthylacetyl]-äthylendiamin,* $C_{14}H_{28}O_2N_2$, durch 12std. Erhitzen von **II** u. 1 Mol **VIII** auf 120° u. 1½std. Erhitzen auf 200°; 12%; daneben 40% zurückgewonnenes **II**. — *N-Diäthylacetyläthylendiamin,* Kp.$_{10-12}$ 135—138°; 43%. *N'-Phenylcarbamylderiv.*, $C_{15}H_{23}O_2N_3$, F. 178—179° (wss. A.). *N'-Benzoylderiv.*, F. 164—166° (A.). *Pikrat*, F. 120—122°. *N.N'-Dilauroyläthylendiamin,* F. 159° (A.), durch 3½std. Erhitzen von **II** u. 1 Mol **III** auf 200°; 30%; daneben 30% zurückgewonnenes **II**. — *N-Lauroyläthylendiamin,* $C_{14}H_{30}ON_2$, F. 80—82° (PAe.), neben vorst. Verb.; 37%. *N'-Phenylcarbamylderiv.*, $C_{21}H_{35}O_2N_3$, F. 156—158°. — *N.N'-Dicapryloyläthylendiamin,* $C_{18}H_{36}O_2N_2$, F. 168 bis 169° (A.), durch 4std. Erhitzen von **II** u. 1 Mol **VI** auf 200°; 29%; daneben 31% zurückgewonnenes **II**. — *N-Capryloyläthylendiamin,* neben vorst. Verb.; 36%. *N'-Phenylcarbamylderiv.*, $C_{17}H_{27}O_2N_3$, F. 152—154°. — *N.N'-Bis-[diphenylacetyl]-äthylendiamin,*

$C_{30}H_{28}O_2N_2$, F. 207—209° (Bzl.), durch 5std. Erhitzen von **II** u. **VII** auf 165°; 13%; daneben 39% zurückgewonnenes **II**. — *N-Diphenylacetyläthylendiamin*, $C_{16}H_{18}ON_2$, F. 124—130°, neben vorst. Verb.; 26%. *N'-Phenylcarbamylderiv.*, $C_{23}H_{23}O_2N_3$, F. 218 bis 219° (A.). (J. org. Chemistry **21**. 561—64. 15/5. 1956. Northfield, Minn., St. Olaf Coll., Chem. Dep.) H. BERTSCH. 910

Barnett Cohen und **Ervin R. van Artsdalen**, *N-Methyl-di-β-propionyloxyäthylamin. N-Methyldi-β-propionyloxyäthylamin*, $C_{11}H_{21}O_4N$, Kp.$_{1}$ 114,8—115,2°, entsteht aus N-Methyldiäthanolamin (**I**) u. Propionsäureanhydrid; Ausbeute 79%; $D.^{29,3}_{4}$ 1,0072; $n_D^{29,1}$ 1,4367; pK_α' 6,62 (37°); in W. erfolgt 2stufige Verseifung zum *Monoester* u. weiter zu **I**; $k_1 = 0{,}0079\ min^{-1}$, $k_2 = 0{,}0032\ min^{-1}$ bei p_H 7,4 u. 37°. (J. Amer. chem. Soc. **74.** 2119—20. 20/4. 1952. Baltimore, Md., Johns Hopkins School of Med., Dep. of Physiol. Chem.) H. TIMMLER. 920

H. Musso, *Neue natürliche Aminosäuren.* Übersicht über das natürliche Vork., die Chemie, Biochemie, Isolierung u. Konstitutionsermittlung von Aminosäuren. — 135 Literaturangaben. (Angew. Chem. **68.** 313—23. 7/5. 1956. Göttingen, Univ., Organ.-chem. Inst.) R. PASEDAG. 950

Friedrich Weygand und **Rolf Geiger**, *N-Trifluoracetylaminosäuren.* 4. Mitt. *N-Trifluoracetylierung von Aminosäuren in wasserfreier Trifluoressigsäure.* (3. vgl. C. **1956.** 6926.) Das Verf. zur N-Trifluoracetylierung von Aminosäuren mit Trifluoressigsäureanhydrid (**I**) wird dahingehend abgeändert, daß als Lösungsm. wasserfreie Trifluoressigsäure (**II**) angewandt wird, in der die Aminosäuren lösl. sind. Die Rk. verläuft leicht bei Tempp. von —10 bis +10° u. liefert ohne Racemisierung Ausbeuten zwischen 70 u. 95%, außer bei Tyrosin u. Tryptophan. Diese beiden Verbb. lassen sich aber in 97- bzw. 75%ig. Ausbeute trifluoracetylieren, wenn man als Lösungsm. die konstant sd. Verb. aus 3 Mol **II** u. 2 Mol Ae. (vgl. HAUPTSCHEIN u. GROSSE, C. **1952.** 3800) benutzt. Bei Ornithin u. Lysin liegen die stärker bas. ω-ständigen Aminogruppen offenbar vollständig in der Ammoniumform vor u. werden nicht trifluoracetyliert, so daß man nur die N^α-Trifluoracetylverbb. in 70%ig. Ausbeute erhält. Die nach SCHALLENBERG u. CALVIN (C. **1955.** 9072) mit Trifluorthioessigsäureäthylester erhältlichen N^ω-Trifluoracetylverbb. lassen sich in **II** weiter zu den Bis-[N-trifluoracetyl]-Verbb. umsetzen.

V e r s u c h e: Zur Darst. der N-Trifluoracetylverbb. löst man die Aminosäure in der 10—15fachen Gewichtsmenge wasserfreier **II**, kühlt die Lsg. auf —10° ab, rührt tropfenweise 1,2 Mol **I** ein, erwärmt im Wasserbad auf +10°, dest. nach 30 Min. das überschüssige **I** u. **II** im Vakuum bei höchstens 30° Badtemp. ab, löst den Rückstand in der 20fachen Menge Ae., filtriert u. engt die Lsg. ein. *N-Trifluoracetyl-DL-alanin*, F. 120—121°; 90% (Ausbeute). — *N-Trifluoracetyl-L-alanin*, F. 66—66,5°, $[\alpha]_D^{18}$ —60,7° (c = 1,98; W.); 75%. — *N-Trifluoracetyl-DL-valin*, F. 121—121,5°; 90,7%. — *N-Trifluoracetyl-L-valin*, F. 86—87°, $[\alpha]_D^{19}$ —15,1° (c = 1,7; W.), —9,7° (c = 2,5; absol. A.); 80%. — *N-Trifluoracetyl-L-leucin*, F. 71—73°, $[\alpha]_D^{20}$ —39,4° (c = 1,95; W.); 64%. — *N-Trifluoracetyl-DL-methionin*, F. 95—96°; 72,5%. — *N-Trifluoracetyl-S-benzyl-L-cystein*, $C_{12}H_{12}O_3NF_3S$, aus Bzl.-PAe. feine Nädelchen, F. 84—85°, $[\alpha]_D^{12}$ —84,5° (c = 1,5; 99%ig. A.); 70%. — *Bis-[N-trifluoracetyl]-L-cystin*, $C_{10}H_{10}O_6N_2F_6S_2$, aus Essigester-Bzl. schmale Prismen, F. 165—166°, $[\alpha]_D^{14}$ —247,5° (c = 1,295; 99%ig. A.); 92%. — *N-Trifluoracetyl-L-arginin*, $C_8H_{13}O_3N_4F_3 \cdot H_2O$, F. 130—132°, $[\alpha]_D^{18}$ —3,5° (c = 2; W.); 70%. — *N^α-Trifluoracetyl-DL-lysin*, $C_8H_{13}O_3N_2F_3 \cdot \frac{1}{2} H_2O$, F. 233°; 81%. — *$N^\alpha.N^\omega$-Bis-[trifluoracetyl]-DL-lysin*, $C_{10}H_{12}O_4N_2F_6$, F. 122—123°; 71%. —*N^α-Trifluoracetyl-L-ornithin*, $C_7H_{11}O_3N_2F_3$, F. 232—233°, $[\alpha]_D^{20}$ —9,5° (c = 0,65 in W. mit 5% A.); 71%. — *N-Trifluoracetyl-L-tyrosin*, F. 192—193°, $[\alpha]_D^{20}$ +44,8° (c = 0,47 in W. mit 1 Äquivalent NaOH); aus L-Tyrosin in **II** u. Ae. u. **I**; 83%. — *N-Trifluoracetyl-L-tryptophan*, F. 162—163°; ebenso aus L-Tryptophan; 75%. — *N-Trifluoracetylglycylglycin*, F. 184—185°; aus Glycylglycin in **II** u. **I** bei Zimmertemp.; 40,6%. — *N-Trifluoracetyl-S-benzyl-DL-cystein*, $C_{12}H_{12}O_3NF_3S$, F. 129—130°; durch Erhitzen von S-Benzyl-L-cystein mit Tetrahydrofuran u. **I** im Ölbad auf 80° unter Racemisierung; 71,5%. — *N^δ-Trifluoracetyl-L-ornithin*, $C_7H_{11}O_3N_2F_3$, F. 250—251°, $[\alpha]_D^{20}$ +12,9° (c = 0,495; W.); durch 6std. Schütteln von 0,205 g L-Ornithindihydrochlorid in 1 cm^3 2n NaOH mit 0,2 cm^3 Trifluorthioessigsäureäthylester; 50,4%. (Chem. Ber. **89.** 647—52. 8/3. 1956. Tübingen, Univ., Chem. Inst.) E. FORCHE. 950

Friedrich Weygand und **Ursula Glöckler**, *N-Trifluoracetylaminosäuren.* 5. Mitt. *Anhydride und Azlactone von N-Trifluoracetylaminosäuren.* (4. vgl. vorst. Ref.) *symm.-N-Trifluoracetylalaninanhydrid* (**II**), $[CF_3—CO—NH—CH(CH_3)—CO]_2O$, wurde in mäßiger Ausbeute durch Umsetzung von N-Trifluoracetyl-DL-alanylchlorid (**I**) mit dem Dicyclohexylaminsalz des N-Trifluoracetylalanins in Tetrahydrofuran bei Zimmertemp. dargestellt; daneben entstehen 37% des *Azlactons* (**III**). Durch Umsetzung von **I** mit dem

Na- oder Ag-Salz des N-Trifluoracetylalanins in wasserfreien Lösungsmitteln ist **II** nicht erhältlich. **II** setzt sich mit Anilin zu *N-Trifluoracetylalaninanilid*, mit Glycinäthylester zu *N-Trifluoracetylalanylglycinäthylester* u. mit Dicyclohexylamin in A. zum *N-Trifluoracetylalanylalanindicyclohexylaminsalz* um. Beim Erhitzen oder bei längerem Stehen geht **II** in **III** über. — Das bemerkenswert stabile Azlacton des N-Trifluoracetylalanins, *2-Trifluormethyl-4-methyloxazolon-(5)* (**III**), wird entweder durch Dest. von **I** oder durch Umsetzung von Alanin mit Trifluoressigsäureanhydrid u. Reinigung durch Dest. in Ggw. von Trioctylamin dargestellt. Ebenso ist auch das Azlacton des N-Trifluoracetylvalins, *2-Trifluormethyl-4-isopropyloxazolon-(5)* (**IV**), durch Erhitzen von Valin mit Trifluoressigsäureanhydrid in guter Ausbeute erhältlich. Dagegen ist das Azlacton des N-Trifluoracetylglycins offenbar unbeständig. Unter den für die Darst. von **III** geeigneten Bedingungen entsteht aus Glycin bzw. N-Trifluoracetylglycin stets das *symm.-N-Trifluoracetylglycinanhydrid*; unter schärferen Reaktionsbedingungen bilden sich daneben *Diketopiperazin* u. Harze.

Versuche: *N-Trifluoracetyl-DL-alanylchlorid* (**I**), durch ½std. Erhitzen von N-Trifluoracetyl-DL-alanin mit $SOCl_2$ unter Rückfluß; 70% (Ausbeute). — *symm.-N-Trifluoracetyl-DL-alaninanhydrid* (**II**), $C_{10}H_{10}O_5N_2F_6$, F. 132° (Zers.); durch Vermischen der Lsg. von **I** in Tetrahydrofuran mit N-Trifluoracetyl-DL-alanindicyclohexylaminsalz (aus 1,3 g N-Trifluoracetylalanin u. 1,27 g Dicyclohexylamin in 10 cm³ Tetrahydrofuran), Abdampfen des Lösungsm. im Vakuum bei 30°, Kristallisation in Bzl. u. Auslaugen des Rückstandes mit kaltem W.; 23,5%. — *N-Trifluoracetyl-DL-alaninanilid*, F. 169—170° (Bzl.); durch Erhitzen von 70 mg **II** mit 0,5 g Anilin u. Eingießen in 5 cm³ n-HCl; 96%. — *N-Trifluoracetyl-DL-alanylglycinäthylester*, F. 115—116°; aus 70 mg **II** u. überschüssigem Glycinäthylester; 52 mg. — *2-Trifluormethyl-4-methyloxazolon-(5)* (**III**), $C_5H_4O_2NF_3$, $Kp._{760}$ 143°, $Kp._{12}$ 42—43°; durch Erhitzen von **I** auf 190° unter Abdest. des Prod. u. 2maliges Fraktionieren im Vakuum unter Zusatz von Trioctylamin; 81%, oder durch 2std. Erhitzen von 0,98 g DL-Alanin u. 3,4 cm³ Trifluoressigsäureanhydrid auf 140°; 67,7%. — *2-Trifluormethyl-4-isopropyloxazolon-(5)* (**IV**), $C_7H_8O_2NF_3$, $Kp._{16}$ 52—53°; durch Erhitzen von 1,17 g DL-Valin u. 3,1 cm³ Trifluoressigsäureanhydrid auf 140°; 82%. — *N-Trifluoracetyl-DL-valinanilid*, $C_{13}H_{15}O_2N_2F_3$, F. 194 bis 194,5° (wss. A.); durch Erwärmen von 0,195 g **IV** mit 0,13 g Anilin u. Eingießen in 2n HCl; 82%. — *N-Trifluoracetyl-DL-valylglycinäthylester*, $C_{11}H_{17}O_4N_2F_3$, F. 144—145°; durch Zugabe von 0,195 g **IV** zu einer Lsg. von 0,12 g Glycinäthylester in Bzl.; 76,5%. (Chem. Ber. **89**. 653—56. 8/3. 1956. Tübingen, Univ., Chem. Inst.) E. FORCHE. 950

H. M. Walborsky und **M. E. Baum**, *Chemische Einflüsse der Trifluormethylgruppe*. 3. Mitt. *Synthese von α-Amino-γ.γ.γ-trifluorbuttersäure*. (2. vgl. C. **1955**. 11371.) Die durch Einw. von NH_3 auf γ.γ.γ-Trifluorcrotonsäureäthylester (vgl. C. **1953**. 8053) oder auf α-Brom-γ.γ.γ-trifluorbuttersäureäthylester (**I**; vgl. C. **1955**. 11371) nicht mögliche Darst. von *α-Amino-γ.γ.γ-trifluorbuttersäure* gelang jetzt durch Umsetzung von **I** mit NaN_3 zu *α-Azido-γ.γ.γ-trifluorbuttersäureäthylester*, dessen katalyt. Red. zu *α-Amino-γ.γ.γ-trifluorbuttersäureäthylester* u. Verseifung. — Die Umsetzung von γ.γ.γ-Trifluorcrotonsäure (**II**) mit fl. NH_3 liefert *β-Amino-γ.γ.γ-trifluorbuttersäure*.

Versuche: *α-Brom-γ.γ.γ-trifluorbuttersäureäthylester* (**I**), Kp. 153—155°, n_D^{23} 1,3966; aus γ.γ.γ-Trifluorbuttersäure, Br_2, PCl_3 u. A.; 43% (Ausbeute). — *α-Azido-γ.γ.γ-trifluorbuttersäureäthylester*, $C_6H_8O_2N_3F_3$, $Kp._{20}$ 74—75°, n_D^{23} 1,3935; durch 24std. Kochen einer Lsg. von 21,0 g **I** in 10 cm³ A. mit einer Lsg. von 7,65 g NaN_3 in 25 cm³ W.; 63%. — *α-Amino-γ.γ.γ-trifluorbuttersäureäthylesterhydrochlorid*, $C_6H_{11}O_2NClF_3$, F. 152 bis 153° (A.-Ae.); durch 8std. Hydrierung einer Lsg. von 8,5 g der vorst. Verb. in 10 cm³ A. mit 0,5 g 5%ig. Pd-Holzkohle; 96%. — *α-Amino-γ.γ.γ-trifluorbuttersäure*, $C_4H_6O_2NF_3$, F. 260—265° (A. u. W.); durch Erwärmen von 8,5 g der vorst. Verb. u. 33,4 cm³ 3n NaOH auf dem Dampfbad bis zur Auflsg., Ansäuern mit konz. HCl, Eindampfen im Vakuum, Verrühren des Rückstandes mit 20 cm³ absol. A., Einengen auf 10 cm³ u. Fällung mit Pyridin; 63%. — *β-Amino-γ.γ.γ-trifluorbuttersäure*, $C_4H_6O_2NF_3$, F. 189—190° (A.); durch 16std. Erhitzen von 2,1 g **II** u. 3 cm³ fl. NH_3 im Einschlußrohr auf 100°; 39%. (J. org. Chemistry **21**. 538—39. 15/5. 1956. Tallahassee, Fla., Florida State Univ., Chem. Dep.) E. FORCHE. 950

R. N. Haszeldine und **R. J. Marklow**, *Polyfluoralkylverbindungen des Siliciums*. 1. Mitt. *Reaktion von Trichlorsilan mit Tetrafluoräthylen*. Trichlorsilan ($SiHCl_3$) reagiert unter dem Einfl. von UV-Licht (>2200 Å) mit $CF_2{=}CF_2$ unter Bldg. von Verbb. des Typs $H-(CF_2-CF_2)_n-SiCl_3$. Der Wert von n läßt sich durch entsprechende Wahl des Mengenverhältnisses von $CF_2{=}CF_2$ zu $SiHCl_3$ regeln. Bei einem Verhältnis von 1:4 entsteht die Verb. mit n = 1, *Trichlor-[1.1.2.2-tetrafluoräthyl]-silan* (**I**), in ca. 60%ig. Ausbeute. Bei einem Verhältnis von 1:1,2 erhält man nur ca. 35% **I** u. 65% Verbb. mit n > 1. I reagiert schnell u. quantitativ mit kaltem W. unter Bldg. eines festen, ätherlösl. *Polysiloxans* der Zus. $(CHF_2-CF_2-SiO_{1,5})_x$, welches gegen W. u. wss. Säuren beständig ist, aber von kalter wss. NaOH schnell zu 1.1.2.2-Tetrafluoräthan u. Silicat zers. wird. Die Verbb. mit n = 2 (**II**) u. n = 3 (**III**) hydrolysieren mit wss. NaOH in der Wärme quantitativ zu $H-(CF_2-CF_2)_n-H$. — Die Cl-Atome in **I** lassen sich leicht gegen Alkoxygruppen austauschen. Aus **I** u. wasserfreiem Methanol erhält man *Trimethoxy-[1.1.2.2-tetrafluoräthyl]-silan*, welches bei der Hydrolyse mit W. ein Polysiloxan u. mit wss. NaOH *Tetrafluoräthan* liefert. — **I** läßt sich sowohl photochem. als auch therm. bei 150° zu *Trichlor-[2-chlortetrafluoräthyl]-silan* (**IV**) chlorieren. Die Hydrolyse von **IV** mit wss. Alkali ergibt 1-Chlor-1.1.2.2-tetrafluoräthan. Die Pyrolyse von **IV** bei 220° führt zu CF_2=CFCl, diejenige von **I** zu ca. äquimol. Mengen CHF=CF_2 u. CHCl=CF_2. Aus **I** u. wasserfreiem HCl entsteht bei 205° CHF_2-CHF_2 u. $SiCl_4$. — Die Ultrarotspektren der dargestellten Verbb. wurden aufgenommen.

Versuche: *Trichlor-[1.1.2.2-tetrafluoräthyl]-silan* (**I**), $C_2HCl_3F_4Si$, Kp. 84,2°, n_D^{18} 1, 367; durch 24std. UV-Belichtung von 15,2 g $SiHCl_3$ u. 6,85 g CF_2=CF_2 im Quarzeinschmelzrohr; 44% (Ausbeute). — Unter anderen Reaktionsbedingungen bilden sich auch *Trichlor-[1.1.2.2.3.3.4.4-oktafluorbutyl]-silan* (**II**), $C_4HCl_3F_8Si$, $Kp._{195}$ 90°, u. *Trichlor-[1.1.2.2.3.3.4.4.5.5.6.6-dodekafluorhexyl]-silan* (**III**), $C_6HCl_3F_{12}Si$, $Kp._{205}$ 128°. — *1.1.2.2.3.3.4.4-Oktafluorbutan*, $C_4H_2F_8$, Kp. 43°; durch 4std. Erhitzen von **II** mit 10%ig. wss. NaOH im Einschmelzrohr auf 100°; 100%. — *1.1.2.2.3.3.4.4.5.5.6.6-Dodekafluorhexan*, $C_6H_2F_{12}$, Kp. 87°; ebenso aus **III**; 100%. — *Polysiloxan* $(CHF_2-CF_2-SiO_{1,5})_x$; durch 5 Min. langes Schütteln von **I** in wasserfreiem Ae. mit Eiswasser; 92%. — *Trimethoxy-[1.1.2.2-tetrafluoräthyl]-silan*, $C_5H_{10}O_3F_4Si$, $Kp._{190}$ 98°; aus **I** u. wasserfreiem Methanol bei Zimmertemp. u. 15 Min. Erhitzen auf dem Wasserbad; 74%. — *Trichlor-[2-chlor-1.1.2.2-tetrafluoräthyl]-silan* (**IV**), $C_2Cl_4F_4Si$, Kp. 102°; durch 15std. UV-Belichtung von 3,30 g **I** u. 1,056 g Cl_2 im Quarzrohr; 75%, oder durch 15std. Erhitzen von 1,493 g **I** u. 0,453 g Cl_2 im Einschlußrohr auf 150°; 59%. (J. chem. Soc. [London] **1956**. 962—70. April. Cambridge, Univ., Chem. Labor.) E. Forche. 980

B. S. Friedman und **F. L. Morritz**, *Die Alkylierung von Benzol mit Isoamylenen und mit tert.-Pentylchlorid.* Vff. untersuchten die Abhängigkeit der Bldg. von *tert.-Pentylbenzol* (**I**) u. *2-Phenyl-3-methylbutan* (**II**) aus Bzl. u. tert.-Pentylchlorid (**III**), 2-Methylbuten-(2) (**IV**) bzw. 3-Methylbuten-(1) (**V**) von den Reaktionsbedingungen. Die Alkylierung von (jeweils 5 Mol) Bzl. nach Meth. A mit (jeweils 1 Mol) **IV** in Ggw. von 27 g $AlCl_3$ u. HCl als Aktivator bei 21° in 34 Min. ergab 42% *Pentylbenzole*; das Gemisch enthielt 55% **I** u. 45% **II**. Bei 0° in 30 Min. wurden 54% Pentylbenzole (75% **I** u. 25% **II**) gebildet. Bei —40° entstanden in 50 Min. nur 39% **I**. **V** reagierte nach Meth. A mit Bzl. in Ggw. von 27 g $AlCl_3$ u. HCl bei 21° in 36 Min. unter Bldg. von 42% **II**; bei 0° in 41 Min. entstanden 38% eines Gemisches von 55% **I** mit 45% **II**, während analog bei —40 bzw. —60° nur **I** neben Polymeren gebildet wurde. Die Rk. von **V** mit Bzl. nach Meth. D in Ggw. von 100 g HF bei 35° ergab in 39 Min. 27% **I**. Analog reagierte **IV** mit Bzl. bei 100° in 34 Min. unter Bldg. von 32% Pentylbenzolen (70% **I**, 30% **II**). Nach Meth. D wurden aus **IV** u. Bzl. in Ggw. von 1 Mol BF_3 bei 28° in 39 Min. 10% **I**, bei 119° in 30 Min. 11% eines Gemisches von 80% **I** u. 20% **II** gebildet. Ebenfalls nach Meth. D reagierte **IV** in Ggw. von 100 g HF u. 27 g BF_3 mit Bzl. bei 0° in 18 Min. unter Bldg. von 51% eines Gemisches von 75% **I** u. 25% **II**, während **V** unter gleichen Bedingungen (163 g BF_3) bei 25° ein untrennbares Gemisch von Alkylaromaten ergab. In 30 Min. reagierte **IV** mit Bzl. bei 0° in Ggw. von $AlCl_3$ unter Bldg. eines Gemisches von 75% **I** u. 25% **II** (s. oben), in 180 Min. verschob sich das Verhältnis **I**:**II** auf 35:65%. In Ggw. gleicher Mengen $AlBr_3$ u. HBr wurden nach 1 Sek. (Meth. C) 22% eines Gemisches von 90% **I** u. 10% **II** isoliert, nach 25 Min. (Meth. A) dieselbe Menge eines Gemisches von 70% **I** u. 30% **II**. Während die Rk. von **III** nach Meth. B in Ggw. von 27 g $AlCl_3$ bei 0° in 37 Min. ein Gemisch von 35% **I** u. 65% **II** ergab, wurden in Ggw. von 3,5 g $AlCl_3$ bei 24° in 150 Min. 71% reines **I** gebildet. Durch Rk. von **IV** nach Meth. A mit Bzl. in Ggw. von 105 g BF_3 u. 36 g W. bei 24° wurden in 29 Min. 54% reines **I** gebildet, auch in Ggw. von 96%ig. H_2SO_4 entstand aus **IV** u. Bzl. nur **I**. In einigen Fällen, bes. in Ggw. von $AlBr_3$ oder BF_3, wurde durch Rk. von **IV** bzw. **V** mit Bzl. auch eine größere Menge *tert.-Butylbenzol* gebildet. Der Reaktionsmechanismus wird diskutiert. Die Ausbeuten wurden spektroskop. bestimmt. — *Meth. A*: Zu einer gerührten Mischung von 4 Mol Bzl., 3,4 Mol n-Heptan u. dem mit trockenem HCl gesätt. Katalysator wurde 1 Mol Alkylierungsmittel u. 1 Mol Bzl. zugefügt, 5—10 Min. gerührt, nach 10 Min. Stehen die Katalysatorschicht abgetrennt, die obere Schicht mit W. gewaschen u. einige Std. mit W. bei 85—95° gerührt, getrocknet, einige Std. mit Na-Pulver bei 130—150° gerührt u. destilliert. — *Meth. B*: Zugabe des Katalysators in Portionen zu 5 Mol Bzl. u. 1 Mol Alkylierungsmittel. — *Meth. C*: Sättigen einer Mischung von 4 Mol Bzl. u. 27 g $AlBr_3$

mit trockenem HBr, Zugießen von 1 Mol Alkylierungsmittel in 1 Mol Bzl. zu der gerührten Mischung u. sofortige Zugabe von 400 cm^3 Wasser. — *Meth. D*: Einbringen von 4 Mol Bzl. unter N_2-Druck in einen Autoklaven, der gegebenenfalls 100 g HF enthielt, Eindrücken von BF_3 u. Zugabe von 1 Mol Alkylierungsmittel + 1 Mol Bzl. unter Rühren; Zers. mit Eiswasser. (J. Amer. chem. Soc. **78**. 2000—02. 5/5. 1956. Sinclair Res. Labors., Inc.) H. BERTSCH. 1010

Hiromichi Matsubara, *Untersuchungen über Synergisten für Insekticide.* 15. Mitt. *Synthese von Dihydroconiferylalkohol und verwandten Verbindungen und ihre synergistische Wirkung mit Pyrethrinen.* (14. vgl. C. **1956**. 12095.) *Dihydroconiferyl-* (**IV**), *γ-[m-Methoxyphenyl]-propyl-* (**III**) u. *γ-[p-Oxyphenyl]-propylalkohol* (**V**) werden nach verbesserten Methoden hergestellt. **IV**, Anisol u. bes. Phenol u. Guajacol erhöhen die Wirksamkeit von Pyrethrinstaub auf die Hausfliege, **III**, **V** u. γ-Phenylpropylalkohol zeigen dagegen keine synergist. Wirkung. Gegen Moskitolarven ist nur **V** synergist. wirksam.

Versuche: *Ferulasäure* (**I**), F. 172—173° (W.), aus Vanillin, wasserfreiem Na-Acetat u. Acetanhydrid durch 6std. Kochen; 53,8% (Ausbeute). — *Hydroferulasäure* (**II**), F. 79—84° (W.), aus **I** durch Red. mit Na-Amalgam u. NaOH; 85,7%. *Äthylester*, $Kp._{14}$ 183—184,5°, mit A. u. konz. H_2SO_4; 73,4%. — *Dihydroconiferylalkohol* (**IV**), $Kp._{16}$ 196—197°, aus vorst. Ester durch Red. mit Na u. A.; 24,5%. — *m-Nitrobenzaldehyd*, F. 56°, aus Benzaldehyd durch Nitrierung mit konz. H_2SO_4 u. konz. HNO_3; gelbe Nadeln aus Bzl.-PAe.; 58,1%. — *m-Oxybenzaldehyd*, F. 104,5° (W.), aus vorst. Verb. durch Red. mit $NaHSO_3$ zur *Aminoverb.*, deren Diazotierung u. Verkochen; 31,3%. — *m-Methoxybenzaldehyd*, $Kp._{11}$ 115°, aus vorst. Verb., Methyljodid u. KOH; 56,9%. — *m-Methoxyzimtsäure*, F. 118°, aus vorst. Verb. analog **I**; 54,7%. — *β-[m-Methoxyphenyl]-propionsäure*, F. 39°, aus vorst. Verb. analog **II**; 94,2%. *Äthylester*, $Kp._{15,5}$ 156°, mit A. u. konz. H_2SO_4; 78,4%. — *γ-[m-Methoxyphenyl]-propylalkohol* (**III**), $Kp._{15}$ 155—157°, analog **IV**. — *p-Nitrohydrozimtsäure*, F. 165—166°, aus Hydrozimtsäure durch Nitrierung mit konz. H_2SO_4 u. 60%ig. HNO_3. — *β-[p-Aminophenyl]-propionsäure*, F. 131 bis 132°, aus vorst. Verb. durch Red. mit $FeSO_4$ u. NH_4OH. — *β-[p-Oxyphenyl]-propionsäure*, F. 128—129° (W.), a) aus vorst. Verb. durch Diazotierung u. Verkochen; b) aus p-Oxyzimtsäure durch Red. mit Na-Amalgam; 95,2%. *Äthylester*, $Kp._{21}$ 189—191°; 77%. *Methylester*, $Kp._{19}$ 177°; 76,9%. *Amid*, F. 127,5°; 94,5%. — *γ-[p-Oxyphenyl]-propylalkohol* (**V**), F. 54—55°, aus vorst. Äthylester oder Amid durch Red. mit A. u. Na. *Benzoat*, F. 71,5°. (Botyu-Kagaku [Sci. Insect Control] **19**. 47—57. Mai 1954. Gihu, Univ., Fac. of Agric., Dep. of Agric. Chem. [Orig.: japan., Auszug: engl.]) E. MAEKAWA. 1070

L. M. Kulberg, Ss. G. Rykliss, P. A. Jufa und **R. P. Weltman,** *Synthese und Eigenschaften von Sulfametin, eines neuen antituberkulösen Präparats.* Beim Behandeln von 4.4'-Diaminodiphenylsulfon (**I**) mit p-Dimethylaminobenzaldehyd (**II**) in alkoh. H_2SO_4 entsteht ein Prod., dessen Bruttoformel zwar dem von FELDMAN u. SSYRKIN (Журнал Общей Химии [J. allg. Chem.] **19** (**81**). [1949.] 1369) beschriebenen 4.4'-Bis-[p-dimethylaminobenzalimino]-diphenylsulfon (**III**) entspricht, von diesem aber verschieden ist. Das gleiche Prod. ist aus **III** in sd. alkoh. H_2SO_4 zu erhalten. In Campher gibt es eine bedeutend geringere F.-Depression als **III**. Das Prod., *Sulfametin* (**IV**) genannt, wird als Polymeres von **III** (Polymerisationsgrad 2?) angesehen. Die Hydrolyse von **IV** zu **I** u. **II** erfolgt bei **IV** langsamer als bei **III**: 0,25 g Substanz werden bei **IV** in 100 ml 0,1 n HCl bei Zimmertemp. in 2 Std. zu 9,3% hydrolysiert, bei **III** zu 33% (colorimetr. Best. des abgespaltenen **I** durch Diazotieren u. Kuppeln mit R-Säure). Das Röntgenogramm weist bei **III** auf Kristallstruktur hin; bei **IV** fehlt diese. Gegen Bisulfitlsg. verhält sich **III** indifferent; **IV** verharzt beim Erhitzen. **IV** zeigt starke Aktivität bei Knochengelenktuberkulose der Tiere u. ist relativ wenig toxisch.

Versuche: *Sulfametin* (**IV**), $(C_{30}H_{30}O_2N_4S)_2$ (?), Zers. bei 275—280°; a) man setzt zu einer heißen Lsg. von 20 g **I** u. 20 g **II** in A. tropfenweise unter Rühren 18 ml H_2SO_4 (D. 1,84) hinzu, wäscht den Nd. mit A. u. gesätt. $NaHCO_3$-Lsg. u. trocknet bei 60°; 38—40 g (Ausbeute); b) aus 10 g **III** in heißem A. auf tropfenweisen Zusatz von 4 ml H_2SO_4 (D. 1,84); 9 g. Leuchtend gelbes, geschmackloses Pulver; bei 20° enthält die gesätt. Lsg. in W. 0,0093, in A. 0,045%. — *4.4'-Bis-[p-dimethylaminobenzalimino]-diphenylsulfon* (**III**), F. 230—231°; aus **I** u. **II** in sd. A.; gelbe Nädelchen; hält das Wachstum der Tuberkelbacillen nicht auf. (Журнал Общей Химии [J. allg. Chem.] **26** (**88**). 168—72. Jan. 1956. Ukrain. Wiss. Tuberkulose-Forschungsinst. Kiew, Chem. Labor.) R. KNOBLOCH. 1090

A. N. Nessmejanow, N. K. Kotschetkow, M. I. Rybinskaja und **U. W. Uglowa,** *Einige Reaktionen von Alkyl-β-phenoxyvinylketonen.* Vff. untersuchen die Reaktionsfähigkeit von Alkyl-β-phenoxyvinylketonen u. vergleichen diese mit der der Alkyl-β-chlor- u. Alkyl-β-diäthylaminovinylketone. Die Hydrierung von Methyl- (I) u. Propyl-β-phenoxyvinylketon (II) in Ggw. von Pd gibt *Methyl-* bzw. *Propyl-β-phenoxyäthylketon*. In Ggw. von Pt wird II unter Bldg. von *Methylpropylketon* u. *Phenol* gespalten. Durch Diensynth. werden aus Cyclopentadien u. I oder II bei höheren Tempp., unter Druck u. langer Reaktionsdauer mit 30—50% ig. Ausbeute *2-Acetyl-* bzw. *2-Butyryl-3-phenoxybicyclo-[1.2.2]-hepten-(5)* gewonnen. Bei der Einw. von CH_3MgBr auf I bildet sich prim. unter Phenolabspaltung Äthylidenaceton, aus dem *2-Methylpenten-(3)-ol-(2)* (V) u. *2-Methylpentadien-(1.3)* (IV; durch Dehydratisierung des vorst. Alkohols) entstehen. Laugen spalten I unter Bldg. von *Aceton, Phenol* u. *Ameisensäure*. Aus den Verss. ergibt sich, daß die Doppelbindung durch die Phenoxygruppe desaktiviert wird. Die Reaktionsfähigkeit der β-substituierten Alkylvinylketone nimmt wie folgt ab: Alkyl-β-chlor- > Alkyl-β-phenoxy- > Alkyl-β-diäthylaminovinylketone.

Versuche: *Methyl-β-phenoxyäthylketon*, $C_{10}H_{12}O_2$, Kp.₈ 123—124°, man hydriert in 6 Std. 9,0 g I in 80 ml absol. Ae. in Ggw. von 0,5 g Pd/$BaSO_4$; $D.^{20}_4$ 1,0606; n_D^{20} 1,5165; 73,3% (Ausbeute). *Dinitrophenylhydrazon*, $C_{16}H_{16}O_5N_4$, F. 143—144° (A.); gelbe Nadeln. *Oxim*, $C_{10}H_{13}O_2N$, F. 67—68° (A.); Nadeln. — *Propyl-β-phenoxyäthylketon*, $C_{12}H_{16}O_2$, F. 36—37,5° (PAe.), $Kp._4$ 126—126,5°, man hydriert in 6½ Std. 7,0 g II in Ggw. von 0,4 g Pd/$BaSO_4$ analog Vorst.; 71,4%. — *2-Acetyl-3-phenoxybicyclo-[1.2.2]-hepten-(5)*, $C_{15}H_{16}O_2$, $Kp._{5,5}$ 136—138°, a) man erhitzt 10 g I u. 6,5 g Cyclopentadien 15 Std. im Rohr auf 145—155°, $D.^{20}_4$ 1,1159, n_D^{20} 1,5481; 29%. b) Man gibt zu 75 g geschmolzenen Phenols 1,35 g Na, läßt 10 g 2-Acetyl-3-chlorbicyclo-[1.2.2]-hepten-(5) (III) zutropfen, schüttelt 5½ Std., gießt in W. u. gibt 75 ml 40% ig. NaOH zu; 48,9%. c) Aus 25 g Phenol in 45 ml 40% ig. KOH u. 10 g III (5 Std. Schütteln); 72,2%. — *2-Butyryl-3-phenoxybicyclo-[1.2.2]-hepten-(5)*, $C_{17}H_{20}O_2$, $Kp._2$ 147—150°, analog Vorst. aus 12 g II u. 10 g Cyclopentadien nach a); $D.^{20}_4$ 1,0814; n_D^{20} 1,5370; 49%. — *2-Methylpentadien-(1.3)* (IV), C_6H_{10}, Kp. 75,6—76°, a) man läßt zu einer Lsg. von CH_3MgBr in 350 ml Ae. bei 0° eine Lsg. von 50 g I in 75 ml Ae. tropfen, rührt 1 Std. u. gießt in Eis-NH_4Cl; $D.^{20}_4$ 0,7209; n_D^{20} 1,4460; 20%; daneben *Phenol* u. *2-Methylpenten-(3)-ol-(2)* (V), $C_6H_{12}O$, Kp. 121,6—122°; $D.^{20}_4$ 1,4295; n_D^{20} 0,8343; 19%. b) Man gibt zu 7 g V einigeTropfen H_2SO_4 (40%) u. dest. langsam; 84%. — IV-*Maleinsäureanhydridaddukt*, F. 57°, man läßt 1,6 g IV mit 1,9 g Maleinsäureanhydrid in Bzl. 12 Std. stehen; Blättchen aus Ligroin. (Известия Академии Наук СССР, Отделение Химических Наук [Nachr. Akad. Wiss. UdSSR, Abt. chem. Wiss.] **1955**. 649—56. Juli/Aug. Moskau, Lomonossow-Univ.)

CH. WEISKE. 1160

R. L. Huang und **Lee Kum-Tatt**, *Synthetische Östrogene*. 3. Mitt. *Die Dimerisierung freier Radikale von Arylessigsäuren und Arylacetonen*. (2. vgl. C. **1955**. 10254.) Es wird die Darst. von *α.α'-Bis-[p-oxyphenyl]-bernsteinsäure* (I; *meso-* u. *rac.* Form) durch Dimerisierung von freien Radikalen in Ggw. von Di-tert.-butylperoxyd (II) beschrieben. Dabei kann man von p-Methoxyphenylessigsäure (V) oder ihrem Äthylester (VI) ausgehen, in beiden Fällen werden die *meso*-Formen (mit höherem F. u. geringerer Löslichkeit) der *α.α'-Bis-[p-methoxyphenyl]-bernsteinsäure* (III) bzw. des *Diäthylesters* (IV) gebildet. Durch Demethylierung von III erhält man *meso*-I, während bei der Hydrolyse von *meso*-IV Isomerisierung zu *rac.* III eintritt, die dann demethyliert *rac.* I liefert. Von *rac.* III wurden 2 polymorphe Formen isoliert: *Säure A*, F. 214—215°, u. *Säure B* F. 238—239°. Nach Vff. müssen der von HOCH (C. **1951**. II. 2310) synthetisierte Diester von III als meso- u. die Methoxy- u. Oxysäure weitgehend als rac. Isomeres angesprochen werden. Bei beiden Formen von I konnte in Mengen von 5 u. 10 mg keine östrogene Wrkg. festgestellt werden. Eine Dimerisierung von α-Phenylpropionsäure bzw. -buttersäure oder -valeriansäure oder ihrer Ester mit II gelang nicht; Vff. nehmen ster. Hinderung durch die α-ständigen Alkylgruppen an. Dagegen gelingt sie bei Cyclohexancarbonsäure (VII) unter Bldg. von *Dicyclohexyl-1.1'-dicarbonsäureanhydrid* u. beim p-Methoxyphenylaceton (VIII), das zum *meso-* u. *rac. 3.4-Bis-[p-methoxyphenyl]-hexandion-(2.5)* dimerisiert. Ein entsprechendes Isomerengemisch von 3-Phenylbutanon-(2)(IX)-„Dimeren" konnte nicht getrennt werden.

Versuche: *p-Methoxyphenylessigsäure* (V), F. 82°, $Kp._{2-3}$ 138—140°, aus 150 g p-Anisaldehyd über das Cyanhydrin (F. 61—63°) durch Red. u. Verseifung nach LEVINE u. Mitarbeitern (C. **1949**. I. 1242); 45 g (Ausbeute). *Äthylester* (VI), $Kp._1$ 100—102°, aus 45 g V mit A. u. H_2SO_4; n_D^{23} 1,5780; 27 g. — *meso-α.α'-Bis-[p-methoxyphenyl]-bernsteinsäurediäthylester* (IV), F. 143—144° (Methanol), a) aus 18,2 g VI mit 10 g II während 24 Std. bei 140—150° im Rohr; 2,2 g; b) aus 27 g VI mit 15 g II 48 Std. am Rückfluß; 2,1 g. — *α.α'-Bis-[p-methoxyphenyl]-bernsteinsäure* (III), $C_{18}H_{18}O_6$, *meso*-Form, F. 272 bis 273° (viel Dioxan), aus 28 g V mit 17,5 g II nach 48 Std. bei 140°; 5,1 g. — III, *rac.* Form, *Säure A*, F. 214—215° (Methanol), aus a) 0,5 g IV oder b) 0,5 g meso-III mit 15% ig. alkoh. KOH (6 bzw. 16 Std. bei 190—200° im Rohr); Prismen; 0,33 bzw. 0,4 g. *Säure B*,

F. 238—239° (A.), aus 0,42 g **IV** mit 5%ig. alkoh. NaOH in 1,5 Std. am Rückfluß; Prismen; 0,22 g. — *α.α'-Bis-[p-oxyphenyl]-bernsteinsäure* (**I**), $C_{16}H_{14}O_6$, *meso*-Form, F. 284° (Zers.; A.-Bzl.), aus 0,65 g *meso*-**III** mit HBr in Eisessig während 36 Std. bei 70°, danach 5 Std. bei 100°; 0,45 g; *rac.* Form, F. 225—226° (Zers.; A.-Bzl.), aus 0,5 g *rac.* **III** (*Säure B*), durch 5std. Erhitzen mit HBr in Eisessig auf 80°; 0,18 g. — *Dicyclohexyl-1.1'-dicarbonsäureanhydrid*, $C_{14}H_{20}O_3$, F. 144—145° (Methanol), Kp.$_{0,5}$ 140—143°, aus 25 g **VII** mit **II** (48 Std. am Rückfluß); 3,6 g. — *Dicyclohexyldicarbonsäure-(1.1')*, $C_{14}H_{22}O_4$, F. 255° (A.-Bzl.), durch Hydrolyse in wss. NaOH. — *3.4-Dimethyl-3.4-diphenylhexandion-(2.5)*, Mischung aus *rac.* u. *meso*-Form, $C_{20}H_{22}O_2$, Kp.$_2$ 156—159°, aus 33 g **IX** durch 48std. Erhitzen auf 140° mit **II**; 6,5 g. — *3.4-Bis-[p-methoxyphenyl]-hexandion-(2.5)*, $C_{20}H_{22}O_4$, *meso*-Form, F. 201—202° (Dioxan), *rac.* Form, F. 153—154° (Methanol), aus 55 g **VIII** u. 30 g **II** nach 48 Std. am Rückfluß u. Trennen mit sd. CH_3OH; Prismen, 8,4 g, bzw. hellgelbe Prismen, 6,7 g. — *4.5-Bis-[p-methoxyphenyl]-3-methylcyclopenten-(2)-on-(1)*, $C_{20}H_{20}O_3$, *meso*-Form, F. 134—135° (Methanol), aus 6,4 g *meso*-Form vorst. Verb. durch 5std. Kochen mit alkoh. KOH in Dioxan; dabei tritt kirschrote Verfärbung auf; rechteckige Prismen; 4,8 g; *Semicarbazon*, $C_{21}H_{23}O_3N_3$, F. 184°, hellgelbe Nadeln. Das rac. Diketon liefert analog das *rac. Cyclopentenon*; 4,5 g. (J. chem. Soc. [London] **1955**. 4229—32. Dez. Singapore, Univ. of Malaya.) H. WINTER. 1250

A. Burawoy und **A. Chaudhuri**, *o-Mercaptoazoverbindungen.* **10.** Mitt. *Reaktionen von Azobenzol-2-sulfenylbromid und seinen Derivaten mit Malonsäure, Aceton und Acetophenon.* (9. vgl. C. **1956**. 7797.) Azobenzol-2-sulfenylbromid (**I**) u. seine 2'-Nitro- (**II**), 4'-Nitro- (**III**) u. 2'-Benzylmercaptoderiv. (**IV**) reagieren mit Malonsäure (**V**), Aceton (**VI**) oder Acetophenon (**VII**) in wss. oder alkoh. Lsg. unter Bldg. der entsprechenden *[2-Arylazophenylmercapto]-essigsäuren, Acetonyl-2-arylazophenylsulfide* bzw. *2-Arylazophenylphenacylsulfide.* Bei der Kondensation mit **V** tritt teilweise Decarboxylierung ein. *[2-Phenylazophenylmercapto]-essigsäure* (**VIII**) konnte nicht isoliert werden, da die Zers. von **VIII** zu *Benzothiazol-2-carbonsäure* (**IX**) u. Anilin rascher verläuft als die Kondensation von **I** mit **V**. *[2-p-Nitrophenylazophenylmercapto]-essigsäure* ließ sich isolieren, zers. sich aber bei Raumtemp. im Reaktionsgemisch bereits zu p-Nitroanilin u. **IX**, während das *o-Nitroderiv.* u. *[2-o-Benzylmercaptophenylazophenylmercapto]-essigsäure* (**XII**) gegen längeres Kochen des Reaktionsgemisches u. gegen Kochen in Benzollsg. in Ggw. von HCl stabil sind. Durch Erhitzen von **I**, **III** oder **IV** mit **VI** bzw. **VII** wurde *Benzothiazolyl-(2)-methylketon* (**XII**) oder *Benzthiazolyl-(2)-phenylketon* (**XIII**) neben *Anilin, p-Nitroanilin* bzw. *o-Benzylmercaptoanilin* erhalten; intermediär entstehen dabei die entsprechenden 2-Arylazophenylacetonyl- bzw. -phenacylsulfide, die beim Erhitzen in Lsg. in Ggw. von HCl **XII** bzw. **XIII** ergeben. Die durch Rk. von **II** mit **VI** bzw. **VII** gebildeten Sulfide sind wesentlich stabiler u. gehen durch Kochen in Ggw. von HCl nicht in Benzothiazolderivv. über. **I** bzw. **III** wurden mit **V** in wss. oder alkoh. Lsg. wegen der Gefahr der Decarboxylierung zum fl. Benzthiazol nicht erhitzt; die Reinigung von **IX** erfolgte über das Na-Salz, die Charakterisierung als Äthylester. Beim Erhitzen von 2-Phenylazonaphthalin-1-sulfenylbromid mit **VI** bzw. **V** in W. oder A. erfolgte, wahrscheinlich wegen ster. Hinderung, keine Kondensation. Azobenzol-2-sulfenylchlorid (**X**) u. -perchlorat (**XI**) reagieren analog **I**. Die Reaktionsgeschwindigkeit nimmt in der Reihe **X** > **I** > **XI** ab.

Versuche: *Acetonyl-2-phenylazophenylsulfid*, $C_{15}H_{14}ON_2S$, F. 52° (orangefarbene Nadeln aus wss. A.), a) durch 7tägiges Stehen von **I** in W.-**VI** bei Raumtemp.; 92% (Ausbeute); b) analog aus **X** oder **XI**. — *Benzothiazolyl-(2)-methylketon* (**XII**), C_9H_7ONS, F. 109° (gelbe Nadeln aus wss. A. oder PAe.), a) durch 45 Min. Kochen von **X** mit **VI** in Bzl.; 90%; daneben Anilin·HCl; b) analog durch 10 bzw. 20std. Kochen von **I** bzw. **XI** in **VI**; c) durch 1std. Kochen vorst. Verb. in **VI** in Ggw. von HCl; 76%; d) durch 8std. Kochen von **III**, **VI** u. Bzl.; 57%; daneben p-Nitroanilin; e) analog c) aus Acetonyl-2-p-nitrophenylazophenylsulfid; 71%; f) durch 24std. Stehen von **IV** u. **VI** in A. bei Raumtemp., 10 Min. Erhitzen auf 60° u. 24std. Stehen bei Raumtemp.; 47%; daneben *o-Benzylmercaptoanilin* [F. 46° (PAe.); 65%]. — *Phenacyl-2-phenylazophenylsulfid*, $C_{20}H_{16}ON_2S$, F. 140° (orangefarbene Nadeln aus wss. A.), a) durch 3monatiges Stehen von **I** u. **VII** in A. bei Raumtemp.; 80%; b) analog aus **X**. *Benzthiazolyl-(2)-phenylketon* (**XIII**), $C_{14}H_9ONS$, F. 99° (blaßgelbe Nadeln aus wss. A.), a) durch 1std. Kochen von **X** u. **VII** in Bzl.; 78%; daneben Anilin·HCl; b) analog aus **I** (14 Std.); c) durch 2std. Kochen vorst. Verb. in Bzl. in Ggw. von HCl; 70%; d) durch 20std. Kochen von **III** u. **VII** in Bzl.; 57%; daneben p-Nitroanilin; e) durch 2std. Kochen von 2-p-Nitrophenylazophenylphenacylsulfid analog c); f) durch 14std. Kochen von **IV** u. **VII** in Bzl.; 44%; daneben o-Benzylmercaptoanilin. — *Benzothiazol-2-carbonsäure* (**IX**), $C_8H_5O_2NS$, F. 108° (Nadeln), a) durch 3tägiges Stehen von **I** u. **V** in W. bei Raumtemp.; 83%; b) analog aus **X** bzw. **XI**; c) durch 7tägiges Stehen von **III** u. **V** in W. bei Raumtemp.; 11%; daneben p-Nitroanilin (78%). *Äthylester*, $C_{10}H_9O_2NS$, F. 70° (Nadeln aus A.). — *Acetonyl-2-o-nitrophenylazophenylsulfid*, $C_{15}H_{13}O_3N_3S$, F. 115—116° (orangefarbene Nadeln aus wss. A.), a) durch 24std. Stehen von **II** u. **VI** in W. bei Raumtemp.; 96%; b) durch 30std. Kochen von **II** u. **VI** in Bzl.; 64%. — *2-o-Nitrophenylazophenylphenacylsulfid*, $C_{20}H_{15}O_3N_3S$, F. 121° (orangefarbene Nadeln aus wss. A.), a) durch 7tägiges Stehen von **II** u. **VII** in A.; 71%; b) durch 40std. Kochen von **II** u. **VII** in Bzl.; 62%. — *[2-o-Nitrophenylazophenylmercapto]-essigsäure*, $C_{14}H_{11}O_4N_3S$, F. 168—169° (gelbes Pulver aus Bzl.–PAe.), durch 2tägiges Stehen oder 2std. Kochen von **II** u. **V** in W.; 85%. — *Acetonyl-2-p-nitrophenylazophenylsulfid*, $C_{15}H_{13}O_3N_3S$, F. 144° (orangefarbene Nadeln aus CH_3OH), durch 3tägiges Stehen von **III** u. **VI** in W.; 96%. — *2-p-Nitrophenylazophenylphenacylsulfid*, $C_{20}H_{15}O_3N_3S$, F. 171° (orangefarbene Nadeln aus Bzl.–PAe.), durch 15tägiges Stehen von **III** u. **VII** in A.; 71%. — *[2-p-Nitrophenylazophenylmercapto]-essigsäure*, $C_{14}H_{11}O_4N_3S$, F. 170° (gelbes Pulver aus Bzl.–PAe.), durch 2tägiges Stehen von **III** u. **V** in W.; 43%. — *Acetonyl-2-o-benzylmercaptophenylazophenylsulfid*, $C_{22}H_{20}ON_2S_2$, F. 129° (orangefarbene Nadeln aus A.), durch 24std. Stehen von **IV** u. **VI** in A.; 83%. — *2-o-Benzylmercaptophenylazophenylphenacylsulfid*, $C_{27}H_{22}ON_2S_2$, F. 147° (orangefarbene Nadeln aus A.), durch 48std. Stehen von **IV** u. **VII** in A.; 73%. — *[2-o-Benzylmercaptophenylazophenylmercapto]-essigsäure*, $C_{21}H_{18}O_2N_2S_2$, F. 158° (gelbes Pulver aus Bzl. oder A.), a) durch 24std. Stehen von **IV** u. **V** in wss. A.; 73%; b) durch 1std. Kochen von **IV** u. **V** in wss. A.; 85%. *Methylester*, $C_{22}H_{20}O_2N_2S_2$, F. 128° (orangegelbe Nadeln aus CH_3OH), durch 20std. Stehen der Säure mit äther. Diazomethan u. Einengen; 82%. (J. chem. Soc. [London] **1956**. 648—52. März. Manchester, Univ., Coll. of Technol.)

H. BERTSCH. 1300

A. Burawoy und **A. Chaudhuri**, *o-Mercaptoazoverbindungen*. 11. Mitt. *Einwirkung von Alkali auf Azobenzol-2-sulfenylbromid und seine Derivate*. (10. vgl. vorst. Ref.) Durch Zugabe äquimol. Mengen $NaHCO_3$ oder NaOH zur wss. Lsg. von Azobenzol-2-sulfenylbromid (**I**) werden stöchiometr. Mengen *Bis-[o-phenylazophenyl]-disulfid* (**II**) u. *-disulfoxyd* (**III**) gebildet. Bei Einw. von 1,75 Mol NaOH auf **I** wird das anfangs gebildete **III** in weiteres **II** u. *Na-Azobenzol-2-sulfinat* (**IV**) übergeführt. Obwohl der Gesamtumsatz derselbe ist wie bei Einw. von überschüssiger NaOH, tritt intermediär keine oder nur schwache Blaufärbung durch Bldg. von Azobenzol-2-sulfenat ein. Da die Rk. außerdem rascher verläuft, wird geschlossen, daß sich die nicht dissoziierte Sulfensäure u. nicht das Sulfenation disproportioniert. **III** ließ sich aus **I** u. **IV** in wss. Lsg. darstellen, da **I** in wss. Lsg. stabil ist. **III** bildet in wss. Suspension durch Einw. von 1 Äquivalent NaOH oder langsamer durch Einw. von überschüssigem NaOH in wss. CH_3OH **II** u. **IV**. In letzterem Fall tritt die durch Bldg. von Na-Sulfenat bedingte Bauviolettfärbung auf. Bei der Rk. von **I** mit fl. NH_3 bei −50° entstehen durch Anwesenheit von Feuchtigkeit **II** u. **III**, bei längerer Reaktionsdauer wird **III** in weiteres **II** u. Ammoniumsulfinat übergeführt. Bei Einw. von fl. NH_3 auf **III** nimmt denselben Verlauf. In beiden Fällen konnte keine Sulfenationbldg. beobachtet werden. 2-Nitro- (**V**), 4-Nitro- (**VI**) u. 2-Benzylmercaptoazobenzol-2′-sulfenylbromid (**VII**) verhalten sich wie **I**; die Disulfoxyde, die alle aus den Sulfenylbromiden u. Na-Sulfinat dargestellt wurden, werden jedoch von äquimol. Mengen NaOH bei Raumtemp. nicht, durch überschüssiges NaOH nur wenig angegriffen. Nach diesen Beobachtungen verläuft die Einw. von Alkali auf **I** u. seine Derivv. in 3 Schritten: Bldg. von Sulfensäure, Disproportionierung der Sulfensäure in **III** u. **II**, Spaltung von **III** in Sulfinat u. Sulfensäure, die erneut in die Rk. eingeht. *Bis-[2-phenylazonaphthyl-(1)]-disulfoxyd* (**VIII**) konnte durch Mischen der wss. Lsgg. des Sulfenylbromids (**X**) u. Na-Sulfinats erhalten werden, zers. sich aber bereits bei Raumtemp. in festem oder gelöstem Zustand in *Bis-[2-phenylazonaphthyl-(1)]-sulfid* (**IX**) u. SO_2. **X** reagiert in wss. Lsg. mit 1 Mol NaOH sofort unter Bldg. des Disulfids u. des instabilen **VIII** (u./oder **IX**). Die Rk. von **X** mit 1 Mol $NaHCO_3$ verläuft sehr langsam, was auf die Bldg. von *2-Phenylnaphtho-[1′.2′:5.4]-thia-2.3-diazoliumhydrogencarbonat* u. die größere Basizität der Sulfensäure zurückgeführt wird. Das durch Zers. von **VIII** entstehende SO_2 vergrößert die Acidität der Lsg., so daß die Rk. unvollständig bleibt. Neben obigen Reaktionsprodd. entsteht eine geringe Menge *2-Phenylnaphthothiadiazoliumsulfit* oder *2-Phenylazonaphthalin-1-sulfenylsulfit*, das auch durch Rk. von **X** mit Na_2SO_3 dargestellt werden konnte. Die Einw. von fl. NH_3 auf **X** ergab stets ein Gemisch des Disulfids u. **IX**, aber keine Sulfinsäure. Unter diesen schwach alkal. Bedingungen ist also die Zers. von **VIII** zu **IX** rascher als die Spaltung in Sulfinat u. Sulfensäure.

Versuche: *Bis-[o-phenylazophenyl]-disulfoxyd* (**III**), $C_{24}H_{18}O_2N_4S_2$, F. 103 bis 104° (orangefarbene Nadeln aus PAe.), a) aus **IV** u. **I** in W.; 91% (Ausbeute); b) durch Zugabe von 1 Mol $NaHCO_3$-Lsg. oder NaOH-Lsg. zur wss. Lsg. von **I** unter Rühren;

78%; c) durch Zugabe von $NaHCO_3$-Lsg. zu **I** in Bzl.; 78%; d) durch Zugabe von **I** zu feuchtem fl. NH_3 unterhalb -50^0 u. 30 Min. Rühren; 66–78%. — *Bis-[o-phenylazophenyl]-disulfid* (**II**), F. 142° (orangefarbene Nadeln aus PAe.), a) neben **III** nach b); 84%; b) neben **III** nach c); 84%; c) durch Zutropfen von 1,75 Mol wss. NaOH zu **I** in W. unter Rühren; 91%; d) durch Einw. von 10%ig. wss. NaOH auf **III** in CH_3OH; 96%; e) neben **III** nach d); 75–85%; f) analog e) in 12–30 Std.; 70–80%; g) durch 5std. Rk. von **III** mit fl. NH_3 bei -50^0; 85–90%. — *Azobenzol-2-sulfinsäure*, F. 104° (wss. A.), a) neben **II** nach c); 74%; b) neben **II** nach d); 70%; c) neben **II** nach f); 65 bis 70%; d) neben **II** nach g); 75–85%. — *Methyl-2-phenylazophenylsulfoxyd*, $C_{13}H_{12}ON_2S$, F. 58–59° (orangegelbe Nadeln aus wss. CH_3OH), durch Zugabe 40%ig. wss. NaOH zu **I** in CH_3OH u. Schütteln mit Dimethylsulfat; 72%. — *Bis-[o-2-nitrophenylazophenyl]-disulfoxyd* (**XI**), $C_{24}H_{16}O_6N_6S_2$, F. 198° (rotbraune Prismen aus Bzl.), a) aus Na-2-Nitroazobenzol-2'-sulfinat in W. u. **V** in W.; 98%; b) durch langsame Zugabe von 1 Mol $NaHCO_3$- oder NaOH-Lsg. zu **V** in W. unter Rühren u. chromatograph. Trennung; 75%; c) analog **III** nach d). — *Bis-[o-2-nitrophenylazophenyl]-disulfid* (**XII**), F. 172–173° (gelbe Nadeln aus Bzl.), a) neben **XI** nach b); 79%; b) durch Zugabe 10%ig. wss. NaOH zu **XI** in CH_3OH; 90%; c) neben **XI** nach c); d) analog **II** nach f); e) analog **II** nach g). — *2-Nitroazobenzol-2'-sulfinsäure*, F. 144–145° (wss. CH_3OH), a) neben **XII** nach b); 70%; b) neben **XII** nach d) oder e). — *Bis-[o-4-nitrophenylazophenyl]-disulfoxyd* (**XIII**), $C_{24}H_{16}O_6N_6S_2$, F. 172° (rotbraune Prismen aus Bzl.–PAe.), a) aus 0,5 g Na-4-Nitroazobenzol-2'-sulfinat in W. u. **VI** in W.; 0,8 g; b) analog **XI** nach b); 75%; c) analog **III** nach d). — *Bis-[o-4-nitrophenylazophenyl]-disulfid*, F. 228° (Bzl.), a) neben **XIII** nach b); 79%; b) analog **XII** nach b); c) neben **XIII** nach c); d) analog **II** nach f); e) analog **II** nach g). — *4-Nitroazobenzol-2'-sulfinsäure*, F. 133° (CH_3OH), a) neben vorst. Verb. nach b); b) neben vorst. Verb. nach d) u. e). — *Bis-[o-2-benzylmercaptophenylazophenyl]-disulfoxyd*, $C_{38}H_{30}O_2N_4S_4$, F. 135° (rotbraune Nadeln aus A.), a) analog **XIII** nach a); 71%; b) durch Einw. von 1 Mol $NaHCO_3$ oder NaOH auf **VII** in 10%ig. wss. A.; 65%; c) analog **III** nach d). — *Bis-[o-2-benzylmercaptophenylazophenyl]-disulfid*, F. 231° (Bzl.), a) neben vorst. Verb. nach b); 75%; b) analog **XII** nach b); c) neben vorst. Verb. nach c); d) analog **II** nach f) oder g). — *2-Benzylmercaptoazobenzol-2'-sulfinsäure*, F. 126° (A.), neben vorst. Verb. nach b), d) u. e). — *Bis-[2-phenylazonaphthyl-(1)]-disulfoxyd* (**VIII**), $C_{32}H_{22}O_2N_4S_2$, F. 115–120°, aus **X** u. dem Sulfinat in W.; 80%. — *Bis-[2-phenylazonaphthyl-(1)]-sulfid* (**IX**), $C_{32}H_{22}N_4S$, F. 198° (rotbraune Nadeln aus PAe.), a) durch Zugabe von 1 Mol wss. NaOH zu **X** in W. unter Rühren, 1std. Kochen des nach 30 Min. abfiltrierten Gemisches aus **VIII** u. Disulfid in A., Zugabe von Na_2S u. NaOH in W. u. 3 Min. Stehen; 46%; b) durch Zugabe von **X** zu fl. NH_3 unterhalb -50^0 unter Rühren, Abdampfen des NH_3 nach 30 Min. u. Trennung des Reaktionsgemisches wie unter a); 35%. — *Bis-[2-phenylazonaphthyl-(1)]-disulfid*, F. 205° (Bzl.), a) neben **IX** nach a); 65%; b) neben **IX** nach b); 65%. — *2-Phenylazonaphthalin-1-sulfenylsulfit*, $C_{32}H_{22}O_3N_4S_3 \cdot C_2H_6O$, F. 127–128° (rotbraune Nadeln aus A.), $C_{32}H_{22}O_3N_4S_3 \cdot CH_4O$, F. 127–128° ($CH_3OH$), a) durch Zugabe von 1 Mol $NaHCO_3$ zu **X** in W. u. 48std. Rühren; 8%; b) durch Zugabe von Na_2SO_3 in W., zu **X** in W.; 76%. (J. chem. Soc. [London] **1956.** 653–58. März.) H. Bertsch. 1300

J. Cymerman-Craig, M. Moyle, A. J. C. Nicholson und **R. L. Werner**, *Eine neue Methode der Cyanäthylierung.* 3. Mitt. *Der Reaktionsmechanismus.* (2. vgl. Bates u. Cymerman-Craig, C. **1954.** 9519.) Während 2-Diäthylaminoäthylcyanid (**I**) mit p-Anisidiniumchlorid (**II**) bei 180° unter Bldg. von *N-[2-Cyanäthyl]-p-anisidin* (**III**) reagiert, tritt zwischen Vinylcyanid (**IV**) u. Anilin bzw. **II** keine Rk. ein. Vff. sehen daher im Gegensatz zu Bechli (C. **1952.** 2657) die Rk. zwischen **I** u. Arylaminsalzen als Substitutions-Rk. u. nicht als Eliminierungs-Additions-Rk. an. In Übereinstimmung damit wurde **III** auch aus **IV** u. **II** in Ggw. von Diäthylamin (**V**) oder **V**-Benzolsulfonat oder aus **IV**, **V**-Hydrochlorid u. p-Anisidin (**VIII**) erhalten. *1-Deutero-2-diäthylaminoäthylcyanid* (**VI**) reagierte mit **VIII**-Benzolsulfonat unter Bldg. von undeuteriertem **V**-*Benzolsulfonat.* Dies beweist, daß die CH_2CHDCN-Gruppe bei der Umsetzung erhalten bleibt, was wiederum für eine nucleophile Substitution spricht. **VI** wurde durch Kondensation von *N-Deuterodiäthylamin* (**VII**) mit **IV** erhalten. **VII** wurde aus Diäthylamino-MgBr u. D_2O dargestellt.

Versuche: Nach 1½std. Erhitzen von **I**-Hydrochlorid auf 180°, Waschen mit Bzl., Zugabe von wss. NaOH (p_H 12) u. Ätherextraktion wurde nur unverändertes **I** zurückgewonnen; n_D^{25} 1,4342; 73% (Ausbeute). — *N-[2-Cyanäthyl]-p-anisidin* (**III**), F. 62–64°, a) durch 1½std. Erhitzen von 1,5 Mol **I** u. 1 Mol **II** auf 180°, Zugabe von Aceton, Abtrennen von 95% **V**-*Hydrochlorid* [F. 218–220°] u. Dest. neben **I** u. **VIII** aus der Fraktion vom $Kp._{0,001}$ 136–150°; Nadeln; 78%; b) durch 1½std. Erhitzen von 1,5 Mol **IV**, 1,5 Mol **V** u. 1 Mol **II** auf 180° neben 86% **V**-Hydrochlorid u. 22% **VIII**;

68%; bei 2½std. Rk. 76% u. 15% **VIII**; c) durch 1½std. Erhitzen von 1,5 Mol **IV** mit 1 Mol **V**-Hydrochlorid u. 1 Mol **VIII** auf 180°, Behandlung mit wss. NaOH, Extraktion mit Chlf. u. Dest.; 79%; daneben *N.N-Bis-[2-cyanäthyl]-p-anisidin*, F. 103—104° (A.), $Kp._{0,001}$ 180°, Nadeln; 7%; d) durch 1½std. Erhitzen von 1,5 Mol **IV**, 1 Mol **VIII** u. 0,1 Mol **V**-Benzolsulfonat auf 180°; 59%. — *N-Deuterodiäthylamin* (**VII**), $Kp._{760}$ 52—56°, durch ½std. Kochen von C_2H_5MgBr mit Diäthylamin(**V**) in Ae., Ersatz des Ae. durch Diisoamyläther, Zers. mit D_2O u. Dest.; 50%. — *1-Deutero-2-diäthylaminoäthylcyanid* (**VI**), $Kp._{30}$ 100 bis 101°, aus **VII** u. **IV**; n_D^{17} 1,4350. — Durch 1½std. Erhitzen von 1,5 Mol **VI** mit 1 Mol **VIII**-Benzolsulfonat auf 180° wurden **III** u. **V**-Benzolsulfonat erhalten. (J. chem. Soc. [London] **1955**. 3628—31. Nov. Sydney, Univ., Organ. Chem. Dep.; Melbourne, Div. of Ind. Chem., Chem. Phys. Sect., u. Univ. of Technol., Dep. of Physic. Chem.) HORST BAGANZ. 1320

Max Frankel und **M. Harnik**, *Bis-[diazoacetyl] und 3.5-Dinitro-ω-diazoacetophenon*. *Bis-[diazoacetyl]*, $C_4H_2O_2N_4$, F. 122—123° unter Zers. (Bzl.), entsteht aus Oxalylchlorid u. Diazomethan in Ae.; 37% (Ausbeute); lösl. in A. u. Methanol, unlösl. in Wasser. — Als Nebenprod. verbleibt ein zu Tränen reizendes Öl, das noch untersucht wird. — *3.5-Dinitro-ω-diazoacetophenon*, $C_8H_4O_5N_4$, F. 106° (Zers.), gelbliche Kristalle aus Methanol, wird aus 3.5-Dinitrobenzoylchlorid u. CH_2N_2 in Ae. erhalten; 39%. (J. Amer. chem. Soc. **74**. 2120. 20/4. 1952.) H. TIMMLER. 1340

Henry Gilman und **Katashi Oita**, *Spaltung einiger siliciumorganischer Verbindungen mit Ameisensäure*. Bei der Einw. von Ameisensäure auf Triarylsilanole u. verschied. Arylsilane tritt entweder Kondensation zu Disiloxanen oder Spaltung ein, wobei das Eintreten der Spaltung nicht immer durch ster. Hinderung der Kondensation erklärt werden kann. Die spaltende Wrkg. von Ameisensäure ist geringer als die von HCl. So entsteht bei 48std. Einw. von sd. 98—100%ig. HCOOH unter N_2 aus Tri-o-biphenylylsilanol 76,5% (Ausbeute) *Biphenyl* (**I**), F. 69—70°; aus Triphenylsilanol quantitativ *Hexaphenyldisiloxan*, F. 220—222°; aus Tri-α-naphthylsilanol 41,4% *Naphthalin*, F. 80—81,5°; aus Tri-p-tolylsilanol 39,2% *Hexa-p-tolyldisiloxan*, F. 226,5,—227,5°; aus o-Biphenyltriphenylsilan 28,5% *Bzl.* u. 45,5% **I**; aus Tri-o-biphenylylsilan 8,9% **I**; aus Triphenylsilan 8,8% *Bzl.* (→ *m-Dinitrobenzol*, F. 89—90°). Tetraphenylsilan wird durch HCOOH nicht gespalten. (J. Amer. chem. Soc. **77**. 3386—87. 20/6. 1955. Ames, Io., State Coll., Dep. of Chem.) L. KLENK. 1380

Ss. I. Wolfkowitsch, W. K. Kusskow und **K. F. Korotejewa**, *Über die Reaktion von Phenol mit Phosphor*. Phenol reagiert im Gegensatz zu A. nicht mit rotem P beim Erhitzen auf 300° im Rohr, vermutlich weil Phenol intramol. nicht dehydratisiert wird. In Ggw. von wenig W. tritt dagegen bei 200° Rk. ein, u. es wird ein Gemisch verschied. Verbb. erhalten, in dem H_3PO_4, H_3PO_3, H_2, PH_3, *Mono-* u. *Diphenylphosphin*, *Triphenylphosphat* u. *Phenylphosphonsäure* festgestellt werden. Roter P reagiert mit Na-Phenolat bei 270° fast ausschließlich unter Bldg. von *Diphenyläther*. In Ggw. von W. beginnt die Rk. bereits bei 150°, u. als Reaktionsprodd. werden H_2, PH_3, *Phenylphosphin*, *Triphenylphosphat* u. *Phenylphosphonsäure* erhalten. Die Rk. verläuft wahrscheinlich analog der Rk. von rotem P mit W. oder wss. Alkalien nach folgenden Gleichungen: $2\,P + 2\,H_2O + 6\,C_6H_5OH \rightarrow 2\,(C_6H_5O)_3PO + 5\,H_2$; $2\,P + 2\,H_2O + C_6H_5ONa \rightarrow C_6H_5PH_2 + NaH_2PO_3$; $2\,P + 2\,H_2O + C_6H_5ONa \rightarrow PH_3 + C_6H_5PO(OH)(ONa)$; $2\,P + H_2O + 2\,C_6H_5ONa \rightarrow C_6H_5PH_2 + C_6H_5PO(ONa)_2$. Der rote P wird bei den vorst. Rkk. beim Erhitzen auf $<250°$ z. T. in weißen, auf $>250°$ in schwarzen P umgewandelt.

Versuche: 6,8 g roter P, 23,5 g Phenol u. 4,5 ml W. wurden 4½ Std. auf 250 bis 265° im Drehautoklaven (50 ml Inhalt) erhitzt. Der Druck erreichte 110 at. Die gasförmigen Prodd. bestanden zu 99% aus H_2. Das Reaktionsprod. wird mit W. verd., filtriert, mit Bzl. extrahiert u. der Extrakt destilliert. Es wurden erhalten: *Phenylphosphin*, C_6H_7P, Kp. 160°; 2,8 g (Ausbeute); *Diphenylphosphin*, $C_{12}H_{11}P$, Kp. 272°; 1 g. Aus der wss. Phase wurden 4 g unreine *Phenylphosphonsäure* isoliert. (Известия Академии Наук СССР, Отделение Химических Наук [Nachr. Akad. Wiss. UdSSR, Abt. chem. Wiss.] **1954**. 5—8. Jan./Febr.) G. FROELICH. 1380

Antoni Kotełko, *Synthese einer Verbindung von 3-Amino-4-oxyphenylarsenoxyd mit Formaldehydnatriumsulfoxylat*. Die Nachteile des 3-Amino-4-oxyphenylarsenoxyds (**I**)-Hydrochlorids (Mapharsen) werden durch vorsichtige Überführung in das *Formaldehydsulfoxylat* aufgehoben. Das Reaktionsprod. ist kristallin, fast farblos bis schwach rosa; leicht lösl. in W. mit neutraler Rk., nur temperaturempfindlich.

Versuche (alle Rkk. unter CO_2): *3-Amino-4-oxyphenylarsenoxyd* (**I**), aus 48 g 3-Amino-4-oxyphenylarsonsäure in wss. HCl durch Red. mit SO_2 bei Zimmertemp. unter Zusatz von KJ; 26,7 g (Ausbeute). — *Verb. von **I** mit Formaldehydnatriumsulfoxylat*, aus 10 g **I** durch Einw. von wss. 4mol. Rongalitlsg., 8std. Schütteln unterhalb 3° u.

Ausfällen mit absol. A.; 5,9 g; oder durch direkte Umsetzung in absol. A.; 61,3%. (Acta polon. pharmac. **12.** 57—60. Jan./März 1955. Łódź, Akad. Med., Zakł. Technol. Chem. Środk. Leczn.) A. RUSS. 1380

Fernanda Misani, Louise Speers und **A. M. Lyon,** *Synthetische Arbeiten auf dem Gebiet der fluorierten Cyclopropane.* Ein allg. anwendbares Verf. zur Darst. von fluorhaltigen Cyclopropanen ist die Anlagerung von Diazomethan an ein Fluorolefin (welches außer F keine anderen Halogene enthalten darf) zu einem Pyrazolin u. dessen Pyrolyse. Die Anlagerung von CH_2N_2 an 1.1.1-Trifluorpropen-(2) u. an 2-Methyl-3.3.3-trifluorpropen (**III**) zu *5-Trifluormethyl-Δ^2-pyrazolin* (**I**) bzw. *5-Methyl-5-trifluormethyl-Δ^2-pyrazolin* (**IV**) erfordert die Bestrahlung mit UV-Licht, während die Anlagerung an 1.1.1.4.4.4-Hexafluorbuten-(2) (**VI**) zu *4.5-Bis-[trifluormethyl]-Δ^3-pyrazolin* ohne Bestrahlung sehr schnell verläuft. Durch Pyrolyse von **I** u. **IV** entstehen *Trifluormethylcyclopropan* (**II**) bzw. *1-Methyl-1-trifluormethylcyclopropan* (**V**). Aus 1.1.1.2.3.3-Hexafluorpropen-(2) (**VII**) u. CH_2N_2 erhält man kein Pyrazolin, sondern unmittelbar *1-Trifluormethyl-1.2.2-trifluorcyclopropan* (**VIII**). Mit Diazoessigester setzt sich **III** bei 110—130° zu *2-Methyl-2-trifluormethylcyclopropancarbonsäureäthylester* (**IX**) um. — **II** u. *1.1-Difluorcyclopropan* wurden auch nach der Meth. von FREUND aus 1.1.1-Trifluor-2.4-dibrombutan bzw. 1.1-Difluor-1.3-dibrompropan in sehr geringen Ausbeuten erhalten. Die Darst. von 1-Äthyl-2-trifluormethylcyclopropan gelang nach dem Verf. von FREUND nicht. Die Red. von CF_3—CO—CH_2—CO—C_2H_5 (**X**) ergibt *1.1.1-Trifluorhexandiol-(2.4)*, in welchem sich nur eine OH-Gruppe gegen Br austauschen läßt. — Auch die PERKIN-Kondensationen von Acetessigester oder Malonester mit 1.1.1-Trifluor-2-methyl-2.3-dibrompropan, 1.1.1.2.3.3-Hexafluor-2.3-dibrompropan u. 1.1.1.3.3-Pentafluor-2-chlor-2.3-dibrompropan gelangen nicht. — Die Ultrarotspektren von **II, V, VIII** u. **IX** zeigen eine Hauptbande zwischen 9,9 u. 11 μ, die als charakterist. für ein fluoriertes Cyclopropan angesehen wird.

V e r s u c h e: *1.1.1-Trifluorpropen-(2)*, durch Pyrolyse von 1.1.1-Trifluor-2-acetoxypropan über Glaswolle bei 530—550°. — *5-Trifluormethyl-Δ^2-pyrazolin* (**I**), $C_4H_5N_2F_3$, Kp. 146,5°; n_D^{20} 1,3870; durch 2std. UV-Belichtung von 50 g der vorst. Verb. u. der etwa äquivalenten Menge CH_2N_2 in Ae. bis zum Verschwinden der CH_2N_2-Farbe; 89% (Ausbeute). — *Trifluormethylcyclopropan* (**II**), $C_4H_5F_3$, Kp. 21,6°; aus **I**, KOH-Pulver u. Pt-Asbest bei 260°; 51%. — *2-Methyl-3.3.3-trifluorpropen* (**III**), durch 2std. Erhitzen von 119 g 1.1.1-Trifluor-2-methylpropanol-(2) mit 70 cm³ konz. H_2SO_4 auf 110°, Zugabe von weiteren 70 cm³ H_2SO_4 u. ½std. Erhitzen auf 110—135°; 80%. — *5-Methyl-5-trifluormethyl-Δ^2-pyrazolin* (**IV**), $C_5H_7N_2F_3$, Kp. 141,2—141,5°; n_D^{20} 1,3791; aus **III** u. CH_2N_2 im UV-Licht in 13 Std.; 60—88%. — *1-Methyl-1-trifluormethylcyclopropan* (**V**), $C_5H_7F_3$, Kp. 37—38°; n_D^{20} 1,3228; aus **IV**, KOH u. Pt-Asbest bei 150—220°; 64—92%. — *4.5-Bis-[trifluormethyl]-Δ^3-pyrazolin,* $C_5H_4N_2F_6$, Kp. 131°; n_D^{20} 1,3562; aus **VI** u. CH_2N_2. — *1-Trifluormethyl-1.2.2-trifluorcyclopropan* (**VIII**), $C_4H_2F_6$, Kp. —15,8°; aus **VII** u. CH_2N_2; ca. 30%. — *2-Methyl-2-trifluormethylcyclopropancarbonsäureäthylester* (**IX**), $C_8H_{11}O_2F_3$, Kp.$_5$ 58°; durch 7std. Erhitzen von 30 g **III** u. 34,2 g Diazoessigester im Schüttelautoklaven auf 100—130°; sehr geringe Ausbeute. — *β-Brom-γ.γ.γ-trifluorbuttersäureäthylester* (**XI**), $C_6H_8O_2BrF_3$, Kp.$_{45}$ 81—83°; D.$^{20}_4$ 1,5275; n_D^{20} 1,3934; aus 186 g β-Oxy-γ.γ.γ-trifluorbuttersäureäthylester u. 271 g PBr_3 bei 90 → 130°; 49% neben 19% *γ.γ.γ-Trifluorcrotonsäureäthylester*, $C_6H_7O_2F_3$, Kp.$_{45}$ 42—44°; n_D^{20} 1,3608. — *1.1.1-Trifluor-2-brombutanol-(4)*, Kp.$_{40}$ 78—80°; n_D^{20} 1,4025; durch langsame Zugabe von 102 g **XI** zu einer Suspension von 8 g $LiAlH_4$ in 800 cm³ Ae.; 64%. — *1.1.1-Trifluor-2.4-dibrombutan,* $C_4H_5Br_2F_3$, Kp.$_{35}$ 60°; n_D^{20} 1,4349; durch Zutropfen von 54 g PBr_3 zu 62 g der vorst. Verb. unterhalb 50°; 25%. — *1.1.1-Trifluorhexandiol-(2.4)*, $C_6H_{11}O_2F_3$, Kp.$_3$ 75—78°; durch Schütteln von 67 g **X** in 100 cm³ Ae. mit 3 at H_2 u. 7 g 10%ig. Pd-Holzkohle u. Einrühren der Lsg. in eine Suspension von 22 g $LiAlH_4$ in 1200 cm³ Ae.; 72%. — *$C_6H_{10}OBrF_3$*, Kp.$_7$ 63—65°; durch 3½std. Erhitzen von 52 g der vorst. Verb. mit 170 cm³ bei 0° mit HBr gesätt. W. im Druckgefäß auf 60—70°; 30%. — *1.1.1.3.3-Pentafluor-2-chlor-2.3-dibrompropan,* $C_3ClBr_2F_5$, Kp. 104°, Kp.$_{71}$ 46°; durch Zugabe von 24 g Br_2 im Laufe von 2 Std. zu 25 g 1.1.1.3.3-Pentafluor-2-chlorpropylen im UV-Licht; 82%. (J. Amer. chem. Soc. **78.** 2801—04. 20/6. 1956. Raritan, N. J., Air Reduction Comp., Inc.; Ohio Chem. and Surgical Equipment Comp., Res. Labors.) E. FORCHE. 1810

Kurt Alder und **Franz Heinz Flock,** *Über die präparative Darstellung der isomeren Cyclopentenone und einiger vom Cyclopenten abgeleiteter Verbindungen aus Cyclopentadien.* Vff. beschreiben Methoden zur Darst. von *Cyclopenten-(1)-ol-(3)* (**II**), *$\Delta^{2,2'}$-Dicyclopentenyläther* (**IV**), *Cyclopenten-(1)-on-(3)* (**III**) u. *Cyclopenten-(1)-on-(4)* (**VI**). Außer **IV** werden *2.3-$\Delta^{4'}$-Cyclopenteno-4.5-cyclopentanotetrahydrofuran* u. ein *dritter isomerer Äther $C_{14}H_{14}O$* dargestellt; die drei genannten Äther werden durch GRIGNARD-Lsgg. nicht verändert. Zum Konstitutionsbeweis von **III** u. **VI** werden Derivv. gebildet u. ihre UV-Spektren herangezogen.

Versuche: *3-Chlorcyclopenten-(1)* (I), $Kp._{20}$ ~30°, durch Einleiten von trockenem HCl in Cyclopentadien unter Kühlen bis zu einer Volumenzunahme um ca. $^1/_6$ u. Dest. im Vakuum; 80—90% (Ausbeute). — *Cyclopenten-(1)-ol-(3)* (II), C_5H_8O, $Kp._{12}$ 52°, $D.^{20}_4$ 0,9815, n_D^{20} 1,4717, durch Eintropfen von I in eine eiskalte Aufschwemmung von $NaHCO_3$ in W. innerhalb von 1—2 Std. unter Rühren, Sättigen mit NaCl, Extraktion mit Ae. u. fraktionierte Dest.; 88%. — *Cyclopenten-(1)-on-(3)* (III), C_5H_6O, $Kp._{11}$ 62°, $D.^{20}_4$ 1,009, n_D^{20} 1,4814, a) durch Zugabe von I zu einer wss. $Na_2Cr_2O_7$-Lsg. bei 0° unter Rühren, Zers. mit 50%ig. H_2SO_4, Sättigen mit NaCl, Extraktion mit Ae. u. fraktionierte Dest.; 60—68%; b) durch Eintropfen von 300 g IV in eine unter 11 Torr gehaltene, mit Asbestschnur gefüllte u. auf 500—520° geheizte Pyrexglasröhre u. fraktionierte Dest. des Pyrolysats; 125 g; c) durch Pyrolyse von V analog b) bei 450—480; ~100%; d) analog c), jedoch in Ggw. von Pd-Kohle. — *3-Acetoxycyclopenten-(1)*, $Kp._{11}$ 48°, $D.^{20}_4$ 1,007, n_D^{20} 1,4488, durch Einrühren von I in eine gekühlte Aufschwemmung von wasserfreiem Na-Acetat in Eisessig, 3 std. Rühren u. fraktionierte Dest.; ~80%. — *[Cyclopenten-(1)-yl-(3)]-methyläther*, Kp. 108°, $D.^{20}_4$ 0,899, n_D^{20} 1,4393, durch Zugabe von I zu einer gekühlten Mischung von $NaHCO_3$ u. Methanol. — *$\Delta^{2.2'}$-Dicyclopentenyläther* (IV), $C_{10}H_{14}O$, $Kp._{12}$ 85°, $D.^{20}_4$ 0,972, n_D^{20} 1,4898, a) durch Lösen von konz. HCl in II, mehrstd. Stehen u. Dest. der öligen Schicht im Vakuum in Ggw. von $NaHCO_3$; ~100%; b) durch Hydrolyse von I mit einer konz. Lsg. von Na_2CO_3. — *Dicyclopentyläther*, $C_{10}H_{18}O$, $Kp._{13}$ 80°, $D.^{20}_4$ 0,927, n_D^{20} 1,4619, durch Hydrierung von IV in Essigester in Ggw. von PtO_2. — *Cyclopentylbromid*, $Kp._{11}$ 28°, $D.^{20}_4$ 1,384, n_D^{20} 1,4890, durch Zugabe von rauchender HBr zu vorst. Verb. in Eisessig, 5 std. Kochen, Extraktion mit Ae., Neutralisieren u. fraktionierte Dest.; ~60%. — *Cyclopentanon, Semicarbazon*, F. 210°, durch Hydrierung von III oder VI in Ggw. von Pt u. Zugabe einer Lsg. von Semicarbazidacetat. *Dibenzalverb.*, F. 189°, aus III durch Hydrierung, dann mit Benzaldehyd in methanol. KOH. — *2.3-$\Delta^{4'}$-Cyclopenteno-4.5-cyclopentanotetrahydrofuran*, $C_{10}H_{14}O$, $Kp._{11}$ 84°, $D.^{20}_4$ 1,011, n_D^{20} 1,4976, neben III nach b). — *2.3;4.5-Dicyclopentanotetrahydrofuran*, $C_{10}H_{16}O$, $Kp._{13}$ 90°, $D.^{20}_4$ 1,014, n_D^{20} 1,4904, durch Hydrierung vorst. Verb. in Essigester in Ggw. von Pt u. Fraktionierung. — *Dritter isomerer Äther $C_{10}H_{14}O$*, $Kp._{13}$ 97°, $D.^{20}_4$ 0,959, n_D^{20} 1,4884, durch Zugabe von Cyclopentadien zu gekühlter 20—30%ig. HCl innerhalb 1 Std. unter Rühren, 5—7 std. weiteres Rühren, Neutralisieren mit Sodalsg., Verdünnen mit Ae., Verrühren mit methanol. $NaHCO_3$-Aufschwemmung, Entfernen des Lösungsm. u. Dest. im Vakuum; 60—70%. *Hydriertes Prod.*, $C_{10}H_{18}O$, $Kp._{13}$ 101°, $D.^{20}_4$ 0,923, n_D^{20} 1,4654. — *4.7.8.9-Tetrahydro-4.7-endomethylen-1-oxyinden* (V), durch Oxydation von Dicyclopentadien mit SeO_2 nach ALDER u. FLOCK (C. **1955.** 4341). — *Cyclopenten-(1)-on-(4)* (VI), C_5H_6O, $Kp._{40}$ 41°, $D.^{20}_4$ 0,991, n_D^{20} 1,4536, neben III nach d); ~20%. *Semicarbazon*, $C_6H_9ON_3$, F. 182°, aus VI u. einer Lsg. von Semicarbazidacetat. — *2.5-Dibenzalcyclopenten-(3)-on-(1)*, aus VI u. Benzaldehyd in Eisessig/H_2SO_4; ~30%. (Chem. Ber. **89.** 1732—37. 2/7. 1956. Köln/Rh., Univ., Chem. Inst.)

O. WOLF. 1960

R. N. Adhya, A. C. Ghosh und **J. C. Bardhan**, *Terpenverbindungen.* 9. Mitt. *Eine Methode zur Bildung von Homoapocamphersäure.* (8. vgl. BARDHAN u. ADHYA, C. **1956.** 11982.) Die von PERKIN u. THORPE (J. chem. Soc. [London] **79.** [1901.] 729) aus α.α'-Dibrom-β.β-dimethylglutarsäureäthylester u. Na-Malonester dargestellte *Na-Verb.* des *2.2-Dimethyl-5-oxycyclopentadien-1.3.4-tricarbonsäuretriäthylestess* (I) liefert bei der Kondensation mit Bromessigester *1.3.4-Tricarbäthoxy-2.2-dimethyl-5-oxocyclopenten-(3)-ylessigsäureäthylester* (II). Durch sukzessive Hydrierung, Hydrolyse u. WOLFF-KISHNER-Red. konnte II in *Homoapocamphersäure* (III) übergeführt werden. Zum Vgl. wurde II aus 2.2-Dimethyl-3-oxocyclopentancarbonsäureäthylester (IV) durch Cyanhydrinsynth., anschließendes Dehydratisieren, Verseifen u. Hydrieren bzw. durch Umsetzen von II mit Cyanessigester nach COPE (J. Amer. chem. Soc. **63.** [1941.] 3452), anschließendes Hydrieren u. Verseifen dargestellt.

Versuche: *1.3.4-Tricarbäthoxy-2.2-dimethyl-5-oxocyclopenten-(3)-ylessigsäureäthylester* (II), $C_{20}H_{28}O_9$, $Kp._4$ 195—196°, $D.^{21.5}_4$ 1,1530, $n_D^{21.5}$ 1,4804, aus 15 g I u. Bromessigester in sd. Bzl.; 14,5 g (Ausbeute). — *1.3.4-Tricarbäthoxy-2.2-dimethyl-5-oxocyclopentylessigsäureäthylester*, $C_{20}H_{30}O_9$, F. 75—76° (Bzn.), $Kp._4$ 190—191°, durch Hydrieren von 39 g II in A. in Ggw. von ADAMS-Katalysator bei 30° (3½ Std.); Nadeln; 18 g. $FeCl_3$-Rk. violett. Ein *Öl vom $Kp._3$ 185—188°* als Nebenprodukt. — *3-Carboxy-2.2-dimethyl-5-oxocyclopentylessigsäure*, $C_{10}H_{14}O_5$, F. 183—184° (W.), aus 9 g vorst. Verb. in sd. konz. HCl; Prismen; 4,2 g. *Semicarbazon*, $C_{11}H_{17}O_5N_3$, F. 228° (W., Zers.), Prismen. *Diäthylester*, $C_{14}H_{22}O_5$, $Kp._4$ 155°, mit alkoh. HCl. — *3-Carboxy-2.2-dimethylcyclopentylessigsäure* (*Homoapocamphersäure*, III), $C_{10}H_{16}O_4$, F. 202—203° (W.), a) aus vorst. Semicarbazon u. alkoh. Na-Alkoholat bei 180—180° (26 Std.), b) aus vorst. Diäthylester mit amalgamiertem Zn in sd. konz. HCl; Prismen. — *α.β-Dicyan-β-methylbuttersäureäthylester*,

Kp.$_6$ 129—131°, aus 2-Cyan-3-methylbuten-(2)-säureäthylester u. HCN nach HOPE u. SHELDON (J. chem. Soc. [London] **121.** [1922.] 2223). — *2.3.5-Tricyan-2-methylpentan-3-carbonsäureäthylester*, $C_{12}H_{15}O_2N_3$, Kp.$_8$ 185—190°, aus vorst. Verb. u. Acrylonitril in tert.-Butanol in Ggw. von 30%ig. methanol. KOH bei 40—45° (2½ Std.). — *4-Methylpentan-1.3.4-tricarbonsäure*, F. 155°, durch Verseifen vorst. Esters mit H_2SO_4. — *2.2-Dimethyl-3-oxocyclopentancarbonsäureäthylester* (**IV**), Kp.$_3$ 95°, nach GIBSON u. Mitarbeitern (J. chem. Soc. [London] **1927.**] 3009). — *2.2-Dimethyl-Δ^3-cyclopenten-1.3-dicarbonsäure*, $C_9H_{12}O_4$, F. 212° (W.), aus 5 g **IV** u. HCN (+ wenig KCN) in der Kältemischung (16 Std.), Behandeln des von überschüssigem HCN befreiten Reaktionsprod. mit Pyridin u. $POCl_3$ bei 140—150° u. Verseifen des mit Ae. extrahierten Öls mit sd. konz. HCl (20 Std.); Nadeln; 4,3 g. — *cis-Apocamphersäure*, $C_9H_{14}O_4$, F. 205—206° (W.), durch Hydrieren vorst. Verb. in Eisessig bei 23° in Ggw. von ADAMS-Katalysator; Nadeln. *Anhydrid*, $C_9H_{12}O_3$, F. 177° (Bzn. + Chlf.), mit Acetylchlorid; Nadeln. — *α-Cyan-α-[3-carbäthoxy-2.2-dimethylcyclopentyliden]-essigsäureäthylester*, $C_{15}H_{21}O_4N$, Kp.$_{12}$ 200—202°, aus **IV** u. Cyanessigester in Ggw. von Eisessig u. Ammoniumacetat in Bzl. bei 150—160° (3 Std.). — *α-Cyan-α-[3-carbäthoxy-2.2-dimethylcyclopentyl]-essigsäureäthylester*, $C_{15}H_{23}O_4N$, Kp.$_{12}$ 195—197°, durch Hydrieren vorst. Verb. in A. bei 24° in Ggw. von Pd-Kohle. Liefert beim Verseifen mit sd. konz. HCl (6 Std.) **III**. (J. chem. Soc. [London] **1956.** 358—61. Febr.) H. GOLD. 2020

Ping-Fang Hu, *Die Reaktion von Aryldiazoniumfluoboraten mit Äthylmercurichlorid und Diäthylquecksilber.* Entgegen der Erwartung kann die Äthylgruppe durch Rk. von Aryldiazoniumfluoboraten mit Äthylmercurichlorid (**II**) oder Diäthylquecksilber (**VII**) nicht in die Kerne eingeführt werden. Hauptprod. ist das entsprechende *Diaryl*, daneben entstehen wenig *aromat. KW-stoffe* u. *Arylchlorid* (nur bei Rkk. mit **II**). So wurden aus β-Naphthyldiazoniumfluoborat (**I**) u. **II** (1:1) nach 1½std. Kochen in Dioxan (**III**) 50% *β.β'-Dinaphthyl* (**IV**) u. 9% *β-Chlornaphthalin* erhalten. Analog ergab die Rk. von p-Nitrophenyldiazoniumfluoborat (**V**) mit **II** 50% *o.o'-Dinitrobiphenyl* (**VI**), wenig *Nitrobenzol* u. wenig *o-Nitrochlorbenzol*. — Aus **I** u. **VII** (1:1) in A. wurden 15% **IV** u. wenig *Naphthalin* erhalten, daneben $C_2H_5HgBF_4$ (**VIII**) u. *Hg*. Aus **V** u. **VII** (1:1) in **III** entstand wenig **VI**, daneben **VIII** (80%) u. *Hg* (17%), aus Phenyldiazoniumfluoborat u. **VII** *Bzl.* (15%) u. wenig *Biphenyl*, daneben **VIII** (40%) u. Hg (58%). (Acta chim. sinica **21.** 268—72. 1955. Peking, Agricult. Univ., Dep. of Soils and Agricult. Chem. [Orig.: chines.; Auszug: engl.]) E. MAEKAWA. 2210

Robert B. Carlin und George E. Foltz, *Ullmann-Synthese von sechs Dimethyldinitrobiphenylen und ihre Reduktion zu den entsprechenden Diaminodimethylbiphenylen. 2.2'-Dimethyl-4.4'-dinitro-* (**I**), *2.2'-Dimethyl-4.6'-dinitro-* (**II**), *2.4'-Dimethyl-2'.4-dinitro-* (**III**), *4.4'-Dimethyl-2.2'-dinitro-* (**IV**), *2.2'-Dimethyl-6.6'-dinitro-* (**V**) u. *4.6'-Dimethyl-2.2'-dinitrobiphenyl* (**VI**) wurden durch ULLMANN-Rk. von Halogennitrotoluolen dargestellt u. zu den entsprechenden *Diaminoderivv.* (**VII—XII**) red., welche zur Strukturbest. der Diaminodimethylbiphenyle dienten, die durch Umlagerung von 3.3'-Dibrom-5.5'-dimethylhydrazobenzol (**XVIII**) u. reduktive Debromierung erhalten worden waren. **I, IV** u. **V** wurden durch symm. ULLMANN-Rk. aus 2-Jod-5-nitrotoluol (**XV**), *4-Jod-3-nitro-* bzw. *2-Jod-3-nitrotoluol* erhalten. **II, III** u. **VI** wurden durch gemischte ULLMANN-Rk. dargestellt. **III** u. **VI** wurden als Öle, wahrscheinlich nicht isomerenfrei, erhalten. Bei der für alle 3 gemischten ULLMANN-Rkk. typ. Darst. von **III** durch Rk. äquivalenten Mengen 4-Brom-3-nitrotoluol (**XIII**) u. **XV** mit Cu wurden neben 35% **III** 4% **IV** isoliert, das durch symm. Rk. von **XV** entstand. Durch Rk. von *4-Jod-3-nitrotoluol* (**XIV**) an Stelle von **XIII** mit **XV** wurden nur **IV** u. unverändertes **XV** erhalten. Bei der Synth. von **II** aus **XV** u. *2-Brom-3-nitrotoluol* (**XVI**) entstanden neben 16% **II** 12% **V**, aber kein Selbstkupplungsprod. von **XV**. Neben **VI**, aus **XIV** u. 2-Jod-3-nitrotoluol (**XVII**) dargestellt, wurden auch **IV** u. **V**, die symm. Biphenyle aus **XIV** u. **XVII**, isoliert. Wenn **XIII** oder **XIV** bei asymm. ULLMANN-Rkk. eingesetzt wurde, entstand immer auch **IV**, bei Umsetzung von **XVI** oder **XVII** **V**; aus **XV** entstand aber bei symm. Rk. nur wenig **I**, bei asymm. Rkk. kein **I**. **XV** scheint also mit anderen Arylhalogeniden leichter zu reagieren als mit sich selbst. Dieses Verh. wird mit Copolymerisationen verglichen, bei denen eine monomere Komponente nur schwer Selbstpolymerisation eingeht. Die Verbb. **I—VI** wurden in Ggw. von RANEY-Ni zu **VII—XII** hydriert, die mit Ausnahme von **IX** krist. sind. **IX** scheint ein instabiles Hydrat zu bilden. Eines der Umlagerungsprodd. von **XVIII** zeigte nach reduktiver Debromierung das gleiche Verhalten. **VII—XII** wurden als *Diacetylverbb.* u. als Bis-salicylal-Verbb. charakterisiert. Der Vgl. der physikal. Eigg. ergab, daß bei der Red. der Umlagerungsprodd. von **XVIII** **VII**, **XII** u. **IX** entstanden. Das Bis-salicylalderiv. von **XII** tritt in 2 Formen auf.

V e r s u c h e (FF. korr.): *2-Jod-3-nitrotoluol* (**XVII**, F. 66—68°; blaßgelbe Würfel aus wss. A.), durch Zugabe einer eiskalten Lsg., die durch Zufügen von $NaNO_2$ zu nahezu gefrorener konz. H_2SO_4, Erwärmen auf 75° u. Kühlen erhalten worden war, zu 2-Amino-3-nitrotoluol in Eisessig bei 15° unter Kühlung unterhalb 25°, Rühren, Verdünnen mit Eis u. W. u. Zugabe von Harnstoff u. KJ in W. unter Rühren; 68,2% (Ausbeute). — *4-Jod-3-nitrotoluol* (**XIV**), F. 55—56° (hellgelbe Nadeln aus PAe.), analog **XVII**; 70%. — *2-Jod-5-nitrotoluol* (**XV**), F. 103—105° (Nadeln aus A.), analog **XVII**; 72%. — *4-Brom-3-nitrotoluol* (**XIII**), F. 32—33° (gelbe Prismen aus A.), durch Zugabe von Nitrosylschwefelsäure, hergestellt wie bei **XVII**, zu 4-Amino-3-nitrotoluol in H_2SO_4 (1:1) bei 15° unter Rühren, Zugabe von CuBr-Suspension (durch Mischen von $CuSO_4$ in W.; KBr in W. u. 48%ig. HBr u. Sättigen der Lsg. mit SO_2) u. Wasserdampfdest.; Kp.$_1$ 97—103°; 44%. — *2-Brom-3-nitrotoluol* (**XVI**), F. 38—40° (blaßgelbe Platten aus A.), durch Zugabe einer CuBr-Suspension (durch Mischen von $CuSO_4$ u. KBr in W. mit $Na_2S_2O_5$ u. NaOH in W. u. Zugabe von 48%ig. HBr) bei 50° zu einer Diazoniumlsg. von 2-Amino-3-nitrotoluol (analog **XVII**), Erwärmen auf 85° u. 12std. Stehen; Kp.$_1$ 78—84°; 72%. — *4.6'-Dimethyl-2.2'-dinitrobiphenyl* (**VI**), $C_{14}H_{12}O_4N_2$, Kp.$_1$ 166—168°, durch 2std. Erhitzen von **XVII** u. **XIV** mit Cu-Bronze auf 110° u. Erhitzen auf 200°; 32%. — *2.4'-Dimethyl-2'.4-dinitrobiphenyl* (**III**), $C_{14}H_{12}O_4N_2$, Kp.$_1$ 204—206°, gelbes Öl, durch Erhitzen von **XV** u. **XIII** mit Cu-Pulver auf 145°, Abkühlen auf 200° nach exothermer Erwärmung auf 275°, Erhitzen auf 240° u. exotherme Erwärmung auf 320°; 35,2%. — *2.2'-Dimethyl-4.6'-dinitrobiphenyl* (**II**), $C_{14}H_{12}O_4N_2$, F. 84—85° (gelbe Nadeln aus wss. CH_3OH), durch Erhitzen von **XV** u. **XVI** mit Cu-Pulver bis zum Verschwinden des Cu; 15,8%. — *2.2'-Dimethyl-4.4'-dinitrobiphenyl* (**I**), F. 170° (gelbe Würfel aus A.), durch 30 Min. Erhitzen von **XV** mit Cu-Pulver auf 280° u. Sublimation bei 150—160°/1 Torr; 25%. — *2.2'-Dimethyl-6.6'-dinitrobiphenyl* (**V**), F. 109—110° (gelbe Nadeln aus A.), a) durch Erhitzen von **XVII** mit Cu-Pulver auf 200°; 79%; b) neben **VI**; 15,6%; c) neben **II**; 11,6%. — *4.4'-Dimethyl-2.2'-dinitrobiphenyl* (**IV**), F. 141—142° (gelbe Nadeln aus A.), a) durch Erhitzen von **XIV** mit Cu-Pulver u. der doppelten Menge Sand auf 180°; 46%; b) neben **VI**; 12,9%; c) neben **III**; 4,4%. — *2.2'-Dimethyl-4.4'-diaminobiphenyl* (**VII**), $C_{14}H_{16}N_2$, F. 105—106° (A.), durch 4std. Red. von **I** in absol. A. in Ggw. von RANEY-Ni bei 45—50 lbs./sq.in. H_2-Druck. *Diacetylderiv.*, $C_{18}H_{20}O_2N_2$, F. 284—285° (wss. A.), mit Acetanhydrid. *Bis-salicylalderiv.*, $C_{28}H_{24}O_2N_2$, F. 200—202° (PAe.), durch ½—2 std. Erhitzen von **VII** mit Salicylaldehyd auf 100°. — *2.2'-Dimethyl-4.6'-diaminobiphenyl* (**VIII**), F. 88—89° (wss. CH_3OH), analog **VII**. *Diacetylderiv.*, F. 181—182° (W.), durch Einleiten von Keten in die äther. Lsg. von **VIII**. *Bis-salicylalderiv.*, F. 134—136°, durch 5 Min. Erhitzen der Komponenten auf 190°. — *2.4'-Dimethyl-2'.4-diaminobiphenyl* (**IX**), Öl, analog **VII** aus **III** in Bzl.; gibt bei der Kristallisation aus wss. A. eine *Verb. vom F. 56—64°*, wahrscheinlich ein Hydrat, das beim Trocknen wieder ein Öl ergibt. *Dihydrochlorid*, $C_{14}H_{18}N_2Cl_2$, F. 260° (Zers.). *Diacetylverb.*, F. 183—184° (wss. A.). *Bis-salicylalderiv.*, F. 170—172° (A.). — *4.4'-Dimethyl-2.2'-diaminobiphenyl* (**X**), F. 125—126°, analog **IX** in 1 Std. u. Isolierung über das Dihydrochlorid. *Diacetylverb.*, F. 192—193° (wss. A.). *Bis-salicylalverb.*, F. 168—170° (A.). — *2.2'-Dimethyl-6.6'-diaminobiphenyl* (**XI**), F. 135—136° (wss. A.), analog **VII** in 2 Stunden. *Diacetylverb.*, F. 206—207° (wss. A.). *Bis-salicyclalverb.*, $C_{28}H_{24}O_2N_2$, F.234—235° (A,). — *4.6'-Dimethyl-2.2'-diaminobiphenyl* (**XII**), F. 106—107° (wss. A.), analog **VII**. *Diacetylverb.*, F.174—175° (wss. A.). *Bis-salicylalverb.*, F. 208—210° (A.); das aus **XVIII** erhaltene Deriv. schm. bei 171 bis 172°, ein Gemisch beider Formen schm. bei 170—210° u. nach einigen Min. bei 220° u. Abkühlen wieder bei 208—210°. (J. Amer. chem. Soc. **78.** 1997—2000. 5/5. 1956. Pittsburgh, Pa., Carnegie Inst. of Technol., Dep. of Chem.) H. BERTSCH. 2510

G. Ja. Wanag und **R. Ja. Ssilaraja**, *Reaktion von Chlorindandioncarbonsäureäthylester mit primären Aminen.* Bei der Einw. von Anilin auf 2-Chlorindandion-(1.3)-carbonsäure-(2)-äthylester (**I**) entstehen je nach den Reaktionsbedingungen nur *Phthalanil* (**II**) oder neben diesem das *Anil* von **I** [*2-Chlor-1-phenyliminoindanon-*(*3*)*-carbonsäure-*(*2*)*-äthylester*], das durch Behandeln mit heißer NaOH in das *Anil* der *2-Oxyindandion-*(*1.3*)*-carbonsäure-*(*2*) (**III**) übergeführt wird. Durch Red. liefert das Anil von **I** das *Anil* von *Indandion-*(*1.3*)*-carbonsäure-*(*2*)*-äthylester*, das beim Verseifen das *Anil* der *freien Säure* (**IV**) gibt. Beim Behandeln von **I** mit Methylanilin in alkoh. Lsg. wird nicht Cl gegen $C_6H_5NCH_3$ ausgetauscht, sondern **III**-*Äthylester* gebildet; der Austausch gelingt auch nicht beim Arbeiten in Ae. oder ohne Lösungsmittel. Analog Anilin reagieren mit **I** m-Toluidin, α- u. β-Naphthylamin.

Versuche: *Phthalanil* (**II**), F. 204—205°; 1 g **I** wird mit 3—4 ml Anilin 10 Min. gekocht; 0,74 g (Ausbeute). — *2-Chlor-1-phenyliminoindanon-*(*3*)*-carbonsäure-*(*2*)*-äthylester* (**I**-*Anil*), $C_{18}H_{14}O_3NCl$, F. 115—116°; durch 2std. Kochen von 10 g **I** mit 11 g Anilin in 15 ml A.; beim Abkühlen fallen 3,23 g **II** aus; man säuert das Filtrat mit verd. HCl an u. krist. den Nd. aus Bzl. um; Tafeln; 6,1 g. Bei längerem Kochen mit Anilin in A.

wird **II** erhalten. — *1-Phenylimino-2-oxyindanon-(3)-carbonsäure-(2)* (**III**-*Anil*), $C_{16}H_{11}O_4N$, F. 167—168° (Zers.); ein Gemisch von 3 g **I**-Anil u. 40 ml 3n NaOH wird dest. u. die zurückbleibende Lsg. angesäuert; aus Xylol Kristalle; 1,65 g. *Ammoniumsalz*, $C_{16}H_{14}O_4N_2$. In sd. verd. H_2SO_4 erfolgt Zers. unter Bldg. von *Phthalsäure, Anilin* u. *HCO_2H*. — *1-Phenyliminoindanon-(3)-carbonsäure-(2)* (**IV**-*Anil*), $C_{16}H_{11}O_3N$, F. 192 bis 193° (Bzl.); durch Verseifen des Äthylesters (vgl. nachst.) mit sd. 3n NaOH, verd. HCl (1:1) oder HJ (+ rotem P); Kristalle; die Ausbeute beträgt 0,8 g aus 1 g Ester nach dem 1. Verfahren. *Äthylester*, $C_{18}H_{15}O_3N$, F. 109—110° (A.); durch 1—2 std. Kochen von 2 g **I**-Anil mit Zn-Staub in 20 ml Eisessig; Kristalle; 1,2 g. — *2-Chlor-1-[m-tolylimino]-indanon-(3)-carbonsäure-(2)-äthylester*, $C_{19}H_{16}O_3NCl$, F. 143—145° (CCl_4); aus **I** (5 g) u. m-Toluidin in sd. A.; 4,25 g; Nebenprod. 0,8 g *N-[m-Tolyl]-phthalimid*, F. 170—172°. — *2-Chlor-1-[β-naphthylimino]-indanon-(3)-carbonsäure-(2)-äthylester*, $C_{22}H_{16}O_3NCl$, F. 172 bis 174° (A.); aus **I** u. β-Naphthylamin in sd. A.; Nebenprod. *N-[β-Naphthyl]-phthalimid*, $C_{18}H_{11}O_2N$, F. 217—219°; aus Eisessig Nadeln. — *N-[α-Naphthyl]-phthalimid*, $C_{18}H_{11}O_2N$, F. 180—181° (A.); aus 5 g **I** u. 5,3 g α-Naphthylamin in 10 ml A. bei 2 std. Kochen; 3,7 g. — *N-Äthylphthalimid*, $C_{10}H_9O_2N$, F. 76—78° (A.); man übergießt 3 g **I** mit 5 ml 33%ig. $C_2H_5NH_2$-Lsg. u. kocht nach der exothermen Rk. noch 10 Min.; lange Nadeln; 1,7 g. (Журнал Общей Химии [J. allg. Chem.] **26** (**88**). 68—74. Jan. 1956 Lett. Univ.) R. KNOBLOCH. 2650

William E. Parham, Harry E. Reiff und **Paul Swartzentruber,** *Die Bildung von Naphthalinen aus Indenen.* 2. Mitt. (1. vgl. C. **1955.** 9791.) Die Ausbeute an *2-Chlornaphthalin* (**I**) bei der Darst. aus *Inden* (**II**) u. Chlf. (vgl. l. c.) konnte durch Verwendung von K-tert.-Butylat auf 65% erhöht werden. Dabei wurde gefunden, daß in unpolaren Lösungsmitteln nicht **I**, sondern *1.1-Dichlor-1a.6a-dihydrocycloprop-[a]-inden* (**III**) in guter Ausbeute gebildet wird, das als Zwischenstufe bei der Ringerweiterungs-Rk. von **II** anzusehen ist. Die Konst. von **III** ergab sich aus der quantitativen

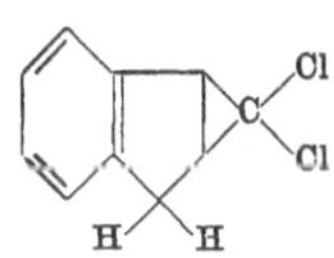

III

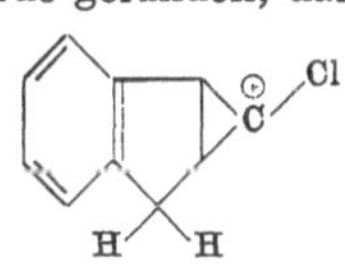

IIIa

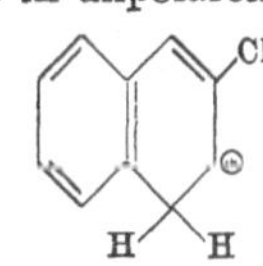

IIIb

Überführung in **I** unter Verwendung polarer Lösungsmittel, wie A. + W., in einer monomol. Rk. ($k = 8{,}43 \pm 0{,}16 \cdot 10^3$ bis $9{,}91 \pm 0{,}29 \cdot 10^3$), die über die *Ionen* **IIIa** u. **IIIb** verläuft. Eine analoge Ringerweiterung von Cyclopentadien zu Chlorbenzol konnte nicht erreicht werden. Die Rk. von **II** mit Bromoform führt zu *2-Bromnaphthalin*; aus *1-Methylinden* (**IV**) u. Bromoform entstand ein Gemisch von *3-* u. *2-Brom-1-methylnaphthalin*, in dem letzteres als Hauptprod. vorliegt. Bei der Umsetzung von **II** mit Jodoform wurde kein 2-Jodnaphthalin gebildet; als jodhaltiges Material konnte *Methylenjodid* isoliert werden.

V e r s u c h e: *1.1-Dichlor-1a.6a-dihydrocycloprop-[a]-inden* (**III**), $C_{10}H_8Cl_2$, F. 75 bis 76 (A.), aus **II**, K-tert.-Butylat (vgl. DOERING u. HOFFMANN, J. Amer. chem. Soc. **76.** [1954.] 6162) u. Chlf. bei 0° (1 Std.) u. Zugabe von PAe.; aus dem Verdampfungsrückstand durch Chromatographieren an Al_2O_3 u. Eluieren mit PAe. u. Bzl. + PAe. (1 : 4) neben wenig *Azulen*; 65%; λ_{max} 264, 270 u. 277 mμ (log ε = 2,88, 3,08 bzw. 3,19); λ_{min} 247, 266 u. 274 mμ (log ε = 2,38, 2,86 bzw. < 2,0). — *2-Chlornaphthalin* (**I**), F. 58 bis 59° (A.), a) wie **III** aus **II**, Wasserdampfdest. des Reaktionsprod. u. Behandeln des Rückstandes mit sd. alkoh. KOH; 52%, b) aus **III** mit sd. 10%ig. alkoh. KOH oder in sd. 50%ig. A.; 98 bzw. 94%. — *2-Bromnaphthalin*, F. 55—57° (wss. A.), aus **II** u. Bromoform, wie **I** nach a); 51,7%. *Pikrat*, F. 81—83°. — Ein Gemisch (Kp.$_{10}$ 56—57 , n_D^{25} 1,5815) aus 46% CH_2J_2 u. **II** entsteht wie vorst. mit Jodoform. *Methylen-bis-isothiuroniumpikrat*, F. 232—233° (Zers., W.), aus dem Gemisch u. Thioharnstoff in sd. A. u. Behandeln des *Methylen-bis-[isothiuroniumjodids]* in W. mit Pikrinsäure. — *1(3)-Methylinden* (**IV**), Kp.$_{11}$ 76—78°, n_D^{25} 1,5587, aus Hydrindon-(1) u. Methyl-MgJ in Ae., Zers. mit 20%ig. H_2SO_4 u. Kochen des Verdampfungsrückstandes der äther. Lsg. mit 20%ig. H_2SO_4; 62%. — *2-Brom-1-methylnaphthalin*, $C_{11}H_9Br$, F. 31—33° (A.), aus **IV** u. Bromoform, wie **I** aus **II**, Chromatographieren der Brom-1-methylnaphthaline in PAe. (Kp. 60—68°) an Al_2O_3 u. Eluieren mit PAe., Bzl. + PAe. (1 : 4), Bzl., Chlf. u. A.; aus dem PAe.-Eluat u. den Bzl. + PAe.-Eluaten der Mutterlauge; 44%. (J. Amer. chem. Soc. **78.** 1437—40. 5/4. 1956. Minneapolis, Minn., Univ., School of Chem.) H. GOLD. 2700

Helmut R. Gutmann und **Paul Albrecht,** *Eine verbesserte Synthese von Fluorencarbonsäure-(1).* Fluorenoncarbonsäure-(1) (**I**) wird nach einer modifizierten CLEMMENSEN-MARTIN-Red. (vgl. MARTIN, C. **1937.** I. 1134) in fast quantitativer Ausbeute zu *Fluorencarbonsäure-(1)* red.: Zu 200 g Zn-Amalgam in 60 ml Eisessig u. 60 ml konz. HCl gibt man in der Siedehitze 10 g **I** in 600 ml heißem Eisessig u. kocht 31 Std. unter portionsweiser

Zugabe von Zn-Amalgam, Eisessig u. konz. HCl: *Fluorencarbonsäure-(1)*, F. 245—247° (Bzl.); 96% Ausbeute. (J. Amer. chem. Soc. **77.** 175—76. 5/1. 1955. Minneapolis, Minn., Univ. of Minnesota, Radioisotope Labor., Veterans Admin. Hosp. and Dep. of Physiol. Chem.) I. FESTL. 2750

J. C. Bardhan und **R. N. Adhya,** *Terpenverbindungen.* 8. Mitt. *Die Umwandlung von (±)-Benzylidenpiperiton in 3-Isopropylphenanthren.* (7. vgl. C. **1952.** 7182.) Bei der Kondensation von Piperiton mit Benzaldehyd entsteht *Benzylidenpiperiton* (**I**) (vgl. READ u. Mitarbeiter, J. chem. Soc. [London] **1926.** 2072 u. früher). Die Red. von **I** führt zu (±)-*7-Benzylisomenthol* (**II**), dessen Konst. jetzt durch Cyclodehydratisieren u. Dehydrieren des entstandenen KW-stoffes **III** zu *3-Isopropylphenanthren* (**IV**) sichergestellt werden konnte. Ein Vergleichspräp. für **IV** wurde auf folgenden Wegen hergestellt: β-Carboxy-γ-[naphthyl-(1)]-buttersäure liefert bei der Cyclisierung *1.2.3.4-Tetrahydro-1-oxophenanthren-3-carbonsäureäthylester* (**V**) dessen CLEMMENSEN-MARTIN-Red. zu *1.2.3.4-Tetrahydrophenanthren-3-carbonsäureäthylester* (**VIII**) u. durch anschließende Umsetzung mit Methyl-MgJ zu dem *Alkohol* **VI** führt; seine Dehydratisierung u. Dehydrierung liefert **IV**. Das aus der GRIGNARD-Verb. von 4-Bromcumol u. Äthylenoxyd erhältliche *Bromid* (**IX**) liefert bei der Kondensation mit der K-Verb. von 2-Oxocyclohexancarbonsäureäthylester den *Ester* **VII**, der bei der Verseifung, Decarboxylierung, Umsetzung mit Methyl-MgJ, Cyclisierung des entstandenen Carbinols u. anschließendes Dehydrieren ebenfalls **IV** liefert.

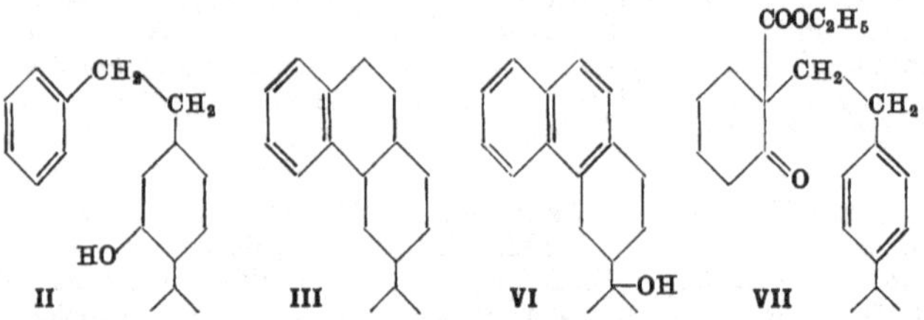

V e r s u c h e : (±)-*Benzylidenpiperiton*, Kp.$_{5}$ 195—197°, aus *Piperiton* vom Kp.$_{10}$ 98 bis 100°. — (±)-*7-Benzylisomenthon*, Kp.$_{3}$ 163—164°. — (±)-*7-Benzylisomenthol* (**II**), Kp.$_{4}$ 168—169 . — *KW-stoff* **III**, Kp.$_{5}$ 135—140°, aus 6 g **II** u. P_2O_5 bei 170—180° (6 Std.), Zers. mit Eis, Extrahieren mit Ae. u. erneutes Behandeln mit P_2O_5 bei 170—180°; 4,6 g (Ausbeute). — *3-Isopropylphenanthren* (**IV**), $C_{17}H_{16}$, Kp.$_{5}$ 173°, aus **III** u. Se bei 315—320° (20 Std.) u. Reinigen über das Pikrat. *Pikrat*, $C_{17}H_{16} \cdot C_6H_3O_7N_3$, F. 131—132° (A.), orangegelbe Nadeln. *Styphnat*, $C_{17}H_{16} \cdot C_6H_3O_8N_3$, F. 142—143° (A.), gelbe Nadeln. *Trinitrobenzolat*, $C_{17}H_{16} \cdot C_6H_3O_6N_3$, F. 138—139° (A.), gelbe Nadeln. — *1.2.3.4-Tetrahydrophenanthren-3-carbonsäure*, $C_{15}H_{14}O_2$, F. 205—206° (A.), aus **V** mit amalgamiertem Zn, Essigsäure u. HCl in sd. Toluol (48 Std.), Verestern des Verdampfungsrückstandes mit alkoh. HCl u. Verseifen der Esterfraktion vom Kp.$_{4}$ 195—198° mit 10%ig. alkoh. KOH; Tafeln. *Äthylester* (**VIII**), $C_{17}H_{18}O_2$, Kp.$_{4}$ 195—198°. — *Alkohol* **VI**, Kp. 90—92°, aus 5 g **VIII** u. Methyl-MgJ in Ae. bei —10°, späteres Kochen am Rückfluß u. Reinigen von verseifbaren Anteilen durch Kochen mit wss.-alkoh. KOH; 5,1 g (Ausbeute). — *KW-stoff* vom Kp.$_{4}$ 189—190°, aus **VI** mit $KHSO_4$ bei 150° (1 Std.); 4,4 g. — *KW-stoff* vom Kp.$_{4}$ 173°, durch Hydrieren vorst. Verb. in A. mit 1 Mol H_2 in Ggw. von $PdCl_2$ (Gummi arabicum); 4 g. Liefert bei der Se-Dehydrierung **IV**. — *2-[p-Isopropylphenyl]-äthylalkohol*, $C_{11}H_{16}O$, Kp.$_{13}$ 136—140°, aus der GRIGNARD-Verb. von 44,7 g 4-Bromcumol u. Äthylenoxyd in Ae.; 18,5 g. — *2-[p-Isopropylphenyl]-äthylbromid* (**IX**), $C_{11}H_{15}Br$, Kp.$_{13}$ 127 bis 130°, mit PBr_3; 21 g. — *2-Oxo-1-[2-(p-isopropylphenyl)-äthyl]-cyclohexancarbonsäureäthylester* (**VII**), $C_{20}H_{28}O_3$, Kp.$_{4}$ 191—193°, aus 29,7 g Cyclohexanon-2-carbonsäureäthylester durch Überführen in die K-Verb. (in Xylol) u. Umsetzen mit 39,7 g **IX** bei 152 bis 157° (40 Std.); 32,3 g. — *2-[2-(p-Isopropylphenyl)-äthyl]-cyclohexanon*, $C_{17}H_{24}O$, Kp.$_{4}$ 157 bis 160°, aus 16 g **VII** u. sd. wss. alkoh. KOH u. Decarboxylieren der rohen Säure mit $Ba(OH)_2$ bei 315°; 6,7 g. *Semicarbazon*, $C_{18}H_{27}ON_3$, F. 132—133° (wss. A.), Prismen. — *1-Methyl-2-[2-(p-isopropylphenyl)-äthyl]-cyclohexanol*, $C_{18}H_{28}O$, Kp.$_{3}$ 160°, aus vorst. Keton u. Methyl-MgJ in Äther. — *1.2.3.4.9.10.13.14-Oktahydro-13-methyl-3-isopropylphenanthren*, $C_{18}H_{26}$, Kp.$_{4}$ 136—137°, aus vorst. Verb. u. P_2O_5; Fl. mit blaugrüner Fluorescenz. Liefert bei der Se-Dehydrierung (320—325°/26 Std.) **IV**. (J. chem. Soc. [London] **1956.** 260—63. Febr. Calcutta, Univ., Coll. of Sci. and Technol.) H. GOLD. 2850

M. P. Cava und **J. F. Stucker,** *Kondensierte aromatische Systeme mit Cyclobutanring.* 1. Mitt. *Die Synthese von 1.2-Benzobiphenylen und 1.2-Binaphthylen.* 1-[2-Aminophenyl]-β-naphthylamin wird nach SANDMEYER in die *Dijodverb.* (**I**) übergeführt, die ebenso wie das als Nebenprod. erhaltene *1.2-Benzobiphenylenjodoniumjodid* (**II**) bei der Pyrolyse über Cu_2O *1.2-Benzobiphenylen* (**IV**) liefert. **IV** wird über den *2.4.7-Trinitrofluorenonkomplex* isoliert u. chromatograph. gereinigt. **II** läßt sich über die *Di-Li-*

Verb. in *3.4-Benzobiphenylen-Hg* (**III**) überführen, das mit Ag bei 360° ebenfalls **IV** liefert. **IV** gibt bei der Hydrierung ein Gemisch aus *1-* u. *2-Phenylnaphthalin*, bei der Oxydation das *Dilacton von Benzophenon-2.2'-dicarbonsäure*. Analog wird aus 2.2'-Diamino-1.1'-binaphthyl (**V**) *1.2-Binaphthylen* (**VI**) erhalten, das sich zu *2.2'-Binaphthyl* hydrieren läßt.

Versuche (FF. korr.): *1-[2-Aminophenyl]-β-naphthylamin*, F. 155°, neben *1.2-Benzocarbazol* aus β-Naphthol u. wss. Phenylhydrazin in Ggw. von SO_2; Nadeln aus wss. A.; 15% (Ausbeute). — *1-[2-[Jodphenyl]-2-jodnaphthalin* (**I**), $C_{16}H_{10}J_2$, F. 99—101°, aus vorst. Verb. durch Tetrazotierung u. Umsatz mit NaJ; Nadeln aus Cyclohexan–Skellysolve F; 17%, daneben 12,4% *1.2-Benzobiphenylenjodoniumjodid* (**II**), F. 129—134°, braunes Pulver. — *3.4-Benzobiphenylenquecksilber* (**III**), $C_{16}H_{10}Hg$, F. 282—285° (CH_2Cl_2–CH_3OH), aus **I** mit Li in Ae. u. Rk. der *Di-Li-Verb.* mit $HgCl_2$; 66%. — *1.2-Benzobiphenylen* (**IV**), $C_{16}H_{10}$, F. 72,0—72,8°, a) aus **I** bzw. **II** mit Cu_2O unter N_2 bei 330—365°/3,5 mm (35 Min.); 63 bzw. 6,4%; b) aus **III** mit Ag-Pulver unter N_2 bei 340—360/3,5 mm (30 Min.); 16,8%; nach Sublimation bei 3 mm hellgelbe federartige Nadeln mit rosenähnlichem Geruch. *2.4.7-Trinitrofluorenonkomplex*, $C_{29}H_{15}O_7N_3$, F. 203°, schwarze Nadeln aus Bzl.–Methanol. Gibt bei der Hydrierung über RANEY-Ni 21% *2-Phenylnaphthalin*, F. 100—102° (*Trinitrofluorenonkomplex*, F. 169,5—170,5°) u. 50% *1-Phenylnaphthalin* (Öl, bildet keinen Trinitrofluorenonkomplex); bei der Oxydation mit CrO_3 das *Dilacton der Benzophenon-2.2'-dicarbonsäure*, F. 208—210°, Nadeln aus A.; 5,6%. — *2.2'-Dijod-1.1'-binaphthyl*, F. 222—225°, aus **V** durch Tetrazotieren u. Behandlung mit NaJ; orangefarbenes Pulver aus Bzl.–Methanol, sublimierbar; 18,1%. — *1.2-Binaphthylen* (**VI**), ($C_{20}H_{12}$, F. 136,8—138,9°, aus vorst. Verb. analog **IV**, a) (bei 230—330°); dunkelrote Nadeln, nicht unzers. sublimierbar, sehr lichtempfindlich; Reinigung über den *2.4.7-Trinitrofluorenonkomplex*, $C_{33}H_{17}O_7N_3$, F. 205,0—206,0, dunkelrote Kristalle; 5,65%. — *2.2'-Binaphthyl*, F. 185—187° (Bzl.–Methanol), aus 76 mg **VI** in CH_3OH mit H_2 über RANEY-Ni; 4 mg *2.4.7-Trinitrofluorenonkomplex*, F. 168—170°, rote Kristalle aus Bzl.–Methanol. — Die UV- u. Infrarotspektren von **IV** u. **VI** sind angegeben. (J. Amer. chem. Soc. **77**. 6022—26. 20/11. 1955; Chem. and Ind. **1955**. 446. 16/4. Columbus, O., State Univ., McPherson Chem. Labor.) M. REIHER. 2950

Poul Nedenskov, Niels Elming, Jørgen Tormod Nielsen und **Niels Clauson-Kaas**, *Neue Beispiele der elektrolytischen Methoxylierung von Furanen.* (Vgl. C. **1956**. 11989.) *2.5-Dimethoxy-5-isopropyl-2.5-dihydrofuran-2-carbonsäuremethylester* (**I**), $C_{11}H_{18}O_5$, Kp.$_{0,1}$ 71°, n_D^{25} 1,4497, aus 5-Isopropylfuran-2-carbonsäuremethylester (Kp.$_{14}$ 106—107°, n_D^{25} 1,4834) durch Elektrolyse in absol. Methanol in Ggw. von konz. H_2SO_4 (vgl. CLAUSON-KAAS u. Mitarbeiter, C. **1954**. 5037); 87%. — *2.5-Dimethoxy-5-isopropyltetrahydrofuran-2-carbonsäuremethylester*, $C_{11}H_{20}O_5$, Kp.$_{0,1}$ 66—67°, n_D^{25} 1,4426, aus vorst. Verb. durch Hydrierung unter 100 at über RANEY-Ni in Methanol; 89%. — *5-tert.-Butylfuran-2-carbonsäuremethylester*, F. 27—28°, Kp.$_{11-12}$ 110—113°, n_D^{25} 1,4789, aus Brenzschleimsäuremethylester u. tert.-Butylchlorid mit $AlCl_3$ in CS_2–Ae.; 86%. — *2.5-Dimethoxy-5-tert.-butyl-2.5-dihydrofuran-2-carbonsäuremethylester*, $C_{12}H_{20}O_5$, Kp.$_{0,2-0,3}$ 67—71°, n_D^{25} 1,4502, aus vorst. Ester analog **I**; 97%. — *2.5-Dimethoxy-5-tert.-butyltetrahydrofuran-2-carbonsäuremethylester*, $C_{12}H_{22}O_5$, Kp.$_{0,1}$ 69—74°, n_D^{25} 1,4473, durch Hydrierung vorst. Verb.; 94%. — *1-Phenyl-5-tert.-butylpyrrol-2-carbonsäuremethylester*, $C_{16}H_{19}O_2N$, F. 72° (Ae.–PAe.), aus vorst. Verb. mit Anilin in Eisessig (5 Min. kochen); 82%. — *2.5-Dimethoxy-2-[α-oxyäthyl]-2.5-dihydrofuran*, $C_8H_{14}O_4$, Kp.$_{11-10}$ 107°, n_D^{25} 1,4542, durch Elektrolyse in Methanol aus 2-[α-Oxyäthyl]-furan analog **I**; 73%. — *2.5-Dimethoxy-2-[α-oxyäthyl]-tetrahydrofuran*, $C_8H_{16}O_4$, Kp.$_{15-16}$ 105—106°, n_D^{25} 1,4456, aus vorst. Verb. durch Hydrierung unter 100 at über RANEY-Ni in Methanol; 87%. — *Furfurolcyanhydrinacetal*, $C_9H_7O_3N$, F. 27—29° (A.), Kp.$_{0,1}$ 67—68°, n_D^{25} 1,4683, aus Furfurol nach LUKEŠ u. Mitarbeitern (Collect. Trav. chim. Tchécoslov. **12**. [1947.] 647); 74%. — *2-[α-Acetoxy-β-acetamidoäthyl]-furan*, $C_{10}H_{13}O_4N$, F. 64—67° (Ae.), aus vorst. Verb. durch Hydrierung über RANEY-Ni bei 100 at u. 50—58° in Acetanhydrid. — *2.5-Dimethoxy-2-[α-oxy-β-aminoäthyl]-2.5-dihydrofuran*, $C_8H_{15}O_4N$, Kp.$_{0,1}$ 91—93°, n_D^{25} 1,436, aus roher vorst. Verb. durch Elektrolyse in Methanol mit NH_4Br u. Verseifen mit 3n NaOH (20 Std. kochen); 38%. (Acta chem. scand. **9**. 17—22. 1955.) F. J. MEYER. 3061

Jørgen Tormod Nielsen, Niels Elming und **Niels Clauson-Kaas**, *Elektrolytische Methoxylierung von 2-Acetylfuran.* (Vgl. vorst. Ref.) 2-Acetylfuran wird in Form seines Dimethylketals in Methanol zu *2.5-Dimethoxy-2-[α.α-dimethoxyäthyl]-2.5-dihydrofuran* (**I**) elektrolysiert. Bei der Hydrierung liefert **I** das entsprechende *Tetrahydrofuran*, das mit HCl zu *Brenzcatechin* umgelagert wird. Mit Hydroxylamin wird aus **I** *2-Methyl-3.6-dioxypyridin-1-oxyd* (vgl. auch C. **1956**. 11990) dargestellt, das sich zu *5-Oxy-6-methylpiperidon-(2)* hydrieren läßt.

Versuche: *2.5-Dimethoxy-2-[α.α-dimethoxyäthyl]-2.5-dihydrofuran* (I), $C_{10}H_{18}O_5$, $Kp._{14}$ 112—113°, n_D^{25} 1,4498, aus 2-Acetylfuran mit Orthoameisensäuretrimethylester in Ggw. von p-Toluolsulfonsäure in Methanol (10 Min. kochen) u. anschließende Elektrolyse in Methanol in Ggw. von NH_4Br (vgl. CLAUSON-KAAS u. Mitarbeiter, C. **1954**. 5037); 64% (Ausbeute). — *2.5-Dimethoxy-2-[α.α-dimethoxyäthyl]-tetrahydrofuran*, $C_{10}H_{20}O_5$, $Kp._{14-15}$ 118—119°, n_D^{25} 1,4287, aus **I** unter 100 at H_2 über RANEY-Ni in Methanol in Ggw. von KOH; 83%. — *Brenzcatechin*, $C_6H_6O_2$, F. 100—103° (Ae.-PAe.), aus vorst. Verb. mit n-HCl (2 Std. kochen); 49%. — *2-Methyl-3.6-dioxypyridin-1-oxyd*, $C_6H_7O_3N$, F. 234—236° (Zers.), aus **I** mit Hydroxylaminhydrochlorid in W.; aus A. Nadeln; 89%. *Diacetat*, $C_{10}H_{11}O_5N$, F. 96—98°. *3-Acetat*, $C_8H_9O_4N$, F. 129—131°, aus dem Diacetat durch Kochen in Methanol; 68%. — *5-Oxy-6-methylpiperidon-(2)*, $C_6H_{11}O_2N$, F. 178 bis 180° (CH_3OH), aus vorst. Verb. durch Hydrierung unter 100 at H_2 über RANEY-Ni bei 100° in Methanol; 84%. *Acetat*, $C_8H_{13}O_3N$, F. 169—172° (Ae.). *Hydrochlorid*, $C_6H_{12}O_2NCl$, F. 146—149° (CH_3OH-Ae.). (Acta chem. scand. **9.** 9—13. 1955.) F. J. MEYER. 3061

Gerhard Kühnhanss, Herbert Reinhardt und **Johannes Teubel,** *Beitrag zur Carboxylierung des Thiophens mit Harnstoffchlorid und Oxalylchlorid.* Die Rk. von Thiophen (**I**) mit Harnstoffchlorid (**II**) u. $AlCl_3$ unter weitgehend variierten Reaktionsbedingungen ergab in keinem Fall *Thiophencarbonsäureamid* (**III**). Durch Einw. von **II** auf **I** in Ggw. von gealtertem $FeCl_3$ in Lösungsmitteln wurden dagegen bis zu 40% **III** erhalten, während in Ggw. von frisch hergestelltem $FeCl_3$ die Ausbeute unter 5% blieben. CS_2 erwies sich als günstigstes Lösungsmittel. Beim Stehen von **I** mit **II** bei Raumtemp. ohne Kondensationsmittel wurden überraschenderweise bis zu 76% **III** gebildet, ohne daß daneben dunkle Kondensationsprodd. auftraten. Die analoge Rk. von 2-Chlorthiophen (**IV**) ergab neben unverändertem **IV** unreines *5-Chlorthiophen-2-carbonsäureamid* (**V**), aus dem durch Verseifung 10% (bezogen auf **IV**) *5-Chlorthiophen-2-carbonsäure* (**VI**) erhalten wurden. Die Rk. mit 2-Bromthiophen (**VII**) verläuft analog u. ergab nach Verseifung des Amids 8% *5-Bromthiophen-2-carbonsäure* (**VIII**). Durch Umsetzung von 2-Jodthiophen (**IX**) mit **II** wurde kein 5-Jodthiophen-2-carbonsäureamid, sondern wenig **III** erhalten; 15% des in **IX** enthaltenen Jods wurden in elementarer Form isoliert. 2-Acetylthiophen reagiert mit **II** bereits bei 0° stürm. unter Bldg. schwarzer amorpher Substanzen, ohne daß Carboxylierungsprodd. nachgewiesen werden konnten. Thiophen-2-carbonsäureäthylester reagiert mit **II** weder mit noch ohne Kondensationsmittel; das Ausgangsmaterial wurde unverändert zurückgewonnen. Aus einem Gemisch (**X**) von 2- u. 3-Methylthiophen wurde durch Einw. von **II** ein Gemisch von *Methylthiophencarbonsäureamiden* u. weiter durch Verseifung ein Gemisch isomerer *Methylthiophencarbonsäuren* erhalten. Diese neue Carboxylierungsmeth. ließ sich auch auf Oxalylchlorid (**XI**) übertragen, das aber träger wirkt; auch hier tritt die Carboxylgruppe in 2-Stellung. Bei Siedetemp. reagiert **XI** mit **I** zu *Thiophen-2-carbonsäurechlorid.* Die optimale Reaktionsdauer liegt bei 60 Std., Verlängerung führt zur Verharzung. Die Umsetzung von **IV** mit **XI** bei Siedetemp. ergab *Chlorthiophencarbonsäurechlorid,* das durch Verseifung in **VI** übergeführt wurde. Analog wurde aus **VII VIII** erhalten. Jodthiophencarbonsäurechlorid konnte aus **IX** u. **XI** nicht dargestellt werden, aus dem Reaktionsgemisch wurden jedoch 5% *5-Jodthiophen-2-carbonsäure* isoliert. **X** u. **XI** lieferten schon nach 4std. Rk. 60% *Methylthiophencarbonsäurechlorid,* aus dem durch Rk. mit NH_3 ein Gemisch der Amide erhalten wurde, das mit dem durch Einw. von **II** auf **X** dargestellten ident. war. Auch die Gemische der freien Säuren stimmten überein. Die 2-substituierten Halogenthiophene sowie **X** ergaben mit **XI** höhere Ausbeuten an Carboxylierungsprodd. als mit **II**.

Versuche: *Thiophen* (**I**), aus Butan u. SO_2; n_D^{20} 1,5288, $D.^{20}_4$ 1,0640; daneben *Gemisch* (**X**) von *2-* u. *3-Methylthiophen.* — *Thiophen-2-carbonsäureamid* (**III**), C_5H_5ONS, F. 179° (W.), a) durch Zugabe von 1 Mol **II** zu CS_2 bei —10°, Zugabe von 1 Mol gealtertem $FeCl_3$ unter Rühren u. weiterer Kühlung, Zugabe von 1 Mol **I** bei —10° u. 4std. Rühren ohne Kühlung; 40% (Ausbeute); b) analog mit frischem $FeCl_3$; 5%; c) durch 20std. Stehen von 1 Mol **II** in 1 Mol **I**; 65%; d) analog bei 5° in 20 Std.; 47%; e) analog bei 45° in 75 Min.; 27%; f) analog a) mit 2 Mol **II**; 76,5%; g) durch 50 Std. Rühren von **IX** mit **II**; wenig; daneben 15% J_2. — *Thiophen-2-carbonsäure*, $C_5H_4O_2S$, F. 128—129°, a) durch Verseifung von **III** mit 4n NaOH; b) durch 60std. Kochen von **I** u. **XI** u. Verseifung der bei $Kp._{21}$ 115—120° sd. Fraktion; 36,5%. — *5-Chlorthiophen-2-carbonsäureamid* (**V**), C_5H_4ONClS, F. 166—168° (Bzl.), durch 48std. Rühren von 1 Mol **IV** mit 1,2 Mol **II**; 10%. *Freie Säure* (**VI**), $C_5H_3O_2ClS$, F. 148°, a) durch Verseifung von **V** mit 4n NaOH; b) durch Verseifung von 5-Chlorthiophen-2-carbonsäurechlorid. — *5-Bromthiophen-2-carbonsäureamid*, C_5H_4ONBrS, F. 158—159°, durch 38std. Rühren von **VII** mit **II** analog **V**; 8%. *Freie Säure* (**VIII**), $C_5H_3O_2BrS$, F. 140°. — *5-Bromthiophen-2-carbonsäurechlorid*, $C_5H_2OClBrS$, $Kp._{16}$ 135—140°, durch 60std. Kochen von **VII** u. **XI**; 27%. *Freie Säure*, $C_5H_3O_2BrS$, F. 115—117°. — *5-Jodthiophen-2-carbonsäure*, $C_5H_3O_2JS$,

F. 133°, durch Kochen von **IX** u. **XI** u. Auskochen mit W.; 5%. — *Gemisch isomerer Methylthiophencarbonsäureamide*, C_6H_7ONS, a) F. 108°, durch 37std. Rk. von **X** mit **II**; 23,3%; b) F. 109—112°, durch Rk. des nachst. Säurechloridgemisches mit NH_3 in Äther. — *Gemisch isomerer Methylthiophencarbonchloride*, C_6H_5OClS, Kp.$_{20}$ 122—135°, durch 4std. Rk. von **X** mit **XI**; 60%. — *Gemisch isomerer Methylthiophencarbonsäuren*, $C_6H_6O_2S$, a) F. 90—95°, aus vorst. Säurechloridgemisch; b) F. 86°, aus dem Säureamidgemisch. (J. prakt. Chem. [4] **3**. 137—45. Juni 1956. Zeitz, VEB Hydrierwerk.)

H. BERTSCH. 3071

E. J. Forbes, *Die Oxydation einiger 3.4-Dioxyphenäthylamine.* Die Oxydation von *3.4-Dioxy-N-[3.4-methylendioxybenzyl]-phenäthylamin* (**I**) u. *N-[3.4-Dioxybenzyl]-3.4-dioxyphenäthylamin* (**II**) durch O_2 in Ggw. von Polyphenoloxydase (**III**) u. durch andere Oxydationsmittel wurde untersucht. Die Wrkg. u. Spezifität von **III** wurde an 3.4-Dioxyphenäthylamin getestet; Lsgg. des Hydrochlorids in Phosphatpuffer wurden in Ggw. von **III** mit O_2 behandelt, die O_2-Aufnahme wurde manometr. gemessen. Nach rascher Aufnahme von 1 Mol O_2 — das zur Bldg. von *Indolin-5.6-chinon* (**IV**) notwendig ist — erfolgte keine weitere Absorption. **I** nahm wie erwartet ebenfalls rasch 2 Atome O auf, während **II** rasch 4 Atome O absorbierte, 2 Atome zur Bldg. des 1 substituierten **IV**, 1 Atom für die Brenzcatechingruppe, die am Ringschluß unbeteiligt ist, u. 1 Atom zur Dehydrierung des o-Chinonkernes. Für präparative Zwecke wurde eine Suspension von **III** in einer verd. Lsg. des Aminhydrochlorids in Phosphatpuffer (p_H 7) mit einem raschen Strom O_2 behandelt, durch Essigsäurezugabe **III** desaktiviert u. dann entfernt; durch Stehen mit H_2SO_3 erfolgte Autored. des o-Chinons zum 5.6-Dioxynidol, das methyliert u. isoliert wurde. Als Oxydationsprodd. von **I** u. **II** wurden *5.6-Dimethoxy-1-[3.4-methylendioxybenzyl]-indol* (**V**) bzw. *1-[3.4-Dimethoxybenzyl]-5.6-dimethoxyindol* (**VI**) isoliert, aromat. Verknüpfung trat nicht ein. Zur Synth. von **V** wurde 3.4-Dimethoxyanilin (**VII**) mit Piperonal in sd. A. zu *3.4-Dimethoxy-N-[3.4-methylendioxybenzyliden]-anilin* (**VIII**) kondensiert, das zum *Benzylderiv.* (**IX**) hydriert wurde. Die Red. gelang in Ggw. von RANEY-Ni, mit ADAMS-Katalysator oder Pd auf $SrCO_3$ wurde weit mehr H_2 aufgenommen als für die Absättigung der Azomethinbindung notwendig. **IX** wurde in das *Nitrosamin* übergeführt, das mit Zn-Staub u. Essigsäure zu *N-[3.4-Dimethoxyphenyl]-N-[3.4-methylendioxybenzyl]-hydrazin* (**X**) red. wurde. Die katalyt. Red. des Nitrosamins ergab kein **X**. **X** wurde nicht isoliert, sondern direkt mit Brenztraubensäure (**XII**) kondensiert u. das *Hydrazon* mit H_2SO_4 zu *5.6-Dimethoxy-1-[3.4-methylendioxybenzyl]-indol-2-carbonsäure* (**XI**) cyclisiert, die sich durch kurzes Erwärmen über den F. zu **V** decarboxylieren ließ. Die Ausbeute an **XI** betrug 18—27%; bei Verwendung von Cyclohexanon an Stelle von **XII** wurden 40% des entsprechenden *Carbazols* erhalten, da sich das Hydrazon leichter cyclisiert. Aus Veratrumaldehyd u. **VII** wurde analog **VI** dargestellt.

Versuche: *3.4-Dimethoxyanilin* (**VII**), Kp.$_{14}$ 160°, durch Nitrieren von Veratrol mit HNO_3 in Essigsäure u. Hydrierung der Nitroverb. in A. in Ggw. von RANEY-Ni bei 80°/75 atü in 15 Min.; ~100% (Ausbeute). — *3.4-Dimethoxy-N-[3.4-methylendioxybenzyliden]-anilin* (**VIII**), $C_{16}H_{15}O_4N$, F. 109° (A.), durch 30 Min. Kochen von **VII** u. Piperonal in A.; 94%. — *3.4-Dimethoxy-N-[3.4-methylendioxybenzyl]-anilin* (**IX**), $C_{16}H_{17}O_4N$, F. 96° (Prismen aus A.), durch Hydrierung von 5 g **VIII** in Dioxan in Ggw. von RANEY-Ni in 45 Min.; 4,8 g. *Hydrochlorid*, $C_{16}H_{17}O_4N \cdot HCl$, F. 196° (Platten aus verd. HCl oder A.). — *3.4-Dimethoxy-N-[3.4-methylendioxybenzyl]-N-nitrosanilin*, $C_{16}H_{16}O_5N_2$, F. 119° (blaßgelbe Nadeln aus A.), durch Zugabe von wss. $NaNO_2$-Lsg. zu 10 g **IX** in Eisessig; 10 g. — *5.6-Dimethoxy-1-[3.4-methylendioxybenzyl]-indol-2-carbonsäure* (**XI**), $C_{19}H_{17}O_6N$, F. 189° (Nadeln aus CH_3OH), durch Zugabe einer Suspension von 2 g vorst. Verb. in Essigsäure–Dioxan unterhalb 10° zu einer eisgekühlten Aufschlämmung von Zn-Staub in W. unter Rühren, Zugabe von **XII** u. 20%ig. H_2SO_4 zum Filtrat u. 5 Min. Erwärmen auf 50°; 0,4—0,6 g. *Methylester*, $C_{20}H_{19}O_6N$, F. 136° (Nadeln aus CH_3OH), mit Diazomethan. — *5.6-Dimethoxy-1-[3.4-methylendioxybenzyl]-indol* (**V**), $C_{18}H_{17}O_4N$, F. 93° (Nadeln aus CH_3OH), a) durch 5 Min. Erhitzen von 0,5 g **XI** 2—3° über den F.; 0,3 g; b) durch rasches Einleiten von O_2 in eine Suspension von **III** (durch Auswaschen zermahlener Champignonpilze mit eiskaltem Aceton, Trocknen des Rückstandes u. Zerreiben) in wss. phosphatgepufferte (p_H 7,4) Lsg. von 0,5 g **I**·HCl unter öfterem Schütteln, Zugabe von 1%ig. Essigsäure nach 10 Min., Filtrieren, Zugabe von H_2SO_3, Stehen über Nacht, Filtrieren, Eindampfen im Vakuum, Methylierung durch Zugabe von 20%ig. NaOH u. Dimethylsulfat unter H_2, 1 std. Erwärmen auf dem Dampfbad, Ae.-Extraktion u. Eindampfen nach Waschen mit 2%ig. H_2SO_4; 0,2 g. — *N-[3.4-Dimethoxybenzyliden]-3.4-dimethoxyanilin*, $C_{17}H_{19}O_4N$, F. 136° (blaßgelbe Nadeln aus A.), durch 30 Min. Kochen von **VII** u. 3.4-Dimethoxybenzaldehyd in C_2H_5OH. — *N-[3.4-Dimethoxybenzyl]-3.4-dimethoxyanilin*, F. 93° (Nadeln aus CH_3OH), durch 45 Min. Schütteln von 7,5 g vorst. Verb. in Dioxan unter H_2 in Ggw. von RANEY-Ni; 7 g. *Hydro-*

chlorid, $C_{17}H_{21}O_4N \cdot HCl$, F. 208° (Nadeln, CH_3OH). *Nitrosamin*, $C_{17}H_{20}O_5N_2$, F. 93° (blaßgelbe Blättchen aus CH_3OH), in Essigsäure. — *1-[3.4-Dimethoxybenzyl]-5.6-dimethoxyindol* (**VI**), $C_{19}H_{21}O_4N$, F. 122° (Prismen aus CH_3OH), a) durch Red. vorst. Nitrosamins, Rk. des *Hydrazins* mit **XII**, Ringschluß wie oben u. Sublimation der *2-Carbonsäure* bei 180°/0,1 Torr; b) aus 0,5 g **II**·HCl in 4 Min. analog **V** nach b); 0,5 g; c) durch 30 Min. Stehen von 0,5 g **II**·HCl in W. mit KJO_3 u. Zugabe von H_2SO_3; 50 mg; d) aus **II** durch Oxydation mit K_3FeCN_6. Eindampfen des Äthylacetatextraktes des Tetraoxyindols u. Methylierung mit $NaOH/(CH_3)_2SO_4$ unter H_2. (J. chem. Soc. [London] **1956**. 513—17. März. Oxford, Dyson Perrins Labor.) H. BERTSCH. 3081

Alfred Jumar, *Notiz über 1-Phenyl-3-[4-alkoxyphenyl]-Δ^2-pyrazoline*. Bei der Umsetzung von 4-n-Alkoxy-β-chlorpropiophenonen mit Phenylhydrazin (**I**) bilden sich durch HCl-Abspaltung 4-Alkoxyacrylophenone, die mit weiterem **I** zu *1-Phenyl-3-[4-alkoxyphenyl]-Δ^2-pyrazolinen* reagieren. Die Fluorescenzfarben dieser Verbb. in festem Zustand, in Aceton-, Benzol-, Ae.- u. Methanollsg. sind angegeben, ebenso die UV-Spektren des Diphenylpyrazolingrundkörpers u. des n-Propoxyhomologen.

Versuche (FF. korr.): 1-Phenyl-3-[4-alkoxyphenyl]-Δ^2-pyrazoline, durch Zugabe von 2 Mol **I** zu 1 Mol 4-Alkoxy-β-chlorpropiophenon in A. u. mehrstd. Stehen unter Selbsterwärmung; Umkristallisation aus Chlf.-A.; ~90% (Ausbeute): -*[4-methoxyphenyl]*-, $C_{16}H_{16}ON_2$, F. 143—145°. — -*[4-äthoxyphenyl]*-, $C_{17}H_{18}ON_2$, F. 126—129,5°. — -*[4-propoxyphenyl]*-, $C_{18}H_{20}ON_2$, F. 138,5—140°. — -*[4-butoxyphenyl]*-, $C_{19}H_{22}ON_2$, F. 127,5—129°. — -*[4-amyloxyphenyl]*-, $C_{20}H_{24}ON_2$, F. 121—122,5°. — -*[4-hexoxyphenyl]*-, $C_{21}H_{26}ON_2$, F. 115—117,5°. — -*[4-heptoxyphenyl]*-, $C_{22}H_{28}ON_2$, F. 116,5—118°. — -*[4-octyloxyphenyl]*-, $C_{23}H_{30}ON_2$, F. 108—108,5°. — -*[4-nonyloxyphenyl]*-, $C_{24}H_{32}ON_2$, F. 114,5—117,5°. — -*[4-decyloxyphenyl]*-, $C_{25}H_{34}ON_2$, F. 111,5 bis 113°. — -*[4-undecyloxyphenyl]*-, $C_{26}H_{36}ON_2$, F. 110—111°. — -*[4-dodecyloxyphenyl]*-, $C_{27}H_{38}ON_2$, F. 111—113°. — -*[4-hexadecyloxyphenyl]*-, $C_{31}H_{46}ON_2$, F. 108,5—112°. (J. prakt. Chem. [4] **3**. 238—40. Juni 1956. Magdeburg, VEB Fahlberg-List, Forschungsabteilung.) H. BERTSCH. 3122

E. S. Lane und **C. Williams**, *Organische Komplexbildner für Metalle*. 1. Mitt. *Darstellung von 4-Oxy- und 4.7-Dioxybenzimidazolen und verwandten Verbindungen*. Vff. stellten eine Reihe von *4-Oxy-*, *4.7-Dioxy-*, *4-Oxy-2-alkyl-* u. *4.7-Dioxy-1-methyl-2-alkylbenzimidazolen* u. deren Derivv. durch Kondensation von 2.3-Diaminoanisol (**I**), 2.3-Diaminohydrochinondiäthyläther (**II**) u. *2-Amino-3-methylaminohydrochinondiäthyläther* (**III**) mit den entsprechenden Säuren dar. Mit Ausnahme der *Perfluoralkylderivv.* sind alle dargestellten Benzimidazole bas. Verbb., die definierte Salze ergaben. Das chem. Verh. der Perfluoralkylderivv. weicht von dem der übrigen untersuchten Benzimidazole ab. Während Alkylbenzimidazole durch $AlCl_3$ in sd. Bzl. entmethyliert wurden, ergab konz. HBr im Falle der Perfluorverbb. bessere Ausbeuten. Das N-Atom in letzteren ist so schwach bas., daß mineralsaure Salze durch W. hydrolysiert werden. Alle 4-Oxybenzimidazole sind an der Luft beständig; mit Ausnahme der Perfluorverbb. konnten jedoch die 4.7-Dioxybenzimidazole nur als Salze erhalten werden, da die freien Basen durch Luft oxydiert werden. 4.7-Dioxybenzimidazole geben Diacetate; von den 4-Oxyderivv. gaben nur die Perfluoralkylverbb. stabile Acetate, während die übrigen erhaltenen Verbb. unter Essigsäureabspaltung verharzen. Aus *4-Oxybenzimidazol* wurde *4(7)-Acetoxy-1-acetylbenzimidazol* erhalten. Die entsprechenden *Oxybenzoxazole*, *-triazole* u. *-2.1.3-selenadiazole* wurden nach bekannten Methoden dargestellt. *4-Methoxybenzo-2.1.3-selenadiazol* ließ sich mit 1 Mol $AlCl_3$ nicht entalkylieren, wohl aber mit 2 Mol. Durch Rk. von *4.7-Diäthoxybenzo-2.1.3-selenadiazol* mit 2 Mol $AlCl_3$ wurde eine Alkylgruppe abgespalten, während durch Rk. mit 3 Mol eine äußerst leicht oxydierbare Verb., wahrscheinlich das 4.7-Dioxyderiv., erhalten wurde. Vff. vermuten, daß 1 Mol $AlCl_3$ durch das Se-Atom koordinativ gebunden wird.

Versuche: *2-Amino-3-methylaminohydrochinondiäthyläther* (**III**), $C_{11}H_{18}O_2N_2$, F. 47—48°, Kp.$_{0,5}$ 124°, durch 2tägiges Kochen von **II**, CH_3J u. CH_3OH u. Zers. mit NaOH. *Dihydrochlorid*, $C_{11}H_{20}O_2N_2Cl_2 \cdot C_2H_5OH$, F. 122° (A.). *Hydrojodid*, $C_{11}H_{19}O_2N_2J$, F. 163—165° (Zers.). — Benzimidazole, durch 12std. Kochen von **I**, **II** bzw. **III** mit der entsprechenden Säure in 4n HCl, Neutralisieren, Filtrieren, Vakuumdest. (außer Perfluorverbb.) u. Kristallisieren aus A.; Desalkylierung durch 6std. Kochen mit 2,1 Mol $AlCl_3$ in Bzl. u. Isolierung der entalkylierten Prodd. als Hydrochloride; Perfluorverb. wurden durch 6std. Kochen mit konz. HBr entalkyliert: *4-Methoxy-*, $C_8H_8ON_2$, F. 169 bis 170°. *Perchlorat*, $C_8H_9O_5N_2Cl$, F. 195—200° (Zers.). — *4-Oxy-*, $C_7H_6ON_2$, F. 200° (Zers.). *Perchlorat*, $C_7H_7O_5N_2Cl$, F. 203—204° (Zers.). *Hydrochlorid*, $C_7H_7ON_2Cl$, F. 282 bis 283°. — *4-Methoxy-2-methyl-*, $C_9H_{10}ON_2$, F. 193°. *Perchlorat*, $C_9H_{11}O_5N_2Cl$, F. 255 bis 256° (Zers.). — *4-Oxy-2-methyl-*, $C_8H_8ON_2$, F. 216,5°. *Perchlorat*, $C_8H_9O_5N_2Cl$, F. 177

bis 178° (Zers.). — *4-Methoxy-2-äthyl-*, $C_{10}H_{12}ON_2$, F. 136—139°. *Perchlorat*, $C_{10}H_{13}O_5 \cdot N_2Cl$, F. 217—218° (Zers.). — *4-Oxy-2-äthyl-*, $C_9H_{10}ON_2$, F. 157—159°. *Hydrochlorid*, $C_9H_{11}ON_2Cl$, F. 212—214°. — *4-Methoxy-2-isopropyl-*, $C_{11}H_{14}ON_2$, F. 203,5°. *Perchlorat*, $C_{11}H_{15}O_5N_2Cl$, F. 153—155° (Zers.). — *4-Oxy-2-isopropyl-*, $C_{10}H_{12}ON_2$, F. 191—193°. *Perchlorat*, $C_{10}H_{13}O_5N_2Cl$, F. 80—85° (Zers.). *Hydrochlorid*, $C_{10}H_{13}ON_2Cl$, F. 215,5°. — *4-Methoxy-2-tert.-butyl-*, $C_{12}H_{16}ON_2$, F. 233,5°. *Perchlorat*, $C_{12}H_{17}O_5N_2Cl$, F. 232—233° (Zers.). — *4-Oxy-2-tert.-butyl-*, $C_{11}H_{14}ON_2$, F. 273,5°. *Perchlorat*, $C_{11}H_{15}O_5N_2Cl$, F. 227 bis 230° (Zers.). *Hydrochlorid*, $C_{11}H_{15}ON_2Cl$, F. 241,5°. — *4-Methoxy-2-trifluormethyl-*, $C_9H_7ON_2F_3$, F. 169—172°. — *4-Acetoxy-2-trifluormethyl-*, $C_{10}H_7O_2N_2F_3$, F. 130° (Zers.), durch Acetylierung der nachst. Verbindung. — *4-Oxy-2-trifluormethyl-*, $C_8H_5ON_2F_3 \cdot H_2O$, F. 173—174°. — *4-Methoxy-2-heptafluorpropyl-*, $C_{11}H_7ON_2F_7$, F. 189—190°. — *4-Oxy-2-heptafluorpropyl-*, *Hydrobromid*, $C_{10}H_6ON_2F_7Br \cdot H_2O$, F. 97—99°. — *4-Acetoxy-2-heptafluorpropyl-*, $C_{12}H_7O_2N_2F_7$, F. 160°, durch Acetylierung der Oxyverbindung. — *1-Methyl-4.7-dioxy-*, *Hydrochlorid*, $C_8H_9O_2N_2Cl \cdot H_2O$, F. 256—259 . — *1-Methyl-2-trifluormethyl-4.7-dioxy-*, $C_9H_7O_2N_2F_3$, F. 241—242°. *Hydrobromid*, $C_9H_8O_2N_2BrF_3$, F. 224,5°. — *1-Methyl-2-trifluormethyl-4.7-diäthoxy-*, $C_{13}H_{15}O_2N_2F_3$, F. 111—113°. — *1-Methyl-2-trifluormethyl-4.7-diacetoxy-*, $C_{13}H_{11}O_4N_2F_3$, F. 128—129°. — *1-Methyl-4.7-diäthoxy-*, $C_{12}H_{16}O_2N_2$, F. 107—108°. — *1-Methyl-4.7-diacetoxy-*, $C_{12}H_{12}O_4N_2 \cdot 1/2\,H_2O$, F. 218—219°. — *1.2-Dimethyl-4.7-diäthoxy-*, $C_{13}H_{18}O_2N_2$, F. 98—99°. — *4(7)-Acetoxy-1-acetyl-*, $C_{11}H_{10} \cdot O_3N_2$, F. 106°, durch Rk. von 4-Oxybenzimidazol mit Acetanhydrid in Pyridin. — *4-Methoxybenzotriazol*, $C_7H_7ON_3$, F. 133,5—135° (Bzl.), Kp.$_{0,5}$ 206—208°, durch Lösen von 27,6 g **I** in Essigsäure bei 50°, Zugabe von kalter $NaNO_2$-Lsg. u. 1std. Stehen; 19,5 g (Ausbeute). — *4-Oxybenzotriazol*, $C_6H_5ON_3$, F. 215,5—217,5° (W.), durch 8std. Kochen vorst. Verb. mit $AlCl_3$ in Benzol. — *4-Acetoxybenzotriazol*, $C_8H_7O_2N_3$, F. 170 bis 171°, aus vorst. Verb. durch Rk. mit Acetanhydrid–Pyridin. — *4-Oxybenzoxazol*, $C_7H_5O_2N$, F. 183° (A.), durch 15 Min. Kochen von 2-Aminoresorcin·HCl (**IV**) u. Formamid. — *4-Oxy-2-methylbenzoxazol*, $C_8H_7O_2N$, F. 143°, analog vorst. Verb. aus Acetamid u. **IV**. — *4-Oxybenzo-2.1.3-selenadiazol*, $C_6H_4ON_2Se$, F. 187—188° (rotbraune Platten aus Äthylenglykol oder Diäthyloxalat), durch 6std. Kochen der 4-Methoxyverb. mit $AlCl_3$ in Benzol. — *4-Acetoxybenzo-2.1.3-selenadiazol*, $C_8H_6O_2N_2Se$, F. 66—60° (? der Referent) (Zers.; gelbe Nadeln), aus vorst. Verb. u. Acetanhydrid–Pyridin. — *4-Äthoxy-7-oxybenzo-2.1.3-selenadiazol*, $C_8H_8O_2N_2Se$, F. 187—187,5° (scharlachrote Nadeln aus A.), durch 6std. Kochen der 4.7-Diäthoxyverb. mit 2 Mol $AlCl_3$ in Benzol. — *4-Äthoxy-7-acetoxybenzo-2.1.3-selenadiazol*, $C_{10}H_{10}O_3N_2Se$, F. 154,5—155° (sublimiert, gelbe Nadeln aus A.), aus vorst. Verb. u. Acetanhydrid–Pyridin. (J. chem. Soc. [London] **1956**. 569—73. März. Harwell, Berks., Atom. Energy Res. Establ.) H. BERTSCH. 3122

Hans Beyer, Christian Bischoff und **Gerhard Wolter**, *Über Thiazole. 27. Mitt. Zur Kenntnis der Thiazolyl-(2)-hydrazone.* (26. vgl. C. **1956.** 10231.) Aus Thiazolyl-(2)-, 4-Methyl-, 4-Phenyl- u. 4.5-Diphenylthiazolyl-(2)-hydrazin u. 4-Nitro-, 4-Carboxybenzaldehyd, Solvoteben (4-Carboxybenzaldehydthiosemicarbazon), 4-Methoxybenzaldehyd, Benzalaceton u. Alloxan werden 25 *Thiazolyl-(2)-hydrazone* hergestellt, u. zwar entweder durch Rk. der Hydrazine mit den entsprechenden Carbonylverbb. (Meth. **A**), durch Umsetzung der Thiosemicarbazone mit den α-Halogenketoverbb. (Meth. **B**) oder aus den Thiosemicarbazonen, $ClCH(R)C(R'){=}NNHC({=}S)NH_2$, durch Ringschluß zu den entsprechenden *2-Amino-1.3.4-thiodiazinen* u. Rk. mit den Aldehyden (Meth. **C**). Die mit dem Alloxan hergestellten Hydrazone nehmen bei der Methylierung an den N-Atomen 2 Methylgruppen auf.

V e r s u c h e: Verf. **A**: 0,001 Mol des Thiazolyl-(2)-hydrazins u. des Aldehyds in A. werden 1/4 Std. gekocht u. der Nd. nach dem Abkühlen aus Pyridin rekristallisiert. — Verf. **B**: 0,01 Mol des Thiosemicarbazons werden mit dem Halogenketon in wss. A. 10 Min. gekocht u. aus Pyridin rekristallisiert. — Verf. **C**: 0,01 Mol des Halogenaldehydthiosemicarbazons werden mit 0,01 Mol des Aldehyds 15 Min. in A. gekocht u. mit Na-Acetat versetzt. — Nachst. *Hydrazone* wurden dargestellt: *4-Nitrobenzaldehyd-[thiazolyl-(2)]-*, $C_{10}H_8O_2N_4S$, F. 252° (Zers.); **C**; rote Nadeln; 96% (Ausbeute). — *4-Carboxybenzaldehyd-[thiazolyl-(2)]-*, $C_{11}H_9O_2N_3S$, zers. sich beim Erhitzen; **C**; gelbe Nadeln; 79%. — *4-Methoxybenzaldehyd-[thiazolyl-(2)]-*, $C_{11}H_{11}ON_3S$, F. 206° (Zers.); **C**; gelbe Nadeln; 70%. — *Benzalaceton-[thiazolyl-(2)]-*, $C_{13}H_{13}N_3S$, F. 184°; **C**; gelbe Nadeln; 68%. *Monoacetylderiv.*, $C_{15}H_{15}ON_3S$, F. 135°; gelbe Blättchen. — *Alloxan-[thiazolyl-(2)]-*, $C_7H_5O_3N_5S$, F. 350° (Zers.); **B**; braune Nadeln; 71%. — *4-Nitrobenzaldehyd-[4-methylthiazolyl-(2)]-*, $C_{11}H_{10}O_2N_4S$, F. 249—250° (Zers.); **C**; gelbe Nadeln; 81%. *Monoacetylderiv.*, $C_{13}H_{12}O_3N_4S$, F. 179°; Nadeln. — *4-Carboxybenzaldehyd-[4-methylthiazolyl-(2)]-*, $C_{12}H_{11}O_2N_3S$, F. 282° (Zers.); **B**; gelbe Nadeln; 89%. *Monoacetylderiv.*, $C_{14}H_{13}O_3N_3S$, F. 182°; Nadeln. — *4-Methoxybenzaldehyd-[4-methylthiazolyl-(2)]-*, $C_{12}H_{13}ON_3S$, F. 181°; **C**; Nadeln; 68%. — *Benzalaceton-[4-methylthiazolyl-(2)]-*, $C_{14}H_{15}N_3S$, F. 160° (Zers.); **C**;

gelbe Nadeln; 79%. — *Alloxan-[4-methylthiazolyl-(2)]-*, $C_8H_7O_3N_5S$, F. 350° (Zers.); **A**; orangefarbene Nadeln; 83%. — *4-Nitrobenzaldehyd-[4-phenylthiazolyl-(2)]-*, $C_{16}H_{12}O_2N_4S$, F. 252°; **A**; rote Nadeln; 98%. *Monoacetylderiv.*, $C_{18}H_{14}O_3N_4S$, F. 216°; gelbe Nadeln. — *4-Carboxybenzaldehyd-[4-phenylthiazolyl-(2)]-*, $C_{17}H_{13}O_2N_3S$, F. 296° (Zers.); **B**; gelbe Nadeln; 86%. *Monoacetylderiv.*, $C_{19}H_{15}O_3N_3S$, F. 236°; Nadeln. — *4-Methoxybenzaldehyd-[4-phenylthiazoyl-(2)]-*, $C_{17}H_{15}ON_3S$, F. 191° (Zers.); Blättchen; 84%. *Monoacetylderiv.*, $C_{19}H_{17}O_2N_3S$, F. 141°; Nadeln. — *Benzalaceton-[4-phenylthiazolyl-(2)]-*, $C_{19}H_{17}N_3S$, F. 195° (Zers.); **A**; gelbe Nadeln; 86%. — *Alloxan-[4-phenylthiazolyl-(2)]-*, $C_{13}H_9O_3N_5S$, F. 340—343 (Zers.); **A**; orangefarbene Nadeln; 82%. *Dimethylderiv.*, $C_{15}H_{13}O_3N_5S$, F. 328° (Zers.); orangefarbene Nadeln aus A.; 84%. — *4-Nitrobenzaldehyd-[4.5-diphenylthiazolyl-(2)]-*, $C_{22}H_{16}O_2N_4S$, F. 252—253° (Zers.); **B**; rote Nadeln; 71%. *Monoacetylderiv.*, $C_{24}H_{18}O_3N_4S$, F. 184°; gelbe Blättchen. — *4-Carboxybenzaldehyd-[4.5-diphenylthiazolyl-(2)]-*, $C_{23}H_{17}O_2N_3S$, F. 307° (Zers.); **B**; gelbe Stäbchen; 96%. *Monoacetylderiv.*, $C_{25}H_{19}O_3N_3S$, F. 147°; gelbe Nadeln. — *4-Methoxybenzaldehyd-[4.5-diphenylthiazolyl-(2)]-*, $C_{23}H_{19}ON_3S$, F. 251° (Zers.); **B**; Blättchen; 67%. *Monoacetylderiv.*, $C_{25}H_{21}O_2N_3S$, F. 135°; Nadeln. — *Benzalaceton-[4.5-diphenylthiazolyl-(2)]-*, $C_{25}H_{21}N_3S$, F. 167° (Zers.); **B**; gelbe Stäbchen; 93%. — *Alloxan-[4.5-diphenylthiazolyl-(2)]-*, $C_{19}H_{13}O_3N_5S$, F. 330—332° (Zers.); **A**; 67%. — *4-Nitrobenzaldehyd-[4-methyl-5-carbäthoxythiazolyl-(2)]-*, $C_{14}H_{14}O_4N_4S$, F. 244° (Zers.); **A**; gelbe Nadeln; 93%. *Monoacetylderiv.*, $C_{16}H_{16}O_5N_4S$, F. 216°; gelbe Nadeln. — *4-Carboxybenzaldehyd-[4-methyl-5-carbäthoxythiazolyl-(2)]-*, $C_{15}H_{15}O_4N_3S$, F. 330°; **A**; gelbe Nadeln; 93%. *Monoacetylderiv.*, $C_{17}H_{17}O_5N_3S$, F. 218°. — *4-Methoxybenzaldehyd-[4-methyl-5-carbäthoxythiazolyl-(2)]-*, $C_{15}H_{17}O_3N_3S$, F. 187°; **A**; gelbliche Blättchen; 85%. *Monoacetylderiv.*, $C_{17}H_{19}O_4N_3S$, F. 131°; Nadeln. — *Benzalaceton-[4-methyl-5-carbäthoxythiazolyl-(2)]-*, $C_{17}H_{19}O_2N_3S$, F. 173°; **A**; gelbliche Blättchen; 98%. *Monoacetylderiv.*, $C_{19}H_{21}O_3N_3S$, F. 132°; gelbe Kristalle. — *Alloxan-[4-methyl-5-carbäthoxythiazolyl-(2)]-*, $C_{11}H_{11}O_5N_5S$, F. 320—323°; **A**; orangefarbene Nadeln; 92%. — *Alloxanthiosemicarbazon*, $C_5H_5O_3N_5S$, Zers. $>$350°, durch Zufügen einer sd. Lsg. von Thiosemicarbazid in W. zu Alloxanmonohydrat in Essigsäure u. $^3/_4$std. Stehen in der Wärme; orangerote Kristalle aus A.; 96%. *Trimethylderiv.*, $C_8H_{11}O_3N_5S$, F. 296° (Zers.), aus vorst. Verb. + $(CH_3)_2SO_4$ in NaOH; gelbe Blättchen aus A.; 35%. (Chem. Ber. **89**. 1095—99. 4/5. 1956. Greifswald, Ernst-Moritz-Arndt-Univ., Inst. für organ. Chem.) H. Lehwald. 3142

L. M. Jagupolski und **M. Ss. Marenetz,** *Fluorhaltige Cyaninfarbstoffe.* 4. Mitt. *Cyaninfarbstoffe aus Derivaten von 5- oder 6-Trifluormethylmercaptobenzthiazolen.* (3. vgl. C. **1954**. 773.) Das aus 3-Nitro-4-aminophenyltrifluormethylsulfid durch Überführung in die 4-Bromverb., Umsetzung mit Na_2S_2, Red. des erhaltenen Dinitrodisulfides mit Zn u. Kochen des Zinkmercaptides mit $(CH_3CO)_2O$ erhaltene *2-Methyl-5-trifluormethylmercaptobenzthiazol* (**I**) kann ebenso wie das *2-Methyl-6-trifluormethylmercaptobenzthiazol* (**II**) über das *Äthotosylat* in das *Äthoperchlorat* übergeführt werden. Aus den 4 so erhaltenen Quartärsalzen werden 10 Cyaninfarbstoffe mit SCF_3- Gruppen in 5- bzw. 6-Stellung dargestellt. Ihre Absorptionsmaxima sind gegenüber ihren nichtsubstituierten Homologen durchschnittlich um 7 bzw. 10 mμ in das längerwellige Gebiet verschoben.

Versuche: *3-Nitro-4-bromphenyltrifluormethylsulfid*, Kp.$_5$ 121—123°, aus 3-Nitro-4-aminophenyltrifluormethylsulfid durch Diazotieren u. Rk. der Diazoniumverb. mit Cu_2Br_2. — *4.4'-Bis-[trifluormethylmercapto]-2.2'-dinitrodiphenyldisulfid*, $C_{14}H_6O_4N_2S_4F_6$, F. 133—134° (Eisessig), aus 12 g vorst. Verb. u. einer Lsg. von 4,8 g Na_2S u. 0,64 g S in A. (2 Std. Kochen); 70% (Ausbeute). — *2.Methyl-5-trifluormethylmercaptobenzthiazol* (**I**) $C_9H_6NF_3S_2$, F. 93—94° (PAe.), aus 6 g vorst. Verb. in Eisessig mit 15,5 g Zn u. 12 ml HCl, Verdünnen mit W., Abstumpfen mit Na-Acetat u. 3std. Kochen des erhaltenen *2-Amino-4-trifluormethylmercaptophenylzinkmercaptids* (6 g) mit $(CH_3CO)_2O$; Prismen; 60%. *Äthyltosylat*, aus **I** u. p-Toluolsulfonsäureäthylester (4 Std. bei 150°); 100%. Daraus mit $NaClO_4$ in W. das *Äthoperchlorat*, F. 138—139°. — Analog vorst. aus **II** über das *Äthotosylat* das **II**-*Äthoperchlorat*, F. 153°. — *[3-Äthyl-5-trifluormethylmercaptobenzthiazol-(2)]-[3-äthylbenzthiazol-(2)]-methincyanin*, aus 0,2 g **I**-Äthotosylat u. 0,15 g 2-Methylmercaptobenzthiazoläthoäthylsulfat in Ggw. von 0,15 g CH_3COONa in absol. A., 45 Min. kochen u. mit W. fällen. *Perchlorat*, $C_{20}H_{18}O_4N_2ClF_3S_3$, F. 266—267° (A.), gelbe Nadeln; 430 mμ (Absorptionsmaximum); 50%. — *Bis-[3-äthylbenzthiazol-(2)]-methincyaninperchlorat*; 422 mμ. — *Bis-[3-äthyl-5-trifluormethylmercaptobenzthiazol-(2)]-trimethincyaninperchlorat*, $C_{23}H_{19}O_4N_2ClF_6S_4$, Zers. bei 279—280°, aus 0,18 g **I**-Äthoperchlorat u. 0,2 g Orthoameisensäureester in Pyridin (25 Min. kochen); bronzefarbene Nadeln (A.); 560 mμ; 51%. — *Bis-[3-äthylbenzthiazol-(2)]-trimethincyaninperchlorat*; 558 mμ. — *Bis-[3-äthyl-5-trifluormethylmercaptobenzthiazol-(2)]-9-methyltrimethincyanin*, aus 0,5 g **I**-Äthotosylat u. 0,25 g Orthoessigsäureester in Ggw. von 2 Tropfen $(CH_3CO)_2O$ in Pyridin, 45 Min. kochen u. mit Ae. fällen. *Perchlorat*, $C_{24}H_{21}O_4N_2ClF_6S_4$, Zers. bei 255 bis 256°, blauschwarze Nadeln (A.); 550 mμ; 52%. — *Bis-[3-äthylbenzthiazol-(2)]-9-methyltrimethincyaninperchlorat*; 544 mμ. — *Bis-[3-äthyl-5-trifluormethylmercaptobenzthiazol-(2)]-9-äthyltrimethincyanin*, aus 0,2 g **I**-Äthotosylat u. 0,2 g Orthopropionsäureester in Pyridin; 10 Min. kochen u. mit W. fällen. *Perchlorat*, $C_{25}H_{23}O_4N_2ClF_6S_4$, Zers. bei 235—236° (A.); 555 mμ; 33%. — *Bis-[3-äthylbenzthiazol-(2)]-9-äthyltrimethincyaninperchlorat*; 550 mμ. — *Bis-[3-äthyl-5-trifluormethylmercaptobenzthiazol-(2)]-pentamethincyanin*, aus 0,2 g **I**-Äthotosylat u. 0,06 g β-Anilinoacroleinanilhydrochlorid in $(CH_3CO)_2O$ in Ggw. von 3 Tropfen Pyridin, 30 Min. kochen u. mit Ae. fällen. *Perchlorat*, $C_{25}H_{21}O_4N_2ClF_6S_4$, Zers. bei 250—251° (A.); 658 mμ; 81%. — *Bis-[3-äthylbenzthiazol-(2)]-pentamethincyaninperchlorat*; 651 mμ. — *2-p-Dimethylaminostyryl-5-trifluormethylmercapto-3-äthylbenzthiazoliumperchlorat*, $C_{20}H_{20}O_4N_2ClF_3S_2$, F. 232—233° (A.), aus 0,08 g **I**-Äthoperchlorat u. 0,06 g p-Dimethylaminobenzaldehyd (30 Min. kochen); 543 mμ; 81%. — *2-p-Dimethylaminostyryl-3-äthylbenzthiazoliumperchlorat*; 530 mμ. — *Bis-[3-äthyl-6-trifluormethylmercaptobenzthiazol-(2)]-trimethincyanin*, aus 0,25 g **II**-Äthotosylat u. 0,25 g Orthoameisensäureester in $(CH_3CO)_2O$, 30 Min. kochen u. mit Ae. fällen. *Perchlorat*, $C_{23}H_{19}O_4N_2ClF_6S_4$, Zers. bei 287—288° (A.); 568 mμ; 50%. — *Bis-[3-äthyl-6-trifluormethylmercaptobenzthiazol-(2)]-9-methyltrimethincyanin*, analog vorst. aus **II**-Äthotosylat u. Orthoessigsäureester. *Perchlorat*, $C_{24}H_{21}O_4N_2ClF_6S_4$, Zers. bei 250—251° (A.); 555 mμ; 40%. — *Bis-[3-äthyl-6-trifluormethylmercaptobenzthiazol-(2)]-9-äthyltrimethincyanin*, aus **II**-Äthotosylat u. Orthopropionsäureester in Pyridin (1 Min. kochen). *Perchlorat*, $C_{25}H_{23}O_4N_2ClF_6S_4$, Zers. bei 220—221° (A.); 558 mμ; 33%. — *Bis-[3-äthyl-6-trifluormethylmercaptobenzthiazol-(2)]-pentamethincyaninperchlorat*, $C_{25}H_{21}O_4N_2ClF_6S_4$, Zers. bei 260—261° (A.); 665 mμ; 40%. (Журнал Общей Химии [J. allg. Chem.] **25** (**87**). 1771—75. Sept. 1955. Inst. für Organ. Chem. der Akad. der Wiss. der UkrSSR.) A. NOWAK. 3142

W. Baker und **W. D. Ollis** (mit **P. J. L. Binns, J. Chadderton, I. Dunstan, J. B. Harborne** und **D. Weight**), *Eine neue Synthese von Isoflavonen.* Vorl. Mitt. zu der C. **1954.** 10231 referierten Arbeit. (Nature [London] **169.** 706. 26/4. 1952.) W. ZIEGLER. 3211

W. Baker, J. B. Harborne und **W. D. Ollis**, *Synthese des 5.7.2'-Trioxyisoflavons.* Vorl. Mitt. zu der C. **1954.** 10233 referierten Arbeit. (Chem. and Ind. **1952.** 1058. 25/10.) M. KÜHNEL. 3211

Zofia Talik und **Edwin Płażek**, *Über die Darstellung von Pyridin-2- und -4-sulfochloriden und einigen Pyridin-2- und -4-sulfonamiden.* Erhitzen von pyridin-2-sulfonsaurem Na mit Benzotrichlorid unter verschied. Versuchsbedingungen ergab entgegen den Angaben des D. R. P. 574 836 (C. **1933.** II. 1430) nicht *Pyridin-2-sulfochlorid* (**I**), sondern stets *2-Chlorpyridin.* **I** wurde durch Einw. von Cl_2 auf 2-Mercaptopyridin (**III**) in Ggw. von W. erhalten. **I** ist sehr unbeständig, aber unterhalb 0° längere Zeit haltbar. Bei der Darst. von *Pyridin-4-sulfochlorid* (**II**) ist Zusatz von 30%ig. H_2O_2 erforderlich. **II** konnte aus wss. Lsg. in Substanz nicht isoliert werden. Die *Sulfonamide* aus **II** geben schwerlösl. *Pikrate*, die aus **I** dagegen nicht. Die Sulfonamide aus **I** u. **II** haben keine bakteriostat. Eigenschaften.

Versuche: *Pyridin-2-sulfochlorid* (**I**), $C_5H_4O_2NClS$, aus **III** durch Einw. von Cl_2 in konz. HCl bei 0°; zers. sich bei Zimmertemperatur. — *Pyridin-2-sulfonamid*, $C_5H_6O_2N_2S$, F. 133°, große Blättchen aus W.; 1,3 g aus 2 g **III**. — *N.N-Dimethylpyridin-2-sulfonamid*, $C_7H_{10}O_2N_2S$, F. 49°, Blättchen aus W.; 1 g aus 2 g **III**. — *N-[Pyridyl-(2)]-pyridin-2-sulfonamid*, $C_{10}H_9O_2N_3S$, F. 165—166° (Zers.), aus **I** mit 2-Aminopyridin. — *Pyridin-2-sulfanilid*, $C_{11}H_{10}O_2N_2S$, F. 168° (Zers.), glänzende Nadeln aus A.; 3 g aus 2 g **III**. — *Pyridin-2-sulfoguanidid*, $C_6H_8O_2N_4S \cdot H_2O$, F. 115°, wasserfrei, F. 138—139°, glänzende Blättchen aus Wasser. — *Pyridin-4-sulfochlorid* (**II**), $C_5H_4O_2NClS$, aus 4-Mercaptopyridin (**IV**) durch Einw. von Cl_2 im Gemisch von konz. HCl u. 30%ig. H_2O_2 (1:2) bei 0° u. Abstumpfen der Lsg. mit $NaHCO_3$ bis schwach kongorot. — *Pyridin-4-sulfonamid*, $C_5H_6O_2N_2S$, F. 168—169°, Nadeln aus W.; 1,5 g aus 5 g **IV**. *Pikrat*, F. 178—179°. — *N.N-Dimethylpyridin-4-sulfonamid*, $C_7H_{10}O_2N_2S$, F. 67—69° (W.). *Pikrat*, F. 168—169°. (Acta polon. pharmac. **12.** 5—12. Jan./März 1955. Breslau [Wrocław], Politechn., I. Katedra Chem. Organ.) A. RUSS. 3231

Niels Clauson-Kaas, Niels Elming und **Zdeněk Tyle**, *Darstellung von β-Pyridolen aus Furanen.* Durch elektrolyt. Methoxylierung (vgl. C. **1953.** 8074) werden 2-Acylaminoalkylfurane in ihre *2.5-Dimethoxy-2.5-dihydroderivv.* übergeführt, die beim Kochen mit n-HCl *β-Pyridole* liefern. *β-Pyridol* selbst wird aus dem durch hydrierende Aminierung von Furfurol erhältlichen *Furfurylamin* (**I**) durch Acetylierung, Methoxylierung u. Verseifung oder besser durch Überführung in *symm.-Difurfurylharnstoff*, Methoxylierung u. Verseifung erhalten. Zur Darst. von *2-Methylpyridol-(3)* wird der Weg über die *Acetylaminoverb.* bevorzugt, die durch reduzierende Acetylierung von 2-Acetylfuranoxim (**II**) erhalten wird.

V e r s u c h e : *2.5-Dimethoxy-2-aminomethyl-2.5-dihydrofuran* (**III**), $C_7H_{13}O_3N$, Kp.$_{12}$ 95—96°, n_D^{25} 1,4589, aus dem cis-trans-Isomerengemisch des N-Acetylderiv. (**IV**; vgl. l. c.) durch Kochen mit 3nNaOH (16 Std.); 86% (Ausbeute). — *2-Carbomethoxyaminomethylfuran*, $C_7H_9O_3N$, Kp.$_{10}$ 122—123°, n_D^{25} 1,4851, aus **I** u. Chlorkohlensäuremethylester; 82%. — *2.5-Dimethoxy-2-carbomethoxyaminomethyl-2.5-dihydrofuran* (**V**), C_9H_{15}·O_5N, Kp.$_{0,2}$ 104—107°, n_D^{25} 1,4652, aus vorst. Verb. durch elektrolyt. Methoxylierung; 89%. — *symm.-Difurfurylharnstoff*, $C_{11}H_{12}O_3N_2$, F. 129—131° (A.), aus **I** mit Harnstoff (1 Std. bei 190—210°). — *symm.-Bis-[2.5-dimethoxy-2.5-dihydrofurfuryl]-harnstoff*, $C_{15}H_{24}O_7N_2$, F. 151—152° (W.), aus vorst. Verb. durch Elektrolyse in Methanol in Ggw. von NH_4Br. — *Pyridol-(3)*, C_5H_5ON, F. 125—126° (Bzl.), a) aus roher vorst. Verb. (aus **I** ohne Isolierung der Zwischenprodd.) mit sd. n-HCl (15 Min.); 85%; b) aus **IV** bzw. **V** mit sd. n-HCl; 48 bzw. 76%. *Hydrochlorid*, C_5H_6ONCl, F. 106—109° (A.–Ae. u. Sublimation bei 150°/0,2 mm), aus **III** mit n-HCl (15 Min. am Rückfluß). — *2-[α-Aminoäthyl]-furan* (**VI**), C_6H_9·ON, Kp. 148—149°, n_D^{25} 1,4748, aus **II** unter 15 at H_2 in A. u. Acetylchlorid über Pd-Kohle; 47%. *Pikrat*, $C_{12}H_{12}O_8N_4$, F. 184—186° (Zers.), aus A. Kristalle. *Phenylthioharnstoffderiv.*, $C_{13}H_{14}ON_2S$, F. 101—102° (A.). *N-Acetylderiv.*, $C_8H_{11}O_2N$, F. 52—53° (A.–PAe.), Kp.$_{0,1}$ 86—89°, Kp.$_{12}$ 143—144°, n_D^{25} 1,4929, a) durch Acetylierung von **VI**; b) aus **II** unter 100 at H_2 bei 70—80° in Acetanhydrid über RANEY-Ni; 64%. *N-Carbomethoxyverb.*, $C_8H_{11}O_3N$, Kp.$_{0,1}$ 72—75°, n_D^{25} 1,4805, mit $ClCOOCH_3$; 100%. — *2.5-Dimethoxy-2-[α-aminoäthyl]-2.5-dihydrofuran*, $C_8H_{15}O_3N$, Kp.$_{12}$ 90—92°, n_D^{25} 1,4565, aus dem Acetylderiv. mit 3nNaOH (38 Std. Kochen); 80%. *N-Acetylderiv.*, $C_{10}H_{17}O_4N$, Kp.$_{0,1}$ 110 bis 115°, n_D^{25} 1,4739, aus vorst. Acetylderiv. durch Elektrolyse (vgl. C. **1954**. 5037) in Methanol in Ggw. von NH_4Br; 88%. *N-Carbomethoxyverb.*, $C_{10}H_{17}O_5N$, Kp.$_{0,2}$ 98—102°, n_D^{25} 1,4649, aus vorst. Carbomethoxyverb. durch elektrolyt. Methoxylierung; 88%. — *2-[α-Ureidoäthyl]-furan*, $C_7H_{10}O_2N_2$, F. 114—116° (Ae.–Äthylacetat), aus **VI**–HCl durch Kochen mit wss. Harnstoff. — *2-Methylpyridol-(3)*, C_6H_7ON, F. 169—170°, aus dem Hydrochlorid. *Hydrochlorid*, C_6H_8ONCl, F. 225—227°, a) aus vorst. Verb. durch elektrolyt. Methoxylierung in Methanol mit NH_4Br u. Kochen des Prod. mit n-HCl (15 Min.); 62%; b) aus vorvorst. Amin bzw. dessen Carbomethoxyverb. durch Kochen mit n-HCl (15 bzw. 90 Min.); 95 bzw. 72%. — *2-[α-Aminoäthyl]-tetrahydrofuran*, $C_6H_{13}ON$, Kp.$_{13}$ 47 bis 48°, n_D^{25} 1,4489, aus **II** durch Hydrierung unter 100—150 at, über RANEY-Ni in Methanol; 39%. *Phenylthioharnstoffderiv.*, $C_{13}H_{18}ON_2S$, F. 111—115° (A.). *N-Acetylderiv.*, $C_8H_{15}O_2N$, Kp.$_{0,4}$ 97—101°, n_D^{25} 1,4722. (Acta chem. scand. **9**. 1—8. 1955. Copenhagen, Centrallabor. Sadolin & Holmblad A/S.) F. J. MEYER. 3231

Niels Clauson-Kaas und **Poul Nedenskov**, *Neue Methoden zur Überführung von Furanen in Pyridine*. (Vgl. vorst. Ref. u. C. **1956. 11983**.) Mittels der l. c. beschriebenen elektrolyt. Methoxylierung werden Furan-2-carbonsäureester in *Pyridinderivv.* übergeführt. Aus dem aus 5-Isopropylfuran-2-carbonsäuremethylester erhaltenen *2.5-Dimethoxy-2.5-dihydroderiv.* (**I**; vgl. nachst. Ref.) wird das *Säureamid* u. daraus mit $LiAlH_4$ *2.5-Dimethoxy-2-aminomethyl-5-isopropyl-2.5-dihydrofuran* dargestellt, dessen Umlagerung *6-Isopropyl-3-oxypyridin* liefert. Ausgehend vom Furan-2-carbonsäuremethylester, wird über 2.5-Dimethoxytetrahydrofuran-2-carbonsäuremethylester (**II**; vgl. C. **1954**. 2394) *2.3-Dioxypyridin* erhalten.

V e r s u c h e : *2.5-Dimethoxy-5-isopropyl-2.5-dihydrofuran-2-carbonsäureamid*, aus **I** mit NH_3 in Methanol bei —50°, dann 7 Tage bei 25°. — *2.5-Dimethoxy-2-aminomethyl-5-isopropyl-2.5-dihydrofuran*, $C_{10}H_{19}O_3N$, Kp.$_{13-12}$ 121—126°, n_D^{25} 1,4625, aus roher vorst. Verb. in absol. Ae. mit $LiAlH_4$; 71% (Ausbeute). — *6-Isopropyl-3-oxypyridin*, $C_8H_{11}ON$, F. 156° (nach Sublimation bei 135—140°/0,06 mm), durch Kochen vorst. Verb. mit n HCl (15 Min.); 69%. — *2.3-Dioxypyridin*, $C_5H_5O_2N$, F. 250—252° (Zers.; nach Sublimation bei 145—155°/0,07 mm), aus **II** mit wss.-methanol. NH_3 bei —50° (dann 4 Tage stehen) u. anschließendes Kochen mit wss.-methanol. H_2SO_4 (20 Min.); 94%. (Acta chem. scand. **9**. 14—16. 1955.) F. J. MEYER. 3231

Jørgen Tormod Nielsen, Niels Elming und **Niels Clauson-Kaas**, *Einige neue cyclische Hydroxamsäuren*. (Vgl. vorst. Ref.) Das von Vff. (vgl. C. **1956**. 11983) beschriebene 2-Methyl-3.6-dioxypyridin-1-oxyd wird als tautomere Hydroxamsäure, also als *1.5-Dioxy-6-methyl-α-pyridon* erkannt. Weitere Beispiele für Synthesen von *1.5-Dioxy-α-pyridonen* aus 2.5-Dimethoxy-2-acyl-2.5-dihydrofuranen werden beschrieben.

V e r s u c h e : *2.5-Dimethoxy-2-[α-oxo-n-heptyl]-2.5-dihydrofuran*, $C_{13}H_{22}O_4$, Kp.$_{17}$ 157—159°, n_D^{25} 1,4483, aus n-Hexyl–MgBr u. 2.5-Dimethoxy-2.5-dihydrofuran-2-carbonsäuremethylester (vgl. CLAUSON-KAAS u. LIMBORG, C. **1954**. 2394) in absol. Ae. bei —60°; 19% (Ausbeute). — *1.5-Dioxy-6-n-hexylpyridon-(2)*, $C_{11}H_{17}O_3N$, F. 86—88° (Ae.), aus vorst. Verb. u. $H_2NOH \cdot HCl$ in Methanol (17 Std. bei 25°); 12%. — *2.5-Dimethoxy-2-[hexahydrobenzoyl]-2.5-dihydrofuran*, $C_{13}H_{20}O_4$, Kp.$_{14}$ 160—162°, n_D^{25} 1,4732, mit

Cyclohexyl–MgBr analog vorvorst. Verb.; 32%. — *1.5-Dioxy-6-cyclohexylpyridon-(2)*, $C_{11}H_{15}O_3N$, F. 180—182° (Methanol–Ae.), aus vorst. Verb. analog vorvorst. Verb.; 27%. — *1.5-Dioxypyridon-(2)*, $C_5H_5O_3N$, F. 215—223° (A.), aus 2.5-Dimethoxy-2.5-dihydrofurfurol (oder aus dessen Diacetylacetal nach Umsetzung mit Na-Methylat) mit $H_2NOH \cdot HCl$ in Methanol (20 Min. bei 25°, dann 8 Min. bei 65°); 69%. — *5-Oxypiperidon-(2)*, $C_5H_9O_2N$, F. 144—146° (CH_3OH–Ae.), aus vorst. Verb. durch Hydrierung bei 100 at u. 100° über RANEY-Ni; 68%. (Acta chem. scand. **9.** 30—33. 1955.) F. J. MEYER. 3231

Dietrich Jerchel, Ernst Bauer und **Hermann Hippchen,** *Oxydation von Alkylpyridinen mit Selendioxyd.* Die Ausbeuten an *Pyridincarbonsäuren* bei der SeO_2-Oxydation von Alkylpyridinen werden durch das Arbeiten ohne Verdünnungsmittel verbessert. Während Alkylgruppen in 3-Stellung nicht oder fast nicht angegriffen werden, verläuft die Oxydation solcher in 4-Stellung viel heftiger als solcher in 2-Stellung. Dadurch gelingt es z. B., aus einem Gemisch von 2- (**I**) u. 4-Methylpyridin (**II**) mit der auf **II** berechneten SeO_2-Menge 56% *Isonicotinsäure* (**III**) neben nur wenig (19%) *Picolinsäure* (**IV**) zu erhalten. Auch das N-Oxyd des 3-Methylpyridins (**V**) ist gegenüber SeO_2 resistent. Pyridin, **V**, Chinolin u. Isochinolin bilden mit SeO_2 *Addukte*; aus dem **V**-*2 SeO_2-Addukt* entsteht beim trockenen Erhitzen *Nicotinsäure* (**VI**) in 14%ig. Ausbeute.

V e r s u c h e: *Oxydation* von Alkylpyridinen mit SeO_2 nach Meth. **A** durch Eintragen des SeO_2 in Portionen in schwach sd. Alkylpyridin u. Warten, bis die Rk. abgeklungen ist; nach Meth. **B** durch 2std. Erhitzen im Bombenrohr auf 110—120°. Abtrennen nicht angegriffener Basen durch Wasserdampfdest.; Zers. des unverbrauchten SeO_2 durch Einleiten von SO_2; Isolieren der Säuren nach Eindampfen durch Umkristallisation bzw. (bei **IV** u. **VII**) Ausziehen des krist. Rückstandes mit Essigester bzw. CCl_4. — *Picolinsäure* (**IV**), nach **A** aus 51,2 g **I** [zurückgewonnen (z.) 42,1 g] u. 15 g SeO_2 7,5 g (Ausbeute); aus 7,5 g **I** (z. 1,5 g) u. 8,9 g SeO_2 5 g; nach **B** aus 1 g **I** u. 1,79 g SeO_2 0,86 g; durch 1—2std. Erhitzen von 5,2 g **I** mit 8,9 g SeO_2 auf 125—135° (Rk. ab 115°) 5 g. — *Isonicotinsäure* (**III**), nach **A** aus 30 g **II** (z. 15,5 g) u. 22,5 g SeO_2 12 g; nach **B** aus 1 g **II** u. 1,79 g SeO_2 0,98 g; durch Erhitzen von 5 g **II** u. 8,9 g SeO_2 auf 110° (spontan dann auf 220°) 5 g. — *Pyridindicarbonsäure-(2.4)*, nach **A** aus 32,2 g 2.4-Dimethylpyridin (z. 25,1 g) u. 22,1 g SeO_2 4,1 g. — *Pyridindicarbonsäure-(2.6)*, nach **A** aus 41 g 2.6-Dimethylpyridin (**VIII**, z. 32,3 g) u. 20,5 g SeO_2 4,5 g; nach **B** aus 1 g **VIII** u. 3,11 g SeO_2 0,95 g. — *Pyridintricarbonsäure-(2.4.6)*, nach **A** aus 40 g 2.4.6-Trimethylpyridin (**IX**, z. 33,8 g) u. 18,9 gSeO_2 3,3 g; nach **B** aus 1 g **IX** u. 4,14 g SeO_2 1,2 g. — *5-Äthylpyridincarbonsäure-(2)* (**VII**), nach **A** aus 42,7 g 2-Methyl-5-äthylpyridin (**X**, z. 21,5 g) u. 28,7 g SeO_2 16,8 g; nach **B** aus 1 g **X** u. 1,38 g SeO_2 0,94 g. — *Oxydation* eines Gemisches von 4,5 g **I** u. 3,5 g **II** (z. 3,8 g Gemisch) mit 6,3 g SeO_2 durch Erhitzen (ab 60° langsam, 2°/Min., dann 1 Std. bei 90°) zu 2,6 g **III** neben 1,1 g **IV**. — *3-Äthylpyridin*, Kp. 164—166°, aus **VII** durch Erhitzen über den F. unter CO_2-Bldg. u. gleichzeitiger Dest.; 93%. *Pikrat*, F. 129°. — *Pyridin–SeO_2-Addukt*, $C_5H_5N \cdot 2\ SeO_2$, F. 79—83° [im geschlossenen Röhrchen (geschl.)], aus SeO_2 mit überschüssiger Base unter Bldg. eines viscosen Öls, das nach Abtrennen u. Waschen mit absol. Ae. oder CCl_4 krist.; sehr hygroskop. Kristalle. — *3-Methylpyridin* (**V**)*–SeO_2-Addukt*, $C_6H_7N \cdot 2\ SeO_2$, F. 68—70° (geschl.), sehr hygroskopisch. — *Nicotinsäure* (**VI**), aus vorst. Addukt beim Erhitzen über 200° (bis 250°), 14%; oder aus 0,88 g **V** u. 2,1 g SeO_2 nach **B** (aber bei 160—170°); 5%. — *Chinolin–SeO_2-Addukt*, $C_9H_7N \cdot SeO_2$, F. 45 bis 48°, (geschl.), sehr hygroskopisch. — *Isochinolin-SeO_2-Addukt*, $C_9H_7N \cdot SeO_2$, F. 66 bis 68° (geschl.), sehr hygroskopisch. — Verf. zur *Reinigung von Pyridinbasen* durch Erhitzen von 50 g mit 20 g SeO_2 1 Std. auf 120°, Abdest. überschüssiger Base u. Zers. des SeO_2-Addukts mit verd. NaOH, Wasserdampfdest. u. Rektifizieren. (Chem. Ber. **88.** 156—63. 26/1. 1955. Mainz, Univ., Organ.-chem. Inst.; Heidelberg, MPI für Medizin. Forsch.) F. J. MEYER. 3231

B. I. Ardaschew und **B. A. Tertow,** *Untersuchungen auf dem Gebiet der Chinolinderivate.* 11. Mitt. *Synthese von Lepidin und seinen Derivaten aus acetylierten Arylaminen.* (10. vgl. Журнал Общей Химии [J. allg. Chem.] **24** (**86**). [1954.] 131.) Aus acetylierten aromat. Aminen — Acetanilid, Acet-p-toluidid u. Acet-m-xylidid — Formaldehyd u. Aceton werden in alkoh. Lsg. in Ggw. von $FeCl_3$ + HCl *Lepidin, 4.6-Dimethyl-* u. *4.6.8-Trimethylchinolin* gewonnen. Die Ausbeuten betragen bzgl. 12, 25 u. 33%. Das Verf. wird zur Herst. empfohlen.

V e r s u c h e: *Lepidin*, Kp. 258—263°; man gibt zu einem sd. Gemisch von 20 g Acetanilid, 20 ml Aceton, 30 ml A., 25 g $FeCl_3 \cdot 6\ H_2O$ u. 5 ml konz. HCl in 40 Min. eine Lsg. von Paraformaldehyd (6 g werden in 35 ml A. + 2—3 Tropfen konz. HCl im Rohr bei 100° bis zur Auflsg. erhitzt), kocht 20 Min., nach Zusatz von 5 ml konz. HCl noch 1 Std., dest. bis 100—105° (Thermometer in der Fl.) ab, macht alkal., dest. die Basen mit Wasserdampf über u. trennt von $C_6H_5NH_2$ entweder durch Diazotieren oder Kochen mit $(CH_3CO)_2O$ u. Dest. mit Wasserdampf; 3,9 g (Ausbeute). *Pikrat*, F. 212°. — *4.6-Dimethyl-*

chinolin, Kp. 263—270°. *Pikrat*, F. 237°. — *4.6.8-Trimethylchinolin*, F. 57°, Kp. 270 bis 280°; aus Acet-m-xylidid (20 g); Fe-Ion wird mit NaOH entfernt u. die Fraktion des Reaktionsprod. vom Kp. 215—310° mit 15% ig. HCl zur Verseifung von unangegriffenem Ausgangsmaterial gekocht; Reinigung durch Fällen mit $K_4Fe(CN)_6$ als Bichromat; aus PAe. Kristalle; 7 g. *Pikrat*, $C_{12}H_{13}N \cdot C_6H_3O_7N_3$, F. 209° (A.). *Bichromat*, gelbe Nadeln. (Журнал Общей Химии [J. allg. Chem.] **24** (**86**). 314—17. Febr. 1954. Rostow, Molotow-Inst.) R. KNOBLOCH. 3231

M. Neeman, *2-Chlor-5-α-halogenacylamino-7-methoxyacridine*. Durch Acylierung von 5-Amino-2-chlor-7-methoxyacridin (I) mit α-Halogensäurehalogeniden wurden die entsprechenden substituierten *Amide* erhalten, deren α-Halogenatome sich bei 30std. Kochen nicht mit Diäthylamin umsetzten.

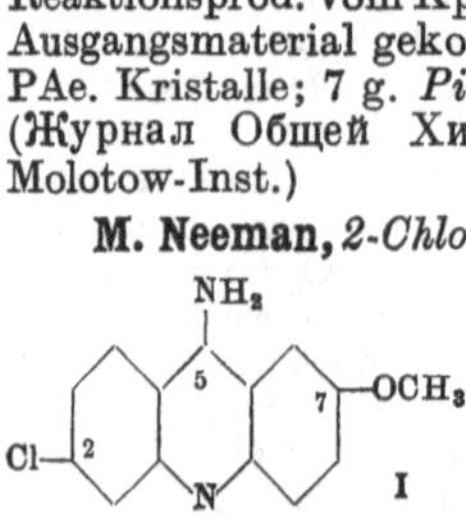
I

Versuche: *2-Chlor-5-chloracetamido-7-methoxyacridin*, $C_{16}H_{12}O_2N_2Cl_2$, F. 315° (Zers.; 60 % ig. Ameisensäure), durch Zugeben von Chloracetylchlorid in Chlf. zu der Suspension von I in Chlf./Pyridin (20:1) bei —5°, 15std. Stehen bei 30° u. Filtration; gelbe Nadeln. — *5-Bromacetamido-2-chlor-7-methoxyacridin*, $C_{16}H_{12}O_2N_2ClBr$, F. 330° (Zers.; 60% ig. Ameisensäure), analog vorst. Verb. mit Bromacetylbromid; gelbe Nadeln. — *5-α-Brompropionamido-2-chlor-7-methoxyacridin*, $C_{17}H_{14}O_2N_2ClBr$, Zers. >360° (Aceton/A.), analog mit α-Brompropionylbromid; gelbe Nadeln. (J. chem. Soc. [London] **1956.** 1079. April. Jerusalem, Israel, Res. Council.) W. GEHRMANN. 3231

W. I. Chmelewski und **O. I. Durnitzyna,** *Über die Struktur des Triacetylderivats von 4.5-Diaminouracil*. Die bei der Darst. von *8-Methylxanthin* (I) aus Harnsäure mit Acetanhydrid als Nebenprod. entstehende *Triacetylverb. des 4.5-Diaminouracils* geht beim Erwärmen mit Chinolin in I über, wobei wahrscheinlich 7-Acetyl-8-oxyxanthin als Zwischenprod. entsteht, u. stimmt auch in allen anderen Eigg. mit der aus 4.5-Diaminouracil u. Eisessig erhaltenen Triacetylverb. überein, so daß ihr die Struktur eines *4-Acetylamino-5-diacetylaminouracils* (II) zuzuschreiben ist.

Versuche: *4-Acetylamino-5-diacetylaminouracil* (II), aus 106 g techn. Harnsäure (55% Reinheit) u. 300 ml Acetanhydrid in 100 ml Pyridin (5—5½ Std. kochen); 83,5 g Rohprod. (Ausbeute). Reinigung durch schnelle Umkristallisation aus Wasser. — *4.5-Bis-[acetylamino]-uracil*, a) aus **II** durch ½std. Kochen mit W.; 85,7 %, neben **I**, b) durch 1std. Kochen von **II** mit Eisessig; 81%. Die konduktometr. Titration vorst. Verb. bzw. von **II** ergab das Vorhandensein von 2 bzw. 3 Acetylgruppen. — *8-Methylxanthin* (**I**), aus 26,8 g **II** u. 80 ml Chinolin bei 160—165°; 95%. Aus den Mutterlaugen kann *Essigsäure* als Acetanilid abgeschieden werden. (Журнал Общей Химии [J. allg. Chem.] **26** (**88**). 755—60. März 1956. Uraler Zweigstelle des Wiss. Chem.-pharmaz. Ordshonikidse-Forschungsinst.) A. NOWAK. 3272

Yuoh-Fong Chi und **Yuoh-Chern Ling,** *Pyrimidinuntersuchungen. Die Einwirkung von Chlor auf Mercaptopyrimidine. Synthese von 4.5-Dimethylcytosin*. (Vgl. C. **1956.** 7236.)- Durch Kondensation von Thioharnstoff mit Methylacetessigester mittels Natriumäthylats entsteht *2-Mercapto-4.5-dimethyl-6-oxypyrimidin* (**I**), das mit Äthyljodid in Ggw. von Natriumäthylat *2-Äthylmercapto-4.5-dimethyl-6-oxypyrimidin* (**II**) gibt. **II** reagiert mit $POCl_3$ zu *2-Äthylmercapto-4.5-dimethyl-6-chlorpyrimidin* (**III**), das mit alkoh. NH_3 *2-Äthylmercapto-4.5-dimethyl-6-aminopyrimidin* (**IV**) u. mit Natriummethylat *2-Äthylmercapto-4.5-dimethyl-6-methoxypyrimidin* (**V**) ergibt. Bei den Rkk. mit Cl_2 entstehen *2-Äthylsulfonyl-4.5-dimethyl-6-chlorpyrimidin* (**IX**) aus **III** in W., *2-Äthylsulfonyl-4.5-dimethyl-6-methoxypyrimidin* (**VI**) aus **V** in W., **VI** u. *2-Chlor-4.5-dimethyl-6-methoxypyrimidin* (**VII**) aus **V** in Methanol bei 15°, *Äthylsulfonylchlorid*, **VI**, **VII** u. *4.5-Dimethyluracil* (**VIII**) aus **V** in Methanol bei 5°. Bei der Rk. von **IV** mit Cl_2 entsteht eine unbekannte Substanz. **IX** gibt mit alkoh. NH_3 *2-Äthylsulfonyl-4.5-dimethyl-6-aminopyrimidin* (**X**), das beim Kochen in verd. HCl in *4.5-Dimethylcytosin* (**XII**) übergeht. Das aus **VI** durch Kochen in NaOH-Lsg. hergestellte *2-Keto-5.6-dimethyl-4-methoxy-1.2-dihydropyrimidin* (**XI**) ergibt **XII** beim Erhitzen in alkoh. NH_3 im Rohr.

Versuche: *2-Mercapto-4.5-dimethyl-6-oxypyrimidin* (**I**), F. 279—280°, aus Thioharnstoff u. Methylacetessigester durch Kondensation mittels Na in absol. A.; Nadeln aus W.; 92,6% (Ausbeute). — *2-Äthylmercapto-4.5-dimethyl-6-oxypyrimidin* (**II**), F. 155 bis 156°, aus 10 g **I** u. 1,6 g Na in absol. A. durch Versetzen mit Äthyljodid; Prismen aus 70%ig. A.; 10 g. — *2-Äthylmercapto-4.5-dimethyl-6-chlorpyrimidin* (**III**), $Kp._8$ 136—140°, aus 20 g **II** u. 80 cm^3 $POCl_3$ durch 10std. Kochen u. Versetzen mit Eiswasser; 19,5 g. — *2-Äthylmercapto-4,5-dimethyl-6-aminopyrimidin* (**IV**), F. 90—91° (PAe.–Bzl.), aus 2 g **III** u. 10 cm^3 alkoh. NH_3 (10 Gew.-%) durch 6std. Erhitzen auf 140—150°; 1,3 g. — *2-Äthylmercapto-4.5-dimethyl-6-methoxypyrimidin* (**V**), $C_9H_{14}ON_2S$, $Kp._5$ 138°, aus 4,05 g **III** u.

Natriummethylat in absol. Methanol; 3,2 g. — *2-Äthylsulfonyl-4.5-dimethyl-6-chlorpyrimidin* (**IX**), $C_8H_{11}O_2N_2ClS$, F. 78,5° (Essigester), aus einer Suspension von 5 g **III** in W. durch Sättigen mit Cl_2 in der Kälte; 5,5 g. — *2-Äthylsulfonyl-4.5-dimethyl-6-methoxypyrimidin* (**VI**), $C_9H_{14}O_3N_2S$, F. 65—66° (Ae.), aus 4 g **V** in W. durch Sättigen mit Cl_2 in der Kälte; 2,8 g. Aus 6,5 g **V** in 5 cm³ Methanol u. 0,5 cm³ W. wurden durch Sättigen mit Cl_2 bei 15° 2 g *2-Chlor-4.5-dimethyl-6-methoxypyrimidin* (**VII**), $C_7H_9ON_2Cl$, F. 65° (Nadeln aus PAe.), u. 1,5 g **VI** erhalten. Aus 8 g **V** in 7 cm³ Methanol u. 1 cm³ W. entstanden durch Sättigen mit Cl_2 bei 5° *Äthylsulfonylchlorid*, **VI**, **VII** u. *4.5-Dimethyluracil* (**VIII**). — **VIII**, F. 296° (W.), aus 4,5 g **I** in 50 cm³ W. u. 13 g Monochloressigsäure durch 6std. Kochen; 6,5 g. — Rk. von 1 g **IV** in 2,5 cm³ 6nHCl u. 20 cm³ W. mit Cl_2 bei —4° ergab eine *Substanz vom F. 148—149°* (Essigester) mit N u. Cl, ohne S. — *2-Äthylsulfonyl-4.5-dimethyl-6-aminopyrimidin* (**X**), $C_8H_{13}O_2N_3S$, F. 134—135° (Bzl.-PAe.), aus **IX** u. 10%ig. NH_3 in A. durch 6std. Erhitzen im Rohr auf 100°. — *2-Keto-5.6-dimethyl-4-methoxy-1.2-dihydropyrimidin* (**XI**), $C_7H_{10}O_2N_2$, F. 230—231° (absol. A.-Essigester), aus **VI** in 10%ig. NaOH durch Kochen. — *4.5-Dimethylcytosin* (**XII**), $C_6H_9ON_3 \cdot H_2O$, F. 332—334° (W.), a) aus 0,5 g **X** in 6nHCl durch 10 Min. Kochen u. Neutralisation mit konz. NH_4OH; 0,35 g; b) aus **XI** u. 13%ig. alkoh. NH_3 durch Erhitzen im Rohr. (Acta chim. sinica **21**. 385—400. 1955. Centr. Inst. of Health, Dep. of Therapeutics. [Orig.: chines., Auszug: engl.]) E. MAEKAWA. 3272

H. E. Zaugg, M. Freifelder, H. J. Glenn, B. W. Horrom, G. R. Stone und **M. R. Vernsten,** *3-Carboxypiperazindion-(2.5) und Derivate.* Durch Acylierung von Aminomalonsäurediäthylester (**I**) mit den entsprechenden N-Carbobenzyloxy(Cbo)-aminosäurechloriden wurden in wechselnder Ausbeute substituierte *Cbo-aminoacylaminomalonsäureester* dargestellt (Methoden **A** u. **B**). N-Cbo-glycylaminomalonsäurediäthylester (**III**) gab bei der Alkylierung in α-Stellung durch Umsetzung des Na-Deriv. mit Alkylhalogeniden die α-substituierten **III** (Meth. **C**), die als Öle weiterverarbeitet wurden. Basenkatalysierte Cyanäthylierung von **III** mit Acrylonitril führte zu dem ebenfalls als Öl isolierten *α-[β-Cyanäthyl]-Cbo-glycylaminomalonsäurediäthylester.* Hydrogenolyse der Cbo-aminoacylaminomalonester führte in allen Fällen unter spontanem Ringschluß zu den *3-Carbalkoxypiperazindionen-(2.5)* u. deren in 1- oder 6-Stellung substituierten Derivv. (Meth. **D**), in 2 Fällen trat die Cyclisierung bereits teilweise bei der Darst. der Ausgangsprodd. ein. 3-Carbäthoxypiperazindion-(2.5) (**IV**) ließ sich in Ggw. von Na-Alkoholaten oder tert. aliphat. Aminen leicht umestern u. lieferte mit prim. u. sek. Aminen die erwarteten *Amide*, Hydrolyse von **IV** mit Na-Äthylat führte zu einem in absol. A. unlösl. *Na-Deriv.* (**V**), das sich unter Wärmeentw. in W. löst u. für das Vff. Na-Chelatbldg. mit der Estercarbonylgruppe u. der enolisierten Ringketogruppe in 2-Stellung annehmen. Aus der wss. Lsg. schied sich dann das n. *Na-Salz* ab, das beim Ansäuern die *freie Säure* (**VI**) lieferte. Guanidin lieferte dagegen nur das n. *Guanidiniumsalz*, da bei Ammoniumderivv. keine Chelatbldg. möglich ist. *3-Carbamylpiperazindion-(2.5)* wurde auch direkt aus Chloracetylaminomalonester u. NH_3/A. dargestellt, mit Methylamin konnte dagegen nur *Sarkosylaminomalonsäure-N.N'-dimethylamid* erhalten werden. **V** ließ sich nicht mit Benzylchlorid in sd. Toluol alkylieren, in **IV** konnte dagegen das reaktionsfähige H-Atom in α-Stellung durch MICHAEL-Rk. mit Acrylonitril bzw. Acrylsäureäthylester nachgewiesen werden. **VI** (F. 306—308° Zers.) erwies sich als nicht ident. mit dem von MATSUI (J. Biochemistry [Tokyo] **17**. [1933.] 253) erhaltenen Prod. vom F. 193°, das von Trypsin angegriffen wird, während **VI** dagegen resistent ist. Die große therm. Stabilität von **VI** wird auf intermol. H-Bindungen im festen Zustande zurückgeführt. Zur Strukturaufklärung wurde das Infrarotspektr. von **IV** sowie die positive SASAKI-Rk. der dargestellten Cyclisierungsprodd. auf Piperazindione-(2.5) mitbenutzt. Außerdem zeigten die Verbb. mit ringbenachbarter Carboxyl-, Ester- oder Amidfunktion mit α-ständigem H-Atom reduzierende Eigg. gegen alkal. Methylenblau u. alkal. TOLLENS-Reagens, während bei fehlendem α-H-Atom keine Rk. eintrat.

Versuche: *Aminomalonsäurediäthylester* (**I**), Kp.$_{26}$ 130—132°, nach SNYDER u. SMITH (J. Amer. chem. Soc. **66**. [1944.] 350); n_D^{24} 1,4325. — *N-Cbo-dl-phenylglycin*, $C_{16}H_{15}O_4N$, F. 132—133° (CCl_4), nach CARTER, FRANK u. JOHNSTON (Org. Syntheses **23**. [1943.] 13); 83% (Ausbeute). — *Isonitrosomalonsäuredimethylester*, $C_5H_7O_5N$, F. 63—64°, Kp.$_3$ 127—132°, durch Versetzen von Malonsäuredimethylester in Eisessig bei 15—20° unter Rühren mit wss. $NaNO_2$, 4std. Rühren bei 15—20°, Stehen über Nacht bei Raumtemp., Ätherextraktion u. Einengen; n_D^{25} 1,4605; 65%. — *Aminomalonsäuredimethylester, Hydrochlorid*, $C_5H_{10}O_4NCl$, F. 152° (Methanol/Ae.), durch Hydrierung vorst. Verb. in absol. Methanol bei Raumtemp. an 20%ig. Pd/Kohle bei 1800 pounds H_2-Druck in ~1 Std., Filtration, Einengen <40°, Versetzen mit viel absol. Ae. u. Durchleiten von HCl-Gas unter Kühlung bis zur vollständigen Ausfällung; 85%. — *N-Cbo-glycylaminomalonsäure, Diäthylester* (**III**), F. 96—97°, a) durch Umsetzen von N-Cbo-glycylchlorid (**II**) mit 2 Mol **I** in absol. Ae. nach SCHNEIDER (Biochem. Z. **291.** [1937.] 328) (Meth. **A**); b) aus dem mit PCl_5 dargestellten **II** durch Versetzen mit **I** unter Kühlung u. Rühren $<15^0$, Ansteigenlassen der Temp. auf 20^0, 15 Min. Rühren unter Eiskühlung, Versetzen mit ~10%ig. Sodalsg. $<15^0$, 90 Min. Rühren unter Kühlung, Filtration, 30 Min. Rühren der Suspension in viel wss. 5—10%ig. $NaHCO_3$ bei Raumtemp. u. Filtration (Meth. **B**); Pulver; 79%. *Dimethylester*, $C_{15}H_{18}O_7N_2$, F. 135—138⁰, nach **A**; 37%. — Aminomalonsäurediäthylester: *N-Cbo-sarkosyl-*, $C_{18}H_{24}O_7N_2$, F. 75,5—77⁰, nach **B**; 66%. — *N-Cbo-dl-alanyl-*, $C_{18}H_{24}O_7N_2$, F. 93—94⁰, nach **A**; 29%. — *N-Cbo-dl-phenylalanyl-*, $C_{24}H_{28}O_7N_2$, F. 109—110⁰, analog; 90%. — *N-Cbo-dl-phenylglycyl-*, $C_{23}H_{26}O_7N_2$, F. 110—112⁰; 43%. — *N-Cbo-l-leucyl-*, Öl; 32%. — *α-Methyl-N-Cbo-glycyl*, durch Zugeben von **III** zu Na in absol. A. unter Rühren, 15 Min. Rühren der gelben, viscosen Lsg., Versetzen mit CH_3J in einer Portion, 15std. Kochen u. Rühren, Gießen der kalten Lsg. auf Eis unter Rühren, Aufnehmen in Ae. u. Einengen (Meth. **C**); 79%. — *α-Äthyl-N-Cbo-glycyl-*, $C_{19}H_{26}O_7N_2$, a) nach **C**; 82%; b) aus *Äthylaminomalonsäurediäthylester* [$C_9H_{17}O_4N$, $Kp._{0,8}$ 68—70⁰, nach LOCQUIN u. CHERCHEZ (Bull. soc. chim. France, Mém. [4] **47.** [1930.] 1377. 1381); n_D^{25} 1,4301; 50%] nach **B**; 72%. — *α-n-Butyl-N-Cbo-glycyl-*, nach **C**; Öl; 81%. — *α-n-Dodecyl-N-Cbo-glycyl-*, analog; 60%; daneben 14% des entsprechenden Diketopiperazins. — *α-Benzyl-N-Cbo-glycyl-*, Öl; 86%. — *α-[2-Cyanäthyl]-N-Cbo-glycyl-*, durch Zugeben von **III** zu Na in absol. A., Eintropfen von Acrylonitril unter Rühren in ~10 Min. in exothermer Rk., 1std. Rühren der hellgelben Lsg. bei Raumtemp., Filtration, Stehen über Nacht bei Raumtemp., Eingießen in W., Aufnehmen in Ae. u. Einengen; Öl; 86%. — Piperazindione-(2.5): *3-Carbäthoxy-* (**IV**), $C_7H_{10}O_4N_2$, F. 170—172⁰ (A. oder Dioxan), durch katalyt. Hydrierung von absol. alkoh. **III** an 5%ig. Pd/Kohle bei 70⁰/30 pounds H_2-Druck, Einengen u. Versetzen mit Hexan (Meth. **D**; bei anderen Verbb. bei 25—70⁰/30—50 pounds u. z. T. Zusatz von RANEY-Ni); 90—97% (roh). Ließ sich nicht erhalten aus **I** u. Glycinäthylester, Glycylchloridhydrochlorid bzw. Glycin-N-carboxyanhydrid. — *3-Carbomethoxy-*, $C_6H_8O_4N_2$, F. 207,5—208,5⁰ (Zers.; durchscheinende Blättchen aus Methanol), a) nach **D**; 22%; b) durch Versetzen von **IV** in absol. Methanol mit Na in absol. Methanol, 48std. Stehen bei 35—40⁰ u. Filtration; 26%; c) durch kurzes Aufkochen von **VI** in Methanol, Versetzen mit 2 Mol äther. CH_2N_2 bei Raumtemp., Stehen über Nacht u. Einengen; 42% (direkte Veresterung mit Methanol führte nicht zum Ziel). — *3-Carboisopropyloxy-*, $C_8H_{12}O_4N_2$, F. 207—210⁰, analog vorst. Verb. nach b); 12%. — *3-Carboxy-* (**VI**), $C_5H_6O_4N_2$, F. 306—308⁰ (Zers.), a) durch Versetzen von **IV** in warmem absol. A. mit Na in absol. A., Abfiltrieren des gebildeten hellgelben *Na-Salzes* (**V**), Lösen in W. (exotherm), Ansäuern mit konz. HCl gegen Kongorot u. Einengen; 55%; b) durch Vermischen von absol. alkoh. Guanidinhydrochlorid mit $NaOC_2H_5$ in absol. A., Abfiltrieren des NaCl, Zugeben zu absol. alkoh. **IV**, 1tägiges Stehen bei Raumtemp., Filtration u. Behandeln des gebildeten *Guanidinsalzes* [$C_6H_{11}O_4N_5$, Zers. bei 210—230⁰, lange Prismen] mit konz. HCl; 52%; c) durch Zugeben vorvorst. Methylesters zu eiskalter konz. HCl u. 3tägiges Stehen in der Kälte; 53%. — *3-Carbamyl-*, $C_5H_7O_3N_3$, F. 262—264⁰ (Zers.; durchscheinende Blättchen aus W./95%ig. A. oder verd. Essigsäure), a) durch Zugeben von Chloracetylaminomalonsäurediäthylester zu mit NH_3 gesätt. absol. A., 9tägiges Stehen bei Raumtemp. u. Eindampfen zur Trockne; 20%; b) durch Zugeben von **IV** in absol. A. zu mit NH_3 gesätt. absol. A., 6std. Stehen bei Raumtemp. u. über Nacht in der Kälte (Meth. **E**); 48%. — *3-[N-Methylcarbamyl]-*, $C_6H_9O_3N_3$, F. 273—275⁰ (Zers.), nach **E** in absol. Ae.; 72%. — *3-[N-Äthylcarbamyl]-*, $C_7H_{11}O_3N_3$, F. 255—256⁰, analog; 66%. — *3-Piperidinocarbonyl-*, $C_{10}H_{15}O_3N_3$, F. 278—280⁰ (Zers.), in Methanol; 17%. — *3-[N-(β-Dimethylaminoäthyl)-carbamyl]-*, $C_9H_{16}O_3N_4$, F. 234—236⁰ (Zers.), analog; 75%. — *3-[N-(β-Diäthylaminoäthyl)-carbamyl]-*, $C_{11}H_{20}O_3N_4$, F. 237—240⁰ (Zers.); 51%. — *3-β-Carbäthoxyäthyl-*, $C_9H_{14}O_4N_2$, F. 179 bis 180⁰, durch Hydrogenolyse von N-Cbo-glycyl-*l*-glutaminsäurediäthylester nach **D**; 63%. — *3-[N-Carboxymethylcarbamyl]-*, $C_7H_9O_5N_3$, F. 268—270⁰ (Zers.; W.), durch Lösen von Na in absol. Methanol, Versetzen der warmen Lsg. mit Glycin, Zugeben von **IV** bei Raumtemp. unter Rühren, 23std. Weiterrühren bei Raumtemp., Abfiltrieren des gebildeten *Na-Salzes*, Lösen in wenig W. u. Ansäuern mit konz. HCl bei Raumtemp. (Meth. **F**); 60%. — *dl-3-[N-α-Carboxyäthylcarbamyl]-*, $C_8H_{11}O_5N_3$, F. 240—241⁰ (Zers.), nach **F** mit dl-Alanin; 21%. dl-Tryptophan, dl-Phenylalanin, *l*(+)-Glutaminsäure, Sarkosin sowie *β*-Alanin ließen sich nicht nach **F** umsetzen. — *3-[N-Carbäthoxymethylcarbamyl]-*, $C_9H_{13}O_5N_3$, F. 235—237⁰ (Zers.), nach **E**; 18%. Glycinamid konnte nicht nach **E** umgesetzt werden. — *1-Methyl-3-carbäthoxy-*, $C_8H_{12}O_4N_2$, F. 93,5—94⁰, nach **D**; 76%. — *1-Methyl-3-[N-methylcarbamyl]-*, $C_7H_{11}O_3N_3$, F. 235—237⁰, nach **E** in Ae.; 93%. — *6-Methyl-3-carbäthoxy-*, $C_8H_{12}O_4N_2$, F. 169—170⁰, nach **D**; 86%. — *6-Benzyl-3-carbäthoxy-*, $C_{14}H_{16}O_4N_2$, F. 202—203⁰, analog; 72%. — *6-Benzyl-3-carbamyl-*, $C_{12}H_{13}O_3N_3$, F. 247—248⁰ (Zers.), nach **E** in Methanol; 45%. — *6-Phenyl-3-carbäthoxy-*, $C_{13}H_{14}O_4N_2$,

F. 235—237°, nach **D**; 48%. — *l-6-Isobutyl-3-carbäthoxy-*, $C_{11}H_{18}O_4N_2$, F. 171—173°, analog; $[\alpha]_D^{25}$ —27,0° (c = 1 in 95%ig. A.); 10%. — *6.6-Dimethyl-3-carbäthoxy-*, $C_9H_{14}\cdot O_4N_2$, F. 161—162° (CCl_4 oder Essigester), aus dem in Ae. dargestellten N-Cbo-α-aminoisobuttersäurechlorid durch Zugeben von absol. äther. **I** unter Rühren bei —5°, 1std. Rühren, Verdünnen mit kaltem W. u. Einengen der Ätherschicht; 11%. — *3-Methyl-3-carbäthoxy-*, $C_8H_{12}O_4N_2$, F. 184—185°, nach **D**; 51%. — *3-Äthyl-3-carbäthoxy-*, $C_9H_{14}\cdot O_4N_2$, F. 168—169°, analog; 78%. — *3-n-Butyl-3-carbäthoxy-*, $C_{11}H_{18}O_4N_2$, F. 175—175,5° 35%. — *3-n-Dodecyl-3-carbäthoxy-*, $C_{19}H_{34}O_4N_2$, F. 147—148,5°; 21%. — *3-Benzyl-3-carbäthoxy-*, $C_{14}H_{16}O_4N_2$, F. 234—235°; 43%. — *3-[β-Cyanäthyl]-3-carbäthoxy-*, $C_{10}H_{13}\cdot O_4N_3$, F. 207—208° (Plättchen aus W.), a) nach **D** aus β-Cyanäthyl-N-Cbo-glycylaminomalonsäurediäthylester; 51%; b) durch Zugeben von **IV** zu Na in absol. A., Eintropfen von Acrylonitril unter Umschütteln in exothermer Rk., 2std. Stehen bei Raumtemp. unter gelegentlichem Schütteln u. Filtration; 85% (roh). — *3-[β-Carbäthoxyäthyl]-3-carbäthoxy-*, $C_{12}H_{18}O_6N_2$, F. 179,5—180,5°, analog vorst. Verb. nach b) mit Acrylsäureäthylester; 74%. — *3-[β-Cyanäthyl]-3-carbomethoxy-*, $C_9H_{11}O_4N_3$, F. 216—217°, beim Vers. der Umsetzung vorvorst. Äthylesters nach **F**; 48%. — *Sarkosylaminomalonsäure-N.N'-dimethylamid, Hydrochlorid*, $C_8H_{17}O_3N_4Cl$, F. 229—230° (Zers.; Methanol), durch Zugeben von 32 g Chloracetylaminomalonsäurediäthylester zu CH_3NH_2 in absol. A., 13tägiges Stehen bei Raumtemp., Filtration, Eindampfen zur Trockne u. Aufnehmen des gelben glasartigen Rückstandes in heißem Isopropylalkohol; feine, faserige Nadeln; 11,5 g. (J. Amer. chem. Soc. **78.** 2626—31. 5/6. 1956. North Chicago, Ill., Abbott Labors.)

W. GEHRMANN. 3272

Germaine Cauquil und **André Casadevall,** *Die Reaktion des N-Methylformanilids mit einigen 10-Alkylphenothiazinen und kernsubstituierten 10-Alkylphenothiazinen.* 10-Alkylphenothiazine bzw. 3.10-Dialkylphenothiazine werden durch N-Methylformanilid (**I**) in Ggw. von $POCl_3$ in 3 bzw. 7-Stellung (Zählung vgl. nebenst. Formel) formyliert, u. zwar erfolgt ausschließlich Monosubstitution; 3.7.10-Trialkylphenothiazine reagieren daher nicht mit **I**. Die Formylverbb. lassen sich zu den entsprechenden Methylverbb. reduzieren.

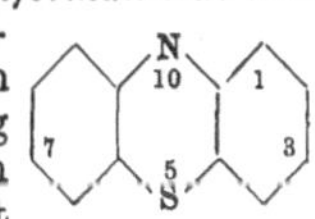

V e r s u c h e (Red. nach WOLF-KISHNER = WK): *3-Formyl-10-methylphenothiazin*, $C_{14}H_{11}ONS$, Kp.$_1$ 215—217°, F. 89° (Essigester), aus äquimol. Mengen 10-Methylphenothiazin, **I** u. $POCl_3$ durch 4std. Erhitzen in o-Dichlorbenzol auf 95—100° u. anschließende Zers. mit wss. Na-Acetat; 69% (Ausbeute) bzw. 83% bei der Verwendung der doppelten Menge an **I** u. $POCl_3$; *Oxim*, F. 157° (gelbe Nadeln aus Essigester). WK → *3.10-Dimethylphenothiazin*, Kp.$_3$ 185—187°, F. 143° (A.; Essigester); 92,5%. — Analog nachst. P h e n o t h i a z i n e: *3-Formyl-10-äthyl-*, $C_{15}H_{13}ONS$, Kp.$_2$ 210—212°, F. 101° (gelbe Platten aus A.–Essigester), aus 10-Äthylphenothiazin; 82,5%; *Semicarbazon*, $C_{16}\cdot H_{16}ON_4S$, F. 256° (gelbe Nadeln aus A.). WK → *3-Methyl-10-äthyl-*, F. 131° (A.); 100%. — *3-Formyl-10-phenyl-*, $C_{19}H_{13}ONS$, Kp.$_2$ 243—245°, F. 113° (gelbe Prismen aus Aceton–A.), aus 10-Phenylphenothiazin; 63%; *Semicarbazon*, $C_{20}H_{16}ON_4S$, F. 237° (gelbe Nadeln aus Essigester). WK → *3-Methyl-10-phenyl-*, Kp.$_2$ 220°, F. 115° (Aceton–A.); 81%. — *7-Formyl-3.10-dimethyl-*, $C_{15}H_{13}ONS$, Kp.$_1$ 213—214°, F. 113° (gelbe Schuppen aus A.–Essigester), aus 3.10-Dimethylphenothiazin; 48%; *Oxim*, $C_{15}H_{14}ON_2S$, F. 167° (gelbe Nadeln aus A.); *Semicarbazon*, F. 241° (A.). WK → *3.7.10-Trimethyl-*, Kp.$_{0,5}$ 185 bis 187°, F. 81° (PAe.); 100%. — *7-Formyl-3-methyl-10-äthyl-*, $C_{16}H_{15}ONS$, Kp.$_1$ 219 bis 220° (orangegelbes zähes Öl, nicht kristallisierbar), aus 3-Methyl-10-äthylphenothiazin; 72%; *Semicarbazon*, $C_{17}H_{18}ON_4S$, F. 221° (orangegelbe Nadeln aus A.). WK → *3.7-Dimethyl-10-äthyl-*, Kp.$_1$ 187—188°, F. 58° (PAe.–Bzl.); 96%. — *7-Formyl-3-methyl-10-phenyl-*, $C_{20}H_{15}ONS$, Kp.$_1$ 238—240° (orangegelbe Fl., nicht kristallisierbar), aus 3-Methyl-10-phenylphenothiazin; 49%; *Semicarbazon*, $C_{21}H_{18}ON_4S\cdot CH_3OH$, F. 182° (gelbe Schuppen aus Methanol). WK → *3.7-Dimethyl-10-phenyl-*, Kp.$_1$ 220—221°, F. 131° (Bzl.–PAe.). (C. R. hebd. Séances Acad. Sci. **240.** 1784—87. 2/5. 1955.)

N. ULLMANN. 3292

P. Schmidt und **J. Druey,** *Heilmittelchemische Studien in der heterocyclischen Reihe.* 13. Mitt. *1.2.4-Triazine.* (12. vgl. EICHENBERGER u. Mitarbeiter, C. **1956.** 4138; 14. vgl. C. **1956.** 10952.) *Oxalesteramidrazon*, $NH_2N = C(NH_2)\cdot COOC_2H_5$, erhältlich aus Thiooxamidsäureester (**I**), $H_2N\cdot CS\cdot COOC_2H_5$, mit einem Äquivalent Hydrazinhydrat (bei Anwendung von 2 Äquivalenten entsteht *Oxalsäurehydrazidamidrazon*) kondensiert leicht mit aromat. oder aliphat. 1.2-Diketonen (auch Phenanthren-9.10-chinon) zu *1.2.4-Triazin-3-carbonsäureäthylestern*; diese sind auch direkt aus den 3 Komponenten **I**, N_2H_4 u. Diketon erhältlich. **II** (s. unten) hat gute fungicide Wirkung.

V e r s u c h e: *Oxalsäuremonoäthylesteramidrazon*, $C_4H_9O_2N_3$, F. 94—95° (PAe.–CH_2Cl_2, 3:1), durch langsame Zugabe von Hydrazinhydrat zu Thiooxamidsäureäthylester (**I**) in A., 3 std. Rühren und Abdampfen bei 30—40°; 70% (Ausbeute). — *5.6-Di-*

phenyl-1.2.4-triazin-3-carbonsäureäthylester (III), $C_{18}H_{15}O_2N_3$, F. 99—100° (PAe.), durch Zugabe von Benzil in A. zu vorst. Verb. in A., 6std. Kochen u. Eindampfen; gelb; 71%. — Ebenso *5.6:9'.10'-Phenanthreno-1.2.4-triazin-3-carbonsäureäthylester* (II), $C_{18}\cdot H_{13}O_2N_3$, F. 179—181°, aus Phenanthren-9.10-chinon. — *5.6-Diphenyl-1.2.4-triazin-3-carbonsäure*, $C_{16}H_{11}O_2N_3$, F. 156—157° (Zers.), durch 2std. Kochen von III in 4nNaOH u. A., Abdampfen des A. u. Einstellen auf p_H 3; gelbe Kristalle aus CCl_4. — *5.6-Diphenyl-1.2.4-triazin*, F. 110—111° (50%ig. A.), aus 1 g vorst. Verb. durch Erhitzen über den F.; 0,6 g. — *5.6-Dimethyl-1.2.4-triazin-3-carbonsäureäthylester*, $C_8H_{11}O_2N_3$, $Kp._{0,18}$ 135—136°, durch Zugabe von $N_2H_4 \cdot H_2O$ zu I in A., 1std. Stehen u. Zugabe von Diacetyl, nochmaliges 1std. Stehen u. 1std. Kochen; 78%. *Amid*, $C_6H_8ON_4$, F. 169—171°. *Hydrazid*, $C_6H_9ON_5$, F. 156—157°. — *5.6-Di-[p-chlorphenyl]-1.2.4-triazin-3-carbonsäureäthylester*, $C_{18}H_{13}O_2N_3Cl_2$, F. 138—139°. — *Oxalsäurehydrazidamidrazon*, $C_2H_7ON_5$, F. > 300° (A.), durch Zugabe der doppeltmol. Menge $N_2H_4 \cdot H_2O$ zu I in A. u. Erhitzen auf 80°; 78%. Durch Kondensation mit 2 Äquivalenten p-Chlorbenzaldehyd entsteht *Di-[p-chlorbenzal]-oxalsäurehydrazidamidrazon*, $C_{16}H_{13}ON_5Cl_2$, F. 201—203°. (Helv. chim. Acta **38.** **1560**—64. 15/10. 1955. Basel, CIBA-A.G., Forschungslabors.)

H.-J. Nitzschke. 3313

C. G. Overberger und **A. Katchman,** *Cyclische Sulfone. 6. Mitt. Synthese und Reaktionen von 4-Oxythiaepan-1.1-dioxyd.* (5. vgl. C. **1954.** 5517.) Beim Vers., durch Ringerweiterung von Tetrahydro-1.4-thiapyron-1.1-dioxyd (I) mit Diazomethan *4-Ketothiaepan-1.1-dioxyd* (II) darzustellen, wurden nur geringe Mengen *4-Methylentetrahydrothiapyran-1.1-dioxyd-4.ω-epoxyd* (III) isoliert. Durch Kondensation von I mit Nitromethan (VII) in Ggw. von Na-Äthylat zu *4-Oxy-4-nitromethyltetrahydrothiapyran-1.1-dioxyd*, katalyt. Red. in CH_3OH zu *4-Oxy-4-aminomethyltetrahydrothiapyran-1.1-dioxyd* oder in Essigsäure zum entsprechenden *Acetat* (IV) u. Diazotierung des letzteren in 10%ig. Essigsäure wurden 67% III u. 13,6% II erhalten. Die Ausbeute an II konnte durch Arbeiten in 20 bzw. 40%ig. Essigsäure oder 50%ig. H_2SO_4 nicht verbessert werden. III wurde als Glykol identifiziert. Verss., 4-Nitromethyltetrahydrothiapyranol-(4) durch Kondensation von Tetrahydro-1.4-thiapyron (V) mit VII in Ggw. von Na-Äthylat darzustellen, ergaben das Na-Salz des Nitroalkohols, das beim Ansäuern in die Ausgangsprodd. zerfiel. Ringerweiterung von V mit Diazomethan unter Verwendung von BaO zur Zers. des Nitrosomethylurethans ergab 42% *4-Ketothiaepan* (VI), das als 2.4-Dinitrophenylhydrazon charakterisiert wurde, u. 40% *4-Methylentetrahydrothiapyran-4.ω-epoxyd.* Red. von VI mit $LiAlH_4$ oder Al-Isopropylat ergab *4-Oxythiaepan* (VIII), das in *4-Acetoxythiaepan* (IX) übergeführt wurde. Durch Oxydation von IX mit H_2O_2 in Eisessig u. Kochen mit Acetylchlorid wurde *4-Acetoxythiaepan-1.1-dioxyd* (X) dargestellt; bei der Oxydation tritt teilweise bereits Acetylierung ein. X wurde auch durch Oxydation von VI mit H_2O_2 in HCOOH zu II, katalyt. Red. mit Raney-Ni u. Acetylierung erhalten. X konnte bei 300—500° in einem Füllkörperrohr nicht pyrolysiert werden; die Entacetylierung gelang jedoch durch Kochen unter Abdestillieren der entstehenden Essigsäure. Auf diese Weise wurde ein Monoolefin, wahrscheinlich ein Gemisch von Δ^3- u. *Δ^4-Tetrahydrothiaepin-1.1-dioxyd* (XI) erhalten, das therm. u. sauer oder bas. katalysiert, nicht isomerisiert werden konnte. Trennung durch Chromatographie oder Kristallisation gelang nicht. Durch mildere Entacetylierung wurde ein höherschm. *Monoolefin vom F. 107—112°* erhalten. Beim Vers., das Olefin mit SeO_2 zu dehydrieren oder mit Peressigsäure zu oxydieren, wurde ein *Monoolefin vom F. 114—115°* isoliert, das mit N-Bromsuccinimid in Ggw. von Benzoylperoxyd ein *Prod. vom Allylmonobromidtyp* (F. 92—93°) ergab. Durch Bromierung von II wurde *4-Oxo-3.5-dibromthiaepan-1.1-dioxyd*, durch Einw. von Br_2 auf XI ein Gemisch von *Dibromthiaepan-1.1-dioxyden* erhalten. Aus letzterem Gemisch konnte ein *Dibromthiaepan-1.1-dioxyd vom F. 132—134°* isoliert werden. Dehydrohalogenierung des Dibromidgemisches ergab ein *Vinylbromid*, Rk. mit Dimethylamin ein *Monobromdimethylaminoderivat.*

Versuche (FF. korr.): *4-Oxy-4-nitromethyltetrahydrothiapyran-1.1-dioxyd*, $C_6H_{11}\cdot O_5NS$, F. 158—159,5° (CH_3OH), durch Zutropfen eines Gemisches von absol. A., VII u. I zu einer Lsg. von Na in A., 3std. Rühren u. Stehen über Nacht; 71% (Ausbeute). — *4-Oxy-4-aminomethyltetrahydrothiapyran-1.1-dioxyd*, $C_6H_{13}O_3NS$, F. 179—180° (Sublimation), durch Schütteln vorst. Verb. in CH_3OH in Ggw. von Raney-Ni unter 3 atü H_2-Druck; 88,2%. *Acetat* (IV), $C_8H_{17}O_5NS$, F. 175—176,5° (CH_3OH), analog durch Red. in Eisessig; 86,2%. — *4-Oxy-4-oxymethyltetrahydrothiapyran-1.1-dioxyd*, $C_6H_{12}O_4S$, F. 163—164,5° (CH_3OH), durch 4std. Kochen von III in 20%ig. H_2SO_4; 71,3%. — *4-Methylentetrahydrothiapyran-1.1-dioxyd-4.ω-epoxyd* (III), $C_6H_{10}O_3S$, F. 173—174° (Sublimation), durch Zutropfen von 40%ig. $NaNO_2$-Lsg. zu IV in 10%ig. Essigsäure bei 0—10° u. 2std. Rühren; 67%. — *4-Oxothiaepan* (VI), $C_6H_{10}OS$, $Kp._{1,5}$ 72—75°, durch Zugabe von Nitrosomethylurethan zu einer Lsg. von V in CH_3OH, die durch BaO schwach alkalisiert war, langsame Zugabe von BaO u. 1 std. Rühren; n_D^{23} 1,5299, $D._4^{20}$ 1,1351; 42%. *2.4-Dinitrophenylhydrazon*, $C_{12}H_{14}O_4N_4S$, F. 189,5—191° (A.). — *4-Methylentetrahydrothiapyran-4.ω-epoxyd*, $C_6H_{10}OS$, F. 50—52°, $Kp._{1,5}$ 58—63°, neben **VI**; 40%. — *4-Oxythiaepan* (**VIII**), $C_6H_{12}OS$, $Kp._1$ 75—77°, a) durch 1 std. Kochen von **VI** mit frisch dest. Al-Isopropylat u. langsames Einengen; 71,3%; b) durch Zutropfen von **VI** in Ae. zu $LiAlH_4$ in Ae., 1 std. Rühren u. Zers.; n_D^{24} 1,5379, $D._4^{20}$ 1,1306; 90%. — *4-Acetoxythiaepan* (**IX**), $C_8H_{14}O_2S$, $Kp._{2,1}$ 80—82°, durch Rk. von **VIII** mit Acetylchlorid bei Siedetemp.; n_D^{25} 1,4998; 91%. — *4-Oxothiaepan-1.1-dioxyd* (**II**), $C_6H_{10}O_3S$, F. 121,5 bis 123°, (A.), a) durch Zugabe von 30%ig. H_2O_2 zu **VI** in HCOOH unter Eiskühlung, Stehen über Nacht bei Raumtemp. u. mehrstd. Erwärmen auf dem Dampfbad; 77,5%; b) aus dem Filtrat der Diazotierung von 35,8 g **IV** durch Einengen u. Extraktion; 3,3 g. *2.4-Dinitrophenylhydrazon*, $C_{12}H_{14}O_6N_4S$, F. 218—220° (A.-Methylenchlorid). — *4-Acetoxythiaepan-1.1-dioxyd* (**X**), $C_8H_{14}O_4S$, F. 75—76° (Isopropanol), a) durch portionsweise Zugabe von 30%ig. H_2O_2 zu **VIII** in Eisessig unter Eiskühlung, Stehen über Nacht bei Raumtemp. u. 3tägiges Erhitzen auf dem Dampfbad, Abdestillieren des Lösungsm. im Vakuum u. 1 std. Kochen mit Acetylchlorid; $Kp._{0,4}$ 164—168°; 95%; b) durch Kochen von 4-Oxythiaepan-1.1-dioxyd mit Acetylchlorid; 96%. — *4-Oxythiaepan-1.1-dioxyd*, $C_6H_{12}O_3S$, F. 85—86,5° (Isopropanol), durch Hydrieren von **II** in CH_3OH in Ggw. von Raney-Ni in 2 Std. bei 100°/100 atü H_2; 79,9%. — *4-Oxo-3.5-dibromthiaepan-1.1-dioxyd*, $C_6H_8O_3Br_2S$, F. 156,7—157,7° (Eisessig), durch Zugabe von Br_2 zu vorst. Verb. in Eisessig u. Erhitzen auf dem Dampfbad; 90%. — *Δ^3- u. Δ^4-Tetrahydrothiaepin-1.1-dioxyd* (**XI**), $C_6H_{10}O_2S$, F. 83,5—88,5° (A.), durch Kochen von **X** bis zur Beendigung der Essigsäuredest.; $Kp._{1,2}$ 120—125°; unter milderen Bedingungen wurde ein *Monoolefin vom F. 107—112°* erhalten. — *Dibromthiaepan-1.1-dioxyd* (Gemisch), $C_6H_{10}O_2Br_2S$, F. 97—101°, 132—134° (CCl_4), durch Zugabe von Br_2 zu **XI** in Eisessig unter Kühlen; 69%. — *Verb. $C_6H_9O_2BrS$ vom Vinylbromidtyp*, F. 142—144° (A.), durch 2 std. Kochen vorst. Dibromidgemisches (F. 97—101°) in Pyridin; 31%. — *Verb. $C_8H_{16}O_2NBrS$*, F. 198—200° (Zers.; CH_3OH), durch Einleiten von trockenem Dimethylamin in eine Lsg. obigen Dibromidgemisches (F. 97—101°) in Bzl.; 16,9%. (J. Amer. chem. Soc. **78**. 1965—68. 5/5. 1956. Brooklyn, N. Y., Polytechn. Inst., Dep. of Chem.)

H. Bertsch. 3370

Willi Ziegenbein, Alfred Schäffler und Robert Kaufhold, *Über einige am Kohlenstoff alkylierte ε-Caprolactame.* 2. Mitt. (1. vgl. Schäffler u. Ziegenbein, C. **1956**. 4433.) Es wird die Darst. der *Oxime* von *4-Äthyl-* (**VIII**) u. *3.5-Dimethylcyclohexanon* aus p-Äthylphenol (**I**) bzw. 1.3.5-Xylenol (**II**) u. ihre Umsetzung zu *γ-Äthyl-* (**III**) bzw. *β.δ-Dimethyl-ε-caprolactam* (**IV**) durch Beckmannsche Umlagerung beschrieben. Die Hydrolyse von **III** bzw. **IV** lieferte *γ-Äthyl-* bzw. *β.δ-Dimethyl-ω-aminocapronsäure.* Der oxydative Abbau von **III** mit HNO_3 zu *Bernsteinsäure* u. die alkal. $KMnO_4$-Oxydation zu *β-Äthyladipinsäure* sind für die Struktur beweisend. **IV** liefert mit $KMnO_4$ *α.β'-Dimethyladipinsäure.* **III** ergibt bei der Polymerisation ein transparentes Polymerisat. **IV** u. *δ.ε*-Benzo-*δ.ε*-dehydro-ε-caprolactam sowie *γ-Isopropyl-*, *ε-Isopropyl-*, *γ-tert.-Butyl-* u. *γ-Hexahydrobenzyl-ε-caprolactam,* deren Darst. beschrieben wird, ließen sich nicht polymerisieren. Die angegebenen Werte für die bei der Polymerisation mit dem Polymerisat im Gleichgewicht stehenden monomeren u. oligomeren Anteile (Extraktstoffgeh.) steigen in der Reihe ε-Caprolactam (**V**), isomere Monomethyl-ε-caprolactame u. **III** an. Durch Einführung einer Alkylgruppe in **V** nimmt die Polymerisationsfähigkeit ab u. sinkt mit steigender Kettenlänge der Alkylsubstituenten bis zum völligen Ausbleiben der Polymerisation. Bei den Monomethylverbb. ist sie für die α- u. ε-substituierte Verb. am größten. Nach Einführung weiterer Alkylgruppen in **V** besteht keine Polymerisationsneigung mehr.

Versuche (mit **O. Fritzsche** u. **H. G. Schmell**): *1-Äthylcyclohexanol-(4)* (**VII**), Kp. 193—196°, durch drucklose Hydrierung von **I** (F. 45—46°, Kp. 218°) über einem auf Al_2O_3 aufgetragenen techn. Ni-Kontakt, Temp. im Kontaktraum 130—140°, Verdampfertemp. 270°, Durchsatz 50 cm^3/Std., 330 Liter H_2/Std.; $D._4^{20}$ 0,9052, n_D^{20} 1,4604; 80% (Ausbeute). — *1-Äthylcyclohexanon-(4)* (**VIII**), $Kp._{18}$ 80—85°, Kp. 192—194°, durch Oxydation von **VII** mit $K_2Cr_2O_7$ in W. u. konz. H_2SO_4 unter Rühren u. Kühlen; $D._4^{20}$ 0,913, n_D^{20} 1,4531; 70—75%. *Oxim* (**IX**), E. —25°, $Kp._{10}$ 120—124°, aus **VIII** u. NH_2OH·HCl in W., Neutralisierung mit 30%ig. NH_4OH u. kurze Erwärmung auf 80—90°; farblose bis schwach gelbliche Fl.; $D._4^{20}$ 0,982, n_D^{20} 1,4889; 92%. — *γ-Äthyl-ε-caprolactam* (**III**), $C_8H_{15}ON$, F. 56—57° (Cyclohexan, Ae. oder Ligroin), $Kp._{15}$ 160—165° (roh), durch Umlagerung von **IX** mit konz. H_2SO_4 u. 25%ig. Oleum (Temp. nicht über 125°) in 45 bis 60 Min., Neutralisieren mit 15%ig. NH_4OH; Nadeln; 90%; Einw. von konz. HNO von 90—100° u. $NaNO_2$ auf **III** u. kurzes Erwärmen auf 110° liefert *Bernsteinsäureanhydrid*, F. 118—120°, u. *Bernsteinsäure*, F. 182—184°; 3 std. Kochen von **III** mit HC

(1:1), Zugabe von $KMnO_4$ in W. bei p_H 10 bei 20—25° u. 15std. Stehen ergibt *β-Äthyladipinsäure*, F. 58—59° (Ae.–Ligroin). — *1.3-Dimethylcyclohexanol-(5)* (Gemisch der cis–trans-Isomeren), F. 36—38° (PAe.), Kp. 185—188°, aus **II** (F. 67,5°), analog **VII**, Hydrierungstemp. 150—155°, Verdampfertemp. 190—195°, Durchsatz 125 cm/Std., 1155 Liter H_2/Std.; $D.^{20}{}_4$ 0,896, $n_D{}^{20}$ 1,4541. — *1.3-Dimethylcyclohexanon-(5)*, Kp. 181 bis 183°, $D.^{20}{}_4$ 0,8930, $n_D{}^{20}$ 1,4446; 84—85%. *Oxim*, F. 72—73° (verd. A.), $Kp._{13}$ 118 bis 120°, gelbliche Kristalle; 95%. — *β.δ-Dimethyl-ε-caprolactam* (**IV**), $C_8H_{15}ON$, F. 129° (Toluol); 60%; Oxydation mit alkal. $KMnO_4$-Lsg. u. 4std. Kochen mit A. u. konz. H_2SO_4 oder Behandlung mit PCl_5 lieferte *α.β'-Dimethyladipinsäurediäthylester*, $Kp._8$ 119 bis 122°, $D.^{20}{}_4$ 0,9889, bzw. α.β'-Dimethyladipinsäuredichlorid, $Kp._8$ 115—120°, $D.^{20}{}_4$ 1,1700. — *γ-Äthyl-ω-aminocapronsäure*, $C_8H_{17}O_2N$, F. 161—162°, durch 1—2std. Kochen von **III** mit konz. H_2SO_4 in W.; 50%. — *β.δ-Dimethyl-ω-aminocapronsäure*, $C_8H_{17}O_2N \cdot H_2O$, F. 162—163°, durch Verseifung von **IV**; 53%. — *o- u. p-Isopropylphenol*, aus Phenol, Isopropylalkohol u. $ZnCl_2$, Dest. bis 240°. — *1-Isopropylcyclohexanol-(2)* u. *-(4)*, durch 6std. Hydrierung vorst. Gemisches mit techn. Ni-Kontakt bei 180°/130 at u. Dest. (Hauptlauf $Kp._6$ 75—88°). — *1-Isopropylcyclohexanon-(2)*, $Kp._{10}$ 78—82°, durch Oxydation des vorst. Hauptlaufes mit $K_2Cr_2O_7$, konz. H_2SO_4 u. W. u. fraktionierte Dest.; Oxydation mit $KMnO_4$ liefert *Adipinsäure*. *Oxim*, $Kp._{14}$ 129°; 58%. — *1-Isopropylcyclohexanon-(4)*, Kp. 215—220°, neben vorst. Verbindung. *Oxim*, $Kp._7$ 124°, zähfl.; 61%. — *γ-Isopropyl-ε-caprolactam*, $C_9H_{17}ON$, F. 84°, $Kp._{2,5}$ 120—124°; 72%. — *ε-Isopropyl-ε-caprolactam*, F. 91° (Cyclohexan), $Kp._7$ 143°. — *p-tert.-Butylphenol* (**VI**), F. 96—97°, $Kp._7$ 100—110°, aus Phenol, Isobutylalkohol u. $ZnCl_2$; 42%. — *1-tert.-Butylcyclohexanol-(4)*, F. 76—77°, Kp. 115—125°, durch drucklose Hydrierung von **VI** in Cyclohexan über techn. Ni-Kontakt, Temp. im Kontaktraum 155—165°, Verdampfertemp. 250°, Durchsatz 25 cm^3/Std., Kontaktmenge 40 cm^3, 250 Liter H_2/Std.; 15%. — *1-tert.-Butylcyclohexanon-(4)*, F. 49—50°, $Kp._7$ 84—85°, durch Oxydation vorst. Verb. mit $K_2Cr_2O_7$; 72%. *Oxim*, F. 133° (wss. Methanol); 98%. — *γ-tert.-Butyl-ε-caprolactam*. $C_{10}H_{19}ON$, F. 156—157° (Methanol u. W.), $Kp._1$ 140—141°, Nadeln oder Blättchen aus A.; 82%. — *p-Benzylphenol*, $Kp._4$ 154—157°, aus Phenol, Benzylchlorid u. Spuren $ZnCl_2$; 41%. — *1-Hexahydrobenzylcyclohexanol-(4)*, $Kp._5$ 136—137°, durch 4std. Hydrierung vorst. Verb. über techn. Ni-Katalysator bei 175° u. maximal 115 at; $D.^{20}{}_4$ 0,992, $n_D{}^{20}$ 1,5178; 78%. — *1-Hexahydrobenzylcyclohexanon-(4)*, $Kp._5$ 128—129°, durch Oxydation vorst. Verb. mit $Na_2Cr_2O_7$; $D.^{20}{}_4$ 0,974, $n_D{}^{20}$ 1,5020; 64%. *Oxim*, F. 127° (Bzn.), $Kp._2$ 133°, Nadeln; 68%. — *γ-Hexahydrobenzyl-ε-caprolactam*, $C_{13}H_{23}ON$, F. 115,0 bis 115,5° (wss. Methanol), $Kp._7$ 196° (Zers.); Blättchen. (Chem. Ber. **88**. 1906—14. 10/12. 1955. Leuna bei Merseburg, Leuna-Werke, Organ. Abt., Laborr.) G. OFFER. 3370

M. A. Thorold Rogers, *Synthese von 1.8-Diazacyclotetradecan.* Vf. beschreibt Methoden zur Darst. des *1.8-Diazacyclotetradecans* u. das Verh. des *N-Oxyhexamethyleniminε* (**I**) gegenüber O_2. Der Polymerisationsmechanismus von **I** wird diskutiert.

V e r s u c h e: *N-Oxyhexamethylenimin* (**I**), $Kp._{13}$ 94—95°, F. 7°, nach ROGERS (J. chem. Soc. [London] **1955**. 769). — *$\Delta^{1.8}$-1.8-Diazacyclotetradecadien-1.8-dioxyd* (**II**), nach Erhitzen auf ca. 100° unlösl. in organ. Solventien, aus **I** in Ae. durch Autoxydation oder Einleiten von O_2. — *Verb. aus* **II** *u. Hydrochinon*, $C_{18}H_{28}O_4N_2$, analog **II**, jedoch in Ggw. von Hydrochinon (1:ca. ½). — *1.8-Dioxy-1.8-diazacyclotetradecan*, aus vorst. Verb. oder **II** in CH_3OH durch Hydrierung in Ggw. von PtO_2. — *1.8-Diazacyclotetradecan*, $Kp._{12}$ 145°, F. 72°, a) aus vorst. Verb. in Eisessig durch Hydrierung in Ggw. von RANEY-Ni; b) durch Red. des cycl. 6.6-Nylonmonomeren mit $LiAlH_4$ in sd. Tetrahydrofuran; c) aus dem cycl. Dimeren des Caprolactams analog b). — *1-Azacyclohepten-1-oxyd*, durch Autoxydation von **I**, wahrscheinlich über 1-Oxy-2-hydroperoxy-1-azacycloheptan. — *Verb. aus 1-Azacyclohepten-1-oxyd u. Hydrochinon*, aus **I** u. Chinon in Ae.; durch mehrstd. Stehen tritt Umlagerung in ein unlösl., harziges Polymeres unter Abspaltung von Hydrochinon ein. (Nature [London] **177**. 128—29. 21/1. 1956. Blackley, Manchester, ICI Ltd., Dyestuff Div., Res. Labors.) S. NEUE. 3390

W. M. Corbett, J. Kenner und **G. N. Richards**, *Abbau von Kohlenhydraten durch Alkali.* 10. Mitt. *Acetalderivate.* (9. vgl. C. **1956**. 589.) Durch Behandlung von *4.6-O-Benzyliden-D-glucose* (**I**) mit Kalkwasser bei 25° entsteht ein Gemisch von α- u. *β-D-gluco-Isosaccharinsäure* u. *Benzaldehyd*, während *2.3;5.6-Di-O-isopropyliden-D-mannose* (**II**) nicht in gleicher Weise reagiert, sondern erst bei 100° in *3-Desoxy-5.6-isopropyliden-D-gluconsäure* (**III**), *-mannonsäure* (**IV**) u. *Aceton* zerfällt. Die Reaktionsmechanismen werden angegeben. Der RUFFsche Abbau der *Ca-Salze* von **III** u. **IV** liefert *2-Desoxy-4.5-isopropyliden-D-ribose.*

V e r s u c h e: Nach 20std. Stehen von 5,03 g **I** in O_2-freiem 0,04n Kalkwasser, Sättigen mit CO_2 u. Dampfdest. im N_2-Strom wurde *Benzaldehyd* erhalten, isoliert als

2.4-Dinitrophenylhydrazon, F. 243—244°; 2,57 g (Ausbeute); der Rückstand lieferte nach Filtrieren u. Eindampfen 2,52 g *Ca-Salze*; sie wurden aus verd. A. fraktioniert krist. u. die aus den Fraktionen erhaltenen Säuren papierchromatographiert; hauptsächlich lag *α-D-gluco-Isosaccharinsäure* vor [*Brucinsalz*, F. 159—161°; $[\alpha]_D^{21}$ —25 (c = 1; W.)], doch konnte auch *β-D-gluco-Isosaccharinsäure* papierchromatograph. nachgewiesen werden. — 41 std. Erhitzen von 39,12 g **II**, Sättigen mit CO_2. Kochen, Filtrieren u. Dest. lieferte *Aceton* als *2.4-Dinitrophenylhydrazon*, F. 123—125°; 0,183 g aus den ersten 25 cm³ des Destillats von 100 cm³ Filtrat; Eindampfen u. Ausziehen mit Aceton ergab 35,9 g. *Ca-Salze*; wurde eine Lsg. von 4,696 g mit Aceton behandelt, krist. bei n. Temp. zunächst eine Fraktion (1,706 g) mit $[\alpha]_D^{24}$ —5,2° (c = 1,34; W.) nach Kristallisation aus wss. Aceton; sie gab mit Amberlit *Aceton* u. *3-Desoxyglucon-* u. *-mannonsäure*, als *Lactone* papierchromatograph. identifiziert; eine zweite Fraktion [0,473 g; $[\alpha]_D^{24}$ —18,2° (c = 1,2; W.) nach Kristallisation aus wss. Aceton] bestand aus *Ca-3-Desoxy-5.6-O-isopropylidenmannonat*, $C_{18}H_{30}O_{12}Ca \cdot H_2O$, das bei Hydrolyse mit saurem Austauscher *Aceton* u. *3-Desoxymannonolacton*, F. 87—89,5°, lieferte. Eine wss. Lsg. der ursprünglichen Ca-Salze gab nach Behandlung mit Amberlit u. Einengen wenig *3-Desoxyglucono-lacton*, F. 97,5—99,5°. Wurden 1,575 g ursprüngliches Ca-Salz 1 Std. mit 0,1 n H_2SO_4 auf 100° erhitzt, entstanden nach Neutralisation mit $BaCO_3$ Ca-Salze; Filtration, teilweise Dest. (0,481 g *Aceton-2.4-dinitrophenylhydrazon*), Behandlung mit Amberlit, Neutralisation mit $CaCO_3$, Filtration, Einengen u. Kristallisation aus 33%ig. A. lieferte *Ca-3-Desoxymannonat*; $[\alpha]_D^{22}$ —22,0° (c = 2,41; W.); 0,241 g. Kurzes Kochen der wss. Lsg. von 12,05 g ursprünglichem Salzgemisch mit $BaSO_4$ u. $Fe_2(SO_4)_3$, Rk. mit 30%ig. H_2O_2 bei 40°, Ausäthern u. Eindampfen führte zu 0,87 g Sirup mit $[\alpha]_D^{22}$ —4,6° (c = 0,86; W.), weitere 2,23 g wurden bei gleicher Behandlung der wss. Mutterlauge erhalten; von der sicher vorliegenden *2-Desoxy-4.5-isopropylidenribose* konnten krist. Derivv. nicht erhalten werden, Spuren *Formaldehyd* wurden als *Dimedonderiv.*, F. 187,5 bis 189,5°, nachgewiesen. Nach Entfernung von Ca^{2+} aus der wss. Lsg. von 5,058 g ursprünglichem Gemisch mit $Na_2C_2O_4$, Rk. des Filtrats mit Na-Metaperjodat u. $NaHCO_3$, Einengen nach 24 Std., Ausäthern, Eindampfen u. Behandeln mit Amberlit wurde *2-Desoxyribose* als Hauptprod. erhalten. (J. chem. Soc. [London] **1955.** 1709—11. Juni. Urmston, Manchester, Brit. Rayon Res. Assoc.) H.-J. KRAEGE. 3400

J. Kenner und **G. N. Richards**, *Abbau von Kohlenhydraten durch Alkali.* 11. Mitt. *4-O-Methylderivate der Glucose und Fructose.* (10. vgl. vorst. Ref.) Bei der Behandlung von *4-O-Methyl-D-glucose* (**I**) bzw. *4-O-Methyl-D-fructose* (**II**) mit Kalkwasser entstehen in beiden Fällen *α-* u. *β-D-gluco-Isosaccharinsäure*; aus **I** entstehen sie über **II**. Auf Grund vorst. Befunde schlagen Vff. vor, ganz allg. den Alkaliabbau mit zur Strukturbest. von Kohlenhydraten heranzuziehen. So ist z. B. die Bldg. von n., Meta- u. Iso-D-glucosaccharinsäuren spezif. für 1-, 3- u. 4-O-substituierte Glucosederivate.

V e r s u c h e: *2.3-Di-O-benzyl-6-O-triphenylmethyl-α-D-methylglucosid*, $C_{40}H_{40}O_6$, durch 2½std. Einw. von Triphenylmethylchlorid auf 2.3-Di-O-benzyl-α-D-methylglucosid in trockenem Pyridin bei 100°; $[\alpha]_D^{25}$ +14,5° (c = 3; Chlf.). — *2.3-Di-O-benzyl-4-O-methyl-6-O-triphenylmethyl-α-D-methylglucosid*, $C_{41}H_{42}O_6$, durch 4malige Methylierung vorst. Verb. mit Ag_2O/Methyljodid; $[\alpha]_D^{20}$ +13° (c = 2; Chlf.). — *4-O-Methyl-α-D-methylglucosid*, $C_8H_{16}O_6$, Kp.$_{0,03}$ 163—165°, durch 8std. Erhitzen von 23,2 g vorst. Verb. in A. mit RANEY-Ni auf 60—85°; Sirup; n_D^{18} 1,4810; $[\alpha]_D^{20}$ +15° (c = 3; W.); 6,17 g roh (Ausbeute). — *4-O-Methyl-D-glucose* (**I**), $C_7H_{14}O_6$, durch 20std. Erhitzen vorst. Verb. mit n-H_2SO_4 auf 100°; Sirup, der zunächst etwas *Glucose* u. *4.6-Di-O-methyl-D-glucose*, F. 162—163°, enthält, welche durch Chromatographie an Cellulose mit an W. halbgesätt. Butanol entfernt werden; $[\alpha]_D^{20}$ +60,8° (c = 5; W.). *p-Toluidid*, $C_{14}H_{21}O_5N$, F. 159—160° (A./W.). *Phenylosazon*, $C_{19}H_{24}O_4N_4$, F. 156—157°. Nach 4tägigem Stehen von 1,9 g **I** in O_2-freiem 0,04n Kalkwasser bei 35°, 1 std. Erhitzen auf 100°, Sättigen mit CO_2, Eindampfen des Filtrats, Lösen in W. u. fraktioniertem Fällen mit A. wird zuerst *α-D-gluco-Isosaccharinsaures Calcium* (**III**), $[\alpha]_D^{20}$ —2° (c = 1; W.), nach Kristallisation aus 75%ig. A., 0,53 g, dann *β-D-gluco-Isosaccharinsaures Calcium* (**IV**), $[\alpha]_D^{20}$ +3° (c = 1; W.), nach Kristallisation aus 100%ig. A., 0,29 g, erhalten; aus **III** wurde *α-D-gluco-Isosaccharinsäurelacton*, F. 94—96°, aus **IV** das *Brucinsalz*, F. 190—195° (Zers.; A.), $[\alpha]_D^{20}$ —20° (c = 1; W.), hergestellt. — Ähnliche Ergebnisse wurden mit **II** erhalten, die Rk. verläuft schneller; 98% Ausbeute; aus **III** wurde das *Brucinsalz* erhalten, F. 160—161°. — Die Verss. wurden auch quantitativ durchgeführt (Tabellen). (J. chem. Soc. [London] **1955.** 1810—12. Juni. Wythenshawe, Manchester, Brit. Rayon Res. Assoc., Heald Green Labors.) H.-J. KRAEGE. 3400

Bernard Gauthier und **Christian Vaniscotte**, *Über die selektive Oxydation der Glucosemercaptale.* Es wird die Darst. verschied. *Glucosemercaptale* sowie ihrer *Pentaacetyl-*

derivv. beschrieben. 3-Thiapentandithiol-(1.5) konnte nicht mit Glucose (**II**) kondensiert werden. Die Oxydation der Mercaptale mit H_2O_2 führt zu *Disulfoxyden*, mit $KMnO_4$ erhält man die *Disulfone*. Die Oxydation cycl. Mercaptale, z. B. *Glucoseäthylenmercaptal* (**V**), mit $KMnO_4$, führt zu undefinierten, sich braunfärbenden Substanzen. Die Acetylverbb. ergeben bei der Oxydation schwer zu reinigende sirupöse Öle. *2.3.4.5.6-Pentaacetylglucoseäthylenmercaptal* (**IX**) u. *-bis-[2-phenyläthylmercaptal]* ergeben mit $KMnO_4$ *Monosulfoxyde.* Die Einw. von Br_2 führt zur Spaltung der Mercaptale u. zur Freisetzung der Aldehydgruppe; auf diesem Weg kommt man zu einer verbesserten Meth. zur Darst. der *2.3.4.5.6-Pentaacetylaldehydoglucose.* Es wird der Mechanismus der Spaltungs-Rk. erörtert.

Versuche (FF. auf dem MAQUENNE-Block bestimmt): *Äthandithiol* (**I**), $C_2H_6S_2$, $Kp._{190}$ 94°, $Kp._{301}$ 108°, a) nach SPEZIALE (C. **1954.** 1220); statt 1.2-Dibromäthan wird 1.2-Dichloräthan, statt N_2-Atmosphäre CO_2 verwendet; 27 Std. erwärmen; 96% (Ausbeute) des *Isothiuroniumchlorids*, F. 209° (Zers.); alkal. Zers. ergibt 60% **I** u. 20% *3-Thiapentandithiol-(1.5)*; b) aus Glykol u. Thioharnstoff in Ggw. von 3 Mol 48%ig. HBr; 49%. — *Propandithiol-(1.3)*, $C_3H_8S_2$, $Kp._{15}$ 63°, $Kp._{100}$ 104,6°, $Kp._{160}$ 172°, wie **I** aus 1.3-Dibrompropan; $D.^{20}{}_4$ 1,0783; 79%. — *2-Phenyläthandithiol-(1)* (**III**), $C_8H_{10}S$, $Kp._{23}$ 105°, durch Kondensation von 2-Phenyläthanol mit Thioharnstoff in Ggw. von 3 Mol HBr (9 Std. Rückfluß), anschließend 2 Std. unter CO_2 mit 10%ig. NaOH kochen; 65%. — *Octanthiol-(1)* (**IV**), $C_8H_{18}S$, $Kp._{25}$ 94,4—94,6°, wie **III** aus Octylalkohol; 70%. — *Glucoseäthylenmercaptal* (**V**), $C_8H_{16}O_5S_2$, F. 143° (A.), aus **II** u. **I** in konz. HCl in Ggw. von $ZnCl_2$; nach 5 Std. Eingießen von Eiswasser; $[\alpha]_D^{20}$ —10,56° (W.); 58% bei Überschuß von **II**. — *Glucose-3-oxypropylenmercaptal* (**VI**), $C_9H_{18}O_6S_2$, F. 155—156° ($CH_3 \cdot COOH$), aus **II** u. 3-Oxypropandithiol-(1.2) wie **V**; $[\alpha]_D^{19}$ +13,22° (Eisessig); 56%. — *Glucose-bis-[2-phenyläthylmercaptal]* (**VII**), $C_{22}H_{30}O_5S_2$, F. 140,9—141° (A.), aus **II** u. **III**; $[\alpha]_D^{14}$ +5,13° (Eisessig); 51%. — *Glucosedioctylmercaptal* (**VIII**), $C_{22}H_{46}O_5S_2$, F. 113,8 bis 114° (A.), aus **II** u. **IV** in konz. HCl in Ggw. von $ZnCl_2$ u. $CaCl_2$; $[\alpha]_D^{19}$ +4,10° (Eisessig); 48%. — *2.3.4.5.6-Pentaacetylglucoseäthylenmercaptal* (**IX**), $C_{18}H_{26}O_{10}S_2$, F. 100,9 bis 101,1° (A.), aus **V** mit Essigsäureanhydrid in Pyridin; $[\alpha]_D^{19}$ +5,03 (Chlf.); 98%. — *2.3.4.5.6-Pentaacetylglucose-3-acetoxypropylenmercaptal*, $C_{21}H_{30}O_{12}S_2$, F. 101,3—101,5° (A., dann Ae.), wie **IX** aus **VI**; $[\alpha]_D^{19}$ +25,05° (Chlf.); 96%. — *2.3.4.5.6-Pentaacetylglucose-bis-[2-phenyläthylmercaptal]*, $C_{32}H_{40}O_{10}S_2$, aus **VII**; Öl, das nicht krist.; 95%. — *2.3.4.5.6-Pentaacetylglucosedioctylmercaptal*, $C_{32}H_{56}O_{10}S_2$, aus **VIII**; nichtkrist. Öl; 97%. — *2.3.4.5.6-Pentabenzoylglucoseäthylenmercaptal*, $C_{43}H_{36}O_{10}S_2$, F. 174,5—175,5°, aus **V** mit Benzoesäureanhydrid in Pyridin; nach 24 Std. Verdünnen mit W. u. Waschen mit $NaHCO_3$-Lsg.; Lösen in Aceton, Eindampfen u. mit Ae. behandeln; $[\alpha]_D^{15}$ +26,18° (Aceton). — *1.1-Bis-[phenylmethylsulfinyl]-1-desoxyglucose*, $C_{20}H_{26}O_7S_2$, F. 215—217° (A.), aus Glucosedibenzylmercaptal u. 30%ig. H_2O_2 in Eisessig–Dioxan; $[\alpha]_D^{22}$ +55,55° (Eisessig); 28%. — *1.1-Dioctylsulfonyl-1-desoxyglucose*, $C_{22}H_{46}O_9S_2$, F. 151—152,2° (A.), aus **VIII** mit 5%ig. wss. $KMnO_4$ in CH_3COOH; $[\alpha]_D^{17}$ +5,47° (Eisessig); 66%. — *1-[2-Phenyläthylsulfinyl]-1-[2-phenyläthylmercapto]-1-desoxyglucose*, $C_{22}H_{30}O_6S_2$, F. 165,1 bis 165,3° (A.), wie vorst. Verb. aus **VII** u. $KMnO_4$ in CH_3COOH; $[\alpha]_D^{19}$ +38,83° (Eisessig), 61%. — *Oxydationsprod. von* **IX** (*Monosulfoxyd*), $C_{18}H_{26}O_{11}S_2$, F. 150—150,2° (A.), wie vorst. Verb. aus **V**; $[\alpha]_D^{19}$ +1,59° (Chlf.); 49%. — *2.3.4.5.6-Pentaacetylaldehydoglucose*, $C_{16}H_{22}O_{11}$, F. 116,9—117,0°, **IX** wird in Eisessig bis zur bleibenden Gelbfärbung mit Br_2 tropfenweise versetzt; Behandeln mit Pb-Acetat, Absaugen u. mit Aceton waschen u. im Vakuum einengen; Reinigung durch Kristallisation aus Xylol oder durch Lösen in Aceton + A. u. Zugabe von PAe.; 60 bzw. 67%. (Bull. Soc. chim. France [5] **1956.** 30—35. Jan. Lille, Fac. libre, Labor. de Chim. Organ.) H.-J. BESTMANN. 3400

Alva Thompson und **M. L. Wolfrom,** *Die Heptaacetate der Gentiobiose.* Vff. berichten über die Synth. von *β-Gentiobioseheptaacetat* (**I**). Sie untersuchen ferner das von BERGMANN u. FREUDENBERG [1929] dargestellte „*α-Gentiobioseheptaacetat*“ (**II**) u. stellen fest, daß es eine Mol.-Verb. aus der α- u. β-Verb. im Verhältnis 3 : 1 ist. **I** wandelt sich bei 135—140° in **II** um; die $[\alpha]_D$-Werte zeigen, daß **II** ein Gleichgewichtsgemisch von **I** u. der α-Form ist. Die Molekularrotation von *α-Gentiobioseheptaacetat* wird aus den $[\alpha]_D$-Werten von **I** u. denen der anomeren Formen des Gentiobioseoktaacetats berechnet. Molekularrotation 30100°; $[\alpha]_D$ +47,4° in $CHCl_3$.

Versuche: *β-Gentobioseheptaacetat* (**I**), $C_{12}H_{15}O_{11}(CH_3CO)_7$, F. 113—115° (Aceton–Ae.–PAe.), aus 5 g β-Gentiobioseoktaacetat durch Überführung in *Heptaacetyl-α-gentiobiosylbromid* nach ZEMPLÉN [1924]; 3,9 g (Ausbeute), u. Rk. mit Ag_2CO_3; $[\alpha]_D^{27}$ +2,9° (c = 2,9; Chlf.); $[\alpha]_D^{27}$ —7,0° (extrapolierter Anfangswert) → +34,1° nach 5 Std. (c = 3,1; Pyridin); 2,7 g. — Nach $^3/_4$std. Erhitzen von **I** auf 135° wird die *α–β-Molekülverb.* erhalten, ident. mit dem von BERGMANN u. FREUDENBERG (l. c.) erhaltenen Prod.;

F. 175—177° (Aceton–Ae.–PAe.); $[\alpha]_D^{25}$ +36,1° (c = 3,2; Chlf.); $[\alpha]_D^{28}$ +34,7° (c = 3,25; Pyridin). — Die Röntgenstrahlenbeugungsdaten beider Verbb. sind angegeben. (J. Amer. chem. Soc. **73**. 2966—67. Juni 1951. Columbus, O., Ohio State Univ., Dep. of Chem.) P. FAHRNLAENDER. 3400

O. Wintersteiner, M. Moore und **B. M. Iselin,** *Jervin.* 5. Mitt. *Die durch Schwefelsäure katalysierte Acetolyse von Diacetyltetrahydrojervin.* (4. vgl. C. **1955.** 10276.) Bei der Acetylierung von O.N-Diacetyltetrahydrojervin (**I**) mit Acetanhydrid-Essigsäure (7 : 3) in Ggw. von 1% H_2SO_4 entsteht *22.26-Imino-Δ^{16}-jerven-3β.23-diol-11-on-3.23.N-triacetat* (**II**; vgl. 3. Mitt., FRIED u. Mitarbeiter, C. **1955.** 10274), zu dessen Strukturermittlung die UV- u. Infrarotspektren sowie das analoge Verh. der entsprechenden Verbb. in der Veratraminreihe (vgl. J. Amer. chem. Soc. **74.** [1952.] 4474) herangezogen wurden. Bei der Hydrierung von **II** über PtO_2 in Essigsäure wird die Doppelbindung abgesätt. unter Bldg. von *22.26-Iminojervan-3β.23-diol-11-on-3.23.N-triacetat.* Bei der anschließenden Hydrolyse in Alkali werden die beiden O-Acetylgruppen unter Bldg. von *22.26-Iminojervan-3β.23-diol-11-on-N-acetat* (**IV**) abgespalten. Wird dagegen **II** mit Alkali hydrolysiert, so entsteht unter Isomerisierung, wobei wahrscheinlich die Doppelbindung von 16,17- nach 17,20 verschoben wird, ein *ungesätt. isomeres N-Acetat, 22.26-Imino-$\Delta^{17,20}$-jerven-3β.23-diol-11-on-N-acetat* (**III**), das bei der Reacetylierung das Isomere von **II**, *22.26-Imino-$\Delta^{17,20}$-jerven-3β.23-diol-11-on-3.23.N-triacetat* (**VII**), bildet. Dieses zeigt eine positive Tetranitromethan-Rk. u. gibt bei der katalyt. Hydrierung ein Gemisch, aus dem nur ein *Isodihydrotriacetat* rein isoliert werden kann, das auch bei der Acetylierung des amorphen Hydrierungsprod. von **III** erhalten wird. Die Lage der OH-Gruppe in **II** folgt aus der Oxydation von **IV** zu *22.26-Iminojervan-3.11.23-trion-N-acetat* (UV), die Lage der 16,17-Doppelbindung aus der CrO_3-Oxydation von **II**, bei der *22.26-Imino-Δ^{16}-jerven-3β.23-diol-11.15-dion-3.23.N-triacetat* (**VIII**; UV) u. eine *Verb.* $C_{33}H_{47}O_8N$, entsteht. Die Oxydation von **II** mit OsO_4, anschließende Red. u. Reacetylierung führt zu *22.26-Iminojervan-3β.16.17.23-tetraol-11-on-3.16.23.N-tetraacetat* (**V**) u. *16.22.26-Nitrilojervan-3β.17.23-triol-11-on-3.17.23-triacetat* (**VI**). **V** wird durch methanol. KOH in die *acetylfreie entsprechende Base* verwandelt, die zu **V** reacetyliert werden kann. **VI** zeigt bas. Eigg. u. bildet bei der Hydrolyse *16.22.26-Nitrilojervan-3β.17.23-triol-11-on-17-acetat* (Beweis für eine tert. OH-Gruppe am $C_{(17)}$). Ein zu **V** u. **VI** führender möglicher Reaktionsmechanismus wird angedeutet u. diskutiert. — **VII** wird durch CrO_3 langsamer angegriffen als **II** u. gibt eine *Verb.* $C_{33}H_{47}O_7N$, die wahrscheinlich ein Stellungsisomeres u. kein Stereoisomeres von **VIII** ist (UV) u. der vermutlich die Struktur eines *22.26-Imino-$\Delta^{17,20}$-jerven-3β.23-diol-11.16-dion-3.23.N-triacetat* zukommt.

Versuche (FF. korr.; α-Werte in Chlf.): *Dihydrojervin,* F. 248—251°, aus Jervin durch 3—4tägiges Hydrieren über PtO_2 bei 4 at in absol. A.; $[\alpha]_D^{25}$ —77 bis —80° in A.; 60—75% (Ausbeute). *O.N-Diacetat,* F. 210—212°, mit Pyridin u. Acetanhydrid; $[\alpha]_D^{26}$ —63° (c = 1,15); $[\alpha]_D^{25}$ —51° (c = 0,94; absol. A.). *N-Monoacetat,* F. 255—258°, durch ½std. Hydrolysieren des Diacetats mit 5%ig. methanol. KOH; $[\alpha]_D^{25}$ —64,4° (c = 1,24). — *Tetrahydrojervin,* F. 214—216°, aus vorst. Verb. durch Hydrieren mit PtO_2 in Essigsäure; $[\alpha]_D^{25}$ —23° (c = 0,93; absol. A.). *O.N-Diacetat* (**I**), $C_{31}H_{47}O_5N$, F. 221—223°, aus 8,5 g vorst. Verb. mit Acetanhydrid in Pyridin; Nadeln aus wss. A.; $[\alpha]_D^{25}$ —2,7° (c = 2,95); 9 g. — *22.26-Imino-Δ^{16}-jerven-3β.23-diol-11-on-3.23.N-triacetat* (**II**), $C_{33}H_{49}O_6N$, F. 230—231° (wss. CH_3OH), durch 22std. Stehen von 1 g **I**, 35 cm³ Acetanhydrid, 15 cm³ Essigsäure u. 0,5 cm³ konz. H_2SO_4, Gießen auf Eis, Alkalisieren mit Na_2CO_3, Ausziehen mit Chlf. u. Eindampfen; $[\alpha]_D^{24}$ — 72,5° (c = 0,775); 264 mg. — *22.26-Iminojervan-3β.23-diol-11-on-3.23.N-triacetat,* $C_{33}H_{51}O_6N$, F. 241 bis 243° (Ae.), durch ½std. Hydrieren von 97 mg **II** in Essigsäure über PtO_2; $[\alpha]_D^{23}$ —39° (c = 1,335); 94 mg. — *22.26-Iminojervan-3β.23-diol-11-on-N-acetat* (**IV**), $C_{29}H_{47}O_4N$, F. 275—278° (A.), aus vorst. Verb. + 5%ig. methanol. KOH (1std. Kochen); $[\alpha]_D^{22}$ —46° (c = 0,976). — *22.26-Imino-$\Delta^{17,20}$-jerven-3β.23-diol-11-on-N-acetat* (?) (**III**), $C_{29}H_{45}O_4N$, F. 226—229°, durch Hydrolysieren von 761 mg **II** mit 5%ig. methanol. KOH; Nadeln aus A.; $[\alpha]_D^{23}$ +16,7° (c = 0,78); 484 mg. — *22.26-Imino-$\Delta^{17,20}$-jerven-3β.23-diol-11-on-3.23.N-triacetat* (?) (**VII**), $C_{33}H_{49}O_6N$, F. 189,5—190,5°, aus 290 mg **III** mit Acetanhydrid in Pyridin (19std. Stehen); Nadeln aus Hexan–Äthylacetat; $[\alpha]_D^{23}$ +25° (c = 0,992); 342 mg. — *Dihydroderiv.* von **VII**, $C_{33}H_{51}O_6N$, F. 223—225° (CH_3OH), a) durch Hydrieren von 196 mg **VII** über PtO_2 in Essigsäure u. Chromatographieren in Hexan–Bzl. (1 : 1) an saurem Al_2O_3; $[\alpha]_D^{21}$ —18,5° (c = 1,005); 64 mg; b) durch Hydrieren von 100 mg **III** u. Acetylieren; 31 mg. — *22.26-Iminojervan-3.11.23-trion-N-acetat,* $C_{29}H_{43}O_4N$, F. 228—231°, durch 1½std. Oxydation von 103 mg **IV** in Essigsäure u. Chromatographieren; Stäbchen aus CH_3OH; $[\alpha]_D^{22}$ —101° (c = 0,469); 14 mg. — *22.26-Imino-Δ^{16}-jerven-3β.23-diol-11.15-dion-3.23.N-triacetat* (**VIII**), $C_{33}H_{47}O_7N$, F. 231

bis 233°, durch Oxydation von 392 mg **II** mit CrO_3 in Essigsäure (22 Std.) u. Chromatographieren der isolierten Neutralteile; Nadeln aus Aceton u. Ae.; $[\alpha]_D^{24}$ −104° (c = 0,965); 26 mg. Daneben eine *Verb.* $C_{33}H_{47}O_8N$, F. 241—244°; Nadeln aus A.; $[\alpha]_D^{22}$ −141° (c = 0,901); 85 mg. — *22.26-Imino-Δ*^{17,20}*-jerven-3β.23-diol-11.16-dion-3.23.N-triacetat* (?), $C_{33}H_{47}O_7N$, F. 229—240° (Zers.; A.), durch 24std. Oxydation von 473 mg **VII** mit CrO_3 in Essigsäure u. weiter wie vorst.; $[\alpha]_D^{22}$ +31° (c = 0,956); 89 mg. *Oxim*, $C_{33}H_{48}O_7N_2$, F. 250—264° (Zers.; wss. CH_3OH). — *16.22.26-Nitrilojervan-3β.17.23-triol-11-on-3.17.23-triacetat* (**VI**), $C_{33}H_{49}O_7N$, F. 302—304° (Zers.), durch 5tägiges Stehen von 387 mg **II** + 212 mg OsO_4 in absol. Dioxan u. Pyridin im Dunklen, Aufnehmen des im Vakuum abgedampften Rückstandes in absol. A., $^1/_4$std. Kochen mit wss. Na_2SO_3, Abdampfen des Filtrats, Extrahieren mit Chlf., Acetylieren des Abdampfrückstandes u. Vakuumabdampfen; Nadeln aus absol. A.; $[\alpha]_D^{20}$ −114° (c = 0,769); 75 mg. Aus den methanol. Mutterlaugen durch Chromatographieren *22.26-Iminojervan-3β.16.17.23-tetraol-11-on-3.16.23.N-tetraacetat* (**V**), $C_{35}H_{53}O_9N$, F. 124—141°; $[\alpha]_D^{22}$ −9,4° (c = 0,787); amorph; 130 mg. — *16.22.26-Nitrilojervan-3β.17.23-triol-11-on-17-acetat*, $C_{29}H_{45}O_5N$, F. 305—307° (Zers.), durch Hydrolysieren von 34,6 mg **VI** mit 5%ig. methanol. KOH (17std. Stehen); Stäbchen aus absol. A.; $[\alpha]_D^{22}$ −134° (c = 0,863); 34 mg. — *22.26-Iminojervan-3β.16.17.23-tetraol-11-on*, $C_{27}H_{45}O_5N$, F. 222—223,5° (absol. A.), durch Hydrolysieren von 60 mg der vorvorst. amorphen Verb. mit methanol. KOH; $[\alpha]_D^{22}$ −64° (c = 0,413); 41 mg. *Hydrat* (?), F. 161—172°, aus A. Nadeln. *Hydrochlorid*, F. 305 bis 315° (Zers.); Nadeln. — *Verb.* $C_{35}H_{51}O_7N$, F. 210,5—212,5°, aus den Mutterlaugen von **II**; Kuben aus CH_3OH; $[\alpha]_D^{25}$ +51° (c = 0,921); 3—5%. Bei einem anderen Vers. wurden federartige Kristalle vom F. 190—202°; $[\alpha]_D^{25}$ −35°, erhalten; ferner einmal aus den Mutterlaugen von **II** u. Chromatographieren die *Verb.* $C_{31}H_{46}O_5N \cdot SO_3 \cdot Na$. — Die UV-Spektren sind angegeben. (Betreffs der Nomenklatur der Grundkörper vgl. l. c.) (J. Amer. chem. Soc. **76.** 5609—16. 20/11. 1954. New Brunswick, N. J., Squibb Inst. for Med. Res.)

H. LEHWALD. 3500

B. M. Iselin und **O. Wintersteiner**, *Jervin.* 6. Mitt. *Schwefelsäurekatalysierte Acetolyse von N-Acetyl-3-desoxy-3α-chlortetrahydrojervin.* (5. vgl. vorst. Ref.) Bei der l. c. durchgeführten Acetolyse des aus N-Acetyltetrahydrojervin mit PCl_5 oder $POCl_3$ hergestellten *N-Acetyl-3-desoxy-3α-chlortetrahydrojervins* (**I**) entstehen neben dem Hauptprod., dem *22.26-Imino-3α-chlor-Δ*^{16}*-jerven-23-ol-11-on-23.N-diacetat* (**II**), die anomalen Prodd. *22.26-Imino-3α-chlor-Δ*^{13,17a}*-jerven-17.23-diol-11-on-23.N-diacetat* (**III**) u. *17a.22·26-Nitrilo-3α-chlorjervan-17.23-diol-11-on-17.23-diacetat* (**IV**), die in einer höheren Oxydationsstufe als **I** vorliegen; ferner eine bisher nicht bestimmbare *Sulfonsäure* u. eine noch *unbekannte Verb.* $C_{33}H_{48}O_5NCl$. Die Strukturbeweise wurden wie folgt geführt: **II** besitzt eine für die 11-Ketogruppe charakterist. Bande bei 305 mμ u. gibt bei der katalyt. Hydrierung das *Dihydroderiv. 22.26-Imino-3α-chlorjervan-23-ol-11-on-23.N-diacetat*, das durch Alkali zu *22.26-Imino-3α-chlorjervan-23-ol-11-on-N-acetat* (**V**) hydrolysiert wird. Die Alkalihydrolyse von **II** gibt in Analogie zu den l. c. erhaltenen Ergebnissen beim 3α-Oxyderiv. (dort **II**) *22.26-Imino-3α-chlor-Δ*^{17,20} (?)*-jerven-23-ol-11-on-N-acetat* (**VI**). **V** u. **VI** werden bei der milden CrO_3-Oxydation in *22.26-Imino-3α-chlorjervan-11.23-dion-N-acetat* bzw. *22.26-Imino-3α-chlor-Δ*^{17,20}(?)*-jerven-11.23-dion-N-acetat* verwandelt, von denen sich *Monooxime* herstellen lassen u. die im Infrarotspektr. eine verstärkte Ketobande bei 5,8 μ zeigen. — Bei **III** kann auf Grund des UV-Spektr. (ident. mit dem von Jervin) eine 13,17α-Doppelbindung angenommen werden, im Infrarotspektr. wird eine zusätzliche OH-Bande bei 3,08 μ festgestellt. Die alkal. Hydrolyse von **III** gibt nicht das N-Acetat, sondern das *O-Monoacetat 17a.22.26-Nitrilo-3α-chlorjervan-17.23-diol-11-on-17-acetat*, das zu **IV** acetylierbar ist. Unterschiede in den FF. der beiden auf verschied. Wege hergestellten **IV** werden auf Polymorphie zurückgeführt.

Versuche (FF. korr.; α-Werte in Chlf.): *N-Acetyltetrahydrojervin*, $C_{29}H_{45}O_4N$, F. 262—266°, aus 7,5 g Tetrahydrojervin u. Acetanhydrid in CH_3OH (4std. Stehen); $[\alpha]_D^{25}$ +3° (c = 0,91); Prismen aus CH_3OH; 6,62 g (Ausbeute). — *N-Acetyl-3-desoxy-3α-chlortetrahydrojervin* (**I**), $C_{29}H_{44}O_3NCl$, F. 245—247°, a) durch 2std. Zufügen von PCl_5 zu 2 g vorst. Verb. u. $CaCO_3$ in Chlf. unter Kühlen u. Zers. des überschüssigen PCl_5 mit gesätt. $KHCO_3$-Lsg.; $[\alpha]_D^{23}$ +18° (c = 0,89); Nadeln aus absol. A.; 1,26 g; b) aus vorst. Verb. + $POCl_3$ in sd. Pyridin (2std. Kochen). Unbekannter Komplex mit **I**, schm. bei 115—120°, erstarrt bei 135—140°, erweicht dann ab 240° ohne exakten F., nach b), jedoch bei Raumtemp. (4 Tage), Abdampfen u. Extrahieren mit Chlf.; Nadeln aus Bzl.; $[\alpha]_D^{25}$ −52° (c = 0,86); 36%; gibt bei der Chromatographie an Al_2O_3 54% **I**. Daneben aus der Mutterlauge durch Chromatographie eine *Verb.* $C_{27}H_{37}O_3N_2Cl_2$ (?), F. 175—177°; $[\alpha]_D^{25}$ −639° (c = 1,14); Nadeln aus Chlf.-CH_3OH; 16%. — *22.26-Imino-3α-chlor-Δ*^{16}*-jerven-23-ol-11-on-23.N-diacetat* (**II**), $C_{31}H_{46}O_4NCl$, F. 135—138°, durch 28std. Acetylieren von 1 g **I** mit Acetanhydrid–Essigsäure u. H_2SO_4, Ausziehen des im

Vakuum erhaltenen Abdampfrückstandes mit Chlf. u. Chromatographieren an saurem Al_2O_3; $[\alpha]_D^{21}$ -52^0 (c = 0,99); Nadeln aus Aceton–Ae.; 255 mg. — *22.26-Imino-3α-chlorjervan-23-ol-11-on-23.N-diacetat*, $C_{31}H_{48}O_4NCl$, F. 203—205° (Aceton–Ae.), durch Hydrieren von 0,8 g **II** in Essigsäure über PtO_2; $[\alpha]_D^{23}$ -26^0 (c = 1,80); 621 mg; 600 mg hiervon geben beim 1std. Kochen mit 5%ig. methanol. KOH *22.26-Imino-3α-chlorjervan-23-ol-11-on-N-acetat* (**V**), $C_{29}H_{46}O_3NCl$, F. 224—226° (Aceton–Ae.); $[\alpha]_D^{23}$ -38^0 (c = 0,97); 386 mg. — *22.26-Imino-3α-chlor-$\Delta^{17,20}$ (?)-jerven-23-ol-11-on-N-acetat* (**VI**), F. 134 bis 135° (CH_3OH), durch Hydrolysieren von 100 mg **II** mit methanol. KOH; $[\alpha]_D^{21}$ -28^0 (c = 1,11); 50 mg. — *22.26-Imino-3α-chlorjervan-11.23-dion-N-acetat*, $C_{29}H_{44}O_3NCl$, F. 226—228° (Aceton–Ae.–Pentan), durch 1std. Oxydation von 0,3 g **V** mit 2%ig. CrO_3 in Essigsäure, Extrahieren des Rückstandes mit Chlf. u. Chromatographieren; $[\alpha]_D^{23}$ -99^0 (c = 1,11); 291 mg. *Monoxim*, $C_{29}H_{45}O_5N_2Cl$, F. 250—253° (Aceton–Ae.). *Monosemicarbazon*, $C_{30}H_{47}O_3N_4Cl$, F. 251—254° (Zers.; Aceton–Ae.). — *22.26-Imino-3α-chlor-$\Delta^{17,20}$ (?)-jerven-11.23-dion-N-acetat*, $C_{29}H_{42}O_3NCl$, F. 224—226° (Aceton–Ae.), durch Oxydation von 38 mg **VI** mit 0,5%ig. CrO_3 in Essigsäure; 15 mg. *Monoxim*, $C_{29}H_{43}O_3N_2Cl$, F. 247—249° (Aceton–Ae.). — *22.26-Imino-3α-chlor-$\Delta^{13,17a}$-jerven-17.23-diol-11-on-23.N-diacetat* (**III**), $C_{31}H_{46}O_5NCl$, F. 237—239°, aus dem Chromatogramm von **II**; Nadeln aus Aceton–Ae.; $[\alpha]_D^{23}$ -43^0 (c = 1,02); 108 mg aus 5 g **I**. — *17a.22.26-Nitrilo-3α-chlorjervan-17.23-diol-11-on-17.23-diacetat* (**IV**), $C_{31}H_{46}O_5NCl$, F. 239—242°, a) aus der Mutterlauge von **II** (aus 5 g **I**) durch Chromatographieren; $[\alpha]_D^{25}$ -61^0 (c = 0,944); Prismen aus Ae.–Pentan; 42 mg; b) durch Verseifen von **III** mit methanol. KOH (19 Std.) u. 20std. Acetylieren des Chloroformextraktes mit Acetanhydrid in Pyridin. — *Verb. $C_{33}H_{48}O_5NCl$*, F. 202—204°, aus dem Chromatogramm bei **IV** a); $[\alpha]_D^{25}$ $+70^0$; Prismen aus Ae.–Pentan; 48 mg. Angaben über UV-Maxima u. Mol.-Refraktionen. (J. Amer. chem. Soc. **76**. 5616—20. 20/11. 1954.) H. LEHWALD. 3500

Josef E. Herz und **Josef Fried**, *Jervin. 7. Mitt. 3.5-Cycloderivate von Jervinabbauprodukten.* (6. vgl. vorst. Ref.) Das 3β-Tosylat des bereits in der 3. Mitt. (FRIED u. Mitarbeiter, C. **1955**. 10274; dort **II**) aus Jervin dargestellten u. nunmehr nach einer andern Abbaumeth. erhaltenen *$\Delta^{5.13,17a.17,20}$-17-Äthylätiojervatrien-3β-ol-11-ons* wird durch K-Acetat in CH_3OH in ein Gemisch aus n. *$\Delta^{5.13,17a.17,20}$ 17-Äthylätiojervatrien-3β-ol-11-on-3β-methyläther* u. *3.5-Cyclo-$\Delta^{13,17a.17,20}$-17-äthylätiojervadien-6β-ol-11-on-6β-methyläther* (**I**) (Isosteroidumlagerung; vgl. auch WALLIS u. Mitarbeiter, J. Amer. chem. Soc. **59**. [1937.] 137) verwandelt. **I** wird durch OsO_4 u. H_2O_2 zu einem Gemisch aus *3.5-Cyclo-$\Delta^{13,17a}$-17-äthylätiojerven-6β.17.20-triol-11-on-6β-methyläther* u. *3.5-Cyclo-$\Delta^{13,17a}$-ätiojerven-6β-ol-11.17-dion-6β-methyläther* oxydiert, das auch aus $\Delta^{5.13,17a}$-Ätiojervadien-3β-ol-11.17-dion-3-tosylat mit K-Acetat in CH_3OH, ferner durch 2jähriges Stehen von **I** (Autoxydation) entsteht.

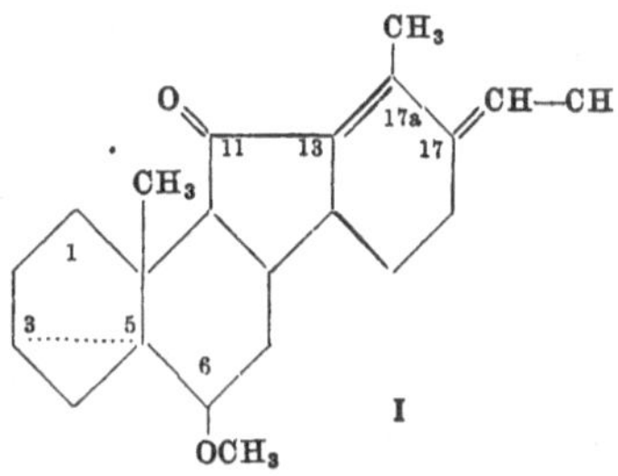

I

V e r s u c h e : (FF. korr.): *$\Delta^{5.13,17a.17,20}$-17-Äthylätiojervatrien-3β-ol-11-onacetat*, F. 182—188° (Aceton), durch 24std. Kochen von Jervin mit BF_3-Ätherat in Acetanhydrid u. Vakuumeinengen; 17% (Ausbeute). — *$\Delta^{5.13,17a.17,20}$-17-Äthylätiojervatrien-3β-ol-11-on-3β-tosylat*, $C_{28}H_{34}O_4S$, F. 167° (Zers.; wss. Aceton), aus 2,8 g der entacetylierten vorst. Verb. mit p-Toluolsulfochlorid in Pyridin (16std. Stehen); $[\alpha]_D^{23}$ -92^0 (c = 1,16; Chlf.); 3,2 g. — *3.5-Cyclo-$\Delta^{13,17a.17,20}$-17-äthylätiojervadien-6β-ol-11-on-6-methyläther* (**I**), $C_{22}H_{30}O_2$, F. 58—60°, durch 5std. Kochen von 2,4 g vorst. Verb. mit K-Acetat in CH_3OH u. Chromatographieren des in Ae. aufgenommenen Abdampfrückstandes an bas. Al_2O_3; gelbe Kristalle aus Aceton–Hexan; $[\alpha]_D^{23}$ $+26^0$ (c = 0,5; Chlf.); 474 mg. Daneben *$\Delta^{5.13,17a.17,20}$-17-Äthylätiojervatrien-3β-ol-11-on-3β-methyläther*, $C_{22}H_{30}O_2$, F. 168 bis 170°; $[\alpha]_D^{23}$ -113^0 (c = 0,6; Chlf.); gelbe Nadeln aus Hexan; 550 mg. — *3β-Jod-$\Delta^{5.13,17a.17,20}$-17-äthylätiojervatrien-11-on*, $C_{21}H_{27}OJ$, F. 186—187° (Zers.; wss. Aceton), aus obigem Tosylat mit NaJ in absol. Aceton (3std. Erwärmen unter Verschluß) u. Ausäthern des im Vakuum eingedampften Filtrats; $[\alpha]_D^{23}$ -63^0 (c = 0,39; Chlf.). — *$\Delta^{5.13,17a}$-Ätiojervadien-3β-ol-11.17-dion-3β-tosylat*, $C_{26}H_{30}O_5S$, F. 168—170° (Zers.; Aceton), aus 2,1 g des entsprechenden 3β-Ols mit p-Toluolsulfochlorid in Pyridin; $[\alpha]_D^{23}$ -158^0 (c = 0,35; Chlf.); 2,5 g. — *3.5-Cyclo-$\Delta^{13,17a}$-ätiojerven-6β-ol-11.17-dion-6β-methyläther*, $C_{20}H_{26}O_3$, F. 158—160° (Ae.), a) durch Zutropfen von OsO_4 u. wenig 30%ig. H_2O_2 in Ae. zu 420 mg **I** in Ae. u. Pyridin, 21std. Stehen, Verdünnen mit A., Einengen, ¼std. Kochen mit Na_2SO_3 in wss. A., Extrahieren des verd. Filtrats mit Chlf. u. Chromatographieren in Bzl.–Hexan (1:4) an saurem Al_2O_3; $[\alpha]_D^{23}$ -123^0 (c = 0,24; Chlf.); 35 mg; b) aus vorst. Verb. + K-Acetat in CH_3OH (4std. Kochen);

41 mg. Daneben bei a) *3.5-Cyclo-$\Delta^{13,17a}$-17-äthylätiojerven-6β.17.20-triol-11-on-6β-methyläther.* $C_{22}H_{32}O_4$, F. 154—158° (Aceton); 145 mg. (J. Amer. chem. Soc. **76**. 5621—22. 20/11. 1954.) H. LEHWALD. 3500

B. M. Iselin und **O. Wintersteiner,** *Jervin.* 8. Mitt. *Δ^{13}-Jervin, ein neues Doppelbindungsisomeres von Jervin.* (7. vgl. vorst. Ref.) Beim mehrtägigen Hydrieren von Jervin (I) in 10%ig. wss. Essigsäure über Pd-Schwarz entsteht unter Verschiebung der 13,17a-Doppelbindung nach 13,14-Stellung ein *Δ^{13}-Jervin* (II), dessen Hauptmaximum im UV-Spektr. von 250 nach 245 mμ u. dessen Infrarotbanden von 5,88 u. 6,6 nach 5,94 u. 6,12 μ verschoben sind. **II** bildet ein *N-Mono-* u. ein *O.N-Diacetat*; bei der Hydrierung in Essigsäure entsteht ein schwer trennbares Gemisch aus *Tetrahydrojervin–Isomeren.* Im Gegensatz zu **I** wird **II** durch methanol. HCl nicht isomerisiert, bei verlängerter Reaktionszeit entsteht eine bisher nicht untersuchte *Cl-haltige Verb. vom F. 291—293°.* Das Diacetat von **II** wird durch die $HClO_4$-katalysierte Acetolyse nur wenig angegriffen. **II** ist gegenüber starkem Alkali weniger stabil als **I** u. wird zu einem weiteren *Isomeren* von **I**, wahrscheinlich *22.26-Imino-17.23-oxido-$\Delta^{7.13,14}$-jervadien-3β-ol-11-on* (**III**; Struktur wie **I**, jedoch von 5.13,17a nach 7,8 u. 13,14 verschobene Doppelbindungen) isomerisiert. **III**, dessen UV- u. Infrarotspektr. auf einen linearen Dienonchromophor mit einer ungesätt. α.β-Ketogruppe hinweisen, läßt sich in ein *amorphes Mono-* u. *Diacetat* verwandeln. OPPENHAUER-Oxydation des N-Acetats von **II** führt zu *22.26-Imino-17.23-oxido-$\Delta^{4.13,14}$-jervadien-3.11-dion-N-acetat* (**IV**), wobei gleichzeitig eine Konfigurationsänderung am $C_{(8)}$ stattfinden dürfte, wie aus der Lävorotation u. den Spektren ersichtlich ist (vgl. Original). Als Vorläufer wurde eine Verb. mit Dextrorotation festgestellt, die aber nicht krist. erhalten werden kann u. vermutlich in alkal. Lsg. im Gleichgewicht mit **IV** steht. Bei **II** findet in Ggw. von Alkali nur geringe Mutarotation statt. OPPENHAUER-Oxydation des N-Acetats von **III** erfolgt ohne Mutarotation wahrscheinlich zu *22.26-Imino-17.23-oxido-$\Delta^{7.13,14}$-jervadien-3.11-dion-N-acetat.*

Versuche (FF. korr.; α-Werte in Chlf.): *Δ^{13}-Jervin* (*22.26-Imino-17.23-oxido-$\Delta^{5.13,14}$-jervadien-3β-ol-11-on*; **II**), $C_{27}H_{39}O_3N$, F. 269—271° (CH_3OH), durch 4tägiges Hydrieren von 40 g **I** über Pd-Schwarz in 10%ig. wss. Essigsäure, Alkalisieren des im Vakuum eingeengten Filtrats unter Eiskühlen u. Aufnehmen des abgedampften Chloroformauszuges in Aceton; $[\alpha]_D^{22}$ −50° (c = 0,89); 8,18 g (Ausbeute). Aus dem in Chlf. Unlöslichen ein *hydriertes Deriv. vom F. 141—147°* (wss. CH_3OH), nach Trocknen F. 123 bis 128°; $[\alpha]_D^{25}$ +11° (c = 1,25; absol. A.); 17,3 g. **II**-*O.N-Diacetat,* $C_{31}H_{43}O_5N$, F. 189 bis 192° (Aceton–Pentan), aus **II** u. Acetanhydrid in Pyridin; $[\alpha]_D^{23}$ −18° (c = 1,2); 91%. *N-Acetat,* $C_{29}H_{41}O_4N$, F. 240—242° (Aceton–Pentan), aus **II** mit geringem Überschuß von Acetanhydrid in absol. CH_3OH (5std. Stehen); $[\alpha]_D^{24}$ −41° (c = 1,10); 56%. — *Verb. vom F. 291—293°,* durch 3std. Stehen von **II** in gesätt. methanol. HCl; 60%. — *22.26-Imino-17.23-oxido-$\Delta^{4.13,14}$-jervadien-3.11-dion-N-acetat* (**IV**), $C_{29}H_{39}O_4N$, F. 218—220°, durch 21std. Kochen von 0,5 g **II**-N-Acetat mit Al-tert.-Butylat in absol. Bzl.–Aceton, Zufügen von n-H_2SO_4 unter Kühlen, Behandeln des abgedampften Benzolauszugs mit GIRARD-T-Reagens u. Chromatographieren der Ketonfraktion in Bzl.–Hexan (1 : 1) an saurem Al_2O_3; $[\alpha]_D^{23}$ −100° (c = 0,788); Stäbchen aus wss. A.; 71 mg. *Oxim,* $C_{29}H_{40}O_4N$, F. 233—237° (bei 223° Verfärben). Daneben eine *amorphe dextrorotierende Verb.* mit $[\alpha]_D^{23}$ +26°, die in alkal. Lsg. zu einem Gemisch mit **IV** isomerisiert wird. — *22.26-Imino-17.23-oxido-$\Delta^{7.13,14}$-jervadien-3β-ol-11-on* (**III**), $C_{27}H_{39}O_3N$, F. 297 bis 301°, durch 3std. Kochen von 8 g **II** in 10%ig. methanol. KOH, Verdünnen mit W. nach dem Eindampfen u. Ausziehen mit Chlf.; $[\alpha]_D^{24}$ +25°; Nadeln aus CH_3OH; 1,33 bzw. 0,677 g. *O.N-Diacetat,* $C_{31}H_{43}O_5N$, F. 182—188°; $[\alpha]_D^{24}$ +53°. *N-Acetat,* $C_{29}H_{41}O_4N$, F. 192—202°; $[\alpha]_D^{24}$ +58°. — *22.26-Imino-17.23-oxido-$\Delta^{7.13,14}$-jervadien-3.11-dion-N-acetat,* $C_{29}H_{39}O_4N$, F. 160—166°, durch Oxydation von 0,51 g **III** wie vorst.; $[\alpha]_D^{25}$ +67°; 310 mg (UV-Maxima s. Original). (J. Amer. chem. Soc. **77**. 5318—23. 20/10. 1955.) H. LEHWALD. 3500

B. M. Iselin, M. Moore und **O. Wintersteiner,** *Jervin.* 9. Mitt. *Verschiedene neue Derivate.* (8. vgl. vorst. Ref.) Tetrahydrojervin (I) wird durch Na in Butanol zu *Tetrahydrojervin-11α-ol* (mit ster. unbehinderter 11-OH-Gruppe) red., ident. mit dem von JACOBS u. HUEBNER (C. **1947**. E. 531) beschriebenen „β-Tetrahydrojervinol". Bei der Acetylierung bzw. selektiven Acetylierung kann hiervon ein *Tri-* bzw. ein *N-Monoacetat* gebildet werden; letzteres gibt bei der CrO_3-Oxydation das *N-Acetyltetrahydrojervon-(3),* das in gleicher Weise aus N-Acetyltetrahydrojervin entsteht. Demzufolge wird bei der Na-Red. die Sauerstoffbrücke in **I**, im Gegensatz zu der in Jervin (**II**), nicht angegriffen. Dagegen entsteht aus **I** bei der Red. mit $LiAlH_4$ das *Tetrahydrojervin-11β-ol* (mit behinderter 11-OH-Gruppe), da das bei der Acetylierung entstehende *Diacetat* (mit freier 11-OH-Gruppe) zum *Diacetat* von **I** oxydiert werden kann. — Bei der Red. von **II** mit

$LiAlH_4$ entsteht ein Gemisch aus *Dihydrojervin* (**III**) u. wahrscheinlich *11β-Jervinol*. Letzteres zers. sich langsam u. bildet ein *3.N-Diacetat*, das beim Aufbewahren Mutarotation erleidet. — Die Bromierung des Diacetats von **II** gibt zwei (stereoisomere?) *5.6-Dibromderivv.* (**A** u. **B**), die mit Zn u. A. leicht wieder entbromiert werden können. Die Identität ihrer UV-Spektren mit dem von **II** lassen auf trans-Dibromide schließen. **B** ist weniger beständig als **A** u. verharzt beim mehrjährigen Stehen. Von **II** konnte ebenfalls ein *5.6-Dibromderiv.* hergestellt werden. — Beim längeren Kochen von **I**, **II** oder **III** mit Essigsäure entstehen die entsprechenden *3-Monoacetylderivate*. — Unter der Voraussetzung, daß in **I** der B- u. C-Ring miteinander trans-gebunden sind, dürfte für **I** bei einer Wannenform des D-Ringes die 5α.8β.9α.13α.14α.17aα- (**IA**), bei einer Sesselform die 5α.8β.9α.13β.14α.17aβ-Konfiguration (**IB**) am wahrscheinlichsten sein. Die Gründe zu dieser Annahme werden angeführt u. diskutiert (Mol.-Refrr. u. Spektren vgl. Original).

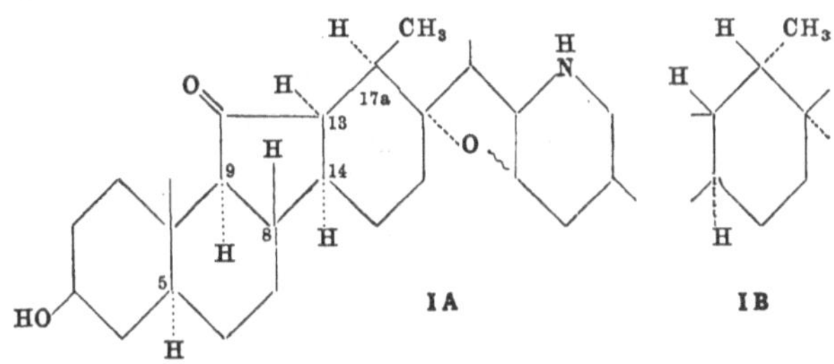

IA **IB**

Versuche (FF. korr.; α-Werte in Chlf.): *Tetrahydrojervin-11α-ol* (*22.26-Imino-17.23-oxidojervan-3β.11α-diol*), F. 283—285°, aus **I** u. Na in Butanol nach Jacobs u. Huebner (l. c.); $[\alpha]_D^{27}$ +39,5° (c = 0,86); +47° (c = 1,03; absol. A.). *Triacetat*, $C_{33}H_{51}O_6N$, F. 175—178° (Prismen aus Hexan), F. 161—164° (Plättchen aus wss. CH_3OH), aus vorst. Verb. mit Acetanhydrid u. Pyridin (20std. Stehen); $[\alpha]_D^{23}$ +69° (c = 1,17). *N-Acetat*, $C_{29}H_{47}O_4N$, F. 257—259° (Aceton), mit Acetanhydrid in CH_3OH; $[\alpha]_D^{25}$ +84° (c = 0,98). — *N-Acetyltetrahydrojervon* (*22.26-Imino-17.23-oxidojervan-3.11-dion-N-acetat*), $C_{29}H_{43}O_4N$, F. 267—271°, a) durch Zufügen von CrO_3 in Essigsäure zu 120 mg vorst. N-Acetat in Essigsäure u. Isolieren der Neutralteile aus dem Abdampfrückstand mit Chlf.; $[\alpha]_D^{26}$ +27,5° (c = 0,950); Nadeln aus A.; 76 mg; b) aus dem N-Acetat von **I** u. CrO_3 wie vorstehend. *Mono-2.4-dinitrophenylhydrazon*, $C_{35}H_{47}O_7N_5$, F. 255—256° (Bzl.–A.). — *Tetrahydrojervin-11β-ol* (*22.26-Imino-17.23-oxidojervan-3β.11β-diol*), $C_{27}H_{45}O_3N$, F. 246,5—248,5° (nach vorübergehendem Schmelzen bei ~170°), durch 1½std. Rk. von **I** mit $LiAlH_4$ in Tetrahydrofuran, Zers. mit W. u. Chromatographieren des Chloroformextraktes; $[\alpha]_D^{21}$ +25° (c = 0,938); Nadeln aus CH_3OH. Daneben eine *Verb. vom F. 310—324°* (CH_3OH–Äthylacetat) u. eine *Verb. vom F. 163—166°* (Nadeln aus wss. CH_3OH). *3.N-Diacetat*, $C_{31}H_{49}O_5N$, $[\alpha]_D^{20}$ +59° (c = 0,77); nichtkristallin; gibt bei der CrO_3-Oxydation *Diacetyltetrahydrojervin*, F. 218—220° (wss. A.); $[\alpha]_D^{21}$ −6°. — *Jervin-11β(?)-ol* (*22.26-Imino-17.23-oxido-$\Delta^{5.13,17a}$-jervadien-3β.11β[?]-diol*), $C_{27}H_{41}O_3N$, F. 278—283°, durch $LiAlH_4$-Red. von 1,5 g **II** in Tetrahydrofuran unter N_2; aus dem Chloroformextrakt durch Eindampfen u. Ausziehen mit Ae.; Prismen aus CH_3OH–Aceton; $[\alpha]_D^{25}$ −70° (c = 0,922; absol. A.); 394 mg. *3.N-Diacetat*, $C_{31}H_{45}O_5N$, F. 213 bis 217°; $[\alpha]_D^{25}$ −36° (c = 0,894); Prismen aus Ae.–Aceton. Daneben aus der Ätherlsg. *Dihydrojervin* (**III**), $C_{27}H_{41}O_3N$, F. 240—242° (Aceton); $[\alpha]_D^{25}$ −73° (c = 1,03; A.); 192 mg. *Diacetat*, F. 210—213°; $[\alpha]_D^{25}$ −61° (c = 0,847). — *Diacetyljervin-5.6-dibromid A*, $C_{31}H_{43}O_5NBr_2$, F. 157—158°, durch Zutropfen von Br_2 zu 1 g Diacetyljervin in Essigsäure in Ggw. von K-Acetat, Einengen, Verdünnen mit W., Ausziehen mit Chlf. u. des Extraktrückstandes mit Ae. u. Aufarbeiten des in Ae. Unlöslichen; $[\alpha]_D^{25}$ −46° (c = 1,196); Nadeln aus A.; 80 mg. *Isomeres B*, F. 146—147°, aus dem in Ae. Löslichen; $[\alpha]_D^{24}$ −68° (c = 1,39); Nadeln aus A.; 615 mg; beide Isomeren geben beim 1std. Kochen mit Zn-Staub in A. wieder die Ausgangsverbindung. — *Jervin-5.6-dibromid, Hydrobromid*, $C_{27}H_{39}O_3NBr_2 \cdot HBr$, F. 217—219°, durch Bromieren von 100 mg **II** in Essigsäure; $[\alpha]_D^{25}$ −88° (c = 0,328; 50%ig. A.); Nadeln aus CH_3OH; 51 mg. *O-Acetyljervin*, $C_{29}H_{41}O_4N$, F. 277—279°, durch 18std. Kochen von 0,5 g **II** in Essigsäure u. Ausziehen des Abdampfrückstandes in Chlf.; $[\alpha]_D^{27}$ −138° (c = 0,54; absol. A.); 221 mg. — *O-Acetyldihydrojervin*, $C_{29}H_{43}O_4N$, F. 280—282° (CH_3OH), analog aus **III**; $[\alpha]_D^{24}$ −100° (c = 0,948); −86° (c = 0,548; absol. A.); 66%. — *O-Acetyltetrahydrojervin*, $C_{29}H_{45}O_4N$, F. 250—252°, analog aus **I**; $[\alpha]_D^{25}$ −48° (c = 0,851); 49%. — *Cholesterinacetat*, F. 212 bis 213,5°, analog aus 0,5 g Cholesterin; 4,36 mg. (J. Amer. chem. Soc. **78**. 403—07. 20/1. 1956.) H. Lehwald. 3500

William G. Dauben und **Paul D. Hance**, *Die Struktur von Pseudosantonin*. *Pseudosantonin* (**I**) läßt sich mit 70%ig. Ausbeute in ein fl. *Acetat* (**II**) u. mit 80- bzw. 86%ig.

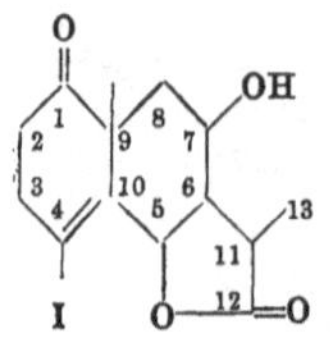

I

Ausbeute in ein kristallines *Cathylat* u. *Tosylat* (**IV**) überführen. Erhitzt man **IV** mit 2.4.6-Kollidin, so entsteht *Anhydropseudosantonin.* Chromsäureoxydation von **I** liefert *1.7-Diketo-$\Delta^{4,10}$-santen-12.5-olid* (**III**). Aus diesem Ergebnisse geht hervor, daß die freie Hydroxylgruppe in **I** nicht tert., sondern sek. sein muß. Dementsprechend ergibt die Hydrogenolyse von **I** *1-Keto-7-oxysantensäure* (**V**), die von **II** *1-Keto-7-acetoxysantensäure,* deren Verseifung ebenfalls **V** liefert. Kocht man **V** mit HCOOH, so findet nicht nur bei tert. Alkoholen Wasserabspaltung statt, sondern es entsteht in guter Ausbeute **V**-*Formiat,* das sich mit Diazomethan verestern ließ. Die KUHN-ROTH-Oxydation von **I** u. seinen Derivv. weist in allen Fällen auf Verbb. mit 3 C-Methylgruppen hin u. macht dadurch ihrerseits die Anwesenheit einer nuclearen, sek. Hydroxylgruppe wahrscheinlich. — Erhitzt man **V** in Essigsäureanhydrid, so entsteht *1-Ketosanten-12.7-olid,* u. red. man **V** erst mit Na-Amalgam, dann mit Pt u. H_2, so erhält man *1.7-Dioxysantansäure,* die bei der Behandlung mit Essigsäureanhydrid in *1-Acetoxysantan-12.7-olid* übergeht. Die Spektren zeigen, daß hierbei γ-Lactone entstehen, während beim Vorhandensein einer tert.-Hydroxylgruppe δ-Lactone entstehen müßten. — Aus den Lactonbanden von **II** u. **IV** geht hervor, daß auch in **I** ein gesätt. γ-Lacton vorliegen muß, daß also sowohl Lactonhydroxyl als auch freies Hydroxyl in γ-Stellung zur α-Propionsäureseitenkette stehen müssen. Da auf Grund früherer Ergebnisse angenommen wird, daß die Doppelbindung in **I** dem Allyltyp entsprechen muß u. daß **I** das Eudalinkohlenstoffskelett besitzt, wird **I** die angegebene Struktur zugeschrieben. Darin ist das olefin. Zentrum eine tetrasubstituierte Doppelbindung, was in gutem Einklang mit dem UV-Spektr. steht. Die 7-Stellung der freien Hydroxylgruppen stimmt mit der zu **III** führenden Chromsäureoxydation von **I** gut überein, u. auch die Hydrolyse u. Veresterung von **III**, die zu *1.7-Diketo-$\Delta^{4,10.5}$-santadiensäuremethylester* führt, erhärtet die Formel **I**. Stereochem. Überlegungen konnten nicht endgültig entscheiden, ob die Hydroxylgruppe in **I** in cis- oder trans-Stellung zur Seitenkette steht. — Vgl. C. **1956.** 6685.

V e r s u c h e (FF. korr.): *Pseudosantoninacetat* (**II**), $C_{17}H_{22}O_5$, Kp.$_{0,3}$ 120° (Bad), aus **I** durch 1std. Kochen mit Essigsäureanhydrid u. Na-Acetat; zähe Fl., $[\alpha]_D^{25}$ —137,7° (c = 0,49; A.); 69% (Ausbeute). — *Pseudosantinincathylat,* $C_{18}H_{24}O_6$, F. 174,3—175,8° (nach Sublimation aus Ae./Hexan), aus **I** u. Chlorkohlensäureäthylester in Bzl. in Ggw. von Pyridin (2 Std. bei Zimmertemp.); $[\alpha]_D^{25}$ —108,5° (c = 0,37; A.); 79%. — *Pseudosantonintosylat* (**IV**), $C_{22}H_{26}O_6S$, F. 132,8—135°, aus **I** u. p-Toluolsulfochlorid in Pyridin (12 Std. bei 50—60°); $[\alpha]_D^{25}$ —110,0° (c = 0,54; A.); 86%. — *Anhydropseudosantonin,* $C_{15}H_{18}O_3$, F. 128,2—130,3° (Bzl.-Hexan), aus **IV** u. 2.4.6-Kollidin in Toluol (3 Tage bei 150°); $[\alpha]_D^{25}$ —240,0° (c = 0,51; A.); UV-Spektr. ist ident. mit dem von **I**; 68%. — *1-Keto-7-acetoxysantensäure,* F. 136,8—138° (CH_3OH–W.), aus **II** durch 40 Min. Hydrierung in Eisessig über Pd-Kohle. — *1-Keto-7-oxysantensäure* (**V**), F. 191—193,4°, aus vorst. Verb. durch Verseifung; $[\alpha]_D^{25}$ —3,3° (c = 1,01; A.), —6,6° (c = 0,635; Essigsäure). *Formiat,* $C_{16}H_{22}O_5$, F. 141,8—143,4° (Ae.–Hexan), aus **V** u. 98%ig. HCOOH (3 Tage kochen); 74%; *Methylester,* $C_{17}H_{24}O_5$, F. 108—109,8° (Ae.–Hexan), mit CH_2N_2. — *1-Ketosanten-12.7-olid,* F. 155,7—158° (CH_3OH), aus **V** durch 2std. Kochen mit Essigsäureanhydrid in Ggw. von 1 Tropfen Pyridin; $[\alpha]_D^{25}$ —138,9° (c = 0,81; A.). — *1-Acetoxysantan-12.7-olid,* F. 125,8—127,5° (Ae.–Hexan), nach CLEMO u. COCKER (C. **1946.** I. 1571); $[\alpha]_D^{25}$ —54,0° (c = 0,57; A.). — *1.7-Diketo-$\Delta^{4,10}$-santen-12.5-olid* (**III**), $C_{15}H_{18}O_4$, F. 139,4—146,0° (Bzl.), aus **I** mit CrO_3 in Eisessig (2 Std. bei Zimmertemp., über Nacht bei 5°). *Disemicarbazon* (wahrscheinlich das Deriv. nachst. Säure), $C_{17}H_{24}O_4N_6$, F. 205 bis 207° (aus CH_3OH mit W. oder Äthylacetat gefällt). — *1.7-Diketo-$\Delta^{4,10.5}$-santadiensäuremethylester,* $C_{16}H_{20}O_4$, F. 40—53°, aus rohem **III** u. 0,5n NaOH (über Nacht bei Zimmertemp. unter N_2) u. Ansäuern, dann Veresterung mit CH_2N_2; gelbes, beim Stehen kristallisierendes Öl, nicht umkristallisierbar; $[\alpha]_D^{25}$ +189,9° (c = 0,39; A.). — *Pseudosantoninepoxyd,* F. 139,4—143,3°, nach CLEMO u. COCKER (l. c.) mit Perbenzoesäure. (J. Amer. chem. Soc. **77.** 606—10. 5/2. 1955. Berkeley, Calif., Univ., Chem. Labor.)

WALTER SIMON. 3600

E. Ménard, H. Wyler, A. Hiestand, D. Arigoni, O. Jeger und **L. Ruzicka,** *Zur Kenntnis der Triterpene.* 188. Mitt. *Beweis für die Konstitution und Konfiguration von Tirucallol, Euphol, Euphorbol, Elemadienol- und Elemadienonsäure.* (187. vgl. DJERASSI u. Mitarbeiter, C. **1956.** 9738.) Vff. beweisen für *Euphol* (**I**) u. *Tirucallol* (**II**) die nachst. Formeln; bei gleicher Konfiguration der Verknüpfungsstellen der Ringe A/B unterscheidet sich **II** von *Lanosterin* (**XV**) in der spiegelbildlichen Konfiguration der C-Atome 13, 14 u. 17. — Die Umwandlungsprodd. von **I**, **II**, der Elemadienol- (**IV**) u. Elemadienonsäure (**V**) u. des Euphorbols (**XIII**) werden nunmehr vom hypothet. *Tirucallan* (*13.14.17.20-Isolanostan*; **III**) abgeleitet. — Daß die Überführung von **V** in *Tirucallenol* (**VI**; 179. Mitt., vgl. ARIGONI u. Mitarbeiter, C. **1956.**

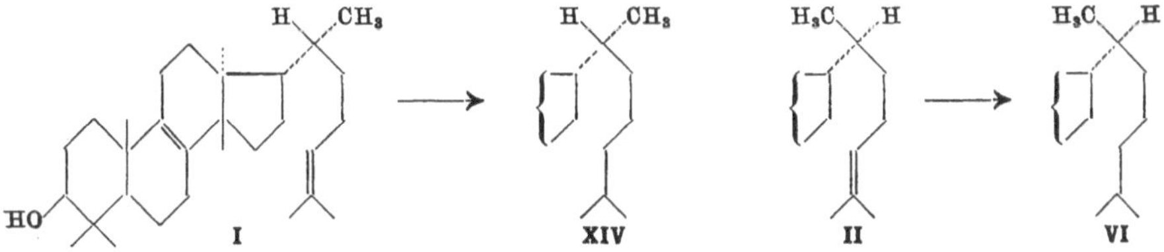

I XIV II VI

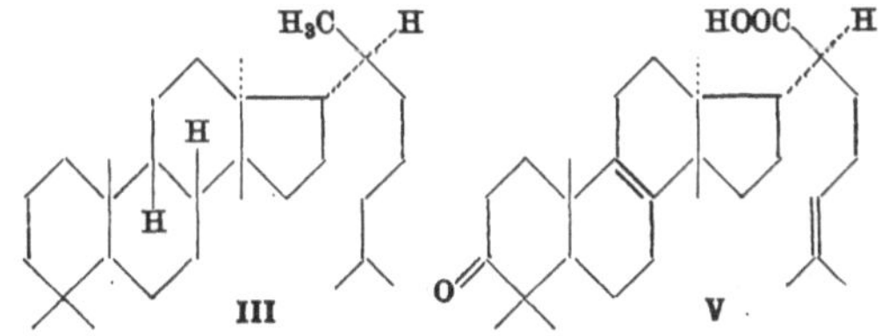

III V

2756) ohne Inversion an $C_{(20)}$ verläuft, wird dadurch gezeigt, daß Elemenonsäuremethylester (Δ^8-*3-Keto-tirucallen-21-säuremethylester*; **VII**) mit $LiAlH_4$ — wobei eine Inversion ausgeschlossen ist — zum *Diol* **VIII** red., dessen *Diacetat* **IX** zum *Monoacetat* **X** hydrolysiert u. dieses in das *Chlorid* **XI** übergeführt wurde, welches glatt zu **VI** red. werden konnte. — WOLFF-KISHNER-Red. von Δ^8-3β-Acetoxy-21-oxotirucallen (**XII**) liefert als Hauptprod. **VI** u. (infolge partieller Inversion an $C_{(20)}$) etwas *Euphenol* (**XIV**). Aus der Überführung von **V** in **VI** u. **XIV** folgt die konfigurative Übereinstimmung der Haftstelle der langen Seitenkette bei **I, II, IV, V** u. **XIII**. — Zum Beweis der zu **XV** spiegelbildlichen Konfiguration der C-Atome 13, 14 u. 17 in **II** wurde aus **IV** das *Acetoxyphenollacton* **XVI** hergestellt, welches das

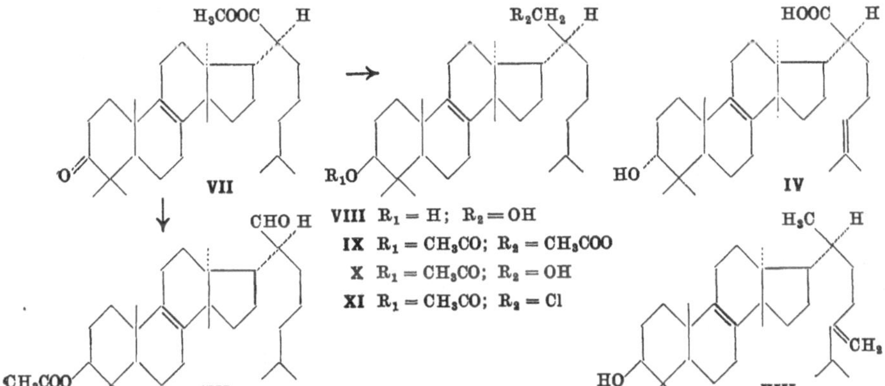

VII IV

VIII $R_1 = H$; $R_2 = OH$

IX $R_1 = CH_3CO$; $R_2 = CH_3COO$

X $R_1 = CH_3CO$; $R_2 = OH$

XI $R_1 = CH_3CO$; $R_2 = Cl$

XII XIII

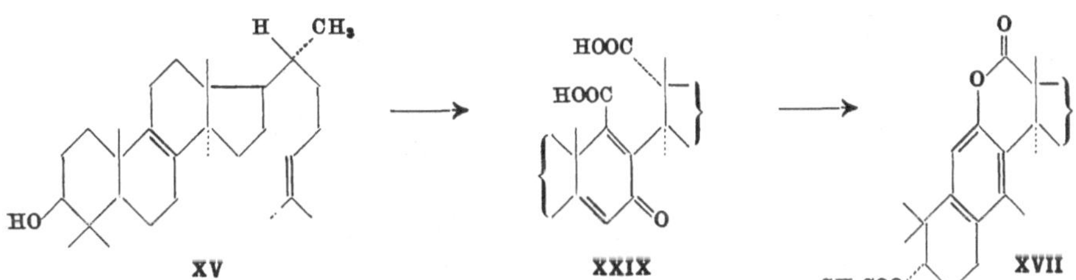

XV XXIX XVII

Enantiomere von dem aus **XV** gewonnenen **XVII** ist (vgl. BARNES u. Mitarbeiter, C. **1955**. 5789). Δ^8-*3α-Acetoxy-21-oxytirucallen* (**XXX**) kann entweder aus Δ^8-3α-Acetoxytirucallen-21-säurechlorid (**XVIII**) über den *21-Thiolsäuremethylester* **XIX** durch dessen RANEY-Ni-Red. gewonnen werden oder aus dem Acetylmethylester **XX** durch $LiAlH_4$-Red. zum *Diol* **XXI** u. partielle Verseifung des *Diacetats* (**XXII**). Aus **XXX** wurde über das *Acetoxychlorid* **XXIII** Δ^8-*3α-Oxytirucallen* (**XXIV**) u. daraus das *Acetat* (**XXV**) hergestellt; dieses wurde mit CrO_3 zu dem *Endion-(1.4)* **XXVI** oxydiert, das mit SeO_2 das *Dientrion* **XXVII** liefert. Dieses wird mit alkal. H_2O_2 zur *tricycl. Dicarbonsäure* **XXVIII** gespalten. Vff. stellen fest, daß die stereoiso-

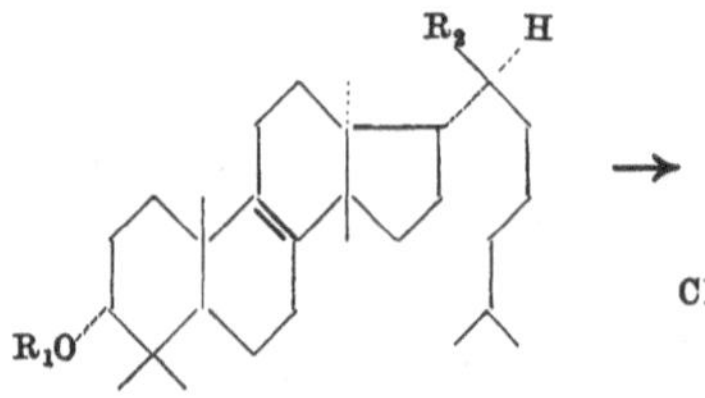

XVIII $R_1 = CH_3CO$; $R_2 = COCl$
XIX $R_1 = CH_3CO$; $R_2 = COSCH_3$
XX $R_1 = CH_3CO$; $R_2 = COOCH_3$
XXI $R_1 = H$; $R_2 = CH_2OH$
XXII $R_1 = CH_3CO$; $R_2 = CH_2OCOCH_3$
XXIII $R_1 = CH_3CO$; $R_2 = CH_2Cl$
XXIV $R_1 = H$; $R_2 = CH_3$
XXV $R_1 = CH_3CO$; $R_2 = CH_3$
XXX $R_1 = CH_3CO$; $R_2 = CH_2OH$

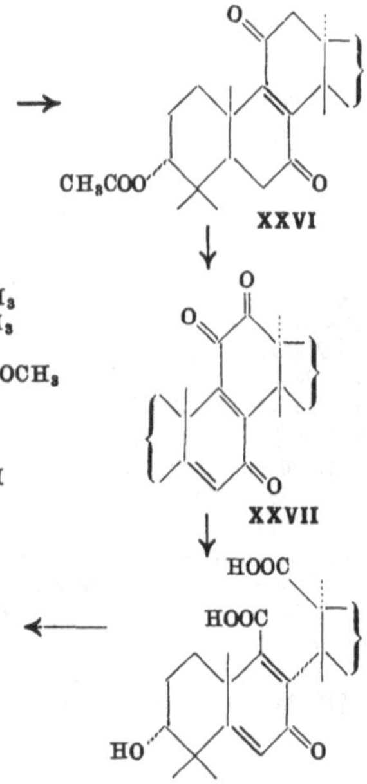

XXVI, XXVII, XXVIII

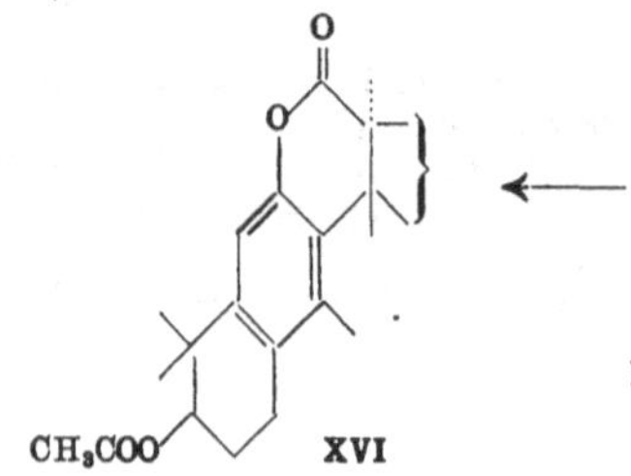

XVI

mere Dicarbonsäure **XXIX** nicht nur, wie von BARNES u. Mitarbeitern (l. c.) beschrieben, durch milde Acetylierung u. kurzes Erhitzen der entstehenden *Acetoxydicarbonsäure* auf 260° zu **XVII** führt, sondern die Aromatisierung schon bei längerem Stehen des Acetylierungsgemisches mit W. eintritt; ebenso konnte aus **XXVIII** der Antipode **XVI** zu **XVII** gewonnen werden (die Infrarotspektren beider Verbb. sind angegeben). Durch diese u. frühere Unterss. ist die Konfiguration der 2 stereoisomeren Grundtypen **II** u. **XV** endgültig festgelegt. Der Unterschied der Konfiguration an $C_{(13)}$ u. $C_{(14)}$ u. damit auch der Konfiguration an $C_{(17)}$ u. $C_{(20)}$ führt zur Annahme eines prinzipiell verschied. Verlaufs der biogenet. Cyclisation des Squalens zu den beiden Grundtypen.

V e r s u c h e (FF. korr. u. in einer im Hochvakuum zugeschmolzenen Capillare bestimmt; $[\alpha]_D$ in Chlf. im dm-Rohr): *Δ⁸-3β.21-Dioxytirucallen* (**VIII**), $C_{30}H_{52}O_2$, F. 162—162,5° (CH_2Cl_2–CH_3OH), durch Zugabe von **VII** in Ae. zu $LiAlH_4$ in sd. Ae. u. 5std. Kochen; $[\alpha]_D$ —8° (c = 1,05). — *Δ⁸-3β-Acetoxy-21-oxytirucallen* (**X**), $C_{32}H_{54}O_3$, F. 177—179° (CH_3OH), durch 2std. Acetylierung von 100 mg **VIII** mit Pyridin–Acetanhydrid bei 20° u. 18std. Stehen der 117 mg öligen *Diacetat* (**IX**) in Bzl. mit KOH in A.; $[\alpha]_D$ —2° (c = 1,15). — *Δ⁸-3β-Acetoxy-21-chlortirucallen* (**XI**), $C_{32}H_{53}O_2Cl$, F. 126,5 bis 127,5° (CH_3OH), durch 5std. Erhitzen von **X** mit p-Toluolsulfochlorid auf dem Wasserbad, Einrühren in verd. HCl u. Ausäthern; $[\alpha]_D$ +21° (c = 0,52). — *Δ⁸-3β-Oxytirucallen* (*Tirucallenol*; **VI**), F. 141,5—142,5° (CH_3OH), durch Red. von **XI** in sd. n-Butanol mit Na; $[\alpha]_D$ —7° (c = 0,70). — Nach 12std. Erhitzen von 649 mg **XII** mit $NaOC_2H_5$-Lsg. u. $N_2H_4 \cdot H_2O$ auf 200° im Rohr, Aufarbeitung, Chromatographie von 400 mg Reduktionsprod. in PAe. an Al_2O_3 u. Eluierung mit PAe., PAe.–Bzl. (9:1 u. 4:1) u. dann mit PAe.–Bzl. (3:1, 2:1 u. 1:1) wurde aus den letzteren Eluaten **VI** erhalten; 114 mg (Ausbeute); aus den Mutterlaugen u. den vorher erhaltenen PAe.–Bzl.-Eluaten wurde nach erneuter Chromatographie, Eluierung mit PAe.–Bzl. (4:1) u. Acetylierung *Δ⁸-3β-Acetoxy-20-isotirucallen* (*Acetyleuphenol*), $C_{32}H_{54}O_2$, F. 120—121° (CH_3OH), isoliert; $[\alpha]_D$ +35° (c = 0,92); 91 mg. — *Δ⁸-3α-Acetoxytirucallen-21-säurechlorid* (*Acetylelemenolsäurechlorid*; **XVIII**), $C_{32}H_{51}O_3Cl$, F. 178—179°, aus Δ⁸-3α-Acetoxytirucallensäure (Acetylelemenolsäure) in sd. PAe. u. $SOCl_2$; aus Aceton Nadeln; $[\alpha]_D$ —33° (c = 1,09). — *Δ⁸-3α-Acetoxytirucallen-21-säuremethylester* (*Acetylelemenolsäuremethylester*; **XX**), F. 135—136°, $[\alpha]_D$ —41° (c = 1,23), aus **XVIII** u. CH_3OH + Pyridin. — *Δ⁸-3α-Acetoxytirucallen-21-thiolsäuremethylester* (**XIX**), $C_{33}H_{54}O_3S$, F. 153 bis 153,5° (Aceton–CH_3OH), durch 7tägiges Stehen von 7,2 g **XVIII** in Bzl. mit Methylmercaptan + Pyridin in einer Ampulle, Lösen in PAe.–Bzl. (3:1) u. Chromatographie; $[\alpha]_D$ —19° (c = 0,94); 5,13 g. — *Δ⁸-3α-Acetoxy-21-oxytirucallen* (**XXX**), $C_{32}H_{54}O_3$, F. 108 bis 109° (CH_3OH), durch Schütteln von 5 g **XIX** in Ae. mit RANEY-Ni (8 Std. bei 20°), Chromatographie in PAe. u. Eluierung mit Bzl.–Ae. (1:1) u. Ae.–CH_3OH (1:1); $[\alpha]_D$ —58° (c = 1,13); 3,74 g. — *Δ⁸-3α.21-Dioxytirucallen* (**XXI**), $C_{30}H_{52}O_2$, F. 156—157° (CH_2Cl_2–Hexan), a) durch 5std. Kochen von **XXX** mit methanol. KOH; $[\alpha]_D$ —18° (c = 0,99); b) durch 2std. Red. von **XX** mit $LiAlH_4$ in Ae.; aus CH_3OH Nadeln. — Nach Acetylierung von 640 mg **XXI** zum amorphen Diacetat **XXII** (750 mg), Lösen in Bzl., 22std. Verseifen mit 0,21n äthanol. KOH bei 20°, Aufarbeitung u. Chromatographie wurden bei der Eluierung mit PAe. 77 mg **XXII** zurückerhalten, dann wurde bei Eluierung mit PAe.–Bzl. (1:1) **XXX** gewonnen; 420 mg. — *Δ⁸-3α-Acetoxy-21-chlortirucallen* (**XXIII**), $C_{32}H_{53}O_2Cl$, F. 156—157,5°, durch 6std. Kochen von **XXX** mit p-Toluolsulfochlorid in Pyridin; aus Aceton–CH_3OH Nadeln; $[\alpha]_D$ −32 bzw. −34° (c = 1,19 bzw. 0,66). — *Δ^8-3α-Oxytirucallen* (**XXIV**), $C_{30}H_{52}O$, F. 110–111° (CH_3OH), durch Zugabe von Na zu 507 mg **XXIII** in sd. n-Butanol; $[\alpha]_D$ −18° (c = 0,72); 430 mg. — *Δ^8-3α-Acetoxytirucallen* (**XXV**), $C_{32}H_{54}O_2$, F. 130–131° (Aceton–W.), $[\alpha]_D$ −60° (c = 0,77), durch Acetylierung von **XXIV**. — *Δ^8-3α-Acetoxy-7.11-diketotirucallen* (**XXVI**), $C_{32}H_{50}O_4$, F. 123–124° (CH_3OH), durch langsame Zugabe von CrO_3 in 90%ig. CH_3COOH zu 143 mg **XXV** in Eisessig bei 45°, 4std. Rk. bei 45°, 15 Std. bei n. Temp., Aufarbeitung, Chromatographie der 140 mg neutralen Oxydationsprodd. u. Eluierung mit PAe.; $[\alpha]_D$ −48° (c = 0,45); 105 mg. — *$\Delta^{5.8}$-3α-Acetoxy-7.11.12-triketotirucalladien* (**XXVII**), als amorphes Prod. durch 14std. Erhitzen von 468 mg **XXVI** mit SeO_2 in Dioxan auf 195° im Rohr, Aufarbeitung, Chromatographie der 350 mg neutralen Oxydationsprodd. in PAe. u. Eluierung mit PAe.; 218 mg. — *$\Delta^{5.8}$-3α-Oxy-7-keto-11.12-seco-tirucalladien-11.12-disäure* (**XXVIII**), $C_{30}H_{46}O_6 \cdot 2\,H_2O$, F. 207–208° (Zers.), Nadeln aus Aceton–W., $[\alpha]_D$ −90° (c = 0,76; CH_3OH), durch Lösen von 190 mg **XXVII** in A. + 30%ig. H_2O_2 (5:1), Zugabe von n. äthanol. KOH bei Siedehitze u. Erhitzen bis zur Beendigung der O_2-Entw.; 164 mg. — *Acetoxyphenollacton* **XVI**, $C_{31}H_{46}O_4$, F. 115–116° (CH_3OH), durch 15std. Stehen von 879 mg **XXVIII** mit Pyridin–Acetanhydrid (1:1), Versetzen mit Eis, 3tägiges Stehen, Eindampfen, Ausäthern, Versetzen der neutralen Anteile (249 mg) mit PAe., Chromatographie u. Eluierung mit PAe.; $[\alpha]_D$ −143° (c = 0,815); 19 mg. — *Acetoxyphenollacton* (**XVII**, $C_{31}H_{46}O_4$, F. 115–116°, $[\alpha]_D$ +116° (c = 1,39), durch 12std. Stehen von 2 g $\Delta^{5.8}$-3β-Acetoxy-7-keto-11.12-seco-lanostadien-11.12-disäure mit Acetanhydrid–Pyridin, Versetzen mit Eis, 24std. Stehen, Aufnehmen des Nd. in Ae. u. Gewinnung der neutralen Anteile; 478 mg. (Helv. chim. Acta **38**. 1517–29. 15/10. 1955. Zürich, ETH, Organ.-chem. Labor.) H.-J. NITZSCHKE. 3600

Christoph Scholtissek, Hideya Endo und **Hans Lettré**, *Über vielwertige quartäre Ammoniumverbindungen.* 3. Mitt. *Derivate der Dielssäure.* (2. vgl. NES u. LETTRÉ, C. **1956**. 8919.) Nachdem die $LiAlH_4$-Red. des Dimethylesters der durch NaOBr-Oxydation von Cholesterin hergestellten *Dielssäure* (**I**; *3.4-Seco-Δ^5-cholesten-3.4-disäure*) nicht das erwünschte Diol ergab, wurde das Bis-dimethylamid von **I** mit $LiAlH_4$ zum *3.4-Seco-Δ^5-cholesten-3.4-bis-dimethylamin* red., von dem mit CH_3J die *einseitig quaternisierte Ammoniumverb.* hergestellt werden kann, die aus sd. W. rekristallisierbar ist. Der aus **I** nach DIELS [1904] gewonnene *3-Monomethylester* wird über das *Säurechlorid* mit $(CH_3)_2NH$ in das *3-Monomethylester-4-monodimethylamid* verwandelt, aus dem nach $LiAlH_4$-Red. *3.4-Seco-Δ^5-cholesten-3-ol-4-dimethylamin* erhalten wird. Das isomere *3.4-Seco-Δ^5-cholesten-4-ol-3-dimethylamin* entsteht aus dem Anhydrid von **I** durch Rk. mit $(CH_3)_2NH$ zur *3-Monoamidsäure* u. $LiAlH_4$-Reduktion. **I** gibt bei der katalyt. Hydrierung *Dihydrodielssäure* (*3.4-Secocholestan-3.4-disäure* [**II**]), deren Red. mit $LiAlH_4$ zu *3.4-Secocholestandiol-(3.4)* führt. Von **II** wird über das *Disäurechlorid* u. *Bis-dimethylamid* durch Red. *3.4-Secocholestan-3.4-bis-dimethylamin* dargestellt. Ebenso wie bei **I** lassen sich auch von **II** die isomeren *3.4-Secocholestan-3-ol-4-dimethylamin* u. *-4-ol-3-dimethylamin* gewinnen. Die am $C_{(5)}$ stereoisomere Form von **II** entsteht durch Oxydation von Koprosterin nach GARDNER u. GODDON [1913]; aus ihr wurden analog das *3.4-Seco-3.4-diol* u. *3.4-Seco-3.4-bis-dimethylamin* hergestellt.

V e r s u c h e: *3.4-Seco-Δ^5-cholesten-3.4-disäure-bis-dimethylamid*, $C_{31}H_{54}O_2N_2$, F. 107°, durch ½std. Schütteln von 0,4 g **I** mit PCl_5 in Ae. u. ½std. Behandeln des im Vakuum erhaltenen Abdampfrückstandes mit äther. $(CH_3)_2NH$-Lsg.; Nadeln aus CH_3OH; 0,3 g (Ausbeute). — *3.4-Seco-Δ^5-cholesten-3.4-bis-dimethylamindihydrochlorid*, $C_{31}H_{60}$·N_2Cl_2, F. 257–258° (Zers.; aus Eisessig durch Fällen mit Aceton), durch 3std. Kochen von 0,5 g vorst. Verb. mit äther. $LiAlH_4$-Suspension, Zers. mit NaOH, Isolieren, Aufnehmen in CH_3OH, Zutropfen von konz. H_2SO_4 u. Auskochen des Rückstandes mit Aceton; 0,45 g (roh). — *3.4-Seco-Δ^5-cholesten-3.4-bis-dimethylamin-3-methojodid*, C_{32}·$H_{61}N_2J$, F. 280° (Zers.; Verfärben ab 220°), aus 100 mg vorst. Verb. durch Schütteln mit KOH u. Ae. u. Zufügen von CH_3J zur isolierten äther. Lsg.; Blättchen aus sd. Aceton oder W.; 100 mg. — *3.4-Seco-Δ^5-cholesten-3-ol-4-dimethylaminhydrochlorid*, $C_{29}H_{54}$·$ONCl$, F. 220–223° (Zers.), durch ½std. Schütteln von 0,5 g **I**-Dimethylester mit äquimol. Mengen PCl_5 in Ae., Behandeln des Abdampfrückstandes mit $(CH_3)_2NH$ in Ae. u. 3std. Kochen des Abdampfrückstandes mit $LiAlH_4$; Spieße aus Aceton; 350 mg. — *3.4-Seco-Δ^5-cholesten-3-dimethylamid-4-säure*, $C_{29}H_{49}O_3N$, F. 219°, durch 1std. Kochen von 0,5 g **I** mit Acetanhydrid, 1std. Behandeln des Abdampfrückstandes mit überschüssiger äther. $(CH_3)_2NH$, Verdünnen mit W., Ansäuern u. Ausäthern; dünne Blättchen aus CH_3OH; 150 mg. — *3.4-Seco-Δ^5-cholesten-4-ol-3-dimethylaminhydrochlorid, Hemihydrat*, $C_{29}H_{54}ONCl \cdot \frac{1}{2}\,H_2O$, F. 263–265° (Zers.; nach vorübergehendem Schmelzen bei 215–218°), durch 3std. Kochen von 0,3 g vorst. Verb. mit $LiAlH_4$ in Ae.; Spieße aus Aceton. — *Dihydrodielssäuredimethylester,* F. 123° (CH_3OH–Aceton), durch 8std. Hydrieren von 3,6 g I-Dimethylester über PtO_2 in Eisessig bei 20°; 3 g. *Freie Säure* **II**, F. 252° (Eisessig), durch 24std. Kochen des Diesters mit Eisessig + konz. H_2SO_4 u. 24std. Kochen des gebildeten *Monomethylesters* mit 5%ig. KOH. — *3.4-Secocholestandiol-(3.4),* $C_{27}H_{50}O_2$, F. 123°, durch 2std. Rühren vorst. Dimethylesters mit äther. $LiAlH_4$ bei 0° u. Chromatographieren; 6eckige Platten aus CH_3OH; 80%; gibt bei der Oxydation mit CrO_3 in Eisessig (2 Std. bei 70°) **II**. *Bis-p-nitrobenzoylderiv.,* $C_{41}H_{56}O_8N_2$, F. 116°; Nadeln aus CH_3OH. — *3.4-Secocholestan-3.4-disäure-bis-dimethylamid,* $C_{31}H_{56}O_2N_2$, F. 131°, aus 0,4 g **II** → Disäuredichlorid u. $(CH_3)_2NH$ wie bei I; Nadeln aus wss. CH_3OH; 100%. — *3.4-Secocholestan-3.4-bis-dimethylamindihydrochlorid,* $C_{31}H_{62}N_2Cl_2$, F. 269–270° (Zers.; CH_3OH–Aceton), aus vorst. Verb. + $LiAlH_4$; 100%. — *3.4-Secocholestan-3-säuremethylester-4-säuredimethylamid,* $C_{30}H_{53}O_3N$, F. 96–98° (CH_3OH), durch 1std. Kochen von **II** mit 5%ig. methanol. H_2SO_4 zum *Monomethylester* (F. 147°), Verwandeln von 0,5 g in das *Säurechlorid* u. Rk. mit $(CH_3)_2NH$; 460 mg. — *3.4-Secocholestan-3-ol-4-dimethylaminhydrochlorid,* $C_{29}H_{56}ONCl$, F. 228–232° (Zers.; Aceton), durch $LiAlH_4$-Red. von 0,2 g vorst. Verb.; 100 mg. — *3.4-Secocholestan-4-ol-3-dimethylaminhydrochlorid,* $C_{29}H_{56}ONCl$, F. 228–230° (Zers.; Aceton), durch 1std. Kochen von 0,5 g **II** mit Acetanhydrid, Behandeln des Abdampfrückstandes mit $(CH_3)_2NH$, Aufarbeiten u. 3std. Kochen mit $LiAlH_4$ in Ae.; 100 mg. — *3.4-Secokoprostandiol-(3.4),* $C_{27}H_{50}O_2$, F. 146°, durch Verestern von 0,2 g 3.4-Secokoprostan-3.4-disäure mit CH_2N_2 zum *Dimethylester* (F. 61°), $LiAlH_4$-Red. in Ae. bei 20° u. Chromatographieren an Al_2O_3; 150 mg. — *3.4-Secokoprostan-3.4-disäure-bis-dimethylamid,* $C_{31}H_{56}O_2N_2$, F. 156–157°, aus der Säure über das Säuredichlorid u. Rk. mit $(CH_3)_2NH$; Prismen aus Ae.; 100%. — *3.4-Secokoprostan-3.4-bis-dimethylamindihydrochlorid,* $C_{31}H_{62}N_2Cl_2$, F. 256° (Zers.; Aceton), aus vorst. Verb. u. $LiAlH_4$. (Liebigs Ann. Chem. **598.** 139–45. 1956. Heidelberg, Univ., Inst. für experim. Krebsforsch.) H. LEHWALD. 3700

Silvio Pietra und **Giorgio Traverso,** *Darstellung von Methylketonen aus Cholansäuren.* Durch Umsetzung ihrer Säurechloride mit Malonester u. anschließendes Kochen des rohen Prod. mit Säure wurden Cholansäure, Lithocholsäure u. Norlithocholsäure in *Norcholanylmethylketon, Norlithocholylmethylketon* u. *Bis-nor-lithocholylmethylketon* übergeführt.

Versuche: *Norcholanylmethylketon,* F. 113–114° (Methanol), aus 3 g Cholansäurechlorid in Ae. mit Malonsäurediäthylester in A.–Ae. in Ggw. von Mg u. CCl_4 (½ Std. auf dem Wasserbad) u. anschließendes Kochen des Rohprod. mit wss. H_2SO_4 in Essigsäure (6 Std.); 1,1 g (Ausbeute). *Semicarbazon,* F. 232°. — *Norlithocholylmethylketon,* F. 157°, analog vorst. Verb. aus Acetyllithocholsäurechlorid; über das *Acetylderiv.,* F. 145° (Methanol). *Semicarbazon,* F. 227°. — *Bis-nor-lithocholylmethylketon,* $C_{24}H_{40}O_2$, F. 183° (verd. Methanol), aus dem Acetylderiv. durch Kochen mit 5%ig. methanol. KOH. *Acetylderiv.,* $C_{26}H_{42}O_3$, F. 163,5° (verd. Essigsäure), analog vorvorst. Verb. aus Acetylnorlithocholsäurechlorid. *Semicarbazon,* $C_{25}H_{43}O_2N_3$, F. 199° (Methanol). (Gazz. chim. ital. **83.** 1047–50. Dez. 1953. Pavia, Univ., Ist. di Chim. gen.)

WALTER SIMON. 3700

Zbigniew Wąs, *Eine neue Methode zur Darstellung von Dehydrochol- und Dehydrodesoxycholsäure.* Vf. beschreibt die Oxydation von Cholsäure zu *Dehydrocholsäure* mit Cl_2. Die Oxydation ist von der Temp., Konz. des cholsauren Na (**I**) u. des eingeleiteten Cl_2 sowie von der Intensität des Rührens abhängig. Die besten Ergebnisse wurden bei 10–20° u. höchstens 5%ig. **I**-Lsg. gefunden. wenn das Gemisch gleichzeitig sehr stark gerührt wird u. die Einleitung des Cl_2 rasch erfolgt. Intensives Rühren ist wesentlich, da sonst Prodd. von tiefem F. entstehen. Aus Desoxycholsäure wurde auf gleichem Wege *Dehydrodesoxycholsäure* erhalten.

Versuche: *Dehydrocholsäure,* F. 237°, aus einer 5%ig. wss. Lsg. von gereinigtem **I** durch Oxydation mit Cl_2 bei 10° unter starkem Rühren; Nadeln aus 80%ig. Essigsäure; 86% Ausbeute. — *Dehydrodesoxycholsäure,* F. 189°, aus Desoxycholsäure wie vorst.; glänzende Blättchen aus Alkohol. (Acta polon. pharmac. **12.** 49–56. Jan./März 1955. Breslau [Wrocław], Akad. Med., Zakład Chem. Farmaceut.) A. RUSS. 3700

E. B. Astwood, M. S. Raben, R. W. Payne und **A. B. Grady,** *Reinigung von Corticotropin mit Oxycellulose.* Verss. zur Adsorption des rohen Eisessigextraktes von gepulverten Schweinehypophysenvorderlappen aus 0,1n-Essigsäure an Oxycellulose (10,4% COOH) als Kationenaustauscher unter 24std. Rühren bei Zimmertemp. u. Elution mit 0,1n HCl zeigten eine bedeutend größere Spezifität u. Anreicherung an *Corticotropin* als die früher (vgl. GOLDMAN u. Mitarbeiter, C. **1950.** II. 2458) verwandte Cellulose. Maximale Anreicherung (40fach gegenüber dem Ausgangsmaterial) wurde bei Anwendung von 8% des Rohextraktgewichts an Oxycellulose erreicht. (J. Amer. chem. Soc.

73. 2969—70. Juni 1951. Boston, Mass., New England Center Hosp., Ziskind Res. Labors., u. Tufts Coll., Med. School, Dep. of Med.) U. KOCK. 3750

Samuel Gordon und **Vincent du Vigneaud,** *Die Darstellung von S.S'-Dibenzyloxytocin und dessen Zurückverwandlung in Oxytocin.* Die Benzylierung von 229 mg Oxytocin (I) durch Red. mit Na/fl. NH_3 u. anschließende Rk. mit Benzylchlorid liefert 188,3 mg biol. inakt. *S.S'-Dibenzoylderiv.* (II), das durch Red. mit Na/fl. NH_3 u. Luftoxydation unter Rückbldg. von I (20% Ausbeute) reaktivierbar ist. II enthält 2 Mol *S-Benzylcystein* u. je 1 Mol *Leucin, Isoleucin, Tyrosin, Prolin, Glutaminsäure, Asparaginsäure, Glykokoll* u. eine Spur *Cystin.* (Proc. Soc. exp. Biol. Med. **84.** 723—25. Dez.1953. New York City, N. Y., Cornell Univ., Med. Coll., Dep. of Biochem.) K. MAIER. 3750

Niels Elming und **Niels Clauson-Kaas,** *Eine neue Synthese von Pyridoxin.* Das aus Furan über 5 Stufen erhaltene *2-[α-Acetamidoäthyl]-3.4-bis-[acetoxymethyl]-furan* wird analog der Synth. von Pyridol-(3) (vgl. C. **1956.** 11 989) in *Pyridoxin* verwandelt.

V e r s u c h e: *Furan-3.4-dicarbonsäurediäthylester,* $C_{10}H_{12}O_5$, Kp.$_{13}$ 154—157°, n_D^{25} 1,4690, aus Furan u. Acetylendicarbonsäurediäthylester unter 140 at H_2 bei 100° (18 Std.), dann unter 15—20 at H_2 über Pd-Kohle in Aceton; 62% (Ausbeute). — *3.4-Bis-[acetoxymethyl]-furan,* $C_{10}H_{12}O_5$, F. 29—31° (korr.), Kp.$_{0,1}$ 88—90°, n_D^{25} 1,4672, aus vorst. Verb. mit $LiAlH_4$ in Ae. (5 Min.) u. Acetylierung; 83%. — *2-Acetyl-3.4-bis-[acetoxymethyl]-furan,* $C_{12}H_{14}O_6$, F. 51—53° (Ae.), Kp.$_{0,1}$ 127—129°, aus vorst. Verb. in Acetanhydrid mit BF_3-Ätherat (10 Min. bei 85—90°); 72%. *Oxim,* $C_{12}H_{15}O_6N$, F. 79—81° (Ae.). — *2-[α-Acetamidoäthyl]-3.4-bis-[acetoxymethyl]-furan,* $C_{14}H_{19}O_6N$, F. 95—96° (Bzl.-Ae.), aus vorst. Oxim in Acetanhydrid unter 100 at H_2 über RANEY-Ni bei 70—80°; 91%. In einem anderen Vers. wurde aus Ae. eine *polymorphe Form* vom F. 66—68° (Kp.$_{0,1}$ 170 bis 190°) erhalten, die beim Animpfen in die hochschm. Form übergeht. — *Pyridoxinhydrochlorid,* $C_8H_{12}O_3NCl$, F. 207—209° (Zers.; A.), aus vorst. Verb. durch Elektrolyse in CH_3OH in Ggw. von NH_4Br, Behandlung mit methanol. $NaOCH_3$, Verseifung mit sd. 3nNaOH u. Kochen mit n-HCl (20 Min.); 76%. (Acta chem. scand. **9.** 23—26. 1955. Copenhagen, Centrallabor. Sadolin & Holmblad A/S.) F. J. MEYER. 3800

E. Hardegger und **E. Nikles,** *Welkstoffe und Antibiotica.* 16. Mitt. *$^{14}C_{(COOH)}$-Fusarinsäure und quaternäre Derivate der Fusarinsäure.* (15. vgl. PLATTNER u. Mitarbeiter, C. **1955.** 8396.) Das Welketoxin *Fusarinsäure* (I) wurde über das *Amid* (II) u. *2-Amino-5-n-butylpyridin* in *2-Brom-5-n-butylpyridin* übergeführt u. letzteres über die *Li-Verb.* mittels $^{14}CO_2$ zu $^{14}C_{(COOH)}$-I carboxyliert. Aus I u. II wurden einige quaternäre Ammoniumverbb. dargestellt.

V e r s u c h e (FF. korr.): I-*Methylester,* $C_{11}H_{15}O_2N$, Kp.$_{Hochvakuum}$ 98—99°, aus 7,86 g I mit äther. CH_2N_2-Lsg.; Öl; 5,15 g (Ausbeute). *Pikrat,* $C_{17}H_{18}O_9N_4$, F. 83—86° (Butanol). — I-*Jodmethylat,* $C_{11}H_{16}O_2NJ$, F. 147—148° (Zers.), aus 1 g I u. 20 g CH_3J (10° Std. im Rohr bei 100°); feine, gelbliche Nadeln (absol. Aceton–Ae.); 0,93 g. — I-*Methylbetain,* aus 0,5 g vorst. Verb. in W. mit Ag_2O (15 Min. schütteln; Entfärbung); sehr hygroskopisch. — I-*Amid* (II), $C_{10}H_{14}ON_2$, F. 127—128° (CH_3OH), durch ½std. Schütteln von 4,5 g I-Methylester mit konz. NH_4OH u. CH_3OH (1 : 1) u. 24std. Stehen; 4 g. *Jodmethylat,* $C_{11}H_{17}ON_2J$, F. 148—149° (Zers.; A.–Essigester), aus 0,7 g II im Rohr mit 20 g CH_3J (12 Std. bei 95°); 1,15 g. *Chlormethylat,* $C_{11}H_{17}ON_2Cl$, F. 173° (Zers.; absol. A.–Essigester), aus 600 mg Jodmethylat mit 2 g frisch hergestelltem AgCl in CH_3OH (14std. Schütteln; Entfärbung); 430 mg. — *2-Amino-5-n-butylpyridin,* $C_9H_{14}N_2$, F. 34—36° (PAe.), durch Schütteln von 1,8 g II mit NaOBr-Lsg. bei 0°, 25 Min. Erwärmen auf 70—80°, Ansäuern mit konz. HCl (Kongo), Ausschütteln mit Ae., Alkalisieren mit NaOH u. Ae-Extraktion; 1,2 g. *Pikrat,* $C_{15}H_{17}O_7N_5$, F. 211—214° (A.). — *2-Brom-5-n-butylpyridin,* $C_9H_{12}NBr$, Kp.$_{Hochvakuum}$ 90—95°, durch Versetzen vorst. Verb. in 48%ig. HBr bei 0° mit Br_2, Verreiben des ausgeschiedenen Perbromids, Diazotierung bei —10 bis —20°, Erwärmen auf 0°, Versetzen mit wss. NaOH unterhalb 0° u. Ae.-Extraktion; 800 mg. *Hydrochlorid,* $C_9H_{13}NClBr$, F. 128° (A.–Ae.). — $^{14}C_{(COOH)}$-I, $C_{10}H_{13}O_2N$, F. 98—100° (Sublimation), durch Überführung vorst. Verb. mit Butyl-Li in die Li-Verb. unter N_2 u. Umsetzung mit $^{14}CO_2$ in einer Hochvakuumapp. im Trockeneis-Aceton-Bad, Zers. mit 2n HCl, Alkalisieren mit NaOH u. Extraktion mit CH_2Cl_2 bei p_H 4; 57—73%. (Helv. chim. Acta **39.** 223—29. 1/2. 1956. Zürich, ETH, Organ.-chem. Labor.) K. MAIER. 3900

Vernon V. Young, *Dextro- und Lävo-N-methyl-1.2-diphenyl-2-oxyäthylaminsalze von Benzylpenicillin.* Bei der Rk. wss. Lsgg. von K-Benzylpenicillat u. *rac.-N-Methyl-1.2-diphenyl-2-oxyäthylamin* (rac. I)-*Hydrochlorid* fällt das krist. *l-I-Salz des Benzylpenicillins* aus; aus den Mutterlaugen wird *d*-I isoliert. *d*-I gibt in Butylacetat mit freier Benzylpenicillatsäure das *d-I-Salz. l*-I kann durch Zers. des entsprechenden Salzes erhalten werden. Die Salze bilden weiße Nadeln, ihre Penicillinwirksamkeit gegenüber *Staphylococcus aureus* beträgt ca. 1,058 E./mg. Obwohl in I zwei asymm. C-Atome vorhanden sind, konnten nur zwei opt. Isomere isoliert werden.

Versuche (opt. Drehungen in CH_3OH, c = 1): *rac.-N-Methyl-1.2-diphenyl-2-oxyäthylamin* (*rac.*-**I**), $C_{15}H_{17}ON$, F. 136—137°, durch Hydrierung eines Gemisches von Benzoin, Monomethylamin u. Methanol in Ggw. von RANEY-Ni bei 100° u. 1000 lbs./sq.in. Nadeln aus Toluol [*Hydrochlorid*, $C_{15}H_{18}ONCl$, F. 270—271° (Sublimation; Methanol-Aceton)]. *l*-**I**, $C_{15}H_{17}ON$, F. 131,0—131,5° (Ligroin), $[\alpha]_D^{25}$ —40,0° (*Hydrochlorid*, $C_{15}H_{18}\cdot ONCl$, F. 297,0—297,5° [Sublimation; CH_3OH-Aceton], $[\alpha]_D^{25}$ —80,6°. *Benzylpenicillinsalz*, $C_{31}H_{35}O_5N_3S$, F. 186,0—188,0° [Zers.; CH_3OH-Ae.], $[\alpha]_D^{25}$ +112,5°). *d*-**I**, $C_{15}H_{17}ON$, F. 129,0—131,0° (Ligroin), $[\alpha]_D^{25}$ +38,2° (*Hydrochlorid*, $C_{15}H_{18}ONCl$, F. 295,0—296,0° [Sublimation; CH_3OH-Ae.], $[\alpha]_D^{25}$ +78,7°. *Benzylpenicillinsalz*, $C_{31}H_{35}O_5N_3S$, F. 148,0 bis 151,0° [Zers.], $[\alpha]_D^{25}$ +243,0°). (J. Amer. pharmac. Assoc., sci. Edit. **40**. 261—62. Juni 1951. Terre Haute, Ind., Commercial Solvents Corp., Pharmaceut. Res. Div.) WALTER SIMON. 3900

M. Pailer, L. Belohlav und **E. Simonitsch,** *Zur Konstitution der Aristolochiasäuren. (Pflanzliche Naturstoffe mit einer Nitrogruppe.)* Die aus den Rhizomen von *Aristolochia clematitis* T. isolierte *Aristolochiasäure* (**I**; vgl. ROSENMUND u. REICHSTEIN, Pharmac. Acta Helvetiae **18.** [1943.] 243) der Bruttoformel $C_{17}H_{11}O_7N$, Zers. bei 287—292°, bildet einen *Methylester* (**Ia**), F. 285°, gibt bei der Zn-Staubdest. *Phenanthren* u. läßt sich mit Cu in Chinolin zu einer *Verb.* $C_{16}H_{11}O_5N$ (**II**), F. 216°, decarboxylieren. Nach einer modifizierten Methoxylbest. läßt sich in **I** u. in einer N-freien Abbauverb. eine (entsprechend in **Ia** zwei) CH_3O-Gruppe nachweisen; die früher bei der klass. Best. gefundene geringe Menge CH_3J entstammt also nicht einer N-Methylgruppe. Bei der Hydrierung über PtO_2 oder Pd-Kohle liefert **I** (ebenso **Ia**) unter Aufnahme von 3 H_2 u. Abspaltung von H_2O eine neutrale *Verb.* $C_{17}H_{11}O_4N$, F. 317—319°, die wahrscheinlich ein Lactam ist, da bei der Hydrierung von **II** ein sehr empfindliches *Amin* $C_{16}H_{13}O_3N$, F. 172—173°, entsteht, das ein *Hydrochlorid*, ein *Pikrat* u. ein *Acetylderiv.* (auch aus **I** durch red. Acetylierung) liefert u. bei der Diazotierung u. Verkochung bzw. bei milder Oxydation in eine intensiv rote N-freie Substanz, wahrscheinlich ein *Chinon* übergeht. Danach ist die NH_2-Gruppe durch Red. einer auch im UV-Spektr. nachweisbaren NO_2-Gruppe entstanden. Durch Abspaltung mit H_3PO_4 aus **I** in Form von CH_2O u. durch Farb-Rkk. des nachst. ungefärbten Abbauprod. läßt sich in **I** im Gegensatz zu früheren Angaben eine Methylendioxygruppe nachweisen. Bei der Oxydation von **I** mit H_2O_2 in Tetrahydrofuran entsteht eine *Diphensäure* $C_{16}H_{12}O_7$, F. 246° (*Dimethylester*, $C_{18}H_{16}O_7$, F. 115°), die mit AlBr in sd. Bzl. bzw. mit HCl im Rohr unter Abspaltung des noch in ihr enthaltenen Methoxyl- u. Methylendioxygruppe in ein *Dioxylacton* (?) $C_{13}H_8O_4$, F. 204°, übergeht. Danach sitzt die NO_2-Gruppe am $C_{(9)}$ oder $C_{(10)}$ des Phenanthrenskeletts. Neben **I** konnte noch eine „*Noraristolochiasäure*", $C_{16}H_9O_6N$, F. 269°, isoliert werden, die keine CH_3O-Gruppe, aber je eine Methylendioxy- u. Nitrogruppe enthält, u. ebenso wie **I** einen *Methylester*, F. 253°, ein *Decarboxylierungsprod.* (daraus ein *Amin*), eine „*hydrierte Säure*" (auch aus dem Ester), eine „*reduktiv acetylierte Säure*" u. ein *Diphensäurederiv.* liefert. (Mh. Chem. **86.** 676—80. 1955. Wien, Univ., 2. Chem. Labor.) K. ZOPFF. 3950

Anthony W. Schrecker und **Jonathan L. Hartwell,** *Anwendung von Tosylatreduktionen und Molekularrotationen auf die Stereochemie von Lignanen.* Analog der Umwandlung von Isodesoxypodophyllotoxin (**VIII**) in *Isodesoxypodophyllinsäuremethylester* (vgl. C. **1956.** 6693) geht α-Retrodendrindimethyläther (**V**) beim Kochen mit Na-Acetat in Methanol über in *α-Retrodendrinsäuremethylesterdimethyläther* (**VI**); damit ist die trans-(2.3)-trans-(3.4)-Konfiguration von **V** u. damit auch von *α-Conidendrin* (**III**) erwiesen. **VIII** u. **V** haben fast gleich große, aber entgegengesetzte Molekularrotationen, müssen also an allen drei Asymmetriezentren entgegengesetzte Konfigurationen besitzen; dies wird durch die ebenfalls gleich großen aber entgegengesetzten Rotationen von Isodesoxypodophyllinsäuremethylester u. **VI** bestätigt, auch die Molekularrotationen von (+)-*Isolariciresinoldimethyläther* (**IIa**) u. *Anhydroisolariciresinoldimethyläther* einerseits u. dem *Diol aus* **VIII** (**IX**) u. der entsprechenden *Anhydroverb.* sind gleich groß aber entgegengesetzt. Gleiche Beziehungen bestehen auch zwischen *β-Conidendrylalkoholdimethyläther* (**VII**) u. seiner *Anhydroverb.* einerseits u. dem *Diol aus Desoxypikropodophyllin* (**X**) u. dessen *Anhydroverb.* andererseits. *Desoxypodophyllotoxin* (**IV**) unterscheidet sich von **VIII** durch die Konfiguration an $C_{(2)}$ u. $C_{(3)}$ u. kann sich daher ster. von **III** nur durch die Konfiguration an $C_{(4)}$ unterscheiden. Somit haben die antitumorwirksamen Lignane, die sich von **IV** ableiten, die gleiche Konfiguration an $C_{(2)}$ u. $C_{(3)}$ wie z. B. die Diarylbutane vom Typ des (—)-*Matairesinols* (**I**) oder das (+)-*Isolariciresinol* (**II**) oder **III**, wobei enge Zusammenhänge zwischen stereochem. Gegebenheit u. biol. Wrkg. offenbar werden. — (—)-Matairesinoldimethyläther (**Ia**) läßt sich mit $LiAlH_4$ zum entsprechenden *Diol* reduzieren; dieses reagierte dann mit Tosylchlorid oder Mesylchlorid, worauf das *Ditosylat* bzw. das *Dimesylat* mit $LiAlH_4$ red. wurden; man erhielt dabei in guter Ausbeute (—)-*Dihydroguaretsäuredimethyläther.* (Ein Prod. mit gleich großer u. gleichgerichteter

Molekularrotation erhält man durch Red. von (—)-Guajaretsäuredimethyläther. Mithin haben **I**, **II**, **III** u. die Derivv. von **IV** an $C_{(3)}$ die gleiche Konfiguration, die auch an dem einzigen asymm. C-Atom der *Guajaretsäure* vorhanden ist. — Red. man die Dimesyl- oder Ditosylverb. von **IIa**, so entsteht (—)-*Galbulin*, welches mithin die Konfiguration von **IIa** besitzt; *Galkatin*, dessen Rotation gleich groß u. gleich gerichtet ist, durfte die gleiche Konfiguration haben. Red. des Ditosylates von **VII** liefert *Isogalbulin*.

Versuche (FF. korr.): *α-Retrodendrinsäuremethylesterdimethyläther* (**VI**), $C_{23}H_{28}O_7$, F. 183,5—184°, aus α-Retrodendrinsäuredimethyläther (durch Behandlung mit Diazomethan oder aus **V** mit Na-Acetat in Methanol; Nadeln aus Methanol, $[\alpha]_D^{21}$ +24,4 ± 1,2° (c = 0,48; Chlf.); Infrarotspektr. zeigt Esterbande bei 5,79 μ in Chlf.; 87 bzw. 66% (Ausbeute). — Durch Zugabe von 0,01 Mol Lacton in 40—80 cm³ Tetrahydrofuran zu 3 g $LiAlH_4$ in 50 cm³ Tetrahydrofuran, 3std. Rühren bei Zimmertemp., Kühlung mit Eis u. Zers. durch Zugabe von 18 cm³ Äthylacetat, dann von 17 cm³ gesätt. NH_4Cl-Lsg., Waschen mit W. u. Trocknen der kristallinen Prodd. (Meth. A) bzw. Lösen der amorphen oder öligen Prodd. in Chlf., Waschen der Lsg. mit W. u. Trocknen mit $MgSO_4$, Eindampfen der Lsg. u. Kristallisation oder Chromatographie (Meth. B) wurden nachst. Diole erhalten, die in Methanol lösl. sind, weniger in Chlf., wenig lösl. in Benzol. — (+)-*Isolariciresinoldimethyläther* (**IIa**), F. 167—169° (Chlf.-Bzl.), aus α-Conidendrindimethyläther nach Meth. A; $[\alpha]_D^{20}$ +15,8 ± 0,3° (c = 1,79; Chlf.); 98%. — *β-Conidendrylalkoholdimethyläther* (**VII**), $C_{22}H_{28}O_6$, F. 104—115°, aus β-Conidendrindimethyläther nach Meth. B; Nadeln aus Bzl., $[\alpha]_D^{20}$ +40,4 ± 0,5° (c = 2,00; Chlf.); 88%. — *Diol aus* **VIII** (**IX**), $C_{22}H_{26}O_7$, F. 180—181°, nach Meth. A; kleine Nadeln aus Chlf./Bzl., $[\alpha]_D^{20}$ —22,4 ± 0,5° (c = 1,01; Chlf.), —62 ± 1° (c = 0,64; Pyridin); 95%. — *Diol aus Desoxypikropodophyllin* (**X**), $C_{22}H_{26}O_7$, F. 237—238°, nach Meth. A; Nadeln aus Methanol/Bzl., $[\alpha]_D^{20}$ —32 ± 2° (c = 0,225; Chlf.), —84 ± 2° (c = 0,54; Pyridin); 91%. — *Diol aus* **IV** (**XI**), $C_{22}H_{26}O_7$, F. 149,6—150,7°, nach Meth. B; kleine Prismen aus Chlf./Ae./Hexan; $[\alpha]_D^{20}$ —158 ± 2° (c = 0,74; Chlf.), —230 ± 3° (c = 0,53; Pyridin); 82%. — *Diol aus Isodesoxypikropodophyllin* (**XII**), F. ca. 60°, amorphe Substanz, nach Meth. B u. anschließend Al_2O_3-Chromatographie; $[\alpha]_D^{20}$ +120 ± 1,5° (c = 0,60; Chlf.), +103 ± 1° (c = 0,59; Pyridin). *Diol aus* **Ia**, $C_{22}H_{30}O_6$, F. 123—123,7°, nach Meth. B u. anschließend Chromatographie; Prismen aus Chlf./Hexan, $[\alpha]_D^{21}$ —34,0 ± 0,6° (c =1,10; Chlf.); 91%. — *Anhydroverb.*, $C_{22}H_{28}O_5$, F. 117,7—118,8°, durch 2std. Erhitzen des Diols in Pyridin mit Tosylchlorid, Kühlen, Ansäuern mit 2n HCl, Extraktion mit Chlf. u. Al_2O_3-Chromatographie; Prismen aus Methanol, $[\alpha]_D^{21}$ —44,0 ± 0,7° (c = 0,90; Chlf.); 88%. — In gleicher Weise wurden dargestellt: *Anhydroisolariciresinoldimethyläther*, F. 149,2—150°, $[\alpha]_D^{20}$ —50,0 ± 0,5 (c = 1,51; Chlf.), kleine Prismen aus Methanol; 47%. — *Anhydroverb. von* **IX**, $C_{22}H_{24}O_6$, F. 171,5—172,6°, prismat. Nadeln aus Methanol, $[\alpha]_D^{21}$ +30,7 ± 0,8° (c = 0,527; Chlf.); 38%. — *Anhydroverb. von* **X**, $C_{22}H_{24}O_6$, F. 175,7 bis 176,3°, Nadeln aus Methanol, $[\alpha]_D^{20}$ +20,5 ± 0,2° (c = 1,95; Chlf.); 85%. — *Anhydroverb. von* **XI**, $C_{22}H_{24}O_6$, F. 65—85°, amorph, $[\alpha]_D^{20}$ —71 ± 1° (c = 0,91; Chlf.); 79%. — *Anhydroverb. von* **XII**, F. 165,4—166,5°, lange Nadeln aus Methanol, $[\alpha]_D^{20}$ +70 ± 1° (c = 0,94; Chlf.); 38%. — *Ditosyl-(+)-isolariciresinoldimethyläther*, $C_{36}H_{40}O_{10}S_2$, F. 161,4—162,6°, aus **IIa** u. Tosylchlorid in Pyridin (2 Std. bei 0°), Zers. mit Eis u. Extraktion mit Chlf.; Nadeln aus Chlf./A., $[\alpha]_D^{20}$ +2,2 ± 0,3° (c = 1,53; Chlf.); 75%. — Analog *Dimesyl-(+)-isolariciresinoldimethyläther*, $C_{24}H_{32}O_{10}S_2$, F. 148,0—149,5°, Nadeln aus Chlf./A., $[\alpha]_D^{20}$ +7,0 ± 0,4° (c = 0,98; Chlf.); 93%. — *Ditosyl-β-conidendrylalkoholdimethyläther*, $C_{36}H_{40}O_{10}S_2$, F. 120—122°, Prismen aus Methanol, $[\alpha]_D^{21}$ +53,6 ± 0,1° (c = 1,17; Chlf.); 76%. — *Dimesyl-β-conidendrylalkoholdimethyläther*, $C_{24}H_{32}O_{10}S_2$, F. 134—135°, prismat. Nadeln aus Chlf./Methanol bei niedriger Temp., $[\alpha]_D^{20}$ +54,4 ± 0,7° (c = 1,29; Chlf.); Kristallisation aus heißem A. führt zur Zers.; 70%. — *Ditosylat des Diols aus* **Ia**, $C_{36}H_{42}O_{10}S_2$, F. 172—173°, Nadeln aus Chlf./A. $[\alpha]_D^{21}$ +3,8 ± 0,3° (c = 1,49; Chlf.); 74%. — *Dimesylat des Diols aus* **Ia**, $C_{24}H_{34}O_{10}S_2$, F. 181—182°, Nadeln aus Chlf./A., $[\alpha]_D^{20}$ —4,5 ± 0,5° (c = 0,97; Chlf.); 94%. — (—)-*Dihydroguajaretsäuredimethyläther*, $C_{22}H_{30}O_4$, F. 86,7—87,4°, aus vorst. Ditosylat oder Dimesylat u. $LiAlH_4$ in Tetrahydrofuran (30 Min. bei Zimmertemp., dann 3std. Kochen), Zers. mit W., Ansäuern, Extraktion mit Ae. u. Chromatographie; Prismen aus wss. Methanol, $[\alpha]_D^{21}$ —28,2 ± 0,3° (c = 1,18; A.), Infrarotspektr. ist angegeben; 83 bzw. 78%. — *Galbulin*, $C_{22}H_{28}O_4$, F. 132,8—133,6°, analog vorst. Verb. aus Ditosyl- oder Dimesyl-**IIa**; $[\alpha]_D^{21}$ —8,5 ± 0,3° (c = 1,90; Chlf.), Infrarotspektr. ist angegeben; 88 bzw. 83%. — *Isogalbulin*, $C_{22}H_{28}O_4$, F. 100—101,5°, aus Ditosyl-**VII** u. $LiAlH_4$, erst bei tiefer Temp., dann analog vorst. Verb.; $[\alpha]_D^{21}$ +48 ± 2° (c = 0,296; Chlf.), Infrarotspektr. ist angegeben; 59%. Die Darst. aus der Dimesylverb. gelang nicht. (J. Amer. chem. Soc. **77**. 432—37. 20/1. 1955. Bethesda, Md., Nat. Cancer. Inst., Labor. of Chem. Pharmacol.)

WALTER SIMON. 3950

D. Makromolekulare Chemie.

Bruno H. Zimm, *Dynamik von Makromolekülen in verdünnter Lösung: Viscoelastizität, Strömungsdoppelbrechung und dielektrischer Verlust.* An Hand eines besonderen Modells (Kette mit durch ideale Federn verbundenen Perlen) behandelt Vf. das Problem der Bewegungen eines in einer viscosen Fl. diffundierenden Kettenmol. unter dem Einfl. äußerer Kräfte oder Strömungen. Eine exakte Lsg. dieses Problems war nur durch Außerachtlassen von inneren (internal) Viscositäten oder komplizierten Arten von Wechselwirkungen sowie durch eine Transformation auf ein n. Koordinatensyst. möglich. Der hydrodynam. Wechselwrkg. zwischen den Perlen wurde die Meth. von Kirkwood u. Riseman (C. **1949.** I. 864) zugrunde gelegt. Die Viscosität, Strömungsdoppelbrechung sowie das dielektr. u. Spannungsrelaxationsverh. wurden berechnet. Die Intrinsicviscosität weicht etwas von der von Kirkwood u. Riseman ab; es tritt keine Änderung der Viscosität mit der Schergeschwindigkeit auf. Das Spektr. der Relaxationszeiten gleicht dem von Rouse (C. **1954.** 5766), hat jedoch sein Maximum bei niedrigerer Frequenz als das von W. Kuhn u. H. Kuhn (vgl. u. a. C. **1948.** II. 1055) bzw. von Kirkwood u. Fuoss (C. **1941.** II. 1942) nach anderen Methoden erhaltene Spektrum. (J. chem. Physics **24.** 269—78. Febr. 1956. Schenectady, N. Y., Gen. Electric Res. Labor., Knolls.)
R. Schäff. 4000

Ch. Sadron, *Die Morphologie langkettiger Moleküle.* Kurze zusammenfassende Übersicht, in der die Methoden zur Best. der Größe, Gestalt u. der statist. Konfiguration der Makromoll. behandelt werden. (Nature [London] **177.** 205—08. 4/2. 1956. Strasbourg, Univ., Centre Res. Macromol.) O. Fuchs. 4000

Akira Isihara, Ryuzo Koyama, Nobuo Yamada und **Atsuo Nishioka,** *Einfluß des elektrischen Feldes auf die Lichtzerstreuung von Lösungen von polaren Kettenpolymeren.* Theoret. Arbeit, in der der Einfl. eines starken homogenen elektr. Feldes auf die statist. Konfiguration u. auf die Lichtzerstreuung von gelösten polaren Hochpolymeren untersucht wird. Die Rechnung ergibt, daß die radiale Verteilungsfunktion nicht kugelsymm. ist u. daß die Makromoll. in der Feldrichtung etwas gestreckt sind. Daraus folgt eine veränderte Winkelverteilung der Intensität J des Streulichtes. J hängt außer von der Feldstärke auch von der Richtung des einfallenden Lichtes u. von der des Streulichtes relativ zum Felde ab. Der Effekt ist am größten, wenn der Primärstrahl in der Feldrichtung liegt u. der Streuwinkel 180° beträgt. Der Effekt wurde von Vff. an den 1%ig. Lsgg. von *Polyvinylchlorid* in Diäthylendioxyd für eine Feldstärke von 3000 V/cm beobachtet (ohne nähere Daten). (J. Polymer Sci. **17.** 341—49. Juli 1955. Tokyo, Univ., Fac. of Sci., Dep. of Phys. [Isihara]; Musashino, Tokyo, Electr. Comm. Labor.)
O. Fuchs. 4010

Wladimir Philippoff, *Weitere dynamische Untersuchungen an Polymerisaten.* (Vgl. C. **1954.** 2634.) Frühere dynam. Unterss. wurden an einer 20 Gew.-%ig. Lsg. von *Polyisobutylen* in Dekalin, fl. *Polestern* (*Paraplex-G-25* u. *-G-651*), weichgemachtem *Polyvinylchlorid* u. *Polyäthylen* (*Alathon 1*) fortgesetzt. Bei einer Unters. der Proportionalität zwischen Zugspannung u. Dehnung bei dynam. Verss. mit dem Schwingungsprüfgerät des Franklin-Inst. (l. c.) wurde gefunden, daß Proportionalität besteht, wenn Erwärmung ausgeschaltet wird. Beim Vgl. der Daten dynam. u. stat. (steady-state) Unterss. im gleichen Schergeschwindigkeits- u. Schubspannungsbereich zeigte sich, daß beim dynam. Test die Viscosität unabhängig von der Amplitude u. der Schubspannung ist, während beim stat. Test sehr große Abhängigkeit vorliegt. Die Viscositäts–Schergeschwindigkeits-Kurve ist der dynam. Viscositäts–Frequenz-Kurve sehr ähnlich. Die Anwendung der Meth. red. Variabler von Ferry auf die untersuchten festen u. fl. Polymerisate zeigt ihre Gültigkeit. Ein genauer Vers. beim Polyester ergibt, daß die Temperaturverschiebung $T\varrho/T_0\varrho_0$ erforderlich ist, um experimentelle Werte bei verschied. Tempp. in Einklang zu bringen. Die red. Kurve des Schubmoduls G′ gegen die Frequenz bei den 3 Kunststoffen zeigt S-förmigen Verlauf mit verschied. Steigungen in einem sehr breiten Frequenzbereich von 10^{24}. (J. appl. Physics **25.** 1102—07. Sept. 1954. Philadelphia, Pa., Franklin Inst., Labor. for Res. and Developm.) R. Schäff. 4010

W. F. G. Swann, *Zugspannung und Dehnung. Diskussion der Veröffentlichung von Dr. Philippoff.* (Vgl. vorst. Ref.) Ableitungen aus der Gleichung für die Zugspannung $S = k_0\sigma + \eta_0\sigma'$ (σ = Dehnung, σ' = Geschwindigkeit der Dehnungsänderung, k_0 = Schubmodul der Elastizität, η_0 = Viscosität) werden erörtert. (J. appl. Physics **25.** 1108—09. Sept. 1954. Philadelphia, Pa., Franklin Inst., Bartol Res. Found.)
R. Schäff. 4010

Jack L. R. Williams, John Van Den Berghe, William J. Dulmage und **Kenneth R. Dunham,** *Kristallisierbares Polystyrol.* Vff. nehmen Bezug auf die Unterss. von

Natta (vgl. C. **1956.** 4455) über die kristallinen Eigg. von kristallinem *Polystyrol* (**I**) u. teilen mit, daß sie beim Extrahieren von alfinpolymerisiertem **I** mittleren Mol.-Gew. mit sd. n-Heptan kein lösl. Polymeres erhielten, daß jedoch ein Teil des **I** kristalline Eigg. besitzt. Die 7 stärksten Röntgeninterferenzen stimmten mit den von Natta (vgl. l. c.) angegebenen Werten für das kristalline **I** überein. Als geeignete Kristallisationsmedien erwiesen sich n-Hexan, n-Heptan, n-Octan, n-Decan, Hexen-(1) u. in geringerem Ausmaß Butanol-(1), Heptanol-(1), Octanol-(1), Cyclohexanol, 2-Methoxyäthanol u. Äthylenglykol. Durch Methanol u. Pentan konnte keine Kristallisation erzwungen werden, wahrscheinlich wegen ihrer niedrigen Siedepunkte. Mit n-Pentan bei höheren Tempp. u. Drucken trat ebenfalls Kristallbldg. ein. Rohes, alfinpolymerisiertes **I**, welches einen hohen Anteil isotakt. Ketten enthielt, konnte durch Erwärmen auf 150° zum Kristallisieren gebracht werden. Fällt man eine Lsg. von **I** in Bzl. durch Methanol, dann erhält man vollkommen amorphes **I**. Erhitzt man alfinpolymerisiertes **I** auf Tempp. über 220°, dann erhält man eine vollkommen amorphe Verbindung. (J. Amer. chem. Soc. **78.** 1260. 20/3. 1956. Rochester, N. Y., Eastman Kodak Co., Res. Labor.) C. Gottfried. 4010

T. E. Lipatowa, A. R. Gantmacher und **Ss. Ss. Medwedew,** *Katalytische Copolymerisation ungesättigter Verbindungen. Copolymerisation Isopren–Styrol, Isopren–α-Methylstyrol.* Vff. untersuchen bei der katalyt. Copolymerisation von *Isopren* (**I**)–*Styrol* (**II**) u. **I**–*α-Methylstyrol* (**III**) bei 0° in Äthylchlorid mit $SnCl_4$ als Katalysator die Abhängigkeit der Polymerisationsgeschwindigkeit von der Zus. des Ausgangsgemisches. Es wird gefunden, daß mit steigendem Zusatz von **I** zu **III** die Polymerisationsgeschwindigkeit stark abnimmt. Bei Zusatz von **I** zu **II** wird sie anfangs ebenfalls erniedrigt, wird aber nach 20—40 Min. größer als die von reinem **II**. Die Polymerisationsgeschwindigkeit erreicht ein Maximum bei einem Verhältnis von 1 **I** : 4 **II**. Das Mol.-Gew. der Copolymerisate wurde osmot. ermittelt, die Zus. der Polymeren durch Infrarotspektroskopie bestimmt. Aus den Messungen wird geschlossen, daß die verlangsamende Wrkg. des **I** auf einer Verringerung der Geschwindigkeit der Start-Rk. beruht. Es wird angenommen, daß in Lsg. der Katalysator mit den Monomeren Komplexe bildet u. die Start-Rk. in einer Rk. dieser Komplexe mit freien Monomeren besteht. Die Stabilität dieser Metallkomplexe mit ungesätt. Verbb. nimmt mit wachsender Substituentenzahl an den C-Atomen der Doppelbindung ab. Mit **I** bildet $SnCl_4$ Komplexe in 1—2- u. in 3—4-Stellung, wobei der letztere so stabil ist, daß er keine Start-Rk. gibt u. so die Polymerisationsgeschwindigkeit erniedrigt. (Доклады Академии Наук СССР [Ber. Akad. Wiss. UdSSR] **100.** 925—28. 11/2. 1955.) K. Hörig. 4010

A. R. Gantmacher und **Ss. Ss. Medwedew,** *Einige Besonderheiten in der Kinetik der katalytischen Copolymerisation. Copolymerisation Isopren–Butadien, Styrol–Butadien.* Es wird die Polymerisation von *Isopren* (**I**), *Butadien* (**II**) u. *Styrol* (**III**) sowie die Copolymerisation von **I** mit **II** u. von **II** mit **III** in Ggw. von $SnCl_4$ in Äthylchlorid kinet. untersucht. **II** wird unter diesen Bedingungen erst bei 80° polymerisiert, während **I** bereits bei —80 bis 0° polymerisiert wird. Bei der Copolymerisation von **I** mit **II** (15—20 Mol-% **I**) wird eine starke Zunahme der Initiierungsgeschwindigkeit beobachtet, während bei der Polymerisation von **II** mit **III** die Initiierungsgeschwindigkeit geringer ist als bei der Polymerisation von **III**. Es wird angenommen, daß die Unterschiede in der Initiierungsgeschwindigkeit auf der Bldg. verschied. fester Komplexe zwischen $SnCl_4$ u. den Doppelbindungen der Monomeren beruhen. (Доклады Академии Наук СССР [Ber. Akad. Wiss. UdSSR] **100.** 275—78. 11/1. 1955. Physiko-Chem. Karpow-Inst.) M. Frank. 4010

E. W. Frissman und **L. F. Schalajewa,** *Zusammenhang zwischen dem Molekulargewicht und der charakteristischen Viscosität für Polydichlorstyrol in Toluol.* Die Abhängigkeit zwischen dem Mol.-Gew. von *Polydichlorstyrol* u. $[\eta]$ in Toluol entspricht der Gleichung $[\eta] = 1{,}26 \cdot 10^{-4} \cdot M^{0{,}60}$, wie aus Unterss. mit 9 Fraktionen, deren Mol.-Gew. nach der Lichtzerstreuungsmeth. (Lösungsm. CCl_4) 71000—660000 betrug, hervorgeht. Die experimentell gefundenen Werte für die mittleren Abstandsquadrate der Kettenenden werden mit den Werten verglichen, die sich unter Annahme der völligen Drehungsfreiheit der Glieder innerhalb der Kette berechnen. Es ergibt sich, daß die Substitution zweier H-Atome in Styrol durch die Cl-Atome prakt. ohne Einfl. auf die Biegsamkeit der Polymerenkette ist. (Доклады Академии Наук СССР [Ber. Akad. Wiss. UdSSR] **101.** 907—09. 11/4. 1955. Leningrad, Shdanow-Univ.) W. Dawydoff. 4010

Richard H. Wiley und **Samuel F. Reed,** *Sulfostyrole. Darstellung von Sulfostyrol kationenaustauscherpolymeren mit variabler Kapazität aus Styrol–Sulfonamidostyrol-Mischpolymerisaten.* Die Darst. von nachst. Kationenaustauscherharzen durch eine modifizierte Blockpolymerisation von verschied. Gemischen aus *p-Sulfonamidostyrol* (**I**) mit *Styrol* (**II**) bei 85—136° u. Hydrolyse der Polymerisate mit HNO_2 zu den entsprechenden Sulfonsäuren wird beschrieben u. die Eigg. dieser Prodd. hinsichtlich Vernetzung,

Quellfähigkeit in W. sowie Gesamt- u. Titrationskapazität für Kationen werden untersucht. 100/0 (I/II in Mol-%), 136° (Polymerisationstemp.), 0,118 (Gewichtsverlust beim Trocknen im Vakuum/g), 26,2 (Quellungsgrad, Verhältnis des korr. Vol. des gequollenen Prod. zu dem wahren Vol. des nicht gequollenen Prod.), 5,43 (theoret. Kapazität in Milliäquivalenten/g), 5,12—5,11 (Gesamtkapazität), 5,18 (Titrationskapazität); 75/25, 136°, 0,059, 16,6, 4,58, 4,03—4,05, 3,99; 50/50, 136°, 0,081, 4,8, 3,47, 3,43—3,37, 3,35; 25/75, 136°, 0,111, 1,3, 2,03, 1,97—1,94, 1,96; 100/0, 110°, 0,086, 14,1, 5,43, 4,91—4,94, 5,12; 75/25, 110°, 0,096, 18,3, 4,58, 4,27—4,29, 4,37; 50/50, 110°, 0,116, 7,4, 3,47, 3,36 bis 3,37, 3,44; 25/75, 110°, 0,083, 2,0, 2,03, 1,97—1,99, 2,03; 100/0, 85°, 0,076, —, 5,43, 5,15—5,11, 5,18; 75/25, 85°, 0,166, 24,4, 4,58, 4,22—4,25, 4,43; 50/50, 85°, 0,098, 9,5, 3,47, 3,47—3,45, 3,44; 25/75, 85°, 0,113, 2,3, 2,03, 1,95—1,96, 2,03. Die HNO_2-Hydrolyse verläuft bei 15° vollständig ohne merkliche strukturelle Veränderungen der Polymerisate. Vff. schließen auf Grund der Quellungs- u. Löslichkeitsdaten auf vernetzte Polymerisate.

Versuche: Mischpolymerisat aus 75% **I** u. 25% **II**, durch 20std. Erhitzen einer entsprechenden Mischung aus **I** u. **II** in N.N-Dimethylformamid (0,5 ml/1,56 g der Monomeren) mit tert. Butylperacetat (0,01% bezogen auf das Gewicht der Monomeren) als Katalysator unter N_2 bei 110° u. Aufarbeitung. — Die Darst. der übrigen Polymerisate erfolgt analog bei 85 u. 136° unter entsprechender Änderung des Mischungsverhältnisses von **I** zu **II**. Die Polymerisation bei 85° wird durch 0,1% Benzoylperoxyd eingeleitet. Die Sulfonamidopolymerisate wurden durch 3maliges je 24std. Schütteln oder Rühren mit der doppelten berechneten Menge $NaNO_2$ in verd. wss. Lsg. u. der 10fachen Molmenge (bezogen auf den **I**-Anteil im Polymerisat) konz. HCl bei 15—18° hydrolysiert, gewaschen u. bei 55° im Vakuum getrocknet. (J. physic. Chem. **60**. 533—36. Mai 1956. Louisville, Ky., Univ. of Louisville, Coll. of Arts and Sci., Dep. of Chem.)

H. HOFMANN. 4010

G. Scheibe und **H. Schuller,** *Über die Polymerisation monomolekularer Filme von Vinylisobutyläther.* Die Polymerisation von *Vinylisobutyläther* (**I**) mit BF_3 bzw. Benzoylperoxyd in monomol. Schicht (gespreitet auf W.) wurde durch die zeitliche Änderung der Schubflächenkurve vom monomeren **I** zum polymeren **I** verfolgt. Es wurde gefunden, daß der Flächenbedarf des Mol.-Bausteins (für **I** im Mittel 32,5 $Å^2$) prakt. unabhängig vom Polymerisationsgrad ist. Es wurde versucht, aus diesen Kurven den Polymerisationsgrad, die Geschwindigkeitskonstante u. durch Temperaturänderung des Substratwassers die Aktivierungsenergie (ca. 10 kcal/Mol) zu ermitteln. (Z. Elektrochem., Ber. Bunsenges. physik. Chem. **59**. 861—62. 1955. München, TH, Phys.-chem. Inst.) R. SCHÄFF. 4010

W. Mayo Smith jr., Kenneth C. Eberly, Elmo E. Hanson und **John L. Binder,** *Durch Kondensation der geometrischen Isomeren von Buten-(2)-diol-(1.4) und von Äthylendicarbonsäure-(1.2) gebildete cis- und trans-Polyester.* Durch Umesterung von Dimethyl- u. Diäthylfumarat (**Ia**, **Ib**) bzw. -maleat (**IIa**, **IIb**) mit reinem trans- bzw. cis-Buten-(2)-diol-(1.4) (**III** bzw. **IV**) wurden prakt. quantitativ die reinen relativ niedrigmol. *all-trans-* (**V**) bzw. *all-cis-Polyester* (**VI**) erhalten. **Ia**, **IIa** u. **IIb** reagierten in Ggw. von Mg glatt, bei **Ib** mußte dagegen Na als Katalysator angewendet werden. Bei höheren Polymerisationstempp. — **V** 3 Std. bzw. **VI** 15 Min. bei 100° in Ggw. von 2% Benzoylperoxyd — entstanden unlösl., vernetzte Polymere als weiche, flexible, klare Filme. Mischpolymere wurden aus **III** u. Maleinsäure (**VII**) sowie aus **IV** u. **Ib** dargestellt. Daß **V** u. **VI** stereochem. rein sind, konnte durch Hydrolyse nachgewiesen werden, Vff. erhielten die reinen Ausgangsstoffe. Der gleiche Schluß ist aus den Infrarotspektren zu ziehen, die zwischen 2 u. 15 μ von fl. **III**–**VI** angegeben sind. Nach den Röntgenbeugungsspektren ist nur **V** rein polykristallin ohne amorphe Bereiche, die anderen dargestellten Polyester sind amorph. Manometr. untersucht wurde ferner die Kinetik der Hydrierung bei 25° u. 4 at H_2-Druck von 0,1 Mol der Polymeren bzw. 0,2 Mol der Diole bzw. Säuren in 200 cm^3 Aceton (bzw. A.) in Ggw. von 0,1 g PtO_2-Katalysator. Folgende k-Werte wurden gefunden: **III** 46,8 ($\cdot 10^{-2}$ Liter/Min.), **IV** 51,8, **VII** 14,35 (in A.), *Fumarsäure* 2,00 (in A.), **V** 4,86, **VI** 18,96, *Polymeres aus* **IV** *u.* **Ib** 9,82 (1. Stufe) u. 4,14—1,89 (2. Stufe), *Polymeres aus* **III** *u.* **VII** 0,85 bzw. 11,3.

Versuche (FF. u. Kpp. korr.): *cis-Buten-(2)-diol-(1.4)* (**IV**), F. 11,0°, $Kp._{2,3}$ 97,0°, aus Butin-(2)-diol-(1.4) nach E. P. 508 543 (C. **1939**. II. 3192); $D.^{20}{}_4$ 1,0740 (im Vakuum); n_D^{20} 1,4793; 30,6% (Rohausbeute). — *trans-Buten-(2)-diol-(1.4)* (**III**), F. 27,3°, $Kp._{3,8}$ 108,0°, aus trans-1.4-Dichlorbuten-(2) über die Diacetoxyverb.; $D.^{20}{}_4$ 1,0685 (unterkühlt); n_D^{20} 1,4779 (unterkühlt). — *all-trans-Polyester* (**V**), F. 103,1—105,2°, durch Erwärmen von **Ib** u. **III** mit Na auf 45—58° (1 Std.) unter N_2, während 12 Std. auf 116° (bei 1 mm Hg) steigern, dann 60 Std. bei 116° u. 1 mm; innere Viscosität $\eta = 0,094$ (bei 25° in Cyclohexanon); Mol.-Gew. 837 (nach RAST); $D.^{25}{}_{25}$ 1,246. — *all-cis-Polyester* (**VI**), analog vorst. aus **III** u. **VII**, 5 Std. bei 55—95°, dann Druck auf 100 mm Hg mindern

(2 Std.), schließlich 77 Std. bei 1 mm u. 90—105°; η = 0,055 bei 25° (bzw. 0,100 nach 47std. weiterem Erhitzen auf 105° bei 1 mm mit Mg-Band); RAST-Mol.-Gew. 663. — *Polyester aus* **III** *u.* **VII**, 1 Std. bei 90° in Ggw. von Mg-Band (Druck auf 100 mm Hg herabsetzen), nach 6 Std. bei 0,5—1 mm u. 100—103° (244 Std.); η = 0,087 bei 25°; RAST-Mol.-Gew. 826. — *Polyester aus* **IV** u. **Ib**, 2 Std. bei 90° u. 100 mm Druck (Ggw. von Na), 34 Std. bei 1 mm u. 92—95°; η = 0,051 bei 25° (weiteres Erhitzen brachte keine Veränderung); RAST-Mol.-Gew. 710. (J. Amer. chem. Soc. **78.** 626—30. 5/2. 1956. Akron, O., Firestone Tire and Rubber Co., Chem. and Phys. Res. Labors.)
B. GNAUCK. 4010

Robert B. Mesrobian, Paul Ander, David S. Ballantine und **G. J. Dienes**, *Polymerisation von festem Acrylamid mit γ-Strahlen.* Bei der Bestrahlung von festem *Acrylamid* (**I**, F. 84°) im Vakuum mit γ-Strahlen von ^{60}Co findet eine Polymerisation von **I** statt. Die Polymerisation bei 5° läuft erst nach einer Induktionsperiode von ca. 1 Std. an; wird eine solche bestrahlte Probe vor Beginn der Polymerisation auf 20° erwärmt, so setzt sofort eine heftige Polymerisation ein, ein Zeichen, daß die bei 5° zunächst durch die γ-Strahlen gebildeten Radikale von **I** bei 5° eingefroren waren. Bei 55° setzt die Polymerisation fast sofort ein; nach 10 Std. wurde so ein Umsatz von ca. 95% erzielt. Die Viscosität steigt mit dem Umsatz an (z. B. von 1,27 für 12,7% Umsatz auf 2,02 für 40,3%). Das osmot. Mol.-Gew. beträgt 19800 für $[\eta]$ = 1,27 u. 48000 für $[\eta]$ = 1,68 (Messungen in wss. Lsgg.); aus der Lichtzerstreuung ergibt sich ein Mol.-Gew. von 43000 für $[\eta]$ = 1,27. Das Polymerisat ist unlösl. in Methanol. (J. chem. Physics **22.** 565—66. März 1954. Brooklyn, N. Y., Polytechn. Inst., Polymer Res. Inst.; Upton, Long Island, N. Y., Brookhaven Nat. Labor.)
O. FUCHS. 4010

K. A. Andrianow und **N. N. Ssokolow**, *Thermisch-oxydative Zersetzung von Polyorganosiloxanen.* Die durch Hydrolyse von Methyl-, Äthyl-, Vinyl-, Phenyl- u. Halogenphenyltrichlorsilan erhaltenen dreidimensionalen *Polyorganosiloxane* nebenst. allg. Formel **I** werden beim Erhitzen auf 250—450° zers.; die therm. Stabilität nimmt ab in der Reihenfolge $C_6H_5 > ClC_6H_4 > Cl_3C_6H_2 > Cl_2C_6H_3 > CH_2{=}CH > CH_3 > C_2H_5$. Die Polymeren mit linearem Bau nebenst. allg. Formel **II** werden aus Dialkyldichlorsilanen durch Hydrolyse erhalten; sie erleiden Sprengung sowohl der Si—C- als auch der Si—O-Bindungen, die mit räumlichem Bau nur solche der Si—C-Bindung. Der Reaktionsmechanismus wird diskutiert. Beim Erhitzen von *Polydimethylsiloxan* im Vakuum auf hohe Temp. tritt Zerfall ohne wesentliche Sprengung von Si—C-Bindungen ein nach $[R_2SiO-]_x \rightarrow (R_2SiO)_n + (R_2SiO)_{n_1} + (R_2SiO)_{n_2}$, wobei $n + n_1 + n_2 = x$. Es werden die Halbzerfallszeiten der verschied. Polyorganosiloxantypen bei verschied. Tempp. bestimmt. (Химическая Промышленность [Chem. Ind.] **1955.** Nr. 6. 9—15. Sept.)
R. K. MÜLLER. 4010

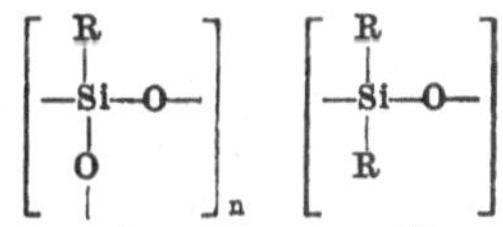

I II

A. I. Kitaigorodski und **Ju. W. Mnjuch**, *Über die zwischenmolekularen Abstände im kristallinen Kautschuk.* In den Daten von NYBURG (Acta crystallogr. [Copenhagen] **7.** [1954.] 385) über die Struktur des Kautschuks ist die Ggw. der die Berührung der Moll. bei dichter Packung bestimmenden H-Atome nicht berücksichtigt. Vf. berechnet unter der Annahme eines C—H-Abstandes von 1,08 Å die räumlichen Koordinaten der H-Atome in den die Elementarzelle bildenden Moll., gelangt aber dabei zu unwahrscheinlichen Werten. Die Rechnung ergibt, daß ein Mol. von einem der benachbarten Moll. einen Abstand von 1,65 Å, von einem anderen einen Abstand von 3,24 Å hat. (Журнал Физической Химии [J. physik. Chem.] **29.** 584. März 1955.)
R. K. MÜLLER. 4030

L. A. Janowskaja, *Die Bildung von Kautschuk in den Pflanzen.* Übersicht über die Theorien der Synth. von *Kautschuk* (**I**) in den Pflanzen; bes. wird auf die Arbeiten von BONNER (vgl. C. **1949.** II. 1208; **1950.** I. 1494), der mit ^{14}C arbeitete, eingegangen, die auf die Bedeutung von Acetaten, Aceton u. β-Methylcrotonsäure für die **I**-Bldg. hinweisen. (Природа [Natur] **43.** Nr. 9. 83—85. Sept. 1954. Inst. für organ. Chem. der Akad. der Wiss. der UdSSR.)
M. ULMANN. 4030

W. I. Scharkow und **M. G. Smirnowa**, *Reversion der Glucose in Lösungen von konzentrierter Schwefelsäure.* 0,5—30,0% ig. Lsgg. von *Glucose* (**I**) zeigen nach 1 Std. (15°) in H_2SO_4 (**II**) von 61,2 u. 68,5% noch keinerlei Reversion. Erst bei 73% ig. **II** beobachtet man Reversionsprodd., deren Menge mit Erhöhung der Konz. von Säure u. **I**, wie auch bei Steigerung der Temp. rasch zunimmt. Bei **II**-Konzz. über 81,9% beobachtet man einen stärkeren Zerfall der **I**. Baumwollcellulose gibt nach Hydrolyse viel langsamer Reversionsprodd. als reine **I**. Das Reduktionsvermögen von Prodd. einer **I**-Reversion oder von Cellulosehydrolysaten ist desto größer, je geringer ihre Konz. in **II** ist. Reversionsprodd. mit gleichem Reduktionswert können eine ganz verschied., mit erhöhter

Reaktionstemp. zunehmende opt. Aktivität aufweisen, was dafür spricht, daß sie einen ganz verschied. Aufbau besitzen. Die opt. Aktivität der Reversionsprodd. von Cellulosehydrolysaten ist viel geringer als die der I-Reversionsprodukte. (Журнал Прикладной Химии [J. angew. Chem.] **27.** 975—82. Sept. 1954.) M. Ulmann. 4050

O. P. Golowa und **N. Ss. Majat,** *Vergleichende Untersuchung der oxydativen Umwandlungen von Pektinstoffen, Cellulose und ihren Struktureinheiten.* 2. Mitt. *Oxydativer Zerfall des Natriumsalzes der Polygalakturonsäure unter der Einwirkung von molekularem Sauerstoff, Natriummetaperjodat und Wasserstoffperoxyd.* Die Oxydation von *Polygalakturonsäure* (I) als Modellsubstanz für Pektine, wobei ihr Na-Salz zur Anwendung gelangte u. bei p_H 12—13 gearbeitet wurde, ergab, daß Natriummetaperjodat schon bei 20° oxydierend wirkt, während O_2 u. H_2O_2 erst bei Tempp. nahe 100° reagieren. Der Verlauf der Rk. wurde viscosimetr. u. durch Best. der entstehenden Aldehyd- u. Carboxylgruppen verfolgt. Wesentlich für den oxydativen Zerfall von I ist die Anwendung solcher Oxydationsmittel, wie der angegebenen, deren Angriff hauptsächlich auf die OH-Gruppen des 2. u. 3. C-Atomes des Pyranringes gerichtet ist; dies hat zur Folge, daß die Glykosidbindungen geschwächt u. aufgespalten werden. (Известия Академии Наук СССР, Отделение Химических Наук [Nachr. Akad. Wiss. UdSSR, Abt. chem. Wiss.] **1955.** 899—905. Sept./Okt. Holzinst. der Akad. der Wiss. der UdSSR.) M. Ulmann. 4050

Giuseppe Rossi und **Paolo M. Strocchi,** *Die Anwendbarkeit der Waldenschen Regel auf anionische kolloidale Elektrolytlösungen.* In Fortsetzung früherer Unterss. (vgl. Gazz. chim. ital. **85.** [1955.] 1171) über die Anwendbarkeit der Waldenschen Regel untersuchten Vff. die Viscosität u. die Leitfähigkeit 2,5% ig. wss. Lsgg. von *Natriumalginat* mit verschied. Polymerisationsgrad des Moleküls. Untersucht wurden die techn. Alginate *Alginal MV, Alginal HV* u. *Alginal HV/KP* bei Tempp. von ca. 15—50°. Aus den tabellar. u. graph. wiedergegebenen Ergebnissen ist ersichtlich, daß die Waldensche Regel unabhängig von dem mittleren Mol.-Gew. des Alginatanions anwendbar ist. Die Tatsache, daß der Wert der Konstanten $K = \lambda_{exp}\, \eta_0$ (λ = spezif. Leitfähigkeit, η_0 = Viscosität des Lösungsm. bei den verschied. Tempp.) unabhängig von dem mittleren Mol.-Gew. des Anions u. damit von seiner Form u. seinen Dimensionen ist, besagt, daß, wie bei dem früher (vgl. l. c.) untersuchten Na-Salz der Carboxymethylcellulose, der Anionentransport nahezu vollständig dem kleinen Na-Kation zuzuschreiben ist. (Gazz. chim. ital. **85.** 1180—84. Sept./Okt. 1955. Bologna, Univ., Ist. di Chim. ind. ed appl.) C. Gottfried. 4050

H. E. Schultze, *Anwendung physikalisch-chemischer Methoden zur Charakterisierung der Plasmaproteine.* Mit Hilfe einer Reihe selbst dargestellter, hochgereinigter Plasmaproteine — *Albumin, niedermol. α_1-Globulin, hochmol. α_2-Globulin, Coeruloplasmin, metallbindendes β_1-Globulin, γ-Globulinfraktion, Fibrinogen* — stellte Vf. zunächst Unterss. mit Hilfe der bekannten Ultrazentrifugier- u. Elektrophoresemeth. an u. verglich die damit erhobenen Befunde mit den Ergebnissen von Unterss., die bei denselben Proteinen nach zwei neueren, auf ganz anderen Prinzipien beruhenden Verff., nämlich durch Messung der Lichtzerstreuung u. durch immunochem. Charakterisierung, erhalten wurden. Bei der immunochem. Reinheitsprüfung wurde der quantitativ auswertbare Geldiffusionstest von Ouchterlony (vgl. Acta pathol. microbiol. scand. **25.** [1948.] 186) angewandt. Bei den Sedimentationsanalysen, deren Ergebnisse mit den Angaben der Literatur übereinstimmen, ist der Einfl. der Aggregatbldg. zu berücksichtigen. Bei der Abwärtselektrophorese im Tiselius-App. spielt das Auftreten von Brechungsanomalien u. die p_H-abhängige, bei allen Plasmaproteinen mit Ausnahme des γ-Globulins beobachtete Aufteilung in 2—3 Komponenten eine Rolle. Die Aufwärtselektrophorese bei hohen Proteinkonzz. u. bei p_H 8,6 ist für die Feststellung von Verunreinigungen bei Plasmaproteinen mit Ausnahme des γ-Globulins geeignet; auf Kontrollunterss. in der Ultrazentrifuge kann jedoch nicht verzichtet werden. Der Geldiffusionstest erwies sich als unentbehrlich zur Aufklärung u. Best. geringer Verunreinigungen in der Größenordnung von 0,01%, die auf andere Weise nicht zu erfassen sind. Die Streulichtmeth. hat sich wegen ihrer schnellen Durchführbarkeit als Verf. zur Best. von Mol.-Gew. u. -Form bei den Plasmaproteinen bewährt. — Angeschlossen sind zahlreiche Diskussionsbemerkungen. (Z. Elektrochem., Ber. Bunsenges. physik. Chem. **60.** 262—76. 1956. Marburg/Lahn, Behringwerke.) C. Gottfried. 4070

Rudolf K. Zahn und **Walter Stamm,** *Ionengehalt und Eigenschaften von Protaminkomponenten.* Das nach dem Methylesterverf. oder nach dem Salzverf. dargestellte *Protamin* (I) enthält bei gleichem p_H stets gleichbleibende Salzmengen gebunden. Die gebundene Salzionenart wechselt mit dem Darstellungsverf. u. ist austauschbar. Nach Ansicht der Vff. ist die Austauschbarkeit möglicherweise nicht auf Salzkationen beschränkt, sondern könnte sich vielleicht auch auf Ammoniumbasen oder sogar Aminosäuren erstrecken. Aus I läßt sich mit salzsaurem Aceton ein gelber eisenhaltiger Farbstoffkomplex extrahieren; durch Zufuhr von Fe-Ionen bei der Darst. steigt der Farbstoffgeh. an. Die Heterogenität von I ließ sich durch Ionenaustauschchromatographie, Verteilungschromatographie an Kieselgur, Gegenstromverteilung u. Dialysierverss. nachweisen, wobei 2 Komponentengruppen erhalten wurden, die wiederum aus mehreren Einzelkomponenten bestehen. Das Verhältnis beider Komponentengruppen (bezogen auf N-Geh.) beträgt ca. 40 : 60. Die Komponentengruppe *I* besitzt gegenüber der Komponentengruppe *II* stark hydrophile Eigg. u. ihre Komponenten haben nach Ansicht der Vff. ein höheres Mol.-Gewicht. (Naturwissenschaften **41.** 95. 2. Febr.-H. 1954. Frankfurt/M., Univ., Inst. für Vegetat. Physiol.) K. Nehring. 4070

G. N. Ramachandran, *Struktur von Kollagen.* Unter Bezugnahme auf frühere Unterss. von Ramachandran u. Kartha (vgl. C. **1956.** 7256 u. Proc. Indian Acad. Sci., Sect. A **42.** [1955.] 215) über die Struktur des Kollagens befaßt sich Vf. zunächst mit Kritiken von Crick u. Rich (vgl. C. **1956.** 8376) u. Cowan, McGavin u. North (vgl. Nature [London] **176.** [1955.] 1062), welche die früher angegebene Struktur hauptsächlich auf Grund stereochem. Überlegungen abgelehnt hatten. Mit Hilfe von Modellen wurden 2 neue Strukturvorschläge erhalten, die sich voneinander durch ihre Konfiguration unterscheiden u. stereochem. befriedigender sind. Vf. nennt die Strukturen Plus-Struktur u. Minus-Struktur, da sie sich von der früher (vgl. l. c.) beschriebenen Struktur durch Drehen der kleineren Schrauben um ihre eigenen Achsen um einen positiven oder negativen Winkel ψ herleiten lassen. Bezeichnet man den Radius der großen Schraube mit R, dann gilt für die Plus-Struktur R = 2,85 Å u. $\psi = +40^0$ u. für die negative Struktur R = 2,78 Å u. $\psi = -15^0$. Während seine Kritiken die Plus-Struktur als die geeignetere ansehen, glaubt Vf. daß die Minus-Struktur die experimentellen Daten besser wiedergibt. (Nature [London] **177.** 710—11. 14/4. 1956. Madras, Univ., Dep. of Phys.) C. Gottfried. 4070

A. Peterlin, *Lichtstreuung durch sehr starre Kettenmoleküle.* (Vgl. C. **1954.** 800.) Unter Bezugnahme auf die Messungen der Lichtstreuung von Bunce (vgl. Thesis, Cambridge, Mass., 1951) an einigen Thymonucleinsäurepräpp., die ergeben hatten, daß die Moll. nicht vollkommen aufgespult sind — die experimentellen Punkte der Winkelabhängigkeit der reziproken red. Intensität lagen zwischen den Kurven für eine regellose Spule u. für einen starren Stab — berechnete Vf. die Streufunktion für ein fadenähnliches Mol. endlicher Länge u. variabler Biegsamkeit. (Nature [London] **171.** 259—60. 7/2. 1953. Ljubljana, „I. Stefan" Inst. of Phys.) C. Gottfried. 4090

E. Biologische Chemie. Physiologie. Medizin.

E_1. Allgemeine Biologie und Biochemie.

Hermann J. Muller, *Strahlenwirkung und Mutation beim Menschen.* Übersicht. Behandelt werden die genet. Auswirkungen von Atombombenexplosionen, die Strahlungsschäden beim Menschen bei Nutzung der Atomenergie für friedliche Zwecke, die Erhöhung der Mutationsrate durch organ. Verbb. (z. B. *Senfgas, Peroxyde, Epoxyde, Triazole, Carbamate, Äthylsulfat, Formaldehyd, Purine*), die unter Umständen größere Erbschäden verursachen können als Strahlungseinfll., die herabgesetzte Selektion u. die möglichen Gegenmaßnahmen. (Naturwiss. Rdsch. **9.** 127—35. April 1956. Bloomington, Ind., Indiana Univ., Dep. of Zool.) H. Dossmann. 4130

A. N. Beloserski und **G. I. Abelew,** *Zur Frage der Gleichartigkeit des chemischen Aufbaues des Kernmaterials der pflanzlichen und tierischen Zellen.* Aus Weizenkeimen wird nach dem Verf. von Mirsky ein strukturiertes *Nucleoproteid* (I) gewonnen, das, gleich dem I aus tier. Zellkern, einen Komplex aus Desoxyribonucleinsäure (II), Histon (III) u. höherem Eiweiß (IV) darstellt. Auf Grund der III-Ausbeute u. der aus der P-Menge des I berechneten II-Menge errechnet sich für Weizenkeim-I die folgende Zus.: 25 bis 29% **II**, 25—30% **III**, mindestens 40% **IV**. Nach Mirsky u. Pollister (J. gen. Physiol. **30.** [1946.] 117) besteht Thymusdrüsen-I aus 35—40% **II**, 40% **III** u. 18—20% **IV**. Das I aus Fischsperma enthält ca. 40% **II** u. ca. 10% **IV**. Nach Ansicht der Vff. wird damit die grundsätzlich gleiche Struktur des Kernmaterials der Pflanzen- u. Tierzelle bestätigt. (Вестник Московского Университета, Серия Физико-Математических и Естественных Наук [Nachr. Moskauer Univ.] **1955.** Nr. 0. [physik.-math. naturwiss. Ser.] Nr. 6. 103—08. Sept.) O. Lebtag. 4150

G. Siebert, E. Werle, G. Jung und **L. Maier,** *Intracelluläre Verteilung von Kallikrein und von Bradykininogen in Schweinepankreas.* In den nach Lang u. Siebert (C. **1953.** 8884) isolierten Zellfraktionen von schlachtfrischem Schweinepankreas wurde der Geh. an *Kallikrein* (I) u. *Bradykininogen* (II) untersucht. Der I-Geh. wurde durch die blutdrucksenkende Wrkg. am Hund getestet, wobei die I-Wrkg. durch Kochen oder den Inaktivator aus Ohrspeicheldrüsen oder Blutserum inhibierbar sein muß. Von der I-Aktivität des Pankreashomogenates entfallen ca. 79% auf Mikrosomen + Cytoplasma u. ca. 21% auf die Mitochondrien, die jedoch, bezogen auf Trockensubstanz, eine wesentlich höhere I-Aktivität aufweisen. Die Zellkerne enthalten ebenfalls blutdrucksenkende Verbb. (möglicherweise Adenosinderivv.), die hitzestabil u. daher nicht mit I ident. sind. Orientierende Verss. ergaben, daß von der Gesamt-II-Aktivität ca. 4% auf die Zellkerne, ~19% auf die Mitochondrien u. ~77% auf Mikrosomen + Cytoplasma entfallen. (Biochem. Z. **326.** 420—23. 25/5. 1955. München, Univ., Labor. der Chirurg. Klinik, u. Mainz, Joh.-Gutenberg-Univ., Physiol.-chem. Inst.) E. SCHWERDTFEGER. 4150

J. S. C. Wessels, *Die Photooxydation von Ascorbinsäure durch isolierte Chloroplasten.* Die *Photooxydation von Ascorbinsäure* ($I \cdot H_2$) durch Chloroplasten (Ch) wurde in Ggw. verschied. Chinone u. Farbstoffe bei Zimmertemp. untersucht. Die Kinetik der Rk. wurde eingehend am Syst. $I \cdot H_2$, Ch + *2.6-Dichlorindophenol* (**II**) als Farbstoff untersucht. Die Anfangsgeschwindigkeit der Rk. ist unabhängig von [$I \cdot H_2$] u. proportional [Ch] u. [**II**]. Auch in Ggw. von *Leukodichlorindophenol* (**III**) tritt Oxydation von $I \cdot H_2$ ein. Die Inhibitoren der HILLschen Rk. (*Dicumarol, 2.4-Dinitrophenol, Phenylurethan, Phthiocol, o-Phenanthrolin, Hydroxylamin*) beeinflussen die Reaktionsgeschwindigkeit nicht. Es scheint, daß die Rk. durch *Chlorophyll* (**IV**) photosensibilisiert wird, da sie auch in alkoh. Lsg. von **IV** in Abwesenheit von Ch beobachtet wird. Nur beträgt hier das Verhältnis $I \cdot H_2 : O_2$ (verbraucht) 1 : 1 anstatt 2 : 1, da das in der Rk. entstehende H_2O_2 in alkoh. Lsg. nicht zerfällt. Folgendes Reaktionsschema wurde vorgeschlagen: Ch → Ch (Radikal); Ch (Radikal) + O_2 → Ch (Radikal)···O_2; Ch (Radikal···O_2 + **III** → Ch + **II** + H_2O_2 (geschwindigkeitsbestimmend); Ch (Radikal)···O_2 → Ch + O_2; **II** + $I \cdot H_2$ → **III** + **I**; $H_2O_2 \rightarrow H_2O + \frac{1}{2} O_2$. — **III** wird in alkoh. Lsg. in Ggw. von **IV** sehr schnell oxydiert. Die Photooxydation der Ascorbinsäure verläuft also im Gegensatz zu der Annahme von VERNON u. KAMEN (Arch. Biochem. Biophysics **51.** [1954.] 122) ohne Photolyse des H_2O. (Recueil Trav. chim. Pays-Bas **74.** 832—40. Juli 1955. Eindhoven, Netherlands, N. V. Philips' Gloeilampenfabrieken, Philips Res. Labor.) M. SCHENK. 4150

E. L. Powers, C. A. Raper und **J. H. Pomeroy,** *Biologische Wirkungen einiger Hydrolysepunkte eines Stickstofflosts an Paramaecium aurelia.* Vff. untersuchen an Einzellern (Paramaecium aurelia) die tox. Wrkg. des Stickstofflostes *Methyl-bis-[β-chloräthyl]-amin·HCl* (**I**) u. zweier Derivv. (cycl. Iminoderiv. *N-[β-chloräthyl]-N-methyläthylenimoniumchlorid* [**II**; *Chlorimin*] u. das Hydrolysenprod. von **II** *N-[β-Oxyäthyl]-N-[β-chloräthyl]-methylamin* [**III**; *Chlorhydrin*]). Die tox. Effekte dieser Verbb. werten Vff. nach drei Gesichtspunkten aus, die sich auf vegetative u. genet. Funktionen beziehen. In Konzz. von $5 \cdot 10^{-4}$ bis $1 \cdot 10^{-2}$ mol. ist in allen drei Testen die Wrkg. von **I** am stärksten, **II** wirkt bedeutend schwächer, während **III** kaum einen Effekt zeigt. Vff. sind der Ansicht, daß **I** schneller in die Zellen eindringt als **II**, daß sich aber **I** innerhalb der Zellen in **II** umbildet. **II** wird als die wirksame Verb. angenommen. **III** permiiert gleich gut wie **I** u. soll sich ebenfalls in die cycl. Iminform umwandeln, ohne besondere tox. Wirkungen zu entfalten. Jedoch soll **III** bei Warmblüterzellen die gleiche Wrkg. wie **I** haben. (Arch. Biochem. Biophysics **56.** 297—306. Juni 1955. Lemont, Ill., Div. of Biol. and Med. Res., Argonne Nat. Labor.) H. SCHIMASSEK. 4150

Herbert C. Allen jr. und **J. R. Risser,** *Vereinfachte Apparatur für Übersichtsaufnahmen von Hirntumoren.* Für die Hirntumordiagnose mit *^{131}J-Fluorescein* wurde ein Scintillations-γ-Zähler (mit NaJ-Kristall) entwickelt, bei dem prakt. nur die intensivste ^{131}J-Linie (364 keV) gemessen wird. Die Bedingungen, unter denen die Meßanordnung zur Lokalisierung von Tumoren verwendet werden kann, werden eingehend besprochen. Das Beispiel eines aufgenommenen Gammagramms ist dargestellt. (Nucleonics **13.** Nr. 1. 28—31. Jan. 1955. Houston, Tex., Veterans Administrat. Hosp., Radioisotope Unit u. Rice Inst.) W. REUSSE. 4160

B. Jirgensons, *Weitere Versuche zur Charakterisierung von Humanserumalbumin durch Messung der optischen Aktivität.* Die opt. Aktivität patholog. veränderter Humanserumalbuminfraktionen (**I**) ist häufig erniedrigt (vgl. C. **1955.** 2920). Vorliegende Unters. ergab, daß in 70% von 43 **I** krebserkrankter Menschen die opt. Aktivität verschieden stark erniedrigt war, (von —60 bis zu —45°). Ebenso unterschiedlich ist die p_H-Abhängigkeit der spezif. Drehwerte. Die Sedimentationsdiagramme dagegen waren gleichmäßig. Elektrophoret. wurden Spuren von α- u. *β-Globulinen* nachgewiesen u. chem. kleine Mengen von *Glykoproteinen.* Die unterschiedlich starke opt. Aktivität wird auf unterschiedliche Konst. u. Konfiguration der **I** zurückgeführt. (J. Amer. chem. Soc. **77.** 2289—92. 20/4. 1955. Texas, Univ., M. D. Anderson Hosp., Res. and Tumor Inst.) G. ANDERSEN. 4160

N. W. Jelzina, *Zur Charakteristik der Besonderheiten des Stoffwechsels von Geschwulstzellen.* Verss. mit Asciteszellen des EHRLICH-Carcinoms in der WARBURG-App. u. mit ^{14}C markierter Glucose (bei Ausschluß der Glykolyse mittels Bromacetat u. unverändertem Niveau der Atmungsprozesse) machen es wahrscheinlich, daß die Synth. der *Pentosen* in Tumorzellen durch Kondensation von 3C- u. 2C-Verbb., nicht jedoch durch direkte Oxydation von Glucose-6-phosphat erfolgt. Durch „assimilator." Gifte (Dinitrophenol, Azid), welche nur die Phosphorylierung, nicht jedoch die Intensität des O_2-Verbrauchs beeinflussen, ist das Wachstum von Tumorzellen nicht zu hemmen, denn die Assimilation der Kohlenhydrate beim Aufbau von Proteinen, Lipiden u. Nucleinsäuren in den Tumorzellen erfolgt nicht allein durch Glykolyse, sondern gleichzeitig auch durch Atmung. (Доклады Академии Наук СССР [Ber. Akad. Wiss. UdSSR] **104.** 436—39. 21/9. 1955. Onkol. Inst. der Akad. der Med. Wiss. der UdSSR.) E. RENTZ. 4160

Daniel M. Shapiro und **Ruth A. Fugmann,** *Kombinationsbehandlung des Krebses mit 8-Azaguanin und einem Riboflavinanalogen.* (Vgl. C. **1951.** II. 989.) Die Behandlung des transplantierbaren Adenocarcinoms der Brust bei C 57 Mäusen gelingt bei männlichen Tieren nicht mit *Flavotin* (**I**; *6-Chlor-9-[1'-d-sorbityl]-isoalloxazin*) allein oder in Kombination mit *8-Azaguanin* (**II**). **I** allein ist auch bei weiblichen Tieren nicht wirksam, zusammen mit **II** zeigt es jedoch eine starke cancerostat. Wirksamkeit. Die Wirksamkeit von **I** muß auf einer Beeinflussung des Riboflavinstoffwechsels beruhen, denn Zugabe von *Riboflavin-5-phosphorsäure* zu **I** u. **II** hebt die cancerostat. Wirksamkeit auf. (Proc. Soc. exp. Biol. Med. **81.** 239—42. Okt. 1952. New York, N. Y., Coll. of Phys. and Surg.) H. SCHEURLEN. 4160

B. K. Batra, *Die Wirkung von Methylcholanthren auf die Ovarien von Mäusen.* Bei 2 Monate alten weiblichen Mäusen verschied. Rassen wurden die Ovarien operativ freigelegt u. mit 0,5%ig. benzol. Lsg. von *Methylcholanthren* (**I**) gepinselt. Nach Verschluß u. Heilung der Abdominalwunden wurden die Mäuse gepaart. Die Nachkommenschaft zeigte hämorrhag. Schädigungen. Anscheinend reagieren die Ovarien der Mäuse je nach ihrer Rasse unterschiedlich auf **I**. (Nature [London] **175.** 388. 26/2. 1955. Bombay, Indian Cancer Res. Centre.) H. LAMP. 4160

G. Giraud, P. Cazal, H. Latour, A. Lévy, P. Puech und **R. Mimran,** *Ergebnis der Hormonbehandlung (ACTH und Cortison) einiger bösartiger Blutkrankheiten.* Die Hormonbehandlung von Leukosen (Lympho- u. Myeloblastose, Monocyten- u. Plasmocytenleukose) — insgesamt 8 Fälle — war unbefriedigend u. hatte keinen Einfl. auf den Verlauf. Gelegentlich tritt symptomat. Besserung ein, die aber nur vorübergehend ist. (Montpellier méd. [3] **39/40 (94).** 611—24. Nov./Dez. 1951.) B. ZORN. 4160

Je. N. Mosharowa und **S. T. Belugina,** *Zur Frage der Behandlung einiger Leukoseformen mit radioaktiven Phosphor- und Kobaltisotopen.* (Die Anwendung von ^{32}P (in Form von Na_2HPO_4 mit 0,5—1 μC 2mal wöchentlich, insgesamt 8—9 μC, per os in 20—40 ml Glucose) bei Leukosen (26 Patienten) war wirksamer als andere Behandlungsmethoden. Subakute Leukoseformen sind zur Behandlung weniger geeignet, chron. Lymphadenosen reagieren besser als Myelosen. Eine zunehmende Anämie u. Thrombocytapenie verbietet die weitere Anwendung des Mittels. Die Kombination von ^{32}P mit ^{60}Co bzw. Röntgenbestrahlung bietet keine Vorzüge. (Вестник Рентгенологии и Радиологии [Nachr. Röntgenol. Radiol.] **31.** Nr. 1. 41—48. Jan./Febr. 1956. Zentr. Wiss. Röntgen-Radiol. Forschungsinst. des Gesundheitsmin. der UdSSR.) E. RENTZ. 4160

Claude Liébecq, ed., Proceedings of the third International Congress of Biochemistry; Brussels 1955. New York: Academic Press. 1956. (552 S. m. Abb. u. Diagr.) Q. $ 15,—.

E₂. Enzymologie. Gärung.

F. X. Hausberger, Seymour W. Milstein und **Robert J. Rutman,** *Der Einfluß von Insulin auf die Glucoseverwertung in Fett- und Lebergeweben in vitro.* Es wurde die Umwandlung markierter *Glucose* in CO_2 u. Fettsäuren durch Schnitte von Leber u. Epididymis-Fettgewebe von Ratten verfolgt. Berechnet auf den N-Geh. der Gewebe u. unter Berücksichtigung der großen Verdünnung der entstehenden Fettsäuren besitzt das Fettgewebe sowohl für die Lipogenese als auch für die Oxydation eine größere Aktivität als das Lebergewebe. Durch Insulinmangel (Alloxandiabetes) wird die Fähigkeit zur Lipogenese mehr beeinträchtig als die zur Oxydation. (J. biol. Chemistry **208.** 431—38. Mai 1954. Philadelphia, Pa., Jefferson Med. Coll., Dep. of Anatomy and Biochem.) H.-G. SCHWEIGER. 4210

F. X. Hausberger und **S. W. Milstein,** *Diätetische Beeinflussung der Lipogenese im Fettgewebe.* (Vgl. vorst. Ref.) Die Lipogenese aus durchgehend markierter *Glucose* (**I**) in

Leberschnitten von Ratten war, gemessen am ^{14}C-Einbau in Fettsäuren, nach einer *Fett* (**II**)-reichen, *Kohlenhydrat* (**III**)-armen Diät sowie im Hungerzustand unterbunden, nach **II**- u. **III**-haltiger Ernährung (1:1) niedriger u. nach **II**-armer u. **III**-reicher Diät vermehrt im Vgl. zu älteren Ergebnissen. Anscheinend ist die Lipogenese im Fettgewebe größer als in der Leber. (J. biol. Chemistry **214**. 483—88. Mai 1955. Philadelphia, Pa., Jefferson Med. Coll., Dep. of Anatomy and Biochem.) H.-G. SCHWEIGER. 4210

R. C. Bard und **I. C. Gunsalus**, *Glucosestoffwechsel von Clostridium perfringens; Vorkommen einer Metallo-Aldolase.* Der Homomilchsäureabbau durch Fe-Mangel Clostridium perfringens BP 6 K wird durch α.α'-Dipyridyl u. o-Phenanthrolin u. nicht durch CN^- gehemmt; die Hemmung wird aufgehoben durch Fe^{2+} u. Co^{2+} u. nicht durch Zn^{2+}, Cu^{2+}, Ni^{2+}, Mg^{2+}, Mn^{2+} oder Fe^{3+}. Aldolase wurde in zellfreier Form aus C. perfringens isoliert; sie wurde durch die Stoffe gehemmt, die die Glykolyse hemmen. Die Hemmung wurde durch Fe^{2+} u. weniger durch Co^{2+} aufgehoben. Die zellfreie Aldolase erfordert einen reduzierenden Stoff, z. B. Cystein, zur maximalen Aktivierung. Die Notwendigkeit von Fe für die Aldolase erklärt die Notwendigkeit von Fe für das Wachstum von Clostridien u. für den Homomilchsäureabbau. Das Vork. der Aldolase läßt auf die Ggw. des EMBDEN-MEYERHOF-Syst. in Clostridien schließen. (J. Bacteriol. **59**. 387—400. März 1950. Bloomington, Ind., Univ., Dep. of Bacteriol.) F. LINGENS. 4210

R. W. Newburgh und **Vernon H. Cheldelin**, *Die intracelluläre Verteilung der Wirksamkeit von Enzymen des Pentosecyclus in der Kaninchenleber und -niere.* Vff. bestimmen in Homogenaten (a), Mitochondrien (b) u. Mikrosom (c) aus Leber u. Nierenrinde des Kaninchens mit verschied. Sedimentationsgeschwindigkeiten (600—144000·g) die Wirksamkeit der *Enzyme des Pentosecyclus* (**I**). Als Substrat dient eine *Ribose-5-phosphat* (**II**; 5 μMol), *Thiaminpyrophosphat* (100 γ) u. Tris-[oxymethyl]-aminomethanpuffer (200 μMol; p_H 8,0) enthaltende Lösung. Die Bldg. von *Sedoheptulose* u. *Hexose* aus **II** wird als Beweis für das Vork. von **I** in den verschied. Fraktionen angesehen. Es wird festgestellt, daß die **I** nach Zentrifugieren bei 8500·g (Leber-a-präpp.) in Lsg. gehen, während b keine **I**-Aktivität aufweisen. In Nierenpräpp. bleiben die **I** selbst nach 2std. Zentrifugieren bei 105000·g lösl., sedimentieren jedoch nach 16std. Einw. von 144000·g. *Glucose-6-phosphatdehydrogenase* u. *6-Phosphogluconsäuredehydrogenase*, deren Aktivität durch Red. von *Triphosphopyridinnucleotid* ermittelt wird, zeigen ähnliche Eigg. wie die **I**. Die Verss. zeigen die lösl. Natur der glykolyt. Enzyme bei relativ niedrigen Zentrifugalkräften. (J. biol. Chemistry **218**. 89—96. Jan. 1956. Corvallis, Ore., State Coll., Sci. Res. Inst. and Dep. of Chem.) P. FAHRNLAENDER. 4210

Mikuláš Burger und **Karel Beran**, *Über den Wirkungsmechanismus der Maltase aus dem Schimmelpilz Aspergillus niger.* 1. Mitt. *Die Wirkung der Temperatur auf die Aktivierung der Stärkehydrolyse durch Schimmelpilzpräparate.* Es wurde die temperaturabhängige Aktivierung der Hydrolyse von Stärke (**I**) durch enzymat. Präpp. aus Aspergillus niger (A.N.) u. Aspergillus oryzae (A.O.) untersucht. Die *Maltase* aus A.N. hydrolysiert **I** unabhängig von der *α-Amylase* durch stufenweisen Abbau der Glucosereste von den endständigen Gliedern der **I**. Die optimale Temp. für die Hydrolyse der Maltose (**II**) durch ein Enzympräp. aus A.N. liegt bei 65°. Die Aktivierungsenergie beträgt 13320 cal. Bei der Hydrolyse der **II** entsteht nicht nur Glucose (**III**), sondern auch Isomaltose (**IV**), Panose (**V**) u. Maltotriose (**VI**). — Bei A.O. wurde keine meßbare Hydrolyse der **II** festgestellt. — Einfl. der Temp. auf die Bldg. von vergärbaren Zuckern bei der Hydrolyse von **I**: Die Hydrolyse wird bei A.N. durch die Temp. mehr aktiviert als bei A.O. — Das Verhältnis der Aktivität eines Enzymes zu der Aktivität des Enzymes bei 30° wird als Q_t bezeichnet. Für das Präp. aus A.N. bei einer optimalen Temp. von 65° beträgt Q_t 7,34, für A.O. (optimale Temp. 55°) Q_t 2,54. Das enzymat. Syst. von A.N. wird mehr aktiviert als das Syst. von A.O. — Die Aktivierungsenergie bei A.N. beträgt 13660 cal, bei A.O. 8280 cal. Für ein Gemisch 1 : 1 beider Enzymsysteme wurde 11800 cal gefunden. — Aus chromatograph. Analysen geht hervor, daß bei der Hydrolyse von **I** durch A.N. eine große Menge von **III** entsteht. Bei höheren Tempp. erscheint eine kleine Menge von **II**, weiter **IV** u. Spuren von **V**, sowie **VI**. Einen anderen Verlauf zeigt die Hydrolyse bei A.O. Es entstehen drei vergärbare Zucker: **VI**, weniger **II** u. am wenigsten **III**. — Vff. nehmen an, daß der benutzte A.O. die **I** mittels α-Amylase spaltet. Die Hydrolyse der **I** verläuft auch bei höheren Tempp. linear. Einfl. der Temp. auf die Bldg. der hochmol. Dextrine bei der Hydrolyse der **I**: Bei optimaler Temp. von 65° hat ein A.N.-Präp. Q_t 6,0 u. ein A.O.-Präp. bei optimaler Temp. 55° Q_t 2,34. Die Aktivierungsenergie bei A.N. zeigt für die Hydrolyse der **II** u. für die Bldg. von reduzierenden Zuckern sowie für die Bldg. von Dextrinen fast denselben Wert. — Die Hydrolyse der **I** durch ein Gemisch von A.N. u. A.O. zeigt, daß *Maltase* **I** ohne Teilnahme von α-Amylase spaltet, falls das Substrat im Überschuß vorhanden ist. Die Maltase von A.N. hydrolysiert **I**

vom Ende des Stärkemol. durch stufenweise Abspaltung von **III** durch. Die Affinität der Maltase zum unversehrten Stärkemol. ist wahrscheinlich geringer als die Affinität der α-Amylase. Vff. fanden, daß zur Totalhydrolyse der **I** die Ggw. von α-Amylase nicht unbedingt notwendig ist. Die Hitzeaktivierung der Enzyme wird diskutiert. (Chem. Listy **50.** 133—39. Jan. 1956. Praha, Českoslov. akad. věd, Biol. ústav, Mikrobiol. odd.)
B. MELOUN/Prag. 4210

G. Stuart Wiberg und **Jules Tuba,** *Über Rattenserumamylase.* 2. Mitt. *Der Einfluß von Diät auf die Enzymspiegel.* (1. vgl. TUBA u. WIBERG, C. **1954.** 5317.) Es wurden Diäten mit bes. hohen Gehh. an *Rohrzucker* (**I**), *Stärke* (**II**), *Proteinen* (**III**) u. *Fett* (**IV**) an Ratten verfüttert. Pro kg. synthet. Diät waren enthalten: 5 mg Thiaminhydrochlorid, Pyridoxinhydrochlorid u. Nicotinsäureamid, 20 mg Ca-Salz der Pantothensäure, 10 mg Riboflavin, 1 g Cholinchlorid, 1,2 mg Vitamin A-Acetat, 0,14 mg Vitamin D, 120 mg Vitamin E u. 500 mg Vitamin C. **I** u. **II** haben keinen Einfl. auf den *Amylase*-Spiegel, während durch Diäten mit viel **III** eine bedeutende Aktivitätsabnahme des Enzyms erfolgt. Bei bes. fettreicher Diät wurde eine Steigerung der Enzymaktivität gefunden, die bis zu einem **IV**-Geh. von 45% mit steigender **IV**-Konz. zunimmt. Bei kohlenhydratarmen Diäten oder solchen mit nicht oder nur sehr schwer verdaulichen Kohlenhydraten wird der Enzymspiegel gesenkt (am stärksten bei Celluloseverfütterung). Bei Verfütterung von **IV**-armen Diäten mit hohem **I**- bzw. **II**-Geh. wurde bei **I** eine merkliche Aktivitätsabnahme des Enzyms gefunden, die unter sonst gleichen Bedingungen bei **II** nicht beobachtet wurde. (Canad. J. Biochem. Physiol. **33.** 46—53. Jan. 1955. Edmonton, Alberta, Univ. of Alberta, Dep. of Biochem.)
G. FAUST. 4210

T. N. Jewreinowa, T. A. Schubert und **M. N. Nesstjuk,** *Koazervate und Fermente. Protein–Kohlenhydrat-Koazervate und β-Amylase.* Zur Best. der Aktivität von *β-Amylase* (**I**) im Koazervat wurden bei 42° 2 ml eines Gemisches aus 0,67%ig. Gelatine u. Gummi arabicum (5 : 3), 0,5 ml 1,0%ig. *lösl. Stärke* (**II**) u. 0,5 ml 0,05%ig. **I** gemischt, auf p_H 4,82 mit Essigsäure angesäuert, 15 Min. bei 15° gehalten, in der Kälte zentrifugiert u. auf den Geh. an reduzierenden Zuckern untersucht. Sowohl im Nd. (Phase der Koazervattropfen) wie im Zentrifugat wurde eine **II**-Spaltung durch **I** festgestellt. Im Nd. war die Zuckerkonz. ca. 4mal höher als im Zentrifugat. Aus Verss. unter Zusatz von Maltose geht hervor, daß die zugesetzte Maltose nicht aus der Lsg. in das Koazervat eindringt. Die Ggw. von Maltose in den Koazervattropfen beruht demnach auf der **II**-Spaltung durch **I**. Durch Spezialverss. wird gezeigt, daß **I** sowohl im Nd. (Koazervat) als auch in der Gleichgewichts-Fl. (Zentrifugat) vorliegt. Die Ergebnisse werden im Hinblick auf die Anreicherung von organ. Substanz in der geolog. Frühzeit besprochen. (Доклады Академии Наук СССР [Ber. Akad. Wiss. UdSSR] **105.** 137—40. 1/11. 1955.)
O. LEBTAG. 4210

Je. L. Rosenfeld, A. I. Schubina und **A. A. Kusnetzow,** *Die Spaltung von Dextran durch Milzextrakte.* Im Gegensatz zu Blut u. Extrakten aus Leber, Nieren u. Muskeln von Kaninchen zeigen Extrakte aus Kaninchenmilz bei 24std. Einw. auf *Dextran* (**I**) eine geringe Bldg. von reduzierenden Stoffen (ca. 3%). Milz von Ochsen ergab unter optimalen Bedingungen (p_H 4,8, **I**-Konz. 4—7 mg/ml) nach 24 Std. 7,0% u. nach 48 Std. 18,0% reduzierende Stoffe im Verhältnis zum Gewicht des Ausgangs-**I**. Aus den Verss. der Vff. folgt, daß in der tier. Milz Enzyme vorliegen müssen, die **I** aufzuspalten vermögen. Vff. nehmen an, daß nicht alle Glucosidbindungen im **I**-Mol. durch das Enzym des Milzextraktes gespalten werden. (Доклады Академии Наук СССР [Ber. Akad. Wiss. UdSSR] **104.** 115—17. 1/9. 1955. Labor. für physiolog. Chem. der Akad. der Wiss. der UdSSR.)
M. ULMANN. 4210

L. Helmeczi, E. Kiss und **E. Szücs,** *Vom Acetylcholin–Cholinesterase-Gehalt der psoriatischen Haut.* Angabe der Meth. zur Unters. des cholinerg. Charakters der Gefäßerweiterung bei Psoriasis durch Best. des *Acetylcholin* (**I**)-Geh. u. der *Cholinesterase* (**II**)-Aktivität der erkrankten Hautgebiete. Bei 31 von 40 Fällen war die **II**-Aktivität im Serum gegenüber n. Kontrollen erhöht, desgleichen in den psoriat. Pappeln bei Unters. von 11 Fällen. Der **I**-Geh. psoriat. Hautdialysate von 21 Fällen war in jedem Fall deutlich höher als bei gesunden Personen oder Ekzematikern. (Dermatol. Wschr. **133.** 365—70. 14/4. 1956. Debrecen, Ungarn, Med. Univ., Physiol. Inst., Dermatol. Klinik.)
H. DOSSMANN. 4210

Catherine O. Hebb, *Acetylcholin und Cholinesterase. Acetylcholinstoffwechsel des Nervengewebes.* Vf. bespricht die Verteilung von *Cholinesterase* (**I**) u. *Cholinacetylase* (**II**) u. ihre Bedeutung für die Rolle der Übertragung (Ü) der Nervenimpulse durch *Acetylchloin* (**III**). Das Fehlen von **I** u. **II** in den Sehnerven der Säugetiere zeigt, daß Ü nicht von der intracellulären Freisetzung u. Hydrolyse von **III** in diesem Falle abhängen kann. Das Fehlen von **II** in den hinteren Spinalwurzeln hat ähnliche Bedeutung. Danach kann

III an der intercellulären Ü im Fall monosynapt. Reflexe keinen Anteil haben. Die klass. Annahme der Ü durch III mag jedoch auf andere zentrale Synapsen sich erstrecken, wie FELDBERG u. VOGT dies herausgestellt haben. Ihre Vorstellung, daß cholinerg. u. nicht-cholinerg. Neuronen abwechseln, paßt gut zu Beobachtungen in bezug auf die sensor. Übertragung. (Pharmacol. Rev. **6.** 39—43. März 1954. Cambridge, Agricult. Res. Council, Inst. of Animal Physiol., Babraham Hall.) K. BÖHM. 4210

J. N. Walop, *Der Stoffwechsel des Acetylcholins. Actylcholin* (**I**) kommt in kleinen Mengen in sensor. Nerven vor u. wird bei ihrer Reizung freigesetzt. Zur **I**-Synth. scheint ATP nicht notwendig zu sein, wenn Cholin durch Phosphorylcholin ersetzt wird. Die Lokalisation der *Cholinesterase* (**II**) ist noch fraglich. Verss. mit DFP-Vergiftung an Hunden ergaben, daß mehrere method. Gesichtspunkte berücksichtigt werden müssen, bevor man davon sprechen kann, daß ein Gewebe frei von **II** ist. Einige Aspekte im **I–II**-*Cholinacetylase*-Syst. in sensor. Nerven sind noch nicht verständlich. Doch zweifelt Vf. daran, daß sie schon jetzt beweisend genug sind, einen Mechanismus der Leitung u. Übertragung anzunehmen, der verschieden von dem anderer Nerven ist. (Pharmacol. Rev. **6.** 45—46. März 1954. Amsterdam, Univ., Labor. of Comparative Physiology.) K. BÖHM. 4210

R. N. Schasstin, *Zum Mechanismus der Wirkung des Endotoxins der Colibacillen auf einige Funktionen des tierischen Organismus.* 2. Mitt. *Die Wirkung der Colibacillen auf die Aktivität der Cholinesterase.* (1. vgl. Вопросы Питания [Fragen d. Ernähr.] **12.** [1953.] Nr. 5. 37.) Die *Cholinesterase* (**I**)-Aktivität gesunder Ratten (1 γ entspricht der in 1 Std. in 0,2 ml Serum oder Organextrakt aufgespaltenen Acetylcholinchloridmenge) beträgt im Blutserum 775 γ, im Leberextrakt 698 γ u. in der grauen Gehirnsubstanz 365 γ. 4—6 Std. nach subcutaner Zufuhr von *Coli-Endotoxin* (**II**) liegen die Werte entsprechend bei 607, 217, 304 γ, 8—10 Tage nach Denervierung der Leber bei 509, 321, 313 γ; 4—6 Std. nach **II**-Zufuhr bei denervierter Leber bei 541, 327, 282 γ. Demnach setzt **II** die **I**-Aktivität herab. Die Denervierung der Leber, welche diese ebenfalls vermindert, hebt jedoch den hemmenden Einfl. von **II** auf die **I**- Aktivität in Leber u. Blut auf. Die graue Gehirnsubstanz wird am wenigsten beeinflußt. (Вопросы Питания [Fragen d. Ernähr.] **13.** Nr. 5. 24—28. Sept./Okt. 1954. Leningrad, Wiss. San.-Hygien. Forschungsinst., Abt. für Physiol. u. Hygiene der Ernährung.) E. RENTZ. 4210

Eugene F. Jansen, Rosie Jang und **A. K. Balls,** *Die Hemmung gereinigter menschlicher Plasmacholinesterase durch Diisopropylfluorphosphat.* Analog zu *Trypsin* u. α-, β- u. γ-*Chymotrypsin*, die mit *Diisopropylfluorphosphat* (**I**) inhibiert werden u. damit kristallisierbare Verbb. geben, wird auch Plasma-*Cholinesterase* (**II**) durch **I** inhibiert u. gibt ein Enzympräp. mit einem P-Geh. von 0,0023%, wie Verss. mit radioakt. P markiertem **I** zeigten. Dieser P-Geh. würde einem Äquivalentgewicht von 26000 für **II** entsprechen, wenn die erhaltene Verb., wie bei den obengenannten Enzymen festgestellt wurde, pro Mol Enzym 1 Mol P enthält. (J. biol. Chemistry **196.** 247—53. Mai 1952. Albany, Calif., U. S. Dep. of Agricult., Agricult. Res. Admin., Bureau of Agricult. and Ind. Chem., Enzyme Res. Div.) H. SCHEURLEN. 4210

Ernst H. Bárány und **Alan M. Woodin,** *Hyaluronsäure und Hyaluronidase im Kammerwasser und im Kammerwinkel.* Änderungen des Widerstandes der Schranke im Kammerwinkel sind nach Ansicht der Vff. nicht als Wrkg. einer *Hyaluronidase* (**I**) oder einer *Depolymerase* (**II**) aufzufassen, da das Kammerwasser zwar *Hyaluronsäure* enthält, aber keine Aktivität von **I** u. nur eine sehr geringe Aktivität von **II** aufweist, die durch *Diäthyldithiocarbamid* gehemmt, durch Schwermetalle u. H_2O_2 aktiviert wird. (Acta physiol. scand. **33.** 257—90. 1955. Uppsala, Univ., Pharmacol. Inst., u. London, Med. Res. Council, Ophthalmol. Unit, Inst. of Ophthalmol.) D. ZEMKE. 4210

K. S. Dodgson, J. I. M. Lewis und **B. Spencer,** *Untersuchungen über Sulfatasen.* 3. Mitt. *Die Arylsulfatase und β-Glucuronidase von Meeresweichtieren.* (2. vgl. Biochem. J. **53.** [1953.] 452; vgl. auch C. **1956.** 4751.) Vff. untersuchten die Eigg. von *Arylsulfatase* (**Ia**) u. *β-Glucuronidase* (**IIa**) aus Patella vulgata (P.) u. Littorina littorea (L.). Als Substrat für **Ia** wurde verwandt p-Acetylphenylsulfat (**IIb**), für **IIa** p-Chlorphenylglucuronid (**IIb**). Die optimale Wrkg. von **Ia** erfolgt bei p_H 5,5 in 0,5 mol. Acetatpuffer. Optimale Substratkonz. (**IIb** für P. 0,065 mol., für L. 0,04 molekular. Aktivitätsbest. spektrophotometr. nach DODGSON u. Mitarbeiter (Biochem. J. **53.** [1953.] 452). Nach Incubation bei 37,5°/1 Std. verliert **Ia** 20—30% an Wirksamkeit, bei 0° kein Aktivitätsverlust. Nach Zentrifugieren bei 2000 g 20 Min. ist **Ia**-Aktivität sowohl im Nd. als auch in Lsg.; Gesamtverlust beträgt ca. 15%. — Die optimale Wrkg. von **IIa** erfolgt bei p_H 4,0 in 0,5 mol. Acetatpuffer. Optimale Substratkonz. (**IIb**) beträgt 0,045 molekular. Aktivitätsbest. nach SPENCER u. WILLIAMS (C. **1952.** 69). Nach Incubation bei 37,5°/1 Std. treten ebenfalls Verluste an **IIa**-Aktivität ein, nicht bei 0°. Nach Zentrifugieren bei 2000 g 20 Min. ist **IIa** sowohl im Nd. als auch in Lsg. ent-

halten; hierbei kein Aktivitätsverlust. Vff. vergleichen die Verteilung von **Ia** u. **IIa** bei verschied. Weichtieren. (Biochem. J. **55**. 253—59. Sept. 1953. Cardiff, Physiol. Inst.)
G. BRATFISCH. 4210

K. S. Dodgson und **B. Spencer**, *Untersuchungen über Sulfatasen.* 4. Mitt. *Arylsulfatase und β-Glucuronidasekonzentrate aus Limpets.* (3. vgl. vorst. Ref.) Vff. beschreiben Darst. u. Reinigung von acetongetrockneten *Limpet*-Eingeweiden, die sowohl *Arylsulfatase* (**I**) als auch *β-Glucuronidase* (**II**) enthalten. Aus dem acetontrockenen Präp. kann **II** irreversibel durch Einstellung eines p_H von 2,25 inaktiviert werden, **I** bleibt voll wirksam. **I**-Hemmung durch Harn (Kaninchenharn: 91,5%; Menschenharn: 87,8% Hemmung) kann durch Behandlung des Harns mit $BaCl_2$ (p_H 11) behoben werden, diese wird SO_4^{2-} u. PO_4^{3-} zugeschrieben. Bei Behandlung des Präp. mit 0,2 mol. Phosphat wird **I** völlig gehemmt, **II** bleibt voll wirksam. Reinigung des Präp. A durch wss. Extraktion, Präcipitation mit Aceton, Trocknung (Präp. B 8,67 g 1810000 **I**-E./g, 690000 **II**-E./g), Entfernung von **II** aus Präp. B: Suspension in eiskaltem W. (1 g) u. Zufügen von Flavin (0,65 g). Abtrennung von gebildetem Nd. u. Präcipitation der Lsg. mit Aceton. Durch Behandlung mit 2.8-Diaminoacridindisulfat bei p_H 2,9 erfolgt Konzentrierung von **I**, Entfernung von **II**-Proflavinhemisulfat u. Euflavin (p_H 6,5) konz. **I** u. **II**. Handels-Acriflavin (enthaltend 2.8-Diaminoacridinhydrochlorid u. 2.8-Diaminomethylacridiniumchloridhydrochlorid; p_H 1,0) entfernt **II** restlos u. den größten Teil von **I**. Vereinfachte Meth. zur Darst. **II**-freier **I**-Präpp.: Präp. A, wss. Suspension, p_H 2,25, Abtrennung des gebildeten Nd.; **I** wird präcipitiert aus der Lsg. durch Aceton. Trocknen im Vakuum (3680000 **I**-E./g). (Biochem. J. **55**. 315—20. Sept. 1953. Cardiff, Univ. of Wales, Physiol. Inst.)
G. BRATFISCH. 4210

K. S. Dodgson und **B. Spencer**, *Untersuchungen über Sulfatasen.* 5. Mitt. *Die Bestimmung von anorganischem Sulfat während der Sulfataseeinwirkung.* (4. vgl. vorst. Ref.) Vff. beschreiben eine verbesserte Benzidinmeth. zur Best. geringer Mengen von enzymat. gebildetem anorgan. Sulfat (**I**) in Ggw. von acetatgepuffertem biol. Material. Bei **I**-Mengen geringer als 10 γ ist eine Best. nicht quantitativ. Es wird daher eine bestimmte Konz. an **I** nach Sulfataseeinw. zugesetzt. Ein gebildeter Benzidin-**I**-Nd. läßt sich bequem abtrennen, wenn vor dem Zentrifugieren Glaspulver zugesetzt wird. Die durch enzymat. Freilegung erhaltenen **I**-Werte aus *K-p-Acetylphenylsulfat* stimmten gut überein mit denen aus spektrophotometr. Messung erhaltenen an in Freiheit gesetztem *p-Oxyacetophenon.* (Biochem. J. **55**. 436—40. Okt. 1953. Cardiff, Newport Road, Physiol. Inst.)
G. BRATFISCH. 4210

K. S. Dodgson, B. Spencer und **J. Thomas**, *Untersuchungen über Sulfatasen.* 6. Mitt. *Lokalisation der Arylsulfatase in der Rattenleberzelle.* (5. vgl. vorst. Ref.) *Arylsulfatase* (**I**) ist in der körnigen Substanz des Cytoplasmas (C.) hauptsächlich in den Mikrosomen, weniger in den Mitochondrien enthalten. (Bei der Mauseleber sind 70% in den Mitochondrien enthalten!) Der Kern u. die lösl. Komponenten des C. enthalten keine **I**. Das **I** synthetisierende Syst. ist nicht in der körnigen Substanz des C. enthalten. Bei Fraktionierung der Rattenleber in isoton. KCl-Lsg. verbleibt **I** im Rückstand, während das synthetisierende Syst. in der überstehenden Lsg. enthalten ist. (Biochem. J. **56**. 177—81. Febr. 1954. Newport, Road Cardiff, Univ. of Wales, Physiol. Inst.)
G. BRATFISCH. 4210

K. S. Dodgson und **B. Spencer**, *Untersuchungen über Sulfatasen.* 7. Mitt. *Ein vorläufiger Bericht über die Glykosulfatase von Littorina littorea.* (6. vgl. vorst. Ref.) Vff. untersuchten verschied. Organe von See-Molusken, wie Eingeweidesack (E.S.) von *Osilinus linneatus*, E.S. von *Calliostoma zizyphinum*, E.S. von *Gibbula umbilicalis*, Gesamtorganismus von *Patina pellucida*, E.S. von *Patella vulguta*, hintere Verdauungsdrüse, vordere Verdauungsdrüse, Schleimdrüse von *Buccinum undatum* u. E.S. von *Littorina littorea* (L.l.) auf Geh. an *Glykosulfatase* (**I**). Bei 0,01 mol. *K-Glucose-6-sulfat* (**II**) als Substrat in 0,5 mol. Acetatpuffer p_H 5,2 u. 2 Std. Incubation/37,5° war die **I**-Wrkg. des E.S. von L.l. im Vgl. zu den anderen Organen am größten: 997 γ SO_4^{2-} wurden pro g Gewebe in Freiheit gesetzt. In einem stabilen acetongetrockneten Organpräp. konnten neben **I** Alkyl-, Aryl-, Chondrosulfatase u. Glucuronidase nachgewiesen werden. Vff. diskutieren den Reinheitsgrad des verwandten Substrats **II**. Durch direkte H_2SO_4-Veresterung verbleiben ca. 25—30% an Verunreinigung (isomeres Glucosemonosulfat). Die Verunreinigung wird von Hydrazin hydrolysiert. *K-Glucose-3-sulfat* als Substrat wird von **I** vollständig hydrolysiert, ist aber unter den Testbedingungen nach der Benzidinmeth. nicht stabil.

V e r s u c h e: Best. der *Glykosulfatase* (**I**)-Aktivität nach DODGSON u. SPENCER (vgl. vorvorst. Ref.). Darst. eines **I**-Präp. aus dem Eingeweidesack (E.S.) von *Littorina littorea.* Waschen mit eiskaltem dest. W., Acetonbehandlung. Aus 46 g E.S. 9 g. — Acetonfraktionierung: Die Vorfraktion bei 20% Acetongeh. wird verworfen. Hauptfraktion bei 60% Aceton wird mit kaltem Aceton nachgewaschen u. im Vakuum getrocknet (2 g). 1 g I-Präp. setzt 80000 γ SO_4^{2-} aus 0,07 mol. *K-Glucose-6-sulfat* (**II**) in 0,5 mol. Acetatpuffer, p_H 5,85, 1 Std./37,5° in Freiheit. N 11%. **II** aus dem Ba-Salz, dargestellt durch direkte H_2SO_4-Veresterung von Glucose mit Chlorsulfonsäure u. Pyridin (vgl. PERCIVAL u. SOUTAR, J. chem. Soc. [London] **1940**. 1475). — *K-Glucose 3-sulfat* nach PERCIVAL (J. chem. Soc. [London] **1945**. 119). (Biochem. J. **57**. 310—15. Juni 1954. Cardiff, Univ. of Wales, Physiol. Inst.) G. BRATFISCH. 4210

K. S. Dodgson, T. H. Melville, B. Spencer und **K. Williams,** *Untersuchungen über Sulfatasen.* 8. Mitt. *Die Arylsulfatase eines Stammes von Alcaligenes metalcaligenes, isoliert aus Watten-Schlamm.* (7. vgl. vorst. Ref.) Vff. fanden, daß die hohe *Arylsulfatase* (**I**)-Aktivität des Eingeweidesackes von See-Molusken nicht Mikroorganismen zuzuschreiben ist. Ein Stamm von *Alcaligenes metalcaligenes,* isoliert aus von zwischen den Gezeiten gesammeltem Schlamm, enthielt beträchtliche **I**-, jedoch keine *Glykosulfatase-* u. *β-Glucuronidase*-Aktivität. Eine Anzahl anderer Bakterien der Gattung *Alcaligenes* wie *A. bookeri, A. faecalis, A. haemolysans, A. suboiscosum, A. sp.,* zeigten keine **I**-Aktivität gegen Phenolphthaleindisulfat. (Biochem. J. **58**. 182—87. Okt. 1954. Newport Road, Cardiff, Univ. Coll., Dep. of Physiol. and Botany.) G. BRATFISCH. 4210

K. S. Dodgson, B. Spencer und **J. Thomas,** *Untersuchungen über Sulfatasen.* **9. Mitt.** *Die Arylsulfatasen in der Leber von Säugetieren.* (8. vgl. vorst. Ref.) Vff. untersuchten die *Arylsulfatase* (**I**)-Wrkg. von Säugetieren, bes. die der Ratten-, Rinder-, Maus- u. Kaninchenleber. Die **I**-Aktivität ist einem komplexen Enzymsyst. zugeordnet, das wenigstens 3 **I** enthält, erkennbar an der völlig unterschiedlichen Affinität gegenüber verschied. Substraten. Sie sind in Zellkernen, Mitochondrien u. Mikrosomen lokalisiert. Vff. untersuchten bes. Rattenleber-**I**. In den Mitochondrien lokalisierte **I** lassen sich nach Acetonbehandlung, Incubation mit hyper- u. hypoton. Lsg. extrahieren. In den Mikrosomen lokalisierte **I** dagegen lassen sich bisher nach keiner bekannten Meth. extrahieren. Die „unlösl." **I** besitzt hohe Affinität zu *p-Nitrophenyl-* u. *p-Acetylphenylsulfat;* während die lösl. **I** zu diesen Substraten nur schwache Affinität aufweist, ist sie wirksam gegen *Nitrobrenzcatechinsulfat.* Die lösl. **I** der Rattenleber konnte von Vff. in 2 Enzyme fraktioniert werden, die mit der Sulfatase A u. B aus Rinderleber vergleichbar sind (vgl. ROY, Biochem. J. **57**. [1954.] 465). (Biochem. J. **59**. 29—37. Jan. 1955. Newport Road, Cardiff, Univ. of Wales, Physiol. Inst.) G. BRATFISCH. 4210

K. S. Dodgson, F. A. Rose und **B. Spencer,** *Untersuchungen über Sulfatasen.* 10. Mitt. *Isolierung und Charakterisierung von biosynthetischen Arylsulfaten.* (9. vgl. vorst. Ref.) *Euflavin* (*2.8-Diamino-10-methylacridiniumchlorid*), *Safranin* u. *5-Aminoacridinhydrochlorid* (**I**) geben schwer lösl. Salze mit *Phenyl-, p-Acetylphenyl-* u. *p-Nitrophenylsulfat.* Diese Verbb. lassen sich gut aus W., A. oder wss. A. umkristallisieren. Bes. **I** gibt mit vielen Schwefelsäureestern sehr schwer lösl. Verbindungen. Vff. benutzten daher **I** zur Isolierung von in vivo gebildeten Arylsulfaten aus dem Harn von Kaninchen, die mit *p-Chlorphenol, Chlorbenzol* (**II**) oder *4-Chlorbrenzcatechin* (**III**) gefüttert wurden. Bei der Aufarbeitung müssen vor Ausfällung des Arylsulfates mit **I** erst Ballastverbb. u. entsprechende Glucuronide durch $(NH_4)_2SO_4$-Sättigung u. Acetonfraktionierung entfernt werden. Das **III**-Monosulfat, das aus dem Harn von mit **II** bzw. **III** gefütterten Kaninchen isoliert wurde, war das 4-Chlor-2-oxyphenylsulfat. Das synthet. Monosulfat hatte dieselbe Struktur. (Einzelheiten vgl. Original.) (Biochem. J. **60**. 346—52. Juni 1955. Newport Road, Cardiff, Univ. of Wales, Physiol. Inst.) G. BRATFISCH. 4210

K. S. Dodgson, B. Spencer und **K. Williams,** *Untersuchungen über Sulfatasen.* 11. Mitt. *Reinigung und Eigenschaften der Arylsulfatase aus Alcaligenes metalcaligenes.* (10. vgl. vorst. Ref.) Vff. isolierten u. reinigten die *Arylsulfatase* (**I**) von *Alcaligenes metalcaligenes* von Nucleinsäure u. anderen Enzymen mittels präparativer Papierelektrophorese. Die Unters. von **I**-Inhibitoren ergab % Hemmung bei einer Konz. von 0,025 mol.: *NaCl, NaF,* Na_2SO_4 0, $NaHSO_3$ 17, *NaCN* 82 (0,0063 mol. 51), Na_2SO_3 34 (0,0063 mol. 19), $BaCl_2$ 100, *Harnstoff* 0, *Glucose-6-sulfat* 17, *K-Äthylsulfat* 12, *Ba-Benzolsulfonat* 33, *Phenylhydrazin* (0,0001 mol. 87, 0,000025 mol. 52), *Hydrazin* 43, *Semicarbazid* 21, *Thiosemicarbazid* 33, *Hydroxylamin* 97, Phosphat (p_H 6,3 u. 8,75, 0,1 mol.) 0. — Die Wrkg. der Inhibitoren, der Proteingruppen spezif. Reagentien u. Unters. über Variation der MICHAELIS-Konstanten mit p_H geben einige Hinweise über die Natur der substratbindenden Gruppen des Enzyms. (Biochem. J. **61**. 374—80. Nov. 1955. Newport Road, Cardiff, Univ. of Wales, Dep. of Physiol. and Bot.) G. BRATFISCH. 4210

K. S. Dodgson, B. Spencer und **C. H. Wynn,** *Untersuchungen über Sulfatasen.* 12. Mitt. *Die Arylsulfatasen des menschlichen Gewebes.* (11. vgl. vorst. Ref.) Humanleber u. andere von Vff. untersuchte Humangewebe, wie Pankreas, Niere, Lunge, Hirn, Herz, Darm u. Milz, erhalten 24 Std. nach eingetretenem Tod u. bei —15° aufbewahrt, enthielten 3 verschied. *Arylsulfatasen* (A.S.). 2 von diesen A.S. sind lösl. u. vergleichbar mit den A.S. A u. B der Rattenleber. Das 3. Enzym konnte nicht in lösl. Form erhalten werden u. war in seinen Eigg. sehr ähnlich denen der unlösl. Mikrosomen-A.S. aus Rattenleber. Vff. gelang die Trennung der 3 A.S., indem nach wss. Extraktion von acetongetrockneter Leber die unlösl. A.S. durch Zentrifugieren abgetrennt wurde. Die Trennung der beiden lösl. A.S. erfolgte durch 20 Min.-Zentrifugieren eines 10% ig. wss. Extraktes bei 20000 g u. durch Papierelektrophorese. Bei den 3 A. S. handelt es sich um keine Artifacte, da die gleichen Enzyme auch aus frischem Gewebe erhalten werden konnten. Die Aktivität von frischen u. acetongetrockneten Gewebesuspensionen wurde gegen *K-p-Acetylphenylsulfat* (I), *K-p-Nitrophenylsulfat* (II) u. *K_2-2-Oxy-5-nitrophenylsulfat* (III) durch spektrophotometr. Messung des in Freiheit gesetzten Phenols bestimmt (vgl. die oben referierte 9. Mitt.). Ein Vgl. des optimalen Reaktions-p_H u. Substrakonzz. (S.) ergab für die Human-A.S.: unlösl. A.S. gegen I p_H 6,9, S. 0,005 — gegen II 7,3; 0,008 — lösl. A.S.-A: gegen II 6,2; 0,07; gegen III 5,0; 0,006 — lösl. A.S.-B: gegen II keine Wrkg. gegen III 6,1; 0,02. (Biochem. J. **62.** 500—07. März 1956. Newport Road, Cardiff, Univ. of Wales, Physiol. Inst.) G. BRATFISCH. 4210

Oliver H. Gaebler, ed., Enzymes: units of biological structure and function. New York: Academic Press. (624 S. m. Abb. u. Diagr.) 8°. $ 10,—.

E_3. Mikrobiologie. Bakteriologie. Immunologie.

Siegfried Kessler, *Beiträge zur Wirkung von Caesiumsalzen auf Bakterien.* Die Anormomorphogenese (Amg.) von S. paratyphi-B unter Einw. von *Cs-Chlorid* (I), -Sulfat u. -Nitrat zeigt keine Unterschiede hinsichtlich des Anions, die morpholog. Veränderungen beruhen nur auf der Wrkg. des Kations Cs. Cs-Salze hemmen die Oxybiose (Ob.) verschied. Stämme von S. paratyphi A u. B, S. typhi, Shigella, E. coli, Aerogenes, Klebsiella, Staphylokokken, aber nicht die von Enterokokken. Die Hemmung der Amg. hängt vom p_H, der Konz. des Cs-Salzes u. von der Einsaatmenge ab. Rb-Chlorid wirkt I-antagonist. bei Amg. u. Ob., KCl bzw. NaCl auf die Ob.-Hemmung durch I. S. paratyphi-B-Stämme können I-resistent gemacht werden, solche Stämme zeigen Verlust an Assimilationsfähigkeit. Verss. mit gegenüber I u. Li-Chlorid resistent gemachten Stämmen werden besprochen. (Zbl. Bakteriol., Parasitenkunde, Infektionskrankh. Hyg., 1. Abt., Orig. **165.** 469—85. April 1956. München, Univ., Hygien. Inst.) H. DOSSMANN. 4310

Robert A. MacLeod und **Esmond E. Snell,** *Die Beziehung des Ionenantagonismus zu der anorganischen Ernährung von Milchsäurebakterien.* Das Wachstum von L. arabinosus 8014 wird in einem Aminosäuremedium stärker als in einem Caseinhydrolysatmedium durch Zn^{2+} gehemmt. Die Hemmung wird aufgehoben durch Mn^{2+} u. auch durch Mg^{2+}, Ca^{2+} u. Sr^{2+} bei L. arabinosus 8014 u. L. pentosus 8041; obgleich diese Ionen Mn^{2+} nicht für das Wachstum ersetzen können, wird die erforderliche Menge Mn^{2+} verringert. Bei L. pentosus können nur Mg^{2+} u. Ca^{2+} Mn^{2+} teilweise ersetzen. Bei Leuconostoc mesenteroides 8042 kann nur Mg^{2+} das Bedürfnis an Mn^{2+} verringern. Das K^+-Bedürfnis von L. mesenteroides wird durch Rb^+ u. das K^+-Bedürfnis von L. arabinosus wird durch Cs^+ verringert. (J. Bacteriol. **59.** 783—92. Juni 1950. Madison, Wis., Univ. of Wisconsin, Coll. of Agricult., Dep. of Biochem.) F. LINGENS. 4310

Estelle Kitay, Walter S. McNutt und **Esmond E. Snell,** *Desoxyriboside und Vitamin B_{12} als Wachstumsfaktoren für Milchsäurebakterien.* 18 Stämme von Milchsäurebakterien wuchsen in einem mit Tomatensaft u. enzymat. abgebauten Casein ergänzten synthet. Medium erst nach Zugabe von *Thymidin* (I). In den meisten Fällen konnte I durch die Desoxyriboside von Hypoxanthin, Adenin, Guanin oder Cytosin oder durch große Mengen Desoxyribonucleinsäure ersetzt werden; Leuconostoc citrovorum 8081 wuchs nur mit I. In den meisten Fällen konnte I durch *Vitamin B_{12}* (II) ersetzt werden; L. delbrueckii 730 u. L. acidophilus 204 wuchsen nicht mit II. Ascorbinsäure, Thioglykolsäure, Cystein oder Glutathion konnten I, Desoxyriboside u. II vielfach ersetzen in einem mit abgebautem Casein ergänzten Medium. L. acidophilus 204, L. acidophilus S u. L. helveticus S wuchsen mit Ascorbinsäure auch ohne verdautes Casein. Bei Sterilisation mit dem Medium hatte *Vitamin B_{12b}* nur $^1/_7$ der Wrkg. von II; bei asept. Zugabe waren beide Stoffe gleich wachstumswirksam. (J. Bacteriol. **59.** 727—38. Juni 1950. Madison, Wis., Univ. of Wisconsin, Dep. of Biochem.) F. LINGENS. 4310

E. B. Collins, F. E. Nelson und **C. E. Parmelee,** *Acetat- und Oleatbedarf der Milchsäuregruppe der Streptokokken.* 22 Stämme von Str. cremoris u. 9 von 31 Stämmen von Str. lactis wuchsen in dem synthet. Medium nach NIVEN (J. Bacteriol. **47.** [1944.] 343) erst nach Zugabe von Na-Acetat (I) u. Sorbitmonooleat (II). Mit kleinen Mengen des Leberextrakts Reticulogen konnten I u. II ersetzt werden. Ein Str. cremoris-Stamm, der mit I u. II in 24 Std. kein Wachstum zeigte, wuchs mit Reticulogen. I bzw. II allein ermöglichten das Wachstum nur weniger Stämme; dabei war **I** effektiver. *Vitamin* B_{12} wurde nur von wenigen Organismen benötigt. (J. Bacteriol. **59.** 69–74. Jan. 1950. Ames, Io., Iowa Agricult. Exp. Stat., Dairy Ind. Sect.) F. LINGENS. 4310

C. N. Huhtanen, *Pantethin und Caseinhydrolysat beim Wachstum einiger Lactobacillen. Pantethin* u. *enzymhydrolysiertes Casein* ersetzen natürliche Rohstoffe, die wahrscheinlich einen unbekannten Wachstumsfaktor für *Milchsäurebakterien* im Wiederkäuermagen u. *Lactobacillus bifidus* im Vogelmagen liefern. (Proc. Soc. exp. Biol. Med. **88.** 311–12. Febr. 1955. Pearl River, N. Y., Amer. Cyanamid Co., Lederle Labors.) H. GOEBEL. 4310

Károly Vas, *Kinetische Untersuchung der die Vermehrung von Mikroben beeinflussenden Faktoren.* Die Incubationsperiode L sowie der Anstieg der exponentiellen Vermehrung u. die maximale Zellenkonz. G von Sacch. cerevisiae var. ellipsoideus (S.), Torulopsis utilis var. maior (T.) u. Bac. cereus (B.) werden turbidimetr. mittels PULFRICH-Photometer, von Asp. foetidus (A.) mittels Messung der Durchmesser der Kolonien kinet. gemessen. Der Einfl. gewisser Chemikalien auf die Geschwindigkeitskonstante k der Zellvermehrung wird untersucht u. als Maß für die Wirksamkeit diejenige Konz. m (mg/Liter) extrapoliert, welche eine 50%ig. Senkung von k bewirkt. Bei S. beträgt m für Dehydracetsäure (**I**) 35, Na-Benzoat (**II**) 240, Na-Formiat (**III**) $>$5120, Pandurol A (**IV**) 8,5 u. Cetylpyridiniumbromid (**V**) 1,2; bei T. beträgt m für **I** 30, **II** 160, **III** 3000, **IV** 3,9 u. **V** 2,0; bei B. Na-**I** 1400, **II** 3300, **III** 1700, **IV** u. **V** $<$4; bei A. **I** 22, **II** 400, **III** $\gg$5120, **IV** $\gg$32, **V** $>$32. Die Zusammenhänge zwischen k einerseits u. G, L andererseits sowie der Mechanismus der verzögernden Wrkg. vorst. Chemikalien werden diskutiert. (Agrokémia és Talajtan **3.** 205–26. Sept. 1954. Budapest, Konzerv-, Hús- és Hütöipari Kutató Inst.) G. v. PILINSZKY. 4310

Jack M. Siegel und **Arthur A. Smith,** *Der aerobe Acetonstoffwechsel im Dunkeln beim photosynthetischen Bakterium Rhodopseudomonas gelatinosa.* (Vgl. C. **1955.** 381.) Unters. des aeroben Dunkelstoffwechsels von *Rhodopseudomonas gelatinosa* mit $^{14}C_{(1,3)}$-*Aceton* zeigte, daß Aceton mit CO_2 direkt zu *Acetoacetat*, dem Vorprod. von Acetat, carboxyliert wird. Dieser Abbauweg stimmt mit dem früher beobachteten photosynthet. Acetonstoffwechsel überein. Diskussion der Ergebnisse im Hinblick auf den Mechanismus der bakteriellen Photosynthese. (J. biol. Chemistry **214.** 475–82. Mai 1955. Little Rock, Ark., Univ. of Arkansas, School of Med., Dep. of Biochem.) H. GOEBEL. 4320

Jack M. Siegel und **Martin D. Kamen,** *Untersuchungen über den Stoffwechsel photosynthetischer Bakterien.* 6. Mitt. *Abbau von Isopropanol durch einen neuen Stamm von Rhodopseudomonas gelatinosa.* (5. vgl. GEST u. Mitarbeiter, C. **1950.** II. 2207.) Ein neuer Stamm, der sich nur in seiner Fähigkeit, auf *Isopropanol* (**I**)-haltigem Medium zu wachsen, von Rhodopseudomonas gelatinosa unterscheidet, wurde durch ein besonderes Verf. angereichert. Der Stamm baut **I**, *n-Butanol, n-Hexanol, Aceton* (**II**), *Äthylmethylketon, Essigsäure, Propionsäure, Buttersäure* u. *Acetessigsäure* ab; Butanol-(2) u. Hexanol-(2) werden nicht abgebaut. Nach Wachstum der Zellen in Ggw. von $NaH^{14}CO_3$ konnte in dem gebildeten **II** kein ^{14}C nachgewiesen werden; danach erfolgt die Umwandlung von **I** in **II** durch direkte Dehydrierung. (J. Bacteriol. **59.** 693–97. Mai 1950. St. Louis, Miss., Washington Univ., Dep. of Chem. and Mallinckrodt Inst. of Radiol.) F. LINGENS. 4320

Harold P. Klein und **Michael Doudoroff,** *Die Mutation von Pseudomonas putrefaciens zu Glucoseverbrauch und seine enzymatische Grundlage.* Eine Spontanmutante von Pseudomonas putrefaciens Nr. 60 wurde isoliert, die *Glucose* (**I**) rasch oxydiert u. als C-Quelle zum Wachstum verwendet im Gegensatz zum Wildtyp. Die Mutante bildet in Ggw. von **I** eine **I**-spezif. Hexokinase. Die Enzyme zum weiteren **I**-Abbau sind beim Wildtyp u. bei der Mutante vorhanden. Beide Formen greifen Fructose nicht an. Es gelang nicht, Fructosemutanten zu isolieren. (J. Bacteriol. **59.** 739–50. Juni 1950. Berkeley, Calif., Univ. of California, Dep. of Bacteriol.) F. LINGENS. 4320

Elisabeth Kox, *Der durch Pilze und aerobe Bakterien veranlaßte Pektin- und Celluloseabbau im Hochmoor unter besonderer Berücksichtigung des Sphagnumabbaus.* Aus den obersten Schichten eines Hochmoores isolierte Pilze — Symbionten der *Ericaceen* (*Cladosporium* u. verwandte Gattungen), *Mortierella-*, *Penicillium-* u. *Verticillium*-Arten — u. aerobe Bakterien (5 Stämme in Reinkultur) wurden auf ihre Fähigkeit zur Zers. von *Pektin* (**I**), *Cellulose* (**II**) u. den Zellwänden von *Sphagnum* untersucht. Während die *Mortierella*-Arten weder pektinolyt. noch cellulolyt. Aktivität zeigten, waren die übrigen Pilze in Nährlsg. mehr oder weniger stark zum Abbau von Na-Pektat, reiner **II** u. Filtrierpapier befähigt. Bes. intensiv verlief die **II**-Zers. bei Ersatz der Nährlsg. durch eine *Sphagnum*-Unterlage. Dagegen wurden Mikrotomschnitte von *Sphagnum*-Stämmchen auf Filtrierpapier mit *Sphagnum*-Unterlage im Verlaufe eines Jahres nur von einem Symbionten weitgehend abgebaut. Das Zusammenwirken von 19 Pilzen verursachte zwar einen beträchtlichen, aber noch nicht naturähnlichen Abbau der Schnitte. Von den Bakterien erwies sich nur ein Stamm als I-akt.; reine **II**, Filtrierpapier, **II**-Agar u. die *Sphagnum*-Schnitte wurden überhaupt nicht zerstört. Bei Verss. zum künstlichen *Sphagnum*-Abbau durch reine Enzymlsgg. (Pektinase u. Cellulase) konnte gezeigt werden, daß Pektinase allein keine Zers. bewirkt; nur durch abwechselnde Behandlung der Schnitte mit Pektinase u. Cellulase konnte ein schwacher Abbau erzielt werden. Es werden die Ursachen für die Unterschiede zwischen dem Abbau unter natürlichen u. dem unter künstlichen Bedingungen u. für das Fehlschlagen der Abbauverss. an *Sphagnum* in vitro diskutiert. (Arch. Mikrobiol. **20.** 111—40. 1954. Würzburg, Univ., Bot. Inst.) H. KOBLITZ. 4320

John Westley und **Joseph Ceithaml,** *Synthese von Histidin bei Escherichia coli.* 1. Mitt. *Biochemische Untersuchungen an Mutanten.* In Verss. mit Mutanten von Escherichia coli A.T.C.C. 9637, denen für ihr Wachstum *L-Histidin* (**I**) zugeführt werden muß, konnten Vff. zeigen, daß der n. Syntheseweg für **I** über L-Histidinol u. die entsprechende α-Ketoverb. (Imidazolacetol) abläuft. Escherichia coli kann L-Imidazolylmilchsäure u. Imidazolylbrenztraubensäure in **I** überführen, wobei jedoch nicht nachgewiesen werden konnte, daß diese Verbb. als n. Stoffwechselprodd. auftreten. Nach den Ergebnissen der Vff., die zeigten, daß kurzkettige Imidazolverbb. nicht für die **I**-Synth. verwendet werden können, scheint zunächst die 5-C-Kette von **I** u. dann erst der Imidazolring gebildet zu werden.

Versuche: *4(5)-Methylimidazol* als Zn-Salz aus Glucose nach WINDAUS u. KNOOP (Ber. dtsch. chem. Ges. **38.** [1905.] 1166), Abspaltung des Zn an Amberlite IR–120 (H^+) u. Elution mit 5n NH_4OH; F. 55—56°. — *4(5)-Oxymethylimidazol* (**II**), aus Fructose nach DARBY u. Mitarbeitern (J. Amer. chem. Soc. **64.** [1942.] 463); F. 106 bis 108°. — *Imidazolylformaldehyd* (**III**; F. 169—171°) u. *Imidazolcarbonsäure* (F. 282° [Zers.]), durch Oxydation von **II** mit konz. HNO_3 nach PYMAN (J. chem. Soc. [London] **109.** [1916.] 186). — *Imidazolyläthanol*, aus Histamindihydrochlorid mit Ag-Nitrit u. HCl; Pikrat, F. 140—142°. — *Imidazolylessigsäure*, aus Imidazolylmilchsäure durch Oxydation mit Ba-Permanganat in H_2SO_4 nach KNOOP (Beitr. chem. Physiol. u. Pathol. **10.** [1907.] 111); F. 223° (Zers.). — *L-Imidazolylmilchsäure* (**IV**), aus L-Histidin (**I**) durch Einw. von $NaNO_2$ u. HCl, Isolierung durch Säulenchromatographie an Amberlite IRA–400 (OH^-) u. Elution mit HCl, Entfernung der HCl mit Amberlite IR–4B (CO_3^{2-}) u. Fällung mit Aceton; F. 203° (Zers.). **IV** kann auch durch $^1/_2$std. Kochen von **I** mit konz. HNO_3 erhalten werden. — *Imidazolyl-(4)-brenztraubensäure* (**V**), durch Kondensation von **III** mit Hippursäure u. geschmolzenem Na-Acetat zu 2-Phenyl-4-[1-acetylimidazolyl-(4)]-methylidenoxazolon u. alkal. Hydrolyse zu **V**; F. 105—110° (Zers.). — *L-Histidinol*, nach einer Modifikation der Meth. nach KARRER u. Mitarbeitern (Helv. chim. Acta **32.** [1949.] 1936); F. 197—199°. (Arch. Biochem. Biophysics **60.** 215—25. Jan. 1956. Chicago, Ill., Univ., Dep. of Biochem.) E. SCHWERDTFEGER. 4320

Bernard L. Strehler, *Der Ersatz von p-Aminobenzoesäure durch Methionin beim Wachstum einer Neurosporamutante.* Die Neurospora crassa-Mutante 8043–M wächst gut mit DL-Methionin (**I**) oder *p-Aminobenzoesäure* (**II**) u. außerdem gut mit p-Nitrobenzamid, p-Toluidin, m-Toluidin u. Anilin; geringeres Wachstum mit 2-Chlor-p-aminobenzoesäure, p-Aminoacetophenon u. Folsäure. Mit vielen anderen Verbb. zeigte sich kein Wachstum. Bei Wachstum mit **I** „lag-Phase" von 2—3 Tagen u. Synth. von **II** zu 10—15% des Betrages vom Wildtyp. Hemmung durch Sulfanilamid kann durch Purine u. zusätzlich durch Aminosäuregemische, darunter bes. wirksam Glycin u. Serin, aufgehoben werden. Da mit DL-Homocysteinthiolactonhydrochlorid kein Wachstum eintrat, wird die Ggw. von **II** für die Methylierung dieser Verb. zu **I** als notwendig erachtet. (J. Bacteriol. **59.** 105—11. Jan. 1950. Baltimore, Md., Johns Hopkins Univ., Biol. Dep.) F. LINGENS. 4320

J. J. Jezeski, H. O. Halvorson und **H. Macy,** *Die Wirkung von Mikroorganismen auf Fette.* 1. Mitt. *Sauerstoffaufnahme durch Bakterien in Gegenwart von Lipidsubstraten.* Mycobacterium phlei M 10a, Micrococcus B_4, Pseudomonas P 70 u. P 78, die aus 30 Kulturen mit Fähigkeit zur erhöhten O_2-Aufnahme in Ggw. von Lipidsubstraten ausgesucht worden waren, zeigten ähnliche O_2-Aufnahme in Ggw. von Bicarbonat u. Phosphatpuffer, aber Hemmung mit Boratpuffer. M 10a u. P 70 zeigten in höherer Phosphatpufferkonz. mit Cocosnußöl (**I**) als Substrat eine gesteigerte O_2-Aufnahme, während B_4 u. P 78, welche die höchste lipolyt. Wrkg. gegenüber allen Substraten zeigten, durch höhere Phosphatpufferkonz. gehemmt wurden. **I** wurde von den 4 Kulturen im Vgl. zu Butterfett u. Maisöl im verstärkten Umfang abgebaut. 4 reine Triglyceride wurden verschieden schnell abgebaut. Bei der Oxydation gesätt. Fettsäuren sind wenigstens 2 Enzyme mit Spezifität für kurz- u. langkettige Fettsäuren wirksam. In den meisten Fällen liegt das p_H-Optimum im Bereich 7,4—7,9. Bei P 78 wird ein spezif. Ferment zum Abbau von Linolsäuremethylester vermutet. (J. Bacteriol. **59.** 645—58. Mai 1950. Minneapolis und St. Paul, Minn., Univ. of Minnesota, Div. of Bacteriol. and Dairy Husbandry.) F. LINGENS. 4320

L. Leon Campbell jr., *Der Mechanismus des Allantoinabbaus durch Pseudomonas*, Zellsuspensionen u. zellfreie Extrakte vom Pseudomonas bauen *Alantoin* zu *Ureiden*, *CO_2* u. *W.* in folgender Reihenfolge unter aeroben Bedingungen ab: *Allantoin* → *Allantoinsäure* → *Glyoxalsäure* + *Ureide*; Glyoxalsäure → Formiate + CO_2; *Formiate* → CO_2 + Wasser. *Thiamin*, *Pyrophosphat* u. *Mg^{2+}* oder *Mn^{2+}* sind bei der Oxydation vom Glyoxalat zu Formiat + CO_2 erforderlich. Andere Unterss. zeigten, daß $C_{(\alpha)}$ des Glyoxalats in CO_2 übergeführt wird u. $C_{(COOH)}$ in Formiat übergeht. (J. Bacteriol. **68.** 598 bis 603. Nov. 1954. Berkeley, Calif., Univ. of California, Dep. of Plant Biochem.) H. HRUSCHKA. 4320

Leonard A. Mika, Werner Braun, Edward Ciaccio und **Robert J. Goodlaw**, *Die Wirkungsweise von α-Alanin auf die Populationswechsel bei Brucella.* Die Hemmwrkg. von *d-* oder *dl-α-Alanin* auf glatte Zellen von Brucella abortus bedingt Populationswechsel in Richtung auf die Bldg. starker alaninresistenter, sich in den Antigenen unterscheidender Mutanten. Als Folge tritt eine Störung der Pantothensäuresynth. oder eine Inaktivierung dieses Wirkstoffes auf, was durch Beobachtungen ansteigenden Pantothengeh. im Medium u. gleichzeitiger Abnahme der intracellulären *Pantothensäure*, sowie aus analogen Beobachtungen der Wrkg. bekannter Hemmstoffe wie der antagonist. wirkenden *Salicylsäure* u. anderer Pantothensäureanalogen hervorzugehen scheint. Als zusätzlicher Beweis dient die Feststellung, daß auch viele streptomycinresistente Mutanten zusätzlich gesteigerte Resistenz gegen *d,α-Alanin* zeigen. (J. Bacteriol. **68.** 562—69. Nov. 1954. Frederick, Camp Detrick, Md.) H. HRUSCHKA. 4330

Enrico Del Pianto und **Alessandro Ballio**, *Neue Untersuchungen über die bakteriostatische Wirkung von Benzothiazolderivaten.* In Desinfektionsverss. wurde die bakteriostat. Wirksamkeit von *2-Mercaptobenzothiazol*, *6-Nitro-2-mercaptobenzothiazol*, *6-Amino-2-mercaptobenzothiazol*, *6-Benzalamino-2-mercaptobenzothiazol*, *5-Amino-2-mercaptobenzothiazol*, *6-Chlor-2-mercaptobenzothiazol*, *5-Chlor-6(?)-nitro-2-mercaptobenzothiazol*, *5-Chlor-6(?)-amino-2-mercaptobenzothiazol*, *5-Brom-2-mercaptobenzothiazol*, *5-Brom-6(?)-nitro-2-mercaptobenzothiazol*, *2-Mercaptobenzothiazol-5-sulfonsäure (Na-Salz)*, *2-Mercaptobenzothiazol-5-carbonsäure*, *2-Aminobenzothiazol*, *2-Oxybenzothiazol*, *2-Chlorbenzothiazol*, *Benzothiazol-2-sulfonsäure (Na-Salz)* u. *Benzothiazolyl-(2)-methylsulfid* gegen *Staphylococcus aureus* geprüft. Die Wirksamkeit, die bei Konzz. zwischen 10^{-4}—10^{-3} g/ml lag, konnte durch Ggw. der Na-Salze von *Methylthiosulfat*, *Äthylthiosulfat*, *n-Butylthiosulfat*, *Allylthiosulfat*, *Äthylacetothiosulfat* u. *Benzylthiosulfat* z. T. bedeutend gesteigert werden, ebenso durch Cu^{2+}, Zn^{2+}, Cd^{2+} u. Co^{2+}. (Ricerca sci. **20.** 648—54. Mai 1950. Roma, Univ., Labor. di Chim. organ.) P. LOCH. 4330

C. van der Stelt, A. J. Zwart Voorspuij und **W. Th. Nauta**, *Untersuchung der tuberkulostatischen Wirkung einiger Derivate der p-Aminobenzoesäure.* 75 Derivv. der 4-Nitrobenzoesäure u. der 4-Aminobenzoesäure wurden auf ihre tuberkulostat. Wrkg. in vitro untersucht: A. Derivv. der 4-Nitrobenzoesäure: *4-Nitrobenzoesäure*; *Methyl-*, *Äthyl-*, *n-Propyl-*, *Isopropyl-*, *Cyclopentyl-*, *1.3-Dimethylbutyl-*, *2-Äthylbutyl-*, *1-Methylhexyl-*, *2-Äthylhexyl-*, *2.6-Dimethyl-4-heptyl-*, *3.5.5-Trimethylhexyl-* u. *3.5.5-Trimethylcyclohexyl-4-nitrobenzoat*; *4-Nitrobenzoesäurehydrazid*; *3-Methyl-4-nitrobenzoesäure*; *4-Nitroisophthalsäure*; *4-Nitrophenylessigsäure*; *Methyl-4-nitrophenylacetat*; *Äthyl-4-nitrophenylacetat*; *Äthylester der 5-Nitro-2-furonsäure*; *5-Nitro-2-thiophencarbonsäuremethylester.* — B. 3- u. 3.5-substituierte Derivv. der 4-Aminobenzoesäure. *4-Amino-3-methyl-*, *4-Amino-3.5-dimethyl-*, *4-Amino-3-chlor-*, *4-Acetylamino-3-chlor-*, *4-Amino-3-brom-*, *4-Amino-3.5-dibrom-*, *4-Amino-3-jod-*, *4-Amino-3-nitro-*, *4-Acetylamino-3-nitro-*, *4-Acetylamino-3-aminobenzoesäure*; *4-Aminoisophthalsäure* u. *4-Amino-3.5-dichlorbenzoesäuremethylester.* — C. 2- u. 2.6-substituierte Derivv. der 4-Aminobenzoesäure: *2-Methyl-*, *2.6-Dimethyl-*, *2-Chlor-*, *2-Brom-*, *2-Jod-*, *2-Oxy-* u. *2-Mercapto-4-aminobenzoesäure*; *4-Aminophthalsäure*; *3.3'-Diaminodiphenyl-5.5'-dicarbonsäure*; *4-Acetylamino-2-jodbenzoesäure.* — D. Derivv. der p-Aminobenzoesäure mit Modifikation der Carboxylgruppe. *4-Aminobenzoesäuremethyl-* u. *-n-propylester*; *4-Aminobenzoesäurehydrazid*; *4.4'-Diaminobenzil*; *4.4'-Diacetylaminobenzil*; *4.4'-Diacetylaminobenzoin*; *4.4'-Diaminobenzophenon*; *4.4'-Diacetylaminobenzophenon*; *4.4'-Diaminodiphenylmethan*; *4-Acetylaminobenzaldehyd.* — E. Derivv. der p-Aminobenzoesäure mit Modifikation der Aminogruppe. *4-Dimethylamino-*, *4-Butylamino-*, *4-n-Hexylamino-*, *4-Benzylamino-*, *2-Benzylamino-*, *4-Acetylamino-*, *4-Benzoylamino-*, *4-Monochloracetylamino-*, *4-Dichloracetylamino-*, *4-Carbäthoxy-*

amino-, 4-Ureido-, 4-Thioureido-, 4-[Benzoylthioureido]-, 4-Hydrazino- u. *4-Nitrosomethylaminobenzoesäure.* — F. Homologe u. Analoge der p-Aminobenzoesäure. *4-Aminophenylessigsäure* u. deren *Äthylester*; *4-Aminohexahydrobenzoesäurelactam*; *2-Amino-5-carboxypyridin*; *5-Amino-2-furansäureäthylester; 5-Amino-2-thiazolcarboxylsäureäthylester.*

Versuche: *4-n-Hexylaminobenzoesäure*, $C_{13}H_{13}O_2N$, F. 120—121°; Synth.: Erhitzen über 5 Std. von 4-Aminobenzoesäure (17,0 g), KOH (7,0), W. (11,0 ml) u. n-Hexylbromid (20,0) im Rückfluß. Abtrennen der Festsubstanz aus dem Reaktionsgemisch, Kristallisation aus verd. A. oder Ae.; Ausbeute 15 g, $C_{13}H_{13}NO_2$, F. 120—121°. 2. 4-Thioureidobenzoesäure. Synth. nach CASSON u. PYMAN (J. chem. Soc. [London] [1931.] 2991) aus 4-Aminobenzoesäure u. Kaliumrhodanid, nach DOUGLAS u. DAINS (J. Amer. chem. Soc. **56.** [1934.] 1408) durch Hydrolyse der Benzoylverbindung. Die nach beiden Methoden hergestellten Substanzen besaßen einen F. bei 330°. 3. 3-Amino-4-acetylaminobenzoesäure. Zinnchlorid (280 g) wird in Eisessig (540 ml) gelöst durch Behandlung mit gasförmigem Chlorwasserstoff. Zugabe von 56 g 4-Acetylamino-3-nitrobenzoesäure. Gewinnung des Nd., Lösen desselben in W. u. Durchleitung von H_2S zur Gewinnung der Zinnsalze. Zinnsulfid wird abfiltriert u. 3mal mit A. gekocht. Gewinnung der gewünschten Verb. durch Verdampfen des A. aus der alkoh. Lösung. Ausbeute 25 g, F. 302°, Mol.-Gew. (Titration mit Barytwasser) 191 (theoret. 194). Bruttoformel $C_9H_{10}O_3N_2$. 4. 5.5'-Dinitro-2.2'-dicarboxydiphenyl. 2-Amino-4-nitrobenzoesäure (2 g) wird in 7 ml 2nNaOH gelöst. Zugabe von 0,66 g Na-Nitrit, Filtrieren dieser Lsg. u. langsame Zugabe (tropfenweise) zu 28 ml eisgekühlter n HCl. Zusatz der so gewonnenen Diazoniumlsg. zu 40° warmer Lsg. von Kupferchlorid in konz. HCl. Nach Auflösen der N-Entw. Erhitzen des Gemisches auf 60° für 5 Minuten. Gewinnung der Festsubstanz durch Filtrieren u. Reinigung, Lösen in NH_3-W., Behandlung der Lsg. mit Kohle, Präcipitation mit verd. HCl. F. 284—286°, Ausbeute 1,0 g. 5. Ester der 4-Nitrobenzoesäure. 1 Mol Säure, 3 Mol A., 300 ml Dichloräthan u. 15,4 ml konz. H_2SO_4 werden 15 Min. im Rückfluß erhitzt. Schütteln des Reaktionsgemisches mit Na_2CO_3-Lsg., Entfernen des Lösungsm. u. Destillation des Rückstandes im Vakuum. Auf diese Weise werden folgende Ester hergestellt: 3.5.5-Trimethylcyclohexanolester der 4-Nitrobenzoesäure (F. 77—78°, N-Geh. 4,81%); 3.5.5-Trimethylhexanolester der 4-Nitrobenzoesäure (F. 31—32°, N.-Geh. 4,89%), 2-Methylhexanolester der 4-Nitrobenzoesäure (fl.; N-Geh. 4,95%), Diisobutylcarbinolester der 4-Nitrobenzoesäure (F. 46—50°, N-Geh. 4,71%), Cyclopentanolester der 4-Nitrobenzoesäure (F. 55—58°, N-Geh. 5,85%), 2-Äthylbutanolester der 4-Nitrobenzoesäure (fl.; N-Geh. 5,54%), Methylamylester der 4-Nitrobenzoesäure (F. bei 20°, N-Geh. 5,47%) Methylamylcarbinolester der 4-Nitrobenzoesäure (fl.; N-Geh. 5,28%). Zur Prüfung der tuberkulostat. Wrkg. wurden das synthet.-eiweißfreie YOUMANS-Medium u. das eiweißhaltige BREEUWKES-Medium verwendet. Eine Anzahl von Estern der 4-Nitrobenzoesäure mit verzweigten Alkoholen (vgl. unter A), die im synthet. Medium wirksam waren, besaßen im eiweißhaltigen Medium eine wesentlich geringere Wirkung. Alle übrigen Verbb. zeigten keine brauchbare tuberkulostat. Wirkung. (Antonie van Leeuwenhoek **20.** 285—98. 1954. Amsterdam, Vrije Univ., Chem. Labor., Koninklijke Pharmaceut. Fabrieken v/h Brocades-Stheemann u. Pharmacia, Res. Dep. of N. V. Leyden, Univ., Hosp.) H. ZELLER. 4330

W. Döll, *Hemmung des Schwärmens von Proteusbakterien durch oberflächenaktive Substanzen (Pril und Rei).* In Konzz. von 0,125—0,25% *Pril* (BÖHME FETTCHEMIE G.M.B.H., Düsseldorf) oder *Rei* (REI-CHEMIE G.M.B.H., Boppard/Rh.) wird auf Nähragar, auch in Bouillonkulturen, das störende Schwärmen von B. proteus ohne Einfl. auf das übrige Koloniewachstum vollständig gehemmt. Bei Übertragung auf substanzfreien Nähragar zeigen die meisten Proteusstämme wieder ihr früheres Schwärmvermögen. (Zbl. Bakteriol., Parasitenkunde, Infektionskrankh. Hyg., 1. Abt., Orig. **166.** 43—47. Mai 1956. Würzburg, Univ., Inst. für Hyg. u. Mikrobiol.) EBERHARD MÜLLER. 4330

Norman J. Ashenburg, Leslie A. Sandholzer, Henry W. Scherp und **George Packer Berry,** *Die Hemmung von Bakteriophagen durch bakterielle und nichtbakterielle Polysaccharide.* Mit homologen u. heterologen Bakterienkapselpolysacchariden, lösl. Stärke, Glykogen u. Gummi arabicum wurde die lyt. Wrkg. eines FRIEDLÄNDER-B-Bakteriophagen auf Klebsiella pneumoniae, Typ B, u. 6 Aerobacterstämme gehemmt. In keinem Falle war die Hemmung vollständig; sie war abhängig vom Polysaccharid u. vom Wirtsorganismus. In vielen Fällen folgte sie dem Prozentgesetz („percentage law") von ANDREWES u. ELFORD. (J. Bacteriol. **59.** 681—87. Mai 1950. Rochester, N. Y., Univ. of Rochester, School of Med. and Dentistry, Dep. of Bacteriol.) F. LINGENS. 4331

F. Mariat, *Wirkung von Nystatin, Streptomycin und Penicillin auf das Wachstum von Sporotrichum schencki.* In vitro zeigten sich *Sporotrichum schencki* bzw. *beurmanni* unempfindlich gegenüber der Einw. von *Penicillin* u. *Streptomycin*, aber empfindlich gegenüber *Nystatin* (**I**; *Mycostatin*, SQUIBB & SONS). Die Hemmung durch **I** erfolgte in

Konzz. von 8—16 μg/ml, bei 20—24 μg/ml hörte alles Wachstum auf. In keinem Fall wurden Modifikationen der Pilzformen beobachtet. (Ann. Inst. Pasteur **89.** 261—65. Aug. 1955.) H. Dossmann. 4340

Hildegard Langer, *Der Einfluß von Xanthocillin auf Dermatophyten und Candidastämme bei Untersuchungen in vitro.* Die Wrkg. von *Xanthocillin* (I) auf pathogene Pilze u. Candidastämme wurde durch in vitro-Vers. geprüft. Gegenüber Dermatophyten wirkte I in Verdünnungen bis zu 1 :100000 wachstumshemmend, während bei Sproßpilzen noch eine wirksame Wachstumshemmung durch Konzz. von 1 :250000 erreicht werden konnte. (Dtsch. Gesundheitswes. **10.** 1186—92. 8/9. 1955. Berlin, Univ.-Hautklinik der Charité.) S. Hothorn. 4340

Vladimir Tichý, *Der Anteil der Usninsäure an den fungistatischen Eigenschaften der Flechte Usnea hirta.* Es wird der Einfl. des Stengels von Usnea hirta im Vgl. zu daraus hergestellter *Usninsäure* (I) an holzzerstörenden Pilzen [Poria vailantii Sacc., Merulius lacrymans (Wulf.) Fr., Schizophyllum commune L., Gleophyllum separium (Wulf.) Karst., Fomes marginatus (Fr.) Gillet u. Fomes annosus (Fr.) Cooke] in einem Nährboden (100 ml W., 5 g Malzextrakt, 2,5 g Agar) geprüft. Es zeigt sich, daß Stengel von Usnea auf die meisten Pilze tox. wirkt, wobei eine Konz. von 3—4% (die zerkleinerten Stengel werden dem Nährboden zugesetzt) letal ist. Die entsprechenden Mengen I (0,2%, da der Stengel 4% I enthält) zeigen geringere Wirkung. Vf. ni mmt daher an, daß die in der Flechte vorhandenen *β-Orcin*-Derivv. oder noch wahrscheinlicher Stoffwechselprodd. an dieser gegenüber I erhöhten Wrkg. beteiligt sind. (Spisy vydávané přírodovědeckou fak. Masarykovy univ. [Publ. Fac. Sci. Univ. Masaryk] **1955.** 185—96. Brünn, Univ., Ústav pro fisiologie rostlin.) O. Pollak v. Emhofen. 4340

E_4. Pflanzenchemie. Pflanzenphysiologie. Pflanzenpathologie.

K. Mansford und **R. Raper,** *Die freien und die gebundenen Aminosäuren in einigen Pflanzensäften.* Im Saft von Beta vulgaris, Malus sylvestris, Funaria hygrometrica, Pinus sylvestris, Mucor mucedo u. Equisetum arvense wurden papierchromatograph. die Aminosäuren (AS) u. Amide bestimmt, die a) in 75% ig. A. lösl. u. b) darin unlösl. waren. Es wurden die üblichen AS u. Amide gefunden. Zwischen dem Standort einer Pflanze u. ihrem AS-Geh. bestanden wenig Beziehungen. Bemerkenswert ist der große Geh. an *Glutaminsäure* (I) in dem untersuchten Nadelgewächs. *γ-Aminobuttersäure,* die sich nur in a findet, scheint bes. für höhere Pflanzen wichtig zu sein, vielleicht als Vorstufe für I. Von den untersuchten Pflanzen enthielten nur die höheren *β-Alanin.* (Ann. Botany [N. S.] **20.** 287—95. April 1956. Sunderland, Techn. Coll., Dep. of Chem.; Newcastle-upon-Tyne, King's Coll.) Eberhard Müller. 4420

L. I. Wigorow, *Mikrochemische Untersuchung der Topographie von Eiweißstoffen in den Körnern des Weichweizens.* An 2 Weichweizensorten wird die Proteinverteilung im Aleuron-, Subaleuron- u. Stärkegewebe des Endosperms untersucht. Bestimmt wird die Verteilung der *Nucleoproteide,* der *cycl. Aminosäuren enthaltenden Proteine,* der *tyrosinhaltigen, tyrosin- u. histidinhaltigen, cystinhaltigen* u. der *tryptophanhaltigen Proteine.* Aus der Intensität der einzelnen Farb-Rkk. geht hervor, daß das Aleurongewebe die verschiedenartigsten (Kern-, Plasma-, Aleuron-) Proteine aufweist, während im Subaleuron- u. Stärkegewebe eine größere Einheitlichkeit vorliegt. (Доклады Академии Наук СССР [Ber. Akad. Wiss. UdSSR] **105.** 133—36. 1/11. 1955.) O. Lebtag. 4420

J. T. Sullivan und **D. G. Routley,** *Beziehung zwischen dem Eiweißgehalt und dem frühzeitigen Eintreten des Blühens bei Futtergräsern.* Der Eiweißgeh. von frühblühenden Orchardgraspflanzen war höher als der von späten, wenn alle Pflanzen zu einem vergleichbaren Zeitpunkt geerntet wurden. (Agronomy J. **47.** 206—07. Mai 1955. University Park, Pa., USDA, ARS, Field Crops Res. Branch, U. S. Regional Pasture Res. Labor.) F. Rang. 4420

K. Bowden, Barbara G. Brown und **Jean E. Batty,** *5-Oxytryptamin: Sein Vorkommen in echter Juckbohne.* In Kaltwasserextrakten aus den Hüllen der echten Juckbohne (Mucuna pruriens DC.) wurde pharmakol. *5-Oxytryptamin* (I) nachgewiesen. Der Rohextrakt wurde durch Säulenchromatographie (Cellulose) fraktioniert u. die pharmakol. akt. Fraktion papierchromatograph. (n-Butanol–Essigsäure–W. 100/10/30) untersucht. Die Zone mit R_F 0,42 enthielt 85% der Gesamtaktivität. Gleichen R_F, ident. chem. Rkk. (ammoniakal. $AgNO_3$, diazotierte Sulfanilsäure, Ehrlich-Reagens, Ninhydrin–Essigsäure) u. ident. Absorptionsspektr. besitzt auch reines I. — Es wird angenommen, daß das beim Berühren der Haare dieser Pflanze auftretende Jucken von I herrührt, das damit zum erstenmal in Pflanzen nachgewiesen wurde. (Nature [London] **174.** 925—26. 13/11. 1954. Leeds, Univ., Dep. of Pharmacol., Dep. of Organ. Chem.) E. Carstens. 4420

A. Hoffer, M. N. Levine und **W. F. Geddes,** *Die durch Getreiderostbefall von Blättern und Stengeln bei Sommerweizen (hard red wheat) hervorgerufene Wirkung auf Gehalt und Verteilung von Riboflavin in verschiedenen Stadien der Kornentwicklung.* Es werden die Ergebnisse von *Riboflavin* (I)-Bestimmungen an Korn, Häcksel u. Stroh von MARQUIS-(a) u. THATCHER-Weizen (b) angegeben, die mit Blattrostpilz (Puccinia rubigo — vera tritici) u. Stengelrostpilz (Puccinia graminis tritici) infiziert wurden. Das durchschnittliche Korngewicht wird durch starken Rostbefall, bes. durch Stengelrostpilz, herabgesetzt. Bei zunehmender Kornreife sinkt die I-Konz. in den Pflanzen, unabhängig von Weizenart oder Rostbefallmenge. Der Gesamt-I-Geh. der Körner von b nimmt bis zum mittleren, der von a bis zum anfänglichen Milchstadium zu, wogegen er in den andern Pflanzenteilen bis zur völligen Reife stetig abfällt. Starker Blattrostbefall senkt den I-Geh. im Sproß um 23, im Korn um 34%, Stengelrostbefall um 9 bzw. 38%. Der Gesamt-I-Geh. der Körner steigt in reiferen Stadien bei weniger rostbefallenem b u. a an. (Cereal Chem. **32.** 347—55. Sept. 1955. St. Paul, Minn., Agricult. Exp. Stat.) H. KOCKERT. 4425

K. Mothes und **G. Trefftz,** *Die Stickstoffernährung der Pflanzen über die Blätter und ihre Bedeutung für die Alkaloidsynthese.* Besprühen der Blätter mit 0,2 mol. Lsgg. von NH_4NO_3 führt zu einer n. Entw. der Pflanze u. ersetzt völlig eine N-Ernährung über die Wurzel. Durch die Blätter applizierter N kann über die Wurzel in den Boden abgegeben werden. Mit NH_4NO_3 über die Blätter ernährter Tabak enthält mindestens ebensoviel Alkaloide wie die über die Wurzel ernährten Pflanzen. Ob in diesem Falle die *Alkaloidsynth.* überwiegend im Blatt erfolgt — der n. Ort dieser Synth. ist die Wurzel — muß in weiteren Unterss. geprüft werden. (Naturwissenschaften **41.** 382—83. Aug. 1954. Gatersleben, Inst. für Kulturpflanzenforsch.) H. KOBLITZ. 4460

E. W. Yemm und **A. J. Willis,** *Chlorophyll und Photosynthese in Schließzellen.* Durch Messung des Absorptionsspektr. von intakten Plastiden in lebenden Schließzellen von *Rumex patientia, Chrysanthemum maximum* u. *Vicia faba* mittels eines Mikrospektrophotometers konnte eindeutig gezeigt werden, daß es sich bei den untersuchten Pigmenten um *Chlorophyll a* u. *b* handelt. λ_{max} 6300 u. 6700 Å entspricht Chlorophyll a, λ_{max} 6550 Å Chlorophyll b. Auch die Kurven der Spaltöffnungsweiten u. der Zucker- u. Stärkegehh. in Abhängigkeit von der Tageszeit weisen auf eine akt. Assimilation der Schließzellen hin, ohne daß eine einfache Beziehung zwischen dem Zuckergeh. der Epidermis u. dem Öffnungszustand der Schließzellen besteht. (Nature [London] **173.** 726. 17/4. 1954. Bristol, Univ., Dep. of Bot.) H. KOBLITZ. 4460

G. E. Fogg, *Photosynthese und Fettbildung in einer Diatomee.* Der durch ^{14}C-Bicarbonat markierte Stoffwechsel von Navicula palliculosa [(Bréb.) HILSE] wurde 30 bis 300 Sek. lang im Licht u. im Dunkeln untersucht. Die C-Bindung wurde bestimmt in den Zellfraktionen a) lösl. in 80% ig. A.; b) lösl. in 80% ig. A. u. Bzl.; c) unlösl. in 80% ig. Äthanol. Die C-Gesamtbindung durch Photosynth. nahm linear mit der Lichtintensität (I) bis zu ca. 400 foot-candles zu u. fiel dann bei höherer I (bis 2000 foot-candles) wieder ab bis auf 70% ihres Maximalwerts. ^{14}C verteilte sich auf die 3 Zellfraktionen entsprechend I. Mit steigender I nahm die relative Radioaktivität von a vom Dunkelwert (70%) zunächst auf 46% bei 100 foot-candles ab, während die relative C-Bindung in b u. c entsprechend zunahm. Zwischen 300 u. 1000 foot-candles blieben die Bindungen in a—c etwa die gleichen. Photosynthet. gebundener C wurde rasch bis 70% der Gesamtbindung in a—c einverleibt. b u. c verhielten sich unterschiedlich gegen eintretenden C im Licht: Bei c überwog die Proteinbldg., im N-armen b die Fettbldg., die aber bei NH_4–N-Zufuhr stark abnahm, während die C-Bindung in a entsprechend stieg. Bei längerem N-Mangel nahm die Bindung in b wieder stark ab. (Ann. Botany [N. S.] **20.** 265—85. April 1956. London, Univ. Coll., Dep. of Botany.) EBERHARD MÜLLER. 4460

I. W. Selman, J. R. Rees und **J. Dilnot,** *Die Borabscheidung von „Pyrex"- und „Hysil" Glas im Hinblick auf das Pflanzenwachstum in Wasserkultur.* Aus Cu-Gefäßen dest. W. (B-frei) enthielt nach 1 std. Kochen in Borsilicat (I)-Gefäßen ca. 0,07 p.p.m. *B.* Kultivierungsverss. mit Flachs in B-freien Nährlsgg., denen geringe Mengen aus I-Gefäßen dest. W. zugesetzt wurde, zeigten, daß bereits bei einer B-Konz. von 0,003 p.p.m. ein frappierender Anstieg des Trockengewichts der Pflanze erfolgt. Die Ergebnisse der in den letzten Jahren erschienenen Arbeiten über die biol. Aktivität verschied. organ. Stoffe, die B-Mangel z. T. sogar kompensieren sollen, müßten auf Grund vorst. Resultate in einigen Fällen noch einmal überprüft werden. (Nature [London] **173.** 957—58. 15/5. 1954. London, Univ., Wye Coll., Dep. of Biol. Sci.) H. KOBLITZ. 4470

N. Ss. Turkowa, *Stoffwechsel und Pflanzenwuchs.* Auf Grund eigener Verss. u. des Literaturmaterials (39 Literaturangaben) stellt Vf. fest, daß kurz vor Beginn der Blüte der Pflanze die Reduktionsaktivität der Blätter stark zunimmt, ihr Geh. an organ. Säuren abnimmt. Durch Anwendung von oxydierenden u. reduzierenden Substanzen kann der

Charakter des Wachstums u. der Formbldg. beliebig verändert werden. Unter der Einw. von Reduktionsmitteln wird das Blühen verzögert, der negative Geotropismus der oberird. Organe abgeschwächt. Die Oxydationsmittel wirken in umgekehrter Weise. Die Behandlung der Pflanze mit hohen Heteroauxinkonzz. wirkt wie die Reduktionsmittel. Die Behandlung mit Oxydationsmitteln hebt die durch Heteroauxin hervorgerufenen Wuchs-Rkk. teilweise oder ganz auf. (Вестник Московского Университета, Серия Физико-Математических и Естественных Наук [Nachr. Moskauer Univ.] **1955.** Nr. 9. [physik.-math. naturwiss. Ser.] Nr. 6. 109—20. Sept.) O. LEBTAG. 4480

M. Shaw, Stewart A. Brown und **D. Rudd Jones,** *Aufnahme von radioaktivem Kohlenstoff und Phosphor durch parasiteninfizierte Blätter.* Mit fakultativen u. obligaten Parasiten (Rost- u. Brandpilze) infizierte Blätter verschied. Pflanzen wurden teils in situ, teils in abgeschnittenem Zustand mit $^{32}PO_4^{3-}$, $^{14}CO_2$, $^{14}C_{(1)}$-Glucose, $^{14}C_{(1)}$-Ribose u. $^{14}C_{(1)}$-Xylose behandelt u. mittels Autoradiographie auf die Verteilung der absorbierten Radioaktivität zwischen gesundem u. krankem Gewebe untersucht. Als Vgl. dienten mechan. verwundete Gewebe, die in derselben Weise ernährt wurden. Aus den Ergebnissen schließen Vff., daß ein stoffliches Prinzip vom Orte der Infektion her den n. Stoffwechsel des Wirtsgewebes verändert, wobei Konz. u. Diffusionsfähigkeit dieses Stoffes die Geschwindigkeit der Zufuhr von Stoffwechselprodd. aus den umgebenden gesunden Bereichen in das Infektionszentrum regulieren. (Nature [London] **173.** 768—69. 24/4. 1954. Saskatchewan, Can., Univ., Dep. of Biol.; Saskatoon, Can., Prairie Regional Labor., Nat. Res. Council.) H. KOBLITZ. 4490

P. C. Crowther und **W. D. Raymond,** *Die Analyse von Boden und Blattmaterial im Zusammenhang mit Sichelblattschäden bei Kakao in Ceylon.* Das Auftreten von Sichelblattschäden bei Kakaokulturen ist durch Zn-Mangel bedingt, nachgewiesen durch Boden- u. Blattanalysen. (Colonial Plant Animal Products **4.** 257—59. 1954.) C. GRIMME. 4490

E_5. Tierchemie. Tierphysiologie. Tierpathologie.

J. H. Bowes, R. G. Elliott und **J. A. Moss,** *Die Zusammensetzung einiger aus Kalbshaut extrahierter Proteine.* Vff. extrahieren die Mittelschicht von Kalbshaut nacheinander mit Phosphatpuffer p_H 9,1, Citratpuffer p_H 3,7, verd. Essigsäure p_H 2,8 u. NaOH-p_H 12,2, fällen die Hauptmenge der sauer extrahierten Proteine mit NaCl, dialysieren die Filtrate u. engen sie ein. Die beiden so erhaltenen Proteinfraktionen unterscheiden sich von *Kollagen* (**I**) durch den sehr geringen Geh. an Oxyprolin, die niedrigen Glycin-, Prolin- u. Argininгehh. u. die höheren Anteile an Tyrosin, Histidin, Leucin, Isoleucin, Valin, Dicarbonsäuren u. Amiden. Unterschiede der beiden Proteinfraktionen untereinander konnten nicht mit Sicherheit nachgewiesen werden. Die Proteinfraktionen der alkal. Extrakte, die durch Alkoholfällung gewonnen wurden, unterscheiden sich ebenfalls von **I.** Sowohl die essigsäurelösl., als auch die alkalilösl. Fraktionen enthielten relativ hohe Hexosaminkonzentrationen. Die Beziehungen dieser Proteinfraktionen zu **I** werden diskutiert. (Biochem. J. **63.** 1 p. Mai 1956. Surrey, Egham, Brit. Leather Manuf. Res. Assoc.) E. SCHWERDTFEGER. 4520

Ghislaine Duchâteau und **Marcel Florkin,** *Einfluß der Temperatur auf den stationären Zustand des nicht eiweißartigen Aminosäurebestandes der Muskeln von Eriocheir sinensis Milne Edwards.* Vff. untersuchten den Einfl. der Temp. auf den stationären, nicht eiweißartigen *Aminosäure*-Bestand bei chines. Krabben, Eriocheir sinensis Milne Edwards, die bei 10—11° bzw. bei 1—3° in Süßwasser gehalten wurden. Bei der niederen Temp. findet sich eine deutliche Verminderung der Konz. an Prolin. Diese Veränderung ist ausgeprägter nach 6—8 Wochen als nach 2 Wochen Aufenthalt der Tiere im kalten Wasser. (Arch. int. Physiol. Biochim. **63.** 213—21. Juni 1955. Liège, Univ., Inst. Léon Fredericq, Biochimie.) K. BÖHM. 4520

Gh. Duchâteau und **M. Florkin,** *Konzentration des äußeren Milieus und stationärer Zustand des nicht eiweißartigen Aminosäurebestandes der Muskeln von Eriocheir sinensis Milne Edwards.* Die Summe der Konzz. der 15 *Aminosäuren* ist größer bei den Tieren, die im Meerwasser leben. Die Form des Bestandes bewahrt die gleiche allg. Richtung wie bei den Tieren im Süßwasser. Die Erhöhung der Konzz. betrifft alle Aminosäuren mit Ausnahme des Arginins. Die Tiere nehmen den charakterist. stationären Zustand des Süßwassers wieder an, wenn man sie von neuem in dieses Milieu setzt. (Arch. int. Physiol. Biochim. **63.** 249—51. Juni 1955. Liège, Univ., Inst. Léon Fredericq, Biochimie.) K. BÖHM. 4520

N. K. Boardman und **G. S. Adair,** *Die Isolierung von zwei Myoglobinen aus Pferdeherzextrakten und die Bestimmung des Molekulargewichtes der Hauptkomponente.* Vff. trennten die Pferde-*Kohlenoxydmyoglobine* aus Herzextrakten durch Ionenaustauschchromatographie an Amberlite IRC -50 in 2 Komponenten (A u. B) auf. B macht ca. 10%

von A aus. A u. B waren in der Ultrazentrifuge homogen u. zeigten das für Kohlenoxydmyoglobin charakterist. Absorptionsspektrum. Das Mol.-Gew. von A wurde aus Messungen des osmot. Druckes zu 18400 bestimmt. Die Aminosäurezus. von A wurde nach der Meth. von MOORE u. STEIN bestimmt u. mit Literaturwerten verglichen. (Nature [London] **177.** 1078—79. 9/6. 1956. Cambridge, Physiol. Labor. and Low Temp. Station for Res. in Biochem. and Biophysics.) E. SCHWERDTFEGER. 4520

Otto Heidenreich und **Günther Siebert,** *Untersuchungen an isoliertem, unverändertem Lipofuscin aus Herzmuskulatur.* Übersicht über bisherige Untersuchungsmethoden sowie eigene neue Methoden zur Isolierung von *Lipofuscin* (**I**) aus der Muskulatur von 8 menschlichen Herzen verschied. Alters u. Krankheiten. Vff. betrachten **I** als die Gesamtheit aller Verbb., die in Gestalt des Pigmentgranulums in der Zelle vorliegen. Trotz niedrigen Fettgeh. (20%) von **I** sind die Granula mit Fettfarbstoffen färbbar. Der N-Geh. ist etwa gleich dem von Eiweißen. Weiterhin fanden sich *P, S, Aminosäuren* (auch cycl.) oder andere *N*-haltige Basen mit relativ hohem Geh. an *Mg* u. *Al.* Außerdem fanden Vff. im **I** *Protease* u. *Esterase* mit sehr schwacher Aktivität. — Es wurde eine Meth. zur Isolierung von reinem unverändertem **I** aus Herzmuskeln entwickelt, da chem. Methoden sich wegen der unvermeidbaren Denaturierung des Pigments wenig eignen. (Virchow's Arch. pathol. Anatom. Physiol. klin. Med. **327.** 112—26. 1955. Karlsruhe, Städt. Krankenanst., pathol.-bakteriol. Inst.; Mainz, Univ., Physiol.-chem. Inst.) H. BASFELD. 4520

H. Remky, *Die Chlorverteilung Kammerwasser/Serum beim Menschen und ihre Bedeutung für den Wasserhaushalt des Auges.* Im Kammerwasser besteht keine Beziehung zwischen dem Geh. an *Protein* u. dem an *Cl.* Ein DONNAN-Potential ist somit nicht nachzuweisen. Der Geh. an *Cl* wie der an *Na* im Kammerwasser steigt mit dem des Serums, die *Cl*-Konz. jedoch schneller als die *Na*-Konzentration. Dabei wird der Quotient Kammerwasser-*Cl*/Serum-*Cl* mit steigender Konz. im Serum kleiner, von >1 zu <1. Die Ausscheidung von *Cl* u. *Na* in das Kammerwasser erfolgt aktiv. Fluorescin verhält sich gleichsinnig dem *Cl*, tritt aber passiv in das Kammerwasser über. Auf das Glaukom scheint der *Cl*-Geh. des Kammerwassers ohne Einfl. zu sein (u. umgekehrt). Vf. schließt sich der Sekretionstheorie von HÖBNER an, nach der die Kraftquelle der Sekretion neben einem Redoxpotential in Ionenlieferung besteht. (Graefes Arch. Ophthalmol. verein. Arch. Augenheilkunde **157.** 506—21. 28/4. 1956. München, Univ., Augenklin.) D. ZEMKE. 4550

Kurt Heyns, Wolfgang Walter und **Werner Heyde,** *Zur Frage des Vorkommens der Glucuronsäure und der Fucose in der Frauenmilch. Über die Anwendung der quantitativen Bestimmung der Glucuronsäure mittels der Naphthoresorcinreaktion.* Vff. führen an, daß der Nachw. von *Glucuronsäure* (**I**) in n. Frauenmilch mit Hilfe der *Naphthoresorcin* (**II**)-Rk. wegen Störung durch die in derselben vorkommenden Zucker (*Lactose* (**III**), *Glucose* (**IV**), *Galaktose* (**V**) nicht ohne weiteres möglich ist. Die jeweils gemessenen **I**-Werte werden vorgetäuscht u. sind auch von der Enteiweißungsmeth. abhängig. Auf papierchromatograph. Wege (Lösungsm. Pyridin–Amylalkohol–W. 35:35:30) lassen sich in einem Modellgemisch **III, IV, V,** *L-Fucose* (**VI**) u. **I**-*Lacton* (**I a**) leicht voneinander unterscheiden, wobei **I a** bis zu einer Konz. von 50 γ/cm^3 eindeutig feststellbar ist. Das Vork. von **VI** wird durch Isolierung aus mit 5%ig. Trichloressigsäure enteiweißter Milch mittels Verteilungschromatographie an einer Cellulosesäule u. durch Identifizierung als **VI**-*p-Toluolsulfohydrazon* (F. 167°) bewiesen. **VI** wird auch nach schonender Deproteinisierung mit Fe-Hydroxydsol von p_H 4,37, das nur sehr geringe p_H-Verschiebungen (6,5—7,3) hervorruft, gefunden. Die **VI**-Konz. verändert sich nicht beim Erhitzen der Milch auf 90°. Daraus geht hervor, daß dieser Zucker in freier Form vorliegt u. bei der Eiweißentfernung nicht etwa aus anderen Oligosacchariden abgespalten wird. Die Milch verschied. Tierarten (Pavian, Hund, Ziege, Schaf, Kuh, Schwein) enthält keine **VI.** Die Durchführung der **I**-Best. nach schonender Enteiweißung geschieht durch Versetzen mit konz. HCl (D.: 1,19) u. 0,2%ig. **II**-Lsg., Erhitzen des Gemisches (30 Min.) im sd. Wasserbad, Abkühlen (10 Min.) in Eiswasser, Zugabe von eisgekühltem Ae., mit dem 1 Min. geschüttelt wird. Nach Filtration der äther. Lsg. werden deren Extinktionswerte bei 578 mμ gemessen. Es zeigt sich, daß freie **I** in der Frauenmilch nicht nachweisbar ist. (Hoppe-Seyler's Z. physiol. Chem. **304.** 279—85. 1956. Hamburg-Eppendorf, Univ.-Frauenklin. u. Univ., Chem. Inst.) P. FAHRNLAENDER. 4555

A. Schubert, *Die Synthesen der Steroidhormone.* Vf. gibt einen geschichtlichen Überblick über die Isolierung u. Synth. verschied. Steroidhormone unter bes. Berücksichtigung der *Corticosteroide*, auf deren physiol. Wrkg. näher eingegangen wird. — Beim Vers., ausgehend von *Schweinegallensäure* (**I**) zu Steroidhormonen zu gelangen, gelang eine selektive Wasserabspaltung aus **I** zwischen C_5 u. C_6 nicht, u. zwar aus räumlichen Gründen, auf die näher eingegangen wird. Jedoch bei dem aus **I**-Ester erhaltenen *β.6β-Dioxyallocholansäuremethylester* führte die Wasserabspaltung mit PBr_3 zu *3β-Bromcholensäureester* (F. 123°, $[\alpha]_D$ —19,2°), der mit K-Acetat in Eisessig *3β-Acetoxycholensäureester* gibt. Bei der Einw. von PBr_3 auf *Hyodesoxycholsäuremethylester* (**II**) wurde über den 3β-Bromcholensäureester (50% [Ausbeute]) *3β-Acetoxycholensäuremethylester* neben *3α-Oxycholensäure*, *$\Delta^{3.5}$-Choladiensäure* u. *$\Delta^{2.5}$-Choladiensäure* erhalten. Da durch diese Rk. *3β-Oxycholensäuremethylester* techn. leicht zugänglich wird, können aus **II** alle Sexual- u. Nebennierenhormone einfach erhalten werden. — 65 Literaturangaben. (Chem. Techn. **7.** 195—203. April 1955.) S. TODT. 4558

W. R. Miller und **C. W. Turner,** *Die Identifizierung von C_{19}-Steroiden in Rinderfaeces.* Einer trächtigen Kuh wird an 5 aufeinanderfolgenden Tagen täglich 1 g *Progesteron* (**I**) in Olivenöl subcutan injiziert. Die während dieser Zeit anfallenden harnfreien Faeces werden nach dem Trocknen aufgearbeitet. Die in üblicher Weise abgetrennte androgene keton. Fraktion wird mittels Papier- u. Säulenchromatographie aufgearbeitet. Dabei werden nachgewiesen bzw. identifiziert: *$\Delta^{1.4}$-Androsten-3.17-dion* (**II**), aus Aceton-PAe., F. 141,5—143°, dessen Infrarotspektr. mit dem Spektr. authent. Materials übereinstimmt, *Äthiocholan-3.17-dion* u. *Δ^{4}-Androsten-3.17-dion.* Die vorgenannten Steroide wurden erstmalig in den Faeces nachgewiesen, wie auch die Isolierung von **II** aus einem natürlichen Prod. bisher nicht beschrieben wurde. — Diskussion über den **I**-Metabolismus. (J. biol. Chemistry **220.** 221—25. Mai 1956. New York, N. Y., Sloan-Kettering Inst. for Cancer Res.) H. P. FIEDLER. 4559

Fr. Hoffmann und **G. Uhde,** *Über den Progesterongehalt des Blutes im uterinen und im foetalen Kreislauf bei der schwangeren Frau.* Bei Best. des *Progesterons* (**I**) mit Hilfe der intrauterinen Modifikation des CORNER-CLAUBERG-Testes wird für das Mischblut, das im 3. bis 4. Schwangerschaftsmonat aus dem Stromkreis des das Corpus luteum graviditatis tragenden Ovars entnommen wird, ein **I**-Geh. von 100 γ/Liter Serum festgestellt. Im 10. Schwangerschaftsmonat wird dagegen aus dem ovariellen Blut kein **I** erhalten. Der **I**-Geh. des Placentarblutes vom 10. Monat schwankt zwischen 100—150 γ/Liter Serum u. entspricht im foetalen Blut mengenmäßig etwa dem des Placentarblutes. Die gefundenen, geringfügigen Abweichungen liegen innerhalb der Schwankungsbreite der angewandten Methodik. Für das mütterliche periphere Venenblut beträgt die mittlere **I**-Menge 25 γ/Liter Serum. (Arch. Gynäkol. **185.** 469—75. 1955. Essen-Werden, Evang. Krankenhaus, Geburts-gynäkol. Abt.) ANTJE SCHMIDT. 4559

Charles Donald West, B. L. Damast, S. D. Sarro und **O. H. Pearson,** *Umwandlung von Testosteron in Östrogene bei kastrierten, adrenalektomierten Frauen.* Zwei an Carcinom erkrankte u. deshalb ovari- u. adrenalektomierte Patientinnen erhalten intramuskulär 200 mg *Testosteron* (**I**)/Tag. In den am 8. u. 10. Tag gesammelten Harnproben können mit Hilfe der Gegenstromverteilung bzw. Papierchromatographie *Östron* (**II**) u. *β-Östradiol* (**III**), die in vor der **I**-Behandlung gesammelten Harnproben nicht nachweisbar waren, festgestellt werden. **II** u. **III** müssen daher aus dem **I**-Metabolismus stammen. Ob **I** auch in *Östriol* (**IV**) umgewandelt wird, konnte wegen der im Harn gleichzeitig noch anwesenden zahlreichen anderen Phenole, die eine dem **IV** ähnliche Löslichkeit zeigen, nicht festgestellt werden. (J. biol. Chemistry **218.** 409—18. Jan. 1956. New York, N. Y., Sloan-Kettering Inst. for Cancer Res., Div. of Clin. Investigat., Memorial Hosp. and James Ewing Hosp.) H. P. FIEDLER. 4559

T. Goto und **M. Oshima,** *Untersuchungen über die Einleitung der Lactation bei der Ziege durch synthetisches Östrogen.* Es war möglich, an ovariektomierten Ziegen mittels *Diäthylstilböstrol* (**I**)-Injektionen (5mal 0,5 mg in 2tägigen Abständen) die Lactation in Gang zu bringen. Ebenso fanden Vff. eine starke Abhängigkeit der in Gang befindlichen Lactation bei intakten Tieren. Eine Rk. der Brustdrüse am intakten u. kastrierten Ziegenbock konnte mit **I** nicht erzielt werden, obwohl eine geringfügige Alveolarentw. nachweisbar war. (Bull. nat. Inst. agric. Sci. [Chiba, Japan] Ser. G **1955.** 91—104. Febr. [Orig.: japan.; Auszug: engl. S. 105.]) H. BASFELD. 4559

Jiří Málek, Zdeněk Lenner und **Josef Tichý,** *Frühdiagnose der Schwangerschaft durch einen einfachen Test mit Pregnandiol.* Zur Schwangerschaftsdiagnose werden 100 ml Harn, 30 ml Toluol (doppelt dest.) u. 10 ml 37% ig. HCl 10—15 Min. gekocht, der Toluolextrakt nach Abkühlung mit 5mal 15 ml n/10 NaOH gewaschen, nach Adsorption, Elution u. Eindampfen *Pregnandiol* (**I**) in den Grenzen 0,1—0,5, 0,5—1,0, 1,0—2,0 u. $>$2 mg bestimmt. Es wird graph. gezeigt, daß nur bei Schwangerschaft, nicht bei anderen amenorrhoischen Zuständen ein regelmäßiger Anstieg der **I**-Menge beobachtet wird. (Českoslov. Fysiol. **4.** 224—29. 1 Tafel. 22/5. 1955. Praha, Karl. univ., I. porodn. a gynekol. klin.) R. K. MÜLLER. 4559

J. Drescher und **H. H. Stange,** *Die Bedeutung von Östradiolbenzoat und Progesteron für die Wirkung der getrennten hypophysären Gonadotropine F.S.H. und L.H. an Ovarien* *infantiler Mäuse.* Es wird die Wrkg. der getrennten *gonadotropen Hormone, F.S.H.* u. *L.H.*, die aus Preloban durch Aussalzen mit Na- u. NH_4-Sulfat sowie anschließender Dialyse erhalten werden, in aufsteigender Form von 5—100 Reifungseinheiten (R.E.) an den Ovarien sterinunbeeinflußter u. mit Progesteron u. Östradiolbenzoat vorbehandelter, 6—8 g schwerer, infantiler, weiblicher Mäuse — pro Tier 25 γ intramuskulär 24 Std. vor Proteohormonverabreichung — untersucht. Während L.H. in diesen Konzz. in sämtlichen Veruchsgruppen keine Rkk. ergibt, wird nach F.S.H.-Injektion bei 10 R.E. an sterinvorbehandelten Tieren beginnende Bläschenbldg. der Follikel beobachtet, bei 55 R.E. erfahren sämtliche Ovarien eine Umwandlung in Bläschenfollikel, deren quantitative Vermehrung durch bis zu 100 R.E. gesteigerte F.S.H.-Zufuhr erreicht wird. Für die Umwandlung sämtlicher Ovarien unvorbehandelter Tiere im Sinne einer Hormonveränderungs-Rk. sind 65, bei mit Sexualhormon injizierten Mäusen nur 35 R.E. hypophysären Gonadotropins erforderlich. Dabei steigert Follikelhormon dessen Wrkg. mehr als Progesteron. Da der positive Einfl. des Sterinspiegels nach getrennter Verwendung von F.S.H. u. L.H. bei gleicher Konz. nur eine gering fördernde Wrkg. ausübt, wird vermutet, daß der Gonadotropineffekt durch Sexualhormone nur dann gesteigert wird, wenn der Gesamtkomplex in Form von F.S.H. u. L.H. vorliegt. L.H. ist nur in hoher Dosierung, 2500 R.E. Ausgangsmaterial, wirksam. Nach F.S.H.-Injektion bei dieser hohen Dosis wird keine Luteinisierung festgestellt. (Z. Geburtshilfe Gynäkol. **143.** 321—26. 1955. Kiel, Univ., Frauenklinik.) A. SCHMIDT. 4559

L. A. M. Stolte, J. H. J. Bakker und **E. Verboom,** *Melanocytenstimulierende Hormonausscheidung während der Schwangerschaft.* Injektion des *melanocytenstimulierenden Hormons* (I) in hypophysektomierte Rana esculenta erzeugt stets, auch bei geringer Dosierung, Totalverfärbung. Die Möglichkeit der Existenz einer Überschneidung von I u. dem Schwangerschaftsfaktor wird durch die Tatsache der Zerstörung der Wirksamkeit aller Schwangerschaftsverfärbung erzeugenden Substanzen bei 10 Min. Kochen bei p_H 7, im Gegensatz zu I, das dabei seine Wrkg. behält, widerlegt. (J. clin. Endocrinol. Metabolism **15.** 762—63. Juni 1955. Utrecht, Univ., Dep. of Obstetr. and Gynecol.) A. SCHMIDT. 4560

Valentin Köhler, *Ein Heparin inaktivierender Stoff des Hypophysenvorderlappens.* Die Antiheparin (I)-Wrkg. verschied. Handelspräpp. des *adrenocorticotropen Hormons* (*ACTH*) wird z. Z. als Effekt unspezif. wirksamer Begleitproteine angesehen, während das niedermol. dialysierbare Peptid *ACTH* kein gerinnungsphysiol. Antagonist des *Heparins* (II) ist. Unterss. des Vf. ergaben aber, daß der I-Effekt einer *Cibacthen* (III)–NaCl-Lsg. nach 1 std. Kochen in saurem Milieu nicht verringert wird (rasch bei p_H 7,3 bis 11). Natives u. 2 Std. auf 50° erhitztes Citrat- oder Oxalatplasma verringern bei mehrstd. Einw. den I-Effekt von III. Wurde der bei der *ACTH*-Gewinnung braune Rückstand in physiol. NaCl-Lsg. gelöst, so verhielt sich das Filtrat gegen Plasmaeinw. u. die Änderungen von Temp. u. p_H wie III. Die I-Substanz des „Rückstandes" u. von III geht in Dialysat u. Ultrafiltrat über. Der heparininaktivierende Stoff I ist kein Protein, wahrscheinlich auch kein Protamin, u. mit *ACTH* u. vermutlich auch mit dem somatotrophen Hormon, das die Blutungszeit verkürzt, nicht identisch. Injektion kleiner Mengen „Rückstand"-Filtrat in die V. jugularis des Kaninchens führt zur Bldg. eines Gerinnungsthrombus. Die Atrophie der Bindegewebsmastzellen durch *ACTH* kann als direkte Wrkg. des *ACTH*-Begleitstoffs angesehen werden. Möglicherweise existiert ein Hypophysenvorderlappenhormon, das die Funktion des II-Produzenten, die Mesenchymmastzellen, reguliert u. II inaktiviert. (Naturwissenschaften **42.** 99. Febr. 1955. Würzburg, Univ., Physiol. Inst.) K. MAIER. 4560

Ju. B. Skebelskaja, *Corticale Regulation der thyreotropen Funktion der Hypophyse und der Schilddrüse.* In Verss. an Ratten wurde die Wrkg. von *Thyroxin* (I) u. *Methylthiouracil* (II) auf die thyreotrope Funktion (an Küken getestet) der Hypophyse allein oder in Verbindung mit einem bedingten Reflex (BR.) geprüft. Lange dauernde I-Zuführung verursachte einen Rückgang des Geh. an *thyreotropem Hormon* (III) in den Hypophysen der Ratte u. eine Abnahme des Schilddrüsengewichtes. Die gleiche Beobachtung wurde an den Versuchstieren mit BR. gemacht. Die III-Menge blieb bei den Tieren, die nur I ohne Kombination mit BR. erhielten, prakt. normal. Der BR. erlosch, falls er nicht mehr durch die Verabreichung von I unterstützt wurde. Bei Ratten, welche die gleiche I-Menge erhielten (ohne Kombination mit dem BR.), blieb das Gewicht der Schilddrüse nahe der Norm. Nach Erlöschen des BR. ging das Gewicht der Schilddrüse wieder zur Norm zurück. Die Abnahme des Gewichtes der Schilddrüse ging mit einer Abnahme der Höhe der follikulären Epithelzellen einher. Unter dem Einfl. von II stieg der Geh. an III. In den Hypophysen der Ratten mit BR. war der III-Geh. ebenfalls erhöht. Eine Erhöhung des Gewichtes der Schilddrüse oder eine Änderung der Zellstruktur

u. Follikelgröße wurde dabei nicht beobachtet. Die Fähigkeit der Schilddrüse, das J-Isotop zu akkumulieren, ging unter dem Einfl. von **II** stark zurück. Bei Tieren mit BR., die **I** erhielten, stieg die Aufnahme des J-Isotops sehr stark an. Die Aktivität der Schilddrüse war also unter dem Einfl. des BR. gestiegen. Diese Ergebnisse zeigen, daß **III** u. die mit ihm verbundene Aktivität der Schilddrüse unter der Kontrolle der Hirnrinde stehen. (Проблемы Эндокринологии и Гормонотерапии [Probleme Endokrinol. Hormontherap.] **1.** Nr. 2. 9—15. März/April 1955. Allunionsinst. für exp. Endokrinol., Abt. für exp. Biol.) F. DU MANS. 4560

H. F. West, *Wirkungen von 9-α-Fluorhydrocortison auf die Funktion der Nebenniere.* Die Substitution des F-Atoms in 9-α-Stellung beim *Hydrocortison*-Mol. erhöht seine nebennierenrindenhemmende Wrkg. durch Bremsung des Hypophysen-ACTH. Vf. fand eine Parallele zwischen der genannten Hemmwrkg. u. seiner antirheumat. Potenz. (Ann. rheumatic Diseases **14.** 170—71. Juni 1955. Sheffield, Centre Investig. Treatm. Rheum. Dis.) H. BASFELD. 4561

W. C. Hess und **I. P. Shaffran,** *Die Wirkung von Cortisonacetat auf die Bildung von Leber- und Muskelglykogen aus ^{14}C-Glycin und -DL-Alanin.* Vff. geben Ratten, die vor den Verss. einer 24 std. Hungerperiode ausgesetzt worden sind, $^{14}C_{(1)}$- u. $^{14}C_{(2)}$-*Glycin* (**I**) bzw. $^{14}C_{(1)}$- u. $^{14}C_{(2)}$-*DL-Alanin* (**II**) (500 mg, 1,0—1,5·10^6 Cpm) u. bestimmen nach 16 bzw. 6 Std. die Aktivität des aus der Leber u. dem Muskelgewebe isolierten *Glykogens* (**III**). Es wird festgestellt, daß $C_{(1)}$-**I** zu 2% u. $C_{(2)}$-**I** zu 6,1% in Leber-**III** eingebaut werden, während für $C_{(1)}$-**II** u. $C_{(2)}$-**II** die Werte 1,8 u. 10,7% betragen. *Cortisonacetat* (**IV**; 5 mg intramuskulär) vor Zufuhr der Aminosäuren appliziert, erhöht die aus **I** u. **II** gebildete **III**-Menge in der Leber u. im Muskelgewebe, verändert jedoch nicht die in **III** eingebaute ^{14}C-Konz., die im Muskel-**III** nur 0,4—0,6% beträgt. **IV** beeinflußt daher den C-Einbau von exogenen Aminosäuren in **III** in keinem Falle, sondern hemmt nur die Verwertung von Glucose. (J. Washington Acad. Sci. **46.** 20—22. Jan. 1956. Georgetown, Univ., School of Med.) P. FAHRNLAENDER. 4561

R. S. Snell und **T. Nicol,** *Wirkung von Cortison auf das Serum-γ-Globulin.* Bei 12 Meerschweinchen, die 5 Wochen lang täglich 10 mg *Cortison* intramuskulär erhielten, wurde wöchentlich einmal der γ-Globulingeh. bestimmt. Während der ersten 2 Wochen sank der γ-Globulingeh. u. blieb danach niedrig. Bei 2 Tieren stieg er in der 4. u. 5. Woche schwach an. (Nature [London] **177.** 578. 24/3. 1956. London, King's Coll., Dep. of Anat.) R. HÄHNEL. 4561

M. Rachmilewitz und **J. D. Feldman,** *Nebennierenrindenhormone und periphere Blutreaktionen bei experimenteller Anämie.* Bei Hämolyse, die durch intravenöse Verabreichung von Phenylhydrazin, hämolyt. Immunserum u. Tween 80 in Ratten hervorgerufen wird, werden während der 3—4tägigen Periode der Zerstörung der roten Zellen gleichfalls 3—4 Tage andauernde stärkere Leukocytose, Neutrophilie u. Eosinophilie, mit Phenylhydrazin u. Tween 80 zunächst vorübergehende Eosinopenia beobachtet. Im Gegensatz dazu wird die durch Herzhämorrhagie erzeugte Anämie von leichter Leukocytose u. Eosinopenia begleitet; innerhalb 24 Std. geht die Zahl an weißen Zellen auf das basophile Niveau zurück, die auftretende Eosinophilie hält 2 Tage an. Injektionen von Formaldehyd, *ACTH* u. physiol. NaCl-Lsg. sowie Herzpunktion ohne Blutung verursachen 1tägige Leukocytose u. Eosinopenia. Die während der Hämolyse beobachteten Rkk. der peripheren Blutzellen finden in Ggw. u. nach Herausnahme der Nebennieren u. mit sowie ohne ACTH-Verabreichung statt. Daraus folgt, daß Hämolyse eine deutlich gek., nicht über die Nebennierenrinde gehende Zell-Rk. im peripheren Blut auslöst. (Rev. belge Pathol. Méd. exp. **24.** 73—78. März 1955. Jerusalem, Israël, Univ., Dep. of Med. B and Pathol., Hadassah Med. School.) ANTJE SCHMIDT. 4561

Mario Ravera, Roberto Bellotti und **Vittorio Rolandi Ricci,** *Die neutralen 17-Ketosteroide des Bluts bei normalen Personen männlichen Geschlechts.* Es wird das Verh. der *17-Ketosteroide* (**I**) im Blut von 60 n. Männern von 20—80 Jahren untersucht, unter Anwendung der Meth. von GARDNER. Der **I**-Geh. nimmt mit dem Alter ab (von ca. 75 auf 25%). Diese Werte stehen in direkter Beziehung zu den **I**-Werten der Harnausscheidung. (Arch. „E. Maragliano" Patol. Clin. **11.** 827—38. Dez. 1955. Genua, Univ., Ist. di Clin. Med. Gener.) O. POLLAK V. EMHOFEN. 4561

J. C. Touchstone, H. Bulaschenko und **F. C. Dohan,** *Isolierung von 11-Dehydrocorticosteron, Corticosteron und Tetrahydroverbindung S (Pregnan-3α.17α.21-triol-20-on) aus dem Urin eines Mannes bei Verabreichung von Corticotropin.* Die bei 5tägiger intramuskulärer Verabreichung von täglich 10 E. *Corticotropin* aus dem Urin eines Mannes mit rheumat. Fieber isolierten Mengen an *11-Dehydrocorticosteron* (**I**), *Corticosteron* (**II**) u. *Tetrahydroverb. S* (**III**) betragen nach semiquantitativer Best. in einer 24 Std.-Urinprobe entsprechend 56, 45 u. 450 μg. Die Isolierung erfolgt nach anfänglicher papierchromatograph. Trennung im Toluol–Propylen–Glykol-Syst. durch Rechromatographie der mutmaßlichen **I**- u. **II**-Verbb. in Methylcyclohexan–Proyplen–Glykol, wonach beide Verbb. UV-Absorption bei 245 mμ, positive Rk. mit blauem Tetrazol, negatives Ergebnis in der Phenylhydrazin-Rk. nach PORTER u. SILBER u. bei Acetylierung vergleichbare Bewegungsgeschwindigkeiten mit denen authent. Materials in obigem Lösungsmittelsyst. zeigen. Nach Chromatographie der Acetate an Silicagel–Celit zeigt das Spektr. in H_2SO_4 von **I** Maxima bei 288, 350 u. 410 mμ, das der isolierten Verb. **II** Maxima bei 284, 330, 375 u. 440 mμ u. einen quantitativen, gleich dem aus der UV-Absorption bei 245 mμ berechneten Fluorescenzwert. Die nach Rechromatographie aus Bzl.–Formamid u. nach Acetylierung im obigen Lösungsmittelsyst. gereinigte Verb. **III** absorbiert im UV nicht bei 245 mμ, reagiert mit blauem Tetrazol, positiv nach PORTER u. SILBER u. zeigt UV-Maxima in konz. H_2SO_4 bei 310 u. 410 mμ. Die Infrarotspektren beweisen die Identität der 3 Verbindungen. (J. clin. Endocrinol. Metabolism **15.** 760—61. Juni 1955. Philadelphia, Pa., Univ., Endocrine Sect. of the William Pepper Labor. of Clin. Med.) A. SCHMIDT. 4561

C. L. Cope und **C. E. Sewell,** *Über das Vorkommen eines natürlichen Hydrocortisons in der Gelenkflüssigkeit.* In der Gelenk-Fl. der Knie von an Arthritis erkrankten Patienten können 6,8 ± 3,6 μg/100 ml einer Substanz, die mit dem natürlichen *Hydrocortison* (**I**) ident. sein dürfte, nachgewiesen werden. Bei Patienten, die Cortison oral verabreicht erhielten, kann in der Gelenk-Fl. 8,7 ± 2,7 μg **I**/100 ml ermittelt werden. Die Theorie, daß die Arthritis z. T. auf dem mangelnden Eindringungsvermögen von **I** in das Gelenkcavum beruhen könnte, ist daher nicht haltbar. (Ann. rheumatic Diseases **14.** 392—96. Dez. 1955. London, Postgraduate Med. School.) H. P. FIEDLER. 4561

K. H. Mannherz, K. H. Juchem und **R. Paul,** *Die Ausscheidungen corticoähnlicher Substanzen während Cyclus, Geburt und Wochenbett.* Bei Best. der täglichen Ausscheidung der freien *Corticoide, Cortisol, Cortison* u. *Verb. S*, nach der Meth. von SCHREIER, KADELIS u. ZARSKA im Harn 11 gesunder Frauen während eines Cyclus ergibt sich, daß diese individuell verschieden u. ein statist. gesicherter Ausscheidungsgipfel während der Menstruation vorhanden ist. Alle anderen Schwankungen liegen innerhalb der Fehlergrenze. Der Gesamtmittelwert beträgt 83,87 γ. Bei 10 gesunden Gebärenden u. Wöchnerinnen wird für die mit der gleichen Meth. bestimmte Harncorticoidausscheidung am Tage der Geburt ein Mittelwert von 292 γ gefunden, der danach innerhalb 3 Tagen auf 50 γ absinkt. Die direkte Beziehung zwischen Ovarialfunktion u. NNR-Hormonausscheidung ist nicht nachweisbar. Alle Schwankungen der Corticoidausscheidung während Cyclus, Geburt u. Wochenbett werden vorwiegend als Stressfolgen angesehen. Bestimmungsmeth. u. Ergebnisse werden diskutiert. (Arch. Gynäkol. **185.** 441—51. 1955. Kaiserslautern, Frauenklinik.) ANTJE SCHMIDT. 4561

K.-D. Voigt, W. Schroeder und **I. Beckmann,** *Chromatographische und elektrophoretische Bestimmung von Corticosteroiden.* Überblick über Fraktionierungsmethoden, ihre Anwendung u. Grenzen, für *Corticosteroid*-Gemische mittels Säulen- u. Papierchromatographie sowie Papierelektrophorese u. über die aus der Trennung von Nebennieren- u. Urinextrakten erhaltenen Ergebnisse bei n. u. patholog. Bedingungen. — 152 Literaturangaben. (Acta endocrinol. [Copenhagen] **18.** 325—41. April 1955. Hamburg, Univ., 2. Med. Klinik.) A. SCHMIDT. 4561

Lars-Olaf Plantin, *Infrarotspektrographische Analyse von Corticosteroiden.* Die Möglichkeiten u. Vorteile der Infrarotspektrographie als analyt. Handhabe zur Unters. von *Corticosteroiden* werden diskutiert u. ein Überblick über die Methoden zur Erlangung von Infrarotspektrogrammen mit besonderem Hinweis auf die Anwendung eines Infrarot-Mikroskopes wird gegeben. Eine bequeme Meth. zum Auftragen geringer Substanzmengen auf NaCl-Platten, durch die Spektrogramme mit 10 μg Steroid ermöglicht werden, wird beschrieben. (Acta endocrinol. [Copenhagen] **18.** 351—55. April 1955. Stockholm, King Gustav V Res. Inst.) ANTJE SCHMIDT. 4561

Wojciech Nowaczynski, Moe Goldner und **Jacques Genest** (unter techn. Mitarbeit von **Pierrette Marcoux** und **Lise Langevin**), *Mikrobestimmung von Corticosteroiden mit Tetrazoliumderivaten.* Vff. beschreiben Mikrobestimmungsmeth. von Corticosteroiden mittels *2.3.5-Triphenyltetrazoliumchlorid* (**I**), *3.3'-Dianisol-4.4'-bis-[3.5-diphenyltetrazoliumchlorid]* (**II**), *3-o-Diphenyl-2.5-diphenyltetrazoliumchlorid* (**III**) u. *3-o-Tolyl-2.5-diphenyltetrazoliumchlorid* (**IV**), die leicht zu gefärbten Formazanen red. u. daher papierchromatograph. erfaßt werden können. Bei **II** ist Temp. u. p_H von großem Einfluß. Die Farbe von **II** hängt von dem Reduktionsgrad ab u. ergibt empfindlichste Reaktion. Es wurden *11-Dehydrocorticosteron, 17-Oxycorticosteron, 17-Oxy-11-desoxycorticosteron, 11-Desoxycorticosteron* u. *17-Oxy-11-dehydrocorticosteron* qualitativ u. quantitativ untersucht (chromatograph. u. spektroskop.). (J. Lab. clin. Med. **45.** 818—21. Mai 1955. Montreal, Can. Hotel-Dieu-Hosp., Clin. Res. Dep.) J. MILLER. 4561

Charles LeRoy Steinberg und **Andries I. Roodenburg,** *Metacortandracin (Meticorten) bei der Behandlung von Lupus erythematodes disseminatus und Periarteriitis nodosa.* Besprechung der Vorteile von *Metacortandracin* (**I**; *Meticorten*; SCHERING) = $\Delta^{1,4}$-*Pregnadien-17α.21-diol-3.11.20-trion* bzw. *Metacortandralone* (*Meticortelone*) = $\Delta^{1,4}$-*Pregnadien-11β.17α.21-triol-3.20-dion* gegenüber *Cortison* (**II**) u. *Hydrocortison* (**III**) u. Besprechung des Krankheitsverlaufes von 6 Fällen mit Lupus erythematodes sowie von 3 Fällen mit Periarteriitis nodosa unter **I**-Behandlung. **I**-Dosierung bei Beginn meist 30 mg/Tag, dann allmähliche Reduzierung auf 15—20 mg/Tag. Beobachtungszeit 60—120 Tage. Die 6 Lupusfälle sprachen bei n. Ernährung auf **I** besser an als vorher auf **II** bzw. **III**, obwohl Lupuszellen in Knochenmark u. peripherem Blut nachweisbar blieben. Bei Periarteritis 2 Besserungen, 1 Todesfall. (Ann. intern. Med. **44.** 316—36. Febr. 1956. Rochester, N. Y., Rochester General Hosp.) H. DOSSMANN. 4561

Paul J. Bilka und **Max H. Weil,** *Gold und hormonale Therapie bei rheumatoider Arthritis.* 50 Patienten mit schwerer rheumatoider Arthritis wurden mit *Gold* (*Aurothioglucose* oder *Aurothiomalat*, 200—1500 mg) u. *Cortison* bzw. *Hydrocortison* behandelt. 7 völlige Remission, 16 deutliche u. 5 geringe Besserungen. Tox. Rkk. in 46%. (Ann. intern. Med. **42.** 638—43. März 1955.) G. GERBER. 4561

A. N. Posskalenko, *Über die Ausscheidung von Noradrenalin bei reflektorischer Erregung der Nebennieren.* In Verss. an hirnlosen Katzen wurde die Kontraktion des entnervten 3. Lides (LK) beobachtet. Diese u. die Registrierung des Blutdruckes zeigten, daß bei reflektor. Reizung der Nebenniere neben der Steigerung des Blutdruckes auch eine LK eintritt. Bei Einführung von KCN in den isolierten Sinus war die blutdrucksteigernde Wrkg. stärker, die LK aber schwächer als bei der Rk., die durch intravenöse Zufuhr von Adrenalin hervorgerufen wird. Diese Art zu reagieren, ist für Noradrenalin charakteristisch. Vf. schließt hieraus, daß bei reflektor. Reizen der Nebenniere nicht nur Adrenalin, sondern auch Noradrenalin oder ihm nahestehende Stoffe ausgeschieden werden. (Проблемы Эндокринологии и Гормонотерапии [Probleme Endokrinol. Hormontherap.] **1.** Nr. 5. 92—96. Sept./Okt. 1955. Leningrad, Sanit.-hygien. med. Inst., Lehrstuhl für Pharmakol.) F. DU MANS. 4561

John W. Braasch, A. Albert, F. Raymond Keating jr. und **B. Marden Black,** *Über Jodverbindungen normaler Schilddrüsen und von exophthalmischem Kropf.* In Schilddrüsengeweben von 9 Patienten, darunter 5 mit gesunder Drüse u. 4 mit exophthalm. Kropf, werden bei oraler Verabreichung von 300—600 μC ^{131}J vor u. nach Behandlung mit LUGOLscher Lsg., 3mal 10 Tropfen/Tag 7—10 Tage lang, Geh., Verteilung u. Umwandlung der Jodverbb. histolog. u. chem. durch Best. des Gesamt- u. durch Trichloressigsäure fällbaren ^{127}J u. ^{131}J u. Fraktionierung durch Säulenchromatographie an Kieselgur bestimmt. Unbekannte Jodverbb. werden in keinem Fall aufgefunden. Die mittlere Verteilung von Jod in n. Gewebe beträgt: Thyroxin (**I**) 35%, Trijodthyronin 8%, Dijodtyrosin 25%, Monojodtyrosin 17%, J 6%, in unbehandelten Kropfdrüsen ist sie im wesentlichen die gleiche. Die Gesamtjodkonz. in den letzteren ist etwas geringer. Der Anteil an trichloressigsäurefällbarem ^{127}J ist in unbehandeltem Kropf u. n. Drüsen von gleicher Größenordnung. Aus dem Verhältnis der spezif. Aktivität der Tyrosine zum **I**, welches beim Kropf 93 Std. nach Verabreichung von Radiojod den Wert 1 erreicht, in n. Drüse letzten jedoch nach 121 Std. noch nicht erreicht hat, u. aus dem Anstiegsverhältnis von ^{131}J in der **I**-Fraktion ergibt sich anscheinend eine raschere **I**-Bldg. in den tox. Drüsen. Behandlung mit LUGOL-Lsg. erzeugt keine Geweberückbldg. u. wesentliche Änderung der totalen Jodkonz. sowie der ^{131}J-Verteilung, doch eine Steigerung der anorgan. J-Fraktion (auf 23%). Aus den Daten ist entnehmbar, daß Jodidtherapie in irgendeiner Weise verlangsamend auf die **I**-Bldg. wirkt u. danach histolog. Rückbldg. eintritt. (J. clin. Endocrinol. Metabolism **15.** 732—38. Juni 1955. Rochester, Minn., Sect. of Physiol. Med. and Surg., Endocrinol. Labor., Mayo Clin. and Foundat.) A. SCHMIDT. 4562

Norbert Freinkel, J. Thomas Dowling und **Sidney H. Ingbar,** *Die Wechselwirkung von Thyroxin mit Plasmaproteinen: Lokalisierung des thyroxinbindenden Proteins in Cohn-Fraktionen des Plasmas.* Vff. untersuchten die Wechselwirkungen von *Thyroxin* (**I**) u. Plasmaproteinen mittels Papierelektrophorese unter Verwendung von ^{131}J-markiertem **I**. **I** wird durch eine Serumproteinfraktion gebunden, die bei der Zonenelektrophorese bei p_H 8,6 zwischen den α_1- u. α_2-Globulinen liegt. Es konnte gezeigt werden, daß alle Fraktionen nach COHN, die nach Fraktion III gefällt werden, nachweisbare Mengen des **I**-bindenden Proteins (**II**) enthalten, das die elektrophoret. Beweglichkeit von Serum-**II** bei p_H 8,6 besitzt. Die Fraktionen mit der höchsten **II**-Konz. sind IV-6 u. IV-9. Auf

Grund der elektrophoret. Beweglichkeit bei p_H 4,5 kann angenommen werden, daß die I-bindenden Anteile dieser Fraktionen mit Serum-II ident. sind. (J. clin. Invest. **34.** 1698—1709. Nov. 1955. Boston, Mass., 2. and 4. Med. Serv. [Harvard], Thorndike Mem. Labor.; City Hosp.; Harvard Med. School, Dep. of Med.; Howard Hughes Med. Inst.) E. SCHWERDTFEGER. 4562

Erik Secher und **Thorkild Friis,** *Das proteingebundene Jod im Serum bei provoziertem Abort und bei der Geburt.* Der Geh. an proteingebundenem J (I) im Serum steigt während der Schwangerschaft zu hohen euthyreoiden oder hyperthyreoiden Werten an u. fällt nach der Geburt auf 8,18 (γ-%), während der mittlere Wert der Norm 6,12 beträgt. Im 1. Trimester der Schwangerschaft werden im Mittel 10,37 beobachtet. Nach provoziertem Abort dauert die Rückkehr zur Norm einige Tage länger als nach n. Geburt. Durch die Wehen wird die I-Konz. nicht beeinflußt. Das Nabelschnurblut des Neugeborenen liegt im I-Geh. meist ~20% unter dem der Mutter, im Mittel werden 6,59 festgestellt. (Nord. Med. **53.** 193—95. 3/2. 1955. København, Frederiksberghosp., gynaekol. afd. u. fødeafd. F u. centrallabor.) R. K. MÜLLER. 4562

Thorkild Friis, *Das proteingebundene Jod im Serum im ersten Lebensjahr.* (Vgl. vorst. Ref.) Bei 34 Kindern im ersten Lebensjahr wird der Geh. an proteingebundenem J im Serum im Durchschnitt zu 5,83 ± 1,35 (γ-%) festgestellt ohne erhebliche statist. Abweichung vom Blut Erwachsener. Nur in 5 Fällen werden Werte außerhalb 4—8 gefunden. (Nord. Med. **53.** 195—96. 3/2. 1955. København, Blegdamshosp., Epidemihosp. u. Frederiksberghosp., centrallabor.) R. K. MÜLLER. 4562

Sidney C. Werner, Maryloo Spooner und **Howard Hamilton,** *Ein weiterer Beweis, daß Hyperthyreoidismus (Basedow'sche Krankheit) nicht Hyperpituitarismus ist; Wirkungen von Trijodthyronin und NaJ.* 8tägige Verabreichung von 70—75 μg *Trijodthyronin* (I) per os u. intramuskuläre Injektion von *Thyrotropin* (II), 10 E. täglich 3 Tage lang, bei Patienten 1. mit akt. BASEDOW, 2. mit gesunder Schilddrüse u. Augensymptomen der Krankheit, 3. in einem Stadium anhaltenden Krankheitsrückganges u. bei gesunden Kontrollpersonen ergeben, daß I in Gruppe 1 u. 2 die vor u. nach der Behandlung gemessene 24std. ^{131}J-Aufnahme (Testdosis 15 mC, oral) der Schilddrüse kaum verändert, in Gruppe 3 von 26 auf 9%, bei den Kontrollen von 36 auf 11% herabsetzt. **II** steigert die ^{131}J-Aufnahme in den Kontrollen u. gering in Gruppe 2 (von 36 auf 43%) bei merklicher Erhöhung des Serumjodspiegels (von 6,7 μg auf 11,4 μg/100 cm^3). NaJ in oralen Dosen von 1,4, 2,8, 5,6 u. 11,3 mg täglich normalisiert in Gruppe 1 die Konz. an Serumjod u. red. die ^{131}J-Aufnahme (von 59 auf 25%), die nach II-Injektion dann nur begrenzt bei stark anwachsendem Serumjodspiegel ansteigt. Die Ergebnisse zeigen, daß a) BASEDOW nicht durch Hyperpituitarismus verursacht wird, b) Jodide durch die direkte Einw. auf die Schilddrüsenzellen die Freigabe von Schilddrüsenhormon, doch nicht die II-Wrkg. hemmen, c) die unterschiedliche Rk. gegenüber I zwischen BASEDOW-Kranken u. anderen Patienten eine brauchbare, diagnost. Probe darstellt. (J. clin. Endocrinol. Metabolism **15.** 715—23. Juni 1955. New York City, N. Y., Columbia Univ., Coll. of Physic. and Surg.; Presbyterian Hosp.) A. SCHMIDT. 4562

E. Zambelli und **D. Scala,** *Der Radiojodstoffwechsel der Schilddrüse nach Röntgenbestrahlung. Untersuchungen an Trägern von Kehlkopfneoplasmen.* Bei 20 Patienten wurde der J-Stoffwechsel der Schilddrüse nach Röntgenbestrahlung untersucht. Ein Teil der Versuchspersonen war Träger von Kehlkopfcarcinomen, Struma u. verschied. Metastasen. Bestrahlungsbedingungen: 180 kV, Filter: 0,7 mm Cu + 3,0 mm Al, FHA 35 cm, Tagesdosis 200—300 r, Gesamtdosis zwischen 600 u. 20000 r. Die Patienten erhielten per os 50 μC ^{131}*J*. Bei sämtlichen Patienten wurden nach 6, 12, 24, 48 u. 72 Std. die ^{131}J-Ablagerung in der Schilddrüse u. die Urinabscheidung durch Aktivitätsbest. gemessen. Die gesunde Schilddrüse erweist sich bzgl. ihres Jodstoffwechsels bemerkenswert unempfindlich gegen Röntgenbestrahlungen. Bei Neoplasmen im Kehlkopfraum ist die mittlere J-Ablagerung nach Bestrahlung verringert, bes. ausgeprägt bei operierten Fällen. Der Effekt wird als Folge lokaler Kreislaufstörungen diskutiert. (Minerva med. [Torino] **46 II.** 1650—54. 8/12. 1955. Torino, Univ., Ist. di Radiol.) W. REUSSE. 4562

W. Horst, *Ergebnisse der Radiojodtherapie bei 200 Thyreotoxikosen und das Verhalten des Jodstoffwechsels vor und nach der Therapie.* Wiederholte *Radiojod*-Injektionen mit Herddosen in der Schilddrüse von 2000—3000 rep/g führten bei Schilddrüsenüberfunktion in 94% der Fälle (Gesamtzahl 200) zur Heilung. Vor u. nach der therapeut. Behandlung werden die Jodid- u. die Thyroxinphase des Jodstoffwechsels geprüft. (Sonderbände zur Strahlentherapie **32.** 100—01. 1955. Hamburg.) W. REUSSE. 4562

Paul Starr und **Ruth Liebhold-Schueck,** *Die Wirkung von lävo-Thyroxin, dextro-Thyroxin und lävo-Trijodthyronin auf das Elektrocardiogramm beim Myxödem. Vorläufige Ergebnisse.* Bei Myxödemkranken wurde *dextro-Thyroxin* (I), *lävo-Thyroxin* (II) oder *lävo-Trijodthyronin* (**III**) gegeben. Die Rückbldg. der Veränderungen im Elektrocardiogramm erfolgte nicht nur nach **II**, sondern auch nach **I** bei ca. 10mal höherer Dosis. **III** hatte eine Wrkg. auf das EKG., jedoch ohne Veränderung des jodgebundenen Proteins im Serum u. des Grundumsatzes. (Ann. intern. Med. **42.** 595—606. März 1955. Los Angeles, Calif., Thyroid Clin.) G. GERBER. 4562

Joseph C. Shipp, *Gelbsucht während Methimazol (Tapazol)-Verabfolgung.* Nach Gabe von *Methimazol* (15 mg, 4mal täglich) wegen Hyperthyreose kam es zu einer Gelbsucht mit Gallenstase in den Läppchenzentren u. gleichzeitig zu einer agranulocytot. Reaktion. (Ann. intern. Med. **42.** 701—06. März 1955.) G. GERBER. 4562

Ruth Allcroft, F. J. Salt und **S. L. Hignett,** *Die Wirkung von handelsüblichem Phenothiazin auf die Jodwerte des Blutes bei Schafen.* Unters. 8 verschied. *Phenothiazin* (**I**)-Handelspräpp. ergab J-Gehh. zwischen 0,0004 u. 0,4%. Bei Verabreichung von 20 g **I** mit 0,3% J-Geh. wurde bei 8 Mutterschafen im Mittel eine Erhöhung des J-Spiegels im Plasma von 5,3 auf 15 μg/100 ml festgestellt. (Veterin. Rec. **67.** 626—30. 20/8. 1955. Weybridge, Surrey, Ministry of Agricult., Veterinary Labor.; Frant, Sussex, Wellcome Veterinary Res. Stat.) H. DOSSMANN. 4562

O. Kuhn und **E. Kasper,** *Zur Wirkungsweise des Lycocyns.* An dem mit charakterist. morphogenet. Erscheinungen verbundenen Funktionscyclus der Amphibienschilddrüse kann die Wrkg. des *Lycocyns* (**I**) geprüft werden. Subletale Dosen von **I** im W. bewirken keinen völligen Entwicklungsstillstand der Schilddrüsen von Rana temporaria u. Bufo vulgaris wie bei Anwendung von Thioharnstoffen. Im Gegensatz zur Wrkg. tox. Konzz. von Formol, Essigsäure oder A. ist die **I**-Wrkg. im Rahmen des Physiologischen. Der Angriffspunkt des **I** liegt an einer anderen Stelle als der der Thioharnstoffe. Implantierte, mit **I** getränkte Agarstückchen verhindern nicht die von Thyroxin ausgelösten charakterist. Erscheinungen. (Naturwissenschaften **42.** 632—33. Dez. 1955. Köln, Univ., Zool. Inst.) A. DILLMANN. 4562

Yves Raoul, Christiane Marnay und **Monique Prelot,** *Extraktive Abtrennung einer nichtstickstoffhaltigen, calcämieaktiven Substanz von der Parathyreoidea.* Vff. konnten die Aktivität von *Parathormon*-Präpp., die nach L'HEUREUX, TEPPERMAN u. WILHELMI hergestellt wurden, auf einen Wert von ungefähr 300 U.S.P./mg steigern. Die Proteinausfällung wird mit absol. A. 30 Min. gekocht. Die extrahierte, nichtstickstoffhaltige Substanz mit Lipoidcharakter ist sehr aktiv. Der Extrakt reagiert nicht mit Ninhydrin u. hat kein Absorptionsmaximum im UV bis 275 mμ. Er gibt die Farb-Rkk. von Sterinen. Der Proteinrückstand hat — auch bei schonender Extraktion zur Vermeidung von Proteindenaturierung — keine Aktivität mehr. (C. R. hebd. Séances Acad. Sci. **240.** 1151 bis 1153. 7/3. 1955.) R. HÄHNEL. 4563

R. B. Fisher und **D. B. Lindsay,** *Die Wirkung von Insulin auf den Transport von Zuckern im durchströmten Herz.* Vff. führen an isolierten Rattenherzen Perfusionsverss. (Versuchszeit 90 Min.) unter dem Einfl. von *Galaktose* (**I**; 150—1000 mg/100 ml), *Glucose* (**II**; 150—600), *Inulin* (**III**) u. *Sorbit* (**IV**; 1000) bei Ggw. oder Abwesenheit von *Insulin* (**V**; 0,02—20,0 mE./ml) durch. Es wird festgestellt, daß das durchströmteHerz nur in sehr geringem Ausmaß **I** verbraucht (1,9 $\pm$ 1,5 mg/pro g Trockengewicht pro Std.), obgleich **I** innerhalb kurzer Zeit (17 Min.) in das Intercellularwasser des Herzens eindringt. Die Durchdringung mit **I** wird durch **II** erniedrigt u. durch **V** erhöht. Die **II**-Verwertung ,die ca. 44 $\pm$ 2,6 mg/g/Std. beträgt, wird durch **I** (1000 mg/100 ml) um ca. 20% gesenkt. Die Perfusion von **III** u. **IV** ist mit 305 $\pm$ 10 bzw. 378 $\pm$ 6 μLiter/g nur geringfügig u. wird durch **II** nicht beeinflußt, dagegen durch **V** etwas erniedrigt. In Ggw. von **IV** (1000 mg/ml), das nicht verwertet wird, läßt sich zeigen, daß das Durchdringungsvermögen von **II** (600 mg/ml) durch **V** (2 mE./ml) erhöht wird. Vom Herzen aufgenommenes **II** wird innerhalb von 15 Min. in *Glykogen* (**VI**) umgewandelt, ohne daß größere Mengen von *Lactat* (**VII**) gebildet werden. Einw. von **V** führt zum Anstieg der **VI**- u. zur Senkung der **VII**-Mengen. Die Verss. zeigen einerseits die tox. Wrkg. von **I** im Hinblick auf die **II**-Nutzbarmachung u. andererseits die Erleichterung der Durchdringung mit **II** unter dem Einfl. von **V**. (J. Physiology **131.** 526—41. 28/3. 1956. Oxford, Univ., Dep. of Biochem.) P. FAHRNLAENDER. 4564

Dieter Müting, *Über den Aminosäurehaushalt bei Diabetes mellitus.* (Vorl. Mitt.) Bei Diabetikern bestehen Störungen im Aminosäurehaushalt, die vorwiegend die S-haltigen Aminosäuren betreffen. *Cystin* u. *Methionin* werden vermehrt im Harn ausgeschieden, der Geh. von Organen, Muskulatur, Haut, Haaren u. Nägeln an S-haltigen Aminosäuren ist stark vermindert. (Klin. Wschr. **33.** 825—26. 1/9. 1955. Karlsburg, Krs. Greifswald, Forschungsinst.) Ph. FRESENIUS. 4564

Claus v. Holt, Linde v. Holt und **Barbara Kröner,** *Über die Wirkung von N^1-Sulfanilyl-N^2-n-butylcarbamid auf den Kohlenhydratstoffwechsel.* Verabfolgung des oral wirksamen, blutzuckersenkenden *N^1-Sulfanilyl-N^2-n-butylcarbamids* (**I**) an gefütterte Ratten bewirkt Hypoglykämie in 1—2 Std., die bei einer Dosis von 1 g **I**/kg nur 30% des Ausgangswertes beträgt. Die Wrkg. tritt bei 14std. Nahrungskarenz um mehrere Std. später ein. Die DL (n. Ratte 1,5—2,0 g **I**/kg) wird durch Adrenalektomie auf 0,2 g gesenkt. Bei alloxandiabet. Ratten tritt Blutzuckersenkung nur nach Adrenalektomie auf. Nach Cortisonzufuhr mildert **I** die Hyperglykämie u. senkt Ascorbinsäuregeh. der Nebenniere u. Glykogengeh. der Leber. Bei Normaltieren wird das Leberglykogen durch **I** vermehrt, dabei bleibt die Aktivität der Leberglucose-6-phosphatase unverändert. — Histolog. finden Vff. nach **I**-Verabfolgung Degranulation der B-Zellen der Inseln, keine Veränderungen der A-Zellen (oder höchstens leichte nach letalen Dosen). Es wird angenommen, daß **I** vermehrte Insulinausschüttung bewirkt, die wegen der gleichzeitigen Stimulierung der Nebennierenrinde nur schwer nachweisbar ist. (Naturwissenschaften **43.** 162. April 1956. Hamburg, Univ., Phys.-chem. Inst.) H. SCHIMASSEK. 4564

W. E. Stone, *Acetylcholin im Gehirn.* 1. Mitt. *„Freies", „gebundenes" und Gesamtacetylcholin.* Extrakte mit *A.* u. *Trichloressigsäure* aus gefrorenem Hirngewebe enthalten keinen in *A.* lösl. inakt. thermolabilen *Acetylcholin* (**I**)-Komplex. Junge Tiere u. höhere Säuger (Hunde) weisen einen geringeren Geh. an **I** im Gehirn auf als ältere Tiere, bzw. niedere Säuger (Nagetiere). O_2-Mangel hat keinen Einfl. auf den Geh. an **I**. *Eserin* bedingt Synth. von **I** im Hirngewebe, inhibiert durch *CuCl.* Das „gebundene" **I** ist durch mechan. Einw. leicht freizusetzen. Vf. lehnt daher die Einteilung in „freies" u. „gebundenes" (chem.) **I** ab. (Arch. Biochem. Biophysics **59.** 181—92. Nov. 1955. Madison, Wis., Univ. of Wisconsin, Med. School, Dep. of Physiol.) D. ZEMKE. 4569

W. E. Stone, *Acetylcholin im Gehirn.* 2. Mitt. *Chemische Messung von Cholinestern.* (1. vgl. vorst. Ref.) Vgl. der pharmakol. u. der colorimetr. Best. der *Cholinester* (**I**) im Hundehirn: Die Colorimetrie ergibt parallele, aber gering erhöhte Werte gegenüber dem pharmakol. Versuch. Nach *Tetraäthylpyrophosphat* (*Anticholinesterase*) sind die Ergebnisse am höchsten, nach Gefrieren u. späterem Tauen am niedrigsten. Vf. konzediert die Möglichkeit der Existenz von *Propionylcholin* neben *Acetylcholin,* bestreitet jedoch die Ggw. anderer **I,** da deren Aktivität zu gering ist. (Arch. Biochem. Biophysics **59.** 193—98. Nov. 1955. Madison, Wis., Univ. of Wisconsin, Med. School, Dep. of Physiol.) D. ZEMKE. 4569

Börje Uvnäs, *Histamin und Histaminaktivatoren.* Mittels einer Katzenpfotenperfusionsmeth. wurden *Histamin*-Aktivatoren bei Cyanea capillata, Ascaris lumbricoides u. Tarascaris equorum nachgewiesen. (Nord. Med. **53.** 770—73. 12/5. 1955. Stockholm, Karolinska inst., Farmakol. inst.) F. GÜNTHER. 4569

Richard W. Schayer, K. Jane Davis und **Rosa L. Smiley,** *In vitro-Bindung des Histamins und seine Hemmung durch Cortison.* Wird Rattenhaut mit *^{14}C-L-Histidin* (**I**) incubiert, so wird von der Haut ein kleiner Anteil **I** in *Histamin* (**II**), welches in der Haut in gebundener Form vorliegt, umgewandelt. Mit Hilfe dieser Meth. ist es möglich, nachzuweisen, daß eine Vorbehandlung der Ratten mit *Cortison* die in vitro-Fähigkeit, **II** zu binden, deutlich herabsetzt, während Adrenalektomie u. vorherige **II**-Entleerung diese erhöhen. Eine Erhöhung der **II**-Bindung wird auch durch Pyribenzamin erzielt, während sie durch Aminoguanidin, ACTH u. Phenergan mehr oder weniger deutlich gehemmt bzw. herabgesetzt wird. (Amer. J. Physiol. **182.** 54—56. Juli 1955. Chicago, Ill., Univ., Med. School, Rheumatic Fewer Res. Inst.) H. P. FIEDLER. 4569

Nicola Carnimeo, *Die Histaminämie während der Allgemeinnarkose mit besonderer Berücksichtigung der Anwendung von Curarepräparaten.* Während der Allgemeinnarkose wurde bei 20 Patienten vor u. nach Gaben von Curarepräpp. *Histamin* im Blut bestimmt. Es findet sich keine wesentliche Zunahme danach. (Minerva Anestesiol. **21.** 190—93. Aug. 1955. Bari, Ist. di Patol. Med.) G. GERBER. 4569

F. Lembeck und **K. Neuhold,** *Nachweis von 5-Oxytryptamin im Harn.* Es wird eine Meth. zum Nachw. von *Oxytryptamin* (**I**) im Harn gesunder Versuchspersonen (0,014 bis 0,72 γ/ml) u. Carcinoidträgern (3,12—3,45 γ/ml) beschrieben Nach Einstellen von 2 Harnproben (je 20 ml) mit *n HCl* auf p_H 3—4, von welchen eine 1 γ/ml **I** erhielt, werden diese im N_2-Strom auf dem Wasserbad auf 5 ml eingeengt u. in je ein 20 ml Zentrifugenglas gegeben. Nach Zusatz von *NaCl* wird mehrmals mit wasserfreiem Aceton (**II**) ausgeschüttelt, der Nd. verworfen, der **II**-Extrakt 6 Std. auf —10° gekühlt, wobei Salz ausfällt. Nach Abzentrifugieren wird **II** im sd. Wasserbad im N_2-Strom verjagt, der Rückstand mit 1 ml dest. W. gelöst, der Extrakt papierchromatographiert. — Der Vgl. der Ausscheidung von **I** u. *Oxyindolessigsäure* bewies, daß nur ein sehr geringer Teil des im Körper gebildeten **I** unverändert im Harn ausgeschieden wird. (Naunyn-Schmiedebergs Arch. exp. Pathol. Pharmakol. **226.** 456—59. 5/10. 1955. Graz, Univ., Pharmakol. Inst.) H. BASFELD. 4569

A. Je. Rabkina, *Veränderungen des Blutes bei an endemischem Kropf Erkrankten in Chakassien.* Bei Blutunterss. an 122 Kropfkranken (davon 50 Kinder u. Jugendliche unter 16 Jahren) wurde eine gewisse Verminderung des Hämoglobingeh. sowie der Erythrocyten- u. Leukocytenzahl festgestellt. Eine Verminderung der Neutrophilen geschah auf Kosten der Segmentformen. Die Zahl der Lymphocyten war vermehrt, die Blutsenkung beschleunigt. Monocyten u. Eosinophile zeigten n. Verhältnisse. (Проблемы Эндокринологии и Гормонотерапии [Probleme Endokrinol. Hormontherap.] **1.** Nr. 5. 54—61. Sept./Okt. 1955. Moskau, Allunionsinst. für exp. Endokrinol., Abt. Morphol.) F. DU MANS. 4572

M. Layrisse, Z. Peres, O. Aguero und **J. R. Pittaugla,** *In vitro- und in vivo-Wirkung von Ascorbinsäure, Cortison und einzelner chemischer, SH-Radikale enthaltender Substanzen auf die Agglutinine, besonders Anti-Rh-Agglutinine.* Bei Verss. mit Anti-Rh-Agglutinine enthaltenden Seren, die mit 20—40 mg/cm³ *Ascorbinsäure* (**I**), Cystein (**II**), Methionin, Glutathion, Natriumthiosulfat u. BAL versetzt u. gegen Rh-positive Blutgruppe 0 in Salzlsg. u. Rinderalbumin titriert werden, zeigt sich, daß **II** die höchste neutralisierende Wrkg. auf die Antikörper besitzt, BAL an 2., **I** an 3. Stelle folgt, u. alle übrigen Substanzen prakt. unwirksam sind. Bei mehrmonatiger Behandlung Schwangerer von hohem Anti-Rh-Agglutinintiter mit **I**, 250 oder 500 mg 5mal täglich, u. **II** ergeben die angeführten Untersuchungsdaten, daß **I** u. **II** einen zeitweiligen Einfl. auf die Anti-Rh-Agglutinine u. Verhütung der hämolyt. Krisis in Neugeborenen ausüben. (Rev. belge Pathol. Méd. exp. **24.** 122—27. März 1955. Banco de Sangre, Caracas, Venezuela.) A. SCHMIDT. 4572

Q. H. Gibson und **F. J. W. Roughton,** *Die Kinetik der Dissoziation des ersten O_2-Moleküls von völlig gesättigtem Oxyhämoglobin von Schafblut.* Es wurde die Geschwindigkeitskonstante k_4 der Rk. $Hb_4O_8 \rightarrow Hb_4O_6 + O_2$ im Rahmen der Theorie von HARTRIDGE u. ROUGHTON durch Messung in Ggw. von CO bzw. $Na_2S_2O_4$ mit Hilfe einer neuen Mikrovariante der „stopped-flow"-Meth. mit oscillograph. Registrierung ermittelt. Es wird gezeigt, daß k_4 aus der linearen Abhängigkeit von 1/r (r = Geschwindigkeitskonstante der O_2-Verdrängung durch CO) vom Anfangs-O_2-Druck bestimmt werden kann. Für $2 \cdot 10^{-4}$ mol. Schaf-Hb (19°, p_H 9,1) ergibt sich $k_4 = 30\ s^{-1}$. Zwischen p_H 7,1 u. 9,1 ist k_4 nur schwach p_H-abhängig u. hat einen Temperaturkoeff. von ca. 3,2 für 10°. Die Geschwindigkeit der Dissoziation eines O_2- oder CO-Mol. (X) ist proportional der Gesamtmenge von gebundenem X in $[Hb_4X_n]$, aber unabhängig von der Aufteilung von CO bzw. O_2 auf die einzelnen Hämgruppen. Weiterhin wurden die Brutto-Geschwindigkeitskonstanten der O_2(k')- u. CO(l')-Aufnahme u. der O_2Hb-Dissoziation in Ggw. von $Na_2S_2O_4$ (k) ermittelt. Die Ergebnisse stimmen mit früheren der Vff. gut überein. Zusatz von p-Chlorquecksilberbenzoat (PCMB) hat nur geringen Einfl. auf k' u. l', während k_4 beträchtlich erhöht wird. Aus der Beeinflussung von k schließen Vff., daß PCMB die Rkk. $Hb_4O_6 \rightarrow Hb_4O_4 + O_2$ u. $Hb_4O_4 \rightarrow Hb_4O_2 + O_2$ beschleunigt, während die Rk. $Hb_4O_2 \rightarrow Hb_4 + O_2$ stark verzögert wird, was auch mit der Wrkg. von PCMB auf das O_2/Hb-Gleichgewicht übereinstimmt. (Proc. Roy. Soc. [London], Ser. B **143.** 310—34. 15/3. 1955. Sheffield, Univ., Dep. of Physiol.; Cambridge, Univ., Dep. of Coll. Sci.) W. HABERDITZL. 4572

Q. H. Gibson, *Einige Beobachtungen an Reaktionen von zwei Annelidenhämoglobinen mit O_2 und CO.* (Vgl. vorst. Ref.) Mit der Mikro-„stopped-flow"-Technik von CHANCE u. GIBSON werden kinet. Messungen an Hämoglobin (Hb) des Regenwurmes u. *Arenicola marina* durchgeführt. Die Bestimmungsmeth. intermediärer Geschwindigkeitskonstanten der O_2–Hb-Dissoziation nach GIBSON u. ROUGHTON ermöglicht Rückschlüsse auf die Hämanzahl n in den Hämgruppierungen. Die Bruttogeschwindigkeitskonstanten von Säugetier-Hb u. Anneliden-Hb sind von gleicher Größenordnung, während die intermediären Geschwindigkeitskonstanten differieren. Die ermittelten n-Werte (*Arenicola marina* $n < 5{,}5$; Regenwurm $n < 5{,}0$) werden mit den Gleichgewichtsunterss. von ALLEN u. WYMAN (C. **1954.** 1049) an *Arenicola christata* verglichen. (Proc. Roy. Soc. [London], Ser. B **143.** 334—42. 15/3. 1955. Sheffield, Univ., Dep. of Physiol.) W. HABERDITZL. 4572

K. Wagner, S. Sailer und **H. Neun,** *Einfluß von Lanthanchlorid auf Erythrocyten und Blutgerinnung.* $LaCl_3$ (**I**) zeigte in vitro bis zu 0,02% eine mit steigender Konz. zunehmende unspezif. Agglutination (A) von Erythrocyten, deren Ausmaß bei nachfolgender Waschung der Agglutinate abnahm. Eine nicht mehr zur A führende 0,01%ig. **I**-Lsg. konnte den A-Titer nicht mehr erhöhen. Nach Vorbehandlung der Erythrocyten mit *Formalin* (**II**) zeigte sich selbst bei höheren **I**-Konzz. nur späte, feine A. Die Erythrocyten erwiesen sich mkr. als bikonkav formbeständig. In gleicher Weise fanden Vff. eine A/-Hemmung **II**-behandelter Erythrocyten durch Zusatz von agglutinierenden Testseren. — Die mit Zusätzen steigender **I**-Mengen zunehmende Blutgerinnungsverzögerung ist vorwiegend eine Antithrombinwirkung. Eine Fibrinogenverminderung u. ein

Einfl. auf die Fibrinolyse u. das *Ca* wurde bei den angewandten I-Konzz. nicht beobachtet. Thromblastograph. zeigte sich nach I eine Ähnlichkeit mit einer *Dicumarol*-Kurve. Vff. nehmen an, daß die Gerinnungsverzögerung durch eine Ausfällung bzw. Inaktivierung durch Komplexbldg. des Plasmathrombins u. des Faktors VIII verursacht wird. (Naunyn-Schmiedebergs Arch. exp. Pathol. Pharmakol. **226.** 467—72. 5/10. 1955. Graz, Univ., Med. Klin.) H. BASFELD. 4572

L. M. H. Roy, F. W. Wigzell, R. Demers, R. J. G. Sinclair, J. J. R. Duthie, S. M. Atherden und **G. F. Marrian,** *Leberfunktion in Relation zu möglichen Steroidstoffwechselanomalien bei rheumatischer Arthritis.* Vff. fanden beim Vgl. der Ergebnisse von Routineleberfunktionsproben an rheumat. Arthritikern u. anderen Patienten keine Stoffwechselanomalien bei Gallenfarbstoffausscheidung, Entgiftung oder Enzymaktivität in der Leber. Bei Rheumatikern zeigte der Plasmaproteinspiegel jedoch abweichend von der Norm hohen Fibrinogenanstieg, eine Red. des Albumin–Globulin-Verhältnisses, Absinken von α- u. *β-Globulinen* sowie Anstieg von *γ-Globulin,* während im Harn kein abnormer *Aminosäurespiegel* gefunden wurde. Vff. glauben, aus den gefundenen Eiweiß–Stoffwechsel-Anomalien nicht auf Leberfunktionsstörungen schließen zu müssen. Frühere Berichte über abnormen *Progesteron*-Stoffwechsel konnten nicht bestätigt werden. (Ann. rheumatic Diseases **14.** 183—90. Juni 1955. Edinburgh. Univ., Dep. of Biochem. and Northern Gen. Hosp., Rheum. Unit.) H. BASFELD. 4574

R. Mancke und **J. Lindner,** *Die alkalische Sublimatfällung (sogenannte abgestufte Takatareaktion) und das papierelektrophoretische Serumeiweißbild.* Der Wert der Grenzflockung der ASF fällt mit Zunahme des %-Anteils der γ-Globuline ab. Der %-Geh. der Albumine nimmt im Sinne der WUHRMANNschen inversen Rk. entsprechend ab. (Dtsch. Arch. klin. Med. **202.** 540—47. 1955. Rendsburg, Stadtkrankenhaus; Ütersen, Nordmark-Werke.) G. BREHM. 4574

Antonio Caputo und **Romano Zito,** *Die N- und C-endständigen Gruppen des normalen menschlichen Serumalbumins und des Myelomserumalbumins.* Vff. bestimmten die N-endständigen Reste nach der SANGERschen Fluordinitrobenzolmeth. u. die C-endständigen Reste sowohl nach Red. mit $LiAlH_4$ als entsprechende Aminoalkohole als auch durch Einw. von Carboxypeptidase. Für n. menschliches Serumalbumin (I) wurde 1 N-endständiger Asparaginsäurerest u. 1 C-endständiger Leucinrest/Mol. gefunden. Zwischen n. u. Myelom-I besteht in dieser Hinsicht kein Unterschied. Der Geh. an N-endständiger Asparaginsäure scheint im Myelom-I etwas niedriger zu liegen (0,84 statt 1,01 Reste/Mol.), doch kann dies nach Ansicht der Vff. auf Unterschieden im Mol.-Gew. zwischen n. u. Myelom-I beruhen. Wird n. menschliches I längere Zeit mit Carboxypeptidase bebrütet, so werden nach Leucin auch Valin, Glutaminsäure, Tyrosin u. Isoleucin in der angebenen Reihenfolge freigesetzt. (Bull. Soc. Chim. biol. **37.** 1255—61. 1955. Roma, Labor. des Recherches de l'Ist. Regina Elena per la Studio a la Cura dei Tumori.) E. SCHWERDTFEGER. 4574

H. J. Prill und **J. Steger,** *Vergleichende elektrophoretische Untersuchungen der Uroproteine in der Schwangerschaft.* Vff. führten papierelektrophoret. Unterss. an Serum- u. Urinweiß bei 11 n. u. 58 Schwangeren mit verschied. Erkrankungen (Nephropathie, Eklampsie, Präeklampsie, Schwangerschaftsspättoxikosen u. deren Komplikationen) durch. Bei niedrigen ESBACH-Werten wurden die Urine durch Dialyse gegen 15—20%ig. Kollidon eingeengt. Bei salzreichem Urin erwies sich eine Dialyse gegen physiol. NaCl-Lsg. zur besseren Abgrenzung der Fraktionen als notwendig. Die typ. Verschiebungen der Proteinfraktionen werden für die einzelnen Krankheitsgruppen beschrieben u. diskutiert. (Arch. Gynäkol. **187.** 93—105. 1955. Würzburg, Univ., Frauenklinik u. Neurolog. Klinik.) E. SCHWERDTFEGER. 4574

Gérard Biserte, Roger Osteux und **Bernard Dassonville,** *Identifizierung der α-Ketoisocapronsäure im menschlichen Blut. α-Ketoisocapronsäure* ist eine der drei α-Ketosäuren, die ständig in nennenswerter Menge im menschlichen Blutserum vorkommen. Sie wurde papierchromatograph. als 2.4-Dinitrophenylhydrazon identifiziert u. nach Red. des Hydrazons als Leucin charakterisiert. (C. R. hebd. Séances Acad. Sci. **240.** 2263—65. 6/6. 1955.) R. HÄHNEL. 4574

J. E. French, D. S. Robinson und **P. M. Harris,** *Die Rolle des Cholesterins in der Wechselwirkung auf Chylus und Plasma. Chylus* (I) von Ratten oder Kaninchen, die ein Gemisch von *Cholesterin* (II) u. Olivenöl gefüttert bekamen, kann geklärt werden, wenn er in vitro zu heparinisiertem Plasma zugesetzt wird. Das Plasma von Kaninchen, die mit II gefüttert wurden, enthält Lipoidteilchen (LP), die eine größere relative Konz. an II haben als LP vom Chylus. Diese LP klären sich schwach oder überhaupt nicht, wenn sie in vitro zu heparinisiertem Plasma zugefügt werden. Das Plasma von Kaninchen, die mit II gefüttert wurden, hat eine hemmende Wrkg. auf die Klärungsgröße

von zugefügtem I durch heparinisiertes Plasma in vitro. (Quart. J. exp. Physiol. cognate med. Sci. **40.** 320–30. Okt. 1955. Oxford, Sir William Dunn School of Pathol.)
K. BÖHM. 4574

Chauncey M. Stone jr., John M. Rumball und **Claire P. Hassett,** *Eine Auswertung des Serumeisens bei Leberkrankheit.* Bei 25 n. Personen u. 61 Patienten mit verschied. Leberkrankheiten wurden die Serum–Fe-Werte bestimmt u. eine Anzahl von Leberfunktionsproben durchgeführt. Auf Grund der Ergebnisse wird festgestellt, daß der Serum–Fe-Spiegel bei der Differentialdiagnose von Gelbsucht bedeutungsvoll ist u. an die Stelle von weniger spezif. Proben treten sollte. Erhöhte Serum–Fe-Werte bei akuter Hepatitis sind wahrscheinlich mit Leberzellennekrose verbunden. Das späte Auftreten der maximalen Steigerung der Serum–Fe-Werte bei akuter Hepatitis weist auf einen verlängerten klin. Verlauf hin. (Ann. intern. Med. **43.** 229–40. Aug. 1955. Coral Gables, Fla., Veterans Administ. Hosp., Med. Serv.)
J. SCHWAIBOLD. 4574

P. Böhm und **L. Baumeister,** *Über Vorkommen und Bestimmung von Neuraminsäure im Fibrin.* Im Fibrin wurde ein Geh. von 0,64–0,84% *Neuraminsäure* bei gesunden Versuchspersonen festgestellt. (Klin. Wschr. **33.** 712–13. 1/8. 1955. Bonn, Univ., Med. Klinik.)
R. HÄHNEL. 4574

K. Fučík, I. M. Hais, B. Kakáč, E. Knobloch und **Ž. Procházka,** *Chemische Charakterisierung des Stoffwechselhauptprodukts des Antikoagulans Pelentan im menschlichen Harn.* Aus dem *Äthylester der Bis-[4-oxy-3-cumarinyl]-essigsäure* (*Pelentan*; I) entstehen im Stoffwechsel als Hauptprodd. der *Äthylester der α-(4-Oxy-3-cumarinyl)-α-(4.7-dioxy-3-cumarinyl)-essigsäure* u. diese Säure selbst; beide werden papierchromatograph. bzw. chromatograph. nachgewiesen u. mit synthet. Präpp. verglichen. Im Gegensatz zu verschied. Tieren tritt im Harn des Menschen die durch Verseifung des I entstehende *Bis-[4-oxy-3-cumarinyl]-essigsäure* nicht auf. Eine Beziehung zwischen der Geschwindigkeit der Entgiftung des I u. der Sättigung des Organismus mit Ascorbinsäure erscheint möglich. (Českoslov. Fysiol. **4.** 342–47. 20/7. 1955. Praha, Výzk. úst. pro farm. a biochem.)
R. K. MÜLLER. 4574

E. D. Thomas, *Behandlung refraktärer Anämie mit Kobalt.* Bericht über 1 Fall mit refraktärer Makrocytenanämie; keine Besserung durch *Vitamin* B_{12}, *Folsäure* oder bestrahlte *Hefeaufschwemmungen.* Umstellung auf *Kobaltchlorid* (I; SMITH, KLINE & FRENCH LABORS.), 180 mg/Tag bewirkten nach 3 monatiger I-Therapie Anstieg der Hämatokritwerte von 2,5 auf 41%. (Ann. intern. Med. **44.** 412–19. Febr. 1956. Boston, Mass., Harvard Med. School, Med. Clin., Peter Bent Brigham Hosp., Dep. of Med.)
H. DOSSMANN. 4575

Paul P. Weinsaft und **Leo H. T. Bernstein,** *Kobaltchlorid in der Behandlung gewisser refraktärer Anämien.* 8 Patienten mit chron. refraktären normochromen Anämien bei Nierenerkrankungen, Rheumatismus oder Lymphogranulomatose besserten sich nach täglich 0,12–0,16 g *Kobaltchlorid.* (Amer. J. med. Sci. **230.** 264–69. Sept. 1955. Martinsburg, W. V., Dep. of Med.)
G. GERBER. 4575

J. Moeller und **A. Iglhaut,** *Leukopenien nach Injektion von Dextran bei Nierenkranken und Gesunden.* 5–10 ml 6%ig. isoton. *Dextran*-Lsg. (KNOLL, Ludwigshafen) wurden 34 Patienten intravenös injiziert. Überempfindlichkeits-Rkk. blieben fast ausschließlich auf Nierenkranke mit Hochdruck beschränkt. Nach der Injektion war die Zahl der Leukocyten, Eosinophilen u. Segmentkernigen bei positiv reagierenden Personen im Mittel stärker als bei negativ reagierenden herabgesetzt (Minimum nach ca. 10 Min., starke Streuung der Werte, bes. bei Eosinophilen, z. T. sogar Erhöhungen). Die Lymphocyten stiegen entsprechend an. (Dtsch. med. Wschr. **80.** 1736. 1741–42. 25/11. 1955. Würzburg, Univ., Med. Klinik.)
W. WILLENBERG. 4576

D. Mauzerall und **S. Granick,** *Vorkommen und Bestimmung von δ-Aminolävulinsäure und Porphobilinogen im Urin.* Mit Hilfe von Ionenaustauschern (Dowex) wurde ein Verf. zur quantitativen Best. von *Porphobilinogen* (I) u. *δ-Aminolävulinsäure* (II) im Urin ausgearbeitet. I wird colorimetr. mit EHRLICHs Reagens bestimmt, II wird mit Acetylaceton zu einem Pyrrol kondensiert, das mit einem modifizierten EHRLICHschen Reagens reagiert. Fehlergrenze der Meth. $<5\%$; nachweisbar sind 1 γ I u. 0,5 γ II/cm³ Urin. II tritt in hoher Konz. im Urin von Patienten mit akuter Porphyrie auf u. konnte auch im Urin n. Personen nachgewiesen werden. Besprechung der Faktoren, welche die EHRLICH-Rk. beeinflussen können, u. Auswahl optimaler Bedingungen. — *β-[2-Methyl-3-acetylpyrryl-(4)]-propionsäure*, $C_{10}H_{13}O_3N$, F. 194–195° (CH_3OH/W.); aus 174 mg II-HCl u. 0,5 cm³ Acetylaceton in Dinatriumtartrat–HCl-Puffer (p_H 4,4) durch Kochen (15 Min.), dann auf p_H 7 einstellen, mit Chlf. extrahieren (Extrakt verwerfen), wss. Phase von Chlf. befreien (Durchleiten von Luft) u. auf p_H 1 einstellen; beim Abkühlen

Kristalle; 90 mg (Ausbeute). Gibt mit EHRLICH-Reagens eine Rosafärbung; λ_{max} 552 mμ; Schulter bei 525 mμ. — *β-[2-Methyl-3-carbäthoxypyrryl-(4)]-propionsäure*, $C_{11}H_{15}O_4N$, F. 164—165°; wie vorst. aus 172 mg **II**-HCl u. 1 cm³ Acetessigsäureäthylester in Phosphatpuffer (p_H 6,6); Kristalle; 101 mg. Gibt mit EHRLICH-Reagens eine Rosafärbung mit Absorptionsdaten wie oben (Kurven). (J. biol. Chemistry **219.** 435—46. März 1956. New York, N. Y., Rockefeller Inst. for Med. Res. Labor.) H. GOEBEL. 4577

Abraham Friedman und **Abraham Levinson,** *Anorganischer Phosphor in der Cerebrospinalflüssigkeit unter normalen und pathologischen Bedingungen.* Der Geh. von *anorgan. P* in der Cerebrospinal-Fl. u. die Beziehung zum Geh. von anorgan. P im Blutserum wurde an 216 Proben von neurolog. n. Patienten u. von solchen mit neurolog. Krankheiten untersucht. Die n. Cerebrospinal-Fl. enthält 1,2—2,0 (im Mittel 1,6) mg P/100 cm³, während bei tuberkulöser u. purulenter Meningitis, bei Polyomyelitis, akuter Encephalitis u. bei Cerebralarteriosklerose wesentlich mehr anorgan. P gefunden wurde. Es konnte kein Zusammenhang zwischen dem P-Geh. des Blutserums u. dem der Cerebrospinal-Fl. festgestellt werden. Wahrscheinlich kommt der erhöhte Geh. an anorgan. P durch Abbau von Nervengewebe zustande, da dieser das einzige gemeinsame Merkmal der genannten Krankheiten ist. (A. M. A. Arch. Neurol. Psychiatry **74.** 424—40. Okt. 1955. Haifa u. Chicago, Ill.) A. DILLMANN. 4578

G. Ricceri, *Wechselbeziehungen zwischen den verschiedenen Formen der Stickstoffbindung in den Eiern von Bombyx mori während der Embryonalentwicklung.* Im Zuge der Frühentw. des Seidenspinners läßt sich eine Abnahme von N aus Monoaminosäuren zugunsten einer Zunahme von N außerhalb der Aminobindung nachweisen. Vf. leitet daraus die Entstehung des Purinkernes aus Monoaminosäuren ab. (Arch. Scienze biol. **38.** 89—95. Jan./Febr. 1954. Catania, Univ., Physiol. Inst.) H. WRBA. 4583

J. Kühnau, *Neuere Erkenntnisse über das Eiweißproblem in der menschlichen und tierischen Ernährung.* (Vgl. C. **1956,** 1074.) Es wird, hauptsächlich im Hinblick auf die menschliche Ernährung, über die allg. Bedeutung der essentiellen Aminosäuren, Höhe des Bedarfs, Mengenrelationen, Schäden durch Mangel oder Überdosierung einzelner u. ihre gegenseitige Beeinflussung im Stoffwechsel sowie über die Wrkg. natürlicher u. unnatürlicher Antimetabolite berichtet. (S.-B. dtsch. Akad. Landwirtschaftswiss. Berlin **4.** Nr. 10. 1—17. 1955. Hamburg, Univ., Physiol.-Chem. Inst.)
E. SCHWERDTFEGER. 4585

K. Nehring, *Die Bewertung der Eiweißfutterstoffe auf Grund der Bausteinanalyse.* (Vortrag.) Durch Auswertung der in der Literatur vorliegenden Ergebnisse der Bausteinanalyse von Eiweißkörpern wurden eindeutige Beziehungen zwischen dem Geh. an essentiellen Aminosäuren in den Futterproteinen u. ihrer biol. Wertigkeit aufgezeigt. — 9 Literaturangaben. (Chem. Techn. **6.** 196—99. April 1954. Rostock, Oskar-Kellner-Inst. für Tierernährung.) F. RANG. 4585

R. F. Davis, R. H. Wassermann, J. K. Loosli und **C. H. Grippin,** *Untersuchungen über die Verwertbarkeit von Stickstoff aus verschiedenen ammonisierten Produkten durch Pansenbakterien und Milchvieh.* Bericht über in vitro- u. in vivo-Verss. zur Verwertbarkeit von *N* aus ammonisierten Industrienebenprodd. u. ammonisierten Futtermitteln, wobei die N-Verwertbarkeit aus künstlich ammonisierten Prodd. weder durch Pansenbakterien noch durch Milchvieh derjenigen aus Harnstoff oder natürlichen Eiweißquellen vergleichbar war. (J. Dairy Sci. **38.** 677—87. Juni 1955. Ithaca, N. Y., Cornell Univ., Dep. of Animal Husbandry.) H. BASFELD. 4585

F. G. Owen, H. H. Voelker, N. L. Jacobson und **R. S. Allen,** *Vergleich der Wirkung verschiedener Antibiotica und einer Arsenverbindung auf Wachstum, Gesundheit und einige Blutbestandteile bei Milchkälbern.* Fütterungszugaben verschied. Antibiotica (**I**) u. von *3-Nitro-4-oxyphenylarsinsaure* (**II**) ergaben bei Milchkälbern innerhalb 12 Wochen folgende Gewichtszunahmen gegenüber Kontrolltieren: *Terramycin* 155 bzw. 135%, *Aureomycin* 151%, *Penicillin* 86%, **II** 128%, *Bacitracin* 126% u. *Chloromycetin* 111%. — I u. II hatten keinen Einfl. auf das Auftreten von Diarrhoen u. auf das Blutbild. (J. Dairy Sci. **38.** 891—900. 8/8. 1955. Iowa, State Coll., Dep. of Animal Husb. and Chem.)
H. CARLS. 4585

C. A. Lassiter, *Antibiotica als Wachstumsstimulantien bei Milchvieh. Ein Überblick.* An Hand von 130 Literaturangaben u. eigenen Unterss. wird ein krit. Überblick über die Verfütterung von *Antibioticis* (*Aureomycin* u. *Terramycin*) an Milchvieh gegeben. Während die Antibiotica bei wachsenden Tieren die Wachstumsrate u. Futterausnutzung erhöhen, versagen sie in dieser Hinsicht meist bei den ausgewachsenen Tieren. Bei Kälbern verhindern sie die Ruhr u. setzen die Mortalität herab. Die mögliche Art ihrer Wrkg. (Stimulierung der Hypophyse, Erhöhung der Produktion des Wachstumshormons,

Beeinflussung der Mikroflora im Rumen) wird diskutiert. (J. Dairy Sci. **38.** 1102—38. Okt. 1955. Lexington, Ky., Univ. of Kentucky, Dairy Sect.) H. PATZSCH. 4585

H. Morimoto, A. Takahashi und **H. Hoshii,** *Wirkung von Thiouracil auf das Wachstum junger Schweine und Hühner. Thiouracil* zeigte nach Verfütterung von täglich 0,5 bzw. 0,75 g bei jungen Schweinen sowie von 0,15 bei 3 Monate alten Hühnern eindeutige Wachstumsbeschleunigung. Jedoch ergaben sich hierdurch bei beiden Tiergruppen Schilddrüsenstörungen. (Bull. nat. Inst. agric. Sci. [Chiba, Japan], Ser. G **1955.** 27 bis 35. Febr. [Orig.: japan.; Auszug: engl.]) H. BASFELD. 4585

F. M. Mirotschnik und **N. A. Smolina,** *Der Jodgehalt in einigen Nahrungsmitteln im Gebiet des Abakan'schen Eisenbahnbaues.* Der J-Geh. (in γ/100 g Trocken- bzw. Rohsubstanz) wird in Milch, Fleisch, Eiern, Kartoffeln, Möhren, Radieschen, Schnittlauch sowie roten u. weißen Rüben untersucht. In einem Bezirk, wo endem. Kropf bes. verbreitet war, fanden sich in den Prodd. die geringsten Mengen Jod. Im allg. fand man jedoch im Vgl. zu anderen Gebieten der Sowjetunion recht hohe J-Mengen, so daß es zur Erklärung des endem. Kropfes im Abakangebiet notwendig erscheint, die tatsächlich mit der täglichen Ernährung in den Körper gelangende J-Menge zu ermitteln. (Проблемы Эндокринологии и Гормонотерапии [Probleme Endokrinol. Hormontherap.] **1.** Nr. 5. 17—18. Sept./Okt. 1955. Moskau, Zentr. Wiss. Forschungslabor. für Hyg. u. Epidemiol. des Verkehrsminist., Abt. Hyg. der Ernährung.) F. DU MANS. 4585

F. J. McClure und **J. E. Folk,** *Beobachtungen über die Erzeugung von Oberflächencaries bei der Ratte durch Magermilch- und Molkenpulver enthaltende Diäten.* Mit Diäten, die als Proteinquelle Magermilch- bzw. Molkenpulver verschied. Herst. enthielten, ließ sich (reproduzierbar) Oberflächencaries bei weißen Ratten erzeugen, die der menschlichen Caries gleich ist. Die größte cariogene Aktivität zeigten die Pulver, die unter besonderer Hitzeeinw. hergestellt wurden. Die Bedeutung dieser Befunde wird im Hinblick auf den Einfl. hitzebehandelter Nahrungsmittel auf die Entstehung der menschlichen Caries diskutiert. (J. Nutrit. **55.** 589—99. 11/4. 1955. Bethesda, Md., U. S. Dep. of Health, Educat. and Welfare, Publ. Health Serv., Nat. Inst. of Health u. Nat. Inst. of Dental Res.) G. KLESSE. 4585

Ernst-Reinhard Franke, *Die Bedeutung von Standard-Mineralstoffgemischen für die Ernährung der landwirtschaftlichen Nutztiere.* Die verschied. Tierarten haben an Mineralstoffen als Ergänzung der Tagesfuttermenge u. als vorbeugende Gabe gegen Störungen der physiol. Vorgänge Bedarf. Die Deutsche Akademie der Landwirtschaftswissenschaften hat als Standard-Mineralstoffgemische folgende Beifuttermittel (1. Zahl für Wiederkäuer, 2. für Schweine u. 3. für Geflügel) empfohlen: $CaCO_3$ 34,23 (%), 52,5, 48,7; Knochenfuttermehl 35,00, 30,0, —; Viehsalz 20,00, 15,0, 15,0; $MgSO_4$ 10,00, —, 0,5; $FeSO_4$ 0,50, 1,6, 1,5; $CuSO_4$ 0,15, 0,3, 0,3; $MnSO_4$ 0,10, 0,6, 1,0; $CoSO_4$ 0,02, —, —; Dicalciumphosphat —, —, 30,0; Silicate —, —, 3,0. Das Beifuttermittel für Geflügel soll zunächst noch langfristig erprobt werden. Mit diesen Beifuttermitteln stehen vollwertige Futterkalkmischungen zur Verfügung. (Tierzucht **9.** 63—64. Febr. 1955. Leipzig, Oskar-Keller-Inst. für Tierernährung.) H. PATZSCH. 4585

S. Krishnamurthy und **J. Ganguly,** *Wirkung der Blockade des reticulo-endothelialen Systems auf die Speicherung von Vitamin-A-Ester und -Alkohol in der Leber von Ratten.* Intraperitoneale Injektion von Tusche, danach orale Anwendung von Öllsgg. von *Vitamin A* beeinflussen die Ablagerung der veresterten Form in der Rattenleber (Leberwert erniedrigt, Blutwert erhöht), während die freie Form unbeeinflußt bleibt. (Nature [London] **177.** 575—76. 24/3. 1956. Bangalore, Indian Inst. of Sci., Dep. of Biochem.) R. HÄHNEL. 4587

W. Raab, *Vitamin B_1 und Herz.* Übersicht. — 75 Literaturangaben. (Wiener klin. Wschr. **67** ([N. F.] **10**). 647—50. 2/9. 1955. Burlington, Vt., Univ. of Vermont, Coll. of Med., Dep. of Exp. Med.) H. DOSSMANN. 4587

Hellmut Kunstmann, *Therapeutische Erfahrungen mit den Vitaminen B_1 und E bei akuten und chronischen Nierenparenchymerkrankungen.* Behandlung von Nephritiden unterschiedlicher Schwere mit *Vitamin B_1 = Benerva* (**I**)- bzw. mit zusätzlicher *Vitamin E = Ephynal* (**II**)-Therapie (**I** u. **II** DEUTSCHE HOFFMANN-LA ROCHE AKT.-GES., Grenzach/Baden) ergab bei 31 Fällen eine Heilungsquote von 58%, Defektheilung in 16,1% u. Besserung des objektiven Befundes bei 25,9% der Fälle. Besprechung des Einfl. von **I** u. **II** auf die klin. Daten u. des Wirkungsmechanismus. (Die Medizinische **1955.** 1195—1202. 27/8. Nürnberg.) H. DOSSMANN. 4587

L. Emmett Holt jr. und **Selma E. Snyderman,** *Der Einfluß des Nahrungsfettes auf den Thiaminverlust des Körpers.* Unter Darreichung einer definierten Nahrung, bei der der Anteil an Fett, Protein u. Kohlenhydrat sowie die Zufuhr an *Thiamin* (**I**) systemat.

verändert werden, werden Verss. an 2 Kindern (8 bzw. 18 Monate alt) durchgeführt u. die I-Aufnahme bzw. -Ausscheidung im Harn sowie der Anteil an Fett, Protein u. Kohlenhadrat, calor. ausgedrückt, graph. zueinander in Beziehung gesetzt. Diese experimentellen Ergebnisse lassen unter Vgl. mit den Befunden von SALCEDO u. Mitarbeitern (J. Nutrit. **36.** [1948.] 307) erkennen, daß Ersatz von Nahrungsfett durch Kohlenhydrat zu einer Verringerung der I-Ausscheidung im Harn führt. Dies wird als Anzeichen für eine erhöhte Einbeziehung von I in den Stoffwechsel gedeutet. (J. of Nutrit. **56.** 495—500. 10/8. 1955. New York, N. Y., Univ., Coll. of Med., Dep. of Pediatrics.) K. TÄUFEL. 4587

H. van Marken Lichtenbelt und **E. Florijn,** *Behandlung des diabetischen Komas mit Thiaminpyrophosphat.* Die von anderer Seite berichtete günstige Wrkg. von *Thiaminpyrophosphat* (I) bei Koma diabeticum wurde in entsprechenden Verss. nicht bestätigt. I wird nach intravenöser Zufuhr durch die Plasmaphosphatasen schnell aufgespalten. (Acta med. scand. **152.** 259—69. 1955. Utrecht, Univ., Hosp., Med. Dep. and Labor. for Physiol. Chem.) F. KRUSEN. 4587

Colette L'Hélias, *Vorläufige Untersuchungen über die Hormone des Gehirns und des postcerebralen Komplexes der Phasmiden Carausius morosus und Cuniculina cuniculina.* Mit fluorescenzmkr. u. papierelektrophoret. Unterss. sowie durch Wachstumsbeeinflussung von Lactobacillus casei konnte ein *Deriv. der Pteroylglutaminsäure* nachgewiesen werden. Die Pteroylglutaminsäure spielt offenbar eine Rolle bei der Bldg. der Stoffwechselhormone. (C. R. hebd. Séances Acad. Sci. **240.** 1141—43. 7/3. 1955.) R. HÄHNEL. 4587

Otto Liebenberg und **Werner Ritze,** *Die Verfütterung B_{12}-haltiger Zusatzfuttermittel.* Mit „*Beta-Mehl*" (VITAMIN-CHEMIE ANKERMANN & CO. G. m. b. H.) gefütterte (mit Kraftfutter ohne tier. Eiweiß) Schweine zeigten gegenüber der Vergleichsgruppe (Kraftfutter mit täglich 40 g tier. Eiweiß) eine um 10% höher liegende Gesamtzunahme. Auch im Vgl. zu den mit *Fischextrakttranemulsion* oder an Haferschälkleie gebundenem *Fischextrakt* gefütterten Tieren war die Zunahme um 7 bzw. 10% besser. Der Geh. des Beta-Mehles an *Riboflavin* u. *Nicotinsäureamid* scheint einen günstigen Einfl. auszuüben. Die Verwendung *Vitamin-B_{12}*-haltiger Zusatzfuttermittel ermöglicht in der Schweinemastfütterung eine Einsparung an tier. Eiweiß, wenn pflanzliches Eiweiß (Süßlupinen, Erbsen, Peluschken oder Sojaschrot) gegeben wird. (Tierzucht **9.** 47—49. Febr. 1955. Ruhlsdorf, Krs. Zossen, Versuchs- u. Lehranst. für Viehwirtschaft.) H. PATZSCH. 4587

Henry J. Montoye, Donald Kuick, Paul Robbins und **William Rosenberger,** *Wirkung von Vitamin B_{12} auf die Leistungsfähigkeit.* (Vgl. C. **1956.** 1945.) Orale Verabreichung von täglich 50 μg *Vitamin B_{12}* (I) an 3 n., gesunde, junge Erwachsene blieb ohne Einfl. auf die Stärke des Händedrucks u. die Normalisierung der Pulsfrequenz nach anstrengender Standardübung oder am Dynamometer. I-Verabreichung ist offenbar nur bei vorliegendem I-Mangel von Wert. (Int. Z. angew. Physiol. einschl. Arbeitsphysiol. **16.** 20—24. 1955. East Lansing, Mich., Michigan State Coll.) H. DOSSMANN. 4587

G. E. Stiefel, H. Frei und **B. Jasiński,** *Das Schicksal des parenteral oder oral verabreichten radioaktiven Vitamins B_{12}.* Das Schicksal des parenteral oder oral zugeführten radioakt. *Vitamins B_{12}* wurde mit der Autoradiographiemeth. in Tier- u. in vitro-Verss. von Organschnitten, Exkreten u. elektrophoret. aufgetrennten Sera untersucht. Es wurde festgestellt, daß das Vitamin im Serum höchstens eine lose Anlagerung an die Proteine, bes. die γ-Globuline erfährt. Ein Speicherungsorgan für Vitamin B_{12} besteht nicht. Im Überschuß zugeführtes Vitamin wird durch Stuhl u. Urin ausgeschieden; als Ausscheidungsorgane dienen Leber, Magen, Duodenum u. Nieren. (Helv. med. Acta **22.** 405—13. Nov. 1955. Winterthur, Kantonsspital, Med. Abt.) R. HÄHNEL. 4587

A. Oresseri, *Beobachtungen am Vitamin-B_{12}-Bindungsfaktor aus der Magenschleimhaut des Schweines.* Beim Analysieren der verschied. Bestandteile eines aus der Magenschleimhaut des Schweines erhaltenen *Vitamin-B_{12}*-Bindungspräp. (I) mittels fortgesetzter Papierelektrophorese (Durrumapp., Lösungsm. 2% W./Vol. Phosphat, p_H 6,4, I = 0,03, 580—600 V, 0,011—0,012 A, Temp. 0—1°, 48 Std.) werden 2 Gruppen von Komponenten festgestellt, von denen die eine niedere Beweglichkeit, starke UV-Absorption, positives Verh. gegenüber SCHIFF's Reagens, Färbbarkeit mit Bromphenolblau u. Werte nichtglucosamin. Polysaccharide, Hexosamine, reduzierende Zucker, der Gruppensubstanzen A u. H u. Bindungsvermögen an Vitamin B_{12}, die andere hohe Beweglichkeit, Fluorescenz im UV-Licht, Metachromasie mit Toluidinblau u. einen hohen Uronsäurewert zeigt. Eine vollständige Trennung der I-Bestandteile mit dieser Meth. gelingt nicht. Zur Reinigung wird I mit Phenol—W.-Lsg. (1 : 9) behandelt u. die überstehende phenol. Fl. mit A. fraktioniert gefällt. Die bei 20—30%ig. A.-Konz. erhaltene Fraktion mit dem höchsten Bindungsvermögen wird nach 3maligem Zerreiben mit A., Trocknung mit Ae. u. 2maligem Wiederauflösen u. fraktioniertem Fällen mit A. in W. gelöst; nach Behandlung mit Na_2SO_2, Zentrifugieren, 48std. Dialyse der überstehenden Lsg. gegen dest. W. bei 0—4° u. Vakuumtrocknung wird ein nahezu homognes, reines **I** erhalten. Bei Verhinderungsagglutinationstesten ist nur eine sehr geringe Wrkg. bei der Konz. von 1 mg/cm³ vorhanden. (Rev. belge Pathol. Méd. exp. **24.** 82—85. März 1955. Milano, Ist. Carlo Erba per Ric. Terapeut., Biol. Labor.) A. Schmidt. 4587

Georg F. Springer und **Paul György,** *Über Beziehungen zwischen Castle's „intrinsic factor" und Blutgruppenmucoiden.* Bericht über Unterss. der Blutgruppenaktivität (BGA) von 16 „*intrinsic faktor*"-Präpp. u. hochgereinigten Ovarcystenmucoiden. Sämtliche Präpp. wiesen BGA sowie Wachstumsfaktoreigg. für *Lactobacillus bifidus var pennsylvanicus* auf. Best. der BGA mit dem Hämagglutinationshemmungstest nach Morgan (Biochem. J. **37.** [1943.] 640). (Klin. Wschr. **33.** 627—28. 1/7. 1955. Philadelphia, Pa., Univ. of Pennsylvania, William Pepper Labor. for Clin. Med.; Hosp.) G. Bratfisch. 4587

M. E. Langham und **Kathleen Heald,** *Faktoren, die die Konzentration der Ascorbinsäure in der Linse von Rindern und Kaninchen beeinflussen.* Das Verhältnis der Konz. an *Ascorbinsäure* (**I**) in Kammerwasser u. Linse ist im physiol. Bereich konstant ca. 5/4. Dagegen liegt der Anteil von *Dehydroascorbinsäure* (**II**) u. *2:3-Diketogulonsäure* an der Gesamt-**I** in der Linse mit 15—20% höher als im Kammerwasser mit unter 2%. Keine signifikanten Unterschiede zwischen beiden Augen eines Tieres. Erhöhte Zufuhr von **I** auf dem Blutweg bewirkt nach 6 Std. im Kammerwasser eine gegenüber der Linse vermehrte Zunahme an **I**. In Ggw. von Linsen wird **II** im Kammerwasser vermehrt red. u. der Verlust von **I** gehemmt. Dialysierte Linsenextrakte fördern in Ggw. von red. *Glutathionsäure* die Red. von **II**, jedoch nicht bedingt durch *Glutathionreduktase*, sondern vermutlich durch *SH-Proteine.* Vff. halten die Hemmung des Übertritts von **I** in das Auge u. die verringerte Permeabilität der Linse für **I** für wesentlich bei der Abnahme der Konz. von **I** in der Linse bei verschied. Katarakten. (Biochem. J. **63.** 52—56. Mai 1956. London, Inst. of Ophthalmol., Ophthalmol. Res. Unit [Med. Res. Council].)
D. Zemke. 4587

Arvid Carlsson und **Bertil Lindquist,** *Vergleich der Wirkung verschiedener Dosen Vitamin D auf die Resorption und das Skelettsystem.* Die Ca-Resorption aus dem Darm u. der Ca-Geh. im Serum nach Verabreichung verschied. Mengen *Vitamin D* u. von 20 mg $^{45}Ca^{2+}$ durch eine Magensonde wurden bei jungen Ratten bestimmt. Durch 1000 I.E. Vitamin D wird die Resorption nicht mehr erhöht als durch 10 I.E., der Ca-Geh. des Serums dagegen deutlich. Dies wird auf die Fähigkeit des Vitamins, Knochensalze zu mobilisieren, zurückgeführt. (Acta physiol. scand. **35.** 53—55. 22/12. 1955. Lund, Univ., Dep. of Pharmacol. and Pediatr. Clin.) A. Dillmann. 4587

Roger B. Meintzer und **Harry Steenbock,** *Vitamin D und Magnesiumresorption.* In vergleichenden Fütterungsverss. mit Ratten bei beschränkter Nahrungszufuhr wurde gefunden, daß Mg bei einer Konz. von 0,12% in der Nahrung als Carbonat, Phosphat oder Phytat gleich gut resorbiert wird. Bei Fehlen von *Vitamin D* (**I**) wurden 50—71% des zugeführten Mg resorbiert, bei Ggw. von **I** 53—77%, wobei offenbar kein starkes Mg-Bedürfnis vorlag, da ein großer Teil des zugeführten Mg wieder im Harn ausgeschieden wurde. Durch Zusätze von $CaCO_3$ u. $NaHCO_3$ oder anorgan. Phosphat wurde die Mg-Resorption nicht beeinflußt, durch Phytinsäure in geringem Maße vermindert. Die Resorption von P u. die Hydrolyse von Phytinsäure wurden auch durch große Mg-Zusätze nicht beeinflußt. (J. Nutrit. **56.** 285—94. 10/6. 1955. Madison, Wis., Univ., Coll. of Agric., Dep. of Biochem.) J. Schwaibold. 4587

W. Feldheim und **H. Plessing,** *Bestimmung von Vitamin E im menschlichen Serum.* Zur colorimetr. Best. von Vitamin E in 3 cm³ Serum dient das Verf. von Emmerie u. Engel, verbunden mit einer Adsorption störender Bestandteile an aktivierte Floridinerde. Die Genauigkeit des Verf. beträgt $\pm 5\%$. (Pharmazie **10.** 665—67. Nov. 1955. Potsdam-Rehbrücke, Anstalt für Vitaminforschung u. Vitaminprüfung.)
Ph. Fresenius. 4587

S. Takahashi, K. Kameoka und **H. Morimoto,** *Untersuchungen über die Anwendbarkeit der Verdauungsuntersuchungsmethode mit Hilfe von Cr_2O_3 als Index bei Wiederkäuern.* Nach den beschriebenen Verdauungsverss. mit Cr_2O_3 (**I**) als Index (ca. 0,1—0,2% zur Fütterung bei Ziegen) eignet sich **I** hierfür wegen seiner leichten Nachweisbarkeit (nach Schürch), u. weil es den Stoffwechsel der Wiederkäuer nicht negativ beeinflußt. (Bull. nat. Inst. agric. Sci. [Chiba, Japan] Ser. G **1955.** 37—42. Febr. [Orig.: japan., Auszug: engl. S. 43.]) H. Basfeld. 4594

W. Bolton, *Die Verdaulichkeit des Kohlenhydratkomplexes bei Hühnern verschiedenen Alters.* Bei der konventionellen Analyse wurde *Rohfaser* bis zu höchstens 5% verdaut. *Zucker* u. *Stärke* wurden bei Hühnern jeden Alters verdaut, während *Lignin* u. *Cellulose* unverdaulich waren. Die Verdaulichkeit von *Pentosan* wuchs mit zunehmenden Alter. (J. agric. Sci. **46.** 420—24. Nov. 1955. Edinburgh, Poultry Res. Centre.) H. PATZSCH. 4594

E. Mangold und **G. Behm,** *Beziehungen zwischen Darmverluststickstoff und Rohfasergehalt des Futters.* Fütterungsverss. an Ratten, Kaninchen u. Schweinen unter Zusatz von Cellulose u. Sägemehl als Rohfaser zu dem N-freien Futter ergaben, daß bei erhöhtem Rohfasergeh. des Futters der %-Geh. des Kots an Darmverlust-N (DVN) zurückgeht. Die angebenen %-Gehh. an DVN sollen zur künftigen DVN-Berechnung bei Best. der biol. Wertigkeit von Futter dienen. (Arch. Tierernähr. **5.** 159—76. 31/7. 1955. Berlin, Humboldt-Univ., Inst. für Tierernährungslehre.) PH. FRESENIUS. 4594

H. Redetzki und **R.-Th. Gronow,** *Untersuchungen über die Fettresorption und die alimentäre Lipämie nach Fettbelastung.* Es wurde der Einfl. von *Lipase* u. Galle auf die Fettresorption untersucht u. Beobachtungen über die Beziehungen zwischen Serumtrübungsgrad u. Lipoidwerten angestellt. In vivo-Verss. ergaben bei Zugabe tier. Lipasepräpp. vor Fettzufuhr eine Vorverlegung des Resorptionsmaximums (höchster Gesamtlipoidwert) u. einen schnelleren Abfall der Gesamtlipoide. Dagegen wird die Resorptionsgeschwindigkeit nicht durch die Menge der zur Verfügung stehenden Galle beeinflußt. Die Mittelwertskurve des Serumtrübungsgrades entspricht der Gesamtlipoid- u. Neutralfettzunahme. (Klin. Wschr. **33.** 701—05. 1/8. 1955. Hamburg, St. Georg-Krankenhaus.) R. HÄHNEL. 4594

Pilar Garcia, Charlotte Roderuck und **Pearl Swanson,** *Die Beziehung zwischen dem Alter und der Fettresorption bei erwachsenen Frauen in Verbindung mit Beobachtungen über den Serum-Cholesterin-Spiegel.* Die Fettresorption von 58 Versuchspersonen im Alter von 30—89 Jahren nach einer bestimmten Mahlzeit wurde bestimmt durch Feststellung der Konz. an Chylomikrons (**I**) im Blut nach bestimmten Intervallen. Sie ändert sich mit zunehmendem Alter, u. es steigt auch das Maximum der im Blut erschienenen **I** mit dem Alter. Je länger die Zeitspanne bis zur Erreichung des Maximums, desto höher liegt auch das Maximum. Die *Cholesterin* (**II**)-Konz. im Blut steigt ebenfalls mit dem Alter, aber nur bis zum 7. Lebensjahrzehnt an, danach wird ein Rückgang beobachtet. Eine Beziehung zwischen dem **I**-Maximum u. der **II**-Konz. konnte nicht gefunden werden. (J. Nutrit. **55.** 601—09. 11/4. 1955. Ames, Io., Iowa Agric. Exp. Stat., Home Economics Res. Dep.) G. KLESSE. 4594

Werner Droese und **Helga Stolley,** *Die Ausnutzungskoeffizienten von Gesamtfett, Fettsäuren und Phosphatiden gesunder und infektkranker Säuglinge, ein Maßstab für die Stoffwechselvorgänge im Ablauf einer parenteralen Infektion.* Der intermediäre Fettstoffwechsel der Säuglinge wird durch fieberhafte Erkrankungen geschädigt. Die Ausnutzungskoeffizienten von Gesamtfett, gesätt. u. ungesätt. Fettsäuren u. Phosphatiden bei Säuglingen mit parenteralen Infekten (bes. Virusinfektionen der oberen Luftwege) verschlechtern sich bereits vor Auftreten der Infektion, nehmen während der Fieberperiode noch ab u. nehmen erst 6 Tage nach Abklingen des Infekts die Normalwerte der Vorperiode wieder an. Auch bei infektkranken Säuglingen, die bei altersgemäßer Ernährung n. gedeihen, läßt sich eine Störung der Stoffwechselfunktionen nachweisen. (Klin. Wschr. **33.** 726—27. 1/8. 1955. Kiel, Univ., Kinderklin., u. München, Univ., Kinderklin.) R. HÄHNEL. 4595

B. Schober und **J. Schwarz,** *Automatischer elektrolytischer Stoffwechselmesser und halbautomatisches Gerät zur Bestimmung des Sauerstoffbedarfs kleiner Laboratoriumstiere.* Der O_2-Bedarf von Mäusen u. Ratten wird (in ml) aus Energie (Wh) u. Potential (V) eines elektrolyt. Syst. mit 30%ig. NaOH u. Ni-Elektrode berechnet nach M = 208,8 · (Wh/V). Für alle Versuchstiere eignet sich ein halbautomat. Gerät mit 2 Zellen. (Československ. Fysiol. **4.** 368—70. 20/7. 1955. Olomouc, Palacký univ., lék. fak., úst. lék. fysiky.) R. K. MÜLLER. 4595

Donovan A. Weddle und **Joseph C. Muhler,** *Stoffwechsel kleiner Fluormengen bei der Albinoratte.* Es wurde einerseits der Stoffwechsel kleiner F-Mengen (5 μg/ml; durch Prüfung des F-Geh. der Faeces, der F-Ausscheidung im Harn u. der Speicherung in den Knochen) bei Albinoratten untersucht, die vor Versuchsbeginn vom ersten Lebenstage an F-frei ernährt wurden. Um den Einfl. größerer F-Mengen zu prüfen, wurden andererseits auch Tiere, die vor Versuchsbeginn vom 14.—28. Lebenstag F-haltiges Trinkwasser (50 μg/ml) erhalten hatten, untersucht. Es zeigte sich, daß die F-Speicherung nur in den ersten Tagen nach Versuchsbeginn durch das zugeführte F beeinflußt wird, daß der Einfl. einer weiter fortgesetzten F-Gabe aber ganz unbedeutend ist u. vernachlässigt werden kann. Damit ist die Möglichkeit gegeben, den Einfl. anderer Ionen in Ggw. von F (SnF_2, $SnClF_2$, Ca, Al, Mg, Fe bzw. Monofluorphosphat oder Fluorsilicat) bei dem gleichen Tier zu untersuchen. (J. Dental Res. **34.** 900–09. Dez. 1955. Bloomington, Ind., Indiana Univ., Dep. of Chem.) G. KLESSE. 4596

D. A. Benton, A. E. Harper und **C. A. Elvehjem,** *Die Wirkung unterschiedlicher Nahrungsfette auf die Fettablagerung in der Leber.* Ratten erhalten eine komplette Grundkost mit niedrigem Proteinanteil (9% Casein) u. verschied. *Fetten* (Maiskeimöl u. seine Gesamtfettsäuren als synthet. Glycerinester, Schweineschmalz, Margarine, Butterfett, Butterfettsäuren als synthet. *Glycerinester*, die Fraktionen der festen bzw. der fl. *Butterfettsäuren* als synthet. Glycerinester) in einer Menge von 20% des Futters; Versuchsdauer 2 Wochen; Ermittlung des Fettgeh. der Lebern der getöteten Tiere in üblicher Weise. Die eingehende krit. Diskussion der tabellar. mitgeteilten Ergebnisse führt zu der Folgerung, daß bei einer proteinarmen Kost mit 20% Fett beim Darreichen von Butter oder Schmalz relativ hoher, bei der Verfütterung von Maisöl bzw. Margarine aber relativ niedriger Fettgeh. der Leber beobachtet werden; dieser Befund verstärkt sich, wenn der Proteingeh. weiter herabgesetzt u. Cholin aus dem Futter weggelassen wird. Die synthet. Butterfett–Glycerinester verhalten sich wie Butterfett selbst; die synthet. Glyceride der festen Butterfettsäuren rufen höhere Fettdeponierungen der Leber hervor als diejenigen der fl. Butterfettsäuren; *Tristearin* führt zu höherem Leberfettgeh. als *Triolein*; das Unverseifbare der Butter ist ohne Wrkg. auf die Fettablagerung; Betrachtungen über die stoffwechselchem. Zusammenhänge. (J. biol. Chemistry **218.** 693–700. Febr. 1956. Madison, Wis., Univ. of Wisconsin, Coll. of Agric., Dep. of Biochem.) K. TÄUFEL. 4596

Ivan D. Frantz jr. und **Beverly T. Hinkelman,** *Beschleunigung der Cholesterinsynthese in der Leber durch Triton WR-1339.* 6 männliche Ratten erhielten zu einer Diät 100 mg *Triton WR-1339* in 1 cm^3 W. intravenös (Kontrollen 1 cm^3 W.). Nach 24 Std. wurden intraperitoneal 316 γ Na-$^{14}C_{(1)}$-Acetat verabreicht, u. 1 Std. später wurden das Serumcholesterin, das Lebercholesterin (über das Digitonid u. Dibromid gereinigt) u. die Radioaktivität des Lebercholesterins gemessen: Serumcholesterin (mg/100 cm^3) 651 (67), Lebercholesterin (mg/100 g) 272 (246), Radioaktivität 2342 (757). Je 7 Tiere wurden analog behandelt. Nach 24 Std. wurde an Leberschnitten die Cholesterinsynth. in vitro aus markiertem Acetat gemessen. Es wurden folgende Werte erhalten: (% Aktivität des zugesetzten Acetats im Cholesterin): 8,2 (2,6); nach 48 Std. ist der ^{14}C-Einbau auf den der Kontrollen zurückgegangen u. nach 72 Std. erfolgt eine Umkehr: 0,57 (4,4). Sechs weitere Tiere erhielten 1% Cholesterin zur Diät; 2 davon wieder Triton, bei 2 anderen wurde der Gallengang unterbunden. Sowohl nach Tritongaben als auch nach Unterbindung des Gallenganges stiegen der Cholesterinwert u. der Betrag der Einbaurate von markiertem Acetat an. Durch Blutübertragung von Triton behandelten u. unbehandelten Tieren auf behandelte u. unbehandelte Tiere konnte aus der Radioaktivität des Lebercholesterins zum Serumcholesterin gezeigt werden, daß der Übergang markierter Moll. vom Serum zur Leber gegen Kontrolltiere erhöht ist. (J. exp. Medicine **101.** 225–32. 1/3. 1955. Boston, Mass., General Hosp.; Harvard Med. School, Dep. of Med., Cardiovasc. Res. Labor.) V. BRAUN. 4596

R. R. Brown und **J. M. Price,** *Quantitative Untersuchungen über die Tryptophanstoffwechselprodukte im Harn von Hund, Katze, Ratte und Mensch.* Mittels Säulenchromatographie an Dowex 1-X 10 in der Cl^--Form u. Dowex 50-X 12 in der H^+-Form untersuchen Vff. quantitativ die Ausscheidung von *Kynurensäure* (**I**), *Chinaldinsäure* (**II**), *4-Chinolon* (**III**), *N-Methyl-4-chinolon* (**IV**), *Anthranilsäure, o-Aminohippursäure* (**V**), *Anthranilsäureglucuronid, N^2-Acetylkynurenin, Kynurenin* (**VI**), *Xanthurensäure* (**VII**) u. *N-Methyl-2-pyridon-5-carboxamid* (**VIII**) im Harn vor u. nach Zufuhr von *Tryptophan* (**IX**). Bei Hund, Ratte u. Mensch sind **VI** u. **I** die wesentlichsten **IX**-Stoffwechselprodukte. **VIII** findet sich nur beim Menschen in wesentlicher Menge, während **VII** in höheren Konzz. nur von Ratte u. Mensch ausgeschieden wird. **III** u. **IV** konnten nicht im Harn entdeckt werden. **II** oder eine ähnliche Verb. wird nach Zufuhr von **IX** in steigenden Mengen von Mensch u. Hund ausgeschieden. Von den untersuchten Verbb. wird nur **V** in nachweisbaren Mengen von der Katze ausgeschieden. Die mögliche Beziehung zwischen Blasenkrebs u. den **IX**-Stoffwechselprodd. im Harn wird diskutiert. (J. biol. Chemistry **219.** 985–97. April 1956. Madison, Wis., Univ., Med. School, Cancer Res. Hosp.) E. SCHWERDTFEGER. 4596

Sidney Udenfriend, Elwood Titus, Herbert Weissbach und **Ralph E. Peterson,** *Biogenese und Stoffwechsel von 5-Oxyindolverbindungen.* Es wurde gezeigt, daß *Tryptophan* (**I**) bei verschied. Organismen eine Vorstufe von *5-Oxytryptophan* (**II**), *5-Oxytryptamin* (**III**), *5-Oxyindolessigsäure* (**IV**) u. *Dehydrobufotenin* (**V**) bildet sowie ein Schema für die I-Umwandlung über 5-Oxyindolverbb. im tier. Organismus angegeben. Oral gegebenes $^{14}C_{(2)}$-DL-I wurde in der Giftdrüse der Kröte in II umgewandelt, u.V war radioaktiv. Nach intraperitonealer Injektion von $^{14}C_{(2)}$-I beim Kaninchen war aus den Blutplättchen akt. III isolierbar. Oral zugeführtes $^{14}C_{(2)}$-DL-I erschien bei einem Patienten mit malignem Carcinoid in Form von akt. Urin-IV. Beim. n. Hund bewirkte Verfütterung großer I-Mengen geringe Zunahme der Harn-IV. Von II wurden 30% als IV, 20% III, neben unverändertem D-II, ausgeschieden (unter Annahme ausschließlicher L-II-Umwandlung). III wurde zu 25—30% als IV isoliert. Die Bldg. des als Zwischenstufe im Schema angenommenen *5-Oxyindolylacetaldehyds* konnte nur indirekt als braunes Pigment nach Incubation von III mit Leber- oder Nierenhomogenisat wahrscheinlich gemacht werden. Daneben entstand IV. In Ggw. von Semicarbazid wurden weder Farbstoffe noch IV gebildet. Dagegen war eine neue *Indolverb.* (R_F 0,65, n-Propanol–n-NH_3, 5:1; Semicarbazon des Aldehyds?) nachweisbar. (J. biol. Chemistry **219.** 335—44. März 1956. Bethesda, Md., U. S. Dep. of Health, Educat. and Welfare, Publ. Health Serv., Nat. Insts. of Health, Nat. Heart Inst., Labor. of Chem. Pharmacol.) K. MAIER. 4596

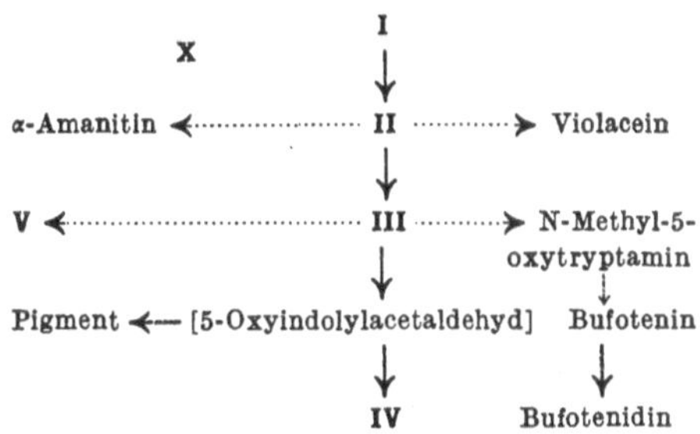

Arthur St. George Huggett, *Wachstum, Schwangerschaft und Kohlenhydratstoffwechsel.* Zusammenfassung über die Schwangerschaftstoxikose, das foetale Wachstum, den Kohlenhydratstoffwechsel, den Glykogengeh. der Placenta im Verlauf der Schwangerschaft u. über dessen Beeinflussung durch *Thyroxin, Insulin* oder *Cortison.* — Auffällig ist bei Schafen (nach GOODWIN bei allen Ungulata) der hohe Fructosegeh. des foetalen Blutes. Bei einem 30 Tage alten Foetus beträgt der Geh. an Glucose ca. 20—40 mg%, der an Fructose ca. 180 mg%. Vf. findet in verschied. Versuchsanordnungen, daß die Placenta Fructose bilden kann, daß ferner ein „Rückfluß" der Glucose vom Foetus zum Muttertier möglich ist, nicht aber der Fructose. Es wird angenommen, daß die Zucker diaplacentar nur als Phosphorsäureester austauschbar sind. — Abschließend wird ein möglicher Weg zur Bldg. von Fructose aus Glucose in der Placenta aufgezeigt u. mit den bisher vorhandenen experimentellen Daten verglichen u. diskutiert. Danach erscheint die Bldg. der Fructose aus Glucose durch Hexokinase, Isomerase u. alkal. Phosphatase zweifelhaft. (Amer. J. Obstetr. Gynecol. **69.** 1103—26. Mai 1955. London, Univ., Dep. of Physiol., St. Mary's Hosp.) H. SCHIMASSEK. 4596

R. C. Curran und **J. S. Kennedy,** *Die Verteilung der sulfathaltigen Mucopolysaccharide in der Maus.* Vff. verabreichten Mäusen ^{35}S-Sulfat u. fanden, daß es in die Moll. von sulfathaltigen *Mucopolysacchariden* (I) der Gewebe eingebaut u. durch die Zellen, die diese Substanzen bilden, stoffwechselmäßig umgesetzt wird. In den meisten Fällen, in denen I in Geweben der Maus nachgewiesen werden konnte, war eine ^{35}S-haltige Fraktion durch Autoradiographie nachzuweisen. (J. Pathol. Bacteriol. **70.** 449—57. Okt. 1955. Glasgow, Univ., Dep. of Pathol., Royal Infirmary.) K. BÖHM. 4596

Kenneth H. Shull und **Jean Mayer,** *Der Umsatz des Leberglykogens bei obetischen hyperglykämischen Mäusen.* Vff. bestimmen den Geh. an *Leberglykogen* (I) bei obet., hyperglykäm. Mäusen (a) u. solchen, bei denen durch intraperitoneale Injektion von *Au-Thioglucose* (1 mg/g Körpergewicht) künstlich Obesitas hervorgerufen worden ist (b) sowie den Umsatz von I durch Einbau von *^{14}C-Glucose* (II; intraperitoneale Injektion von wss. II-Lsg. [$2 \cdot 10^5$ C.p.m., weniger als 1 mg]). Es zeigt sich, daß die Gehh. an I pro g Leber zwischen a u. n. Tieren nicht wesentlich voneinander abweichen. a u. b enthalten jedoch im Hinblick auf die größere M. ihrer Leber eine mehr als doppelt so große I-Menge als die Kontrolltiere. Auch die I-Konzz. des Skelettmuskels sind bei a erhöht. Der I-Umsatz ist ca. 6 mal (bezogen auf Gesamt I-Geh.) bzw. 3 mal (mg I/g Leber) höher als bei n. Mäusen, außerdem wird eine größere Menge II von I in a eingebaut. Kohlenhydratfreie Ernährung (2 Wochen) verändert II-Geh. u. Blutzuckerkonz. bei a nicht, während nach einer 24std. Hungerperiode ein stärkeres Absinken von II u. bes. Blutglucose (bis 49% bei a u. 38% bei n. Tieren) beobachtet wird. — Die Verss. zeigen eine erhöhte II-Verwertung bei obet. Tieren im Gegensatz zu diabet., bei denen die II-Verwertung erniedrigt ist. Der Stoffwechsel bei Diabetes läßt sich daher nicht allein vom Blutzuckerspiegel her betrachten. (J. biol. Chemistry **218.** 885—96. Febr. 1956. Boston, Mass., Harvard School of Publ. Health, Dep. of Nutrit, and Harvard Med. School, Dep. of Biol. Chem.) P. FAHRNLAENDER. 4596

E. M. Nadel, A. S. Mulay und **L. D. Saslaw,** *Über das Fehlen der Glykogenspeicherung in der Leber von Meerschweinchen, die an Skorbut erkrankt sind.* Es ist festgestellt worden, daß bei skorbutkranken Tieren das *Leberglykogen* vermindert ist; gleichzeitig hat man erhöhte Werte an *17-Oxycorticosteron* — einem Glucocorticoid — gefunden. Vff. versuchen die Frage zu klären, ob u. in welchem Abschnitt der Glykogenbldg. das *Vitamin C* einen Einfl. ausübt. Als Glykogenvorstufe verwenden sie 5%ig. Lsgg. von *α-Glucose* (**I**), *d-Fructose* (**II**), *dl-Alanin* (**III**) u. *Na-Ascorbinat* (**IV**; alle Substanzen intraperitoneal injiziert). Sie finden 6 Std. nach Injektion von Substanzen **I**—**IV** die geringsten Werte für Leberglykogen bei skorbutkranken Tieren im Vgl. zu Kontrollen u. Hungertieren. Innerhalb der einzelnen Gruppen wirken sich **I** u. **II** auf die Bldg. des Leberglykogens gleich aus. Nach **III** ist weniger Glykogen gebildet im Vgl. zu **I** u. **II**. Skorbuttiere zeigen auch hier wieder die niedrigsten Werte. Nach **IV** ist bei Kontrollen u. Skorbuttieren kein Einfl. auf das Glykogen festzustellen. Lediglich die Gruppe der Hungertiere weist nach **IV** Glykogenzunahme auf (im Vgl. zu unbehandelten Hungertieren) etwa in gleichem Maße wie nach **III**. — In der Diskussion wird darauf hingewiesen, daß sowohl Skorbuttiere als auch Hungertiere einen Anstieg von 17-Oxycorticosteron aufweisen. Dieser Zusammenhang wird um so deutlicher, da Tiere nach Injektion von 17-Oxycorticosteron oder Cortison nicht fähig sind, aus Protein oder Glykogenvorstufen Glykogen zu bilden. Angriffspunkte des *Vitamins C* lassen sich hieraus nicht ableiten. (Endocrinology **56**. 584—89. Mai 1955. Bethesda, Md., Nat. Cancer Inst., Labor. of Pathol.)
H. SCHIMASSEK. 4596

J. Martínek, *Zur Entwicklung der Nervenmechanismen der Regelung der Reserven an Muskelglykogen bei Meerschweinchen und Kaninchen.* In der Leber der Versuchstiere liegt der höchste *Glykogen* (**I**)-Geh. bei der Geburt vor, nimmt dann ab u. später wieder zu, in den Muskeln fehlt diese Wiederzunahme. Verlust der Innervation beeinflußt bei Kaninchen vom 10. Tag, bei Meerschweinchen vom 2. Monat an den **I**-Geh. weniger als zuvor. (Českoslov. Fysiol. **4**. 302—08. 20/7. 1955. Praha, Čs. akad. věd, Fysiol. úst.)
R. K. MÜLLER. 4596

Robert F. Furchgott, *Die Pharmakologie der Gefäßmuskulatur.* Die Arbeit gibt eine ausführliche Zusammenfassung über Anatomie, Physiologie u. Pharmakologie der Gefäßmuskulatur. (Pharmacol. Rev. **7**. 183—299. Juni 1955. St. Louis, Mo., Dep. of Pharmacol.)
G. GERBER. 4597

Samuel P. Bessman und **J. Edmund Bradley,** *Aufnahme von Ammoniak im Muskel. Beziehungen zum „ammoniagenen Koma".* Aus der arteriovenösen Ammoniumdifferenz bei 14 gesunden bzw. komatösen (Lebercirrhose) Personen geht hervor, daß ca. 40% des arteriellen NH_3 von den Muskeln aufgenommen werden, während das Gehirn nur etwa halb so viel aufnimmt. Es wird vermutet, daß dabei die aus dem Citronensäurecyclus verfügbare *α-Ketoglutarsäure* zu *Glutaminsäure* aminiert wird. Der dadurch unterbrochene Cyclus kann im Muskel durch Aufnahme anderer Zwischenprodd. (z. B. Oxalylessigsäure) aus dem Blut aufrecht erhalten werden, während das im Gehirn wegen dessen Impermeabilität für organ. Anionen nicht möglich ist. Die allg. Bezeichnung „ammoniagenes Koma" wird vorgeschlagen. (New England J. Med. **253**. 1143—47. 29/12. 1955. Baltimore, Md., Univ. of Maryland, School of Med., Dep. of Pediatrics.) A. DILLMANN. 4597

Hans Meves und **Hans Netter,** *Zur Frage der Durchlässigkeit der Nervenmembranen für Wasserstoffionen.* ARVANITAKI u. CHALAZONITIS haben beobachtet, daß der p_H-Wert von 6,6 des Axoplasmas von Tintenfischen trotz Erniedrigung des p_H-Wertes des umgebendes Seewassers auf 5,0 konstant blieb. Sie vertreten daher den Standpunkt, Nervenmembranen seien für H^+ durchlässig. Dagegen besagt die Theorie von CONWAY u. Mitarbeitern, daß Nerven u. Muskeln eine passive Grundpermeabilität für KCl u. HCl besitzen, u. zwar kommt es zu einem Salzübertritt im Sinne eines DONNAN-Gleichgewichtes. Die Geschwindigkeit der Bewegung ist dem Prod. aus der Aktivität des Anions u. des Kations proportional. Vff. ermitteln die Zeit, während der HCl aus Meerwasser mit einem p_H 5,0 in das Zellinnere übertritt u. dadurch eine p_H-Abnahme um 0,1 eintritt. Unter bestimmten Bedingungen benötigt eine Menge von $0{,}71 \cdot 10^{-9}$ Mol HCl die Zeit von $0{,}71 \cdot 10^{-9}/26{,}2 \cdot 10^{-16} = 27 \cdot 10^4$ sec = 4500 Min. zum Übertritt, wodurch die Durchlässigkeit der Nervenmembranen für HCl bewiesen wird. (Naturwissenschaften **43**. 110. März 1956. Kiel, Physiol. Inst.; Physiol. Chem. Inst.) W. DRECHSLER. 4598

Günther Vogel, Heinz Krause und **Elisabeth Krämer,** *Über Funktionsänderungen markhaltiger Kaltblüternerven nach Adrenalektomie und Zufuhr rindenwirksamer Steroide in Abhängigkeit von der Ionenverteilung.* Bestimmungen der Geschwindigkeit der Erregungsleitung, der Refraktärzeit, der Rheobase u. der Chromaxie an Nerven gesunder Frösche, adrenalektomierter Tiere im Zustand der Adynamie u. gesunden Nerven in einem Medium mit hoher Konz. an *K* u. geringem Geh. an *Na*, entsprechend dem von adrenalektomierten Tieren, führen zu der Annahme, daß die patholog. Funktionsänderungen der Nerven nach Entfernung der Nebennieren durch Ionenverschiebungen der Gewebe-Fl. (extracellulär) bedingt sind. *DOCA* hat keinen Einfl. auf die Konzz. von *K* u. *Na*. (Pflügers Arch. ges. Physiol. Menschen Tiere **261.** 486—94. 1955. Berlin, Humboldt-Univ., Inst. für Veterinär-Physiol.) D. ZEMKE. 4598

A. S. Dontas (unter Mitarbeit von **Leonard Procita**), *Die Wirkungen von Energiedonatoren, Stoffwechselinhibitoren und Substraten auf die Carotischemoreceptoraktivität.* Es wurde die Beeinflussung der Carotischemoreceptoraktivität durch Injektion mit dem Kohlenhydratstoffwechsel in Zusammenhang stehender Agentien in die Carotis (Katze) elektr. untersucht, wobei der freigelegte rechte Carotissinusnerv zur Aufzeichnung der Aktionspotentiale diente. Alle geprüften energiereichen Phosphate, *Adenosintriphosphat* (**I**), *Adenosinmonophosphat* u. *Pyrophosphat*, erregten die Chemoreceptoren nach einer variablen Latenzperiode in Konzz. von 0,2 μMol/cm^3 u. höher. Nur **I** zeigte eine starke „frühe" wie eine unterschiedliche „späte" chemoreceptorerregende Wirkung. NaH_2PO_4 wirkte nur in erheblich größeren Konzz. (20 μMol/cm^3) aktivitätssteigernd. *Na-Azid* (**II**) zeigte eine ähnliche erregende Wrkg. wie *Cyanid*. Mittlere **II**-Dosen (kompetitive Wrkg. auf NaCN) hemmen selektiv die Rkk. der Chemoreceptoren auf Anoxie (NaCN), während diese jedoch auf cholinerg. Mittel (*Acetylcholin*) weiterhin gut ansprechen. Große **II**-Dosen blockieren jede Rk. auf Stimulantien. *Thiopental, 5-Äthyl-5-[1-methylbutyl]-thiobarbitursäure* (2—10 mg/cm^3) u. *Pentobarbital, 5-Äthyl-[1-methylbutyl]-barbitursäure* (2—10 mg/cm^3) dämpften die Chemoreceptoraktivität, während das krampferregende Barbiturat *Na-5-Äthyl-[1.3-dimethylbutyl]-barbiturat* (0,5—2 mg/cm^3) u. *2.4-Dinitrophenol* (100—1000 γ/cm^3) die Aktivität steigerten. Alle 3 Barbiturate sind wirksame Entkoppler der oxydativen Phosphorylierung. *Glucose* u. verschied. Prodd. des Kohlenhydratstoffwechsels (Na-Salz von Bernsteinsäure, Essigsäure, Brenztraubensäure) dämpften die Chemoreceptoraktivität bis zu 10 Sek. lang. Anschließend setzte eine mäßige, jedoch konstante, schwache Erregung (20—40 Sek.) ein. Die Befunde werden auf Grundlage der derzeitigen Vorstellungen der Chemoreceptorerregung u. im Hinblick auf die Hypothese von der Dämpfung der oxydativen Phosphorylierung als Anregung der Chemoreceptoraktivierung analysiert. Die Ergebnisse zeigen, daß mehrere Erregungsmechanismen wirksam sein u. entkoppelnde Verbb. eine genau entgegengesetzte Wrkg. auf die Receptoren haben können. (J. Pharmacol. exp. Therapeut. **115.** 46—54. Sept. 1955. Ann Arbor, Mich., Univ. of Michigan, Med. School, Dep. of Pharmacol.) K. MAIER. 4598

W. A. Hagins, *Photolyse des Rhodopsins in der Retina durch kurze Lichtreize.* Nach Verss. an Albinoratten (dunkeladaptiert) fällt die retinale D. für eine Wellenlänge von 486 mμ, steigt jedoch gleichzeitig für eine Wellenlänge von 400 mμ entsprechend einer Exponentialfunktion lange vor einer elektroretinograph. feststellbaren Reaktion. Somit sind die schnellen Phasen der visuellen Erregung nicht auf die Rk. *Rhodopsin* $\rightleftharpoons$ *Lumirhodopsin* $\rightleftharpoons$ *Metarhodopsin* (**I**) beschränkt, sondern umfassen auch die Rk. **I** $\rightleftharpoons$ Retinen-Protein. (Nature [London] **177.** 989—90. 26/5. 1956. Cambridge, Physiol. Labor.) D. ZEMKE. 4598

M. H. Pirenne, *Physiologische Mechanismen des Sehvorgangs und die Quantennatur des Lichtes.* Übersicht unter der Annahme einer Zus. des Lichtes aus Quanten. — 119 Literaturangaben. (Biol. Rev. Cambridge philos. Soc. **31.** 194—241. Mai 1956. Aberdeen, Univ., Physiol. Dep.) D. ZEMKE. 4598

Geoffrey H. Bourne, The biochemistry and physiology of bone. New York: Academic Press. 1956. (889 S. m. Abb.) 8°. \$ 20,—.

E_6. Pharmakologie. Therapie. Toxikologie. Hygiene.

I. Kimmig, *Lichtdermatosen und Lichtschutz.* Über die Entstehung von Lichtdermatosen gibt es noch keine Erklärung, die UV-Strahlung bei 297—57 mμ scheint eine Rolle zu spielen. Voraussetzung ist Ggw. photochem. Sensibilisatoren, worauf physiol. Lichteinw. entzündliche Rkk. auslöst. Vf. unterscheidet zwischen photodytotox. u. photoallerg. Rk., wobei erstere das Zusammentreffen von Licht u. Photosensibilisatoren u. letztere eine Überempfindlichkeit gegenüber photodynam. Wrkg. bedeutet. Als Photosensibilisatoren nennt Vf. *Anthracen, Methylanthracen, Pyren, Benzpyren, Fluoranthren, Acridin, Eosin, Furocumarine, Fagopyrine, Hypericin* (*2.2'-Dimethylnaphthodianthron*), *Phylloerythrin* (Chlorophyllabbauprod.). Bei den idiopath. Lichtdermatosen findet eine endogene Bldg. von photodynam. wirksamen Verbb. statt. Eine solche Verb., die mit HCl sich rötete, durch Zn-Staubdest. Indol lieferte, konnte durch Extraktion aus Urin u. nachfolgender chromatograph. Reinigung gewonnen werden. Sie zeigte bei 255 u. 509 mμ Absorptionsmaxima u. war im Paramaecintest in Konzz. von 1 : 20000 tödlich.

Eine einheitliche Therapie bei Lichtdermatosen ist nicht möglich. Bei Porphyrien ist bekannt, daß Porphyrine Ursache des Krankheitsbildes sind u. meist Leberparenchymschäden vorliegen. Der Aufbau der Kopro- u. Uroporphyrine scheint aus Glykokoll u. Essigsäure zu erfolgen. Avitaminosen können Lichtempfindlichkeit der Haut hervorrufen. In die Reihe der unaufgeklärten Lichtdermatosen gehören Kinderfrühlingsdermatosen, Cherilitis exfoliativa actinica, Xeroderma pigmentosum u. Erythematodes. Als Lichtschutzmittel sind bekannt: *Äsculin* (Oxycumarine) u. Derivv., *Sulfonamide* (Sulfonanilide), *p-Aminobenzoesäurederivv.* (bes. *Monoglycyl-* u. *Propylglykolester*) u. Harnstoffderivv. (*N.N'-Di-p-benzoesäureharnstoff*), *Naphtholsulfonderivv.*, *Tannin*, *Digalloyltrioleate*, *Hydrochinone*, *Alkylhexandiol*, *Phenylbenzimidazolsulfosäure* u. Derivv. u. *Chininsulfat.* Alle diese Verbb. haben Absorptionsmaxima zwischen 280 u. 310 mμ. Vf. bringt Zusammenstellung aller im Handel befindlicher Lichtschutzmittel u. Schutzfaktoren. (Arch. Dermatologie Syphilis **200.** 68—86. 1955.) J. MILLER. 4601

W. Wolf, *Zur Problematik kernphysikalischer Reaktionen.* Zusammenfassende Darst. über die Grundlagen der Radioaktivität, die Messung ionisierender Strahlen u. ihre biol. Anwendung. (Dtsch. Gesundheitswes. **10.** 1553—57. 1/12. 1955. Berlin, Charité, Univ., Chirurg. Klin.) W. REUSSE. 4601

Arne G. Forssberg und **George Hevesy,** *Wirkung von Röntgenstrahlen und Hormonen auf die Resorptionsgeschwindigkeit von injiziertem* $NaH^{14}CO_3$. Bei Mäusen ist die $^{14}CO_2$-Ausatmungsgeschwindigkeit nach intraperitonealer Injektion von $NaH^{14}CO_3$ nach einer Bestrahlungsdosis von 2000 r in den ersten 3 Min. vermindert u. steigt nach 5—6 Min. wieder an. *ACTH* (subcutan) allein vermehrt die $^{14}CO_2$-Gabe, jedoch annulliert es die Wrkg. nachfolgender Bestrahlung. *Adrenalin* allein vermindert ähnlich wie Bestrahlung die $^{14}CO_2$-Abgabe, erhöht jedoch dieselbe bei nachfolgender Bestrahlung. (Amer. J. Physiol. **180.** 325—30. Febr. 1955. Stockholm, Univ., Karolinska Sjukhuset.) G. WELTZIEN. 4601

M. Bruckmooser und **L. Keller,** *Die Brenztraubensäureausscheidung in Abhängigkeit von der verabfolgten Raumdosis und der Dosisverteilung bei Stehfeld- und Pendelbestrahlung.* Es wird über die Ausscheidung von *Brenztraubensäure* (**I**) im Urin nach therapeut. Röntgenbestrahlung berichtet. Dabei wird als Bezugswert die Raumdosis im Patienten bei Stehfeld-, Tangential- u. Pendelbestrahlung angesetzt u. ihre Berechnung aus der Strahlenhärte (HWS), dem FHA u. dem Strahlungsfeld gezeigt. Die Best. der **I** im Urin ergibt, daß die 24 Std.-Werte bei der Pendelbestrahlung niedriger liegen als bei der Stehfeldbestrahlung. Die Diskussion des Befundes in Verbindung mit bekannten Tatsachen des Tumorstoffwechsels führen Vff. zu dem Schluß, daß die Bewegungsbestrahlung stoffwechselmäßig eine günstigere Dosisverteilung aufweist als die Stehfeldbestrahlung. (Strahlentherapie **98.** 404—12. Nov. 1955. München, Univ., Chirurg. Klin., Röntgeninst.) W. REUSSE. 4601

Ch. Grégoire, *Gerinnung der Hämolymphe bei durch Röntgenstrahlen geschädigten Insekten.* Vf. schädigte Insekten (Periplaneta americana L., Carausius morosus Brunner, Locusta migratoria migratorioides) durch Röntgenstrahlen u. fand, daß die Locustaarten zwischen dem 3. u. 17. Tage nach der Schädigung starben, die anderen Arten überlebten alle. Bei Carausius konnte Vf. nach 5000 u. 10000 r weder eine Änderung der Gerinnung der Hämolymphe noch der Zus. der Leukogramme feststellen. Die Periplanetaarten reagierten auf 500 u. 1000 r mit zeitlicher Verminderung des Prozentsatzes der akt. u. der relativ totalen Zahl der Koagulocyten. (Arch. int. Physiol. Biochim. **63.** 246—48. Juni 1955. Liège, Univ., Inst. Léon Fredericq, Biochimie.) K. BÖHM. 4601

Paul G. Roofe und **Millard Spencer,** *Untersuchung über die Wirkungen bei Proteinentzug und innerer Bestrahlung auf das Knochenmark männlicher Albinoratten.* Unterss. über histolog. Veränderungen im Knochenmark von Ratten als Folge von a) proteinfreier Nahrung u. b) nach Injektion von Radiumchlorid. Best. des *Nucleinsäure* (**I**)-Geh. der Gewebeproben mit *Toluidinblau.* Keine wesentliche Beeinflussung der Basophilie der Zellen u. des **I**-Geh. durch a) u. b); wegen Herabsetzung des Zellaufbaus unter a) ist totale Knochenmarkbasophilie u. **I**-Geh. red.; bei a) Fettverlagerung im Knochenmark; Reduzierung der Mitoseaktivität durch a) u. b); Änderungen im Knochenmark unter a) werden bei Übergang zu Proteinfutter wieder beseitigt. Ferner Angaben über die Beeinflussung des Blutbildes durch a) u. b). (Univ. Kansas Sci. Bull. **37.** 31—53. 15/10. 1955. Lawrence, Kans., Univ. of Kansas, Dep. of Anatomy.) H. DOSSMANN. 4601

Walter G. Verly, *Die Umwandlung des Cysteamins im Organismus.* Es wurde die Umwandlung einer Dosis *Cysteamin* (**I**) untersucht, die die biol. Effekte der Röntgenbestrahlung um 50% zu verringern vermag. 24 Std. nach intraperitonealer Injektion einer Schutzdosis von ^{35}S-markiertem **I** war bei der Maus (3 mg/20 g) die ^{35}S-Konz. in Leber, Darm u. Nieren größer als im übrigen Körper. Die biol. Halbwertszeit von 3 mg injiziertem **I** beträgt in der Maus ca. 40 Minuten. Zwischen der Existenz von **I** (bzw. *Cystamin*, **II**) im Organismus u. der Dauer des Strahlungsschutzes besteht Parallelität, d. h. dieser beruht anscheinend auf **I** u. **II** selbst u. nicht auf deren Metaboliten. Der **I**–**II**-Geh. der Leber bleibt für die Dauer des Strahlungsschutzes erhöht. Der Hund baut, wie die Maus, **I** zu *Taurin* (**III**) u. *Sulfat* ab. Im Hundeharn ist letztes (frei oder verestert) der Hauptmetabolit, in der Mäuseleber **III**. Nach oraler **I**- oder **II**-Zufuhr war in der Leber der Maus in keinem Falle eine höhere ^{35}S-Konz. feststellbar als nach intraperitonealer. **I** u. **II** reagieren vermutlich mit oxydierend wirkenden Radikalen, wie H_2O, die bei der Röntgenbestrahlung in Ggw. von O_2 entstehen, u. verhindern derart die Zerstörung lebenswichtiger Moleküle. (Bull. Acad. roy. Méd. Belgique [6] **20.** 447–64. 1955. Liège, Univ., Labor. de Pathol. générale et Labor. de Rech. pour la protection des populations civiles.) K. MAIER. 4601

F. Ellinger, *Wirkung zellfreier wässeriger Extrakte von normalen und bestrahlten Milzen auf die durch Röntgenstrahlen induzierte Mortalität.* (Sonderbände zur Strahlentherapie **32.** 12. 1955. Bethesda, Md. — C. **1955.** 7959.) W. REUSSE. 4601

K. H. Reiher und **G. Lang,** *Zur Frage der schädigenden Wirkung von* ^{32}P *auf das Ovargewebe.* Je 20 Albinoratten bekamen intravenöse Injektionen mit 0,3 bzw. 0,6 bzw. 1,2 μC/g ^{32}P. Nach 1,5, 3, 6, 12 u. 30 Tagen wurden je Gruppe 4 Tiere getötet. Die Ovarien wurden entnommen u. auf Radioaktivität mittels eines GEIGER-Zählers untersucht. Außerdem wurden Gewebeschnitte hergestellt u. in Hämatoxylin–Eosin gefärbt. Die histolog. Unters. der Schnitte ergab morpholog. Veränderungen nur bei der höchsten Versuchsdosis von 1,2 μC/g. Der Befund wird diskutiert. (Strahlentherapie **98.** 453–63. Nov. 1955. Erlangen, Univ., Frauenklinik.) W. REUSSE. 4601

John H. Rust, Glenn D. Folmar jr., J. J. Lane und **Bernard F. Trum,** *Die letale Dosis für Kaninchen bei Ganzkörperbestrahlung mit γ-Strahlen einer* ^{60}*Co-Quelle.* (Vgl. C. **1955.** 9131.) An 100 Mutterkaninchen — ausgesetzt der γ-Strahlung einer ^{60}Co-Quelle — wurde die letale Dosis $DL_{50/30}$ zu 1094 r bestimmt. Mit steigender Strahlendosis nimmt die mittlere Überlebenszeit ab. In Übereinstimmung mit den Daten für Röntgenstrahlen zeigt sich, daß sich bei einer Abnahme der Dosisrate u. einem Anstieg in der Strahlenenergie die Wrkg. der Strahlung vermindert. (Amer. J. Roentgenol., Radium Therapy Nuclear Med. **74.** 135–38. Juli 1955. Oak Ridge, Tenn., Univ. of Tennessee, Atomic Energy Commission.) D. PÄTZE. 4601

Victor H. Witten und **Marion B. Sulzberger,** *Die Art der Einwirkung von Thorium X auf die menschliche Haut.* Die Wrkg. der verschied. Strahlenarten (α-, β-, γ-Strahlen) — ausgesandt von *Thorium X* ($^{224}_{88}$Ra) u. seinen Tochtersubstanzen — auf die menschliche Haut wird besprochen. (Amer. J. Roentgenol., Radium Therapy Nuclear Med. **74.** 90–97. Juli 1955. New York, N. Y., Univ., Post-Graduate Med. School, Dep. of Dermatol. and Syphilol., and Univ. Hosp., Skin and Cancer Unit.) D. PÄTZE. 4601

Robert Shapiro, *Eine experimentelle Untersuchung über Zirkonverbindungen als Röntgenkontrastmittel.* Die chem. Eigg. von *Zr* werden kurz zusammenfassend dargestellt, u. seine Brauchbarkeit als Röntgenkontrastmittel wird erörtert. Bes. untersucht wurden 25%ig. wss. Suspensionen von ZrO_2 u. 25%ig. wss. Lsgg. von Zr-Glykolat bzw. -Lactat. In Tierverss. ergaben sich bei oraler oder intraperitonealer Injektion sehr schwache tox. Wirkungen. Die Suspension bewirkte Embolien durch die relativ großen Teilchen (3–5 μ im Mittel). Röntgenogramme von mit den wss. Lsgg. injizierten Hunden sowie von Phantomen lassen erkennen, daß die Kontrastbldg. mangelhaft ist. Der Befund wird diskutiert. (Radiology **65.** 429–32. Sept. 1955. New Haven, Conn., Hosp. of St. Raphael, Dep. of Radiol. u. Yale Univ., School of Med.) W. REUSSE. 4601

Walter M. Whitehouse, *Vergleichende klinische Untersuchung über Teridax* (*3 g*) *und Telepaque* (*2 g*) *bei der Routine-Cholecystographie.* Bei 155 Patienten, die für cholecystograph. Röntgenaufnahmen Injektionen mit 3 g *Teridax* (*3-[3-Oxy-2.4.6-trijodphenyl]-2-äthylpropionsäure*; **I**) u. bei 500 Kranken, die für den gleichen Zweck 2 g *Telepaque* (*3-[3-Amino-2.4.6-trijodphenyl]-2-äthylpropionsäure*; **II**) erhalten hatten, wurden die Kontrastbldg. im Röntgenbild sowie die störenden Nebenerscheinungen vergleichend geprüft. Die bessere Verträglichkeit von **I** wird durch die im allg. bessere Kontrastbldg. bei Anwendung von **II** ausgeglichen. **II** ist daher nach den Erfahrungen des Vf. das Mittel der Wahl bei Cholecystographien. (Radiology **65.** 425–28. Sept. 1955. Ann Arbor, Mich., Univ., Hosp., Dep. of Radiol.) W. REUSSE. 4601

H. Pommer, *Verhalten der Wasserstoffionenkonzentration bei der Iontophorese mit ungepufferten Jodidlösungen sowie mit natürlichen und künstlichen Quellwasserprodukten des Jodbades Bad Hall* (*Oberösterreich*). Iontophorese mit *NaJ* an der *Ag*-Stab-, der *Ag*-Breitblatt- u. der *Kohle*-Elektrode bewirkt eine Erhöhung des p_H auf ca. 9,5 u. führt dadurch zu Epithelschädigungen der Hornhaut. Gleiche Verss. mit Tassilo-Quellwasser u. *Jodsolekonzentrat* ließen nur eine Erhöhung des p_H bis ca. 8,0 feststellen. Der Unterschied ist durch Pufferung der natürlichen Lsgg. zu erklären. (Graefes Arch. Ophthalmol. verein. Arch. Augenheilkunde **157.** 522—27. 28/4. 1956. Wien, Univ., I. Augenklin., u. Bad Hall, Paracelsus-Inst., Augenabt.) D. Zemke. 4603

F. Trichtel, *Die Jodverteilung im Kaninchenauge nach oraler, percutaner und lokaler Applikation.* Unterss. mit ^{131}J. Bei jeder Applikationsart enthalten Linse u. Glaskörper relativ zu ihrem Gewichtsanteil sehr wenig, Sklera, Cornea, Aderhaut u. Kammerwasser in der Reihenfolge abnehmend viel u. Netzhaut, vordere Uvea u. Opticus ihrem Anteil entsprechend *J*. Dabei ist die percutane Aufnahme (Bad) gering. Bei lokaler Anwendung (Spray) ist gegenüber den anderen Methoden der Geh. des Kammerwassers gering, der der vorderen Uvea hoch. Im Gegensatz zu den anderen Geweben ist der Geh. der Hornhaut an *J* nach 2 Std. höher als nach 1 Std. infolge der langsamen Diffusion vom Rand zur Mitte. (Graefes Arch. Ophthalmol. verein. Arch. Augenheilkunde **157.** 149—57. 1955. Wien, Univ., I. Augenklin.; Bad Hall, Paracelsus-Inst., Augenabt.) D. Zemke. 4606

Hubert Antweiler, *Über die Beeinflussung des Dextranödems der Rattenpfote durch gelöste Oligo- und Polykieselsäure (Versuche zur Pathogenese der Silicose). Polykieselsäure* (1—14 mg/ml) hemmt die Entstehung des Ödems der Rattenpfote nach Dextran. *Oligokieselsäure* (0,1 mg/ml) ist dazu nicht in der Lage. Die Ergebnisse werden im Hinblick auf die Silicoseentstehung diskutiert. (Arch. Hyg. Bakteriol. **139.** 341—48. Okt. 1955. Rheinpreussen A.G., Pharmakol. Abt., Silicoseforschungsabt.) G. Gerber. 4606

Mario Ravera, Roberto Bellotti und **Angelo Pavero,** *Verhalten des Mangans des Blutes im normalen Menschen und Tier.* Die *Mn*-Best. im Blut wird nach Richards durch Oxydation mit HJO_4 zu $KMnO_4$ durchgeführt. Es werden umfangreiche Unterss. nach Alter u. Geschlecht gemacht. Die Werte schwanken bei Männern (10—70 Jahre) von 10—50% mit dem Maximum zwischen 20—30 Jahren, bei Frauen, 10—70 Jahre, von 12,6—25 γ%, Maximum von 30—40 Jahren. Bei schwangeren Frauen im 9. Monat wird keine Abweichung aufgefunden. Das Verhältnis des Mn-Geh. in Plasma u. Blut ist ca. 2/3. Intravenös injiziertes Mn verbleibt ca. 1 Std. im Blut (nach 10 Min. verdoppelt sich der Mn-Wert bei 2 mg-Gaben). Die erwähnten relativ hohen Mn-Zahlen werden von den Vff. auf die Mn-reiche Ernährung der Italiener zurückgeführt. Unterss. an einer geringen Anzahl von Hunden stimmen hiermit überein. (Arch. „E. Maragliano" Patol. Clin. **11.** 805—25. Dez. 1955. Genua, Univ., Ist. di Clin. Med. Gener.)
O. Pollak v. Emhofen. 4606

Roberto Bellotti, Mario Ravera und **Carlo Abbona,** *Über die hämodynamische Wirkung einiger Manganverbindungen auf die Nieren.* Die Unterss. werden an 7 Hunden mit 0,50, 2,3 u. 6 mg $MnCl_2$ u. koll. Mn (**I**) durchgeführt. Dabei wird die Zunahme des Glomerularfiltrats (FG) von 24,3—90,1% (90,1% bei 0,5 mg $MnCl_2$, 69,6% bei 2 mg **I**) u. eine solche an plasmat. Nieren-Fl. (PRP) von 22,4—50,8% (50,8% für 3 mg **I**) erzielt. In allen Fällen ergibt sich dabei eine Zunahme der kleinen Diurese. Prakt. ist dabei das Verhältnis FG/PRP auch nach der Mn-Gabe gleich geblieben. Aus diesen Ergebnissen ergibt sich für Vff. eine vasomotor. Wrkg. von Mn auf die kleinen Gefäße, die bes. für das Nierengebiet selektiv ist. (Arch. „E. Maragliano" Patol. Clin. **11.** 857—66. Dez. 1955. Genua, Univ., Ist. di Clin. Med. Gener.) O. Pollak v. Emhofen. 4606

F. Hahn und **R. Schunk,** *Untersuchungen über die akute Zinkvergiftung.* Die experimentelle Prüfung von tödlichen Dosen u. lokaler Ätzwrkg. von $ZnCl_2$ (**I**), $ZnSO_4$ u. *Zn-Acetat* bei peroraler, intravenöser, intraperitonealer u. subcutaner Vergiftung an Ratten zeigte, daß zwischen lokaler u. resorptiver Wrkg. bei peroraler Zufuhr ein gewisser Antagonismus besteht, der in einer weitgehenden Unabhängigkeit der letalen Wrkg. von der Konz., ferner auch in der Wrkg. von *Thiosulfat* u. Bal auf die **I**-Vergiftung zum Ausdruck kommt. Die tox. Wrkg. von *ZnO* u. *ZnS* (einschließlich *Sachtolith* u. *Lithopone*) wurde bes. im Hinblick auf die große Bedeutung der Lösungsgeschwindigkeit an Ratten, Kaninchen u. Hunden untersucht (Gefahr des Verschluckens von weißen Farbtafeln aus Farbkästen bei Kindern!). (Naunyn-Schmiedebergs Arch. exp. Pathol. Pharmakol. **226.** 424—34. 5/10. 1955. Düsseldorf, Med. Akad., Pharmakol. Inst.)
H. Basfeld. 4606

Ingmar Bergström, Gösta Magnusson, Erik Odeblad und **Donato Ziliotto,** *Die Aufnahme von injiziertem Radioeisen in der Mäuseniere.* Die Aktivität von subcutan an Mäuse verabreichtem $^{59}FeCl_3$ sammelt sich in beträchtlichem Ausmaß in der Niere an, wie durch Scintillationszählung festgestellt wurde. Die Verteilung der Radioaktivität zu verschied. Zeiten nach der Injektion wurde durch Autoradiographie bestimmt. (Acta physiol. scand. **35.** 36—39. 22/12. 1955. Stockholm, Sabbatsberg Hosp., Dep. of Gynäkol., Isotope Labor. u. Karolinska Inst., Serafiner Hosp., Dep. of Med.) A. Dillmann. 4606

M. Fallani, *Das Verhalten der Aktivität der Adenosintriphosphatase bei der experimentellen akuten Intoxikation mit Arsenigsäureanhydrid* (As_2O_3). Es wird die Aktivität der Adenosintriphosphatase des Knochenmuskels, des Myocardiums, der Leber, der Nieren u. der Eingeweide von weißen Ratten untersucht, die mit As_2O_3 vergiftet wurden. Die Ratten waren in 2 Gruppen eingeteilt, 350 mg As_2O_3 in einer einzelnen Gabe bzw. 4—8 Tage bis zu 50 mg. Durch die blockierende Aktivität von As sowohl auf die SH-Gruppen als auch an den Thiolenzymen wird in allen Fällen eine Verringerung der enzymat. Aktivität festgestellt. (Sperimentale **105.** 73—79. 15/12. 1955. Florenz, Univ., Ist. di Med. Legale e delle Asicurazioni.) O. POLLAK V. EMHOFEN. 4606

O. Seipold, *Hypothese zum Mechanismus der Wirkung kontaktinsekticider Substanzen.* Kontaktinsekticid-wirksame Substanzen besitzen charakterist. Frequenzen, die im Bereich lebenswichtiger Frequenzen in der Impulsgebung des Körpers liegen. Jeder Wrkg. entspricht eine bestimmte Frequenz; die charakterist. Frequenzen werden durch bestimmte Atomgruppierungen hervorgerufen, Bei den kontaktinsekticiden Substanzen der DDT–HCH-Gruppe sind es die Gruppen um jenes C-Atom herum, das jeweils noch ein H-Atom trägt u. das durch die Anordnung u. den Bindungscharakter der Restmolekülteile diese charakterist. Frequenzen hervorbringt. Die Wirksamkeit kontaktinsekticider Substanzen ist vom Vorhandensein einer die Einführung in die Nervensubstanz bewirkenden Gruppe abhängig. Die ausgesprochene Gleichheit der Frequenz bzgl. einer bestimmten Wrkg. bezieht sich nur auf eine spezif. Wrkg. auf einen spezif. Körper. Die mit der Zeit eintretende Resistenz gegenüber Mitteln bei wiederholter Behandlung beruht auf der Fähigkeit der Körper, durch Entwicklungsvorgänge eine Frequenzänderung der Lebensfunktionen durchführen zu können. (Chem. Techn. **6.** 203—06. April 1954. Bitterfeld.) F. RANG. 4607

E. Y. Spencer und **R. D. O'Brien,** *Schradan. Erhöhung der Anticholinesteraseaktivität im Oktamethylpyrophosphoramid durch Chlor.* Vff. prüften die in vitro-*Anticholinesterase*-Aktivität der chlorierten Derivv. von *Oktamethylpyrophosphoramid* (*Schradan, OMPA*; **I**) an Serum in RINGER-Lösung. Die Chlorierung von **I** geht nicht stufenweise vor sich, sondern mit fortschreitender Bldg. von HCl entstehen die mono-, di-, tri- u. tetrachlorierten Prodd. von **I.** Dabei entsteht Formaldehyd, das dem Cl-Verbrauch direkt proportional ist. Die Anticholinesteraseaktivität des Monochlorderiv. ist 100000mal stärker als die von **I**, dagegen nimmt sie bei den höher chlorierten Derivv. wieder ab, da die Hydrolyse so schnell erfolgt, daß keine Aktion stattfinden kann. (J. agric. Food. Chem. **1.** 716—20. 19/8. 1953. London, Ontario, Can., Univ. of Western Ontario, Sci. Serv. Labor., Dep. of Agric., Dep. of Chem.) W. KNÖPKE. 4607

K.-W. v. Eickstedt, W.-D. Erdmann und **K.-P. Schaefer,** *Über die blutdrucksteigernde Wirkung von Esteraseblockern* (*E 605, Eserin und Prostigmin*). Es wurden an decerebrierten u. decapitierten Katzen durch intravenöse Injektion von *E 605* (**I**), *Eserin* (**II**) oder *Prostigmin* (**III**) eindeutige Blutdruckerhöhungen erzielt, während an despinalisierten Katzen lediglich nach **II**, nicht aber nach **I** u. **III**, noch pressor. Rkk. nachgewiesen werden. Vff. schließen aus ihren Befunden, daß die durch die geprüften *Cholinesterase*-hemmenden Substanzen erzielbaren Blutdrucksteigerungen zentralnervös ausgelöst werden. Für **II** kommt außerdem ein peripherer Angriffspunkt in Betracht. (Naunyn-Schmiedebergs Arch. exp. Pathol. Pharmakol. **226.** 435—41. 5/10. 1955. Göttingen, Univ., Pharmakol. Inst.) H. BASFELD. 4607

Hiromichi Matsubara, *Untersuchungen über Synergisten für Insekticide.* 14. Mitt. *Über die synergistische Wirkung von Egonol mit Allethrin.* (13. vgl. Botyu-Kagaku [Sci. Insect Control] **18.** [1953.] 17.) Die Wirksamkeit von *Allethrin* gegenüber Hausfliegenlarven (Culex pipiens L. var. pallens) wird durch konz. *Egonol* (**I**) auf das 1,03- u. durch krist. **I** auf das 1,40fache gesteigert. Demgegenüber betrug die synergist. Aktivität von *Piperonylbutoxyd* bei Vergleichsverss 1,69 bzw. 1,84. Dies bestätigt frühere Ergebnisse, wonach synergist. Substanzen gegenüber Allethrin einen geringeren Wirkungsgrad als gegenüber *Pyrethrin* aufweisen. (Botyu-Kagaku [Sci. Insect Control] **19.** 15—19. Febr. 1954. Gifu Univ., Fac. of Agric., Dep. of Agric. Chem. [Orig.: japan., Auszug: engl. S. 18—19].) F. KRUSEN. 4607

W. I. Ssasontow, *Die Bierhefe.* Allg. über die Heilwrkg. von Bierhefe bei verschied. Krankheiten u. über ihre Inhaltsstoffe. (Природа [Natur] **44.** Nr. 12. 102—04. Dez. 1955. Leningrad.) REINHARD HÜTTENRAUCH. 4608

Louis Pillemer und **Oscar A. Ross,** *Änderungen der Serumproperdinwerte nach Injektion von Zymosan.* „*Properdin*" (**I**), ein Serumprotein, das an einigen Immun-Rkk. teil hat, reagiert mit *Zymosan* (**II**), dem unlösl. Zellwandrückstand aus Hefe. Intraperitoneale oder intravenöse Injektion von **II** beeinflußt bei Mäusen u. Ratten den Serum-**I**-Spiegel. Die **I**-Werte lassen sich durch kleine **II**-Dosen(5 mg/kg) steigern, durch hohe

(175 mg/kg) senken. Die C' 3-Titer bleiben unbeeinflußt. — Es werden einige Beispiele über erhöhte oder verminderte Resistenz von Tieren gegenüber Infektionen unter diesen Bedingungen gegeben. (Science [Washington] **121.** 732—33. 20/5. 1955. Cleveland, O., Western Reserve Univ., Inst. of Pathol.) H. SCHIMASSEK. 4608

Josef Sajner und **Otomar Věříš,** *Die Histaminwirkung des Mistelextrakts.* Der Extrakt von *Viscum album* wird biol. am Dünndarm des Kaninchens u. der Ratte in einer MAGNUS-Lsg. geprüft. Es ergab sich dabei immer ein stark erhöhter Tonus, der durch Adrenalin wieder verschwand; er verschwand auch durch Antihistamingabe; ferner beseitigt der Extrakt den durch $BaCl_2$ ausgelösten erhöhten Darmtonus analog Papaverin u. *Histamin.* In analoger Weise wurde durch Vgl. der Einw. von Ergotamin u. Atropin auf den Darm auf das Vorhandensein eines Histaminstoffes unbekannter Form im Extrakt geschlossen, der mit Cholin die hypotensive Wrkg. der Droge aus Viscum album bewirkt. (Scripta med. Fac. Med. Univ. Brunensis Palackyanae **28.** 257—62. 1955. Brünn, Univ., farmakol. ústav, lékařská fakul.) O. POLLAK V. EMHOFEN. 4608

Joachim Stein, *Grundlagen und bisherige Erfahrungen der Cellulartherapie.* (Pharmaz. Ztg. verein. Apotheker-Ztg. **91/100.** 1014—18. 8/9. 1955.) H. DOSSMANN. 4609

L. Rausch, *Blutchemische Untersuchungen zur Toxizität der Arsenobenzol–Wismut-Behandlung.* In der blutchem. Best. der SH-Blockade von *Arsenobenzolen* u. *Arsenoxyden* steht ein Toxizitätsfaktor zur Verfügung, der eine quantitative Beurteilung zuläßt. Gemessen wird die Minderung des Glutathionspiegels mit Hilfe einer jodometr. u. colorimetr. Best. von RAUSCH u. GRAUL. Als Präpp. wurden *Salvarsan, Neosalvarsan* u. *Spirotrypan* im Kaninchenvers. verwendet. Vf. bringt in mehreren Kurven den Verlauf einer solchen Therapie auf Grund der Thiolgruppenänderung. Außerdem wird die Wrkg. der Strukturbestandteile dieser 3 Verbb. auf die SH-Gruppensenkung geprüft (Kurve) u. festgestellt, daß die Arsenoxyde der 3 Verbb. (Spirotrypan u. beide Spaltstücke) eine größere Wrkg. als die *Arsenobenzole* haben. Die größte Wrkg. hat das *Arsenoxyd* des *Salvarsans.* (Arch. Dermatologie Syphilis **200.** 495—502. 1955.) J. MILLER. 4610

Howard M. Trafton, Ernst H. Beutner, John J. Petronio, Howard E. Lind und **Manuel Correia-Branco,** *Furadantin bei Harnwegeinfektionen. Klinische und Laboratoriumsuntersuchungen.* Mit *Furadantin* = *Nitrofurantoin* (**I**; EATON LABORS, INC., Norwich, N. Y.), 4—14 mg/Tag über 7—10 Tage, wurde in 30 von 36 Fällen mit chron. Harnwegeinfektionen u. in 12 von 13 akuten Fällen Verschwinden der Symptome erzielt. Diskussion des Ansprechens der verschied. Organismen auf **I** u. der Nebenerscheinungen. (New England J. Med. **252.** 383—87. 10/3. 1955. Brooklin, Mass., Brooks Hosp.) H. DOSSMANN. 4610

Max B. Lurie und **George S. Ninos,** *Der Einfluß von Trijodthyronin und Propylthiouracil auf native Resistenz gegen Tuberkulose.* In den Überlebenden von tuberkuloseinfizierten Kaninchen fanden sich bei gleichzeitiger Behandlung mit *Propylthiouracil* (100—150 mg/Tag) etwa halb soviel Tuberkeln wie bei den Kontrolltieren. Bei den mit *l-Trijodthyronin* (40 γ alle 2 Tage) behandelten Tieren fanden sich nur wenige u. kleine Tuberkeln ohne Verkäsung. (Amer. Rev. Tubercul. Pulmonary Diseases **73.** 434—37. März 1956. Philadelphia, Pa., Univ. of Pennsylvania, Henry Phipps Inst.) EBERHARD MÜLLER. 4610

E. Grunberg und **W. Blencowe,** *Der Einfluß von Pyridoxin auf die antituberkulöse Wirksamkeit von Isoniazid in vivo.* Im Gegensatz zu in vitro-Beobachtungen wurde bei infizierten Mäusen unter *Isoniazid* (**I**)-Behandlung bei gleichzeitiger *Pyridoxin* (**II**)-Verabreichung keine Reduzierung der **I**-Wrkg. auf den Verlauf der Tuberkulose durch **II** beobachtet. (Amer. Rev. Tubercul. **71.** 898—99. Juni 1955. Nutley, N. J., Hoffmann-La Roche, Inc.) H. DOSSMANN. 4610

R. W. Angel, S. W. Mayer und **M. E. Morton,** *Direkte Gegenwirkung von p-Aminosalicylsäure und Isoniazid auf die Schilddrüsenfunktion.* Unterss. mit ^{131}J über die Wrkg. von *PAS* (**I**), *Isoniazid* (**II**), *Streptomycin* (**III**), *Dihydrostreptomycin* (**IV**) auf den J-Stoffwechsel überlebender Schilddrüsenschnitte verglichen mit *Thiouracil* (**V**) ergaben fast die gleiche Blockierung der *Dijodtyrosin-* u. *Schilddrüsenhormon*-Bldg. durch **I** u. **V**, geringeren analogen Effekt mit **II**, prakt. keine direkte Wrkg. mit **III** u. **IV**. Diskussion der Konsequenzen für die Therapie. (Amer. Rev. Tubercul. Pulmonary Diseases **71.** 889—91. Juni 1955. Long Beach, Calif., Veterans Administrat. Hosp., u. Los Angeles, Calif., Univ. of California, School of Med., Dep. of Biophysics and Med.) H. DOSSMANN. 4610

Isabelle V. Kendig, Sol Charen und **Louis T. Lepine,** *Psychologische Nebenwirkungen von Cycloserin bei der Behandlung von Lungentuberkulose.* Bei Behandlung von 19 Patienten mit *Cycloserin* (aus einer Streptomycesart; 1 g/Tag oral) traten bei je 2 Personen Krampfanfälle bzw. Verwirrungsgefühle auf. Persönlichkeitsänderung u. depressive

Stimmung war hiermit nicht verbunden. (Amer. Rev. Tubercul. Pulmonary Diseases **73.** 438—41. März 1956. Washington, D. C., Catholic Univ. of Amer., u. Baltimore, Md., Veterans Admin. Hosp.) EBERHARD MÜLLER. 4611

Fritz Hartmann, *Zur Wirkung von Streptidin, Streptomycin und Inosit auf die Leberlipoide bei der Mangelkostratte. Streptidin* wurde am gleichen Rattenstamm unter der BESTschen Mangelkost mit *Mesoinosit* u. *Streptomycin* (**III**) verglichen (Beimischung 100 mg%); ausgewertet wurden nur Tiere, deren Gewichtsabnahme nicht über 10% betrug (Leberfettanalysen nach der Absorptionsmeth. von SÜDHOF u. SCHULZE). Bei Fehlen lipotroper Verbb. (Methionin [**II**], Cholin, Lecithin, Inosit [**I**], Betain) im Futter kommt es zu einer Leberverfettung (Ansammlung von Neutralfett bei Absinken der Phosphatidsynth.). **I** vermag diese Störung fast völlig zu beheben; diese Wrkg. beruht wahrscheinlich auf einer Freisetzung von **II** bei gesteigertem endogenem Eiweißkatabolismus. **III** hat bei Mangelkost etwas schwächere, aber prinzipiell gleiche Wrkg. bei oraler Gabe. Die fehlende lipotrope Wrkg. von subcutan verabreichtem **III** bei Mangelkostratten läßt sich durch **I** kompensieren. Die Wrkg. von verfüttertem **III** beruht wahrscheinlich auf einer lipotropen Wrkg. seiner chem. dem Inosit nahestehenden Streptidinkomponente. Streptidin zeigt sich jedoch **III** unterlegen, seine lipotrope Wrkg. ist aber aus der Phosphatidsynth. deutlich zu ersehen. Es wird geschlossen, daß die Wrkg. von **I** u. *Streptidin* hinsichtlich der Stimulierung der Phosphatidsynth. u. des Abbaues des Neutralfetts etwa gleich ist. — Tabelle. (Naturwissenschaften **42.** 183. April 1955. Göttingen, Med. Univ.-Klinik.) H. GOEBEL. 4611

J. J. Radisson, E. E. Bartley, F. C. Fountaine und **F. W. Atkeson,** *Aureomycin im Speichel von Milchkälbern nach intramuskulärer Injektion des Antibioticums.* Mit Sporen von B. mycoides als Testorganismen unter Benutzung der Plattenkulturmeth. wurde der *Aureomycin* (**I**)-Geh. im auf p_H 6,5 eingestellten Speichel von 4 Kälbern an verschied. Zeitpunkten nach intramuskulärer **I**-Injektion bestimmt; **I** war in den Grenzen von 0,05—0,35 μg/ml innerhalb 0,5 (2) bis 8 Std. nachweisbar, nach 24 Std. war der **I**-Geh. auf 0 abgesunken. (Science [Washington] **122.** 514—15. 16/9. 1955. Manhattan, Kans., Kansas Agric. Exp. Stat., Dep. of Dairy Husbandry.) H. DOSSMANN. 4611

A. Ravina und **M. Pestel,** *Neue klinische Untersuchungen über die Wirkung von Actinomycin C.* In einer Dosierung von 400—600 γ/Tag, Gesamtdosis 8000—10000 γ, sind nach Vff. mit *Actinomycin C* bei gleichzeitiger Vitaminkomplextherapie bei der HODGKINschen Krankheit Erfolge zu erzielen. Mißerfolge werden auf zu geringe Gesamtdosierung oder zu späten Therapiebeginn zurückgeführt. Hinweis auf *Actinomycin D.* (Presse méd. **63.** 1686—87. 3/12. 1955. Paris, Seine, Hôp. Beaujon-Clichy.) H. DOSSMANN. 4611

Jean Tapie, *Ergebnisse der therapeutischen Actinomycin C-Anwendung.* Bei 7 mit *Actinomycin C* (*Sanamycin*, BAYER) behandelten Patienten mit Blutkrankheiten wurde nur in 1 Fall mit Kehlkopfepitheliom ein Erfolg erzielt, 1 Fall mit HODGKINscher Krankheit zeigte vorübergehende Besserung, 5 Versager. (Presse méd. **63.** 1684. 3/12. 1955. Toulouse, Centre Hosp. Régional.) H. DOSSMANN. 4611

Lino Businco, *Actinomycin C, Anaphylaxie und Allergie.* Beim Meerschweinchen verhindert *Actinomycin C* (**I**) nicht den Tod durch anaphylakt. Schock. Dagegen zeigte **I** in Dosen von 40—150 μg/Tag über 3 Wochen bei klin. Fällen günstige Beeinflussung von Allergien ohne Nebenerscheinungen. (Presse méd. **63.** 1687—88. 3/12. 1955. Rom, Univ., Inst. de Séméiol. méd.) H. DOSSMANN. 4611

M. Janbon, L. Bertrand und **G. Carli,** *Tödlich verlaufene Agranulocytosen durch Behandlung mit hohen Dosen Actinomycin C.* Beschreibung von 2 Fällen mit Lungenkrebs bzw. HODGKINscher Krankheit; Behandlung mit *Actinomycin C*: Infusionen mit steigender Dosis von 200—1000 γ/Tag, Totaldosis 9400 bzw. 8200 γ. Beide Fälle verliefen tödlich, Besprechung der durch **I** bedingten Symptome. (Presse méd. **63.** 1682—83. 3/12. 1955. Montpellier, Centre Hosp. Régional.) H. DOSSMANN. 4611

Shunji Ishiyama, Isao Ishiyama, Hiromi Sakurai, Ryuichi Fujii und **Yoshiki Shirasagu,** *Konzentration des Sarkomycins in der Körperflüssigkeit und seine Ausscheidung mit dem Urin.* (Vorl. Bericht.) Zur biol. Best. niedriger Konzz. von *Sarkomycin* (**I**) im Urin eignet sich unter Benutzung von *Streptococcus hämolyticus* die Vertikaldiffusionsmeth. nach TORII, zur chem. Best. die Farb-Rk. von **I** mit *Anthron* (**II**) (1% ig. in konz. H_2SO_4), deren Absorptionsmaximum bei 530 mμ liegt. Da Urin allein schon mit **II** Dunkelfärbung gibt, wird **I** vor Zugabe von **II** bei p_H 2 mit Äthylacetat extrahiert. Hierbei werden nur 32,7% erfaßt, es wird deshalb mit einem empir. Faktor gerechnet. Die untere Grenze beträgt 50 γ/ml **I**. **I** wird innerhalb 3—11 Std. nach intravenöser Verabreichung zu 12—23,0% in den Urin ausgeschieden. Die **I**-Best. im Serum ist bisher nicht geglückt. (J. Antibiotics Tokyo] Ser. [A **8.** 22—25. Jan. 1955. Tokyo, Surg. of Kanto-Teishin Hosp.) H. ENDRASS. 4611

S. W. Jermoljewa und **Ss. M. Nawaschin,** *Die Antibiotica in der Medizin.* Allg. Ausführungen. (Природа [Natur] **44.** Nr. 12. 47—50. Dez. 1955.)
REINHARD HÜTTENRAUCH. 4611

A. H. Labrum und **M. B. Camb,** *Ergometrin mit Hyaluronidase. Hyaluronidase-*Zusatz verkürzt die Latenzzeit u. erhöht die Tension von Uteruskontraktionen nach intramuskulären Ergometrinmaleatgaben an Frauen im Wochenbett. (Lancet **269.** 522—23. 10/9. 1955. London, Univ., Coll., Hosp. Med. School.) H. GIBIAN. 4614

Irving Innerfield, *Proteolytische Enzyme und das Nachlassen chemisch verursachter Entzündung.* Am Kaninchen bewirkte *Trypsin* u. *Chymotrypsin* bei experimentell erzeugter Entzündung (Ödem nach *Senföl,* Ödem plus Thrombose nach *Sotradechol, Crotonölabsceß*) Hemmung verschied. Entzündungserscheinungen. Dieser Befund ist damit in Zusammenhang zu bringen, daß bei der akuten Entzündung die Proteolyse infolge Störung des Verhältnisses proteolyt. Enzym–makromol. Proteinsubstrat nicht in üblicher Weise vonstatten geht. (Surgery **39.** 426—33. März 1956. New York, N. Y., New York Med. Coll., Metropolitan Med. Center.) WOLFGANG ALBRECHT. 4614

H. Giertz, F. Hahn und **W. Rummel,** *Über den Einfluß der Ganglienblockade auf die Blutdruckwirkung zentraler Analeptica.* In Verss. an Katzen fanden Vff. eine signifikante Hemmung der blutdruckerhöhenden Wrkg. von *Cardiazol* (I) u. *Coramin* (II) durch Ganglienblocker, wie *Pendiomid* (III), wobei die Hemmwrkg. stärker war als an vergleichsweise getesteten Kaninchen u. außerdem stärker in *Chloral-* als in *Urethan-*Narkose. Zwischen **I** u. **III** fand sich an Katzen in **II**-Narkose ein weitgehender reziproker Antagonismus. In *Urethan*-Narkose ist die **II**-Wrkg. etwas weniger leicht blockierbar als die **I**-Wirkung. (Naunyn-Schmiedebergs Arch. exp. Pathol. Pharmakol. **226.** 460—66. 5/10. 1955. Düsseldorf, Med. Akad., Pharmakol. Inst.) H. BASFELD. 4620

Norman P. Salzman, Neil C. Moran und **Bernard B. Brodie,** *Identifizierung und pharmakologische Eigenschaften eines Hauptmetaboliten des Chlorpromazins.* Nach Gaben von *Chlorpromazin* (I) war aus menschlichem u. Hundeharn nach Alkalisieren mit Ae. ein Metabolit extrahierbar, der als I-*Sulfoxyd* (II) (*Pikrat,* F. 207—209°) identifiziert wurde. Nach intravenöser Injektion von 20 mg I/kg (Hund) wurde 1% unverändert ausgeschieden, 12% als **II.** **II** wird im Organismus weitgehend umgewandelt. Ein wesentlicher Teil des **I**-Stoffwechsels verläuft anscheinend über **II.** **I** u. **II** zeigen beim Hund qualitativ ähnliche pharmakol. Eigenschaften. **II** besitzt beim Hund nur $^1/_8$ der verstärkenden Wrkg. auf Barbiturate von **I.** (Nature [London] **176.** 1122—23. 10/12. 1955. Bethesda, Md., U. S. Dep. of Health, Educat. and Welfare, Publ. Health Serv., Nat. Inst. of Health, Nat. Heart Inst., Labor. of Chem. Pharmacol.)

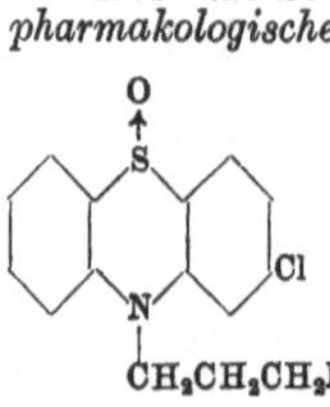

II

K. MAIER. 4620

R. Ramsy Webb, *Largactil in der Psychiatrie.* (Med. J. Australia **42.** I. 759—61. 21/5. 1955. Victoria, Royal Park, Receiving House.) H. DOSSMANN. 4620

P. Stern, *Ursachen der Unwirksamkeit der Antihistamine auf die Sekretion des Magensaftes.* Inhaltlich ident. mit der C. **1956.** 8130 referierten Arbeit. (J. Allergy **26.** 268—72. Mai 1955. Sarajevo, Univ., Med. School, Dep. of Pharmacol.) F. KRUSEN. 4625

Hans-Joachim Krause, *Erfahrungen mit einem intravenösen Narkosemittel der Thioharnstoffreihe. Inactin,* das *Na-Salz* des *5-Äthyl-5-[methylpropyl]-malonylthioharnstoffs* hat sich in mehr als 1000 Fällen als Narkoticum gut bewährt, da es kein Excitationsstadium hervorruft, ausreichende Narkosetiefe bewirkt, schnell aus dem Kreislauf ausgeschieden wird, große Narkosebreite hat u. weder Hypoxie nach Organschäden noch postoperative Komplikationen verursacht. Es wird in den Fettdepots angereichert. (Die Medizinische **1955.** 1517—20. 22/10. 1955. Berlin, Rudolf-Virchow-Krankenhaus.)
HEINRICH HERMANN. 4627

Carlo Vittorio Morpurgo, *Klinische Untersuchung eines neuen Barbiturat-freien hypnotischen Sedativums. 3-Phenyl-3-äthyl-2.6-dioxopiperidin* (*Doriden;* CIBA) hat sich bei der Narkosevorbereitung u. bei Depressionen in Dosen von 500 mg gut bewährt. Minerva Anestesiol. **21.** 186—87. Aug. 1955. Milano, Clin. Ortopedica.) G. GERBER. 4627

Mark Swerdlow, Francis F. Foldes und **Ephraim S. Siker,** *Die Wirkung von Nisentil-HCl* (*Alphaprodin-HCl*) *und Lävallorphantartrat auf die Atmung. Nisentil-HCl* (*1.2-Dimethyl-4-phenyl-4-propionoxypiperidinhydrochlorid; Alphaprodin-HCl*) wirkt in Dosen von 1 mg/kg intravenös zusätzlich bei Epiduralanästhesie u. Natriumpentobarbital als kurz dauerndes Anästheticum. Dabei werden aber Atemfrequenz u. weniger das Minutenvol. herabgesetzt. *Lävallorphan* (*l-3-Oxy-N-allylmorphinantartrat*) 0,04 mg/kg hebt diese Wirkungen wieder auf. (Amer. J. med. Sci. **230.** 237—53. Sept. 1955. Pittsburgh, Pa., Dep. of Surg.) G. GERBER. 4627

C. W. White jr. und **E. D. Swiss,** *Der Einfluß von verschiedenen Anästheticis und von Ammoniumchlorid auf das Verschwinden von Procain aus dem Plasma gesunder Hunde.* Nach Narkose der Hunde mit *Diäthyläther* (**I**), *Chlf.* (**II**), *Natriumpentobarbital* (**III**), *Thiopentalnatrium* (**IV**) oder *Cyclopropan* (**V**) wurden 8 mg/kg Körpergewicht *Procainhydrochlorid* (**VI**) schnell intravenös injiziert u. sein Verschwinden aus dem Blut bestimmt. Als Kontrolle dienten nichtnarkotisierte Tiere. Bei **I** u. **II**-Narkose hohe **VI**-Konz. im Plasma, **V** nahm mittlere Position ein, bei **III** u. **IV** niedrigere **VI**-Konz. als bei nichtnarkotisierten Tieren. Stoffe, die die Verteilung u. die Abbaugeschwindigkeit steigern sind am günstigsten für den gleichzeitige Verwendung mit **VI**, so z. B. **II**, dagegen am ungünstigsten **I**. — Nach Injektion von NH_4Cl plötzlich hoher Anstieg von **VI** im Plasma. Gegebenenfalls ist **VI** im Körper in einer gegenüber p_H-Veränderungen empfindlichen Kombination gebunden. (Current Res. Anesthesia Analgesia **34.** 364—71. Nov./Dez. 1955. Boston, Univ., School of Med., Dep. of Pharmacol.) G. BREHM. 4627

Siegfried Wiesendanger, *Beitrag zur medikamentösen Schmerzlinderung. Glutisal* stark (RAVENSBERG GMBH) aus Salicylamid (0,4), Amidopyrin (0,05), Dimethylaminophenyldimethylpyrazolon-Phenyläthylbarbitursäure-Verb. (0,05), Codeinphosphat (0,01) erwies sich zur Schmerzbekämpfung sehr wirksam. (Aerztl. Forsch. **9.** I/52—56. 10/1. 1955. Gottmadingen/Baden.) G. GERBER. 4627

A. K. J. Koumans, *Xylocain bei Arthropathie. Beitrag zur konservativen Behandlung von Gelenkkrankheiten.* Auf Grund eigener Erfahrungen empfiehlt Vf. zur Behandlung von Arthropathien der Kniee periarticuläre u. intracapsuläre Injektionen von 0,5%ig. *Xylocain*-Lösung. (Acta med. scand. **152.** 285—92. 1955. Lochem, Niederlande.) F. KRUSEN. 4627

R. Richterich-van Baerle und **W. W. Byrnes,** *Die pharmakologische und klinische Bedeutung der Morphinantagonisten.* Vff. berichten über morphinantagonist. Morphinderivv. (**I**) (*N-Allylnormorphin* [**Ia**], *N-Allylnorcodein* u. *N-Allyl-3-oxymorphinan*), die sich pharmakol. durch eine atemdepressive Wrkg. auszeichnen. Die DL_{50} (Maus) betragen **Ia**: 670 mg/kg subcutan, 492 ± 28 intraperitoneal, 180 ± 9 intravenös; *Morphinsulfat* (**II**): 448—660; **II** nach **I**: 820 mg/kg (subcutan). Im Tiervers. heben die **I** die atemhemmende Wrkg. von **II** selektiv wieder auf, ohne dessen analget. Effekt zu beeinflussen. Bei **II**-süchtigen führt **I** zu einem irreversiblen, durch **II** nicht aufhebbaren, akuten Abstinenzsyndrom. Es werden 10 Fälle von **II**-Intoxikationen angeführt, die durch Behandlung mit **I** (5—40 mg intravenös) geheilt werden konnten. Auch in der Geburtshilfe u. zusammen mit **II** zur Schmerzbekämpfung sind **I** erfolgreich anwendbar. (Z. ges. inn. Med. Grenzgebiete **10.** 1017—30. 1/11. 1955. Boston, Mass., Massachusetts Mem. Hosp., Dep. for Clin. Invest. and Prevent. Med.) P. FAHRNLAENDER. 4627

H. Winter, *Experimentelle Untersuchungen und vorläufige klinische Erfahrungen mit einer neuen, spasmolytisch wirksamen Substanz (Epidosin).* Bericht über erste Verss. mit dem Spasmolyticum *Epidosin* (**I**; KALI-CHEMIE A.G., Hannover) = *α-Phenyl-β-methylvaleriansäure-β-diäthylaminoäthylesterbrommethylat.* In Analogie zu Verss. mit *Antrenyl* (*Phenylcyclohexyloxyessigsäurediäthylaminoäthylesterbrommethylat*) u. *Buscopan* (*Hyoscin-N-butylbromid*) wurde zur Ermittlung der wirksamen **I**-Dosis der Einfl. von **I** auf vorhandene oder durch Eidotterverabreichung gesetzte Gallenblasenkontraktionen röntgenolog. untersucht; die **I**-Mindestdosis wird mit 6—10 mg angegeben. Erfolge bei therapeut. **I**-Anwendung werden besprochen. (Die Medizinische **1955.** 1206—08. 27/8. Gießen, Med. Akad. der Justus-Liebig-Hochschule, Med. u. Nervenklinik.) H. DOSSMANN. 4628

Stephen Thesleff, *Die Wirkungen von Acetylcholin, Dekamethonium und Succinylcholin auf die neuromuskuläre Übertragung bei Ratten.* Am Rattenzwerchfell wird durch *Acetylcholin* (zusammen mit *Neostigmin*), *Dekamethonium* u. *Succinylcholin* die ganze Muskelmembran, nicht nur die motor. Endplatte wie beim Frosch, von 95 mV um ca. 30 mV depolarisiert. Ein neuromuskulärer Block infolge Depolarisation (*KCl*) tritt jedoch erst bei einem Potential von unter 45—55 mV auf. Vf. vermutet daher, daß der durch die untersuchten Substanzen produzierte neuromuskuläre Block ähnlich wie beim Frosch durch Erhöhung der Reizschwelle bedingt ist. (Acta physiol. scand. **34.** 386—92. 10/12. 1955. Lund, Sweden, Univ., Dep. of Pharmacol. and Inst. of Physiol.) D. ZEMKE. 4628

R. Gittler und **B. Pillat,** *Die Verwendung von Dekamethylen-bis-[N-methylcarbaminoyl-m-trimethylammoniumphenol] (BC 48) bei der Therapie des Glaukoms.* Bericht über Erfolge in der Glaukombehandlung mit *BC 48* = *N.N'-Dekamethylen-bis-[3-(N-methylcarbaminyloxy)-phenyltrimethylammoniumbromid]*, einer Verb. von 2 *Neostigmin*-Molekülen durch eine *Polymethylen*-Kette. Längere Wirkungsdauer als die üblichen Myotica. Versagen nach vorangegangener *Eserin*-Behandlung u. bei Sekundärglaukomen gelegentlich. Vff. vergleichen *BC 48* mit *DFP* in seiner Wirkung. (Graefes Archiv Ophthalmol. verein. Arch. Augenheilkunde **157.** 473—94. 28/4. 1956. Wien, Univ., 1. Augenklin., Pharmakol. Inst.) D. ZEMKE. 4628

Philipp Keller, *Behandlung von Uretersteinen mit Neo-Octinum.* Klin. Prüfung von *Neo-Octinum* (KNOLL AG., Ludwigshafen/Rh.; Gemisch von 0,06 g *Octinum-Amidosulfonat* u. 0,08 g *Octinum D-Amidosulfonat* [*Octinum* = *2-Methyl-6-methylaminohepten-(2)*; *Octinum D* = *2-Methyl-6-isoamylaminoheptan*]) bei 29 Fällen von ruhendem oder wanderndem Stein, 5 Pyelitiden, 7 blutgerinnselbedingten Koliken mit ausgezeichnetem spasmolyt. u. analget. Effekt bei großer Dosierungsbreite u. hoher Verträglichkeit. (Therap. d. Gegenwart **94.** 371—75. Okt. 1955. Karlsruhe, Städt. Krankenanst., Urol. Klin.) H. BASFELD. 4628

J. Delphaut und **H. Meunier,** *Beitrag zur pharmakologischen Untersuchung des Salzes aus Prophenamin und α-Camphersäuremono-p-tolylmethylcarbinylester.* Das Salz aus *α-Camphersäuremono-p-tolylmethylcarbinylester* aus *Curcuma xanthorrhiza*, das als Choleretìcum Verwendung findet, haben Vff. mit einem Antispasmodicum *Prophenamin* (*Bis-[3-phenylpropyl]-äthylamin*) verbunden. Das Salz hat die choleret. u. die antispasmod. Eigg. der Komponenten beibehalten, wie auch vorläufige klin. Unterss. zeigten. (Thérapie **10.** 508—13. 1955.) L. BERGER. 4628

P. Panuccio, L. Corti, B. Caini, R. Gallini und **U. Principe,** *Die Wirkung von 2-Benzylimidazolin (Priscol) auf den Druck der normalen Lungenzirkulation.* An 10 n. Hunde, anästhetisiert u. intubiert wurde *2-Benzylimidazolin* (**I**) 0,05 mg/kg, 5 mg/kg u. 2 mg/kg gegeben. Es wurde zugleich der arterielle Druck der Lunge u. des Syst. bestimmt. **I** verursacht eine Druckveränderung, meistens ist sie hypertensiv (Systole der Lunge 2—24, Diastole 1—18 mm) mit einem Optimum nach 2—3 Min.; danach sind die Druckverhältnisse ganz uneinheitlich, nicht aber, wenn es sich um große Gaben handelt, wobei nach 5—7 Min. Hypotension u. danach langsame Normalisierung erfolgt. (Sperimentale **105.** 117—25. 15/12. 1955. Florenz, Univ., Clinica med. Gener. e Clinica Chirurg. Gener.) O. POLLAK V. EMHOFEN. 4628

D. G. Kennedy und **J. R. Trounce,** *Methylpentynol (Oblivon) bei der Behandlung der Epilepsie.* Behandlung mit *Methylpentynol* (**I**) in steigender Dosierung von 250 bis 1000 mg/Tag von 6 Kindern u. 18 Erwachsenen mit Epilepsie. Erfolge nur in einem Fall. Vermutete Leberschäden durch **I** waren nicht nachweisbar. (Science [Washington] **122.** 515. 16/9. 1955. Lingfield, Epileptic Colony, u. London, Guy's Hosp.) H. DOSSMANN. 4628

D. Svorad, *Die Anfallsbereitschaft im Lichte der Phylogenese (experimentelle Krämpfe bei Wirbeltieren, durch Cardiazol ausgelöst.)* Bei Vertretern aller Wirbeltierklassen gelingt es, mit *Cardiazol* Krämpfe auszulösen, deren motor. Bild aber bei den verschied. phylogenet. Stufen Unterschiede zeigt: bei den niedrigen Stufen Polymerie, Heterotypie, Epilepsia minor, bei den höheren Paucimerie, Homöotypie, Epilepsia maior. (Českoslov. Fysiol. **4.** 276—85. 20/7. 1955. Praha, Čs. akad. věd, Fysiol. úst.) R. K. MÜLLER. 4628

Raymond S. Jackson, Chas. F. Wilkinson jr., Lawrence Meyers, Michael S. Bruno und **Martin R. Benjamin,** *Eine Bewertung der Wirkung von Cholin und Inosit auf klinischen Verlauf und Serumlipoide bei Angina pectoris Patienten.* 63 Patienten mit Angina pectoris wurden mit einem Syrup mit 3 g *Cholin* u. 0,45 g *Inosit* behandelt. 40 davon konnten statist. ausgewertet werden. Es fand sich keine sichere Besserung. Während der Behandlung waren Serumcholesterin u. Phospholipoide erhöht. (Ann. intern. Med. **42.** 583—94. März 1955. New York, N. Y., Bellevue Hosp.) G. GERBER. 4630

Ed. Frommel, D. Vincent, Ph. Gold, C. Radouco-Thomas, M. Melkonian, M. Meier, R. M. de Quay, S. Radouco-Thomas, B. Glasson, F. Valette, M. Ducommun und **P. Andriadis,** *Die Pharmakodynamik von nitriertem Cholinester.* Verss. mit *nitriertem Cholinester* (**I**) im Vgl. zu *Acetylcholinchlorid* (**II**). **I** ist gegenüber der Cholinesterase des Serums resistenter als **II**; die **I**-Stabilität im Organismus beruht auf der geringen Wasserlöslichkeit von **I** im Gegensatz zu **II**. Die **I**-Kontraktionswrkg. am isolierten Muskel ist geringer als von **II**, sie wird durch *Atropin* (**III**) unterbunden u. durch $BaCl_2$ gesteigert. Die durch **I**-Injektion im Tiervers. hervorgerufene Hypotonie ist geringer, aber anhaltender als mit **II**. **I**-Überdosierung erzeugt Muscarineffekt. Beim Tier unter **III**-Wrkg. ruft **I** Nicotinwrkg. hervor, **I** wirkt stärker stimulierend auf den Speichelfluß als *Pilocarpin* (**IV**) u. **II**, die abführende Wrkg. von **I** ist **II** überlegen u. **IV** unterlegen. **III** wirkt immer als Antidot von **I**. **I** als Aerosol ruft Bronchospasmus hervor. Beim gesunden Tier oder bei vorhandenem Impffieber bewirkt **I** Untertemperatur. (Schweiz. med. Wschr. **85.** 791—96. 13/8. 1955. Genève, Univ., Inst. de Thérapeut. exp. et Toulouse, Univ., Labor. de Matière méd.) H. DOSSMANN. 4630

G. Greder, *Vorläufige klinische Untersuchung mit Nitrocholin, einem neuen blutdrucksenkenden Mittel.* (Vgl. vorst. Ref.) Bericht über Erfahrungen mit *Nitrocholin* (**I**;

SAPOS, Genf) bei 9 Fällen mit Hypertonie, die einen Krankenhausaufenthalt von 32 Tagen mit verschied. Behandlung hinter sich hatten, wodurch bereits eine Stabilität des Blutdrucks erreicht worden war. Anschließend alleinige orale I-Verabreichung von 2 Tabletten zu je 0,01 g innerhalb 24 Std. über 10 Tage. Mit I wurde eine weitere Blutdrucksenkung ohne Nebenwirkungen erzielt. Diskussion des Wertes von I im Vgl. zu blutdrucksenkenden Pflanzenalkaloiden. (Schweiz. med. Wschr. **85.** 796—98. 13/8. 1955. Genève, Univ., Clin. Thérap.) H. DOSSMANN. 4630

Henry N. Rosenberg und **Alan L. Michelson,** *Die Gabe von Pentaerythrittetranitrat bei der chronischen Coronarinsuffizienz.* 42 Patienten erhielten wegen chron. Coronarinsuffizienz *Pentaerythrittetranitrat* 4mal täglich 20—30 mg. 25% zeigten eine deutliche Besserung, 55% unsichere Ergebnisse. Nach 4mal 30 mg kam es in 2 Fällen zu Nebenerscheinungen, so daß das Medikament abgesetzt werden mußte. (Amer. J. med. Sci. **230.** 254—58. Sept. 1955. Boston, Mass., Boston City Hospital.) G. GERBER. 4630

Herbert Sheppard, Robert C. Lucas und **Wen Hui Tsien,** *Der Stoffwechsel von ^{14}C-Reserpin.* In der 4-CH_3O-Gruppe der Trimethoxybenzoesäurehälfte ^{14}C-markiertes *Reserpin* (I) wurde ausgewachsenen männlichen Ratten intravenös injiziert u. die ^{14}C-Verteilung untersucht. I verschwand extrem rasch aus dem Blutkreislauf (0,3% nach 2 Min.). Der ^{14}C-Geh./g Gewebe erreichte innerhalb 1 Std. (meist nach 10—30 Min.) für Lunge, Herz, Beinmuskel, Leber, Niere, Milz, Darm u. Hoden ein Maximum. Die ^{14}C-Konz. des Fettgewebes stieg langsam an (Maximum 4—6 Std. nach der Injektion) u. betrug dann ein Mehrfaches derjenigen anderer Gewebe. Im Hirn war bis 6 Std. nach der Injektion kein ^{14}C feststellbar. Die 4-CH_3O-Gruppe erleidet Oxydation, da 24,2% der gegebenen Dosis innerhalb 6 Std. als $^{14}CO_2$ ausgeschieden werden, sowie Hydrolyse, da sich im Harn u. in den Geweben Trimethoxybenzoesäure-ähnliche Substanzen finden.

Versuche: *O-Carbäthoxysyringoylreserpsäuremethylester,* $C_{35}H_{42}O_{11}N_2$, F. 175 bis 178° (Aceton), aus Reserpsäuremethylester u. Carbäthoxysyringoylchlorid in trockenen Pyridin (5°, 3 Tage), Reinigung an säurebehandeltem Al_2O_3 (Bzl.). — *O-Syringoylreserpsäuremethylester,* $C_{32}H_{38}O_9N_2$, F. 190—192° (A.), vorst. Verb. mit 3n alkoh. NH_3 verseifen (5°, 3 Tage). — *^{14}C-Reserpin,* F. 257—261° (CH_3OH), in methanol.-äther. Suspension vorst. Esters bei 0° ^{14}C-CH_2N_2 (aus ^{14}C-$CH_3NH_2 \cdot HCl$, über ^{14}C-Methylharnstoff usw.). (Arch. int. Pharmacodynam. Thérap. **103.** 256—69. 1/10. 1955. Summit, N. J., CIBA Pharmaceut. Products Inc., Res. Dep.) K. MAIER. 4630

Arthur P. Klotz, *Herabsetzung der Magensekretion durch ein neues, anticholinergisch wirkendes Mittel. N-Äthylpiperidyl-(3)-benzylatmethobromid* (*Piptal*) wurde in einer Dosierung von 5—20 mg bei 88 Patienten mit verstärkter u. n. Magensekretion angewandt u. bewirkte in 88% der Fälle eine Herabsetzung der Sekretion der freien Säure. Bei 40% der Kranken wurde eine 30 Min. u. länger dauernde Anacidität erzielt. Keine Nebenerscheinungen. (Amer. J. Digest. Diseases [N. S.] **1.** 108—15. März 1956. Kansas City, Kans., Univ. of Kansas Med. Center, Dep. of Med.) WOLFGANG ALBRECHT. 4645

A. Draßdo, *Untersuchungen über die Abhängigkeit der maximalen Bilamidwirkung vom p_H-Wert.* Unverträglichkeitserscheinungen von *Bilamid* (*Nicotinsäureoxymethylamid*) bei Patienten mit herabgesetzter oder fehlender Salzsäureproduktion sind mit einer gesteigerten *Formaldehyd*-Freisetzung im Magen bei neutralem, schwach alkal. Bereich zu erklären. Experimentell liegt der hauptsächliche Zerfall bei Anwendung von Verdünnungsreihen (HCl bzw. NaOH, n/1 bis n/800) bei p_H 7 u. 8, Nachw. des freien Aldehyds nach SCHIFF. (Med. Mschr. **9.** 606—09. Sept. 1955. Berlin-Charlottenburg, Städt. Krankenhaus am Ernst-Reuter-Platz.) WOLFGANG ALBRECHT. 4645

Stefan Nitschkoff, *Zur Therapie intestinaler Störungen mit Carbentose. Carbentose* (CHEMIEWERK HOMBURG A.G.) aus dem organ. Quellkörper *Methylglucosan* u. *Hefekohle* als Adsorbens ist nach seiner Zus. sowohl bei Durchfällen als auch bei Obstipationen indiziert u. wurde mit gutem Erfolg ohne Nebenwirkungen in einer Dosis von 1—6 g/Tag verabreicht. (Med. Mschr. **9.** 524—26. Aug. 1955. München-Thalkirchen, Med. Klinik Dr. Heinrich Müller.) H. DOSSMANN. 4647

T. E. Gibson, *Kontrollteste mit Tetrachloräthylen als Anthelminthicum gegenüber Trichostrongylus axei bei Schafen.* Verabreichung von 2,5 bzw. 5 cm³ *Tetrachloräthylen* (I) an je 2 mit Trichostrongylus axei infizierte Schafe blieb wirkungslos, dagegen wurde bei einem Kontrolltier mit 30 g *Phenothiazin* der erwünschte Erfolg erzielt. (Veterin. Rec. **67.** 1129—30. 24/12. 1955. Weybridge, Ministry of Agricult. Veter. Labor.) H. DOSSMANN. 4649

D. Poynter, *Die Wirksamkeit von in Kleiebrei an Pferde verabreichtem Piperazinadipat.* 9 Pferde mit Wurmbefall erhielten in Kleiebrei 60—70 g *Piperazinadipat* = *Coopane* (I; COOPER MC. DOUGALL & ROBERTSON LTD.). In allen Fällen bewirkte I völliges Verschwinden der Ascarideneier u. starke Reduzierung der Strongyleneier 10 Tage nach I-Verabreichung. (Veterin. Rec. **67.** 625. 20/8. 1955. Newmarket, Animal Health Trust, Equine Res. Station.) H. DOSSMANN. 4649

Th. Sabalitschka und **Hildegard Marx,** *Zur Wirkung von Santonin und Schwefelwasserstoff auf Ascaris lumbricoides L., den Spulwurm.* Best. der Toxizität von *Santonin* (I), H_2S u. *Flores Cinae* (II) gegenüber Enchytraeus albidus H(E) u. Ascaris lumbricoides suis (A). I tötet E, schädigt aber A nicht. H_2S hat die größte tox. Wrkg. auf A bei p_H 7. Gleichzeitige Einw. von I + H_2S auf A bewirkt den gleichen Effekt wie H_2S allein. II wirkt auf E u. A stärker als es dem I-Geh. der Pflanze entspricht. Hinweis auf analoge Verss. mit dem piperazinhaltigen Wurmmittel *Uvilon.* (Pharmaz. Ztg. verein. Apotheker-Ztg. **91/100.** 1069—74. 22/9. 1955. Berlin, Biol.-Chem. Forschungsanstalt.) H. DOSSMANN. 4649

Waltraud Braun, *Über Erfahrungen mit dem Antimykoticum Ovitrol.* Es wird über in vitro u. in vivo durchgeführte Unterss. mit dem Antimykoticum *Ovitrol* berichtet, das als wirksames Prinzip das *5.5'-Dichlor-2.2'-dioxydiphenylsulfid* enthält. Das Präp. hat sich bei allen oberflächlichen Dermatomykosen bewährt. Es wird empfohlen, das *Ovitrol* auch als antimykot. Prophylakticum anzuwenden, um die Ausbreitung der Dermatomykosen einzuschränken. (Dtsch. Gesundheitswes. **10.** 1251—53. 22/9. 1955. Hautklin. d. Gustav-Rieker-Krankenhauses Magdeburg.) H. GOHR. 4661

Sven Ancher Kvorning, *Der Durchgang chemischer Stoffe durch intakte Haut.* Überblick über die Probleme der percutanen Wanderung chem. Stoffe, ihre Beeinflussung durch Ggw. von Fetten u. Fettlösungsmitteln u. ihre Bedeutung für die Therapie u. die Zus. von Salben u. dergleichen. — 50 Literaturzitate. (Nord. Med. **54.** 1873—77. 22/12. 1955. København, Rigshosp., Dermatol. afd.) R. K. MÜLLER. 4661

Hans Petzold, *Die Wirkung von Litrison auf die Rattenleber vor und nach partieller Hepatektomie. Litrison* (HOFFMANN-LA ROCHE) aus Methionin, Cholin u. Vitamin-E u. -B-Komplex vermindert nach partieller Hepatektomie bei der Ratte die Verfettung des Leberrestes. (Aerztl. Forsch. **9.** I/50—51. 10/1. 1955. Halle/Saale, II. Med. Klinik.) G. GERBER. 4670

P. G. Tkatschew, *Die Anwendung von Methionin bei der Behandlung der Botkinschen Krankheit. Methionin* wird per os, je nach Schwere der Erkrankung, in Dosen von 0,5—1,0 g 4—6mal täglich, insgesamt 12—45 g, verabfolgt. Gute Erfolge bei der Behandlung von 52 Patienten in Kombination mit Glucose u. Pankreatin. (Советская Медицина [Sowjet-Med.] **19.** Nr. 12. 68—70. Dez. 1955. Zentralinst. für Ärztefortbldg., Lehrstuhl für Infektionskrankheiten.) G. BREHM. 4670

Aubin Heyndrickx, *Untersuchung der Verteilung des Arsens in einem Fall von über mehrere Wochen erstreckter As-Vergiftung.* Ausführlicher Bericht über einen Fall von *As*-Vergiftung, bei dem nachgewiesen werden konnte, daß eine mehrere Wochen dauernde Vergiftung vorlag. Die *As*-Gehh. der verschied. Organe u. Körper-Fll. werden mitgeteilt. (Ann. Méd. légale Criminol. **35.** 283—90. Nov./Dez. 1955. Gand, Univ., Labor. de Chim. toxicol. et de Méd. légale.) F. KRUSEN. 4675

Roger Matthys, *Neun Fälle von krimineller Thalliumvergiftung.* Überblick über die Literatur der *Tl*-Vergiftungen u. ausführlicher Bericht über 9 Fälle, davon 6 reine *Tl*-Vergiftungen u. 3 mit *As*- u. *Tl*-Mischpräparaten. 4 der Fälle verliefen tödlich, 5 konnten erkannt u. gerettet werden. Die Vergiftungen waren durch Haarausfall, Veränderungen an den Finger- u. Fußnägeln, Anorexie, Pulsbeschleunigung, Polyneuritis u. a. gekennzeichnet. Zur Therapie empfehlen Vff. Antidot-Sauter u. das bewährte Jodid, das auch bei spätem Einsatz die Tl-Eliminierung beschleunigt. — 36 Literaturangaben. (Ann. Méd. légale Criminol. **35.** 237—75. Nov./Dez. 1955. Gand, Univ., Labor. de Méd. légale; Clinique neuropsychiatr.) F. KRUSEN. 4675

Carl-Johan Clemedson, Holter I:son Hultman und **Bo Sörbo,** *Eine Kombination von Rhodanese und Äthanthiosulfonat als Gegengift bei experimenteller Cyanidvergiftung.* Die DL_{50} von rasch intravenös injiziertem *HCN* war nach vorheriger intravenöser Injektion von *Rhodanese* u. *Äthanthiosulfonat* (I) 15—20mal höher, als ohne diese oder nach Injektion von I allein. Auch die therapeut. Wrkg. dieser Kombination bei Cyanidvergiftung wurde gezeigt. (Acta physiol. scand. **35.** 31—35. 22/12. 1955. Sundyberg, Res. Inst. of Nat. Defense, Med. Dep.; Stockholm, Med. Nobel Inst., Biochem. Dep.) A. DILLMANN. 4675

W. van Hecke, M. J. Hans-Berteau, A. Heyndrickx und **F. Thomas,** *Die akute Parathion (E 605)-Vergiftung. Eine Untersuchung auf Grund von vierzehn persönlich beobachteten Fällen, davon neun tödlichen.* Ausführlicher Bericht mit Beschreibung des biol. *Parathion*-Nachw. u. Diskussion der Ergebnisse. (Ann. Méd. légale Criminol. **35.**

291—303. Nov./Dez. 1955. Gand, Univ., Labor. de Méd. légale et de Chim. toxicol.; Bruxelles, Univ., Labor. de Pharmacodyn. et de Thérapeut.) F. Krusen. 4675

Andreas Thaer, *Untersuchungen über das chemische Verhalten von Gesteins- und Kohlenstaub unter physiologischen Bedingungen im Hinblick auf die Staublungenkrankheit im Steinkohlenbergbau.* Die Löslichkeit verschied. Mineralien u. Kohlenarten in n. Ringer-Lsg. bzw. in Ringer-Lsg. mit organ. Zusätzen wird untersucht. Aus der Kohle gehen in Abhängigkeit von ihrem Inkohlungsgrad u. ihrer petrograph. Zus. bei Verwendung von prakt. neutralen Lösungsmitteln (Ringer) u. bei einer Temp. von 37° organ. Substanzen in Lösung. Vf. kommt auf Grund seiner Verss. zu ähnlichen Ergebnissen wie King, Ray u. Harrison, daß nämlich die Kohlenpartikel als Wegbereiter der silicogenen Wrkg. geringer Kieselsäuremengen angesehen werden müssen. (Bergbau-Arch. **16.** Nr. 2. 21—39. 1955. Essen.) H. Zeller. 4681

Axel Perdrup, *Waschmittel und durch sie verursachte Hautkrankheiten. Sulfonseifen* (**I**) wirken wenig sensibilisierend, aber stark austrocknend u. vor allem entfettend auf die Haut, nach ihrem Gebrauch sollen die Hände mit reinem W. gespült, sorgfältig getrocknet u. eingefettet werden. Verss. mit einem dän. **I**-Präp. ergeben keine Überempfindlichkeit, weder bei Expositionsverss. noch bei Ekzemproben. Letztere zeigen bei selbsttätigen Waschmitteln auf Seifengrundlage mehr „tox." Rkk. als bei solchen auf **I**-Basis. Bei Personen, die durch **I** verursachte Hautkrankheiten vermuteten, wurden keine positiven Ekzemproben festgestellt. (Nord. Med. **54.** 1887—91. 22/12. 1955. København, Kommunehosp., Dermatol. klin.) R. K. Müller. 4681

G. de Ponti, Elementi di Farmacologia. Pavia: R. Cortina. 1956. (300 S.) 8°. L. 2.800.

F. Pharmazie. Desinfektion.

Erik Sandell, *Das schwedische Arzneibuch. Kommentar zur letzten Ergänzung (MFF 2/1955).* Bericht über neue Vorschriften: äther. Öle; neue Maximaldosierungstabelle; sterilisiertes Wasser. (Svensk farmac. Tidskr. **59.** 894—96. 30/12. 1955.) R. K. Müller. 4750

Stig Linde, *Überziehen von Tabletten durch Kompression. Eine neue Methode zum Dragieren von Tabletten.* Beschreibung der Entw. des Trockendragierverf., seiner Ausführung u. seiner Vorteile. (Svensk farmac. Tidskr. **59.** 857—61. 20/12. 1955. Stockholm, Apotekens kontrollabor.) R. K. Müller. 4766

Jerome Irwin Bodin und **Abraham Taub,** *Polyäthylenglykol 400 als stabilisierendes Lösungsmittel in Pentobarbital–Natrium-Injektionslösungen.* Auf Grund eingehender Unterss. wird für eine stabile Pentabarbital–Natrium-Injektionslsg. folgende Zus. vorgeschlagen: Pentabarbital-Na 150 g, Polyäthylenglykol 400 u. 600 ml, W. zur Injektion 100 ml, Alkohol U.S.P. 105 ml u. Benzylalkohol 20 ml; die Lsg. ist mit HCl auf p_H 8 einzustellen u. mit W. zur Injektion auf 1000 ml aufzufüllen. Die Lsg. kann im Autoklaven bei 121° 30 Min. sterilisiert werden. Es werden spezielle Anweisungen für die Sterilisation u. Abfüllung angegeben. (J. Amer. pharmac. Assoc., sci. Edit. **44.** 296—301. Mai 1955. Columbia Univ., Coll. of Pharmacy, Dep. of Chem.) F. Neuwald. 4786

Ruth E. Streeter, Phyllis Caver und **W. Lewis Nobles,** *Carbopol 934 als eine dermatologische Trägersubstanz. Carbopol 934* (**I**; Carboxypolymethylen) ist nach Verss. mit 15 verschied. Arzneimitteln als Salbengrundlage sehr gut geeignet. **I** reagiert sauer. Bei Verwendung von wasserunlösl. Substanzen wird zunächst **I** in W. suspendiert u. unter langsamem Rühren neutralisiert. Anschließend wird das entsprechende Arzneimittel eingerührt. Wasserlösl. Substanzen werden vor der Neutralisation von **I** gelöst. Als Neutralisationsmittel hat sich Na_2CO_3 sehr gut bewährt. 9 Milliäquivalente Na_2CO_3 neutralisieren 1 g **I**. **I** adsorbiert Jod, Benzoesäure u. Salicylsäure nicht stärker als der für die entsprechende Zubereitung gebräuchliche Standard (Best. der Substanzmenge, die in einer bestimmten Zeit aus der Salbe in eine Agarplatte diffundiert). Sulfathiazol wird von **I** etwas stärker gebunden als vom Standard. (J. Amer. pharmac. Assoc., pract. Pharmacy Edit. **16.** 671. 688. Nov. 1955. Univ. of Mississippi.) R. Reiss. 4792

Josef Klosa, *Präparate in der Geriatrie.* Überblick über die Präpp. zur Behandlung allg. Alterskrankheiten. — 19 Literaturangaben. (Pharmaz. Ztg. verein. Apotheker-Ztg. **101.** 522—23. 3/5. 1956. Berlin.) M. Negwer. 4800

Alf Lund, *Tetracemin. Äthylendiamintetraessigsäure, ein chelatbildender Stoff und seine Anwendung in der Medizin.* (Ugeskr. Laeger **117.** 121—24. 3/2. 1955. — C. **1956.** 3651.) R. K. Müller. 4806

—, *Penicillin und galenische Pharmazie.* Allg. Überblick. (Pharmaz. Ztg. verein. Apotheker-Ztg. **101.** 656—57. 7/6. 1956.) M. Negwer. 4810

A. H. Fenton, *Chloramphenicol-Augentropfen.* Es wird gezeigt, daß in einer Borsäure–Borax-Pufferlsg. vom p_H 7,0 mehr als 0,5 mg *Chloramphenicol* (I) gelöst werden können. Für Augentropfen wird folgendes Rezept empfohlen: 0,5 g I, 0,3 g Borax u. 1,5 g Borsäure auf 100 ml. Diese Lsg. ist isoton., haltbar, reizlos u. wirkt fungi- u. baktericid. (Pharmac. J. **175** ([4] **121**). 67—68. 23/7. 1955. London, Boots Pure Drug Co. Ltd.) H. ENDRASS. 4810

Karel Navrátil, *Die Sterilisation im Lichte einiger neuer Arbeitsmethoden unter Berücksichtigung des ČsL 2.* Überblick über Sterilisationsmethoden unter Berücksichtigung von PhBs 2. (Farmácia [Bratislava] **24.** 87—92. März 1955.) E. VEVERA. 4832

Oliver M. Littlejohn und **William J. Husa,** *Die potenzierende Wirkung von pilzwachstumshemmenden Wirkstoffen in Sirupen.* Die Unterss. ergaben, daß eine Steigerung der Wrkg. (bis zu 20%) bei Mischungen der Ester der p-Oxybenzoesäure eintritt. Mischungen von Benzoesäure u. Zimtsäure zeigen nur eine sehr geringe Steigerung der Wrkg., während jedoch ein Zusatz von Citronensäure zu diesen Säuren Steigerungen bis zu 83,9% der Wirksamkeit hervorruft. (J. Amer. pharmac. Assoc., sci. Edit. **44.** 305—08. Mai 1955. Gainesville, Fla., Univ. of Florida, Coll. of Pharmacy.) F. NEUWALD. 4832

G. J. Mulder und **J. A. C. van Pinxteren,** *Die Wasserbestimmung in einigen Heilmitteln nach dem Verfahren von Karl Fischer.* Übersicht über die verschied. Verff. zur Wasserbest. in Heilmitteln. Es wird gezeigt, daß das Verf. von FISCHER zur Best. von W. in den Salzen der Opiumalkaloide gute Werte liefert. Das Verf. liefert bei der Unters. mehrerer Trockenextrakte zu hohe Werte. Zur Wasserbest. in dicken Extrakten verreibt man 0,5 g Extrakt mit 5 g ausgeglühtem Sand, schüttelt 30 Min. mit 20 cm^3 wasserfreiem Methanol, füllt auf 25 cm^3 auf u. titriert 5 cm^3 der klaren, oberen Fl. nach FISCHER. (Pharmac. Weekbl. **91.** 33—44. 28/1. 1956. Utrecht, Rijksuniv., Pharmaceut. Labor.) W. WESLY. 4880

M. Kučera, *Ein einfaches Laboratoriumsgerät zur Bestimmung der Feuchtigkeit.* Die Trocknungseinrichtung besteht aus einer Glasschale in welche 10 g der zu trocknenden Droge eingewogen werden. 2 cm unter dieser ist eine Infrarotlampe angebracht, die Glasschale ruht auf einem Balken, der andererseits auf einer Skala den laufenden Gewichtsverlust anzeigt. Mit diesem Gerät kann man eine Temp. von 160° erreichen. Vf. stellt fest, daß die Feuchtigkeitsbestimmungsmeth. mit diesem Gerät der Arzneibuchbest. gleichwertig ist. (Českoslov. Farmac. **4.** 466—68. Nov. 1955.) E. VEVERA. 4880

F. G. Stock und **L. W. Hinson,** *Die Unzuverlässigkeit der offiziellen Gehaltsbestimmung von Nitroglycerin-Tabletten.* Im Vgl. der offiziellen Gehaltsbestimmungen der B.P. u. U.S.P. zeigte sich, daß die Vorschrift der B.P. zu niedrige Werte ergibt, da „gebundenes" Nitroglycerin (I) nicht miterfaßt wird. Es wird vorgeschlagen, die U.S.P.-Gehaltsbest. oder eine Modifikation dieser zur Best. des I in I-Tabletten anzuwenden. (J. Pharmacy Pharmacol. **8.** 134—43. Febr. 1956. Birmingham, City Analyst's Labors.) F. NEUWALD. 4880

Hugo Karma, *Ein neues Verfahren zur Bestimmung der Bitterstoffzahl von Drogen.* Zur Ausführung der Geschmacksprobe auf Bitterstoffe erhalten mehrere Versuchspersonen jeweils 10 Proben gleichzeitig, die teils aus W., teils aus einer bestimmten Verdünnung des Drogenauszugs bestehen. Wenn alle 10 Proben richtig erkannt worden sind, besteht die Sicherheit, daß die betreffende Verdünnung noch bitter geschmeckt hat. Man geht dann zur nächsten Verdünnung über. Für Brucin, für das eine Bitterstoffzahl von 4200000 — 4600000 angegeben wird, wurden von 5 Personen Werte von 2000000 bis 12000000 erhalten. Es erscheint daher notwendig, stets eine Minimal- u. Maximalzahl anzugeben u. die Geschmacksproben von mehreren Personen ausführen zu lassen. (Semina [Helsinki] **40.** 97—98. Febr. 1956.) S. BECKMANN. 4880

R. Fischer und **H. Resch,** *Eine einfache Azulenbestimmung in der Kamille.* Aus unzerkleinerter Droge wird mit Hilfe der App. nach WASICKY oder nach PANZER (Dtsch. Apotheker-Ztg. **54.** [1939.] 1000) das äther. Öl gewonnen, in Xylol oder Halogenbenzolen gelöst u. der Azulengeh. im lichtelektr. Colorimeter nach LANGE bestimmt. Genaue Beschreibung der Methodik. (Pharmaz. Zentralhalle Deutschland **91.** 265—70. Aug. 1952. Graz, Univ., Pharmakognost. Inst.) K. HERRMANN. 4880

H. Bräuniger und **R. Hofmann,** *Beitrag zur Analytik einiger Antihistaminica.* Die Präpp. *Thiantan* (**I**; *Casantin*), *Propaphenin* (**II**; *Megaphen*) u. *AH 3* (**III**) werden qualitativ u. quantitativ untersucht. Die Basen von **I** u. **III** sind ölig, von **II** feine Kristalle, F. 55°. Fällung mit Pikrinsäure: **I** orange Blättchen, F. 117—118°, **II** orange Blättchen, F. 177—178°, **III** zitronengelbe Nädelchen, F. 96—97°. Fällung mit Dipikrylamin-Mg: **I** dunkelrote Blättchen, F. 72—74°, **II** rostrote Kristalle, F. 159—160°, **III** hellbraune Blättchen, F. 141—142°. Reineckate: **I** rosa Nädelchen, F. 144—145°, **II** ebenso, F. 205 bis 206°, **III** ebenso, F. 137—140°. Fällung mit ERDMANNs Reagens: **I** orange Nadeln in strahlenförmiger Anordnung, F. 152—153°, **II** lange gelbe Nadeln, F. 147—148°, **III** gelbe Nädelchen, F. 103—104°. Zur quantitativen Best. können **I** u. **II** (HCl-Salze) mit $AgNO_3$ gegen Bromphenolblau oder Fluorescein titriert werden. Mit **III** erhält man Unterwerte. Bei Ggw. von $Na_2S_2O_3$ als Stabilisator muß dieses zu Na_2SO_4 oxydiert werden. Danach kann die argentometr. Best. gegen Säureviolett 4 BL erfolgen. Auch die argentometr. Best. des SCN-Ions nach Aufschluß der Reineckate kann zur Best. herangezogen werden. Die titrimetr. Best. ist auch mit dem Kalignost-Nd. von **I**—**III** in der Arbeitsweise nach RÜDORFF u. ZANNIER (C. **1954.** 8865) möglich. Ferner wird eine nichtwss. Titration mit $HClO_4$–Dioxan beschrieben. Die Reineckate können nach Lsg. in Aceton zur colorimetr. Best. dienen. Die Farb-Rkk. mit 19 Reagentien sind zusammengestellt. (Pharmazie **10.** 644—48. Nov. 1955. Rostock.) PH. FRESENIUS. 4880

D. Horn, *Zur colorimetrischen Bestimmung von β-Dimethylaminoäthylbenzhydrylätherhydrochlorid. β-Dimethylaminoäthylbenzhydryläther* (**I**) läßt sich als Reinsubstanz photometr. durch die Farb-Rkk. mit H_2SO_4 bzw. $CH_2O + H_2SO_4$ bestimmen. Beide Farblsgg. folgen nicht dem LAMBERT-BEERschen Gesetz. In Mischungen kann **I** ebenfalls photometr. als Verb. mit Bromkresolpurpur bestimmt werden. Die Meth. von DURICK u. Mitarbeiter (C. **1952.** 4975) wird dafür modifiziert. In Ggw. von Alkaloiden oder alkaloidähnlichen Substanzen kommt das Verf. nach MOLLE (C. **1952.** 1051) mit $H_2SO_4 + HNO_3$ in Frage. (Pharmazie **8.** 503—05. Juni 1953. Jena, Inst. für Arzneimittelprüfung.) PH. FRESENIUS. 4880

William Seaman, J. T. Woods, W. B. Prescott und **W. H. McComas jr.,** *Bestimmung des m-Aminophenolgehaltes von p-Aminosalicylsäure und deren Na-Salz.* Die colorimetr. Meth. von PESEZ (C. **1950.** II. 2096) zur Best. von m-Aminophenol (**I**) in p-Aminosalicylsäure (**II**) u. deren Na-Salz erwies sich zur Best. kleiner **I**-Mengen als nicht befriedigend. Die Meth. wurde deshalb modifiziert, so daß nun **I**-Mengen von 0,01 bis 0,20% in **II** u. 0,00—0,11% in **II**-Na-Salz mit einer Standardabweichung von ±0,019% bzw. ±0,008% bestimmbar sind. — Ausführung: Best. von **I** in **II**: 0,500 g **II** werden in 5 ml n NaOH + 5 ml W. gelöst; man verd. mit W. zu ca. 80 ml, versetzt schnellstmöglich mit 10,0 ml H_2SO_4 (1 Volumenteil konz. H_2SO_4 + 9 Teile W.) u. ergänzt mit W. zu 100 ml. 5 ml dieser Lsg. gibt man in einem 50 ml W. von 0—5° enthaltenden, eisgekühlten 100 ml-Meßkolben. Nun gibt man schnellstmöglich 2,50 ml 1%ig. $NaNO_2$-Lsg. hinzu u. läßt den Kolben 3 Min. ±5 Sek. im Eisbad. Dann versetzt man mit 25 ml 10%ig. Na_2CO_3-Lsg. u. läßt ca. 15 Min. bei Raumtemp. stehen. Man ergänzt zu 100 ml mit W. u. bestimmt die Extinktion (E.) bei 440 mμ u. der Schichtdicke 1 cm gegen W.; %I = (E — 0,372)/0,84. — Best. von **I** in **II**-Na-Salz: 0,6895 g Probe (Na-Salz-Dihydrat) werden mit einigen ml W. u. 1,8 ml n-NaOH versetzt u. die Lsg. zu ca. 80 ml mit W. verd.; dann verfährt man wie oben. %I = (E — 0,372)/1,16. (J. Amer. pharmac. Assoc., sci. Edit. **41.** 207—11. April 1952. Bound Brook, N. J., American Cyanamid Co., Calco Chem. Div.) K. F. MÜLLER. 4880

Herbert Platt und **Arthur E. James,** *Spektrophotometrische Bestimmung von Terpinhydrat.* 5 ml *Terpinhydrat* (**I**)-Elixier (National Formulary) mit dest. W. auf 100 ml aufgefüllt, dienen als Standardlösung. Jn einen 100 ml-Kolben werden 5 ml Phosphormolybdatlsg. (nach REMINGTON'S PRACTICE OF PHARMACY), 1,5 ml des verd. **I**-Elixiers (1,28 mg I) u. 3mal 2 ml konz. H_2SO_4 (D. 1,84) unter jedesmaligem Schütteln gegeben. Es wird 15 Min. abkühlen gelassen. Dabei entwickelt sich die maximale Intensität der zu spektrophotometrierenden grünlichblauen Färbung. Nun wird mit dest. W. auf 100 ml verd., ein aliquoter Teil davon in die Küvette eines Coleman Universal Spektrophotometers, Modell 14, gegeben u. 9 Min. nach dem Verdünnen wird das Adsorptionsspektr. der grünlichblauen Färbung zwischen 400 u. 800 mμ gemessen. Es zeigt bei 660 mμ ein Maximum, das zur **I**-Best. herangezogen wird. — Vff. untersuchen nach diesem Vf. zahlreiche **I**-Elixiere u. andere **I**-Zubereitungen. Es benötigt bei genügender Genauigkeit gegenüber der ca. 2 Std. dauernden A.O.A.C.-Meth. nur 20—25 Min. Zeit. (J. Amer. pharmac. Assoc., sci. Edit. **44.** 666—68. Nov. **1955.** Philadelphia, Pa., Temple Univ., School of Pharmacy.) M. NEGWER. 4880

Louis J. Sciarini und **William T. Salter,** *Chemische Korrelationen der Digitaliswirkung bei Menschen, Katzen und Tauben.* Verss. zur Darst. einer Meth., bei welcher durch mikrochem. Analyse allein der Wirkstoffgeh. bestimmt werden kann. Verarbeitung des Digitalispulvers zur Tinktur (U.S.P. XIII) mit anschließender Reinigung nach BELL u. KRANTZ (vgl. C. **1946.** II. 671). Die eigentliche Fraktionierung erfolgte bzgl. Chloroformlöslichkeit. Fraktion I: Chlf.-unlösl. Rest in wss. Phase; Fraktion II: durch 3 Extraktionen mit W. (p_H 7,0) aus Chloroformlsg. gewonnen; Fraktion III: durch 2 Alkaliextraktionen (0,5 n NaOH) aus der Chloroformlsg.; Fraktion IV: 2 Extraktionen mit 0,1 n H_2SO_4; Fraktion V: im Chlf. verbliebener Rest. Fluorescenzmessungen (COLEMAN, Elektrofluorometer 12 A) ergaben für den Bereich von 4—18 u. 100—800 γ/100 ml aus-

reichende Linearität. Die Fluorescenz war in den Fraktionen I u. II hoch, in III u. IV nur $^1/_{10}-^1/_{20}$ der erstgenannten. Obwohl auch die Fraktionen I–IV tox. (Taube intravenös) waren, befanden sich die für die orale Wrkg. maßgeblichen Anteile an Digitoxin (u. Gitoxin) ausschließlich in der Fraktion V (Auswertung am herzkranken Menschen nach GOLD). Die Unterscheidung von Digitoxin u. Gitoxin erfolgte abermals fluorometr. nach Erhitzung der Lsgg. im Wasserbad. Chem. wurde der Digitoxingeh. von 5 verschied. Digitalistinkturen mit 10–15% der intravenös tödlichen Gesamtglykosidmengen bestimmt. (J. Pharmacol. exp. Therapeut. **101.** 167–75. Febr. 1951. New Haven, Conn., Yale Univ., School of Med., Labor. of Pharmacol. and Toxicol.)
F. W. HOHENSEE. 4880

Miroslav Geisler, *Beitrag zur Kenntnis der Resorption der Froschhaut.* Die Abhängigkeit der Strychninkonz. von der Resorptionszeit wurde bei Fröschen untersucht. Die resultierende Kurve ist eine Hyperbel, im logarithm. Maßstab eine Gerade, die mit der Horizontalen einen Winkel von ca. 118° bildet. Durch Einw. von *Saponin* (**I**) oder höheren sulfonierten Fettalkoholen (**III**) wird die Gerade nach links, durch Adstringentien (**II**) nach rechts bei unveränderter Neigung verschoben. Auf diese Weise läßt sich die Genauigkeit der Best. von **I** nach ROBERG (C. **1938.** II. 2279) u. der Best. von **II** nach KILIAN u. ROHACEK (Spisy lék. fak. **38.** [1939.] 25) erhöhen. Ein Gemenge von **III** ist in einer Konz. von 0,625% wirksamer als eine 1%ig. Lsg. von Primula-**I**. Die Wrkg. von Tannin entspricht jener von **I** jedoch im negativen Sinne. (Časopis českého Lékárnictva, vědecká Příloha **63.** 158–61. 1950. Praha, karl. univ., Farmakol.-farmakognost. úst.)
K. STEINER. 4880

Hugo Karma und **Max v. Schantz,** *Ein neues Bestimmungsverfahren für Saponine mit Hilfe des afrikanischen Krallenfrosches* (*Xenopus laevis, Daudin*). Zur *Saponin*-Best. werden Verdünnungsreihen hergestellt, bei denen jede Lsg. doppelt so verd. wie die vorige ist. Als Froschindex wird die größte Menge W. in g bezeichnet, mit der 1 g der zu untersuchenden Substanz verd. werden kann, um noch die Larven von *Xenopus laevis* innerhalb 1 Std. abzutöten. Er beträgt für Saponinum quillajae (**I**; aus Quillajarinde hergestellt) 33000, Saponinum album purum (**II**; MERCK) 3300, Desoxycholsäure (**III**) 1700. Ein Vgl. der Eignung dieser Stoffe als Testsubstanz für die Larvenstämme ergab, daß **I** u. **II** am besten sind, solange man in demselben Arbeitsgang isolierte Substanzen verwendet. **I** u. **II** aus verschied. Ansätzen haben verschied. tox. Wrkg. u. müssen erst mit **III** getestet werden. Für verschied. nordamerikan. Senegawurzelproben wurde ein Froschindex von 1000–2200 gefunden; neben guten Drogen wurden auch einzelne minderwertige gefunden, z. B. mit Froschindex 20. Die Wurzel der ostind. Pflanze *Polygala chinensis L.* zeigt nur $^1/_3$ der Wirksamkeit amerikan. Senegawurzeln u. ist auch anatom. verschieden; Froschindex 350. Bei Verwendung einer genügenden Anzahl von Versuchstieren erhält man nach dem Xenopus-Verf. sehr genaue Werte, die mit den nach dem Hämolyse- u. dem Rhoeoverf. (KARMA) erhaltenen gut übereinstimmen. (Farmaseuttinen Aikakauslehti [Farmac. Notisbl.] **65.** 33–54. Febr. 1956.)
S. BECKMANN. 4880

Jaakko Mäki, *Alkaloidbestimmung mit Ionenaustauschern.* Übersicht. — 29 Literaturangaben. (Semina [Helsinki] **40.** 67–69. 79–82. Febr. 1956.) S. BECKMANN. 4880

Pekka Heinänen, Olavi Parkkinen und **Raili Tikkanen,** *Über die Anwendbarkeit der käuflichen Ionenaustauscher bei der Bestimmung der Alkaloide.* Zur Best. von Alkaloiden werden feingemahlene (Korngröße 0,15–0,3 mm), gewaschene Ionenaustauscher in Säulen von 8·150 mm verwendet. Die Kationenaustauscher werden mit 10%ig. HCl oder NH_3-Lsg., die Anionenaustauscher mit 5%ig. NaOH-Lsg. regeneriert. Die Alkaloide werden mit 10%ig. alkoh. NH_3 eluiert u. nach dem Verdampfen des Lösungsm. titriert. Chinin (**I**) wird langsamer eluiert als Strychnin (**II**). Eine genaue Best. der Alkaloide ist noch möglich bei Durchlaufgeschwindigkeiten von >6 cm³/Min. u. einer Säulenlänge von >50 mm. Amberlite IRC–50 (nur in der NH_4^+-Form) u. Chempro C–20 sind zur Best. von **I**-Hydrochlorid, **II**-Nitrat u. Codeinphosphat (**III**) geeignet, nicht aber für Atropinsulfat. Amberlite IR–120 u. Dowex 50 (nur in der H^+-Form) eignen sich zur Best. aller 4 Alkaloidsalze. Permutit RS u. ES erwiesen sich als ungeeignet. Die Best. des Alkaloidgeh. in Tabletten läßt sich in gleicher Weise durchführen, jedoch ist Amberlite IRC–50 für die Best. von **I** in China-Ascorbin-Tabletten u. IR–120 für die Best. von **III** in Fenatyl comp.-Tabletten ungeeignet. (Farmaseuttinen Aikakauslehti [Farmac. Notisbl.] **65.** 2–16. Jan. 1956.)
S. BECKMANN. 4880

G. E. Foster und **Jean Macdonald,** *Ultraviolettabsorptionsspektrum des Papaverinhydrochlorids. Papaverin* u. sein *Hydrochlorid* (**I**) zeigen im UV-Absorptionsspektr. ein kräftiges Band mit einem Maximum bei ca. $\lambda = 240$ mμ, das für die quantitative Best. bes. wichtig, dessen genaue Lage aber unsicher ist. Vff. haben ihre Abhängigkeit vom p_H-Wert in geeignet gepufferten **I**-Lsgg. festgestellt (Diagramm). Auch der Auslöschungskoeff. ändert sich mit dem p_H-Wert mit einem Minimum bei etwa p_H 6,3. Zusammengehörige Werte von p_H, λ in mμ, $E^{1\%}_{1cm}$ sind: 9; 238; 1700. — 6,3; 245; 1285. — 3,95; 251; 1595. (J. Pharmacy Pharmacol. **3.** 127—28. Febr. 1951. Dantford, Kent., Wellcome Chem. Works.) W. SCHULENBURG. 4880

D. G. Chapman und **J. A. Campbell,** *Eine Bemerkung über die Herstellung des Tocopherol-Blindwertes in der Bestimmungsmethode für Vitamin A nach Fox und Mueller.* 10 ml einer 2%ig. Tocopherol (I)-Lsg. in PAe. werden 15 Sek. lang mit je 2 ml H_2SO_4 steigender Konz. geschüttelt. Bei Verwendung von H_2SO_4 bis zu 60% wird der eingesetzte I-Geh. quantitativ wiedergefunden [Titration mit $Ce(SO_4)_2$ gegen Diphenylamin], während bei Verwendung höher konz. H_2SO_4 erhebliche Verluste auftreten (70%ig. H_2SO_4: 4% Verlust; 100%ig. H_2SO_4: 84% Verlust). Diese Unterss. bestätigen die Angaben von FOX u. MUELLER (C. **1952.** 4813) über die Herst. des Blindwertes bei ihrer Meth. zur Best. von Vitamin A (**II**) in Ggw. von **I**, wonach bei der Behandlung des Gemisches von **I** u. **II** mit 60%ig. H_2SO_4 **II** zerstört, **I** dagegen nicht angegriffen wird. (J. Amer. pharmac. Assoc., sci. Edit. **40.** 252. Mai 1951. Ottawa, Can., Dep. of Nat. Health and Welfare, Food and Drug Div.) R. REISS. 4880

Smith, Kline & French International Co., übert. von: **Donald Richard McDonnell,** Philadelphia, Pa., V. St. A., *Darreichungsform für Arzneimittel*, die für längere Zeit einen konstanten Blutspiegel des Wirkstoffes gewährleistet. Auf eine Grundlage von Zucker- oder Kunststoffkügelchen wird unter Zuhilfenahme von Haftmitteln ein Arzneimittel aufdragiert. Das erhaltene Granulat wird in mehrere Teile u. die verschied. Anteile mit Überzügen von verschied. Löslichkeit im Intestinaltrakt versehen, alsdann mit einem nicht überzogenen Granulat sonst gleicher Zus. gemischt oder in Kapseln gefüllt. (**E. P. 742 007** vom 1/4. 1953, ausg. 14/12. 1955.) K. HEINZE. 4767

Farbwerke Hoechst Akt.-Ges., vormals Meister Lucius & Brüning (Erfinder: **Walter Kross,** Frankfurt/M., und **Gustav Ehrhart,** Bad Soden), *Wässerige Lösungen von Arzneimitteln*, z. B. Cortison, Desoxycorticosteron, Progesteron, Diäthylallylacetamid oder 1-Phenyl-2.3-dimethyl-4-dimethylamino-5-pyrazolon, durch die Verwendung von 1.2-Dimethyl-3-phenylpyrazolon-(5) als *Lösungsvermittler*. (**D. B. P. 940 060** Kl. 30h vom 1/8. 1952, ausg. 8/3. 1956. Anmeldung bekanntgemacht 8/9. 1955.) K. HEINZE. 4787

José A. Serallach Julia, Spanien, *Gewinnung von therapeutisch verwendbaren Hemicellulosen* in Form von *Mannogalaktanen* mit einer herabgesetzten Aufsaugfähigkeit. Als Ausgangsstoff verwendet man Johannisbrotgummi von der Pflanze ceratonia siliqua oder den Gummi von der Pflanze cyamopsis psorialoides. — Die Samen von den Johannisbrotkernen werden von der Hülle befreit u. danach zu feinem Mehl gemahlen. Dieses wird mit W. zu einer Paste angerührt, welche getrocknet u. in ein körniges Prod. übergeführt wird. Gegebenenfalls ist es vorteilhaft, dem Ausgangsstoff noch eine geringe Menge eines anderen Gummis, z. B. von Karaya-Gummi, zuzusetzen u. unter erhöhtem Druck, z. B. von mehr als 35 at, zu arbeiten. (**F. P. 1 034 595** vom 8/9. 1950, ausg. 27/7. 1953.) M. F. MÜLLER. 4795

Laboratoires Français de Chimiothérapie, Paris, Frankreich, *Das Isonicotinylhydrazon der Benzaldehyd-m-sulfonsäure* (**I**) u. dessen Salze (Na, Li, NH_4, Diäthylammoniumäthanol) erhält man durch Kondensation von Isonicotinsäurehydrazid u. der Benzaldehyd-m-sulfonsäure in neutraler oder saurer wss. Lsg. u. gegebenenfalls Überführung der Sulfonsäuregruppe mit Alkalihydroxyd, NH_3 oder Diäthylaminoäthanol in die entsprechenden Salze. Die **I** kann durch Sulfonieren von Benzaldehyd mit rauchender Schwefelsäure (SO_3-Geh. 35%) bei 60—65° hergestellt werden. — *Heilmittel* zur Bekämpfung der *Tuberkulose*, die bes. gut verträglich sind u. keine Nebenwirkungen aufweisen. (**E. P. 737 366** vom 19/11. 1953, ausg. 21/9. 1955. F. Prior. 24/11. 1952.) R. LINK. 4807

American Cyanamid Co., New York, N. Y., übert. von: **John Joseph Denton,** Somerville, N. J., V. St. A., *Tertiäre Dialkylaminopropanole* der Formel **I**, worin R′ einen Alkylrest mit 2—6 C-Atomen, R″ CH_3 oder C_6H_5 u. Ph einen Phenyl-, Tolyl- oder Xylylrest oder einen Mono- oder Dioxy-, -methoxy-, -chlor- oder -bromphenylrest bedeuten, wirken *spasmolytisch*. — *1-Dimethylamino-3-phenyl-3-pentanol*, aus ω-Dimethylaminopropiophenon u. $C_2H_5 \cdot Mg \cdot Br$ in Dibutyläther bei 40—50°, F. 45,4—46,2°; *Hydrochlorid*, F. 125,2—125,8°; *Bromäthylat*, F. 110,2—117°. — Analog werden hergestellt: *1-Dimethylamino-6-methyl-3-phenyl-3-heptanol*. — *1-Diäthylamino-3-phenyl-3-pentanolhydrochlorid*, F. 167,0—167,5°; *Bromäthylat*, F. 173,8—176,0°. — *1-Diäthylamino-6-methyl-3-phenyl-3-heptanolhydrochlorid*, F. 206,7—207,0°. (**A. P. 2 725 399** vom 3/11. 1949, ausg. 29/11. 1955.) G. LANGER. 4807

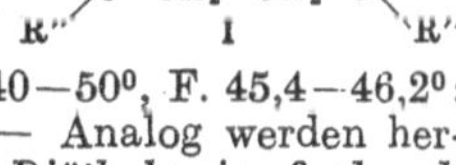

I

Merck & Co., Inc., Rahway, N. J., übert. von: **James M. Sprague**, Drexel Hill, und **Everett M. Schultz**, Glenolden, Pa., V. St. A., *γ-Oxy-tert.-amine* der Formel **I**, worin R eine niedere Alkyl-, Cycloalkyl-, Benzyl- oder Phenylgruppe u. NX eine niedere Dialkylamino-, Piperidino- oder Morpholinogruppe bedeuten, wirken *anticholinergisch*. — (*2-Butanolhydrochlorid* = **II**). —

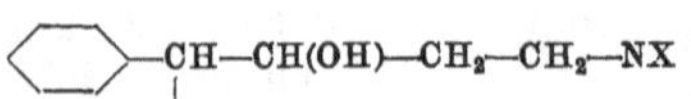

I

1-Phenyl-1-äthyl-4-dimethylamino-**II**, man red. 1-Phenyl-1-äthyl-4-dimethylamino-2-butanonhydrochlorid mit H_2 u. Pt-Oxyd in Alkohol, F. 142—143°. — Analog wurden hergestellt: *1.1-Diphenyl-1-methyl-4-dimethylamino*-**II**, F. 174—175°. — *1-Phenyl-1-isopropyl-4-piperidino*-**II**, F. 140—142°. — *1-Phenyl-1-isopropyl-4-dimethylamino*-**II**, F. 139,5 bis 142,5°. — Ferner sind genannt: *1-Phenyl-1-methyl-4-dimethylamino-*, *1-Phenyl-1-methyl-4-piperidino-*, *1-Phenyl-1-äthyl-4-morpholino-*, *1-Phenyl-1-äthyl-4-piperidino-*, *1-Phenyl-1-n-propyl-4-morpholino-*, *1-Phenyl-1-n-propyl-4-dimethylamino-*, *1-Phenyl-1-n-propyl-4-piperidino-*, *1-Phenyl-1-cyclohexyl-4-dimethylamino-*, *1-Phenyl-1-n-butyl-4-dimethylamino-*, *1-Phenyl-1-lauryl-4-dimethylamino-*, *1-Phenyl-1-benzyl-4-dimethylamino-*, *1-Phenyl-1-benzyl-4-piperidino-*, *1.1-Diphenyl-4-dimethylamino-* u. *1.1-Diphenyl-4-diäthylamino*-**II**. — *1.1-Diphenyl-4-piperidino-2-butanol*, F. 78—79°. (**A. P. 2 717 895** vom 5/6. 1951, ausg. 13/9. 1955.) G. LANGER. 4807

Merck & Co., Inc., Rahway, übert. von: **Carl Ziegler**, Clementon, N. J., V. St. A., *Bisquaternäre Ammoniumbenzoate* der Formel **I**, worin R^1, R^2, R^3, R^4 niedere Alkylreste, R^5 u. R^6 niedere Alkylreste oder Aralkylreste, Y eine gerade oder verzweigte Alkylengruppe mit 3—6 C-Atomen u. X^1 u. X^2 Anionen bedeuten, wirken *curareartig*. — *p-Trimethylammoniumbenzoesäure-(3-trimethylammoniumpropylester)-dijodid* (**II**). Man setzt das Reaktionsprod. aus p-Dimethylaminobenzoylchlorid u. Methyljodid in Aceton mit dem Reaktionsprod. aus 3-Dimethylaminopropanol u. Methyljodid in Aceton um. — *p-Trimethylammoniumbenzoesäure-(3-trimethylammoniumpropylester)-dimethylsulfat*. man setzt Trimethylenbromhydrin in Chlf. mit p-Dimethylaminobenzoylchlorid um, erhitzt das Reaktionsprod. mit Dimethylamin in A. unter Druck auf 85—90° u. kocht den entstandenen *p-Dimethylaminobenzoesäure-(3-dimethylaminopropylester)*, $Kp._{0,5}$ 160—161°, mit Dimethylsulfat in Alkohol. — **II** wird auch folgendermaßen erhalten: Man setzt 3-Dimethylaminopropanol in Chlf. mit p-Dimethylaminobenzoylchlorid zu *p-Dimethylaminobenzoesäure-(3-dimethylaminopropylester)-hydrochlorid* (F. 181—183°) um, erhält hieraus mit NaOH den freien p-Dimethylaminobenzoesäure-(3-dimethylaminopropylester) u. kocht diesen mit Methyljodid in Alkohol. — Analog diesen 3 Verff. wurden die folgenden Verbb. hergestellt: *p-Benzyldimethylammoniumbenzoesäure-(3-benzyldimethylammoniumpropylester)-dibromid*; die folgenden Ester der *p-Trimethylammoniumbenzoesäure*: *(3-Trimethylammoniumpropylester)-di-p-toluolsulfonat*; *(3-Trimethylammoniumpropylester)-dibromid*; *(3-Dipropylmethylammoniumpropylester)-dibromid*; *(3-Dibutylmethylammoniumpropylester)-dibromid*; *(3-Diäthylmethylammoniumpropylester)-dibromid*; *(4-Trimethylammoniumbutyl-2-ester)-dibromid*; *(4-Trimethylammoniumbutylester)-dibromid*; *(4-Trimethylammoniumbutylester)-di-p-toluolsulfonat*; *(5-Methyldiäthylammoniumpentyl-2-ester)-dijodid*; *(5-Trimethylammoniumpentylester)-dibromid*; *(6-Trimethylammoniumhexylester)-dibromid*. (**A. P. 2 717 904** vom 30/8. 1952, ausg. 13/9. 1955.) G. LANGER. 4807

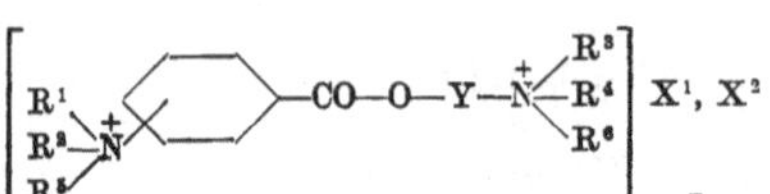

I

Henkel & Cie. G. m. b. H. (Erfinder: **Wilhelm Kaiser**), Düsseldorf, *Herstellung von bisquaternären Ammoniumverbindungen* der Formel $Q_1—R_1—CO—NH—R_2—NH—CO—R_3—Q_2$, worin Q_1 u. Q_2 quaternäre Ammoniumgruppen, R_1 u. R_3 gegebenenfalls gleichartige, aliphat. Reste u. R_2 einen beliebigen organ. Rest bedeuten u. die Summe der in den Resten R_1, R_2 u. R_3 enthaltenen C-Atome 4—14 u. die Summe der in den Gruppen Q_1 u. Q_2 enthaltenen C-Atome 6—14 beträgt, dad. gek., daß man eine Carbonsäure oder ein zur Amidbldg. befähigtes Deriv. einer Carbonsäure, die im Mol. eine in eine Aminogruppe umwandelbare reaktionsfähige Gruppe besitzen, mit einem Diamin zum Diamid umsetzt, die reaktionsfähigen Gruppen in Aminogruppen überführt u. diese quaternisiert, oder daß man eine Carbonsäure oder ein zur Amidbldg. befähigtes Deriv. einer Carbonsäure, die im Mol. eine gegebenenfalls quaternäre Aminogruppe besitzt, mit einem Diamin zum Diamid umsetzt u. gegebenenfalls die Aminogruppen quaternisiert. *Therapeutica*, einige besitzen *Curarewirkung*. — *N.N'-Bis-(diäthylaminoacetyl)-p-phenylendiamin*, man erhitzt p-Phenylendiamin mit Diäthylaminoessigsäurebutylester unter Durchleiten von N_2 auf 180—210°, bis kein Butanol mehr abdest., F. 151—152°; *Bisjodmethylat*, F. 235 . — *N.N'-Bis-chloracetyl-m-phenylendiamin*, man löst m-Phenylendiamin in Dimethylanilin u. versetzt mit Chloracetylchlorid bei 30°, F. 214—215°; gibt beim Erhitzen mit Trimethylamin in A. auf 100° ein bisquaternäres Ammoniumsalz, hochviscoses Öl. — Analog werden hergestellt: *N.N'-Bis-(diäthylaminoacetyl)-äthylendiamin*, F. 89—91°; *Bisjodmethylat*, F. 210—211°. — *N.N'-Bis-(dimethylaminoacetyl)-m-phenylendiamin*, $Kp._{0,5}$ 200—220°; *Bisjodmethylat*, F. 246—247°. — *N.N'-Bis-(dimethylaminoacetyl)-p-xylylendiamin*, F. 137—139°; *Bisjodmethylat*, F. 239—241°. — *N.N'-Bis-(diäthylaminoacetyl)-tetramethylendiamin*, F. 60—61,5°; *Bisjodmethylat*, F. 183 bis 184°. — *N.N'-Bis-(diäthylaminoacetyl)-hexamethylendiamin*, F. 64—66°; *Bisjodmethylat*, F. 130—132°. — *Bisquaternäres Salz* aus *N.N'-Bis-(chloracetyl)-m-phenylendiamin* u. *Dimethyl-n-butylamin*, hochviscoses Öl. (**D. B. P. 936 395** Kl. 12q vom 17/2. 1952, ausg. 15/12. 1955. Anmeldung bekanntgemacht 16/6. 1955.) G. LANGER. 4807

Alfred Dornow und **Horst Eichholtz**, Hannover, *Herstellung von N-Arylmethyl-Derivaten von Aminoalkoholen des Aryl-(1)-äthanolamin-(2)-typus*, dad. gek., daß Phenyl-(1)-äthanolamin-(2) (**I**) mit einem Benzaldehyd (**II**) umgesetzt u. hydriert wird. — *Anaesthetica*. — *1-Phenyl-2-benzylaminoäthanol-(1)* (**III**), man hydriert ein Gemisch aus **I**, **II** u. NaOH in Ggw. von Pt, F. 102°; *Hydrochlorid*, F. 227°. Man kann auch **I** mit **II** zunächst zu *1-Phenyl-2-benzalaminoäthanol-(1)*, F. 115—116°, umsetzen u. dieses analog zu **III** reduzieren. (**D. B. P. 942 512** Kl. 12q vom 28/10. 1951, ausg. 3/5. 1956. Anmeldung bekanntgemacht 10/11. 1955.) G. LANGER. 4807

G. D. Searle & Co., Chicago, übert. von: **Robert R. Burtner**, Skokie, Ill., V. St. A., *Cycloalkyl(alk)oxyphenylfettsäuren* der Formel **I** (R = Cycloalkyl, bes. Cyclohexyl; R' = H, OH, niedere Alkyl- oder Alkoxygruppen; X = H oder niederes Alkyl; A = direkte Bindung, $-CH_2-CH_2-$, $-CH{=}CH-$ oder — nur gemäß allg. Anspruch — sonstiger zweiwertiger gesätt. oder ungesätt. aliphat. KW-stoffrest; Z = organ. oder anorgan. Kation) erhält man aus den entsprechend substituierten Benzaldehyden entweder (falls A eine direkte Bindung bedeutet) durch Oxydation oder durch Kondensation mit Malonsäure mit nachfolgender partieller Decarboxylierung (A = $-CH{=}CH-$); gegebenenfalls (A = $-CH_2-CH_2-$) hydriert man die ungesätt. Säuren anschließend noch mittels Edelmetallkatalysatoren. — Z. B. läßt man bei n. Temp. in eine Lsg. aus 361 (Teilen) 3-Cyclohexyl-4-methoxybenzaldehyd u. 5 J_2 in 3200 CCl_4 ein Gemisch aus 264 Br_2 u. 800 CCl_4 einfließen, rührt 15 Std. u. erhitzt noch 6 Std. unter Rückfluß. Man erhält *3-Cyclohexyl-4-methoxybenzoesäure*, F. 196°. — 218 3-Cyclohexyl-4-methoxybenzaldehyd, 208 Malonsäure, 10 Piperidin u. 400 Pyridin werden 4 Std. auf 100° erhitzt u. hierauf in verd. H_2SO_4 gegossen. Es scheidet sich farblose *3-Cyclohexyl-4-methoxyzimtsäure*, F. 202—203°, ab, aus der man durch Hydrieren *β-(3-Cyclohexyl-4-methoxyphenyl)-propionsäure*, F. 126—127°, erhält. Aus letzterer erhält man durch Erhitzen mit HJ u. Essigsäureanhydrid *β-(3-Cyclohexyl-4-oxyphenyl)-propionsäure*. — Analog: 2-Methoxy-5-cyclohexylbenzaldehyd, $Kp._{0,6}$ 140—160°, → *2-Methoxy-5-cyclohexylzimtsäure*, F. 146°, → *β-(2-Methoxy-5-cyclohexylphenyl)-propionsäure*. *Heilmittel* u. Zwischenprodukte. (**A. P. 2 567 873** vom 29/6. 1949, ausg. 11/9. 1951.) O. SCHÖN. 4807

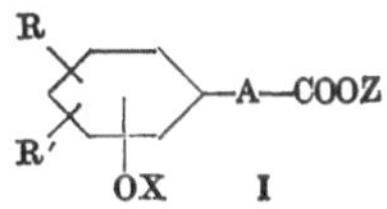

I

Chimie et Atomistique, Paris, Frankreich, *Desoxybenzoinderivate* der Formel **I**,

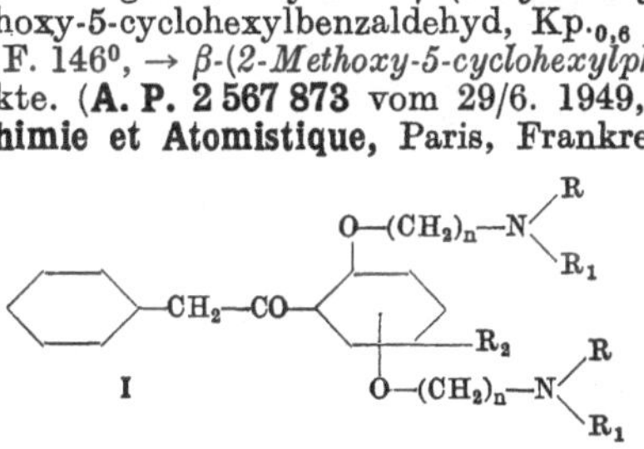

I

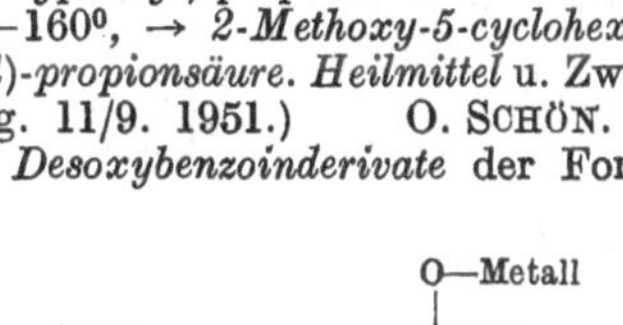

II

worin R u. R_1 Alkylreste mit 1—4 C-Atomen, n 1—3 u. R_2 H, Alkyl- oder Aralkylreste bedeuten, entstehen durch Rk. eines Desoxybenzoins **II** mit einer Verb. X—$(CH_2)_n$—$N(R)(R_1)$ (X = Halogen). Die Verbb. wirken *anthelminthisch*. — *2.4-Bis-(diäthylaminoäthoxy)-desoxybenzoindihydrochlorid*, man versetzt 2.4-Dioxydesoxybenzoin mit Na-Äthylatlsg. u. Diäthylaminochloräthan, erhitzt auf dem Wasserbad u. säuert mit HCl an, sehr hygroskopisch. — Analog werden erhalten: *2.6-Bis-(diäthylaminoäthoxy)-5-hexyldesoxybenzoindihydrochlorid*. — *2.4-Bis-(diäthylaminoäthoxy)-desoxybenzoinsulfat*. — *2.4-Bis-(dimethylaminoäthoxy)-desoxybenzoindihydrochlorid*. — *2.4-Bis-(dibutylaminoäthoxy)-desoxybenzoindihydrochlorid*. — *2.4-Bis-(β-diäthylaminoisopropyloxy)-desoxybenzoindihydrochlorid*. — Tafel. (**E. P. 731 499** vom 24/7. 1953, ausg. 8/6. 1955. F. Priorr. 29/7. 1952 u. 7/7. 1953.) G. LANGER. 4807

Parke, Davis & Co., Detroit, Mich., V. St. A., *α-n-Butyl-α-äthylsuccinimid*, F. 59 bis 61°, erhält man in ca. 33%ig. Ausbeute, wenn man α-n-Butyl-α-äthylbernsteinsäure (**I**) oder deren Anhydrid (**II**), vorzugsweise in Ggw. eines inerten Lösungsm. (W., niedermol. aliphat. Alkohole oder eine Mischung derselben, Ae., Bzl. oder Toluol) mit wenigstens 1 Äquivalent NH_3 umsetzt u. die gebildeten Zwischenprodd. auf 100—350°, bes. 190 bis

210°, erhitzt. — Die Ausgangsprodd. **I** u. **II** können in folgender Weise hergestellt werden: 228 (g) n-Butyläthylketon werden mit 198 Cyanessigsäuremethylester nach COPE (J. Amer. chem. Soc. **63**. [1941.] 3452) kondensiert. Ausbeute: 230; Kp.$_{23}$ 145—152°. — 98 KCN werden mit 230 dieses Kondensationsprod. in 400 ml 50%ig. wss. A. verrührt, nach $^1/_2$ Std. mit 2 Vol W. verd. u. mit HCl angesäuert. Das ausgeschiedene Öl wird abgetrennt, die wss. Lsg. mit Ae. extrahiert, die Extrakte werden mit der öligen Schicht vereinigt, die erhaltene Mischung wird mit W., $NaHCO_3$-Lsg. u. W. gewaschen, über Na_2SO_4 getrocknet u. der Ae. daraus durch Dest. entfernt. *α.β-Dicyan-β-n-butyl-β-äthylpropionsäuremethylester*, Kp.$_{28}$ 180—240°. — 120 (g) davon werden mit 450 ml konz. HCl u. 150 ml W. 24 Std. am Rückflußkühler gekocht; anschließend werden 550 der Fl. abdest. u. 425 ml konz. HCl u. 125 ml W. zum erhaltenen Rückstand gegeben; die erhaltene Mischung wird nochmals 24 Std. unter Rückfluß gekocht, Säure u. W. werden abdest., u. der ölige Rückstand wird in 5%ig. NaOH-Lsg. gelöst u. 2mal mit je 200 ml Ae. extrahiert, die verworfen werden. Die wss. Schicht wird bis p_H 1 angesäuert, mit Ae. extrahiert u. die **I** nach dem Abdestillieren des Ae. aus den Ätherextrakten in einer Ausbeute von 65 g erhalten. — 20 g **I** werden mit 120 ml Acetylchlorid unter Rückfluß gekocht, bis die HCl-Entw. aufhört. Nach dem Filtrieren wird das überschüssige Acetylchlorid abdest. u. der Rückstand im Vakuum destilliert. **II**, Kp.$_{21}$ 153—155°; Ausbeute: 12 g. — *Heilmittel* zur Behandlung von *Epilepsie*. (**E. P. 726 837** vom 26/1. 1953, ausg. 23/3. 1955. A. Prior. 26/2. 1952.) R. LINK. 4807

Schering Corp., Bloomfield, übert. von: **Nathan Sperber**, Bronx, und **Domenick Papa**, Brooklyn, und **Erwin Schwenk**, Montclair, N. Y., V. St. A., *γ-Substituierte Propylamine* der Formel $R-\overset{R_1}{\overset{|}{C}}H(CH_2)_n\cdot R_2$ (R = heterocycl. Rest, z. B. Pyrimidyl-, Thiazyl-, Pyrazyl-, Thienyl-, Furyl-, Chinolyl-, s-Triazyl- u. 1.3.4-Thiodiazylrest; R_1 = Phenyl- oder Benzylrest u. deren Substitutionsprodd.; R_2 = Dialkylamino-, Morpholin- oder Piperidinrest; n = 2 oder 3) entstehen durch Hydrolyse u. Decarboxylierung der entsprechenden Nitrile, indem man diese mit starken Säuren, z. B. konz. H_2SO_4, behandelt. — Z. B. werden zu einer Mischung von 114 g 2-Aminopyrimidin u. 600 cm³ konz. HCl, 150 g $NaNO_2$ in W. bei —10° hinzugefügt. Nach $1^1/_2$ Std. wird auf Zimmertemp. erwärmt, mit NH_3 alkal. gemacht u. mit Ae. extrahiert. Die Ae.-Schicht wird getrocknet, filtriert u. verdampft, es hinterbleibt 2-Chlorpyrimidin (**I**), F. 65,4—66,4° (umkrist. aus Bzl.–PAe.), 31 (g) **I** u. 47 α-(β-N.N-Dimethylaminoäthyl)-phenylacetonitril (**II**) u. 300 cm³ Toluol werden auf 80—90° erhitzt u. eine $NaNH_2$-Suspension hinzugefügt. Nach 7 Std. wird W. hinzugegeben, die organ. Schicht abgetrennt u. im Vakuum konzentriert. Der Rückstand wird dann mit 80%ig. H_2SO_4 auf 130° erhitzt, nach 3 Std. auf Eis gegeben, mit NH_3 alkal. gemacht u. das entstehende Öl mit Ae. extrahiert. Die Ätherschicht wird getrocknet, filtriert, verdampft u. fraktioniert. *γ-Phenyl-γ-(2-pyrimidyl)-N.N-dimethylpropylamin*, Kp.$_{0,5}$ 125—130°. **II** + 2-Chlorthiazol → α-(2-Thiazyl)-α-(N.N-dimethylaminoäthyl)-phenylacetonitril, Kp.$_{1,5}$ 153—159°, → *γ-Phenyl-γ-(2-thiazyl)-N.N-dimethylpropylamin*, Kp.$_1$ 123—126°. Entsprechend werden folgende Verbb. hergestellt: *γ-Benzyl-γ-(2-thienyl)-N.N-dimethylpropylamin*; *γ-Benzyl-γ-(2-thienyl)-N.N-diäthylpropylamin*; *γ-(p-Methoxybenzyl)-γ-(2-thienyl)-N.N-dimethylpropylamin*; *γ-Phenyl-γ-(2-thiazyl)-N.N-diäthylpropylamin*; *γ-(p-Methylphenyl)-γ-(2-thiazyl)-N.N-dimethylpropylamin*; *γ-(p-Chlorphenyl)-γ-(2-pyrimidyl)-N.N-dimethylpropylamin*; *γ-(p-Isopropylphenyl)-γ-(2-pyrimidyl)-N.N-dimethylpropylamin*; *δ-Phenyl-δ-(2-pyrimidyl)-N.N-dimethylbutylamin*; *δ-Phenyl-δ-(2-pyrimidyl)-β-(dimethylamino)-butan*; *γ-Phenyl-γ-(2-pyrazyl)-N.N-dimethylpropylamin*; *γ-Benzyl-γ-(5-brom-2-thienyl)-N.N-dimethylpropylamin*. — Die Verbb. dienen als *Antihistaminica* in Form der freien Basen oder deren Salze mit z. B. HCl, HBr, H_2SO_4, Salicyl-, Wein-, Malein-, Bernsteinsäure usw. (**A. P. 2 556 636** vom 23/6. 1948, ausg. 12/6. 1951.) A. MOHR. 4807

May & Baker Ltd., Dagenham, England, *Herstellung von Pentamethylen-bis-N-(N-methylpyrrolidinium)-ditartrat*, F. 214°. Man setzt Weinsäure mit Pentamethylen-bis-N-(N-methylpyrrolidiniumhydroxyd) um. — *Therapeuticum*. (**Schwz. P. 311 414** vom 12/12. 1951, ausg. 31. 1. 1956. E. Priorr. 15/12. 1950, 16/2. u. 23/11. 1951.) K. FABEL. 4807

Johann A. Wülfing, Gronau, *Stabile Lösungen von Dimethylaminophenyldimethylpyrazolon* in W. erhält man durch Zusatz etwa der gleichen Menge Phenyldimethylpyrazolon. Es können auch andere Arzneimittel, wie p-Aminobenzoyldiäthylaminoäthanol bzw. dessen Salze, in Lsg. gebracht werden. (**E. P. 724 220** vom 1/10. 1952, ausg. 16/2. 1955. D. Prior. 14/6. 1951.) K. HEINZE. 4807

SPOFA, Vereinigte Pharmazeutische Werke, Nationalunternehmen, Prag, Tschechoslowakei, *Herstellung halogenierter Oxyketone*. Durch Spaltung von 3-Chlor-3-äthyl-2.4-diketochroman mit Hilfe von W. u. anschließende Decarboxylierung erhält man *o-Oxy-α-chlorbutyrophenon*, Kp.$_{0,5}$ 110°. Analog bekommt man *o-Oxy-α-chlor-α-phenylacetophenon*, F. 64°, u. aus dem 3.3'-Methylen-bis-(3-chlor-2.4-diketochroman) entsteht *1.3-Disalicoyl-1.3-dichlorpropan*, F. 132°. — Zwischenprodd. für die Herst. von *Arzneimitteln* (*antikoagulierenden Chromonylderivaten*). — Vgl. auch Oe. P. 174 605; C. **1954**. 4263. (**Schwz. PP. 308 189, 308 190** u. **308 191** vom 1/10. 1951, ausg. 1/9. 1955. Tschech. Prior. 6/10. 1950.) K. FABEL. 4807

Génot, Boulanger, Dausse Soc. An., Marokko, *Herstellung von Derivaten des 6.7-Dioxycumarins* (*Äsculetols*). — 5 (Teile) 4-Methyläsculetol werden in 50 einer 5nNaOH gelöst, u. dazu wird eine Lsg. von 5 (Teilen) des Hydrochlorids von diäthyliertem Aminoäthylchlorid in 10 einer 2,5nNaOH gegeben. Das Gemisch wird 30 Min. lang auf dem Wasserbad erhitzt. Es entsteht dabei das in 7-Stellung mit der β-Diäthylaminoäthylgruppe verätherte 4-Methyläsculetol, welches in W. u. in Aceton lösl. ist. Es bildet ein Jodmethylat, F. 210°, wasserlöslich. — Bei Ersatz des diäthylierten Aminoäthylchlorids durch Morpholyläthylchlorid in Form des Hydrochlorids wird das in 7-Stellung mit der β-Morpholyläthylgruppe verätherte 4-Methyläsculetol, F. 120°, erhalten. — Weiter sind beschrieben der 7-Carboxymethyläther des 4-Methyläsculetols, F. 236°, der 7-α-Carboxyäthyläther des 4-Methyläsculetols, F. 196°, der 7-α.β-Dioxypropyläther des 4-Methyläsculetols, der 7-β-Diäthylaminoäthyläther des Äsculosids, F. 148°, der 7-Carboxymethyläther des Äsculosids. — Die Prodd. finden bes. in Form ihrer quaternären Verbb. u. Salze *therapeut*. Verwendung. (**F. P. 1 034 839** vom 29/3. 1951, ausg. 3/8. 1953.) M. F. MÜLLER. 4807

J. R. Geigy Akt.-Ges. (Erfinder: **Willy Stoll**), Basel, Schweiz, *Herstellung von Äthylendiaminderivaten*. Zu Dän. PP. 73 813 u. 73 814; C. **1953**. 4911, ist nachzutragen: *N.N-Dimethyl-N'-(p-brombenzyl)-N'-(2-pyridyl)-äthylendiamin*, Kp.$_{0,1}$ 162°, hellgelbes, leicht viscoses Öl; *Hydrochlorid*, F. 187—188°. — *N.N-Dimethyl-N'-(p-fluorbenzyl)-N'-(2-pyridyl)-äthylendiamin*. — Statt des freien β-Dimethylaminoäthanols kann auch sein Ester oder sein Salz mit HCl als Ausgangsmaterial verwendet werden. — *Antihistaminica*. (**D. B. P. 931 828** Kl. 12p vom 5/11. 1948, ausg. 18/8. 1955. Anmeldung bekanntgemacht 8/11. 1951. Schwz. Prior. 19/8. 1947.) R. LINK. 4807

Wellcome Foundation Ltd., London, *Herstellung von trans-1-(4'-Methylphenyl)-1-(2''-pyridyl)-3-N-pyrrolidinopropen-(1)* (**I**), F. 63—64°, dad. gek., daß man 1-(4'-Methylphenyl)-1-(2''-pyridyl)-3-N-pyrrolidinopropanol-(1) (**II**) oder ein Salz desselben mit 85%ig. H_2SO_4 10 Min. auf 165° erhitzt u. **I** aus dem Reaktionsgemisch über das *Oxalat*, F. 173—174° (Zers.), Absorptionsmaxima bei $\lambda = 232{,}5$ u. $282{,}5$ mμ; E = 16,2 u. 8,2, abtrennt. — *Chlorhydratmonohydrat*, F. 116,5—118° (aus W.); *Bromhydratmonohydrat*, F. 119—121°; *Bromhydrat*, F. 159—160°. — **II**, F. 119—120°, kann wie folgt hergestellt werden: 4-Methylacetophenon u. Pyrrolidin werden nach MANNICH umgesetzt. — *Antihistaminicum*. (**Schwz. P. 308 141** vom 9/9. 1952, ausg. 1/9. 1955. A. Priorr. 10/9. 1951 u. 5/8. 1952.) R. LINK. 4807

Roche Products Ltd., Welwyn Garden City, Herts., England, *2-Thiotetrahydropyridone* der allg. Formel **I** (R_1 u. R_2 sind 1wertige KW-stoffreste mit 1—4 C-Atomen, bes. niedermol. Alkyl- u. Alkenylreste) erhält man durch Kondensation eines α.α-disubstituierten Acetoacetonitrils mit einem Ameisensäureester in Ggw. eines alkal. Kondensationsmittels (Na, K, Na-Alkoholat) u. eines inerten organ. Lösungsm. (Bzl., Toluol, Diäthylcarbonat), Behandeln der erhaltenen α.α-disubstituierten γ-Oxymethylenacetoacetonitrile mit NH_3 u. NH_4Cl in alkal. Lsg., Cyclisierung der gebildeten α.α-disubstituierten γ-Aminomethylenacetoacetonitrile in einem organ. Lösungsm. (Methanol) mit alkal. Mitteln (Alkalialkoholate) u. Behandeln des erhaltenen Reaktionsprod. mit H_2S oder einer H_2S-abgebenden Verb. (P_2S_5). — Aus 2-Cyanbutanon-(3), Na, A. u. C_2H_5Br bei 50° → *α-Äthyl-α-methylacetoacetonitril*, Kp.$_{14}$ 80—82°. Daraus erhält man durch Kondensation mit Ameisensäuremethylester u. Na in Toluol bei 20° das *Na-Salz* des *α-Äthyl-α-methyl-γ-oxymethylenacetoacetonitrils*. Daraus entsteht durch Einw. von NH_3 u. NH_4Cl *α-Äthyl-α-methyl-γ-aminomethylenacetoacetonitril*, Kp.$_{0,05}$ 106°. Daraus erhält man durch Einw. von einer alkoh. Na-Alkoholatlsg. u. anschließendes Einleiten von H_2S nach dem Zers. mit konz. HCl *3-Äthyl-3-methyl-2-thio-4-keto-1.2.3.4-tetrahydropyridin*, F. 113—114° (aus Methanol) gelbe Kristalle. — Analog: *α-Allyl-α-methylacetoacetonitril*, Kp.$_{12}$ 80—85°, schwer lösl. in W.; daraus erhält man durch Hydrieren mit H_2 in Ggw. von Pd-Kohle *α-n-Propyl-α-methylacetoacetonitril*, Kp.$_{12}$ 90—95°. *α-n-Propyl-α-methyl-γ-aminomethylenacetacetonitril*. *3-n-Propyl-3-methyl-2-thio-4-keto-1.2.3.4-tetrahydropyridin*, F. 117—118° (aus Methanol). — *3-Allyl-3-methyl-2-thio-4-keto-1.2.3.4-tetrahydropyridin*. — *α.α-Diäthylacetoacetonitril*, Kp.$_{14}$ 100—102°. *α.α-Diäthyl-γ-aminomethylenacetoacetonitril*, Kp.$_{0,1}$ 137—140°. *3.3-Diäthyl-2-thio-4-keto-1.2.3.4-tetrahydropyridin*, F. 141—142°, gelbe Kri-

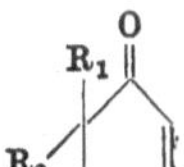

I

stalle. — *Hypnotica*. (**E. P. 735 686** vom 18/11. 1953, ausg. 24/8. 1955. Schwz. Prior. 4/12. 1952.) R. Link. 4807

Chemische Fabrik Schweizerhall, Basel, Schweiz, *Herstellung von 4-aminosalicylsauren Salzen heterocyclischer Carbonsäurehydrazide und ihrer Komplexverbindungen mit Kupfer-, Gold- und Eisensalzen.* Man versetzt 4-Aminosalicylsäure (I) oder ihre Salze mit anorgan. Basen mit einem heterocycl. Carbonsäurehydrazid oder dessen Salzen mit anorgan. Säuren in einem inerten Lösungsm. (A. oder wss. A.), gegebenenfalls in Ggw. von Cu-, Au- oder Fe-Salzen, welche in dem verwendeten Lösungsm. lösl. sind. — Eine Lsg. von 27,6 (Teilen) Isonicotinsäurehydrazid (II) in 500 Voll. 96%ig. A. wird auf einmal zu 30,6 fester I gegeben. Diese löst sich sofort auf u. nach kurzer Zeit krist. das 2-*aminosalicylsaure Salz* des II in feinen Nadeln. — Wird die Rk. in Ggw. von $CuSO_4$ u. Na-Acetat durchgeführt, so bildet sich ein grüner Nd. der entsprechenden Cu-Komplexverbindung. — *Therapeutica* zur Behandlung von *Tuberkulose*. (**E. P. 744 483** vom 25/2. 1953, ausg. 8/2. 1956. Schwz. Prior. 25/2. 1952.) R. Link. 4807

Wellcome Foundation Ltd., London, England, und **Burroughs Wellcome & Co., Inc.,** Tuckahoe, N. Y., V. St. A., *5-Aryl-6-alkaryl-2.4-diaminopyrimidine* der Formel I erhält man durch Kondensation eines Enoläthers eines α-Phenylacetylphenylacetonitrils (II) mit Guanidin (III) (W, X, Y u. Z = H, Halogen, Alkoxy; R = niedermol Alkyl).

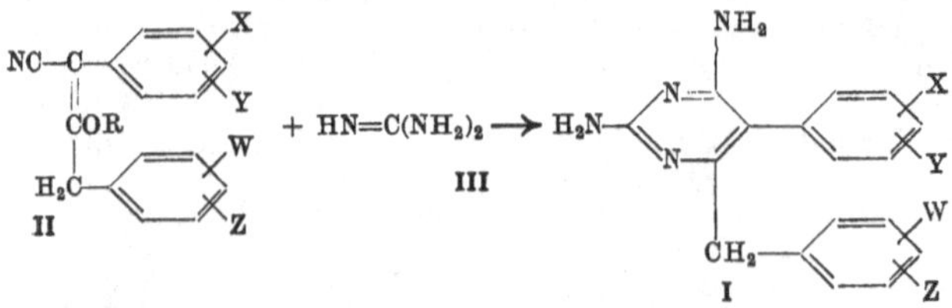

— Aus α-Phenylacetylphenylacetonitril + Äthylorthopropionat + III in Ggw. von Na in A. → *2.4-Diamino-5-phenyl-6-benzylpyrimidin*, aus Bzl.-PAe. u. wss. A. Nadeln, F. 213—215°. — Phenylessigsäureäthylester + p-Chlorphenylacetonitril → α-Phenylacetyl-p-chlorphenylacetonitril, F. 130°, → *2.4-Diamino-5-p-chlorphenyl-6-benzylpyrimidin*, aus A. Prismen, F. 235—236°. — p-Chlorphenylessigsäureäthylester + p-Chlorphenylacetonitril → α-(p-Chlorphenyl)-acetyl-(p-chlorphenyl)-acetonitril, aus Ae.-PAe., F. 84°, + Diazomethan + III → *2.4-Diamino-5-(p-chlorphenyl)-6-(p-chlorbenzyl)-pyrimidin*, F. 241—243° (aus A.). — Äthylhomoveratrat + p-Chlorphenylacetonitril → α-(3.4-Dimethoxyphenylacetyl)-(p-chlorphenyl)-acetonitril, F. 96—97°, + Diazomethan + III → *2.4-Diamino-5-(p-chlorphenyl)-6-(3'.4'-dimethoxybenzyl)-pyridin*, F. 221°. — α-Phenylacetyl-3.4-dichlorphenacetonitril, aus Bzl. Platten, F. 124°, + Äthylorthoacetat + III → *2.4-Diamino-5-(3'.4'-dichlorphenyl)-6-benzylpyrimidin*, Platten, F. 217°. — *2.4-Diamino-5-(m-fluorphenyl)-6-(o-chlorbenzyl)-pyrimidin*, F. 267°. — *2.4-Diamino-5-(3'.4'-dimethoxyphenyl)-6-benzylpyrimidin*, F. 242°. — *Heilmittel* gegen *Malariainfektionen*. (**E. P. 724 208** vom 18/3. 1952, ausg. 16/2. 1955.) G. Krauss. 4807

Imperial Chemical Industries Ltd., London, England (Erfinder: **E. H. P. Young** und **F. H. S. Curd**), *Herstellung diquaternärer Salze des 4-Amino-6-(2'-aminopyrimidyl-4'-amino)-chinazolins* durch Rk. von 4-Amino-6-(2'-aminopyrimidyl-4'-amino)-chinazolin mit einer Verb., die ein quaternäres Salz bildet, z. B. Methyl-p-toluolsulfonat. 4-Amino-6-(2'-aminopyrimidyl-4'-amino)-chinazolin-1':1'-di-(methyl-p-toluolsulfonat), F. 336 bis 338°. (**Schwed. P. 143 470** vom 5/12. 1951, ausg. 29/12. 1953. E. Prior. 6/12. 1950.) K. H. Kähler. 4807

Chattanooga Medicine Co., übert. von: **Irvine W. Grote,** Chattanoga, und **James M. Holbert,** Lookout Mountain, Tenn., V. St. A., *Diureticum*, bestehend aus *8-Bromtheophyllin-2-amino-2-methyl-1-propanol*, durch gemeinsames Erhitzen mol. Mengen von 8-Bromtheophyllin u. 2-Amino-2-methyl-1-propanol in W. u. anschließende Vakuumtrocknung der Lösung. Die Salzbldg. kann auch mit anderen Aminen, z. B. Monoäthanolamin, 2-Amino-2-methyl-1.3-propandiol, Trioxymethylaminomethan, Alkylendiaminen, Alkylentriaminen durchgeführt werden. Die Amine können auch Arylgruppen tragen, wie Benzylamin, p-Methoxybenzylamin u. dergleichen. 8-Bromtheophyllin kann auch mit Aminosäuren, wie Glycin, Alanin, Glutaminsäure, umgesetzt werden. Es kann auch von 8-Chlortheophyllin ausgegangen werden. — Vgl. auch E. P. 743 385; C. **1956.** 5364. (**A. PP. 2 711 409** vom 7/6. 1951, **2 711 410** vom 8/8. 1951 u. **2 711 411** vom 19/11. 1952, alle ausg. 21/6. 1955.) K. Heinze. 4807

Roche Products Ltd., Welwyn Garden City, England, *2.17-Dimethyl-3-oxymorphinan* (I) *und dessen Salze.* 3-Oxy-17-methylmorphinan wird mit HCHO oder diesen abgebenden Stoffen (Paraformaldehyd) in Ggw. eines sek. Amins (Dimethylamin, Dibutylamin) nach Mannich umgesetzt u. das entstandene 2-(N.N-Di-substituierte-aminomethyl)-3-oxy-17-methylmorphinan, wie 2-(Diäthylaminomethyl)-3-oxy-17-methylmorphinandihydrobromid, F. 252—253°, katalyt. mit H_2, z. B. in Ggw. von Pd-Kohle, bei 150° u. 50 at unter Abspaltung der sek. Aminogruppe zu I hydriert, F. 89—92° (vorheriges Sintern), daraus mit verd. HCl I-*Hydrochloridmonohydrat*, nach Trocknen bei 40°. F. 149—150° (Aufschäumen). — (—)-I-*Hydrochloridmonohydrat*, F. 171—173°, → *freie Base*, F. 203—204°; $[\alpha]_D^{20}$ —36,3° (c = 3,0; W.). — (+)-I. — Sowohl das Racemat wie die opt. akt. Antipoden wirken *hustenstillend* ohne analget. Wrkg. zu zeigen. (**E. P. 731 787** vom 3/12. 1953, ausg. 15/6. 1955. Schwz. Prior. 8/12. 1952.) G. KRAUSS. 4807

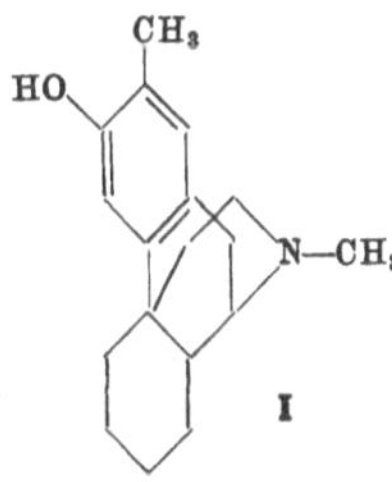

I

Merck & Co., Inc., übert. von: **Edward L. Rickes**, Rahway, N. J., und **Thomas R. Wood**, Hockessin, Del., V. St. A., *Vitamin B_{12}-Gewinnung* durch Fermentation von Mikroorganismen der Gattungen Torula, Eremothecium u. Schizomyceten, z. B. Streptomycesarten, Pseudomonasarten, Alcaligenes faecalis, Mycobacterium smegmatis, Alternaria alevaeca in geeigneten Nährböden, die neben Sojamehl, Kohlenhydrate, anorgan. Salze, p-Aminobenzoesäure, Biotin, Weizenkeimöl, Ca-Pantothenat, Vitamin B_1, B_2, Aminosäuren, Co-Salze u. dgl. enthalten. Aufarbeitung durch Adsorption an Aktivkohle, Fullererde oder durch Sprühtrocknung der Fermentations-Fl.; genaue Angabe über Nährflüssigkeit. (**A. P. 2 703 302** vom 8/12. 1952, ausg. 1/3. 1955.) K. HEINZE. 4809

J. R. Geigy Akt.-Ges., Basel, Schweiz, *Analgeticum* mit einem Geh. von 0,1 bis 4 (Teilen) Morphin oder Codein u. 20 4-Alkyl-1.2-diphenyl-3.5-dioxopyrazolidin. Die Alkylgruppe kann 2—6 C-Atome tragen. Verwendet wird bes. die 4-n-Butylverbindung. Injizierbare Lsgg. mit protrahierter u. gesteigerter Wirkung. (**E. P. 742 672** vom 24/4. 1953, ausg. 30/12. 1955. Schwz. Prior. 24/4. 1952.) K. HEINZE. 4815

Charles O. Wilson and **Ole Gisvold**, Textbook of organic medicinal and pharmaceutical chemistry; 3rd ed. Philadephia: Lippincott. 1956. (823 S.) 8°. $ 11,—.

—, American Medical Association. New and non-official remedies, 1956: Containing descriptions of drugs evaluated by The Council on Pharmacy and Chemistry of the American Medical Association, rev. edn. London: Pitman Medical. 1956. (540 S.) 30 s.

G. Analyse. Laboratorium.

R. S. Young und **D. A. Benfield**, *Eine Verteilerpipette für Routinemessungen.* Es wird eine auf dem Saugprinzip beruhende Pipette beschrieben, die zur fortlaufenden Abheberung gleicher Volumina aus verschied. Fll. konstruiert wurde. (Chemist-Analyst **41**. 47—48. Juni 1952. Johannisburg, South Africa, Ind. Distributors, Diamond Res. Labor.) H. LEHWALD. 5014

Werner Koch, *Eine neue Methode zur Lösung des Küvettenproblems bei der Registrierung des Gaswechsels.* Die durch das Küvettenproblem („Küvettenklima") bedingten method. Schwierigkeiten bei der Dauerregistrierung unverfälschter Assimilations- u. Transpirationswerte können dadurch für die Unters. gewisser Objekte behoben werden, daß die allseitig umschließende Küvette durch eine einseitige, innen hohle Ansaugplatte aus Plexiglas ersetzt wird, auf deren feinstperforierter Oberseite das Versuchsblatt ohne Druck aufliegt. Von der Plattenunterseite wird die Luft durch einen Stutzen abgesaugt. (Naturwissenschaften **43**. 64. 1. Febr.-H. 1956. München, Forstbotan. Inst.) K. MAIER. 5014

G. Milazzo, *Über eine mögliche Fehlerquelle bei Druckmessung mit Kapazitätsmikromanometern.* Bei Kapazitätsmikromanometern trennt eine Metallmembran vakuumdicht zwei Räume, von denen der eine unter dem zu messenden u. der andere unter einem bekannten Druck oder unter Vakuum steht. Die Membran erleidet eine von der Druckdifferenz abhängige Durchbiegung. Der Membran gegenüber befindet sich eine feste Metallwand. Diese u. die Membran bilden die Platten eines Kondensators, dessen Ruhekapazität sich einstellt, wenn die Druckdifferenz gleich Null ist. Der zu messende Druck kann ermittelt werden 1. durch direkte Messung der Kondensatorkapazität nach vorheriger Eichung, 2. durch Kompensation des unbekannten Drucks durch den Gegendruck eines permanenten Gases u. direkte Messung desselben, wobei der Kondensator seine Ruhekapazität annimmt, 3. durch Messung der (der für die Kapazitätsmessung erforderlichen Hochfrequenzspannung überlagerten) Spannung zwischen den Kondensatorplatten, die notwendig ist, um durch elektrostat. Anziehung die Ruhelage der Membran wiederherzustellen, nach vorheriger Eichung. Bei allen drei Methoden treten Fehler auf, wenn der Druck eines an den Platten des Kondensators adsorbierbaren Gases gemessen werden soll, weil dann eine DK. >1 resultiert, deren Abhängigkeit vom Druck in der

Regel nicht bekannt ist. Vf. errechnet überschläglich die Größe des möglichen Fehlers bei dem von ihm benutzten Gerät mit 4% des Gesamtmeßbereiches u. macht Vorschläge für einen umgekehrten Versuchsaufbau, der trotzdem fehlerlose Messungen gestattet. (Z. Elektrochem., Ber. Bunsenges. physik. Chem. **60.** 185—88. 1956. Roma, Ist. Sup. di San., Labor. di Chim.) D. BREDTSCHNEIDER. 5016

Clément Duval, *Neues Verfahren zur kontinuierlichen Wägung.* Die kontinuierliche Wägung mit Registrierung erlaubt die laufende Feststellung des Gewichtsverlustes oder -gewinnes eines erhitzten Stoffes als Temperatur- oder Zeitfunktion. Die hierzu geeignete Waage wird an Skizzen u. Photos geschildert, u. es wird auf die durch das Verf. der kontinuierlichen Wägung gegebenen zahlreichen Möglichkeiten hingewiesen. An sehr vielen Fällen wurde das Gewichtsverh. von Ndd. beim Erwärmen untersucht u. dabei u. a. die Existenz einer Metaborsäure u. Metavanadinsäure festgestellt. Es ergab sich auch eine brauchbare Meth. zur Trennung von Ga u. Fe u. zur Best. zweier Stoffe in einem Gemisch ohne vorherige Trennung. (Dechema Monogr. **21.** 150—83. 1952. Paris, Sorbonne, Labor. de Chim. B.) H. ECKHARD. 5022

Norman G. Anderson, *Brei-Fraktionierung.* Beschreibung einer Analysenzentrifuge für mittlere Geschwindigkeiten u. Besprechung der Vermeidung auftretender Schwierigkeiten. Erläuterung des „Strömungs"- u. des „Übertragungs"-(turnover-) Effekts. (Science [Washington] **121.** 775—76. 27/5. 1955. Oak Ridge, Tenn., Oak Ridge Nat. Labor.) PH. FRESENIUS. 5036

N. I. Gelperin und **K. W. Wilschau,** *Untersuchung der Rektifikationswirkung der mit Porzellanringen gefüllten Laboratoriumskolonnen.* Vff. schlagen vor, Porzellanringe, die sich durch große mechan. u. chem. Widerstandsfähigkeit u. gut entwickelte Absorptionsflächen auszeichnen, als Standardfüllkörper für Laboratoriums- u. halbtechn. Betriebe einzuführen. Unter Verwendung eines bin., dem RAOULTschen Gesetz folgenden Bzl.-Dichloräthan-Gemisches ($\varepsilon = 1{,}111$) werden an Hand näher beschriebener Kolonnen Fraktionierungen durchgeführt u. die Wechselbeziehungen zwischen optimaler linearer Dampfgeschwindigkeit u. der Anzahl theoret. Kolonnenböden sowie der Einfl. aufeinander abgestimmter Dimensionen der Kolonnen u. der Füllkörper auf den Koeff. der Massenübertragung ermittelt. Die Wirksamkeit der Füllkörper ist in den unteren Schichten der Packungen am größten, in den mittleren am geringsten. (Журнал Прикладной Химии [J. angew. Chem.] **28.** 254—61. März 1955. Allunions Wiss. Forschungsinst. für chem. Reagentien.) M. NOETZEL. 5038

Georg Roeder, *Zur Bestimmung der Dichte von Flüssigkeiten.* Vf. beschreibt ein neues Verf. zur pyknometr. Best. der D. von Fll., bei dem der Luftauftrieb bei verschied. Barometerstand berücksichtigt wird. Bei der Korrektur auf das Vakuum wird die Druckabhängigkeit der Luftdichte berücksichtigt u. für diese Korrektur eine Tabelle für Flüssigkeitsdichten von 0,5—1,5 angegeben. (Chemie-Ing.-Techn. **25.** 497—99. Aug./Sept. 1953. Gießen, Justus-Liebig-Hochsch.) K. SCHILLER. 5042

S. Mériaux, *Beitrag zum Studium der Korngrößenanalyse.* Die theoret. Grundlagen der Korngrößenbest. durch Sedimentation werden besprochen. Auf Grund experimenteller Unterss. der kontinuierlichen Methoden der mechan. Analyse wird die Verwendung der opt. Dichte zur granulometr. Best. der Zus. der Suspension abgelehnt, da dabei auch die Natur der tonartigen oder nicht tonartigen Bestandteile von Einfl. ist. (Ann. Inst. nat. Rech. agronom., Sér. A **5.** 5—59. Jan./Febr. 1954. Dijon, Stat. Agronom.) A. JACOB. 5048

S. Mériaux, *Beitrag zum Studium der granulometrischen Analyse.* 2. Mitt. *Densimetrische) Methode.* (1. vgl. vorst. Ref.) Es wird eine densimetr. Meth. entwickelt, bei welcher von der D. der Suspension das Gewicht der in der betrachteten Säule enthaltenen Teilchen abgezogen wird, im Gegensatz zu der Meth. von BOUYOUCOS, bei welcher direkt die Konz. in g/Liter der Säule bestimmt wird. (Ann. Inst. nat. Rech. agronom., Sér. A **5.** 149—205. März/April 1954.) A. JACOB. 5048

Erich Menzel, *Testobjekte zur Beurteilung von Phasenkontrastverfahren.* Zur Prüfung des „Tiefenauflösungsvermögens" des Phasenkontrastverf. von ZERNICKE wird als Testobjekt eine keilförmige Phasenkante mit stetig abnehmender Dicke vorgeschlagen. Kollodium in Amylacetat wird auf eine Glasplatte aufgegossen. Ein Teil des trocknen Films wird abgezogen. Auf die entstandene gradlinige Kante wird ein Tropfen Amylacetat gebracht, in den das Kollodium hineindiffundiert. Es bildet sich der Phasenkeil. Ein weiterer Teil des Films wird so abgezogen, daß die neue Kante senkrecht zur keilförmigen liegt. Der Verlauf der Phasenverzögerung an dieser Kante wird mit einem geeigneten Verf. (mkr. Dreispaltinterferenzen) gemessen. Zur Unters. des beim ZERNICKE-Verf. an ausgedehnten phasenverzögernden Objektbereichen auftretenden Halo-Effektes wird ein Kollodiumstreifen mit stetig sich ändernder Breite (Phasenspitze), dessen Inneres durch α-Br-Naphthalin phasenverzögernd gemacht werden kann, vorgeschlagen. (Naturwissenschaften **43.** 152—53. 1. April-H. 1956. Tübingen, Univ., Physikal. Inst.) H. LINDBERG. 5056

Jiří Dvořák, Otto Grubner und **Zdeněk Spurný,** *Kontinuierliche Gegenstromelektrophorese auf Papier.* (Vorl. Mitt.) Es wird eine neue Anordnung der Papierelektrophorese u. deren Schema beschrieben, Verss. zur präparativen Trennung von Aminosäuren, Zuckern, Farbstoffen u. Carbonsäuren werden angegeben. (Chem. Listy **47.** 899—900. Juni 1953. Praha, Karlova univ., Katedra fysik. chem.) V. KNESSLOVÁ/Prag. 5062

Otto Grubner und **Jiří Dvořák,** *Kontinuierliche Gegenstromelektrophorese auf Papier.* 1. Mitt. *Methodik.* (Vorl. Mitt. vgl. vorst. Ref.) Genaue Beschreibung der Meth.: Der Papierstreifen ruht auf einer schräg liegenden, siliconierten Glasplatte. An beiden Enden derselben befinden sich mit dem Elektrodenraume durch Agarbrücken verbundene Küvetten, von denen die höherliegende reinen Elektrolyt enthält; die untere wird mit der zu trennenden Mischung beschickt. Es wird mit Gleichstrom — Spannung bis zu 1000 V — gearbeitet. Die Substanzen wandern während der Elektrophorese aus der unteren Küvette in die obere u. können durch geeignete Anordnung im Papier festgehalten u. bestimmt werden. Verschied., die Trennung beeinflussende Faktoren werden ausführlich besprochen. Getrennt wurden innerhalb von 6 Tagen: 4 mg Kristall-Ponceau aus 8 mg Mischung mit Patentblau sowie 31 mg Alanin aus 50 mg Mischung mit Phenylalanin. Filterpapier: SCHLEICHER-SCHÜLL Nr. 604, Elektrolyt: 0,2n Essigsäure. Elektroden aus Pt-Draht. (Chem. Listy **49.** 1767—72. Dez. 1955. [Orig.: tschech.]; Collect. czechoslov. chem. Commun. **21.** 556—63. Juni 1956. [Orig.: deutsch.]) V. KNESSLOVÁ/Prag. 5062

D. Jentzsch und **I. Pawlik,** *Anwendung von Ionenaustauschern in der analytischen Chemie.* 1. Mitt. *Belegzahlen für quantitative Trennungen und Beispiele für die Berechnung der Arbeitsbedingungen.* (3. vgl. C. **1956.** 6761.) Für die Elementkombinationen Ca/Zn, Fe/Zn u. Al/Fe u. die Gewichtsverhältnisse 1 : 1 u. 1 : 10 werden Beleganalysen über die quantitative Trennmöglichkeit mit Hilfe eines Anionenaustauschers in HCl-saurer Lsg. angegeben. Die relativen Fehler liegen unter $\pm$ 0,4%. Ferner wird an einem Rechenbeispiel gezeigt, wie man vor Versuchsbeginn mittels der früher angegebenen Elutionskonstanten die erforderlichen Säulendimensionen festlegen kann. (Z. analyt. Chem. **147.** 20—23. 1955. Dresden.) F. UMLAND. 5062

Leslie W. Ferris, *Herstellung von Kieselsäuresäulen für die Verteilungschromatographie.* Das Vol. von 0,5n H_2SO_4, die zur Herst. einer *Kieselsäure* (**I**)-Säule für die Trennung von Fettsäuren benötigt wird, kann nach folgender Formel berechnet werden: V = W (1,9 A — 1) (V = ml 0,5n H_2SO_4; W = g **I**, A = Verhältnis von wasserfreier/wasserhaltiger **I**). (J. Assoc. off. agric. Chemists **37.** 553—55. 15/5. 1954. Buffalo, N. Y., Dep. of Health, Educat. and Welfare, Food and Drug Admin.) F. RANG. 5062

C. Morton, *Die Stetigkeit und Empfindlichkeit von Instrumenten zur spektrophotometrischen Analyse.* Es wird ein Schaltschema beschrieben, um bei Netzschwankungen bis zu $\pm$ 50% eine gleichmäßige Spannung für das Unicam SP 500 (photoelektr. Spektrophotometer) aus dem öffentlichen Stromnetz entnehmen zu können. Zwei weitere Schaltschemata sollen eine Empfindlichkeitssteigerung u. bessere Nullpunktseinstellung des Geräts bewirken. (J. Pharmacy Pharmacol. **7.** 541—48. Aug. 1955. London, Chelsea Polytechn., School of Pharm.) PH. FRESENIUS. 5063

Åke S:son Stenius, *Instrumentelle Änderungen zur Erhöhung der Genauigkeit des Beckmanschen Spektrophotometers, Modell DU.* (Vgl. C. **1954.** 10304.) Beschreibung der angebrachten Änderungen. (Acta chem. scand. **9.** 702—06. 1955. Stockholm, Swed. Forest Prod. Res. Labor., Paper Technol. Dep.) O. GOTTFRIED. 5063

Kurt Möhl, Ernst Schael und **Joachim Bruch,** *Anlage zur Spannungserzeugung für die Spektralanalyse mit Schalteinrichtung.* Verss. über den Einfl. der Primärspannung bei der spektrochem. Analyse ergeben, daß die Höhe der Primärspannung des FEUSSNER-Funkenerzeugers die Intensität u. den Intensitätsunterschied der Spektrallinien ähnlich beeinflußt wie die Größe der Kondensatorkapazität. Mit fallender Spannung nimmt die Intensität der Linien ab, wobei der Intensitätsabfall der Ionenlinien am größten ist. Die Auswirkung auf das Intensitätsverhältnis der für die quantitative Unters. benutzten Linienpaare hat zur Folge, daß Spannungsschwankungen eine Fehlerquelle bei der quantitativen spektrochem. Analyse darstellen. (Arch. Eisenhüttenwes. **26.** 669—73. Nov. 1955. Witten/Ruhr.) H. HOCHSTEIN. 5063

A. O. Woinar, *Anwendung der Emissionsspektralanalyse in der Biologie und Medizin.* Durch Anwendung der Spektralanalyse konnte eine Reihe von Fragen hinsichtlich der Verteilung u. der biol. Bedeutung der Mikroelemente im Organismus von Mensch

u. Tier unter n. Verhältnissen u. bei Erkrankungen gelöst werden, wie Vf. aus eigenen Arbeiten u. nach Veröffentlichungen von 8 anderen Autoren andeutet. (Известия Академии Наук СССР, Серия Физическая [Nachr. Akad. Wiss. UdSSR, physik. Ser.] **19.** 153–54. März/April 1955. Stalino, Med. Gorki-Inst.) A. v. WILPERT. 5063

D. Jentzsch, *Eine neue Apparatur zur Aufnahme von Raman-Spektren.* Die App. besteht aus 3 Bauteilen: 1. dem Schaltschrank, der sämtliche für den Betrieb der Brenner, die Bedienung u. die Kontrolle (einschließlich Alarmvorr.) der gesamten Anlage notwendigen Teile trägt, 2. der „Universal-Mehrfach-Kammer" mit Führungsschlitten für Justierung, Hg-Brenner, Filter- u. Kühlküvette, Tubus u. Schutzhauben, 3. dem Kammerschrank mit Anschlüssen der Wasserkühlung, Filterpumpen, Pumpenmotoren, Motorregelwiderständen u. Kontrollgefäßen der Wasserkühlung u. Filterflüssigkeiten. Der Kammerschrank trägt gleichzeitig den Spektrographen u. die Universal-Mehrfach-Kammer. Die Arbeitsweise der App., die ein Arbeiten bei hohen Tempp. u. bis zu -25^0 erlaubt, wird beschrieben. (Chem. Techn. **6.** 384–88. Juli 1954. Dresden.) B. GNAUCK. 5063

Antonios Antonakos, *Der Einfluß gleichzeitiger Kontraste bei heterochromatischen Helligkeitsvergleichen.* (Sitzungsbericht.) (Physic. Rev. [2] **99.** 1626. 1/9. 1955. Univ. of North Carolina.) H. LIEPACK. 5064

—, *Neue Filterphotometer für Extinktions- und Remissionsmessungen.* Besprechung neuerer lichtelektr. Spektral- u. Filterphotometer. (Chem. Rdsch. [Solothurn] **7.** 349–50. 15/9. 1954.) PH. FRESENIUS. 5064

F. W. Diggins, *Die Stabilisierung von Ammoniumpurpurat für colorimetrischen Gebrauch.* Das *NH_4-Purpurat* (**I**)-Reagens enthält als Stabilisator A. u. hält sich 8 Stunden. Bei der colorimetr. Ca-Best. tritt rascher Schwund der Färbung ein, die Eichkurve nach WILLIAMS u. MOSER (C. **1954.** 6788) ist nicht reproduzierbar. Die Stabilität des Reagenses wird verbessert, wenn **I** in wenig W. gelöst u. dann mit 2-Methoxyäthanol verd. wird. Die Haltbarkeit beträgt dann 1 Woche. (Analyst **80.** 401–02. Mai 1955. London, St. Mary's Hosp., Med. Unit.) PH. FRESENIUS. 5065

L. Scheichl, *Die Glaselektrode als Hilfsmittel für p_H-Messungen.* Gegenüber der H-Elektrode, die versagt, wenn die zu prüfende Lsg. reduzierbare Stoffe enthält, u. der Chinhydronelektrode, die im p_H-Bereich über 8 versagt, ist die Glaselektrode auch bei Ggw. von H_2S, As-Verbb. u. ähnlichen „Elektrodengiften" im Bereich von 1···9 genau, auch bei gefärbten oder trüben Lösungen. Die Glaselektrode besteht aus einer dünnwandigen Kugel aus Spezialglas, die mit einer Pufferlsg. gefüllt ist, in welche eine metall. Elektrode eintaucht. Das dünne Glas ist für H-Ionen durchlässig, diese wandern hindurch, bis durch Aufladung ein neues Gleichgewicht zwischen den Potentialen hergestellt ist. Die Potentialdifferenz muß stromlos gemessen werden, um innere Spannungsabfälle zu vermeiden, man mißt durch Kompensation. Änderung des p_H-Werts um eine Einheit verändert die Potentialdifferenz um 59 mV. (Seifen-Oele-Fette-Wachse **78.** 161–63. 9/4. 185–87. 23/4. 1952. Ladenburg/Neckar.) H. PAULI. 5066

Arthur D. Etienne, *Ein Gerät für polarographische Elektrolyse.* (J. Assoc. off. agric. Chemists **36.** 1027–29. 15/8. 1953. Washington, D. C., U. S. Intern. Rev. Serv., Alcohol and Tobacco Tax Div. Labor.) R. BEYTHIEN. 5066

H. L. Kies, *Über einige Titrationen nach dem „dead-stop"-Verfahren mit Verwendung von Quecksilberelektroden.* Es werden Vorschriften für eine Reihe von Titrationen angegeben, nach denen durch Anlegen einer Spannung von wenigen mV zwischen 2 Hg-Elektroden u. Messen des Stromes während des Titrierens die Endpunkte genau feststellbar sind. Im einzelnen werden die Rkk. u. Kurven für die Best. von Hg^{2+} mit $FeCl_2$, von Cl^-, Br^- u. J^- mit Hg^+ u. umgekehrt sowie von SCN^- u. CN^- mit Hg^+ besprochen. (Analytica chim. Acta [Amsterdam] **12.** 280–84. März 1955. Delft, TH, Analyt.-chem. Labor.) H. ENDRASS. 5066

Elio Scarano und **Arnaldo Ceglie,** *Quecksilber–Quecksilber(I)-Acetatindicatorelektrode für potentiometrische Titrationen in wasserfreier Essigsäure.* Vff. beschreiben eine $Hg/Hg_2 \cdot (CH_3COO)_2$-Elektrode, deren Brauchbarkeit als Indicatorelektrode für Titrationen von Lsgg. in wasserfreier Essigsäure geprüft wird. Auf ein Au-Blech wird nach sorgfältiger anod. Reinigung Hg kathod. abgeschieden, dann für 1–2 Min. anod. in Essigsäure behandelt. Als Salzbrücke dient eine kalomelgesätt. KCl-Agarbrücke. Die Prüfung der Normalität einer gesätt. $HClO_4$-Lsg. in wasserfreier Essigsäure, die durch Titration mit K-Phthalat u. Kristallviolett als Indicator bestimmt wurde, ergab potentiometr. mit der Elektrode Abweichungen von $\pm 0{,}00025$ bis $\pm 0{,}00082$ je nach Empfindlichkeit u. Präzision der Meßgeräte. (Analytica chim. Acta [Amsterdam] **12.** 292–99. März 1955. Roma, Univ., Ist. di Chim. analyt.) H. ENDRASS. 5066

I. M. Issa und **R. M. Issa**, *Oxydationen mit alkalischem Permanganat unter Verwendung von einwertigem Thallium für die Rücktitration. 1. Mitt. Bestimmung von Blei, Selen, Tellur und Chrom.* $KMnO_4$ kann in alkal. Lsg. (1—1,5n NaOH) durch Tl^+ titriert werden. Bei Ggw. von genügend Ba^{2+} geht die Red. bei langsamer Reagenszugabe bis zum Manganat, das als $BaMnO_4$ ausfällt. Ohne Ggw. von Ba^{2+} geht die Red. hauptsächlich bis zum MnO_2. Ein Zusatz von H_6TeO_6 verhindert weitere Red. infolge Bldg. eines lösl. Komplexes. Zur Best. von Pb^{2+}, Se^{4+}, Te^{4+} u. Cr^{3+} werden diese durch überschüssige $KMnO_4$-Lsg. oxydiert u. der Überschuß an $KMnO_4$ wird durch Tl^+-Lsg. wie oben angegeben zurücktitriert. Der Fehler beträgt einige Zehntel mg. (Analytica chim. Acta [Amsterdam] **13.** 323—27. Okt. 1955. Cairo, Univ., Fac. of Sci., Chem. Dep.) H. PLUSKAL. 5066

Zbigniew L. Jakób, *Über die Fehler „alkacimetrischer" Analysen.* Theoret. Behandlung der Fehlerquellen: Eich-, Tropfen-, Ablese- u. Ausfluß- sowie p_H-Labilitätsfehler. (Wiadomości chem. **4.** 305—16. Nov./Dez. 1950. Gliwice, Politechn. Śląska.) H. FREYTAG. 5066

J. D. Porter, *Eine stabile Form des Eriochromschwarz-T-Indicators.* Die als Indicator für Ca- u. Mg-Bestimmungen mit Äthylendiamintetraacetat verwendete methanol. Lsg. von Eriochromschwarz T, die nur wenige Wochen haltbar ist, kann durch mit gleicher Lsg. getränkte Filterpapierstreifen ersetzt werden, die, unter Verschluß aufbewahrt, jahrelang haltbar sind. (Chemist-Analyst **41.** 33—35. Juni 1952. Schenectady, N. Y., Union Coll., Dep. of Chem.) H. LEHWALD. 5068

Oldřich Tomíček und **Václav Suk,** *Chemische Indicatoren. 1. Mitt. Untersuchung der Fluorescenzindicatoren. (Einleitung.)* Nach eingehender Literaturübersicht der Fluorescenzindicatoren wird eine Reihe organ. Verbb. angeführt, welche von Vff. untersucht wurden u. als neue Fluorescenzindicatoren Verwendung finden können. Die Fluorescenz der untersuchten Verbb. wurde im UV-Licht visuell oder fluorometr. mit Hilfe eines Se-Photoelementes gemessen, u. zwar in wss. Lsgg. bei verschied. p_H-Werten u. während der Neutralisationstitrationen in farblosen u. gefärbten Lösungen. Für einzelne Indicatoren wurde ihre optimale Konz. u. der p_H-Bereich ihres Fluorescenzumschlags festgestellt. Außer den auf übliche Weise durchgeführten Titrationen wurde in einigen Fällen der Äquivalenzpunkt fluorometr. aus der maximalen Fluorescenzänderung bestimmt. Als neue acidobas. Fluorescenzindicatoren werden folgende Verbb. vorgeschlagen: β-Naphthochinolin, 3-Amino-1-naphthoesäure, β-Naphthol-6.8-disulfonsäure, 1.8-Aminonaphthol-3.6-disulfonsäure, 1-Naphthylamino-7-sulfamid, 1-Naphthylamino-6-sulfamid, 2-Naphthylamino-8-sulfamid, 2-Naphthylamino-6-sulfamid, Anthranilsäure, p-Aminophenylbenzolsulfamid, 1-Naphthylamino-5-sulfamid, 1-Naphthylamino-4-sulfamid. Die letzten 8 Indicatoren eignen sich auch zu Titrationen in nichtwss. Medium von H_2O-freier Essigsäure. Vorläufig wird die Verwendung von Redox-Fluorescenzindicatoren bei cerimetr. Best. von As, Sb, Fe, $Fe(CN)_6^{4-}$ u. Peroxyden, wo sich bes. Trypaflavin bewährt hat, u. von Adsorptionsfluorescenzindicatoren bei der Best. von Wolframaten u. Molybdaten untersucht. (Chem. Listy **46.** 139—44. März 1952. Praha, Karlova univ., ústav pro chem. analyt. [Orig.: tschech.]) K. KÁMEN/Prag. 5068

Olen Ryba, Jiří Cífka, Miroslav Malát und **Václav Suk,** *Chemische Indicatoren. 2. Mitt. Die Dissoziationskonstanten von Brenzcatechinviolett.* (1. vgl. vorst. Ref.) Auf Grund der potentiometr. u. colorimetr. Messungen wurden die Dissoziationskonstanten von *Brenzcatechinviolett* (I) (3.3'.4'-Trioxyfuchson-2''-sulfonsäure; Brenzcatechinsulfonphthalein), welches sich als ein Metallindicator bewährt hat, bestimmt. Die Dissoziation von I verläuft in 4 Stufen: $H_4BV \rightarrow H_3BV^- + H^+ \rightarrow H_2BV^{2-} + 2H^+ \rightarrow HBV^{3-} + 3H^+ \rightarrow BV^{4-} + 4H^+$ (BV ist das vierwertige Anion von I), wobei das der SO_3H-Gruppe gehörige Proton bereits beim Auflösen von I in W. prakt. vollständig abgespalten wird. In stark sauren Lsgg. bildet I rot gefärbte Zwitterionen H_4BV bzw. Kationen H_5BV^+ mit einem Absorptionsmaximum bei 550 mμ. Von p_H 2,2 aufwärts kommt I nur in der gelben Form H_3BV^- mit einem Absorptionsmaximum bei 445 mμ vor. Bei konduktometr. u. potentiometr. Neutralisationstitration in 1. Stufe verhält sich I als starke Säure, während die drei übrigen protonhaltigen OH-Gruppen nur schwach sauren Charakter aufweisen. Die Neutralisation in 2. Stufe beginnt bei p_H 5,5, in 3. Stufe bei $p_H > 9$ u. ist von einem Farbumschlag nach Violett u. Rotviolett (Absorptionsmaximum bei 590 bzw. 560 mμ) begleitet. Bei der Neutralisation in 4. Stufe bleibt die Farbe des I unverändert. Die Konstanten K_1 u. K_2, welche der Dissoziation in 2. bzw. 3. Stufe entsprechen, wurden sowohl graph. aus der potentiometr. Neutralisationskurve von I als auch mathemat. aus dem Verlauf der Extinktion der Lsgg. von I in Abhängigkeit vom p_H-Wert ermittelt. Die Konstante K_3 (Dissoziation in 4. Stufe) wurde nach der ersten Meth. bestimmt. Gefundene Werte: $K_1 = 1{,}50 \cdot 10^{-8}$ bzw. $1{,}56 \cdot 10^{-8}$, $K_2 = 1{,}74 \cdot 10^{-10}$

bzw. $1{,}58 \cdot 10^{-10}$, $K_3 = 1{,}87 \cdot 10^{-12}$. Die Ergebnisse dieser Verss. weisen darauf hin, daß I als acidobas. Indicator analoge Eigg. wie die übrigen Sulfonphthaleine hat. (Chem. Listy **49.** 1786—91. Dez. **1955.** [Orig.: tschech.]; Collect. czechoslov. chem. Commun. **21.** 349—55. April 1956. [Orig.: deutsch.] Praha, Karlova univ., ústav pro analyt. chem.) K. KÁMEN/Prag. 5068

—, *Eine Isotopenmethode zur Bestimmung von Wassergehalten.* Bericht über eine von MOROWITZ u. BROIDA vom NATIONAL BUREAU OF STANDARDS entwickelte Meth. zur Best. des Wassergeh. (z. B. Hydratwasser anorgan. Kristalle, Proteine, Bakterienzellen, Luftfeuchtigkeit, Ionenaustauscher), die darin besteht, daß eine bekannte Menge des auf seinen Wassergeh. zu untersuchenden Materials in einer Mischung von W. u. schwerem W. gelöst oder aufgeschwemmt wird u. die Änderung im H_2O/D_2O-Verhältnis spektroskop. gemessen wird unter der Annahme, daß im Ausgangsmaterial kein D_2O enthalten ist. Dabei wird von der Möglichkeit Gebrauch gemacht, Wasserdampf durch eine elektrodenlose Hochfrequenzentladung zur teilweisen Dissoziation zu veranlassen u. die Änderung der Intensität der H-Linie 4861,3 Å u. der D-Linie 4860,0 Å zu messen. Die im einzelnen beschriebene Meth. ist auf 0,5% genau u. anwendbar auf jegliches Material, das eine kleine, wohl definierte Zahl labiler H-Atome enthält. (Canad. Chem. Processing **36.** Nr. 11. 61. Okt. 1952.) W. NIEMITZ. 5074

F. Tödt, *Über ein neues kontinuierliches Sauerstoffmeßverfahren.* Vf. erörtert die Bedingungen, unter denen die Stromstärke gewisser galvan. Elemente eine eindeutige Funktion des O_2-Geh. im Elektrolyten ist: nicht zu unedles Kathodenpotential, genügend große Potentialdifferenz der O_2-Meßkette. Nach kurzer Schilderung der histor. Entw. beschreibt Vf. näher eine O_2-Registrierapp. für Hochdruckkesselspeisewasser mit einem Gesamtmeßbereich bis 0,02 mg O_2 im Liter u. die Anwendung des Verf. bei O_2-Gehaltsmessungen in Flußwasser, in Bier, beim O_2-Verbrauch von Mikroorganismen, zur O_2-Best. in Gasen (0,02—0,5%). Geprüft wird z. Z. die Möglichkeit von in vivo-O_2-Gehaltsbestimmungen in der Blutbahn. (Dechema Monogr. **21.** 187—200. 1952. Berlin-Dahlem, Material-Prüf.-Amt.) H. ECKHARD. 5086

R. Mavrodineanu und R. R. Coe, *Verbessertes Gerät und Arbeitsweisen zur Sammlung und Analyse der Luft auf Fluoride.* Ein trichterförmiges Glasgerät zur Absorption von Fluoriden in der Luft wird beschrieben, das zur automat. Probenahme verwendet wird u. in Verbindung mit einem Kühler u. Verdampfungskolben zur Dest. der Fluoride benutzt werden kann. Die Titration erfolgt mit $Th(NO_3)_4$, wobei der Endpunkt mit einem Photometer genauer als visuell zu bestimmen ist. (Contr. Boyce Thompson Inst. **18.** 173—80. April/Juni 1955.) W. LUCHSINGER. 5088

a) Elemente und anorganische Verbindungen.

K. Bhaskara Rao und G. Gopala Rao, *Oxydimetrische Methoden zur volumetrischen Bestimmung von Sulfit.* Zur Best. von SO_2 wurden $KMnO_4$, $Ce(SO_4)_2$, $K_2Cr_2O_7$ oder $NaVO_3$ als Oxydationsmittel verwendet. Um vollständige Oxydation unter Ausschluß der Dithionatstufe zu gewährleisten, wurden bestimmte p_H-Bedingungen u. als Indicatoren entweder 1 ml 1%ig. $CuSO_4$-Lsg. oder 1 ml JCl-Lsg. (0,279 g KJ + 0,178 g KJO_3 in 250 ml W. gelöst, auf 500 ml mit konz. HCl aufgefüllt) gewählt. Die SO_2-Lsg. wurde in jedem Falle in das überschüssige, vorbereitete Oxydationsmittel gegeben, u. nach 1 Min., bei Vanadat nach 5 Min., wurde der Überschuß mit MOHRschem Salz zurücktitriert. Für $KMnO_4$ diente dabei ein Überschuß an MOHRschem Salz, der wieder mit $KMnO_4$ zurücktitriert wurde. Die verwendeten Katalysatoren, p_H-Bedingungen u. Indicatoren bei der Rücktitration sind: 1. für die $KMnO_4$-Meth.: Bei Verwendung von $CuSO_4$ 1n essigsaure Lsg., bei Verwendung von JCl 1n H_2SO_4-Lsg.; 2. für die $Ce(SO_4)_2$-Meth.: JCl, 7,5n H_2SO_4-Lsg. u. Ferroin als Indicator; 3. für die $K_2Cr_2O_7$-Meth.: ohne Katalysator 0,5—1n HCl-, H_2SO_4- oder essigsaure Lsg., mit $CuSO_4$ oder JCl auch stärkere HCl oder H_2SO_4, als Indicator N-Phenylanthranilsäure oder Diphenylbenzidin (nicht bei Ggw. von JCl); 4. für die $NaVO_3$-Meth.: JCl, 5n HCl-Lsg., als Indicator N-Phenylanthranilsäure. Der Fehler liegt meist unter 0,5%. (Analytica chim. Acta [Amsterdam] **13.** 313—22. Okt. 1955. Waltair, Andhra Univ.) H. PLUSKAL G 253

Howard Nechamkin, *Bestimmung löslicher Sulfate.* Eine neue, schnell u. einfach auszuführende Meth. zur Best. lösl. SO_4^{2-} beruht darauf, daß die zu untersuchende Lsg. durch eine Kolonne, bestehend aus Ba-Oxalat u. Asbest, filtriert wird. Hierbei werden die $C_2O_4^{2-}$ gegen SO_4^{2-} ausgetauscht, die ersten erscheinen im Eluat u. werden mit $KMnO_4$ titriert. Die mühevolle $BaSO_4$-Filtration wird hierdurch umgangen. Genauigkeit $\pm 3^0/_{00}$. (Chemist-Analyst **41.** 31—33. Juni 1952. Brooklyn, N. Y., Pratt Inst., Dep. of Chem.) H. LEHWALD. G 253

L. M. Kulberg und **T. I. Badejewa,** *Colorimetrische Methode zur Bestimmung von Borspuren.* Auf Grund von Unterss. über den Mechanismus der Rk. zwischen H_3BO_3 u. dem aus *H-Säure* (I) u. *Salicylsäurealdehyd* (II) gewonnenen *Azomethinfarbstoff* wird folgendes colorimetr. Verf. zur B-Best. in natürlichen Salzlsgg. (untersucht wurde Eltonseewasser) vorgeschlagen: Genau abgewogene 0,5 ml Salzlsg. wird mit 3,5 ml „Salzpuffer" u. 0,5 ml Reagensgemisch aus **I** u. **II** versetzt, H_2O bis zur Marke (5 ml) zugesetzt, sorgfältig gemischt, im Dunkeln 90 Min. stehengelassen u. im Photometer bei 420 mμ die opt. Dichte gemessen. Die Berechnung des B-Geh. erfolgt nach der Eichkurve. Die colorimetr. erhaltenen B-Werte für Eltonseewasser werden mit den alkalimetr. Werten unter Anwendung von Invertzucker oder Mannit verglichen. Es kann auch eine Standardlsg. aus $FeCl_3$, $K_2Cr_2O_7$ u. Chromkaliumalaun verwendet werden. Das Verf. eignet sich auch für die B-Best. in Ggw. von F ohne vorherige Trennung von B u. F. (Украинский Химический Журнал [Ukrain. chem. J.] **20.** 555—63. 1954. Saratow, Tschernyschewski-Univ., Lehrstuhl für analyt. Chem.) O. LEBTAG. G 258

K. I. Kalptschijew, *Neue Methode zur quantitativen Bestimmung von Arsen als Pentasulfid.* Die Fällung von As wird aus stark salzsaurer Lsg. (auf 1 Teil Lsg. 2 Teile konz. HCl) vorgenommen. Der Nd. wird filtriert u. mit H_2O gewaschen. Man löst den Nd. in frisch zubereitetem farblosem $(NH_4)_2S$. Das letzte geht durch den anwesenden S in NH_4-Polysulfid über. Dieses oxydiert das 3-wertige As zu 5-wertigem. Das Filter wird mit W. ausgewaschen u. das Filtrat mit verd. HCl angesäuert. Hierbei fallen As_2S_5 u. S aus. Die Lsg. mit dem Nd. wird auf sd. Wasserbade unter öfterem Umrühren ½ Std. erwärmt. Nach dem Erkalten filtriert man durch einen SCHOTT-Tiegel 1 G, wäscht den Nd. mit W., dann mit A. u. schließlich mit CS_2, wobei der S in Lsg. geht. Man trocknet bei 105° bis zum konstanten Gewicht. (Журнал Аналитической Химии [J. analyt. Chem.] **10.** 334. Sept./Okt. 1955. Dmitrowo, Technikum.) E. STEINBERG. G 265

Edward L. Simons, John E. Fagel jr., Earl W. Balis und **Leonard P. Pepkowitz,** *Hochfrequenzverbrennung. Volumetrische Bestimmung von Kohlenstoff in Metallen.* Die von PEPKOWITZ u. CHEBINIAK beschriebene C-Best. in Metallen (C. **1954.** 8864) mit einem modifizierten LINDBERG-Hochfrequenzverbrennungsofen mit volumetr. C-Best. wird method. verbessert, Korrekturfaktoren werden eingeführt. Die Standardabweichung für Einzelbestimmungen beträgt für 1 g-Proben u. Gasablesung bei 20° u. 760 mm Hg 0,005% C. (Analytic. Chem. **27.** 1119—22. Juli 1955. Schenectady, N. Y., Gen. Electric Comp.) PH. FRESENIUS. G 270

Edward L. Simons, John E. Fagel jr. und **Earl W. Balis,** *Verbrennung von Wolframcarbid durch Hochfrequenzinduktions-Strahlungsheizung.* W-Carbid kann schnell u. vollständig bei 1400° in O_2 ohne Strom verbrannt werden. Diese Temp. wird erreicht durch Einw. der Strahlung eines umgebenden Pt-Käfigs, der durch das Hochfrequenzfeld eines verbesserten LINDBERG-Induktionsofens auf 1600° erhitzt wird, auf das in einem Porzellantiegel befindliche Muster. Das entstehende CO_2 wird volumetr. gemessen. Die Standardabweichung beträgt 0,033% C. — 3 Abbildungen. (Analytic. Chem. **27.** 1123—25. Juli 1955. Schenectady, N.Y., Gen. Electric Comp.) PH. FRESENIUS. G 270

J. Fouarge, *Trennung von Barium–Strontium durch Chromatographie auf Cellulose.* 1. Mitt. *Chromatographie auf Papierstreifen.* Vf. untersucht mit Hilfe von ^{131}Ba- u. ^{89}Sr-markierten Ba- bzw. Sr-Salzen Trennverff. für Ba^{2+} u. Sr^{2+}. Die Salze werden in ihre Chloride oder Bromide umgewandelt, 3—180 γ aufgetragen, auf Papierstreifen chromatographiert, als Rhodizonate sichtbar gemacht, die Flecken ausgeschnitten, mit einem GEIGER-MÜLLER-Zähler die Aktivität gemessen. Das Ergebnis der Unterss. zeigt, daß ein Gemisch Methanol 12n HCl (100 : 5) den größten Trennfaktor mit geeigneten R_f-Werten u. ohne Überlappung gibt. (Analytica chim. Acta [Amsterdam] **12.** 231—38. März 1955. Liège, Univ., Labor. de chim. analyt.) H. ENDRASS. G 285

N. Sch. Ssafiullin, *Eine Schnellmethode zur Bestimmung von Barium.* Zur Best. von Ba^{2+} in BaS-Schmelze, $BaCl_2$ usw. wird eine ca. 1 g Ba-Salz entsprechende Probe (n g) in verd. HCl gelöst, bei Ggw. von H_2S 20—30 Min. gekocht, sonst auf 90° erhitzt u. der heißen Lsg. 2 g Na-Acetat u. 50 ml 0,2n K_2CrO_4-Lsg. zugesetzt. Nach Abkühlung verd. man im Meßkolben auf 250 ml, schüttelt, filtriert, versetzt 25 ml Filtrat im 250 ml ERLENMEYER-Kolben mit 2 g KJ u. 5 ml 25%ig. H_2SO_4, schüttelt u. titriert nach 2—3 Min. mit 0,1n $Na_2S_2O_3$-Lsg. gegen Stärke. Berechnung: % BaS = $(0{,}2\,a\,K_1 - 0{,}667\,b\,K_2)\cdot 8{,}47/n$ (a u. b = ml K_2CrO_4- bzw. $Na_2S_2O_3$-Lsg., K_1 u. K_2 = Normalitätskoeffizienten dieser Lsgg.); % $BaCl_2\cdot 2\,H_2O = (0{,}2\,a\,K_1 - 0{,}667\,b\,K_2)\cdot 12{,}22/n$; bei Schlamm wird 12,22 durch 61,05 ersetzt. Vf. gibt Beleganalysen. (Химическая Промышленность [Chem. Ind.] **1955.** Nr. 6. 44—45. Sept. Konstantinowo, Chem. Fabr., Zentr. Betriebslabor.) R. K. MÜLLER. G 285

Armin Petzold und **Ingeborg Lange**, *Über eine neue Methode der nephelometrischen Bestimmung kleiner Cadmiummengen mit Kaliumferrocyanid.* Vff. entwickeln eine einfache Meth., um Cd im Bereich 50—200 γ Cd/50 ml Lsg. nephelometr. — visueller Vgl. mit Standardproben — zu bestimmen. — Die neutrale Analysenlsg. mit $\leqq$0,2 mg Cd wird in einem 50 ml-Colorimeterglas mit 1 ml 10%ig. NH_4OH + 10 ml 10%ig. NH_4Cl-Lsg. versetzt u. mit W. aufgefüllt. Anschließend 1 ml 5%ig. Lsg. von $K_4[Fe(CN)_6]$ zugeben, schütteln u. nach 15—20 Min. die Trübung gegen Vergleichslsgg. vergleichen. Abstufungen von 10 γ sind noch erkennbar. — NO_3^-, SO_4^{2-}, Acetat, Oxalat, CO_3^{2-}, Br^-, J^-, Cl^-, HPO_4^{2-}, $B_4O_7^{2-}$, Seignettesalz, Na^+, K^+, Li^+, Sr^{2+}, Ba^{2+} haben in 1000facher Menge u. z. T. mehr keinen Einfluß. F^- verfärbt die Lsg., S^{2-} u. CN^- verhindern die Trübung. Mg u. Ca dürfen nicht mehr als im 50fachen Überschuß vorhanden sein. Sämtliche Schwermetalle stören, außer Pb unter 1 mg; zum Abtrennen des Cd von diesen ist die *Dithizon*-Meth. in alkoh. Medium nach FISCHER u. LEOPOLDI (Metall u. Erz **35.** [1938.] 119) geeignet. (J. prakt. Chem. **2.** 121—26. Juli 1955. Freiberg/Sa., Bergakad., Inst. für Silikathüttenkunde.) H.-G. MOSLÉ. G 289

P. Urech, *Analytische Methoden in der Metallurgie des Aluminiums.* Die spektrophotometr., polarograph. u. flammenphotometr. Meth. werden beschrieben. Mg wird durch Dest. im Hochvakuum bestimmt. (Aluminium Suisse **5.** 139—41. Juli 1955. Neuhausen/Rheinfall, Aluminium-Ind. Akt.-Ges.) F. VIER. G 294

Joseph Fischer und **Hanns Bechtel**, *Oxydbestimmung in Aluminium.* Es wurde festgestellt, daß bei der Oxydbest. in Al nach der Brom–Methanol-Meth. Al an dem Papierfilter, durch das die Lsg. von Al in Br–Methanol filtriert wird, zurückgehalten wird, so daß keine brauchbaren Werte erhalten werden. Erst durch Auswaschen des Filters mit n/10 HCl wird der Fehler beseitigt u. es werden exakte Werte erhalten. Die Bestimmungen ergaben einen n. Oxydgeh. in Hütten-Al von 0,001—0,003%. (Z. Metallkunde **45.** 612—16. Okt. 1954. Frankfurt/M., Univ., Inst. für anorgan. Chem.; Metallges. Akt.-Ges.) F. VIER. G 294

Ch. Burkhardt, *Spektrometrische Analysen von Aluminiumlegierungen.* Die lichtelektr. Auswertung der Intensität der Spektrallinien mit Hilfe des Photomultipliers erhöht die Genauigkeit der Spektralanalyse. Die Analysen können in sehr kurzer Zeit durchgeführt werden. Der mit 2 beweglichen Multipliern arbeitende automat. Quarzspektrograph „Spectro-Lecteur automatique" wird beschrieben. An dem Beispiel der Analyse von Al-Legierungen werden die Vorteile der Vorr. aufgezeigt. (Aluminium **31.** 282—86. Juni 1955. Essen.) F. VIER. G 294

A. R. Eberle und **M. W. Lerner**, *Abtrennung und Bestimmung von Scandium. Eine spektrophotometrische Methode unter Verwendung von Alizarinrot S.* Vff. beschreiben eine photometr. Meth. zur Best. kleiner Mengen Sc u. die vorhergehende stufenweise Entfernung aller störenden Elemente durch Kombination geeigneter Trennoperationen. Zur Aufstellung einer Eichkurve versetzt man $ScCl_3$-Lsgg., die 0—120 γ Sc_2O_3 enthalten, mit je 25 mg Y_2O_3, in HCl gelöst, als Spurenfänger u. fällt als *NH_4-Y/Sc-Tartrat* (**I**) aus ammoniakal. Lösung. Man filtriert, löst in konz. HCl u. extrahiert das Sc mit *Tributylphosphat* (**II**), reinigt die organ. Phase durch Schütteln mit konz. HCl u. reextrahiert schließlich das Sc mit reinem Wasser. Überschüssiges **II** wird mit Ae. extrahiert u. dieser nach Zusatz von NH_3 verdampft. Dann fügt man Alizarinrot S-Lsg. zu u. titriert vorsichtig mit NH_3-Lsg. bis zum Endpunkt der Rotfärbung. Man versetzt mit einem NH_4-Acetatpuffer vom p_H-Wert 3,5, füllt auf 100 ml auf u. photometriert bei 520 mμ. — Bei Ggw. anderer Elemente, außer Zr u. Th, führt man eine Vorextraktion des Sc aus konz. HCl-saurer Lsg. mit **II** aus, um es von der größten Menge anderer Elemente, hauptsächlich Al, Be, Cr u. den Seltenen Erden, zu trennen. Durch einen Zusatz von 0,5 ml 30%ig. H_2O_2 wird dabei die Extraktion von Ce^{4+} u. Ti verhindert. U u. Fe begleiten Sc quantitativ. Ggw. von Zr bewirkt, daß das Sc durch Schütteln mit W. nicht mehr vollständig aus der **II**-Phase entfernt wird. Nach der Rückextraktion entfernt man **II** wie oben mit Ae. u. fällt dann als **I**. Dabei würde Ggw. von Zr, Th, Ti u. den Seltenen Erden bewirken, daß die Fällung schleimig ist u. nicht alles Sc enthält. Der Nd. wird abfiltriert, in konz. HCl gelöst u. durch 2malige Umfällung gereinigt, da die erste Fällung bei je 20fachem Überschuß anderer Elemente je zwischen 2—10% Co, Cu, Ni, Fe, Al u. Mg, zwischen 0,1—1% U, Mo, V u. Mn u. ca. 20% Ca enthalten kann. Die gereinigte **I**-Fällung wird wie oben weiter behandelt. — Ggw. von Zr u. Th erfordern besondere Trennoperationen: Man bereitet eine H_2SO_4- oder HCl-saure Lsg. der Probe mit 10% freier Säure u. fällt mit 10 ml 6%ig. wss. Cupferronlösung. Man extrahiert die Cupferrate des Zr u. zahlreicher anderer Elemente mit 25 ml-Portionen Chlf., wiederholt Fällung u. Extraktion, verdampft schließlich überschüssiges Chlf. u. macht schwach ammoniakalisch. Falls dabei keine Fällung auftritt, säuert man mit HNO_3 wieder an, setzt ca. 200 mg $Al(NO_3)_3$ zu, fällt erneut u. filtriert unter Zusatz von Filtrationsbeschleunigern. Man löst den Nd. in 20% ig. warmer HNO_3 u. reinigt gegebenenfalls durch Umfällung von Cl^--Ionen. Zur Entfernung des Th gibt man 50 mg $Hg_2(NO_3)_2$ in 20% ig. HNO_3 gelöst hinzu, versetzt mit 75 ml gesätt. KJO_3-Lsg., rührt 15 Min. u. filtriert. Aus dem Filtrat fällt man erneut die Hydroxyde mit NH_3, löst den Nd. in konz. HCl u. verfährt wie oben weiter. — Die Genauigkeit der Best. wird zu $\pm 5\%$ angegeben. (Analytic. Chem. **27.** 1551—54. Okt. 1955. New Brunswick, N. J., U. S. Atomic Energy Comm.) F. UMLAND. G 299

R. B. Nunemaker und **S. A. Shrader,** *Gleichzeitige Bestimmung von Kohlenstoff und Wasserstoff in Titan und Titanlegierungen.* Die Mikroverbrennungstechnik zur Best. von C u. H in Metallen wird auf Ti u. Ti-Legierungen ausgedehnt. Die Resultate stimmen mit den nach der Makroverbrennungsmeth. für C u. der Vakuumextraktionsmeth. für H erhaltenen überein. Die Metallprobe wird mit Hilfe eines Fe–Cu–Sn-Flußmittels bei 1200° im O_2-Strom verbrannt u. das entstandene CO_2 u. H_2O nach der üblichen Mikrometh. gravimetr. bestimmt. Die Meth. ist anwendbar bei Gehh. von 0,005—1,0% C u. 0,001—0,5% H u. zeigt eine Genauigkeit von $\pm 0,005\%$ für C u. $\pm 0,0010\%$ für H. (Analytic. Chem. **28.** 1040—42. Juni 1956. Midland, Mich., Dow Chem. Co., Main Labor.) H. MÜLLER. G 321

F. N. Ward und **A. P. Marranzino,** *Feldmethode zur Bestimmung von Mikrogrammmengen Niob in Gesteinen.* Die seit langem bekannte Tatsache der Bldg. von gelbem Nb-Rhodanid in salzsaurer Lsg. konnte bisher für die quantitative Analyse nicht verwendet werden, da die Absorption der äther. Lsg. durch Polymerisation des Rhodanids anstieg. Die Störung konnte durch Zusatz von Aceton beseitigt werden. Eine geringe Menge $SnCl_2$, die von der Behandlung des Ae. zur Beseitigung von Peroxyden herrührt, stört die Best. nicht, da V davon nicht in nennenswertem Umfange red. wird. Die mögliche Störung durch das rote $Fe(CNS)_3$ wird durch 3 maliges Ausschütteln der äther. Lsg. mit salzsaurer $SnCl_2$-Lsg. beseitigt. Ta wird durch Weinsäure komplex gebunden. Nach dem Hydrogensulfataufschluß des Minerals wird die Probe nacheinander mit HCl, Weinsäure, NH_4CNS u. Ae. versetzt, dann mit $SnCl_2$-Lsg. behandelt u. Aceton zugesetzt. Gemessen wird mit einem Photometer bei 385 $m\mu$ oder durch visuellen Vergleich. Die Meth. gestattet 20 μg Nb neben 1 mg Fe, Ti, U bzw. 0,5 mg V bzw. 0,1 mg W oder Mo nachzuweisen. — Vgl. auch C. **1956.** 9264. (Analytic. Chem. **27.** 1325—28. Aug. 1955. Denver, Colo., U. S. Geol. Surv., Denver Federal Center.) G. ACKERMANN. G 331

D. Lebez und **M. Ostanek,** *Einfluß von Petroläther auf die Abtrennung von Uran aus Proben mit geringem Gehalt bei Verwendung von Cellulosesäulen.* Die chromatograph. Meth. von BURSTALL u. WELLS (C. **1952.** 7704) gestattet nur U-Gehh. in der Größenordnung von $10^{-2}\%$ in Erzen mit ausreichender Genauigkeit quantitativ zu erfassen. Durch Zusatz von *PAe.* (**I**) zum Lösungsmittelgemisch (30 ml **I**, 190 ml Ae., 10 ml HNO_3 der D. 1,42) gelang es Vff., die Empfindlichkeit der Meth. zu steigern. Es wurden noch gute Ergebnisse erzielt bei der Analyse von silicat. Erzen mit ca. $10^{-4}\%$ U. Die Änderung des Lösungsm. bewirkt gleichzeitig, daß man die Cellulose mit einem 3—4fach so hohen Anteil der wss. Ausgangslsg. beladen kann, ohne daß bei der Extraktion die wss. Phase durchbricht. Die neue Meth. macht es damit möglich, die wss. Ausgangslsg. direkt auf die Säule zu geben u. dadurch die Analyse zu vereinfachen. (Sloven. Acad. Sci. Arts, „J. Stefan" Inst. Physics, Rep. **2.** 9—13. Mai 1955.) F. UMLAND. G 339

Dagfin Lydersen und **Odd Gjems,** *Titration von Eisen(III)-salz mit Versenat.* Vff. besprechen die Abhängigkeit der Ergebnisse der Titration von Fe^{3+} mit Versenat (Äthylendiamintetraacetat) von der Konz. des als Indicator zugesetzten Rhodanids. Die Abhängigkeit des Reagensverbrauchs vom Logarithmus der Indicatorkonz. weist ein Minimum auf, das zur Best. der für eine vorgegebene Fe^{3+}-Lsg. geeigneten SCN^--Konz. dienen kann. Die Titration wird bei p_H 2—3 durchgeführt, zur Endpunktsbest. kann der gefärbte Komplex durch Ausschütteln in einer Schicht organ. Lösungsmittel besser sichtbar gemacht werden. Bei Ggw. von Al u. Zn muß Citrat zur Vorlage hinzugesetzt werden. (Z. analyt. Chem. **138.** 249—56. 1953. Vollebekk, Norwegen, Landw. Hochsch., Inst. für Bodenkunde.) K. SCHILLER. G 354

Ajit Kumar Mukherjee, *Colorimetrische Bestimmung von Eisen mit Salicylaldehyd-Glycinhydroxamsäure.* Die in Ggw. von Fe^{3+} auftretende Violettfärbung mit der SCHIFFschen Base aus *Salicylaldehyd* u. *Glycinhydroxamsäure* kann zur colorimetr. Best. von Fe verwendet werden. Die Färbung, deren Absorptionsmaximum im p_H-Bereich 2,35 bis 3,34 bei 535—550 $m\mu$ u. für p_H 5,06—10,25 bei 460—510 $m\mu$ liegt, gehorcht im Konzentrationsbereich 0,05—30·$10^{-4}\%$ dem BEERschen Gesetz. (Naturwissenschaften **42.** 127. 1. März-H. 1955. Calcutta, Indian Assoc. for the Cultivat. of Sci., Dep. of Inorgan. Chem.) E. MOISAR. G 354

Walter Koch, *Mikroanalysen als wichtiges Forschungsmittel der Stahlentwicklung.* Da meist nur sehr geringe Mengen der verschied. Phasen aus dem Stahlgefüge freigelegt werden können, ist es notwendig, die Unters. der isolierten Gefügebestandteile mikroanalyt. vorzunehmen. Für Carbide (Bestandteile: C, N, Fe, Mn, Cr u. gegebenenfalls einige weitere Legierungsbestandteile) betragen die zur Verfügung stehenden Mengen ca. 15 mg, für Nitridbestandteile (N, Fe, Al, Mn, Cr, V) ca. 5 mg, zur Best. der Einschlüsse (Bestandteile: SiO_2, Al_2O_3, MnO, FeO, Cr_2O_3, TiO_2, CaO, MgO u. Phosphat) nur ca. 0,1 mg. Beim derzeitigen Stand der mikroanalyt. Technik können allerdings in vielen Fällen bis jetzt nur Teilanalysen der isolierten Bestandteile statt vollständiger Unterss. durchgeführt werden (Schwierigkeiten z. B. bei C, N, S u. P). Die neuen Verff. konnten aber doch schon in großem Umfang mit Erfolg zum Studium des Ablaufs metallurg. Rkk. u. bei der Werkstoffentw. eingesetzt werden. (Mikrochim. Acta [Wien] **1954.** 760—81. Düsseldorf, MPI für Eisenforsch.) E. L. GÜNTHER-JAHN. G 354

S. Eckhard, W. Koch und C. Mahr, *Spektrochemische Untersuchungen zur Mikroanalyse des Stahlgefüges.* Es werden mikrochem.-spektralanalyt. Verff. zur Unters. der Gefügebestandteile im Stahl beschrieben. Mit den angegebenen Methoden sind in isolierten Gefügebestandteilen noch Spuren erfaßbar, die mikroanalyt. nicht bestimmt werden können. Wegen der sehr stark wechselnden Zus. der isolierten Teilchen wird nach einem leitprobenfreien spektralanalyt. Verf. gearbeitet. Spektralunempfindliche Elemente müssen zusätzlich mikroanalyt. erfaßt werden. *Oxyde* können rein spektralanalyt. untersucht werden, während bei der vollständigen Analyse von *Carbiden, Nitriden* u. *Phosphiden* das kombinierte Verf. zur Anwendung kommt. Die Aufbereitung der kleinen Mengen isolierter Gefügebestandteile erfolgt auf verschied. Weise: Aus Substanzmengen von 3—20 mg werden kleine Preßlinge hergestellt u. direkt angeregt, Mengen von 0,05 bis 3 mg werden lösungsspektralanalyt. untersucht. Eine dazugehörige Mikromanipulation wird ausgearbeitet. Der Zeitaufwand ist gegenüber der Mikroanalyse gering. Die Verff. sind nicht auf Stahl beschränkt, sondern können auf die Best. anderer Substanzen u. Elemente übertragen werden. (Angew. Chem. **68.** 296—302. 21/4. 1956. Düsseldorf, MPI für Eisenforsch.; Marburg/Lahn, Univ., Chem. Inst.) W. KRÖNERT. G 354

b) Organische Verbindungen.

Jiří Körbl, *Analytische Verwertung von Silberpermanganat.* 3. Mitt. *Bestimmung von Kohlenstoff und Wasserstoff unter Verwendung einer dünnen Schicht der Katalysatorfüllung des Verbrennungsrohres.* (2. vgl. C. **1956.** 8176.) Die hohe katalyt. Wirksamkeit des in der 1. u. 2. Mitt. beschriebenen *therm. Zersetzungsprod.* (I) *von $AgMnO_4$* bei Elementaranalysen organ. Verbb. ermöglicht die Verwendung einer wesentlich verringerten Schicht der Kontaktfüllung des Verbrennungsrohres; hierdurch werden die mit großen Apparaturdimensionen zusammenhängenden Fehler vermieden u. die App. kann vereinfacht werden. Beim Halbmikroverf. reicht man mit einer 3,5 cm dicken Schicht des I bei einer Verbrennungstemp. von 450—500° aus. Die übliche Länge des Verbrennungsrohres kann zugleich fast auf die Hälfte, somit auf 25 cm, herabgesetzt werden. Im Hinblick auf die dadurch erzielte Verringerung des Totraumes der App. beträgt das zu ihrem Durchspülen mit O_2 benötigte Gasvol. anstatt ca. 250 ml nur 100—150 ml u. die dazu erforderliche Zeit wird auf 10 Min. verkürzt. Die übliche Verwendung der MARIOTTEschen Flasche fällt fort u. wird gegebenenfalls durch Absaugen mit Wasserstrahlpumpe ersetzt. Durch Verbrennungsverss. mit S, J_2 u. HCl wurde die Absorptionskapazität der Kontaktfüllung des I (0,8 g) für S u. Halogene zu 80 mg S, 100 mg Cl u. 210 mg J bestimmt, also viel höher als bei metall. Ag, welches für diese Zwecke üblicherweise verwendet wird. Immerhin ist die Absorption von F in I nicht befriedigend. (Chem. Listy **49.** 1532—37. Okt. **1955** [Orig.: tschech.]; Collect. czechoslov. chem. Commun. **20.** 1026—32. 1955 [Orig.: deutsch]. Praha, Výzk. ústav pro farm. a biochem.) K. KÁMEN/Prag. 5352

Jiří Körbl und Karel Blabolil, *Analytische Verwertung von Silberpermanganat.* 4. Mitt. *Mikrobestimmung von Kohlenstoff und Wasserstoff.* (3. vgl. vorst. Ref.) Das in der 3. Mitt. beschriebene Halbmikroverf. zur Best. von C u. H in organ. Verbb. unter Verwendung einer dünnen Schicht der aus dem *Prod.* (I) *der therm. Zers. von $AgMnO_4$* bestehenden Kontaktfüllung des Verbrennungsrohres wurde zum Mikroverf. modifiziert. Zur Erzielung einer konstanten Dosierung des einzuleitenden O_2 wurde die MARIOTTEsche Flasche verwendet. Etwaige Spuren organ. Stoffe in O_2 werden in einem eine 3,5 cm dicke Schicht von I enthaltenden, vor das Verbrennungsrohr geschalteten Glasrohr bei 450—500° entfernt. NO_2 aus N-haltigen Proben wird in MnO_2 auf Silicagel absorbiert. Die Probeneinwaage beträgt ca. 4 mg. Der O_2-Strom ist auf 8 ml/Min. einzustellen. Die Probe wird in ca. 5 Min. vollständig verbrannt, wonach die App. mit 80—100 ml O_2 durchspült wird, so daß die Gesamtmenge des durchgegangenen O_2 150 ml beträgt. Der Wägung der Absorptionsgefäße ist besondere Sorgfalt zu widmen.

Die Analyse dauert 45 Minuten. Der mittlere Fehler der Meth. beträgt für C +0,13%, für H +0,22% u. kann durch eine Korrektur ausgeglichen werden. (Chem. Listy **49.** 1664—66. Nov. 1955. [Orig.: tschech.]; Collect. czechoslov. chem. Commun. **21.** 318—21. April 1956. [Orig.: dtsch.]. Praha, Výzk. ústav pro farm. a biochem., Chem. ústav Českoslov. akad. věd.) K. Kámen/Prag. 5352

C. O. Willits, *Bericht über Standardisierung mikrochemischer Methoden.* In der Mikroanalyse von organ. gebundenem S, N, Br u. Cl sind die Carius- u. die katalyt. Verbrennung gleichwertig, ebenso das Verf. nach Carius u. nach Pregl für Br u. Cl. Bei dem katalyt. Verf. zur S-Best. muß je Min. mehr als 11 ml O_2 durchströmen, der lange Ofen soll auf über 750° gehalten werden. Die Verbrennungsrohre zur S-Best. nach Carius sollen kleiner als 12,5 ml sein. (J. Assoc. off. agric. Chemists **35.** 287—88. 15/5. 1952. Philadelphia, Pa., Eastern Reg. Res. Labor.) Ph. Fresenius. 5352

P. N. Fedossejew und **M. Ja. Ssobko,** *Methode zur quantitativen Bestimmung von Halogenen in organischen Verbindungen.* 1. Mitt. *Quantitative Bestimmung von Chlor, Brom und Jod.* Die Meth. beruht auf der Verbrennung halogenhaltiger organ. Stoffe in einem schnellen O_2-Strom (150—200 ml/Min.) bei einer Temp. von 800—900° ohne Anwendung von Katalysatoren. Um die dabei auftretende Nebelbldg. zu verhindern, wird an das Verbrennungsrohr ein Glasrohr mit feinkrist. Bromid, Chlorid oder Jodid angeschlossen. In diesem Filter werden die Nebel zurückgehalten u. zersetzt. Die von den Absorptionsgeräten aufgenommenen Halogene werden entweder gravimetr. oder maßanalyt. bestimmt. Vf. gibt quantitative Bestimmungsmethoden für Cl, Br u. J an. Bei den Verss. wurden schwierig zu analysierende Stoffe verwendet, um die Zuverlässigkeit der Meth. zu prüfen. In allen Fällen wurden gute Resultate erhalten. Der Fehler überschreitet nicht ±0,1—0,2%. Die Analyse dauert 55—60 Minuten. (Журнал Аналитической Химии [J. analyt. Chem.] **10.** 323—26. Sept./Okt. 1955. Nikolajew, Makarow-Schiffbauinst.) E. Steinberg. 5352

R. D. Obolenzew, B. W. Aiwasow und **Ss. W. Netupskaja,** *Chromatographische Trennung von isomeren Organoschwefelverbindungen $C_8H_{18}S$ unter Anwendung von radioaktivem Schwefel.* Aus einem Gemisch von *Di-n-butylsulfid* (I), mit ^{35}S-markiertem *Diisobutylsulfid* (**II**, aus Isobutylbromid u. $Na_2{}^{35}S$) u. *n-Octylmercaptan* (**III**) gelingt es, durch Chromatographieren mit Silicagelsäule u. Auswaschen mit 6,25 (Vol.-)% Aceton (**IV**) + 93,75% Isooctan (**V**) **III** abzutrennen. Das verbleibende Gemisch **I** + **II** wird ebenfalls chromatograph. getrennt unter Auswaschen mit 6,25% **IV** + 31,25% Bzl. + 62,50% **V**. Die Zus. der getrennten Prodd. wird mit Geiger-Müller-Zähler verfolgt. (Доклады Академии Наук СССР [Ber. Akad. Wiss. UdSSR] **106.** 283—85. 11/1. 1956. Abt. Chem. der Baschkir. Zweigstelle der Akad. der Wiss. der UdSSR.) R. K. Müller. G 600

William J. Schmitt, Emil J. Moriconi und **William F. O'Connor,** *Papierchromatographie der Nitrophenylhydrazone von Mono- und Dicarbonylverbindungen.* Von 78 untersuchten Lösungsmittelsystemen fanden Vff. als einziges das Syst. *Dibutyläther–Dimethylformamid–Tetrahydrofuran* (**A**) im Verhältnis 85:15:4 zur Trennung der *Nitrophenylhydrazone* (**I**) von *Mono-* u. *Dicarbonylverbb.* (**II**) geeignet. Es wurde auf n. Whatman Nr. 1-Papier nach der aufsteigenden Meth. (12 Std.) gearbeitet u. die Lsg. der **I** in **A** entsprechend einer Menge von 2—5 γ **I** aufgebracht. Die Flecken wurden durch Besprühen mit Na-Äthylatlsg. (0,3 g Na/100 ml A.) im UV-Licht sichtbar gemacht. Folgende R_F-Werte (bei **II** für die Bis-**I**) sind angegeben: *2.4-Dinitrophenylhydrazin* 0,32; *2.4-Dinitrophenylhydrazone* von: *Diphenyl-2.2'-dialdehyd* (**III**), 0,00; *Methylglyoxal* (**IV**) 0,20; *Glyoxal* (**V**) 0,23; *CH_2O* 0,60; *Acetaldehyd* (**VI**) 0,67; *Furfurol* (**VII**) 0,70; *Benzaldehyd* (**VIII**) 0,81; *Crotonaldehyd* (**IX**) 0,90; *Propionaldehyd* 0,91; *p-Nitrophenylhydrazone* von: **IX** 0,08; **V** 0,24; **IV** 0,30; **III** 0,49; **VI** 0,54; **VII** 0,55; **VIII** 0,72. (Analytic. Chem. **28.** 240. Febr. 1956. New York, N. Y., Fordham Univ., Chem. Dep., Organ. Proc. Labor.) J. Richter. G 650

Henri Etienne, *Colorimetrische Bestimmung sehr kleiner Acetonmengen und ihre Anwendung zur Bestimmung von Spuren Isopropylalkohol und Propylen.* Nach Castiglioni (Ann. Chim. applicata **31.** [1941.] 157) kondensiert sich Furfurol mit Aceton (**I**) zu *Difurfurylidenaceton* (**II**), das im sauren Medium eine rotviolette Farbe annimmt. Vf. hat eine Meth. zur Mikrobest. von **I** ausgearbeitet, die auf dieser Rk. beruht. In einem Glasrohr werden 5 cm³ Versuchslsg. (0,0005—0,05 mg **I** enthaltend) mit 5 cm³ KCN-Lsg. (40 g/100 cm³ Lsg.) versetzt u. langsam zum Sieden erhitzt. In der Vorlage befindet sich 0,2 cm³ Furfurol in Methanol (5 cm³/100 cm³ Lsg.). Man dest. langsam bis zur Eichmarke bei 0,5 cm³ u. läßt die Stoffe 30 Min. bei Zimmertemp. reagieren. Nach Zugabe von 15 cm³ H_2SO_4 (D. 1,4) schlägt die Farbe von Gelb nach Rotviolett um. Die **I**-Best. kann dann auf colorimetr. oder elektrophotometr. Wege erfolgen. Die Vergleichslsgg. (ausgehend von 5 mg I in 100 cm^3 H_2O) müssen in der gleichen Weise behandelt werden wie die Probe. Zur Photometrie nach FISHER arbeitet man mit einem blauen Filter für λ 425 mμ bei einer Flüssigkeitsschichtdicke von 21 mm. Bis zu 0,03 mg I ist die Empfindlichkeit ausreichend, dann sinkt sie ab. Als Vergleichslsgg. können auch $Co(NO_3)_2$-Lsgg., die auf die gleichen Farbtöne abgestimmt waren, verwendet werden. Formaldehyd u. Acetaldehyd sind ohne Einfl. auf die Reaktion. Vf. stellt die Hypothese des vermutlichen Reaktionsverlaufes auf, nach der 2 Mole Furfurol mit 1 Mol I unter Austritt von 2 Moll. H_2O reagieren. Der Übergang von Gelb nach Rotviolett bei II kann auf Tautomerie beruhen. — Zur quantitativen Best. von *Isopropylalkohol* (III) in Abwesenheit von I oxydiert man III mit $K_2Cr_2O_7$ zu I. 25 cm^3 Probe, 0,025—0,5 mg III enthaltend, werden im Schliffkolben mit 25 cm^3 Oxydationslsg. (60 g $K_2Cr_2O_7$, 80 g konz. H_2SO_4, 270 g H_2O) behandelt, 30 Min. am Rückflußkühler gekocht u. darauf destilliert. Mit 5 cm^3 des Destillats wird die colorimetr. I-Best. durchgeführt. A. stört hierbei nicht. — Auch Propylen (IV)-Spuren in Gasen lassen sich nach dieser Meth. bestimmen. IV wird auf katalyt. Wege in III übergeführt u. weiter zu I oxydiert. Eine 10—12 Liter fassende Flasche wird gut evakuiert, mit 100 cm^3 H_2SO_4 (80 Gew.-%) u. 1 g HgO beschickt, das die Bldg. von Isopropylsulfat begünstigt u. Polymerisation von IV ausschaltet. Nach Ansaugen von 10 Litern Gas wird während ½ Std. zur Absorption des IV geschüttelt. Darauf behandelt man das Reaktionsgemisch mit der 8fachen Menge Eis u. führt in eine Destillationsapp. über. 100 cm^3 des Destillats werden zu I oxydiert u. colorimetriert. Reines Äthylen ruft keine Störungen hervor, so konnte 0,001% IV neben 30—40% Äthylen bestimmt werden. (Ind. chim. belge **17.** 455—58. 1952. Renory-Ougrée, Labor. de Contrôle de la S. B. A.-P. C. M.) S. LANZ. G 700

Irwin Oreskes und **Abraham Saifer,** *Qualitative Bestimmung der Aminosäuren in Proteinhydrolysaten durch Zirkularpapierchromatographie.* Vff. chromatographieren Proteinhydrolysate von Humanserum nach der Zirkulartechnik. Sie setzen für jede Probe 2 Rundfilter an, entwickeln das eine in Phenol (+0,1% NH_4OH)/Isopropanol/W. (70:5:25), das andere in Butanol/Eisessig/W. (4:1:5). Jedes Chromatogramm wird dann in 2 Hälften geschnitten, die eine mit Isatin (0,2% in Aceton + 4% Eisessig), die andere mit Ninhydrin (0,25% in Aceton) im Tauchverf. angefärbt. Die gewonnenen Chromatogramme werden mit entsprechenden Bezugschromatogrammen verglichen. Es konnten so alle üblicherweise in Proteinhydrolysaten vorkommenden Aminosäuren identifiziert werden bis auf die Leucine, die als Paar nachgewiesen wurden. Die 2fache Anfärbung auf gleichen Chromatogrammen verschied. Ansatzes gewährleistet nach Ansicht der Vff. häufig eine sicherere Identifizierung als die Best. der R_F-Werte. (Analytic. Chem. **27.** 854—56. Mai 1955. Brooklyn, N. Y., Jewish Chronic Disease Hosp., Dep. of Physic. Chem.) H. ENDRASS. G 950

Poul Sorensen, *Bestimmung von Oxy- und Aminoverbindungen durch eine Chlor-36-Isotopenverdünnungsmethode.* Durch eine Modifikation der Isotopenverdünnungsmeth. lassen sich *Oxy-* u. *Aminoverbb.* bestimmen. Die zu analysierenden Verbb. werden mit *3-Chloranisoylchlorid* (I), dessen Kernchlor ^{36}Cl enthält, zu den entsprechenden, gut kristallisierenden Derriv. umgesetzt, die durch eine übliche Isotopenverdünnungsmeth. bestimmt werden. Das Prinzip wurde angewandt zur Best. von: *Phenol, Brenzcatechin, CH_3OH, Äthylenglykol, Anilin* u. *Äthylendiamin* (vgl. auch C. **1956.** 4619).

Versuche: *3-Chloranisoylchlorid* (I), $C_8H_6O_2Cl_2$, F. 64—65°, Kp.$_1$ 120—125°, aus 3-Chloranissäure u. $SOCl_2$. Die Chloranisoylderivv. von Oxyverbb. werden durch 20 Min. Erhitzen am Rückfluß mit I in 50% ig. Überschuß hergestellt; die entsprechenden Derivv. der Aminoverbb. entstehen in ½ std. Stehen bei Raumtemperatur. — *3-Chloranisoylderivv. von: Phenol,* $C_{14}H_{11}O_3Cl$, F. 141,7—142,0°. *Brenzcatechin,* $C_{22}H_{16}O_6Cl_2$, F. 174,4—174,9°. *Methanol,* $C_9H_9O_3Cl$, F. 94,0—94,3°. *Äthylenglykol,* $C_{18}H_{16}O_6Cl_2$, F. 186,5—186,7°. *Anilin,* $C_{14}H_{12}O_2NCl$, F. 169,2—169,5°. *Äthylendiamin,* $C_{18}H_{18}O_4N_2Cl_2$, F. 243,7—244,1°. (Analytic. Chem. **27.** 388—90. März 1955. Copenhagen, Sadolin & Holmblad Ltd., Central Labor.) K. F. MÜLLER. G 1060

D. N. Wasskewitsch und **Z. A. Goldina,** *Colorimetrische Bestimmung geringer Mengen zweiwertiger Phenole.* Geringe Mengen *Hydrochinon* (I) 0,01, *Resorcin* (II) 0,005, *Brenzcatechin* (III) 0,01 mg in je 4 ml lassen sich colorimetr. mit einer ammoniakal. Lsg. von $CdSO_4$ quantitativ bestimmen. Die Abweichung beträgt höchstens 10—15%. — 4 ml der wss. Phenollsg. werden mit 0,05 ml 0,1n ammoniakal. $CdSO_4$-Lsg. versetzt. Der sich bildende geringe Nd. wird mit 0,1 ml 25%ig. NH_3Lsg. gelöst, worauf sofort eine charakterist. Färbung auftritt, die für I gelblichrosa, für II strohgelb u. für III schwachgelb ist. Die besten Resultate der Messung der Intensität der Färbung ergeben sich für I nach 10 Min., für II nach 30 Min. u. III nach 15 Min. nach Zusatz der Reagentien. (Журнал Прикладной Химии [J. angew. Chem.] **24.** 1214—16. Nov. 1951. Moskau, Wiss. Forschungsinst. für Arbeitsschutz.) O. POLLAK V. EMHOFEN. G 1060.

Jaroslav Franc, *Quantitative Bestimmung von Cyclohexanon in technischem Methylcyclohexanon mittels Verteilungschromatographie an Silicagel.* Für die quantitative Best. von *Cyclohexanon* (I) verwendet Vf. sein eigenes, für die Trennung von einwertigen Phenolen schon früher beschriebenes Verf. (vgl. C. **1956.** 1116). An einer 65—75 cm langen, mit ca. 100 g Silicagel gefüllten Säule wird ein Gemisch von Isomeren des Methylcyclohexanons, welches mittels Cyclohexan-W. aus der Kolonne prakt. gleichzeitig zuerst eluiert wird, von I gut abgetrennt. Nach Beendigung der Rk. der sämtliches I enthaltenden Fraktion mit einer alkoh. 2.4-Dinitrophenylhydrazinlsg. wird die Intensität der entstandenen roten Färbung colorimetr. bei einem Maximum von 480 mμ festgestellt u. der Geh. von I durch Vgl. mit einer Eichkurve bestimmt. Die Genauigkeit der Best. wird durch Ggw. von 30% Cyclohexanol nicht beeinflußt. (Chem. Listy **50.** 73—76. Jan. 1956. [Orig.: tschech.]; Collect. czechoslov. chem. Commun. **21.** 581—85. Juni 1956. [Orig.: dtsch.] Pardubice-Rybitví, Výzk. ústav. organ. syntes.)
J. VANĚČEK/Prag. G 1960

C. Ghiglione und **M. Bozzi-Tichadou,** *Über eine Technik der Fixierung und der Verbesserung der Chromatogramme der reduzierenden Zucker.* Es wird eine Technik vorgeschlagen, deren verbesserte Chromatographie der *reduzierenden Zucker* (I) die Interpretation stark erleichtert, Die Red. findet an $AgNO_3$ in ammoniakal. Lsg. statt. Bei dieser Technik schwärzt sich das Papier schnell u. die Intensität der Flecke ist schwach. Man taucht die Chromatogramme 3 Min. in ein Reagens aus 300 g $Na_2S_2O_3$, 15 g Na_2SO_3, mit W. zu 1 Liter ergänzt u. fixiert. Dann hält man es 5 Min. in einen Strom von dest. W.; dabei bleiben nur die Flecke des red. Ag übrig. Darauf kommt das Chromatogramm in folgendes Bad: 30 g $HgCl_2$, 30 g KBr u. W., ergänzt auf 1 Liter. Das Papier entfärbt sich vollständig. Nach Waschen unter laufendem W. wird der gebildete Ag–Hg-Komplex in folgender Lsg. red.: 100 cm^3 40 % ig. NaOH, 250 cm^3 20% ig. CH_2O, ergänzt mit W. auf 1 Liter. Die Flecke erscheinen mit einer sehr intensiven braunen, unauslöschbaren Farbe wieder. (Bull. Soc. Chim. biol. **35.** 1441—42. 1953. Marseille, Fac. de Méd. et de Pharm. de Marseille, Labor. de Chim.) H. BENISCHKE. G 3400

Matsuo Kanie und **Misao Kisanuki,** *Bestimmung von Glucose in Gegenwart von Maltose.* Mit einem abgeänderten BARFOED-Reagens werden die Reduktionswerte von *Zuckermischungen,* die einen Titer von 5,98 cm^3 0,01 n $Na_2S_2O_3$-Lsg., entsprechend 2 mg Glucose (I)/cm^3 mit HANES-Reagens geben, gemessen u. gegen die Mengen an I bzw. Maltose (II) aufgetragen, wodurch eine Standardvergleichskurve entsteht. Unbekannte Zuckerlsgg. werden durch Verdünnen oder Zusatz gemessener I-Mengen auf den oben genannten Titer mit HANES-Reagens gebracht u. der Reduktionswert dieser so eingestellten Lsg. mit dem abgeänderten BARFOED-Reagens bestimmt. An der Standardkurve lassen sich dann die zugehörigen Werte für I bzw. II ablesen. Sehr geeignetes Verf. für Zuckerbest. in Stärkehydrolysaten durch Kojiauszüge. Mittlerer Fehler 0,015 mg I/2 cm^3 Lsg. (enthaltend 0,5—2 mg I). (J. agric. chem. Soc. Japan, Trans. **27.** 712—16. Okt. 1953. Kagoshima, Univ. [Orig.: japan.; Auszug: engl.]) L. SCHULER. G 3400

O. Tomíček und **J. Šimon,** *Maßanalytische Bestimmungen in stark basischem Medium.* 7. Mitt. *Titration des Chinidinäthojodids mit Kaliumferricyanid.* (6. vgl. Chem. Listy **40.** [1946.] 219.) Der Verlauf der Rk. von Chinaalkaloiden (*Chinidin,* I) mit *Äthyljodid* (II) unter verschied. Bedingungen kann durch Titration mit alkal. $K_3[Fe(CN)_6]$ (III)-Lsg. (Beschreibung von App. u. Ausführung) verfolgt werden: Zuerst tritt Bldg. des I-*Monoäthojodids,* F. 248°, am tert.-Aminstickstoff des Chinuclidinkernes ein, das mit III nicht reagiert; bei der weiteren Rk. des II (im Einschmelzrohr, 100—140°, 6—8 Std.) wird der Chinolinring unter Bldg. des I-*Bisäthojodids* (IV), F. 134°, aus wss. A. hellgelbe Kristalle, angegriffen, das durch III in alkal. Lsg. oxydierbar ist. — Durch direkte Erwärmung von I u. II im Einschmelzrohr wird gleichfalls IV erhalten. — Die Titration des III mit IV ist genau u. verläuft sowohl potentiometr. als auch visuell am besten in einer 2—3 % ig. KOH-Lsg. mit etwas A. bei 50—60°. — Umgekehrt ist die Titration des IV mit III direkt nur durch Zugabe eines Überschusses von III u. dessen Rücktitration mit p-Nitroisochinolinmethojodid bei 50—60° in 2—3 % ig. KOH möglich. (Českoslov. Farmac. **1.** 25—36. 1952. Praha, Karlova univ., Úst. pro chem. analyt.)
E. ROTTER. G 3500

W. Schröder, K. D. Voigt und **I. Beckmann,** *Über die kombinierte Anwendung von Craig-Verteilung und Papierelektrophorese bei der Trennung von Steroidgemischen.* Ähnlich wie Zucker können Steroide — *Cortison, 17-Oxycorticosteron, Desoxycorticosteron* u. *Testosteron* — durch Addition polarer Gruppen, z. B. als Bernsteinsäurehalbester, papierelektrophoresefähig gemacht werden. Wie durch Rücktitration der freien Bernsteinsäure gezeigt werden kann, erfolgte die Veresterung nach stöchiometr. Verhältnis. Die auf diese Weise polar gemachten Steroide — die Polarität steigt mit der Zahl

der eingeführten Bernsteinsäurereste — wandern in der Elektrophorese einheitlich, das Na-Salz allerdings schneller als der Halbester. Wird daneben noch die CRAIG-Verteilung angewendet, so können auf diese Weise Steroidgemische fraktioniert werden u. Rückschlüsse auf die Einheitlichkeit der eingesetzten Substanzen gezogen werden. Die Anwendung dieses kombinierten Verf. verspricht, bei der Fraktionierung der keton. Fraktion des Harnes wertvolle Aufschlüsse über deren Zus. zu liefern. (Hoppe-Seyler's Z. physiol. Chem. **302.** 63—67. 1955. Hamburg, Univ., II. Med. Klinik.)
H. P. FIEDLER. G 3700

A. E. Kellie und **A. P. Wade,** *Eine einfache Vorrichtung zur Stufenelution, verwendet bei der Trennung von 17-Oxosteroiden.* Die in üblicher Weise vorbehandelte Al_2O_3-Säule wird aus einem Gefäß, dem Empfänger, mit Elutionsmittel gespeist, der durch einen capillaren Geber mit einem zweiten Gefäß, dem Spender, verbunden ist. Der Empfänger enthält anfangs 0,2% A. in Bzl., reichert sich aber fortschreitend aus dem Gebergefäß (2% A. in Bzl.) mit A. an. Der Verlauf der Elution ist stark von den äußeren Bedingungen u. Abmessungen der gesamten App. abhängig. — *3β-Oxyandrost-5-en-17-on, 3α-Oxy-5α* (u. *-5β)-androstan-17-on, 3α-Oxy-5β-androstan-11:17-dion, 3α.11β-Dioxy-5α* (u. *-5β-)-androstan-17-on* ließen sich vollständig trennen. Das Verf. wurde bei der quantitativen Analyse der glucuron. u. sulfat. Harnsteroide angewandt. (Biochem. J. **62.** 1 P. Jan. 1956. Middlesex, Hosp. Med. School, Courtaulds Inst. of Biochem.)
D. DRESSLER. G 3750

d) Medizinische und toxikologische Analyse.

Ju. G. Balaschko, N. G. Gussew, M. A. Dembrowski und **Ss. I. Kwassowa,** *Methodik der Radiumbestimmung im menschlichen Organismus.* Es ist zweckmäßig, zur Feststellung der Ra-Menge im Organismus (die normalerweise 0,1 γ beträgt u. 50000 γ-Quanten ausstrahlt) die äußere γ-Strahlung zu messen u. nur, wenn Verdacht auf einen erhöhten Ra-Geh. des Organismus besteht, die weniger empfindliche Meth. der Best. der Rn-Menge in der Ausatmungsluft anzuwenden. Beide Methoden werden eingehend beschrieben. (Гигиена и Санитария [Hyg. u. Sanitätswes.] **21.** Nr. 1. 20—26. Jan. 1956.)
E. RENTZ. 5725

Paul Cristol und **Christian Bénézech,** *Bestimmungsmethode für freies und gebundenes Wasser in Blutkörperchen.* 25 cm³ Blut werden mit Glaskügelchen geschüttelt u. das Fibrinkoagulat über Glaswolle abfiltriert. (Montpellier méd. [3] **43** (**96**). 481—83. Mai 1953.)
TH. MARSSON. 5727

Heinz Bartels, *Potentiometrische Bestimmung des Sauerstoffdruckes im Vollblut mit der Quecksilbertropfelektrode.* Darlegung der theoret. Grundlagen der potentiometr. Best. des O_2-Druckes im Vollblut. Eine erweiterte Gleichung für die polarograph. Stromspannungskurve wird entwickelt u. eine Gleichung der potentiometr. Analyse des O_2 in unverändertem Vollblut abgeleitet. Die Best. ist weitgehend unabhängig vom CO_2-Druck u. Hämoglobingehalt. Einfl. der Tropfzeit der Capillare, des Fibrinogengeh. u. die Temperaturabhängigkeit der Best. werden ermittelt u. diskutiert. — Vgl. nachst. Reff. (Pflügers Arch. ges. Physiol. Menschen Tiere **254.** 107—25. 1951. Kiel, Univ., Physiol. Inst.)
PH. FRESENIUS. 5727

Heinz Bartels und **Detlef Laué,** *Die praktische Durchführung der potentiometrischen Messung des Sauerstoffdruckes im Vollblut.* Die Aufbewahrung des Blutes erfolgt bei +3°. Die Äquilibrierung erfolgt in dem von AUSTIN u. Mitarbeitern (J. biol. Chemistry **54.** [1922.] 151) angegebenen Doppeltonometer mit einer Modifikation. Äquilibrierung des Blutes mit verschied. O_2-Drucken, Überführung in die Meßapp., Analyse des Gasraumes im Tonometer B, App. zur Messung des O_2-Druckes im Blut, der Arbeitsgang der Messung u. die hinsichtlich der Geräte zu beobachtenden Maßregeln werden beschrieben. — 8 Abbildungen. (Pflügers Arch. ges. Physiol. Menschen Tiere **254.** 126—36. 1951.)
PH. FRESENIUS. 5727

H. Bartels, W. Burger, W. Eschweiler und **D. Laué,** *Das „Hämoxytensiometer". Ein Apparat zur routinemäßigen Bestimmung des Sauerstoffdruckes im Vollblut.* Beschreibung u. Abb. eines Analysenapp. mit Meßeinrichtung u. Galvanometer zur Best. des O_2-Druckes im Vollblut in Serienbestimmungen. (Pflügers Arch. ges. Physiol. Menschen Tiere **254.** 137—41. 1951.)
PH. FRESENIUS. 5727

Wilhelm Marquardt, *Eine einfache approximative quantitative Kohlenoxydbestimmung im Blut.* In die Mitte einer PETRI-Schale von 70 mm Durchmesser wird ein Glasring von 20 mm lichter Weite zur Aufnahme von 1 cm³ n/100-$PdCl_2$-Lsg. gesetzt. In die Schale wird das mit W. verd. Blut nach Zusatz einiger Tropfen 10%ig. H_2SO_4 gegeben. Die Schale wird durch Auflegen einer eingefetteten Glasplatte auf den abgeschliffenen

Rand verschlossen. Bei 0,1 cm^3 Blut ist die CO-Diffusion nach 30 Min. beendet. Der Glasring mit dem Pd-Spiegel wird unter der Photozelle geprüft. Die Belichtung erfolgt durch eine zwischengeschaltete Milchglasscheibe, die Eichung der App. (Galvanometer) mit CO-Blut von 10—100% Sättigung. (Dtsch. Z. ges. gerichtl. Med. **40.** 385—91. 1951. Kiel, Inst. für gerichtl. u. soziale Med.) PH. FRESENIUS. 5727

Wiesław Tysarowski, *Polarographische Bestimmung des im Oxyhämoglobin gebundenen Sauerstoffs.* Der im Oxyhämoglobin gebundene O kann quantitativ polarograph. bestimmt werden, wenn das Blut bzw. das Serum hämolysiert ist. Man arbeitet mit 0,1 n KCl-Lsg. als Leitsalz unter Zusatz von Tylose u. verwendet eine Ag-Anode. Durch Zugabe von $K_3Fe(CN)_6$ (I) wird O_2 freigesetzt, was im Polarogramm eine Erhöhung der Reduktionswelle des O_2 verursacht. Na_2SO_3, Ascorbinsäure oder Durchleiten von N_2 verhindern die Erhöhung, KCN hebt die Wrkg. von I nicht auf. Der Effekt tritt sofort nach Zugabe von I ein u. dauert ca. 30 Minuten. (Roczniki Chem. [Ann. Soc. chim. Polonorum] **25.** 254—55. 1951. Warszawa, Uniw., Zakł. Chem. Nieorgan.) F. URBAN. 5727

A. L. Waldo und **R. E. Zipf,** *Diphenylamintest bei leukämischen Sera.* Falls das mkr. Blutbild keine sichere Diagnose erlaubt, kann der immer sehr hohe Diphenylaminindex zur Unterscheidung von Pseudo- u. echter Leukämie herangezogen werden. (Experientia [Basel] **10.** 468—69. 15/11. 1954. Dayton, O., Miami Valley Hosp., Dep. of Res., Diagn. Labor.) G. WELTZIEN. 5727

Joseph H. Roe, *Die Zuckerbestimmung im Blut und in spinalen Flüssigkeiten mit Anthron.* Vff. beschreiben die Best. von *Glucose* (I) in biol. Fll. mit Hilfe des photoelektr. Colorimeters unter Verwendung eines 620 mμ-Filters. Zur Durchführung wird von Eiweiß befreites Blut oder spinale Fl. (1 ml, Verdünnung 1 : 10) mit 10 ml *Anthron* (II)-Reagens (500 mg II u. 10 g Thioharnstoff in 1 Liter 66 Vol.-% ig. H_2SO_4) 15 Min. auf 100° erhitzt u. nach ½std. Stehen die opt. Dichte mit der von 1 ml (= 0,1 mg) einer auf die gleiche Weise mit II behandelten I-Eichlsg. (100 mg I gelöst in 100 ml gesätt. wss. Benzoesäurelsg.) verglichen. Die I-Konz. (in mg/100 ml) ergibt sich aus dem Quotienten der opt. Dichten für die I-Probe- u. -Eichlösung. Es wird gefunden, daß die in Abhängigkeit von der I-Menge gemessene Extinktion bis zu Gehh. von ca. 200 γ I mit dem BEERschen Gesetz übereinstimmt; bei höheren I-Konzz. sind Abweichungen von 3—8% zu beobachten. Ferner wird ein Einfl. der verwendeten Deproteinisierungsmittel auf die erhaltenen I-Werte festgestellt, indem mit 5% ig. *Trichloressigsäure* (III) die höchsten, mit SOMOGYI-Reagens (5% $ZnSO_4 \cdot 7H_2O$ u. 0,3n $Ba(OH)_2$) die niedrigsten I-Mengen erhalten werden. Die durch Enteiweißung mit III erhaltenen höheren Werte beruhen auf der Ggw. von mit Ba-Salzen fällbaren Kohlenhydraten (bes. *Hexosediphosphat*) im Blut. Größere Mengen der ebenfalls zur Entfernung von Proteinen dienenden *Wolframsäure* (bzw. 10% $Na_2WO_4 \cdot 2H_2O$ in 0,66n H_2SO_4) stören die I-Bestimmung. Dagegen läßt sich zeigen, daß das Eiweiß in spinalen Fll. die I-Werte nur wenig beeinflußt. So erhöht z. B. ein Geh. von 1000 mg% Protein die opt. Dichte nur um 8,4%. (J. biol. Chemistry **212.** 335—43. Jan. 1955. Washington, D. C., George Washington Univ., School of Med., Dep. of Biochem.) P. FAHRNLAENDER. 5727

Benjamin Prescott, Sol Katz und **Gladys Kauffman,** *Eine schnelle colorimetrische Methode zur Bestimmung von Isonicotinsäurehydrazid in Blutplasma.* 2. Mitt. *Anwendung auf Blutplasma tuberkulöser Menschen.* (1. vgl. C. **1956.** **9271.**) Isonicotinsäurehydrazid wird im enteiweißten Plasma von Blut damit behandelter tuberkulöser Patienten 2 Std. nach oraler Verabfolgung durch die Farb-Rk. mit 4-Pyridylpyridiniumdichlorid photometr. bei 425 mμ unter Abzug eines Leerwertes bestimmt. Die Plasmaspiegel zeigten starke individuelle Unterschiede. Nach 2 Std. war der höchste Spiegel erreicht. (J. Lab. clin. Med. **44.** 600—03. Okt. 1954. Bethesda, Md., US Dep. of Health, Educat. and Welfare, Nat. Microbiol. Inst.; Washington, D. C., Gen. Hosp., Pulmonary Disease Div.) PH. FRESENIUS. 5727

Walter Mach und **Robert Geffert,** *Eine neue Methode der Schnellelektrophorese durch mittel- oder hochfrequente Impulse.* Eine Schnellelektrophorese im Papierstreifen zur Auftrennung von Serumeiweißfraktionen in 2½ Std. erfolgt statt mit Gleichstrom mit mittel- oder hochfrequenten Impulsen. Der verwendete Oscillator nach MACH gab angenähert rechteckige Impulse von 1,45 μsec Stehzeit bei einer Tastfrequenz von 80000 Hz ab u. war auf einen Effektivstromwert von 2 mA eingestellt. Störende Wärme entsteht dabei nicht, u. eine Kühlung ist unnötig. (Arzneimittel-Forsch. **3.** 534—35. Okt. 1953. München, Univ., Klinik für Zahn-, Mund- u. Kieferkrankheiten.) PH. FRESENIUS. 5728

Rodes Trautman, *Klinische Zonenelektrophorese: Durch Gegenwart von Lipoproteinen auftretende Störungen in den Zonengrenzen bei normalem und pathologischem Serum.* Die Lipide u. Lipoproteine des n. Serums verursachen bei der freien Zonenelektrophorese (App. modifiziert nach KLETT, schlierenopt. Syst., 6 V/cm) Störungen, indem die Zonengrenzen der verschied. Fraktionen uneben bzw. verwaschen erscheinen. Nach Abtrennung der α- u. *β-Lipoproteine* mit der analyt. Ultrazentrifuge, wobei die D. des Serums jeweils durch Zusatz von D_2O u. Salzen verändert wird, treten die Störungen nicht mehr auf. (Arch. Biochem. Biophysics **53.** 85—93. Nov. 1954. Berkeley, Calif., Radiat. Labor., Donner Labor.) R. LAFFERENZ. 5728

Edward B. Truitt jr., Ann M. Morgan und **J. Maxwell Little,** *Bestimmung der Salicylsäure und zweier Metaboliten in Plasma und Harn unter Verwendung der Fluorimetrie zur direkten Messung der Salicylsäure.* Zur Best. des *Salicylsäure* (I) u. *Salicylursäure* (II) in Plasma u. zur Best. von I, II u. den Salicylglucuronaten (III) in Harn wurden quantitative Methoden ausgearbeitet. Die freie I wird aus Plasma oder Harn (1 : 10 mit W. verd.) nach Ansäuern mit HCl durch CCl_4, das **II** nur wenig aufnimmt, extrahiert. Der CCl_4-Extrakt wird mit wss. $Fe(NO_3)_3$-Lsg. geschüttelt u. die Extinktion der entstandenen Färbung, die wesentlich stärker als die unter gleichen Bedingungen mit **II** erhaltene Färbung ist, bei 540 mμ gemessen. Die Auswertung erfolgt durch eine Eichkurve, die mit 1—50 mg% **I** erhalten wurde. Zur direkten Best. von **II** macht man Gebrauch von deren stärkerer Fluorescenz bei p_H 10. Das Plasma oder der 1 : 10 verd. Harn wird nach Ansäuern mit HCl mit 1,5% Isoamylalkohol enthaltendem Dichloräthylen extrahiert, das **I** u. **II** aufnimmt. Die organ. Phase wird mit einem alkal. Soda–Borax-Puffer vom p_H 10 ausgeschüttelt u. in der Pufferlsg. fluorimetr. bestimmt, wobei wegen der geringen Fluorescenz der **I** eine Korrektur anzubringen ist. In Hundeplasma wurden nach Verabreichung einer hohen Na-Salicylatdosis geringe Mengen einer fluorescierenden Substanz gefunden, die **II** zu sein scheint. — Die Hydrolysengeschwindigkeit von **II** durch konz. HCl, ein wichtiger Faktor bei der Berechnung der **III**-Fraktion, wurde nochmals untersucht u. ein höherer Wert als bisher gefunden; die Gründe hierfür werden erörtert. — Ein synthet. Glucuronat der **I**, das über die phenol. OH-Gruppe der **I** gekuppelt ist [O-(*β-D-Glucuronosido*)-*salicylsäure*], welches bisher noch nicht aus Harn in reiner Form isoliert wurde, reagiert erst nach Hydrolyse mit Ferrinitrat u. fluoresciert nicht vor der Hydrolyse. (J. Amer. pharmac. Assoc., sci. Edit. **44.** 142—48. März 1955. Winston-Salem, N. C., Labors. of the A. H. Robins Co., Inc.; Bowman Gray School of Med. of Wake Forest Coll., Dep. of Physiol. and Pharmacol.) K. F. MÜLLER. 5732

A. A. Troitzki, *Zur Praxis der Quecksilberbestimmung im Harn.* Für die nach GINSBURG durchgeführte *Hg*-Best. im Harn wird empfohlen, mit *Hg*-freien Reagentien zu arbeiten u. Eiweiß vollständig zu fällen, was durch Zusätze von 5%ig. CH_3COOH, NaCl u. intensives Kochen der Harnlsg. bis zur Opalescenzfreiheit erreicht wird. (Гигиена и Санитария [Hyg. u. Sanitätswes.] **1953.** Nr. 4. 51. April. Omsk, Städt. San.-Seuchen-Stat., Ind.-San. Labor.) W. MÜLLER-MULOT. 5732

G. Christiansson und **B. Josephson,** *Nachweis freier Salzsäure im Magen mittels eines chininhaltigen Ionenaustauschharzes.* Als Meth. zur Best. der Magenacidität ohne Magenschlauch wird die Anwendung des chininhaltigen Harzes *Diagnex* (**I**) untersucht. 2 Std. nach Einnahme von 2 g **I** (36 mg Chinin) wird der Probeurin gesammelt u. seine Fluorescenz im Vgl. mit dem Kontrollurin u. einer Lsg. von 25γ Chinin in 100 ml ermittelt; die **I**-Probe ist positiv, wenn sie mindestens ebenso starke Fluorescenz ergibt wie diese Lösung. Die Meth. ist meist zuverlässig, wird aber nur als qualitativ anwendbar angesehen. (Nord. Med. **55.** 154—57. 2/2. 1956. Stockholm, Kronpr. Lovisas barnsjukhus, Pediatr. klin. u. S:t Eriks sjukhus, Centrallabor.) R. K. MÜLLER. 5746

Mieczysław Mazur, *Über die Bestimmung von Methylalkohol in Geweben und seine Verteilung in den Muskeln bei akuten experimentellen Vergiftungen.* Versuchstiere (Kaninchen) erhielten 20—40 cm³ 20 (Vol.) %ig. CH_3OH (**I**) oder A. intravenös verabreicht. In Muskelanteilen von 0,1—0,2 g wurde nach WIDMARK der A.-Geh. bestimmt. 1 cm³ 0,01 n $Na_2S_2O_3$-Lsg. = 0,113 mg A. bzw. 0,06 mg **I** (empir. Faktoren). Die in einzelnen Muskeln nach einer A.-Vergiftung gefundenen A.-Werte unterscheiden sich nur wenig voneinander u. das Mittel aller Werte weist nur geringe Differenzen von den Einzelwerten auf. Man kann daher den an einem Muskel gewonnenen A.-Geh. auf sämtliche Muskeln umrechnen. (Poznańskie Towarzystwo Przyjaciół Nauk, Wydział lekarski, Prace Komisji Med. doświadczalnej **8.** 1—22. 1951. Poznań, Pharm. Inst. u. Inst. für gerichtl. Med.) H. FREYTAG. 5762

A. S. Curry und **H. Powell,** *Papierchromatographische Untersuchung von Alkaloidextrakten in der Toxikologie.* Zur Giftausmittlung von Alkaloiden u. bas. Giftstoffen in Spuren aus Eingeweiden ist die Papierchromatographie die Meth. der Wahl. Als Laufmittel im aufsteigenden Verf. dient die obere Schicht des Gemischs 50 ml n-Butanol : 50 ml W. : 1 g Citronensäure. Das WHATMAN-1-Papier wird zuvor mit 5%ig. Mono-Na-citratlsg. getränkt u. bei 60° getrocknet. Die Entw. des Chromatogramms erfolgt nach MUNIER u. MACHEBOEUF (C. **1952.** 5626) mit einem modifizierten DRAGENDORFF-Reagens. Folgende R_F-Werte werden gefunden: *Pethidin* 0,00; *Nicotin* 0,07; *Pilocarpin* 0,11; *Morphin* (I) 0,12; *Brucin* 0,14; *Codein* 0,16; *Hyoscin* 0,21; *Strychnin* 0,25; *Procain* 0,27; *Diacetyl*-I 0,31; *Pyranisamin B. P.* 0,32; *Cocain* 0,39; *Atropin* 0,42; *Physostigmin* 0,46; *Chinin* 0,47; *Narcotin* 0,47; *Papaverin* 0,48; *Yohimbin* 0,49; *Lignocain* (*ω-Diäthylamino-2.6-dimethylacetanilid*) 0,63; *Amethocain B. P.* 0,65; *3-Oxy-N-methylmorphinan* 0,65; *Promethazin* [*N-(2'-Dimethylamino-n-propyl)-phenothiazin*] 0,68; *Benadryl* [*2-(Benzhydryloxy)-N.N-dimethyläthylamin*] 0,68; *Amidon* (*dl-6-Dimethylamino-4.4-diphenylheptan-3-on*) 0,74; *Butacain B. P.* 0,77; *Cinchocain B. P.* 0,79; *Veratrin* 0,82; *Artan* (*1-Cyclohexyl-1-phenyl-3-piperidino-1-propanol*) 0,84. (Nature [London] **173.** 1143—44. 12/6. 1954. Harrogate, Home Off. Forens. Sci. Labor.) PH. FRESENIUS. 5764

Axel Ragnar Olson and others, Introductory quantitative chemistry. San Francisco: W. H. Freeman. 1956. (480 S. m. Abb. u. Diagr.) 8°. $ 5,—.

Hobart Hurd Willard and others, Elements of quantitative analysis; theory and practice; 4th ed. Princeton, N. J.: Van Nostrand. 1956. (587 S. m. Abb. u. Diagr.) $ 5,85.

H. Angewandte Chemie.

I. Allgemeine chemische Technologie.

Helmuth Kühne, *Strömungs- und Oberflächenformen von Wärmeaustauschern.* An Hand von einfachen, für jeden Ingenieur verständlichen Formeln werden die allg. Eigg. von Wärmeaustauschern in Verbindung mit ihrer Form, Oberfläche u. Größe klargelegt. Die Formeln werden auf die verschied. bestehenden Formen u. Konstruktionen angewandt. In einer Tabelle werden die Eigg. der Austauscher mit u. ohne Rippen bei Längs- u. Querströmung mit ihren Vor- u. Nachteilen zusammengestellt. (Chemie-Ing.-Techn. **27.** 644—51. Nov. 1955. Hannover.) H. MIETHING. 5814

Gustav F. Hüttig, *Neue Beobachtungen bei Zermahlungsvorgängen und deren Deutung.* Vf. beschreibt die Ergebnisse von zahlreichen Mahlverss. mit einer Kugelmühle, woraus neue Begriffe: „Bindungsspektr.", „Mahlungsfluß" u. „Mahlungsgleichgewicht" abgeleitet werden. Die Versuchsreihen erstreckten sich auf verschied. Mahlgut, Mahldauer, Kugelgröße, Drehgeschwindigkeit, Beschickungsgröße, u. veranlaßten Erwägungen darüber, wie etwa das Merkmal der Reversibilität zur Ableitung von Beziehungen analog der thermodynam. definierten chem. Affinität herangezogen werden könnte. (Dechema Monogr. **21.** 96—114. 1952. Graz, TH, Inst. für anorg. u. phys. Chem.) H. ECKHARD. 5820

Karl Viktor Otto, *Das Wesen des Mischvorganges.* An Hand theoret. Überlegungen wird gezeigt, daß die gleichmäßige Verteilung der Bestandteile eines Gemisches untereinander Beschränkungen unterworfen ist. Unter der Voraussetzung, daß alle Teilchen sich in vollkommener Unordnung befinden, werden Wahrscheinlichkeiten u. mittlere quadrat. Abweichungen für die Zuss. von zufallsgerecht entnommenen Proben mit bestimmten Teilchenzahlen errechnet. Die Größe der tatsächlichen mittleren quadrat. Abweichungen im Vgl. zu der errechneten kann als Kriterium dafür angesehen werden, ob der Verteilungszustand des Gemenges grob-, normal- oder feindispers ist. (Glas-Email-Keramo-Techn. **3.** 323—25. 15/9. 1952.) T. OPPERMANN. 5822

R. Jahn, *Neue Erkenntnisse auf dem Gebiete der Schallentstaubung.* Bei Großverss. mit zahlreichen Staubarten wurden auf dem Gebiet der Schallentstaubung neue Erkenntnisse gewonnen, bes. daß jedes Abfließen von Schallenergie aus dem Beschallungsraum verhindert werden muß. Dies kann durch Verwendung von Schallsperrgittern erreicht werden. Ultraschall wird stärker als Hörschall absorbiert, so daß die Beschallung mit niedrigen Frequenzen (1500 Hz) Vorteile gegenüber der Beschallung mit Ultraschall bringt. Die Schallgeber werden einer Kritik unterzogen. Eine verbesserte Sirenenkonstruktion mit gutem Wirkungsgrad ist den anderen Schallgebern vorzuziehen. Betrachtungen über die Wirtschaftlichkeit ergeben, daß das Schallentstaubungsverf. bei Anwendung der Schallsperrgitter u. verbesserter Sirenen günstiger als die bisher bekannten Entstaubungsverff. arbeitet u. in bestimmten Fällen auch dem elektr. Entstaubungsverf. überlegen ist. (Radex-Rdsch. **1955.** 625—31. Nov. Braunau/Inn.) H. EISENBARTH. 5850

Matts Bäckström, *Einfache Theorie der Gaszirkulation in Sorptionskälteapparaten nach v. Platen und Munters.* In dem Kälteapp. findet außer dem Umlauf der Kälte- u. Absorptions-Fl. ein Gasumlauf statt. Der warme Gasstrom kühlt sich im App. auf die Verdampfertemp. ab, was Kälteverlust bedeutet. Es wird hier berechnet, wie der Gasumlauf möglichst wirtschaftlich gestaltet werden kann. Es werden die Grundgleichungen für die Gaszirkulation aufgestellt, u. dann wird theoret. der optimale Gasumlauf bei konstanter u. variabler Verdampfertemp. u. die günstigste Verteilung der Triebkraft berechnet. Die Antwort auf die Frage, ob es günstiger ist, die Kühlfläche des Absorbers oder die Absorptionsfläche innerhalb des Absorbers zu vergrößern, wird durch ein graph. Schaubild gegeben. (Kungl. Tekn. Högskolans Handl. **1956**. Nr. 101. 1—72. Uppsala, AB Elektrolux, Kältelabor.) H. Miething. 5858

Arthur Rose, R. Curtis Johnson und **Theodore J. Williams,** *Stufenweise Berechnung der Kurven diskontinuierlicher Destillation von Boden zu Boden, wenn vereinfachende Annahmen nicht gemacht werden können.* Vff. beschreiben, wie mit Hilfe von Lochkarten u. elektron. Rechenmaschinen der Verlauf einer diskontinuierlichen fraktionierten Dest. berechenbar ist. (Ind. Engng. Chem. **43.** 2459—64. Nov. 1951, State College, Pa., Pennsylvania State Coll.) Max Schmidt. 5864

T. M. Reed III und **H. S. Myers,** *Methoden zur Behandlung von Werten aus einer mehrbodigen Kolonne.* Vff. beschreiben eine Meth. zur Best. der Dampf–Fl.-Gleichgewichtskurve durch Probeentnahme an verschied. Stellen mehrbodiger Kolonnen. (Ind. Engng. Chem. **44.** 914—16. April 1952. Pennsylvania, Pa., Pennsylvania State Coll.) Max Schmidt. 5864

Kurt Guthmann, *Neuere Erfahrungen bei der Staubgehaltsmessung in Industriegasen.* Berichtet wird über Erfahrungen bei der Staubgehaltsmessung, bes. im Hochofengichtgas, u. deren Übertragung auf andere Industriegase. Die Messung im Hochofengas gestattet bei den ständigen Schwankungen in der Zus. des Hochofengichtstaubes, der sowohl aus sehr grobem Staub als auch aus Feinstaub von weit unter 1 μ Korngröße aus verdampften Stoffen der Hochofenbeschickung besteht, u. in der Staubmenge bes. anschaulich alle Meßschwierigkeiten u. Fehlermöglichkeiten aufzuzeigen. Die Entw. normgerechter Groß- u. Kleinstaubmeßgeräte wird erörtert u. die Bedeutung dieser Geräte für die Überwachung der Betriebsverhältnisse dargelegt. — 16 Schrifttumsangaben. (Stahl u. Eisen **75.** 1571—82. 17/11. 1955. Düsseldorf.) H. Hochstein. 5888

K. Schoenemann, *Der chemische Umsatz bei kontinuierlich durchgeführten Reaktionen.* An Hand der kinet. Verhältnisse in Reaktionsrohren u. Rührkesseln leitet Vf. zahlreiche Formeln zur Vorausberechnung von Verweilzeiten u. Umsätzen mit Beispielen für die einzelnen Reaktionsordnungen ab, wobei in schwierigeren Fällen eingehend die Kinetik u. Dynamik betrachtet wird. Die Analogie zwischen der Verweilzeitkurve u. der Treppenkurve für die Gleichgewichtszustände bei Trennkolonnen will Vf. dazu benutzen, um noch weitere Möglichkeiten zur Vorausberechnung von Reaktionsapparaten für homogene u. heterogene Flüssigkeits-Rkk. zu schaffen. (Dechema Monogr. **21.** 203—36. 1952. Darmstadt, TH.) ——————— H. Eckhard. 5896

Wyandotte Chemicals Corp., übert. von: **Donald R. Jackson,** Wyandotte, und **Lester G. Lundsted,** Grosse Ile, Mich., V. St. A., *Oberflächenaktive Verbindungen* der

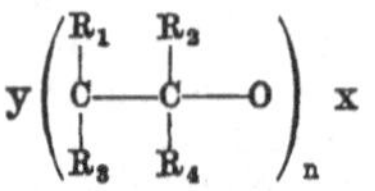

I

Formel I erhält man bei der Rk. eines 1.2-Alkylenoxyds bei erhöhter Temp. u. unter Druck in Ggw. eines alkal. wirkenden Katalysators mit einer, ein akt. H-Atom enthaltenden organ. Verb. u. anschließendes Einführen einer anion. oder nichtion. wasserlöslichmachenden Gruppe, z. B. anorgan. O enthaltenden Säuren. In I ist Y ein Rest einer organ. Verb. mit einem akt. H-Atom, welches mit 1.2-Alkylenoxyden reagieren kann, z. B. monofunktionelle Alkohole (Methanol, Butanol), aliphat. Carbonsäuren (Ameisen-, Essigsäure), sek. Amine (Äthylbutylamin), N-substituierte Amide (Methylacetamid), aliphat. Mercaptane (Methyl-, Butylmercaptan), N-substituierte Sulfonamide (N-Propyläthansulfonamid). Die Y-Gruppen können Substituenten, die keine akt. H-Atome, welche mit 1.2-Alkylenoxyden reagieren, enthalten, z B. Cl, Br, NO_2, Alkoxy; R_1, R_2, R_3 u. R_4 können für H, substituierte oder nichtsubstituierte aliphat. oder aromat. Reste stehen, wobei die Substituenten keinen akt. H enthalten sollen. Die aliphat. Reste können offene u. alicycl. Verbb. sein u. äthylen. u./oder acetylen. Bindungen enthalten. n ist $>$ 6,4 u. wird durch die OH-Zahl bestimmt. X ist eine wasserlöslichmachende Gruppe, die ion. oder eine hydrophile Polyoxyalkylenkette sein kann, wobei das Verhältnis O : C der Kette $\geq$ 0,5 ist. Die Veresterung der freien OH-Gruppen kann in Ggw. eines Verdünnungs- oder Lösungsm. unter Kühlung durchgeführt werden. (**A. P. 2 677 700** vom 31/5. 1951, ausg. 4/5. 1954.) G. König. 5825

Standard Oil Development Co., V. St. A., *Aktivkohle.* Aus sauren Raffinationsrückständen von Petroleum gewonnener Koks wird mit Wasserdampf auf Tempp. zwischen 732 u. 982° während 10 Min. bis 3 Std. erhitzt, bis die Ausbeute an akt. Kohle ca. 50—60% beträgt. Die Kohle ist ein gutes *Absorptionsmittel* für gasförmige KW-stoffe. So kann man gut *Propangas* aus seinem Gemisch mit Äthylen trennen. (**F. P. 1 049 829** vom 24/1. 1952, ausg. 4/1. 1954.) W. Witthölz. 5849

N. V. Philips' Gloeilampenfabrieken, Eindhoven, Holland, *Trennung von Gasgemischen.* Das in Gemische verschied. Flüchtigkeit zu trennende Gasgemisch, z. B. Luft, wird einer aus Evaporator (**I**) u. Kondensor (**II**) bestehenden Gasfraktionierkolonne zugeführt u. in einem Kompressor (**III**) ein Hilfsmedium (**IV**) komprimiert, wobei die Temp. des den **III** verlassenden **IV** unter 0° liegen soll, wonach das komprimierte **IV** Wärme an den **I** abgibt u. vor seiner Zuleitung in den **II** entspannt u. darauf in den **III** zurückgeführt wird, u. wobei der **II** der Fraktionierkolonne zusätzlich durch einen Gaskühler gekühlt wird. — *Luft* kann in eine *N_2- u. O_2-Fraktion hoher Reinheit* zerlegt werden. — Zeichnung. (**E. P. 733 668** vom 25/2. 1953, ausg. 13/7. 1955. Holl. Prior. 29/2. 1952.) W. MATTHAES. 5857

Anton Ruzicka, Glattbrug, Schweiz, und **Albert Dennler,** Triesen, Liechtenstein, *Trennen von flüchtigen Stoffen* von weniger oder nichtflüchtigen Stoffen aus einem Flüssigkeitsgemisch (**I**) durch Einleiten eines indifferenten Gases (**II**) in das durch einen geschlossenen Kasten in fließender Schicht hindurchströmende **I** u. nachfolgende Kondensation der abgetriebenen flüchtigen Stoffe, dad. gek., daß das **I** über eine poröse Platte geleitet wird, die den Kasten in 2 Kammern teilt, u. daß in die untere Kammer **II** unter Druck eingeleitet wird, während aus der oberen Kammer **II** vermischt mit dem von ihm mitgeführten flüchtigen Anteilen der Fl. so weit abgesaugt wird, daß in der oberen Kammer ein niedrigerer Druck herrscht als in der unteren. — Vorrichtung. (**Schwz. P. 296 652** vom 16/6. 1951, ausg. 1/5. 1954.) A. HEINSEN. 5865

Standard Oil Development Co. (Erfinder: **Joseph P. Hamer, Arnold J. Morway** und **Hans G. Vesterdal**), V. St. A., *Ausführung chemischer Umsetzungen* unter der Einw. von mechan. Impulsen von einer Frequenz von 50000—100000 u. weiter bis zu 1000000 in der Sekunde. — Das Verf. ist beschrieben zur Herst. von *Schmierfetten* aus Fetten, Ölen oder Fettsäuren durch Verseifen u. Vermischen mit Mineralschmierölen. Dabei wird in einem Homogenisierbehälter unter 210 bei 350 at u. einer Impulsfrequenz von 100000 bis 500000 in der Sek. gearbeitet. — Ein weiteres Anwendungsgebiet ist z. B. die *Sulfonierung von Mineralölen,* die Trennung von Gemischen durch Extrahieren, z. B. die *Trennung von Gemischen von fetten Ölen* mittels Phenol als Lösungsmittel. — Zeichnung. (**F. P. 1 102 681** vom 5/5. 1954, ausg. 25/10. 1955. A. Prior. 28/5. 1953.) M. F. MÜLLER. 5879

Dynamit Akt.-Ges. vorm. A. Nobel & Co. (Erfinder: **Heinrich Steinmann**), Troisdorf, *Verfahren zur kontinuierlichen Durchführung von chemischen Reaktionen unter Anwendung von Druck und Hitze in Schneckenpreßmaschinen,* dad. gek., daß die Reaktionskomponenten zunächst in einer zwei- oder mehrspindeligen Schneckenpresse mit ineinandergreifenden Gewindegängen vorbehandelt, sodann in einen daran anschließenden Reaktionsraum, in welchem weitere Reaktions- u. Behandlungsmittel zugegeben werden, gefördert u. anschließend in einer weiteren Schneckenpreßmaschine der gleichen Art bis zur Beendigung der Rk. fertig behandelt werden. Einem gemeinsamen Reaktionsraum können 2 oder mehr Schneckenpressen zugeordnet sein. — Zeichnung. (**D. B. P. 939 865** Kl. 12g vom 4/3. 1944, ausg. 8/3. 1956. Anmeldung bekanntgemacht 28/2. 1952.) W. MATTHAES. 5883

Texaco Development Corp., New York, N. Y., V. St. A. (Erfinder: **William Malcolm Stratford**), *Atomkernreaktor.* Eine Schüttung aus Kernbrennstoffteilchen, auch im Gemisch mit Moderatorteilchen (z. B. Graphit oder Be), wird mit Hilfe eines schnellströmenden gasförmigen Mediums in einem Bewegungszustand gehalten, der mit dem einer sd. Fl. vergleichbar ist. Das Gas (z. B. Luft, He, H_2, D_2 oder ein Gemisch hiervon) hat vorzugsweise selbst Moderatoreigg. u. dient in jedem Falle zugleich als Wärmeübertragungsmittel, indem es im Kreislauf durch einen Teilchenabscheider u. einen Wärmeaustauscher wieder in den Reaktor zurückgeführt wird. Dabei werden auch die im Reaktor entstandenen radioakt. Isotope (z. B. D aus II) ausgeschieden u. gewonnen. Das Gas kann außer Moderatoreigg. auch Bremseigg. aufweisen. Bei geeigneter Zus., z. B. bei Zusatz von D_2O, u. Steuerung seines Druckes u. seiner Strömungsgeschwindigkeit kann es zur Reaktorsteuerung dienen. — Es ist auch inverse Betriebsweise möglich, wobei eine Schüttung von Moderatorteilchen durch einen zugleich als Wärmeübertragungsmittel dienenden, z. B. aus UF_6 bestehenden gasförmigen Spaltstoffstrom fluidisiert wird. (**E. P. 749 064** vom 8/4. 1953, ausg. 16/5. 1956.) H. KESSEL. 5895

Pintsch Bamag Akt.-Ges., Berlin, *Kontinuierliche Reaktionen zwischen Gasen und Flüssigkeiten* werden in Reaktionsbehältern durchgeführt, die aus einer Vielzahl vertikaler Rohre bestehen, welche von dem Gas–Fl.-Gemisch (**I**) durchströmt werden; dabei werden der Druck durch Drosselung des Auslaufs geregelt u. die Rohrleitungen u. Rohrbögen, in welchen **I** abwärts strömt, von so kleinem Querschnitt gewählt, daß die Strömungsgeschwindigkeit in ihnen größer ist als die Aufnahmegeschwindigkeit der Gasblasen. Das Verf. dient u. a. der *Fetthärtung, Paraffinoxydation u. Chlorierung von fl. KW-stoffen.* — Zeichnung. (**E. P. 740 051** vom 26/3. 1954, ausg. 9/11. 1955. D. Prior. 1/4. 1953.)

W. MATTHAES. 5897

Wilhelm Foerst, Hrsg., Ullmanns Encyklopädie der technischen Chemie. Bd. 7. Färberei bis Gastrennung. 3. völlig neu gestaltete Aufl. München, Berlin: Urban & Schwarzenberg. 1956. (XI + 848 S. m. 341 Abb. u. 4 farb. Taf.) 4°. DM 108,—.

Donald G. Jordan, Chemical pilot plant practice. Interscience chemical, engineering and technology ser., v. 1. New York: Interscience. 1955. (160 S. m. Abb.) 8°. $ 3,50.

Donald Frederick Othmer, ed., Fluidization. New York: Reinhold. (240 S. m. Abb. u. Diagr.) 8°. $ 7,—.

III. Elektrotechnik.

Siemens-Schuckertwerke Akt.-Ges., Berlin und Erlangen (Erfinder: **Anton Schwarz**, Berlin), *Schaltkontakte.* Bei der pulvermetallurg. Herst. wird der Anteil der festen Komponente so hoch gewählt, daß sie beim Sintern in den Porenräumen der losen Komponente nur z. T. aufgenommen wird u. nach dem Erstarren einen z. B. als Kontaktmetall, Deckschicht oder Lötansatz dienenden Metallrest bildet. (**D. B. P. 828 420** Kl. 21 c vom 2/10. 1948, ausg. 17/1. 1952.) H. KESSEL. 5953

Fansteel Metallurgical Corp., North Chicago, übert. von: **John D. Kleis**, Lake Forest, Ill., V. St. A., *Schaltkontakt.* Der Kontaktkörper besteht aus einem dichtgesinterten Gemisch von Ag, bis 50 (%) MoO, bezogen auf den Ag-Geh., u. bis 5 C, bezogen auf die Gesamtmenge. (**A. P. 2 664 618** vom 22/4. 1944, ausg. 5/1. 1954.)

H. KESSEL. 5953

Mallory Metallurgical Products Ltd., London, England, *Kontaktkörper* besteht aus Ag, CdO (**I**) u. höchstens 10% SnO (**II**), wobei der **II**-Geh. höchstens 25% des **I**-Geh. beträgt. (**E. P. 720 774** vom 3/3. 1953, ausg. 29/12. 1954. A. Prior. 20/3. 1952.)

H. KESSEL. 5953

Automatic Telephone & Electric Co. Ltd., London (Erfinder: **Willi Saville**, Huyton, Liverpool), England, *Funkenlöschwiderstand* mit negativem Temperaturkoeff. besteht aus einer Mischung von Si-Carbid mit Kohle u. W oder Mo, die gepreßt u. gebrannt wird. (**D. R. P. 767 767** Kl. 21 a vom 3/4. 1938, ausg. 18/5. 1953. E. Prior. 6/4. 1937.)

H. KESSEL. 5955

Raytheon Mfg. Co., Newton, übert. von: **Mauritz L. Anderson**, Arlington, Mass., V. St. A., *Isolierüberzug* enthält ca. 62 (%) Al_2O_3 u. ca. 38 Bindemittel, das prakt. aus 20 $Al(NO_3)_3$, 2 $Al(OH)_3$, 60 W. u. 18 Methanol besteht. (**A. P. 2 722 491** vom 6/11. 1951, ausg. 1/11. 1955.) H. KESSEL. 5957

Westinghouse Electric Corp., East Pittsburgh, übert. von: **Leon McCulloch**, Pittsburgh, Pa., V. St. A., *Isoliermittel* auf Cellulosebasis. Zur Stabilisierung gegenüber einem fl. Dielektrikum, z. B. Petroleum, erhält dieses einen Zusatz von 0,01—10% Harnstoff oder einem seiner Derivate. (**A. P. 2 722 561** vom 3/9. 1949, ausg. 1/11. 1955.)

H. KESSEL. 5957

Hans Vogt, Erlau bei Passau (Erfinder: **Kurt Kaschke**, Berlin), *Massekern.* Als Füllstoff dient Si-Pulver, bes. von der gleichen Teilchengröße wie das ferromagnet. Pulver. (**D. R. P. 755 612** Kl. 21 g vom 20/5. 1939, ausg. 6/8. 1951.) H. KESSEL. 5959

Comp. Generale de Telegraphie sans Fil, übert. von: **René Clement**, Paris, Frankreich, *Piezoelektrische keramische Körper.* Gemische aus TiO_2, BaO u. gegebenenfalls Zusätzen von SrO u. PbO werden mit GeO_2 als Flußmittel versetzt u. bei 1200—1450° gebrannt. Die Körper haben etwa folgende Zus. in Mol.-%: 22,5—50 TiO_2, 22,5—49,9 BaO, 0—35 SrO, 0—10 PbO u. 0,1—10 GeO_2. Mit solchen Körpern können DKK. bis 6000 in der Nähe des CURIE-Punktes von ca. 120° erhalten werden. (**A. P. 2 721 182** vom 21/9. 1953, ausg. 18/10. 1955.) F. REINHART. 5961

Comp. Industrielle des Piles Électriques (Cipel), Seine-et-Oise, Frankreich, *Regenerierbares galvanisches Element.* In dem aus KOH oder NaOH bestehenden Elektrolyten ist zwischen der Zn- u. der depolarisierenden Kohleelektrode, in deren Nähe eine Hilfselektrode untergebracht, die aus einer durchbrochenen Schicht gepreßter Kohle gebildet ist u. mit der Hauptkohleelektrode über einen Gleichrichter aus Cu- oder Se-Oxyd leitend verbunden ist, u. zwar derart, daß bei Entladung in üblicher Weise die Hauptkohleelektrode u. bei der Regeneration des Elementes durch umgekehrt gepolten Gleichstrom im wesentlichen nur die Hilfselektrode unter Schonung des Depolarisators zur Wrkg. kommt. — Zeichnungen. (**F. P. 1 094 503** vom 24/11. 1953, ausg. 20/5. 1955.)

B. SCHMIDT. 5971

Comp. Industrielle des Piles Électriques (Cipel), Seine-et-Oise, Frankreich, *Galvanische Elemente.* Bei plattenförmigen Elementen mit Luftdepolarisator wird die Austrocknung u. die Wrkg. der Ausdehnung des porösen Kohlekörpers bei guter Durchlüftung dadurch vermieden, daß der Rand des Kohlekörpers mit möglichst großer Oberfläche ausgebildet

u. mit einem ringförmigen Luftraum umgeben wird, der zur Außenluft hin nur kleine Öffnungen hat u. mit Silicon beschichtete Glaswolle enthalten kann. — Zeichnungen. (**F. P. 1 095 466** vom 5/12. 1953, ausg. 3/6. 1955.) B. SCHMIDT. 5971

Comp. Industrielle des Piles électriques Cipel, Seine, Frankreich, *Galvanische Batterie*. Die hydrophilen Schichten in Tauchelementen ziehen sich bei Aufnahme von Fl. zusammen, so daß in Paketen solcher Elemente die mechan. Vorspannung, die ihnen durch Haltebänder gegeben wird, gemindert u. dadurch der innere elektr. Widerstand erhöht wird. Zur Aufrechterhaltung der notwendigen Vorspannung werden die Haltebänder aus Vinylchlorid oder einem anderen Stoff hergestellt, der sich unter dem Einfl. von Wärme u. Feuchtigkeit zusammenzieht. (**F. P. 1 099 031** vom 3/2. 1954, ausg. 29/8. 1955.) B. SCHMIDT. 5971

General Electric Co., übert. von: **John S. Hickey jr.**, Scotia, N. Y., V. St. A. *Ni-Elektroden für elektrische Entladungsröhren* werden mit Mo in reduzierender Atmosphäre bei einer Temp. zwischen dem E. des Ni–Mo-Eutektikums u. dem des Ni (1320 bis 1455°) hartgelötet. (**A. P. 2 627 110** vom 12/4. 1949, ausg. 3/2. 1953.) H. KESSEL. 5975

General Electric Co. Ltd., London, und **Edward Ernest Miles**, Wembley, Middlesex, England, *Glühkathode für elektrische Entladungsröhren* besteht aus Erdalkalioxyden mit einem Geh. von 2,5—20% Erdalkaligermanaten. Zur Herst. wird ein feines Pulver aus Ge oder einer Ge-Verb. mit Erdalkalicarbonaten zu einer Paste verarbeitet, die nach dem Einbau bei 1200—1300° geglüht wird. (**E. P. 702 615** vom 28/9. 1951, ausg. 20/1. 1954.) H. KESSEL. 5975

General Electric Co. Ltd., London, **James Norman Botwell**, **Edward Ernest Miles**, **Harald Percy Rooksby** und **Edward George Steward**, Wembley, Middlesex, England, *Oxydkathode für elektrische Entladungsröhren* besteht aus Erdalkalioxyden mit einem Geh. von 1—10% Erdalkaliwolframaten. (**E. P. 714 429** vom 16/7. 1951, ausg. 25/8. 1954.) H. KESSEL. 5975

General Electric Co. Ltd., London, England, *Glühkathode für elektrische Entladungsröhren*. Als Suspensionsmittel zur Aufbereitung der Emissionsmasse dient eine Lsg. von Nitrocellulose in einer Acetylgruppen enthaltenden Verb., z. B. Butylacetat, Aceton oder Äthylenglykolmonoäthylätheracetat, als Benetzungsmittel Polyäthylenglykolmonolaurat oder ein Gemisch aus Kresol, P_2O_5 u. Thiocarbanilid. (**E. P. 715 694** vom 31/7. 1951, ausg. 22/9. 1954.) H. KESSEL. 5975

Sylvania Electric Products, Inc., Salem, Mass., V. St. A. (Erfinder: **Stanley Warren Lefco Urt** und **Robert Mayer**), *Sekundäremissionselektrode* besteht aus einer eingeschmolzenen Cr–Ni–Fe-Legierung [z. B. 38—45 (%) Ni, 3—15 Cr, 0,1—2 Al, Zr u. Ca, Rest Fe] mit einem sekundäremittierenden Belag aus Alkali- oder Erdalkalimetallen oder deren Oxyden oder einem Ag_2O—Cs_2O-Komplex. (**E. P. 716 619** vom 17/8. 1951, ausg. 13/10. 1954.) H. KESSEL. 5975

United States of America, übert. von: **Vozcan Lawrence Parsegian**, Brooklyn, N. Y., und **Ralph Carrol Maninger**, Montvale, N. J., V. St. A., *Strahlungsdetektor*, bes. für radioakt. Strahlen. Ein polykristalliner S-Film dient als strahlungsempfindliche Widerstandszelle, auch in Verbindung mit einer Fluorescenzschicht. Die Zelle ist bes. geeignet zur Erfassung von α-Strahlung in Ggw. von starker β- u. γ-Strahlung. (**A. P. 2 717 964** vom 26/2. 1952, ausg. 13/9. 1955.) H. KESSEL. 5977

Tony Falco, Seine, Frankreich, *Selengleichrichter*. Bei der Umwandlung des in die Se-Schicht bei der Formierung hineindiffundierenden Sb u. Bi in Selenide u. — durch Eintauchen in J_2-Lsg. — in Jodide bildet sich auch aus dem an der Diffusion nicht teilnehmenden Sb u. Bi z. T. Jodid, das die Leitfähigkeit der Zelle herabsetzt. Es wird daher das Eintauchen ersetzt durch Betupfen mit einem mit J_2-Lsg. angefeuchteten Wattebausch oder durch Behandlung mit J_2-Dampf. (**F. P. 59 728** vom 13/10. 1949, ausg. 16/7. 1954. **Zusatz zu F. P. 998 673; C. 1953. 1383**.) B. SCHMIDT. 5977

Texas Co., New York, N. Y., übert. von: **Alexander S. McKay**, Houston, Tex., V. St. A., *Parallelplattenzähler für γ-Strahlen*. Zur Eliminierung des weichen Anteils aus einem Gemisch harter u. weicher Strahlung dienen Kathodenplatten aus einem Metall hoher Ordnungszahl (z. B. Ta) mit einem dünnen Überzug aus einem Metall niedriger Ordnungszahl (z. B. Al), den die von dem harten Strahlungsanteil ausgelösten energiereichen Sekundärelektronen durchdringen, der aber die von dem weichen Strahlenanteil herrührenden energiearmen Sekundärelektronen absorbiert. (**A. P. 2 724 779** vom 12/12. 1950, ausg. 22/11. 1955.) H. KESSEL. 5979

Commissariat á l'Energie Atomique und **Centre National de la Recherche Scientifique**, Frankreich (Erfinder: **Louis Pichat** und **Paul Pesteil**), *Scintillationszähler*. Der Fluorescenzkörper besteht aus einem Stoff **I** in fester Lsg. in einem Stoff **II**. Das spektrale

Absorptionsgebiet von I fällt prakt. mit dem im UV liegenden Emissionsgebiet der prim. erregten Fluorescenz von II zusammen. Als I dient z. B. p.p'-Distyrylbenzol oder 1.1.4.4-Tetra-(p-tolyl)-butadien-(1.3), als II Polystyrol. (**F. P. 1 071 794** vom 10/10. 1952, ausg. 6/9. 1954.) H. Kessel. 5979

IV. Wasser. Abwasser.

Hans Götte, *Das Problem der Verunreinigung von Trink- und Brauchwasser durch radioaktive Stoffe.* Die allg. kernphysikal. Grundlagen sowie 1. die Herst. künstlicher Isotopen, 2. die durch den Betrieb von Kernreaktoren u. 3. durch die Explosion von Atombomben entstehenden Radionuclide (I) (3 Tabellen, 1 Schaubild), ferner die durch die α-, β- u. γ-Strahlen möglichen biol. Schädigungen werden erklärt u. die Toleranzwerte einiger U-Spaltprodd. angegeben. Bei 1 u. 2 können wirksame Flockungs- u. Filteranlagen das Eindringen von radioakt. Verunreinigungen in Flüsse u. Seen verhindern, sie bedienen sich des Trägerverf., bei dem stabile Isotope oder Isotopengemische gleicher Wertigkeitsstufe oder Verb. zusammen mit ihren sich chem. gleich verhaltenden akt. Isotopen nach üblichen chem. Methoden behandelt werden u. so als Träger in ihrer großen Menge die wenigen radioakt. mit abscheiden. Auch die Verwendung nichtisotoper Träger ist möglich, wenn diese unter bestimmten chem. Bedingungen ähnliche oder gleiche Rkk. geben wie I u. sie bei Fällung oder Kristallisation mit sich reißen. Ionenaustausch, Adsorption u. elektrochem. Abscheidung z. B. mittels unedler Metalle können ebenfalls I aus W. entfernen. Diese Reinigungsmöglichkeiten müssen auch in Wasserwerken durch Modifizierung der üblichen Verff. vorgesehen werden, wenn die Möglichkeit der Verseuchung des W. durch I aus Atombombenexplosionen oder im Kriegsfalle durch Abregnen von radioakt. Abfallprodd. besteht. Ihre analyt. Best. ist erforderlich, um die geeignete chem. Behandlung ausfindig zu machen; sie gibt zugleich ein Bild der Gefährlichkeit, die bei verschied. I sehr unterschiedlich sein kann. Die Entw. von Kleingeräten für Einzelpersonen oder kleinere Gruppen ist anzustreben. Radioakt. Abfälle müssen sicher unterird. gelagert u., soweit sie nicht verwertet werden können, in geschlossenen Gefäßen in die Tiefsee versenkt werden, um Schädigungen durch sie sicher zu verhüten. (Gas- u. Wasserfach, Ausg. Wasser-Abwasser **97.** 42—47. 15/1. 1956. Mainz/Rh.) H. Mühlmeister. 6014

Walter Kumpf und **Bernd Dieterich,** *Radioaktive Substanzen und Wasser.* Es wird ein Untersuchungs- u. Forschungsprogramm vorgeschlagen, um über das Ausmaß der durch radioakt. verseuchtes Abwasser drohenden Gefahren u. die erforderlichen Gegenmaßnahmen Klarheit zu bekommen. Dazu gehören Prüfung der Möglichkeiten, unter denen radioakt. Substanzen in Grund- u. Oberflächenwasser gelangen können, systemat. Beobachtungen u. Messungen der natürlichen Radioaktivität (R.A.) in diesen, Verbleib u. natürlicher Abbau der R.A. nach Einleitung des Abwassers, Verff. zur Verminderung oder Beseitigung der R.A., ihre Auswirkungen im Trink- u. Brauchwasser, auf die Selbstreinigungskraft von Oberflächengewässern u. deren Aufbereitung (vgl. vorst. Ref.). (Gas- u. Wasserfach, Ausg. Wasser-Abwasser **97.** 48—49. 15/1. 1956.)
H. Mühlmeister. 6014

Ss. A. Trussowa, F. Je. Bolotina und **A. A. Potapowa** (unter Mitwirkung von **A. W. Ignatowa**), *Über die Zusammensetzung des Wassers bei der Enthärtung nach dem Kationitverfahren in der Wodkafabrikation.* Nach dem komplexometr. Verf. wird die Löslichkeit von Ca- u. Mg-Salzen in wss. A. verschied. Konz. im Hinblick auf die Möglichkeit der Bldg. von Ndd. bei der Wodkaherst. im Falle ungenügender Enthärtung untersucht. Mit zunehmender Alkalität nimmt der zulässige Geh. an Ca-Salzen in wss. A. ab. Bei Enthärtung mit Na-Kationiten bis zur Alkalität von 5 ml 0,1 n HCl beträgt die maximale Härte für 40%ig. Wodka 0,5°, bei 50 u. 56% 0,3°. Bei W. mit vorübergehender Härte über 15° muß diese vor der Enthärtung mit dem Kationenaustauscher mit CaO vermindert werden. Die bleibende Härte des W. kann vor dem Enthärten bis zu 45° betragen. (Спиртовая Промышленность [Spirituosen-Ind.] **21.** Nr. 4. 17—18. 1955. Allunions Wiss. Forsch.-Inst. für Alkoholind.) R. K. Müller. 6020

Karl F. H. Mehls, *Der Keimgehalt des Wassers und Verfahren zu seiner Minderung.* Die im W. vorkommenden, seine Verwendung beeinflussenden Keime, ihre Wrkg., die von ihnen verursachten Schäden u. die Voraussetzungen hierfür werden besprochen. Entkeimt wird durch Cl_2 u. seine Verbb., oligodynam. durch Ag, durch UV-Bestrahlung, Ausflockung u. Filtration; diese Verff., die Grenzen der prakt. Entkeimung u. die bakteriolog. Prüfung des entkeimten W. werden unter Hinweis auf die Bedürfnisse der Molkerei erläutert. Auf ein keram., mit Ag präpariertes Filter, das neben der Entkeimung das W. baktericid macht, wird hingewiesen. (Molkerei-Ztg. **9.** Nr. 24. 769—70. 16/6. Nr. 25. 813—14. 23/6. Nr. 28. 910—11. 14/7. Nr. 29. 939—41. 21/7. 1955. Celle/Hann.)
H. Mühlmeister. 6024

Norval E. Anderson, *Ausführung der Abwasserbelüftung in Chicago.* Chicagos Abwasser — 1953 4,2 Mill. m^3/Tag von 4,5 Mill. Einwohnern u. 2,8 Mill. industriellen Einwohnergleichwerten — wird in 3 Hauptwerken nach dem Belebtschlammverf. gereinigt. Ihre Entw. seit 1925, Anlage, Betrieb u. Überwachung wird eingehend beschrieben, es werden, bezogen auf Rohabwasser, 92—93,5% der Schwebestoffe u. 90—95% des BSB_5 entfernt, entsprechend 9—15 mg Schwebestoffe u. 6—11 mg BSB_5 je Liter im Endabfluß, eine Ausreinigung, die mit Rücksicht auf die Wasserführung des Vorfluters Illinois Waterway vorgeschrieben ist, der 4,2 m^3/Sek. vom *Michigansee* erhält. Die Belüftung erfolgt durch 30,5×30,5 cm große poröse, in Zementkästen eingesetzte Platten, die Luft wird durch Asbestfasern u. elektr. gefiltert. Die Belüftungszeit konnte von 6,25 Std. 1925 auf 3,1 1953 vermindert werden, wobei je m^3 Abwasser 3,7—5,1 (m^3 Luft), auf 1 kg BSB_5 im rohen Abwasser ca. 37,4, im vorgeklärten 46,2—56,4 verbraucht wurden. (Trans. Amer. Soc. Civil Engr. **120.** 351—63. 1955. Chicago, Ill., Sanit. Distr.) H. Mühlmeister. 6036

André Steyaert, *Über industrielle Abwässer.* Übersicht über die Schäden, die industrielle Abwässer an Fischen (Trübungen, Tempp. > 25°, O_2-Mangel), Säugetieren (purgierende Salze), Böden (Verstopfung durch Feststoffe, Vergiftung durch NH_4CNS, As_2O_3, Metalloxyde, Sulfide, Verarmung an Ca, Mg u. K infolge der Einw. von freien Mineralsäuren, Chloriden u. Sulfaten) u. Pflanzen (NH_4CNS, Chloride, Sulfate, Pb, Cu, Zn u. As, Schwebe- u. Farbstoffe) anrichten können u. die erforderlichen Schutzmaßnahmen. (Fermentatio [Gand] **1956.** 91—100. Gent, Rijksuniv.) W. Wesly. 6038

George E. Symons, *Belüftung.* Übersicht über theoret. Grundlagen, Ausführung u. App. der Belüftung zur Entgasung (CO_2, H_2S, CH_4), Entfernung flüchtiger Bestandteile (äther. Öle aus Algen, Phenole) zur Geschmacksverbesserung, Ausfällen von Fe u. Mn, sowie über die Entlüftung. (Water Sewage Works **103.** 63—68. Febr. 1956. Larchmont, N. Y.) H. Mühlmeister. 6040

C. Anandeswara Sastry und **S. C. Pillai,** *Entzug von Sauerstoff aus verunreinigten Wässern.* In einer Tabelle wird der O_2-Entzug nach 24 u. 48 Std. aus W. aufgezeigt, das mit 8% organ. Substrate einer Konz. ungefähr gleichen $KMnO_4$-Verbrauchs versetzt war (Kuhdung, Urin, Milch, Eisuspension, Strohextrakte u. a.). Er schwankte nach 48 Std. zwischen 8,8 u. 69,7% u. war um so höher, je mehr Bakterien vorhanden waren, 100% in reiner Bakterienaufschwemmung. (Sci. and Cult. **21.** 37—39. Juli 1955. Bangalore, Indian Inst. of Sci., Dep. of Biochem.) H. Mühlmeister. 6044

Viktor Fischmeister, *Die Bestimmung des Wasserwertes einer Schneedecke mit radioaktiven Stoffen.* Der Wasserwert (Ww.) des Schnees, das Gewicht seiner Wassersäule über der Flächeneinheit, wird mit dem Schneestecher bestimmt, einem kreisrunden Metallrohr von 10 cm Durchmesser mit gezahnter harter Schneide, das bis auf den Erdboden vorgetrieben wird u. einen Schneekern entnimmt, dessen Höhe u. Gewicht festgestellt werden. Zur Best. des Ww. an entlegenen Punkten wurde ein Gerät entwickelt, das mit einer Strahlensonde arbeitet. Die von einer 3,38 m über einem Geiger-Müller-Zählrohr angebrachten, seitlich u. oben von einer Pb-Glocke abgeschirmten Strahlenquelle von ^{60}Co u. 40 mC ausgesandten Impulse werden z. T. von der Schneedecke verhältnisgleich zu ihrem Gewicht absorbiert. Die noch vom Zählrohr registrierten Treffer werden durch einen batteriegespeisten, von einer Schaltuhr für einige Min. eingeschalteten Ultrakurzwellensender übertragen. Verss. mit dem Gerät u. Vorschläge zu seiner Verbesserung werden erörtert. Gegenüber dem Schneestecher liefert die Strahlensonde mit zunehmendem Ww. von +5% bis −15% zu niedrige Werte. (Österr. Wasserwirtsch. **8.** 86—93. April 1956. Linz.) H. Mühlmeister. 6056

V. Anorganische Industrie.

P. J. Hoftijzer, *Theoretische Gesichtspunkte bei der Gewinnung von Salpetersäure aus Ammoniak.* Übersicht über Reaktionsverlauf u. Thermodynamik der NH_3-Oxydation, der Kühlung, Kondensation u. Kompression von NO, der Oxydation von NO u. der Absorption der nitrosen Gase. — 37 Schrifttumshinweise. (Chem. Weekbl. **52.** 71—77. 4/2. 1956.) W. Wesly. H 243

J. R. Jansen, *Die Salpetersäurefabriken der Staatsgruben.* Beschreibung der HNO_3-Fabriken der niederländ. Staatsgruben: Verbrennung von NH_3 mit Luft oder einem Luft-O_2-Gemisch über Pt + Rh als Katalysator, Kühlung des NO mit W. (Dampferzeugung), Oxydation mit Luft zu NO_2 u. Absorption in W. zu HNO_3. (Chem. Weekbl. **52.** 61—65. 4/2. 1956. Geleen.) W. Wesly. H 243

H. G. Zelders, *Korrosionsfragen bei der Salpetersäuregewinnung.* Beschreibung der in HNO_3-Fabriken beobachteten Korrosionen: Säureangriff, grübchenförmiger Angriff durch O_2-Geh. des Kühlwassers, interkristalliner Angriff auf Schweißstellen, Spannungskorrosion); Gegenmaßnahmen: Wahl u. Vorbehandlung geeigneter Werkstoffe, Entgasung des Kühlwassers; Spannungsfreiglühen. (Chem. Weekbl. **52.** 66 bis 70. 4/2. 1956. Geleen.) W. WESLY. H 243

A. Esme, *Das Selen.* Kurzer Überblick über die techn. Bedeutung des Se u. die Möglichkeiten seiner Gewinnung. — 13 Literaturhinweise. (Ind. chimique **41.** 166—67. Juni 1954.) M. WINIKER. H 254

Ss. I. Kusnetzow, O. W. Sserebrennikowa und **K. W. Kakowskaja,** *Über die Umsetzung von Bauxit und Kaolin mit Calciumhydroxyd.* Es wurde das von SÉAILLES (Patente 1926—1932) ausgearbeitete Aufschlußverf. zwecks Gewinnung von Tonerde aus den am schwierigsten aufschließbaren Diaspor-*Bauxiten* u. *Kaolin* nachgeprüft. Es ergab sich, daß ungebrannte Bauxite hierbei eine Höchstausbeute von 15% lieferten. Zusatz von NaOH zum Autoklavengemisch steigerte die Ausbeute (bei 1—1½ g-Mol NaOH/Liter) bis auf 40—41% (3std. Bearbeitung bei 200°); 1—1½std. Brennen bei 500—600° vorher ergab eine Steigerung der Ausbeute (3 Std. mit Kalkmilch bei 200°) auf 47,8%. Brennen u. Zusatz von 40 g/Liter NaOH lieferte eine Ausbeute von 89,5% Tonerde (1½—2 Std. bei 200°). — Bei Kaolin lagen die Verhältnisse ähnlich, die maximale Ausbeute betrug 54,8% Tonerde; er wurde vorgeglüht u. 5 Std. bei 25—50° mit Kalkmilch vermischt; Zusatz von Alkali hatte keinen wesentlichen Einfl. auf die Höhe der Tonerdeausbeute. — Die angewandte CaO-Menge war wenig wesentlich, am günstigsten war das Verhältnis $CaO:Al_2O_3 = 3{,}5:1$ bei Bauxit (200°) u. $CaO:Al_2O_3 + SiO_2 = 3:1$ bei Kaolin (25—50°). (Журнал Прикладной Химии [J. angew. Chem.] **28.** 317—19. März 1955. Uraler Polytechn. Kirow-Inst.) A. v. WILPERT. H 294

F. F. Wolf, O. F. Rjasanzewa und **Ss. I. Kusnetzow,** *Einfluß des Natriumsulfids auf den Zersetzungsprozeß in Aluminatlösungen.* Es wurden Verss. mit Aluminatlsgg. (120—123 g Al_2O_3 u. 133—140 g Na_2O [gesamt] je Liter) unter Zusatz von wechselnden Mengen Na_2S (sowie Impfen mit Hydrargillit) bei 30° u. 72std. Durchmischen durchgeführt. Angeschlossene Analysen ergaben, daß die Stabilität der Aluminatlsgg. durch die Na_2S-Zusätze zugenommen hatte, jedoch war die Wrkg. geringer als jene, die durch einen äquivalenten Zusatz von NaOH erreicht wurde: Na_2S wirkt somit nur durch seine Hydrolyse zu NaOH. (Журнал Прикладной Химии [J. angew. Chem.] **28.** 319—22. März 1955. Uraler Polytechn. Kirow-Inst.) A. v. WILPERT. H 294

A. Andersen, *Black Donald Graphit, 1942 bis 1953.* Beschreibung der Geschichte der Black Donald-Grube. Das jetzt geförderte Haufwerk mit 10—15% Graphit wird in Brechern u. Kugelmühlen zerkleinert. In letzteren werden W. u. die Reagentien (Pineoil, Kerosen, Kalk u. Na-Silicat) zugegeben. Bei einem p_H-Wert 9—10 wird flotiert, nachdem das Gut über einen Klassierer geleitet wurde. Das Graphitkonzentrat enthält 80 u. mehr % C. Das Mittelgut wird nachgemahlen u. nachflotiert. Das Konzentrat wird in rotierenden, mit Öl gefeuerten Öfen getrocknet u. der Staub in Filtern aufgefangen. (Canad. Mining metallurg. Bull. **47.** 684—86. Okt. 1954.) F. ENSSLIN. 6148

R. B. Richards, *Ein neues Salzgewinnungsverfahren vermeidet die gewöhnlichen Schwierigkeiten.* Das Verf. der INTERNATIONAL SALT CO., INC. bei dem das rohe Steinsalz aus heißer. konz. Salzlsg. umkrist. wird, arbeitet kontinuierlich, wobei zugleich unlösl. Salze u. gegebenenfalls verunreinigende, lösl. Salze durch Zugabe von Chemikalien entfernt werden. Der Energieverbrauch ist gering, die Kesselsteinbldg. wird vermieden, die Reinigungswrkg. ist gut kontrollierbar u. hoch. (Chem. Engng. **59.** 140—41. 143. März 1952.) W. METZENER. 6148

Air Products, Inc., Emmaus, Pa., V. St. A. (Erfinder: **Clarence John Schilling**), *Fraktionieren von flüssiger Luft.* Von dem niedriger sd. Gase (N_2, Ar) u. Spuren von KW-stoffen enthaltenden fl. O_2 werden O_2-Dämpfe u. vom Boden des Behälters kontinuierlich ein Flüssigkeitsstrom abgezogen, aus dem zunächst der darin verbliebene Rest-O_2 u. anschließend die niedriger sd. Gase gasförmig abgetrennt werden; aus der Rest-Fl. werden die KW-stoffe durch Wärmeaustausch verdampft. — Vorrichtung. (**E. P. 745 197** vom 31/12. 1953, ausg. 22/2. 1956.) K. DEMMLER. H 239

British Oxygen Co. Ltd., London (Erfinder: **Adam Gregory Monroe**), *Speichern von flüssigem Sauerstoff* in einem Behälter aus leichtem Material, der eine hochporöse M. aus mineral. oder künstlichen plast. Stoffen mit niedriger Wärmeleitfähigkeit enthält; die M. soll ca. 70% ihres Vol. mit fl. O_2 anfüllen. — Abbildungen. (**E. P. 743 911** vom 19/1. 1953, ausg. 25/1. 1956.) K. DEMMLER. H 239

United Kingdom Atomic Energy Authority, England (Erfinder: **William James Bushell** und **Christopher Frank Kearton**), *Herstellung von schwerem oder damit angereichertem Wasser durch Mehrstufenelektrolyse.* Der H_2 aus wenigstens einer der mittleren Zellen wird mit Wasserdampf in Ggw. von Hydrierungskatalysatoren in einem Austauschkessel (I), um schweren Wasserstoff zwischen dem Gas u. dem Wasserdampf auszutauschen, umgesetzt. Der aus dem I abgeführte Wasserdampf wird kondensiert u. wenigstens teilweise in die nächste oder in 1 oder 2 der Zellen, die vor der Zelle liegen, aus der der H_2 entnommen wurde, geführt, wobei die Wassermenge u. ihr Geh. an schwerem W. der dem I zugeführten Menge H_2 u. seinem Geh. an schwerem W. angepaßt wird, so daß der Wasserdampf aus I etwa die gleiche Zus. wie das W. in der der nächsten Zelle oder auch den 2 oder 3 vorhergehenden Zellen hat. — Zeichnung. (**E. P. 726771** vom 10/8. 1943, ausg. 23/3. 1955.) W. MATTHAES. H 240

Tennessee Corp., New York, N. Y., übert. von: **Walter H. C. Rueggeberg**, Fulton County, Ga., V. St. A., *Reinigen von Schwefelsäure*, die als Hauptverunreinigung Sulfonsäuren enthält, bes. von H_2SO_4, die bei der Herst. von *DDT* anfällt. Die Säure wird mit ca. 40—80, bes. 50—60, Gew.-% W. verdünnt. Zu der verd. H_2SO_4 fügt man konz. H_2SO_4, bis eine Temp. von 75—80° erreicht ist. Anschließend wird auf 42—20° abgekühlt, wodurch die Verunreinigungen ausfallen. (**A. P. 2724638** vom 11/12. 1951, ausg. 22/11. 1955.) A. ZÜRN. H 253

Deutsche Gold- & Silberscheideanstalt vormals Roessler, Frankfurt/M. (Erfinder: **Friedrich Endter**, Konstanz), *Herstellung von Ruß* aus fl. u./oder gasförmigen KW-stoffen in Ggw. von Luft u. gegebenenfalls brennbaren, bes. wasserstoffhaltigen Gasen in Kammern, aus denen der Ruß zusammen mit den Abgasen abgeführt wird. Das Abgas wird ganz oder zum Teil einmal oder mehrmals hinter der Brennkammer im Kreislauf geführt. Das im Kreislauf geführte u. vom Ruß befreite Abgas wird durch Einspritzen von W. zusätzlich gekühlt. Zweckmäßig verwendet man brennbare Gase, deren Heizwert oberhalb 2000 kcal liegt. Bei Verwendung magerer Brenngase mit einem Heizwert unterhalb 2000 kcal, z. B. bei Verwendung der Abgase als Brenngase, werden Prallkörper in der Brennkammer angeordnet, welche aus katalyt. wirkenden Stoffen hoher Elektronenemission, wie MgO, CaO, BaO oder BeO, bestehen. — Zeichnung. (**D. P. [DDR] 7959** Kl. 12i vom 28/12. 1950, ausg. 22/9. 1954 [Ausschließungspatent].) M. F. MÜLLER. H 260

Hans-Heinrich-Hütte G. m. b. H. (Erfinder: **Emil Meyer**), Langelsheim/Harz, *Herstellung von feinschuppigem kristallwasserhaltigem Natriumphosphat* durch Auftragen von geschmolzenem kristallwasserhaltigem Na_2HPO_4 bei 80—100° mittels einer Anfeuchtwalze auf eine Kühlwalze oder Kühltrommel, worauf das gekühlte Prod. durch Messer abgeschabt wird. Die Anfeuchtwalze wird bes. durch Reibung von der Kühlwalze oder -trommel angetrieben. — Zeichnung. (**D. P. [DDR] 9068** Kl. 12c vom 7/10. 1950, ausg. 17/1. 1955 [Ausschließungspatent].) M. F. MÜLLER. H 264

Soc. An. du Blanc Omya, Paris, Frankreich, *Behandeln von rohem Calciumcarbonat* zur Verwendung als Füllmittel. Man bricht den Rohstein bei wenigstens 80° in Ggw. von 0,1—10% einer oder mehren Fettsäuren, aminierten Ölen u. TiO_2. Auf der Oberfläche der auf eine bestimmte Größe eingestellten $CaCO_3$-Teilchen bildet sich ein Überzug. (**Belg. P. 516288** vom 16/12. 1952, ausg. 15/10. 1954. F. Priorr. 21/12. 1951 u. 9/12. 1952.) H. NEBELSIEK. H 283

Frederik W. de Jahn, New York, und **Alan N. Mann**, Scarsdale, N. Y., V. St. A., *Gewinnung von Bariumhydroxyd*. Gebrochener Baryt wird mit feingemahlenem FeS_2 gemischt (1:1—5 Mol) u. pelletisiert. Über diese Kügelchen leitet man bei 600—800° N_2 u. anschließend mehrere Std. bei ca. 1020—1050° Dampf. Es entweichen S_2 u. O_2; nach dem Auslaugen mit heißem W. erhält man $Ba(OH)_2$. (**A. P. 2735751** vom 19/7. 1954, ausg. 21/2. 1956.) H. NEBELSIEK. H 285

American Cyanamid Co., New York, N. Y., übert. von: **Kenneth D. Ashley**, Stamford, und **William E. Samborn**, Rowayton, Conn., V. St. A., *Herstellung von stabilisiertem Natriumaluminat*. Man vermischt Na-Aluminatgranalien ($Na_2O:Al_2O_3$ = 1,115 zu 1,155) mit 0,5—2,5% pulverisiertem Klebstoff, so daß man ein trockenes Prod. erhält, das in W. leicht zu einer klaren Lsg. gelöst werden kann u. in welchem die Ausfällung von $Al(OH)_3$ eine gewisse Zeit unterdrückt ist. (**A. P. 2734796** vom 8/2. 1952, ausg. 14/2. 1956.) H. NEBELSIEK. H 294

Monsanto Chemical Co., St. Louis, Mo., übert. von: **William Thompson Cave** und **Arno H. Herzog**, Dayton, O., V. St. A., *Herstellung von reinem Titanmonoxyd* mit einer Gitterkonstante zwischen 4,16 u. 4,19 Å. Äquimol. Mengen von feingemahlenem TiO_2 u. C, bes. Graphit, Ruß oder Holzkohle, werden innig gemischt u. unter Ausschluß von O_2, bes. im Vakuum, auf $>$1750°, aber nicht über den F. von TiO erhitzt. Man kann auch Mischungen mit weniger C anwenden, wenn man außerdem C mit dem Gemisch in Berührung bringt, z. B. indem man in einem Kohletiegel arbeitet. (**A. P. 2733133** vom 1/9. 1954, ausg. 31/1. 1956.) A. ZÜRN. H 321

United States Atomic Energy Commission, übert. von: **Kenneth Street**, Berkeley, Calif., V. St. A., *Trennen von Americium und Curium von den Lanthaniden.* Man trennt deren Chloride u. Perchlorate mit Hilfe von Ionenaustauschern, z. B. Polyvinylarylharzen oder Phenolformaldehydharzen, eluiert aus diesen mit Hilfe von 12 mol. HCl die einzelnen Elemente, wobei man getrennte Fraktionen erhält, in denen einmal die Transurane zusammen sind u. andererseits die Lanthaniden. (**A. P. 2 711 362** vom **11/4. 1949**, ausg. 21/6. 1955.) H. NEBELSIEK. H 345

Sherrit Gordon Mines Ltd., Toronto, Ontario, Can., *Gewinnung von reinem basischem Ferrisulfat.* Man laugt die Eisenoxyd enthaltenden Ausgangsstoffe mit einer saures Ferrisulfat u. Ammonsulfat enthaltenden, wss. Lsg. aus, trennt den Rückstand ab u. hydrolysiert die Laugelsg. bei 100—200° u. Druck so weit, bis der Fe-Geh. der Lsg. in W. konstant bleibt. Das dabei ausgefallene bas. Ferrisulfat wird abgetrennt. (**E. P. 739 839** vom 4/3. 1954, ausg. 2/11. 1955.) H. NEBELSIEK. H 354

VI. Silicatchemie. Baustoffe.

P. Sen, *Untersuchungen über Glaszusammensetzungen.* (Vorl. Mitt.) Vf. führt eine Reihe von Verss. durch, um industriell verwertbare Gläser, in denen an Stelle von Sand u. Kalk ein in Indien vorkommender Talk verwendet wird, zu erhalten. In ausführlichen Tabellen stellt Vf. die Eigg. der durch Schmelzen verschied. Mischungen von Feldspat, Talk u. calcinierter Soda gewonnenen Gläser dar. Einige von ihnen besitzen eine Verwendbarkeit für chem. u. verschied. andere techn. Zwecke. (J. Indian chem. Soc. **27**. 285—89. Juni 1950. Benares, Hindu Univ., Coll. of Technol.) H. DICKHAUT. 6170

Robert L. Edwards, *Glas als mechanischer Werkstoff.* Überblick über Zus., Herst., Eigg. u. Anwendungsmöglichkeiten von Glas als mechan. Werkstoff. (Machine Design **26**. 170—74. Mai 1954. Corning, N. J., Corning Glass Works.) H. WONDRATSCHEK. 6200

P. P. Budnikow und **Ss. G. Tresswjatski**, *Der Einfluß von Erdalkalioxydzusätzen auf den elektrischen Widerstand feuerfester Tone bei erhöhten Temperaturen.* Bei Zugabe von 0,01 Mol *BeO, MgO, CaO, SrO* oder *BaO* auf je 100 g *Ton* nahm der spezif. elektr. Widerstand von Ton bei hohen Tempp. (600—750°) zu. Am deutlichsten trat dies bei MgO in Erscheinung (bei 700° ohne Zugabe: $34{,}8 \cdot 10^3\ \Omega \cdot$cm, dagegen bei gleicher Temp. u. Zugabe von 0,01 Mol MgO auf 100 g Ton: $487 \cdot 10^3\ \Omega \cdot$cm). (Огнеупоры [Feuerfeste Mater.] **20**. 369—71. 1955.) A. v. KOTZEBUE. 6218

G. Biéler, *Keramische Körper ohne Glasphase. Ihre besonderen Eigenschaften.* Durch Fritten oder Sintern gelingt es, polykristalline keram. Körper herzustellen, die sich durch besondere Eigg. auszeichnen. Verschied. Theorien zur Klärung des Sintervorganges werden erwähnt, wobei Fließeigg., Defektkristalle u. Rekristallisation bes. hervorgehoben werden. Herst., Formgebung u. Brandführung finden Erwähnung. Beispiele: Sinterkörper von Al_2O_3, MgO, CaO, ZrO_2, ThO_2, Spinelle, Sulfate, ferner die als Hartstoffe bekannten Boride, Nitride, Carbide, Silicide u. nicht zuletzt die metallkeram. „*Cermets*", Bes. wichtig sind die elektr. Eigg. der Sinterkörper, wie dielektr. Verh. ($BaTiO_3$, $CaTiO_3$, $SrTiO_3$), ferromagnet. Eigg. (Li–Mg-Ferrite) u. Halbleitung (TiO_2 + Nb, Titanate, Lsg. von Al_2O_3 mit V_2O_3). (Chim. et Ind. **74**. 1163—74. Dez. 1955. Paris, Inst. de Céramique franç.) H. SAALFELD. 6220

Alexander Lommatzsch, *Die praktische Chemie als Wegbereiterin für die Zementforschung.* Zusammenfassende Darst. der geschichtlichen Entw. der Erforschung der Konst. des Portlandzementklinkers mit 55 Literaturangaben. (J. prakt. Chem. [4] **3** (**275**). 113—125. Juni 1956. Freiberg/Sa., Inst. für Silicathüttenkunde.) K. SEIDEL. 6222

R. A. Kennerley, *Hydratationswärmen von Neuseeländer Portlandzement und Puzzolanzementen.* Bei der Best. der Hydratationswärmen von 5 Neuseeländer Portlandzementen innerhalb von 90 Tagen nach dem Anmachen nach der Lösungswärmemeth. mit HNO_3 + HF gemäß dem Brit. Standards B.S. 1370 wurde gefunden, daß einer von ihnen in die Klasse der Zemente mit niedriger Abbindewärme gemäß diesem Standard fällt. Die Unterss. erstreckten sich auf 2 Zemente, denen puzzolanartige Stoffe, u. zwar 12% Diatomit bzw. 20% Bimsstein zugesetzt waren, so daß eine Art Traßzemente erhalten wurde, doch müssen diese Unterss. noch weiter ausgedehnt werden, um die beobachteten Effekte zu erklären. Verdopplung der HF-Konz. gegenüber der Standardkonz. bei der Unters. der Puzzolanzemente hat sich als ungeeignet erwiesen, da Fluoride ausgefällt werden. Die gemessenen Hydratationswärmen werden in Tabellen den nach verschied. Methoden berechneten gegenübergestellt. (New Zealand J. Sci. Technol.,

Sect. B **36.** 335—43. Jan. 1955. Wellington, Dominion Labor., Dep. of Sci. and Ind. Res.) W. Gelmroth. 6222

H. Vierheller, *Zur Kenntnis des „belüfteten Betons“.* Ursache u. Wrkg. der Betonbelüftungsmittel (air-entraining-agents AEA) sind noch ungeklärt. Die altbekannten Plastifizierungsmittel (Betonverflüssiger BV) wirken — wenn auch graduell gemäßigter — in ähnlicher Weise dispergierend wie die AEA u. sind ebenfalls imstande, Feinstporen im Beton zu bilden. Vermeintliche grundsätzliche Unterschiede zwischen den AEA u. den BV beruhen höchstwahrscheinlich auf nicht miteinander vergleichbaren Versuchen. Vf. berichtet über Ergebnisse von Parallelverss. mit 4 AEA u. 2 BV aus einem amtlichen Materialprüfungsamt, bei denen die BV als gemäßigte Porenbildner hinsichtlich Wassereinsparung u. Druckfestigkeit günstiger abschnitten als die AEA. — 3 Abbildungen. (Zement-Kalk-Gips **5.** 46—49. Febr. 1952. Trautheim.) F. Maune. 6224

Karlhans Wesche, *Versuche an Schüttbeton aus Hüttenbims.* Bei reinen Einkornbetonen aus Hüttenbims ist der Gewinn an Wärmedämmung gegenüber Betonen mit Sandzusatz nur gering. Betone mit Hüttenbimssandzusatz erreichen bei wirtschaftlichem Zementgeh. nur geringe Festigkeiten. Ausreichende Festigkeiten eines Schüttbetons aus Hüttenbims bis zur Betongüteklasse B 50 können bei wirtschaftlichem Zementgeh. nur durch Zusatz von Natursand erzielt werden, andernfalls müßte eine stärkere Verdichtung des Betons gewählt werden. Selbst aus Wärmeschutzgründen darf die Betonrohwichte von 1,60 kg/dm^3 nicht überschritten werden. Schüttbeton aus Hüttenbims muß so naß wie nur eben möglich hergestellt werden. Der richtige Gesamtwassergeh. liegt für alle Betone in gleichen Grenzen, die sich nur nach dem Feuchtigkeitsgeh. des Zuschlagstoffes unterscheiden. Die Vorbenetzung des Hüttenbims ist auf die Druckfestigkeit des Schüttbetons prakt. ohne Einfl., solange die Grenzen für den Gesamtwassergeh. eingehalten werden. (Stahl u. Eisen **76.** 27—30. 12/1. 1956. Aachen.) H. Hochstein. 6224

O. W. Kunzewitsch, P. Je. Alexandrow, W. B. Ratinow, T. I. Rosenberg und **G. G. Bogautdinowa,** *Zur Frage der Theorie des Festwerdens von gipshaltigen Bindemitteln.* Nach einer Theorie von Baikow [1925] werden 3 Perioden bei der Erhärtung von *Gipsbindemitteln* (I) unterschieden: A Quellung u. teilweise Lsg.; B Kolloidisierung; C Kristallisation. Dabei sollen die Perioden B u. C etwa gleichzeitig beginnen, aber B nur Min. dauern, C Std. u. Tage. In Verss. mit I aus verschied. Vorkk. zeigt sich, daß Hydratation u. Kristallisation gleichzeitig beginnen u. gleichzeitig enden, weniger als 1 Std. nach dem Abbinden. Im Augenblick der Beendigung des Abbindens sind nur 40—50% des theoret. für den Übergang von $CaSO_4 \cdot {}^1/_2 H_2O$ in $CaSO_4 \cdot 2 H_2O$ (Gel) erforderlichen W. chem. gebunden. Dann nehmen die I in einer Zeit, die vom ursprünglichen Wasserbindefaktor, der relativen Luftfeuchtigkeit u. der Trocknungstemp. abhängt, an Festigkeit nicht zu, eher etwas ab; sodann wird etwa Verdoppelung der Festigkeit u. Schwund infolge Austritt von W. aus Mikroporen u. Capillaren beobachtet. Die Befunde widersprechen der Annahme einer Kristallisation von Dihydrat aus der an Halbhydrat gesätt. Lsg. infolge der verschied. Löslichkeit beider. (Доклады Академии Наук СССР [Ber. Akad. Wiss. UdSSR] **104.** 587—88. 1/10. 1955. Allunions wiss. Forschungsinst. für Eisenbetonmater. u. Nichterzmater., u. Leningrad, Obraszow-Inst. für Eisenbahningenieure.) R. K. Müller. 6226

Hans Eigen, *Weichgebrannter Dolomitkalk durch Koksverbrennung mit hohem Luftüberschuß.* Nach einleitender Betrachtung der Koksverbrennung im Kalkschachtofen untersucht Vf. die Wärmewirtschaft des Dolomitkalkofens. Die Berechnung u. der Vgl. mit der Praxis ergeben für den Dolomitschachtofen, daß dieser trotz des hohen Luftüberschusses einen therm. Wirkungsgrad von über 80% erreicht. Der große Luftüberschuß bringt mehrere bedeutende Vorteile, wie niedrige Brenntemp. (1000—1050°), daher ausgezeichnete Weichbranntqualität des Dolomitkalkes u. lange Lebensdauer des Schamottefutters, ferner prakt. CO-freie Koksverbrennung, hochgelegenes Maximum der Wärmeentw., daher günstige Raumleistung u. Benötigung nur geringer Schachtofenhöhen. Den schwerwiegenden Nachteil, daß nur teilentsäuerter Kalk mit 6—12% Rest-CO_2 erhalten wird, beseitigt Vf. dadurch, daß er den im Dolomitkalk enthaltenen, als Wärmeträger fungierenden Anteil an unentsäuertem $CaCO_3$ u. $MgCO_3$ durch besondere Wärmeträgerkörper ersetzt, die gemeinsam mit Rohdolomit u. Koks in den Schachtofen gegeben u. von dem den Schachtofen verlassenden Dolomitkalk durch Magnetscheider abgetrennt u. dann in den Kreislauf zurückgegeben werden. Auf diese Weise wird unter Beibehaltung der genannten Vorteile ein garer Weichbrannt-Dolomitkalk mit geringem Rest-CO_2-Geh. erhalten. (Tonind.-Ztg. keram. Rdsch. **79.** 331—37. Nov. 1955. Remscheid-Lennep.) W. Gelmroth. 6226

G. Staufenbiel, *Zur Erhärtung von Weißkalkmörteln.* Neues Laboratoriumsverf. zur künstlichen Carbonisierung von Kalkmörtelproben (Prismen 4×4×16 cm). Meßbar sind: Tempp. der Proben u. des Gasraumes, Gasdruck, Gasfeuchte, CO_2-Menge, anfallende H_2O-Menge u. Geschwindigkeit des chem. Vorganges. Die Erhärtungsbedingungen sind variabel. Luftgetrocknete Proben sind nach 4 Std. erhärtet, ofentrockene Proben schneller. Hohe Luft- u. Probenfeuchtigkeit verhindern die Erhärtung. Die Eigenfeuchtigkeit des Mörtels ist entscheidend für die CO_2-Aufnahme, die bei mäßiger Erwärmung schneller verläuft. — 1 Zahlentafel, 11 Abbildungen. (Zement-Kalk-Gips **5.** 180—84. Juni 1952. Wilhelmshaven.) F. MAUNE. 6226

R. Angenitzkaja, M. Chutorjanski und **P. Doroschtschuk,** *Große keramische Blöcke aus einem Vibrationsbehandlungen unterworfenen Ton.* Beschreibung eines Vibrationsverf. zur Herst. von Formsteinen in Großformat für Mauerwerke im mechan. Häuserbau. Unter der Wrkg. der Vibration tritt eine Orientierung zwischen negativ geladenen Tonteilchen u. den Dipolen des W. ein, was bes. bei hochdispersen halbtrockenen Tonen von hoher u. mittlerer Plastizität einen gewissen Zustand struktureller Fließbarkeit hervorruft. Um diese in gewünschten Grenzen zu halten, wird der Ton bei 450—500° vorbehandelt. Zusätze hydrophober Substanzen (wie Oleinsäure) erwiesen sich als unzweckmäßig. Durch die therm. Dehydratisierung verkürzt sich die Trocken- u. Brenndauer der im Vibrationsverf. erzeugten Formsteine. Zur Vermeidung unebener Oberflächen werden die Steine gegen Ende der Vibration mit Metallplatten belastet. Formlinge vom Ausmaß 800×800×400 mm können mit einem Feuchtigkeitsgeh. von 18—20% ohne vorheriges Trocknen bei Tempp. von 1060—1080° innerhalb 48 Std. fertig gebrannt werden u. liefern ein rissefreies formgerechtes Steinmaterial. (Строительные Материалы Изделия и Конструкции [Baumater., Fertigteile, Konstruktionen] **1.** Nr. 7. 25—26. Juli 1955.) M. NOETZEL. 6228

M. J. Meneret, *Reaktionen im festen Zustand bei Kalk und Calciumcarbonat in keramischen Massen, die unterhalb 1000° gebrannt werden.* Es wurden Ton–Kalk-, Kalk–Kieselsäure-, Ton–Kalk–Kieselsäure-Mischungen hergestellt u. ihr Verh. in erhitztem Zustand mit Hilfe der Differentialthermoanalyse sowie mittels Messungen der linearen Wärmeausdehnung im ungebrannten u. in gebranntem Zustand kontrolliert. Die gebildeten Kalksilicate, Mono- u. Bicalciumsilicat, wurden mit Hilfe der Röntgenmeth. untersucht. Die Unterss. führten zur Verbesserung der mechan. Eigg. der Kalksteingutmassen, die unterhalb 1000° gebrannt werden, u. erklären Anomalien der Schwindung, die bei Alkali–Kalk-haltigen Ziegeltonen u. bei Kalksteingutmassen festgestellt werden. Es wird eine Hypothese über die Bldg. eines Kalksilicates in den Silicasteinen ab 860° aufgestellt. (Bull. Soc. franç. Céram. **1955.** Nr. 29. 41—52. Okt./Dez.) K. SEIDEL. 6228

Joachim Lange, *Die Verwendung von Leuchtgas bei der flammenphotometrischen Alkalibestimmung.* Es wird gezeigt, welche Geräte u. welche Arbeitsmethoden notwendig sind, um bei Verwendung von Leuchtgas in einem Betriebslabor. erfolgreich flammenphotometr. arbeiten zu können; ein Vgl. mit den Werten verschied. Methoden ergibt eine genügende Genauigkeit u. reproduzierbare Ergebnisse. Die Apparate u. ihre Wirkungsweise sowie die Arbeitsbedingungen werden beschrieben u. eine genaue Analysenvorschrift gegeben. Aus der Literatur werden bes. die Arbeiten von ZOELLNER erwähnt. (Silikattechnik **7.** 54—56. Febr. 1956.) W. FREYER. 6240

Ikutaro Sawai und **Megumi Tashiro,** *Untersuchung über die Analysenmethode von Glassätzen.* Beschreibung einer Analysenmeth., die es ermöglicht, die durchschnittliche Zus. des täglich für einen Wannenofen benötigten, aus Quarzsand, calcinierter Soda, Kalk, Läuterungsmitteln u. Glasbrocken bestehenden Glasgemenges von 32 t einschließlich Probenahme in 8—13 Std. mit einer Genauigkeit von 0,1% zu bestimmen. (Bull. Inst. chem. Res., Kyoto Univ. [Kagaku Kenkyusho Hokoku] **31.** 345—57. Sept. 1953. Kyoto, Univ., Kyoto, Sawai Labor. [Orig.: engl.]) T. OPPERMANN. 6242

Ikutaro Sawai und **Megumi Tashiro,** *Eine Methode der Probenahme zur Bestimmung der täglichen Durchschnittszusammensetzung von Glassätzen.* (Vgl. vorst. Ref.) Man entnimmt dem zum Eintrag in den Glasofen kommenden Glasgemenge alle 15 Min. eine Probe von 2 kg u. gibt diese abwechselnd in zwei getrennte Kästen. Nach Absiebung der Glasbrocken teilt man den Inhalt der Kästen jeden für sich durch Halbieren bis auf eine Probe von 0,6 kg auf, welche man trocknet u. 1 Std. vermahlt. Die gemahlene Probe teilt man durch weiteres Halbieren bis auf 10 g auf. Die Best. der Zus. der Analysenprobe erfolgt auf volumetr. Wege, wobei diese in wasserlösl., in HCl-lösl. Bestandteile u. in Rückstand zerlegt wird. Eine mit einem aus reinen Chemikalien bestehenden Gemisch durchgeführte Vergleichsanalyse ergab die hohe Genauigkeit der Analysenmethode. (Bull. Inst. chem. Res., Kyoto Univ. [Kagaku Kenkyusho Hokoku] **31.** 374—75. Sept. 1953. [Orig.: engl.]) T. OPPERMANN. 6242

J. D. Walton jr., *Eine neue Tonpräpariermethode für die Differentialthermoanalyse.* Es wird eine neue Präpariermeth. für DTA-Proben beschrieben. Sie besteht darin, daß Probe u. Bezugssubstanz nicht mehr in die Bohrungen eines Metallblocks gebracht werden, sondern daß mit Hilfe einer Presse kleine Zylinder gepreßt werden, die dann in der freien Ofenatmosphäre unmittelbarer u. gleichmäßiger aufgeheizt werden. Die Verhältnisse der Wärmeleitung sollen auf diese Weise günstiger sein als im Metallblock. Der Präpariervorgang wird eingehend beschrieben. Die DTA-Kurven dieser Präpp. erweisen sich bes. im niedrigen Temperaturbereich (25—400°) als sehr empfindlich. Selbst bei trockenen Tonproben erhält man um 100° noch deutlich endotherme Effekte, deren Natur noch unklar ist. (J. Amer. ceram. Soc. **38.** 438—43. 1/12. 1955. Atlanta, Ga., Georgia Inst. of Technol.) H. SAALFELD. 6248

K. M. Alexander, *Eine Mikrometermethode zur Bestimmung von Längenänderungen von Mörtelproben in verschlossenen Behältern.* Vf. beschreibt ein Verf., welches gestattet, innerhalb weniger Min. nach dem Anmachen Probekörper aus Zementmörteln mit niedrigem W.-Zement-Faktor herzustellen, mit Meßmarken zu versehen, in Behälter einzuschließen, zu messen u. zu wiegen. Eine Mikrometereinrichtung erlaubt die Best. von Längenänderungen auf 10^{-4} Zoll, ohne daß die Proben aus den Behältern für ihre Wasserlagerung entfernt zu werden brauchen. (Austral. J. appl. Sci. **6.** 41—45. März 1955. Melbourne, Australien, C. S. I. R. O., Div. of Ind. Chem.) D. BREDTSCHNEIDER. 6252

Th. Goldschmidt Akt.-Ges. (Erfinder: **Hellmuth Stamm** und **Hugo Arens**), Essen, *Siliconisierung kieselsäurehaltiger Gegenstände.* SiO_2-haltige Gegenstände, bes. Gläser, werden zunächst unter Anwendung gebräuchlicher Reinigungsmittel gereinigt, hierauf mit W. gespült u. sofort mit einer Emulsion siliciumorgan. Verbb. behandelt. Die Gegenstände werden sodann mit reinem, bes. dest. oder enthärtetem W. gewaschen. (**D. B. P. 942 588** Kl. 32b vom 17/6. 1952, ausg. 3/5. 1956. Anmeldung bekanntgemacht 12/3. 1953.) H. HOFFMANN. 6201

Michael J. McNally, Suffern, N. Y., V. St. A., *Reinigungsmittel für keramische Oberflächen* besteht aus einem Gemenge von ca. 6—25 (Gew.-%) Ammoniumbifluorid, 12—70 NH_4Cl u. 15—6 eines Reinigungsmittels, wie Na-Laurylsulfonat, Na-Alkylamidsulfonat. Das Gemenge der Bestandteile wird in W. gelöst, auf die Oberflächen aufgetragen u. nach mindestens 10 Min. abgewaschen. Verunreinigungen u. Verfärbungen der Oberflächen werden entfernt. (**A. P. 2 714 094** vom 22/10. 1952, ausg. 26/7. 1955.) F. REINHART. 6207

Max-Planck-Gesellschaft zur Förderung der Wissenschaften e. V., Göttingen (Erfinder: **Adolf Dietzel**, Würzburg), *Herstellen von haarrißsicheren, glasierten keramischen Erzeugnissen.* Unmittelbar anschließend an den Glasurbrand wird in dem keram. Scherben, z. B. durch Einlegen des noch heißen Scherbens in W. oder Einw. von überhitztem Wasserdampf, eine Feuchtigkeitsdehnung erzeugt. Der Ausdehnungskoeff. der Glasur ist hierbei so niedrig eingestellt, daß diese auf dem gedehnten Scherben Druckvorspannung besitzt. (**D. B. P. 940 965** Kl. 80b vom 9/5. 1954, ausg. 29/3. 1956. Anmeldung bekanntgemacht 5/5. 1955.) F. REINHART. 6213

United States of America, übert. von: **Edward J. Smoke**, Metuchen, N. J., V. St. A., *Modifizierter Quarz.* 91—97 (Gew.-%) Quarz werden mit 0,75—6,75 Al_2O_3 u. 0,25 bis 2,25 Li_2O gemischt, so daß das Verhältnis von Li_2O zu Al_2O_3 zwischen 1:3 u. 1:2 liegt, u. zwischen 1260 u. 1425° gebrannt. Das Prod. zeigt einen gleichmäßigen Anstieg der Wärmeausdehnungskurve auch unterhalb u. oberhalb 573° ohne den sprunghaften Anstieg bei dieser Temp., der für n. Quarz charakterist. ist. Ebenso günstig hinsichtlich der Wärmeausdehnung verhält sich auch mit dem modifizierten Quarz hergestelltes Porzellan. — Abbildungen. (**A. P. 2 726 964** vom 5/11. 1952, ausg. 13/12. 1955.) F. REINHART. 6215

Carborundum Co. (Erfinder: **Kenneth Charles Nicholson**), Niagara Falls, N. Y., V. St. A., *Feuerfester Körper aus Siliciumcarbid.* Gemenge aus körnigem SiC werden mit einer kleinen Menge eines temporären Bindemittels, wie Lignon, u. gegebenenfalls Bentonit versetzt, geformt, u. die Formlinge werden in einer inerten Atmosphäre bei über 2000° gebrannt, wobei die Körper mit einer Mischung von ZrC, SiC u. B_4C in Berührung sind. Diese Mischung schm. u. dringt in die Poren des SiC-Körpers ein. Die Erzeugnisse dienen für feuerfeste Erzeugnisse, Strahlgasbrenner, Exhaustordüsen, Auspuffdüsen, Turbinenschaufeln, aber auch als Schleif- u. Wetzsteine, Drahtziehformen u. Heizelemente. (**D. B. P. 936 738** Kl. 80b vom 14/10. 1952, ausg. 1/3. 1956. Anmeldung bekanntgemacht 30/6. 1955.) F. REINHART. 6219

Carborundum Co. (Erfinder: **Kenneth Charles Nicholson**), Niagara Falls, N. Y., V. St. A., *Körper aus feuerfesten Oxyden.* Feinzerteiltes Si wird mit feuerfesten Oxyden, wie ThO_2, Al_2O_3, BeO, ZrO_2, SiO_2 oder MgO, gemischt u. geformt, u. die Formkörper werden in einer nichtoxydierenden, N-haltigen Atmosphäre, etwa bei 1250—1425°, gebrannt, so daß das Si zu Si-Nitrid umgewandelt wird. Es entstehen Körper, in denen die Oxyde durch das Si-Nitrid gebunden sind; sie sind temperaturwechselbeständig, feuerfest u. widerstehen chem. Angriffen. Die Prodd. eignen sich daher für feuerfeste Auskleidungen, Strahlgasdüsen, Raketenverbrennungskammern, Turbinenschaufeln, Laboratoriumsgegenstände, Heizelemente u. elektr. Widerstände. (**D. B. P. 939 797** Kl. 80b vom 13/12. 1952, ausg. 1/3. 1956. Anmeldung bekanntgemacht 10/12. 1953.) F. REINHART. 6219

Karl Albert, Vogelbeck, Hann., *Herstellen hochfeuerfester Steine und Massen aus Titanschlacke.* In Titanschlacke von verschied. Korngröße wird der Anteil an Grobkorn, ca. 3—6 mm (20—40 Teile), u./oder der Anteil an Feinkorn, 0—3 mm (20—50 Teile), ganz oder teilweise durch entsprechend gekörnte Schlacke ersetzt, die bei der elektrometallurg. Darst. der Metalle der 4.—7. Nebengruppe des Period. Syst., ausgenommen Ti, anfallen. Dies sind bes. V-, Cr-, Mo-, W- u. Mn-Schlacken, auch Sinterkorund. Die Gemenge werden mit 4—7 Gew.-% einer Wasserglaslsg. (D = 1,350) u. W. versetzt, die M. oder die geformten Steine werden bei Tempp. bis 200 abgebunden. Die Prodd. sind druckfeuer- u. temperaturwechselbeständig u. dienen bes. zum Auskleiden von Dreh- u. Schachtöfen der Zement- u. Kalkherst. sowie von Generatoren. (**D. B. P. 933 378** Kl. 80b vom 26/8. 1952, ausg. 22/9. 1955. Anmeldung bekanntgemacht 10/3. 1955. A. Prior. 14/5. 1952.) F. REINHART. 6219

Alucrete Constructions Ltd., London (Erfinder: **Wilfred Huon Achilles Mumby**), England, *Herstellung von Schaumbeton.* Bei der Herst. von Schaumbeton aus alkal. Zement- oder Gipsmörteln u. Al-Pulver werden zur Erzielung einer gleichmäßigen Blasenbldg. bis zu 1 Gew.-% eines in W. lösl., niederen aliphat. Alkohols, bes. Methanol oder A., zugesetzt. (**E. P. 711 143** vom 16/2. 1951, ausg. 23/6. 1954.) H. HOFFMANN. 6225

Insulex Mineral Products Ltd., Colchester, Essex (Erfinder: **Eric Charles William Smith** und **John Dyson Blakeley**), England, *Herstellung eines wärmeisolierenden Materials.* Kieselgur u. $Ca(OH)_2$ werden unter Zusatz von W. miteinander vermahlen u. mit einem Überschuß von anorgan. Fasern, wie Gesteinswolle u. Glasfasern, vermischt, worauf das Ganze im Autoklaven zur Rk. gebracht wird. (**E. P. 722 012** vom 20/7. 1951, ausg. 19/1. 1955.) H. HOFFMANN. 6229

Hans Kühl, Zement-Chemie. Bd. 1. Die physikalisch-chemischen Grundlagen d. Zement-Chemie. 3. überarb. Aufl. Berlin: Verl. Technik. 1956. (345 S. m. Abb.) 8°. DM 26,50.

VII. Agrikulturchemie. Schädlingsbekämpfung.

E. Ehwald, *Über einige Grundfragen der bodenkundlichen Forschung.* Eine Verb. von Bodenkartierung mit einer vielseitigen Unters. typ. Bodenformen wird als Voraussetzung wirklicher Fortschritte der bodengenet. Kenntnisse u. einer brauchbaren Bodensystematik bezeichnet. (S.-B. dtsch. Akad. Landwirtschaftswiss. Berlin **4.** Nr. 12. 1—24. 1955. Eberswalde, Inst. für Forstl. Bodenkunde u. Standortslehre der Humboldt-Univ. zu Berlin.) A. JACOB. 6300

Jun-ichi Masui, *Tonmineralien in aus Granodiorit gebildeten Böden.* 1. Mitt. *Über die Verwitterung der konstituierenden Mineralien.* Nach Beseitigung der organ. Substanz durch Behandeln mit 6% H_2O_2 wurden die Proben in NaOH (p_H 8,5) dispergiert u. durch Sedimentieren bzw. Zentrifugieren in 8 Fraktionen unterteilt. $Fe(OH)_3$ wurde nach der Meth. von TRUOG entfernt. Bei der mkr. Unters. der Sandfraktionen ergab sich, daß der Boden hauptsächlich aus Verwitterungsprodd. von Granodiorit besteht, mit kleinen Mengen vulkan. Asche. Der Granodiorit verwitterte zu Hornblende, dann zu Biotit, Oligoklas u. Orthoklas. Dies zeigt, daß in einem frühen Stadium der Verwitterung ein basenreicher Boden gebildet wurde; später wurden die Basen aus dem Boden durch Auswaschung entfernt. (J. Sci. Soil Manure, Japan [Nippon Dozyô-Hiryô-Gaku Zasshi] **25.** 268—72. März 1955. Univ. of Tokyo, Fac. of Agric. [Orig.: japan., Auszug: engl.]) A. JACOB. 6300

G. B. Stirk, *Einige Auswirkungen der Bodenschrumpfung und der Wirkung des Reißens auf den Wassereintritt in den Boden.* Vf. berichtet über die Schrumpfung des Bodens u. ihre Ursachen, wie Wasserverlust, Eindringen von Luft usw., u. den Einfl. von Temp. u. Feuchtigkeit. Risse bewirken nur eine Zunahme der Permeabilität, wenn eine für bewässerte Böden zu niedrige Feuchtigkeit vorliegt. (Austral. J. agric. Res. **5.**

279—90. April 1954. Brisbane, Queensland, Div. of Soils, C. S. I. R. O., Plant and Soils Labor.) W. KNÖPKE. 6302

A. Wahhab, A. Khabir, M. N. Azim und **Fazal Uddin,** *Wirkung synthetischer Polyelektrolyte auf die chemischen, physikalischen, biologischen und agronomischen Eigenschaften einiger Punjabböden. Krilium* (I) erhöhte die Durchlaufgeschwindigkeit u. das Wasserhaltevermögen, veränderte aber nicht die Verdunstungsgeschwindigkeit. Dies gilt bes. für Böden mit schlechter Struktur oder größerem Geh. an Tonteilchen. I ist ohne Einfl. auf den Gesamtgeh. an lösl. Salzen, an N u. den p_H-Wert der Böden. Es vermehrte die aufnehmbare P_2O_5 u. in einigen Böden auch K_2O. Auf Salzböden wurde das Wachstum verbessert. Behandlungen mit **I** erhöhten den Wasserbedarf der Ernten, während $(NH_4)_2SO_4$ ihn verminderte. Die Mikrobentätigkeit im Boden wird durch **I** verstärkt, bes. in Ggw. von organ. Substanz. Zunächst wird die Mikrobenpopulation durch **I** vermindert, später aber nimmt die Bakterienzahl stark zu. (Soil Sci. **81.** 139—50. Febr. 1956. Lyallpur, West Pakistan, Punjab Agric. Coll.) A. JACOB. 6304

Saburo Ichimura, *Die chemische Zusammensetzung von Torf.* Analysen von verschied. Torfarten werden denjenigen der Ausgangspflanzen gegenübergestellt. Unter den organ. Komponenten der Torfarten war Huminsäure der Hauptbestandteil. N lag hauptsächlich in Form von Eiweiß vor, das z. T. ein Zersetzungsprod. von Bakterienleibern ist. Die anorgan. Bestandteile des Torfs rühren von Pflanzenresten, von Böden u. vulkan. Asche her. Der K-Geh. des Torfs war beträchtlich geringer als der der Ausgangspflanzen. Der Torf enthielt einen Überzug von Torfbitumen, der die Adsorptionsfähigkeit für K vermindert. Der Torf hatte eine sehr starke Acidität. (J. Sci. Soil Manure, Japan [Nippon Dozyô-Hiryô-Gaku Zasshi] **25.** 249—52. März. **26.** 20—24. Juni 1955. [Orig.: japan., Auszug: engl.]) A. JACOB. 6304

Edwin C. Kapusta, *Neue Entwicklungen in der Düngermittelherstellung.* Überblick über die Ausdehnung der Herst. u. des Verbrauchs sowie die Entw. verbesserter Typen von N- u. Phosphatdüngern, von Kali, Mischdüngern, Gemischen von Düngern u. Schädlingsbekämpfungsmitteln in den USA. (Commerc. Fertilizer Plant Food Ind. **91.** Nr. 5. 30—32. 34. 35. 38. Nov. 1955.) EBERHARD MÜLLER. 6304

A. Fruhstorfer, *Grenzen der mineralischen Düngung.* Allg. Ausführungen. Die Grenzen der wirtschaftlichen Düngeranwendung sind in Deutschland im allg. bei weitem noch nicht erreicht. (Mitt. dtsch. Landwirtschafts-Ges. **71.** 208—09. 1/3. 1956. Hamburg.) F. RANG. 6304

Jaroslav Vintika, *Die Bindung des Luftstickstoffs in der Landwirtschaft.* Vf. weist darauf hin, daß neben n. N-Düngung auch die Bindung des Luft-N_2 durch die im Boden lebenden Mikroorganismen unerläßlich ist. (Za socialist. zemědělstvi **5.** 663—67. Juni 1955.) E. VEVERA. 6304

A. Buchner, *Zur Blattdüngung des Getreides mit Stickstoff. Harnstoff* (I) konnte in Höhe von 50 kg/ha anstatt einer üblichen Kopfdüngung zu Getreide gespritzt werden. Die Wirkungsweise entsprach derjenigen von zur gleichen Zeit ausgestreutem Kalkammonsalpeter. Die gemeinsame Verspritzung von **I** mit Unkrautmitteln vergrößert ihre Anwendungsbreite u. die Sicherheit ihrer Wirkung. (Mitt. dtsch. Landwirtschafts-Ges. **71.** 154—55. 16/2. 1956. Limburgerhof.) F. RANG. 6304

Karel Kohout, *Die Düngung von Obstkulturen während der Vegetation.* Bei Obstkulturen soll die Kompostdüngung im Herbst u. Frühling, die Mineraldüngung (Ca-Phosphat) mit schwerlösl. Salzen im Herbst (zugleich Schädigung des Ungeziefers), mit leichtlösl. Salzen im Frühjahr u. vor der Baumblüte durchgeführt werden. (Za socialist. zemědělstvi **5.** 606—12. Mai 1955.) E. VEVERA. 6304

Jaakko Köylijärvi, *Über die Düngung von Weideland.* Bei 5jährigen Düngungsverss. auf Weideland ergaben größere N-Gaben als 600—800 kg/ha Kalksalpeter keine nennenswerte Steigerung des Ertrages. Reichlichere N-Düngung erhöht den Geh. der Pflanzen an Rohprotein, Nitrit u. Nitrat. Letztere verursachen Verdauungsstörungen beim Vieh. (Karjatalous **32.** 84—86. März/April 1956.) S. BECKMANN. 6304

H. Kannenberg, *Kalkwirkungen im Spiegel des Weißtorfes.* Die zusätzliche Wrkg. von *CaO* (I) im THOMAS-*Phosphat* (II) wurde in Gefäßverss. zu Gelbhafer (1. Jahr) u. Knaulgras (2. Jahr) auf Weißtorf untersucht, wobei äquivalente **I**-Mengen in Form von Kalkmergel (**III**) zum Vgl. dienten. — **I** im **II** zeigte eine sehr deutliche Ertragswrkg., die das Äquivalent von **III** noch übertraf. Der **I**-Geh. der mit **II** gedüngten Böden war am Versuchsende größer als der **I**-Geh. der mit **III** versehenen Proben. Die bes. feine Verteilung des **I** im **II** hatte sich also vorteilhaft ausgewirkt. — In weiteren Verss. wurde gezeigt, daß durch Verwendung eines **I**-reichen P-Düngemittels für die Erweiterung der Krume von 10 auf 20 cm Tiefe eine vorteilhafte Vorkalkung des Untergrundes ein-

geleitet werden kann, die zur Umwandlung des Weißtorfes in tiefschwarzen Humus sowie tiefer u. starker Durchwurzelung des Bodens führt. — Die nachteiligen Folgen falscher Kalkverteilung wurden an Gefäßverss. mit Kleegrasgemisch auf Weißtorf nachgewiesen. (Mitt. dtsch. Landwirtschafts-Ges. **71.** 209—10. 1/3. 1956. Bremen-Lesum.)
F. RANG. 6304

Marcel Mazoyer, *Der Einfluß des Natriums auf die Böden.* Zusammenfassender Überblick an Hand der Literatur (20 Hinweise). (Ind. chimique **42.** 1—4. Jan. 1955.)
M. WINIKER. 6304

A. Jacob, *Sicherung gegen Schäden durch Magnesiamangel.* Bei Düngungsverss. zu Kartoffeln, Zuckerrüben u. Getreide mit *Stickstoffmagnesia 10/8* u. *15/4* [$(NH_4)_2SO_4$ + wasserlösl. Magnesia] wurde in ca. 50% aller Fälle eine ertragssteigernde Wrkg. durch den Magnesiageh. festgestellt. Der Grund für das Versagen in den übrigen Fällen liegt in dem hohen Wirkungsfaktor der Magnesia; schon ein geringer Magnesiavorrat des Bodens genügt zur Erzielung des jeweils möglichen Höchstertrags. (Mitt. dtsch. Landwirtschafts-Ges. **71.** 239—40. 8/3. 1956. Castrop-Rauxel.) F. RANG. 6304

B. M. Nekljudow, *Der Einfluß von Molybdän auf den Ernteertrag der Erbse.* Auf hellgrauem lehmigem Waldsteppenboden steigerten 1,0 kg/ha Mo als $(NH_4)_2MoO_4$ bei Nachdüngung u. einer Grunddüngung mit 45 kg P + 45 kg K + 2 t Kalktuff/ha den Erbsenertrag im 2jährigen Durchschnitt von 15,29 auf 18,62 dz/ha. Bei 0,5 u. 2,0 kg Mo/ha war der Ertrag etwas geringer. Der Eiweißgeh. der Erbsensamen erhöhte sich durch 1,0 kg Mo/ha um 3,94%, der Vitamingeh. der Blätter um 169 mg%. Die Menge an Mikroorganismen, bes. an den für Schmetterlingsblütler spezif., vermehrte sich durch Mo in 1 kg Rohwurzeln um 11—12 Millionen. — Bei Sommerwicken steigerten 0,25 bzw. 0,5 kg Mo/ha den Heuertrag um 5 dz/ha, den Geh. der Grünmasse an Vitamin C um 7,3 mg% u. den Eiweißgeh. im Heu um 0,7%. — Ohne Kalktuff waren die Ergebnisse etwas geringer, trotzdem Kalktuff allein keine Wrkg. gezeigt hatte. (Агробиология [Agrobiologie] **1956.** Nr. 1. 134—37. Jan./Febr., Gorki, Landwirtsch. Versuchsstation.)
E. LINTER. 6304

F. Scheffer, *Stallmist — Kunstmist — Stallmistkompost.* Diskussion der Vereinfachung u. Verbesserung der Stallmistbereitung u. -anwendung, bes. der Kopplung von Stallmist -u. Gründüngung. (Mitt. dtsch. Landwirtschafts-Ges. **71.** 97—98. 2/2. 1956. Göttingen.) F. RANG. 6304

T. W. Embleton und **W. W. Jones,** *Kuhdung als Stickstoffdünger.* Beim Vgl. von Kuhdung mit NH_4NO_3 als N-Dünger bei Citrusfrüchten zeigte sich, daß der Dung in einer unbeackerten Anlage den mineral. Dünger nicht ersetzen konnte, während bei beackertem Boden die gleichen Äquivalente an N beider Düngerarten die gleichen Ertragssteigerungen bewirkten. (Calif. Agric. **10.** Nr. 1. 14—15. Jan. 1956. Riverside, Univ. of California.) W. KNÖPKE. 6304

Folke Andrén, *Spritzversuche gegen Kartoffelblattschimmel 1954.* (Vgl. C. **1955.** 4437.) Bei vergleichenden Unterss. mit verschied. Mitteln hat unter den Cu-Präpp. *Kupfer-Sandoz* 0,6%, unter den Zn-Carbamaten *DZ 78* die besten Ergebnisse geliefert. Man spritzt zweckmäßig ca. 14 Tage vor der Blüte. (Statens Växtskyddsanst., Växtskyddsnotiser **1955.** 32—36. Juni.) R. K. MÜLLER. 6312

S. H. Crowdy und **R. L. Wain,** *Untersuchungen systemischer Fungicide.* 1. Mitt. *Fungicide Eigenschaften der Aryloxyalkylcarbonsäuren.* 2.4.6-Trichlorphenoxyessigsäure, 2.3.4.5.6-Pentachlorphenoxyessigsäure u. 2.3.4.5.6-Pentachlorphenoxyisobuttersäure scheinen von den Aryloxyalkylcarbonsäuren am geeignetsten als system. Fungicide zu sein. Sie wurden bes. gegen Botrytis cinerea oder B. fabae bei Infektionen von Vicia faba dem Erdboden zugesetzt oder als Stamminjektionen verwendet oder versprüht. (Ann. appl. Biol. **38.** 318—33. Juni 1951. Univ. of Bristol, Long Ashton Res. Stat., u. Univ. of London, Wye Coll.) A. LIEBNER. 6312

S. H. Crowdy und **Mary-Elizabeth Davies,** *Untersuchungen systemischer Fungicide.* 2. Mitt. *Verhalten von Gruppen bekannter Chemotherapeutica.* (1. vgl. vorst. Ref.) Eine Reihe von Fungiciden wurden hinsichtlich ihrer Wirksamkeit gegen die Schokoladenfleckenkrankheit von Breitbohnen getestet. Von Oxychinolinen waren *8-Oxychinolinsulfat, -benzoat, -succinat* u. *-5-schwefelsäure* sowie *2-Oxy-4-methylchinolin* mit 28—35% ig. Reduzierung der Krankheit wirksamer als *2-* u. *8-Oxychinolin* mit nur 12—15%. Von Azofarbstoffen war nur *Helione A* (**I**; *2.4-Diamino-5-methylazobenzolhydrochlorid*) effektiv. Salicylsäure erwies sich als zu toxisch. In einer Konz. von 10 p.p.m. waren die *Dinicotinsalicylate* von *Cd, Co, Mn* u. *Ni* gut wirksam. *Harnstoff* bewirkte bei 10 p.p.m. 22% ig. Krankheitsverminderung, von seinen Derivv. verminderten bei 1 p.p.m. *N.N'-Bis-[2.4-dichlorphenyl]-harnstoff, 4-Chlorphenylthioharnstoff, N.N'-[4-Chlorphenyl]-thio-*

harnstoff u. *N.N'-Bis-[β-naphthyl]-thioharnstoff* um 23—51% den Befall. Es wurden außer bei I keine Zusammenhänge zwischen fungicider Aktivität u. Wirksamkeit bei der Schokoladenfleckenkrankheit gefunden. (Phytopathology **42.** 127—31. März 1952. Kingston, Rhode Island Agric. Res. Stat.) F. KRUSEN. 6312

—, *Von der Staatlichen Versuchsanstalt für Pflanzenzüchtung anerkannte Spezialpräparate für Unkrautbekämpfung, gültig für 1952.* Liste von Hormon- u. chem. Präpp.: Hormonpräpp. vom M-Typ: *Dicotox 10%*, Spritzmittel 5—35 Liter/ha (DANSKE GØDNIGS-KO. A/S): 10 (%) Natrium-4-chlor-2-methylphenoxyacetat (**I**), 90 Streu- u. Füllstoffe (**II**). — *Dicotox 30%*, Spritzmittel 1,5—12 Liter/ha (wie vorst.): 30 **I**, 70 **II**. — *Disol M 30* (P.P.M. Spritzmittel) 1,5—12 Liter/ha (H. ANDREASEN): Zus. wie vorstehend. — *Herbatox-M 10%*, Spritzmittel, u. *Herbatox 30%*, Spritzmittel (KEM. VAERK KØGE A/S); *Kresone 10*, Spritzmittel, u. *Kresone 30*, Spritzmittel (DANSKE GASVAERKERS TJAERE KO.); *San KM-10*, Spritzmittel, u. *San KM-30*, Spritzmittel (A/S CHEMINOVA); *Shell Weedkiller M 10*, Spritzmittel, u. *Shell Weedkiller M 30*, Spritzmittel (A/S DANSK SHELL); *42 M 10%*, Spritzmittel, u. *42 M 25%*, Spritzmittel (E. B. MUUS; Dosierung 2—14 Liter/ha); *Weedex 10 M*, Spritzmittel, u. *Weedex 30 M*, Spritzmittel (FAELLESFOREN. F. DANM. BRUGSFORENINGER); *Wee-hormon 10 M* u. *Wee-hormon 30 M*, Spritzmittel (BÜLOW TRADING CO.): Zus. u. Dosierung wie oben. — Hormonpräpp. vom D-Typ: *Disol D 80* (P.P.D.Spritzmittel) 0,6—4,5 kg/ha (H. ANDREASEN): 80 techn. Natrium-2.4-dichlorphenoxyacetat, 20 **II**. — Gleiche Bestandteile in *Fernoxone-Salz 80%*, Spritzmittel 0,6—4,5 kg/ha (DANSKE GØDNINGS-KO. A/S): 80:20. — *24 D 50%*, Spritzmittel 1—7 kg/ha (E. B. MUUS): 50:50. — *Herbatox-D 50%*, Spritzmittel 1—7 kg/ha (KEM. VAERK KØGE A/S): 50:50. — *San S-50*, Spritzmittel 1—7 kg/ha (A/S CHEMINOVA): 50:50. — *Weedone 50%*, Spritzmittel 1—7 kg/ha (FAELLESFOREN. F. DANM. BRUGSFORENINGER): 50:50. — *Wee-hormon 50 D*, Spritzmittel 1—7 kg/ha (BÜLOW TRADING CZ.): 50:50. — Dinitro-o-kresol (**III**)-Präpp.: *Denocate*, Spritzmittel 10 kg/ha (E. B. MUUS): 48,5 **III** als NH_4-Salz, 51,5 **II**. — *Extar A*, Spritzmittel 6 kg/ha (J. FUCHS): 40 **III** als NH_4-Salz, 60 **II**. — *Herbanit*, Spritzmittel 7,5—10 kg/ha (KEM. VAERKE KØGE A/S): 25 **III** als Na-Salz, 75 **II**. — Petroleumpräpp.: *Esso Weed Killer 35* (DANSKE PETROLEUM A/S): 98 Erdöldestillat (**IV**), 2 inakt. Stoffe (**V**). — *Pentox 1* (NORDISK ALKALI A/S u. FAELLESFOREN. F. DANM. BRUGSFORENINGER): 99 **IV**, 1 **V**. — *Shell Weedkiller W* (A/S DANSK SHELL): 99 **IV**, 1 **V**. — *Shell Weedkiller D.N.C.* (wie vorst.); 97,5 **IV**, 2,5 **III**. (Tidsskr. Planteavl **55.** 530—35. 1952.) R. K. MÜLLER. 6312

R. E. Altona und **E. R. Hattingh,** *Unkrautbekämpfung auf Wiesen und Weiden.* Vff. berichten zusammenfassend über die Bekämpfung von Acacia spec., Stoebe vulgaris, Helichrysum spec., Senecio spec., Lantana camara usw. in Südafrika. Eingesetzt wurden *2.4-D*, *2.4.5-T*, *Pentachlorphenol* u. *Dieselöl.* Im allg. konnten nur Teilerfolge erzielt werden, so daß das Problem der Bekämpfung von Buschwerk im Grasland nach wie vor ungelöst ist. — 7 Literaturangaben. (South African J. Sci. **49.** 317—19. Mai 1953.) W. KNÖPKE. 6312

I. J. Johnson, *Einfluß der Behandlung von Hafer mit 2.4-D auf die Nachfrucht.* Haferkörner, die von Pflanzen stammten, die im Vorjahr 9—56 Tage nach der Aussaat mit 1 lb./acre Säureäquivalent der *2.4-D* behandelt worden waren, wurden ausgepflanzt u. die Erträge miteinander verglichen. Die Körner, die von den Pflanzen stammten, die nach Behandlung mit 2.4-D die stärksten Ertragsrückgänge aufwiesen, brachten auch die geringsten Erträge. (Agronomy J. **46.** 475—76. Okt. 1954. Ames, Io., Iowa State Coll.) F. RANG. 6312

Mohamed Aslam Zafar, *Anwendung gewisser Hormone zwecks Verhütung des Abfallens der Blüten bei zwei Kartoffel-(Solanum tuberosum) Sorten.* In einem Gefäßvers. wurden Pflanzen der Kartoffelsorten Canoga u. Russet Burbank mit wss. Lsgg. von *2.4-D* (**I**), *2.4.5-T* (**II**), *α-2.4.5-Trichlorphenoxypropionsäure* (**III**), *p-Chlorphenoxyessigsäure, α-Naphthylessigsäure* (**IV**), *Indolylbuttersäure* (**V**) u. *o-Chlorphenoxyessigsäure* (**VI**) zu verschied. Wachstumsstadien gespritzt, um das sonst eintretende Abfallen der Blüten zu verhindern u. den Fruchtansatz zu fördern. Bei der Sorte Canoga waren **I**, **VI**, **II** u. **III**, bei Russet Burbank **IV**, **III** u. **VI** am wirksamsten. Der Zeitpunkt der Anwendung ist für den Erfolg ausschlaggebend. — 8 Literaturangaben. (Amer. Potato J. **32.** 283—92. Aug. 1955. Lyallpur, Pakistan, Punjab Agric. Coll.) F. RANG. 6312

J. Antognini, *Eisenchelate bekämpfen Eisenchlorose.* Überblick über die Anwendung der Fe-Chelate, bes. Fe-EDTA, im Obstbau u. in der Landwirtschaft. Erfolge wurden bei Citrusfrüchten, Kernobst, Gemüse (Kohl, Bohnen), verschied. Zierpflanzen (Rosen, Gladiolen, Magnolien, Rhododendron usw.) sowie bei der Rasenpflege erzielt. Bei Citrusfrüchten machte sich als Folge der Behandlung eine Steigerung des Ertrages u. eine bessere Bewurzelung bemerkbar. — 17 Literaturangaben. (Agric. Chemicals **9.** Nr. 11. 47—49. 131. Nov. 1954. New York, N. Y., Geigy Chem. Co.) W. KNÖPKE. 6312

J. W. Heringa und **T. Swarbrick,** *Petroleumfraktionen als Pflanzenspritzmaterial. Der Einfluß des Raffinationsgrades des Öls auf die phytotoxische Wirkung.* In Spritzverss. zu Gurken wurde festgestellt, daß *Spindelöle* in den für Winteröle üblichen Spezifikationen leicht phytotox. wirken, während solche, die den Spezifikationen für Sommeröle genügen, keine Phytotoxizität aufweisen. (Ann. appl. Biol. **39.** 213—20. Juni 1952. Amsterdam u. Den Haag.) C. GRIMME. 6312

M. L. Turitsch, *Der Einfluß von Ultraviolettstrahlen auf DDT.* Vf. trug verschied. *DDT* (**I**)-Präpp. auf Glas, Holz, Baumwolle u. Dermantin auf. Es wurden 1—2%ig. Emulsionen (*Terpentin, Naphthaxylol, Lauseto, Mutoxan*) bzw. 5%ig. Lsg. in Petroleum in Mengen von 1 g **I**/m^2 Fläche verwendet. Die so bearbeiteten Flächen wurden wiederholt der UV-Bestrahlung von 4—5 Std. (Gesamtdauer 9—105 Std.) unterworfen. Unter dem Einfl. von UV-Licht macht **I** wichtige physikal. u. chem. Veränderungen durch, die zum Verlust der insekticiden Eigg. führen. Das geschieht auf dem Wege einer photochem. Rk., wobei stark flüchtige u. für Insekten untox. Verbb. entstehen. Durch die UV-Bestrahlung gehen bei 50 Std. 2,4%, bei 105std. Bestrahlung 6,3—8,6% des 4.4'-Isomeren von DDT verloren. Auf der Oberfläche der **I**-Kristalle bilden sich kleinkörnige Zerfallsprodd.; ihre Form verändert sich stark. Ölemulsionen u. amorphes **I** verändern sich in der Praxis stärker als das kristalline **I**. Oberflächen, die der UV-Bestrahlung ausgesetzt sind, müssen daher häufiger mit **I**-Präpp. bearbeitet werden. (Медицинская Паразитология и Паразитарные Болезни [Med. Parasitol. parasit. Krankh.] **25** (**34**). Nr. 1. 69—73. Jan./März 1956. Zentr. Wiss. Forschungslabor. für Hygiene u. San. der Wasserstraßen beim Gesundheitsmin. der UdSSR.) F. DU MANS. 6312

S. Pradhan, *Einfluß der Konzentration auf den Temperaturkoeffizienten der DDT-Wirkung auf Insekten.* Die Vorstellung von FAN, CHENG u. GLENN RICHARDS (vgl. Physiol. Zoöl. **21.** [1948.] 48), daß nach äußerlicher Applikation von DDT hochempfindliche Arthropoden entweder einen positiven oder negativen Temperaturkoeff. (TK) für Sterblichkeit als Funktion von DDT-Konzz. oder -Dosierungen aufweisen, wird diskutiert. Vf. kommt zu der Schlußfolgerung, daß der TK des DDT-Eindringens in den Insektenkörper unabhängig von der Konz. positiv bleibt. Sein Wert fällt jedoch mit sinkender Konz., wobei er durch den TK der Resistenz des Insekts maskiert wird, sobald ein negativer TK der DDT-Wrkg. in Erscheinung zu treten beginnt. (Current Sci. **19.** 12—13. Jan. 1950. New Delhi, Indian Agric. Res. Inst., Div. of Entomol.)
F. RANG. 6312

Helge Hellqvist, *Bekämpfungsversuche gegen die Larven der Kohlfliege und der Möhrenfliege.* In Verss. an Weiß- u. Blumenkohl werden verschied. Methoden der Bekämpfung der Kohlfliege vergleichend untersucht. Die besten Ergebnisse werden bei Einpudern der Wurzeln mit *γ-Rotoxol* in Kombination mit 1—2maliger Bewässerung mit 0,4%ig. *Oktatox* oder 0,3%ig. *Aldrex* erzielt. Bei den Maßnahmen gegen die Möhrenfliege hat sich Behandlung des Saatgutes mit 20%ig. *Lindan*-Puder (75 g/kg) bewährt. (Statens Växtskyddsanst., Växtskyddsnotiser **1955.** 4—14. April.)
R. K. MÜLLER. 6312

John C. Schread, *Bekämpfung von Fenusa pusilla.* Der Schädling wird durch Spritzen der befallenen Birken mit 57%ig. *Malathion*- oder 25%ig. *Lindan*-Emulsion wirksam bekämpft. (Connecticut agric. Exp. Stat., New Haven. Circ. **1954.** Nr. 185. 2—6. Jan. F. RANG. 6312

Donald F. Starr und **Douglas R. Calsetta,** *Ryania zur Bekämpfung von Stubenfliegenlarven.* Vff. berichten über die insekticide Wrkg. von *Ryania* (**I**) u. *Ryanexcel* (*R*) *96-3* [bestehend aus 95,8 (%) **I**, 3,2 n-Propylisomeres u. 1 Netzmittel] auf die einzelnen Stadien der Stubenfliege. Am empfindlichsten zeigten sich gerade geschlüpfte Larven, während ältere Larven u. Imagines wesentlich widerstandsfähiger sind. Bei der Unters. zur Ausbldg. eines resistenten Stammes konnte bei der 6. Generation eine Zunahme der Resistenz um das 3—6fache beobachtet werden. Dieser Wert stieg bis zur 50. Generation nicht mehr an. Da **I** nur eine sehr geringe Toxizität gegenüber Warmblütern besitzt, kann es zum Schutz von Lebensmitteln gegen Fliegenbefall angewandt werden. (Agric. Chemicals **9.** Nr. 11. 50—53. Nov. 1954. New York, N. Y., S. B. Penick & Co.)
W. KNÖPKE. 6312

John D. Conner, *Vorsichtsmaßregeln für Schädlingsbekämpfungsmittel–Dünger-Kombinationen.* Ausführliche Besprechung der Gefahr für Mensch u. Haustier, die durch die Einführung der Kombinationen eines Insekticids oder Fungicids mit Düngemitteln entstehen können. Erörterung der Aufstellung von Vorsichtsmaßregeln u. Warnungen. (Agric. Chemicals **9.** Nr. 11. 42—44. Nov. 1954. Washington, D. C.) W. KNÖPKE. 6312

W. F. Barker und **W. J. A. Steyn,** *Irrtümer bei der Entnahme von Bodenproben für die chemische Analyse.* Es scheint notwendig zu sein, je Parzelle von 1 ar 64 Proben aus je 4 Bohrungen zu ziehen, um innerhalb einer Fehlergrenze von 5% zu bleiben. Die Werte für K unterliegen größeren Schwankungen als diejenigen für N u. P. (South African J. Sci. **52.** 169—74. Febr. 1956. Grahamstown, Rhodes Univ., Chem. Dep.) A. JACOB. 6324

Carl Göran Lamm, *Reduktions-Oxydationsspiegel von Böden.* Die üblichen Messungen des Redoxpotentials von Böden mittels einer in die Bodensuspension eingetauchten Pt-Elektrode gegen eine Bezugselektrode sind vom streng physikal.-chem. Standpunkte aus keine befriedigende Wiedergabe der wirklichen Verhältnisse. Es wird daher der Ausdruck Redoxspiegel vorgeschlagen, um die mittleren reduzierenden oder oxydierenden Wirkungen in Bodenproben auszudrücken. Diese werden ermittelt durch Vgl. der in einer Bodensuspension gefundenen Werte mit den in dem reversiblen Redoxsyst. $K_4Fe(CN)_6$ u. $K_3Fe(CN)_6$ gefundenen. Man bekommt auf diese Weise auch einen Einblick in die Pufferung des Bodens sowie in das Verh. von Bodenproben beim Altern, oder Veränderungen an austauschbarem Mn, die beim Übergang des Bodens aus der natürlichen Lagerung ins Labor. in Erscheinung treten. (Nature [London] **177.** 620—21. 31/3. 1956. Lyngby, State Labor. of Plant Culture, Dep. of Chem.) A. JACOB. 6324

Ottaviano Bottini, *Kriterien und Methoden der Bewertung der Nahrungsvorräte des Bodens.* Vf. erörtert die zur Bewertung der Nahrungsvorräte des Bodens vorgeschlagenen Methoden. Es handelt sich um chem. Gesamtanalysen des Bodens selbst sowie von Extrakten mit starken u. konz. Säuren, der Aschen von kultivierten Pflanzen sowie um die Best. der leicht assimilierbaren Nährstoffe, u. zwar sowohl auf chem. als auch auf chem.-physiol. Wege; endlich werden Topf- u. Feldunterss. besprochen. Diese Reihenfolge sei unbedingt einzuhalten. (Ricerca sci. **25.** 1333—42. Juni 1955. Bari, Univ., Ist. di Chim. Agraria.) C. GOTTFRIED. 6324

Stanislav Najmr, *Der „Dauerhumus" in der Forschung der Bodenverbesserung unter Klee- und Luzernegräsern und die angewandte Methodik.* In verschied., mit Luzerne u. Klee bestandenen Böden wird Gesamt-C u. Humusgeh. durch Schnellextraktionsverff. bestimmt. Das Verhältnis von Humin- zu Fulvosäuren wird in ausführlichen Tabellen ausgewertet. Die Bedeutung des Dauerhumus für die Bodenkunde wird erörtert. Die Extraktionsmethoden liefern zuverlässiger u. schneller Werte für den Humusgeh. unter Luzerne u. Klee als die Acetylbromidmethode. Die Arbeiten von HANOUSEK (C. **1953.** 7636 u. 7639) werden kritisiert. (Sborník českoslov. Akad. Zemědělské **25.** 479—94. Dez. 1952. Praha, Výzk. ústav pro rostl. výribu.) R. K. MÜLLER. 6324

Ja. W. Peiwe, A. Ss. Scharowa und **G. Ja. Rinokiss,** *Die Anwendung durchsichtiger farbiger Nitrocelluloidskalen bei der agrochemischen Bodenanalyse.* Für Massenunterss. von Böden wird an Stelle von Colorimetern oder Farbskalen aus Papier die Anwendung durchsichtiger gefärbter Celluloidskalen empfohlen. Diese haben sich bewährt bei der Best. der Bodensäure nach ALIAMOWSKI, des beweglichen P nach KIRSSANOW, der beweglichen Formen der α- u. β-Humate u. der Apokrensäuren nach PEIWE u. bei der Erforschung der gruppenmäßigen Zus. von Humus nach TJURIN. Sie lassen sich für die Best. der Spurenelemente verwenden. Die Herst. der gefärbten Skalen wird beschrieben. (Почвоведение [Bodenkunde] **1955.** Nr. 10. 66—79. Okt. Inst. für Bodenkunde u. Ackerbau der Akad. der Wiss. der LettSSR.) A. JACOB. 6324

N. O. Awakjan, *Die Anwendung von Chlorsilberelektroden für die direkte Bestimmung der Konzentration von Chlorionen in Bodenlösungen.* Es wurde die Aktivität der Cl-Ionen in den Bodenlsgg. bestimmt, daraus die Cl-Konz. berechnet u. das Ergebnis mit den Werten der chem. Analyse (Titration mit $AgNO_3$ bei 10fachem Verdünnen mit Aceton) verglichen. Der Fehler betrug 1,3—15,0%, in sehr wenigen Fällen auch darüber. Die Meth. bedarf weiterer Ausarbeitung u. kann nur zu Orientierungsbestimmungen dienen. (Доклады Академии Наук Армянской ССР [Ber. Akad. Wiss. ArmenSSR] **21.** 167—69. 1955. Labor. für Agrochem. der Akad. der Wiss. der ArmenSSR.) M. GORDIENKO. 6324

J. W. Millbank, *Bestimmung der Nitrosomonaszahl in Böden und Kulturen.* Vf. untersuchte 2 einfache u. billige Methoden auf ihre Brauchbarkeit zur Ermittlung der *Nitrosomonas*-Zahl. Jeweils 8 Glaszylinder von 20 mm Durchmesser u. 7—8 mm Höhe wurden in einer PETRI-Schale sterilisiert u. mit 1 ml Agar, der verschied. Salze u. $(NH_4)_2SO_4$ enthielt, beschickt. Von einer Suspension von *Nitrosomonas* in physiol. NaCl-Lsg., deren Keimgeh. in einer Blutzählkammer ermittelt worden war, bzw. von vorher sterilisiertem Boden mit Zusatz von *Nitrosomonas*-Kultur wurden verschied. Verdünnungen angesetzt u. jeder Glaszylinder mit 0,05 ml davon beschickt (8 Zylinder/Verdünnung). Bei 18—22° wurde 21 Tage bebrütet u. dann mit *Sulfanilsäure* u. *N-(1-Naph-*

thyl)-äthylendiamin·2 HCl auf Ggw. von NO_2^- geprüft (Rotfärbung). Aus der Anzahl der negativen Platten u. der dazugehörigen Verdünnung läßt sich die Keimzahl ermitteln. Entsprechende Verss. wurden mit Kulturröhren durchgeführt, die 5 ml Nährlsg. ohne Agar enthielten. Von den zugesetzten Bakterien wurden wiedergefunden: nach dem Zylindertest für Kulturen 62,2—76%, für Böden 1—8%; nach dem Röhrchentest 130 bis 186,2% für Kulturen, 104—186,2% für Böden. Danach sind beide Methoden zur Best. der *Nitrosomonas*-Zahl in fl. Kulturen geeignet, zur Unters. von Bodenaufschwemmungen jedoch nur der Röhrchentest. (Nature [London] **177.** 848—49. 5/5. 1956. Harpenden, Herts., Rothamsted Exp. Stat., Soil Microbiol. Dep.) HANS THIELE. 6324

A. N. Schebujew, A. I. Peschechonowa, K. G. Kirilenko und **N. K. Kurtscheninowa,** *Eine Methode zur bromometrischen Bestimmung von Monochlorphenoxyessigsäuren im Herbicidpräparat 2.4-D.* In einem 2.4-D-Präp. kann man den Geh. an biol. weniger wirksamen Monochlorphenoxyessigsäuren bestimmen, indem man 4—4,5 g in einem 250 ml-Meßkolben mit 150 ml dest. W. u. bis zur alkal. Rk. mit Brillantgelbpapier mit 10—15%ig. NaOH versetzt, auf dem sd. Wasserbad bis zur völligen Auflsg. (unter Erhaltung des NaOH-Überschusses) erhitzt, auf 20—25° abkühlt, auffüllt u. mischt, dann 100 ml im 500 ml-ERLENMEYER-Kolben mit 50 ml 0,1 n $KBrO_3$–KBr-Lsg. (2,9 + 10 g in 1 Liter) 10 Min. im Dunkeln bei 20—25°, 10 Min. in Eiswasser stehenläßt, 10 ml 20%ig. KJ-Lsg. zugibt, schüttelt u. mit 0,1 n $Na_2S_2O_3$-Lsg. titriert. Für einen Geh. an Dichlorphenol ist eine Korrektur anzubringen. (Химическая Промышленность [Chem. Ind.] **1955.** Nr. 7. 46—47. Okt./Nov. Wiss. Woroschilow-Forsch.-Inst. für organ. Zwischenprodd. u. Farbstoffe.) R. K. MÜLLER. 6328

Paul A. Giang, W. F. Barthel und **S. A. Hall,** *Colorimetrische Bestimmung des vom Chloral abgeleiteten O.O-Dialkyl-1-oxyalkylphosphonats.* Eine Reihe neuer Organophosphorverbb. wird durch Kondensation von *Chloral* mit *Dialkylphosphit* dargestellt. Durch Alkali- oder Pyrolyse läßt sich die Phosphor–Kohlenstoff-Bindung dieser Verbb. spalten. Vff. beschreiben ausführlich ein Verf. zur quantitativen Best. von *O.O-Dimethyl-2.2.2-trichlor-1-oxyäthylphosphonat* (**I**) (BAYER, Leverkusen, L 13/59) u. verwandter Verbindungen. Durch Erhitzen in einem Mikroofen auf ca. 550° wird $CHCl_3$ frei gemacht, das nach Absorption in wss. Pyridin u. Erwärmen mit 0,25 n NaOH einen roten Farbstoff entwickelt, der erstmalig von FUJIWARA beschrieben wurde. Der Farbstoff kann bei 360 u. 530 mμ (Absorptionsmaxima) colorimetriert werden. Vff. bestimmten nach dieser Meth. die Löslichkeit der *Dimethyl-, Diäthyl-, Dipropyl-* u. *Dibutylester,* Verss., auch den *Diisopropylester* quantitativ zu bestimmen, lieferten keine reproduzierbaren Werte. Nach dieser Meth. lassen sich noch 20 γ **I** nachweisen. Gewisse chlorhaltige Insekticide können bei der Best. durch Entw. einer schwach rötlichbraunen Farbe stören. (J. agric. Food Chem. **2.** 1281—84. 8/12. 1954. Beltsville, Md., U. S. Dep. of Agric., Agric. Res. Serv., Entomol. Res. Branch.) HANS THIELE. 6328

N. N. Melnikow, *Bemerkung zur Arbeit von S. W. Iwanowa über die „Quantitative Bestimmung von Thiophos."* Nach Vf. wird bei der von IWANOWA (vgl. C. **1955.** 11 280) angegebenen Meth. zu quantitativer Best. von Thiophos in Nahrungsmitteln oder in der Luft nicht das Diäthyl-4-nitrophenylthiophosphat, sondern das im techn. Thiophos in Mengen von 10—20% vorhandene p-Nitrophenol bestimmt. (Гигиена и Санитария [Hyg. u. Sanitätswes.] **1954.** Nr. 6. 53. Juni.) B. KRAFT. 6328

Österreichische Stickstoffwerke Akt.-Ges., Linz, Österreich, *Herstellung von ammoncitratlöslichen Düngemitteln, die hauptsächlich Dicalciumphosphat enthalten.* Rohphosphate werden in HNO_3 gelöst u. aus den Lsgg. wird mittels NH_3 $CaHPO_4$ in Ggw. von 0,5 bis 4 (%) Mg, auf die Rohphosphatmenge berechnet, in Form einer in der Lsg. lösl. Mg-Verb., ausgefällt. In der Rohphosphataufschlußlsg. können vor Zusatz des NH_3 2—4 MgO gelöst werden oder in wss. NH_3 werden 0,5—1,5 Mg-Salz gelöst. Die Fällung des $CaHPO_4$ erfolgt bei p_H 4 u. bei >55°. Die nach Filtration des $CaHPO_4$ erhaltene Mutterlauge wird mit $(NH_4)_2CO_3$ oder NH_3 u. CO_2 bei p_H 7—8 u. >55° behandelt, worauf die von den Carbonaten getrennte Lauge nach Zusatz von NH_3 u. Mg-Verb. zur Fällung von $CaHPO_4$ aus neuen Rohphosphataufschlußlsgg. benutzt wird. (**E. P. 726 848** vom 27/3. 1953, ausg. 23/3. 1955. Oe. Priorr. 27/3., 24/9. u. 3/11. 1952.) H. KARST. 6283

Farbwerke Hoechst Akt.-Ges., vormals Meister Lucius & Brüning (Erfinder: **Franz Moosbrugger, Bernd Schiffers,** Frankfurt/M., und **Hans Banthien,** Bad Soden/Taunus), *Herstellung von Kalkammonsalpeter* durch Vermischen von wss. NH_4NO_3-Lsgg. u. Kalksteinmehl u. Überführen solcher Mischungen in feste Prodd., dad. gek., daß man während der Herst. in Ggw. eines geringen Zusatzes von in NH_4NO_3-Lsg. lösl. Mg- oder weiteren Ca-Salzen neben Kalksteinmehl arbeitet, mit der Maßgabe, daß bei Mg-Salzen solche Mengen verwendet werden, daß sich auf MgO bezogene Gehh. von ca. 0,05—1,5 (%), z. B.

0,15, berechnet auf ein Kalkammonsalpeterprod. mit 20 N, ergeben, u. bei Ca-Salzen solche Mengen, daß sich auf CaO bezogene Gehh. von ca. 0,3—3,5, berechnet auf ein Kalkammonsalpeterprod. mit 20 N ergeben. Die Zusatzsalze werden in Form hochkonz. wss. Lsgg., als Bittersalz oder solcher Mg-Salze zugesetzt, die ein in wss. Lsg. eine Fällung von Ca-Ionen bewirkendes Anion enthalten. Zusatz der Salze, bes. Dolomit, bei ca. 150° während der Vereinigung von NH_4NO_3-Lsg. u. Kalksteinmehl. Fehlzerss., N-Verluste u. $Ca(NO_3)_2$-Gehh. im Endprod. werden vermieden. (**D. B. P. 940 403** Kl. 16 vom 10/12. 1950, ausg. 15/3. 1956. Anmeldung bekanntgemacht 31/7. 1952.) H. KARST. 6285

Rumianca S. p. A. (Erfinder: **Carlo Paolini und Alberto Eusepi**), Turin, Italien, *Mittel zur Verbesserung alkalischer Tonböden.* Das Mittel besteht aus zers. Torf u. innig mit den Torffasern vermischtem krist. $FeNH_4$- oder FeK-Alaun. Zur Herst. des Mittels wird feinzerteilter Torf (48%) vom n. Feuchtigkeitsgeh. mit solchen Mengen wasserfreiem pulverisiertem $FeSO_4$, (40) u. wasserfreiem pulverisiertem $(NH_4)_2SO_4$ bzw. K_2SO_4 (ca. 12) innig vermischt, daß sich durch Aufnahme des im Torf enthaltenen W. krist. Ferriammonsulfat bzw. Ferrikaliumsulfat bildet. Mengen 5—15 dz/ha. Gute Bodenkrümelung u. Beseitigung der Chlorose. (**D. B. P. 940 901** Kl. 16 vom 10/7. 1952, ausg. 29/3. 1956. Anmeldung bekanntgemacht 18/2. 1954. It. Priorr. 28/12. 1946 u. 3/6. 1949.) H. KARST. 6295

Clifford A. Parish, Kansas City, Mo., V. St. A., *Unkrautbekämpfungsmittel.* Man stellt sich eine Suspension von $Al_2(SO_4)_3$ u. Borax (ca. 1 : 2) in W. her. Der p_H-Wert dieser Suspension soll ca. 6 sein. Zur Erhöhung der Wrkg. kann man noch etwas $NaClO_3$ zusetzen. (**A. P. 2 711 367** vom 4/9. 1951, ausg. 21/6. 1955.) H. NEBELSIEK. 6313

Imperial Chemical Industries Ltd. (Erfinder: **Ronald Vincent Tipler** und **Frederick Lawrence Sharp**), London, England, *Saatgutbehandlung*, bes. von Baumwolle. Man behandelt das Saatgut vor der Aussaat mit einem Gemisch aus *Paraformaldehyd* u. *Kupferoxyd* (1 : 1). Man verwendet 1 (Teil) des Gemisches auf 150—300 Saat. (**E. P. 727 249** vom 27/3. 1952, ausg. 30/3. 1955.) H. NEBELSIEK. 6313

Patent and Development, Inc., übert. von: **Donald B. Anderson** und **Robert W. Wilson**, Raleigh, N. C., V. St. A., *Verhinderung des Wachstums von Seitentrieben bei Tabakpflanzen.* Man stützt zuerst die Pflanze u. träufelt dann auf das oberste Ende des Stengels ein Mineralöl, z. B. Schmieröl oder Ricinusöl, bes. auch mit W. (1 : 1) emulgiert, so daß der ganze Stengel mit einem Ölfilm überzogen ist. Dabei werden die in den Blattachsen sitzenden Knospen zum Absterben gebracht. (**A. P. 2 720 451** vom 31/10. 1952, ausg. 11/10. 1955.) H. NEBELSIEK. 6313

Food Machinery and Chemical Corp., San Jose, Calif., übert. von: **John F. Les Veaux**, Middleport, N. Y., V. St. A., *Insekticides Mittel.* Zu einer aus dem Prozeß stammenden $Ca(OH)_2$-Lsg. fügt man unter Rühren Arsensäure, so daß die entstehende Suspension einem p_H-Wert von 7,5—12 erreicht hat. Man setzt soviel $Ca(OH)_2$ zu, daß außer dem gebildeten dreibas. Calciumarsenat noch überschüssiges $Ca(OH)_2$ in der Suspension vorhanden ist, das man zum neuen Ansatz verwendet. Das erhaltene $Ca_3(AsO_4)_2$ hat einen Geh. an As_2O_5 von ca. 48—52%. (**A. P. 2 715 562** vom 10/10. 1950, ausg. 16/8. 1955.) H. NEBELSIEK. 6313

VIII. Metallurgie. Metallographie. Metallverarbeitung.

J. D. Forrester, *Geologie im Bergbau.* Allg. Ausführungen. (Mining Congr. J. **42.** Nr. 2. 100—04. 112. Febr. 1956.) H. ECKHARD. 6350

F. Savioli, *Aufbereitung von Erzen für die Verhüttung.* Überblick über die verschied. magnet. Aufbereitungsverff. mit besonderer Berücksichtigung des Wärmebedarfs der Hochöfen. Auf die neuen Sinterungsverff. wird kurz hingewiesen. (Metallurgia ital. **47.** 120—22. März 1955. Genua, Ist. sider. Finsider.) A. SANDER. 6360

A. Reggiori und **E. Moltoni**, *Bestimmung des Aufbereitungsgrades eines Minerals.* Für die magnet. u. Schwimmaufbereitung eines Erzes sind die Eigg. u. quantitative Zus. der freien Oberflächen der Mineralteilchen bes. wichtig. Zu ihrer Best. dienen mkr., Sieb- u. chem. Analysenmethoden, die am Beispiel des Magnetits im einzelnen beschrieben werden. Zur Best. des Befreiungsgrades bzw. der Aufbereitbarkeit von feingemahlenen Erzteilchen wurden verschied. Methoden u. Apparate entwickelt, von denen der *Davis tube-tester* auf Grund längerer Versuchsreihen für zuverlässige Schnellprüfungen empfohlen wird. (Metallurgia ital. **47.** 112—19. März 1955. Mailand, Ist. di ricerche scient. Breda.) A. SANDER. 6360

I. N. Plakssin und **Ss. W. Bessonow**, *Über das Haften von Sulfidmineralien an Luftbläschen bei Abwesenheit von Reagentien.* In W. gelöster O_2 wirkt auf die Oberfläche von Teilchen sulfid. Mineralien dahingehend, daß er im Augenblick des Kontaktes mit der

Lsg. eine rasche Beschleunigung des Anhaftens der Bläschen mit der eben bloßgelegten Mineraloberfläche begünstigt. *Pyrit* wurde 2 Std. mit W. verrührt, hierauf folgte O_2-Durchblasen (O_2-Konz. 30 mg/Liter), wobei nach 10 Min. 2—3 Teilchen (0,1 bis 0,07 mm), nach 1 Std. 8—9 Teilchen haften blieben. Hierauf verringerte sich das Haftvermögen. Bei anschließendem Zusatz von H_2O_2 verschwand jedes Haftvermögen. Der Charakter der Veränderung der Eigg. der Oberfläche ist für jedes Mineral spezifisch. Die Oberfläche einer Reihe von Sulfiden verändert sich auch bei langer Lagerung im W. kaum u. behält ihre hydrophoben Eigenschaften. Noch geringer sind diese Veränderungen trockener sulfid. Teilchen in der Luft. So wurde bei *Galenit* eine schroffe Erhöhung der Haftzeit mit W. (bei 2std. Kontakt 1 Min.) beobachtet, während die Haftzeit nach 5monatigem Kontakt mit Luft 0,1 Sek. betrug. (Доклады Академии Наук СССР [Ber. Akad. Wiss. UdSSR] [N. S.] **97.** 495—98. 21/7. 1954. Akad. der Wiss. der UdSSR, Inst. für Bergbau.) O. POLLAK V. EMHOFEN. 6362

H. H. Fairfield und **James McConachie,** *Die Wirkung der Sandfließbarkeit auf die Oberflächenglätte von Gußstücken.* Verss. zur Best. der Fließbarkeit von Form- u. Kernsanden u. ihrer Beziehungen zur Oberflächenglätte zeigen, daß diese teilweise von der Fähigkeit des Sandes, beim Feststampfen zu fließen, abhängt. Die Fließbarkeit wird mit einem im einzelnen beschriebenen Gerät bestimmt (KENNEDY-Test). — Aussprache. (Trans. Amer. Foundrymen's Soc. **61.** 574—79. 1953. Owen Sound, Can., William Kennedy & Sons.) W. WESLY. 6382

Robert Girard, *Betrachtungen über das Druckgießen* .Übersicht über die Einrichtungen zum Druckgießen u. die Erfahrungen, wonach die nach diesem Verf. erhaltenen Erzeugnisse solchen, die auf andere Weise erhalten werden, überlegen sind (*Zn-*, *Al-*, *Mg-*, *Cu*-Legierungen). (Métallurgie Construct. mécan. **85.** 703—705. Sept. 787. 789. Okt. 1953. Syndicat des Fondeurs sous Pression.) W. WESLY. 6382

Morgan M. Hoover, *Metalle für extreme Temperaturen.* Allg. Überblick über die Anforderungen an metall. Werkstoffe für hohe u. niedrige Temperaturen. Die Auswahl ist wegen der Fließ- u. Versprödungserscheinungen beschränkt. (Chem. Engng. **60.** Nr. 6. 212—15. Juni 1953.) D. BREDTSCHNEIDER. 6388

Georges Vidal und **André Loupoff,** *Mathematische Gesetzmäßigkeiten und Versuchswerte für das Fließen von warmfesten Legierungen für Turbogeneratoren.* Die Ergebnisse von Verss. über das Fließen von warmfesten Legierungen für Turbinen werden mit Hilfe von einfachen mathemat. Formeln für die Größen Zeit, Spannung u. Dehnung extrapoliert. — 10 Literaturzitate. (Métaux **27.** 358—70. Sept. 1952.) W. WESLY. 6388

W. R. Bond, *Die Aufbereitung der Eisenerze von Osttexas.* Die Erze mit $<$ 28% Fe bestehen aus *Limonit,* unter dem Grundwasserspiegel aus *Siderit,* der aus dem einbettenden Ton mit Schwierigkeiten naß angereichert wird. Für den Hochofenbetrieb ist vorherige Entwässerung im Drehofen wesentlich. (Blast Furnace, Coke Oven, raw Mater. Comittee Iron Steel Divis., Amer. Inst. Mining metallurg. Engr., Proc. **12.** 6—17. 1953.) G. LOCHMANN. 6390

C. Mellere, *Pelletisierung von Eisenerzen.* Technisch-wirtschaftlicher Vgl. zwischen den bisherigen Aufbereitungsmethoden u. der Pelletisierung von Fe-Erzen, die die Betriebskosten um ca. $^1/_3$ herabsetzen soll. (Metallurgia ital. **47.** 109—11. März 1955. Genua, Ist. sider. Finsider.) A. SANDER. 6390

E. Brugola, *Magnetische Trennung der Eisenerze.* Überblick, (Metallurgia ital. **47.** 101—05. März 1955. Genua, Ist. sider. Finsider.) A. SANDER. 6390

C. Dufour Berte, *Magnetische Röstung von Eisenerzen.* Überblick über die magnet. Abröstung stark Fe_3O_4-haltiger Eisenerze mit Hinweis auf das neue Fließbettverfahren. — (Metallurgia ital. **47.** 106—08. März 1955. Genua, Ist. sider. Finsider.) A. SANDER. 6390

G. L. Verri, *Rostsinterung von Eisenerzen.* Übersicht über die chem. u. physikal. Vorgänge beim Sintern der verschied. Fe-Mineralien u. Eigg. der Sinterungsprodd., Beschreibung der Bauart u. Arbeitsweise der üblichen Sinterungssysteme u. der Entw. einer Pfannenrostversuchsanlage. — 20 Literaturhinweise. (Metallurgia ital. **47.** 123—31. März 1955. Genua, Ist. sider. Finsider.) A. SANDER. 6390

R. H. Parker, *Einige neuere Entwicklungen in der Eisen- und Stahlindustrie von Nordamerika.* Übersicht über die jüngste nordamerikan. Entw. der Eisen- u. Stahlindustrie (Eisenerze, Hochofen- u. SIEMENS-MARTIN-Ofenbetrieb u. -erzeugung). (Iron Steel Inst., spec. Rep. **1953.** 1—6. Jan. East Moors, Cardiff, Guest Keen Baldwins Iron and Steel Co., Ltd.) W. WESLY. 6390

J. E. Ferry, *Die Erzeugung hochreinen Eisens durch direkte Reduktion aus dem Erz. Einzelheiten des Duffield-Schmelzverfahrens.* Nähere Beschreibung des Verf. mit Wärme- u. Stoffbilanz. Man arbeitet im Drehofen bei so hoher Temp., ca. 1450°, daß das Fe in halbgeschmolzenem Zustand sich leicht von der dünnfl. Schlacke trennt; noch anhängende Schlackenreste werden im Lichtbogenofen völlig beseitigt u. das Fe aus einem Induktionsofen direkt auf den Boden der Form gegossen. (Australas. Engr. **45.** 70—73. 7/11. 48—52. 8/12. 1952.) H. ECKHARD. 6392

J. Richardson und **C. F. Lawson,** *Die zur Herstellung von schweren Eisengußstücken angewandten Verfahren.* (Proc. Inst. Brit. Foundrymen **45.** A 81—98. 1952. Inst. of Brit. Foundrymen. — C. **1955.** 676.) W. WESLY. 6402

M. Barbero und **D. Fortino,** *Der elektrische Ofen in der Eisengießerei: Vergleich der charakteristischen mechanischen Eigenschaften von Gußeisen im elektrischen Ofen und im Kupolofen.* (Fonderia ital. **1.** 110—21. Sept. 1952. Stabilimento Fonderie FIAT. — C. **1954.** 871.) K. RUMPF. 6402

—, *Anwendung des Maschinengusses in der Eisengießerei. Das Verhalten von Gußeisenbarren bei Sandguß und Maschinenguß.* (Fonderia ital. **1.** 94—100. Sept. 1952. Ist. Sider. Finsider, Comitato di ricerca nel settore della ghisa. — C. **1954.** 2906.) K. RUMPF. 6402

—, *Anwendung des Maschinengusses in der Eisengießerei. Die Herstellung von Rohren im Sandguß und im Maschinenguß.* (Vgl. vorst. Ref.) (Fonderia ital. **1.** 101—09. Sept. 1952. Ist. Sider. Finsider, Comitato di ricerca nel settore della ghisa. — C. **1954.** 2906.) K. RUMPF. 6402

J. W. Grant, *Die Festigkeitseigenschaften von zur Herstellung von Blockkokillen verwendetem Gußeisen.* (Iron and Steel **24.** 590—94. 15/12. 1951. — C. **1952.** 2068.) M. BLUTH. 6402

Albert De Sy, *Betrachtungen über einige Verfahren zum Entschwefeln von Gußeisen.* (Fonderie belge **1952.** 88—96. Mai.) W. HAUG. 6402

R. W. Heine, *Einige Wirkungen der Zugabe von desoxydierenden Stoffen auf Schmiedeeisen.* Schmelz- u. Gießverss. mit weißem Gußeisen (I) zeigen, daß es Sulfide, Silicate u. Al_2O_3 einschließen kann. Die Graphitkernbldg. wird durch die Desoxydation mit *Al* u. *Ti* beeinflußt. Zusätze, die über die Desoxydation hinaus Restgehh. verursachen, rufen eine besondere Metallphase (ein komplexes Carbid) in der Struktur des Schmiedeeisens hervor. Kleine Al- oder Ti-Zusätze beeinflussen die mechan. Eigg. in der Art, daß diese vom Rest-O abhängen. Desoxydierende Zusätze, deren Mengen zur Erzeugung von eutekt. Sulfideinschlüssen verstärkter Graphitkernbldg. oder der besonderen Metallphase ausreichen, verschlechtern die mechan. Eigenschaften. — Aussprache. (Trans. Amer. Foundrymen's Soc. **58.** 277—97. 1950. Madison, Wis., Univ. of Wisconsin, Dep. of Min. and Metallurgy.) W. WESLY. 6404

J. E. Rehder, *Die Wirkung des Phosphorgehaltes auf die mechanischen Eigenschaften eines sphärolithischen Gußeisens.* Aus zahlreichen Verss. (Diagramme u. Zahlentafeln) folgt: Eine Erhöhung des P-Geh. (0,022%) von sphärolith. Gußeisen bewirkt eine geringe Erhöhung der Festigkeit u. eine Erniedrigung der Dehnung u. spezif. Schlagfestigkeit. Im Gußzustand fallen Dehnung u. spezif. Schlagfestigkeit rasch mit steigendem P-Gehalt. Im ausgeglühten (ferrit.) Zustand ist ein höherer P-Geh. als im Gußzustand zulässig (0,12% bei 843°, 0,16% bei 954° Glühtemp.). Im abgeschreckten u. gezogenen Zustand besteht ein optimaler P-Geh., unterhalb dessen die spezif. Festigkeit rasch abnimmt u. oberhalb dessen Dehnung u. spezif. Schlagfestigkeit schnell zurückgehen. Die höchste Löslichkeit des P, oberhalb welcher ein Phosphideutektikum auftritt, liegt bei 0,08—0,1%. P verzögert die Graphitbldg., erzeugt mit wachsendem Geh. feinere Perlitlamellen u. zunehmende Schrumpfung. (Trans. Amer. Foundrymen's Soc. **59.** 501—08. 1951. Ottawa, Can., Dep. of Mines and Technol. Surv., Mines Branch, Phys. Metallurgy Div.) W. WESLY. 0404

F. B. Rote, G. A. Conger und **K. A. DeLonge,** *Die Merkmale der isothermischen Umwandlung bei der unmittelbaren Kühlung von legiertem Weißeisen.* Verss. über die isotherm. Umwandlungsmerkmale, die bei der Abkühlung homogener Gußproben von legiertem Weißeisen (in %: 3,40 C; 1,15 Si; 0,35 Mn; 4,50 Ni; 1,85 Cr; 0,12 Mo) erkennbar sind, zeigen: Das Umwandlungs-Zeit-Temp.-Diagramm weist je 1 Knick bei 261 u. 539° auf. Für den Beginn der Umwandlung sind bei 539 (261°) 1,3 (1,4) Std. nötig. Die Umwandlung ist bei 539 (261°) in 6 (32) Std. vollendet. Zwischen 149 u. 260° entsteht nadelförmiger, zwischen 260 u. 344° faserartiger Bainit. Zwischen 344 u. 454° entsteht kein isotherm. Prod. innerhalb von 125 Stunden. Bei höheren Tempp. (bis 677°) bilden sich perlit. Produkte. (Trans. Amer. Foundrymen's Soc. **59.** 509—22. 1951. Ann Arbor, Mich., Univ., Metallurgical Engng. and Metal Processing; New York, N. Y., International Nickel Co., Inc., Development and Res. Div.) W. WESLY. 6404

K. H. Wright, *Die Herstellung von Hartgußwalzen.* (Proc. Inst. Brit. Foundrymen **44.** B 13—B 30. 1951. — C. **1955.** 6377.) W. WESLY. 6404

István Balsay, *Über aktuelle Probleme der Stahlfabrikation.* Zusammenfassende Übersicht über die neuere Entw. der Stahlgewinnung. (Kohászati Lapok **8** (**86**). 70—72. März, 108—15. Mai 1953.) J. PLANK. 6408

Stefan Kronmarck, *Leichtfaßliche Darstellung metallurgischer Vorgänge beim basischen Siemens-Martin-Verfahren.* Vers. einer leichtfaßlichen Darst. folgender metallurg. Vorgänge des bas. SIEMENS–MARTIN-Verf.: Übermittlung des Sauerstoffs, Entphosphorung, Entschwefelung. (Metallurgie **5.** 250—52. Aug. 1955. Hennigsdorf.) M. WINIKER. 6408

A. T. Ledgard, *Der Hochofenbetrieb in den Redcar-Werken.* Beschreibung von Bauart, Beschickung u. Ausbringen von 2 Hochöfen. (Iron Steel Inst., spec. Rep. **1953.** 24—36. Jan. Redcar Iron and Steel Works of Dorman Long and Co., Ltd.) W. WESLY. 6408

H. H. Fairfield, H. F. Graham und **A. E. McMeekin,** *Verfahren zur Prüfung der Metallzusammensetzung für den Stahlschmelzer.* (Trans. Amer. Foundrymen's Soc. **58.** 530—36. 1950. Owen Sound, Can., William Kennedy & Sons, Ltd. — C. **1954.** 4020.) W. WESLY. 6408

Robert E. Savage und **Howard F. Taylor,** *Die Anwendung der Fayalit-Reaktion in Sandgußformen bei der Herstellung von Stahlguß.* Röntgenunterss. zeigen, daß das Endprod. der an der Berührungsfläche zwischen Stahlguß u. SiO_2 in der Sandgußform stattfindenden Rk. *Fayalit, 2 FeO · SiO$_2$*, ist, das durch Oxydation des Fe u. anschließende Rk. von FeO mit SiO_2 entsteht. Die Rk. spielt sich nur in oxydierenden Atmosphären ab. Ein Verf. zur Unters. des Verh. an der Berührungsfläche besteht darin, einen Bolzen in einen Sandzylinder einzubetten u. den Bolzen durch Induktion zum Schmelzen zu erhitzen. — Aussprache. (Trans. Amer. Foundrymen's Soc. **58.** 564—77. 1950. New York, International Nickel Co., Inc.; Cambridge, Mass., Massachusetts Inst. of Technol., Metallurgy Dep.) W. WESLY. 6408

Robert E. Savage und **Howard F. Taylor,** *Thermodynamische Untersuchung über die Bildung von Hohlräumen (pinholes) in Stahlguß.* Thermodynam. Messungen zeigen: Die Ursache der dicht unter oder innerhalb der Oberfläche von Stahlgußstücken liegenden Hohlräume (pinholes) ist wahrscheinlich CO, das durch Einw. des im Stahl anwesenden C auf das an der Berührungsstelle zwischen Form u. Metall gebildete FeO entsteht. In Ggw. von Al bilden sich keine Hohlräume, weil O_2 sich mit Al statt mit C verbindet. — Aussprache. (Trans. Amer. Foundrymen's Soc. **58.** 393—400. 1950. New York, N. Y., Internat. Nickel Co., Inc.; Cambridge, Mass., Massachusetts Inst. of Technol., Metallurgy Dep.) W. WESLY. 6408

Wolfgang Küntscher, *Schlackenarbeit bei der Stahlherstellung.* Vortrag, in dem Vf. nach einem Überblick über den Stand der wissenschaftlichen Erkenntnisse hinsichtlich des Aufbaus der Schlacken die Notwendigkeit einer guten Schlackenführung für die Erzeugung eines hochwertigen Stahls behandelt u. Hinweise auf Verbesserungsmöglichkeiten gibt. So erscheint es z. B. aussichtsreich, durch kleine Zusätze von Halogensalzen die Zähigkeit u. Benutzbarkeit der Schlacken zu verbessern, um damit ihre Reaktionsfähigkeit zu erhöhen. — 21 Literaturhinweise. (Metallurgie **5.** 241—45. Aug. 1955. Freiberg, Sachsen, Bergakad., Eisenhütten-Inst.) M. WINIKER. 6408

G. A. Lillieqvist, *Einfluß der Temperatur auf die Fließbarkeit und das Oberflächenaussehen von Stahlguß.* Die Ergebnisse der in verschied. Schmelzöfen ausgeführten Unterss. über den Einfl. der Temp. auf Fließbarkeit u. Oberflächenaussehen von Stahlguß u. die Beziehungen zwischen Gießtemp. u. Gußfehlern werden wiedergegeben. — Aussprache. (Trans. Amer. Foundrymen's Soc. **58.** 261—69. 1950. East Chicago, Ind., Am. Steel Foundries.) W. WESLY. 6408

H. George De Young, *Entwicklungsmöglichkeiten in einem Edelstahlwerk.* Im Zuge der Rationalisierung wurden bei der Atlas Steel folgende Anlagen erstellt: a) eine Stranggußanlage, bei der es durch geeignete Gießtemp., Gießgeschwindigkeit u. Abkühlungsbedingungen an nichtrostenden u. Werkzeugstählen gelang, dichte Stränge bei gutem Gefüge zu erhalten. Die Oberfläche im Gußzustand ist gut. Im Härteverh. unterscheiden sich die Stähle nicht vom Blockguß. b) eine automat. Putzanlage mit Pulverbrennern zum Putzen von Knüppeln aus nichtrostendem Stahl mit nachgeschalteten Strahldüsen, wobei sich ein vollständiges Entzundern als nicht günstig für eine saubere Oberfläche bei der Weiterverarbeitung erwiesen hat. c) ein SENDZIMIR-Planetenwalzwerk zum Warmwalzen von Band mit nachgeschaltetem Duo; Oberfläche u. Gefüge sind sehr gut, Längs- u. Quereigg. prakt. identisch. d) eine Durchlaufanlage zum Anlassen u. Beizen, wobei das Band durch 2 mit NaOH gefüllte Tanks läuft u. elektrolyt. entzundert wird. (Year Book Amer. Iron Steel Inst. **1955.** 201—47. Welland, Ontario, Atlas Steels Ltd.) K. STEIN. 6410

José P. Montojo, *Nickel- und molybdänreiche Legierungen.* Tabellen der Zus. u. Festigkeitswerte der *Ni–Mo-* u. *Cr–Ni–Mo-Stähle*, Diagramme ihres Korrosionsverh. in H_2SO_4 u. HCl mit Erläuterungen, Besonderheiten der Wärmebehandlung u. des Verh. beim Schmieden u. Drehen. (Metalurgia y Electr. **19.** Nr. 218. 67—74. Nov. 1955.) R. K. MÜLLER. 6410

Karlheinz Werner, *Maßnahmen zur Verhinderung grober Carbidseigerungen in Schnellarbeitsstählen.* An Hand der Literatur sowie von Ergebnissen eigener Unterss. gibt Vf. Ratschläge zur Verhinderung grober Carbidseigerungen in Schnellarbeitsstählen. — 42 Literaturhinweise. (Metallurgie **5.** 252—58. Aug. 1955. Dresden.) M. WINIKER. 6410

—, *Thermenol — die neue Legierung der Flotte.* Es wird über eine neue Legierung der Zus. 15—16% *Al*, 3% *Mo*, Rest *Fe* vom spezif. Gewicht 6,58 berichtet. Das Legierungsschmelzen im MgO-Tiegel erfolgt in einem Druck–Vakuum-Kessel. Bei 0,2 mm Hg wird Fe + Mo zusammengeschmolzen; nach Decarburierung u. Desoxydierung mit feuchtem u. trockenem H_2 wird dieser durch He verdrängt u. Al (bzw. für Gußlegierungen Al + V oder Ti) zugegeben. Die Legierung besitzt hohe Zugfestigkeit (82000 lbs./sq.in.), Wärme- u. Oxydationsbeständigkeit (verwendbar für elektr. Heizdrähte), ausgezeichnete magnet. Eigg. (maximale Permeabilität = 130000, Koerzitivkraft = 0,0017 Oe.) (Mod. Castings Amer. Foundryman **28.** Nr. 6. 62—63. Dez. 1955.) P. WOLF. 6418

Helmut Ohmann, *Zinneinsparung durch Einsatz hochwertiger sparstoffarmer Kupferlegierungen.* Vf. behandelt die Eigg. u. Anwendungsmöglichkeiten von Al-Mehrstoffbronzen u. Sondermessingen im Hinblick auf eine Cu-Einsparung. (Giessereitechnik **1.** 96—101. Juni 1955. Leipzig.) M. WINIKER. 6432

James G. Dick, *Das Schmelzen und Gießen von Aluminiumbronze.* Übersicht über die Praxis des Schmelzens u. Gießens von Al-Bronze, die Formereipraxis u. die Merkmale der Schrumpfung, Schlackenbldg., Legierungszus., Nachbehandlung u. Wrkg. anderer Legierungselemente. (Canad. Metals **15.** Nr. 12. 36—38. Nov. Nr. 13. 32—36. Dez. 1952) Canadian Bronze Co., Ltd. W. WESLY. 6432

Carlo Ricci und **Mario Noris**, *Die komplexen Messinglegierungen für Schiffsschrauben.* Nach ausführlichen mechan., metallograph. u. analyt. Unterss. an 6 verschied. Schiffsschrauben (mittlere Zus.: 50—56 (%) Cu, 0,8—2 Mn, 0,8—2 Ni, 0,6—1,2 Fe, 0,3—0,6 Al, 0,5 Sn, Rest Zn) wird versucht, die günstigste Legierung u. geeignetste Struktur für Schiffsschrauben festzustellen. (Fonderia ital. **1.** 89—93. Sept. 1952. Ansaldo S. A.) K. RUMPF. 6432

M. H. Caron, *Grundsätzliche und praktische Faktoren der Auslaugung von Nickel- und Kobalterzen mit Ammoniak.* Übersicht über die Grundzüge der Arbeitsweise u. die prakt. Ergebnisse einer Anlage in Nicaro, Kuba. (J. Metals **188.** 67—90. Jan. 1950. Delft, TH u. Billiton Co.) W. WESLY. 6434

M. H. Caron, *Trennung von Nickel und Kobalt.* Beschreibung der zur Trennung von Ni u. Co in der Technik angewandten chem. (Auslaugung mit NH_3) u. elektrolyt. Verfahren. (J. Metals **188.** 91—103. Jan. 1950. Delft, TH u. Billiton Co.) W. WESLY. 6434

Kurt Eckstein, *Studien zur Zinkentfernung aus Nickelsulfatlösungen vermittels Ionenaustauscher.* Als H-Ionenaustauscher vorbereitetes Wofatit F arbeitete nicht ausreichend, jedoch gelang die Zn-Entfernung bei p_H 3,2 u. 19 atü mit Wofatit MD als Anionenaustauscher nach: Wofatit-S + Zn^{2+} + SO_4^{2-} = Wofatit-SO_4 + ZnS; der ZnS-Nd. läßt sich leicht mit W. ausspülen, keine Verstopfungsgefahr. Verss. zur Belastungsverbesserung u. zur Ionenverteilung als Funktion der Standzeit. (Bergakademie [Freiberg] **7.** 483—84. Okt. 1955. Freiberg, Bergakad., Fak. für Bergbau u. Hüttenwesen.) H. ECKHARDT 6434

Jack Chelius, *Verarbeitung von Molybdän.* Überblick. (Materials and Methods **32.** Nr. 1. 45—48. Juli 1950. Fansteel Metallurgical Corp.) M. GEHLEN-KELLER. 6440

J. Gil Montero, *Beryllium und die spanischen Berylle.* Physikal.-chem. Eigg. u. techn. Anwendungen des Be als Metall; span. Beryllvorkommen. (Metalurgia y Electr. **19.** Nr. 217. 60—62. Okt. 1955.) R. K. MÜLLER. 6442

Robert S. Busk, **Donald L. Leman** und **John J. Casey**, *Die Eigenschaften einiger Magnesium–Lithium-Legierungen mit Aluminium- und Zinkgehalt.* Druck- u. Zerreißfestigkeiten u. Phasen Temp.-Beziehungen der genannten Legierungen wurden nach ASTM-Methoden bestimmt u. durch Wärmebehandlung u. Alterung sehr hohe Festigkeiten bei allerdings starker Sprödigkeit erzielt, die auf *AlLi*-Ausscheidung an den Korngrenzen zurückgeführt wird. (J. Metals **188.** Trans. AIME 945—51. Juli 1950. Midland, Mich., Dow Chemical Co.) H. ECKHARD. 6444

Jean Gris, *Der Einfluß von Zusatzelementen auf das Verhalten von Magnesiumlegierungen in der Wärme.* Ein Zusatz von ca. 3% *Th* u. von 0,7—0,95% *Cr* zu Mg erhöht die Zugeigg. u. die Fließgrenze bei erhöhten Temperaturen. Zusätze von *Seltenen Erden* u. *Zn* verbessern diese Eigg. noch mehr. (Métaux **28.** 87. Febr. 1953. Soc. Gén. du Magnésium.) W. WESLY. 6444

I. A. Makolkin und **Ss. N. Schesstakow**, *Thermische Behandlung der Magnesiumgußlegierung ML-5 in Schutzgasen.* Aus den Festigkeitswerten der Mg-Legierung *ML-5* bei verschied. therm. Behandlung (N_2, CO_2, SO_2, Vakuum, Luft) geht hervor, daß die Behandlung in Luft im Ofen mit Luftansaugung die mechan. Eigg. derselben verschlechtert. Vakuum, SO_2 u. CO_2 gewährleisten hohe mechan. Eigg., wobei SO_2 durch CO_2 ersetzt werden kann. Durch Anwendung der Schutzgase kann die Temp. von 415 auf 420—425° erhöht werden. Die therm. Behandlung dauert hierbei nur 8—12 Std., statt bisher 18 Stunden. Bei 18std. therm. Behandlung bei 415° geht die γ-Phase nicht vollständig in die feste Lsg. über, während bei 8—10std. Behandlung bei 425° eine völlige Auflösung der γ-Phase erzielt wird. (Журнал Прикладной Химии [J. angew. Chem.] **27.** 421 bis 424. April 1954.) O. LEBTAG. 6444

Gyula Szentiványi, *Verbesserung der Stromausbeute in der Aluminiumelektrolyse.* Die Stromausbeute bei der Al-Elektrolyse ist von der Temp., dem p_H u. der Zus. des Elektrolyten, von der anod. u. kathod. Stromdichte u. der Entfernung der Elektroden abhängig. Im Betrieb zu Ajka konnte die Stromausbeute im Oktober 1952 auf 86,99%, gegenüber 78,16% 1948, erhöht werden. Diese Erhöhung wurde durch Herabsetzung der Temp. des Elektrolyten von 955 auf 936,7° infolge Verwendung von Ca-haltiger Tonerde ,Erhöhung der Stromdichte an der Kathode um 43%, Einstellung des p_H auf 6,8—6,9 u. Herabdrücken der Schlackenbldg. von 4—5% unter 1% erreicht. Bes. wird die schädliche Wrkg. des P betont. (Kohászati Lapok **8** (**86**). Nr. 3. Aluminium **5.** 56—61. März 1953.) J. PLANK. 6446

T. Szarowicz und **S. Zaczkowski**, *Raffination von Aluminiumschmelzen mit Chlor.* Verss. zur Raffination von Duraluminiumschrott zeigten, daß der Mg-Geh. bei Behandlung der Schmelze in einem Konverter bei 850—950° innerhalb 25 Min. von 1 auf 0,2% sinkt. Der Cl_2-Verbrauch beträgt 4,5—5 kg/100 kg Schrott. Das gebildete $MgCl_2$ kann von der Oberfläche abgeschöpft werden. (Hutnik **22.** Nr. 12 Biul. Inform. **6.** 45—48. 1955.) F. URBAN. 6446

—, *Eigenschaften, Technologie und Verwendung der Legierungen Inafond S 52 und AS 5 „G-AS 5 CG UNI 3600".* Ausführliche Beschreibung der Leichtlegierungen G-AS 5 CG mit 5 (%) Si, 0,75—1,3 Cu, 0,5 Mg, Rest Al) mit zahlreichen Tabellen über mechan. u. therm. Eigg. sowie Mikrogefügeaufnahmen. (Alluminio **24.** 607—13. Nov./Dez. 1955.) A. SANDER. 6446

John L. Everhart, *Hafniummetall, seine Eigenschaften und seine Zukunft.* Eigg. von Hf u. Möglichkeiten seiner Anwendung, Herst. von Hf-Legierungen, die Cu, Mg u. Ni enthalten, nach pulvermetallurg. Verfahren. (Materials and Methods **36.** Nr. 5. 95—97. Nov. 1952. Foote Mineral Co.) W. WESLY. 6448

O. J. Seeds, *Auswahl und Verwendung niedrig schmelzender Legierungen im Produktionsprozeß.* Überblick über Herst., Eigg. u. Verwendung von *Bi* u. Bi-Legierungen. (Materials and Methods **32.** Nr. 3. 64—68. Sept. 1950. Cerro de Pasco Copper Corp.) M. GEHLEN-KELLER. 6448

R. Sevin, *Die Fabrikation von Uran in Frankreich.* Die Darst. von U-Metall im großtechn. Maßstab wird in leichtverständlicher Weise beschrieben. Sie gliedert sich in die folgenden vier Stufen: **I**: *Aufschluß der Mineralien*: Dieser erfolgt mit HNO_3. Nach dem Absitzen unlösl. Anteile wird die Lsg. mit Na_2CO_3 versetzt. Komplexes Na-Uranylcarbonat bleibt in Lsg., Fremdionen fallen als Carbonate aus u. werden in Filterpressen abfiltriert. Die Lsg. säuert man mit HNO_3 an u. extrahiert $(UO_2)(NO_3)_2 \cdot 6\,H_2O$ mit einem organ. Lösungsmittel. **II.** *Überführung des Nitrats in das Dioxyd.* Das durch Extraktion gereinigte Nitrat wird in W. gelöst, mit H_2O_2 gefällt u. das Peroxyd zu UO_3 (bzw. U_3O_8) verglüht. Durch Red. in H_2-Atmosphäre erhält man daraus UO_2. **III.** *Überführung von UO_2 in UF_4.* Diese geschieht durch mehrfache Behandlung des UO_2 mit HF in Ebonitgefäßen. **IV.** *Reduktion zum Metall.* Das (sorgfältig getrocknete) UF_4 wird mit der Hälfte seines Gewichts vakuumdestilliertem Ca versetzt u. in einen mit Flußspat ausgefütterten Tiegel eingefüllt. Nach dem Zünden läuft die Rk. stark exotherm ab, so daß das nach $UF_4 + 2\,Ca \rightarrow U + 2\,CaF_2$ gebildete U sofort zu einem Regulus schm., der nach dem Abkühlen des Tiegels herausgenommen u. weiterverarbeitet wird. Das so erzeugte U hat eine Reinheit von 99,99%. (Métaux **29.** 457—61. Nov. 1954.) F. WEIGEL. 6448

William McDermott und **Robert Dickinson**, *Der Einfluß von Heizgas auf das Spritzen von Metallpulvern.* Es wird gezeigt, daß es beim Spritzen von Metallpulvern mit Schmelzpunkten unter 1000° gar nicht auf die Art des Heizgases ankommt, da die Funktion des Gases nur in einer Erwärmung der Pulver auf Schmelztemp. besteht. Von den diskutierten Gasen, wie Methan, Butan, Propan, Acetylen, Naturgas, Kohlengas, angereichertes Kohlengas u. angereichertes Propan wird für das Spritzen von *Zn*- u. *Al*-Pulvern auf Grund reiner Wirtschaftlichkeitsbetrachtungen Kohlengas ohne Zusätze empfohlen. (Engineer **196**. 6—8. 3/7. 1953. London, Schori Metallising Process.) H. FAHLENBRACH. 6474

Benjamin L. Hummel, *Titancarbid, ein neues hitzebeständiges Leichtmaterial.* Kurzer Überblick über die techn. wichtigsten mechan. u. therm. Eigg. von Titancarbid mit Ni als Binder, seine Herst. u. Verarbeitung zu Formstücken u. seine Verwendung in Düsenantrieben, Gasturbinen usw. (Machine Design **24**. Nr. 9. 139—41. Sept. 1952.) H. ECKHARD. 6476

A. Roos, *Ein neues Verfahren zur Gewinnung von Metallcarbiden.* Man zerkleinert Carbide von *Ti*, *W* oder *Mo* oder ihre Mischungen in einer Kugelmühle, wäscht sie mit Trichloräthylen, versetzt mit gepulvertem *Co* (bis zu 15%), erhitzt die zusammengepreßte Mischung in einem Hochfrequenz-Vakuum-Schmelzofen auf 950° u. danach auf 1500°. Auf diese Weise läßt sich die D. der Carbide um 10% erhöhen u. ihre Porosität von über 30% auf unter 20% vermindern. Härte u. Festigkeit gegen Wärmestöße u. Oxydation in der Hitze werden in Zahlentafeln wiedergegeben. (Usine nouv. **9**. Nr. 17. 53—57. 23/4. 1953.) W. WESLY. 6476

M. Kantzer, *Die Cermets.* Kurzer Überblick, bes. über die Struktur der Cermets. (Métaux **27**. 506—10. Dez. 1952.) H.-J. HEINRICHS. 6476

P. Schwarzkopf, *Neue Verwendungsarten auf dem Gebiet metallkeramischer Werkstoffe.* Nach einem Überblick über Zus., Eigg. u. Entw. hochwarmfester metallkeram. Werkstoffe (I), die zuerst in USA als „cermets" für den Gasturbinenbau Eingang fanden, berichtet Vf. über Verss. zur Entw. neuer, gegen Wärmestöße u. mechan. Beanspruchungen hochbeständiger u. bes. für Lochstanzen geeigneter **I**, die sich beim NACA-Test den bisherigen Werkstoffen auf *Borid-* oder *Silicid*-Basis überlegen erwiesen. (Metallurgia ital. **47**. Nr. 11. Atti Notizie **10**. 365—66. Nov. 1955.) A. SANDER. 6476

A. E. Williams, *Ultraschall zur Messung von Wandstärken.* Übersicht über die Anwendungen des Ultraschalls in der Industrie, bes. zur Messung von Wandstärken. (Mining Mag. **87**. 329—34. Dez. 1952.) W. WESLY. 6480

M. H. Baddeley, *Ultraschallprüfverfahren.* Übersicht über Grundzüge des Ultraschalls, seine Anwendung zum Nachw. von Rissen u. die dazu verwendeten Geräte. (Foundry Trade J. **95**. 261—64. 275. 27/8. 1953.) W. WESLY. 6480

Thomas A. Dickinson, *Ein neues Ultraschallprüfverfahren.* (Vgl. C. **1955**. 204.) Beschreibung der Wirkungsweise u. Anwendung eines Ultraschallgerätes, das innere Fehler (Risse) eines Werkstoffes festzustellen gestattet u. dessen Wirksamkeit auf den Resonanzphänomenen beruht. Es ist gek. durch eine „Tauch-Abtast-" (immersion-seaming)-Vorrichtung. (Steel Processing **39**. 327—29. Juli 1953. Pasadena, Calif., Electro-Circuits, Inc.) W. WESLY. 6480

R. Wachtell, *Lösung von Materialproblemen durch Verwendung des Mikroskops.* An Beispielen, z. B. unvollständiges Schmieden, fehlerhafter Guß, Lochfraß, wird gezeigt, wie durch die mikroskop. Aufnahme Materialfehler entdeckt werden können. (Materials and Methods **32**. Nr. 1. 49—54. Juli 1950. American Electro Metal Corp.) M. GEHLEN-KELLER. 6482

L. van Ouwerkerk, *Photographische Gesichtspunkte der Xerographie.* Übersicht über Grundzüge u. Anwendung der Xerographie, bes. zur Werkstoffprüfung mit Röntgenstrahlen. (Welding Metal Fabricat. **21**. 69—70. Febr. 1953.) W. WESLY. 6484

—, *Drahtzieh-Seifen. Eine Übersicht über allgemeine Praxis und Theorie.* Bericht über die Vorgänge beim Ziehen von *Hartstahl*-Drähten u. über erwünschte Eigg. von Drahtziehseifen. Empfohlen wird die Verwendung bestimmter Seifentypen auf Na- u. Ca-Basis, bzw. von Mischungen aus Kalk u. Seifen, die sich auch bei hohen Ziehgeschwindigkeiten bewährten. (Wire Ind. **21**. 1199—1201. 1225. Dez. 1954.) A. SANDER. 6490

Eberhard Pflaume, *Freiformschmieden.* Vortrag, der einen Überblick über den gegenwärtigen Stand der Schmiedetechnik vermittelt. Bes. erörtert wird die Frage, wann der Schmiedehammer u. wann die Schmiedepresse das günstigere Werkzeug zum Freiformschmieden ist. — 56 Literaturhinweise. (Metallurgie **5**. 245—50. Aug. 1955. Leuna.) M. WINIKER. 6490

Georges Vidal und **André Loupoff,** *Einführung der rationellen Bestimmung der Glühbedingungen zur Entspannung von warmfesten Stählen.* Es wird gezeigt, daß die Parameter des Entspannungsglühens von der chem. Zus., der Wärmevorbehandlung, der geometr. Form u. der Masseverteilung u. den zusätzlichen Rkk. des Werkstückes abhängen. (Métaux **27**. 371—78. Sept. 1952.) W. WESLY. 6492

H. R. Clauser, *Geschweißte und hartgelötete Maschinenelemente.* Übersicht über Grundzüge, Merkmale, Eigg. u. Verwendbarkeit von Schweißkonstruktionen u. Hartlötungen (Abmessungen der zu schweißenden Teile, Schweißwerkstoffe, Ausführung der Schweißungen, Eigg. der Schweißen, Anwendung der Schweißverbb.). (Materials and Methods **36.** Nr. 5, 123—38. Nov. 1952.) W. WESLY. 6504

W. Anders, *Entwicklung und Stand der Schweißtechnik.* Kurze Schilderung der Elektrodenentw. (Tiefeinbrandelektrode, Kb-Mantelelektrode mit Fe-Pulver) u. der UP-Schweißung, sowie deren Anwendungsweise im Behälter-, Waggon- u. Schiffbau, in der Herst. von Rohren u. beim Auftragschweißen. (Technik **1952.** 71—73. Messesonderheft. Halle/Saale, Zentralinst. für Schweißtechnik.) H. ECKHARD. 6506

B. Kjellberg, *Fortschritte in der elektrischen Lichtbogenschweißung Schwedens.* Die in Schweden für Stahlschweißen angewandten Elektroden enthalten ca. 0,1 % C u. 0,5 % Mn. Die anderen Legierungselemente stammen aus der Verkleidung. Die Einfll. der Art der Verkleidung auf dem Schweißvorgang u. die mechan. Eigg. der Schweißen werden in Zahlentafeln u. Diagrammen wiedergegeben. Die für verschied. Stahlsorten u. NE-Metalle gebräuchlichen Elektroden werden aufgeführt. — Aussprache. (Soudure Techn. connexes **7.** 9—22. Jan./Febr. 1953. Stockholm, École Royale des Hautes Études Techniques.) W. WESLY. 6506

L. Dumoulin, *Die Entwicklung der Schutzgasschweißung in Frankreich.* Übersicht über Anwendung der Schweißung mit feuerfesten Elektroden, der Punktschweißung u. der Schweißung mit Schmelzelektroden in einer Schutzgas (Ar)-Atmosphäre. — Aussprache. (Soudure Techn. connexes **6.** 221—35. Sept./Okt. 1952.) W. WESLY. 6506

W. G. Hull und **J. C. Needham,** *Selbstregulierende und lichtbogengesteuerte Schweißverfahren.* Beschreibung von Geräten für automat. Elektroschweißung, ihrer physikal. Konstruktionsgrundlagen u. ihrer Anwendung bei Cu- u. Mg-Legierungen, C-Stählen sowie rostfreien u. plattierten Stählen. — 25 Literaturstellen. (Welding Res. **7.** 80r—96r. Aug. 1953. British Welding Res. Ass. and Electrical Res. Ass.) H. ECKHARD. 6506

Edwin Davis und **E. A. Taylor,** *Die Argon-Schutzgasschweißung von Kupfer und Kupferlegierungen.* Beschreibung von Grundlagen, Ausführung, Zubehör u. Eigg. der für Cu (-Legierungen) verwendeten Schutzgas (Ar)-Schweißungen. (Welding Metal Fabricat **21.** 370—76. Okt. 418—23. Nov. 1953. Imperial Chemical Industries, Metals Div.) W. WESLY. 6506

J. H. Cole, *Argon-Lichtbogenschweißen von Kupfer.* Die Einrichtungen u. die verschied. Schweißtechniken werden beschrieben. Desoxydiertes Cu, das in einer Ar-Schutzatmosphäre geschweißt wurde, hat in der Naht die gleiche Festigkeit u. Dehnbarkeit wie im Muttermetall. Auch sauerstoffhaltiges Cu kann geschweißt werden, die physikal. Eigg. der Verbindungsstelle sind jedoch variabel. Eine Schweißung von Cu-Legierungen verläuft ebenfalls befriedigend. (Welding Res. **6.** 83r—86r. Aug. 1952.) D. BREDTSCHNEIDER. 6506

J. J. Barry, *Aufschweißen von Hartmetallcarbiden nach einem neuen Schutzgas—Bogen-Verfahren.* Beschreibung eines neuen Verf. zur Aufschweißung von zähen, verschleißfesten Schichten von W-Carbid auf Stahl unter Verwendung von Inertgas u. Lichtbogen. Das WC-Pulver wird durch eine besondere Zuleitung aus einem vibrierenden Vorratsbehälter in den Lichtbogen gebracht, der in das Grundmetall aufschweißt, wobei sich die WC-Teilchen ungelöst in der Schmelze verteilen u. von der erstarrenden Schmelze sicher festgehalten werden. Das Verf. gewährleistet zuverlässige Haftung, eine enge, wenig ausgedehnte wärmebeeinflußte Zone, gute Bindung u. geringe Auflösung der Carbidteilchen im Grundmetall. (Materials and Methods **37.** Nr. 1. 80—81. Jan. 1953.) O. WERNER. 6506

F. J. Pilia, *Die Helium-Schutzgasschweißung von Leitungen aus rostfreiem Stahl.* Übersicht über Grundlagen, Ausführung, Zubehör u. Prüfung der Schutzgas (He)-Schweißung von rostfesten Stahlleitungen u. die Eigg. der Schweißen. (Canad. Machinery Manufact. News **64.** Nr. 9. 184—87. 189. 222. Sept., Nr. 10. 203—06. 208. Okt. 1953.) Union Carbide and Carbon Corp., Linde Air Products Co.) W. WESLY. 6506

A. Audigé, *Die Entwicklung der Untersuchungen über die Schweißbarkeit in französischen Schiffskonstruktionen.* Übersicht über Entw. u. Anwendung der Schweißverfahren. — 17 Schrifttumshinweise. (Soudure Techn. connexes **6.** 207—18. Sept./Okt. 1952. Paris.) W. WESLY. 6506

E. L. Streatfield, *Einige industrielle Anwendungen der Metallreinigung.* Die Grundlagen u. die verschied. Möglichkeiten zur Entfernung von Oxyd-, Schmutzschichten u. s. f. von Metalloberflächen auf chem.-physikal. Wege u. deren Einsatz in der Praxis werden zusammenfassend beschrieben. (Chem. and Ind. **1955.** 855—61. 9/7.) S. HÜTTIG. 6510

John B. Campbell, *Vorzüge der Salzbäder beim Reinigen der Metalle.* Eigg. u. Verwendungsmöglichkeiten von nichtelektrolyt. Bädern. (Materials and Methods **32.** Nr. 1. 60–64. Juli 1950.) M. GEHLEN-KELLER. 6512

G. Girard, *Die elektrische Ausrüstung einer Elektrolysieranstalt.* (Galvano [Paris] **20.** Nr. 172. 15–18. Mai 1951.) M. GEHLEN-KELLER. 6414

Henry C. Bramer und **James Coull,** *Elektrolytische Regeneration gebrauchter Beizlösungen.* Ergebnisse von Laborverss. zur Regeneration gebrauchter Beizen durch Elektrolyse mit einer kation- u. einer anion-durchlässigen Membran; Einfl. von Konz., Stromdichte u. Strömungsgeschwindigkeit. (Ind. Engng. Chem. **47.** 67–70. Jan. 1955. Pittsburgh, Pa., Mellon Inst. u. Univ.) H. ECKHARD. 6514

James Boyd Smith, *Wasserverunreinigungen und Elektroplattieren.* Überblick über die Methoden der Wasserreinigung u. über den Einfl. der Verunreinigungen auf die Elektroplattierlösungen. — 68 Literaturstellen. (Metal Finishing **51.** Nr. 2. 69–72. 74. Febr.; Nr. 3. 65–69. März 1953. New York, N. Y., Permutit Comp.) J. FISCHER. 6514

A. Prati, *Bestimmung der Dicke anodischer Schichten nach der gravimetrischen Methode.* (Ist. Sperim. Metalli leggeri, Mem. Rapp. [5] Nr. **122.** 1–18. 1954. — C. **1956.** 3113.) M. GEHLEN-KELLER. 6514

Frank Spicer, *Das Wesen des p_H-Wertes, seine Bedeutung und Kontrolle in Plattierungsbädern.* (Electroplating Metal Finishing **6.** 160–66. Mai 1953.) P. WOLF. 6514

Lamberto A. Rubio Felipe, *Kontrolle der Galvanostegiebäder.* Übersicht über die für die Prüfung der elektrolyt. Bäder für Galvanostegie anwendbaren Methoden: p_H-Messung, Best. des Durchdringungsvermögens, der Oberflächenspannung u. der Leitfähigkeit; Erläuterung der einzelnen Verff. an Beispielen. (Inst. Hierro Acero **8.** 72–84. Jan./März 1955.) R. K. MÜLLER. 6514

S. C. Britton, *Die Korrosion von Metallen.* Übersicht über die bis September 1953 erschienenen neueren Arbeiten über Metallkorrosion (Korrosion bei höheren Tempp. durch atmosphär. Einfll., in W. u. im Boden, durch (sulfatreduzierende) Bakterien Spannungskorrosion, korrodierende Stoffe u. korrosionsfeste Werkstoffe, Inhibitoren). — 134 Schrifttumshinweise. (Rep. Progr. appl. Chem. **38.** 232–42. 1953. Tin Res. Inst.) W. WESLY. 6538

I. W. Krotow und **W. W. Klubowa,** *Korrosion von Eisen im Kontakt mit wässerigen Elektrolytlösungen, die Zusätze von Natriumnitrit und flüssigen Brennstoffen enthalten* In den Korrosionsverss. wurde als wss. schwere Phase eine 3%ig. NaCl-Lsg., dest. W oder synthet. Seewasser verwendet. Als leichte Phase dienten Flugbenzin, Crackbenzin oder Kerosin. Der *$NaNO_2$* (**I**)-Zusatz verhinderte an der Grenze Brennstoff—dest. W.. die Fe-Korrosion bei folgenden Konzz.: Flugbenzin 0,03–0,1n; Crackbenzin 0,03–0,1n; Kerosin 0,1n. In Ggw. von 3%ig. NaCl u. Crackbenzin wird die Korrosion durch 0,5n **I** völlig verhindert. An den Grenzen 3%ig. NaCl-Flugbenzin, NaCl-Kerosin, synthet. Seewasser–Flugbenzin oder Crackbenzin oder Kerosin wird durch 0,1n, 0,3n u. 0,5n **I** die Korrosion nicht völlig verhindert. Bei allen Verss. bezieht sich die **I**-Konz. auf die Endlösung. (Журнал Прикладной Химии [J. angew. Chem.] **27.** 201–06. Febr. 1954.) O. LEBTAG. 6538

L. W. Vollmer, *Der Einfluß von Schwefelwasserstoff auf die Zerstörung von Stahl.* (Trans. Canad. Inst. Mining Metallurgy Mining Soc. Nova Scotia **55.** 79–85. 1952. — C. **1953.** 4273.) M. GEHLEN-KELLER. 6538

T. W. Wlodek, *Der Einfluß der Wasserkorrosion und des Kugelstrahlens auf die Ermüdungsfestigkeit von Bergwerksbohrern.* (Trans. Canad. Inst. Mining Metallurgy Mining Soc. Nova Scotia **55.** 282–90. 1952. — C. **1956.** 7080.) M. GEHLEN-KELLER. 6538

J. T. Clenny, *Spannungskorrosion von Gußbronzen.* Unterss. an 10 gegossenen Cu-Legierungen unter Spannung in einer NH_3-Atmosphäre zeigten, das sich Al-Bronze mit 10% Al als am widerstandsfähigsten erwies. (Iron Age **167.** Nr. 25. 85–89. 21/6. 1951. Philadelphia, Pa., General Electric Co., Switchgear Div.) M. GEHLEN-KELLER. 6538

Robert Pope, *Einige frühe Patente auf kathodischen Schutz.* Kurze Beschreibung des Inhalts einiger früher, wesentlicher amerikan. Patente auf dem Gebiete des kathod. Schutzes. (Corrosion [Houston] **10.** 212. Juli 1954. Quakertown, Pa.) H. SPINDLER. 6538

Telefonaktiebolaget L. M. Ericsson, Stockholm, Schweden, *Entfernung gelöster Verunreinigungen aus schmelzbaren Stoffen nach dem Zonenschmelzverfahren.* Eine lang gezogene Schmelze des Stoffes wird lokal gekühlt, so daß sich mindestens eine feste Zone bildet. Man läßt diese mit einer Geschwindigkeit, die der Diffusionsgeschwindigkeit der Verunreinigungen entspricht oder darunterliegt, wandern, bis die ganze Schmelze erstarrt ist. — *Entfernung von Sb-Spuren aus Ge.* — Zeichnung. (**E. P. 740 229** vom 20/4. 1954, ausg. 9/11. 1955. Schwed. Prior. 20/4. 1953.) W. MATTHAES. 6381

Minco Products Corp., übert. von: **Davitt W. Barry**, Saginaw, Mich., *Formsand für Gießereizwecke*, gek. durch einen Zusatz eines glazialen Tons folgender Zus.: 41,5 (%) SiO_2, 12,6 Al_2O_3, 14,2 CaO, 6,1 MgO, 5,3 Fe_2O_3, 0,05 MnO, Glühverlust 18,09, D. 2,65, p_H-Wert 7,65. — Beispiel: 1600 pds. (720 kg) Quarzsand mit 4,5% Feuchtigkeit werden mit 200 (90) Bentonit u. 200 glazialem Ton gemischt, bis eine homogene M. entstanden ist. (**A. P. 2 686 729** vom 5/1. 1952, ausg. 17/8. 1954.) F. VIER. 6383

Whitehead Brothers Co., New York, übert. von: **Burgess P. Wallace**, Brooklyn, N. Y., V. St. A., *Zusatzmittel zum Formsand für Metallguß* besteht aus *Cellulosepulver*, z. B. Holzpulver, mit 10—40 (% bezogen auf das Cellulosepulver) von festem, nichtklebrigem koll. *Bitumen* mit einer Teilchengröße von weniger als 5 μ u. 25—110 von koll. bituminöser *Kohle* mit einer Teilchengröße von weniger als 10 μ. Zur Herst. wird das Cellulosepulver mit einer wss. Dispersion des Bitumens untergemischt. (**A. P. 2686727** vom 20/12. 1952, ausg. 17/8. 1954.) F. VIER. 6383

Whitehead Brothers Co., New York, übert. von: **Burgess P. Wallace**, Brooklyn, N. Y., V. St. A., *Kernöl für Sandkerne oder Sandformen für den Metallguß* besteht aus *Kohleteerpechen* u. oxydierten *Asphaltpechen* mit einem Zusatz von 1—3 Gew.-% eines *Glykols*, z. B. *Diäthylenglykol*. (**A. P. 2 686 728** vom 19/6. 1952, ausg. 17/8. 1954.) F. VIER. 6383

Marcel Louis Debrock, Frankreich, *Imprägnieren von porigen Teilen, besonders von Gießformen.* Zur Erhöhung der Festigkeit werden die porigen Teile mit geschmolzener M., wie Wachs oder plast. M., unter Druck u. Anwendung von Schwingungen, bes. Ultraschall, imprägniert. (**F. P. 1 076 806** vom 9/5. 1953, ausg. 29/10. 1954.) F. VIER. 6383

Chemical Construction Corp., New York, übert. von: **Felix A. Schaufelberger**, Yonkers, N. Y., V. St. A., *Kobalt–Nickel-Trennung.* Eine Ni–Co-haltige Lsg. (als Carbonat $<$100 g/Liter, als Sulfat $<$135 g/Liter) wird mit $<$4 Mol $(NH_4)_2CO_3$ unter Zusatz von NH_4OH bei 155—170° unter Druck versetzt bzw. die noch saure Ni–Co-haltige Lsg. wird mit $NH_4 \cdot OH$ neutralisiert (NH_3 : gelöstem Metall = 4 : 1) u. anschließend bei ca. 60° CO_2 eingeleitet, bis die Fällung an $CoCO_3$ beendet ist. Aus dem Filtrat erhält man dann z. B. auf elektrolyt. Wege das Ni mit nur 0,1% Co-Verunreinigung. (**A. PP. 2 711 956** u. **2 711 957** vom 23/9. 1952, ausg. 28/6. 1955.) H. NEBELSIEK. 6435

Wargöns Aktiebolag, Vargön, Schweden (Erfinder: **O. E. Collenberg** und **K. Käärik**), *Gewinnung von Vanadin und Uran*, gegebenenfalls in Spuren vorkommenden Metallen, wie Cu, Ni, Pb u. Mn, aus tonerdehaltigen Materialien. Diese, bes. *Alaunschiefer*, mit verhältnismäßig hohem Fe-Geh., werden nach Abbrennen der organ. Bestandteile mit $(NH_4)_2SO_4$ u. gegebenenfalls mit anderen Sulfaten aufgeschlossen u. ausgelaugt. In diesen Lsgg. wird das Fe in die Ferri-Form übergeführt; sie werden zwecks Auskristallisieren des Alauns eingedampft. Aus der Mutterlauge werden V u. U zusammen mit Fe ausgefällt, ohne vorhergehende Red. anderer Metalle. Weitere Spurenelemente fallen hierbei mit aus. Die Ndd. werden in bekannter Weise auf V, U u. andere Spurenelemente aufgearbeitet. (**Schwed. P. 138 206** vom 5/7. 1947, ausg. 25/11. 1952.) K. H. KÄHLER. 6441

Ethyl Corp., New York, N. Y., übert. von: **Thomas P. Whaley**, Royal Oak, Mich., V. St. A., *Metallpulver.* Zur Gewinnung eines Schwermetallpulvers red. man die entsprechende Metallverb. mit *Na*, das in einem Äther dispergiert ist, der 0,05—1 Gew.-% freien OH-Geh. aufweist, z. B. Äthylenglykoldimethyläther. (**A. P. 2 716 057** vom 1/6. 1954, ausg. 23/8. 1955.) H. NEBELSIEK. 6475

General Aniline & Film Corp., New York, N. Y., V. St. A., *Verbesserung der elektromagnetischen und mechanischen Eigenschaften von Eisenpulver.* Das durch therm. Zers. von $Fe(CO)_5$ erhaltene Eisenpulver wird in Ggw. von Metallsilicaten, z. B. *Ca-*, *Al-*, *Fe-*, *Ba-* oder *Cu*-Silicat, zwecks Erzielung eines Anhaftens der Silicate auf der Eisenpulveroberfläche gemahlen u. darauf bei 450—650° mit H_2 reduziert. — Abbildung. (**E. P. 731 512** vom 8/10. 1953, ausg. 8/6. 1955. A. Prior. 22/10. 1952.) H. HOCHSTEIN. 6475

Deutsche Edelstahlwerke Akt.-Ges. (Erfinder: **Werner Hotop** und **Wilhelm Zumbusch**), Krefeld, *Gesinterte Eisenlegierung für Eisenteile an Dauermagneten.* Gesinterte Eisenlegierung für Eisenrückschlüsse, Polschuhe, Polplatten u. dgl. Eisenteile von Dauermagnetsystemen, die mit Sinterdauermagneten, bes. auf der Basis *Fe–Ni–Al*, *Fe–Co–Ti* mit oder ohne Zusatz von *Cu*, zusammen gesintert werden, dad. gek., daß die Legierung außer Fe ein Element enthält, das einen F. hat, der unterhalb der Sintertemp. des Eisens liegt u. eine fl. Phase bildet, z. B. *Al* u. *Si*, gegebenenfalls auch *Ti*. Das Herstellungsverf. ist dad. gek., daß das zusätzliche Element in Form einer geschmolzenen u. anschließend zerkleinerten, das Element enthaltenden Eisenlegierung (Vorlegierung) in den Sinterprozeß eingeführt wird. (**D. B. P. 941 615** Kl. 18b vom 7/4. 1943, ausg. 12/4. 1956. Anmeldung bekanntgemacht 11/6. 1953.) H. HOCHSTEIN. 6475

General Electric Co., New York, N. Y., übert. von: **Edward W. Golibersuch**, Detroit, Mich., V. St. A., *Herstellung von Teilen aus Hartmetallcarbid.* Hartmetallcarbid- u. Fe-Pulver werden mit einem organ. Träger zu einer thixotropen Mischung aufgearbeitet. Der Träger besteht aus Styrol u. dem Reaktionsprod. eines mehrwertigen Alkohols mit Maleinsäure u. einer nichtpolymerisierbaren organ. Fl. mit einem merkbaren Dampfdruck unter 150°, aus der Gruppe von Diäthylenglykolmonoäthylätheracetat, Äthylenglykolmonoäthylätheracetat, Äthylenglykolmonomethylätheracetat u. Glykoldiacetat, u. einem Polymerisationsbeschleuniger. Die thixotrope Mischung wird in eine Form gegossen, dann wird zur Härtung erhitzt. Die Temp. wird weiter gesteigert zur Entfernung der nichtpolymerisierbaren organ. Verb. u. weiter zum Austreiben des Polymerisationsprod., schließlich wird zu einem dichten Hartmetallkörper gesintert. An Stelle von Fe können andere Metalle der Fe-Gruppe verwendet werden. Das thixotrope Gemisch kann folgende Zus. haben: 38—41,5 (%) *Metallpulver*, 10—20 *polymerisierbare Verb.*, 48—41,5 *nichtpolymerisierbare Verbb.* u. 0,1—0,75 Polymerisationsbeschleuniger, wie *Benzoylperoxyd, ditert. Butyldiperphthalat.* — Vorrichtung. (**A. P. 2 698 232** vom 5/6. 1950, ausg. 28/12. 1954.) F. VIER. 6477

Firth Sterling, Inc., Pittsburgh, V. St. A., *Carbidsinterkörper mit einem Ausdehnungskoeffizienten, der dem des Stahles entspricht,* bestehen aus 40—60 (%) Cr_3C_2, bis 45 Cr_4C, wobei die Summe der Carbide 86—90 beträgt u. das Verhältnis von Cr_3C_2 zu Cr_4C zwischen 1 : 1 u. 7 : 3 liegt u. 10—12 *Ni* u./oder *Co* als Bindemittel. Der Körper kann außerdem noch 0,5—3 *WC* u. 0,5—2 *Cu* enthalten. Die Herst. der Carbide erfolgt durch Erhitzen der Oxyde mit C in stöchiometr. Verhältnis. Der Werkstoff dient als Meßscheibe zur Messung von Stahl bei verschied. Tempp., ferner für Dichtungsringe u. Lager. (**E. P. 727 108** vom 28/5. 1953, ausg. 30/3. 1955. A. Prior. 11/2. 1952.) C. GÖTZE. 6477

Metro-Cutanit Ltd., Warrington, Lancaster, England (Erfinder: **George Stern**, Mamaroneck, N. Y., V. St. A.), *Aufbringen von Hartmetall auf einen Träger.* Das Hartmetall, z. B. *WC* mit *Co*, wird auf den Träger aus Sintermetall, z. B. Fe- oder Stahlpulver, beim Pressen des Pulvers aufgepreßt. Dann wird der poröse Sinterkörper mit *Cu* oder einer Cu-Legierung, z. B. 90 (%) Cu, 2 *Fe* u. 8 *Mn*, getränkt. Das Fe- oder Stahlpulver kann Graphit enthalten. Bei diesem Verf. erübrigt sich eine sorgfältige Bearbeitung des Hartmetalls auf der dem Träger zugewandten Seite. (**E. P. 733 637** vom 8/10. 1952, ausg. 13/7. 1955.) F. VIER. 6477

Reginald Frederick Knowlson, Sharpenhoe, Bedfordshire (Erfinder: **Reginald Frederick Knowlson, Donald Henry Shute** und **Thomas William Penrice**, England), *Kokillen für legiertes und unlegiertes Eisen, Aluminium- oder Zinklegierungen* bestehen aus 5—50 (% *Co* u./oder *Ni*, 0—10 *Carbide* des *Cr*, *Nb* u. *Ta* einzeln oder zu mehreren, Rest *Ti-Carbid*, *Ti-Borid* u. *Ti-Nitrid* einzeln oder zu mehreren. (**E. P. 730 287** vom 8/1. 1952, ausg. 18/5. 1955.) C. GÖTZE. 6477

Oberhütten Vereinigte Oberschlesische Hüttenwerke Akt.-Ges. (Erfinder: **Eberhard Mende** und **Wilhelm Stich**), Düsseldorf, *Wärmebehandlung von Stählen,* bes. Edelstählen, im Anschluß an ein Warmwalzen mit hohen spezif. Walzdrücken, d. h. großen arbeitenden Walzendurchmessern, dad. gek., daß aus der Walzhitze abgeschreckt u. gegebenenfalls angelassen wird. Zweckmäßig werden die Walzadern in ganzer Länge, d. h. ohne vorheriges Teilen, gehärtet u. so lange in der Härte-Fl. gehalten, bis über den ganzen Walzquerschnitt hin Temperaturausgleich bzw. die gewünschte Endtemp. erzielt ist. Abbildungen. (**D. B. P. 938 376** Kl. 18c vom 2/10. 1942, ausg. 26/1. 1956. Anmeldung bekanntgemacht 13/8. 1953.) H. HOCHSTEIN. 6493

International Nickel Co., Inc., übert. von: **Edward Bucke Fernsler** und **Harry Edwin Tschop**, New York, N. Y., V. St. A., *Warmbehandlung und Entzunderung einer oxydierten Metallegierung.* Eine Metallegierung mit bis 22 (%) *Cr*, bis 32 *Mo*, bis 70 *Cu*, bis 75 *Fe*, bis 4 *Si*, bis 5 *Mn*, bis 5,5 *W*, bis 2 *V*, bis 4,5 *Al*, bis 3,5 *Ti* u. einem Rest aus *Ni*, wobei der Ni-Geh. wenigstens 7% betragen soll, wird im oxydierten Zustand für wenigstens 2 Std. in ein auf 1500—2000° F erhitztes Salzbad eingetaucht, das aus 20—80% *NaF* u. aus Na_2CO_3 als Rest besteht. Durch die Salzbadbehandlung wird der Zunder entfernt. (**A. P. 2 710 271** vom 9/8. 1951, ausg. 7/6. 1955.) H. HOCHSTEIN. 6493

Gebrüder Böhler & Co. Akt.-Ges., Österreich, *Herstellung von harten verschleißfesten Oberflächen auf Gegenständen aus Eisen und Stahl* durch Anreichern von Carbidbildnern, wie *W* oder *Mo*, in der Oberflächenschicht u. nachfolgendes Aufkohlen. Der Werkstoff soll maximal 0,4% C enthalten, andernfalls soll der C durch Elemente abgebunden sein, die eine größere Affinität zu C haben als die in der Oberfläche angereicherten Carbidbildner. Zwischen der Diffusionsbehandlung u. dem Aufkohlen wird eine tempernde Wärmebehandlung vorgenommen. Aufgekohlt wird mit einem Gemisch von 92 (Vol.-%) H_2 u. 8 eines *Propan–Butan*-Gemisches. (**F. P. 1 083 319** vom 12/9. 1953, ausg. 7/1. 1955. Oe. Prior. 12/9. 1952.) F. VIER. 6493

Lubri-Case, Inc., New York, N. Y., V. St. A., übert. von: **Jean Xaver Foucery**, Poissy, und **Robert Francois Steinmetz**, Asnieres, Frankreich, *Erhöhung der Verschleißfestigkeit von Gegenständen aus Eisen durch Eindiffundieren von Schwefel.* Das Verf. wird in der Weise durchgeführt, daß die Gegenstände in eine Salzschmelze von einer Temp. über 550° getaucht werden, die ein *Alkalisulfid* oder ein *Sulfocyanat* enthält. — Beispiel: 34 (%) *NaCN*, 7 Na_2SO_3, 27 *KCl* u. *NaCl*, 16 Na_2CO_3 u. 16 K_2CO_3; nach Schmelzen bei 480° hat das Bad folgende Zus. u. kann zur Diffusionsbehandlung von Eisen verwendet werden: 1,6 NaCNS, 1,8 Na_2S, 18,9 Na_2CO_3, 18,9 K_2CO_3, 26,8 NaCl + KCl, 25 NaCN, 7,2 NaCNO. (**A. P. 2 707 159** vom 13/1. 1951, ausg. 26/4. 1955.) F. VIER. 6493

Office National d'Études et de Recherches Aéronautiques (O. N. E. R. A.), Frankreich (Erfinder: **Philippe Galmiche**), *Herstellung von Oberflächendiffusionsschichten auf Metallen.* Nach dem Aufbringen der Diffusionsschicht in einer Halogeniddampfatmosphäre, z. B. einer *Cr*-Diffusionsschicht durch Einw. von CrF_3-Dampf, werden die Gegenstände abgeschreckt, z. B. durch Eintauchen unmittelbar in W. oder Öl, oder die Behälter, in denen die Diffusion durchgeführt wurde, werden mit den noch in ihnen befindlichen Gegenständen, während die Behandlungsatmosphäre aufrechterhalten wird, in das Abschreckmittel getaucht. Nach der Behandlung wird elektrolyt. gebeizt, um rissige Oberflächenschichten zu entfernen. Bes. geeignet zur Herst. einer Cr-Diffusionsschicht mit folgendem Abschrecken ist ein Stahl mit 0,3—0,4 (%) C, 4 Ni, 1,2 Cr, 0,3—0,4 Si, 0,3—0,5 Mn u. Spuren B. Zur Herst. hohler Gegenstände werden Rohlinge außen mit einer Cr-Diffusionsschicht überzogen u. die unbehandelten Innenteile durch Behandeln mit kochender HNO_3 herausgelöst. (**F. P. 1 074 096** vom 4/2. 1953, ausg. 1/10. 1954.) F. VIER. 6493

Office National d'Études et de Recherches Aéronautiques (O. N. E. R. A.), Frankreich (Erfinder: **Philippe Galmiche**), *Herstellung von Chromdiffusionsschichten auf Metallen.* Die zu behandelnden Gegenstände werden in einem Behälter in grobkörniges Cr eingebettet; in demselben Behälter ist, ohne mit den zu behandelnden Gegenständen in Berührung zu sein, eine M. angeordnet, die durch Einw. von H_2F_2 auf feinverteiltes Cr in Ggw. von NH_4F bei 50—80°, folgendes Abdestillieren des überschüssigen H_2F_2 u. Zusetzen von WO_3 gebildet ist. Beim Erhitzen auf hohe Temp., z. B. auf 1150°, in H_2-Atmosphäre wirken die CrF_3-Dämpfe unter Bldg. von Cr-Diffusionsschichten auf die Gegenstände ein. Durch Abkühlen kann beim Behandeln von Gegenständen aus Eisen die Bldg. der σ-Phase an der Oberfläche vermieden werden. Weiter kann die Oberfläche durch elektrolyt. Polieren verbessert werden. (**F. P. 1 075 620** vom 12/3. 1953, ausg. 19/10. 1954.) F. VIER. 6493

Hellmut Reuther, Dresden, *Korrosionsschutz der Oberfläche von unedlen Metallen*, wie Mg, Al, Fe, Cd oder Zn, sowie von Leichtmetallegierungen. Der aggressiven Fl. wird *Dioxodisiloxan* (I) als Korrosionsschutzmittel zugesetzt. An Stelle von **I** können auch Ester der *Silicoameisensäure* als Hemmstoffe verwendet werden. (**D. P. [DDR] 8 975** Kl. 12g vom 18/4. 1951, ausg. 7/1. 1955 [Wirtschaftspatent].) M. F. MÜLLER. 6539

IX. Organische Industrie.

G. Carrière, *Propargylalkohol.* $HC \equiv CCH_2OH$. Übersicht über Darst., physikal. u. chem. Eigenschaften. (Chem. pharmac. Techniek **10.** 281—83. 1/5. 1955.) W. WESLY. H 560

G. Carrière, *Propionitrilderivate.* Übersicht über Darst., physikal. u. chem. Eigg. einer Reihe von Propionitrilderivaten. — 13 Schrifttumshinweise. (Chem. pharmac. Techniek **11.** 33—36. 1/10. 1955.) W. WESLY. H 810

G. Carrière, *Einige Fumarsäurederivate.* Übersicht über Darst., physikal. u. chem. Eigg. von Fumarsäurechlorid u. trans-1.2-Dibenzoyläthylen. — 69 Schrifttumshinweise. (Chem. pharmac. Techniek **11.** 61—64. 1/11. 1955.) W. WESLY. H 820

G. Carrière, *Lactonitril.* Übersicht über Darst., physikal. u. chem. Eigg., Anwendung u. Giftigkeit von Lactonitril. (Chem. pharmac. Techniek **10.** 177—78. 1/2. 1955.) W. WESLY. H 850

Texas Co., New York, N. Y., übert. von: **Du Bois Eastman**, Whittier, Calif., und **Leon P. Gaucher**, Tuckahoe, N. Y., V. St. A., *Herstellung eines hauptsächlich aus*

Kohlenoxyd und Wasserstoff bestehenden Gases. Ein O_2-haltiges Gas u. ein KW-stoffstrom, der auf 700° F vorerhitzt ist, werden mit hoher Geschwindigkeit in solcher Menge in die Reaktionszone, die frei ist von Katalysatoren, eingeleitet, daß nicht aller in den KW-stoffen enthaltener C in CO_2 umgewandelt wird. Die Reaktionszone wird dabei auf 2000° F u. höher gehalten. — Zeichnung. (**A. P. 2 701 756** vom 20/12. 1951, ausg. 8/2. 1955.) E. KAHLES. H 500

Phillips Petroleum Co., übert. von: **Forrest D. Stoops**, Bartlesville, Okla., V. St. A., *Isomerisieren.* Bei der katalyt. Umwandlung von n. Paraffin-KW-stoffen in Isoparaffin-KW-stoffe durchläuft fließbares festes Material (I), wie z. B. Bauxit, das als Katalysatorträger dient, 4 untereinanderliegende Zonen. In der 1. Zone wird der Katalysator hergestellt, indem man $AlCl_3$ + $FeCl_3$-Dämpfe (Molverhältnis 0,5 : 1 bis 20 : 1) bei 200 bis 300° F u. einem Druck von 0—15 lbs./sq.in. auf I einwirken läßt, so daß sich die Dämpfe auf I kondensieren. In der 2. Zone werden dem Katalysator bei 100—360° F u. einem Druck von 0—15 lbs./sq.in. n. Paraffin-KW-stoffe mit 4—7 C-Atomen zugeführt, wobei die Isomerisation eintritt. Daneben entstehen C-haltiges Material u. ein fl. Komplex aus KW-stoff, $AlCl_3$ + $FeCl_3$, die sich auf der Oberfläche von I befinden. In der 3. Zone wird der Katalysator bei 375—750° F mit einem inerten Gas, z. B. Butan, in Berührung gebracht, wobei $AlCl_3$ u. ein Teil von $FeCl_3$ in das Gas übergeht; das Gemisch wird der 1. Zone wieder zugeführt. In der 4. Zone werden bei 900—1200° F die C-haltigen Ablagerungen auf I verbrannt u. dabei gleichzeitig das restliche $FeCl_3$ abdestilliert. Der reine Katalysatorträger geht nach einer Kühlung in die 1. Zone zurück. (**A. P. 2 695 325** vom 12/6. 1950, ausg. 23/11. 1954.) A. MOHR. H 510

Office National Industriel de l'Azote, Frankreich (Erfinder: **Marcel Patry, Emmanuel Luzarreta** und **René Andurand**), *Herstellung von Äthylen und Propylen*, dad. gek., daß man flüchtige KW-stoffe an einer nicht katalyt. wirkenden Kontaktmasse aus Mg- oder Quarzkörnern bei 450—850° mit oder ohne Wasserdampf einer therm. Crackung unterwirft. — Zeichnung. (**F. P. 1 058 488** vom 18/6. 1952, ausg. 16/3. 1954.) S. BÖTTCHER. H 520

Air Reduction Co., Inc., New York, N. Y., V. St. A., *Mononatriumacetylid* erhält man in beserer Ausbeute u. kürzerer Zeit, wenn eine Dispersion von metall. Na mit einer Partikelgröße von $<400\ \mu$, zweckmäßig von 5—10 u. $<25\ \mu$, in einem inerten Medium bei 60—100° mit trockenem, acetonfreiem u. $<0,3$ Vol.-% O_2 enthaltendem C_2H_2 umgesetzt wird. (**E. P. 744 803** vom 20/11. 1953, ausg. 15/2. 1956. A. Priorr. 2/12. 1952 u. 9/11. 1953.) J. MÜHLEISEN. H 530

DEHYDAG Deutsche Hydrierwerke G. m. b. H. (Erfinder: **Winfried Hentrich**, Riehen bei Basel, Schweiz, und **Alfred Kirstahler**), Düsseldorf, *Verfahren zur Herstellung von Alkoholen*, dad. gek., daß man Halogenierungsprodd. von KW-stoffen, die bei der Hydrierung von CO anfallen, in bekannter Weise durch Halogenwasserstoffabspaltung in ungesätt. KW-stoffe mit 1 oder mehreren Doppelbindungen überführt, diese mit CO + H_2 in Ggw. von Katalysatoren (bes. Metalle der 8. Gruppe) bei 100—200° behandelt u. nachhydriert. (**D. B. P. 933 864** Kl. 12o vom 12/7. 1940, ausg. 6/10. 1955. Anmeldung bekanntgemacht 9/10. 1952.) O. SCHÖN. H 560

Soc. An. Usines de Melle (Erfinder: **Maurice Mention**), Frankreich, *Reinigung von Alkoholen.* Das Verf. des F. P. 999 165 zur Reinigung niederer aliphat. Alkohole, bes. synthet. Butanols, durch Behandeln der Alkohole bei 30—100° mit Wasserstoff in Ggw. eines Ni-Katalysators läßt sich auch bei rohem Äthylalkohol u. bes. auf die Destillationsrückstände anwenden. An die Behandlung mit Wasserstoff schließt sich eine Rektifikation in Ggw. von Na_2CO_3 zur Verseifung der Ester u. Neutralisation der Säuren an. (**F. P. 56 380** vom 23/9. 1946, ausg. 23/9. 1952. **Zusatz zu F. P. 999 165; C. 1956. 7411.**) W. HEYNE. H 560

Badische Anilin- & Soda-Fabrik Akt.-Ges. (Erfinder: **Hans Nienburg**), Ludwigshafen/Rh., *Herstellung Äthergruppen enthaltender 1.5-Glykole*, dad. gek., daß man auf Lsgg. von α-Alkylacroleinen in einem Überschuß von Alkoholen ohne Wasserzusatz bei ca. —5° bis höchstens + 30° kleine Mengen Alkalialkoholat einwirken läßt, das Reaktionsgemisch neutralisiert u. dann katalyt. hydriert. Die Endprodd., die sich von Ausgangsstoffen mit niedrigen Alkylresten ableiten, sind mit W. in jedem Verhältnis mischbar. — α-Methylacrolein mit Methanol in Ggw. von $NaOCH_3$ bei 0° u. p_H 8 umgesetzt, mit H_2SO_4 neutralisert u. mit RANEY-Ni bei 120° u. 200 at mit H_2 hydriert → *2.4-Dimethyl-2-methoxymethylpentamethylenglykol-(1.5)* ($Kp._2$ 124—126°). Mit A. erhält man *2.4-Dimethyl-2-äthoxymethylpentamethylenglykol-(1.5)*, $Kp._2$ 129—132°, mit W. in jedem Verhältnis mischbar. (**D. B. P. 941 667** Kl. 12o vom 3/2. 1952, ausg. 19/4. 1956. Anmeldung bekanntgemacht 20/10. 1955.) G. KÖNIG. H. 570

Louis Salaün, Frankreich, *Gewinnung von reinem Mannit aus Meeresalgen* durch Extraktion mit einer verd. Säure, z. B. mit HCl, bei p_H 2, wobei die Säurelsg. ca. 30 Min.

einwirkt. Die Extraktlsg. wird zur Trockne gebracht, zweckmäßig unter Anwendung von Vakuum, nachdem das Jod durch Einw. von $NaNO_2$ oder eines anderen Oxydationsmittels aus den Mutterlaugen entfernt worden war u. diese mit Na_2CO_3 auf p_H 8 gebracht worden waren. Das Trockenprod. wird mit einem Gemisch von niedermol. aliphat. Alkoholen, z. B. von Methanol bis Pentanol, aufgenommen, wobei das Mannit in Lsg. geht. Die alkoh. Lsg. des ungereinigten Mannits wird mit akt. Kohle von Pigmenten u. Fremdstoffen befreit, danach filtriert u. zur Trockne gebracht. (**F.P. 1 102 924** vom 28/2. 1952, ausg. 27/10. 1955.) M. F. MÜLLER. H 580

Chemische Werke Hüls Akt.-Ges., Deutschland, *Herstellung von Estern der phosphorigen Säure* durch Einw. eines Phosphortrihalogenids auf eine Verb. der allg. Formel R—CH—CH_2, worin R gleich H oder ein beliebiger organ. Rest ist. Solche Verbb. sind
\O/
Äthylenoxyd, Propylenoxyd, Epichlorhydrin, Cyclohexenoxyd, Glycidphenyläther. — PCl_3 wird in Cyclohexan gelöst, u. bei 30—40° wird gasförmiges Äthylenoxyd eingeleitet. Es bildet sich dabei *Tri-(chloräthyl)-phosphit*. — Aus Epichlorhydrin u. PCl_3 entsteht *Tri-(dichlorpropyl)-phosphit*. (**F. P. 1 102 299** vom 11/6. 1954, ausg. 18/10. 1955. D. Prior. 20/8. 1953.) F. M. MÜLLER. H 590

Farbwerke Hoechst Akt.-Ges., vormals Meister Lucius & Brüning (Erfinder: **Otto Scherer** und **Helmut Hahn**), Frankfurt/M., *Herstellung von in β-Stellung fluorierten Äthansulfofluoriden*, dad. gek., daß man β.β.β-Trichloräthansulfohalogenide mit HF in Ggw. von $SbCl_5$ umsetzt. — Aus β.β.β-Trichloräthansulfofluorid (hergestellt aus Äthansulfofluorid u. Cl_2 nach D. B. P. 907 775; C. **1955.** 2298) u. HF in Ggw. von $SbCl_5$ im Druckgefäß bei 100—120° → *β.β-Difluor-β-chloräthansulfofluorid*, $CF_2ClCH_2SO_2F$, Kp. 132°; Ausbeute 76,5%. — β.β.β-Trichloräthansulfofluorid bei 150—180° → $CF_3CH_2 \cdot SO_2F$, Kp. 106°; Ausbeute 71%. — β.β.β-Trichloräthansulfochlorid (aus 1.1-Dichloräthylen + S_2Cl_2 → Bis-trichloräthandisulfid u. anschließende Oxydation mit Cl_2 in W.) → $CF_2ClCH_2SO_2F$, Kp. 132°, + $CFCl_2CH_2SO_2F$, Kp. 158°. — *Schädlingsbekämpfungsmittel* u. *Zwischenprodd.* für *Farbstoffe*. (**D. B. P. 936 090** Kl. 12o vom 2/8. 1952, ausg. 7/12. 1955. Anmeldung bekanntgemacht 26/5. 1955.) G. KRAUSS. H 600

Ruhrchemie Akt.-Ges., Oberhausen-Holten, *Kontinuierliches Verfahren zur Oxosynthese*, dad. gek., daß eine innige Mischung aus Olefin, wss. Co-Salzlsg. u. Wassergas unter erhöhtem Druck u. Temp. durch einen langgestreckten Reaktionsraum — bes. in turbulenter Strömung — geleitet wird. Zwecks Hydrolyse der als Nebenprod. entstandenen Acetale u. zur Entkobaltisierung wird das Syntheseprod. von der Gasphase abgetrennt, mit ca. 10—20% W. emulgiert, u. in einem zweiten Röhrenreaktor 10—20 Min. auf 100—250°, bes. 200°, erhitzt. Das Reaktionsgefäß besteht zweckmäßig aus einem aufrecht stehenden, mit Cu plattierten oder Cr–Ni-Stahlrohr, in das ein wendelförmiger Einsatz eingebaut ist. Zur Stabilisierung der aus 3 Phasen bestehenden Reaktionsmischung kann ein Alkylarylsulfonat als Netzmittel bzw. Emulgator zugesetzt werden. — 2 Zeichnungen. (**E. P. 736 875** vom 12/1. 1953, ausg. 14/9. 1955. **Belg. P. 516 887** vom 13/1. 1953, ausg. 12/11. 1954. Beide D. Priorr. 17/1. u. 12/11. 1952.) O. SCHÖN. H 650

British Petroleum Co. Ltd., London (Erfinder: **John Habeshaw, Charles John Geach** und **Robin William Rae**, Sunbury-on-Thames, Middlesex), England, *Herstellung sauerstoffhaltiger, organischer Verbindungen* durch Rk. von Monoolefine (mit 6 bis 9 C-Atomen im Mol.) enthaltenden Ausgangsstoffen mit CO u. H_2 unter den Bedingungen der Oxo-Rk., dad. gek., daß diese, ohne Zufuhr fester CO-Verbb. oder von metall. Co, in Ggw. eines gesondert hergestellten Katalysators, wie $Co_2(CO)_8$ oder $[Co(CO)_4]H$, unter Verwendung eines Propylenpolymerisats oder einer bei bes. 50—130° sd., durch Dest. von Schieferöl oder Cracken einer hochsd. Erdölfraktion, wie einem Gasöl, Paraffindestillaten u. anderen Paraffinen, erhaltenen Benzinfraktion als Ausgangsmaterial durchgeführt u. hierauf gegebenenfalls das aus *Aldehyden* mit 7—10 C-Atomen im Mol. bestehende Umsetzungsgut der Oxo-Rk. ganz oder teilweise zu *Alkoholen* mit gleicher Anzahl von C-Atomen im Mol. hydriert wird. Der Co-Katalysator wird entweder als Lsg. oder als Dampf in den Autoklaven eingebracht. — Zeichnungen. (**D. B. P. 937 890** Kl. 12o vom 26/6. 1951, ausg. 19/1. 1956. Anmeldung bekanntgemacht 26/8. 1954. E. Prior. 4/7. 1950.) O. SCHÖN. H 660

Allied Chemical & Dye Corp., New York, übert. von: **Everett E. Gilbert**, Flushing, **Julian A. Otto**, Long Island, und **Benjamin Veldhuis**, Bayside, N. Y., V. St. A., *Chloral* (**I**) u. *Dichloracetaldehydalkoholat* (**II**) erhält man durch Einleiten von Ae., Cl_2 u. 1—5 (Mol) W. (auf 1 Ae.) in ein mit Cl_2 gesätt. Lösungsm. (**III**) bei 50—130°. **III** besteht aus chlorierten Oxyäthanverbb. (**IV**) mit 2—6 C-Atomen, bes. Chloral oder Dichloracetaldehydalkoholat. In der Reaktionsmischung hält man den Wassergeh. auf

0,5—5 W. auf 1 **IV**. Bei der Herst. von **II** läßt man auf 1 Ae., 3—7 Cl_2 u. 1—5 W. einwirken. Will man **I** erhalten, so läßt man 8 Cl_2 u. 2—4 W. auf 1 Ae. bei 60—110° einwirken. In beiden Fällen soll der Wassergeh. der **III** 0,5—3 Mol auf 1 **IV** betragen. (**A. P. 2 697 119** vom 6/4. 1949, ausg. 14/12. 1954.) G. KÖNIG. H 670

Adolf Marzin, Dessau, *Gewinnung hochmolekularer geradkettiger Fettsäuren aus Fettsäuregemischen*, dad. gek., daß das Säuregemisch mit höchstens 85% der zur völligen Verseifung erforderlichen Alkalimenge verseift u. das Gemisch von Seife u. Fettsäure, zweckmäßig unter Anwendung von Vakuum, mit Wasserdampf oder einem anderen indifferenten Medium vorzugsweise bei ca. 360° dest. wird, u. zwar so, daß die hochmol. geradkettigen Fettsäuren als Alkalisalze zurückbleiben. Man kann auch an Stelle eines Gemisches von Seife u. Fettsäure (vgl. oben) ein völlig verseiftes Fettsäuregemisch nach Zugabe von freien Säuren destillieren. (**D. P. [DDR] 6 275** Kl. 23d vom 26/1. 1952, ausg. 9/1. 1954 [Wirtschaftspatent].) T. OPPERMANN. H 810

Adolf Marzin, Dessau, *Herstellung von ungesättigten Fettsäuren* aus gesätt. Fettsäuren, bes. solchen, welche der Paraffinoxydation entstammen, dad. gek., daß gesätt. Fettsäuren oder deren Gemische in bekannter Weise zur Aufnahme von ca. 2—3 Atomen Cl/Mol. Fettsäure chloriert u. anschließend bei Tempp. oberhalb 270—360° mit Cl-bindenden alkal. Mitteln behandelt werden. Die Abspaltung der Cl-Atome bzw. der hieraus entstandenen OH-Gruppen kann in zwei Stufen bei verschied. Tempp. vorgenommen werden, wobei in der ersten Stufe Tempp. unter 250° bzw. andere bekannte Cl-abspaltende Verff. angewandt werden. Ferner können in der zweiten Stufe an Stelle von alkal. Mitteln die vorbehandelten Fettsäuren in Form ihrer Ester mit wasserabspaltenden Mitteln, z. B. Silicagel, behandelt werden. — Z. B. werden 400 Gewichtsteile chlorierte Stearinsäure (Cl-Geh. 28,5%) mit 1400 einer wss. NaOH (NaOH-Geh. 200 Gewichtsteile) 6 Std. bei 340° im Autoklaven erhitzt. Die Aufarbeitung der Seifenlsg. ergibt 210 Gewichtsteile Fettsäure (SZ. 198, VZ. 203, JZ. 72, Hydroxylzahl 5, Cl-Geh. 0%). (**D. P. [DDR] 7 410** Kl. 23d vom 22/1. 1953, ausg. 3/6. 1954 [Wirtschaftspatent].) T. OPPERMANN. H 810

William T. Miller, Ithaca, N. Y., V. St. A., *Ungesättigte Perhalogenverbindungen*. Perhalogenallylkohlenstoffverbb. werden mit NH_3 oder Aminoderivv. bei —10 bis +150°, bes. 0—150°, bes. in Ggw. eines Lösungsm. (Pyridin, tert. Amine, Dioxan, Dibutyläther) nach folgenden Reaktionsschemen umgesetzt: $CF_2{=}CXCF_2Y + 4NH_3 \rightarrow CF_2{=}CXCN + 2NH_4F + NH_4Y$; $CF_2{=}CXCF_2Y + 3RNH_2 \rightarrow CF_2{=}CXCF{=}NR + RNH_3F + RNH_3Y$; $CF_2{=}CXCF_2Y + 2R_2NH \rightarrow CF_2{=}CXCF_2NR_2 + R_2NH_2Y$ (X = Cl, F; Y = F, Cl, Br, J; R = Alkyl, Aryl, Naphthyl). — Aus 3-Chlorperfluorpropen-(1), $CF_2{=}CFCF_2Cl$, in wasserfreiem Dioxan u. trockenem $NH_3 \rightarrow$ *Perfluoracrylnitril*, $CF_2{=}CFCN$. — 2.3-Dichlorperfluorpropen-(1), $CF_2{=}CClCF_2Cl$, $\rightarrow$ *Chlorperfluoracrylnitril*, $CF_2{=}CClCN$, Kp. 62—65°. — 2.3-Dichlorperfluorpropen-(1), $CF_2{=}CClCF_2Cl$, + Diäthylamin $\rightarrow$ Fraktion mit Kp. 204—206°. — Zwischenprodd., bes. zur Herst. von als Schmiermittel u. Überzugsmassen geeigneten Polymeren. (**A. P. 2 691 036** vom 30/11. 1950, ausg. 5/10. 1954.) G. KRAUSS. H 810

Badische Anilin- & Soda-Fabrik Akt.-Ges., Ludwigshafen/Rh., *Thioätherdicarbonsäuren*. Zu D. B. P. 917 247; C. **1955**. 3963 ist nachzutragen: Thioätherdicarbonsäuren erhält man durch Erhitzen von Lactonen mit Alkali- oder Erdalkalisulfiden oder -hydrosulfiden auf 150—300° in Ggw. eines inerten, bei der Reaktionstemp. sd. Lösungsm., in dem die Sulfide u. Hydrosulfide unlösl. sind. — Aus γ-Butyrolacton u. Na_2S in Tetrahydronaphthalin nach 4std. Erhitzen $\rightarrow$ *Thiodipropyläther-γ.γ'-dicarbonsäure* (**I**), F. 98°; SZ. 540; Ausbeute 94%. — Weitere Lactone sind: γ- oder δ-Valero-, Angelicalacton u. das Lacton von Benzylalkohol-o-carbonsäure. — Zwischenprodd., bes. zur Herst. von *Weichmachern*. Vgl. E. P. 728 978; C. **1956**. 7100. (**E. P. 733 085** vom 14/10. 1952, ausg. 6/7. 1955. D. Prior. 17/10. 1951 u. **735 279** vom 23/12. 1952, ausg. 17/8. 1955. D. Prior. 31/5. 1952.) G. KRAUSS. H 850

Genatosan Ltd. (Erfinder: **Eric Vero** und **John Albert Marriott**), Loughborough, England, *Gewinnung von Alkalithiocyanaten* durch Rk. von S_2 in Ggw. eines Dispergiermittels mit Alkalicyanid in einer vorgelegten Alkalithiocyanatlsg. unter Rühren bei 100—110°. Nach dem Filtrieren konz. man die Lsg. bei n. Druck, bis ihr Kp. 140—150° erreicht, kühlt dann ab u. erhält reine Alkalithiocyanatkristalle. (**E. P. 739 635** vom 16/2. 1954, ausg. 2/11. 1955.) H. NEBELSIEK. H 890

Rohm & Haas Co. (Erfinder: **Sidney Melamid** und **Benjamin F. Aycock**), V. St. A. *Herstellung von Isocyanatoalkylvinyläthern* (**I**) der allg. Formel $CH_2{=}CH{-}O{-}Z{-}C(R')\cdot(R''){-}NCO$, worin Z eine Alkylengruppe mit 1—7 C-Atomen ist. R' u. R'' sind Alkylreste. Z ist eine Kette mit höchstens 2 C-Atomen. Falls Z mehr als 2 C-Atome enthält, so sind R' u. R'' gleich H oder Alkylgruppen. Die Verbb. **I** werden durch Erhitzen von

Vinyloxyalkylcarbamaten (**II**) der allg. Formel $CH_2=CH-O-Z-C(R')(R'')\cdot NH\cdot COOR$ auf 170—300° in Ggw. von CaO, Alkalioxyd oder -hydroxyd oder -alkoholat hergestellt. R ist ein Alkyl-, Alkenyl-, Benzyl- oder Cyclohexylesterrest. Die Verbb. **II** entstehen durch Rk. eines Aminoalkylvinyläthers (**III**) der allg. Formel $CH_2=CH-O\cdot Z-C(R')(R'')\cdot NH_2$ mit einem Ester der Chlorameisensäure in Ggw. eines HCl-bindenden Mittels, z. B. $NaHCO_3$, Na_2CO_3, K_2CO_3 oder NaOH. — Nach den Beispielen wird zu einer Lsg. von 2-Aminoisobutylvinyläther in Bzl. der $Cl\cdot COOC_2H_5$ innerhalb 2 Std. unter Kühlung bei 0—10° eingerührt. Es entsteht dabei der *N-[Vinyloxy-tert.-butyl]-carbaminsäureäthylester* (**IV**), $Kp._{0,4}$ 55°. Diese Verb. **IV** wird mit K-Octylat u. CaO auf 190° unter Rühren erhitzt, wobei sich der *2-Isocyanatoisobutylvinyläther* (**V**) bildet. Beim Erhitzen mit NH_3 oder mit prim. Aminen bildet sich leicht der *2-Ureidoisobutylvinyläther*, F. 118—120°. — Ein Gemisch aus 33 (Teilen) Dodecyl-N-[vinyloxy-tert.-butyl]-carbamat, 2 CaO u. 2 K-Butylat wird unter Rühren auf 190—200° erhitzt u. dabei über einen kurzen Kolonnenaufsatz destilliert. Bei 145—150° dest. der *2-Isocyanatoisobutylvinyläther* über. Dieser Äther liefert beim Erhitzen mit Dimethylformamid in einer Stickstoffatmosphäre in Ggw. von Dimethylazodiisobutyrat als Katalysator den Isocyanatoisobutylvinyläther in polymerer Form. Er ist in W. unlösl., dagegen in Bzl., Aceton oder A. leicht löslich. Eine Lsg. des polymeren Äthers in Toluol bildet mit Imino-bis-propylamin ein Gel. Mit Dimethylaminopropylamin bildet sich eine Polyureidoverb., welche in W. unlösl. u. in verd. Säuren lösl. ist. Diese Polyverb. dient zur Behandlung, bes. zum *Stabilisieren von Textilfasern*, bes. Wolle. — Die erhältlichen Prodd. dienen je nach dem Polymerisationsgrad zur Herst. von *Lacken*, zur Behandlung von *Textilien* u. als *Klebemittel*. (**F. P. 1 103 442** vom 9/4. 1954, ausg. 3/11. 1955. A. Prior. 10/4. 1953.)
M. F. Müller. H 890

Courtaulds Ltd., London, England (Erfinder: **Albert Stanley Carpenter** und **Frank Reeder**), *Herstellung von ω-Aminononansäure* (**I**), dad. gek., daß man ungesätt. Säuren vegetabiler Öle, die die Formel $R-CH=CH-(CH_2)_7-COOH$, worin R einen aliphat. einwertigen Rest bedeutet, haben, oxydativ zum *Azelainsemialdehyd* (**II**) spaltet, wobei ein Aldehyd R—CHO als Nebenprod. entsteht, **II** in **II**-Oxim überführt u. dieses zu **I** reduziert. — Rohe Ölsäure behandelt man mit Pb-Acetat, um gesätt. Anteile zu entfernen, löst die reine Ölsäure in A. u. leitet ozonisierten O_2 ein, hydriert das Ozonid mit H_2 u. Pd, versetzt mit Hydroxylaminhydrochlorid u. Na-Acetat, trennt *Pelargonaldehydoxim* vom **II**-*Oxim* (F. 111—113°) ab u. red. dieses mit H_2 u. Raney-Ni in Ggw. von NH_3 zu **I**: F. 182°. — Rohe Ölsäure wird mit H_2O_2 in Essigsäure zu *9.10-Dioxystearinsäure* umgesetzt, diese in den *Äthylester* übergeführt; letzteren oxydiert man mit Pb-Tetraacetat zu einem Gemisch aus Pelargonaldehyd u. *Azelainsemialdehydäthylester*, führt diesen in das *Oxim* (F. 55—56°) über u. red. katalyt. zu **I**-*Äthylester*, $Kp._1$ 108—110°. (**E. P. 743 491** vom 22/2. 1954, ausg. 18/1. 1956.)
G. Langer. H 950

Standard Oil Development Co., Elizabeth, N. J., übert. von: **Edward F. Wadley** und **James A. Anderson jr.**, Baytown, Texas, V. St. A., *Herstellung von Alkylaromaten*. Ein Gemisch von CO u. H_2 im Verhältnis von 1 :1—2:1 wird bei 400—700° F u. 100 bis 500 lbs./sq.in. in Ggw. eines Fe-Katalysators mit einem Alkalibeschleuniger zu einem KW-stoffgemisch umgesetzt. Durch Dest. wird eine Fraktion zwischen 100 u. 450° F abgetrennt. Diese Fraktion wird mit einem Lösungsm., z. B. CH_3OH, extrahiert, um die O-haltigen organ. Verbb. zu entfernen. Die extrahierte KW-stofffraktion wird bei 50 bis 250° F in Ggw. von $AlCl_3$ polymerisiert. Aus dem Reaktionsprod. werden durch Dest. nichtumgesetzte KW-stoffe (Kp. $<450°$ F), eine Fraktion zwischen 450 u. 750° F (**I**) u. Schmieröl abgetrennt. Aus **I** werden durch Extraktion mit fl. SO_2 die Olefine abgetrennt u. aus dem Extrakt die Alkylaromaten gewonnen. Vorzugsweise wird **I** mit einem niedrigsd. aromat. KW-stoff mit 6—8 C-Atomen vermischt u. einer Alkylierungszone zugeführt, in der bei 50—150° F in Ggw. eines Katalysators die zugesetzten Aromaten durch die in **I** enthaltenen Olefine alkyliert werden. (**A. P. 2 688 630** vom 20/11. 1948, ausg. 7/9. 1954.)
A. Mohr. H 1010

Houdry Process Corp., Wilmington, Del., übert. von: **Heinz Heinemann**, Swarthmore, Pa., V. St. A., *Katalytische Desalkylierung von aromatischen Kohlenwasserstoffen*, dad. gek., daß man methylsubstituierte aromat. KW-stoffe, z. B. Toluol, in Ggw. eines Katalysators mit H_2 bei 900—1000° F u. 100—800 lbs./sq.in. behandelt. Das Mol-Verhältnis von z. B. H_2 :Toluol beträgt 4:1. Herst. des Katalysators: Akt. Tonerde (**I**) wird mit 0,1—2% Magnesia imprägniert; die imprägnierte **I** wird bei höherer Temp. calciniert, ohne daß eine vollkommene Umwandlung in die β-Form eintritt, anschließend wird dem Prod. Molybdänoxyd (**II**) einverleibt, so daß der fertige Katalysator bis zu 15% **II** (berechnet als MoO_3) enthält. (**A. P. 2 692 293** vom 5/10. 1951, ausg. 19/10. 1954.)
A. Mohr. H 1010

Ethyl Corp., New York, N. Y., übert. von: **Gustavo E. Montes**, Baton Rouge, La., V. St. A., *Trichlorbenzole* mit einem erhöhten Geh. an *1.2.4-Trichlorbenzol* (**I**) erhält man durch Rk. von Benzolhexachloriden bei mindestens 180°, bes. 220—230°, mit katalyt. Mengen von aminartigen Verbb., wie NH_3, NH_4-Salze, Amine, Amide, Thioamide, Diamine, Hydrazine, Imine, Chinonimine, Hydrazide, Hydrazone, Oxime, Hydroxylamine, Azo-, Hydrazoverbb., Carbamate, Sulfamate u. Cyanamide. Durch Erhitzen von rohem Benzolhexachlorid mit 1% NH_4Cl auf 285—290° erhält man ein Gemisch, in dem das Verhältnis von **I** zu dem 1.2.3-Isomer 7:1 beträgt. Daneben erhält man wesentliche Mengen von *2.3.4.5.6-Pentachlorcyclohexen-(1)*. (**A. P. 2 725 404** vom 1/11. 1951, ausg. 29/11. 1955.) J. MÜHLEISEN. H 1010

Metallgesellschaft Akt.-Ges. (Erfinder: **Wilhelm Herbert, Karl Grob** und **Karl-Heinz Eisenlohr**), Frankfurt/M., *Gewinnung von Phenolen aus Abwässern* von z. B. Brennstoffdestillier-, Hydrier- oder Phenolsyntheseanlagen durch Extraktion mit verzweigten Ketonen, bes. solchen mit einem Kp. unter dem Kp. der Phenole, z. B. Methylisopropyl- oder -isobutylketon. Man extrahiert bes. im mehr als 3stufigen Gegenstrom mit $<$10% Keton, bezogen auf Abwasser, oberhalb Raumtemperatur. (**D. B. P. 941 544** Kl. 12q vom 19/5. 1953, ausg. 12/4. 1956. Anmeldung bekanntgemacht 20/10. 1955.) K. FABEL. H 1060

Asta-Werke Akt.-Ges. Chemische Fabrik, Brackwede/Westf. (Erfinder: **Herbert Arnold** und **Dietrich Vogelsang,** Bielefeld), *Herstellung von p-Arylsulfonylbenzaldehyden,* dad. gek., daß man p-Arylsulfonyltoluole mittels CrO_3 in essigsaurer Lsg. bei höherer Temp. zu den entsprechenden Diphenylsulfoncarbonsäuren oxydiert, diese anschließend durch Erhitzen mit $SOCl_2$ oder PCl_5 in die Säurechloride überführt u. aus diesen durch Red. mittels H_2 in Ggw. eines Pd–$BaSO_4$ bei 150—165° die Aldehyde herstellt. — Beispiele: 80 (g) Phenyl-p-tolylsulfon, in 600 ml Eisessig gelöst, werden portionsweise mit einer Lsg. von 128 CrO_3 in 800 ml Eisessig versetzt derart, daß die Lsg. schwach siedet. Man kocht weitere 2 Std. am Rückfluß u. erhält beim Abkühlen 80 p-Diphenylsulfoncarbonsäure, F. 273°. 20 vorst. Verb. erhitzt man mit 100 ml $SOCl_2$ u. erhält 17,5 p-Diphenylsulfoncarbonsäurechlorid, F. 149—150°. 15 der letztgenannten Verb., gelöst in 200 ml Xylol, erhitzt man mit 1 Pd-Ba SO_4 im H_2-Strom auf 150—160°, bis HCl-Entw. beendet ist. Man erhält 11,5 *p-Phenylsulfonylbenzaldehyd,* F. 124—125°. — Analog: Aus 4,4′-Ditolylsulfon über 4.4′-Diphenylsulfondicarbonsäuredichlorid, F. 143—144°, erhält man *4.4′-Diphenylsulfondialdehyd,* F. 185°. — Aus p-Bromphenyltolylsulfon über p-Bromphenylsulfonylbenzoesäure, F. 273°, u. deren Chlorid, F. 146°, erhält man *p-Bromphenylsulfonylbenzaldehyd,* F. 135°. (**D. B. P. 939 325** Kl. 12o vom 31/1. 1954, ausg. 23/2. 1956. Anmeldung bekanntgemacht 25/8. 1955.) O. SCHÖN. H 1090

Sharp & Dohme, Inc., V. St. A. (Erfinder: **James U. Sprague** und **Edward J. Cragoe,** V. St. A.), *Herstellung von α-Aryl-α-alkylbernsteinsäure.* Die Synth. gemischter α-Aryl-α-alkyldisubstitutionsprodd. der Bernsteinsäure gelang erstmalig aus disubstituiertem Äthylencyanessigsäureester (**I**), R u. R′ = ein Alkyl- u. ein Arylrest oder beide Arylreste, auf folgendem Wege (vgl. nebenst. Formel): Die Einführung der CN-Gruppe in **I** erfolgt durch Umsatz der alkoh. Lsg. mit einer gesätt. wss. Lsg. von KCN in der Wärme. Anschließende Hydrolyse von **II** mit H_2SO_4 u. Eisessig führt zu **III**. Das Anhydrid **IV** erhält man durch Entwässern mit Thionyl- oder Acetylchlorid. — Beispiel: *α-Phenyl-α-(2-cyclohexyläthyl)-bernsteinsäure.* 61 g 1-Phenyl-3-cyclohexylpropylencyanessigsäureäthylester in 80 cm³ A. lösen, eine Lsg. von 25,5 g KCN in 80 cm³ W. zusetzen, 15 Min. erwärmen, mit W. verd., ansäuern. Das Öl mit Bzl. extrahieren. Ausbeute 99%. Das erhaltene Prod. mit einem Gemisch von 248 (g) konz. H_2SO_4, 262 Eisessig u. 50 W. 15 Std. unter Rückfluß erhitzen, mit Bzl. extrahieren, dieses im Vakuum abdest., 72 Std. mit 185 cm³ einer 20% KOH kochen. Nach Reinigung u. Extraktion hinterbleibt eine wachsartige Masse. Ausbeute 94%, F. 100—110°. — Ferner *α-Phenyl-α-(5-cyclohexylpentyl)-bernsteinsäureanhydrid,* $Kp._{1-2}$ 210°, n_D^{25} 1,2510; *α-Phenyl-α-(n-heptyl)-bernsteinsäureanhydrid,* $Kp._2$ 170—172°, n_D^{25} 1,5081; *α-(4-n-Butylphenyl)-α-(n-hexyl)-bernsteinsäureanhydrid,* $Kp._{1-2}$ 178—180°, n_D^{25} 1,5055; *α-Phenyl-α-(4-chlorphenyl)-bernsteinsäure,* F. 187—188° (aus Essigsäure u. W.); *α-(2-Chlorphenyl)-α-(4-chlorphenyl)-bernsteinsäure,* F. 195—196°. (**F. P. 1 026 067** vom 17/10. 1950, ausg. 23/4. 1953. A. Prior. 4/11. 1949.) S. MEIER. H1220

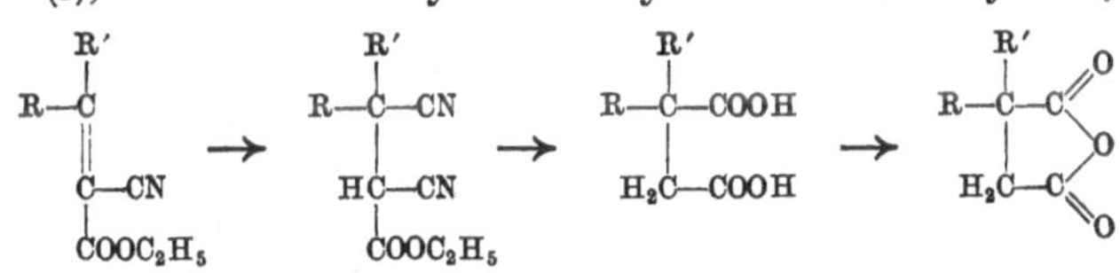

I II III IV

Farbwerke Hoechst Akt.-Ges., vormals Meister Lucius & Brüning, Frankfurt/M. (Erfinder: **Hermann Müller, Arnold Albers,** Frankfurt/M., und **Paul Engelbertz,**

Schneidhain/Taunus), *Verfahren zum Entfärben und Stabilisieren von aromatischen und heterocyclischen Aminen,* dad. gek., daß man die Amine mit geringen Mengen von wasserfreiem oder kristallwasserhaltigem $SnCl_2$ oder eines aus einem aromat. Amin u. $SnCl_2$ hergestellten Doppelsalzes versetzt. — Beispiele für die Stabilisierung von *o-* u. *m-Chloranilin, o-Anisidin, p-Chlor-o-anisidin, o-Toluidin, p-Phenylendiamin, o-Phenetidin, 5-Amino-1.2-dimethylbenzimidazol* u. *Oxyaminobenzthiazol.* (**D. B. P. 942 992** Kl. 12q vom 29/12. 1953, ausg. 9/5. 1956. Anmeldung bekanntgemacht 24/11. 1955.) G. LANGER. H 1310

Farbwerke Hoechst Akt.-Ges., vormals Meister Lucius & Brüning (Erfinder: **Ludwig Orthner,** Frankfurt/M., und **Martin Rieber,** Schönberg/Taunus), *Herstellung von Cycloalkanonoximen* durch Red. von sek. Nitrocycloalkanen, dad. gek., daß man zu wss. Lsgg. von Salzen des Nitrocyclopentans oder -hexans u. Salzen der Oxymethansulfinsäure, gegebenenfalls in Mischung mit Salzen der dithionigen Säure, noch so viel Säure zugibt, daß gegen Ende der Red. eine neutrale bis schwach saure Lsg. vorliegt, wobei die Temp. 80° u. in Ggw. von Salzen der dithionigen Säure 20° nicht übersteigen darf. Zweckmäßig fügt man der Lsg. vor oder nach der Säurezugabe kleine Mengen Hydroxylamin bzw. eines seiner Salze oder das erstere abgebende Verbb. zu. — Aus 130 (Teilen) Nitrocyclohexan in 605 2,5n NaOH bei n. Temp. u. einer gesätt. wss. Lsg. von 200 oxymethansulfinsaurem Na u. Zusatz von 650 2n HCl nach 1 Std. bei p_H 6—7 → 70 *Cyclohexanonoxim.* — Zwischenprodukte. (**D. B. P. 938 786** Kl. 12o vom 24/10. 1952, ausg. 9/2. 1956. Anmeldung bekanntgemacht 11/8. 1955.) G. KRAUSS. H 1960

Heinrich Koppers G. m. b. H., Deutschland, *Gewinnung von Naphthalin* durch Warmpressen aus Rohnaphthalin. Während des Abpressens werden wenigstens zwei Fraktionen abgetrennt. Die erste Fraktion ist arm an Naphthalin u. reich an Thionaphthen. Die spätere Fraktion, welche reich an Naphthalin ist, wird gesondert aufgefangen u. nach dem Abkühlen dem Ausgangsnaphthalin zugesetzt. Dieses besteht aus festem oder breiartigem Material, welches möglichst grobkrist. Naphthalin enthält. (**F. P. 1 103 389** vom 2/7. 1954, ausg. 2/11. 1955. D. Prior. 11/7. 1953.) M. F. MÜLLER. H 2700

Food Machinery and Chemical Corp., San Jose, Calif., übert. von: **Robert R. Umhoefer,** Kenmore, N. Y., V. St. A., *Katalytische Hydrierung von Chinonen zu Hydrochinonen,* dad. gek., daß das zur Anwendung gelangende RANEY-Ni mit einem Amin vorbehandelt oder die Hydrierung in Ggw. geringer Mengen eines Amins durchgeführt wird, wobei das Amin auch erst durch die Red. gebildet werden kann, z. B. durch zugefügtes CH_3NO_2. Durch diese Maßnahme wird die Aktivität des Katalysators so beeinflußt, daß keine Hydrierung des aromat. Kerns eintritt. — Beispiel: Aus 2-Äthylanthrachinon entsteht beim Hydrieren mit RANEY-Ni in Ggw. von 2% Piperidin (bezogen auf das Katalysatorgewicht) quantitativ *2-Äthylanthrahydrochinon.* (**A. P. 2 730 533** vom 26/3. 1952, ausg. 10/1. 1956.) O. SCHÖN. H 2800

N. V. de Bataafsche Petroleum Mij. (Erfinder: **George J. Carlson** und **Clarence R. Gum**), Holland, *Metallischer Silberkatalysator* mit Trägersubstanz für die Oxydation von olefin. KW-stoffen mit mol. O_2 zu *Olefinoxyden.* Als Trägersubstanz sind z. B. genannt Ton, Bauxit, Bentonit, Kieselgur, akt. Kohle, Bimsstein, geschmolzenes Al_2O_3. Das Herstellungsverf. besteht in dem Imprägnieren der Trägersubstanz mit einer Ag-Salzlsg., z. B. einer wss. $AgNO_3$-Lsg., Entfernung des Lösungsm. u. Red. des auf dem Träger befindlichen Ag-Salzes zu metall. Silber. Dieses Verf. wird mehrmals wiederholt, wobei zum Imprägnieren eine weniger konz. Ag-Salzlsg. verwendet wird, welche nicht ausreichen würde, um mit einer einmaligen Imprägnierung der Trägersubstanz auszukommen. (**F. P. 1 109 426** vom 10/6. 1954, ausg. 27/1. 1956. A. Prior. 12/6. 1953.) M. F. MÜLLER. H 3030

F. Hoffmann-La Roche & Co. Akt.-Ges., Basel, Schweiz, *Pyridin-4-aldehyd,* $Kp._{20}$ 90—91°, erhält man, wenn man Pyridyl-(4)-carbinol zusammen mit einer O_2 enthaltenden Gasmischung bei 200—400°, bes. 250—320°, über einen Oxydationskatalysator (feinverteiltes Cu oder Ag) leitet. Vorzugsweise arbeitet man im Gegenstromprinzip. — Zwischenprodukt. (**Schwz. P. 309 175** vom 27/11. 1952, ausg. 1/11. 1955.) R. LINK. H 3231

Cassella Farbwerke Mainkur, Frankfurt/M., *N.N'-Di-(oxyphenylmethyl)-melamin,* weißes Pulver, das sich $>150°$ zers., in W., Ae., Bzl., PAe. unlösl., in Alkoholen u. Ketonen leicht lösl. ist, erhält man durch Rk. von Melamin mit CH_2O u. Phenol. — Zwischenprodukt. (**Schwz. P. 311 805** vom 17/11. 1952, ausg. 15/2. 1956. D. Priorr. 19/11. 1951, 15/2., 19/2., 8/8. u. 17/9. 1952.) A. BRÖSAMLE. H 3313

Glidden Co. (Erfinder: **Joseph P. Bain, Harry G. Hunt, Wilbur Y. Gary, Eugene A. Klein** und **Albert B. Booth**), V. St. A., *Pyrolyse von α-Pinenverbindungen,* welche in 4-Stellung substituiert sind, z. B. von Verbenon, Verbenol, Verbenylaminen u. Verbenyläthern, bei 200—400° unter Gewinnung von substituierten p-Menthadienverbindungen. — Verbenon wird im Autoklaven innerhalb $1^3/_4$ Std. auf 225° erhitzt u. $2^1/_2$ Std. bei 225—260° gehalten. Das Reaktionsprod. wird fraktioniert destilliert. Dabei gewinnt man *Isopiperitenon, Piperitenon, Thymol* u. höhersd. Ketone. — Verbenyldimethylamin wird 2 Std. in einem geschlossenen Rohr bei 250° erhitzt, wobei *Isopiperitenyldimethylamin* gebildet wird. — Aus dem 1-trans-Verbenylmethyläther entsteht durch Erhitzen im Autoklaven während 6 Std. bei 250° der *Isopiperitenylmethyläther*, $Kp._{10}$ 84°. — Die Isopiperitenolverbb. entsprechen den in 3-Stellung substituierten 1.8-p-Menthadienen. Die monocycl. Derivv. des p-Menthadiens lassen sich leicht in *Menthol* u. *Menthon* überführen. (**F. P. 1 103 457** vom 13/4. 1954, ausg. 3/11. 1955. A. Priorr. 14/4., 5/6., 14/9. u. 10/12. 1953.) ——————— M. F. Müller. H 3600

G. Martin and **H. J. Strauss**, The manufacture of glycerol. 2nd. edn. Modern Soap and Detergent Industry, Vol. 3. London: Technical Pr. 1956. (248 S. m. Abb.) 8° 84 s.

X. Färberei. Organische Farbstoffe.

Erwin Greuter, *Das Redoxpotential mit besonderer Berücksichtigung der Küpenfärberei.* Theorie u. Meßmeth. des Redoxpotentials werden besprochen u. als Beispiel für Redoxsysteme die Küpenfarbstoffe näher erläutert. (Chem. Rdsch. [Solothurn] **7.** 343—44. 15/9. 1954. Herisau, Metrohm A. G.) Ph. Fresenius. 7020

—, *Die Kontrolle der Ionenkonzentrationen in Lösungen für die Wollbearbeitung.* 2. Mitt. (1. vgl. C. **1956.** **6835.**) Für das Farbstoffaufnahmevermögen der Wolle, welches hauptsächlich durch den p_H-Wert des Farbbades bestimmt wird, ist bes. bei Wollmischungen zu berücksichtigen, daß Wolle verschied. Herkunft unterschiedliche p_H-Werte aufweist (austral. Wolle p_H 7, südamerikan. Wolle p_H 4,5) u. auch Veränderungen des p_H-Wertes die Affinität der Farbstoffe zur Faser stark beeinflussen. Durch Anwendung eines Puffergemisches, berechnet für den p_H-Bereich 5,5—8 (isoelektr. Feld), wird gezeigt, wie ein Farbbad im p_H-Gleichgewicht gehalten werden kann, bes. für Cr- (Palatine Fast) Farbstoffe u. den Metachromprozeß. In einer Reihe von Testverss. mit dem Ringwear-Tester, zur Best. der schädigenden Wrkg. von Säuren u. Alkali bei p_H-Werten zwischen 1,2 u. 10,8 u. Tempp. von 18—100° konnte, mit der Scheuerfestigkeit der Wolle als Maßstab, festgestellt werden, daß Lsgg. im p_H-Bereich von 4,9—6,2 selbst bei hohen Tempp. fast keinen schädlichen Einfl. haben. (Textile Recorder **73.** Nr. 874. 59—61. Jan. 1956.) I. Schoenmann. 7020

Albrecht Würz, *Über das Färben von Rilsan.* Nach kurzer Beschreibung der Herst. von Rilsan (**I**, Poly-ω-aminoundecansäure) wird das Färben mit sauren Farbstoffen, Chromier- u. Metallkomplexfarbstoffen sowie Dispersions- u. Küpenfarbstoffen behandelt, wobei bes. auf die (durch den stärker paraffin. Charakter von **I** bedingten) färbetechn. Unterschiede gegenüber den älteren Polyamidfasern Nylon u. Perlon hingewiesen wird. Das Färben von Mischmaterialien wird gestreift. (Melliand Textilber. **37.** 690—94. Juni 1956. Ludwigshafen/Rh., Bad. Anilin- & Soda-Fabrik.) H. E. Messerknecht. 7020

Yoshié Bansho, *Untersuchungen über Farbstoffe für Acetylcellulosefasern.* 1. Mitt. *Färbeeigenschaften und die Herstellung von 2'-Oxyäthylaminoanthrachinonen.* 2'-Oxyäthylaminoanthrachinone werden für gute Farbstoffe für Acetylcellulosefasern umgearbeitet. Bei 21 hergestellten Farbstoffen zeigt sich, daß bei Einführung von 2'-Oxyäthylaminogruppen in das Anthrachinon dieses gut in W. suspendiert wird. Die weitere Einführung einer Aminogruppe in die 4-Stellung steigert die Farbstoffeigenschaft. Eine weitere Substitution von 2'-Oxymethylaminogruppen in die 5- bzw. 8-Stellung machen den Farbstoffcharakter noch ausgeprägter. (Rep. Government chem. ind. Res. Inst., Tokyo **50.** 328—32. Okt. 1955. [Orig.: japan.; Auszug: engl.]) O. Treichel. 7058

Yoshié Bansho, *Untersuchungen über Farbstoffe für Acetylcellulosefasern.* 2. Mitt. *Synthetische Methoden zur Herstellung von 1.4-disubstituierten 2'-Oxyäthylaminoanthrachinonen.* (1. vgl. vorst. Ref.) Man stellt zunächst das Leukochinizarin her, u. zwar mit zwei Isomeren. Die weitere Behandlung mit Monoäthylamin in reduzierendem Medium ergibt blauviolette Kristalle von 1.4-Di-(2'-oxyäthylamino)-anthrachinon. Eine weitere Behandlung dieses Farbstoffs in reduzierender Atmosphäre mit Hydrosulfit ergibt schließlich 1.4-Di-(2'-oxyäthylamino)-5.8-dioxyanthrachinon. (Rep. Government chem. ind. Res. Inst., Tokyo **50.** 333—36. Okt. 1955. [Orig.: japan.; Auszug: engl.]) O. Treichel. 7058

Yoshié Bansho, *Untersuchungen über Farbstoffe für Acetylcellulosefasern.* 3. Mitt. *Synthese von asymmetrisch substituierten 1.4-Di-(2'-oxyäthylamino)-anthrachinonen.* (2. vgl. vorst. Ref.) Aminoanthrachinonfarbstoffe mit einer 2'-Oxyäthylaminogruppe u. weiteren Aminogruppen in 1 u. 4-Stellung in asymm. Anordnung zeigen gute Farbstoffeigenschaften. 1-Methylamino-4-(2'-oxyäthylamino)-anthrachinon wird als Leukoverb. mit Methylamin u. Monoäthylamin in Butylalkohol bei 95° 8 Std. behandelt, dann durch Wasserdampfdest. gereinigt u. schließlich mit 20%ig. HCl behandelt. Es ergibt sich ein blauer Farbstoff, der im Spektr. dem Cellulose-Brillantblau B entspricht. 1-(2'-Oxyäthylamino)-4-p-aminoanilinoanthrachinon wird mit p-Phenylendiamin bei 100° 12 Std. lang behandelt, in Nitrobenzol bei 150° 30 Min. mit Sulfurylchlorid behandelt. Es ergibt sich ein blaugrüner Farbstoff für Acetylcellulosefasern. (Rep. Government chem. ind. Res. Inst., Tokyo **50.** 337—40. Okt. 1955. [Orig.: japan.; Auszug: engl.]) O. Treichel. 7058

Yoshié Bansho, *Untersuchungen über Farbstoffe für Acetylcellulosefasern.* **4.** Mitt. *Synthese von 1-Amino-4-oxyanthrachinon.* (3. vgl. vorst. Ref.) Eine neue Meth. zur Herst. von 1-Amino-4-oxyanthrachinon, ausgehend von Leukochinizarin u. Harnstoff in Butylalkohol, wurde entwickelt. Diese Meth. ergibt eine gute Ausbeute. Als Katalysator wird konz. Essigsäure verwendet. Man erhält grüne Rohkristalle mit metall. Glanz. Die Reinigung erfolgt in H_2SO_4. Anscheinend erfolgt eine Rk. zwischen dem Harnstoff u. dem Butylalkohol. (Rep. Government chem. ind. Res. Inst., Tokyo **50.** 341—44. Okt. 1955. [Orig.: japan.; Auszug: engl.]) O. Treichel. 7058

Comp. Française des Matières Colorantes, Paris, Frankreich, *Diazoaminoderivate,* die durch Kupplung bei neutralem Dämpfen unlösl. *Azofarbstoffe auf Textilien* liefern. — Man setzt Diazo- oder Tetrazoderivv. von Mono- oder Diaminen, die eine Dissoziationskonstante höher als $5 \cdot 10^{-11}$ besitzen, in nichtsaurem Medium mit N-substituierten Derivv. der Anthranilsäure zu Verbb. der Formel I um, wobei R den Rest des aromat. Amins, X eine substituierte oder unsubstituierte Alkyl- oder Cycloalkylgruppe, n = 1 oder 2 u. Y = H oder Alkalimetall bedeuten. — Diazoaminoderivv. aus: *5-Chlor-2-amino-1-methylbenzol* u. *N-(2-Carboxyphenyl)-glycin* (**II**); *4-Chlor-2-amino-1-methylbenzol* u. **II**; *Dianisidin* u. **II**; *m-Chloranilin* u. **II**; *4-Chlor-2-amino-1-methoxybenzol* u. **II**; *Aminoazotoluol* (aus o-Toluidin) u. **II**; *Aminoazotoluol* (aus m-Toluidin) u. **II**; *4'-Nitro-4-amino-2.5-dimethoxyazobenzol* u. **II**; *6-Amino-7-(2'-chlorbenzolazo)-benzopyrazol* u. **II**; *2'-Nitro-4-amino-5-methoxy-2.4'-dimethylazobenzol* u. **II**; *4-Chlor-2-amino-1-methylbenzol* u. *N-(2-Carboxyphenyl)-glycinäthylester*; *4-Chlor-2-amino-1-methylbenzol* u. *N-(2-Carboxyphenyl)-glycinamid*; *4-Chlor-2-amino-1-methylbenzol* u. *N-(2-Oxyäthyl)-anthranilsäure*; *1-Amino-4-benzoylamino-2-chlor-5-methoxybenzol* u. *N-(2-Oxyäthyl)-anthranilsäure*; *Dianisidin* u. *N-(2-Oxyäthyl)-anthranilsäure*; *4-Chlor-2-amino-1-methylbenzol* u. *N-(2.3-Dioxypropyl)-anthranilsäure*; *1-Amino-4-benzoylamino-2-methoxy-5-methylbenzol* u. *N-(2.3-Dioxypropyl)-anthranilsäure*; *4-Chlor-2-amino-1-methylbenzol* u. *N-(2'-Carboxyphenyl)-β-aminopropionsäure*; *6-Amino-3-benzoylamino-1-methoxy-4-methylbenzol* u. *N-Äthylanthranilsäure*; *6-Amino-3-benzoylamino-1-methoxy-4-methylbenzol* u. *N-Methylanthranilsäure.* — Vgl. auch A. P. 2 675 374; C. **1955.** 7087. (**E. P. 729 157** vom 15/9. 1952, ausg. 4/5. 1955. F. Priorr. 21/9. 1951, 10/1., 27/3., 14/5. u. 17/7. 1952.) G. Langer. 7007

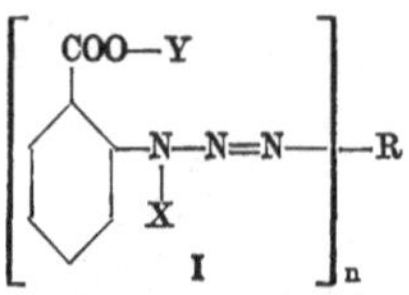

VEB Farbenfabrik Wolfen, Wolfen, Kr. Bitterfeld (Erfinder: **Arno Flath,** Naunhof, Krs. Grimma), *Färben von Gebilden aus polymerisierten Vinylverbindungen und ihren Mischpolymerisaten* in einem wasserfreien Bade aus einem Gemisch aromat. u./oder aliphat. KW-stoffe u./oder ihrer Halogenderivv. als Quellungsmittel für die Polyvinylverb., einem Alkohol als einem die Quellung regelnden Stoff u. einem in diesen Lösungsmitteln lösl., wasserunlösl. Farbstoff. — Folien aus weichmacherhaltigem Polyvinylchlorid werden mit einer Mischung aus 50 (Teilen) CH_3OH, 50 Chlorbenzol u. Anilin → Dimethylanilin in 10 Min. bei 20° gelborange gefärbt. (**D. P.** [**DDR**] **7 438** Kl. 8m vom 20/2. 1951, ausg. 1/7. 1954 [Wirtschaftspatent].) M. Pankow. 7021

Carl G. Westerberg, Sierra Madre, Calif., V. St. A., *Färben von keratinhaltigen Materialien,* wie Haaren, Wolle, Fellen. Man behandelt mit einer wss. Lsg., die eine Thiolverb., z. B. ein Salz der Thioglykolsäure, ferner mindestens 3,3% eines Schwermetallsalzes, z. B. von Co, Ni, Fe, Mn oder Bi, u. ein Alkali, z. B. NH_4OH, enthält u. einen p_H-Wert von 8—10,5 aufweist. Die Lsg. kann noch ein Netzmittel enthalten u. ist als *Haarfärbemittel* unschädlich. (**A. P. 2 719 104** vom 11/7. 1951, ausg. 27/9. 1955.) H. v. Schiller. 7025

Celanese Corp. of America, New York, N. Y., V. St. A., *Behandlung von Textilmaterial aus Cellulosederivaten.* Gefärbtes Celluloseacetat oder Textilien aus anderen Cellulosederivv. werden bei der Trockenreinigung, z. B. mit CCl_4 oder Perchloräthylen, gleichzeitig mit einem Mittel (I) gegen Gasschwund behandelt, z. B. mit 2-Amino-1-butanol, Methyldiäthanolamin oder Diäthanolamin, das in dem Reinigungsmittel (II) aufgelöst ist. Beim Trocknen verdunstet II u. hinterläßt I in dem Material. Es werden

auf diese Weise zwei Effekte gleichzeitig erzielt, nämlich Reinigung u. Verhinderung des Gasschwundes. (**E. P. 729 170** vom 11/12. 1952, ausg. 4/5. 1955. A. Prior. 12/12. 1951.)
H. v. SCHILLER. 7029

Ciba Akt.-Ges., Basel, Schweiz, *Azopigmente* erhält man durch Kondensation von 2 (Mol) eines azogruppenhaltigen Carbonsäurechlorids mit 1 eines Aryldiamins bzw. Diaryldiamins. — [o-Chloranilin → 1-(H'-Carboxyphenyl)-3-methyl-5-pyrazolon (**I**)] in Chlorbenzol + Thionylchlorid (**II**) + 3.3'-Dichlorbenzidin (**III**); Kunststoffe (**K**), bes. aus Polyvinylverbb., rotstichiggelb. — [1-Amino-4-chlor-2-trifluormethylbenzol (**IIIa**) → 1-Phenyl-5-pyrazolon-3-carbonsäure] + **II** + 3.3'-Dimethyl-4.4'-diaminodiphenyl (**IVa**); **K** gelb. — [1-Amino-2-chlor-5-trifluormethylbenzol (**IV**) → **I**] + PCl_5 + **III**; **K** gelb. — [**IV** → 2.3-Oxynaphthoesäure (**V**)] + **II** + 1.4-Diamino-2-chlorbenzol; **K** gelbstichigscharlachrot. — [**IV** → **V**] + **II** + 4.4'-Diaminodiphenyl (**VIa**); **K** rotstichigorange. — [1-Amino-3.5-di-(trifluormethyl)-benzol (**VI**) → **V**] + **II** + **IVa**; **K** orange. — [**VI** → **V**] + **II** + 1.4-Diaminobenzol (**VIb**); **K** orange. — [**VI** → **V**] + **II** + **VIa**; **K** orange. — [**VI** → **V**] + **II** + **III**; **K** orange. — [1-Amino-5-trifluormethylbenzol-2-äthylsulfon] + **II** + 1.5-Diaminonaphthalin (**VIIb**); **K** orange. — [**IIIa** → **V**] + **II** + **VIa**; **K** gelbstichigorange. — 1-Amino-2.5-dimethoxy-4-benzoylaminobenzol → **V**] + **II** + **VIa**; **K** rotstichigblau. — [1-Amino-2-chlor-4-benzoylamino-5-methoxybenzol (**VII**) → **V**] + **II** + **VIa**; **K** rubinrot. — [**VII** → **V**] + **II** + **VIIb**; **K** violett. — [4-Chlor-3-amino-1-benzoesäure (**VIII**) → 1-Acetoacetyl-2.5-dimethoxy-4-chloranilid] + **II** + **III**; **K** rotstichiggelb. — [**VIII** → 1-Acetoacetyl-2-methoxy-5-methyl-4-chloranilid] + **II** + **III**; **K** grünstichiggelb. — [4-Amino-3-nitro-1-benzoesäure (**IX**) → 1-(3'-Chlorphenyl)-3-methyl-5-pyrazolon] + **II** + **VIb**; **K** orange. — [**IX** → 1-Acetoacetyl-o-chloranilid] + **II** + **IVa**; **K** grünstichiggelb. — [**IX** → 2.3-Oxynaphthoesäure-o-anisidid (**X**)] + **II** + **VIb**; **K** rotorange. — [1-Amino-2-phenoxybenzol-5-carbonsäure → **X**] + **II** + **VIb**; **K** blaustichigrot. — [1-Amino-2-nitrobenzol-4-carbonsäure → 4.4'-Dichlordibenzoylmethan] + **II** + **VIa**; **K** goldgelb. (**Schwz. PP. 305 008, 305 009, 305 010, 305 011, 305 012, 305 013, 305 014, 305 015, 305 016, 305 017, 305 018, 305 019, 305 020, 305 021, 305 022, 305 023, 305 024, 305 025, 305 026, 305 027** u. **305 028** vom 20/10. 1952, ausg. 1/4. 1955. **Zusätze zu Schwz. P. 297 020; C. 1956. 9307.**) U. SIEVERS. 7053

Ciba Akt.-Ges., Basel, Schweiz, *Azopigmente* erhält man durch Kondensation von Diaminoverbb. mit Halogeniden von Carbonsäuren der allg. Formel **I**. Für **I** (R = 4-Nitro-2-methoxyphenyl) ergibt die Kondensation mit 3.3'-Dimethyl-4.4'-diaminodiphenyl im Mol-Verhältnis 2 : 1 ein dunkelrotes Pulver. — Mit **I** (R = 2-Methoxy-5-chlorphenyl) erhält man bei Kondensation mit 2.5-Diäthoxy-1.4-diaminobenzol ein rotes Pulver; ebenso mit **I** (R = 2.5-Dichlorphenyl) u. 1.4-Diaminobenzol. Die Reaktionsprodd. färben Kunststoffe rotviolett, blaustichigrot oder rot mit guter Migrations- u. Lichtechtheit. (**Schwz. PP. 300 780, 300 781** u. **300 782** vom 2/3. 1951, ausg. 16/10. 1954. **Zusätze zu Schwz. P. 297 020; C. 1956. 9307.**)

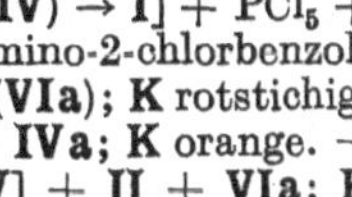

I

A. KALIX. 7053

Ciba Akt.-Ges., Basel, Schweiz, *Azofarbstoffpigmente*. 2 Mol eines Halogenids der Säure **I** werden mit 1 Mol 3.3'-Dimethoxy-4.4'-diaminodiphenyl oder 1.4-Diaminobenzol kondensiert. In den üblichen organ. Lösungsmitteln unlösl. Pulver, die Kunststoffe, bes. Polyvinylchlorid, violett mit guter Echtheit färben. (**Schwz. PP. 300 787** u. **300 788** vom 2/3. 1951, ausg. 16/10. 1954. **Zusätze zu Schwz. P. 297 020; C. 1956. 9307.**)

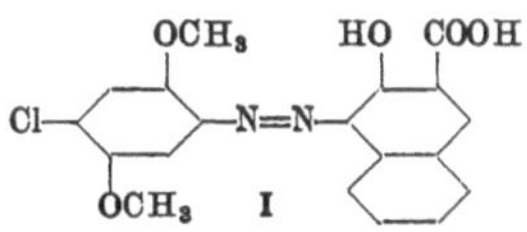

I

A. KALIX. 7053

Ciba Akt.-Ges., Basel, Schweiz, *Azopigmentfarbstoffe*. 2 Mol eines Halogenids der Carbonsäure **I** werden mit 1 Mol 4.4'-Diaminodiphenyl oder 1.5-Diaminonaphthalin kondensiert. Rote Pulver, die in den üblichen organ. Lösungsmitteln unlösl. sind u. Kunststoffe, bes. Polyvinylchlorid, migrationsecht rot färben. — Mit dem Halogenid der gleichen Säure, aber mit dem Cl-Atom in p-Stellung zur Azogruppe, erhält man ein blaustichigrotes Pigment mit den gleichen Eigenschaften. (**Schwz. PP. 300 785, 300 789** u. **300 790** vom 2/3. 1951, ausg. 16/10. 1954. **Zusätze zu Schwz. P. 297 020; C. 1956. 9307.**) A. KALIX. 7053

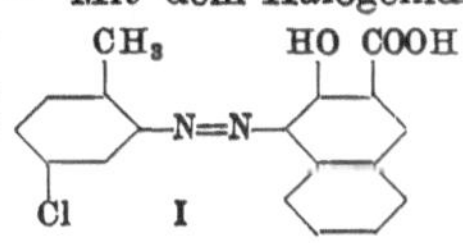

I

Ciba Akt.-Ges., Basel, Schweiz, *Azofarbstoffpigmente*. 3.3'-Dimethyl-4.4'-diamino-

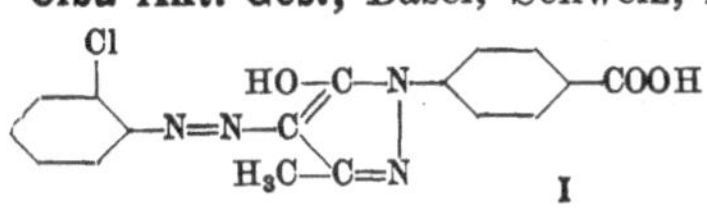

I

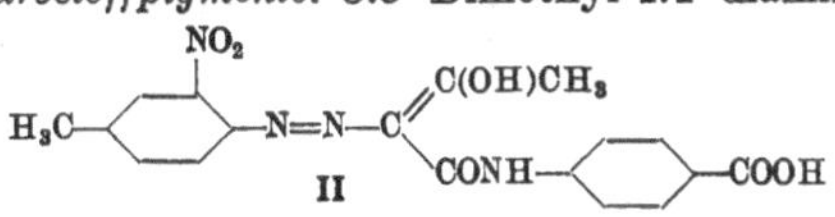

II

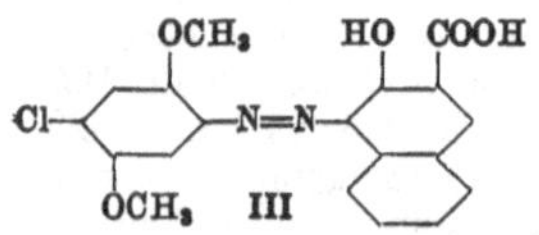

diphenyl wird mit einem Halogenid einer der Carbonsäuren I, II u. III im Mol-Verhältnis 1 : 2 kondensiert. In den üblichen organ. Lösungsmitteln unlösl. Pulver, mit I u. II gelb, mit III rotviolett, die Kunststoffe, bes. Polyvinylchlorid, mit guter Migrationsechtheit gelb bzw. violett färben. (**Schwz. PP. 300 783, 300 784** u. **300 786** vom 2/3. 1951, ausg. 16/10. 1954. **Zusätze zu Schwz. P. 297 020; C. 1956. 9307.**) A. Kalix. 7053

Farbwerke Hoechst Akt.-Ges., vormals Meister Lucius & Brüning (Erfinder: **Richard Huss, Arthur Siebert** und **Josef Weissert**), Frankfurt/M., *Herstellung von Polyazofarbstoffen* der Zus. I, dad. gek., daß man 1 (Mol) eines tetrazotierten Diamins der allg.

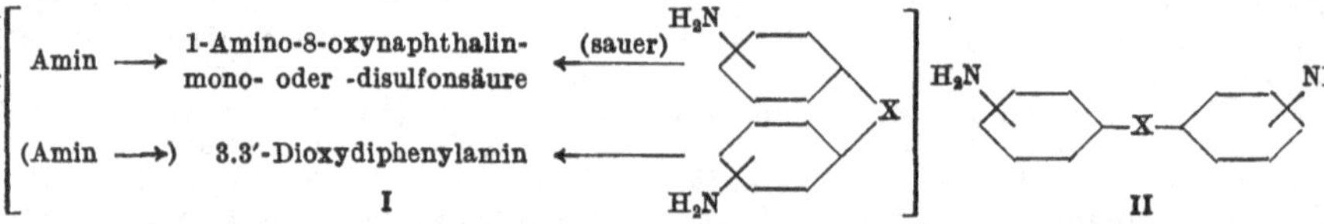

Formel II (X = $-CH{=}CH-$, $-HN-CO-NH-$, $-CO-$, $-O-$, $-S-$, $-NH-$ oder $-CONH-$), in dem die Phenylreste noch Substituenten enthalten können, in saurem Medium mit 1 einer 1-Amino-8-oxynaphthalinmono- oder -disulfonsäure kuppelt, die erhaltene Diazoverb. mit 1 einer beliebigen Diazo- oder Diazoazoverb. u. 1 3.3'-Dioxydiphenylamin vereinigt u. den so erhaltenen Polyazofarbstoff gegebenenfalls mit einer beliebigen Diazo- oder Diazoazoverb. kuppelt. — 1-Amino-8-oxynaphthalin-3.6-disulfonsäure (**II**) ← 4.4'-Diaminodiphenyl (**I**) ← 3.3'-Dioxydiphenylamin (**III**) ← 1-Aminobenzol-4-sulfonsäure (**IV**). Chromleder rotstichigschwarz. — **II** ← **I** → **III** ← **IV** ← **IV**. Chromleder schwarz. — **II** ← **I** → **IV** → (**IV** → **III**). Chromleder schwarz. (**D. B. P. 927 041** Kl. 22a vom 3/7. 1952, ausg. 28/4. 1955. Anmeldung bekanntgemacht 7/10. 1954.) U. Sievers. 7055

VEB Farbenfabrik Wolfen (Erfinder: **Werner Lange**), *Erzeugung von Azofarbstoffen auf Acetatkunstseide*, dad. gek., daß man 4.4'-Diamino-1.1'-azobenzole (I), die in 3.3'-Stellung durch je eine Alkoxygruppe substituiert sind, auf die Faser auffärbt, darauf diazotiert u. die Färbung mit 2-Oxy-3-naphthoesäure entwickelt. Die Färbungen, z. B. unter Verwendung von 4.4'-Diamino-3.3'-dimethoxy-6-methyl- oder -6.6'-dimethyl-1.1'-azobenzol erhalten, zeichnen sich gegenüber bekannten aus I mit nur einer Alkoxygruppe erhaltenen durch grünstichigblauen bis schwarzen Farbton u. bessere Lichtechtheit aus. (**D. P. [DDR] 6 410** Kl. 8m vom 10/7. 1938, ausg. 28/1. 1954 [Wirtschaftspatent].) G. Hoppe. 7055

Imperial Chemical Industries Ltd., London (Erfinder: **Harold Thompson Howard, Francis Irving** und **Alistair Livingston**), *Küpenfarbstoffe* der allg. Zus. I (n = 1 oder 2)

die bei hohen Tempp. beständig sind u. cellulosehaltige Fasern in kräftigen wasch- u. lichtechten braunen Tönen färben, erhält man durch Erhitzen eines Mono- oder Diaminobenzanthronanthrachinonacridins mit einem 1-Amino-, 1-Nitro- oder 1-Chloranthrachinon-2-carbonsäurehalogenid u. anschließende Überführung der Nitrogruppe oder des Cl-Atoms in die Aminogruppe. — 29 (Gewichtsteile) 11-Aminobenzanthronanthrachinonacridin u. 24 1-Nitroanthrachinon-2-carbonsäurechlorid (**II**) erhitzt man langsam in 500 o-Dichlorbenzol (**III**) bis 175°, rührt weiter bei 175—180°, bis kein HCl mehr entweicht, filtriert, gibt das feste Prod. zu 500 frischem **III**, erhitzt auf 180° u. leitet NH_3 durch das Gemisch, um die NO_2- durch die NH_2-Gruppe zu ersetzen, die NO_2-Gruppe kann auch durch Verküpen in die NH_2-Gruppe übergeführt werden. Der Farbstoff, eine schwarzbraune Substanz, in konz. H_2SO_4 grün lösl., färbt aus korinthfarbener Küpe je nach Menge des verwendeten Farbstoffs schokoladenbraun bis braunstichigschwarz. Analog Farbstoffe aus **II** u.: 3-Aminobenzanthronanthrachinonacridin, färbt braun bis braunstichigschwarz; 3.11-Diaminobenzanthronanthrachinonacridin, färbt schokoladenbraun bis braunstichigschwarz. (**E. P. 741 312** vom 11/2. 1953, ausg. 30/11. 1955.) O. Roick. 7059

Farbenfabriken Bayer Akt.-Ges. (Erfinder: **Fritz Baumann, Berthold Bienert, Heinrich Vollmann** und **Georg Rösch**), Leverkusen, *Erzeugung von Kobaltphthalocyaninen auf der Faser.* In Weiterbldg. des Verf. gemäß Ansprüche 2—4 des D. B. P. 861 300 verwendet man an Stelle der Na-Verbb. der komplexen Co-Verbb. (I) Lsgg. der Umsetzungsprodd. von I mit Polyaminen. Man druckt oder klotzt die Lsgg. auf Faserstoffe, dämpft nach einer kurzen Zwischentrocknung sauer oder neutral oder erhitzt kurz auf 100—150° u. führt anschließend eine Nachbehandlung mit verd. Säuren u./oder Reduktionsmitteln durch. (**D. B. P. 940 164** Kl. 8n vom 12/10. 1952, ausg. 15/3. 1956. Anmeldung bekanntgemacht 15/9. 1955. **Zusatz zu D. B. P. 861 300; C. 1955. 6146.**) H. v. Schiller. 7073

XIa. Farben. Anstriche. Lacke. Naturharze.

Wolfgang Budde und **Günter Wyszecki,** *Zur Messung des spektralen Remissionsgrades mit der Ulbrichtschen Kugel.* Entw. einer Theorie, nach der die Überführung der spektralen Remissionsmessungen an matten Proben in der 0°-Anordnung der Ulbrichtschen Kugel (DIN 5033) in die 45—0°-Anordnung möglich wird. Bestätigung an Beispielen. (Farbe **4.** 15—25. Mai 1955. Berlin, Farbforschungslabor. der Bundesanst. für mechan. u. chem. Materialprüf.) H. Dossmann. 7090

D. Bermane, *Ergebnisse der Forschung des belgischen Korrosions-(Schutz-)Ausschusses.* (Vgl. Ind. chim. belge **19.** [1954.] 231.) Übersicht über die vom belg. Korrosionsausschuß ausgeführten u. geplanten Arbeiten. — 22 Schrifttumshinweise. (Off. Digest. Federat. Paint Varnish Product. Clubs **27.** 1027—36. Dez. 1955. Brüssel, Assoc. Belge pour l'Etude, l'Essai et l'Emploi des Matériaux, Section N IV.) W. Wesly. 7090

P. J. Cauterman, *Beständige Pigmente aus Erde und Luft.* Überblick über die neueren Verff. zur Darst. synthet. Eisenoxydpigmente. (Canad. chem. Processing **38.** Nr. 1. 50—54. Jan. 1954. Northern Pigment Co. Ltd.) B. Scheifele. 7092

Ss. Ss. Ginsburg, O. M. Korelitzkaja und **G. W. Skworzowa,** *Gewinnung von Zinkoxyd aus Flugascheabfällen der Zinkweißgewinnung.* Abfälle aus der Zinkweißproduktion, deren Siebfraktion unter 1600 Maschen/cm² neben 97,6% ZnO noch 1,45% Zn enthält, werden verbessert, wenn dem Sieben ein Walzprozeß vorgeschaltet wird; da dann Zn vergröbert wird u. auf dem 300-Maschensieb zurückbleibt, enthält obige Fraktion nur noch Spuren Zn. (Химическая Промышленность [Chem. Ind.] **1955.** Nr. 6. 43—44. Sept. Fabrik Oktoberrevolution.) R. K. Müller. 7092

N. M. Cornell, *Neue trocknende Öle für Dichtungsmittel.* Für Dichtungsmittel u. Kitte werden polymerisierte, oxydierte bzw. geblasene Fischöle, Sojaöle u. hochungesätt. Fischöle (Selectols) empfohlen. (Paint, Oil chem. Rev. **117.** Nr. 24. 36. 2/12. 1954. Archer-Daniels-Midland Co.) B. Scheifele. 7096

P. Slansky, *Herstellung und Eigenschaften von dehydratisiertem Ricinusöl.* Erörtert werden die verschied. Methoden zur Darst. von dehydratisiertem Ricinusöl (Ricinenöl) in Labor. u. Fabrikation. — 8 Literaturzitate. (Paint Manufact. **24.** 45—48. 56. Febr. 1954.) B. Scheifele. 7096

L. O. Crosby jr., *Eine Lack- und Farbenindustrie beginnt sich in Holzöl zu spezialisieren.* Kurzer zusammenfassender Vortrag. (Proc. annu. Convent. Amer. Tung Oil Assoc. **1955.** Nr. 22. 19. Picayune, Mo., Crosby Forest Products Co.) B. Scheifele. 7096

—, *Nomograph für die Zusammensetzung von Alkydharzen.* (Paint, Oil chem. Rev. **117.** Nr. 24. 80—83. 2/12. 1954.) B. Scheifele. 7096

H. A. Conrad, *Kritische Pigment–Volumenkonzentrations-Studien an Polyvinylacetatdispersionen.* Verss. ergaben, daß innerlich plastifizierte Polyvinylacetatdispersionen (I) besser verfilmen u. höheres Pigmentaufnahmevermögen besitzen. Zusätze von flüchtigen Stoffen (Hexylenglykol), die das Schmelzen der Filme befördern, verbessern das Pigmentbindevermögen. Bei reinen I erhöht die Zugabe von Weichmacher u. Schmelzzusatz zwar das Bindevermögen, doch nur in geringerem Grade als bei innerlich plastifizierten I. Zur Best. der Pigmentverträglichkeit u. der krit. Pigmentvolumenkonz. der Filme diente das Wasch- u. Abriebgerät von Gardner. (Paint, Oil chem. Rev. **117.** Nr. 20. 11—12. 45. 7/10. 1954. Nat. Starch Prod., Inc., New Prod. Developm.) B. Scheifele. 7096

Martin L. Stumpf, *Aluminiumseifenpulver in Farbenbindemitteln.* Inhaltlich ident. mit der C. **1953.** 1405 referierten Arbeit. (Paint, Oil chem. Rev. **116.** Nr. 1. 16—17. 28. 1/1. 1953. Glendale, Long Island, N. Y.) B. Scheifele. 7096

K. V. McCullough, *Selbsthärtende phenolische Überzüge.* Übersicht über die Entw. selbsthärtender Überzüge auf Kunstharzbasis, bes. der bei gewöhnlicher oder schwach erhöhter Temp. härtenden Bakelite-Lsg. BK–SA–4201 (**A**), deren Zus., Eigg. u. Verwendung zusammen mit den Katalysator enthaltendem „Cellosolve". Die Wrkg. verschied. Katalysatoren auf das Verh. sowie Werkstoffe für Verpackung u. Versand von **A** werden erörtert. Vf. hebt die besonderen mechan. u. anstrichtechn. Eigg. des **A** für Schutzanstriche u. Spachtelmassen auf Holz hervor, wofür Rezepturen angegeben werden. Die Anstriche u. Überzüge auf Haushalts- u. Sportartikeln, Möbeln, Papier usw. sollen sich durch hohe mechan. u. chem. Beständigkeit auszeichnen. (Paint Varnish Product. **45.** Nr. 13. 34–36. Dez. 1955.) A. SANDER. 7106

B. Schmücker, *Anwendungsbereich von Kunstharz–Emulsions-Anstrichen.* (Vortrag.) Kunstharz–Emulsions-Anstriche, die charakterisiert sind durch geringe Alterung, gute Dauerelastizität, gleichbleibende Haftung, ausreichende Quellbarkeit u. Gasdurchlässigkeit bei Nadelhölzern, haben sich bes. als Anstriche auf Holz bewährt. Außerdem sind sie als Rostschutz-Deckanstriche sowie für zahlreiche Sonderzwecke, z. B. Funkenschutzanstriche, Schallschluck- u. Schalldämmschichten auf Stahl, geeignet. (Fette, Seifen, Anstrichmittel **57.** 335–40. Mai 1955. München.) M. WINIKER. 7106

Gene Bartczak, *Überzüge aus Fluorkohlenstoffdispersionen.* Übersicht über die chem., physikal. u. mechan. Eigg. von lufttrockenen u. geschmolzenen C–F-Dispersionen (*Teflon, Kel-F, Polyfluoron, Fluorothen*) u. ihrer Verwendung zu Schutzüberzügen. (Materials and Methods **42.** Nr. 5. 90–95. Nov. 1955.) W. WESLY. 7106

W. M. Gearhart und **F. M. Ball**, *Zweieinhalb Celluloseacetatbutyrat.* 3. Mitt. (2. vgl. C. **1956.** 1456.) Unters. über geeignete Weichmacher zur Verbesserung der Wirtschaftlichkeit. Der Einfl. der verschied. handelsüblichen Weichmacher auf die Zugfestigkeit, Dehnbarkeit, Haftfestigkeit, Oberflächenhärte u. Elastizität bei niedrigen Tempp. wird für verschied. Mischungsverhältnisse gemessen. — Tabellen. (Off. Digest. Federat. Paint Varnish Product. Clubs **27.** 83–91. Febr. 1955. Kingsport, Tenn., Eastman Chem. Prod., Inc.) H. ROSSOW. 7106

K. R. Brown, *Forciertes Trocknen von Holzlacken.* Ermittlung von geeigneten Tempp., Luftfeuchtigkeiten, Luftbewegungen u. Trockenzeiten für das forcierte Trocknen von Holzlackierungen. (Ind. Finishing **30.** Nr. 8. 68–86. Juni 1954. Sherwin-Williams Co., Varnish Resin Labor.) B. SCHEIFELE. 7106

T. K. Maher und **R. D. Struthers**, *Zein in Fußbodenschutzanstrichen. Zein* (**I**), ein Maisprotein, löst sich bei p_H 9,5–11 in Wasser. Eine aus **I**, Harz u. Ammoniumoleat hergestellte Emulsion hat eine ausgezeichnete Stabilität u. gibt Filme mit sehr gutem Glanz, Verlauf, Wasserbeständigkeit u. Härte. Sie kann auch mit Wachsemulsionen vermischt werden. Diese beachtlichen Eigg. machen **I** als wertvollen Rohstoff zur Herst. von Fußbodenschutzanstrichen brauchbar. (Paint Varnish Product. **45.** Nr. 10. 33–35. 74. Sept. 1955.) E. PREU. 7106

H. Arnold, *Konservendosenlacke und ihre Prüfungen.* Konservendosenlacke erfordern einwandfreie Verarbeitung, absol. Geschmacksfreiheit, mechan. Festigkeit bei Formung u. Verarbeitung der Dose, Beständigkeit gegen das Füllgut, bes. gegen S-haltiges Füllgut u. Lötfestigkeit. Einbrennbare Kunstharzlacke liefern relativ undurchlässige Filme u. eignen sich auch für Füllgüter, die bisher starke S-Verfärbungen verursachten. Auch in Schwartenfestigkeit sind sie den Öllacken weit überlegen, ebenso in Beständigkeit gegen die in Fleischwaren verwendeten Polyphosphate. Nachspritzen mit lufttrocknendem Lack erhöht die Korrosionsfestigkeit an der Falznaht. Der Einsatz elektrolyt. verzinnter Fischdosen wäre ohne Kunstharzlack nicht möglich gewesen. Hier ist eine Trockenfilmstärke von 2 g/m² ausreichend. Für Schwarzblechdosen sind Lacke mit bes. hoher Korrosionsfestigkeit erforderlich. Laboratoriumsteste für Konservendosenlacke erstrecken sich auf mechan. Festigkeit, Porenfreiheit, Beständigkeit gegen Essig-, Milchsäure, NaCl-Lsg., S-haltige Füllgüter, Schwartenfestigkeit, Geschmacksabgabe, Lagerfähigkeit. (Tidsskr. Hermetikind. **41.** 445–59. Okt. 1955. Hilden, Rhld., Hermann Wiederhold.) B. SCHEIFELE. 7106

A. B. Cox und **G. Winter**, *Wärme- und korrosionsbeständige Butyltitanatfarben.* Darst. von polymerem Butyltitanat u. Aufbau von wärmefesten, korrosionsbeständigen u. anwuchsverhindernden Anstrichfarben auf Grundlage von Butyltitanat. (Paint Manufact. **25.** 146–50. April 1955.) B. SCHEIFELE. 7106

Manfred Richter und **Herbert Weise**, *Farbmessung mit dem „Zusatzgerät MPA".* Beschreibung eines Zusatzgerätes für das PULFRICH- u. LEITZ-Photometer, das mit Hilfe von 24 Meßstreifen nach den Farbtönen der DIN-Farbenkarte die Farbmaßzahlen nach DIN 6164 nach dem Gleichheitsverf. zu bestimmen gestattet. (Farbe **2.** 121–26. Nov. 1953. Berlin-Dahlem, Materialprüfamt, Farbforschungslabor.) H. DOSSMANN. 7152

—, *Bewertung mehrwertiger Alkohole.* 1. Mitt. Polyalkohole werden auf ihre Eignung zweckmäßig derart geprüft, daß man sie mit ungesätt. Fettsäuren verestert im Vgl. zu Glycerin als Standard. Schilderung der App., Meth. u. Kinetik der Veresterung. — 16 Literaturzitate. (Paint, Oil chem. Rev. **116.** Nr. 7. 12—13. 36—37. 26/3. 1953.) B. SCHEIFELE. 7154

W. K. Asbeck und **M. van Loo,** *Restviscosität von Anstrichfarbensystemen bei unendlicher Schergeschwindigkeit.* Unter Verwendung von Bandviscosimeter, selbstzentrierendem Rotationsviscosimeter u. einem neu entwickelten absol. Viscosimeter wurden die Restviscositäten von Anstrichfarben bei Schergeschwindigkeiten über 1000 sec^{-1} ermittelt. Die Restviscosität η_∞ kann auch empir. durch gradliniges Extrapolieren der scheinbaren Viscosität η^* gegen die reziproke Schergeschwindigkeit nach 0 ermittelt werden. Durch Anwendung der Gleichung von VAND (Nature [London] **155.** [1945.] 364; C. **1948.** E. 710) kann eine enge lineare Beziehung zwischen η_∞ u. der Viscosität des Bindemittels aufgezeigt werden. (Ind. Engng. Chem. **46.** 1291—96. Juni 1954. Chicago, Ill., Sherwin-Williams Co.) B. SCHEIFELE. 7158

M. F. Kooistra, *Cold check-Test und Verhalten von Möbellacken.* Entwickelt wird eine Theorie der Rißbldg. in Holzlacken u. deren Übereinstimmung mit den Ergebnissen des Cold check-Testes, wobei auch Einfl. von Schichtdicke u. Holzart untersucht werden. (Verfkroniek **27.** 28—30. Febr. 1954. Sassenheim, Holland, N. V. Sikkens' Lakfabrieken.) B. SCHEIFELE. 7158

Mervin A. Danforth, Keith H. E. Larson und **Wouter Bosch,** *Das Proteklometer und die Bewertung von antikorrosiven Grundiermitteln.* Inhaltlich ident. mit der C. **1954.** 10821 referierten Arbeit. (Amer. Paint J. **38.** Nr. 6. 24—29. 31/10. 1953. North Dakota Agric. Coll.) B. SCHEIFELE. 7158

Godfrey L. Cabot, Inc., Boston, Mass., V. St. A., *Nachbehandlung feinteiliger Stoffe, wie Ruß oder Metalloxyde,* z. B. Al_2O_3, zur Verbesserung ihrer Pigmenteigg. oder ihrer Aktivität. In das eine Ende einer langgestreckten, wärmeisolierten Reaktionskammer wird ein Strom gas- oder dampfförmiger Brennstoffe axial eingespritzt u. unter Zufuhr von Luft verbrannt. Etwa in der Längsmitte der Kammer wird in den wirbelnden Strom der (je nach Bedarf reduzierenden oder oxydierenden) heißen Verbrennungsgase der zu behandelnde feinteilige Stoff, vorzugsweise mittels eines inerten Traggases, radial eingespritzt. Nachdem das Aerosol die Reaktionskammer durch deren anderes Ende verlassen hat, wird es abgekühlt, wonach der behandelte Stoff von den tragenden Gasen abgetrennt wird, die z. T. zurückgeführt werden, indem sie dem Brenngas oder der Brennluft zugemischt oder/u. als Traggas für den zu behandelnden Stoff verwendet werden. — Schemat. Abb. einer Gesamtanlage. (**Belg. P. 521 697** vom 24/7. 1953, ausg. 16/9. 1955. A. Prior. 24/7. 1952.) R. SCHREINER. 7093

Firestone Tire & Rubber Co., V. St. A. (Erfinder: **John Henry Musch),** *Gegen Koagulation beständige Wasserfarben.* Sie bestehen im wesentlichen aus einem Latex eines synthet. polymeren Prod., welches man durch wss. Polymerisation einer polymerisierbaren Äthylenverb. erhält, einer wss. Pigmentdispersion, einem Emulgator, einem oberflächenakt. Stabilisator u. enthalten zur Verhinderung des Koagulierens eine verhältnismäßig geringe Menge eines Alkanolamins, z. B. Mono-, Diäthanolamin, Propanol-, Butanolamin. (**F. P. 1 080 934** vom 17/6. 1953, ausg. 14/12. 1954. A. Prior. 18/2. 1953.) T. OPPERMANN. 7107

Gelsenkirchener Bergwerks-Akt.-Ges., Essen (Erfinder: **Heinrich Klas,** Düsseldorf, und **Hans Schlumberger,** Wanne-Eickel), *Grundiermittel* für heiß auf Bauteile, Eisen, Rohre usw., aufzutragende plast. bituminöse Massen, bes. für solche nach D. R. P. 763 115. Verwendet werden Lsgg. der mit Weichmachungsmitteln (Fluxmitteln), wie Anthracenöl, versetzten Steinkohlenteerpeche nach D. R. P. 763 115 in organ. Lösungsmitteln, wie Xylol. (**D. B. P. 904 338** Kl. 22h vom 14/7. 1940, ausg. 18/2. 1954.) W. GRÄGER. 7107

Chemische Werke Albert, Wiesbaden-Biebrich (Erfinder: **Felix Schlenker,** Wiesbaden), *Herstellung von Lacken und Anstrichmitteln,* dad. gek., daß Lsgg. von Ölen oder Harzen in organ. Lösungsmitteln mit Kunstharzen (gegebenenfalls in Lsg.) versetzt werden, die durch Umsetzung von metallakt. Verbb. drei- oder höherwertiger Metalle mit tautomer reagierenden Verbb., welche eine enol. oder ketol. OH-Gruppe zu bilden vermögen, gewonnen werden. — Z. B. werden 1000 (Gewichtsteile) Al-Butylat (F. 101 bis 102°, Al-Geh. 10,9%) mit 790 Acetessigester unter Erwärmen ca. 3½ Std. zur Rk. gebracht. Dann werden die flüchtigen Bestandteile bei 130—150° Badtemp. u. Vakuum oder durch Erhitzen des Reaktionsgemisches auf höhere Tempp. ohne Vakuum entfernt. 10 des gebildeten gelblichen, opalescierenden Harzkörpers werden mit 143 einer 70 %ig. Lsg. eines leinölmodifizierten Glycerinphthalatharzes in Lackbenzin–Butanol (2 : 1) versetzt. Bei gleicher Sikkativierung der auf Lackkonsistenz gebrachten Lacke zeigen die so präparierten Lacke gegenüber n. Phthalatharzlacken bessere Trocknungseigg. u. erhöhte Filmresistenz. (**D. P. [DDR] 3 931** Kl. 22h vom 20/9. 1951, ausg. 30/11. 1953 [Ausschließungspatent].) T. OPPERMANN. 7107

Frédéric Guillemot, Frankreich, *Herstellung von fluorescierenden Farben, Tinten und Überzugsmassen* in Form einer Emulsion, welche ein filmbildendes Bindemittel in Gemeinschaft mit einem Fluorescenzstoff u. einen anderen filmbildenden Stoff enthält, welcher mit dem ersten nicht mischbar ist. — Nach dem Beispiel stellt man zunächst eine Lsg. A her aus 65 (Gewichtsteilen) gebleichtem Gummilack, 30 A.(95%ig), 0,5 Rhodamin u. 4,5 Wasser. Daneben wird eine Lsg. B hergestellt, welche 40,5 (Gewichtsteile) eines mit 60% Sikkativöl verd. Glycerin–Phthalsäure-Harzes, 0,068 Co-Naphthenat (6% Metallgeh.), 54 Lackbenzin, 5,4 Al-Stearat enthält. Die beiden abgekühlten Lsgg. werden nacheinander in ein Mischgefäß eingetragen, u. zwar 14,81 (Gewichtsteile) der Lsg. B u. danach allmählich 20 der Lsg. A. In das Gemisch werden 6 Teile Lackbenzin oder einer 7%ig. Al-Stearatlsg. in Lackbenzin u. anschließend 10 Teile einer Lsg. A eingetragen. Man erhält eine Emulsion, welche eine Farbe mit einer schönen roten Fluorescenz liefert. — In einem weiteren Beispiel wird die Lsg. A hergestellt aus 35 (Gewichtsteilen) Nitrocellulose, 10,5 Butylalkohol, 8,5 Butylphthalat, 8,5 Ricinusöl, 1,0 Ricinusölsäure, 16 Toluol, 16 Butylacetat, 4 Methylcyclohexanon, 0,5 Auraminbase. Die Lsg. B enthält 82 (Gewichtsteile) W., 4,35 Methylcellulose, 13 einer 15%ig. wss. Caseinlsg. u. 0,65 Na-Salz der Isobutylnaphthalinsulfonsäure. In einem Mischgefäß werden allmählich 2 Teile der Lsg. A eingetragen in 1 Teil der Lsg. B. Man erhält eine Farbe von stark gelber Fluorescenz. (**F. P. 1 049 908** vom 28/1. 1952, ausg. 4/1. 1954.) M. F. MÜLLER. 7107

Dow Corning Corp., übert. von: **Lawrence A. Rauner,** Midland, Mich., V. St. A., *Lufttrocknende Organosiloxan–Alkyd-Harze* erhält man durch Rk. von 25—35 (Gew.-%) eines 0,8—2 Alkoxygruppen pro Si-Atom enthaltenden Phenylmethylorganosiloxans mit 20—30 einer 12—20 C-Atome enthaltenden u. eine JZ. von mindestens 125 aufweisenden ungesätt. Fettsäure, 12—18 Glycerin u. 25—40 Phthalsäureanhydrid bei Tempp. von 100—250°, bis die gewünschte Viscosität erreicht ist. Die Prodd. werden in Lösungsm. gelöst u. können dann, gegebenenfalls nach Zusatz von Pigmenten, als *Anstrichmittel* verwendet werden. — Ein partiell hydrolysiertes Alkoxysilan, das aus 70 (Mol-%) Phenylmethyl- u. 30 Monophenylsiloxan besteht u. 1,21 Isopropylgruppen pro Si-Atom enthält, wird mit Leinölfettsäure (VZ. 196,9—200,8, JZ. 175—192) bis zur Entfernung des Isopropylalkohols erhitzt, sodann mit Glycerin bis zu 200° umgesetzt. Das Reaktionsgemisch wird dann bei 200—210° mit Glycerinphthalat bis zum Dickwerden weiter umgesetzt, in Xylol gelöst u. mit TiO_2, Fe_3O_4 sowie Trockenstoffen versetzt. (**A. P. 2 718 508** vom 27/10. 1952, ausg. 20/9. 1955.) J. MÜHLEISEN. 7107

XIb. Plaste (Kunstharze. Plastische Massen).

E. Gaspar und **G. Rowe,** *Probleme und Entwicklungsrichtung bei modernen Schnekkenstrangpressen für thermoplastische Materialien.* Allg. Ausführungen. (Plastics **18.** 408—09. 439. Dez. 1953. Projectile & Engng. Co. Ltd.) R. SCHÄFF. 7170

—, *Notiz über den Spritzguß von Celluloseacetobutyrat.* Bemerkungen über Qualitätsmerkmale einiger Celluloseacetobutyratsorten, wie Verarbeitungstemp., Schrumpfung der Spritzlinge, Wasseraufnahme, Vermeidung von Geruchsbelästigung. (Ind. Plast. mod. **5.** Nr. 1. 19. Jan. 1953.) K. LÖFFLER. 7198

H. Flemming, *Anorganische Fasern und Plaste, die Komponenten neuzeitlicher Werkstoffe.* Beim Einbau von Fasern in Plaste ist darauf zu achten, daß ihr E-Modul auf den des Bindemittels abgestimmt ist, damit sie beim Dehnungsbeginn die auftretende Zugspannung aufnehmen können; vor allem kommen Glasfasern (G.F.) in Betracht. Da beim Plast eine möglichst große Dehnung zweckmäßig ist, eignen sich *Polyesterharze* am besten. Dünne Fasern gelten als bes. fest; im allg. werden sie mit einem Durchmesser von 10 μ verwendet. Dickere Fasern dürfen nicht bevorzugt in eine Richtung orientiert werden. Vf. entwickelte mit 50% Faseranteil mit einem Kresolharz als Bindemittel das Prod. *Glakresit* mit einer D. von 0,95—1,05. Wenn die Plaste sich nicht gut mit den G.F. verbinden, müssen Zwischenschichten eingeführt werden. Bei geringerer Haftung kann eine genügende Festigkeit durch Einbau längerer Fasern erreicht werden. (Plaste u. Kautschuk **2.** 178—79. Aug. 1955.) F. SCHIPKE. 7204

American Cyanamid Co., New York, N. Y., V. St. A., *Ternäres Mischpolymerisat,* bestehend aus Diglycidylphthalat (45 Teile), einer $\alpha.\beta$-ungesätt. mehrbas. Carbonsäure (Maleinsäure; 30) u. Styrol (25). Das Prod. ist bernsteinartig, zäh u. schrumpft kaum. (**E. P. 729 883** vom 26/8. 1953, ausg. 11/5. 1955. A. Prior. 10/9. 1952.) G. SALZMANN. 7177

Vereinigte Glanzstoff-Fabriken Akt.-Ges., Deutschland, *Alkylen-, Alkyliden- und Aralkyliden-bis-halogencarbonamidpolykondensation.* Man läßt die genannten monomeren Carbonamide mit fl. NH_3 reagieren, gibt zu den erhaltenen Amiden etwas Alkali- oder Erdalkalihydroxyd, -sulfhydrat u./oder -carbonat, schm. u. erhitzt unter N_2 bei Tempp. bis 200°. — Man behandelt 250 g Methylen-bis-chlorpropionamid (I) bei Raumtemp. bis zu 20 Std. mit 1250 cm³ fl. NH_3, entfernt nichtumgesetztes NH_3. Halbfestes *Monoamid*; F. 185—190°. Man schm. bei n. Druck unter N_2 mit 1 g Na_2CO_3 u. heizt bei 2 mm 3 Std. auf 130—140°: HCl-Abspaltung; klares zur Herst. plast. Massen geeignetes Produkt. — Man kann die monomeren Carbonamide mit fl. NH_3 auch in Ggw. heterocycl. N-Katalysatoren, wie Pyridinverbb., umsetzen. Überschüssiges NH_3 ist zu vermeiden. — Man läßt 60 g **I**, 0,3 g Pyridin u. 200 cm³ fl. NH_3 15 Std. stehen. (**F. PP. 63 638** u. **63 639** vom 28/12. 1952, ausg. 30/9. 1955. D. Prior. 31/12. 1951. **Zusätze zu F. P. 1 060 587; C. 1955. 6866.**) M. Pankow. 7181

VEB Filmfabrik Agfa Wolfen, Wolfen, Krs. Bitterfeld (Erfinder: **Elmer K. Balton, Donald D. Coffman**, Wilmington, und **Lugius Gilman**, Arden, Del., V. St. A.), *Herstellung von hochpolymeren Guanidinen,* die eine Anzahl Guanidogruppen der Formel —[R·NR'·CNR''·NR'·R'''·NR'·CNR''·NR']— (R u. R''' = 2wertige, auch verschied. organ. Reste mit wenigstens 4 Atomen in gerader Kette; R' = H, KW-stoff- oder Cyanrest, R'' = H oder KW-stoffrest; R' = H oder aliphat. KW-stoffrest, wenn R oder R''' = aromat. KW-stoffrest). Man läßt unter Polymerisations- bzw. Polykondensationsbedingungen außer der im Holl. P. 55 826; C. **1944**. I. 1133 genannten Rk. von Diamin u. Cyanverbb. auch Diamin u. Guanidin, Isonitrilchlorid bzw. -dibromid, N.N'-Dicyanamid $R(NH·CN)_2$ mit sich selbst oder einem anderen N.N'-Dicyanamid, einen Guanidinosäureester mit sich selbst oder Diamin, ein Diamin mit Guanidin u. einem Aminosäureester, ein Diamin u. Dialkyldiisothioharnstoff der Formel $R·(NH·C(NH)·S·Alk)_2$ oder einem Iminocarbonat reagieren. Die Polyguanidine oder ihre Salze dienen als Hydrophobierungs- u. Animalisierungsmittel für Polyvinylalkohol, Celluloseacetat u. Baumwolle. — 9,35 (Teile) Hexamethylendiamin u. 6,25 Guanidin werden 12 Std. im verschlossenen Rohr bei 130—160° erhitzt, entstehendes NH_3 in einer in Trockeneis tauchenden Vorlage verdichtet. Polyhexamethylenguanidin, vermutlich der Formel $[-(CH_2)_6·NH·C(NH)·NH·]_x$. (**D. P. [DDR] 5 373** Kl. 39c vom 8/3. 1941, ausg. 14/1. 1955. A. Prior. 21/3. 1940 [Wirtschaftspatent].) M. Pankow. 7181

Ciba Soc. An., Schweiz, übert. von: **Walter M. Thomas**, *Herstellung polymerer Aminoplaste* aus Verbb. der Formel **I** (R = H, CH_3; R' = H, Phenyl; R'' = H, Alkyl, Aralkyl oder Aryl) wie Methacryl-, Cinnamo-, N-Phenylmethacrylguanamin, die man mit Aldehyden u./oder Reaktionsprodd. von Aldehyden mit Amin- oder Amidverbb. (Harnstoff, Melamin) umsetzt. — Man erhitzt 10 (Teile) Methacrylguanamin, 3,7 H_2SO_4, 500 W. u. 0,2 $(NH_4)_2S_2O_8$, 1 Std. auf dem Dampfbad. Das weiße Polymere (16 g) wird mit 32 g Formol, 5 cm³ Triäthanolamin u. 50 cm³ W. bis zur Bldg. eines weichen Gels erhitzt, das bei 115° in ein hartes, unlösl. Harz in 1 Std. übergeht. — Man kann die Guanamine auch zusammen mit anderen polymerisierbaren Verbb. (Acrylverbb., Styrol, ungesätt. Alkydharze) polymerisieren u. den Aldehydreaktionsprodd. Phenol-, Aminharze, Cellulosederivv., Polyvinylalkohole, -ester, -acetale zusetzen. Verwendung für Preßmassen, Lacke, Folien, Gewebe-, Papierimprägnierung, elektrotechn. Artikel, Schleifmassen. — Vgl. auch A. P. 2 689 228; C. **1955**. 9459. (**F. P. 1 086 417** vom 17/7. 1953, ausg. 11/2. 1955. A. Prior. 18/7. 1952.) M. Pankow. 7181

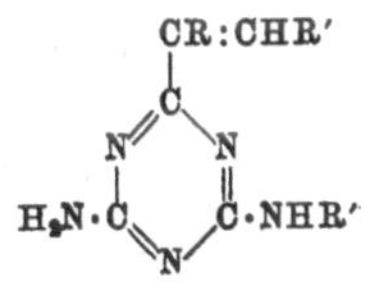

I

Hermann Ludewig, Wolfen, Krs. Bitterfeld, *Herstellung von hochfesten Kunststoffformstücken aus Hochpolymeren,* die unter Verwendung von *Caprolactam, Aminocapronsäure, Aminocapronitril* oder dgl. oder deren Mitverwendung hergestellt werden. Man extrahiert das Hochpolymere, trocknet es gegebenenfalls, formt nach Aufschmelzen u. behandelt mit CH_2O. Hohe Festigkeit des Materials gegen Schlag, Stoß, Deformation u. Abrieb. Verwendung für in der Weberei gebrauchte Picker, Schützentreiber, Schneller, Webvögel. (**D. P. [DDR] 9 147** Kl. 39c vom 16/5. 1952, ausg. 4/2. 1955 [Wirtschaftspatent].) M. Pankow. 7181

Adolf Hamann, Bitterfeld, *Polymerisieren von ringförmigen Lactamen mit 7 oder mehr Ringgliedern* unter Verwendung von alkal. Reaktionsauslösern. Die Einw. des Auslösers auf das Lactam wird bei erheblichem Unterdruck u. dem dadurch bestimmten Kp. u. die Polymerisation anschließend bei Polymerisationstemp. vorgenommen. — 45 g Caprolactam von 140° u. 0,1 g NaOH werden im geschlossenen Rohr bei 12 Torr gehalten. Nach 5 Min. hebt man mit O_2-freiem N_2 das Vakuum auf u. heizt unter O_2-Abschluß auf 240°. (**D. P. [DDR] 7 667** Kl. 39c vom 24/5. 1952, ausg. 21/3. 1955 [Wirtschaftspatent].) M. Pankow. 7181

Adolf Hamann, Bitterfeld, *Polymerisieren von ringförmigen Lactamen von ω-Aminocarbonsäuren* mit 7 u. mehr Ringgliedern unter Verwendung von alkal. Reaktionsauslösern. Der Auslöser wird gelöst mit dem Lactam vereinigt, das Lösungsm. sofort aus dem Reaktionsgemisch entfernt u. danach beim Kp. des Lactams polymerisiert, wobei das Lactam ganz oder teilweise mit einem indifferenten trockenen Gas, bes. unterhalb Polymerisationstemp., intensiv gewaschen u. gespült werden kann. — In 50 g Caprolactam (I) von 250° tropft man 2 cm³ einer Lsg. von 5 g NaOH in 100 cm³ A. u. läßt danach kräftig sd., wonach sich der Kunststoff bildet. — Zu 40 g I von 125° tropft man 0,1 g NaOH in 12%ig. methanol. Lsg. u. leitet durch die Mischung trockenen O_2-freien N_2. Nach Zusatz des NaOH erwärmt man ohne weitere Durchgasung auf 240°. (**D. P. [DDR] 7 657** Kl. 39c vom 15/7. 1952, ausg. 22/3. 1955 [Wirtschaftspatent].) M. PANKOW. 7181

General Electric Co., New York, N. Y., übert. von: **Kurt C. Frisch,** Huntingdon Valley, Pa., V. St. A., *Triorganosilylphenole* erhält man durch Rk. einer Verb. der Formel I mit einer Verb. der Formel R_3SiX, wobei man zuerst eine Verb. I erhält, in der der Rest MgBr durch SiR_3 ersetzt ist. Durch anschließende Hydrolyse erhält man die Triorganosilylphenole. In den Formeln bedeuten R u. R′ einwertige KW-stoffreste u. X Halogen. Aus p-Bromphenol in Pyridin u. Bzl. erhält man mit $(CH_3)_3SiCl_3$ in Bzl p-Bromphenoxytrimethylsilan, $Kp._{14}$ 113°; dieses gibt mit Mg in Ae I (R′ = CH_3) Auf Zusatz von $(CH_3)_3SiCl_3$ erhält man p-Trimethylsilylphenoxytrimethylsilan, Kp_{23} 114 bis 115°. Durch dessen Hydrolyse mit A. u. W. in Ggw. von HCl gelangt man zu p-Trimethylsilylphenol, F 74—74,2°. — Die Verbb. können mit Aldehyden zu Harzen umgesetzt werden. (**A. P. 2 711 417** vom 6/5. 1953, ausg. 21/6. 1955.) J. MÜHLEISEN. 7189

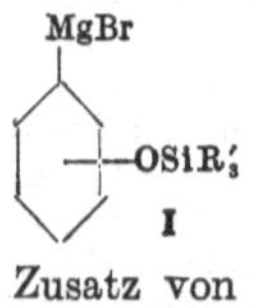

I

General Electric Co., Schenectady, N. Y., V. St. A., übert. von: **K. C. Frisch** und **R. B. Young,** *Hydrolysierbare Organosilane* der Formel I, wobei R u. R_1 einwertige gesätt. oder ungesätt. KW-stoffreste sind u. X Halogen bedeutet, erhält man durch Rk. von R—C≡CMgBr (**II**) mit R_1SiX_3 (**III**) im Verhältnis von 1 Mol **II** zu mindestens 1, bes. 2—4 **III**. Die Silane können durch Halogenaustausch in Derivv., z. B. durch Rk. mit Säuren oder deren Anhydriden in die Acyloxysilane übergeführt werden. Aus einer äther. Lsg. von 1-Pentinyl-MgBr u. CH_3SiCl_3 erhält man $CH_3(CH_2)_2C{\equiv}C{-}Si(CH_3)Cl_2$ (**IV**), farblose Fl., $Kp._{760}$ 168—169°. Analog: $[CH_3{-}(CH_2)_3{-}C{\equiv}C]_2Si(CH_3)Cl$, $Kp._8$ 148—150°. Aus **IV**, u. Essigsäureanhydrid $CH_3(CH_2)_2C{\equiv}C{-}Si(CH_3)(OOCCH_3)_2$, farblose Fl., $Kp._{0,3}$ 96 bis 102°. — Die Prodd. können hydrolysiert u. polymerisiert u. in dieser Form als Kunststoffe. verwendet werden. (**Belg. P. 518 433** vom 14/3. 1953, ausg. 18/2. 1955. A. Prior. 15/3. 1952.) J. MÜHLEISEN. 7189

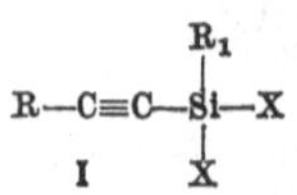

Allied Chemical & Dye Corp., New York, N. Y., übert. von: **Edwin P. Plueddemann** und **David B. Hatcher,** Toledo, O., V. St. A., *Siliconhaltige Öle* erhält man durch Rk. von partiellen Estern einer Fettsäure mit einem mehrwertigen Alkohol, wobei der Ester durchschnittlich mindestens 0,9 aber nicht $>$ 2,1 unveresterte OH-Gruppen enthält, mit Organochlorsilanen, Organoalkoxysilanen oder deren partiellen Hydrolysierungsprodd., von Organochlor- bzw. Organoalkoxysiloxanen. — 0,4 (Mol) Leinöl werden mit 0,2 Glycerin u. etwas Ca-Naphthenat als Katalysator in einer CO_2-Atmosphäre bei 230 bis 240° 3 Std. zu einem partiellen Ester umgesetzt. 1 hiervon wird mit $^1/_3$ Cyclohexyltrimethoxysilan in CO_2-Atmosphäre bei bis 250° unter Abspaltung von CH_3OH zur Rk. gebracht. Man erhält ein Öl mit einer Viscosität E (GARDNER-HOLDT), das mit Trockenstoffen, wie Pb- u. Co-Naphthenaten, trockene Filme gibt. — Öle, die noch freie OH-Gruppen enthalten, können mit Polycarbonsäuren, wie Phthalsäure, in Alkydharze übergeführt werden. (**A. P. 2 717 900** vom 3/4. 1950, ausg. 13/9. 1955.) J. MÜHLEISEN. 7189

Monsanto Chemical Co., St. Louis, Mo., übert. von: **Thomas Boyd,** Springfield, Mass., V. St. A., *Silicium und Titan enthaltende Mischpolymere.* Zu einer Lsg. einer Mischung einer monomeren Ti-Verb. (**I**) u. einer monomeren Si-Verb. (**II**) in einem wasserfreien organ. Lösungsm. gibt man ein Gemisch von W. mit einem Überschuß eines organ. Lösungsm., das wenigstens teilweise W. löst, wobei das Gemisch 0,5—1,5 Mol W. pro Mol **I** bzw. **II** enthält. Als **I** können die Ester, Acylderivv. bzw. die Amide der Orthotitansäure u. als **II** die Ester der Orthokieselsäure bzw. Organosilanester verwendet werden. — Eine Lsg. von $Ti(C_4H_9)_4$ u. $(C_4H_9)_2Si(OC_4H_9)_2$ in Bzl. wird unter Rückfluß erhitzt. Dazu gibt man innerhalb 4 Std. tropfenweise 0,75 Mol W. in 300 Teilen C_4H_9OH. Nach weiterer 2std. Rückflußerhitzung u. nach Beseitigung der Lösungsmittel erhält man eine dicke viscose Flüssigkeit. Die Prodd. dienen als Härtungskatalysatoren für Kondensationsharze u. zum Imprägnieren von Textilfasern. (**A. P. 2 716 656** vom 21/1. 1953, ausg. 30/8. 1955.) J. MÜHLEISEN. 7189

Kurt Thinius, Magdeburg-N, *Herstellung von Harzen aus aromatischen Methylolverbindungen* unter Verwendung von Überchlorsäure als Verharzungskatalysator. — Man erhitzt eine Mischung aus 1 kg Benzylalkohol u. 12 cm³ 70%ig. $HClO_4$ in 35 Min. auf 122° u. steigert die Temp. in 20 Min. auf 125—135°, in 55 Min. auf 135—140°, in 70 Min. auf 145—150° u. in 90 Min. auf 155—160°. Hartharz. Ähnlich kann man Tetrahydromenaphthylalkohol verharzen. Die hiernach erhältlichen Weichharze sind mit anderen Filmbildnern gut verträglich. (**D. P. [DDR] 3 593** Kl. 39c vom 19/8. 1949, ausg. 4/4. 1953 [Wirtschaftspatent].) M. PANKOW. 7199

XII. Kautschuk. Guttapercha. Balata.

W. B. Haines, E. M. Crowther und **G. J. Thornton,** *Hevea-Düngung.* 5. Mitt. *Einige langdauernde Wirkungen bei den Dunlop- (Malaya) Versuchen.* (4. vgl. Empire J. exp. Agric. **14.** [1946.] 182.) Vff. berichten über Düngeverss. bei Gummi, die in den Jahren 1934 u. 1935 durchgeführt wurden. Die Kontrolle konnte 10 Jahre lang nicht durchgeführt werden, aber folgende Auswirkungen waren auch jetzt noch zu erkennen: Die Wrkg. der P-Düngung konnte noch nach dieser langen Zeit an einer Verbesserung des Wachstums u. einer Erhöhung des Ertrages erkannt werden, während die Bedeutung von N nicht so klar ersichtlich war. (Empire J. exp. Agric. **22.** 203—10. Juli 1954. Rothamsted Exp. Stat., Dunlop Plantations Ltd.) W. KNÖPKE. 7222

A. van Rossem, *Naturkautschuk und synthetische Hochpolymere.* Übersicht über die physikal., chem. u. technolog. Eigg. von Naturkautschuk u. die Unterschiede gegenüber synthet. hochpolymeren Produkten. (Plastica [Delft] **6.** 22—26. Jan. 1953.) W. WESLY. 7222

A. G. Thomas, *Bruch von Kautschuk.* 2. Mitt. *Die Spannungskonzentration am Einschnitt.* (1. vgl. RIVLIN u. THOMAS, C. **1954.** 1269.) Die Spannungsverteilung um die Spitze eines Einschnitts bei einem dünnen Prüfkörper aus hochelast. Material (Naturkautschukvulkanisat) wird behandelt. Auf Grund der Ergebnisse der früheren Unters. (l. c.) wurden Beziehungen zwischen der Spannungsverteilung u. den Gesamtspannungen für 2 Typen von Prüfkörpern abgeleitet. Vf. beschreibt Verss. zur Nachprüfung der Theorie; dabei wurde befriedigende Übereinstimmung gefunden. Qualitativ wurde die Theorie für den Fall erweitert wo der Prüfkörper bis zum Zerreißen beansprucht wird. Verss. die diese Näherungsbeziehung bestätigen, werden angegeben. Die Bedeutung für Einreißverss. u. die Beziehung zu dem früher vorgeschlagenen Einreißkriterium werden erörtert. (J. Polymer Sci. **18.** 177—88. Okt. 1955. Welwyn Garden City, Herts., Brit. Rubber Prod. Res. Assoc.) R. SCHAFF. 7230

H. W. Greensmith und **A. G. Thomas,** *Bruch von Kautschuk.* 3. Mitt. *Bestimmung der Einreißeigenschaften.* (2. vgl. vorst. Ref.) Eine Meth. zur Unters. des Einreißverh. von Kautschukvulkanisaten auf der Grundlage des Einreißkriteriums von RIVLIN u. THOMAS (C. **1954.** 1269) wird beschrieben. Dabei wird die Energie, die zum Weiterreißen eines Einschnittes erforderlich ist, u. deren Abhängigkeit von der Geschwindigkeit der Rißvergrößerung bestimmt. Die Art des Prüfkörpers u. die Methoden zur Messung der Energie u. der Einreißgeschwindigkeit werden angegeben u. erörtert. Zwei prinzipielle Arten des Einreißens, die verschied. Einreißvorgänge anzeigen, werden beschrieben. Zur Erläuterung der Meth. werden die Versuchsergebnisse an *Naturkautschuk-* (**I**) u. *GR-S* (**II**)-Weichgummivulkanisaten, die in einem großen Temperaturbereich u. bei verschied. Einreißgeschwindigkeiten erhalten wurden, angegeben. Sie zeigen, daß sich die Art des Einreißvorgangs u. die Einreißfestigkeit, die durch die für ein Weiterreißen erforderliche Energie wiedergegeben wird, erheblich mit der Einreißgeschwindigkeit u. der Temp. ändern können. Die Bedeutung dieser Änderungen wird erörtert. Bei **I** ist die Einreißfestigkeit bei langsamer Kraftsteigerung groß, bei schneller Steigerung wird sie geringer, um bei noch schnellerer Steigerung wiederum groß zu werden. Dagegen ist die Einreißfestigkeit von **II** bei langsamer Kraftsteigerung niedrig u. bei schneller Steigerung groß. Die bei **I** u. **II** gefundenen Unterschiede werden erörtert. (J. Polymer Sci. **18.** 189—200. Okt. 1955.) R. SCHAFF. 7230

B. F. Goodrich Co., New York, N. Y., V. St. A., *Polymerisierverfahren.* Ein Monomerengemisch aus 35—65 (Mol-%) 1.1-Difluor-2.2-dichloräthylen u. 65—35 1.3-Butadien wird mischpolymerisiert, worauf das Polymerisat mit 1—50 Gewichtsteilen eines Plastifikators vermischt wird. (**E. P. 729 006** vom 12/6. 1953, ausg. 27/4. 1955. A. Prior. 13/6. 1952.) W. OVERBECK. 7225

Polymer Corp. Ltd., Sarnia, Ontario, Can., *Polymerisierverfahren.* Butadien, gegebenenfalls zusammen mit einem Monoolefin wie Styrol, wird mittels eines „Alfin"-Katalysators, z. B. Na-Isopropoxyd u. Allyl-Na, in Ggw. eines Verdünnungsmittels, z. B.

n-Pentan, polymerisiert. In die gequollene M. wird bis zur gleichen Menge des Polymerisats ein Plastifikator, z. B. ein aromatenhaltiges KW-stofföl, eingeknetet, worauf das Lösungsm. entfernt wird. (**E. P. 726 090** vom 27/2. 1953, ausg. 16/3. 1955. Can. Prior. 10/9. 1952.) W. OVERBECK. 7225

Magyar Állam (Erfinder: **Zoltán Keleti** und **Ferenc Mandák**), Budapest, Ungarn, *Plastifizieren von Buna* wird in einem fl. Medium unter Wärmebehandlung durchgeführt, wobei als Wärmeübertragungsmittel Fll. oder in den fl. Zustand übergeführte Stoffe Verwendung finden. Bevorzugte Fll. sind: gelbe Vaseline u. Paraffin- oder Vaselinölmischung, Mineralöle, bes. naphthenbas., natürliche oder künstliche Harze, pflanzliche oder tier. Fette oder Öle oder deren Gemische sowie Teere, gewonnen bei der trockenen Dest. von Holz, Torf oder Kohlen. (**Ung. P. 142 546** vom 13/6. 1952, ausg. 15/3. 1955.) G. KÖNIG. 7225

Monsanto Chemical Co., St. Louis, Mo., V. St. A., *Alterungsschutzmittel für Kautschuk,* bestehend aus einem Gemisch von 6- u. 8-Alkoxydihydrotrialkylchinolin, z. B. 6- u. 8-Äthoxydihydrotrimethylchinolin. (**E. P. 727 948** vom 22/5. 1953, ausg. 13/4. 1955. A. Prior. 23/5. 1952.) W. OVERBECK. 7227

Imperial Chemicals Industries Ltd., London, England (Erfinder: **Arthur Lambert** und **Boris Nicholas Leyland**), *Alterungsschutzmittel für Kautschuk,* bestehend aus einem Bis-(2-oxy-3-α-alkylcycloalkyl-5-methylphenyl)-methan, in dem die Cycloalkylgruppe ein Cyclopentyl-, Methylcyclopentyl-, Cyclohexyl- oder Methylcyclohexylrest ist u. der Alkylrest $\leqq 4$ C-Atome hat u. am α-C-Atom der Cycloalkylgruppe (das an den Phenylrest gebunden ist) sitzt. (**E. P. 728 291** vom 19/12. 1951, ausg. 20/4. 1955.) W. OVERBECK. 7227

British Rubber Producers Research Association, London, England, übert. von: **C. M. Blow, F. J. W. Popham** und **G. F. Bloomfield,** *Herstellen von Cyclokautschuk enthaltenden Mischungen.* Mit einem nichtion. oder kation. Stabilisator versetzte Kautschukmilch wird mit z. B. 98%ig. H_2SO_4, bes. bei 100—105°, cyclisiert u. mit anion. stabilisierter nichtcyclisierter Kautschukmilch vermischt u. dabei ausgeflockt. Als kation. Stabilisator dient z. B. Cetyltrimethylammoniumbromid oder eine Verb. der Formel $R\cdot N\langle^{(CH_2-CH_2O)_nOH}_{(CH_2-CH_2O)_nOH}$ (R = Alkyl mit $\geqq 12$ C-Atomen u. n = 5—50), u. als anion. Stabilisator z. B. Na-Cetylsulfat. (**Belg. P. 517 405** vom 4/2. 1953, ausg. 24/12. 1954. E. Prior. 4/2. 1952.) W. OVERBECK. 7227

Wingfoot Corp., Akron, O., V. St. A., *Wasserdampfdichter Kautschukhydrochloridfilm,* einen nichtflüchtigen, bes. bei Raumtemp. festen Dialkyläther enthaltend, bes. mit Zusatz eines Lösungsvermittlers, z. B. hydrierte Terphenyle, Chlorparaffin mit $> 50\%$ Cl, Alkoxyalkylphosphat, Dibutylphthalat oder Cumaron- u. Indenharze, u. eines die physikal. Eigg. verbessernden Stoffes, z. B. 2-Äthylhexyldiphenylphosphat, Trikresylphosphat u. ähnliche Phosphate, Abietate, höhere aliphat. Dicarbonsäureester, wie Adipate u. Sebacate. (**E. P. 726 500** vom 31/7. 1953, ausg. 16/3. 1955. A. Prior. 20/2. 1953.) W. OVERBECK. 7231

Standard Oil Development Co., Elizabeth, N. J., V. St. A., *Verbinden von Natur- oder Kunstkautschuk mit Butylkautschuk* mittels einer Kleblsg., die neben sonst üblichen Zusätzen ein Isobutylen–Butadien-Mischpolymerisat enthält, das aus 50—750 (Teilen) Butadien u. 100 Isobutylen hergestellt wurde. (**E. P. 727 703** vom 24/3. 1953, ausg. 6/4. 1955. A. Prior. 29/4. 1952.) W. OVERBECK. 7231

Preuß & Schindler, Dresden (Erfinder: **Walter Seifert,** Medingen, Krs. Dresden, und **Heinrich Schindler,** Dresden), *Herstellung eines filzartigen Werkstoffes aus einem Gemisch von Fasern und Gummi.* Bei der Cordreifenherst. entstehende Abfälle werden zu einem welligen Gemenge zerrissen, dessen Kautschukanteile mit einem Lösungsm. (CCl_4) zu einem Teig angerührt werden, worauf man ein Treibmittel zusetzt, zu Platten auswalzt oder Formstücken verarbeitet u. nach Entfernung des Lösungsm. vulkanisiert. Verwendung für Schuhwerk u. zur Abdichtung von Fenstern u. Türen. Bei Verarbeitung von Bunafasermassen wird die erhaltene Mischung mit einem Schutzanstrich aus einer Al-Pulver–Acetylcellulose-Mischung versehen. (**D. P. [DDR] 8 788** Kl. 39b vom 28/6. 1953, ausg. 27/12. 1954 [Ausschließungspatent].) M. PANKOW. 7231

XIII. Ätherische Öle. Parfümerie. Kosmetik.

F. Schmitt, *Herstellung von Parfümrohstoffen.* 2. Mitt. *Terpentinderivate.* (1. vgl. C. **1956.** 8771.) Vf. berichtet ausführlich über die techn. Fertigung von *Terpinhydrat, Terpineol, Terpinylacetat* u. *Triacetin.* (Manufact. Chemist **26.** 350—52. Aug. 1955.) H. P. FIEDLER. 7262

K. L. Handa, L..D. Kapoor und **O. N. Channa,** *Vorläufige Mitteilung über Kaschmirs ätherische Öle enthaltende Pflanzen.* 5. Mitt. (4. vgl. C. **1955.** 1863.) Bei Wasserdampfdest. erhaltene Ausbeuten an äther. Öl von teils einheim., teils eingeführten Pflanzen u. seine Eigg. werden angegeben a) von den Blättern bzw. Nadeln von *Abies pindrow* (Royle-Himalaya-Silberföhre), *Pinus longifolia Roxburgh, P. excelsa Wahl* (Blaufichte), *Cedrus deodora Land, Picea morinda Link, Taxus baccata Linn., Eucalyptus vimmalis, E. citriodora, Ocimum canum, O. basilicium Linn., O. sanctum Linn., Mentha viridis Linn., Cinnamonum camphora Linn.* (Campherbaum), u. b) den Blüten von *Magnolia grandiflora Linn.* Nur Spuren von äther. Öl gaben: *Capparis Spinosa, Caucalis latifolia Linn., Senecio nudicaulis Linn., Pimpinella diversifolia Wall D. C., Heraclum Cachminicum Clarke, Nepeta erecta Benth.* (Indian J. agric. Sci. **25.** 73—78. März 1955. Jammu, Drug Res. Labor.) H. MÜHLMEISTER. 7262

F. O. Walter Meyer, *Redoxpotential und* r_H*-Wert oder die Oxydations-Reduktionskraft in der Kosmetik.* Theoret. Grundlagen der Redoxsysteme u. ihre Wichtigkeit für chem.-techn. u. biochem. Vorgänge, ihre Kennzeichnung durch r_H-Werte 0—42 als negative Logarithmen des Wasserstoffdrucks u. deren Messung durch Redoxindicatoren werden eingehend erläutert u. prakt. Beispiele für ihre Nutzanwendung bes. bei der Einw. von kosmet. Zubereitungen auf Haut u. Haare, bei der Überwachung von Rkk. u. a. besprochen. (Parfümerie u. Kosmet. **36.** 606—08. 611. Dez. 1955.) H. MÜHLMEISTER. 7284

Arnold J. Frankel, *Cetylalkohol, Herkunft und Gebrauch.* Die Gewinnung des Cetylalkohols aus Wal-, Cocosnuß- u. Palmkernöl u. die für kosmet. Verwendung zu verlangenden Eigg., bei denen der Geruch wesentlich ist, werden kurz besprochen. 5 diesbzgl. Rezepte für verschied. Cremes u. Salben werden angegeben u. auf die Verwendung als Rohstoff für quaternäre NH_4-Verbb. u. andere Emulgatoren sowie als dünner Film auf W. zur Verhütung der Verdunstung hingewiesen. (Drug Cosmet. Ind. **77.** 768—69. 855 bis 856. Dez. 1955.) H. MÜHLMEISTER. 7284

Alex. G. Willsmer, *Feste Desinfizier- und Desodoriermittel.* 2. Mitt. (1. vgl. C. **1956.** 7951.) Die Herst. von Naphthalin u. p-Dichlorbenzol in Stücken oder Pulvern (letzteres unter Umständen mit Geraniol, Lavendel oder Terpinylacetat parfümiert), von Luftreinigern in Form von Na-Stearat mit eingearbeiteten Pinusgerüchen (letztere auch stark fixiert in Zellstoffkissen aufgesaugt) u. eines Präp. aus gemahlenem, mit Formalin oder Glyoxal versetztem Irisch- oder Torfmoos (mit oder ohne Chlorophyll, u. leicht mit Lavendel parfümiert) u. die dazu benötigte App. werden beschrieben. (Soap, Perfum. Cosmet. **28.** 885—86. Aug. 1955.) H. MÜHLMEISTER. 7284

T. Ruemele, *Kalt-, lauwarme oder Heißdauerwelle?* Nach einem Vgl. der Vor- u. Nachteile der Kalt- u. Heißdauerwelle bzgl. Herst. u. Verwendung — die lauwarme Welle hält Vf. ohnehin für überflüssig — kommt er zu dem Schluß, daß erstere eine Monopolstellung einnehmen kann u. jedes andere Prod. bei weitem übertrifft. (Parfümerie u. Kosmet. **36.** 615—16. Dez. 1955.) H. MÜHLMEISTER. 7284

XIV. Zucker. Kohlenhydrate. Stärke.

W. A. Otscheretjany, *Die Erzielung von hohen Erträgen an hochproduktivem Zuckerrübensaatgut.* Langjährige u. systemat. Düngung der Zuckerrübenstecklinge mit NH_4NO_3 bewirkte nicht nur eine Erhöhung der Samenerträge, sondern auch eine Erhöhung des Zuckergeh. der Rübe aus diesem Samen. Gaben von 10 dz/ha u. darüber wirkten negativ. Superphosphat im Frühjahr als Kopfdüngung gegeben, verminderte die Qualität (Fertilität) des Saatgutes, u. zwar um so mehr, je höher seine Gabe bemessen wurde; im Herbst, in die Pflugfurche gegeben, wirkte das Superphosphat günstig. KCl, mit Salpeter verteilt, wirkte nur bei kleinen Gaben (1 dz/ha) günstig. (Сахарная Промышленность [Zucker-Ind.] **29.** Nr. 8. 34—38. 1955. Kirgis. Saatgut-Inspektion.) M. GORDIENKO. 7406

—, *Untersuchung über die optimalen Temperaturen der Diffusion.* Auf Grund von Verss. bei 10, 60, 80 u. 95° empfiehlt sich, bei der Diffusion in der Zuckerfabrikation bei 75—80° zu arbeiten. (Sucrerie franç. **94.** 321—23. Dez. 1953. Syndicat. Nat. des Fabricants de Sucre de France, Labor.) M. ULMANN. 7416

C. Charavanapavan, *Verbesserte Methoden zur Herstellung von Rohr- und Palmzucker.* Vf. beschreibt die Gewinnung von *Saccharose* (I) aus dem Saft des Zuckerrohrs (a), der Blattscheiden der Kitulpalme (Caryota urens) (b) u. Infloreszenzen der Palmyrapalme (Borassus flabellifer) (c). a, der 14—18% I u. höchstens 1% *reduzierende Zucker* (II) enthält, wird bis zu einem p_H von 7,5—8,0 mit gebranntem Kalk versetzt u. langsam erhitzt, wobei die ausfallenden Ca-Salze die Verunreinigungen mitreißen. Bei ungenügender Klärung wird der Saft mit Superphosphat (6—8 oz pro gall. W.) oder Extrakt aus Hibiscus esculentus (1 pound pro gall. W.) (p_H 6,4) behandelt u. ohne Rühren weiter erwärmt, bis

sich die Verunreinigungen als leicht entfernbarer Schaum an der Flüssigkeitsoberfläche abgesetzt haben. Danach erfolgt Eindickung unter Rühren (Temp. 118—120°) auf eine Konz. von 70% I; anschließende Abkühlung führt zur Kristallisation. Die Ausbeute beträgt ca. $1\frac{1}{2}$—$1^3/_4$ pounds I pro gall. a. — Saft von b enthält 12—14% I u. keine II; letztere entstehen aber noch während der Saftgewinnung durch Einw. wilder Hefen, Pilzen u. Bakterien (bis zu einer Konz. von 1%). Zur I-Gewinnung wird b mit einer Paste aus gebranntem Kalk bis zu einem p_H-Wert von 7,7—8,0 versetzt u. dann wie a weiterbehandelt. Da b genügende Phosphatmengen enthält, ist zur Klärung kein Superphosphatzusatz notwendig. Die Ausbeute beträgt ca. $1\frac{1}{2}$ pounds I pro gall. b. c enthält 8—10% I u. keine II u. erfährt zur I-Gewinnung die gleiche Behandlung wie b, Ausbeute: 1 pound I/gall. c. (Trop. Agriculturist **110.** 117—21. April/Juni 1954.)
P. FAHRNLAENDER. 7440

XV. Gärungsindustrie.

F. B. Strandskov und **J. B. Bockelmann,** *Wirkung einiger Antibiotica auf grampositive bakterielle Verunreinigungen der Brauhefe. Penicillin* u. *Neomycin* sind die einzigen Antibiotica, die genügend akt. gegen grampositive Bakterienverunreinigungen sind, im Gegensatz zu anderen nur bakteriostat. wirkenden Antibiotica. Penicillin u. Neomycin sind in der Würze nicht inaktiviert u. haben auch bei höheren Konzz. keinen Einfl. auf die Gärung. (J. Inst. Brewing **61** ([N. S.] **52**). 237—40. Mai/Juni 1955. Brooklyn, N. Y., F. & M. Schaefer Brewing Co.) J. MILLER. 7506

J. Ambrosius, *Malzuntersuchungen im 2. Quartal 1952.* Untersuchungsergebnisse von 115 Malzen u. Durchschnittswerte der Malze aus 1951er Gersten. (Brauerei, wiss. Beilage **6.** 5—6. Jan. 1953. Berlin, Vers.- u. Lehranst. für Brauerei, Analyt. Labor.)
H. G. SCHULTZE-BERNDT. 7540

Evald Sandegren, *Gesichtspunkte bei der Beurteilung von Hopfen.* Übersicht neuerer Ergebnisse über die Bitterstoffe (I) in Hopfen u. Bier, die I-Verluste bei der Ernte u. Trocknung, die Qualitätsverschlechterung bei der Lagerung u. diesbzgl. Gegenmaßnahmen sowie über den Einfl. der Aromastoffe auf die Lagerbeständigkeit. — 17 Literaturangaben. (Mallasjuomat **1955.** 69—83. März.) S. BECKMANN. 7540

V. Salac, M. Kotrla-Hapalova und **V. Vancura,** *Der Anteil des Hopfengerbstoffes an der Biererzeugung.* Vff. verwenden für ihre Verss. bekannte Analysenverfahren. Die Best. des Hopfengerbstoffes (I) (nach DE CLERCK), der Bitterstoffe (nach WÖLLMER, gravimetr. nach WINDISCH, KOLBACH, VOGEL), des Gesamtstickstoffs (nach KJELDAHL), der Eiweißstickstoffverteilung (nach LUNDIN) ergibt, daß Saazer Hopfen ungleich höheren I-Geh. (ca. 5%) hat, was gute Qualität u. Stabilität liefert. Vff. schlagen I-Best. als Wertbest. von Hopfen vor. Es wurde gefunden, daß I u. die anderen bitteren Verbb. auf die Klärung (N-haltige Verbb. von hohem Mol.-Gew. bleiben in Lsg.) Einfl. haben, da sie ein Endgleichgewicht des koll. Syst. herstellen, wobei auch noch gewisse Pektine u. Pentosane eine Rolle spielen. Neben I hat noch Säure α Einfl. auf den bitteren Geschmack, während Säure β mehr zur koll. Stabilität beiträgt. I bildet mit N-haltigen Verbb. Absorptionsverbb., so daß sich immer gleiche Verhältnisse einstellen. Vff. nehmen an, daß die Ursachen der koll. Stabilität mehr im Malzgerbstoff, der sich während des Brauvorgangs schwer abtrennt, zu suchen ist. (Brauwissenschaft **1954.** 258—63. Dez. **1955.** 5—8. Jan.; Beilage zu: Brauwelt, Ausg. B. Bull. Assoc. anciens Étudiants Brasserie Univ. Louvain **50.** 143—73. Sept./Dez. 1954. Prag, Brau- u. Malzforschungsinst.)
J. MILLER. 7550

Eberhard Schiemann, *Rationelle Brauereibetriebskontrolle mit dem Membranfilter.* Vf. schildert ein Verf. zur Filtration von Bakterien mit einem Membranfilter (MF) besonderer Konstruktion mit Schutzmaßnahmen zur Verhinderung einer Fremdinfektion u. ein Gerät zur direkten sterilen Entnahme aus Vorratsbehältern. Zur Prüfung gelangen 500 ml Leitungswasser, 180 ml filtriertes Bier u. 1 ml unfiltriertes Bier, es können aber auch Filterkuchen untersucht werden. Das die Bakterien enthaltende MF wird auf eine mit Nährmedium (Würze, steriles Bier, Hefewasser u. a.) vollgesaugte Kartonscheibe gelegt u. 36 Std. bei 30° bebrütet. Nach Trocknung u. Anfärbung kann das Filter direkt mkr. untersucht u. in Kontrollbücher eingeklebt werden. Der Arbeits- u. Zeitaufwand dieser Meth. ist beträchtlich geringer als bei anderen. (Brauwelt, Ausg. B **1955.** 421—27. 15.–19/4. Kassel, Herkules Brauerei AG.) J. MILLER. 7600

XVI. Nahrungs-, Genuß- und Futtermittel.

D. W. Kent-Jones, *Getreidechemie 1920—1955. Ein Rückblick.* Allg. Ausführungen. (Getreide u. Mehl **6.** 29—30. März 1956. Beilage zu: Mühle. London, F. R. I. C.)
FRANK GÜNTHER. 7664

H. Wutzel, *Gärtechnische Fragen bei der Brotherstellung.* Nach Ausführungen über den Geschmack von Roggenbrot u. dessen Ursachen, bes. hinsichtlich der Teigsäuren, sowie über mikrobiol. Unterss. an Sauerteigbakterien berichtet Vf. über ein neues Trieb- u. Säuerungsmittel, das aus einem Gemisch von säureresistenter Hefe u. Sauerteigbakterien in einem optimalen Verhältnis ohne weitere Zusätze besteht. (Brot u. Gebäck **8.** 198—202. Dez. 1954. Wien.) F. KRUSEN. 7674

Kurt Hess, *Strukturen und Oberflächenbestimmungen bei Gebäcken.* Vf. beschreibt nach einleitenden allg. Ausführungen über Gebäckstruktur, in denen auf die Bedeutung des Mehllecithins für Bldg. der Schaumstruktur der Gebäcke hingewiesen wird, mkr. Unterss. an Gebäcken (Weißbrot, Zwieback, Waffeln, Keks, Pumpernickel u. Knäckebrot) sowie an daraus nach Entfernung von W. durch A./Ae., von Kleber u. Stärke durch Fermente erhaltenen Gerüsten. Weiterhin werden Ergebnisse von Bestimmungen der spezif. Oberflächen der Gebäcke u. ihrer Gerüste nach der BET-Meth. mitgeteilt. Für Weißbrot, Waffelblätter u. Hartkeks ergeben sich nach diesen Ergebnissen gemeinsame Grenzflächen von Kleber u. Stärke in den Lamellen, so daß die gegenseitige Durchdringung dieser beiden Mehlkomponenten eine vollständige ist. — 15 Abbildungen. (Brot u. Gebäck **8.** 185—91. Dez. 1954. Hannover, H. Bahlsens Keksfabrik.) F. KRUSEN. 7674

Sigmund Schwimmer, Arthur Bevenue, William J. Weston und **A. L. Potter,** *Überblick über die hauptsächlichsten und die in geringerer Menge vorkommenden Zucker- und Stärkekomponenten der weißen Kartoffel.* Durch quantitative Analyse u. qualitative Papierchromatographie der ionenfreien A.-lösl. Zucker von Pflanzen wurde die Tatsache bestätigt, daß *Saccharose, Fructose* (**I**) u. *Glucose* die Hauptzuckerarten der weißen Kartoffel sind. Es wurden außerdem Spuren von Zuckern gefunden, die hinsichtlich der Chromatographie einer *Ketoheptose, Melibiose, Melezitose* u. *Raffinose* entsprachen, weiterhin ein nichtwanderndes *Fructosan* u. eine gewisse Menge *Inosit.* Die allg. Ansicht über den Einfl. von Temperaturänderungen auf den Zuckergeh. von Kartoffeln wurde bestätigt. **I** reagierte am empfindlichsten. Weder das Verhältnis *Amylose*:*Amylopektin* noch der *P*-Geh. der isolierten Stärke wurden durch Lagerzeit u. Temp. beeinflußt. Verschied. Methoden zur Dispergierung von Stärke wurden untersucht, bes. gut ist Kartoffelstärke mit Perchlorsäure lösl. zu machen, ein Verf., wie es auch zur Best. des Stärke–Jod „Blauwertes" dient. (J. agric. Food. Chem. **2.** 1284—90. 8/12. 1954. Albany, Calif., U. S. Dep. of Agric., Agric. Res. Serv., Western Utilization Res. Branch.) HANS THIELE. 7678

A. Kalischek, *Zusammensetzung und Kennzahlen von Himbeermuttersäften der Ernte 1955 aus dem Bayrischen Wald.* Folgende Werte werden angegeben u. mit denen von Himbeermuttersäften der Ernten 1941—1943 u. 1950—1954 verglichen: Gesamtsäure (als Weinsäure), nichtflüchtige Säure (als Weinsäure), Gesamtzucker als Invertzucker, zuckerfreier Extrakt, Asche, Alkalität der Asche, Alkalitätszahl. (Vgl. C. **1955.** 7804 u. **1956.** 2611.) (Ind. Obst- u. Gemüseverwert. **40.** 464—66. 10/11. 1955.) M. WINIKER. 7706

L. Chierici und **M. Sardella,** *Beitrag zur Kenntnis des künstlichen Kaffeearomas.* Einleitend Literaturübersicht. — Die von GILMAN u. HEWLETT, C. **1930.** II. 1078 sowie von ONGARO, C. **1941.** I. 2192 beschriebene Meth. führte nicht zu den angegebenen Ausbeuten an *Furfuryl-2-mercaptan* (**I**) u. wurde verbessert. **I** ist, obwohl knoblauchartig riechend, tatsächlich die Ursache des Kaffeegeruchs. Einige Mercaptole u. Mercaptale riechen jedoch nach gerösteten Getreidekörnern.

Versuche: Darst. von **I**: Zu 25 g in 200 cm^3 A. gelöstem Furfurol werden 22 g in W. gelöstes Na_2S zugegeben u. H_2S eingeleitet. 10 g des als rotbraunes Öl abgeschiedenen Disulfids werden nach Verdünnung mit 20 cm^3 A. mit 5,4 g Eisessig u. in kleinen Portionen mit 3,6 g Zn-Staub versetzt, erwärmt, 6,5 g Oxalsäure in wss. Lsg. zugefügt, im Wasserdampf dest. u. ausgeäthert. Durch Dest. im Vakuum (18 mm) erhält man beim Kp. 52° reines **I**. — Difurfurylmercaptale (**II**) u. -mercaptole (**III**); gelbe Öle. — *Acetaldehyd*-**II**, $C_{12}H_{14}O_2S_2$, $Kp._{13}$ 165—167°. — *Propionaldehyd*-**II**, $C_{13}H_{16}O_2S_2$, $Kp._{13}$ 185—187°. — *Butyraldehyd*-**II**, $C_{14}H_{18}O_2S_2$, $Kp._3$ 180—181°. — *Isovaleraldehyd*-**II**, $C_{15}H_{20}O_2S_2$, $Kp._3$ 192—193°. — *Furfurol*-**II**, $C_{15}H_{14}O_3S_2$, $Kp._3$ 210—212°. — *Aceton*-**III**, $C_{13}H_{16}O_2S_2$, $Kp._3$ 170°. — *Butanon*-**III**, $C_{14}H_{18}O_2S_2$, $Kp._5$ 173—174°. — *Dimethylaceton*-**III**, $C_{15}H_{20}O_2S_2$, Kp_5 185—186°. *Äthylaceton*-**III**, $C_{15}H_{20}O_2S_2$, $Kp._5$ 189 bis 190°. (Chimica [Milano] [N. S] **30** (8). Nr. 5. 119—21. Mai 1953. Parma, Univ., Inst. für pharmazeut. Chemie u. Toxikologie.) K. STEINER. 7720

C. R. Marshall, *Der Stickstoffgehalt von magerem Schweinefleisch.* Der N-Geh. von magerem Schweinefleisch schwankt je nach Stück zwischen 3,28% (Bauch) u. 3,77% (Lende) bei Berechnung auf fettfreie Substanz. Der durchschnittliche N-Geh. für Schulter ist 3,35% u. für Lende 3,65%. (Analyst **80.** 776–78. Okt. 1955. London, Excel Co. Ltd.) PH. FRESENIUS. 7750

D. Murray Smillie, *Zur Erzielung guter Milchqualität.* 1. Mitt. Beschreibung der Milchfehler hinsichtlich Zus., Geschmack u. Bakterienbefall. (Scott. Agric. **32.** 105–10. Herbst 1952. West of Scotland Agric. Coll.) F. KRUSEN. 7756

D. Murray Smillie, *Zur Erzielung guter Milchqualität.* 2. Mitt. Vf. deckt die Quellen der Milchverseuchung mit Bakterien auf u. weist auf die Bedeutung peinlicher Sauberhaltung von allen in der Milchbehandlung beim Erzeuger verwendeten Apparaten u. Geräten hin. (Scott. Agric. **32.** 161–66. Winter 1952/53.) F. KRUSEN. 7756

Pentti Holopainen, *Die baktericiden Eigenschaften der Milch.* Übersicht mit 9 Literaturangaben. (Karjantuote **38.** 729–32. 25/11. 1955.) S. BECKMANN. 7756

H. D. Kay, *Das Problem der fettfreien Trockenmasse.* Hinweis auf die ernährungsphysiol. Bedeutung der fettfreien Trockenmasse der Milch u. deren Beeinflussung durch Rasse, Gesundheitszustand u. Fütterung. (Agriculture [London] **62.** 369–73. Nov. 1955. Shinfield, Reading, Nat. Inst. for Res. in Dairying.) F. KRUSEN. 7756

H. Kay, *Die Standardisierung der Fett i.T.-Einstellung und der Käseausbeute.* Vortrag mit Diskussion. (Molkerei- u. Käserei-Ztg. **7.** 521–24. 26/4. 1956.) F. GÜNTHER. 7760

M. E. Schulz, *Erfolgssicherung durch Standardisierung der Käseherstellung.* Vortrag mit Diskussion über folgende Standardisierungsmaßnahmen: Mischen u. Vorstapeln der Milch, Einstellen des Fettgeh., des Eiweißes u. der Labfähigkeit, ferner Betriebskontrolle, Klimatisierung, Mechanisierung u. Einführung von Käseherstellungsfahrplänen. (Molkerei- u. Käserei-Ztg. **7.** 514–18. 26/4. 1956.) F. GÜNTHER. 7760

E. Voss, *Standardisierung der Käsereibetriebskontrolle.* Vortrag mit Diskussion: Eiweißgehaltbest., Berücksichtigung der Käseanalysenergebnisse in der Betriebskontrolle, Unters. der Einzellieferantenmilch auf Käsereitauglichkeit u. Fehlerquellen bei der Eiweißtiterbest. u. ihre Vermeidung. (Molkerei- u. Käserei-Ztg. **7.** 518–21. 26/4. 1956.) F. GÜNTHER. 7760

Rolf Beckert, *Die Herstellung von Svecia-Käse.* Die ursprüngliche „holländ. Meth." u. die „schwed. Meth." der Herst. werden besprochen. (Molkerei- u. Käserei-Ztg. **7.** 65–66. 19/1. 1956. Kristinehamn, Schweden.) F. GÜNTHER. 7760

Nis Petersen, *Bekämpfung von Buttersäuregärung in Käse durch antibioticaerzeugende Milchsäurestreptokokken.* Bericht der Verss. von PETTE, Stockholm, zur Bekämpfung der Buttersäuregärung durch *Nisin* bildende Milchsäurestreptokokken. (Molkerei- u. Käserei-Ztg. **7.** 67–68. 19/1. 1956. Kiel.) F. GÜNTHER. 7760

W. J. Harper, *Überwachung des Schimmels im Käse.* Allg. Ausführungen. (Milk Products J. **46.** Nr. 12. 13. 58–59. Dez. 1955. Ohio State Univ., Dep. of Dairy Technol.) F. GÜNTHER. 7760

M. E. Schulz und **H. Siegfried,** *Die Verwendung von Kunststoffdispersionen zum Veredeln von Wachsüberzügen.* (Vgl. auch C. **1956.** 2047.) Verss. ergaben, daß wss. Kunststoffdispersionen zum Beschichten von Wachsüberzügen auf Käse verwendet werden können. Die Vorteile sind jedoch gering. (Dtsch. Molkerei-Ztg. **76.** 488–90. 14/4. 1955. Kiel, Bundesforschungsanst. für Milchwirtsch., Chem. Inst.) F. GÜNTHER. 7760

M. E. Schulz und **H. Siegfried,** *Camembert-Verpackung.* Aluminium-, Cellophan-, Polyamid-, Polyvinylchlorid- u. Polyäthylenfolien wurden bei verschied. Verpackungsarten auf ihre Eignung für Camembert untersucht. Die Wasserdampfdurchlässigkeit ist abhängig von: Prüftemp., Feuchtigkeitsgefälle, Luftbewegung u. Richtung des Feuchtigkeitsgefälles u. damit Technik der Bestimmungmethoden. Für die n. Lagerung (bis 15°) eignen sich poröse Al-Folien. Für längere Lagerungszeiten kommen nur Kunststofffolien in Frage. (Milchwissenschaft **11.** 2–13. Jan. 1956. Kiel, Bundesversuchs- u. Forschungsanst. für Milchwirtschaft, Chem. Inst.) F. GÜNTHER. 7760

Joel Axelsson, *Die Beziehungen in Silagen zwischen p_H-Wert und Gehalten an Trockenmasse, Rohfaser, Asche und Buttersäure.* Der Einfl. der Gehh. an *Trockenmasse* (I), Rohfaser u. Asche auf p_H-Wert u. Geh. an *Buttersäure* (II) wurde an A IV- u. *Melasse* (III)-Sauerfutter untersucht. Bei beiden Arten hatte Erhöhung des **I**-Geh. solange Abnahme des p_H-Wertes u. des **II**-Geh. zur Folge, bis ein **I**-Geh. von 30% erreicht war. Bei weiterer Erhöhung über 35% zeigte sich eine Tendenz zur Erhöhung des p_H u. des **II**-Gehaltes. **I**-Geh. der einzusäuernden Pflanzen von 30–35% ist optimal. Mit steigenden Gehh. an Rohfaser u. Asche in der **I** steigt auch das p_H. A IV-Sauerfutter enthielt in einigen Fällen **II** bei $p_H < 3{,}5$. Bei p_H 3,7 ist der **II**-Geh. in A IV- u. **III**-Sauerfutter gleich hoch. Bzgl. des **II**-Geh. entspricht ein p_H von 4,2 in A IV- einem Wert von 4,8 in III-Sauerfutter. — Die p_H-Werte u. II-Gehh. der Sauerfutter, die unter Praxis- u. Laboratoriumsbedingungen konserviert wurden, variierten innerhalb weiter Grenzen. Der größte Teil der A IV-Sauerfutter hatte entweder höhere oder niedrigere p_H-Werte als erwünscht waren. In einem Teil der III-Sauerfutter war das p_H zu hoch. — Schlußfolgerungen aus den Ergebnissen für die Praxis sind: Frühzeitiger Schnitt u. Abwelkenlassen des Futters bis zum optimalen I-Geh. von 30—35%. Verwendung eines Zusatzmittels (z. B. III) bei der Einsäuerung, wenn der Geh. an vergärbaren Kohlenhydaten zu niedrig ist. (Kungl. Lantbrukshögskolans Ann. **18.** 7—28. 1951.) F. RANG. 7782

K. Richter, K. L. Cranz und **G. Gerlach,** *Melasse in der Hackfruchtmast von Schweinen.* Bei der Kartoffelmast junger Schweine ab 35 kg Gewicht läßt sich unverd. „grüne Melasse" (von der Rübenzuckerherst.) unter allmählicher Gewöhnung in Mengen bis zu 750 g je Tier u. Tag erfolgreich in die Rationen einfügen. Die Melasse hat anscheinend einen guten Einfl. auf die Qualität bes. des Fleisches (Wasserbindefähigkeit). (Mitt. dtsch. Landwirtschafts-Ges. **71.** 364—65. 12/4. 1956. Braunschweig-Völkenrode, Inst. für Tierernährung.) EBERHARD MÜLLER. 7786

H. Haertlein, *Das Verhalten der wichtigsten argentinischen Weizensorten im Sedimentationstest nach Zeleny.* Vf. bestimmte in 20 argentin. Weizensorten die Wasserwerte des CHOPINschen Alveogrammes, die Feuchtklebermenge, Quellzahl u. PELSHENKE-Zahl u. errechnete aus den letzten drei die Wertzahl (Tabellen). Bei der Durchführung des ZELENY-Testes wurde gefunden, daß dieser die Sorten richtig einstuft, jedoch einer Ergänzung durch Eiweiß- u. Feuchtkleberbest. bedarf. (Getreide u. Mehl **6.** 32—33. März 1956. Beilage zu: Mühle. Rosario, Molinos Fenix.) F. GÜNTHER. 7796

Toshio Nakabayashi, *Braunwerden von Äpfeln.* 1. Mitt. *Isolierung und Bestimmung von Chlorogensäure und L-Epicatechin in Äpfeln.* Aus 3,7 kg Äpfeln (Kokko) werden isoliert: 78 mg *L-Epicatechin,* $C_{15}H_{14}O_6 \cdot 4\,H_2O$, F. 235—238°, farblose Tafeln, u. 52 mg *Chlorogensäure,* $C_{16}H_{18}O_9 \cdot \frac{1}{2}\,H_2O$, F. 161°, Nadeln; *Pentaacetylderiv.,* F. 177°. Durch die Polyphenoloxydase der Frucht werden diese oxydiert. Catechine wurden nephelometr. u. Chlorogensäure colorimetr. bestimmt, aber kein Zusammenhang zwischen der Fruchtqualität u. den Gehh. an diesen Stoffen gefunden. (J. agric. chem. Soc. Japan, Trans. **27.** 813—18. Nov. 1953. [Orig.: japan., Auszug: engl.]) L. SCHULER. 7808

G. Schwarz, *Bestimmung der Soxhlet-Henkel-Zahl (SH).* Als milchwirtschaftliche Einheitsmeth. wird eine Neufassung der Säuregradbest. nach SOXHLET-HENKEL wiedergegeben. Statt Säuregrad SH wird die Bezeichnung SOXHLET-HENKEL-Zahl (SH) vorgeschlagen. (Milchwissenschaft **11.** 25—26. Jan. 1956.) F. GÜNTHER. 7856

Bruno Wauschkuhn, *Titriergerät zur Bestimmung des Eiweißtiters nach Schulz und des Säuregrades nach Soxhlet-Henkel.* Beschreibung des Titriergerätes der Fa. MANN, Hildesheim, u. seiner Eignung in der Hand des ungeübten Praktikers. Das Arbeiten im durchfallenden Licht bietet jetzt größere Vorteile. (Molkerei- u. Käserei-Ztg. **6.** 387. 24/3. 1955. Hameln, Milchwirtschaftliche Lehr- u. Untersuchungsanstalt.)
F. GÜNTHER. 7856

Juan Minut, *Die Wärmebeständigkeit der Phosphatasen mykologischen Ursprungs.* Die Unterss. von JARROUSE, LAMBERT u. PETRANXIÉNE bestätigen frühere Befunde des Vf. (Ind. lechera **23.** [1941.] 8, 92, 266) über das Vork. thermoresistenter Phosphatasen in Butter, die auf Mikroben, bes. Oidium, zurückzuführen sind. Die Wärmebeständigkeit wird durch saure Rk. (p_H 4,4—4,8) herabgesetzt, durch Neutralisation (p_H 6,9—7,1) erhöht. (Ind. lechera **34.** 121—22. März 1952.) R. K. MÜLLER. 7858

C. T. Pumelly, H. L. Mitchell und **Ralph E. Silker,** *Carotinbestimmung in Luzernemehl.* Bei vergleichenden Carotinbestimmungen nach der ASSOCIATION OF OFFICIAL AGRICULTURAL CHEMISTS (A.O.A.C.)-Meth. (**a**) u. nach der Vorschrift von SIEKER-SCHRENK-KING ergab letztere stets merklich höhere Carotinwerte. Es wurde festgestellt, daß dies darauf beruhte, daß bei **a** die Eluierung nicht vollständig ist. Eine entsprechende Modifikation von **a** wird angegeben. (J. Assoc. off. agric. Chemists **34.** 821—27. 15/11. 1951. Manhattan, Kans., Kansas Agricult. Exp. Stat.) C. GRIMME. 7868

Basic Research Corp., übert. von: **Arthur J. Palotta, Donald F. Boydanski** und **Richard O. Thomas,** Washington, D. C., V. St. A., *Züchten von Algen* durch Aufbringen einer wss. Aufschlämmung dieser Organismen auf die eine Fläche einer Dialysiermembran u. eines Nährsubstrates dafür auf die andere Fläche, worauf die Organismen dem Licht ausgesetzt werden. — Vorrichtung. (**A. P. 2 715 795** vom 22/6. 1954, ausg. 23/8. 1955.)
J. KETTNER. 7631

Carnegie Institution of Washington, Washington, übert. von: **Herman A. Spoehr** und **Harold W. Milner,** Palo Alto, Calif., V. St. A., *Gewinnung von Eiweiß, Kohlehydraten und Lipoiden* durch Züchten von grünen Algen in einem Nährsubstrat in Ggw.

von Licht u. CO_2 in der Weise, daß der %-Geh. an Lipoiden in der Trockensubstanz der Kultur erhöht wird durch Aufrechterhalten einer konstanten Konz. von gelöstem N_2 von wenigstens 0,001 mol. im Nährsubstrat, bis die gewünschte Zellenzahl erreicht ist, u. daß anschließend die Züchtung in einem Substrat mit einer N_2-Konz. unter 0,001 mol. fortgesetzt wird. (**A. P. 2 732 661** vom 14/11. 1949, ausg. 31/1. 1956.)
J. KETTNER. 7631

Carnegie Institution of Washington, Washington, übert. von: **Jack Edgar Myat** und **Jesse Neal Phillips jr.,** Austin, Tex., V. St. A., *Züchten von Massen von Algen* in der Weise, daß eine wss., nährsubstrathaltige Suspension der Organismen einer Lichtquelle ausgesetzt u. während der Belichtung in Richtung auf die Lichtquelle in Form einer wandernden Schicht oder eines Films mit einer Dicke von 1 cm oder weniger in Bewegung gehalten wird. — Ausgangsstoffe für *Gewinnung von Nahrungsmitteln* usw. (**A. P. 2 732 662** vom 22/12. 1950, ausg. 31/1. 1956.) J. KETTNER. 7631

VEB Elektrochemisches Kombinat Bitterfeld, Kr. Bitterfeld (Erfinder: **Albrecht Wagner** und **Karl Weitendorf,** Piesteritz), *Pyrophosphat- und alkalicarbonathaltiges Backpulver.* Man verwendet Alkalicarbonat (**I**) u. $(NH_4)_4P_2O_7$ (**II**) vorzugsweise in solcher Menge, daß auf 1 Mol **II** 4 Mol **I** kommen. Diese Mischung zeigt erhöhte Treibkraft. (**D. P. [DDR] 3 795** Kl. 2c vom 12/10. 1943, ausg. 8/6. 1953 [Wirtschftspatent].)
G. WELTZIEN. 7675

VEB Farbenfabrik Wolfen, Wolfen, Kr. Bitterfeld (Erfinder: **Caspar Tropp,** Würzburg, **Robert Griessbach** und **Erhard Meier,** Wolfen, Kr. Bitterfeld), *Aufarbeitung von Sauermolke* unter Gewinnung von Milch-, Citronensäure u. einer für die Herst. von Trockenpräpp. geeigneten Lsg., dad. gek., daß die Molke fortlaufend über mehrere hintereinandergeschaltete OH-Ionenaustauscher geführt wird, von denen jeweils der erste nach erfolgter Beladung mit einer alkal. Lsg. regeneriert u. nach Abschaltung eines weiteren Filters an letzter Stelle wieder eingesetzt wird. (**D. P. [DDR] 6 617** Kl. 53e vom 1/12. 1944, ausg. 1/3. 1954 [Wirtschaftspatent].) T. OPPERMANN. 7757

Edgar Ling, A textbook of dairy chemistry. 3rd. edn. Vol. 1: Theoretical. London: Chapman & H. 1956. (IX + 227 S. m. Abb.) 21 s.

XVII. Fette. Seifen. Wasch- u. Reinigungsmittel. Wachse. Bohnermassen usw.

E. von Boguslawski, *Neue Untersuchungen über den Anbau von Sommerölpflanzen.* Bericht über systemat. Anbauverss. in Hessen von Sonnenblume, Weißsenf, Sommerraps, Meerrettich, Sareptasenf, Mohn, Öllein, Kombinationslein u. Saflor. Zwecks sicherer Erträge sind noch eingehende Kulturverss. nötig. (Fette Seifen einschl. Anstrichmittel **54.** 737—43. Dez. 1952. Gießen, Justus-Liebig-Hochschule, Inst. für Pflanzenbau u. Pflanzenzüchtung.) C. GRIMME. 7894

Walter Wodsak, *Vitaminierung und Färbung der Margarine.* (Vgl. C. **1954. 4290.**) Erörterung der Notwendigkeit, die Nahrung mit dem *fettlösl. Vitamin A* (**I**) anzureichern, wozu die Margarine bes. geeignet ist, u. die Margarine zu färben, um sie ansprechender zu machen. Dazu sollen die Anilinfarben durch Farbstoffe ersetzt werden, die im Körper eine physiol. Aufgabe erfüllen wie das fettlösl. *Provitamin Carotin* u. das zur Gruppe der B-Vitamine gehörende *Lactoflavin.* Um zu prüfen, ob durch Zusätze die Haltbarkeit der Margarine oder des zugesetzten **I** beeinträchtigt wird, wurde in Unterss. nach verschied. Zeitabständen festgestellt, daß der **I**-Geh. konstant geblieben war, Peroxydigkeit u. Aldehydigkeit sich innerhalb sehr niedriger Grenzen hielt u. eine Ketonigkeit überhaupt nicht nachweisbar war. Die Färbung war nach ca. 3 Monaten noch völlig gleichmäßig u. Geruch u. Geschmack nicht abfallend. Es erscheint daher wünschenswert, die Margarine zu vitaminieren. (Dtsch. Lebensmittel-Rdsch. **4.** 208—11. Okt. 1952. Hamburg, Hygien. Inst. der Stadt, Chem. u. Lebensmitteluntersuchungsanstalt.)
H. BENISCHKE. 7900

N. A. Ruston, *Wirtschaftliche Verwendung von Fettsäuren.* Allg. gehaltene Ausführungen. (J. Amer. Oil Chemists' Soc. **29.** 495—98. Nov. 1952.) J. BÖSS. 7908

M. Kehren und **M. Rösch,** *Elektronenmikroskopische Untersuchung gefriergetrockneter Lösungen von Alkylpolyäthylenoxyden und anderen Waschmitteln.* 1. Mitt. Nach Erörterung der bisherigen Anschauungen über die Gestalt von Waschmittelmicellen u. der auf anderen Gebieten erfolgten Unterss. über die Gefriertrocknung werden 2 Apparate zur Gefriertrocknung beschrieben, in denen 3 Verff. mit verschied., roh berechneten Einfrierzeiten zur Anwendung kommen, u. zwar 1. die „Aufsetztrocknung" ($\sim$1 Sec.); 2. die „Tropftrocknung" ($\sim 10^{-1}$ sec) u. 3. die „Sprühtrocknung" ($\sim 10^{-2}$ sec). (Melliand Textilber. **37.** 680—85. Juni 1956. München-Gladbach-Rheydt, Textilprüfanstalt; Krefeld, Fa. Chem. Fabrik Stockhausen & Cie., Labor.) H.-E. MESSERKNECHT. 7912

K. H. Martens, *Ein Überblick über die Darstellung von Fettalkoholen.* 1. u. 2. Mitt. Beschreibung industrieller Herstellungsverff. durch katalyt. Hydrierung, Na-Red. u. Red. mit Na in fl. NH_3. Das *OXO*-Verf. (RUHRCHEMIE) liefert vorwiegend Isoalkohole, die schlechte Wasch-, aber gute Netz- u. Emulgiermittel sind, das *SYNOL*-Verf. (WENZEL, C. **1950.** I. 120) dagegen n-Alkohole. Die wirtschaftlichen Vor- u. Nachteile aller Verff. werden geschildert. Ungesätt. Alkohole können nur durch Red. mit Na erhalten werden. (Seifen–Oele–Fette–Wachse **78.** 601—03. 3/12.; 629—31. 17/12. 1952.) K. STEINER. 7912

Erkki Peltola und **Yrjö Mälkki,** *Bericht über die Prüfung des Reinigungsmittels Jehu.* Das in W. leicht lösl., bas., oberflächenakt. Reinigungsmittel *Jehu* (Herst.: OSUUSTUKKUKAUPPA, Helsinki) emulgiert in einer Konz. von 0,25% (in weichem W.) Fett befriedigend; in W. von 5° deutscher Härte muß die Konz. auf 1% erhöht werden. Hartes W. verursacht eine Ausfällung. Eiweiß wird von >0,1%ig. Lsgg. gut gelöst, Milchstein nicht. 0,5%ig. Lsgg. greifen Al, Sn u. die Haut prakt. nicht an, von 1%ig. Lsgg. wird Sn korrodiert. (Karjantuote **39.** 55—57. 3/2. 1956. Jokioinen, Finnland, Valtion maitotalouskoelaitos.) S. BECKMANN. 7912

Erkki Peltola und **Yrjö Mälkki,** *Bericht über die Prüfung des Reinigungsmittels Helmesil.* Das in W. leicht lösl., bas., oberflächenakt. Reinigungsmittel *Helmesil* (**I**, Herst.: HELKAVAARA-HALME OY., Malmi) emulgiert in 0,5%ig. Lsg. in weichem W., in 1%ig. Lsg. in W. von 5° deutscher Härte Fett befriedigend. In Konz. von >0,1% wird Eiweiß gut gelöst. **I** wirkt auf W. schwach enthärtend. Al u. die Haut werden prakt. nicht angegriffen. Sn wird von 0,5%ig. Lsgg. kaum, von 1%ig. merklich korrodiert. (Karjantuote **39.** 88—89. 17/2. 1956. Jokioinen, Finnland, Valtion maitotaluoskoelaitos.) S. BECKMANN. 7912

H. F. Zobel, N. N. Hellman und **F. R. Senti,** *Eine Farbenverdünnungsmethode zur Ermittlung fester Bestandteile von plastischen Fetten.* Unter Hinweis auf eigene Verff. zur Ermittlung der festen Anteile in plast. Fetten u. die dabei bestehenden Schwierigkeiten wird eine neue Meth. entwickelt; sie besteht darin, eine bekannte Menge eines in der öligen Phase lösl., in der festen Phase aber unlösl. Farbstoffes — geeignet sind von 37 geprüften Vertretern 1.4-Bis-methylaminoanthrachinon sowie 1,4-Bis-isopropylaminoanthrachinon — in einer bekannten Menge des Fettes homogen zu verteilen, durch Ultrazentrifugieren die gefärbte ölige Phase möglichst weitgehend abzutrennen, die Konz. des Farbstoffes spektrometr. zu bestimmen u. daraus rechn. den Geh. an öliger Phase zu ermitteln. Ableitung der Arbeitsweise an einem Modellgemisch aus dest. Monoglyceriden u. winterisiertem Baumwollsaatöl, Anwendung auf Butter, Margarine, Backfette, Schweineschmalz unter Auswertung an einer Eichkurve. Arbeitsweise: 25 g plast. Fett + 2 g Farbstoff-Stammlsg. (15 mg Farbstoff/100 g Baumwollsaatöl), temperiert auf 25°, ultrazentrifugiert (36000 U/Min.) bei 25° insgesamt 60 Min. (gegebenenfalls 15 Min. ausreichend), ölige Phase dekantiert u. filtriert (WHATMAN-Filter Nr. 1), Ermittlung der Lichtabsorption (Blindproben des Fettes) u. daraus Berechnung des Anteiles an fl. Phase (s. Original); bei Butter u. Margarine ist der Geh. an W. zu berücksichtigen. Beleganalysen; Vgl. der Ergebnisse mit denjenigen nach der Dilatometer-Meth.; Reproduzierbarkeit der Ergebnisse bis auf 0,45—0,6%; krit. Betrachtungen zur Arbeitsweise u. den sonst bekannten Bestimmungsmethoden. (J. Amer. Oil Chemists' Soc. **32.** 706—09. Dez. 1955. Peoria, Ill., U.S. Dep. of Agricult., Agricult. Res. Stat. Serv., Northern Utilization Res. Branch.) K. TÄUFEL. 7932

Henkel & Cie. G. m. b. H., Düsseldorf, *Trennung von Estergemischen* (**I**) in Komponenten mit verschied. F. erfolgt durch Rk. fester oder fl. **I** mit wss. Lsgg. einer oberflächenakt. Verb., die noch Elektrolyten, koll. Verbb. u. wasserlösl. organ. Fll. u. mehrwertige Alkohole als Schmelzpunktserniedriger enthalten kann. Die Trennung der Komponenten kann in Vollmantelzentrifugen erfolgen. Beispiele zur Behandlung von Schweineschmalz, Spermöl, Olivenöl, Kakaobutter, gehärtetem Kokosfett, Roh- u. Raffinatpalmöl. (**E. P. 743166** vom 18/11. 1953, ausg. 11/1. 1956. D. Prior. 19/11. 1952.) O. MÜLLER-MEININGEN. 7875

Chemische Verwertungsgesellschaft Oberhausen m. b. H., Oberhausen (Erfinder: **Friedrich Martin,** Mühlheim/Ruhr), *Herstellung seifenbildender Fettsäuren* durch Oxydation von KW-stoffen aus der CO-Hydrierung mittels Luft u. dgl., dad. gek., daß man Prodd. der CO-Hydrierung, die infolge bekannter Maßnahmen bes. große Mengen von >200° sd. aliphat. KW-stoffen enthalten, in bekannter Weise, bes. in Ggw. reichlicher Wasserdampfmengen u. bei 400—550°, zu olefinreichen, bei 180—300° sd. KW-stoffen spaltet, die erhaltenen Gemische durch katalyt. CO- u. H_2-Anlagerung an die Olefine in „Oxo-Verbb." enthaltende Gemische u. die in diesen enthaltenen O-haltigen Verbb. durch katalyt. Oxydation mit Luft oder dgl. in bekannter Weise in Fettsäuren überführt.

(**D. B. P. 939 687** Kl. 12o vom 14/1. 1940, ausg. 1/3. 1956. Anmeldung bekanntgemacht 13/5. 1953.) O. MÜLLER-MEININGEN. 7909

Micro Processing Equipment, Inc., Desplaines, Ill., V. St. A., *Verfahren zum Erhöhen der Viscosität und der Wasserlöslichkeit von plastischen Stoffen*, bes. von *Seife*. Das plast. Material wird anstatt in den bisher üblichen Walzenmühlen in Bandmühlen in einen ultramikrokrist. Zustand übergeführt; z. B. werden *Seifenflocken* von $^1/_{100}$ der Dicke erhalten, in der sie auf Walzenmühlen anfallen. Die im wesentlichen aus einem durch enge Schlitze geführten, endlosen, über Antriebsräder geleiteten Metallband bestehenden Vorrichtungen werden näher beschrieben. — Abbildungen. (**E. P. 727 646** vom 28/11. 1950, ausg. 6/4. 1955. A. Prior. 29/11. 1949.) K. DEMMLER. 7911

Henkel & Cie. G. m. b. H. (Erfinder: **Konrad Henkel** und **Alfred Kirstahler**), Düsseldorf, *Herstellung von Alkylbenzolsulfamidderivaten*, dad. gek., daß man Alkylbenzolsulfamide der Formel $R-SO_2-NHR'$ (**I**; R = gegebenenfalls substituierter Alkylbenzolrest mit mindestens 9 C-Atomen im Alkyl; R' = H, Alkyl, Aryl, Cycloalkyl) mit Alkylenoxyden umsetzt. Mit 1—2 Mol Äthylenoxyd entstehen nach anschließender Sulfonierung *capillarakt. Stoffe*, mit mehreren Moll. je nach der Länge der Alkylkette u. der eingeführten Äthylenoxydgruppen *Emulgatoren*, bes. für *KW-stofföle*, *Fettsäuren* oder *Neutralfette*. Die **I** erhält man durch Chlorieren natürlicher oder synthet. aliphat. KW-stoffe bes. mit 9—11 C-Atomen, wobei man bis zu 1 Mol Cl_2 je Mol KW-stoff oder auch mehr einführen kann. Die entstandenen Chlor-KW-stoffe werden mit Bzl. kondensiert, dann sulfoniert, die gebildeten Alkylbenzolsulfonsäuren z. B. mit $ClSO_3H$ oder PCl_5 in Alkylbenzolsulfochloride übergeführt, die dann mit NH_3, $(NH_4)_2CO_3$ oder prim. Aminen umgesetzt werden. — Aus 108 (g) eines Alkylbenzolsulfamids (erhältlich durch Chlorieren einer FISCHER-TROPSCH-KW-stoff-Fraktion mit Kp. 150—206°, Kondensation mit Bzl., Überführen des Alkylbenzols, $Kp._{15}$ 120—190°, in Alkylbenzolsulfochlorid u. Rk. mit NH_3) u. 125 Äthylenoxyd in Ggw. von 0,8 NaOH bei 100—130° nach ca. 3—4 Std. → 231 eines bräunlichen *wasserlösl. Öls*, welches ca. 9 Mol Äthylenoxyd angelagert enthält. Eine Lsg. von 0,1/Liter in weichem oder hartem W. zeigt ausgezeichnetes Waschvermögen. In weiteren Beispielen werden an den gleichen Ausgangsstoff 3 bzw. 6 bzw. 14 Mol Äthylenoxyd angelagert. — Alkylbenzolsulfo-N-cyclohexylamid + 23 Mol Äthylenoxyd. — *Emulgatoren* u. *Waschmittel*. (**D. B. P. 938 728** Kl. 12o vom 26/4. 1949, ausg. 9/2. 1956. Anmeldung bekanntgemacht 14/6. 1951.) G. KRAUSS. 7913

Farbwerke Hoechst Akt.-Ges., vormals Meister Lucius & Brüning (Erfinder: **Kurt Schimmelschmidt**), Frankfurt/M., *Trennung höhermolekularer Sulfonsäuren von wasserunlöslichen Bestandteilen*. Die durch Einw. von $SO_2 + O_2$ auf höhermol., gesätt., nicht aromat. KW-stoffe erhältlichen Sulfonsäuren (nach D. B. PP. 840 093; C. **1953**. 605, u. 903 815; C. **1955**. 8966) werden in Form ihrer Lsgg. in Gemischen aus W. u. Methanol bzw. A. mit niedrigsd., gesätt., nicht aromat. KW-stoffen (bes. verzweigtkettigen, gesätt. Aliphaten mit 6—10 C-Atomen) extrahiert. — Die durch kontinuierliche Extraktion der durch Rk. einer aus CO + H_2 gewonnenen KW-stoff-Fraktion, Kp. 220—320°, mit $SO_2 + O_2$ unter Belichtung erhaltenen Mischung mit Methanol–W. im Verhältnis 3 : 2 entstandene wss. methanol. Sulfonsäurelsg. [22 (%) Sulfonsäuren, 6,5 H_2SO_4, 3,3 Unverseifbares] wird mit 2.2.4-Trimethylpentan verrührt. Aus der KW-stoffschicht können die wasserunlösl. Bestandteile gewonnen werden. — *Wasch-* u. *Textilhilfsmittel*. (**D.B.P. 907 052** Kl. 12o vom 1/8. 1942, ausg. 22/3. 1954. Anmeldung bekanntgemacht 6/11. 1952.) G. KRAUSS. 7913

Monsanto Chemicals Ltd., London, England (Erfinder: **John Payne**), *Flüssiges Reinigungsmittel*, bestehend aus einer Lsg. von Alkylarylsulfonat u. Polyglykoläthern mit langkettigen Alkylresten oder Fettsäurepartialestern von Polyglykolen als Lösungsvermittler. (**E. P. 738 278** vom 27/6. 1952, ausg. 12/10. 1955.) C. LÜTTGEN. 7917

Léon Gavoty, Odette Brack und **Helene Koenig**, Frankreich, *Reinigungspaste mit Schleifmittelzusatz*, z. B. von $CaCO_3$, Ton, Sand u. Sägespänen, u. weiteren Zusätzen, welche dem Prod. eine weichmachende Wrkg. verleihen. — Nach dem Beispiel werden 2,5 (Gewichtsteile) Toluol mit 5 W. gemischt. Daneben wird eine 2. Lsg. hergestellt durch Lösen von 0,050 (Teilen) Alginat in 27440 W. u. Zusatz von 32 Sand, 18 Ton, 9 $CaCO_3$ u. 2 Sägespäne. Die Mischung wird durchgerührt u. mit 4 Na_2CO_3 u. 0,010 Mirbanöl versetzt. Zum Schluß wird die Toluol–W.-Mischung zugegeben u. eine salbenartige Paste mit Schaum- u. Reinigungswrkg. erhalten. (**F. P. 1 090 994** vom 8/10. 1953, ausg. 6/4. 1955.) M. F. MÜLLER. 7917

Dankmar Schulze, Weißenfels/Saale, *Kerzengießformen mit Hartmantel*, z. B. aus Stahl, dad. gek., daß die Innenfläche mit einer Schicht aus Ni, Cr, Zn–Pb-Legierung oder dgl. versehen ist, welche durch Gießen, Spritzgießen, Galvanisieren oder ähnliche bekannte Verff. aufgebracht wird. — Abbildung. (**D. P. [DDR] 8 613** Kl. 23f vom 19/9. 1953, ausg. 27/11. 1954 [Wirtschaftspatent].) T. OPPERMANN. 7921

Siegel & Co., Deutschland, *Bohner- und Parkettpflegemittel*, bestehend aus den üblichen Wachsen u. Lösungsmitteln mit einem Zusatz von 0,1—5% SiO_2-Gel, TiO_2, Al_2O_3 oder ZrO_2. — Nach dem Beispiel werden verwendet 5 (kg) „Gersthofenwachs 1040", 1 „Gersthofenwachs OP", 1 „Gersthofenwachs F", 1 Ozokerit, 22 Paraffin „Nerag" 54/56°, 68 Bzn., 2 SiO_2-Gel. (**F. P. 1 102 971** vom 21/12. 1953, ausg. 27/10. 1955.) M. F. MÜLLER. 7927

XVIIIa. Holz. Cellulose. Zellstoff. Papier. Papierdruck. Celluloid. Linoleum.

A. I. Lewkow, *Schnelltrocknung von Holz bei erhöhten Temperaturen.* Es wird vorgeschlagen, im Falle von Nadelholz die Trockenkammern bei 90° zu halten, wobei die Luftfeuchtigkeit in der 2. Bearbeitungshälfte nur 15% betragen soll. Nach jeweils 7 Std. wird in die Kammern Dampf eingeblasen, was den Anfall eines qualitativ befriedigenden Materials sicherstellt. Buchenholz wird dagegen bei einer Anfangstemp. von 60° u. einer Endtemp. von 90° ohne Zufuhr von Luft eines höheren Feuchtigkeitsgeh. getrocknet. (Деревообрабатывающая Промышленность [Holzverarb. Ind.] **5.** Nr. 2. 19—20. Febr. 1956. Maikop, Möbelkombinat.) M. ULMANN. 7952

P. C. Trussell, C. J. Anastasiou und **C. O. Fulton,** *Schutz von Sägeblöcken gegen Meerwasserschädlinge.* 1. Mitt. *Behandlung von flachen Flößen durch Tauchen.* Die Abtötungsmöglichkeit von Meerwasserschädlingen, Bankia setacea, durch Behandlung mit Na-Arsenitlsg. wurde in der Praxis überprüft. 254—916 mm starke u. 10,7—13,7 m lange Hölzer wurden dazu bei Flut über vorbereitete Bassins geflößt, in denen sie bei Ebbe zurückblieben. Mit Hilfe einer Kreiselpumpe wurde das W. aus dem Bassin nach Zugabe eines Na-Arsenitkonzentrates über das Holz gepumpt. Eine Konz. von 6,7 mg% As_2O_3 ist ausreichend, um innerhalb von 6—7 Std. eine vollkommene Abtötung zu erzielen. Die Ergebnisse zeigen gute Übereinstimmung mit Laborversuchen. (Pulp Paper Mag. Canada **57.** Nr. 2. 67—71. Febr. 1956. British Columbia Res. Council, Div. of Appl. Biol.) S. HÜTTIG. 7952

T. E. Timell, *Molekulargewicht und Polymolekularität von Weißbirkencellulosen.* Aus Weißbirkenholz (**I**) wurde durch Chlorierung in Eiswasser u. Extraktion mit Äthanolamin Holocellulose (**II**) gewonnen, aus **II** durch Extraktion mit KOH (24% ig.) unter N_2 α-Cellulose (**III**). Nitrierung der Proben u. Best. des Durchschnittspolymerisationsgrades (DP.) ergab: **I** Splintholz 5500, Kernholz 5000, **II** 4680, **III** 2480. Bei Herst. von **II** erfolgt etwas Abbau, noch mehr bei **III**. Stabilität der Nitrate im Nitriergemisch: **I** 10 Std., **II** 5 Std., **III** 2 Std., nachher erfolgt Abbau. Bei direkter Nitrierung schützen Ligninabbauprodd. die nitrierten Polysaccharide vor Abbau. Die für Nitrate gebräuchliche Stabilisierung durch Kochen in CH_3OH oder W. (selbst bei p_H 7) bewirkt Abbau. Das **I**-Hydrolysat zeigt papierchromatograph. verschied. Mengen Hexosen, Pentosen, Uronsäuren an. Die Best. der Kettenlängenverteilung erfolgte durch fraktionierte Fällung der Nitrate aus Aceton mit Wasser. Hierbei trat Depolymerisation um 10—20% vom Original-Mol.-Gew. ein, auch wenn W. durch Hexan als Nichtlöser ersetzt wurde, u. bei zweistufiger Fraktionierung mehr als bei einstufiger. Das Kettenlängendiagramm von **I** beginnt bei DP. 1000, Maximum bei 3000, endet bei 5500; es fehlen die Anteile bei **II** über DP. 4000, bei **III** über 2800. Bei Nadelhölzern wurden 2 Maxima gefunden. Baumwollinters-Nitrate sind stabiler. Bei Nitrierung von **I**, Weißfichte u. Balsamtanne ergeben sich wesentliche zeitliche Unterschiede der Stabilität im Nitriergemisch, der Erreichung der maximalen Ausbeute u. Viscosität, was mit der Beschaffenheit des Lignins zusammenhängen dürfte. (Svensk Papperstidn. **59.** 1—10. 15/1. 1956. Montreal, McGill Univ.; Inst. of Canada, Pulp and Paper Res.) H. DEMUS. 7054

Nils Gralén und **Jan Linderot,** *Die Beschaffenheit und physikalisch-chemische Eigenschaften von Celluloselösungen in kupferhaltigen Lösungsmitteln.* Nach Lichtabsorptionsmessungen hat der Cellulose Kupfer-Komplex in Cupriäthylendiamin (**I**) wahrscheinlich die Zus. $[Cu\ en_2]^{2+}[Cu(C_6H_7O_5)]_2^-$, entsprechend auch in Kupferoxydammoniak (**II**). Nach Sedimentations- u. Diffusionsmessungen (SVEDBERGs Ölturbinenzentrifuge u. Glaszellen) betrug der Durchschnittspolymerisationsgrad (DP.) der Cellulose bei einem Fehlerbereich von 5—10% in **I** 2400, in **II** 2200 gegenüber 800 durch Viscositätsbestimmung. Auf Grund schon früher gefundener großer Unterschiede wurden versteckte Fehler beim spezif. Volumenfaktor u. im Ladungseffekt gesucht. Die Best. ergab aber, daß das spezif. Partialvol. des Cellulose–Kupfer-Anions in **I** 0,532, in **II** wie früher 0,508 beträgt u. die Ladungseffekte von 0,2 u. 0,3% bedeutungslos sind. Die Gründe für die hohen DP. sind noch ungeklärt. Falls method. Fehler vorliegen, so werden sie bei der Best. der Diffusion im theoret. Teil vermutet. (Svensk Papperstidn. **59.** 14—18. 15/1. 1956. Gothenburg, Swedish Inst. for Textile Res.) H. DEMUS. 7954

W. N. Petrowa und **N. A. Ssytschew,** *Anatomisch-morphologische und biochemische Veränderungen im Stroh während seiner elektrochemischen Delignifizierung.* Elektrochem. delignifiziertes Stroh ist für die Gewinnung von Zellstoff oder Zuckerlsgg. geeignet. Anwendung der Phloroglucin-Rk. bei diesem Material ergab nur wenig intensive u. diffuse Farbtöne. Nach der Hydrolyse beobachtet man starke Deformierung u. Auftrennung der Gewebe in einzelne Elemente. Durch weitere Alkalibehandlung lassen sich die letzten Ligninreste entfernen, u. man erhält Fasermassen, die in ihrem mkr. Aufbau besten Wattesorten ähneln. Die einzelnen Fasern sind nur etwas kürzer u. enthalten weniger Hemicellulosen. (Журнал Прикладной Химии [J. angew. Chem.] **28.** 1127—31. Okt. 1955. Charkow, Med., Stomatolog. Inst., Lehrstuhl für Biochem.) M. ULMANN. 7956

Eduard Farber und **Donald V. Robertson,** *Chemische und biochemische Abwässerreinigung.* Über das Eindampfen, Ausfällen u. die biol. Behandlung der Ablauge von Zellstoffwerken wird berichtet. Bes. hervorgehoben wird die Entsalzung von Seewasser. Ferner wird vorgeschlagen, die Ausfällung der in den Abwässern vorhandenen Substanzen so vorzunehmen, daß zwei oder mehrere verschiedenartige Abwässer miteinander vermischt werden, wobei deren kolloidchem. Eigg. so aufeinander abgestimmt sein müssen, daß Koagulation erfolgt. Auf die Möglichkeit zur Gewinnung von proteinhaltigen Substanzen mit Hilfe entsprechender Mikroorganismen wird hingewiesen. (Tappi **38.** 750—53. Dez. 1955.) V. JACOPIAN. 7956

E. A. Kvasnicka und **R. R. McLaughlin,** *Identifizierung der Komponenten von Rot-Tannensulfitablaugen.* Rohe Sulfitablaugen wurden erschöpfend mit Butylacetat extrahiert, die organ. Phase zur Trockne gedampft u. der Reihe nach mit A., Ae. u. PAe. extrahiert. Anschließend wurden die einzelnen Gruppen mit Bisulfit (21%), Bicarbonat (10%) u. Soda (6%) behandelt; die Trennung wurde durch Gegenstromverteilung u. Chromatographie vervollständigt. (Tabellar. Schema vgl. Original.) Dabei wurden folgende Hauptkomponenten isoliert: *Vanilloylmethylketon* (= *1-[3-Methoxy-4-oxyphenyl]-propandion*), *Vanillin, Dihydroconiferylalkohol* (**I**; *3-[3-Methoxy-4-oxyphenyl]-propanol-1*), *3.3'-Dimethoxy-4.4'-dioxystilben* u. eine neue phenol. Verb., $C_{20}H_{24}O_5$, F. 134°, deren UV- u. Infrarotspektr. denen von **I** ähnelt. Die Identifikation der Verbb. geschah papyrograph.; UV- u. Infrarotspektrograph. Daten im Original. (Canad. J. Chem. **33.** 637—45. April 1955. Toronto, Ontario, Univ., Dep. of Chem.) R. HÄUSSLER. 7962

D. M. Bassin und **N. W. Barkan,** *Die Reserven an pentosanhaltigen Rohstoffen und die Möglichkeiten ihrer Verwertung.* Wichtigste Quellen für pentosanhaltige Rohstoffe sind verschieden Prodd. von Hydrolysenanlagen u. der Sulfat- u. Sulfitindustrie. Weiterhin folgen Abgänge der Holzwirtschaft u. schließlich Baumwollsamenhülsen, Sonnenblumensamenschalen, Maisstrünke u. Schilfrohr. Getreidestroh kommt nicht in Betracht. (Гидролизная и Лесохимическая Промышленность [Hydrolysen- u. holzchem. Ind.] **9.** Nr. 1. 26—27. 1956.) M. ULMANN. 7968

W. I. Scharkow, I. I. Korolkow und **Je. N. Garmanowa,** *Über die Erhöhung der Ausbeute an Zucker bei der Holzhydrolyse durch vorherige Zerkleinerung des Holzes.* Die verschieden gute Hydrolysierbarkeit der Hemicellulosen u. der Cellulose des Holzes ist der Hauptgrund für die schlechten Ausbeuten an Zuckern (**I**) bei stationärer Hydrolyse. Eine bedeutende Erhöhung der **I**-Menge läßt sich, wie Vff. durch Verss. mit Baumwollcellulose u. mit Kiefernspänen zeigen, durch vorherige Schwingmahlung derselben, bes. bei Tempp. von 200—210° unter CO_2, erreichen. Am empfehlenswertesten ist ein 2stufiger Prozeß. Durch prim. stationäre Hydrolyse der Hemicellulosen u. durch folgende stationäre Hydrolyse des schwinggemahlenen Cellolignins bei höherer Temp. gelingt es, 65 bis 67% vom Holzgewicht an **I** bei einer **I**-Konz. im Hydrolysat von 6—8 % zu erhalten. (Гидролизная и Лесохимическая Промышленность [Hydrolysen- u. holzchem. Ind.] **9.** Nr. 1. 6—8. 1956.) M. ULMANN. 7968

G. I. Gorochow, *Vervollkommnen wir die horizontale Perkolation.* Erfahrungsbericht über die Arbeit der Hydrolysenanlage von Archangelsk nach Umstellung auf horizontale Perkolation. Wohl erhöhte sich die Spritausbeute um 13—15%, doch ergab sich eine Reihe von betrieblichen Schwierigkeiten durch Konstruktionsmängel. (Гидролизная и Лесохимическая Промышленность [Hydrolysen- u. holzchem. Ind.] **9.** Nr. 1. 19. 1956. Archangelsk, Hydrolysenfabrik.) M. ULMANN. 7968

Eiji Hayakawa, Toshio Ogawa und **Yazaemon Morita,** *Untersuchungen über Carboxymethylcellulose.* 1. Mitt. *Über die Bedingungen der industriellen Herstellung von Na-CMC, besonders über die Beziehungen zwischen der Zusammensetzung des Reaktionssystems und der Eigenschaften des Produktes.* Es wird die histor. Entw. der Herst. von *NaCMC* (**I**) in Japan mitgeteilt. Nach den Angaben kann man aus der Zus. der Ätherifizierungsmischung die Zus. des Rohprod. berechnen. Der Rohstoff (Kunstseiden oder gereinigter Holzzellstoff) hat weniger Bedeutung gegenüber dem optimalen Verhältnis der einwirkenden Chemikalien (in Gew.-%): $CH_2ClCOONa$ (II) 30 ± 10%, NaOH 20 ± 10%, H_2O 50 ± 15% (Jap. P. 191054 Aug. 1951), wobei vorteilhaft 11,5 Mol II u. 1,5 Mol $NaOH/C_6$ anzunehmen sind (Jap. P. 172 175 Jan. 1946). Aus größeren Mengen II entstehen mehr u. schlecht entfernbare Nebenprodd., ein gegenüber II größerer Überschuß an NaOH bewirkt stärkeren Celluloseabbau. Zerkleinern, Mischen u. Kneten der Reaktionsmischung bei Höchsttemp. von 35° während 1–2 Std. müssen sorgfältig erfolgen, da hierdurch das Eindringen der Chemikalien in die Cellulose erleichtert u. eine bessere Rk. gewährleistet wird; anschließend kann die Umsetzung durch Temperaturerhöhung auf 60° beschleunigt beendet werden. Unter 2 Mol II/C_6 werden zu 50–55% ausgenützt. Als Höchstansatz werden 100 kg Zellstoff empfohlen. (Rep. Government chem. ind. Res. Inst., Tokyo **49.** 331–71. Sept. 1954. [Orig.: japan., Auszug: engl.]) H. DEMUS. 7970

Keith E. Bradway, *Eine Untersuchung der Trübungen in aus Holzzellstoff hergestellten Celluloseacetaten.* Es wurden von drei Celluloseacetaten aus Holzzellstoff u. einem aus Linters die in Acetonlsg. die Trübung verursachenden Rückstände einmal durch kräftiges Zentrifugieren, zum anderen durch fraktionierte Fällung isoliert u. untersucht. Hierbei enthielt die gröbste Fraktion immer Fasern oder Faserbruchstücke; andererseits bestanden sonst die Trübungsstoffe aus amorphem Material. Die Rückstände bei zwei Handelsacetaten wiesen niedrige Acetylgehh. auf. Bei zwei im Labor. mit relativ hoher Trübung hergestellten Acetaten lag der Acetylgeh. im Bereich der üblichen Acetonlöslichkeit, obwohl die Rückstände lediglich in Ameisensäure lösl. waren. Der Rückstand aus dem trübsten Acetat zeigte einen erheblich höheren Aschegeh. als das gereinigte Acetat, enthielt jedoch überwiegend Polysaccharide. In den Trübstoffen aus Holzcelluloseacetaten wurden chromatograph. neben großen Anteilen an Cellulose immer Xylan u. Mannan festgestellt. Da die ursprüngliche Gesamtmenge des Acetats an Mannan u. Xylan sich in der durch fraktionierte Fällung quantitativ isolierten Trübstoffraktion befand, kann diese Komponente als Ursache für die Trübung angesehen werden. Die in den Rückständen nachgewiesene Anwesenheit von Cellulose wird folgendermaßen erklärt: es bilden Faserteile in den äußeren Schichten unlösl. Acetate, wodurch die Rk. nicht ins Innere vordringen kann; ferner wurde ein sowohl Mannan- als auch Glucoseeinheit enthaltendes Polysaccharid isoliert, so daß durch das schwerlösl. Mannanacetat auch Celluloseacetat im Rückstand gehalten wird. Möglicherweise kommt auch eine Abschirmung der Cellulose lediglich durch Mannan u. Xylan von der Reaktion in Frage. — 3 Abb., 8 Tabellen, 27 Literaturauszüge. (Tappi **37.** Nr. 10. 440–46. Okt. 1954.) P. SCHORNING. 7970

A. B. I. Azienda Brevetti Industriali, Italien, *Sulfitaufschluß.* Man behandelt das cellulosehaltige Material nicht wie üblich mit einem Überschuß, sondern mit einer Menge an SO_2, welche geringer ist als die Menge, welche zur Abscheidung der Nichtcellulosestoffe notwendig ist. — Z. B. versetzt man 1000 (kg) Holzstücke mit 5000 W., welches 88 SO_2 enthält, u. gibt, um das p_H auf 2,7 einzustellen, 33 CaO oder eine entsprechende Menge eines anderen Alkalis oder eines Gemisches von Alkalien hinzu. Das Ganze erhitzt man ca. 7 Std. auf maximal 135°. Die Aufarbeitung ergibt 75 (%) Zellstoff mit 9,2 Lignin. Nach dem Bleichen mit 14–15% Cl_2 erhält man 60% gebleichten Zellstoff. (**F. P. 63 228** vom 18/1. 1952, ausg. 12/9. 1955. **Zusatz zu F. P. 1 021 571; C. 1954. 9656.**) T. OPPERMANN. 7963

Lignosol Chemicals Ltd., übert. von: **John K. Rusell, David Craig, Gerald J. Byrd** und **Richard L. Maeder,** Quebec, Can., *Konzentrierung von Sulfitablauge.* Man gibt SO_2 zu Sulfitablauge (I), so daß SO_2 u. Kalk in ca. äquimol. Mengen vorliegen, u. setzt hierauf NH_3, NH_4OH, $Mg(OH)_2$ oder NaOH zur Neutralisierung auf einen p_H-Wert von ≤ 6,5 hinzu, entfernt das auskristallisierte $CaHSO_3$ u. konz. die Lauge zweckmäßig auf mindestens 50% Feststoffgeh. (II). — I mit 10% Feststoffen (II) wird mit SO_2 bis zu p_H 1,5 u. einem SO_2-Geh. von ca. 1% behandelt, worauf gasförmiges NH_3 bis zu einem p_H-Wert von 7,5 eingeleitet u. der Kalk als unlösl. Salz abfiltriert wird. Das Prod. enthält nur 0,0001% Kalk als CaO. Beim Eindampfen auf 50% II setzt sich nichts an den Wänden ab. Die Prodd. dienen als *Gerb- u. Klebmittel.* (**A. P. 2 727 028** vom 14/3. 1951, ausg. 13/12. 1955.) J. MÜHLEISEN. 7963

Oscar von Kohorn, New York, N. Y., V. St. A., *Gewinnung von gereinigtem Zellstoff aus markhaltigen Pflanzen,* bes. *Bagasse,* dad. gek., daß der Rohstoff mit W. ohne Faserkürzung zerquetscht wird u. die erhaltenen dünnen Faserbündel in wss. Suspension durch heftiges Schlagen vom Mark befreit werden. — Z. B. wird Bagasse bei 50% Stoffdichte zerquetscht u. bei 5% Stoffdichte mit W. von 90°, gegebenenfalls unter Zusatz von Netzmitteln, aufgeschlagen. Verwendung zu *Cellulosederivaten.* — Zeichnung. (**E. P. 742 916** vom 27/11. 1953, ausg. 4/1. 1956.) C. VOGEL. 7965

Hercules Powder Co., Wilmington, Del., übert. von: **Mortimer S. Thompson**, Lincroft, N. J., V. St. A., *Unentflammbare, hitzebeständige Cellulosederivate*, gek. durch einen Geh. an mindestens 8 (%) Trichloräthylphosphat (I), mindestens 10 (von I) eines Epoxyharzes (II) (Kp. >177°) u. gegebenenfalls weiteren Weichmachungsmitteln. Herst. von Formkörpern, bes. von Gehäusen für Elektromotore, Lichtreklametafeln, Haushalts- u. Toilettenartikel, Spielwaren u. dergleichen. — Das Celluloseacetat kann auch ca. 0,01 bis 0,5 eines **II** u. 0,007 Alkali- bzw. Erdalkalicarbonat, -bicarbonat, -tartrat, -citrat oder -oxalat bzw. die freien Säuren enthalten. (**A. PP. 2 710 844** vom 4/10. 1951 u. **2 710 845** vom 26/6. 1952, beide ausg. 14/6. 1955.) G. SALZMANN. 7971

Consolidated Water Power & Paper Co., übert. von: **Lawrence W. Murtfeldt**, Wisconsin Rapids, Wis., V. St. A., *Bleichen einer Mischung aus Sulfit- und Halbzellstoff*, die verschied. Cl-Bedarf haben, in mehreren Stufen (Cl_2 in der 1., Hypochlorit in der letzten Stufe, dazwischen Alkalibehandlung), dad. gek., daß in der 1. Stufe ca. 50—70% des Cl-Bedarfs der einzelnen Stoffarten zugesetzt werden. — Beispiel für die Berechnung der Chlormenge: Für 1500 (Teile) Sulfitstoff mit 7% Cl-Bedarf werden 52,5 Cl_2 u. für 500 Neutralsulfithalbstoff 50 Cl_2 verwendet. (**A. P. 2 723 179** vom 31/3. 1951, ausg. 8/11. 1955.) G. VOGEL. 7979

American Cyanamid Co., New York, N. Y., übert. von: **Marsden Clair Hutchins**, Sommerville, N. J., V. St. A., *Gefärbtes Papier und seine Herstellung*. Die Farbe wird bei ungeleimten Papieren besser zurückgehalten, wenn dem Papierstoff neben dem Pigment ein kation. Harz, bes. Harnstoff- oder Melamin-CH_2O-Harz ($^1/_8$—10%) zugesetzt wird. — Tabellen, Diagramme. (**A. P. 2 730 446** vom 15/3. 1952, ausg. 10/1. 1956.) G. VOGEL. 7981

Scott Paper Co., Chester, übert. von: **Albert L. McConnell**, Morton, und **Robert W. Medeiros**, Swarthmore, Pa., V. St. A., *Vorübergehendes Bekleben von Oberflächen*, bes. aus Papier, mit Papier, dad. gek., daß als Klebstoff hydriertes Kolophonium verwendet wird, das z. B. nach einigen Tagen seine Klebkraft verliert, so daß das Papier von der Unterlage (Papierrolle) restlos abziehbar ist. — Zeichnung. (**A. P. 2 717 224** vom 20/7. 1954, ausg. 6/9. 1955.) C. VOGEL. 7985

Brown Co., übert. von: **Edward M. Archer**, Berlin, N. H., V. St. A., *Herstellung von Filz*. Eine wss., 2% Phenolharz enthaltende Suspension von Natur-, Kunst-, Glasfasern, Asbest oder Zellstoff wird mit feuchtem *Korkklein* versetzt, das durch Tränken mit einer bei 40—130° sd. Fl., z. B. CCl_4, $CHCl_4$, $CHCl_3$, CH_2Cl_2, Nitromethan oder Glyoxal, von eingeschlossener Luft befreit wird, u. auf der Papiermaschine in Bogenform getrocknet. Verwendung des mit Kautschuk oder Harz imprägnierten Materials als Kisseninlett, Flaschenverschluß, Dichtungsmaterial, Schall- u. Erschütterungsdämpfer, Teppichunterlage u. dergleichen. (**A. P. 2 722 869** vom 3/4. 1953, ausg. 8/11. 1955.) G. SALZMARN. 7999

XVIII b. Textilfasern.

A. Clayton und **G. Landells**, *Das Ausrüsten von anderen als Wollgeweben*. (Vgl. C. **1955**. 8764; C. **1956**. 4308.) Übersicht mit Literaturangaben über das Schlichten mit biol. u. chem. Schlichtemitteln für Baumwolle, synthet. Fasern u. regenerierte Proteinfasern, Degummierungsmethoden für Naturseide u. Unterss. über die chem. Natur u. biol. Bedingungen verschied. Enzymarten; die Entw. neuer synthet. Reinigungsmittel u. -zusätze, Unterss. über ihre Wirksamkeit bzw. technolog. Verwendbarkeit u. über Faser–Schmutz-Systeme; ökonom. Mercerisierungs- u. Trockenverff.; Methoden u. Mittel für den Wärmehärtungsprozeß, zum Ausrüsten gegen biol. Angriff, zum Hydrophobieren, für eine höhere Hitzebeständigkeit von Cellulosefasern, zum Flamm-, Knitter-, Schrumpf-, Scheuerfest u. antistat. Ausrüsten sowie Unterss. z. B. über Wrkg., Einfl. auf das Fasermaterial, den Mechanismus einzelner Behandlungen. Die Herst. von permanenten Oberflächeneffekten u. plast. Oberflächenimprägnierungen. Verbesserungen zu den entsprechenden maschinellen Einrichtungen. (Rev. Textile Progr. **6**. 401—56. 1954.) I. SCHOENMANN. 8032

F. O. Howitt, *Die Chemie der Wolle, Seide und regenerierten Proteinfasern*. Übersicht mit Literaturangaben über Strukturunterss. der Proteine allg. sowie von synthet. Polypeptiden, von Seidenfibroin u. Wollkeratin. Einblick in das Wachstum der Wolle u. über Bedingungen für bestimmte Qualität geben Fütterungsverss. mit Mo, anorgan. Sulfaten, elementarem S u. Hormonen. Zu Verss. über die Empfindlichkeit gegen biol. Angriff wird die Wolle mit hydrolysierenden Reagentien behandelt u. die Hydrolysenprodd. chromatograph. untersucht, sowie eine Anzahl Insekticide genannt; auch ein Enthaarungsmittel wird angegeben. Unterss. zur Feinstruktur (Oberflächenbeschaffenheit) der Wollfaser werden mit dem Elektronenmikroskop u. mittels Phasenkontrastmikroskopie durchgeführt. Zur Best. der Verteilung von S-Bindungen wird eine autoradiograph. Technik angewendet. Weitere Unterss. betreffen das unterschiedliche chem. Reaktionsvermögen der sogenannten Ortho- u. Paracortex u. das bilaterale Verhalten. Beiträge über die mol. Struktur sind: Berechnungen des Dichroismus durch die CO-Bindungen in Nylon aus dem Infrarotabsorptionsspektr., Unterss. über innermol. H-Bindungen, Verss. zur Lsg. von Wollkeratin bei geringstem Abbau der Peptidketten, chromatograph. Methoden u. die Anwendung von radioakt. Isotopen zur Analyse der Aminosäuren im Keratin sowie Best. der S-haltigen Aminosäuren u. der Endcarboxylgruppen; zu den physikal.-chem. Eigg. der Wolle: Das Absorptionsvermögen für W., für Ionen (Cl^-, SO_4^{2-}, Br^-), Beziehungen zwischen Sorption–Diffusion, Spaltung der Disulfidbindungen unter Lichteinfl., das Verh. gegen oxydative (Bleich-) Mittel u. beim Färben u. Methoden zum Reinigen von Rohwolle u. zur Wiedergewinnung u. Analyse der Wollfette. Zur Gewinnung der Seide werden außer verschied. Verff. zum Degummieren u. Aufspulen auch Unterss. über Krankheitsbefall des Seidenwurms durch Viren u. Sporen beschrieben sowie das Verh. des Seidenfibroins gegen schädigenden Einfl. von H_2O_2, Alkali u. Sonnenlicht. Als Ausgangsmaterialien für regenerierte Proteinfasern dienen Casein, Erdnüsse, Sojabohnen, Mais u. synthet. Polypeptide; es werden allg. Herstellungsverff. angegeben sowie Unterss. über den Färbemechanismus, das chem. Verh. u. analyt. Methoden zur Best. regenerierter Proteinfasern in Mischungen mit Wolle. (Rev. Textile Progr. **6.** 46—66. 1954.) I. SCHOENMANN. 8060

Wilfred H. Ward und **John J. Bartulovich,** *Die Zerlegung einer Aufschlämmung von Cortexzellen in Fraktionen verschiedener Dichte.* Die durch Behandlung von Wolle mit 6nHCl bei 23—26° während 48—288 Std. erhaltenen Spindelzellenpräparationen lassen sich in wss. Chloralhydratkolonnen von einem Dichtebereich von 1,4—1,6 in 2 Fraktionen verschiedener D. u. S-Geh. trennen. Die Fraktion mit der höheren D. (1,512) weist auch einen deutlich höheren S-Geh. als die Ausgangswolle auf, während der S-Geh. der Fraktion geringerer D. (1,499) etwa dem Wert der Wolle entspricht. (Textile Res. J. **25.** 888—89. Okt. 1955.) H. G. FRÖHLICH. 8060

P. Alexander und **D. Gough,** *Die Reaktion von Oxydationsmitteln mit Wolle.* 4. Mitt. *Din Reaktionsfähigkeit von Tyrosin.* (3. vgl. C. **1952.** 2280.) Es wurde die Einw. von Oxydationsmitteln, wie Cl_2, HClO, Peressigsäure, saurer $KMnO_4$-Lsg. u. alkal. Hypochloritlsg. auf den Tyrosingeh. von Wolle, Seide, Horn sowie synthet. Tyrosinpeptiden untersucht. Hierbei wurde gefunden, daß Cl_2 u. HClO alles Tyrosin in der Wolle oxydieren, während saure $KMnO_4$-Lsg. u. alkal. Hypochloritlsg. nur ca. 30% des Gesamttyrosins in der Wolle erfassen. Peressigsäure dagegen greift in keinem der untersuchten Fälle den Tyrosingeh. der Fasern an. Während in der Wolle 2 Tyrosinfraktionen unterschiedlicher Reaktionsfähigkeit vorliegen, konnten weder bei Seide, den lösl. hochmol. Keratinlsgg. noch bei den einfachen Tyrosinpeptiden ein der Wolle analoges Verh. aufgefunden werden. Die Ausführung der Verss. sowie die erhaltenen Ergebnisse werden ausführlich besprochen. — 11 Tabellen u. 2 Figuren. (Biochem. J. **48.** 504—11. April 1951.) H. G. FRÖHLICH. 8060

Herbert Zuber und **Helmut Zahn,** *Elektronenmikroskopische Untersuchungen an chemisch modifizierter und beschwerter Naturseide.* Die elektronenmkr. Unterss., die Vff. an im Starmix zerkleinerten Fasern verschied. Art u. Behandlung vornahmen, haben zu wichtigen Ergebnissen geführt, z. B. der Bestätigung von Quervernetzungen beim Sulfonfibroin, das durch Einw. von *p.p'-Difluor-m.m'-dinitrodiphenylsulfon* auf Fibroin erhalten wird. Erschwerte Seide hält einen Starmixeinfl. weniger aus als unbehandelte Seide. Anscheinend bildet sich aus dem Sn-Salz freie HCl, die die Peptidbindungen angreift. Auch in Kombination mit der Erschwerung vorgenommene Kieselsäureeinlagerungen setzen die Widerstandsfähigkeit der Faser gegen mechan. Einfl. im Starmix stark herab. Erschwerte u. mit Blauholzpräp. gefärbte Faser resistiert weit mehr. Man glaubt, daß der Blauholzfarbstoff wie im Quervernetzungsmittel stabilisiert, ähnlich wie Tannin u. gewisse Farbstoffe die Beständigkeit erschwerter Seide erhöhen. — Literaturhinweise. (Melliand Textilber. **37.** 429—32. April 1956. Heidelberg, Univ., Chem. Inst.; Oberkochen, C. Zeiss, Elektronenopt. Labor.) E. WAGNER. 8068

O. Kratky und **H. Sembach,** *Röntgenkleinwinkelmessungen an Cellulose.* Röntgenograph. wurde durch Kleinwinkelmessungen der Nachw. erbracht, daß auch die Micelle der nativen Cellulose eine bändchenförmige Gestalt haben. Durch Rechnung konnte die Breite u. Dicke der Bändchen zu 93 bzw. 32 Å ermittelt werden. Die Aufnahmen wurden an einem von RÅNBY u. RIBI durch Beseitigung der amorphen Zwischenbereiche hergestellten „Micellpulver“ gemacht. Um im Vgl. dazu die Micelldimensionen der regenerierten Cellulose messen zu können, untersuchten Vff. F-Fäden nach HERMANS (isotrope, hochgequollene Cellulosefäden) u. fanden prakt. die gleiche Breite u. Dicke. An einer Viscose bestimmter Konz. fanden SIGNER u. MEYER durch Messung der Strömungsdoppelbrechung, daß in ihr Einzelmoll. vorliegen sollten. Aus dieser Viscose zogen die Vff. F-Fäden nach HERMANS u. stellten fest, daß die Streukurven der „SIGNER-Fäden“

weitgehend übereinstimmen mit denen der „HERMANS-Fäden“. Vff. nehmen wegen des Gleichbleibens der Micelldimensionen in den drei untersuchten Fällen an, daß die Micelle „in der Lsg. trotz einer eventuellen Aufquellung u. laminaren Aufsplitterung“ doch „ihren Zusammenhalt als selbständige Partikel“ behalten. (Angew. Chem. **67.** 603 bis 606. 7/10. 1955. Graz, Inst. für theoret. u. physikal. Chem.) A. MÖHRING. 8074

Artur Wilke, *Die Raumluftbeschaffenheit in der Viscosespinnerei.* Vf. bespricht in Erweiterung einer früheren Arbeit (vgl. C. **1956.** 4880) Unterss. der Raumluftverhältnisse in einer Kunstseidenspinnerei mit halbkontinuierlicher Arbeitsweise bei offener Bauart der dazu gehörigen Spinnmaschine. Die erhaltenen Zahlenwerte für die Grenzwerte der Beladungshöhe an H_2S u. CS_2 liegen ungünstiger, als bei den früher untersuchten Spulenspinnmaschinen offener Bauart. Geeignete Maßnahmen zur Verbesserung sowie kurze Angaben über die Unkosten für Belüftung- u. Klimatisierungsanlagen einer Kunstseidenspinnerei werden angegeben. (Faserforsch. u. Textiltechn. **7.** 99—104. März 1956.) E. ZEHMISCH. 8074

J. Juilfs, *Gesichtspunkte zur Scheuerprüfung von textilen Flächengebilden.* An Hand von Betrachtungen einer Reihe von Gesichtspunkten zur Prüfung der Gebrauchstüchtigkeit von Textilgut mittels der Scheuerprüfung zeigt Vf., daß eine allg. Scheuerprüfnorm nicht aufgestellt werden kann. Der Arbeitsausschuß C9c „Mechanisch-technolog. Textilprüfung“ des Fachnormenausschusses Materialprüfung hat zunächst einen Normenentwurf über die Grundlagen für Scheuerprüfungen erarbeitet. Weitere Normen sollen auf Grund eingehender Gemeinschaftsunterss. entstehen. (Faserforsch. u. Textiltechn. **7.** 134. März 1956.) E. ZEHMISCH. 8096

M. A. Ssobolew und **A. A. Krassiwskaja,** *Eine volumetrische Methode zur Bestimmung von Pektinstoffen.* Die Best. der *Pektinstoffe* (**I**) in Flachs- u. Baumwollmaterialien erfolgt nach Extraktion vorliegender Gerbstoffe u. anderer Prodd. bei Zimmertemp. mit W. durch Herauslsg. der **I** durch 1%ig. Ammoniumcitrat, Bldg. des Na-Salzes von **I** durch Zugabe von 4%ig. NaOH, Spaltung desselben durch Essigsäure u. Ausfällung von **I** durch eine 10%ig. $CuSO_4$-Lösung. Das Cu-Salz von **I** bringt man durch einige Tropfen NH_4OH-Lsg. in Lsg. u. bestimmt das Cu jodometrisch. Cu-Menge mal 9,4 ergibt % Ca-Pektat. (Текстильная Промышленность [Textil-Ind.] **14.** Nr. 7. 39—41. Juli 1954.) M. ULMANN. 8102

Zschimmer & Schwarz vormals Chemnitz, Brilon (Erfinder: **Albert Metzger** und **Willy Weiß,** Hamburg), *Alkylarylsulfonsäuren und deren Salze.* Aromat. KW-stoffe werden mit Oxyverbb. mit einer OH-Z. 370—440 (durch Red. der bei der Paraffinoxydation anfallenden Vorlauffettsäuren nach D. R. P. 764 888 gewonnen), gegebenenfalls in Mischung mit aliphat. n. u./oder Isoalkoholen mit <5 C-Atomen in Ggw. eines Kondensationsmittels alkyliert u. die Alkylierungsprodd. gleichzeitig oder anschließend in bekannter Weise sulfoniert u. erforderlichenfalls neutralisiert. — Naphthalin wird mit Vorlaufalkohol, OH-Z. 356, in Ggw. von H_2SO_4 (66° Bé) alkyliert u. sulfoniert. — *Textilhilfs- u. Waschmittel.* (**D. B. P. 893 340** Kl. 12o vom 12/11. 1940, ausg. 15/10. 1953.) G. KRAUSS. 8029

VEB Farbenfabrik Wolfen, Wolfen, Kr. Bitterfeld (Erfinder: **Karl Brodersen,** Wolfen, und **Matthias Quaedvlieg,** Dessau/Anh.), *Weichmachungsmittel für Textilien* unter Verwendung synthet. Alkohole, wie sie durch katalyt. Anlagerung von CO u. H an Olefine erhältlich sind. — 20 (Teile) eines durch Anlagerung von CO u. H an ein Spaltbenzin der Mol.-Größe C_{12}, Rhodanzahl 86, in Ggw. eines Co-Katalysators, anschließende Red. u. Dest. gewonnenen Alkohols C_{12} werden mit 14 Aminoessigsäureäthylesterchlorhydrat 7 Std. auf 150—160° erhitzt. Das Prod. wird mit der gleichen Menge eines nach D. R. P. 605 973; C. **1935.** I. 4417, hergestellten Emulgiermittels gemischt u. stellt einen gegen Sulfathärte beständigen Weichmacher dar, der in Mengen von 0,05 g/Liter ausgezeichnete Effekte liefert. (**D. P. [DDR] 3 435** Kl. 8k vom 1/7. 1943, ausg. 13/4. 1953 [Wirtschaftspatent]. **Zusatz zu D. R. P. 752 675; C. 1953. 629.**) O. KAYSER. 8029

Cyril James Faulkner, Greenford, Middlesex, England, *Schutz von Leder, Holz, Textilien und dergleichen vor Mikroorganismen.* Man behandelt oder imprägniert die Stoffe mit einer 0,02—0,3%ig. Sn-Lsg. der allg. Formel **I**, in der R_1, R_2 u. R_3 je für einen substituierten oder unsubstituierten Alkyl- oder Arylrest, mit dem Sn durch ein C-Atom verbunden, stehen u. X eine anorgan. oder organ. Gruppe darstellt, welche >1 Atom enthält, welche mit dem Sn durch ein anderes Atom als C verbunden ist. X kann sein: OH, O-Acyl, O-Aryl, O-Alkyl, SH, S-Alkyl, S-Aryl, SO_2-Alkyl, SO_2-Aryl, $NHSO_2$-Alkyl, u. $NHSO_2$-Aryl. — Beispiele: Zinntrimethylhydroxyd, Zinntri-n-propylhydroxyd, Zinntriphenylhydroyxd. (**E. P. 743 119** vom 6/6. 1952, ausg. 27/7. 1955. Holl. Prior. 9/6. 1951.) H. NEBELSIEK. 8037

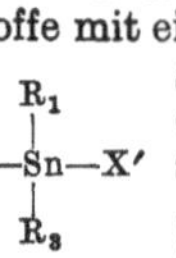

I

Aktiebolaget Separator, Schweden, *Reinigung der Wollwaschwässer.* Man entfettet u. entschlammt die Wässer mittels einer mit hoher Geschwindigkeit laufenden Zentrifuge u. führt sie danach wieder dem Waschgefäß zu. — Vorrichtung. (**F. P. 1 083 378** vom 15/9. 1953, ausg. 7/1. 1955.) T. OPPERMANN. 8061

Farbenfabriken Bayer Akt.-Ges., Leverkusen (Erfinder: **Walther Retter,** Leverkusen, und **Werner Müller,** Köln), *Herstellung sulfonsäuregruppenhaltiger Triphenylmethanabkömmlinge* nach D. B. P. 877 764. Man läßt Benzalhalogenide auf o.o'-Dioxytriphenylmethane der allg. Formel I einwirken (X, Y u. Z = Halogen, Trifluormethyl, Alkyl, Aralkyl, Alkoxyl, Amino, Acylamino; Y u. Z = außerdem H; m u. n = ganze Zahlen), oder man geht von den sulfonsäuregruppenfreien o.o'-Dioxytriphenylmethanen aus u. sulfoniert nach beendeter Reaktion. — Beispiele für die Rk. von Benzalchlorid mit 2.2'-Dioxy-3.5.3'.5'.4''-pentachlortriphenylmethan-6''-sulfonsaurem Na oder 2.2'-Dioxy-3.5.3'.5'.2''.4''.5''-heptachlortriphenylmethan (**II**) bzw. von 2.6-Dichlorbenzalchlorid mit **II**. — Mittel, die damit behandeltes keratinhaltiges Material *gegen* den Angriff von *Schädlingen schützen.* (**D. B. P. 943 167** Kl. 12q vom 4/7. 1953, ausg. 17/5. 1956. Anmeldung bekanntgemacht 24/11. 1955. **Zusatz zu D. B. P. 877 764; C. 1953. 7441.**) K. FABEL. 8067

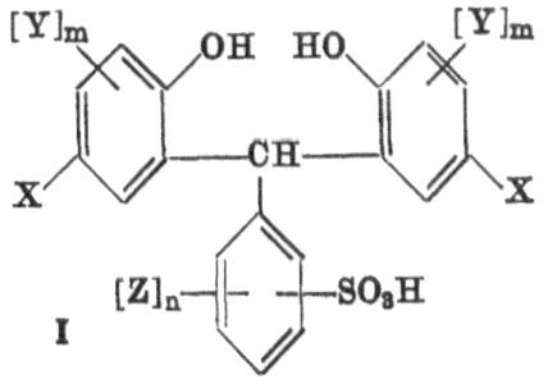

I

E. I. du Pont de Nemours & Co., übert. von: **James Emory Kirby,** Wilmington, Del., V. St. A., *Modifizierung von Cellulosefasern, Kunstseide, Cellophan.* Man imprägniert das Gut mit der Lsg. eines polymerisierbaren, monomeren quartären Ammoniumsalzes mit einer Vinylidengruppe, z. B. 1-Methyl-2-äthyl-5-vinylpyridiniumsulfat, 1-Äthyl-2-vinylpyridiniumchlorid oder 1-Benzyl-5-äthyl-4-vinylpyridiniumbromid. Anschließend wird polymerisiert u. das auf der Oberfläche des Gutes gebildete Polymerisat mit einem Lösungsm. abgezogen. Es können so in der Faser 1—200% Polymerisat deponiert werden. Iniatoren u. Promotoren für die Polymerisation können dem Imprägnieransatz zugesetzt werden. Durch weiteren Zusatz von z. B. Polywolframsäure kann man *Flammfestigkeit* bewirken; auch bakterieide oder fungicide Verbb. können z. B. bei der Herst. von *Celluloseschwämmen* fixiert werden. (**A. P. 2 732 317** vom 8/7. 1952, ausg. 24/1. 1956.) H. MÖLLERING. 8075

Commonwealth Engineering Co., übert. von: **George L. Deniston,** Dayton, O., V. St. A., *Fäden aus Dextran.* Eine 30%ig. Lsg. von 80 (%) Dextranbenzyläther (oder äthyläther) u. 20 Nitrocellulose in Äthylenglykolmonoäthyläther, Äthyl-, Butyl- oder Cyclohexylacetat wird mit einem Luftstrom von 150—204° trocken versponnen, ohne daß sich die Einzelfäden im Schacht berühren. — Zeichnung. (**A. P. 2 702 231** vom 21/8. 1951, ausg. 15/2. 1955.) G. SALZMANN. 8077

XIX. Brennstoffe. Erdöl. Mineralöle.

G. I. Jenkins, *Chemisch-technische Entwicklung in der Kohlenindustrie.* Beschreibung der in England bestehenden halbtechn. Anlagen zur Weiterentwicklung u. Verbesserung von bestehenden sowie für die Erprobung bisher noch nicht ausgeübter Verfahren. (Chem. and Ind. **1955.** 1068—76. 27/8. Stoke Orchard, Cheltenham, Nat. Coal Board, Central Res. Establ.) K. O. MÜLLER. 8120

A. B. Dawson, *Methanausbrüche.* Bericht über den Zusammenhang zwischen Tiefe der Flöze u. Methanausbruch, über die Wanderung der Schlagwetter, die Wrkg. von Druckdifferenzen auf die Methanausbrüche, die Kontrolle des Hangenden, systemat. Aufzeichnung u. Ausgasung. — Schrifttumsangaben. (Colliery Guardian. **185.** 553—57. 6/11. 1952.) F. VIER. 8120

Roman Pampuch, *Der makromolekulare Bau der Steinkohle im Licht der Untersuchungen über ihr Quellvermögen.* Nach Betrachtungen über den Zusammenhang der polymeren C-haltigen Stoffe, wie Diamant, Graphit u. Cellulose, u. ihrer Eigg., wie der D., des mechan. u. opt. Verh. wird der Zusammenhalt in diesen Polymeren überwiegend durch die schwachen Nebenvalenzkräfte bewirkt. Das Quellvermögen der Kohle in organ. Fll. zeigt die besondere Rolle der H-Bindungen in der Kohle auf: Je polarer die Fl., desto leichter werden diese Bindungen gelöst unter Ausbldg. neuer, stärkerer H-Bindungen zu den Flüssigkeitsmolekülen. Die Zahl der H-Bindungen in der Kohle ist von der Inkohlung abhängig. Bei Gaskohlen ist die Inkohlung prakt. beendet, es existieren keine H-Bindungen mehr, denn es fehlen die funktionellen Gruppen OH, COOH, CO. — 33 Literaturangaben. (Przegląd Górniczy **11** (**42**). 77—83. Febr. 1955.) F. URBAN. 8126

Robert S. Young und **David S. Robertson,** *Röntgenuntersuchungen an Kohlen aus dem Logan-Bezirk in West Virginia und Besprechung der Struktur dieser Kohle.* Mit Hilfe der Pulvermeth. sind 74 Kohlenproben aus dem *Logan*-Bezirk untersucht worden, wobei man die Proben verschieden vorbehandelte. Geringe kristalline Verunreinigungen an *Kaolin, Quarz, Pyrit, Calcit* u. *Dolomit* wurden festgestellt, von denen nur der *Kaolin* in einer gewissen Orientierung vorkommt. In dieser hochflüchtigen Steinkohle tritt der „freie Kohlenstoff" in Form von Graphitkristalliten auf, deren Größe vom Alter der Kohle abhängt. Vor- u. Nachteile der Röntgenmeth. werden mit anderen Methoden der Kohlenanalyse im Hinblick auf Strukturunterss. verglichen. (Econ. Geol. **47**. 609—33. Sept./Okt. 1952.) H. Schöberl. 8126

N. Berkowitz, *Physikalisch-chemische Untersuchungen an Albertakohlen. 1. Mitt. Oberflächenmessungen.* Als Vorbereitung kinet. Unterss. von Rkk. zwischen Kohlen u. besonderem Lösungsm. in Ultraschallfeldern wurden Messungen der zugänglichen Oberfläche typ. *Alberta*-Kohlen mittels Best. der Benetzungswärme durchgeführt. Die Ergebnisse zeigen eine wohldefinierte kettenförmige Änderung der Oberfläche mit dem Alter der Kohle (C-Geh.); sie schwankt von ca. 15—300 qum je g mit Minimumwerten, die bei Kohlen mit mittlerem Geh. an flüchtigen Bestandteilen u. C-Gehh. zwischen 85 u. 90% auftreten. Solche Werte werden auch bei Einw. von Druck u. milder Oxydation der Oberfläche erzielt. (Canad. J. Technol. **33**. 169—81. Mai 1955.) H. Schöberl. 8126

M. Čeh und **D. Hadži,** *Infrarotspektren von Huminsäuren und deren Derivaten.* Die Spektren von Huminsäuren aus verschied. Kohlen sowie solche synthet. Herkunft, weichen nur wenig voneinander ab. Aus typ. Absorptionsbanden kann auf Anwesenheit von verschied. Bestandteilen, Carbonylgruppen, Hydrochinonen, enolisierten Diketonen u. andere geschlossen werden. (Fuel **35**. 77—83. Jan. 1956. Ljubljana, Univ., Chem. Labor., u. Inst. „Boris Kidric".) H. Paetzold. 8126

G. S. Haslam, *Schaumflotation des Feinen.* Überblick mit Diskussion. (Colliery Guardian. **185**. 155—60. 7/8. 282—84. 4/9. 1952.) F. Vier. 8134

A. G. Smith, *Ein neues Verfahren zur Regenerierung von Schwerflüssigkeit zum Trennen von Kohle.* Die Absetzgeschwindigkeit wird durch Magnetisieren der Schwer-Fl. erhöht. Beschreibung der Anlage. (Colliery Guardian **187**. 287—91. 3/9. 1953.) F. Vier. 8134

Manfred Engshuber, *Über das Agroskin-Verfahren zur Erhöhung des Schüttgewichtes von Kokskohle.* Das in den UdSSR, bes. in Kokereien in Sibirien u. im Ural, seit 10 Jahren durchgeführte Verf. besteht darin, daß man die zu verkokende Kohle oberflächlich mit einem fl. KW-stoff benetzt, wodurch das Schüttgewicht erhöht wird. Der der feuchten Kohle zugesetzte fl. KW-stoff (z. B. Kerosin) verdrängt das W. an der Kohlenoberfläche u. umgibt das Kohlenkorn mit einer Solvathülle, die durch ihre Schmierwrkg. eine Annäherung der Teilchen u. damit ein Ansteigen des Schüttgewichtes bewirkt. Bei einer monomol. Schicht tritt ein Maximum des Schüttgewichtes ein. Sind im Kerosin oberflächenakt. Stoffe anwesend, dann wird nicht das W. verdrängt, sondern das Öl überzieht das Adhäsionswasser mit einem Film. Diese oberflächenakt. Stoffe beeinträchtigen die Benetzbarkeit der nun hydrophilen Kohle mit unpolaren KW-stoffen. Dementsprechend tritt eine Anstieg des Schüttgewichtes nicht mehr ein, wenn dem Kerosin, z. B. Phenol, Oleinsäure oder Isoamylalkohol zugesetzt wird. Vf. bringt dann Laboratoriumsergebnisse bei Verwendung von Kerosin. Die Verss. zeigen, daß ähnlich wie bei verschied. anderen physikal. Eigg. die Fettkohle eine Sonderstellung einnimmt. Nach beiden Seiten, d. h. nach den jüngeren Kohlen langsamer als nach den Magerkohlen, nimmt die Benetzungsfähigkeit ab. Außer oberflächenakt. Stoffen verschlechtert auch die Asche auf Grund ihrer hydrophilen Oberfläche die Wirksamkeit der Benetzung. Der Schüttgewichtsanstieg sinkt linear mit zunehmendem Aschegehalt. Auch bei gelagerter Kohle, die oberflächlich oxydiert ist, wird auf Grund des hydrophilen Charakters der Oxydationsschicht die Wirksamkeit der Benetzung herabgesetzt. Auch bewirkt die Zugabe von Kerosin eine bessere Rutschfähigkeit der Kohle, was sich durch einen niedrigeren Böschungswinkel ausdrückt. Vf. bringt dann Versuchsergebnisse mit Steinkohlenteerprodd., Braunkohlengeneratorteer u. Prodd. der Holzchemie sowie von Kalk als Mittel zur Erhöhung des Schüttgewichtes. Als bes. vorteilhaft in der Praxis hat sich Anthracenöl u. dessen Gemische mit Lösungsbenzol bzw. Neutralöl eingeführt. Versuchsergebnisse an Hand von Tabellen u. Diagrammen im Original. (Bergakademie [Freiberg] **7**. 330—38. Juli 1955. Leipzig, Versuchsgaswerk Leipzig.) K. O. Müller. 8142

Tozo Amemiya, Masaomi Suzuki, Shiro Nakane, Eiichi Tsunetomi und **Yoshimoto Ojima,** *Untersuchungen über Rückgewinnung von Phenolen aus Gaswasser.* Auf Grund der Auswertung von über 200 Literaturangaben u. eigener Verss. konnten Vff. Gaswasser bei 60° in 4 Stufen im Gegenstrom mit Bzl. 1 : 1 auf 20—30 mg Phenol/Liter extrahieren. Dabei war es zweckmäßig, bei p_H 7—4 (durch H_2SO_4) zu arbeiten, nachdem die beim Neutralisieren anfallenden teerigen Substanzen beseitigt u. zur Hemmung der Emulsionsbldg. in den Extraktionskolonnen ein passendes Salz zugesetzt waren. Zur Nachreinigung kommt Adsorption durch akt. Kohle in Frage. Wasserdampfdest. entfernte die flüchtigen Phenole zu 92—95%, die höheren Phenole u. die meisten Begleitstoffe verblieben aber im W., so daß dies Verf. vom Standpunkt der Abwasserreinigung nicht ausreichend ist. (Rep. Resources Res. Inst. Japan, B **4.** Nr. 25. 1—58. Aug. 1955. [Orig.: japan.; Auszug: deutsch.]) H. MÜHLMEISTER. 8164

H. Kristensen, *Waschen und Reinigen von Gasen mit Äthanolaminen.* Löslichkeit u. Sättigungsdrücke von CO_2 u. H_2S in Äthanolaminen. Anwendungsbereiche für die verschied. Äthanolamine. Apparaturen zur Auswaschung der beiden Gasverunreinigungen. — 29 Literaturzitate. (Chim. et Ind. **73.** 69—77. Jan. 1955.) F. SCHUSTER. 8172

M. Zédet, *Ultraschall und seine Anwendung, besonders in der Erdölindustrie.* Allg. Betrachtungen u. rechner. Ableitungen über Ultraschall u. dessen hydrodynam., chem., physikal., physiol. Wirkung. In der Erdölindustrie kann der Ultraschall zu zerstörungsfreien Unterss. von Anlagen, Messung der Wandstärken von Rohren, Auffinden von Erdölhöhlen usw. Verwendung finden. Erforderliche Apparaturen werden an Hand von Bildern beschrieben. (Bull. Assoc. franç. Techniciens Pétrole **1956.** Nr. 115. 27—63. 31/1. Chambre Syndicale des Carburants et Lubrifiants Nationaux et Industries annexes.) K. O. MÜLLER. 8186

A. Houpeurt, (unter Mitarbeit von **P. Albert**), *Wässerung und Gewinnung von Erdöl.* Bei der Gewinnung des Erdöls durch den Gasdruck spielt der Abstand der Bohrlöcher voneinander keine Rolle in bezug auf das Endergebnis. Es ist lediglich eine wirtschaftliche Frage. Bei der Betrachtung der Gewinnung des Erdöls durch reine Ausdehnung kommt man zum gleichen Ergebnis. Bei der Gewinnung des Erdöls durch Einpumpen von W. ist die Hauptvoraussetzung, daß die Durchlässigkeit des Gesteins sehr gering ist. Bei einem Abstand der Bohrlöcher von 20 acres kann man mit einem guten Ausbringen rechnen. (Rev. Inst. franç. Pétrole Ann. Combustibles liquides **8.** 82—89. März 1953. Inst. Français de Pétrole, Dep. Product.) F. ROSENDAHL. 8190

Peter E. Watkins und **Theodore White,** *Kalkrotspülungen.* Vff. berichten an Hand von Verss. bei betrieblichen Bohrungen über die Widerstandsfähigkeit der Kalkrotspülung gegenüber der ausflockenden Wrkg. gelöster Salze. Sie stellen die Kalkrotspülung in Vgl. zum Verh. von Bentonittonen oder Altwarmbüchener Ton, denen organ. Dispergiermittel, z. B. Quebrachoextrakte oder Tylose, zugesetzt sind. (Erdöl u. Kohle **9.** 9—12. Jan. 1956. Harpenden, England, Forestal Land Timber & Railways Co. Ltd., Central Labor.) K. O. MÜLLER. 8190

A. W. Toptschijew, I. A. Mussajew, A. N. Kisslinski und **G. D. Galpern,** *Individuelle aromatische und hexahydroaromatische Kohlenwasserstoffe aus der Benzinfraktion des Romaschkinsker Erdöls.* (Vgl. MUSSAJEW u. GALPERN, C. **1953.** 4498.) Der aus der Benzinfraktion vom Kp. 50—175° chromatograph. abgetrennte Anteil an aromat. KW-stoffen beträgt 5,46%; es werden darin 15 KW-stoffe (u. 4 in Spuren) nachgewiesen. Der Anteil der hexahydroaromat. KW-stoffe (bestimmt nach katalyt. Dehydrierung) ist 8%; unter den 20 nachgewiesenen KW-stoffen (+ 4 in Spuren) sind am stärksten vertreten: *Methyl-, Äthyl-, 1.3-Dimethylcyclohexan* u. *Cyclohexan.* (Доклады Академии Наук СССР [Ber. Akad. Wiss. UdSSR] **104.** 93—95. 1/9. 1955. Erdölinst. der Akad. der Wiss. der UdSSR.) R. K. MÜLLER. 8192

H. I. Waterman und **W. C. van Zijll Langhout,** *Adsorption von Schwefelverbindungen und Aromaten der Gasölfraktion.* Vff. berichten über eine Entschwefelung von Mittelost-KW-stofffraktionen im Siedebereich von 250—350° über Al_2O_3 unter Verwendung von 2 Lösungsmitteln als Eluier-Fl., z. B. Pentan u. Äthylalkohol. Durch Aktivierung des Al_2O_3 mit HCl konnte die entschwefelnde Wrkg. vergrößert werden. Ersetzt man A. durch Toluol, dann kann das Verf. halbtechn. durchgeführt werden, u. man erhält neben einer paraffin. Fraktion eine aromat., die fast alle S-Verbb. enthält. Versuchsbeschreibung u. Auswertung, Tabellen u. Diagramme sowie Literaturübersicht im Original. (Génie chim. **74.** 161—72. Dez. 1955. Delft, École Techn. Supérieure.) K. O. MÜLLER. 8194

R. W. Foreman, *Einfluß der Zusammensetzung von Motorenölen, deren Viscosität bei 0° gemessen ist.* Vf. hat gefunden, daß J-Verbesserungsmittel einen ausgesprochenen Viscositätsanstieg ergeben, wenn bei verschnittenen Ölen die Viscosität in einem Rotationsinstrument bei 0° F (—18° C) bestimmt wird. Diese Viscositätssteigerung ist größer als nach der ASTM-Extrapolation zu erwarten ist. Als J-Verbesserer wird ein Polymethacrylat verwendet, als Öle dienen Raffinate (nach Lösungsmittelextraktverf. hergestellte Öle). Ergebnisse tabellar. im Original. (ASTM Bull. **1955.** Nr. 209. 44—46. Okt. Philadelphia, Pa., ASTM Headquarters.) K. O. MÜLLER. 8220

L. E. Lawley, *Automatisches akustisches Methanometer mit großem Konzentrationsbereich.* Das Instrument beruht auf der Messung der Schallgeschwindigkeit in der Luft, die sich mit den CH_4-Gehh. ändert. (Colliery Guardian. **187.** 709—13. 3/12. 1953.) F. VIER. 8242

Friedrich Wesemann, Ulrich Graf und **Rolf Wartmann,** *Neue Wege zur Beurteilung der Koksfestigkeit durch Siebanalyse und Trommelprobe.* Besprochen werden die Entw. u. Merkmale verschied. Festigkeitsprüfverff. für Koks u. es werden die Grundlagen zur Entw. einer neuen Kennzahl, die sich aus der Verbindung der Trommelprobe u. eines mechanisierten Absiebungsverf. mathemat. ergibt, erläutert. Das Schaubild der Koksfestigkeit gibt eine schnelle Übersicht über die Güte des Kokses hinsichtlich Stückigkeit u. Festigkeit, ihrer Schwankung im Laufe der Zeit u. ihrer Gleichmäßigkeit. — Diskussion. 13 Schrifttumsangaben. (Stahl u. Eisen **76.** 133—44. 9/2. 1956. Düsseldorf.) H. HOCHSTEIN. 8246

N. V. Philips' Gloeilampenfabrieken, Eindhoven, Holland (Erfinder: **A. N. J. van de Poll**), *Verbrennung von vergasten Kohlenwasserstoffen.* Man vermischt die vergasten Brennstoffe mit Luft unterhalb der Zündtemp., erwärmt dann über die Zündtemp. u. drückt das Gas mit solcher Geschwindigkeit durch einen Flammendämpfer (Metallnetz), daß die vom Gasgemisch zurückgelegte Strecke von der Stelle, an der es die Zündtemp. der KW-stoffe erreicht, bis zum Metallnetz in einer solchen Zeit zurückgelegt wird, wie das Gas vom Augenblick des Erreichens der Zündtemp. bis zur tatsächlichen Zündung benötigt. (**Schwed. P. 138 588** vom 21/11. 1951, ausg. 30/12. 1952. Holl. Prior. 24/11. 1950.) K. H. KÄHLER. 8131

Rütgerswerke Akt.-Ges., Frankfurt/M., übert. von: **Julius Geller,** Bad Homburg, *Verkoken von bituminösen Stoffen,* dad. gek., daß das Einsatzgut abwärts durch die Destillationszone geleitet u. eine viscose M. mit nur noch ca. 20% flüchtigen Bestandteilen erhalten wird. Die Dämpfe werden am oberen Teil der Destillationszone abgezogen. Die viscose M. wird aus dem unteren Teil der Destillationszone entnommen u. in Tropfen in eine Verkokungszone von oben herabfallen gelassen, wobei die Fallstrecke genügend groß sein muß, damit die viscosen Teilchen in Koks übergeführt werden. Die Koksteilchen werden in einer Calcinierungszone, die unterhalb der Verkokungszone angeordnet ist, durch Erhitzen auf $>1000^0$ von dem Rest an flüchtigen Anteilen befreit. — Vorr., Zeichnung. (**A. P. 2 732 332** vom 25/4. 1951, ausg. 24/1. 1956.) E. KAHLES. 8145

Gulf Research & Development Co., übert. von: **Joseph B. McKinley,** Pittsburgh, und **Alfred M. Henke,** Springdale Township, Allegheny County, Pa., V. St. A., *Feste kohlige Brennstoffe mit niedrigem Schwefelgehalt* ohne Vergasung der Kohle durch Behandlung fester Kohle von hohem Pyritschwefelgeh. (Anthrazit, bituminöse u. subbituminöse Kohle) mit einem H_2-Strom unter einem Druck von 300—500 lbs./sq.in. bei 300—350°. Man hält diese Bedingungen so lange aufrecht, bis ein großer Teil des in der Kohle enthaltenen S entfernt ist, ohne daß sich ein nennenswerter Teil der Kohle verflüchtigt. — Zeichnung. (**A. P. 2 726 148** vom 9/6. 1950, ausg. 6/12. 1955.) P. UNGER. 8147

Otto Hubmann, Bad Homburg, *Kontinuierliche Vergasung von festen Brennstoffen in einem Schachtofen.* Ein O_2-haltiges Gas wird in ein Bett von grobkörnigem Brennstoff in dem unteren Teil eines Schachtofens zur Vergasung des Brennstoffs eingeleitet. In der oberen Zone des Schachtofens wird der in dem Gas suspendierte Brennstoff mit einem Vergasungsmittel vergast. Die in beiden Zonen entstandenen Gase werden oberhalb des Brennstoffbettes vereinigt abgezogen. — Zeichnung. (**A. P. 2 689 786** vom 13/12. 1949, ausg. 21/9. 1954. Schwz. Prior. 20/1. 1949.) E. KAHLES. 8149

E. I. du Pont de Nemours & Co., übert. von: **Victor R. Thayer,** Wilmington, Del., und **Douglas V. Moses,** Charleston, W. Va., V. St. A., *Gasherstellung.* Das Gas, welches als Synthesegas benutzt werden kann, besteht aus einem Teil modifiziertem Wassergas, bei dessen Herst. ein O_2-haltiges Gas mit 90% O_2 benutzt wurde, u. einem Wassergas, bei dessen Herst. ein N-haltiges „Blaugas" benutzt wurde. In einen auf Weißglut erhitzten festen Brennstoff wird Dampf eingeblasen u. so Wassergas (blue-gas) erhalten, während modifiziertes Wassergas durch gleichzeitiges Einleiten von 90%ig. O_2-haltigem Gas u. Dampf in den Brennstoff erzeugt wird. Beide Gase werden so gemischt, daß das Gemisch einen Geh. an CO_2 von $<15\%$ aufweist. — Zeichnung. (**A. P. 2 697 696** vom 26/7. 1949, ausg. 21/12. 1954.) E. KAHLES. 8153

Gesellschaft für Linde's Eismaschinen Akt.-Ges., Höllriegelskreuth (Erfinder: **Ernst Karwat,** Pullach bei München, und **Rudolf Becker,** München), *Entfernen von CO_2 aus Gasgemischen,* z. B. *Koksofengas,* vor deren Zerlegung durch Druck u. Tiefkühlung dad. gek., daß nur der Hauptteil der CO_2 mit einem Lösungsm. bei wesentlich unter 0° liegender Temp. ausgewaschen, der Rest der Verunreinigungen dann durch Adsorptionsmittel entfernt wird, nachdem das Gas auf eine dicht oberhalb des Taupunktes der zu entfernenden CO_2 liegende Temp. gekühlt wurde. Als Adsorber dienen A-Kohle oder Silicagel, die etwa bei der Waschtemp. oder noch höherer Temp. wieder entladen werden. Als Wasch-Fl. dient Methanol, das ausgefroren oder durch Nachadsorption entfernt wird. Zahlenbeispiel für ein H_2–N_2–CO–CH_4-Gemisch, das neben W. noch 30% CO_2 u. 2% H_2S enthält. Verringerung des Aufwandes an Kälte. — Zeichnung. (**D. B. P. 942 093** Kl. 17g vom 23/5. 1951, ausg. 26/4. 1956. Anmeldung bekanntgemacht 28/8. 1952.) H. SCHINDLER. 8165

Koppers Co., Inc., Del., V. St. A., *Abscheidung von Naphthalin aus Koksofengas.* Das verunreinigte Gas wird in einer 1. Zone mit einer 1. Fl. gewaschen, wobei das Naphthalin kondensiert. Eine 2. Fl. wird in einer 2. Zone zu der 1. Fl. im Gegenstrom geführt u. dadurch das Naphthalin, infolge des höheren Lösungsvermögens der 2. Fl. für Naphthalin, von dieser aufgenommen. In einer 3. Zone werden nach dem Absetzen die beiden Fll. voneinander getrennt u. das Naphthalin aus der 2. Fl. gewonnen. — Vorr., Zeichnung. (**E. P. 743 039** vom 3/9. 1953, ausg. 4/1. 1956. A. Prior. 18/11. 1952.) E. KAHLES. 8167

Bergwerksverband zur Verwertung von Schutzrechten der Kohlentechnik G.m.b.H., Dortmund, *Reinigung von Koksofengas von Blausäure,* nachdem diesem H_2S u. NH_3 entzogen wurde, erfolgt durch Hindurchleiten des gekühlten u. entteerten Gases durch eine trockene Gasreinigungsmasse. (**E. P. 744 333** vom 6/8. 1953, ausg. 1/2. 1956. D. Prior. 8/8. 1952.) E. KAHLES. 8173

James George Fife, London, England, *Verhinderung des Verdampfens flüchtiger Bestandteile von Ölen.* Man bedeckt die Oberfläche des *Rohöls* mit einer schwimmenden Schicht kleiner, hohler, geschlossener Teilchen u. Rohöl oder einem nichtflüchtigen Bestandteil desselben. Die hohlen Kügelchen haben einen durchschnittlichen Durchmesser von 1—500 μ, eine Flüssigkeitsverdrängungsdichte von 0,05—0,6 gm/ccm. Sie machen 20—70 Vol.-% der schwimmenden Schicht aus. (**E. P. 744 070** vom 11/5. 1953, ausg. 1/2. 1956.) P. UNGER. 8189

Esso Research & Engineering Co., Elizabeth, N. J., V. St. A. (Erfinder: **Kenneth John Gough**), *Süßen von Erdölbenzin* durch Behandlung mit einer geringen Menge O_2 in Ggw. eines Adsorbens, das mit $CuCl_2$ imprägniert ist. Das saure Bzn. wird in einen einzigen Behandlungs- u. Absetztank unten eingeführt, der das Adsorbens enthält u. in dem ein Rührwerk angebracht ist. Das süße Bzn. wird aus dem oberen Teil des Tanks abgezogen. — Zeichnung. (**E. P. 743 074** vom 21/1. 1953, ausg. 11/1. 1956.) P. UNGER. 8195

Standard Oil Development Co., Del., übert. von: **William I. Mattox**, Baton Rouge, La., V. St. A., *Verkoken von schweren Rückstandsölen.* Das Öl wird in einer Verkokungszone mit fluidisierten Feststoffteilchen, wie Cu, Messing, die mindestens einen 20fachen therm. Koeff. von Koks aufweisen, bei 1200—1250° F in Berührung gebracht. Die flüchtigen Crackprodd. werden abgezogen u. die mit Koks beladenen Feststoffteilchen in einer Zone auf eine 50—300° F niedrigere Temp. abgekühlt. Infolge des Unterschiedes der therm. Koeffizienten von Koks u. Feststoffteilchen wird die Bindung zwischen den beiden gelockert u. dadurch beide getrennt. Der Koks wird verbrannt u. liefert die notwendige Wärme für die Crackzone. — Zeichnung. (**A. P. 2 700 642** vom 8/5. 1951, ausg. 25/1. 1955.) E. KAHLES. 8197

Esso Research & Engineering Co., Del., übert. von: **Robert W. Krebs** und **Charles N. Kimberlin jr.**, Baton Rouge, La., V. St. A., *Verkoken von schweren Kohlenwasserstoffölen.* Das Öl wird bei 850—1050° F in Ggw. von inerten Wärmeträgern verkokt u. dabei in die untere Zone, die im Durchmesser kleiner ist als die obere Zone, so viel inertes Gas eingeblasen, daß es ausreicht, um ein fluidisiertes Bett von Feststoffen aufrechtzuerhalten. Ein geringer Anteil des schweren KW-stofföles wird über dem Boden in die schmale untere Reaktionszone eingeleitet u. verkokt, während der Hauptteil des Einsatzöles in die obere Zone eingesprüht wird. — Zeichnung. (**A. P. 2 732 330** vom 31/10. 1950, ausg. 24/1. 1956.) E. KAHLES. 8197

Phillips Petroleum Co., V. St. A., *Katalytische Spaltung von Paraffinkohlenwasserstoffen* in der Dampfphase unter Gewinnung von Olefinen. Als Katalysatoren dient ein körniges Material von 3,17—25 mm Durchmesser, vorzugsweise von 9,5 mm. Es besteht aus Tonerde, BeO, Si-Carbid, Stellit, Periklas, ZrO_2, Mullit oder Gemischen davon. Ein KW-stoffgemisch, bestehend aus 2,6 (Gew.-%) CH_4, 21,6 C_2H_6, 74,5 Propan u. 1,3 Butane u. höhere KW-stoffe wird bei 926° gecrackt. Es entsteht dabei ein Gasgemisch, enthaltend 2,1 (Gew.-%) H_2, 21,0 CH_3, 36,5 C_2H_4, 13,4 C_2H_6, 9,4 Propylen, 7,7 Propan u. 9,9 Butan u. höhere KW-stoffe. — Zeichnung. (**F. P. 1 033 599** vom 19/1. 1951, ausg. 13/7. 1953.) M. F. MÜLLER. 8197

Gulf Oil Corp., Pittsburgh, übert. von: **Herschel G. Smith**, Wallingford, und **Troy L. Cantrell**, Lansdowne, Pa., V. St. A., *Treibstoff* auf KW-stoffbasis. Zur Verhinderung von Schlammabscheidungen u. Verfärbung werden 0,001—5 Gew.-% eines aus einer wss. Lsg. von 1 (Mol) $(NH_4)_2S$, 2—5 HCHO mit 2—4 eines C_{4-12}-Monoalkylphenols, z. B. Tetramethylbutylphenol, bei 200° F erhaltenen Kondensationsprod. zugegeben. (**A. P. 2 711 947** vom 28/8. 1950, ausg. 28/6. 1955.) E. DREWS. 8205

Inventa Akt.-Ges. für Forschung und Patentverwertung Luzern, Luzern, Schweiz, *Eindicken flüssiger Brennstoffe*. Zur Vermeidung eines harzartigen Rückstandes bei der Verbrennung derartiger, KW-stoffe enthaltender Massen u. der Feuchtigkeitsempfindlichkeit der noch nicht verbrannten M. wird dem fl. Brennstoff (Bzn., Bzl., Teeröl) ein pulverförmiges Gemisch von Weichgummi, z. B. auch „Oppanol B 200", u. die Weichgummiteilchen separierenden Mitteln, z. B. fettsaure Metallsalze, pulverförmiges Naphthalin, Stearin, Wachse, zugesetzt. Die separierenden Mittel werden unmittelbar nach der Zerkleinerung zugegeben. Es können auch noch verbrennungsfördernde Mittel (Perchlorate, pulverförmige Leichtmetalle, Xanthogenate, letztere in elementarem S gelöst) zugeführt werden. (**Schwz. P. 307 003** vom 2/5. 1952, ausg. 16/7. 1955.) O. STEIL. 8211

Universal Oil Products Co., Chicago, übert. von :**Joseph A. Chenicek,** Bensenville, Ill., V. St. A., *Stabilisierung von Kohlenwasserstoffdestillaten*, z. B. eines *Brenneröls*, aus einem Straight-run-Destillat u. einem Spaltprod., die beide höher sd. als Leichtbenzin u. als Farbstabilisator für die Lagerung einen Zusatz von 0,001—1 Gew.-% S-Benzylisothioharnstoff enthalten. (**A. P. 2 717 826** vom 25/7. 1951, ausg. 13/9. 1955.) P. UNGER. 8217

Alfred Dierichs, Freiberg/Sa., und **Rudolf Kriegisch,** Pirna-Zatzschke, *Kontinuierliche Entfernung von Wasser aus Lösungsmitteln.* In Abänderung des in D. P. [DDR] 2 996 beschriebenen Verf. zur Zerlegung von paraffinhaltigen KW-stoffgemischen mittels Lösungsmitteln wird das W. nicht period., sondern kontinuierlich entfernt, indem man vor dem Abdestillieren des Lösungsm. aus dem Schmierölextrakt bzw. aus dem Rückstand diese Lsgg. einer rektifizierenden Dest. unterwirft. Hierbei geht als Destillat ein bin. Gemisch aus W. u. Lösungsm. über. Die die Entwässerungskolonne verlassenden Lsgg. (Schmieröllsg. bzw. die Lsg. der Asphaltstoffe u. Paraffine) sind dann wasserfrei. (**D. P. [DDR] 5 628** Kl. 23b vom 19/3. 1949, ausg. 7/12. 1953 [Wirtschftspatent]. **Zusatz zu D. P. [DDR] 2 996; C. 1954. 10 153.**) T. OPPERMANN. 8221

XXIV. Photographie.

Raimo Hallama, *Photographie im Dienste der Chemie.* Allg. Ausführungen u. prakt.-techn. Hinweise. (Suomen Kemistilehti **28.** A185—92. 1955.) S. BECKMANN. 8590

Hellmuth Frieser, *Untersuchungen über die Wiedergabe kleiner Details durch photographische Schichten.* 2. Mitt. *Weitere Untersuchungen über die Licht- und Schwärzungsverteilung im Diffusionslichthof.* (1. vgl. C. **1955.** 10421.) Den Diffusionslichthof einer photograph. Schicht kann man durch eine Konstante k kennzeichnen, die durch die Gleichung $d I = 2{,}3/k\, I_0\, 10^{-2|x|/k}\, d x$ definiert ist. dI ist die wirksame Intensität, die bei Belichtung eines sehr schmalen Spaltes im Abstand x von der Spaltmitte bei einer aufgedrückten Intensität I_0 entsteht. In gewissen Fällen jedoch, z. B. bei Mikratschichten, bei denen ein größerer Teil des Lichtes ungestreut durchgelassen wird, genügt der angegebene einfache Ansatz nicht. In diesem Fall wird der ungestreute Anteil durch eine Konstante ϱ berücksichtigt. Neuere Unterss. haben nun gezeigt, daß man zu einer noch besseren Annäherung an die Praxis kommt, wenn man eine dritte Konstante hinzunimmt. Es wird eine Gleichung abgeleitet, in der die Verteilung der wirksamen Intensität in der Umgebung des Spaltes von der Breite d x durch zwei Exponentialfunktionen wiedergegeben wird, von denen die erste mit dem Bruchteil ϱ, die zweite mit $1 - \varrho$ beteiligt ist. Mit Hilfe des erweiterten Ansatzes läßt sich der Diffusionslichthofschutz auch von sehr schwach streuenden Schichten berechnen. Die experimentelle Best. von k-effektiv u. der Konstanten k_1, k_2 u. ϱ der neuen Gleichung wird beschrieben u. die Berechnung an einem Beispiel erläutert. Die Schwärzungen an charakterist. Stellen in den Bildern einfacher Testobjekte (Strich, Spalt u. Strichraster) wurden unter Annahme geradliniger Schwärzungskurven berechnet. Es ergaben sich gute Übereinstimmungen mit der Praxis. (Photogr. Korresp. **92.** 51—60. 1956. Leverkusen, Agfa Akt.-Ges. für Photofabrikation, Wiss. photograph. Labor.) W. GÜNTHER. 8590

Shuji Umano und **Nobuya Nakamura,** *Über die Wechselwirkung zwischen Gelatine und Silberion.* Vff. titrieren Gelatinen verschied. Herkunft potentiometr. mit 0,02n-$AgNO_3$-Lsg. bei verschied. p_H-Werten. Die Rk. zwischen Gelatine u. Ag-Ionen ist stark

p_H-abhängig. Die Versuchsergebnisse werden diskutiert u. zu den photograph. Eigg. in Beziehung gesetzt. (Rep. Government chem. ind. Res. Inst., Tokyo **50.** 239—45. Juli 1955. [Orig.: japan.]) W. GÜNTHER. 8600

C. R. Berry und **S. J. Marino,** *Über die gemeinsame Fällung von Silberbromid, Silberjodid und Silberchlorid.* Mit Hilfe der Röntgenstrahlenbeugung untersuchen Vff. die Zus. von *Halogensilber*-Mischkristallen, die entstehen, wenn man Silberionen zu einem Halogensalzgemisch fließen läßt. Bei den Verss. wurde die Fälltemp. variiert u. der Einfl. von Gelatine studiert. Gibt man Silberionen zu einer Lsg., die J^-, Br^- u. Cl^--Ionen nebeneinander enthält, so fällt zuerst reines *AgJ* als die am schwersten lösl. Verb. aus. In einer Mischung von Bromid u. Chlorid entsteht eine Kristallmischung von 98—99% *AgBr* u. 1—2% *AgCl.* Im Endstadium der Fällung tritt in einem beträchtlichen Umfang Auflsg. u. Wiederverteilung des ursprünglichen Nd. ein. Durch Temperaturerhöhung oder Erhöhung der Konz. steigt die Reaktionsgeschwindigkeit zwischen der ursprünglichen Fällung u. den später gefällten Kristallen. *Polyvinylalkohol* setzt die Reaktionsgeschwindigkeit herab, während sie *Gelatine* erhöht, obwohl durch diese die Ionenbeweglichkeit in der Lsg. verringert wird. Es wird als wahrscheinlich angenommen, daß die verringerte Beweglichkeit durch eine gesteigerte Reaktionsgeschwindigkeit ausgeglichen wird, da die ursprüngliche Fällung eine größere akt. Oberfläche besitzt. In keinem der untersuchten Fälle konnte ein Gleichgewichtszustand aus einer einzigen homogen Phase beobachtet werden, selbst nicht nach einer Reifezeit von mehr als einer Stunde. Geringe Mengen der am leichtesten lösl. Halogensilberkomponenten konnten in den Ndd. mit Hilfe der Röntgenbeugungsaufnahmen nicht nachgewiesen werden, obwohl sie sicher in den Mischkristallen fein verteilt vorhanden sind. (Photogr. Sci. Techn. [2] **2.** 149—53. Nov. 1955. Rochester, N. Y., Eastman Kodak Co., Res. Labor., Mitt. 1751.) W. GÜNTHER. 8600

T. H. James, *Die photographische Entwicklungsgeschwindigkeit.* Vf. gibt einen umfassenden Überblick über die Literatur (34 Hinweise) zu dem Problem der photograph. Entwicklungsgeschwindigkeit. Diese hängt von einer Reihe von Faktoren ab. Sie wird beeinflußt von der Natur der Entwicklungssubstanz, von ihrem Redoxpotential, von der Konz. der Entwicklungssubstanz in der Entwicklerlsg., von der Temp. u. dem p_H des Entwicklers, ferner von der Art des zu entwickelnden photograph. Materials u. von dessen Belichtung. Entwickler müssen notwendigerweise eine Reihe Substanzen enthalten, z. B. Sulfit, das als Halogensilberlösungsm. wirkt, Stoffe, die schleierhemmend wirken, Stoffe, die die Adsorption der Entwicklersubstanz am Halogensilber erhöhen, u. a. Im einzelnen werden die Gründe diskutiert, warum die genannten Faktoren die Entwicklungsgeschwindigkeit verändern. (Photogr. Sci. Techn. [2] **2.** 153—58. Nov. 1955. Rochester, N. Y., Eastman Kodak Co., Res. Labor.) W. GÜNTHER. 8618

T. H. James und **W. Vanselow,** *Die Lösungsgeschwindigkeit von Halogensilberkörnern in einem Entwickler.* Vff. berichten über eine Meth. zur Best. der Lösungsgeschwindigkeit von Halogensilberkörnern in verschied. Lösungsmitteln. Die Meth. beruht auf der Beobachtung, daß man eine n. hergestellte Halogensilberemulsion zusammen mit einem nach CAREY-LEA hergestellten Silbersol mischen u. vergießen kann, ohne dabei verschleierte Emulsionen zu erhalten. Die Silbersolpartikelchen bilden hierbei ausgezeichnete Keime für die physikal. Entwicklung. Werden die Silbersol–Halogensilber-Mischungen unter bestimmten Bedingungen entwickelt, so entspricht die Geschwindigkeit der physikal. Entw. der Halogensilberlösungsgeschwindigkeit. Die Verss. wurden an einer unsensibilisierten reinen AgBr-Emulsion u. an einer unsensibilisierten Chlorbromsilberemulsion mit je 50% AgCl u. AgBr durchgeführt; die Mischungen wurden in gehärtetem u. ungehärtetem Zustand untersucht. Der verwendete Entwickler hatte folgende Zus.: 2,5 g Metol, 10,0 g d-Araboascorbinsäure, 55,6 g $Na_2CO_3 \cdot H_2O$, W. auf 1000 cm^3, p_H 10,3. Es wurde die Abhängigkeit der Halogensilberlösungsgeschwindigkeit von der Bromidkonz. im Entwickler bis zu einer Konz. von 200 g KBr pro Liter untersucht. Die Geschwindigkeit geht bei einer Bromidkonz. von ca. 0,2 g/Liter durch ein Minimum u. steigt mit wachsender Bromidkonz. an. Rhodanid steigert die Lösungsgeschwindigkeit beträchtlich. NH_3 ist wesentlich wirksamer als Bromid, jedoch weniger wirksam als Rhodanid. *β-Phenyläthyl-α-picoliniumion* ist etwas weniger wirksam als NH_3. Sulfit ist viel weniger wirksam. Die Lösungsgeschwindigkeit der Chlorbromsilberemulsion u. der reinen AgBr-Emulsion unterscheidet sich nur geringfügig. Sie ist bei der ungehärteten AgBr-Emulsion doppelt so groß wie bei der gehärteten. Die Ergebnisse werden abschließend im Rahmen der Theorien über den Mechanismus der photograph. Entw. diskutiert. — 7 Tabellen, 11 Kurvendarstellungen. (Photogr. Sci. Techn. [2] **2.** 135—43. Nov. 1955. Rochester, N. Y., Eastman Kodak Co., Res. Labor., Mitt. 1739.)
W. GÜNTHER. 8618

Eugen Armbruster, *Grundbegriffe der Farbphotographie.* 2. Mitt. (1. vgl. C. **1956.** 320.) Beschreibung des Agfacolor-Filmes. (Dtsch. Drogisten-Ztg. **9.** 371—72. 10/7. 1954.)

W. GÜNTHER. 8630

VEB Filmfabrik Agfa Wolfen, Wolfen, Kr. Bitterfeld (Erfinder: **Max Hagedorn,** Dessau, **Ernst Schmitz-Hillebrecht,** Bitterfeld, und **Gustav Wilmanns,** Wolfen, Kr. Bitterfeld), *Herstellung von verformbaren farbigen Polyamiden.* Zwei oder mehr polyamidbildende Stoffe, von denen mindestens einer ein Farbstoff oder eine durch einfache Rk. in einen Farbstoff überführbare Farbstoffkomponente ist, werden zu einem Mischpolyamid kondensiert u. gegebenenfalls der Farbstoff durch die Rk. erzeugt. *Herst. farbiger Filme* ohne besondere Schichtträger *für Photozwecke*; Veränderung von Löslichkeit, Quellfähigkeit u. Erweichungspunkt. — 150 (Teile) ε-Caprolactam u. 50 5-Acetamino-2- aminobenzoesäure werden 20 Std. unter Luftabschluß auf 200° erhitzt, das Polyamid in 25 %ig. HCl zu 20 %ig. Lsg. gelöst, unter Eiskühlung 10 %ig. wss. $NaNO_2$-Lsg. zugesetzt. Ausfällung eines farblosen Teiges, der mit schwach alkal. β-Naphthollsg. kirschrot wird u. ein flockiges Pulver gibt, das zu Fäden u. Filmen verarbeitet werden kann. — Weitere Beispiele. (**D. P. [DDR] 8 312** Kl. 39c u. 22a vom 4/4. 1939, ausg. 20/10. 1954 [Wirtschaftspatent].) M. PANKOW. 8603

Eastman Kodak Co. (Erfinder: **Wesley Garner Lowe, Jean Elmore Jones** und **Harry Edward Roberts),** Rochester, N. Y., V. St. A., *Sensibilisierung.* Die Allgemeinempfindlichkeit von Emulsionen, die mit Au- u. S-Verbb. in bekannter Weise sensibilisiert sind, kann durch Sn-Verbb. weitergesteigert werden, bes. durch Zugabe saurer Lsgg. von Stannosalzen in Mengen von $1 \cdot 10^{-7}$ bis $44 \cdot 10^{-6}$ (Mol), vorzugsweise $1 \cdot 10^{-7}$ bis $20 \cdot 10^{-6}$ auf 1 Halogensilber, die einerseits Allylthioharnstoff, Allylisothiocyanat, Thioacetamid oder $Na_2S_2O_3$ u. andererseits K-Chloraurat enthalten. (**D. B. P. 939 422** Kl. 57b vom 8/11. 1953, ausg. 23/2. 1956. Anmeldung bekanntgemacht 25/8. 1955. A. Prior. 8/11. 1952.)

A KALIX 8605

Eastman Kodak Co., übert. von: **Robert H. Sprague** und **Leslie G. S. Brooker,** Rochester, N. Y., V. St. A., *Diffusionsfestmachen von sauren Filterfarbstoffen.* Die Farbstoffe werden in den üblichen Gelatineschichten in wasserunlösl. Salze von polyvinylsubstituierten Azinen umgewandelt, die eine quaternäre NH_4-Gruppe enthalten. Als Azine kommen z. B. in Frage: Polyvinylpyridin, -chinolin, -acridin oder 6gliedrige Heterocyclen, wie 2-Methylbenzthiazol, bes. 2-Polyvinylpyridinmethyl-p-toluolsulfonat (**I**) oder das entsprechende Alkylsulfat, hergestellt nach dem Verf. des F. P. 849 129. — Beispiel: Eine Lsg. von 3 g **I** in 100 cm^3 W. u. eine solche von 1 g 4-[(3-Äthylbenzoxazolinyliden)-äthyliden]-3-methyl-1-(p-sulfophenyl)-5-pyrazolon-Na in 100 W. werden nach einer 10 %ig. Gelatinelsg. zugesetzt u. die M. zu einer Filterschicht vergossen. Die Salzbldg. beeinträchtigt nicht die Ausbleichbarkeit der Farbstoffe mit Sulfit. (**A. P. 2 548 564** vom 31/12. 1946, ausg. 10/4. 1951.) A. KALIX. 8613

International Polaroid Corp., V. St. A., *Direkte Positive.* Zwischen dem Träger, z. B. barytiertem Papier, u. der lichtempfindlichen Halogensilberemulsion ist eine weitere Schicht angebracht, die eine oder mehrere S- oder Se-Metallverbb. enthält, welche mit dem Halogensilber der lichtempfindlichen Schicht lösl. komplexe Ag-Salze bilden, sowie ein Mittel zur Erhöhung der Viscisotät. Diese Mischung kann in dem lichtempfindlichen Material selbst in einer Art Tasche untergebracht sein. Bei der Bldg. der Komplexsalze wird der Papierträger mit dem positiven Bild von der lichtempfindlichen Negativschicht getrennt. — 2 Abbildungen. (**F. P. 1 075 190** vom 21/10. 1952, ausg. 13/10. 1954.) G. GROTE. 8613

Herausgeber u. verantwortlich für den Inhalt: Prof. Dr. Maximilian Pflücke, Berlin N 4, Schiffbauerdamm 19, Fernsprecher: 425571. Redaktion: Chefredakteure Dr. Eugen Klever und Prof. Dr. Maximilian Pflücke. Verlag: Akademie-Verlag GmbH, Berlin W 8, Mohrenstraße 39 (Fernsprecher 200386, Postscheckkonto Berlin 35021), u. Verlag Chemie, GmbH, Weinheim/Bergstraße (Fernsprecher 2017 u. 2965, Postscheckkonto Frankfurt/M. 145314 u. Berlin-West 7430). Bestell- u. Verlags-Nr.: 1007/127. Das Chemische Zentralblatt erscheint wöchentlich. Preis des Jahrganges einschl. Autoren-, Patent-, Sach- und Formelregister: DM 680,—; einseitig bedruckte Ausgabe: DM 750,—. Abgabe der Zeitschrift nur mit sämtlichen Registern.
Alle Rechte vorbehalten, insbesondere die der Übersetzung. — Kein Teil dieser Zeitschrift darf in irgendeiner Form — durch Photokopie, Mikrofilm oder irgendein anderes Verfahren — ohne schriftliche Genehmigung des Verlages reproduziert werden. — All rights reserved (including those of translations into foreign languages). No part of this issue may be reproduced in any form, by photoprint, microfilm or any other means, without written permission from the publishers.
Satz u. Druck: VEB Leipziger Druckhaus, Leipzig, III/18/203. X. 56.
Veröffentlicht unter der Lizenznummer 1212 des Amtes für Literatur und Verlagswesen der Deutschen Demokratischen Republik.
Printed in Germany.

Die Aufgabe von Anzeigen kann sowohl beim Akademie-Verlag, Berlin, als auch beim Verlag Chemie, GmbH, Weinheim/Bergstraße, erfolgen

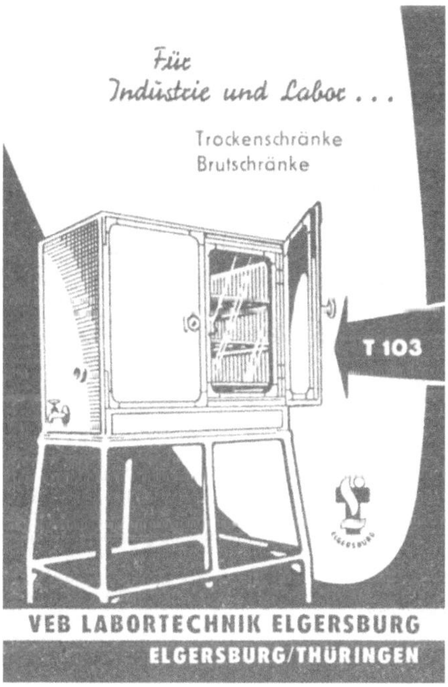

Für
Industrie und Labor ...
Trockenschränke
Brutschränke
T 103
VEB LABORTECHNIK ELGERSBURG
ELGERSBURG/THÜRINGEN

Merkblätter der Berufsgenossenschaft der chemischen Industrie

Merkblatt über den Umgang mit Natriummetall
1952. 4 Seiten mit 1 Abbildung
Einzelstück DM —,30, ab 10 Stück Staffelpreise

Merkblatt für Arbeiter in der Acetatfaser-Industrie
1952. 6 Seiten mit 6 Abbildungen
Einzelstück DM —,45, ab 10 Stück Staffelpreise

Merkblatt für die Arbeiter in Zündholz-Fabriken
1952. 8 Seiten mit 13 Abbildungen
Einzelstück DM —,60, ab 10 Stück Staffelpreise

Merkblatt für Arbeiter in der Industriegruppe „Gummi und gummiähnliche Kunststoffe"
1953. 2. Auflage. 8 Seiten mit 16 Abbildungen
Einzelstück DM —,60, ab 10 Stück Staffelpreise

Merkblatt über Unfallgefahren und Unfallverhütung in Vulkanisierbetrieben (Vulkanisier-Merkblatt)
1953. 8 Seiten mit 15 Abbildungen
Einzelstück DM —,60, ab 10 Stück Staffelpreise

Merkblatt für Arbeiten mit Blausäure
1953. 4 Seiten
Einzelstück DM —,25, ab 10 Stück Staffelpreise

Merkblatt über den Umgang mit Ammoniak (auch in Kälteanlagen)
1954. 4 Seiten mit 6 Abbildungen
Einzelstück DM —,30, ab 10 Stück Staffelpreise

Merkblatt für Arbeiter der Seifen-, Wasch- und Reinigungsmittel-Industrie
1954. 8 Seiten mit 8 Abbildungen
Einzelstück DM —,60, ab 10 Stück Staffelpreise

Merkblatt für die Arbeiter in der Steinkohlenteer-Industrie (Steinkohlenteer-Merkblatt)
1954. 8 Seiten mit 9 Abbildungen
Einzelstück DM —,60, ab 10 Stück Staffelpreise

Merkblatt für Arbeiten mit Fluorwasserstoff (Flußsäure) und Fluoriden
1955. 4 Seiten mit 3 Abbildungen
Einzelstück DM —,20, ab 10 Stück Staffelpreise

Merkblatt für die Arbeit in der Karbid-Industrie (einschließlich Kalkstickstoffindustrie)
1956. 8 Seiten mit 12 Abbildungen
Einzelstück DM —,60, ab 10 Stück Staffelpreise

Merkblatt für Arbeiter in der Erdöl-Industrie
1956. 8 Seiten mit 25 Abbildungen
Einzelstück DM —,75, ab 10 Stück Staffelpreise

Weitere Merkblätter für alle übrigen Zweige der chemischen Industrie folgen

VERLAG CHEMIE · GMBH · WEINHEIM / BERGSTR.

FSC www.fsc.org MIX Papier | Fördert gute Waldnutzung FSC® C083411

Zeitfracht Medien GmbH
Ferdinand-Jühlke-Straße 7
99095 Erfurt, Deutschland
produktsicherheit@kolibri360.de